中文版AutoCAD室内装潢设计应用大全

(多媒体视频版)

图书+视频讲解+网络辅助教学

马永志 郑艺华 刘岩 编著

机械工业出版社
China Machine Press

本书以最新颁布的《房屋建筑室内装修设计制图标准》（2012 年 3 月 1 日正式实施）为依据，密切结合工程实际，精选室内装潢设计应用图例，系统全面地介绍 AutoCAD 绘图知识，由浅入深、循序渐进地引导读者在室内装潢设计实战中掌握 AutoCAD 2012 命令的使用方法及应用技巧，引导读者运用所学知识快速、精准地表达自己的室内装潢设计理念，从而提高读者 AutoCAD 绘图的综合应用能力和室内装潢综合设计能力。

全书共 18 章、3 个附录，主要内容包括室内设计制图基础，AutoCAD 绘图环境及基本操作，绘制平面图形，编辑平面图形，参数化绘图，图块与动态块，绘图方法与技巧，标注，图形显示查询，打印输出图形，绘制住宅类室内设计中主要单元，住宅室内设计平面图绘制，住宅地面铺装图、顶棚平面图绘制，住宅装饰立面图及平面图绘制，别墅室内平面及顶棚图绘制，餐厅室内装饰设计，办公空间室内装饰设计，桑拿室内装饰设计；附录包括室内装修设计制图的基本规定，常用建筑装饰装修材料和设备图例及 AutoCAD 命令快捷键表。

本书配套光盘收录了书中典型实例和习题完成后的图形文件（.dwg），以及部分典型实例创建过程的动画演示文件（.avi），读者可以参考使用。

本书实例典型、内容丰富，可作为建筑设计、室内外装饰装潢设计、环境设计、房地产等相关专业的设计师、工程技术人员学习 AutoCAD 绘制装饰图的参考书，还可作为相关专业在校师生的教学参考书。

图书在版编目（CIP）数据

中文版 AutoCAD 室内装潢设计应用大全 / 马永志，郑艺华，刘岩编著. —北京：机械工业出版社，2012.7

ISBN 978-7-111-38932-3

Ⅰ. 中…　Ⅱ. ①马…　②郑…　③刘…　Ⅲ. 室内装饰设计－计算机辅助设计－AutoCAD 软件　Ⅳ. TU238-39

中国版本图书馆 CIP 数据核字（2012）第 140153 号

机械工业出版社（北京市西城区百万庄大街 22 号　邮政编码　100037）
责任编辑：陈佳媛
北京瑞德印刷有限公司印刷
2012 年 7 月第 1 版第 1 次印刷
185mm×260mm・29.5 印张
标准书号：ISBN 978-7-111-38932-3
　　　　　ISBN 978-7-89433-531-9（光盘）
定价：69.00 元（附光盘）

凡购本书，如有缺页、倒页、脱页，由本社发行部调换
客服热线：（010）88378991；88361066
购书热线：（010）68326294；88379649；68995259
投稿热线：（010）88379604
读者信箱：hzjsj@hzbook.com

与本书配套的网络学习资源——天天课堂网站

天天课堂是一个专业从事 AutoCAD、Photoshop 学习、教育培训和互动交流的网站，它与纸质书有机结合，极大地拓展了书籍内容的深度及广度，增强了书籍的专业应用及实践性。网站提供的主要内容包括基础教程、高级教程、典型实例、练习题、实践应用、视频教程、认证考试、技术文章及常见问题等。此外，还设立了专业论坛供大家交流学习。

当前，网络已经成为人们普遍使用的信息获得及交流渠道，它在很多方面改变了人们的生活和学习习惯。虽然现在的书籍还是以传统的纸质媒介为主，但人们学习的方式及过程已经发生了很大的变化，不再仅仅以教材为核心来开展，而是扩展到了网络信息的领域。当遇到问题或想进一步提高时，用户一般都会上网搜索相关的学习资料；当需要交流信息时，常常采用 QQ 或其他的网络交流工具进行交流。

基于上述考虑，天天课堂网站在辅助传统教学、开展网络学习等方面进行了认真的探索实践，精心规划了网站的结构和内容，使之与纸质媒介相互融合，形成了一个系统、完整的学习资源库。网站包含 Photoshop 及 AutoCAD 两个板块，其中 AutoCAD 板块的结构体系如下图所示。

AutoCAD 板块

AutoCAD板块内容介绍

AutoCAD 板块划分为 13 个子块，主要内容包括专业教程、案例教程、在线视频教程、练习题、认证考试大纲、模拟试题、图纸下载、问题及应用技巧等。

（1）二维绘图

AutoCAD 2007~2010 版二维绘图基础教程，二维高级绘图及编辑，高效绘图技巧，图形管理及设计工具等。

（2）三维绘图

AutoCAD 2007~2010 版三维绘图基础教程，实体建模一般方法及技巧，将三维模型投影成二维视图，通过编辑实体表面形成结构特征等。

（3）机械绘图

AutoCAD 2006~2009 版机械绘图基础教程，机械平面图形综合训练，绘制轴类、盘盖类、叉架类及箱体类零件，画装配图的步骤及技巧等。

（4）建筑绘图

AutoCAD 2006~2010 版建筑绘图基础教程，建筑平面图形综合训练，绘制建筑施工图及结构施工图的方法及技巧等。

（5）典型实例

约 50 个复杂图形绘制实例，约 100 个典型机械图实例，约 100 个建筑施工图、电气图及设备图实例，约 30 个三维建模及模型渲染实例。

（6）练习题

约 200 个二维绘图基础及高级练习题，约 40 个三维建模基础及高级练习题，创建面域、图块及属性练习题。

（7）常见问题

绘图环境设置，二维及三维命令的应用及绘图技巧等。

（8）视频教程

约 400 个二维绘图视频，约 300 个三维绘图视频，约 200 个机械绘图视频，约 200 个建筑绘图视频，约 30 个参数化绘图视频。

（9）认证考试

劳动部 AutoCAD 技能等级认证考试大纲、模拟试题及相关练习题等。

（10）技术文章

关于 AutoCAD 技术发展、专业应用及教育培训等方面的文章。

（11）资源下载

约 40 个常用件及传动件，约 130 个轴套类、盘盖类、叉架类、箱体类、薄板类、焊接结合件及装配图等。

（12）论坛

AutoCAD 交流平台。

（13）AutoCAD 2010 专栏

介绍最新版本 AutoCAD 的功能及相关资讯。

经过两年多的试运行，来网站学习交流的读者不断增加，而且停留在网站上学习的时间普遍较长。我们有理由相信，天天课堂网站正逐渐发展成为一个网上学习和交流的优秀平台。

关 于 本 书

AutoCAD 以其强大的绘图、建模功能成为国际上流行的绘图工具，利用它能够精确、便捷地创建各种平面图形，AutoCAD 的.dwg 文件格式已经成为二维绘图的事实标准格式。AutoCAD 能让设计者更好地表现自己的产品，提高设计效率和成功率。

内容和特点

本书以最新颁布的《房屋建筑室内装修设计制图标准》(2012 年 3 月 1 日正式实施)为依据，密切结合工程实际，精选室内装潢设计应用图例，全面介绍 AutoCAD 绘图知识，由浅入深、循序渐进地引导读者在室内装潢设计实战中掌握 AutoCAD 2012 命令的使用方法及应用技巧，引导读者运用所学知识快速精准地表达自己的室内装潢设计理念，从而提高读者 AutoCAD 绘图的综合应用能力和室内装潢综合设计能力。

本书共分为 18 章和 3 个附录，主要内容如下。

- 第 1 章：室内设计制图基础。
- 第 2 章：AutoCAD 绘图环境及基本操作。
- 第 3 章：绘制平面图形。
- 第 4 章：编辑平面图形。
- 第 5 章：参数化绘图。
- 第 6 章：图块与动态块。
- 第 7 章：绘图方法与技巧。
- 第 8 章：标注。
- 第 9 章：图形显示查询。
- 第 10 章：打印输出图形。
- 第 11 章：绘制住宅类室内设计中主要单元。
- 第 12 章：住宅室内设计平面图绘制。
- 第 13 章：住宅地面铺装图、顶棚平面图绘制。
- 第 14 章：住宅装饰立面图及平面图绘制。
- 第 15 章：别墅室内平面及顶棚图绘制。
- 第 16 章：餐厅室内装饰设计。
- 第 17 章：办公空间室内装饰设计。
- 第 18 章：桑拿室内装饰设计。
- 附录 A：室内装修设计制图的基本规定。
- 附录 B：常用建筑装饰装修材料和设备图例。
- 附录 C：AutoCAD 命令快捷键表。

读者对象

本书实例典型、内容丰富，可作为建筑设计、室内外装饰装潢设计、环境设计、房地产等相关专业的设计师、工程技术人员学习 AutoCAD 绘制装饰图的参考书，还可作为相关专业在校师生的教学参考书。

附盘内容及用法

本书所附光盘内容分为两大部分。

1. .dwg 图形文件

本书典型实例和习题完成后的.dwg 图形文件都按章收录在附盘的“dwg\第 01 章～第 18 章”文件夹下。

2. .avi 动画文件

本书所有习题的绘制过程都录制成了.avi 视频文件，并收录在附盘的“avi\第 01 章～第 18 章”文件夹下。

注意：播放文件前要安装光盘根目录下的 tscc.exe 插件。

3. 网络辅助材料的地址文件

与本书关联的网络学习材料的地址都按书籍原有的章节结构放在 Word 文件中，按住 Ctrl 键单击网址，就可观看“天天课堂”网站上对应的视频文件。

除了署名作者外，参加本书编写工作的还有沈精虎、黄业清、宋一兵、谭雪松、冯辉、计晓明、董彩霞、腾玲、管振起等。感谢您选择了本书，由于作者水平有限，书中难免存在疏漏之处，敬请批评指正。

老虎工作室网站：http://www.ttketang.com，电子邮件 ttketang@163.com。

老虎工作室

2012 年 5 月

目 录 CONTENTS

第1章

室内设计制图基础

通过本章的学习，读者可以掌握 AutoCAD 绘图环境及基本操作，掌握调用命令、选择对象的方法，掌握图层、线型及线宽等设置方法。

【学习目标】

☑ 熟悉重复命令和取消已执行的操作。

☑ 了解并掌握图层、线型及线宽等设置方法。

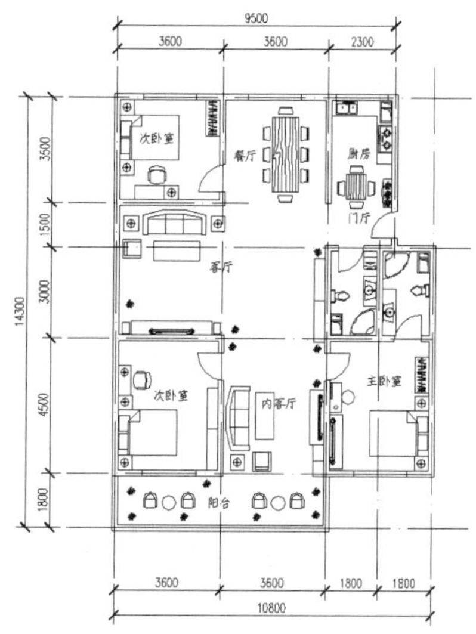

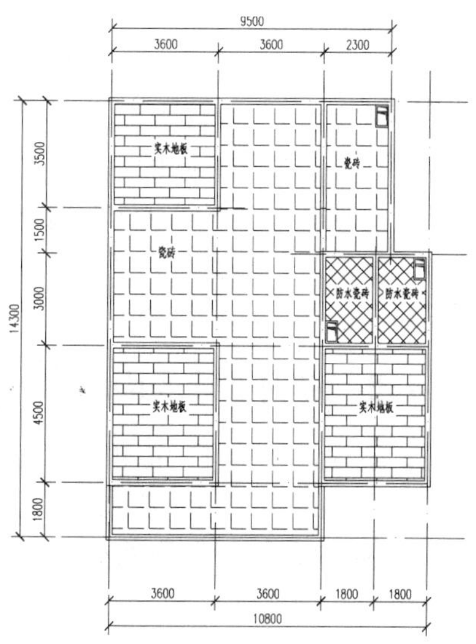

1.1 室内设计内容

简单地讲，室内设计泛指能够实际在室内建立的任何相关物件：包括墙、窗户、窗帘、门、表面处理、材质、灯光、空调、水电、环境控制系统、视听设备、家具与装饰品的规划。

图 1-1 为一套三户型室内设计平面图，图中包含了墙、窗户、门、家具与装饰品等的规划，其详细绘制过程详见 12.2 节。

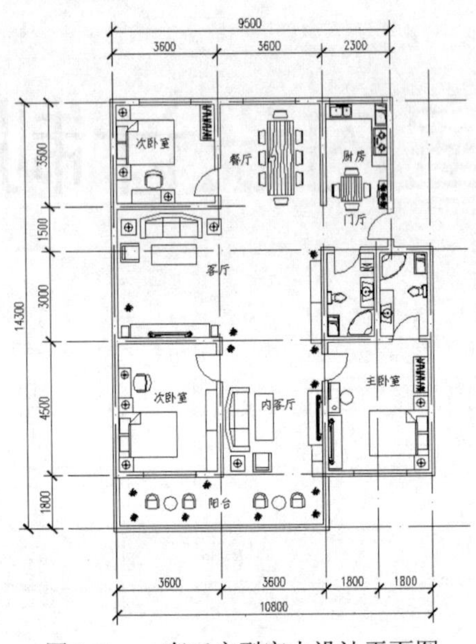

图 1-1　一套三户型室内设计平面图

现代室内设计，也称室内环境设计，所包含的内容涉及面广，相关的因素多。

1.1.1　室内环境的内容和感受

室内环境的内容，涉及由界面围成的空间形状、空间尺度的室内空间环境，室内声、光、热环境，室内空气环境（空气质量、有害气体和粉尘含量、放射剂量、……）等室内客观环境因素。

创造舒适优美的室内环境，既需要富有激情、考虑文化的内涵、运用建筑美原理进行创作，同时又需要以相关的客观环境因素作为设计的基础。

图 1-2 所示为桑拿室的室内装修设计，设计上融入了中国古典园林的设计手法。在满足其功能的基础上，整个空间布局分为湿态区域和干态区域。湿态区域分为淋浴、干湿蒸、洗手台、坐浴区、搓背区、浴池区；干态区域分为更衣室、二次更衣、包厢、休息大厅。根据其功能需要，使整个空间布置更加合理科学。其详细绘制过程参见第 18 章。

1.1.2　室内设计的内容和相关因素

现代室内设计涉及的面很广，但是设计的主要内容可以归纳为以下 3 个方面，这些方面的内容相互之间又有一定的内在联系。

1. 室内空间组织和界面处理

室内设计的空间组织，包括平面布置，首先需要对原有建筑设计的意图有充分的理解，

对建筑物的总体布局、功能分析、人流动向以及结构体系等有深入的了解，在室内设计时对室内空间和平面布置予以完善、调整或再创造。

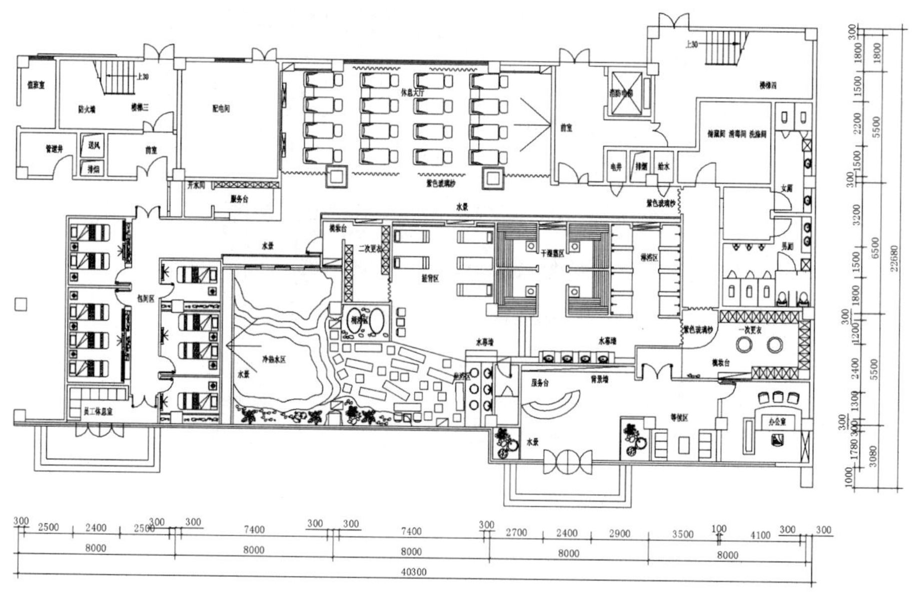

图 1-2　桑拿室的室内装修设计

图 1-3 所示为餐厅室内建筑平面图，图 1-4 则为餐厅室内装修设计图，它基本完成了对图 1-3 室内空间和平面布置的完善、调整或再创造。其详细绘制过程参见第 16 章。

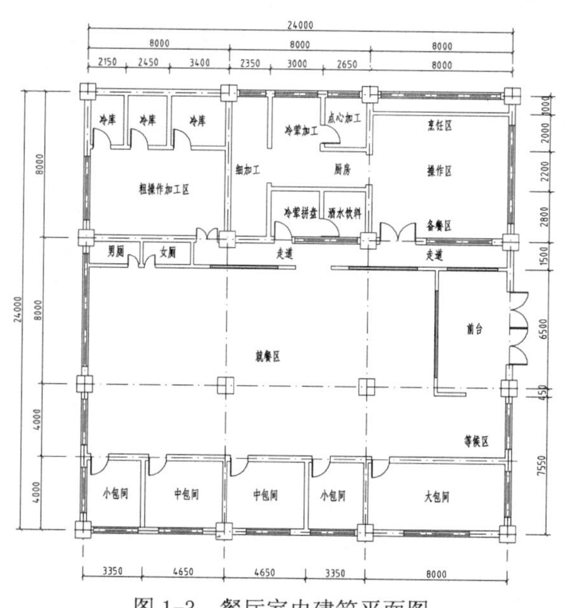

图 1-3　餐厅室内建筑平面图

室内界面处理是指对室内空间的各个围合——地面、墙面、隔断、平顶等各界面的使用功能和特点，界面的形状、图形线脚、肌理构成的设计，以及界面和结构的连接构造，界面和风、水、电等管线设施的协调配合等方面的设计。

室内空间组织和界面处理是确定室内环境基本形体和线型的设计，设计时应以物质功能和精神功能为依据，考虑相关的客观环境因素和主观的身心感受。

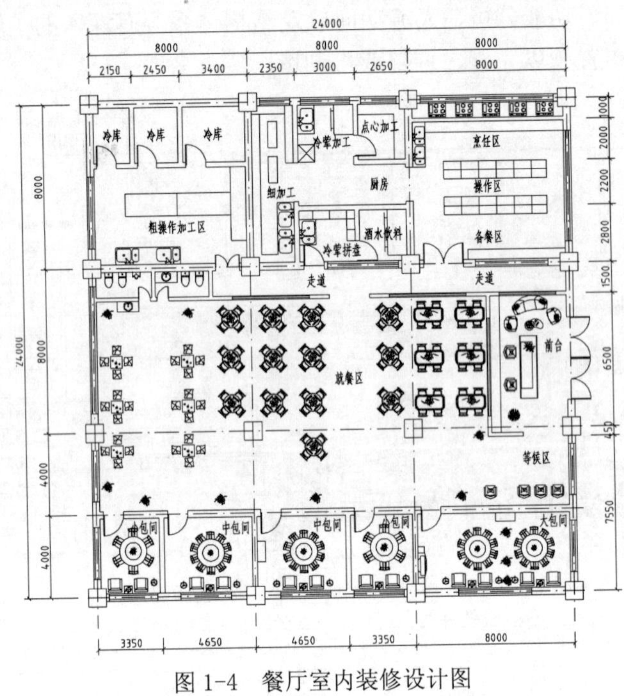

图 1-4　餐厅室内装修设计图

2．室内光照、色彩设计和材质选用

室内光照是指室内环境的天然采光和人工照明，光照除了能满足正常的工作生活环境的采光、照明要求外，光照和光影效果还能有效地起到烘托室内环境气氛的作用。色彩是室内设计中最为生动、最为活跃的因素，室内色彩往往给人们留下室内环境的第一印象。

光和色不能分离，除了色光以外，色彩还必须依附于界面、家具、室内织物、绿化等物体。室内色彩设计需要根据建筑物的性格、室内使用性质、工作活动特点、停留时间长短等因素，确定室内主色调，选择适当的色彩配置。

材料质地的选用是室内设计中直接关系到实用效果和效益的重要环节，巧于用材是室内设计中的一大学问。饰面材料的选用同时具有满足使用功能和人们身心感受这两方面的要求。室内设计毕竟不能停留于一幅彩稿，设计中的形、色，最终必须和所选“载体”——材质——这一物质构成相统一，在光照下，室内的形、色、质融为一体，赋予人们以综合的视觉心理感受。

图 1-5 为图 1-1 所示的一套三户型的地面铺装图，图中根据实际情况需求采用了瓷砖、防水瓷砖、实木地板三种不同材质。其详细绘制过程参见 13.2 节。

3．室内内含物——家具、陈设、灯具、绿化等的设计和选用

家具、陈设、灯具、绿化等室内设计的内容，相对地可以脱离界面布置于室内空间里，在室内环境中，实用和观赏的作用都极为突出，通常它们都处于视觉中显著的位置，家具还直接与人体相接触，感受距离最为接近。家具、陈设、灯具、绿化等在烘托室内环境气氛、形成室内设计风格等方面起到举足轻重的作用。

室内绿化在室内设计中具有不能替代的特殊作用。室内绿化具有改革室内小气候和吸附粉尘的功能，更为主要的是，室内绿化使室内环境生机勃勃，带来自然气息，令人赏心悦目，起到柔化室内人工环境、在高节奏的现代生活中协调人们心理平衡的作用。

在图 1-1、图 1-2 和图 1-4 中均进行了适当的室内绿化设计。图 1-6 为某办公室室内

装修设计图，图中同样展示了家具、陈设、绿化等对烘托室内环境气氛所起到的作用。其详细绘制过程参见 17.2 节和 17.3 节。

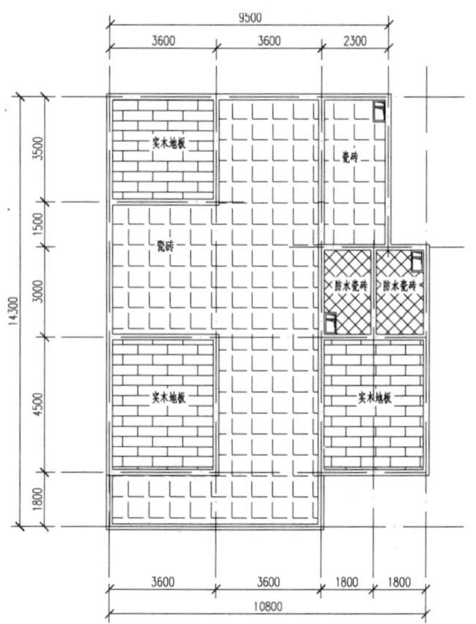

图 1-5　一套三户型的地面铺装图

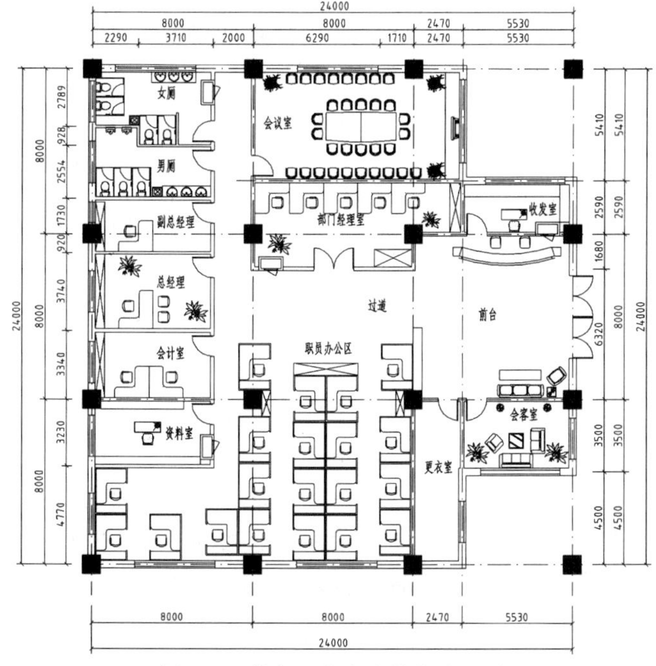

图 1-6　某办公室室内装修设计图

上述室内设计内容所列的 3 个方面，其实是一个有机联系的整体：光、色、形体让人们能综合感受室内环境，光照下界面和家具等是色彩和造型的依托“载体”，灯具、陈设又必须和空间尺度、界面风格相协调。

人们常称建筑学是工科中的文科，能否认为现代室内设计处在建筑和工程技术、社会和自然科学的交汇点？现代室内设计与一些学科和工程技术因素的关系极为密切，例如学科中的建筑美学、材料学、人体工程学、环境学、环境心理和行为学等；技术因素如结构构成、室内设施和设备、施工工艺和工程经济、质量检测以及计算机技术在室内设计中的作用等。

1.2 室内设计分类与目的

本节简单介绍一下室内设计分类与目的。

1.2.1 室内设计分类

室内设计和建筑设计类同，从大的类别来分可分为以下几个类别：

- 居住建筑室内设计。
- 公共建筑室内设计。
- 建筑室内设计。
- 农业建筑室内设计。

各类建筑中不同类型的建筑之间，还有一些使用功能相同的室内空间，例如：门厅、过厅、电梯厅、中庭、盥洗间和浴厕，以及一般功能的门卫室、办公室、会议室及接待室等。当然在具体工程项目的设计任务中，这些室内空间的规模、标准和相应的使用要求还会有不少差异，需要具体分析。

图 1-7 所示为一桑拿室入口门厅设计，图 1-8 所示为一套三户型入口门厅设计，两者差异明显，桑拿室入口门厅布置要比一般家居门厅复杂得多，它们的具体绘制过程分别详见 18.3.1 节和 12.2.2 节。

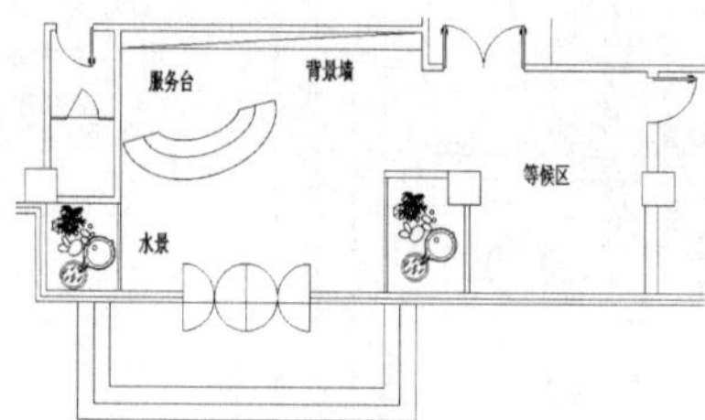

图 1-7　一桑拿室入口门厅设计

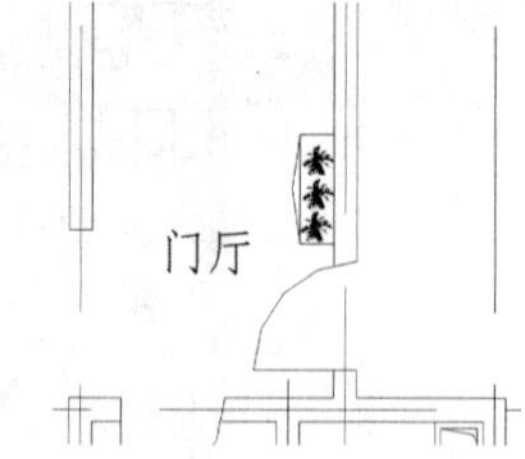

图 1-8　一套三户型入口门厅设计

由此可见，在接受室内设计任务时，首先应该明确所设计的室内空间的使用性质，即所谓设计的“功能定位”，这是由于室内设计造型风格的确定、色彩和照明的考虑以及装饰材质的选用，无不与所设计的室内空间的使用性质、设计对象的物质功能和精神功能紧密联系在一起。例如住宅建筑的室内，即使经济上有可能，也不宜在造型、用色、用材方面使“居住装饰宾馆化”，因为住宅的居室和宾馆大堂、游乐场所之间的基本功能和要求的环境氛围是截然不同的。

1.2.2 室内设计目的

室内设计目的大致有以下 4 个方面：

（1）以满足人和人际活动的需要为核心。

针对不同的人、不同的使用对象，考虑他们不同的空间设计要求，需要注意研究人们的行为心理、视觉感受方面的要求。不同的空间给人不同的感受。

（2）加强整体环境观。

室内设计的立意、构思、风格和环境氛围的创造，需要着眼于环境的整体、文化特征

以及建筑功能特点等多方面考虑。

- 宏观环境（自然环境）：太空、大气、山川森林、平原草地、气候地理特征、自然景色、当地材料。
- 中观环境（城乡、街坊及室外环境）：城镇及乡村环境、社区街坊建筑物及室外环境、历史文脉、民俗风情、建筑功能特点、形体、风格。
- 微观环境（室内环境）：各类建筑的室内环境、室内功能特点、空间组织特点、风格。

（3）科学性与艺术性结合。

现代设计的又一个基本点，是在室内设计环境中高度重视科学性、艺术性及其相互之间的结合。

- 科学性：包括新型材料、结构构成、施工工艺，良好的声、光、热环境的设施设备，以及设计手段的变化（电脑设计）。
- 艺术性：在重视物质技术手段的同时，高度重视建筑美学原理，重视创造具有表现力和感染力的室内空间形象，具有视觉愉悦和文化内涵的室内环境。
- 科学性与艺术性：遇到不同的类型和功能特点的室内环境可能有所侧重，但从宏观整体的设计观念出发，仍需两者结合。总之要达到——生理需求与心理需求的平衡和综合。

（4）时代感与历史文脉并重。

并不能简单地从形式、符号来理解，而是广义地涉及规划思想、平面布局、空间组织特征，设计中的哲学思想和观点。

图 1-9 所示为一桑拿室天花装修图，图中显示，为了贯彻“水”、“自然”、“文人”、“放松”及“休闲”5 个主题，在浴池区域其空间采用类似山洞的空间效果，曲折的吊顶喷荧光漆，在灯光的照射下，形成满天星光的效果。用灰色水泥做成的人造山洞，在其表面喷荧光漆。休息区天花采用白色乳胶漆饰面，中部吊顶圆形造型部分采用均光灯片，使整个空间看上去简单但又有采光漫影效果。采用紫色玻璃纱作为帷幔，在灯光的照射下，形成梦幻的空间效果。其详细绘制过程见 18.4.2 节。

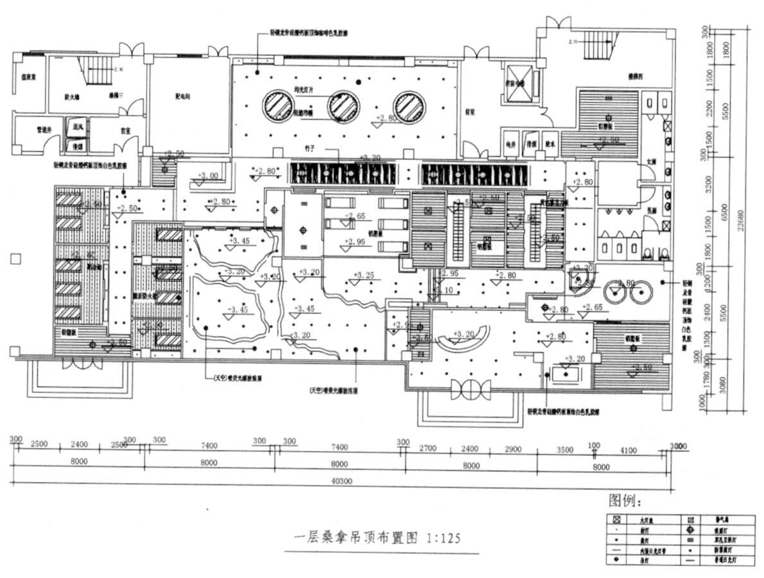

图 1-9 一层桑拿室天花装修图

（5）动态和可持续性的发展观。

室内设计动态发展观点如下：

- 市场经济、竞争机制。
- 购物行为和经营方式的变化。
- 新型装饰材料、高效照明、空调设备的推出。
- 防火规范、建筑标准的修改，都将促使现代室内设计在空间组织、平面布局、装修构造设施安装等方面都留有更新、改造的余地。
- 各类人为活动应重视有利于今后在生态、环境、能源、土地利用等方面的可持续发展。

1.3 室内设计制图的要求及规范

本节主要介绍室内设计制图的要求及规范。

1.3.1 室内设计制图概述

室内设计制图是室内设计人员用来表达设计思想、传达设计意图的技术文件，是室内装修施工的依据。室内设计制图就是根据正确的制图理论及方法，按照国家统一的室内制图规范将室内空间 6 个面的设计情况在二维图面上表现出来，包括室内平面图、室内顶棚平面图、室内立面图和室内细部节点详图等。

室内设计手工制图和计算机制图的依据为：国家建设部出台的《房屋建筑制图统一标准》（GB/T 50001、GB/T50002-2001）、《房屋建筑室内装饰装修制图标准》（JGJ/T244-2011）和《建筑制图标准》（GB/T50104-2001）。

1.3.2 图幅、图标及会签栏

室内设计常用图幅标准如表 1-1 所示，表中的尺寸符号代表意义如图 1-10 和图 1-11 所示。

表 1-1 室内设计常用图幅

图纸幅面代号	A1	A2	A3	A4	A5
外框尺寸（mm）（b×1）	594×841	420×594	297×420	210×297	148×210
内外框最大间距（a）	25				
内外框最小间距（a）	10			5	
标题栏尺寸（mm）	240 横式（200 立式）×30（40）				
会签栏尺寸（mm）	100×20				

图纸尽量统一尺寸，在室内设计中，一张专业的图纸，一般不宜多于两种幅面（不包含 A4 幅面的目录及表格）。

图标即图纸的图标栏，包括设计单位名称、工程名称、签字区、图名区及图号区等，一般图标格式如图 1-12 所示。如今很多单位采用自己制定的格式，但都包含这几项内容。

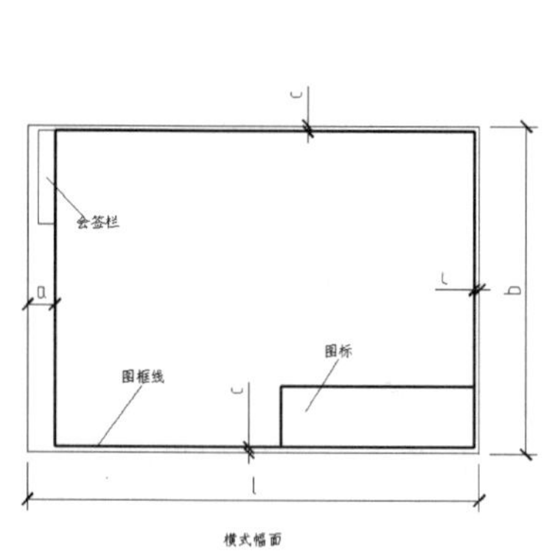

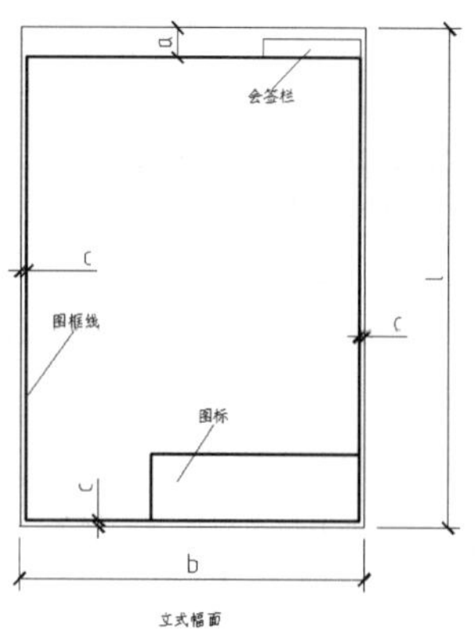

图 1-10　A1-A3 图幅格式

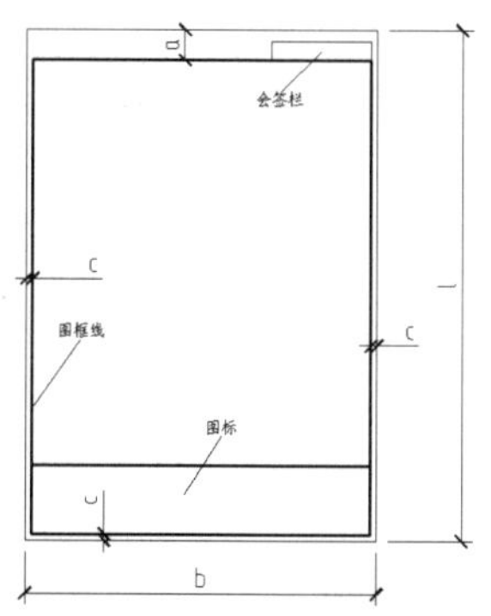

图 1-11　A4 图幅格式

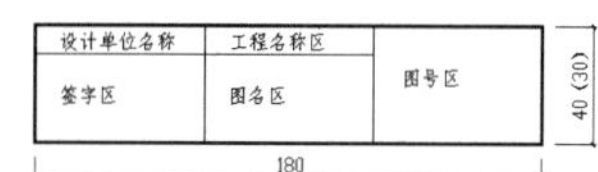

图 1-12　图标栏格式

● 会签栏：按格式绘制，尺寸为 100 mm×200 mm，栏内填写会签人员的专业、姓名、日期（年、月、日），如图 1-13 所示。若一个会签栏不够，可并列另加一个。不需要会签的图纸，可不设会签栏。

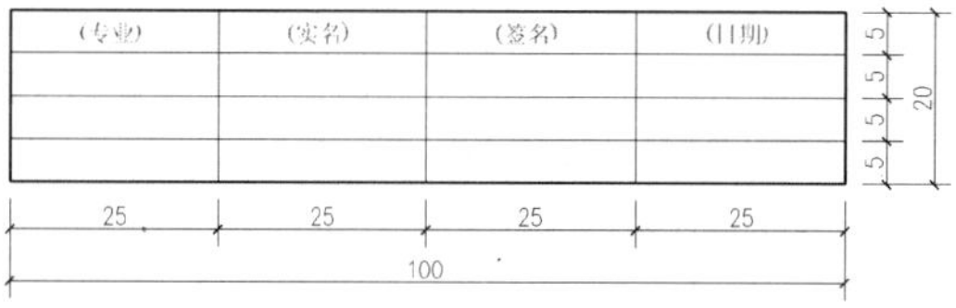

（专业）	（实名）	（签名）	（日期）

25　25　25　25
100
5　5　5　5　20

图 1-13　会签栏格式

● 线型要求：图线的宽度 b 宜从下列线宽系列中选取：2.0、1.4、1.0、0.7、0.5、0.35mm。

每个图样应根据复杂程度与比例大小，先选定基本线宽 b，再选用表 1-2 中相应的线宽组。

表 1-2　线宽组　（mm）

线 宽 比	线 宽 组					
b	2.0	1.4	1.0	0.7	0.5	0.35
0.5b	1.0	0.7	0.5	0.35	0.25	0.18
0.25b	0.5	0.35	0.25	0.18	—	—

注：1. 需要微缩的图纸，不宜采用 0.18mm 及更细的线宽。

2. 同一张图纸内，各不同线宽中的细线，可统一采用较细的线宽组的细线。

图纸的图框和标题栏线，可采用表 1-3 中的线宽。

表 1-3　图框和标题栏线的线宽表

幅面代号	图框线	标题栏外框线	标题栏分格线、会签栏线
A0、A1	1.4	0.7	0.35
A2、A3、A4	1.0	0.7	0.35

具体要求如下：

- 相互平行的图线，其间隙不宜小于其中的粗线宽度，且不宜小于 0.7mm。
- 虚线、单点长画线或双点长画线的线段长度和间隔宜各自相等。
- 当在较小图形中绘制单点长画线或双点长画线有困难时，可用实线代替。
- 单点长画线或双点长画线的两端不应是点。点画线与点画线交接或点画线与其他图线交接时，应是线段交接。
- 虚线与虚线交接或虚线与其他图线交接时，应是线段交接。虚线为实线的延长线时，不得与实线连接。
- 图线不得与文字、数字或符号重叠、混淆，不可避免时，应首先保证文字等的清晰。

1.3.3　尺寸标注

图样尺寸标注的一般标注方法应符合现行国家标准《房屋建筑制图统一标准》（GB/T 50001）的规定。

- 尺寸标注应清晰，不应与图线、文字及符号等相交或重叠。
- 尺寸宜标注在图样轮廓以外，如必须标注在图样内，则不应与图线、文字及符号等相交或重叠。当标注位置相对密集时，各标注数字应根据需要微调注写位置，在该尺寸较近处注写，与相邻数字错开。
- 总尺寸应标注在图样轮廓以外。定位尺寸及细部尺寸可根据用途和内容注写在图样外或图样内相应的位置。注写要求应符合上段叙述要求。

建筑室内装饰装修设计图中的尺寸及标高，宜按下列规定注写：

- 立面图、剖面图及其详图的高度宜注写垂直方向尺寸；不易标注垂直距离尺寸时，宜在相应位置以标高表示。
- 根据需要各部分定位尺寸及细部尺寸可注写净距离尺寸或轴线间尺寸。
- 注写剖面或详图各部位的尺寸时，应注写其所在层次内的尺寸。
- 图中连续等距重复的图样，若不易标明具体尺寸，可按《建筑制图标准》（GB/T 50104）中 4.5.3、4.5.4、4.5.5 规定表示。

1.3.4　文字说明

图纸上所需书写的文字、数字或符号等，均应笔画清晰、字体端正、排列整齐，标点符号应清楚正确。

文字的字高，应从以下系列中选用：3.5、5、7、10、14、20mm。

如需书写更大的字，其高度应按 2 的比值递增。

图样及说明中的汉字宜采用长仿宋体，宽度与高度的关系应符合表 1-4 中的规定。大标题、图册封面、地形图等的汉字，也可书写成其他字体，但应易于辨认。

表 1-4　图样及说明中的汉字宽度与高度的关系表

字　高	20	14	10	7	5	3.5
字　宽	14	10	7	5	3.5	2.5

汉字的简化字书写必须符合国务院公布的《汉字简化方案》和有关规定。

拉丁字母、阿拉伯数字与罗马数字的书写与排列应符合表 1-5 中的规定。

表 1-5　拉丁字母、阿拉伯数字与罗马数字书写规则表

书写格式	一般字体	窄字体
大写字母高度	h	h
小写字母高度（上下均无延伸）	$7/10h$	$10/14h$
小写字母伸出的头部或尾部	$3/10h$	$4/14h$
笔画宽度	$1/10h$	$1/14h$
字母间距	$2/10h$	$2/14h$
上下行基准线最小间距	$15/10h$	$21/14h$
词间距	$6/10h$	$6/14h$

- 拉丁字母、阿拉伯数字与罗马数字如需写成斜体字，其斜度应是从字的底线逆时针向上倾斜 75°。斜体字的高度与宽度应与相应的直体字相等。
- 拉丁字母、阿拉伯数字与罗马数字的字高应不小于 2.5mm。
- 数量的数值注写应采用正体阿拉伯数字。各种计量单位凡前面有量值的，均应采用国家颁布的单位符号注写。单位符号应采用正体字母。
- 分数、百分数和比例数的注写应采用阿拉伯数字和数学符号，例如：四分之三、百分之二十五和一比二十应分别写成 3/4、25%和 1:20。
- 当注写的数字小于 1 时，必须写出个位的“0”，小数点应采用圆点，齐基准线书写，例如 0.01。

1.3.5　常用图示标志

建筑装饰制图因其起步晚、发展速度快，因而没有统一的标准。它在图示方法、尺寸标注、图例符号上与建筑施工图基本相似，所以仍采用建筑施工图中的基本规定。在图例符号上也没有统一的规定，大多是大家在流行中相互沿用，在发展中不断变化。现列出部分图例供大家参考，必要时可自行设计或用文字标注说明。室内装饰设计常用图例如图 1-14 所示。

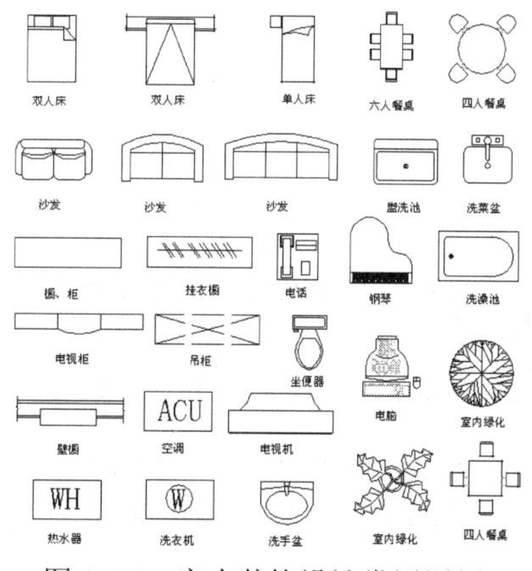

图 1-14　室内装饰设计常用图例

1.3.6 常用材料符号

建筑装饰装修材料的图例画法应符合《房屋建筑制图统一标准》（GB/T 50001）的规定。常用建筑材料、装饰装修材料绘制规定详见附录 B。

使用建筑装饰装修材料图例时，应根据图样大小而定，并应注意下列事项：

（1）图例线应间隔均匀，疏密适度，做到图例正确，表示清楚。

（2）不同品种的同类材料使用同一图例时（如某些特定部位的石膏板必须注明是防水石膏板时），应在图上附加必要的说明。

（3）两个相同的图例相接时，图例线宜错开或使倾斜方向相反的斜线，如图 1-15 所示。

（4）两个相邻的涂黑图例（如混凝土构件、金属件）间，应留有空隙。其宽度不得小于 0.7mm，如图 1-16 所示。

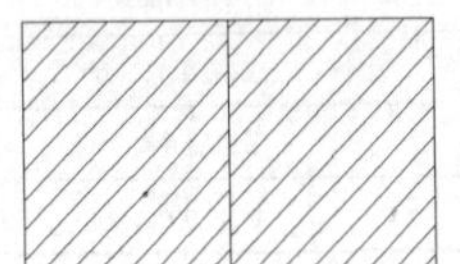

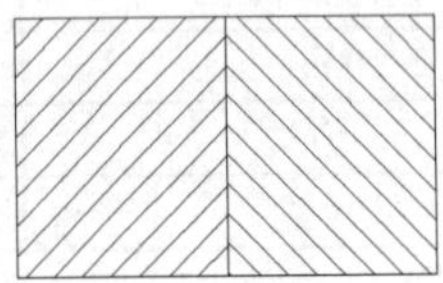

图 1-15　相同的图例相接时的画法

图 1-16　两个相邻的涂黑图例的画法

下列情况可不加图例，但应加文字说明：

（1）一张图纸内的图样只用一种图例时。

（2）图形较小无法画出建筑材料图例时。

需画出的建筑材料图例面积过大时，可在断面轮廓线内，沿轮廓线做局部表示，如图 1-17 所示。

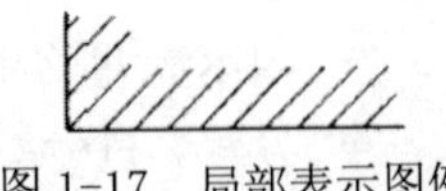

图 1-17　局部表示图例

当选用本标准中未包括的建筑材料时，可自编图例，但不得与本标准所列的图例重复。绘制时，应在适当位置画出该材料图例，并加以说明。

1.3.7 常用绘图比例

图样的比例表示应符合现行国家标准《房屋建筑制图统一标准》（GB/T 50001）的规定。

比例宜注写在图名的右侧或右侧下方，字的基准线应取平。比例的字高宜比图名的字高小一号或二号，如图 1-18 所示。

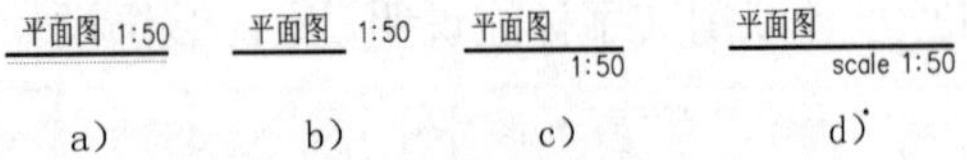

图 1-18　比例的注写

绘图采用的比例应根据图样内容及复杂程度选取。常用及可用的图纸比例应符合表 1-6 中的规定。

表 1-6　常用及可用的图纸比例

常用比例	1:1、1:2、1:5、1:10、1:20、1:25、1:50、1:75、1:100、1:150、1:200、1:250
可用比例	1:3、1:4、1:6、1:8、1:15、1:30、1:35、1:40、1:60、1:70、1:80、1:120、1:300、1:400、1:500

根据建筑室内装饰装修设计的不同部位、不同阶段的图纸内容和要求，绘制的比例宜在表 1-7 中选用。

表 1-7　各部位常用图纸比例

比　　例	部　　位	图 纸 内 容
1:200～1:100	总平面、总顶面	总平面布置图、总顶棚平面布置图
1:100～1:50	局部平面、局部顶棚平面	局部平面布置图、局部顶棚平面布置图
1:100～1:50	不复杂的立面	立面图、剖面图
1:50～1:30	较复杂的立面	立面图、剖面图
1:30～1:10	复杂的立面	立面放样图、剖面图
1:10～1:1	平面及立面中需要详细表示的部位	详图

特殊情况下可以自选比例，也可以用相应的比例尺表示。另外，根据表达目的不同，同一图纸中的图样可选用不同比例。

1.4 室内设计制图

室内设计制图是利用投影原理，把设计师的构思利用图形表达出来，是室内装饰的第一阶段，也是室内装修施工的主要依据。室内设计制图的内容包括以下内容：

（1）装饰设计文件或设计说明。

（2）装饰设计基本图样。

- 透视效果图：表明室内的某个房间或某个局部的立体效果。
- 轴测图：表明室内的整体布局立体直观图。
- 平面图：平面布置图、平面装修图。
- 立面图：立面布置图、立面装修图。
- 吊顶图：吊顶布置图、吊顶装修图。
- 结构详图：装饰剖面图、单体施工图。

（3）专业设备装饰设计图。

主要解决一些专业配备设施的安装施工，如：水、暖、电、绿化、通风等配备设施的施工图。

如前所述，一套完整的室内设计图一般包括平面图、顶棚平面图、立面图、构造详图和透视图。下面简述各种图纸的概念及内容。

1.4.1 平面图

室内平面图是以平行于地面的切面在据地面 1.5mm 左右的位置将上部切去而形成的正投影图。如图 1-19 所示为某别墅一层室内设计平面图，其详细绘制过程见 15.2 节和 15.3 节。

室内平面图中应表达的内容如下：

（1）墙体、隔断及门窗、各空间大小及布局、家具陈设、人流交通路线、室内绿化等。若不单独绘制地面材料平面图，则应该在平面图中表示地面材料。

（2）标注各房间尺寸、家具陈设尺寸及布局尺寸，对于复杂的公共建筑，则应标注轴线编号。

（3）注明地面材料及规格。

（4）注明房间名称、家具名称。

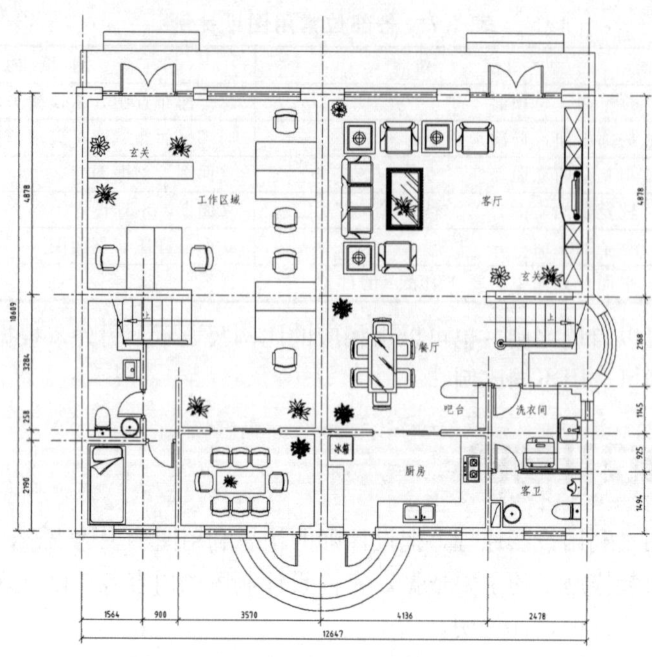

图 1-19　某别墅一层室内设计平面图

（5）注明室内地坪标高。

（6）注明详图索引符号、图例及立面内视符号。

（7）注明图名和比例。

（8）若需要辅助文字说明的平面图，还要注明文字说明、统计表格等。

平面图主要是表明建筑物室内空间的整体布局，例如：空间划分、使用功能的划分，室内家具、家电、绿化、陈设等物品的位置、形状和大小、地面的装饰等情况。

室内装饰平面图主要是地板、地砖、地毯等地面的装饰施工图样。它既是地面装饰施工的主要依据，也是用来表现地面装修的材料和材料的拼花、装饰花边的施工方法。

1.4.2　顶棚平面图

室内顶棚平面图是根据顶棚在其下方假想的水平镜面上的正投影绘制而成的镜像投影图。顶棚平面图中应注意表达以下的内容：

（1）顶棚的造型及材料说明。

（2）顶棚灯具和电器的安装位置标注。

（3）顶棚标造型尺寸标注、灯具、电器的安装位置的标注。

（4）顶棚标高标注。

（5）顶棚细部做法的说明。

（6）详图索引符号、图名、比例等。

如图 1-20 所示为某办公室天花装修图，其详细绘制过程见 17.4.2 节。

1.4.3　立面图

以平行于室内墙体的切面将前面部分切去，剩下部分的正投影图即室内立面图。如图 1-21 所示为某电视柜及背景立面图、平面图，其详细绘制过程见 14.2 节。

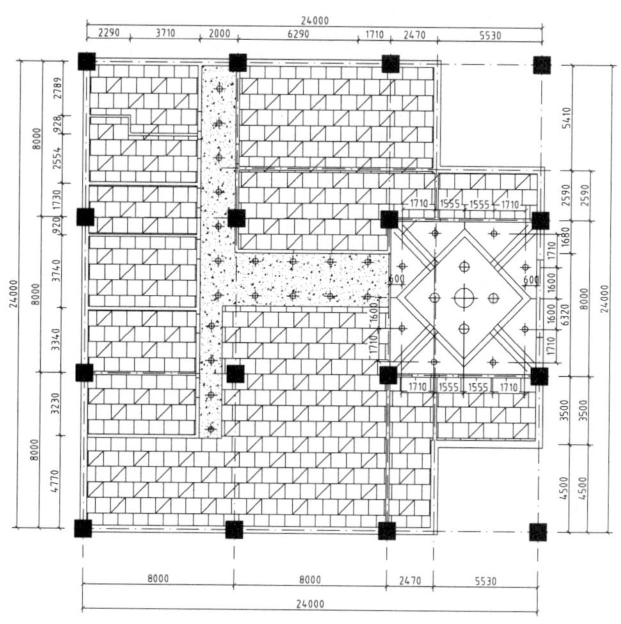

图 1-20　某办公室天花装修图

立面图的内容主要有以下几个方面：

（1）墙面造型、材质及家具陈设在立面上的正投影图。

（2）门窗立面及其他装饰元素立面。

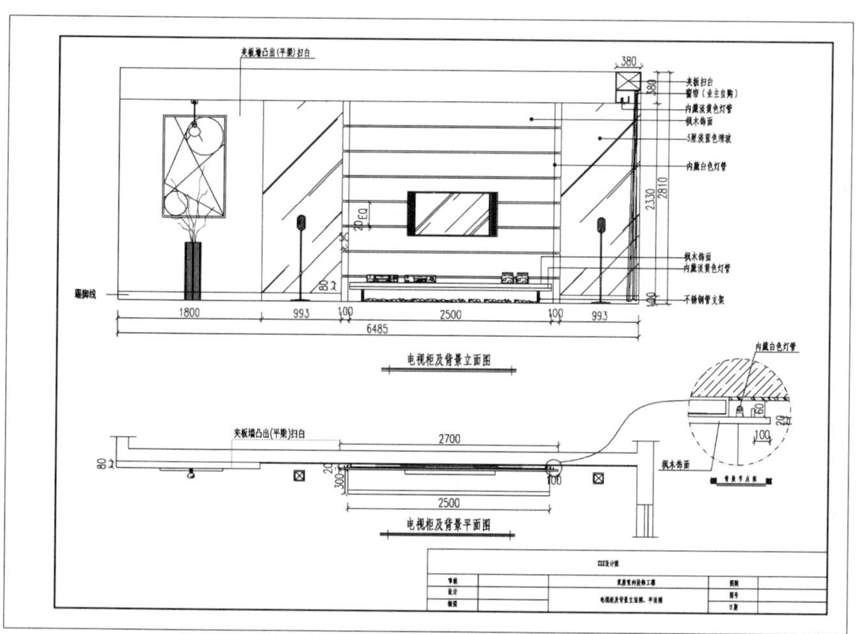

图 1-21　某电视柜及背景立面图、平面图

（3）立面各组成部分尺寸、地坪、吊顶标高。

（4）材料名称及细部做法说明。

（5）详图索引符号、图名、比例等。

立面图分为布置室内装饰立面图和室内装饰立面施工图两类。其中，布置室内装饰立面图就是利用正投影的方法得到的室内墙面装饰及靠近墙面家具布置的图样，它实际上也可称为剖立面图，绘制时，不仅要绘出墙面固定部分的装饰如踢脚线、墙裙子、吊顶剖面及固定在墙面上的装饰部位、吊柜、吊橱等物体的正投影图样，同时也要绘出墙面上的移动装饰品以及地面上靠近墙面的家具、陈设等物品的正投影图样。布置室内装饰立面图可绘出物体的阴影和淡彩上色，它的主要作用是展示室内立面布置的艺术性和科学性，有时还可以作为小型工程装修施工的依据，但在大型工程的装修施工中，必须有正规的装修施工图纸。

1.4.4 剖面图和断面图

装饰施工结构详图主要是解决在装饰平面图、立面图中无法细化的剖面、构件和单体的结构细部的施工做法。它主要包括以下 3 个部分：

（1）施工剖面图，如地面、墙面、吊顶等的剖面图。

（2）构件施工详图，如门、窗、壁炉、电视背景墙、玄关设计以及墙面上的各种固定装饰物的施工详图。

（3）单体制作图，如各种柜、橱、吧台、家具等相对独立部分的单体制作图。

装饰施工剖面图和建筑施工剖面图一样，也是用一假想的平面去垂直剖切室内装饰施工部位得到的正投影图。它主要是反映该部位的内部结构和细部施工，是细部施工的主要依据。如吊顶的内部、地面的铺设、墙面的粉刷等。剖面图除应画出剖切面切到部分的图形外，还应画出沿投射方向看到的部分。被剖切面切到部分的轮廓线用粗实线绘制，剖切面没有切到、但沿投射方向可以看到的部分，用中实线绘制，断面图则只需（用粗实线）画出剖切面切到部分的图形。图 1-22 上图为沙发背景剖面图，其详细绘制过程见 14.2.4 节后网络视频教学。

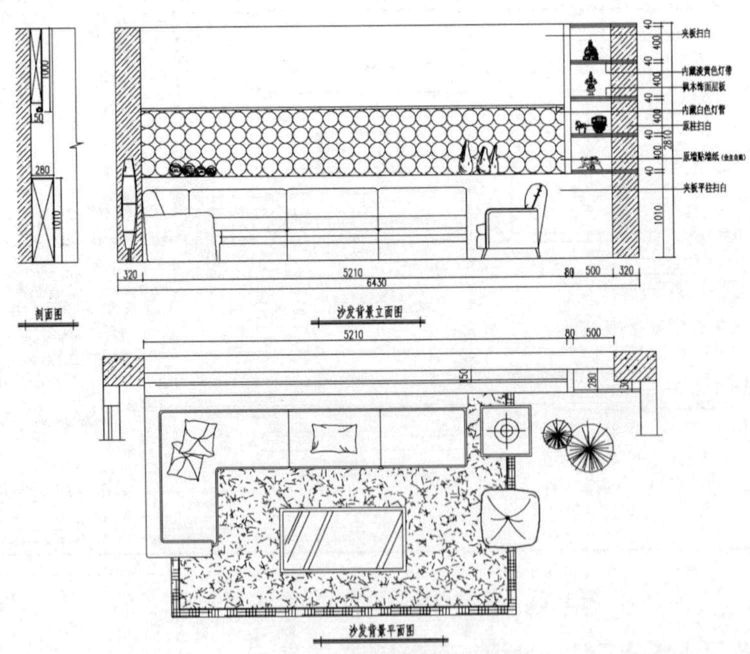

图 1-22　沙发背景剖面图

构件施工详图主要用来表明室内装饰固定构件部分的详细施工做法，它一般是用通过此构件的立面图和剖面图或者平面图和剖面图来完成的，是构件细部施工的主要依据。它

所含有的种类也很多，如门、窗、壁炉、电视背景墙、玄关等部分的施工详图。

1.4.5 其他规定

构造详图和透视图还有一些相应规定。

1. 构造详图

为了放大个别设计内容和细部做法，多以剖面图的方式表达局部剖开后的情况，这就是构造详图。如图 1-23 所示为电视柜背景节点图，其绘制过程详见 14.2.4 节。

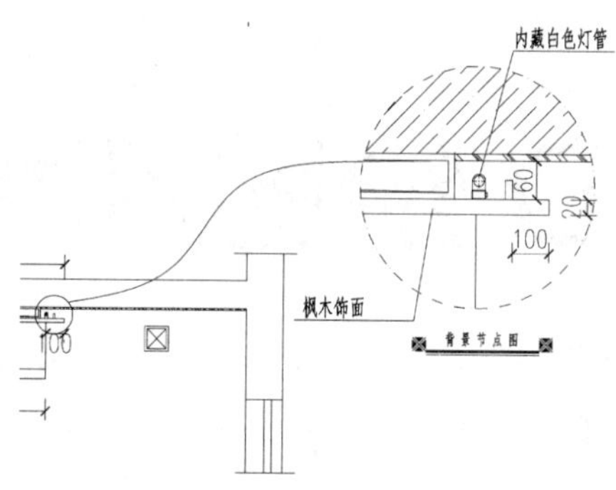

图 1-23 电视柜背景节点图

构造详图表达的内容有以下几点：

（1）以剖面图的绘制方法绘制出各材料断面、构配件断面及其相互关系。

（2）用细线表示出剖视方向上看到的部位轮廓及相互关系。

（3）标出材料断面图例。

（4）用指引线标出构造层次的材料名称及做法。

（5）标出其他构造做法。

（6）标注各部分尺寸。

（7）标注详图编号和比例。

2. 透视图

透视图是根据透视原理在平面上绘制出能够反映三维空间效果的图形，它与人的视觉空间感受相似。室内设计常用的绘制方法有一点透视、两点透视（成交透视）、鸟瞰图 3 种。

透视图可以通过人工绘制，也可以应用计算机绘制，它能直观表达设计思想和效果，故也称为效果图或表现图，是一个完整的设计方案中不可缺少的部分。

装饰装修构造详图应按直接正投影法绘制。

局部构造或装饰装修的立体图可按现行国家标准《房屋建筑制图统一标准》（GB/T 50001）的规定绘制。

建筑室内装饰装修设计制图中的简化画法应符合现行国家标准《房屋建筑制图统一标准》（GB/T 50001）的规定。

第2章

AutoCAD 绘图环境及基本操作

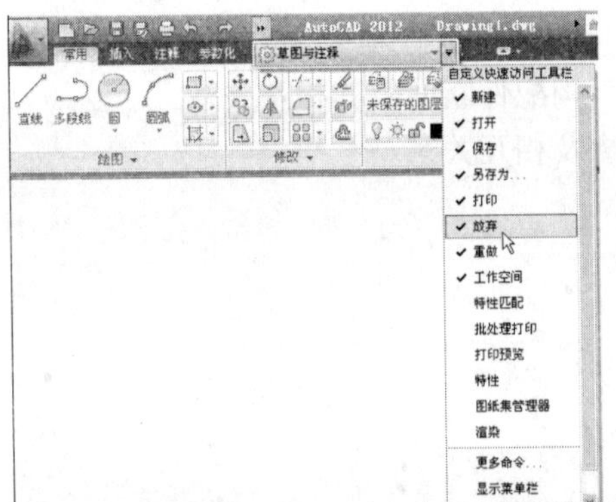

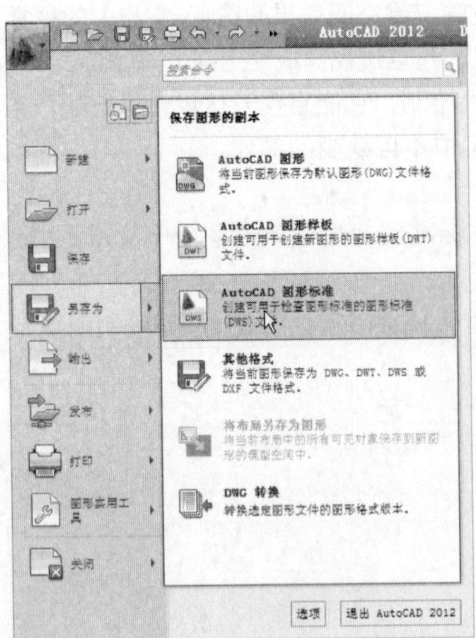

通过本章的学习，读者可以掌握 AutoCAD 绘图环境及基本操作，掌握调用命令、选择对象的方法，掌握图层、线型及线宽等设置方法。

【学习目标】

☑ 熟悉并掌握 AutoCAD 系统界面及坐标系统。

☑ 熟悉调用 AutoCAD 命令的方法。

☑ 掌握选择对象的常用方法。

☑ 掌握快速缩放和移动图形的方法。

☑ 熟悉重复命令和取消已执行的操作。

☑ 了解并掌握图层、线型及线宽等设置方法。

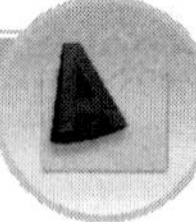

2.1 AutoCAD系统界面

本节主要介绍 AutoCAD 系统界面和 AutoCAD 坐标系统等。

2.1.1 系统界面

启动 AutoCAD 2012 后，其用户界面如图 2-1 所示。主要由标题栏、绘图窗口、菜单浏览器、快速访问工具栏、功能区、命令提示窗口、状态栏和 ViewCube 工具 8 个部分组成。

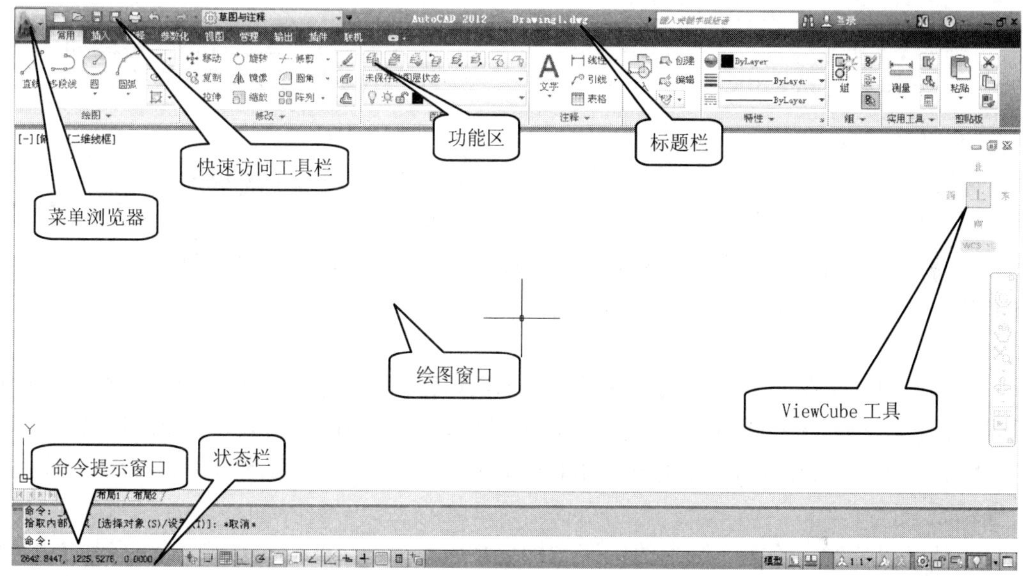

图 2-1 AutoCAD 2012 用户界面

下面分别介绍 8 个部分的功能。

（1）菜单浏览器。

在按钮处单击鼠标左键，打开下拉菜单，如图 2-2 所示。下拉菜单中包含了新建、打开、保存等命令和功能，通过鼠标指针选择菜单中的某个命令，系统就会执行相应的操作。同时它们都是嵌套型的（按钮图标右侧带有小黑三角形），在嵌套型按钮上按住鼠标左键，将弹出嵌套的命令选项。

（2）快速访问工具栏。

快速访问工具栏用于存储经常访问的命令，可以自定义该工具栏，其中包含由工作空间定义的命令集。

可在快速访问工具栏上添加、删除和重新定位命令，还可按需添加多个命令。如果没有可用空间，则多出的命令将合并显示为弹出按钮，如图 2-3 所示。快速访问工具栏中的默认命令，包括新建、打开、保存、打印、放弃、重做、显示菜单栏和隐藏菜单栏等。

在快速访问工具单击鼠标右键，打开快捷菜单，如图 2-4 所示。利用该菜单可从快速访问工具栏中删除、添加分隔符、自定义快速访问工具栏，以及在功能区下方显示快速访问工具栏等操作。

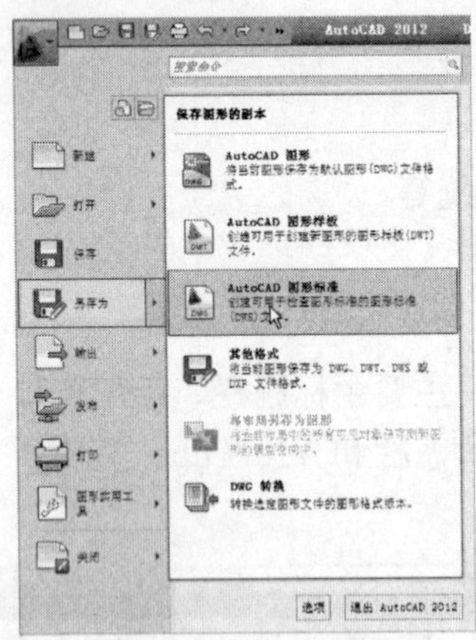

图 2-2　菜单浏览器

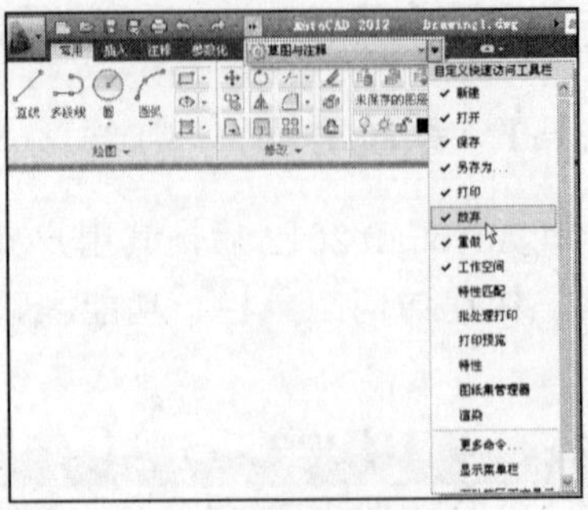

图 2-3　快速访问工具栏

（3）标题栏。

图 2-4　快速访问工具栏右键菜单

标题栏在程序窗口的最上方，它显示了 AutoCAD 的程序图标及当前操作的图形文件名称和路径。和一般的 Windows 应用程序相似，可通过标题栏最右侧的 3 个按钮来最小化、最大化和关闭 AutoCAD。

（4）绘图窗口。

绘图窗口是绘图的工作区域，图形将显示在该窗口中，该区域左下方有一个表示坐标系的图标，它指示了绘图区的方位，图标中“X”、“Y”字母分别表示 *x* 轴和 *y* 轴的正方向。默认情况下，AutoCAD 使用世界坐标系，如果有必要，也可通过 UCS 命令建立自己的坐标系。

当移动鼠标时，绘图区域中的十字光标会相应移动，与此同时在绘图区底部的状态栏中将显示出光标点的坐标值。观察坐标值的变化，此时的显示方式是“*x*, *y*, *z*”形式。如果想让坐标值不变动或以极坐标形式（距离<角度）显示，可按 F6 键来切换。注意，坐标的极坐标显示形式只有在系统提示“拾取一个点”时才能实现。

绘图窗口中包含了两种作图环境，一种称为模型空间；另一种称为图纸空间。在此窗口底部有 模型 / 布局1 / 布局2 。默认情况下，【模型】选项卡是打开的，表明当前作图环境是模型空间，在这里一般要按实际尺寸绘制二维或三维图形。当单击选项卡 布局1 时，将会切换至图纸空间。可以将图纸空间想象成一张图纸（系统提供的模拟图纸），可将模型空间的图样按不同缩放比例布置在图纸上。

（5）功能区。

功能区包含许多以前在面板上提供的相同命令。与当前工作空间相关的操作都单一简洁地置于功能区中。使用功能区时无须显示多个工具栏，它通过单一紧凑的界面使应用程序变得简洁有序，同时使可用的工作区域最大化。

使用“二维草图与注释”工作空间或“三维建模”工作空间创建或打开图形时，功能区将自动显示。可通过使用 RIBBON 命令手动打开功能区。

要关闭功能区，请在命令提示窗口中输入 RIBBONCLOSE 命令。

还可在选项卡处单击鼠标右键，在弹出的快捷菜单中选择【最小化】/【显示完整的功能区】选项，如图 2-5 所示，或者选择其他选项扩大绘图区。

（6）命令提示窗口。

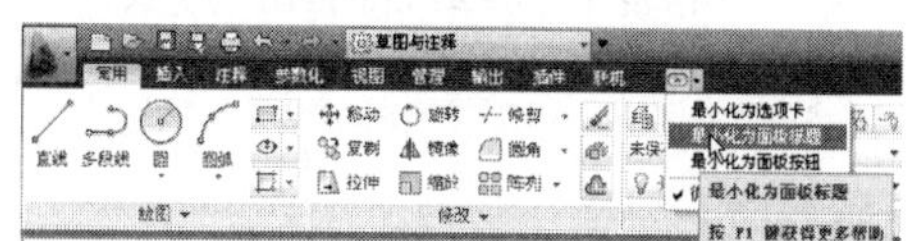

图 2-5　显示完整的功能区

命令提示窗口位于 AutoCAD 程序窗口的底部，输入的命令、系统的提示信息都反映在此窗口中。默认情况下，该窗口中仅能显示 3 行文字。将鼠标指针放在窗口的上边缘，鼠标指针变成双向箭头状，按住左键向上拖动鼠标指针就可以增加命令窗口中所显示文字的行数。按 F2 键可打开命令提示窗口，再次按 F2 键可关闭此窗口。

（7）状态栏。

状态栏上将显示绘图过程中的许多信息，如十字光标坐标值、一些提示文字等。

（8）ViewCube 工具。

ViewCube 工具是在二维模型空间或三维视觉样式中处理图形时显示的导航工具，是一种可单击、可拖动的常驻界面。使用它，可以轻松实现标准视图和等轴测视图间切换。

2.1.2　坐标系统

AutoCAD 绘图是用 AutoCAD 坐标系统来确定点、线、面和体的位置，AutoCAD 提供了 4 种常用的点的坐标表示方式：绝对直角坐标、绝对极坐标、相对直角坐标及相对极坐标。绝对坐标值是相对于原点的坐标值，而相对坐标值则是相对于另一个几何点的坐标值。下面介绍如何输入点的绝对坐标和相对坐标。

1. 输入点的绝对直角坐标、绝对极坐标

绝对直角坐标的输入格式为“x, y”。x 表示点的 x 轴坐标值，y 表示点的 y 轴坐标值。两坐标值之间用英文半角的“,”隔开。例如：(-60,40)、(60,60) 分别表示图 2-6 中的 A、B 点的坐标值。

> **要点提示**
>
> 绝对直角坐标输入格式中的两坐标值间的“,”需在英文输入状态下输入，中文状态下输入则会显示“点无效”字样。

绝对极坐标的输入格式为 $R<\alpha$。R 表示点到原点的距离，α 表示极轴方向与 x 轴正向间的夹角。若从 x 轴正向逆时针旋转到极轴方向，则 α 角为正；反之，α 角为负。例如：(50<120)、(50<-30) 分别表示图 2-6 中的 C、D 点。

2. 输入点的相对直角坐标、相对极坐标

当知道某点与其他点的相对位置关系时，可使用相对坐标输入法。输入相对坐标值与绝对坐标值的区别，仅仅是在坐标值前增加了一个符号@。

- 相对直角坐标的输入形式为@x, y。
- 相对极坐标的输入形式为@$R<\alpha$。

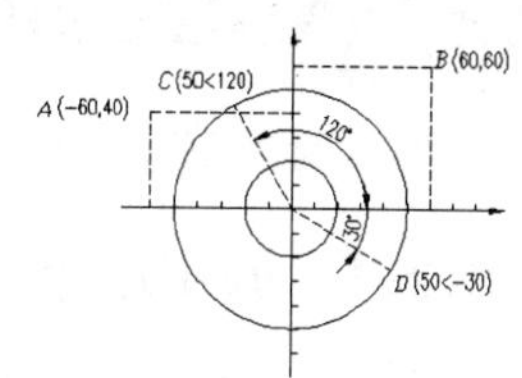

图 2-6　点的绝对直角坐标和绝对极坐标

【案例 2-1】　利用点的相对直角坐标和相对极坐标绘制如图 2-7 所示的图形。

```
命令: LINE                              //输入命令全称 LINE 或简称 L，按 Enter 键
指定第一点: 200,1000                     //输入第一点坐标
指定下一点或 [放弃(U)]: @1000,500        //输入相对坐标指定下一点
指定下一点或 [放弃(U)]: @500<50          //输入相对极坐标指定下一点
```

```
指定下一点或 [闭合(C)/放弃(U)]: @1400<170     //输入相对极坐标指定下一点
指定下一点或 [闭合(C)/放弃(U)]: c  //选择“闭合(C)”选项，结果如图 2-7 所示
```

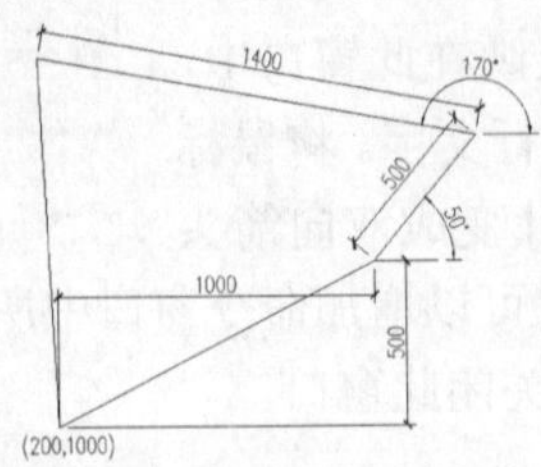

图 2-7　利用点的相对直角坐标和相对极坐标绘图（1）

网络视频教学：利用点的相对直角坐标和相对极坐标绘制消防电话俯视图。

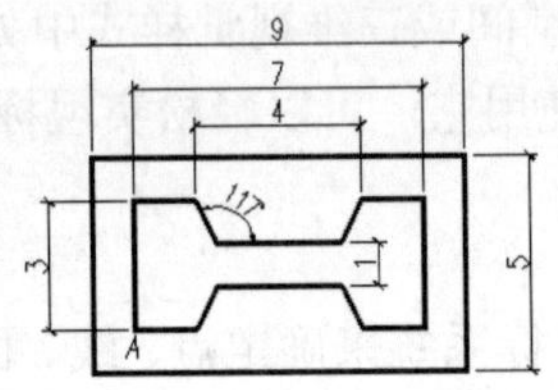

2.1.3　上机练习——利用点的相对直角坐标和相对极坐标绘图

【案例 2-2】　利用点的相对直角坐标和相对极坐标绘制如图 2-8 所示的建筑平面图。

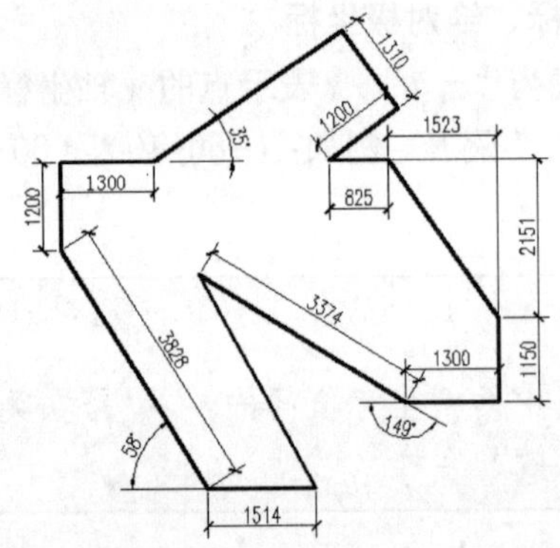

图 2-8　利用点的相对直角坐标和相对极坐标绘图（2）

2.2　AutoCAD 基本操作

本节主要讲述 AutoCAD 的基本操作，学会它们是掌握 AutoCAD 绘图的基本功。

2.2.1　调用命令

执行 AutoCAD 命令的方法一般有两种：一种是在命令行中输入命令全称或简称；另一种是用鼠标指针选择一个菜单命令或单击面板中的命令按钮。

要点提示

在命令行中输入命令简称执行 AutoCAD 命令，是利用 AutoCAD 快速、有效、准确绘图的关键。

1. 利用键盘执行命令

在命令行中输入命令全称或简称就可以使系统执行相应的命令。

【案例 2-3】 使用键盘执行命令方式绘制半径为 60 的圆。

```
命令: CIRCLE                          //输入命令全称 CIRCLE 或简称 C，按 Enter 键
指定圆的圆心或 [三点(3P)/两点(2P)/切点、切点、半径(T)]:  80,120
                                      //输入圆心的 x、y 坐标，按 Enter 键
指定圆的半径或 [直径(D)] <53.2964>: 60      //输入圆的半径，按 Enter 键
```

命令中的相关说明如下。

(1) 方括号"[ ]"中以"/"隔开的内容表示各个选项。若要选择某个选项，则需输入圆括号中的字母，可以是大写形式，也可以是小写形式。例如，想通过两点画圆，就输入"2P"，然后按 Enter 键。

(2) 尖括号"<>"中的内容是当前默认值。

AutoCAD 的命令执行过程是交互式的。当输入命令后，需按 Enter 键确认，系统才执行该命令。在执行过程中，系统有时要等待输入必要的绘图参数，如输入命令选项、点的坐标或其他几何数据等，输入完成后，也要按 Enter 键，系统才能继续执行下一步操作。

> **要点提示**
> 当使用某一命令时按 F1 键，系统将显示该命令的帮助信息。

2. 利用鼠标执行命令

用鼠标指针选择一个菜单命令或单击面板上的命令按钮，系统就执行相应的命令。利用 AutoCAD 绘图时，用户多数情况下是通过鼠标执行命令的。鼠标各按键的定义如下：

(1) 左键：拾取键，用于单击面板上的按钮及选取菜单命令以执行命令，也可在绘图过程中指定点和选择图形对象等。

(2) 右键：一般作为回车键使用，命令执行完成后，单击鼠标右键来结束命令。在有些情况下，单击右键将弹出快捷菜单，该菜单上有【确认】选项。

(3) 滚轮：转动滚轮，将放大或缩小图形，默认情况下，缩放增量为 10%。按住滚轮并拖动鼠标，则平移图形。

2.2.2 选择对象

使用编辑命令时，需要选择对象，被选对象构成一个选择集。AutoCAD 提供了多种构造选择集的方法。默认情况下，可以逐个地拾取对象，或是利用矩形、交叉窗口一次选取多个对象。

1. 用矩形窗口选择对象

当 AutoCAD 提示选择要编辑的对象时，在图形元素左上角或左下角单击一点，然后向右拖动鼠标指针，AutoCAD 显示一个实线矩形窗口，让此窗口完全包含要编辑的图形实体，再单击一点，矩形窗口中所有对象（不包括与矩形边相交的对象）被选中，被选中的对象将以虚线形式表示出来。

下面通过 ERASE 命令演示这种选择方法。

【案例 2-4】 用矩形窗口选择对象。

打开附盘文件"dwg\第 2 章\2-4.dwg"，如图 2-9 左图所示。利用 ERASE 命令将左图

修改为右图。

单击【常用】选项卡【修改】面板上的按钮，AutoCAD 提示如下。

```
命令：_erase
选择对象：//在 A 点处单击一点，如图 2-9 左图所示
指定对角点：找到 4 个  //在 B 点处单击一点
选择对象：           //按 Enter 键结束
```

结果如图 2-9 右图所示。

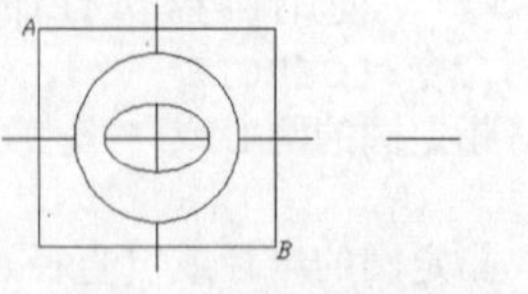

图 2-9　用矩形窗口选择对象

要点提示

当 HIGHLIGHT 系统变量处于打开状态时（等于 1），AutoCAD 才以高亮度形式显示被选择的对象。

2. 用交叉窗口选择对象

当 AutoCAD 提示“选择对象”时，在要编辑的图形元素右上角或右下角单击一点，然后向左拖动鼠标指针，此时出现一个虚线矩形框，使该矩形框包含被编辑对象的一部分，而让其余部分与矩形框边相交，再单击一点，则框内的对象及与框边相交的对象全部被选中。

以下用 ERASE 命令演示这种选择方法。

【案例 2-5】　用交叉窗口选择对象。

打开附盘文件“dwg\第 2 章\2-5.dwg”，如图 2-10 左图所示。单击【常用】选项卡【修改】面板上的按钮，AutoCAD 提示如下。

```
命令：_erase
选择对象：                 //在 B 点处单击一点，如图 2-10 左图所示
指定对角点：找到 4 个      //在 A 点处单击一点
选择对象：                 //按 Enter 键结束
```

结果如图 2-10 右图所示。

图 2-10　用交叉窗口选择对象

3. 给选择集添加或去除对象

编辑过程中，构造选择集通常不能一次完成，需向选择集中加入对象或从选择集中去除对象。在添加对象时，可直接选取或利用矩形窗口、交叉窗口选择要加入的图形元素；若要去除对象，可先按住 Shift 键，再从选择集中选择要去除的图形元素。

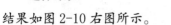

以下通过 ERASE 命令演示修改选择集的方法。

【案例 2-6】　修改选择集。

打开附盘文件“dwg\第 2 章\2-6.dwg”，如图 2-11 左图所示。单击【常用】选项卡【修改】面板上的按钮，AutoCAD 提示如下。

```
命令：_erase
选择对象：                         //在 B 点处单击一点，如
                                     图 2-11 左图所示
指定对角点：找到 4 个              //在 A 点处单击一点
选择对象：找到 1 个，删除 1 个，总计 3 个
                                   //按住 Shift 键，选取椭圆 C，该图形从选择集中去除
选择对象：找到 1 个，总计 4 个     //松开 Shift 键，选择线段 D
选择对象：                         //按 Enter 键结束
```

结果如图 2-11 右图所示。

图 2-11　修改选择集

2.2.3 删除对象

ERASE 命令用来删除图形对象，该命令没有任何选项。要删除一个对象，可以用鼠标指针先选择该对象，然后单击【常用】选项卡【修改】面板上的按钮，或输入命令 ERASE（命令简称 E）。当然，也可先发出删除命令，再选择要删除的对象。

要点提示

键盘上的Delete键也可用来删除图形对象，其作用及用法与 ERASE 命令相同。

2.2.4 终止、重复命令

执行某个命令后，可随时按Esc键终止该命令。此时，系统又返回到命令行。

如果在图形区域内选择了图形对象，该对象上出现了一些高亮的小框，这些小框叫做关键点，可用于编辑对象，要取消这些关键点的显示，按Esc键即可。

在绘图过程中，会经常重复使用某个命令，重复刚使用过的命令的方法是直接按Enter键。

2.2.5 取消已执行的操作

在使用 AutoCAD 绘图的过程中，不可避免地会出现各种各样的错误。要修正这些错误可使用 UNDO 命令或单击【快速访问】工具栏上的按钮。如果想要取消前面执行的多个操作，可反复使用 UNDO 命令或反复单击按钮。当取消一个或多个操作后，若又想重复某个操作，可使用 REDO 命令或单击【快速访问】工具栏上的按钮。

网络视频教学：练习绘图命令的操作方式及命令的结束、重复和取消等操作。

（1）利用命令窗口绘制半径为 90 的圆。

（2）利用命令窗口绘制半径为 80 的圆。

（3）利用快捷键方式绘制半径为 70 的圆。

（4）利用【绘图】面板绘制半径为 60 的圆。

（5）利用【绘图】面板绘制半径为 50 的圆。

（6）重复执行命令绘制半径为 40 的圆。

（7）取消刚才绘制的 6 个圆。

2.2.6 缩放、移动图形

AutoCAD 的图形缩放及移动功能是很完备的，使用起来非常方便。绘图时，可以通过【视图】选项卡【二维导航】面板上的平移、实时按钮（如果没有就单击其后的，在其展开的下拉列表中）或绘图区域右侧导航栏上的、按钮（如果没有就单击其下面的，在其展开的下拉列表中）来执行这两项功能。

1. 缩放图形

单击【视图】选项卡【二维导航】面板上的实时按钮（如果没有就单击其后的，在其展开的下拉列表中），或单击绘图区域右侧导航栏上的按钮（如果没有就单击其下面的，在其展开的下拉列表中），然后按Enter键，AutoCAD 进入实时缩放状态，鼠标指针变成放大镜形状。此时按住鼠标左键向上移动鼠标指针就可以放大视图，向下移动鼠标指针就缩小视图。要退出实时缩放状态，可按 Esc 键、Enter 键，或单击鼠标右键打开快捷菜单，然后选择【退出】选项。

2. 平移图形

单击平移按钮，AutoCAD 进入实时平移状态，鼠标指针变成小手的形状，此时按住鼠标左键并移动鼠标指针，就可以平移视图。要退出实时平移状态，可按 Esc 键、Enter 键，或单击鼠标右键打开快捷菜单，然后选择【退出】选项。

2.2.7 放大视图

在绘图过程中，经常要将图形的局部区域放大，以方便绘图。绘制完成后，又要返回上一次的显示，以观察图形的整体效果。

1. 放大局部区域

单击【视图】选项卡【二维导航】面板上的窗口按钮（如果没有就单击其后的，在其展开的下拉列表中），或单击绘图区域右侧导航栏上的按钮（如果没有就单击其下面的，在其展开的下拉列表中），AutoCAD 提示“指定第一个角点:”，拾取 A 点，再根据 AutoCAD 的提示拾取 B 点，如图 2-12 左图所示。矩形框 AB 是设定的放大区域，其中心是新的显示中心，系统将尽可能地将该矩形内的图形放大以充满整个程序窗口。图 2-12 右图显示了放大后的效果。

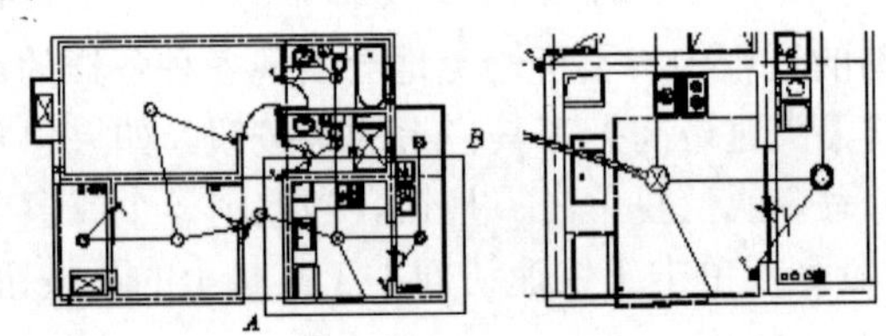

图 2-12　缩放窗口

2. 返回上一次的显示

单击【视图】选项卡【二维导航】面板上的上一个按钮（如果没有就单击其后的，在其展开的下拉列表中）或单击绘图区域右侧导航栏上的按钮（如果没有就单击其下面的，在其展开的下拉列表中），AutoCAD 将显示上一次的视图。若用户连续单击此按钮，则系统将恢复到前几次显示过的图形（最多 10 次）。绘图时，常利用此项功能返回到原来的某个视图。

2.2.8 将图形全部显示在窗口中

绘图过程中，有时需将图形全部显示在程序窗口中。要实现这个操作，可单击【视图】选项卡【二维导航】面板上的全部按钮（如果没有就单击其后的，在其展开的下拉列表中），或单击绘图区域右侧导航栏上的按钮（如果没有就单击其下面的，在其展开的下拉列表中），或在命令行输入“Z”后按 Enter 键，再输入“A”后按 Enter 键。

2.2.9 设置绘图界限

AutoCAD 的绘图空间是无限大的，但可以设定在程序窗口中显示出的绘图区域的大小。绘图时，事先对绘图区域的大小进行设定将有助于了解图形分布的范围。当然，也可在绘图过程中随时缩放图形以控制其在屏幕上显示的效果。

设定绘图区域大小有以下两种方法。

1. 依据圆的尺寸估计当前绘图区域的大小

将一个圆充满整个程序窗口显示出来，依据圆的尺寸就能轻易地估计出当前绘图区域的大小了。

【案例 2-7】 设定绘图区域的大小。

1）单击【常用】选项卡【绘图】面板上的按钮，AutoCAD 提示如下。

```
命令: _circle 指定圆的圆心或 [三点(3P)/两点(2P)/切点、切点、半径(T)]:
                                          //在屏幕的适当位置单击一点
指定圆的半径或 [直径(D)]: 60              //输入圆的半径，按 Enter 键确认
```

2）单击【视图】选项卡【二维导航】面板上的范围按钮（如果没有就单击其后的，在其展开的下拉列表中），半径为 60 的圆充满整个绘图窗口显示出来，如图 2-13 所示。

2. 用 LIMITS 命令设定绘图区域的大小

LIMITS 命令可以改变栅格的长宽尺寸及位置。所谓栅格是点在矩形区域中按行、列形式分布形成的图案，如图 2-14 所示。当栅格在程序窗口中显示出来后，用户就可根据栅格分布的范围估算出当前绘图区域的大小了。

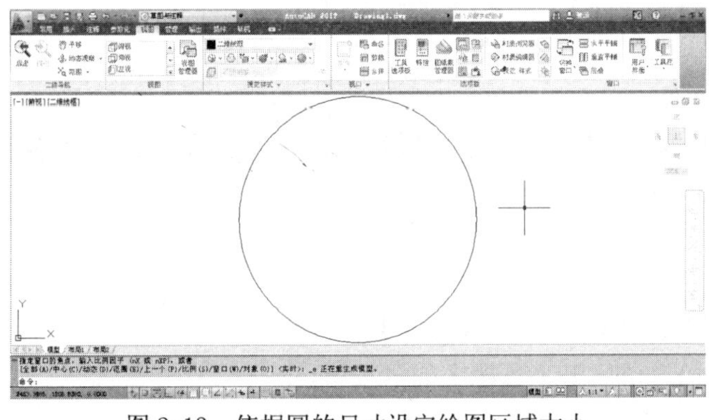

图 2-13　依据圆的尺寸设定绘图区域大小

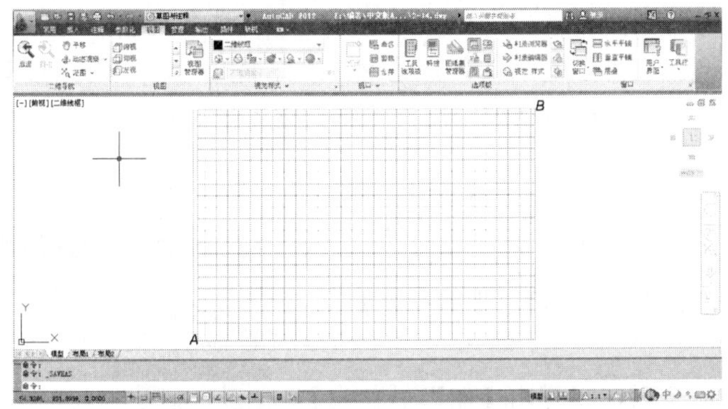

图 2-14　用 LIMITS 命令设定绘图区域的大小

【案例 2-8】 用 LIMITS 命令设定绘图区域的大小。

1）在命令行中输入 LIMITS 命令，AutoCAD 提示如下。

```
命令: limits
指定左下角点或 [开(ON)/关(OFF)] <0.0000,0.0000>:
                                      //单击 A 点，如图 2-14 所示
指定右上角点 <12.0000,9.0000>: @300,200
                                      //输入 B 点相对于 A 点的坐标，按 Enter 键
```

2）单击【视图】选项卡【二维导航】面板上的按钮（如果没有就单击其后的，在其展开的下拉列表中），则当前绘图窗口长宽尺寸近似为 300×200。

3）将鼠标指针移动到底部状态栏的按钮上，单击鼠标右键，选择【设置】选项，打开【草图设置】对话框，取消对【显示超出界限的栅格】复选项的选择。

单击按钮，关闭【草图设置】对话框，单击按钮，打开栅格显示。再单击【视图】选项卡【二维导航】面板上的按钮（如果没有就单击其后的，在其展开的下拉列表中），适当缩小栅格，结果如图 2-14 所示，该栅格的长宽尺寸为 300×200。

2.2.10 文件操作

图形文件的操作一般包括创建新文件、保存文件、打开已有文件及浏览和搜索图形文件等，下面分别对其进行介绍。

1. 建立新图形文件

命令启动方法

- 菜单命令：【菜单浏览器】/【新建】。
- 工具栏：【快速访问】工具栏上的按钮。
- 命令：NEW。

2. 保存图形文件

将图形文件存入磁盘时，一般采取两种方式，一种是以当前文件名保存图形；另一种是指定新文件名保存图形。

（1）快速保存。

命令启动方法

- 菜单命令：【菜单浏览器】/【保存】。
- 工具栏：【快速访问】工具栏上的按钮。
- 命令：QSAVE。

执行快速保存命令后，系统将当前图形文件以原文件名直接存入磁盘，而不会给用户任何提示。若当前图形文件名是默认名且是第一次存储文件时，则弹出【图形另存为】对话框，如图 2-15 所示。在该对话框中用户可指定文件的存储位置、输入新文件名及文件类型。

（2）换名保存。

命令启动方法

- 菜单命令：【菜单浏览器】/【另存为】。
- 命令：SAVEAS。

执行换名保存命令后，将弹出【图形另存为】对话框，如图 2-15 所示。可在该对话框的【文件名】文本框中输入新文件名，并可在【保存于】及【文件类型】下拉列表中分别设定文件的存储路径和类型。

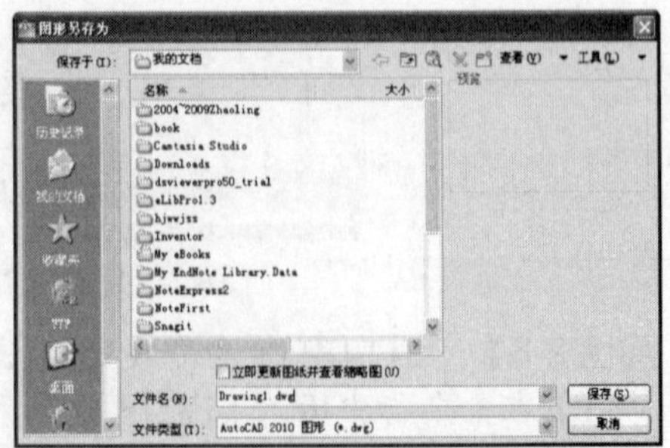

图 2-15 【图形另存为】对话框

网络视频教学：练习绘图命令的操作方式及命令的结束、重复和取消。

（1）利用命令窗口绘制圆心为“100,200”，直径为 100 的圆。

（2）利用命令窗口绘制圆心为“100,200”，直径为80的圆。

（3）利用快捷键方式绘制圆心为“100,200”，直径为70的圆。

（4）利用【绘图】面板绘制圆心为“100,200”，直径为60的圆。

（5）利用【绘图】面板绘制圆心为“100,200”，直径为50的圆。

（6）重复执行命令绘制圆心为“100,200”，直径为40的圆。

（7）将绘制图形换名保存为“绘图命令操作方式练习.dwg”。

（8）取消刚才绘制的6个圆。

2.3 设置图层

本节主要内容包括图层创建和设置、修改对象的颜色和线型及线宽、控制图层状态、修改非连续线型的外观等。

2.3.1 创建及设置建筑图的图层

AutoCAD的图层是一张张透明的电子图纸，把各种类型的图形元素画在这些电子图纸上，AutoCAD会将它们叠加在一起显示出来，如图2-16所示。在图层*A*上绘制了建筑物的墙壁，在图层*B*上绘制了室内家具，在图层*C*上放置了建筑物内的电器设施，最终显示的结果是各层叠加的效果。

用AutoCAD绘图时，图形元素处于某个图层上，默认情况下，当前层是0层，若没有切换至其他图层，则所画图形在0层上。每个图层都有与之相关联的颜色、线型及线宽等属性信息，可以对这些属性信息进行设定或修改。当在某一层上作图时，所生成的图形元素的颜色、线型、线宽会与当前层的设置完全相同（默认情况下）。对象的颜色将有助于辨别图样中的相似实体，而线型、线宽等特性可轻易地表示出不同类型的图形元素。

图层是管理图样强有力的工具。绘图时应考虑将图样划分为哪些图层以及按什么样的标准进行划分。如果图层的划分较为合理且采用了良好的命名，则会使图形信息更清晰、更有序，为以后修改、观察及打印图样带来极大的便利。

绘制建筑施工图时，常根据组成建筑物的结构元素划分图层，因而一般要创建以下几个图层：

- 建筑-轴线。
- 建筑-柱网。
- 建筑-墙线。
- 建筑-门窗。
- 建筑-楼梯。
- 建筑-阳台。
- 建筑-文字。
- 建筑-尺寸。

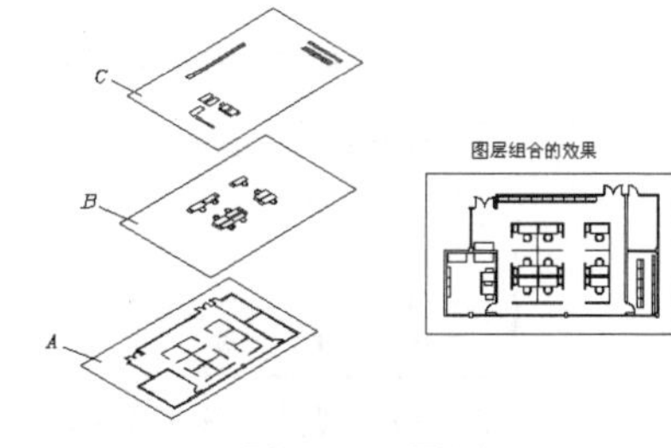

图2-16 图层

【案例2-9】 练习如何创建及设置图层。

1）创建图层。

单击【常用】选项卡【图层】面板上的按钮，打开【图层特性管理器】对话框，再单击按钮，列表框中将显示出名为“图层1”的图层，直接输入“建筑-尺寸”，按Enter键结束。再次按Enter键则又开始创建新图层。图层创建结果如图2-17所示。

要点提示

若在【图层特性管理器】对话框的列表框中事先选择一个图层，然后单击按钮或按Enter键，新图层则与被选择的图层具有相同的颜色、线型及线宽。

2）指定图层颜色。

（1）在【图层特性管理器】对话框中选择图层。

（2）单击图层列表框中与所选图层关联的图标■白，此时将打开【选择颜色】对话框，如图 2-18 所示。用户可在该对话框中选择所需的颜色。

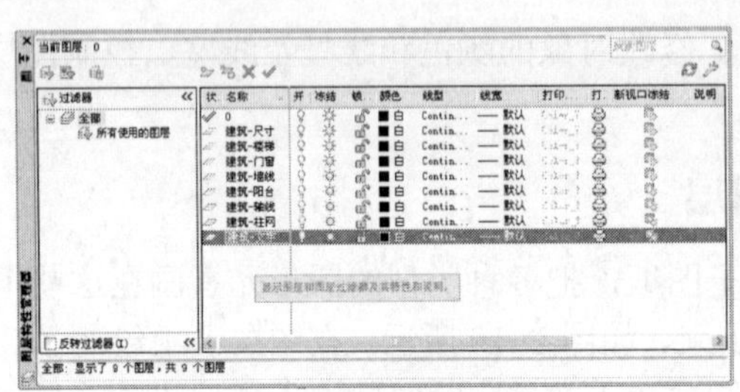

图 2-17　创建图层

图 2-18　【选择颜色】对话框

3）给图层分配线型。

（1）在【图层特性管理器】对话框中选择图层。

（2）在该对话框图层列表框的【线型】列中显示了与图层相关联的线型，默认情况下，图层线型是【Continuous】。单击【Continuous】，打开【选择线型】对话框，如图 2-19 所示，通过该对话框可以选择一种线型或从线型库文件中加载更多的线型。

（3）单击加载(L)...按钮，打开【加载或重载线型】对话框，如图 2-20 所示。该对话框列出了线型文件中包含的所有线型，用户在列表框中选择一种或几种所需的线型，再单击确定按钮，这些线型就会被加载到 AutoCAD 中。当前线型文件是“acadiso.lin”。单击文件(F)...按钮，可选择其他的线型库文件。

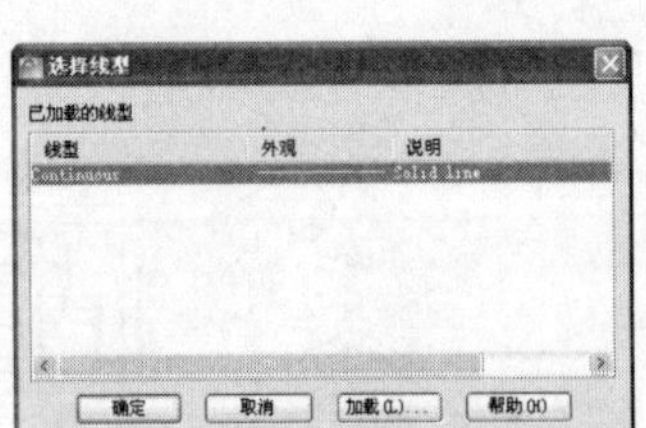

图 2-19　【选择线型】对话框

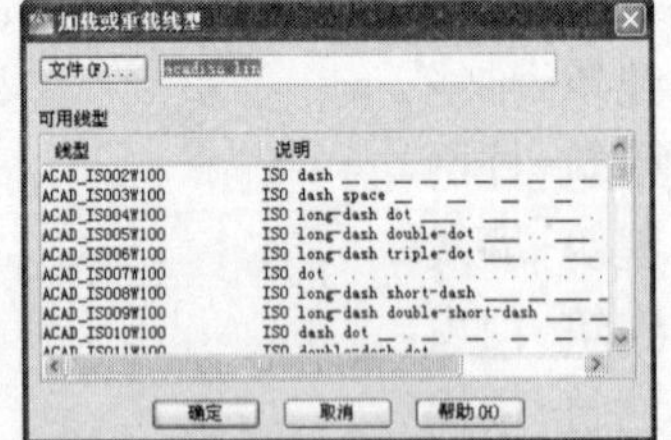

图 2-20　【加载或重载线型】对话框

4）设定线宽。

（1）在【图层特性管理器】对话框中选择图层。

（2）单击图层列表框里【线宽】列中的图标—— 默认，打开【线宽】对话框，如图 2-21 所示，通过该对话框可以设置线宽。

如果要使图形对象的线宽在模型空间中显示得更宽或更窄一些，可以调整线宽比例。执行 LWEIGHT 命令，打开【线宽设置】对话框，如图 2-22 所示，在【调整显示比例】

分组框中移动滑块即可改变显示比例值。

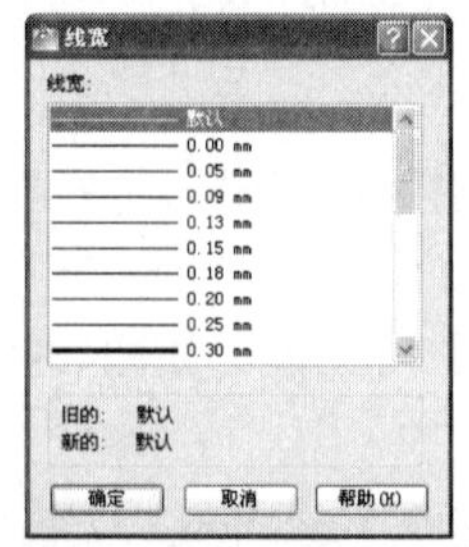

图 2-21 【线宽】对话框

图 2-22 【线宽设置】对话框

网络视频教学：新建文件并设置图层，并将文件换名另存为“建筑平面图.dwg”。

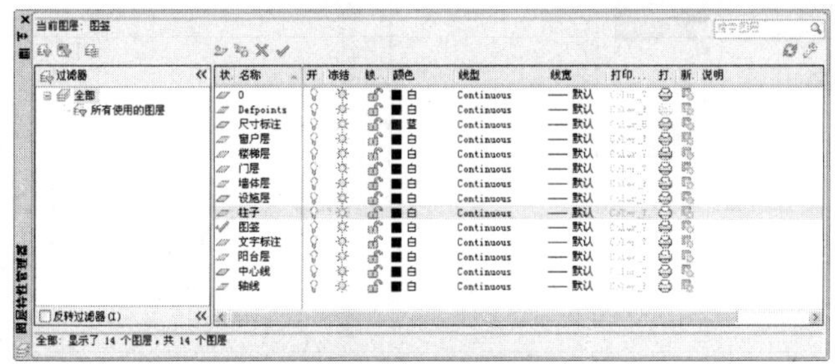

2.3.2 修改对象的颜色、线型及线宽

通过【常用】选项卡【特性】面板可以方便地设置对象的颜色、线型及线宽等信息，它们的设置步骤基本一致。默认情况下，【颜色控制】、【线型控制】和【线宽控制】3 个下拉列表中将显示【ByLayer】，【ByLayer】的意思是所绘制对象的颜色、线型、线宽等属性与当前层所设定的完全相同。【线型控制】下拉列表如图 2-23 所示。

1. 修改对象颜色

可通过【常用】选项卡【特性】面板上的【颜色控制】下拉列表改变已有对象的颜色。具体步骤如下：

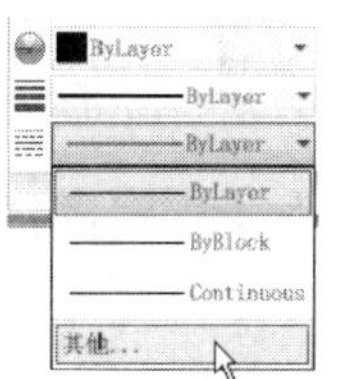

图 2-23 【线型控制】下拉列表

（1）选择要改变颜色的图形对象。

（2）在【特性】面板上打开【颜色控制】下拉列表，然后从列表中选择所需颜色。

（3）如果选取【选择颜色】选项，则可弹出【选择颜色】对话框，如图 2-24 所示，通过该对话框可以选择更多的颜色。

2. 设置当前颜色

默认情况下，在某一图层上创建的图形对象都将使用图层所设置的颜色。若想改变当前的颜色设置，可使用【常用】选项卡【特性】面板上的【颜色控制】下拉列表。具体步骤如下：

（1）打开【特性】面板上的【颜色控制】下拉列表，从列表中选择一种颜色。

（2）当选取【选择颜色】选项时，系统将打开【选择颜色】对话框，如图 2-24 所示，在该对话框中可做更多选择。

3. 修改已有对象的线型或线宽

修改已有对象的线型、线宽的方法与改变对象颜色的方法类似。具体步骤如下：

（1）选择要改变线型的图形对象。

（2）在【常用】选项卡【特性】面板上打开【线型控制】下拉列表，从列表中选择所需线型。

（3）在该列表中选取【其他】选项，弹出【线型管理器】对话框，如图 2-25 所示，从中可选择一种线型或加载更多类型的线型。

图 2-24 【选择颜色】对话框

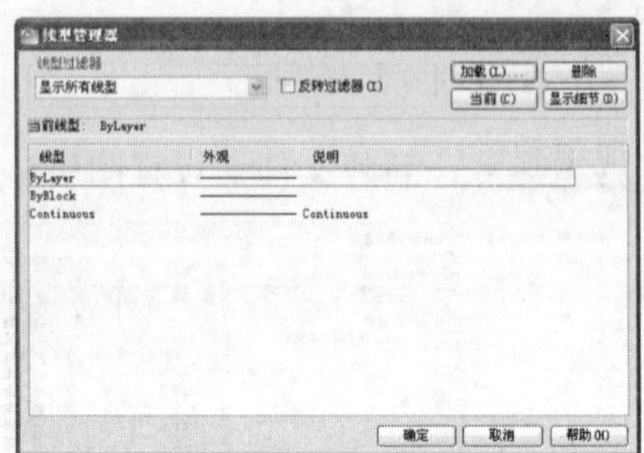

图 2-25 【线型管理器】对话框

要点提示

可以利用【线型管理器】对话框中的 删除 按钮删除未使用的线型。

（4）单击【线型管理器】对话框右上角的 加载(L)... 按钮，打开【加载或重载线型】对话框（见图 2-20），该对话框中列出了当前线型库文件中包含的所有线型。在列表框中选择所需的一种或几种线型，再单击 确定 按钮，这些线型就会被加载到系统中来。

修改线宽需要利用【线宽控制】下拉列表，具体步骤与上述类似，这里不再重复。

2.3.3 控制图层状态

如果工程图样包含有大量信息且有很多图层，可通过控制图层状态使编辑、绘制和观察等工作变得更方便一些。图层状态主要包括打开与关闭、冻结与解冻、锁定与解锁和打印与不打印等，系统用不同形式的图标表示这些状态，如图 2-26 所示。可通过【图层特性管理器】对话框对图层状态进行控制，单击【常用】选项卡【图层】面板上的按钮就可以打开该对话框。

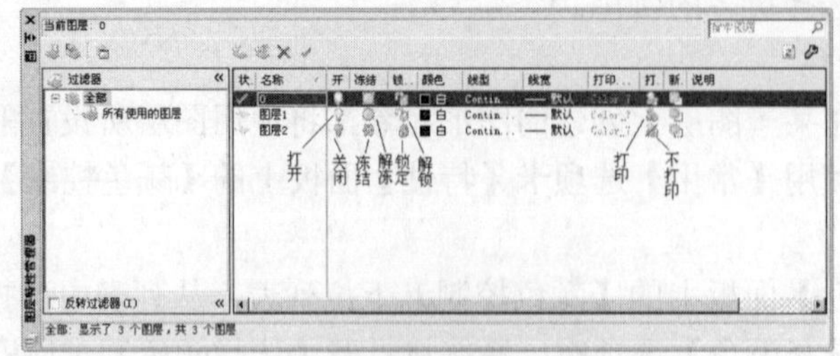

图 2-26 【图层特性管理器】对话框

下面对图层状态做详细说明。

- 关闭/打开：单击图标关闭或打开某一图层。打开的图层是可见的，而关闭的图层不可见，也不能被打印。当重新生成图形时，被关闭的图层也将一起被生成。

- 冻结/解冻：单击[☼]图标将冻结或解冻某一图层。解冻的图层是可见的；若冻结某个图层，则该图层变为不可见，也不能被打印出来。当重新生成图形时，系统不再重新生成该图层上的对象，因而冻结一些图层后，可以加快ZOOM、PAN等命令和许多其他操作的运行速度。

要点提示

解冻一个图层将引起整个图形重新生成，而打开一个图层则不会出现这种现象（只是重画这个图层上的对象）。因此，如果需要频繁地改变图层的可见性，则应关闭该图层而不应冻结该图层。

- 锁定/解锁：单击[🔓]图标将锁定或解锁图层。被锁定的图层是可见的，但图层上的对象不能被编辑。用户可以将锁定的图层设置为当前层，并能向它添加图形对象。
- 打印/不打印：单击[🖨]图标可设定图层是否被打印。指定某层不打印后，该图层上的对象仍会显示出来。图层的不打印设置只对图样中的可见图层（图层是打开的并且是解冻的）有效。若图层设为可打印但该层是冻结的或关闭的，此时AutoCAD同样不会打印该层。

除了利用【图层特性管理器】对话框控制图层状态外，还可通过【常用】选项卡【图层】面板上的【图层控制】下拉列表控制图层状态。

2.3.4 修改非连续线型的外观

非连续线型是由短横线、空格等构成的重复图案，图案中的短线长度、空格大小是由线型比例来控制的。在绘图时常会遇到这样一种情况：本来想画虚线或点画线，但最终绘制出的线型看上去却和连续线一样，出现这种现象的原因是线型比例设置得太大或太小。

1. 改变全局线型比例因子以修改线型外观

LTSCALE是控制线型的全局比例因子，它将影响图样中所有非连续线型的外观，其值增加时，将使非连续线型中的短横线及空格加长；反之，则会使它们缩短。当修改全局比例因子后，系统将重新生成图形，并使所有非连续线型发生变化。图2-27所示为使用不同比例因子时点画线的外观。

【案例2-10】 改变全局比例因子的步骤如下。

1）打开【常用】选项卡【特性】面板上的【线型控制】下拉列表，如图2-28所示。

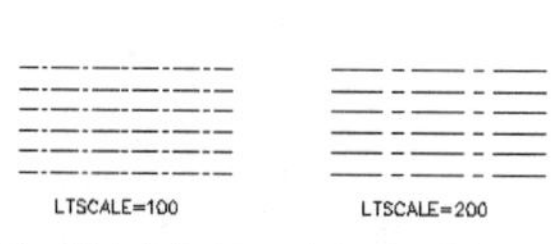

图2-27 全局线型比例因子对非连续线型外观的影响

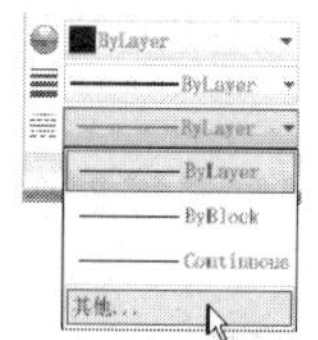

图2-28 【线型控制】下拉列表

2）在该下拉列表中选取【其他】选项，打开【线型管理器】对话框。再单击[显示细节(D)]按钮，该对话框底部将出现【详细信息】分组框，如图2-29所示。

3）在【详细信息】分组框的【全局比例因子】文本框中输入新的比例值即可。

2. 改变当前对象的线型比例

单独控制对象的比例因子，可为不同对象设置不同的线型比例。当前对象的线型比例是由系统变量 CELTSCALE 来设定的，调整该值后，所有新绘制的非连续线型均会受到影响。

默认情况下，CELTSCALE 为“1”，该因子与 LTSCALE 同时作用在线型对象上。例如，将 CELTSCALE 设置为“3”，LTSCALE 设置为“0.4”，则系统在最终显示线型时采用的缩放比例将为“1.2”，也就是最终显示比例=CELTSCALE×LTSCALE。如图 2-30 所示为 CELTSCALE 分别为“1”和“1.5”时的点画线外观。

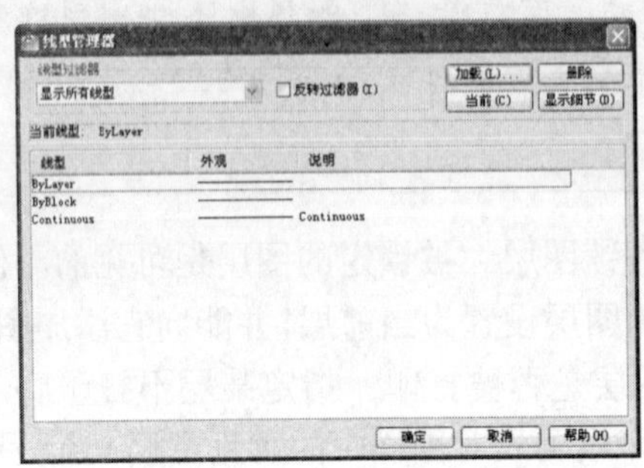

图 2-29 【线型管理器】对话框

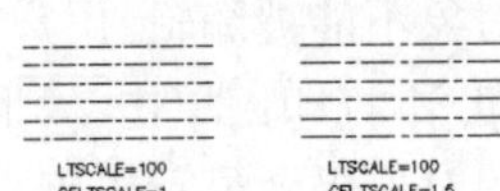

图 2-30 设置当前对象的线型比例因子

设置当前线型比例因子的方法与设置全局比例因子的方法类似。该比例因子也需在【线型管理器】对话框中设定，如图 2-29 所示，可在【当前对象缩放比例】文本框中输入比例值。

网络视频教学：设置图层并绘制图形。

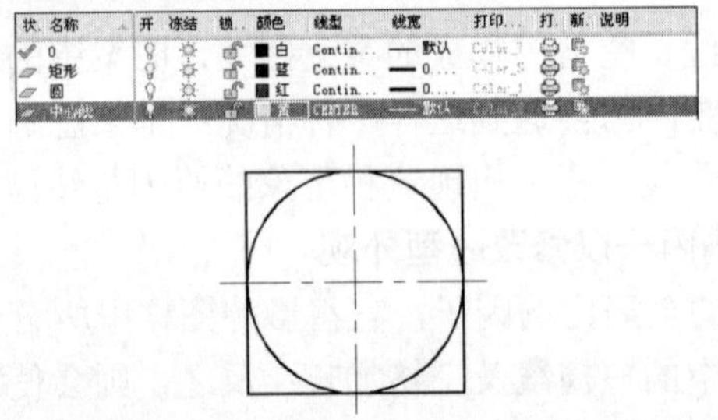

（1）执行 LAYER 命令，创建图层。

（2）设置当前图层为“中心线”。

（3）执行 LINE 命令绘制两条互相垂直的定位线。

（4）通过【常用】选项卡【图层】面板上的【图层控制】下拉列表切换到“图形”图层，执行 CIRCLE 命令画圆，半径为 60，执行 RECTANGLE 命令绘制矩形，结果如上图所示。

（5）关闭或冻结图层“中心线”。

2.4 习题

1. 利用点的绝对或相对直角坐标绘制如图 2-31 所示的黑白摄像机（左图）及扬声器（右图）。

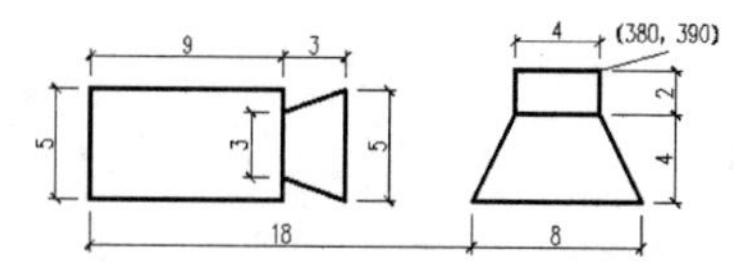

图 2-31　利用点的绝对或相对直角坐标绘制黑白摄像机及扬声器

2．修改图形的线型、线宽及线条颜色等。

（1）打开附盘文件“dwg\第 2 章\习题 2-2.dwg”。

（2）通过【常用】选项卡【图层】面板上的【图层控制】下拉列表将线框 *A* 修改到图层“轮廓线”上，结果如图 2-32 所示。

（3）利用【常用】选项卡【剪贴板】面板上的按钮将线框 *B* 修改到图层“图形”上，结果如图 2-32 所示。

（4）通过【常用】选项卡【特性】面板上的【图层控制】下拉列表将线段 *C*、*D* 修改到图层“中心线”上，再通过【颜色控制】下拉列表将线段 *C*、*D* 的颜色修改为蓝色。

（5）通过【常用】选项卡【特性】面板上的【线宽控制】下拉列表将线框 *A*、*B* 的线宽修改为“0.35”，结果如图 2-32 所示。

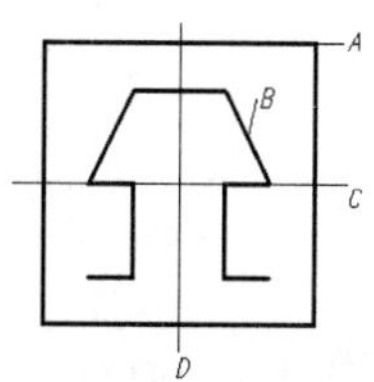

图 2-32　修改图形的线型、线宽及线条颜色等

第3章

绘制平面图形

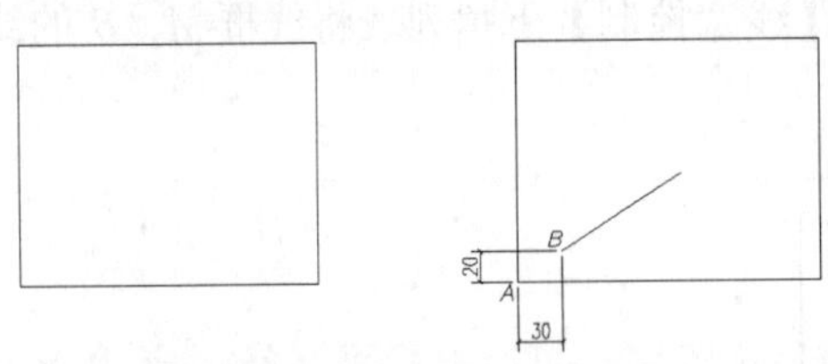

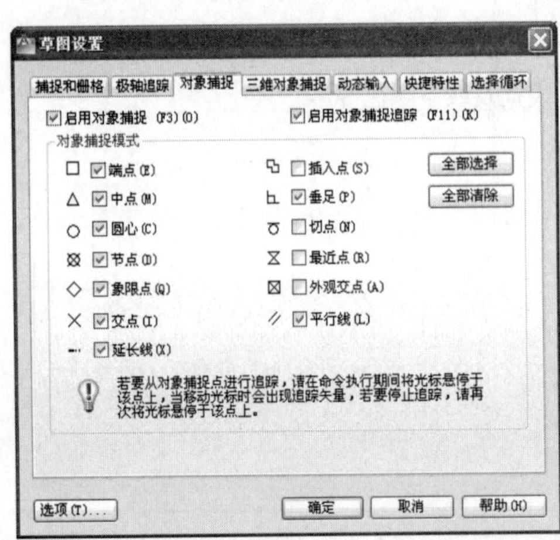

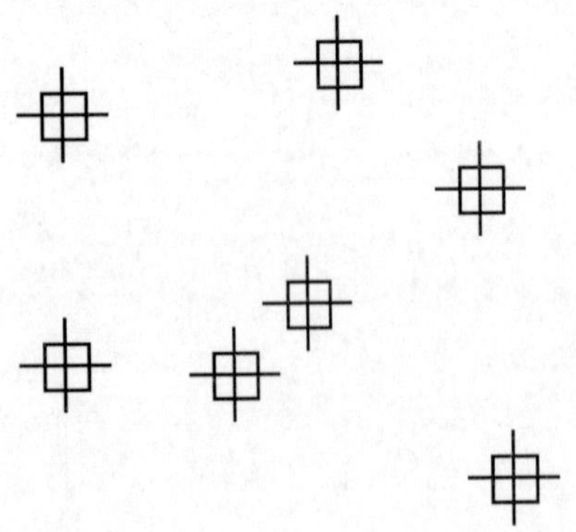

通过本章的学习，读者应掌握对象捕捉并能利用它们辅助绘图，掌握绘制平面图的方法，并能够灵活运用相应的命令。

【学习目标】

☑ 熟悉并掌握对象捕捉并利用它们辅助绘图。

☑ 掌握点的设置及绘制。

☑ 了解并掌握简单平面图（包括线段、矩形、正多边形、实心多边形、圆、椭圆、圆弧、圆环及样条曲线等）的绘制方法。

☑ 掌握有剖面图案的图形的绘制方法。

☑ 掌握利用面域构造法绘图的方法。

3.1 对象捕捉与点的绘制

本节主要内容包括设置对象捕捉及点的设置与绘制。

3.1.1 对象捕捉

AutoCAD 提供了一系列不同方式的对象捕捉工具，通过它们可以轻松捕捉一些特殊的几何点，如圆心、线段的中点或端点等。

在状态栏的按钮上单击鼠标右键，弹出快捷菜单，如图 3-1 所示。

图 3-1 快捷菜单

1. 常用的对象捕捉方式

- ：捕捉线段、圆弧等几何对象的端点，捕捉代号为 END。启动端点捕捉后，将鼠标指针移动到目标点附近，系统就会自动捕捉该点，然后再单击鼠标左键确认。
- ：捕捉线段、圆弧等几何对象的中点，捕捉代号为 MID。启动中点捕捉后，将鼠标指针的拾取框与线段、圆弧等几何对象相交，系统就会自动捕捉这些对象的中点，然后再单击鼠标左键确认。
- ：捕捉圆、圆弧及椭圆的中心，捕捉代号为 CEN。启动中心点捕捉后，将鼠标指针的拾取框与圆弧、椭圆等几何对象相交，系统就会自动捕捉这些对象的中心点，然后单击鼠标左键确认。

> **要点提示**
>
> 捕捉圆心时，只有当十字光标与圆、圆弧相交时才有效。

- ：捕捉用 POINT 命令创建的点对象，捕捉代号为 NOD，其操作方法与端点捕捉类似。
- ：捕捉圆、圆弧和椭圆在 0°、90°、180° 或 270° 处的点（象限点），捕捉代号为 QUA。启动象限点捕捉后，将光标的拾取框与圆弧、椭圆等几何对象相交，系统就会自动显示出距拾取框最近的象限点，然后单击鼠标左键确认。
- ：捕捉几何对象间真实的或延伸的交点，捕捉代号为 INT。启动交点捕捉后，将光标移动到目标点附近，系统就会自动捕捉该点，再单击鼠标左键确认。若两个对象没有直接相交，可先将光标的拾取框放在其中一个对象上，单击鼠标左键，然后再把拾取框移动到另一个对象上，再单击鼠标左键，系统就会自动捕捉到它们的延伸交点。
- ：在二维空间中与的功能相同。使用该捕捉方式还可以在三维空间中捕捉两个对象的视图交点（在投影视图中显示相交，但实际上并不一定相交），捕捉代号为 APP。
- ：捕捉延伸点，捕捉代号为 EXT。将光标由几何对象的端点开始移动，此时将沿该对象显示出捕捉辅助线及捕捉点的相对极坐标，如图 3-2 所示。输入捕捉距离后，系统会自动定位一个新点。

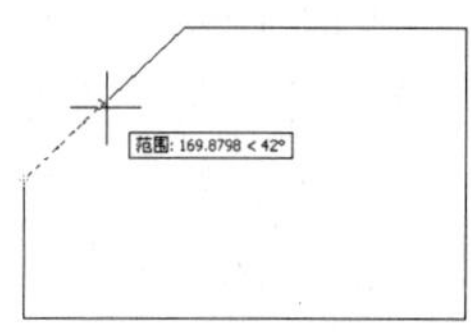

图 3-2 捕捉延伸点

● 偏移捕捉，捕捉代号为 FROM，该捕捉方式可以根据一个已知点定位另一个点。下面通过一个实例来说明偏移捕捉的用法。

【案例 3-1】 利用偏移捕捉绘线。

打开附盘文件“dwg\第 3 章\3-1.dwg”，如图 3-3 左图所示。从 *B* 点开始画线，*B* 点与 *A* 点的关系如图 3-3 右图所示。

```
命令: _line 指定第一点:        //执行画线命令
from                           //输入 from，按 Enter 键
基点:                          //单击按钮，移动鼠标指针到 A 点处，单击鼠标左键
<偏移>: @30,20                 //输入 B 点相对于 A 点的坐标，按 Enter 键
指定下一点或 [放弃(U)]: @80,50      //输入相对坐标指定下一点，按 Enter 键
指定下一点或 [放弃(U)]:             //按 Enter 键结束命令
```

结果如图 3-3 右图所示。

● ：平行捕捉，可用于绘制平行线，捕捉代号为 PAR。如图 3-4 所示，用 LINE 命令绘制线段 *AB* 的平行线 *CD*。执行 LINE 命令后，首先指定线段起点 *C*，然后单击按钮，移动鼠标指针到线段 *AB* 上，此时该线段上将出现一个小的平行线符号，表示线段 *AB* 已被选择，再移动鼠标指针到即将创建平行线的位置，此时将显示出平行线，输入该线段长度或单击一点，即可绘制出平行线。

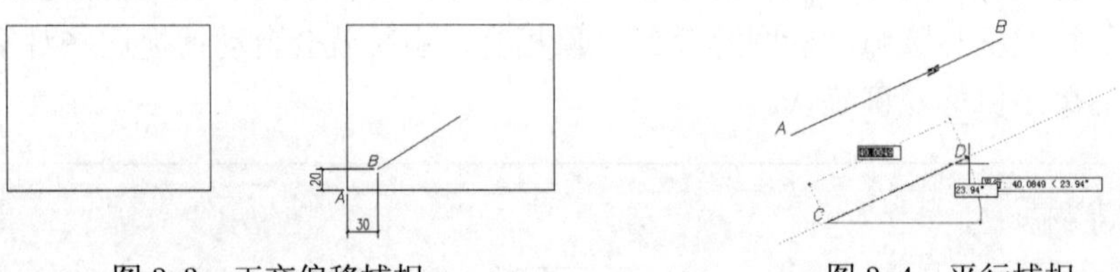

图 3-3 正交偏移捕捉　　　　图 3-4 平行捕捉

● ：在绘制相切的几何关系时，使用该捕捉方式可以捕捉切点，捕捉代号为 TAN。启动切点捕捉后，将光标的拾取框与圆弧、椭圆等几何对象相交，系统就会自动显示出相切点，然后单击鼠标左键确认。

● ：在绘制垂直的几何关系时，使用该捕捉方式可以捕捉垂足，捕捉代号为 PER。启动垂足捕捉后，将光标的拾取框与线段、圆弧等几何对象相交，系统将会自动捕捉垂足点，然后单击鼠标左键确认。

● ：捕捉距离光标中心最近的几何对象上的点，捕捉代号为 NEA，其操作方法与端点捕捉类似。

● 捕捉两点间连线的中点，捕捉代号为 M2P。使用这种捕捉方式时，应先指定两个点，系统会自动捕捉到这两点间连线的中点。

2. 调用对象捕捉功能的方法

调用对象捕捉功能的方法有以下 3 种：

（1）用鼠标右键单击状态栏上的按钮，弹出快捷菜单，如图 3-1 所示，通过此菜单可选择捕捉何种类型的点。

（2）在绘图过程中，当系统提示输入一个点时，可输入捕捉命令的简称来启动对象捕捉功能，然后将鼠标指针移动到要捕捉的特征点附近，系统就会自动捕捉该点。

（3）启动对象捕捉功能的另一种方法是利用快捷菜单。执行某一命令后，按下 Shift 键并单击鼠标右键，弹出快捷菜单，如图 3-5 所示，通过此菜单可选择捕捉何种类型的点。

前面所述的 3 种捕捉方式仅对当前操作有效，命令结束后，捕捉模式会自动关闭，这种捕捉方式称为覆盖捕捉方式。

要点提示

还可以采用自动捕捉方式来定位点，当激活此方式时，系统将根据事先设定的捕捉类型自动寻找几何对象上相应的点。

【案例 3-2】 设置自动捕捉方式。

1）在状态栏的□按钮上单击鼠标右键，弹出快捷菜单，如图 3-5 所示。选取【对象捕捉设置】选项，打开【草图设置】对话框，在该对话框的【对象捕捉】选项卡中设置捕捉点的类型，如图 3-6 所示。

2）单击 确定 按钮，关闭对话框。

图 3-5　快捷菜单

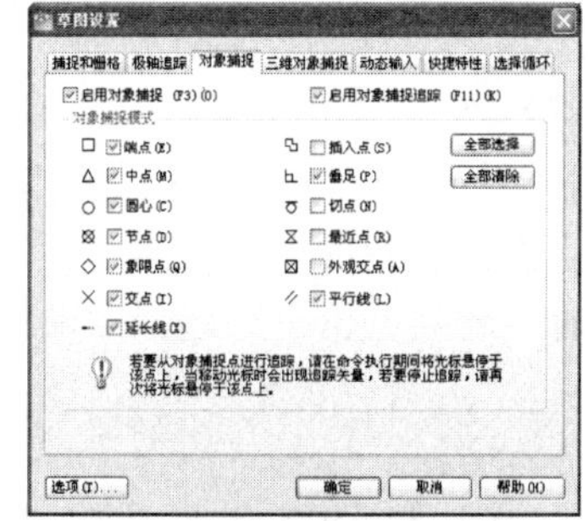

图 3-6　设置捕捉点的类型

网络视频教学：执行 LINE 命令利用极轴追踪捕捉功能将左图改为右图。

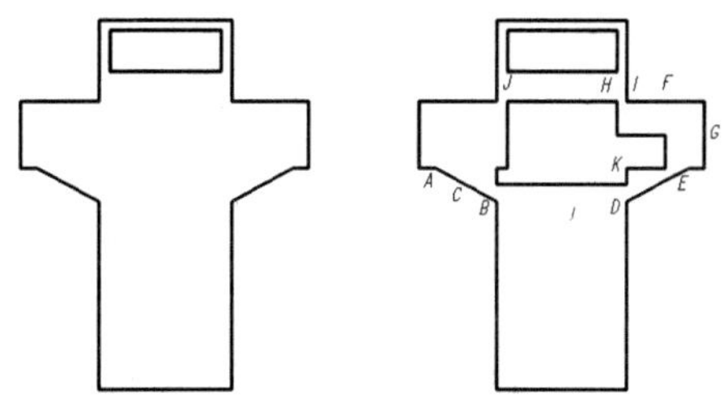

3.1.2　绘制点

在 AutoCAD 中可创建单独的点对象，点的外观由点样式控制。一般在创建点之前要先设置点的样式，但也可先绘制点，再设置点样式。

【案例 3-3】 设置点样式并创建点。

1）单击【常用】选项卡【实用工具】面板上的 实用工具 按钮，在其展开的下拉列表中单击 点样式... 按钮，打开【点样式】对话框，如图 3-7 所示。该对话框提供了多种可根据需要进行选择的点样式。此外，还能通过【点大小】文本框指定点的大小，点的大小既可相对于屏幕大小来设置，也可直接输入点的绝对尺寸。

2）输入 POINT 命令（简写 PO），AutoCAD 提示如下。

```
命令: _point
指定点://输入点的坐标或在屏幕上拾取点，AutoCAD 在指定位置创建点对象，如图 3-8 所示
```

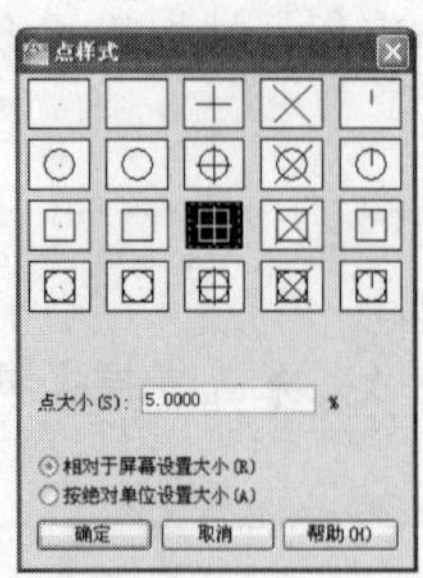

图 3-7 【点样式】对话框

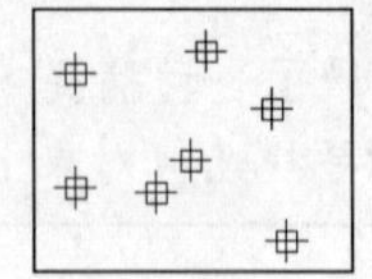
图 3-8 创建点对象

要点提示

若将点的尺寸设置成绝对数值，则缩放图形后将引起点的大小发生变化。而相对于屏幕大小设置点尺寸时，则不会出现这种情况（要用 REGEN 命令重新生成图形）。

1. 绘制测量点

MEASURE 命令在图形对象上按指定的距离放置点对象（POINT 对象），这些点可用 NOD 进行捕捉。对于不同类型的图形元素，距离测量的起始点是不同的。当操作对象为直线、圆弧或多段线时，起始点位于距选择点最近的端点。如果是圆，则从选择处的角度开始进行测量。

（1）命令启动方法。

- 功能区：单击【常用】选项卡【绘图】面板底部的 绘图 ▾ 按钮，在打开的下拉列表中单击按钮。
- 命令：MEASURE 或简写 ME。

【案例 3-4】 练习 MEASURE 命令。

打开附盘文件"dwg\第 3 章\3-4.dwg"，用 MEASURE 命令创建测量点，如图 3-9 所示。

```
命令: _measure
选择要定距等分的对象:                  //在 A 端附近选择对象，如图 3-9 所示
指定线段长度或 [块(B)]: 100            //输入测量长度
命令:
MEASURE                                //按 Enter 键重复命令
选择要定距等分的对象:                  //在 B 端处选择对象
指定线段长度或 [块(B)]: 100            //输入测量长度
```

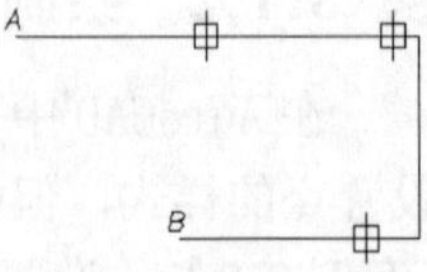

结果如图 3-9 所示。

图 3-9 测量对象

（2）命令选项。

块(B)：按指定的测量长度在对象上插入块。

2. 绘制等分点

DIVIDE 命令根据等分数目在图形对象上放置等分点，这些点并不分割对象，只是标明等分的位置。AutoCAD 中可等分的图形元素包括线段、圆、圆弧、样条线和多段线等。

（1）命令启动方法。

- 功能区：单击【常用】选项卡【绘图】面板底部的 绘图 ▾ 按钮，在打开的下拉列表中单击按钮。
- 命令：DIVIDE 或 DIV。

【案例 3-5】 练习 DIVIDE 命令。

打开附盘文件“dwg\第 3 章\3-5.dwg”，用 DIVIDE 命令创建等分点，如图 3-10 所示。

```
命令: DIVIDE
选择要定数等分的对象:                    //选择线段，如图 3-10 所示
输入线段数目或 [块(B)]: 6                //输入等分的数目
命令:
DIVIDE                                   //重复命令
选择要定数等分的对象:                    //选择圆弧
输入线段数目或 [块(B)]: 5                //输入等分数目
```

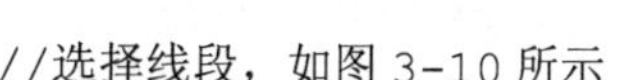

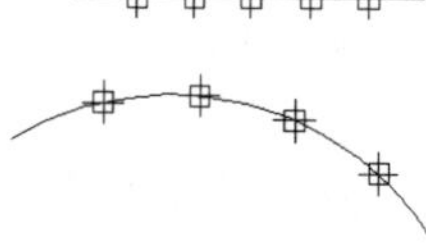

图 3-10　等分对象

结果如图 3-10 所示。

（2）命令选项。

块(B)：AutoCAD 在等分处插入块。

网络视频教学：绘制测量点及等分点。

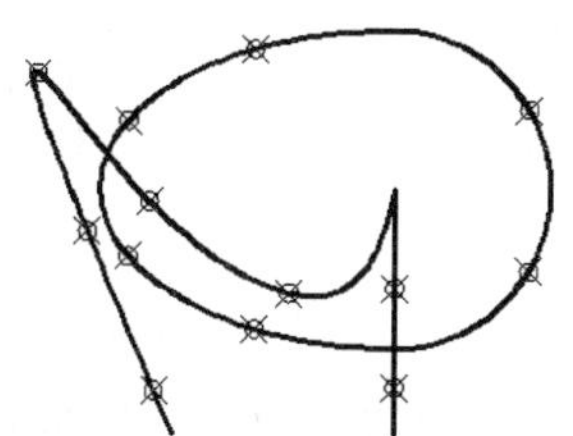

3.1.3　分解对象

EXPLODE 命令（简写 X）可将多段线、多线、块、标注、面域等复杂对象分解成 AutoCAD 基本图形对象。例如，连续的多段线是一个单独对象，用 EXPLODE 命令“炸开”后，多段线的每一段都是独立对象。

输入 EXPLODE 命令或单击【常用】选项卡【修改】面板上的按钮，AutoCAD 提示“选择对象”，选择图形对象后，AutoCAD 进行分解。

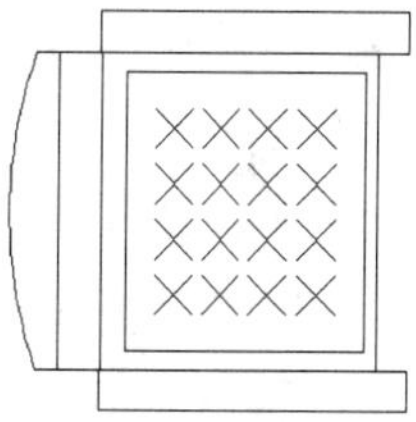

3.1.4　上机练习——绘制椅子面上的点

图 3-11　绘制椅子面上的点

【案例 3-6】 打开附盘文件“dwg\第 3 章\3-6.dwg”，绘制如图 3-11 所示的椅子面上的点，点的大小为 40 单位。

3.2　绘制简单二维图形

本节讲述了简单二维图形的绘制，具体包括线段、矩形、正多边形、实心多边形、圆、椭圆、圆弧（包括圆弧和椭圆弧）、圆环和样条曲线等。

3.2.1　绘制线段

本节主要介绍输入点的坐标画线，捕捉几何对象上的特殊点以及利用辅助画线工具画线。其中的辅助画线工具包括正交、极轴追踪及对象捕捉等。

1．启动画线命令

LINE 命令可在二维或三维空间中创建线段，发出命令后，通过鼠标指定线的端点或利

用键盘输入端点坐标，AutoCAD 就将这些点连接成线段。LINE 命令可生成单条线段，也可生成连续折线。不过，由该命令生成的连续折线并非单独的一个对象，折线中每条线段都是独立对象，可以对每条线段进行编辑操作。

（1）命令启动方法。

- 功能区：单击【常用】选项卡【绘图】面板上的按钮。
- 命令：LINE 或简写 L。

【案例 3-7】 练习 LINE 命令。

单击【常用】选项卡【绘图】面板上的按钮，AutoCAD 提示如下。

```
命令: _line 指定第一点:                    //单击 A 点，如图 3-12 所示
指定下一点或 [放弃(U)]:                    //单击 B 点
指定下一点或 [放弃(U)]:                    //单击 M 点
指定下一点或 [闭合(C)/放弃(U)]:U           //放弃 M 点
指定下一点或 [闭合(C)/放弃(U)]:            //单击 C 点
指定下一点或 [闭合(C)/放弃(U)]:            //单击 D 点
指定下一点或 [闭合(C)/放弃(U)]:            //单击 E 点
指定下一点或 [闭合(C)/放弃(U)]: C          //使线框闭合
```


图 3-12 绘制线段

结果如图 3-12 所示。

（2）命令选项。

- 指定第一点：在此提示下，需指定线段的起始点，若此时按 Enter 键，AutoCAD 将以上一次所画线段或圆弧的终点作为新线段的起点。
- 指定下一点：在此提示下，输入线段的端点，按 Enter 键后，AutoCAD 继续提示“指定下一点”，此时可输入下一个端点。若在“指定下一点”提示下按 Enter 键，则命令结束。
- 放弃(U)：在“指定下一点”提示下，输入字母“U”，将删除上一条线段，多次输入“U”，则会删除多条线段，该选项可以及时纠正绘图过程中的错误。
- 闭合(C)：在“指定下一点”提示下，输入字母“C”，按 Enter 键后，AutoCAD 将使连续折线自动闭合。

2. 输入点的坐标画线

启动画线命令后，AutoCAD 提示指定线段的端点。指定端点的一种方法是输入点的坐标值。

3. 利用正交模式画线

单击状态栏上的按钮，打开正交模式。在正交模式下十字光标只能沿水平或竖直方向移动。画线时，若同时打开该模式，则只需输入线段的长度值，AutoCAD 会自动画出水平或竖直线段。

4. 利用极轴追踪画线

单击状态栏上的按钮，打开极轴追踪功能。打开极轴追踪功能后，鼠标指针就可按设定的极轴方向移动，AutoCAD 将在该方向上显示一条追踪辅助线及鼠标指针点的极坐标值，如图 3-13 所示。

【案例 3-8】 练习使用极轴追踪功能绘制某建筑用地平面图。

1）在状态栏的按钮上单击鼠标右键，在打开的快捷菜单中选择【设置】选项，打

开【草图设置】对话框，如图 3-14 所示。

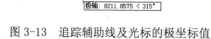

图 3-13　追踪辅助线及光标的极坐标值

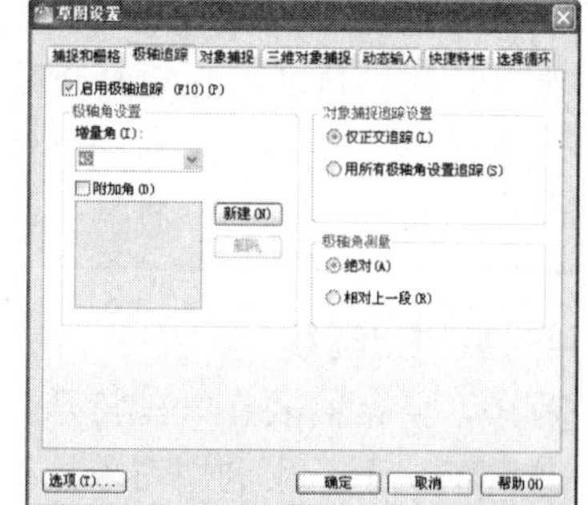

图 3-14 【草图设置】对话框

【极轴追踪】选项卡中与极轴追踪有关的选项功能如下。

- 增量角：在此下拉列表中可选择极轴角变化的增量值，也可以输入新的增量值。
- 附加角：除了根据极轴增量角进行追踪外，用户还能通过该选项添加其他的追踪角度。
- 绝对：以当前坐标系的 x 轴作为计算极轴角的基准线。
- 相对上一段：以最后创建的对象为基准线计算极轴角度。

2）在【极轴追踪】选项卡的【增量角】下拉列表中设定极轴角增量为 15° 。此后若打开极轴追踪画线，则鼠标指针将自动沿 0° 、15° 、30° 、45° 、60° 等方向进行追踪，再输入线段长度值，AutoCAD 就在该方向上绘制线段。

3）单击 确定 按钮，关闭【草图设置】对话框。

4）单击状态栏上的按钮，打开极轴追踪功能。单击【常用】选项卡【绘图】面板上的按钮，AutoCAD 提示如下。

```
命令: _line 指定第一点:                      //拾取点 A，如图 3-15 所示
指定下一点或 [放弃(U)]: 15000                 //沿 0°方向追踪，并输入 AB 线段长度
指定下一点或 [放弃(U)]: 5000                  //沿 135°方向追踪，并输入 BC 线段长度
指定下一点或 [闭合(C)/放弃(U)]: 7500          //沿 45°方向追踪，并输入 CD 线段长度
指定下一点或 [闭合(C)/放弃(U)]: 5000          //沿 315°方向追踪，并输入 DE 线段长度
指定下一点或 [闭合(C)/放弃(U)]: 20000         //沿 90°方向追踪，并输入 EF 线段长度
指定下一点或 [闭合(C)/放弃(U)]: 30000         //沿 0°方向追踪，并输入 FG 线段长度
指定下一点或 [闭合(C)/放弃(U)]: 5000          //沿 240°方向追踪，并输入 GH 线段长度
指定下一点或 [闭合(C)/放弃(U)]: C             //使连续折线闭合
```

结果如图 3-15 所示。

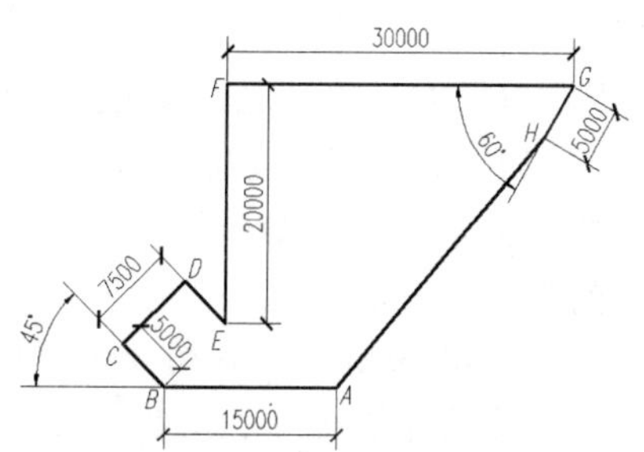

图 3-15　使用极轴追踪画线

要点提示

如果线段的倾斜角度不在极轴追踪的范围内，则可使用角度覆盖方式画线。方法是当 AutoCAD 提示“指定下一点或 [闭合(C)/放弃(U)]:”时，按照“<角度”形式输入线段的倾角，这样 AutoCAD 将暂时沿设置的角度画线。

5. 利用对象捕捉画线

绘图过程中，常常需要在一些特殊几何点间连线，例如，过圆心、线段的中点或端点画线等。在这种情况下，可利用对象捕捉画线。

对象捕捉功能仅在 AutoCAD 命令运行过程中才有效。启动命令后，当 AutoCAD 提示输入点时，可用对象捕捉指定一个点。若是直接在命令行中发出对象捕捉命令，系统将提示错误。

例如，绘制切线一般有以下两种情况：

- 过圆外的一点画圆的切线。
- 绘制两个圆的公切线。

可使用 LINE 命令并结合切点捕捉 TAN 功能来绘制切线。

6. 利用对象捕捉追踪画线

使用对象捕捉追踪功能时，必须打开对象捕捉。AutoCAD 首先捕捉一个几何点作为追踪参考点，然后按水平、竖直方向或设定的极轴方向进行追踪，如图 3-16 所示。建立追踪参考点时，不能单击鼠标左键，否则，AutoCAD 就直接捕捉参考点了。

从追踪参考点开始的追踪方向可通过【极轴追踪】选项卡中的两个选项进行设定，这两个选项是【仅正交追踪】及【用所有极轴角设置追踪】，如图 3-17 所示。它们的功能如下。

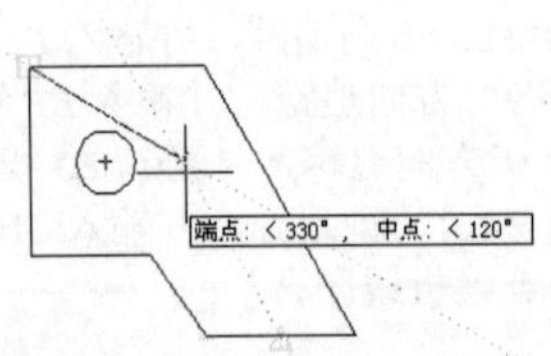

图 3-16 自动追踪

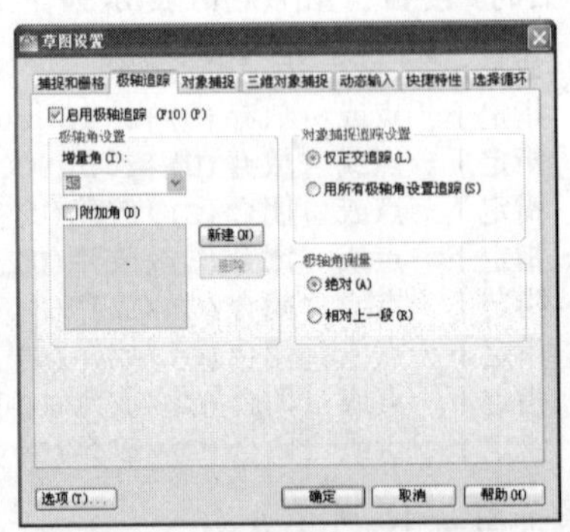

图 3-17 【极轴追踪】选项卡

- 仅正交追踪：当自动追踪打开时，仅在追踪参考点处显示水平或竖直的追踪路径。
- 用所有极轴角设置追踪：如果自动追踪功能打开，则当指定点时，AutoCAD 将在追踪参考点处沿任何极轴角方向显示追踪路径。

【案例 3-9】 练习使用对象捕捉追踪功能。

1）打开附盘文件“dwg\第 3 章\3-9.dwg”，如图 3-18 所示。

2）在【草图设置】对话框中设置对象捕捉方式为交点、中点。

3）单击状态栏上的□、∠按钮，打开对象捕捉及对象捕捉追踪功能。

4）单击【常用】选项卡【绘图】面板上的按钮，执行 LINE 命令。

5）将鼠标指针放置在 *A* 点附近，AutoCAD 自动捕捉 *A* 点（注意不要单击鼠标左键），并在此建立追踪参考点，同时显示出追踪辅助线，如图 3-18 所示。

要点提示

AutoCAD 把追踪参考点用符号“×”标记出来，当再次移动鼠标指针到这个符号的位置时，符号“×”将消失。

6）向下移动鼠标指针，鼠标指针将沿竖直辅助线运动，输入距离值“20”并按 Enter 键，则 AutoCAD 追踪到 *B* 点，该点是线段的起始点。

7）再次在 *A* 点建立追踪参考点，并向右追踪，然后输入距离值“10”，按 Enter 键，此时 AutoCAD 追踪到 *C* 点，如图 3-19 所示。

8）将鼠标指针移动到中点 *M* 处，AutoCAD 自动捕捉该点（注意不要单击鼠标左键），并在此建立追踪参考点，如图 3-20 所示。用同样的方法在中点 *N* 处建立另一个追踪参考点。

9）移动鼠标指针到 *D* 点附近，AutoCAD 显示两条追踪辅助线，如图 3-20 所示。在两条辅助线的交点处单击鼠标左键，则 AutoCAD 绘制出线段 *CD*。

10）以 *F* 点为追踪参考点，向左或向下追踪就可以确定 *G*、*H* 点，追踪距离均为“22”，结果如图 3-21 所示。

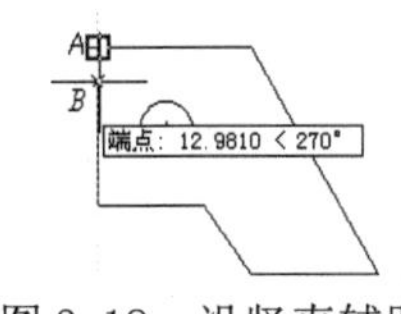

图 3-18 沿竖直辅助线追踪

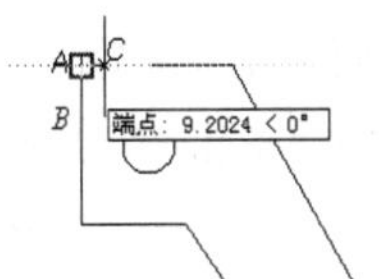

图 3-19 沿水平辅助线追踪

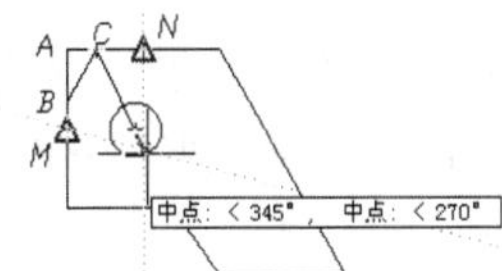

图 3-20 利用两条追踪辅助线定位点

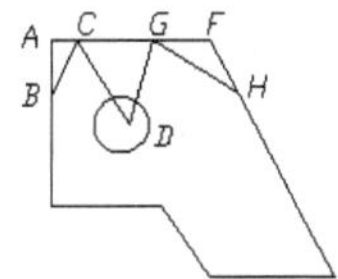

图 3-21 确定 *G*、*H* 点

上述例子中 AutoCAD 可沿任意方向追踪，由此可见，想使 AutoCAD 沿设定的极轴角方向追踪，可在【草图设置】对话框的【对象捕捉追踪设置】分组框中选择【用所有极轴角设置追踪】单选项。

以上通过例子说明了极轴追踪、对象捕捉及对象捕捉追踪功能的用法。在实际绘图过程中，常将它们结合起来使用。

网络视频教学：结合极轴追踪、对象捕捉及对象捕捉追踪功能绘制线段。

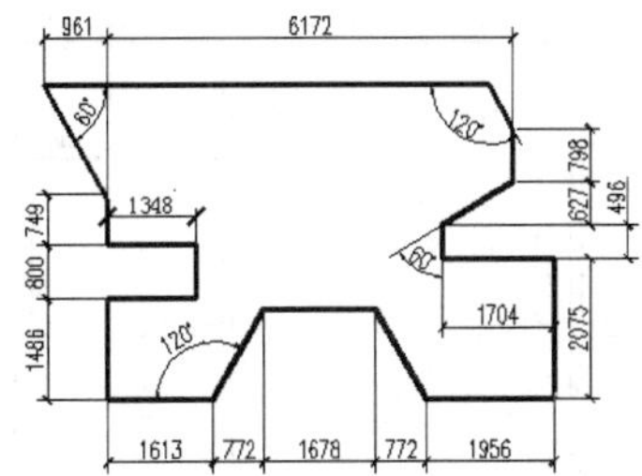

3.2.2 绘制矩形

只需指定矩形对角线的两个端点就能绘制矩形。绘制时，可设置矩形边的宽度，还能指定顶点处的倒角距离及圆角半径。

1. 命令启动方法

- 功能区：单击【常用】选项卡【绘图】面板上的□按钮。
- 命令：RECTANG 或简写 REC。

【案例 3-10】 练习 RECTANG 命令。

单击【常用】选项卡【绘图】面板上的□按钮，AutoCAD 提示如下。

```
命令: _rectang
指定第一个角点或 [倒角(C)/标高(E)/圆角(F)/厚度(T)/宽度(W)]:
                              //拾取矩形对角线的一个端点，如图 3-22 所示
指定另一个角点或 [面积(A)/尺寸(D)/旋转(R)]: //拾取矩形对角线的另一个端点
```

结果如图 3-22 所示。

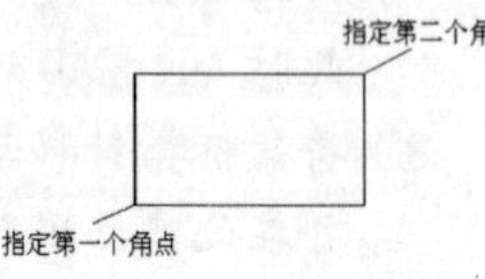

图 3-22 绘制矩形

2. 命令选项

- 指定第一个角点：在此提示下，指定矩形的一个角点。移动鼠标指针时，屏幕上显示出一个矩形。
- 指定另一个角点：在此提示下，指定矩形的另一个角点。
- 倒角(C)：指定矩形各顶点倒斜角的大小，如图 3-23 a 所示。
- 圆角(F)：指定矩形各顶点倒圆角半径，如图 3-23 b 所示。
- 标高(E)：确定矩形所在的平面高度，默认情况下，矩形是在 xy 平面内（z 坐标值为 0)。
- 厚度(T)：设置矩形的厚度，在三维绘图时常使用该选项。
- 宽度(W)：该选项可以设置矩形边的宽度，如图 3-23 c 所示。

a）倒角矩形　b）圆角矩形　c）边有宽度的矩形

图 3-23 绘制不同的矩形

- 面积(A)：使用面积与长度或宽度创建矩形。如果“倒角”或“圆角”选项被激活，则区域将包括倒角或圆角在矩形角点上产生的效果。
- 尺寸(D)：使用长和宽创建矩形。
- 旋转(R)：按指定的旋转角度创建矩形。

网络视频教学：执行矩形命令绘图。

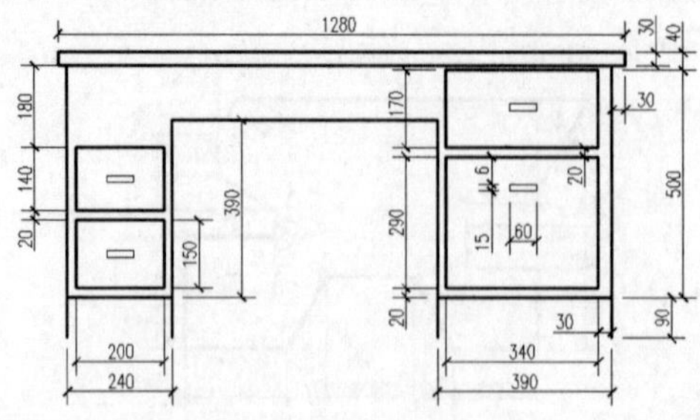

3.2.3 绘制正多边形

在AutoCAD中可以创建3～1024条边的正多边形，绘制正多边形一般采取以下两种方法。

- 指定多边形边数及多边形中心。
- 指定多边形边数及某一边的两个端点。

1. 绘制一般正多边形

（1）命令启动方法。

- 功能区：单击【常用】选项卡【绘图】面板上按钮右侧的按钮，在打开的下拉列表中单击按钮。
- 命令：POLYGON 或简写 POL。

【案例 3-11】 练习 POLYGON 命令。

单击【常用】选项卡【绘图】面板上按钮右侧的按钮，在打开的下拉列表中单击按钮，AutoCAD 提示如下。

```
命令: _polygon 输入边的数目 <4>: 7      //输入多边形的边数
指定多边形的中心点或 [边(E)]:            //拾取多边形的中心点，如图 3-24 所示
输入选项 [内接于圆(I)/外切于圆(C)] <I>: I   //采用内接于圆方式绘制多边形
指定圆的半径:                             //指定圆半径
```

结果如图 3-24 所示。

（2）命令选项。

- 指定多边形的中心点：用户输入多边形边数后，再拾取多边形中心点。
- 内接于圆(I)：根据外接圆生成正多边形，如图 3-25 a 所示。
- 外切于圆(C)：根据内切圆生成正多边形，如图 3-25 b 所示。
- 边(E)：输入多边形边数后，再指定某条边的两个端点即可绘出多边形，如图 3-25 c 所示。

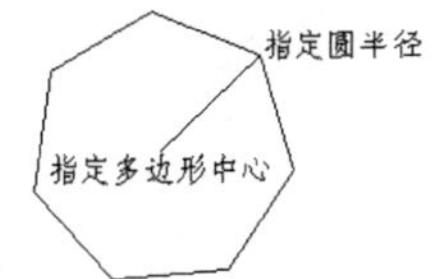

图 3-24 绘制正多边形

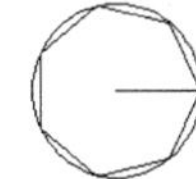

a）内接于圆 b）外切于圆 c）指定一条边

图 3-25 用不同方式绘制正多边形

当选择“边”创建正多边形时，指定边的一个端点后，再输入另一端点的相对极坐标就可确定正多边形的倾斜方向。若选择“内接于圆”或“外切于圆”选项，则正多边形的倾斜方向也可按类似方法确定，即指定正多边形中心后，再输入圆半径上另一点的相对极坐标。

2. 绘制实心多边形

SOLID（简写为 SO）命令生成填充多边形。发出命令后，AutoCAD 提示指定多边形的顶点（3 个点或 4 个点），命令结束后，系统自动填充多边形。指定多边形顶点时，顶点的选取顺序是很重要的，如果顺序出现错误，将使多边形呈打结状。

网络视频教学：执行正多边形命令绘图。

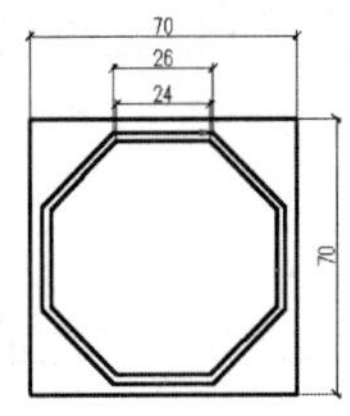

3.2.4 绘制圆

执行 CIRCLE 命令绘制圆，默认的画圆方法是指定圆心和半径。此外，还可通过两点或三点画圆。

1. 命令启动方法

- 功能区：单击【常用】选项卡【绘图】面板上的按钮下的，在打开的下拉列表中单击适当的绘圆方式按钮。
- 命令：CIRCLE 或简写 C。

【案例 3-12】 练习 CIRCLE 命令。

```
命令: _circle 指定圆的圆心或 [三点(3P)/两点(2P)/ 切点、切点、半径(T)]:
                                                    //指定圆心，如图 3-26 所示
指定圆的半径或 [直径(D)] <16.1749>:20                 //输入圆半径
```

结果如图 3-26 所示。

图 3-26 绘制圆

2. 命令选项

- 指定圆的圆心：默认选项。输入圆心坐标或拾取圆心后，AutoCAD 提示输入圆半径或直径值。
- 三点(3P)：输入 3 个点绘制圆周，如图 3-27 所示。
- 两点(2P)：指定直径的两个端点画圆。
- 切点、切点、半径(T)：选取与圆相切的两个对象，然后输入圆半径，如图 3-28 所示。

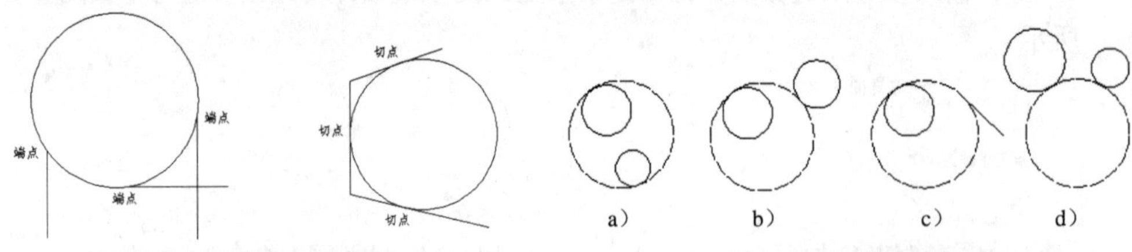

图 3-27 根据三点画圆　　　图 3-28 绘制公切圆

利用 CIRCLE 命令的“切点、切点、半径(T)”选项绘制公切圆时，相切的情况常常取决于所选切点的位置及切圆半径的大小。图 3-28 中的 a、b、c、d 图显示了在不同位置选择切点时所创建的公切圆。当然，对于图中 a、b 两种相切形式，公切圆半径不能太小，否则将不能出现内切的情况。

网络视频教学：执行矩形、圆等命令绘图。

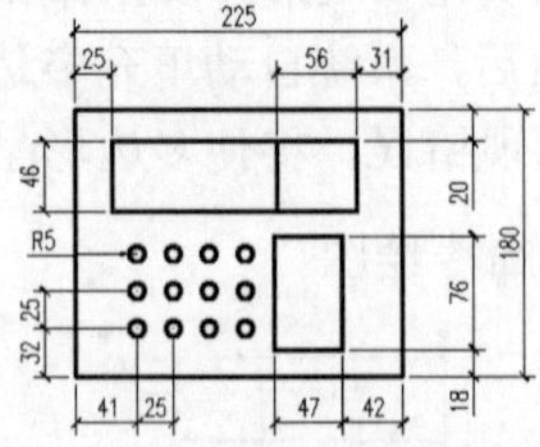

3.2.5 绘制圆弧连接

利用 CIRCLE 命令还可绘制各种圆弧连接，下面的练习将演示利用 CIRCLE 命令绘制圆

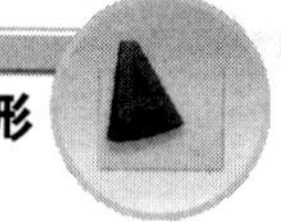

弧连接的方法。

【案例 3-13】 打开附盘文件“dwg\第 3 章\3-13.dwg”，如图 3-29 左图所示。利用 CIRCLE 命令将左图修改为右图。

```
命令: _circle 指定圆的圆心或 [三点(3P)/两点(2P)/切点、切点、半径(T)]: 3p
                                        //利用“3P”选项绘制圆 M，如图 3-29 所示
指定圆上的第一点:                         //捕捉切点 A
指定圆上的第二点:                         //捕捉切点 B
指定圆上的第三点:                         //捕捉切点 C
命令:                                     //重复命令
CIRCLE 指定圆的圆心或 [三点(3P)/两点(2P)/ 切点、切点、半径(T)]: t
                                        //利用“T”选项绘制圆 N
在对象上指定一点作圆的第一条切线:          //捕捉切点 D
在对象上指定一点作圆的第二条切线:          //捕捉切点 E
指定圆的半径 <31.2798>: 25                //输入圆半径
命令:                                     //重复命令
CIRCLE 指定圆的圆心或 [三点(3P)/两点(2P)/切点、切点、半径(T)]: t
                                        //利用“T”选项绘制圆 O
在对象上指定一点作圆的第一条切线:          //捕捉切点 F
在对象上指定一点作圆的第二条切线:          //捕捉切点 G
指定圆的半径 <25.0000>: 80                //输入圆半径
```

修剪多余线条，结果如图 3-29 右图所示。

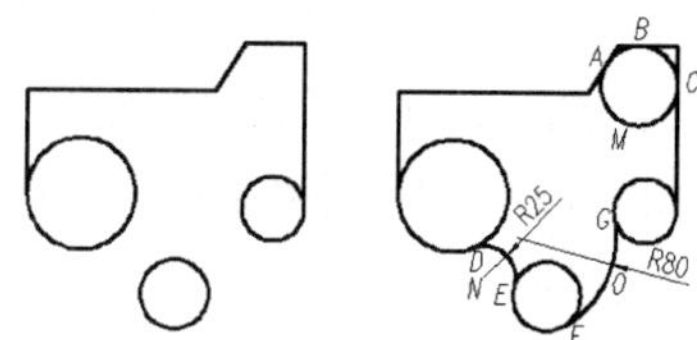

图 3-29 绘制圆弧连接

当然，也可单击【常用】选项卡【绘图】面板上的按钮下的，在打开的下拉列表中单击适当的绘制圆弧方式按钮绘制图形。

要点提示

当绘制与两圆相切的圆弧时，在圆的不同位置拾取切点，将绘制出内切或外切的圆弧。

网络视频教学：绘制圆弧连接。

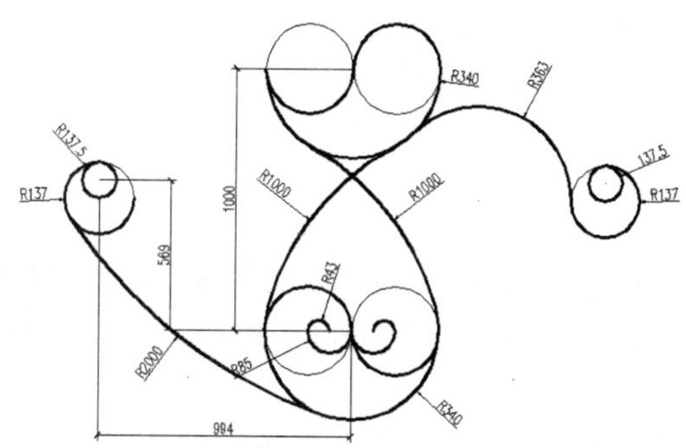

3.2.6 绘制椭圆

椭圆包括中心、长轴、短轴 3 个参数。只要这 3 个参数确定，椭圆就确定了。绘制椭圆的默认方法是指定椭圆中心，第一条轴线的端点及另一条轴线的半轴长度来绘制椭圆。另外，也可通过指定椭圆第一条轴线的两个端点及另一条轴线长度的一半来绘制椭圆。

1. 命令启动方法

- 功能区：单击【常用】选项卡【绘图】面板上的按钮，可单击该按钮右边的按钮，在打开的下拉列表中单击适当的绘制椭圆方式按钮。
- 命令：ELLIPSE 或简写 EL。

【案例 3-14】 练习 ELLIPSE 命令。

单击【常用】选项卡【绘图】面板上按钮右边的按钮，在打开的下拉列表中单击轴，端点按钮，AutoCAD 提示如下。

```
命令：_ellipse
指定椭圆的轴端点或 [圆弧(A)/中心点(C)]：  //拾取椭圆轴的一个端点，如图 3-30 所示
指定轴的另一个端点：                      //拾取椭圆轴的另一个端点
指定另一条半轴长度或 [旋转(R)]：10        //输入另一轴的半轴长度
```

结果如图 3-30 所示。

2. 命令选项

- 圆弧(A)：该选项可以绘制一段椭圆弧。过程是先绘制一个完整的椭圆，随后 AutoCAD 提示选择要删除的部分，留下所需的椭圆弧。
- 中心点(C)：通过椭圆中心点及长轴、短轴来绘制椭圆，如图 3-31 所示。
- 旋转(R)：按旋转方式绘制椭圆，即 AutoCAD 将圆绕直径转动一定角度后，再投影到平面上形成椭圆。

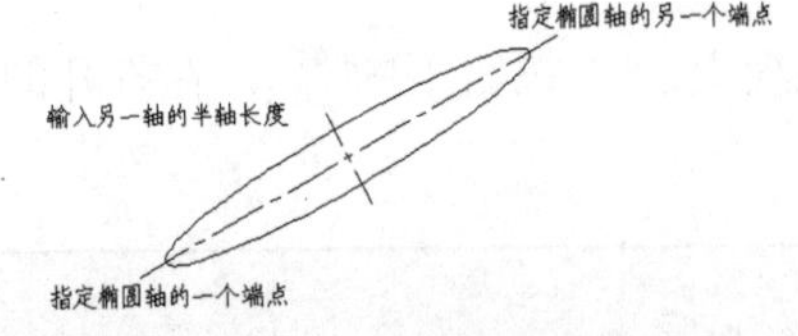

图 3-30 绘制椭圆

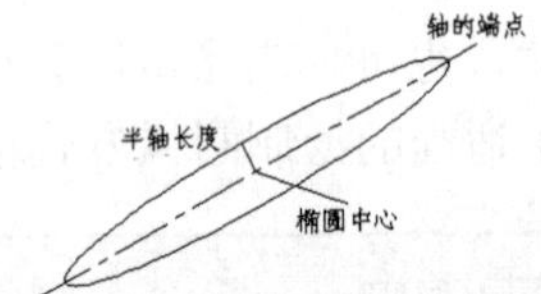

图 3-31 利用“中心点(C)”画椭圆

网络视频教学：绘制旋塞开关图。

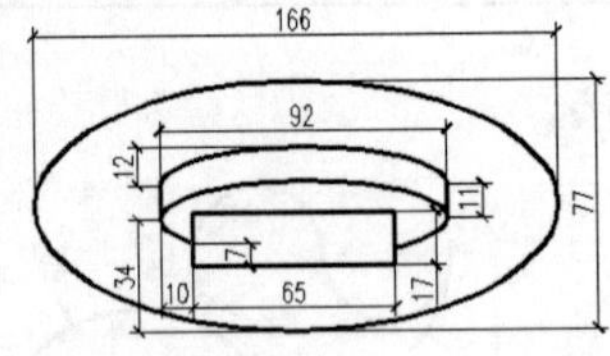

3.2.7 绘制圆环

DONUT 命令创建填充圆环或实心填充圆。启动该命令后，用户依次输入圆环内径、外径及圆心，AutoCAD 就生成圆环。若要画实心圆，则指定内径为“0”即可。

命令启动方法

- 功能区：单击【常用】选项卡【绘图】面板底部的 绘图 ▾ 按钮，在打开的下

拉列表中单击◎按钮。

- 命令：DONUT 或简写 DO。

【案例 3-15】 练习 DONUT 命令。

```
命令: _donut
指定圆环的内径 <0.5000>: 3          //输入圆环内部直径
指定圆环的外径 <1.0000>: 6          //输入圆环外部直径
指定圆环的中心点或 <退出>:          //指定圆心
指定圆环的中心点或 <退出>:          //按 Enter 键结束
```

图 3-32 画圆环

结果如图 3-32 所示。

DONUT 命令生成的圆环实际上是具有宽度的多段线。默认情况下，该圆环是填充的，当把变量 FILLMODE 设置为“0”时，系统将不填充圆环。

3.2.8 绘制样条曲线

SPLINE 命令可以绘制光滑的样条曲线。作图时，先给定一系列数据点，随后 AutoCAD 按指定的拟合公差形成该曲线。工程设计时，可以利用 SPLINE 命令绘制断裂线。

命令启动方法

- 功能区：单击【常用】选项卡【绘图】面板底部的 绘图 ▾ 按钮，在打开的下拉列表中单击按钮。
- 命令：SPLINE 或简写 SPL。

【案例 3-16】 练习 SPLINE 命令。

```
命令: _SPLINE
当前设置: 方式=控制点    阶数=3
指定第一个点或 [方式(M)/阶数(D)/对象(O)]: _M
输入样条曲线创建方式 [拟合(F)/控制点(CV)] <CV>: _CV
当前设置: 方式=控制点    阶数=3
指定第一个点或 [方式(M)/阶数(D)/对象(O)]:    //拾取 A 点, 如图 3-33 所示
输入下一个点:                                //拾取 B 点
输入下一个点或 [放弃(U)]:
输入下一个点或 [闭合(C)/放弃(U)]://拾取 C 点
输入下一个点或 [闭合(C)/放弃(U)]://拾取 D 点
输入下一个点或 [闭合(C)/放弃(U)]://拾取 E 点
输入下一个点或 [闭合(C)/放弃(U)]://拾取 F 点, 按 Enter 键
```

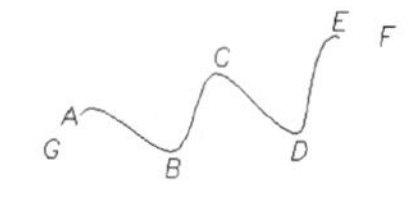

图 3-33 绘制样条曲线

结果如图 3-33 所示。

网络视频教学：结合极轴追踪、对象捕捉及对象追踪功能绘制线段。

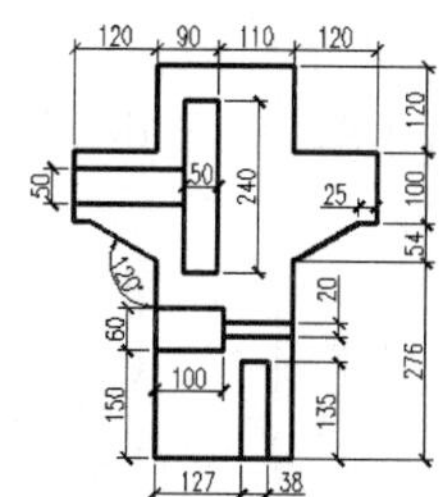

3.2.9 上机练习——绘制简单二维图形

【案例 3-17】 绘制如图 3-34 所示的饮水用具图形。

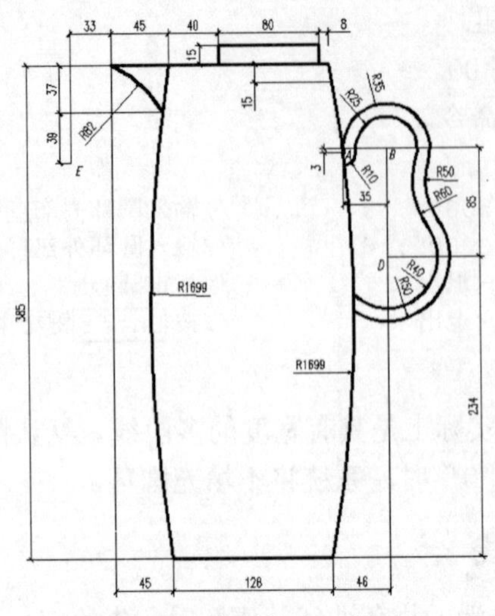

图 3-34　绘制简单二维图形

3.3 绘制有剖面图案的图形

本节主要讲述有剖面图案的图形的绘制。

3.3.1　填充封闭区域

在工程图中，剖面线一般总是绘制在一个对象或几个对象围成的封闭区域中，最简单的如一个圆或一条闭合的多段线等，较复杂的可能是几条线或圆弧围成的形状多变的区域。

在绘制剖面线时，首先要指定填充边界，一般可用两种方法选定画剖面线的边界：一种是在闭合的区域中选一点，AutoCAD 自动搜索闭合的边界；另一种是通过选择对象来定义边界。AutoCAD 为用户提供了许多标准填充图案，用户也可定制自己的图案，此外，还能控制剖面图案的疏密及图案的倾角。

BHATCH 命令生成填充图案。启动该命令后，AutoCAD 打开【图案填充和渐变色】对话框，在此对话框中指定填充图案类型，再设定填充比例、角度及填充区域，就可以创建图案填充。

命令启动方法

- 功能区：单击【常用】选项卡【绘图】面板上的按钮。
- 命令：BHATCH 或简写 BH。

【案例 3-18】 打开附盘文件“dwg\第 3 章\3-18.dwg”，如图 3-35 左图所示。下面用 BHATCH 命令将左图修改为右图。

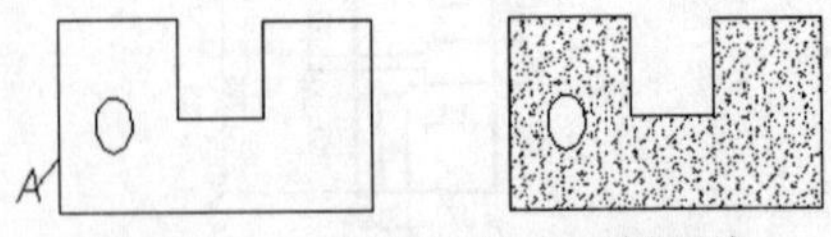

图 3-35　在封闭区域内画剖面线

1）单击【常用】选项卡【绘图】面板上的按钮，进入【图案填充创建】选项卡，如图 3-36 所示。

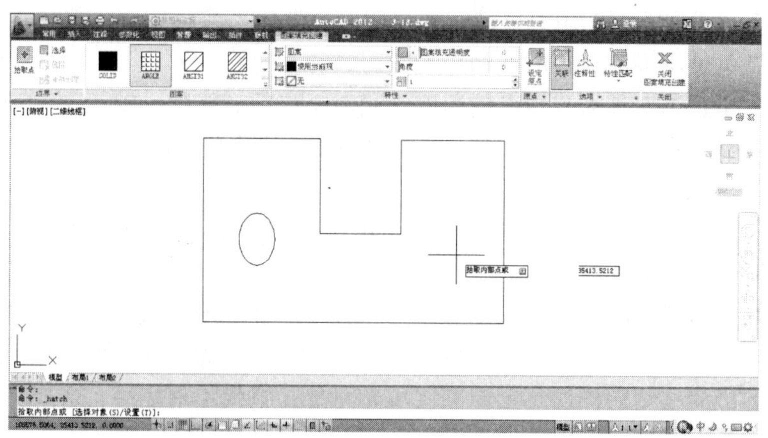

图 3-36 【图案填充创建】选项卡

该选项卡用来定义图案填充和填充的边界、图案、填充特性和其他参数。其常用功能区面板选项如下。

(1)【边界】面板。

- 拾取点：根据围绕指定点构成封闭区域的现有对象来确定边界。指定内部点时，可以随时在绘图区域中单击鼠标右键以显示包含多个选项的快捷菜单。
- 选择：根据构成封闭区域的选定对象确定边界。使用“选择对象”选项时，HATCH 不自动检测内部对象。必须选择选定边界内的对象，以按照当前孤岛检测样式填充这些对象。每次单击“选择对象”时，HATCH 将清除上一选择集。选择对象时，可以随时在绘图区域单击鼠标右键以显示快捷菜单。可以利用此快捷菜单放弃最后一个或所有选定对象、更改选择方式、更改孤岛检测样式或预览图案填充或填充。
- 删除：从边界定义中删除之前添加的任何对象。
- 重新创建：围绕选定的图案填充或填充对象创建多段线或面域，并使其与图案填充对象相关联（可选）。
- 显示边界对象：选择构成选定关联图案填充对象的边界的对象。使用显示的夹点可修改图案填充边界。

要点提示

仅在编辑图案填充时，此选项才可用。

- 保留边界对象：指定是否创建封闭图案填充的对象。

(2)【图案】面板：显示所有预定义和自定义图案的预览图像。

(3)【特性】面板。

- 图案填充类型：指定是创建实体填充、渐变填充、预定义填充图案，还是创建用户定义的填充图案。
- 图案填充颜色或渐变色 1：替代实体填充和填充图案的当前颜色，或指定两种渐变色中的第一种。
- 背景色或渐变色 2：指定填充图案背景的颜色，或指定第二种渐变色。“图案填充类型”设定为“实体”时，“渐变色 2”不可用。

- 透明度：设定新图案填充或填充的透明度，替代当前对象的透明度。选择“使用当前值”可使用当前对象的透明度设置。
- 角度：指定图案填充或填充的角度（相对于当前 UCS 的 x 轴）。有效值为 0～359。
- 比例：放大或缩小预定义或自定义填充图案。只有将“图案填充类型”设定为“图案”时，此选项才可用。
- 间距：指定用户定义图案中的直线间距。只有将“图案填充类型”设定为“用户定义”时，此选项才可用。
- 明滑块：指定一种颜色的染色（选定颜色与白色的混合）或着色（选定颜色与黑色的混合），用于渐变填充。只有将“图案填充类型”设定为“渐变色”时，此选项才可用。
- 图层名：为指定的图层指定新图案填充对象，替代当前图层。选择“使用当前值”可使用当前图层。
- 相对图纸空间：相对于图纸空间单位缩放填充图案。使用此选项可以按适合于布局的比例显示填充图案。该选项仅适用于布局。
- 双向：对于用户定义的图案，绘制与原始直线成 90° 的另一组直线，从而构成交叉线。只有将“图案填充类型”设定为“用户定义”时，此选项才可用。
- ISO 笔宽：基于选定笔宽缩放 ISO 预定义图案。仅当指定了 ISO 图案时才可以使用此选项。

(4)【原点】面板：控制填充图案生成的起始位置。某些图案填充（例如砖块图案）需要与图案填充边界上的一点对齐。默认情况下，所有图案填充原点都对应于当前的 UCS 原点。

(5)【选项】面板：控制几个常用的图案填充或填充选项。

- 注释性：指定图案填充为注释性。此特性会自动完成缩放注释过程，从而使注释能够以正确的大小在图纸上打印或显示。

2）单击【图案填充创建】选项卡【选项】面板右下角的按钮，打开【图案填充和渐变色】对话框，如图 3-37 所示。

【图案填充和渐变色】对话框常用选项如下。

- 图案：通过此下拉列表或右边的按钮选择所需的填充图案。
- 拾取点：在填充区域中单击一点，AutoCAD 自动分析边界集，并从中确定包围该点的闭合边界。
- 选择对象：选择一些对象进行填充，此时无需对象构成闭合的边界。
- 继承特性：单击按钮，AutoCAD 要求选择某个已绘制的图案，并将其类型及属性设置为当前图案类型及属性。
- 关联：若图案与填充边界关联，则修改边界时，图案将自动更新以适应新边界。

3）单击【图案】下拉列表右侧的按钮，打开【填充图案选项板】对话框，再进入【其他预定义】选项卡，然后双击其中的剖面线“AR-SAND”，如图 3-38 所示。

4）返回到【图案填充和渐变色】对话框，单击按钮（拾取点）。

5）在想要填充的区域中选定一点 A，此时可以观察到 AutoCAD 自动寻找一个闭合的边界，如图 3-35 左图所示。

6）按 Enter 键，返回【图案填充和渐变色】对话框。

7）在【比例】文本框中输入数值“50”。

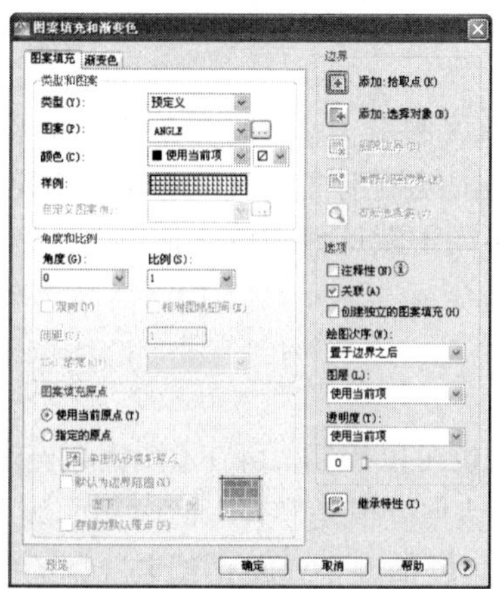

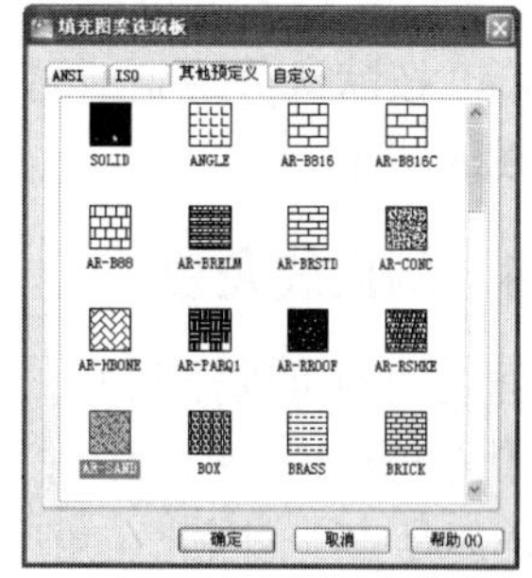

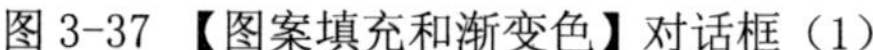

图 3-37 【图案填充和渐变色】对话框（1）　　图 3-38 【填充图案选项板】对话框

8）单击 预览 按钮，观察填充的预览图，如果满意，按 Enter 键，再单击 确定 按钮，完成剖面图案的绘制，结果如图 3-35 右图所示。若不满意，可按 Esc 键，返回【图案填充和渐变色】对话框，重新设定有关参数。

3.3.2 填充复杂图形的方法

在图形不复杂的情况下，常通过在填充区域内指定一点的方法来定义边界。但若图形很复杂，这种方法就会浪费许多时间，因为 AutoCAD 要在当前视口中搜寻所有可见的对象。为避免出现这种情况，可在【图案填充和渐变色】对话框中为 AutoCAD 定义要搜索的边界集，这样就能很快地生成填充区域边界。

【案例 3-19】 定义 AutoCAD 搜索的边界集。

1）单击【图案填充和渐变色】对话框中 帮助 按钮右侧的 ⊙ 按钮，展开该对话框，如图 3-39 所示。

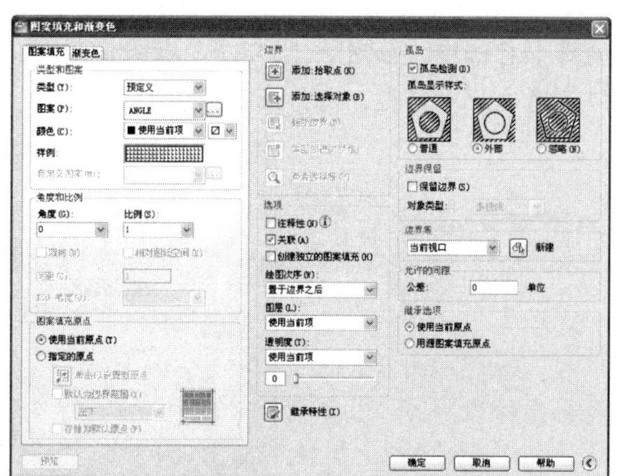

图 3-39 【图案填充和渐变色】对话框（2）

2）单击【边界集】分组框中的按钮（新建），AutoCAD 提示如下。

选择对象：//用交叉窗口、矩形窗口等方法选择实体

3）单击按钮（拾取点），并在填充区域内拾取一点，此时 AutoCAD 仅分析选定的实体来创建填充区域边界。

3.3.3 剖面线的比例

在 AutoCAD 中，预定义剖面线图案的默认缩放比例是 1.0，但可在【图案填充和渐变色】对话框的【比例】下拉列表中设定其他比例值。绘制剖面线时，若没有指定特殊比例值则 AutoCAD 按默认值绘制剖面线，当输入一个不同于默认值的图案比例时，可以增加或减小剖面线的间距。

3.3.4 剖面线角度

除剖面线间距可以控制外，剖面线的倾斜角度也可以控制。可在【图案填充和渐变色】对话框的【角度】下拉列表中进行设定，图案的默认角度值是零，而此时剖面线（ANSI31）与 x 轴夹角却是 45°。因此在角度参数栏中显示的角度值并不是剖面线与 x 轴的倾斜角度，而是剖面线以 45° 线方向为起始方向的转动角度。

当分别输入角度值 45°、90°、15° 时，剖面线将逆时针转动到新的位置，它们与 x 轴的夹角分别是 90°、135°、60°，如图 3-40 所示。

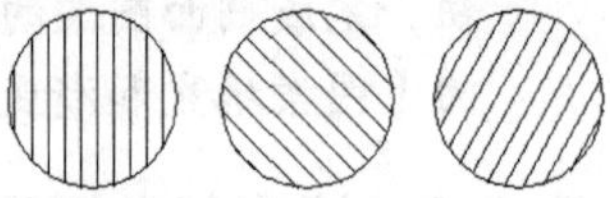

输入角度=45°　输入角度=90°　输入角度=15°

图 3-40　输入不同角度时的剖面线

3.3.5 编辑图案填充

HATCHEDIT 命令用于修改填充图案的外观及类型，如改变图案的角度、比例或用其他样式的图案填充图形等。

命令启动方法

- 功能区：单击【常用】选项卡【修改】面板底部的 修改▾ 按钮，在打开的下拉列表中单击按钮。
- 命令：HATCHEDIT 或简写 HE。

【案例 3-20】 练习 HATCHEDIT 命令。

1）打开附盘文件“dwg\第 3 章\3-20.dwg”，如图 3-41 左图所示。

2）启动 HATCHEDIT 命令，AutoCAD 提示“选择图案填充对象:”，选择填充图案后，弹出【图案填充编辑】对话框，如图 3-42 所示。该对话框与【图案填充和渐变色】对话框内容相似，通过此对话框，可修改剖面图案、比例及角度等。

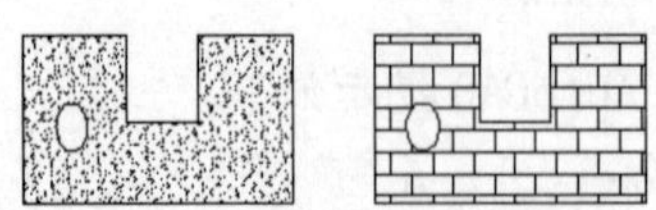

图 3-41　修改图案角度及比例

图 3-42　【图案填充编辑】对话框

3）单击【图案】下拉列表右侧的按钮，打开【填充图案选项板】对话框，再进入

【其他预定义】选项卡，然后选择剖面线“AR-B816”，在【角度】下拉列表中选取“0”，在【角度】下拉列表中输入“20”，单击确定按钮，结果如图 3-41 右图所示。

网络视频教学：执行图案填充命令将左图修改为右图。

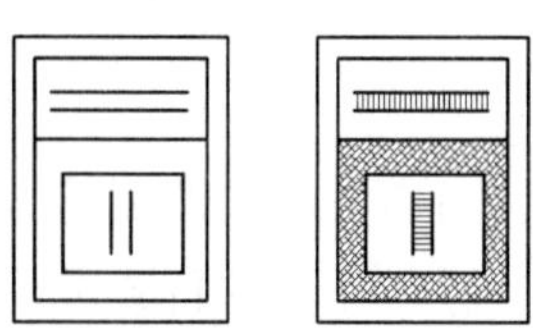

3.3.6 上机练习——绘制剖面线

【案例 3-21】 打开附盘文件“dwg\第 3 章\3-21.dwg”，在如图 3-43 所示的某建筑图中绘制剖面线。

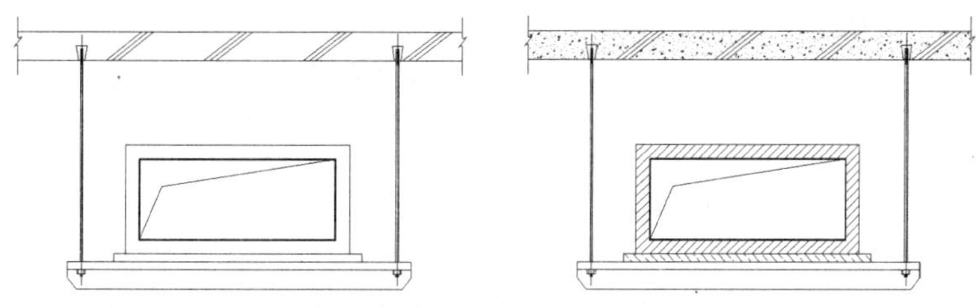

图 3-43 绘制剖面线

3.4 面域构造法绘图

本节主要讲述利用面域构造法绘图。

3.4.1 创建面域

域（REGION）是二维的封闭图形，它可由直线、多段线、圆、圆弧、样条曲线等对象围成，但应保证相邻对象间共享连接的端点，否则将不能创建域。域是一个单独的实体，具有面积、周长、形心等几何特征，使用它作图与传统的作图方法是截然不同的，此时可采用“并”、“交”、“差”等布尔运算来构造不同形状的图形。图 3-44 所示显示了 3 种布尔运算的结果。

图 3-44 布尔运算

命令启动方法

- 功能区：单击【常用】选项卡【绘图】面板底部的绘图▾按钮，在打开的下拉列表中单击按钮。
- 命令：REGION 或简写 REG。

【案例 3-22】 练习 REGION 命令。

打开附盘文件“dwg\第 3 章\3-22.dwg”，如图 3-45 所示。利用 REGION 命令将该图创建成面域。

```
命令: _region
选择对象: 指定对角点: 找到 3 个        //用交叉窗口选择矩形及两个圆，如图 3-45 所示
选择对象:                              //按 Enter 键结束
已提取 3 个环
已创建 3 个面域
```

图 3-45 中包含 3 个闭合区域，因而 AutoCAD 创建 3 个面域。

面域以线框的形式显示出来，用户可以对面域进行移动、复制等操作，还可用 EXPLODE 命令分解面域，使其还原为原始图形对象。

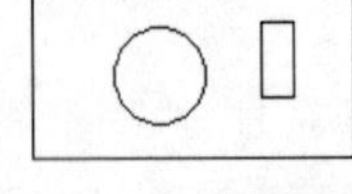

图 3-45　创建面域

> **要点提示**
>
> 默认情况下，REGION 命令在创建面域的同时将删除源对象，如果用户希望保留原始对象，需将 DELOBJ 系统变量设置为“0”。

3.4.2　并运算

并运算将所有参与运算的面域合并为一个新面域。

命令启动方法

- 功能区：【三维建模】工作空间下，单击【常用】选项卡【实体编辑】面板上的按钮。
- 功能区：【三维基础】工作空间中【常用】选项卡【编辑】面板。
- 命令：UNION 或简写 UNI。

> **要点提示**
>
> 单击状态栏上的按钮，弹出工作空间切换菜单，如图 3-46 所示，选取相应工作空间选项，即可实现工作空间的切换。

【案例 3-23】　练习 UNION 命令。

打开附盘文件“dwg\第 3 章\3-23.dwg”，如图 3-47 左图所示。利用 UNION 命令将左图修改为右图。

```
命令: union
选择对象: 指定对角点: 找到 6 个
          //用交叉窗口选择 6 个面域，如图 3-47 左图所示
选择对象: //按 Enter 键结束
```

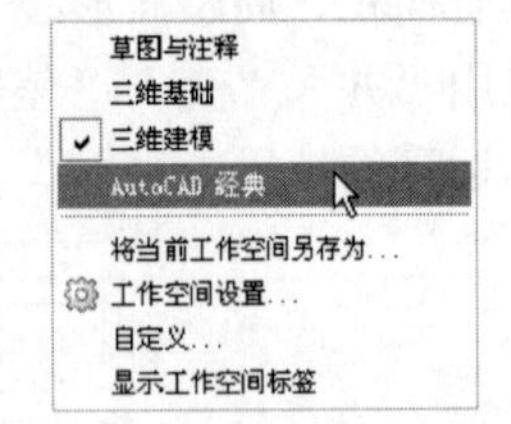

图 3-46　工作空间切换菜单

结果如图 3-47 右图所示。

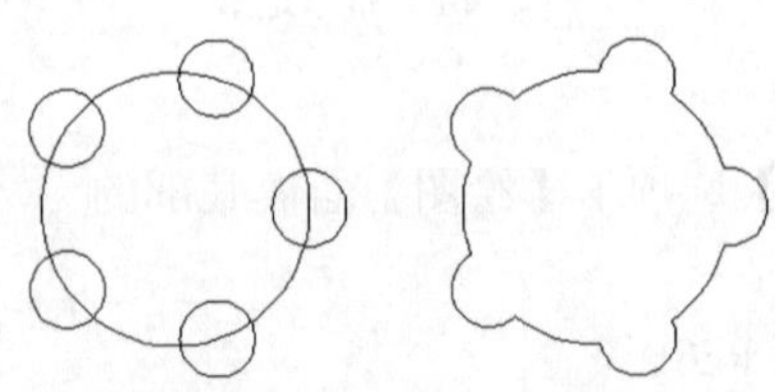

对 5 个面域进行并运算　　结果

图 3-47　执行并运算

3.4.3 差运算

用户可利用差运算从一个面域中去掉一个或多个面域，从而形成一个新面域。

命令启动方法

- 功能区：在【三维建模】工作空间下，单击【常用】选项卡【实体编辑】面板上的按钮。
- 功能区：【三维基础】工作空间中【常用】选项卡【编辑】面板。
- 命令：SUBTRACT 或简写 SU。

【案例 3-24】 练习 SUBTRACT 命令。

打开附盘文件“dwg\第 3 章\3-24.dwg”，如图 3-48 左图所示。用 SUBTRACT 命令将左图修改为右图。

```
命令: subtract
选择对象: 找到 1 个        //选择大圆面域，如图 3-48 左图所示
选择对象:                  //按 Enter 键确认
选择对象:总计 5 个         //选择 5 个小圆面域
选择对象                   //按 Enter 键结束
```

结果如图 3-48 右图所示。

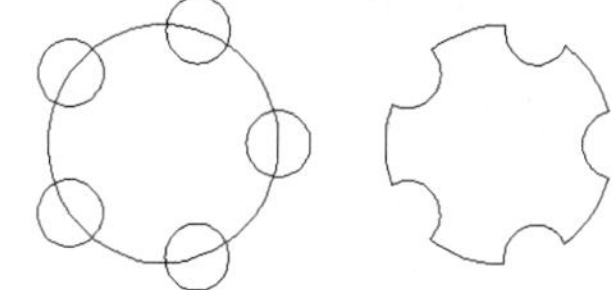

图 3-48 执行差运算

3.4.4 交运算

交运算可以求出各个相交面域的公共部分。

命令启动方法

- 功能区：在【三维建模】工作空间下，单击【常用】选项卡【实体编辑】面板上的按钮。
- 功能区：【三维基础】工作空间中【常用】选项卡【编辑】面板。
- 命令：INTERSECT 或简写 IN。

【案例 3-25】 练习 INTERSECT 命令。

打开附盘文件“dwg\第 3 章\3-25.dwg”，如图 3-49 左图所示。利用 INTERSECT 命令将左图修改为右图。

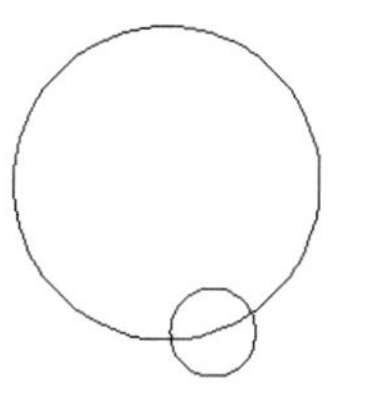

对两个面域进行交运算　　结果

图 3-49 执行交运算

```
命令: intersect
选择对象: 指定对角点: 找到 2 个        //选择大圆面域及小圆面域，如图 3-49 左图所示
选择对象:                              //按 Enter 键结束
```

网络视频教学：利用面域构造法绘图。

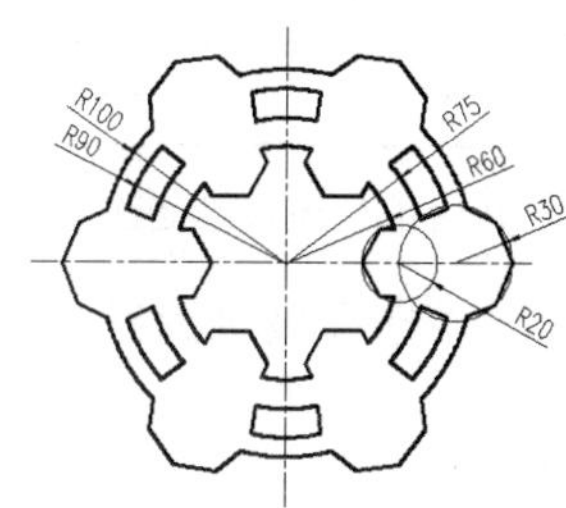

提示：R30、R20 的圆的内接正多边形边数分别为 8 和 6。

3.4.5 上机练习——利用面域构造法绘图

【案例 3-26】 利用面域构造法绘制如图 3-50 所示的图形。

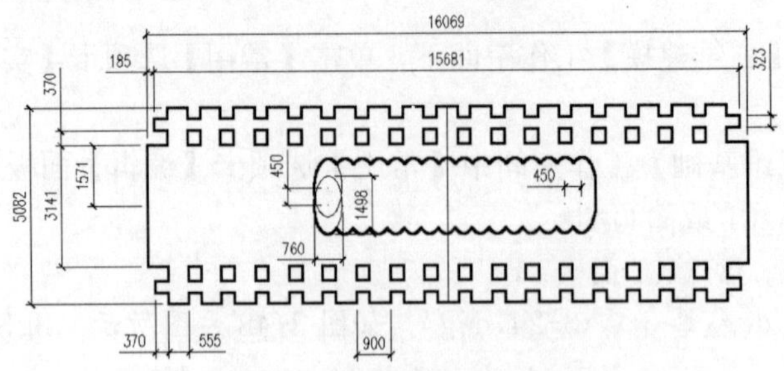

图 3-50 利用面域构造法绘图

3.5 网络课堂——利用面域构造法绘图

网络视频教学：利用面域构造法绘图。

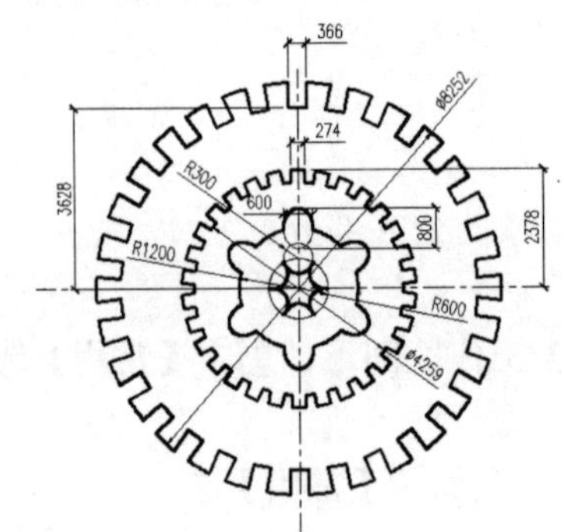

3.6 习题

1．打开正交模式，通过输入线段的长度绘制如图 3-51 所示的建筑平面图。

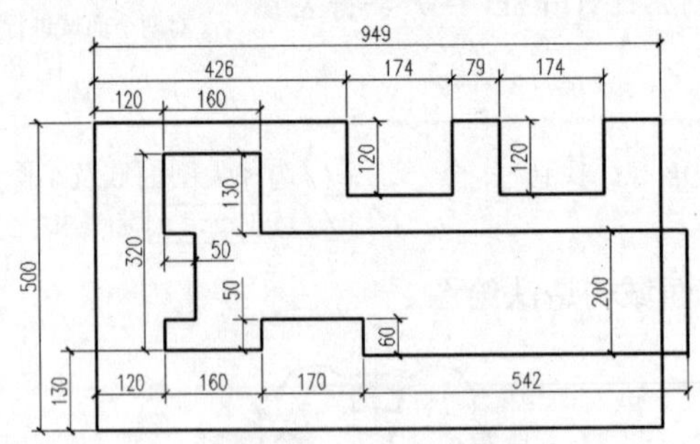

图 3-51 利用正交模式绘制建筑平面图

2．设定极轴追踪角度为 15°，并打开极轴追踪，然后通过输入线段的长度绘制如图 3-52 所示的钢制建筑平台。

3．绘制如图 3-53 所示的平面图形。

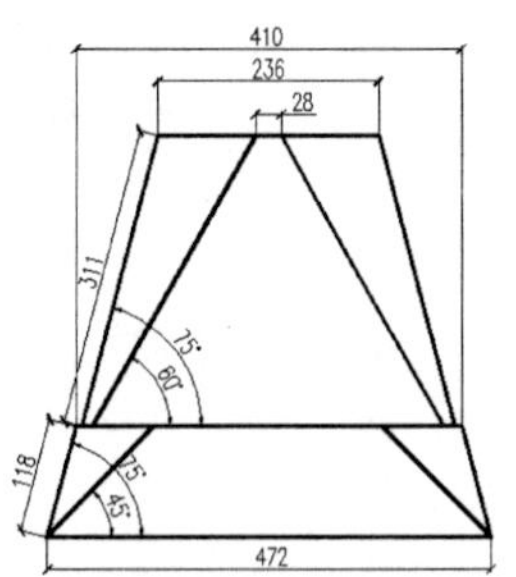

图 3-52　利用极轴追踪绘制钢制建筑平台

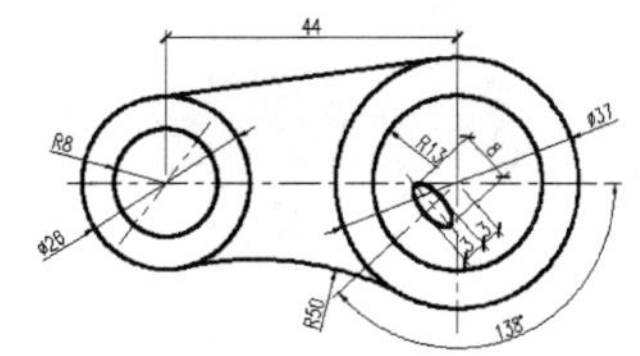

图 3-53　绘制圆、椭圆及圆弧连接线

4．绘制如图 3-54 所示的底座及圆弧连接线。

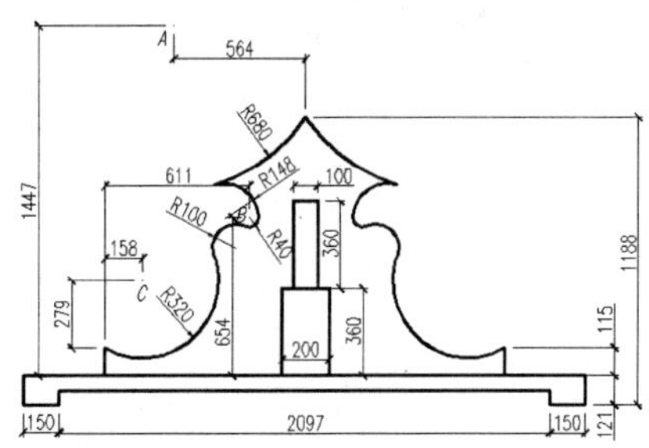

提示：其中，*A*、*B* 和 *C* 分别为 R680、R40 和 R320 的圆心。

图 3-54　绘制底座及圆弧连接线

5．利用 CIRCLE 命令的“3P”选项绘制相切圆弧，结果如图 3-55 所示。

6．利用面域构造法绘图，如图 3-56 所示。

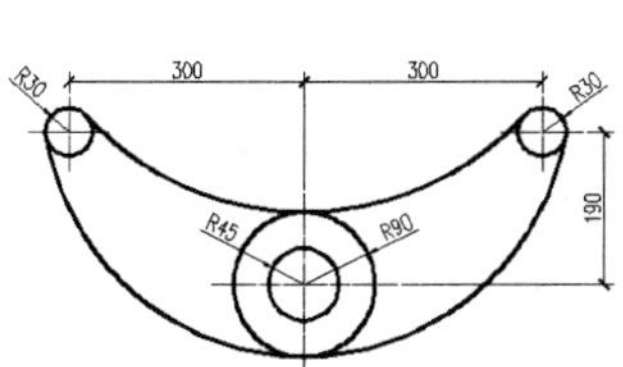

图 3-55　绘制相切圆弧

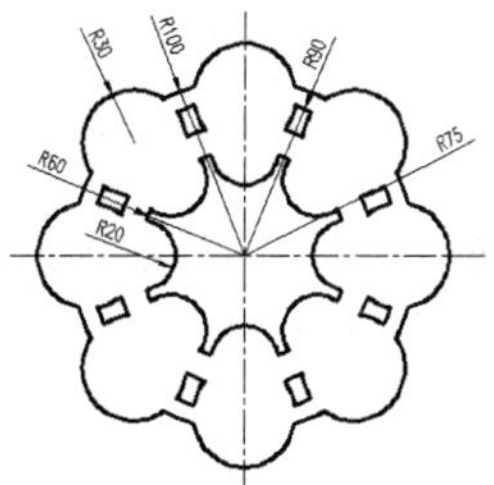

图 3-56　利用面域构造法绘图

第4章

编辑平面图形

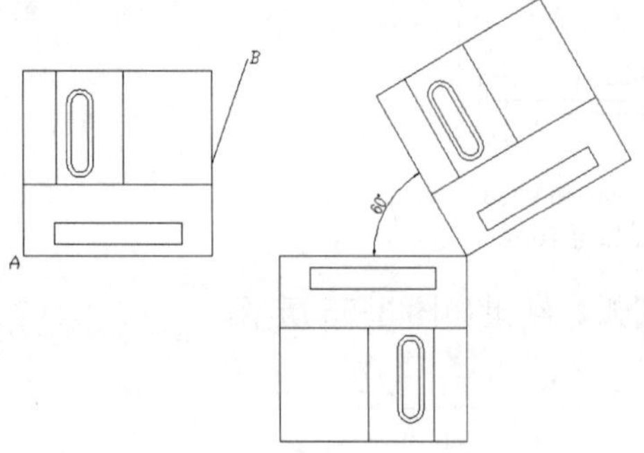

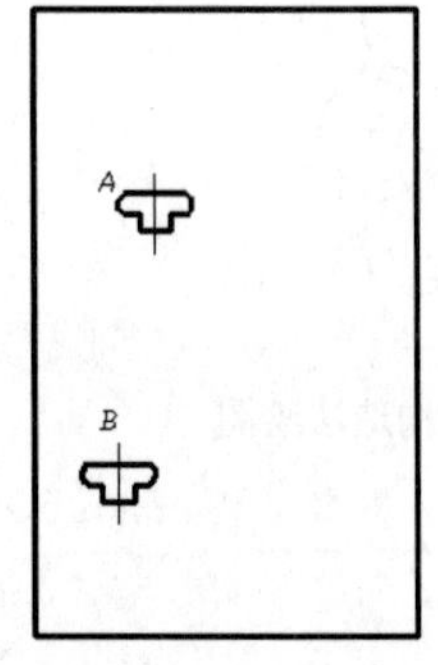

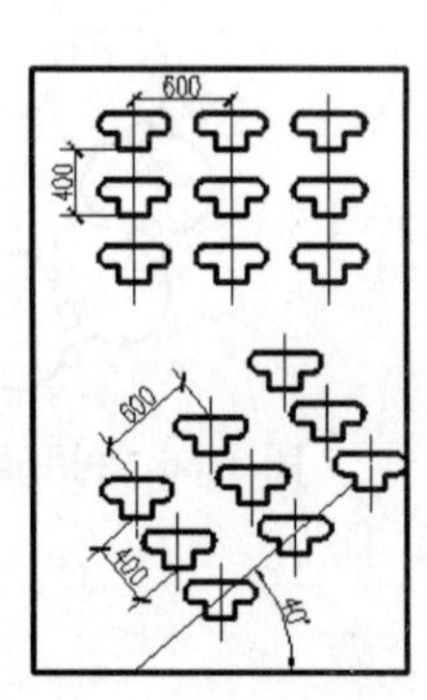

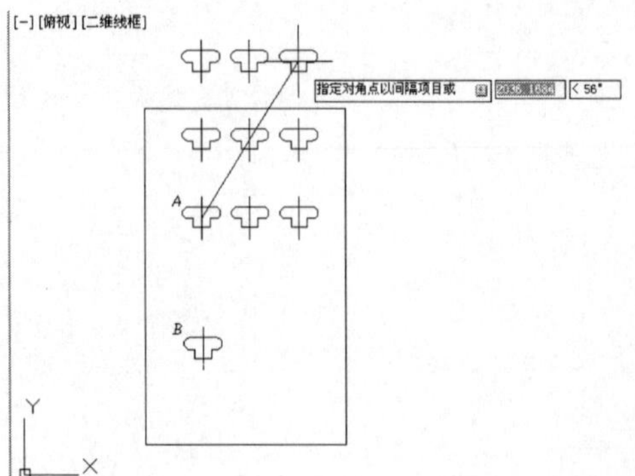

【学习目标】

☑ 移动、复制与旋转对象。

☑ 镜像、偏移、阵列及对齐对象。

☑ 在两点间或在一点处打断对象。

☑ 修剪、延伸对象。

☑ 拉长或缩短对象。

☑ 指定基点缩放对象。

☑ 关键点编辑模式。

4.1 移动对象

移动图形实体的命令是 MOVE（简写 M），该命令可以在二维或三维空间中使用。执行 MOVE 命令后，选择要移动的图形元素，然后通过两点或直接输入位移值来指定对象移动的距离和方向。

命令启动方法

- 功能区：单击【常用】选项卡【修改】面板上的[移动]按钮。
- 命令：MOVE 或简写 M。

【案例 4-1】 练习使用 MOVE 命令。打开附盘文件“dwg\第 4 章\4-1.dwg”，如图 4-1 左图所示。使用 MOVE 命令将左图修改为右图。

1）激活极轴追踪、对象捕捉及自动追踪等功能，设定对象捕捉方式为端点、交点。

2）单击【常用】选项卡【修改】面板上的[移动]按钮，AutoCAD 提示如下。

```
命令: _move
选择对象: 指定对角点: 找到 24 个                       //选择窗户 A，如图 4-1 左图所示
选择对象:                                              //按 Enter 键确认
指定基点或 [位移(D)] <位移>:                           //捕捉交点 B
指定第二个点或 <使用第一个点作为位移>:                 //捕捉交点 C
命令:MOVE                                              //重复命令
选择对象: 指定对角点: 找到 48 个                       //选择窗户 D、E
选择对象:                                              //按 Enter 键确认
指定基点或 [位移(D)] <位移>:                           //单击一点
指定第二个点或 <使用第一个点作为位移>: 1000            //向下追踪并输入追踪距离
命令:MOVE                                              //重复命令
选择对象: 指定对角点: 找到 15 个                       //选择门 F
选择对象:                                              //按 Enter 键确认
指定基点或 [位移(D)] <位移>: -2000,-800                //输入沿 x、y 轴移动的距离
指定第二个点或 <使用第一个点作为位移>:                 //按 Enter 键结束命令
```

结果如图 4-1 右图所示。

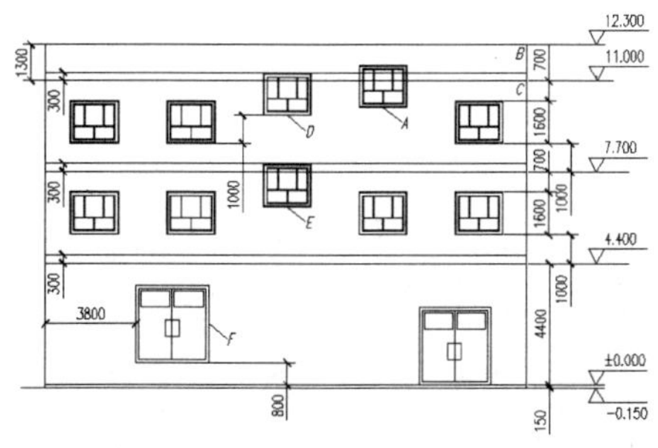

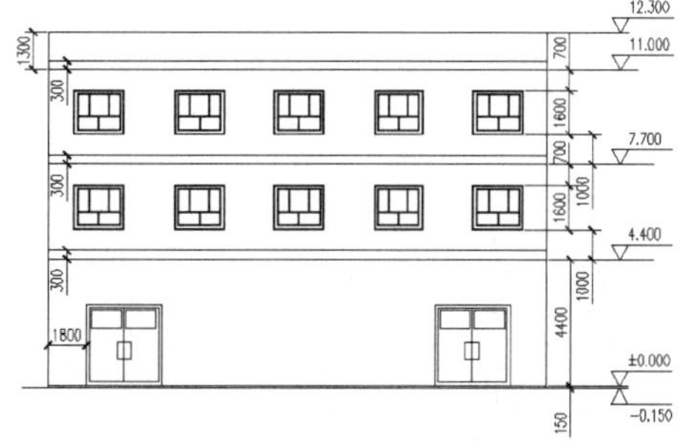

图 4-1 移动对象

使用 MOVE 命令时，可以通过以下几种方式指明对象移动的距离和方向。

（1）在屏幕上指定两个点，这两点间的距离和方向代表了实体移动的距离与方向。

当系统提示“指定基点:”时，指定移动的基准点。当系统提示“指定第二个点:”时，捕捉第二点或输入第二点相对于基准点的相对直角坐标或极坐标值。

（2）以“x, y”方式输入对象沿 x、y 轴移动的距离，或用“距离<角度”方式输入对

象移动的距离和方向。

当系统提示“指定基点:”时，输入位移值。当系统提示“指定第二个点:”时，按 Enter 键确认，这样系统就会以输入的位移值来移动选定的实体对象。

（3）激活正交或极轴追踪功能，就能方便地将实体只沿 x 或 y 轴方向移动。

当系统提示“指定基点:”时，单击一点并把实体向水平或竖直方向移动，然后输入位移的数值。

（4）使用“位移(D)”选项。使用该选项后，系统会提示“指定位移:”，此时可以“x, y”方式输入对象沿 x、y 轴移动的距离，或以“距离<角度”方式输入对象移动的距离和方向。

网络视频教学：移动对象。

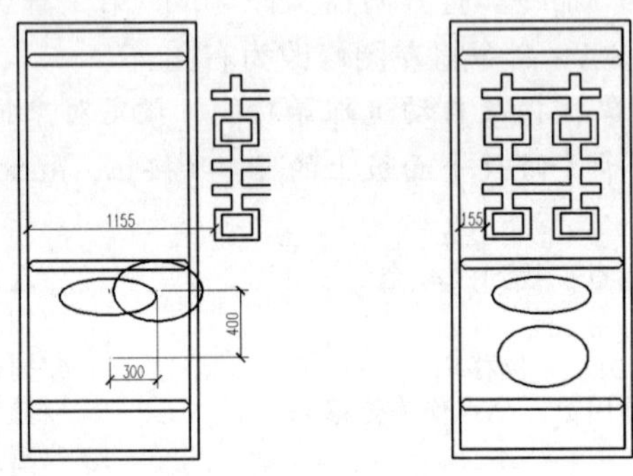

4.2 复制对象

复制图形实体的命令是 COPY（简写 CO），该命令可以在二维或三维空间中使用。执行 COPY 命令后，选择要复制的图形元素，然后通过两点或直接输入位移值来指定复制的距离和方向。

命令启动方法

- 功能区：单击【常用】选项卡【修改】面板上的 复制 按钮。
- 命令：COPY 或简写 CO。

【案例 4-2】 练习使用 COPY 命令。打开附盘文件“dwg\第 4 章\4-2.dwg”，如图 4-2 左图所示。使用 COPY 命令将左图修改为右图。

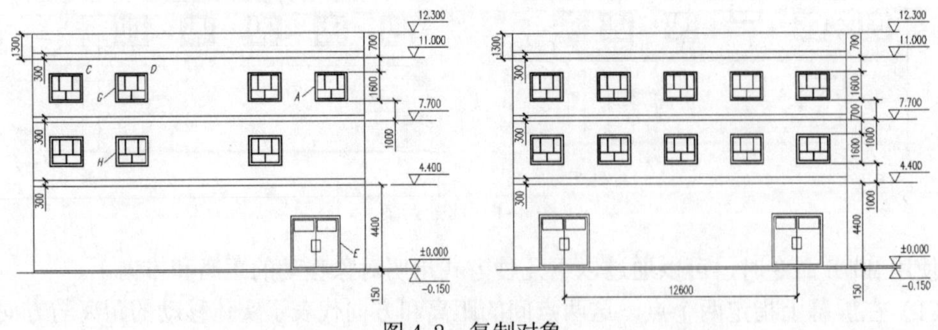

图 4-2　复制对象

1）激活极轴追踪、对象捕捉及自动追踪等功能，设定对象捕捉方式为端点、交点。

2）单击【常用】选项卡【修改】面板上的 复制 按钮，AutoCAD 提示如下。

```
命令: _copy
选择对象: 指定对角点: 找到 24 个                    //选择窗户 A，如图 4-2 左图所示
选择对象:                                          //按Enter键确认
当前设置:  复制模式 = 多个
指定基点或 [位移(D)/模式(O)] <位移>:                //单击一点
指定第二个点或 <使用第一个点作为位移>: 3300         //向下追踪并输入追踪距离
指定第二个点或 [退出(E)/放弃(U)] <退出>:            //按Enter键结束命令
命令:COPY                                          //重复命令
选择对象: 指定对角点: 找到 48 个                    //选择窗户 G、H
选择对象:                                          //按Enter键确认
当前设置:  复制模式 = 多个
指定基点或 [位移(D)/模式(O)] <位移>:                //捕捉交点 C
指定第二个点或 <使用第一个点作为位移>:              //捕捉交点 D
指定第二个点或 [退出(E)/放弃(U)] <退出>:            //按Enter键结束命令
命令:COPY                                          //重复命令
选择对象: 指定对角点: 找到 15 个                    //选择窗户 E
选择对象:                                          //按Enter键确认
当前设置:  复制模式 = 多个
指定基点或 [位移(D)/模式(O)] <位移>:0,-12600        //输入沿 x、y 轴复制的距离
指定第二个点或 <使用第一个点作为位移>:              //按Enter键结束命令
```

结果如图 4-2 右图所示。

使用 COPY 命令时，需指定源对象移动的距离和方向，具体方法请参考 MOVE 命令。

COPY 命令有“模式(O)”选项，该选项可以设置复制模式是“单个”还是“多个”，当设置为“多个”时，在一次操作中可同时对源对象进行多次复制。当将某一个实体复制在不同的位置时，该模式是很有用的，这个过程比每次调用 COPY 命令来复制对象要方便许多。

网络视频教学：利用 LINE 命令绘制图形轮廓线，再利用 COPY 命令完成某学校体育场地图形的绘制。

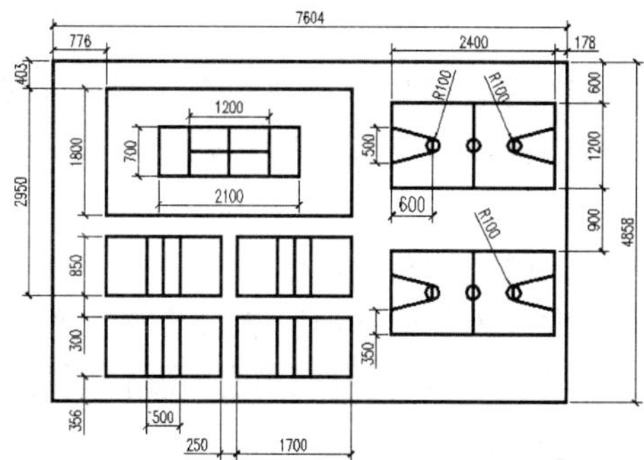

4.3 旋转对象

使用 ROTATE 命令可以旋转图形对象，改变图形对象的方向。使用此命令时，只需指定旋转基点并输入旋转角度就可以转动图形实体。此外，也可以将某个方位作为参照位置，然后选择一个新对象或输入一个新角度值来指明要旋转到的位置。

1. 命令启动方法

- 功能区：单击【常用】选项卡【修改】面板上的 旋转 按钮。
- 命令：ROTATE 或简写 RO。

【案例 4-3】 打开附盘文件“dwg\第 4 章\4-3. dwg”，如图 4-3 左图所示。使用 ROTATE 和 EXTEND 命令将左图修改为右图。

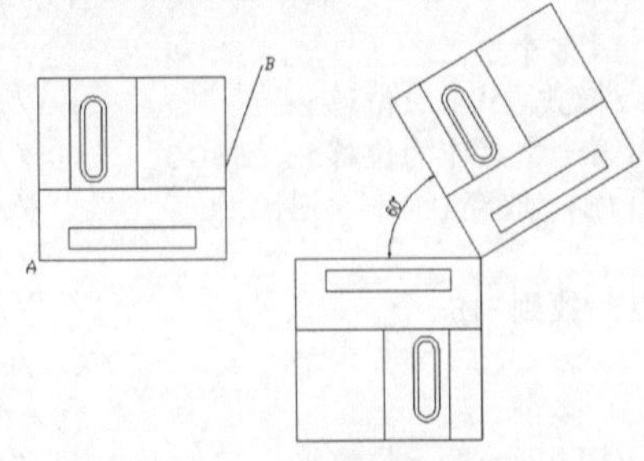

图 4-3 旋转对象

单击【常用】选项卡【修改】面板上的 旋转 按钮，AutoCAD 提示如下。

```
命令: _rotate
UCS 当前的正角方向:  ANGDIR=逆时针  ANGBASE=0
选择对象: 指定对角点: 找到 13 个                           //选择对象 B
选择对象:                                                  //按 Enter 键
指定基点:                                                  //捕捉端点 A
指定旋转角度，或 [复制(C)/参照(R)] <0>:  c                 //选择“复制(C)”选项
旋转一组选定对象
指定旋转角度，或 [复制(C)/参照(R)] <0>:  180               //输入旋转角度
命令:ROTATE                                                //重复命令
UCS 当前的正角方向:  ANGDIR=逆时针  ANGBASE=0
选择对象: 指定对角点: 找到 13 个                           //选择对象 B
选择对象:                                                  //按 Enter 键
指定基点:                                                  //捕捉端点 A
指定旋转角度，或 [复制(C)/参照(R)] <180>:  30              //输入旋转角度
```

结果如图 4-3 右图所示。

2. 命令选项

- 指定旋转角度：指定旋转基点并输入绝对旋转角度来旋转实体。旋转角是基于当前用户坐标系测量的，如果输入负的旋转角，则选定的对象将顺时针旋转；反之，被选择的对象将逆时针旋转。
- 复制(C)：旋转对象的同时复制对象。
- 参照(R)：指定某个方向作为起始参照，然后拾取一个点或两个点来指定源对象要旋转到的位置，也可以输入新角度值来指明要旋转到的方位。

网络视频教学：绘制如图所示的建筑装饰图案。

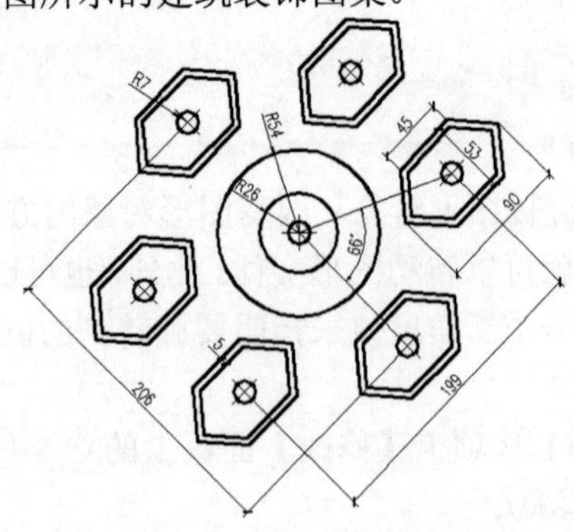

4.4 阵列对象

几何元素的均布以及图形的对称是作图中经常遇到的问题。在绘制均布特征时，使用 ARRAY 命令可指定矩形阵列或环形阵列。

4.4.1 矩形阵列对象

矩形阵列是指将对象按行列方式排列。操作时，一般应告诉 AutoCAD 阵列的行数、列数、行间距及列间距等，如果要沿倾斜方向生成矩形阵列，还应输入阵列的倾斜角度值。

命令启动方法

- 功能区：单击【常用】选项卡【修改】面板上的 阵列 按钮。
- 命令：ARRAYRECT。

【案例 4-4】 打开附盘文件“dwg\第 4 章\4-4.dwg”，如图 4-4 左图所示。使用 ARRAYRECT 命令将左图修改为右图。

1）单击【常用】选项卡【修改】面板上的 阵列 按钮，AutoCAD 提示如下。

```
命令: _arrayrect
选择对象: 指定对角点: 找到 2 个                    //选择要阵列的图形对象 A
选择对象:                                          //按 Enter 键
类型 = 矩形  关联 = 是
为项目数指定对角点或 [基点(B)/角度(A)/计数(C)] <计数>: c//选择“计数(C)”选项
输入行数或 [表达式(E)] <4>: 3                        //输入行数
输入列数或 [表达式(E)] <4>: 3                        //输入列数
指定对角点以间隔项目或 [间距(S)] <间距>: s
//选择“间距(S)”选项，将鼠标移动到图形右上角，如图 4-5 所示
指定行之间的距离或 [表达式(E)] <688.6502>: 400       //输入行之间的距离
指定列之间的距离或 [表达式(E)] <656.25>: 600         //输入列之间的距离
按 Enter 键接受或 [关联(AS)/基点(B)/行(R)/列(C)/层(L)/退出(X)] <退出>:
                                                     //按 Enter 键
```

结果如图 4-4 右图所示。

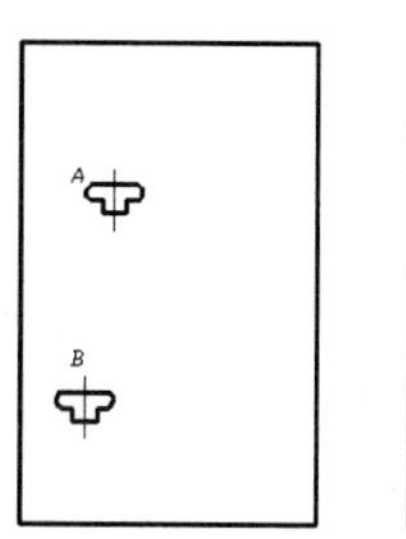

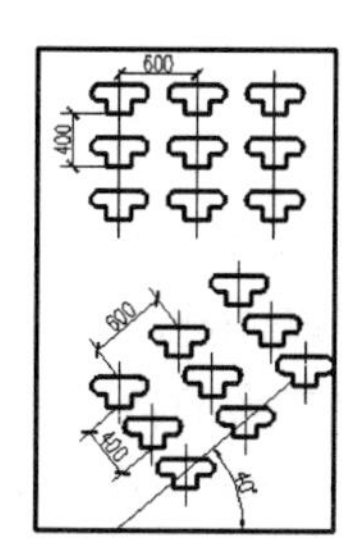

图 4-4 矩形阵列

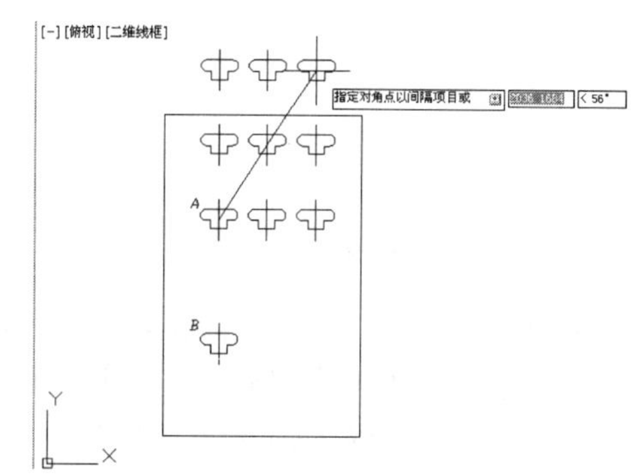

图 4-5 将鼠标移动到图形右上角

2）单击【常用】选项卡【修改】面板上的 阵列 按钮，AutoCAD 提示如下。

```
令: _arrayrect
选择对象: 指定对角点: 找到 2 个                    //选择要阵列的图形对象 B
选择对象:
类型 = 矩形  关联 = 是
```

```
为项目数指定对角点或 [基点(B)/角度(A)/计数(C)] <计数>: a//选择"角度(A)"选项
指定行轴角度 <0>: 40                                    //输入行轴角度
为项目数指定对角点或 [基点(B)/角度(A)/计数(C)] <计数>: c//选择"计数(C)"选项
输入行数或 [表达式(E)] <4>: 3                           //输入行数
输入列数或 [表达式(E)] <4>: 3                           //输入列数
指定对角点以间隔项目或 [间距(S)] <间距>: s              //选择"间距(S)"选项
指定行之间的距离或 [表达式(E)] <688.6502>: -400         //输入行之间的距离
指定列之间的距离或 [表达式(E)] <656.25>: 600            //输入列之间的距离
按 Enter 键接受或 [关联(AS)/基点(B)/行(R)/列(C)/层(L)/退出(X)] <退出>:
```

结果如图 4-4 右图所示。

3）若编辑该阵列图形，单击之，进入【阵列】选项卡，如图 4-6 所示，修改其中相应选项即可。如要退出，按Esc键即可。

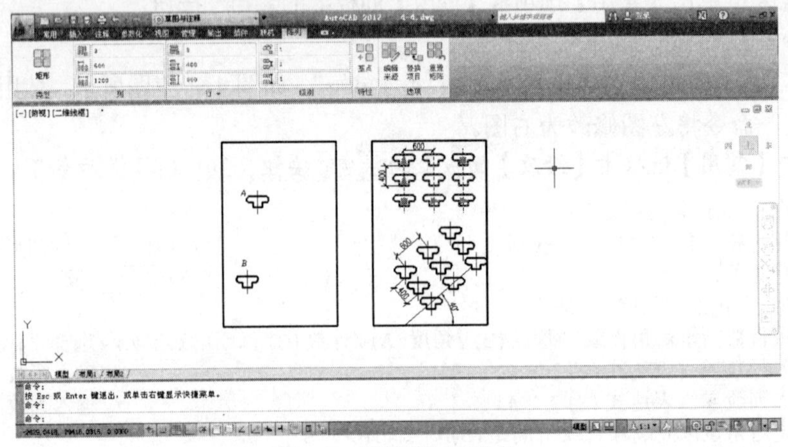

图 4-6 【阵列】选项卡

网络视频教学：绘制方形散流器。

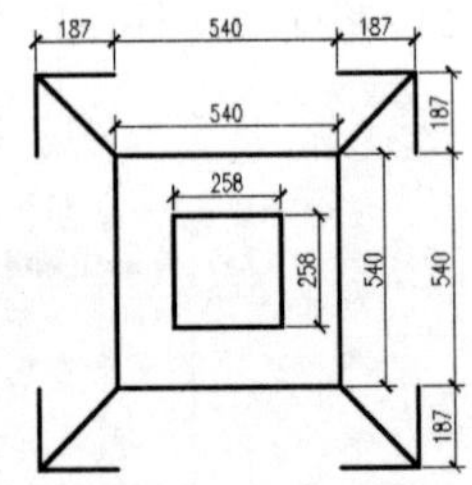

4.4.2 环形阵列对象

使用 ARRAYPOLAR 命令既可以创建矩形阵列，也可以创建环形阵列。环形阵列是指把对象绕阵列中心等角度均匀分布，决定环形阵列的主要参数有阵列中心、阵列总角度及阵列数目。此外，也可通过输入阵列总数及每个对象间的夹角生成环形阵列。

【案例 4-5】 打开附盘文件"dwg\第 4 章\4-5.dwg"，如图 4-7 左图所示。使用 ARRAYPOLAR 命令将左图修改为右图。

单击【常用】选项卡【修改】面板上的阵列按钮，打开【阵列】对话框，在该对话框中选择【环形阵列】单选按钮。

```
命令: _arraypolar
选择对象: 指定对角点: 找到 2 个                    //选择要阵列的图形对象
```

```
选择对象:
类型 = 极轴  关联 = 是
指定阵列的中心点或 [基点(B)/旋转轴(A)]:            //捕捉圆心指定阵列的中心点
输入项目数或 [项目间角度(A)/表达式(E)] <4>: 6    //输入项目数
指定填充角度(+=逆时针、-=顺时针)或 [表达式(EX)] <360>: 360    //指定填充角度
按 Enter 键接受或 [关联(AS)/基点(B)/项目(I)/项目间角度(A)/填充角度(F)/行(ROW)/层(L)/旋转项目(ROT)/退出(X)]
```

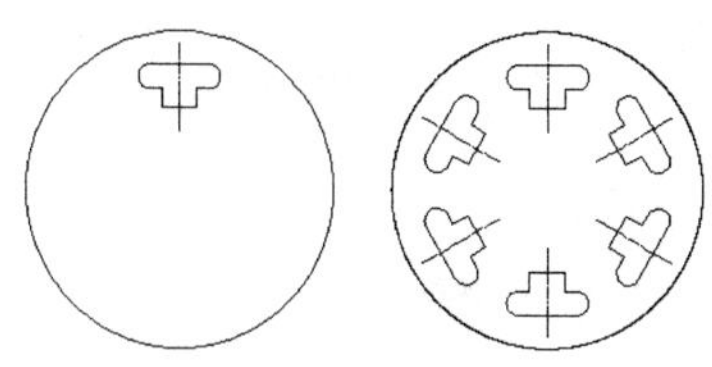

图 4-7　环形阵列

结果如图 4-7 右图所示。

网络视频教学：绘制如图所示的基础配筋图。

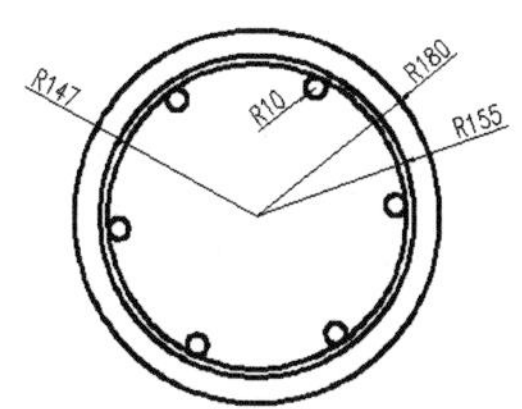

4.5 镜像对象

绘制对称图形时，只需绘制出图形的一半，另一半即可使用 MIRROR 命令镜像出来。操作时，先告诉系统要对哪些对象进行镜像，然后再指定镜像线位置即可，还可选择删除或保留原来的对象。

命令启动方法

- 功能区：单击【常用】选项卡【修改】面板上的 镜像 按钮。
- 命令：MIRROR 或简写 MI。

【案例 4-6】 打开附盘文件"dwg\第 4 章\4-6.dwg"，如图 4-8 左图所示。下面使用 MIRROR 命令将左图修改为中图或右图。

```
命令: _mirror
选择对象: 指定对角点: 找到 8 个                //选择镜像对象，如图 4-8 所示
选择对象:                                      //按 Enter 键
指定镜像线的第一点:                            //拾取镜像线上的第一点
指定镜像线的第二点:                            //拾取镜像线上的第二点
是否删除源对象? [是(Y)/否(N)] <N>:             //按 Enter 键，镜像时不删除源对象
```

结果如图 4-8 所示，该图中还显示了镜像时删除源对象的结果。

> **要点提示**
>
> 当对文字进行镜像时，结果会使它们被倒置，要避免这一点，需将 MIRRTEXT 系统变量设置为"0"。

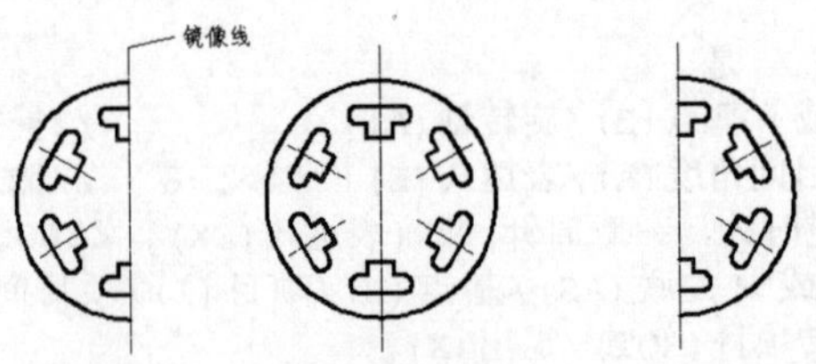

选择镜像对象　镜像时不删除源对象　镜像时删除源对象

图 4-8　镜像对象

网络视频教学：移动、镜像对象。

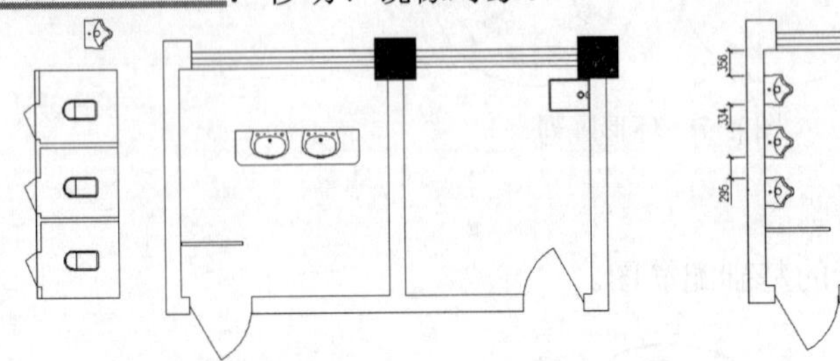

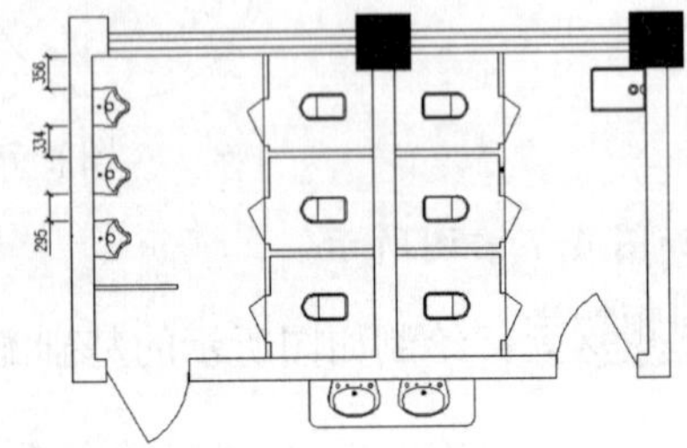

4.6 圆角和倒角

本节介绍圆角和倒角的方法。

4.6.1 圆角

圆角是利用指定半径的圆弧光滑地连接两个对象，操作的对象包括直线、多段线、样条线、圆及圆弧等。

1. 命令启动方法

- 功能区：单击【常用】选项卡【修改】面板上的圆角按钮，如果没有，则单击【常用】选项卡【修改】面板上的倒角按钮右侧的按钮，在下拉列表中单击圆角按钮。
- 命令：FILLET 或简写 F。

【案例 4-7】　练习 FILLET 命令。

打开附盘文件“dwg\第 4 章\4-7.dwg”，如图 4-9 左图所示。下面用 FILLET 命令将左图修改为右图。

```
命令: _fillet
当前设置: 模式 = 修剪，半径 = 0.0000
选择第一个对象或 [放弃(U)/多段线(P)/半径(R)/修剪(T)/多个(M)]: r //设置圆角半径
指定圆角半径 <0.0000>: 0.8    //输入圆角半径值
选择第一个对象或 [放弃(U)/多段线(P)/半径(R)/修剪(T)/多个(M)]:
                                    //选择要圆角的第一个对象
选择第二个对象，或按住 Shift 键选择要应用角点的对象:   //选择要圆角的第二个对象
```

结果如图 4-9 右图所示。

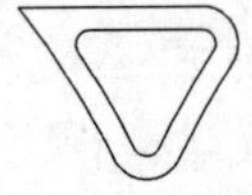

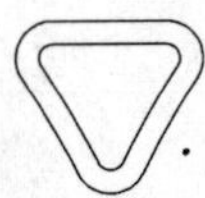

图 4-9　圆角

2. 命令选项

- 放弃(U)：放弃圆角操作。
- 多段线(P)：选择多段线后，AutoCAD 对多段线每个顶点

进行倒圆角操作，如图 4-10 左图所示。

- 半径(R)：设定圆角半径。若圆角半径为 0，则系统将使被修剪的两个对象交于一点。
- 修剪(T)：指定倒圆角操作后是否修剪对象，如图 4-10 右图所示。

图 4-10　倒圆角的两种情况

4.6.2　倒角

倒角使用一条斜线连接两个对象，倒角时既可以输入每条边的倒角距离，也可以指定某条边上倒角的长度及与此边的夹角。使用 CHAMFER 命令时，还可以设定是否修剪被倒角的两个对象。

1. 命令启动方法

- 功能区：单击【常用】选项卡【修改】面板上的[倒角]按钮，如果没有，则单击【常用】选项卡【修改】面板上的[圆角]按钮右边的[·]按钮，在下拉列表中单击[倒角]按钮。
- 命令：CHAMFER 或简写 CHA。

【案例 4-8】　练习 CHAMFER 命令。

打开附盘文件“dwg\第 4 章\4-8.dwg”，如图 4-11 左图所示。下面用 CHAMFER 命令将左图修改为右图。

```
命令: _chamfer
("修剪"模式) 当前倒角距离 1 = 0.0000，距离 2 = 0.0000
选择第一条直线或 [放弃(U)/多段线(P)/距离(D)/角度(A)/修剪(T)/方式(E)/多个(M)]:d          //设置倒角距离
指定第一个倒角距离 <0.0000>: 6                    //输入第一个边的倒角距离
指定第二个倒角距离 <0.0000>: 10                   //输入第二个边的倒角距离
选择第一条直线或 [放弃(U)/多段线(P)/距离(D)/角度(A)/修剪(T)/方式(E)/多个(M)]:
                                      //选择第一个倒角边，如图 4-11 左图所示
选择第二条直线，或按住 Shift 键选择要应用角点的直线:    //选择第二个倒角边
```

结果如图 4-11 右图所示。

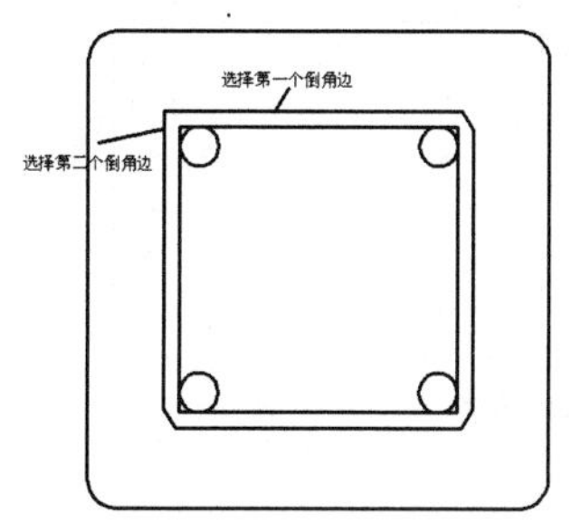

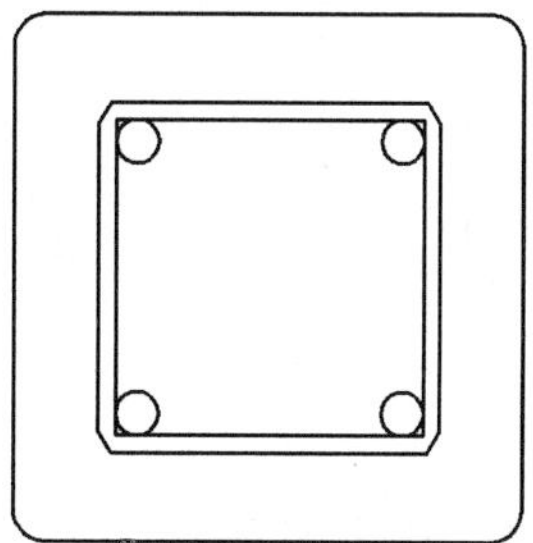

图 4-11　倒角

2. 命令选项

- 多段线(P)：选择多段线后，AutoCAD 将对多段线每个顶点执行倒斜角操作，如

图 4-12 左图所示。

- 距离(D)：设定倒角距离。若倒角距离为 0，则系统将使被倒角的两个对象交于一点。
- 角度(A)：指定倒角角度，如图 4-12 右图所示。
- 修剪(T)：设置倒斜角时是否修剪对象。该选项与 FILLET 命令的“修剪(T)”选项相同。
- 方法(M)：设置是使用两个倒角距离，还是一个距离一个角度来创建倒角，如图 4-12 右图所示。

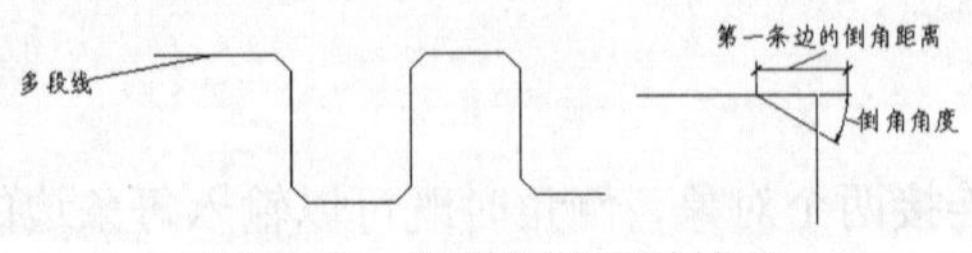

图 4-12　倒斜角的两种情况

网络视频教学：绘制如图所示的花墙装饰图案。

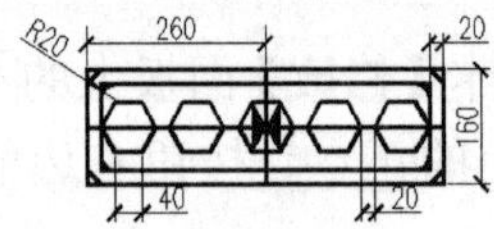

4.7 打断对象

BREAK 命令可以删除对象的一部分，常用于打断直线、圆、圆弧、椭圆等，此命令既可以在一个点打断对象，也可以在指定的两点打断对象。

1. 命令启动方法

- 功能区：单击【常用】选项卡【修改】面板底部的 修改 ▾ 按钮，在打开下拉列表中单击按钮（在两点之间打断选定的对象）或按钮（在一点打断选定的对象）。
- 命令：BREAK 或简写 BR。

【案例 4-9】　练习 BREAK 命令。

打开附盘文件“dwg\第 4 章\4-9.dwg”，如图 4-13 左图所示。利用 BREAK 命令将左图修改为右图。

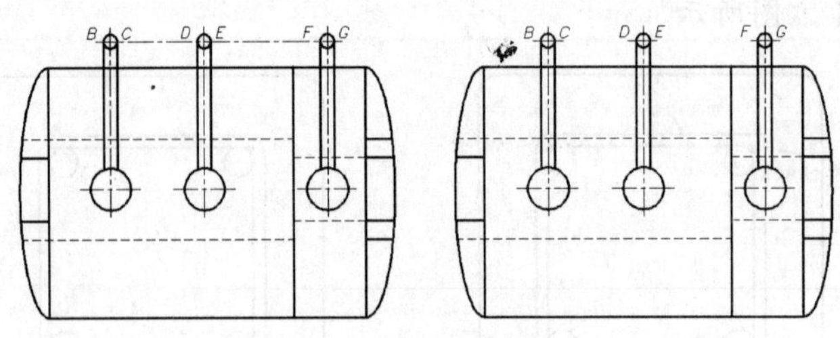

图 4-13　打断线段

```
命令: _break 选择对象:
        //在 C 点处选择对象，如图 4-13 左图所示，AutoCAD 将该点作为第一打断点
指定第二个打断点或 [第一点(F)]:              //在 D 点处选择对象
命令:                                        //重复命令
BREAK 选择对象:                              //选择线段 EF
```

```
指定第二个打断点或 [第一点(F)]: f         //使用“第一点(F)”选项
指定第一个打断点:                         //捕捉交点 E
指定第二个打断点: @          //第二打断点与第一打断点重合，线段 EF 将在 E 点处断开
命令:                                     //重复命令
BREAK 选择对象:                           //选择线段 EF
指定第二个打断点或 [第一点(F)]: f         //使用“第一点(F)”选项
指定第一个打断点:                         //捕捉交点 F
指定第二个打断点: @          //第二打断点与第一打断点重合，线段 EF 将在 F 点处断开
```

执行删除命令，删除线段 EF，结果如图 4-13 右图所示。

要点提示

在圆上选择两个打断点后，AutoCAD 沿逆时针方向将第一打断点与第二打断点间的那部分圆弧删除。

2．命令选项

- 指定第二个打断点：在图形对象上选取第二点后，AutoCAD 将第一打断点与第二打断点间的部分删除。
- 第一点(F)：该选项使用户可以重新指定第一打断点。

BREAK 命令还有以下一些操作方式：

（1）如果要删除直线、圆弧或多段线的一端，可在选择被打断的对象后，将第二打断点指定在要删除部分那端的外面。

（2）当 AutoCAD 提示输入第二打断点时，输入“@”，则 AutoCAD 将第一断点和第二断点视为同一点，这样就将一个对象一拆为二而没有删除其中的任何一部分。

网络视频教学：利用 BREAK 及 DDMODIFY 命令修改图形。

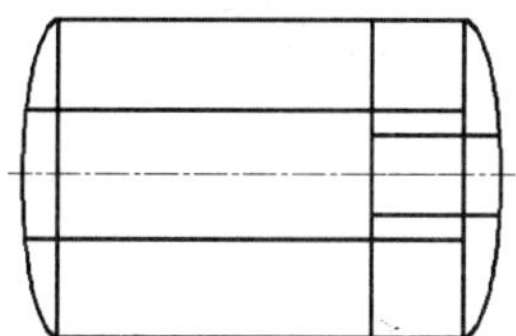

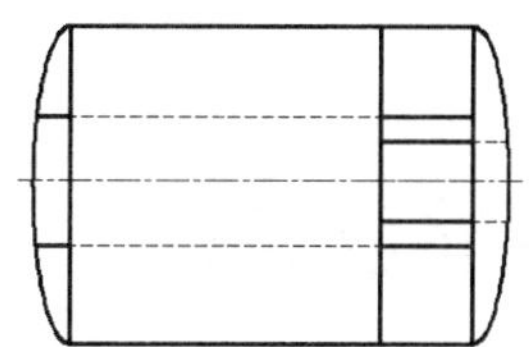

4.8 拉伸对象

STRETCH 命令可拉伸、缩短、移动实体。该命令通过改变端点的位置来修改图形对象，编辑过程中除被伸长、缩短的对象外，其他图元的大小及相互间的几何关系将保持不变。

操作时首先利用交叉窗口选择对象，然后指定一个基准点和另一个位移点，则 AutoCAD 将依据两点之间的距离和方向修改图形，凡在交叉窗口中的图元顶点都被移动，而与交叉窗口相交的图形元素将被延伸或缩短。此外，还可通过输入沿 x、y 轴的位移来拉伸图形，当 AutoCAD 提示“指定基点或位移:”时，直接输入位移值；当提示“指定位移的第二点”时，按 Enter 键完成操作。

如果图样沿 x 或 y 轴方向的尺寸有错误，或是想调整图形中某部分实体的位置，就可使用 STRETCH 命令。

命令启动方法

- 功能区：单击【常用】选项卡【修改】面板上的［拉伸］按钮。
- 命令：STRETCH 或简写 S。

【案例 4-10】 练习 STRETCH 命令。

打开附盘文件“dwg\第 4 章\4-10.dwg”，如图 4-14 左图所示。利用 STRETCH 命令将左图修改为右图。

```
命令： _stretch
以交叉窗口或交叉多边形选择要拉伸的对象...
选择对象：指定对角点：找到 8 个         //以交叉窗口选择要拉伸的对象，如图 4-14 左图所示
选择对象：                              //按 Enter 键
指定基点或 [位移(D)] <位移>:            //在绘图窗口单击一点
指定第二个点或 <使用第一个点作为位移>: 20
                                        //向右追踪并输入追踪距离
```

结果如图 4-14 右图所示。

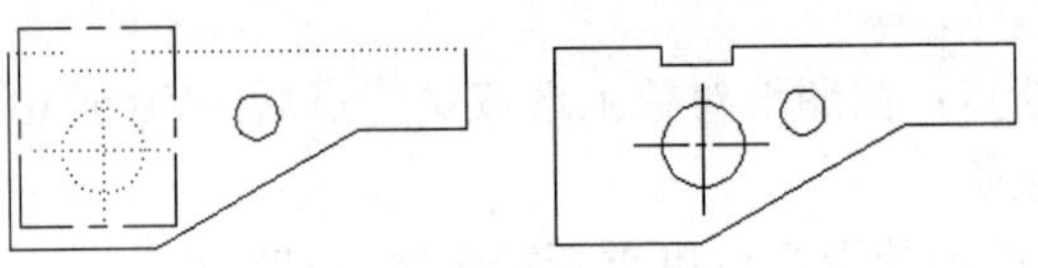

图 4-14 拉伸对象

网络视频教学：利用 STRETCH 命令修改图形。

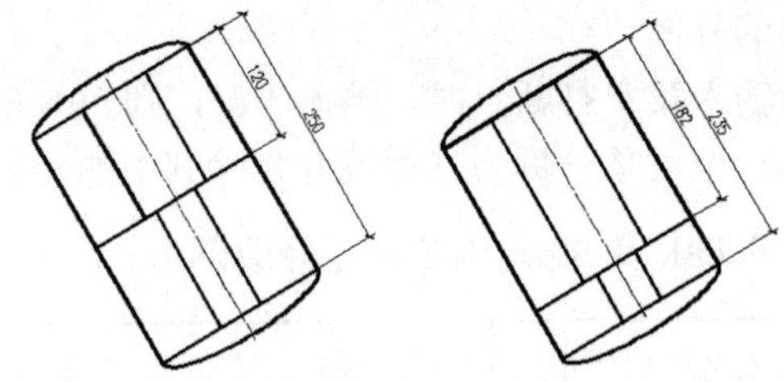

4.9 按比例缩放对象

SCALE 命令可将对象按指定的比例因子相对于基点放大或缩小。使用此命令时，可以用下面的两种方式缩放对象：

（1）选择缩放对象的基点，然后输入缩放比例因子。比例变换图形的过程中，缩放基点在屏幕上的位置将保持不变，它周围的图元以此点为中心按给定的比例因子放大或缩小。

（2）输入一个数值或拾取两点来指定一个参考长度（第一个数值），然后再输入新的数值或拾取另外一点（第二个数值），则 AutoCAD 计算两个数值的比率并以此比率作为缩放比例因子。当用户想将某一对象放大到特定尺寸时，就可使用这种方法。

1. 命令启动方法

- 功能区：单击【常用】选项卡【修改】面板上的［缩放］按钮。
- 命令：SCALE 或简写 SC。

【案例 4-11】 练习 SCALE 命令。

打开附盘文件“dwg\第 4 章\4-11.dwg”，如图 4-15 左图所示。用 SCALE 命令将左图

修改为右图。

```
命令: _scale
选择对象: 指定对角点: 找到 1 个                    //选择矩形 A，如图 4-15 左图所示
选择对象:                                         //按 Enter 键
指定基点:                                         //捕捉交点 C
指定比例因子或 [复制(C)/参照(R)] <1.0000>:  3      //输入缩放比例因子
命令:                                             //重复命令
SCALE
选择对象: 指定对角点: 找到 4 个                    //选择线框 B
选择对象:                                         //按 Enter 键
指定基点:                                         //捕捉交点 D
指定比例因子或 [复制(C)/参照(R)] <3.0000>:  r      //选择"参照(R)"选项
指定参照长度 <1.0000>:                             //捕捉交点 D
指定第二点:                                        //捕捉交点 E
指定新的长度或 [点(P)] <1.0000>:                   //捕捉交点 F
```

结果如图 4-15 右图所示。

2. 命令选项

- 指定比例因子：直接输入缩放比例因子，AutoCAD 根据此比例因子缩放图形。若比例因子小于 1，则缩小对象；反之，放大对象。
- 参照(R)：以参照方式缩放图形。输入参考长度及新长度，AutoCAD 把新长度与参考长度的比值作为缩放比例因子进行缩放。

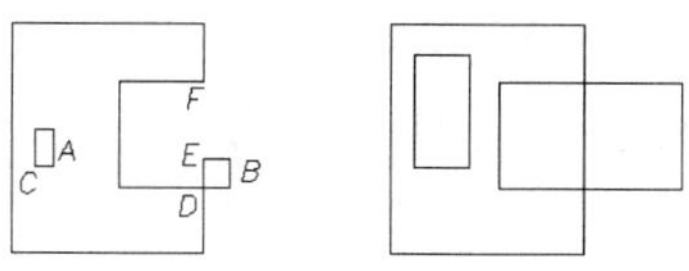

图 4-15 缩放图形

网络视频教学：利用 SCALE 和 COPY 命令修改图形。

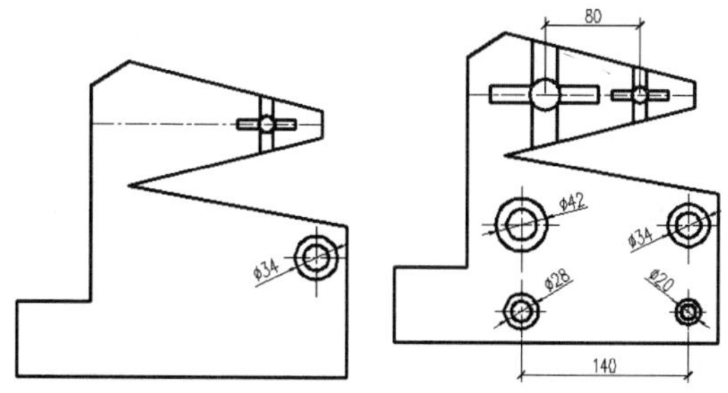

4.10 关键点编辑方式

可以用如下不同的方法使用夹点：

（1）使用夹点模式。选择一个对象夹点以使用默认夹点模式（拉伸）或按 Enter 键或空格键来循环浏览其他夹点模式（移动、旋转、缩放和镜像）。也可以在选定的夹点上单击鼠标右键，以查看快捷菜单上的所有可用选项。

（2）使用多功能夹点。若要激活一个多功能夹点，请选择该夹点或者将光标悬停在其上方，然后从动态菜单中选择一个多功能夹点编辑选项。按 Ctrl 键可循环选择多功能夹点编辑选项。

关键点编辑方式是一种集成的编辑模式，该模式包含了以下 5 种编辑方法：

- 拉伸。
- 移动。
- 旋转。
- 缩放。
- 镜像。

默认情况下，AutoCAD 的关键点编辑方式是开启的，当选择实体后，实体上将出现若干方框，这些方框被称为关键点。把十字光标靠近方框并单击鼠标左键，即可激活关键点编辑状态。此时，AutoCAD 自动进入【拉伸】编辑方式，连续按 Enter 键，就可以在所有编辑方式间切换。此外，也可在激活关键点后，再单击鼠标右键，弹出快捷菜单，如图 4-16 所示，通过此菜单就能选择某种编辑方法。

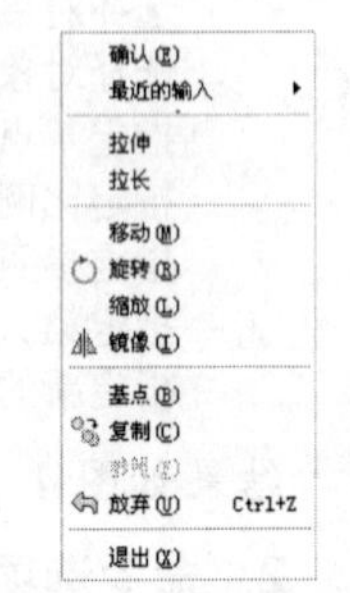

图 4-16　快捷菜单

在不同的编辑方式间切换时，可观察到 AutoCAD 为每种编辑方法提供的选项基本相同，其中“基点(B)”、“复制(C)”选项是所有编辑方式所共有的。

- 基点(B)：该选项可以拾取某一个点作为编辑过程的基点。例如，当进入旋转编辑模式，并要指定一个点作为旋转中心时，就使用“基点(B)”选项。默认情况下，编辑的基点是热关键点（选中的关键点）。
- 复制(C)：如果在编辑的同时还需复制对象，则选取此选项。

下面通过一些例子进一步熟悉关键点编辑方式。

4.10.1　利用关键点拉伸

在拉伸编辑模式下，当热关键点是线条的端点时，将有效地拉伸或缩短对象。如果热关键点是线条的中点、圆或圆弧的圆心或者它属于块、文字、尺寸数字等实体时，这种编辑方式就只能移动对象。

【案例 4-12】　利用关键点拉伸圆的中心线。

打开附盘文件“dwg\第 4 章\4-12.dwg”，如图 4-17 左图所示。利用关键点拉伸模式将左图修改为右图。

```
命令: <正交 开>                                              //打开正交
命令:                                                        //选择线段 B
命令:                                                        //选中关键点 A
** 拉伸 **                                                   //进入拉伸模式
指定拉伸点或 [基点(B)/复制(C)/放弃(U)/退出(X)]: //向右移动鼠标指针拉伸线段 A
```

结果如图 4-17 右图所示。

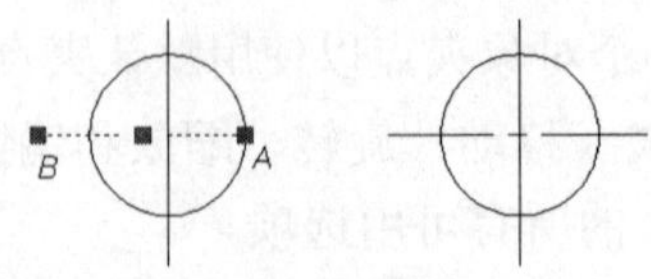

图 4-17　拉伸图元

要点提示

打开正交状态后就可利用关键点拉伸方式很方便地改变水平或竖直线段的长度。

网络视频教学：利用关键点编辑方式的拉伸功能修改图形。

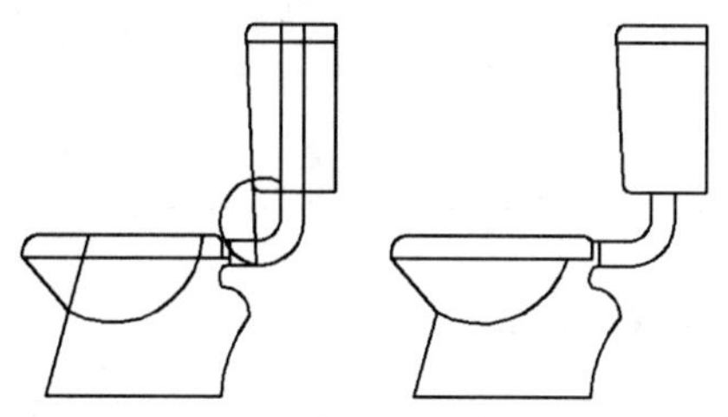

4.10.2 利用关键点移动及复制对象

关键点移动模式可以编辑单一对象或一组对象，在此方式下使用"复制(C)"选项就能在移动实体的同时进行复制。这种编辑模式的使用与普通的 MOVE 命令很相似。

【案例 4-13】 利用关键点复制对象。

打开附盘文件"dwg\第 4 章\4-13.dwg"，如图 4-18 左图所示。利用关键点移动模式将左图修改为右图。

```
命令:                                                    //选择矩形 A
命令:                                                    //选中关键点 B
** 拉伸 **
指定拉伸点或 [基点(B)/复制(C)/放弃(U)/退出(X)]:          //进入拉伸模式
** 移动 **                                               //按 Enter 键进入移动模式
指定移动点或 [基点(B)/复制(C)/放弃(U)/退出(X)]: c
                                                         //利用"复制(C)"选项进行复制
** 移动 (多重) **
指定移动点或 [基点(B)/复制(C)/放弃(U)/退出(X)]: b        //使用"基点(B)"选项
指定基点:                                                //捕捉 C 点
** 移动 (多重) **
指定移动点或 [基点(B)/复制(C)/放弃(U)/退出(X)]:          //捕捉 D 点
** 移动 (多重) **
指定移动点或 [基点(B)/复制(C)/放弃(U)/退出(X)]:          //按 Enter 键结束
```

结果如图 4-18 右图所示。

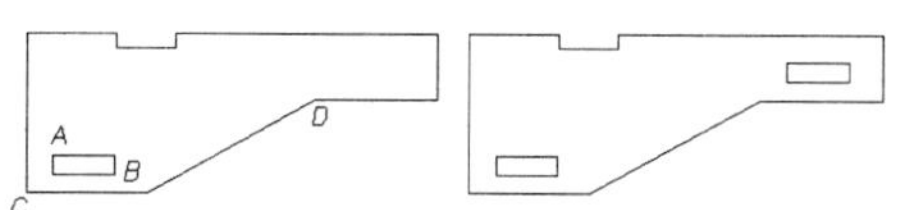

图 4-18 利用关键点复制对象

要点提示

处于关键点编辑模式下，按住 Shift 键，AutoCAD 将自动在编辑实体的同时复制对象。

网络视频教学：利用关键点移动及复制对象绘图。

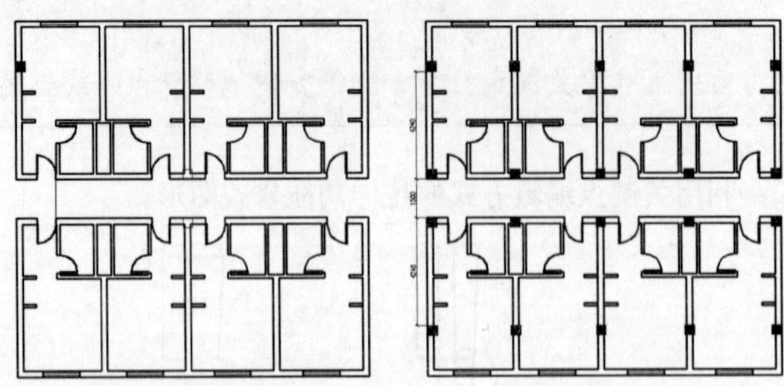

4.10.3 利用关键点旋转对象

旋转对象是绕旋转中心进行的，当使用关键点编辑模式时，热关键点就是旋转中心，但可以指定其他点作为旋转中心。这种编辑方法与 ROTATE 命令相似，它的优点在于旋转对象的同时还可复制对象。

旋转操作中“参照(R)”选项有时非常有用，该选项可以旋转图形实体使其与某个新位置对齐，下面的练习将演示此选项的用法。

【案例 4-14】 利用关键点旋转对象。

打开附盘文件“dwg\第 4 章\4-14.dwg”，如图 4-19 左图所示。利用关键点旋转模式将左图修改为右图。

```
命令:                                              //选择线框 A，如图 4-19 左图所示
命令:                                              //选中任意一个关键点
** 拉伸 **                                         //进入拉伸模式
指定拉伸点或 [基点(B)/复制(C)/放弃(U)/退出(X)]:     //按 Enter 键进入移动模式
** 移动 **
指定移动点或 [基点(B)/复制(C)/放弃(U)/退出(X)]:     //按 Enter 键进入旋转模式
** 旋转 **
指定旋转角度或 [基点(B)/复制(C)/放弃(U)/参照(R)/退出(X)]: b
                                                   //使用“基点(B)”选项指定旋转中心
指定基点:                                          //捕捉圆心 O 作为旋转中心
** 旋转 **
指定旋转角度或 [基点(B)/复制(C)/放弃(U)/参照(R)/退出(X)]: r
                                             //使用“参照(R)”选项指定图形旋转到的位置
指定参照角 <0>:                                    //捕捉圆心 O
指定第二点:                                        //捕捉端点 B
** 旋转 **
指定新角度或 [基点(B)/复制(C)/放弃(U)/参照(R)/退出(X)]:          //捕捉端点 C
```

结果如图 4-19 右图所示。

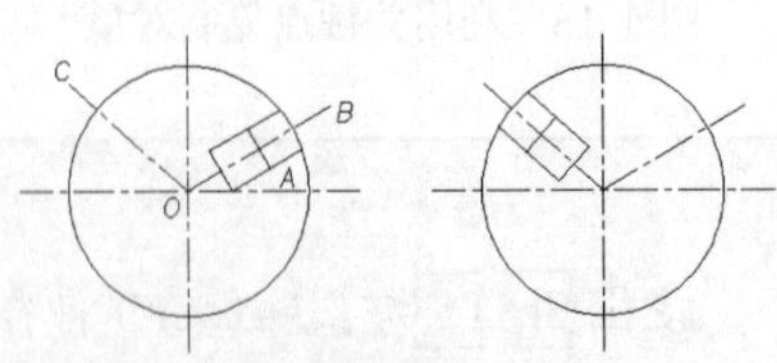

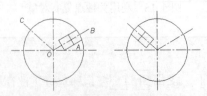

图 4-19 利用关键点旋转对象

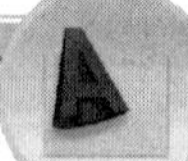

网络视频教学：利用关键点编辑方式的旋转功能修改图形。

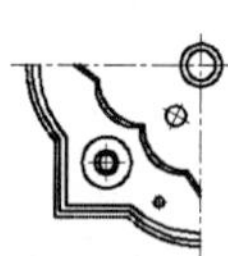

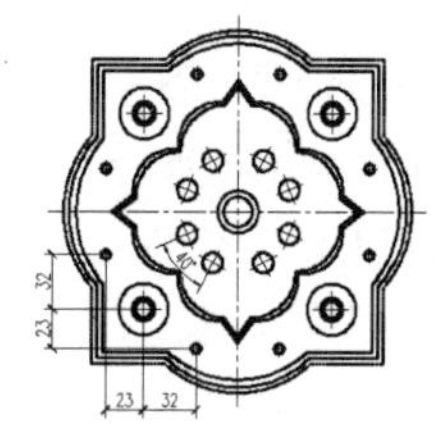

4.10.4 利用关键点缩放对象

关键点编辑方式也提供了缩放对象的功能，当切换到缩放模式时，当前激活的热关键点是缩放的基点。可以输入比例系数对实体进行放大或缩小，也可利用“参照(R)”选项将实体缩放到某一尺寸。

【案例 4-15】 利用关键点缩放对象。

打开附盘文件“dwg\第 4 章\4-15.dwg”，如图 4-20 左图所示。利用关键点缩放模式将左图修改为右图。

```
命令:                                                    //选择线框 A，如图 4-20 左图所示
命令:                                                    //选中任意一个关键点
** 拉伸 **                                               //进入拉伸模式
指定拉伸点或 [基点(B)/复制(C)/放弃(U)/退出(X)]: //按 Enter 键进入移动模式
** 移动 **
指定移动点或 [基点(B)/复制(C)/放弃(U)/退出(X)]: //按 Enter 键进入旋转模式
** 旋转 **
指定旋转角度或 [基点(B)/复制(C)/放弃(U)/参照(R)/退出(X)]:
                                                          //按 Enter 键进入缩放模式
** 比例缩放 **
指定比例因子或 [基点(B)/复制(C)/放弃(U)/参照(R)/退出(X)]: b
                                                          //使用“基点(B)”选项指定缩放基点
指定基点:                                                 //捕捉交点 B
** 比例缩放 **
指定比例因子或 [基点(B)/复制(C)/放弃(U)/参照(R)/退出(X)]: 2
                                                          //输入缩放比例值
```

结果如图 4-20 右图所示。

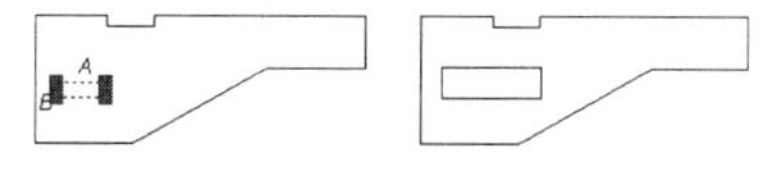

图 4-20 利用关键点缩放对象

网络视频教学：利用关键点缩放对象。

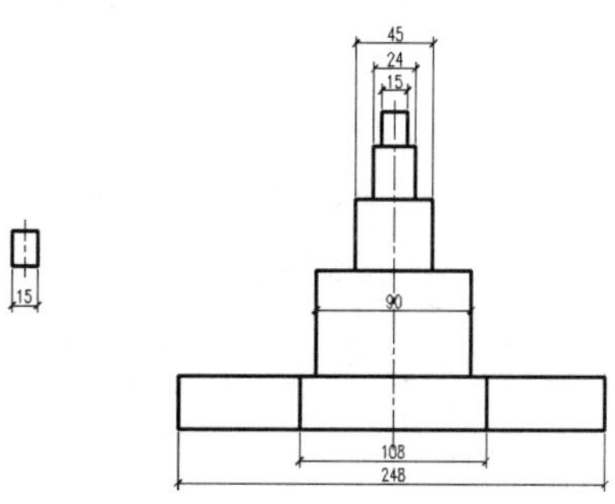

4.10.5 利用关键点镜像对象

进入镜像模式后，AutoCAD 直接提示“指定第二点”。默认情况下，热关键点是镜像线的第一点，在拾取第二点后，此点便与第一点一起形成镜像线。如果用户要重新设定镜像线的第一点，就通过“基点(B)”选项。

【案例 4-16】 利用关键点镜像对象。

打开附盘文件“dwg\第 4 章\4-16.dwg”，如图 4-21 左图所示。利用关键点镜像模式将左图修改为右图。

```
命令:                                                  //选择要镜像的对象，如图 4-21 左图所示
命令:                                                  //选中关键点 A
** 拉伸 **                                             //进入拉伸模式
指定拉伸点或 [基点(B)/复制(C)/放弃(U)/退出(X)]:          //按 Enter 键进入移动模式
** 移动 **
指定移动点或 [基点(B)/复制(C)/放弃(U)/退出(X)]:          //按 Enter 键进入旋转模式
** 旋转 **
指定旋转角度或 [基点(B)/复制(C)/放弃(U)/参照(R)/退出(X)]://按 Enter 键进入缩放模式
** 比例缩放 **
指定比例因子或 [基点(B)/复制(C)/放弃(U)/参照(R)/退出(X)]://按 Enter 键进入镜像模式
** 镜像 **
指定第二点或 [基点(B)/复制(C)/放弃(U)/退出(X)]: c       //镜像并复制
** 镜像 (多重) **
指定第二点或 [基点(B)/复制(C)/放弃(U)/退出(X)]:          //捕捉交点 B
** 镜像 (多重) **
指定第二点或 [基点(B)/复制(C)/放弃(U)/退出(X)]:          //按 Enter 键结束
```

结果如图 4-21 右图所示。

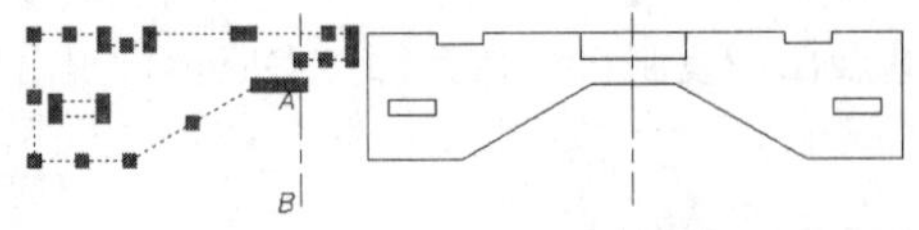

图 4-21 利用关键点镜像对象

激活关键点编辑模式后，可通过输入下列字母直接进入某种编辑方式。

- MI：镜像。
- MO：移动。
- RO：旋转。
- SC：缩放。
- ST：拉伸。

网络视频教学：利用关键点镜像对象绘制建筑装饰图案。

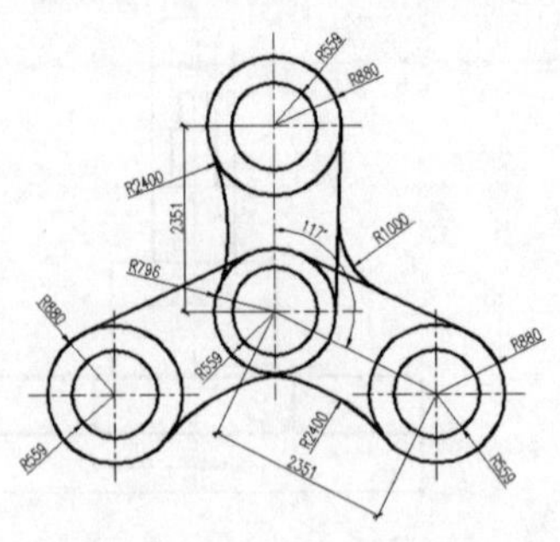

4.11 综合实例

【案例 4-17】 绘制如图 4-22 所示的建筑装饰图案。

1）执行 LINE、OFFSET 等命令绘制图形轮廓线，结果如图 4-23 所示。

2）绘制圆，执行剪切命令得到半圆，结果如图 4-24 所示。

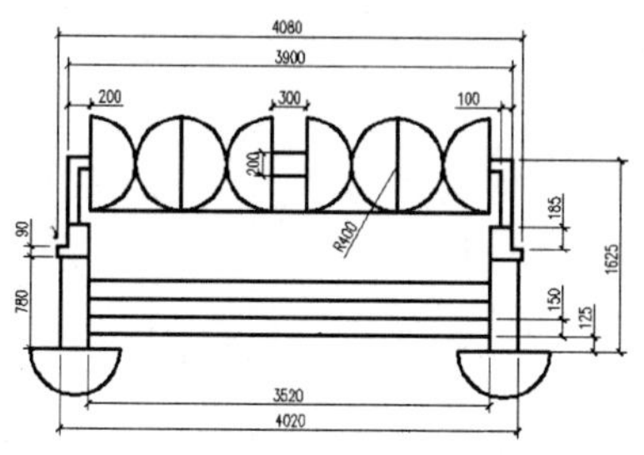

图 4-22 建筑装饰图案

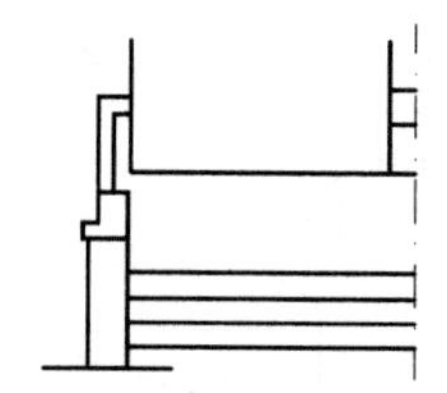

图 4-23 绘制图形轮廓线

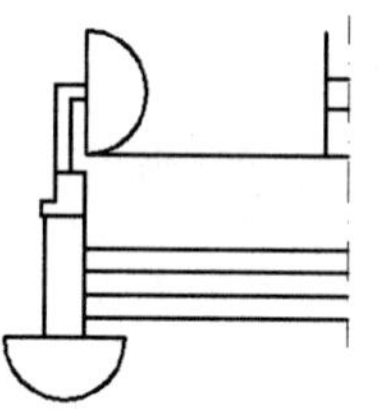

图 4-24 剪切图形

3）镜像操作，结果如图 4-25 所示。

4）镜像操作，结果如图 4-26 所示。

5）镜像操作，完成绘制，结果如图 4-27 所示。

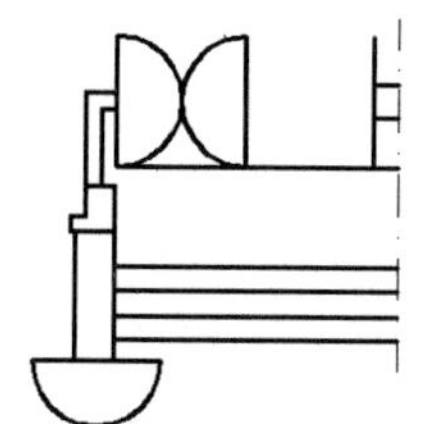

图 4-25 镜像图形（1）

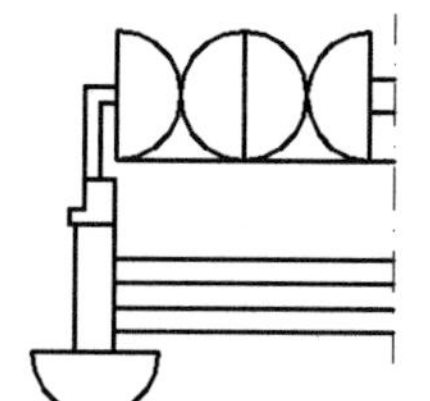

图 4-26 镜像图形（2）

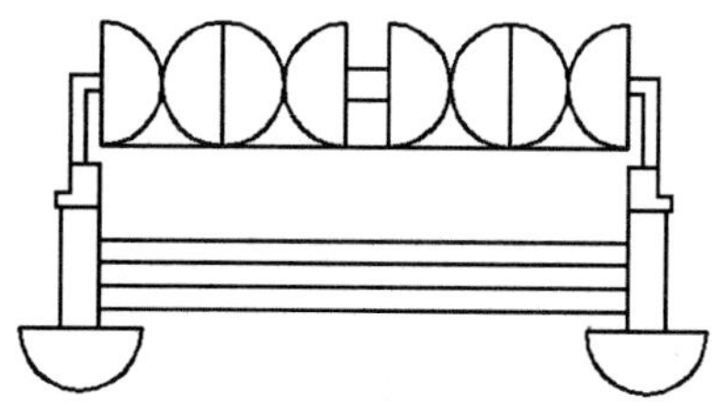

图 4-27 镜像图形（3）

4.12 习题

1．绘制如图 4-28 所示的卫生间。

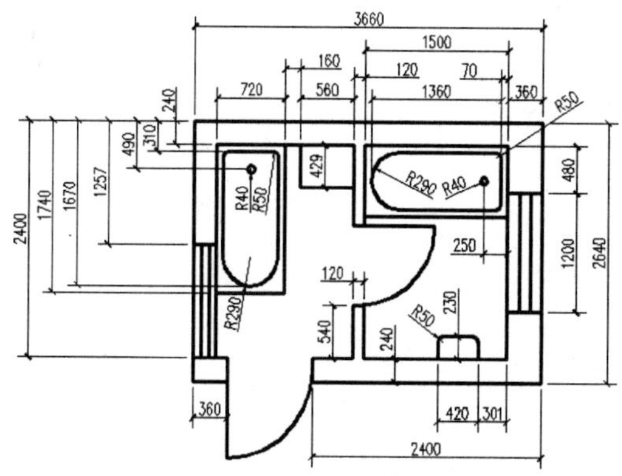

图 4-28 复制、旋转及倒角

2．绘制如图 4-29 所示的操场平面图。

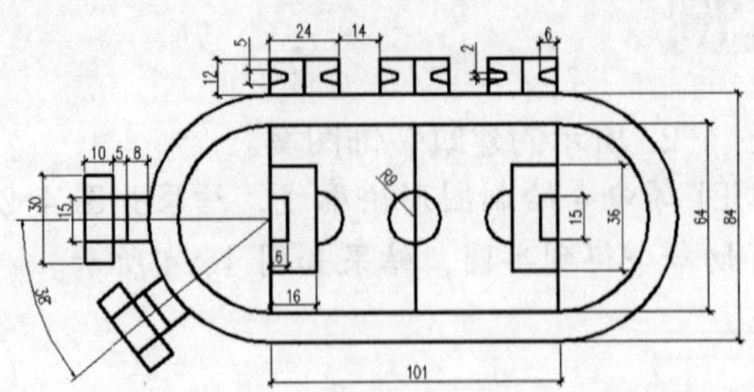

图 4-29　利用关键点编辑方式绘制图形

3．绘制如图 4-30 所示的图形。

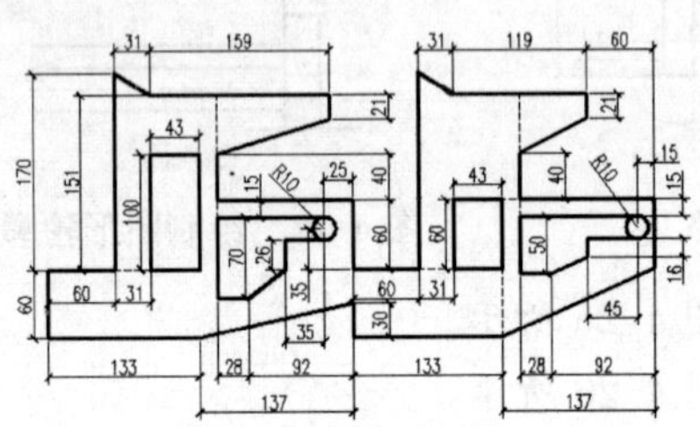

图 4-30　利用拉伸命令绘制平面图形

第5章

参数化绘图

通过本章的学习，读者可以掌握参数化绘图的相关基本概念、方法与技巧。

【学习目标】

☑ 熟悉约束的概念及其使用、删除和释放。

☑ 掌握对对象进行几何约束。

☑ 掌握约束对象之间的距离和角度。

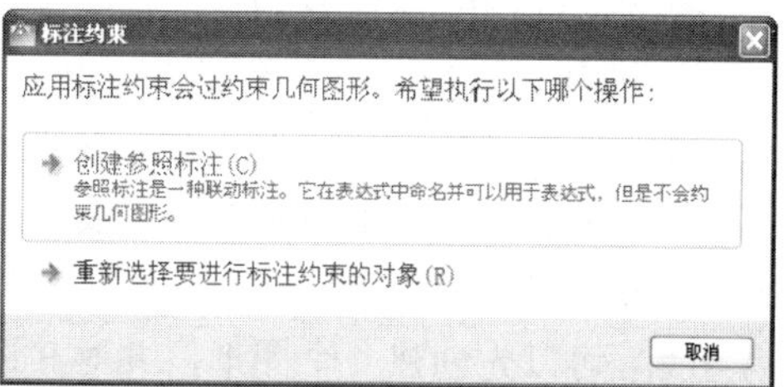

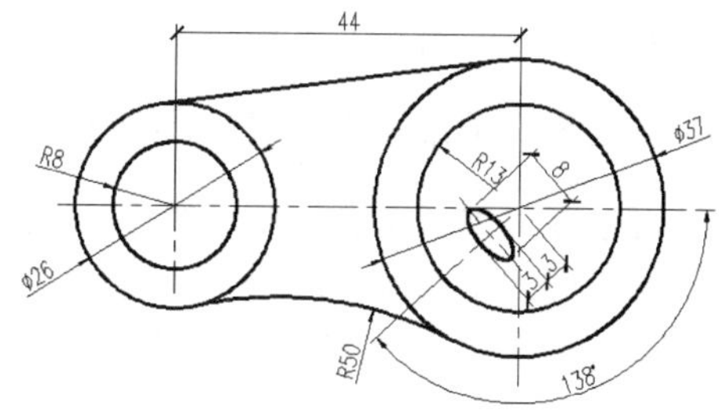

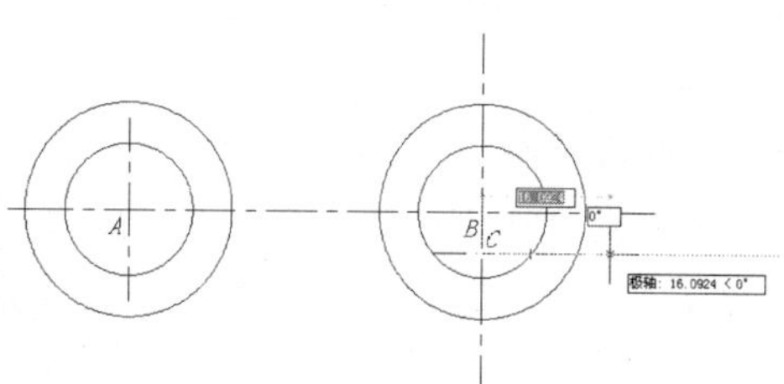

5.1 约束概述

本节主要内容包括约束的概念及其类型。

5.1.1 使用约束进行设计

参数化图形是一项用于具有约束的设计技术。约束是应用至二维几何图形的关联和限制。

常用的约束类型有两种：几何约束和标注约束。其中，几何约束用于控制对象的关系；标注约束控制对象的距离、长度、角度和半径值。

创建或更改设计时，图形会处于以下 3 种状态之一。

- 未约束：未将约束应用于任何几何图形。
- 欠约束：将某些约束应用于几何图形。
- 完全约束：将所有相关几何约束和标注约束应用于几何图形。完全约束的一组对象还需要包括至少一个固定约束，以锁定几何图形的位置。

通过约束进行设计的方法有以下两种：

（1）可以在欠约束图形中进行操作，同时进行更改。方法是，使用编辑命令和夹点的组合来添加或更改约束。

（2）可以先创建一个图形，并对其进行完全约束，然后以独占方式对设计进行控制。方法是，释放并替换几何约束，更改标注约束中的值。

所选的方法取决于设计实践以及主题的要求。

如果出现过约束现象，AutoCAD 会给出提示，这样会有效防止应用任何会导致过约束情况的约束，如图 5-1 所示。

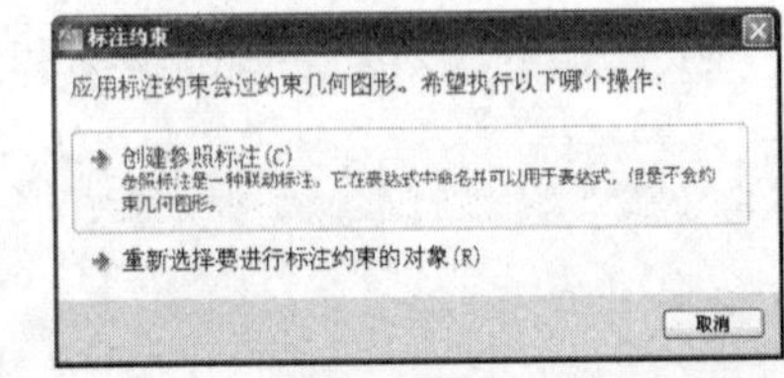

图 5-1 【标注约束】对话框

5.1.2 对块和参照使用约束

可以在以下对象之间应用约束：

- 图形中的对象与块参照中的对象。
- 某个块参照中的对象与其他块参照中的对象（非同一个块参照中的对象）。
- 外部参照的插入点与对象或块，而非外部参照中的所有对象。

对块参照应用约束时，可以自动选择块中包含的对象，无需按 Ctrl 键选择子对象。向块参照添加约束可能会导致块参照移动或旋转。

> **要点提示**
>
> 对动态块应用约束会禁止显示其动态夹点。用户仍然可以使用【特性】选项板更改动态块中的值，但是，要重新显示动态夹点，必须首先从动态块中删除约束。

可以在块定义中使用约束，从而生成动态块。可以直接从图形内部控制动态块的大小和形状。

5.1.3 删除或释放约束

需要对设计进行更改时，有以下两种方法可取消约束效果：

- 单独删除约束，过后应用新约束。将鼠标指针悬停在几何约束图标上时，可以使用Delete键或快捷菜单删除该约束，参见【案例 5-1】。
- 临时释放选定对象上的约束以进行更改。已选定夹点或在编辑命令使用期间指定选项时，按Ctrl键以交替释放约束和保留约束。

进行编辑期间不保留已释放的约束。编辑过程完成后，约束会自动恢复，不再有效的约束将被删除。

> **要点提示**
>
> DELCONSTRAINT 命令删除对象中的所有几何约束和标注约束。

【案例 5-1】 利用参数化绘图方法绘制如图 5-2 所示的平面图形。

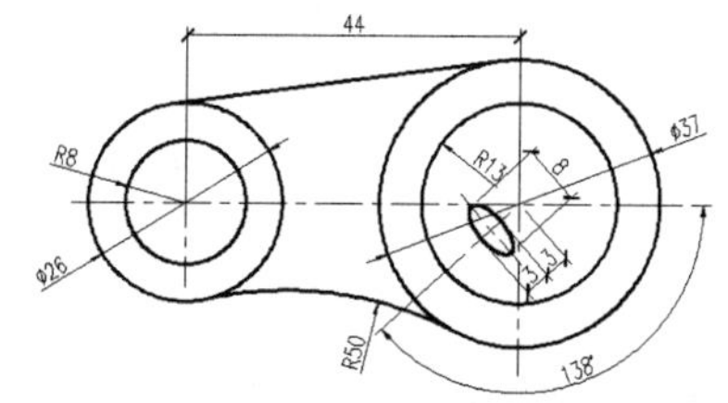

图 5-2 平面图形

1）设置绘图环境。

（1）设定对象捕捉方式为端点、中点，启用对象捕捉追踪和极轴追踪。

（2）创建“图形”、“中心线”图层，并将“中心线”图层置为当前图层。

2）利用极轴追踪绘制中心线。

3）绘制圆及椭圆。

（1）将“图形”图层置为当前图层。单击【常用】选项卡【绘图】面板上的按钮，AutoCAD 提示如下。

```
命令: _circle 指定圆的圆心或 [三点(3P)/两点(2P)/切点、切点、半径(T)]:
                                        //捕捉 A 点指定圆心，如图 5-3 所示
指定圆的半径或 [直径(D)] <9.0000>: 8      //指定圆半径
命令:                                    //按Enter键重复执行命令
CIRCLE 指定圆的圆心或 [三点(3P)/两点(2P)/切点、切点、半径(T)]:
                                        //捕捉 A 点指定圆心
指定圆的半径或 [直径(D)] <8.0000>: 13     //指定圆半径
```

结果如图 5-3 所示。

（2）复制圆。单击【常用】选项卡【修改】面板上的复制按钮，AutoCAD 提示如下。

```
命令: _copy
选择对象: 指定对角点: 找到 2 个              //选取绘制的两个圆
选择对象:                                  //按Enter键结束选择
当前设置:  复制模式 = 多个
指定基点或 [位移(D)/模式(O)] <位移>:          //捕捉 A 点指定基点
指定第二个点或 <使用第一个点作为位移>:         //捕捉 B 点指定第二点
```

```
指定第二个点或 [退出(E)/放弃(U)] <退出>:        //按 Enter 键结束命令
```

结果如图 5-4 所示。

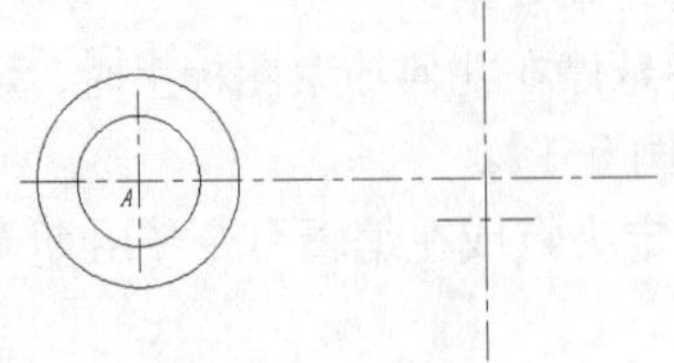

图 5-3　绘制圆

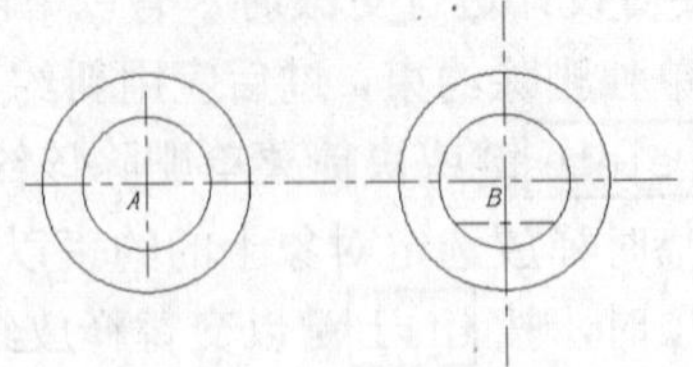

图 5-4　复制圆

（3）绘制椭圆。单击【常用】选项卡【绘图】面板上的按钮，AutoCAD 提示如下。

```
命令: _ellipse
指定椭圆的轴端点或 [圆弧(A)/中心点(C)]: _c
指定椭圆的中心点:                          //捕捉 C 点指定椭圆中心点，如图 5-5 所示
指定轴的端点: 4                 //向右追踪，输入长轴长度指定轴的端点，如图 5-5 所示
指定另一条半轴长度或 [旋转(R)]: 1.5         //输入另一条半轴长度，结果如图 5-6 所示
```

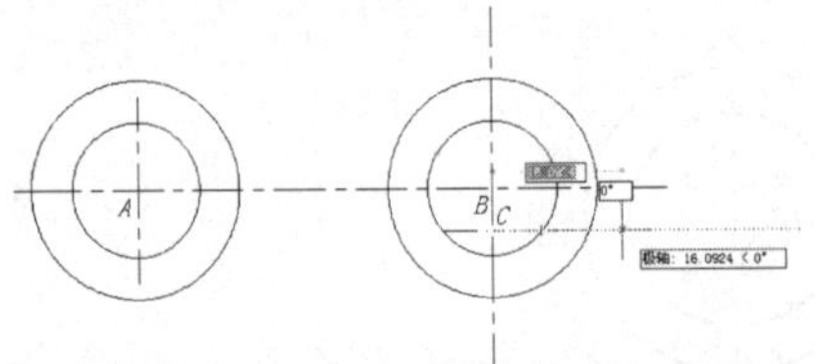

图 5-5　向右追踪，输入长轴长度指定轴的端点

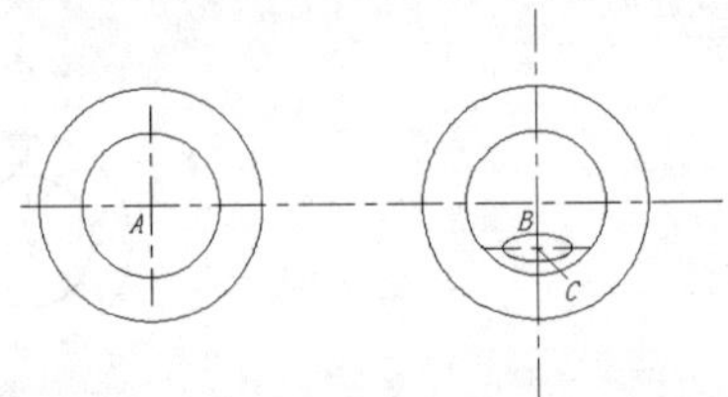

图 5-6　绘制椭圆

4）旋转椭圆。单击【常用】选项卡【修改】面板上的旋转按钮，AutoCAD 提示如下。

```
命令: _rotate
UCS 当前的正角方向: ANGDIR=逆时针  ANGBASE=0
选择对象: 找到 1 个                         //依次选择椭圆及其两条中心线
选择对象: 找到 1 个，总计 2 个
选择对象: 找到 1 个，总计 3 个
选择对象:                                   //按 Enter 键结束选择
指定基点:                                   //捕捉 B 点指定基点，如图 5-6 所示
指定旋转角度，或 [复制(C)/参照(R)] <0>:  -48     //指定旋转角度
```

结果如图 5-7 所示。

5）绘制切线及相切圆弧。

（1）绘制切线。单击【常用】选项卡【绘图】面板上的按钮，AutoCAD 提示如下。

```
命令: _line 指定第一点: tan           //输入 tan
到                                    //在 A 圆上捕捉切点指定第一点，如图 5-8 所示
指定下一点或 [放弃(U)]: tan           //输入 tan
到                                    //在 B 圆上捕捉切点指定第二点
指定下一点或 [放弃(U)]:               //按 Enter 键结束命令
```

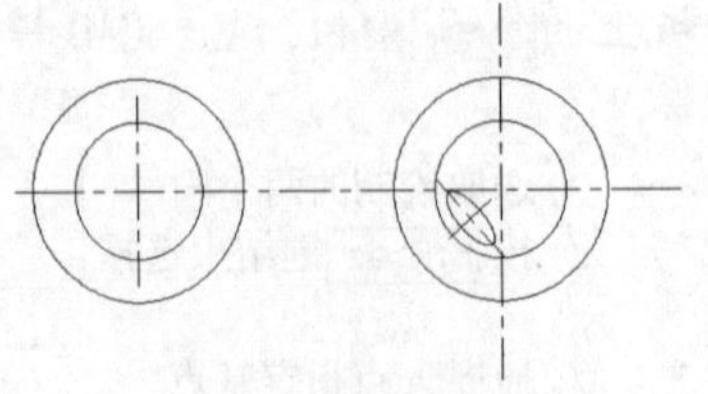

图 5-7　旋转椭圆

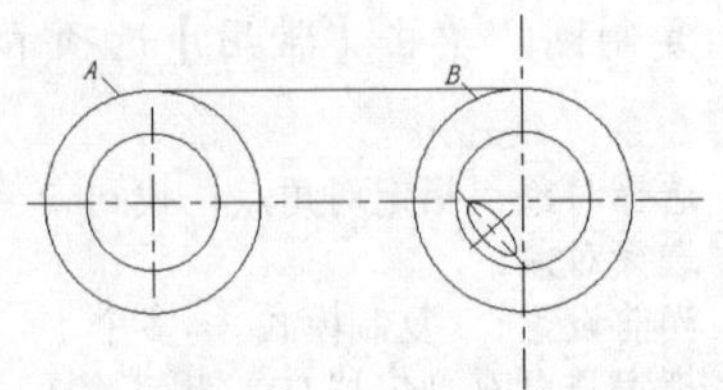

图 5-8　绘制切线

（2）绘制相切圆。单击【常用】选项卡【绘图】面板上按钮后的按钮，在打开的列表中单击按钮，AutoCAD 提示如下。

```
命令: _circle 指定圆的圆心或 [三点(3P)/两点(2P)/切点、切点、半径(T)]: _ttr
指定对象与圆的第一个切点:                       //指定与 A 圆切点
指定对象与圆的第二个切点:                       //指定与 B 圆切点
指定圆的半径: 50                               //输入圆半径,结果如图 5-9 所示
```

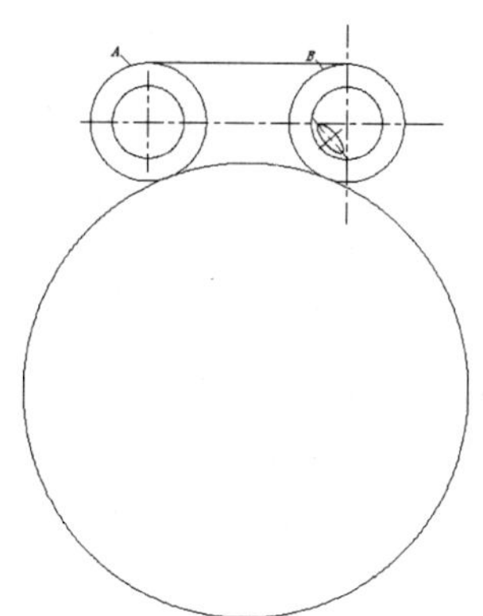

图 5-9　绘制相切圆

（3）修剪图形，结果如图 5-10 所示。

6）参数化绘图。

（1）建立自动约束。单击【参数化】选项卡【几何】面板上的按钮，AutoCAD 提示如下。

```
命令: _AutoConstrain
选择对象或 [设置(S)]:指定对角点: 找到 12 个        //框选全部图形
选择对象或 [设置(S)]:                             //按 Enter 键完成选择
已将 23 个约束应用于 12 个对象
```

结果如图 5-11 所示。

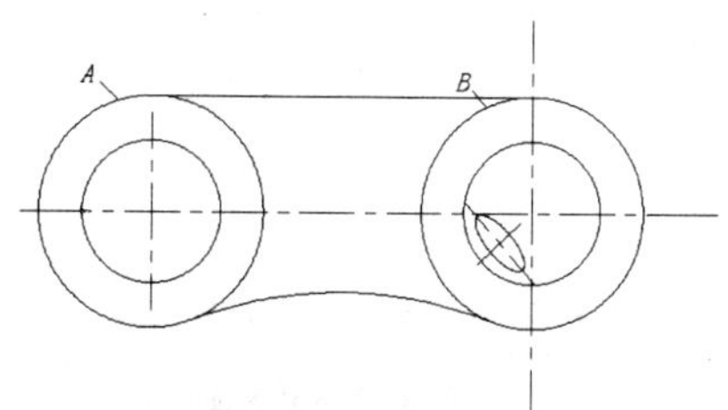

图 5-10　修剪图形

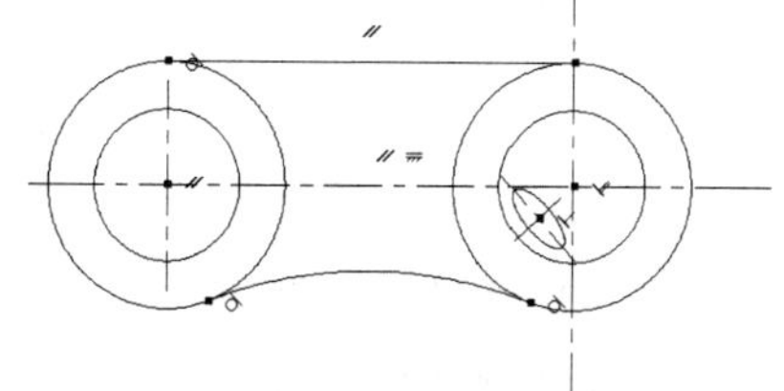

图 5-11　建立自动约束

（2）建立直径标注约束。单击【参数化】选项卡【标注】面板上的按钮，AutoCAD 提示如下。

```
命令: _DimConstraint
当前设置: 约束形式 = 动态
选择要转换的关联标注或 [线性(LI)/水平(H)/竖直(V)/对齐(A)/角度(AN)/半径(R)/
直径(D)/形式(F)] <直径>:_Diameter
选择圆弧或圆:                                 //选择圆 B，如图 5-10 所示
标注文字 = 26                                 //按 Enter 键
指定尺寸线位置:                               //输入直径 37
```

结果如图 5-12 所示。结果显示所绘图形不正确。单击快速访问工具栏中的按钮，取消上述操作。

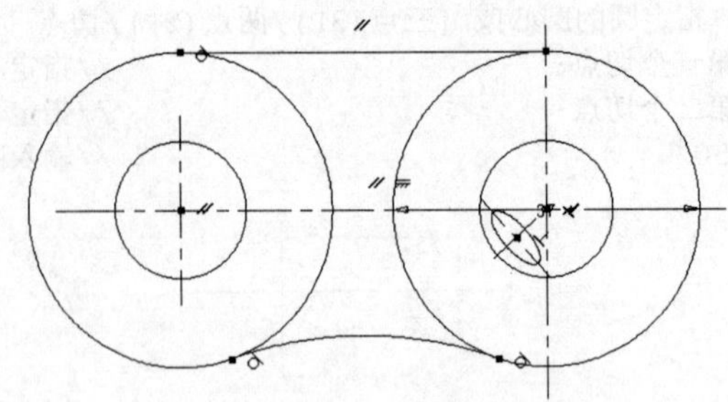

图 5-12　建立直径标注约束

（3）删除不合理的几何约束。当鼠标指针移动到如图 5-13 所示的位置时，显示所建重合约束不合理，在图标上单击鼠标右键，选择【删除】选项，如图 5-14 所示，删除该约束。同样方式删除如图 5-15 和图 5-16 所示重合约束、平行约束。

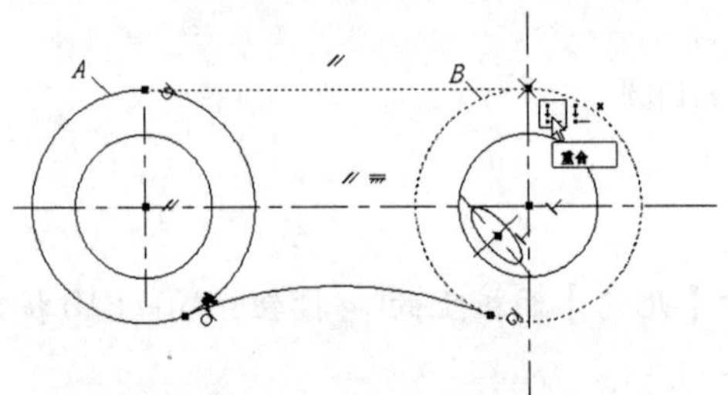

图 5-13　不合理重合约束（1）

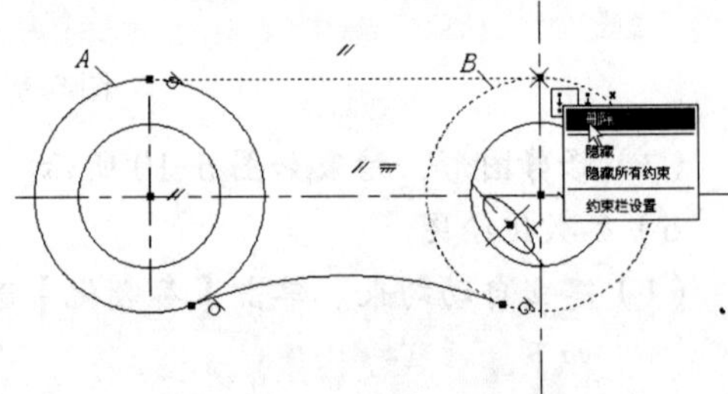

图 5-14　删除重合约束

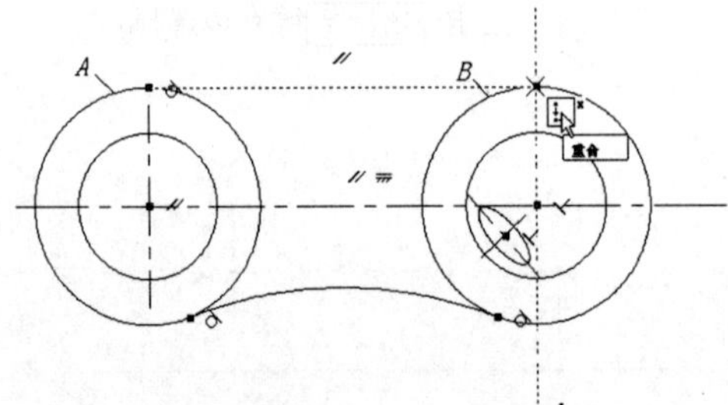

图 5-15　不合理重合约束（2）

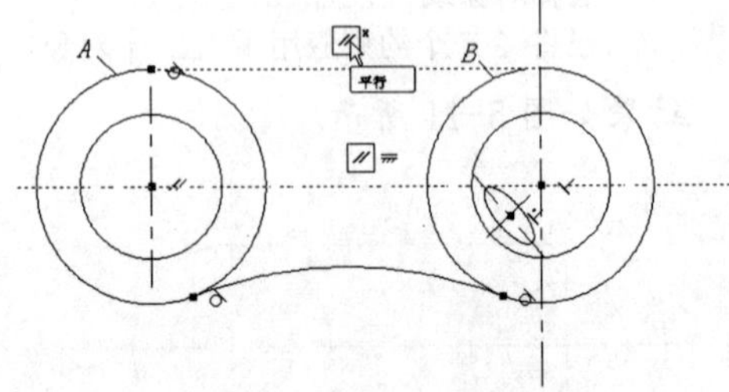

图 5-16　不合理平行约束

（4）建立相切几何约束。单击【参数化】选项卡【几何】面板上的按钮，AutoCAD 提示如下。

```
命令： _GeomConstraint
输入约束类型 [水平(H)/竖直(V)/垂直(P)/平行(PA)/相切(T)/平滑(SM)/重合(C)/同心(CON)/共线(COL)/对称(S)/相等(E)/固定(F)] <相切>:_Tangent
选择第一个对象：                    //选择线段EF，如图 5-17 所示
选择第二个对象：                    //选择B圆
```

结果如图 5-17 所示。

（5）建立图 5-17 所示的圆 B 的直径标注约束，其约束直径为 37。

（6）建立图 5-17 所示的圆 C 的半径标注约束，其约束半径为 13，结果如图 5-18 所示。

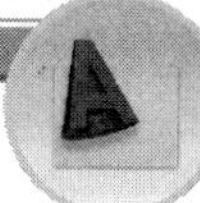

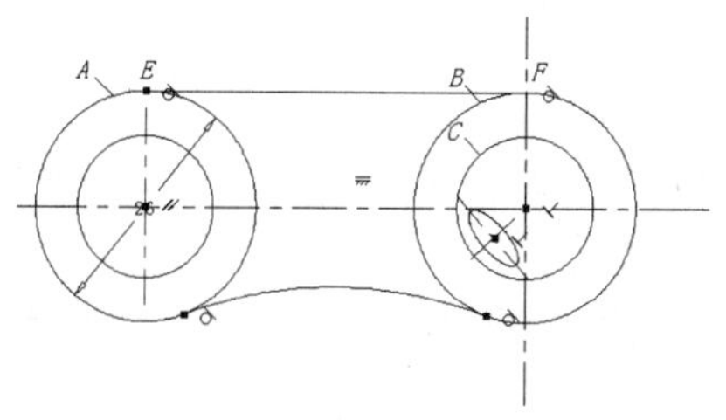

图 5-17 建立相切几何约束

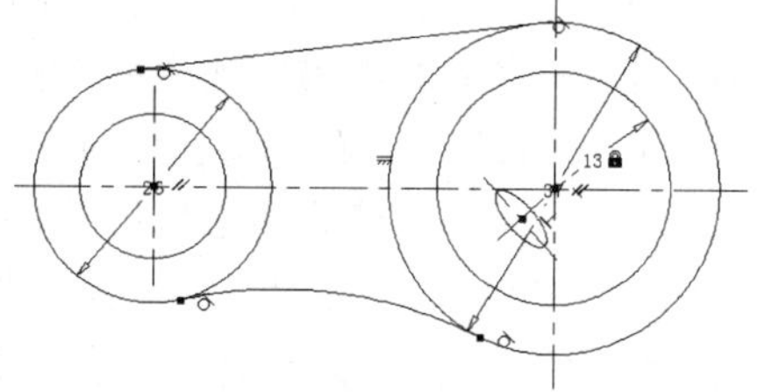

图 5-18 建立另一线性标注约束

7）隐藏约束。单击【参数化】选项卡【几何】面板上的 全部隐藏 按钮和【标注】面板上的 按钮，隐藏几何约束和动态约束，结果如图 5-2 所示。

从实例中可以看出，通过约束可以做到以下几点：

- 通过约束图形中的几何图形来保持设计规范和要求。
- 立即将多个几何约束应用于对象。
- 在标注约束中增加公式和方程式。
- 通过修改变量值可快速进行设计修改。

在工程的设计阶段，通过约束可以在试验各种设计或进行更改时强制执行要求。对对象所做的更改可能会自动调整其他对象，并将更改限制为距离和角度值。

网络视频教学：利用参数化绘图方法绘图。

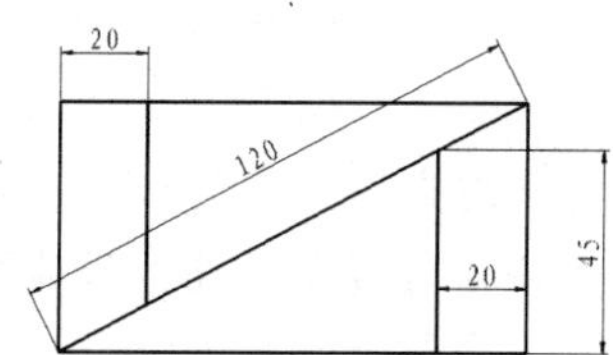

5.2 对对象进行几何约束

本节主要讲述对对象进行几何约束的方法。

5.2.1 几何约束概述

几何约束用来确定二维几何对象之间或对象上的每个点之间的关系。可以从视觉上确定与任意几何约束关联的对象，也可以确定与任意对象关联的约束。可以通过以下方法编辑受约束的几何对象：使用夹点命令、编辑命令或释放及应用几何约束。可指定二维对象或对象上的点之间的几何约束，之后编辑受约束的几何图形时，将保留约束。

如果几何图形并未被完全约束，通过夹点，仍可以更改圆弧的半径、圆的直径、水平线的长度以及垂直线的长度。要指定这些距离，需要应用标注约束。

> **要点提示**
> 可以向多段线中的线段添加约束，就像这些线段为独立的对象一样。

5.2.2 应用几何约束

几何约束可将几何对象关联在一起，或者指定固定的位置或角度。

应用约束时，会出现以下两种情况：

- 用户选择的对象将自动调整为符合指定约束。
- 默认情况下，灰色约束图标显示在受约束的对象旁边，且将鼠标指针移至受约束的对象上时，系统将随鼠标指针显示一个小型蓝色轮廓。

应用约束后，只允许对该几何图形进行不违反此类约束的更改，在遵守设计要求和规范的情况下探寻设计方案或对设计进行更改。

要点提示

在某些情况下，应用约束时两个对象选择的顺序十分重要。通常，所选的第二个对象会根据第一个对象进行调整。如应用垂直约束时，选择的第二个对象将调整为垂直于第一个对象。

可将几何约束仅应用于二维几何图形对象。不能在模型空间和图纸空间之间约束对象。

1. 指定约束点

对于某些约束，需在对象上指定约束点，而非选择对象。此行为与对象捕捉类似，但是位置限制为端点、中点、中心点以及插入点。

固定约束关联对象上的约束点，或将对象本身与相对于世界坐标系的固定位置关联。

要点提示

通常建议为重要几何特征指定固定约束。此操作会锁定该点或对象的位置，使得用户在对设计进行更改时无需重新定位几何图形。固定对象时，同时还会固定直线的角度或圆弧/圆的中心。

2. 应用多个几何约束

可以手动或自动将多个几何参数应用于对象。

如果希望将所有必要的几何约束都自动应用于设计，可以对在图形中选择的对象使用 AUTOCONSTRAIN 命令。此操作可约束设计的几何形状——取决于设计，有时可能需要应用到其他几何约束。

AUTOCONSTRAIN 还提供了一些设置，可以通过这些设置指定以下内容：

- 要应用何种几何约束。
- 以何种顺序应用几何约束。
- 使用哪种公差确定对象为水平、垂直还是相交。

要点提示

相等约束或固定约束不能与 AUTOCONSTRAIN 一起使用，必须单独应用。要完全约束设计的大小和比例后再去应用标注约束。

3. 为对象应用多个几何约束的步骤

（1）单击【参数化】选项卡【几何】面板上的按钮。

（2）选择要约束的对象。

（3）选择要自动约束的对象后按Enter键。

命令提示行中将显示应用的约束的数量，命令启动方式如下。

- 功能区：【参数化】选项卡【几何】面板上的按钮。
- 命令：GeomConstraint。

4．设置将多个几何约束应用于对象的顺序的步骤

（1）单击【参数化】选项卡【几何】面板上的按钮。

（2）在命令提示下，输入“s”（设置），打开【约束设置】对话框，如图5-19所示。

（3）在【约束设置】对话框的【自动约束】选项卡中选择一种约束类型。

（4）单击上移(U)或下移(D)按钮。此操作会更改在对象上使用AUTOCONSTRAIN命令时约束的优先级。

（5）单击确定按钮。

5.2.3 显示和验证几何约束

约束栏是可以从视觉上确定与任意几何约束关联的对象，也可以确定与任意对象关联的约束。它提供了有关如何约束对象的信息。约束栏将显示一个或多个图标，这些图标表示已应用于对象的几何约束。

需要移走约束栏时，可以将其拖动，还可以控制约束栏是处于显示状态还是隐藏状态。

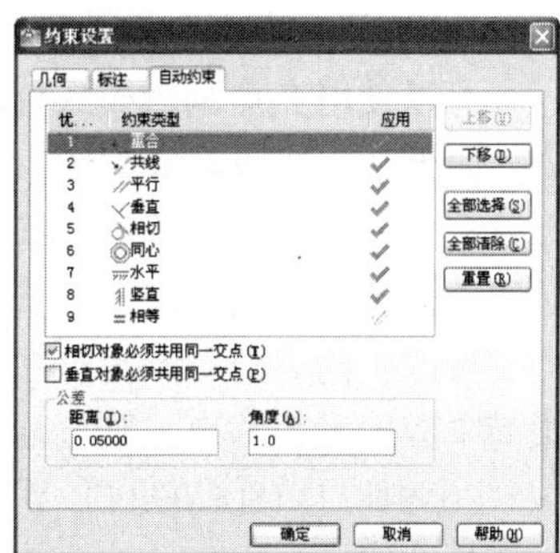

图5-19 【约束设置】对话框

1．验证对象上的几何约束

可通过以下两种方式确认几何约束与对象的关联：

- 在约束栏上滚动浏览约束图标时，将亮显与该几何约束关联的对象。
- 将鼠标指针悬停在已应用几何约束的对象上时，系统会亮显与该对象关联的所有约束栏。

这些亮显特征简化了约束的使用，尤其是当图形中应用了多个约束时。

2．控制约束栏的显示

可单独或全局显示（或隐藏）几何约束和约束栏，操作方法如下：

- 显示（或隐藏）所有的几何约束。
- 显示（或隐藏）指定类型的几何约束。
- 显示（或隐藏）所有与选定对象相关的几何约束。

使用【约束设置】对话框可控制约束栏上显示或隐藏的几何约束类型。

对设计进行分析并希望过滤几何约束的显示时，隐藏几何约束则会非常有用。例如，可以选择仅显示平行约束图标。下一步，可以选择只显示垂直约束的图标。

> **要点提示**
>
> 不使用几何约束时，建议全局隐藏几何约束。为减少混乱，重合约束应默认显示为蓝色小正方形。如果需要，可以使用【约束设置】对话框中【几何】选项卡【约束栏设置】相应选项将其关闭。

3. 使用约束栏快捷菜单更改约束栏设置的步骤

(1) 选择受约束对象。

(2) 确保选定对象的约束栏可见。

(3) 在约束栏上单击鼠标右键，选择【约束栏设置】选项。

(4) 在【约束设置】对话框的【几何】选项卡上，选中或清除相应的复选框。

(5) 使用滑块或输入值来设置图形中约束栏的透明度级别，默认值为 50。

(6) 单击 确定 按钮。

5.2.4 修改应用了几何约束的对象

可以通过以下方法修改受约束的几何对象：使用夹点命令、编辑命令，释放或应用几何约束。

1. 使用夹点命令修改受约束对象

可以使用夹点编辑模式修改受约束的几何图形，几何图形会保留应用的所有约束。例如，如果某条线段对象被约束为与某圆保持相切，可以旋转该线段，并可以更改其长度和端点，但是该线段或其延长线会保持与该圆相切。如果不是圆而是圆弧，则该线段或其延长线会保持与该圆弧或其延长线相切。

修改欠约束对象最终产生的结果取决于已应用的约束以及涉及的对象类型。例如，如果尚未应用半径约束，则会修改圆的半径，而不修改直线的切点。

CONSTRAINTSOLVEMODE 系统变量用来确定对象在应用约束或使用夹点对其进行编辑时的行为方式。

要点提示

最佳经验：可以通过应用其他几何约束或标注约束限制意外更改。常用选项包括重合约束和固定约束。

2. 使用编辑命令修改受约束对象

可以使用编辑命令（例如 MOVE、COPY、ROTATE 和 SCALE）修改受约束的几何图形，结果会保留应用于对象的约束。

注意，在某些情况下（TRIM、EXTEND、BREAK 和 JOIN 命令），可以删除约束。

默认情况下，如果编辑命令用来复制受约束对象，则也会复制应用于原始对象的约束。此行为由 PARAMETERCOPYMODE 系统变量控制。使用复制命令，可以利用多个对象实例、两侧对称或径向对称保存工作。

3. 对受约束的几何图形进行夹点编辑的步骤

(1) 选择受约束对象。

(2) 单击夹点并拖动，以编辑几何图形。

4. 关闭约束的步骤

(1) 单击受约束对象以选择该对象。

(2) 将鼠标指针移至夹点上，夹点会显示为红色，表示该对象处于选中状态。

(3) 单击该夹点。

(4) 按住 Ctrl 键后释放。

（5）移动该对象。该对象将自由移动，因为它已不再被约束。

（6）由于约束已关闭，因此将不再为该对象显示约束栏（如果已启用）。

【案例 5-2】 利用几何约束修改图形。

1）打开附盘文件“dwg\第 5 章\5-2.dwg”，如图 5-20 所示。

2）建立重合几何约束。单击【参数化】选项卡【几何】面板上的按钮，AutoCAD 提示如下。

```
命令: _GeomConstraint
输入约束类型[水平(H)/竖直(V)/垂直(P)/平行(PA)/相切(T)/平滑(SM)/重合(C)/同心(CON)/共线(COL)/对称(S)/相等(E)/固定(F)]<重合>:_Coincident
选择第一个点或 [对象(O)/自动约束(A)] <对象>:  //捕捉线段 AB 的 B 点，如图 5-21 所示
选择第二个点或 [对象(O)] <对象>:             //捕捉线段 BC 的 B 点
```

同样方式建立其他重合约束，结果如图 5-21 所示。

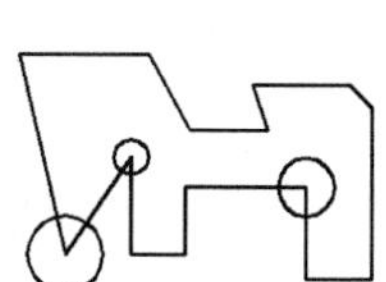

图 5-20 利用几何约束修改图形原图

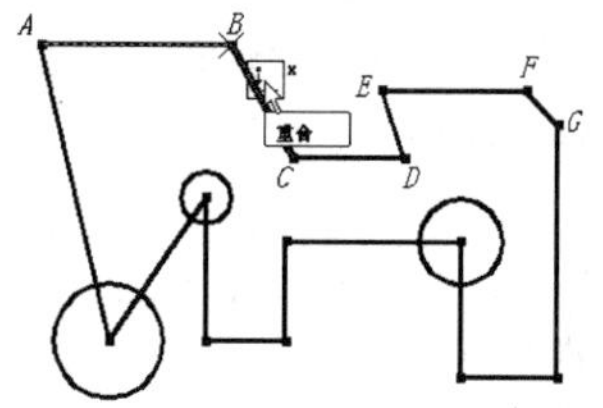

图 5-21 建立重合几何约束

重合几何约束的约束对象为不同的两个对象上的第一个点和第二个点，将第二个点置为与第一个点重合，其命令启动方式如下。

- 功能区：【参数化】选项卡【几何】面板上的按钮。
- 命令：GeomConstraint。
- 下拉菜单：【参数】/【几何约束】/【重合】。

3）建立共线几何约束。单击【参数化】选项卡【几何】面板上的按钮，AutoCAD 提示如下。

```
命令: _GeomConstraint
输入约束类型[水平(H)/竖直(V)/垂直(P)/平行(PA)/相切(T)/平滑(SM)/重合(C)/同心(CON)/共线(COL)/对称(S)/相等(E)/固定(F)]<重合>:_Collinear
选择第一个对象或 [多个(M)]:               //选择线段 AB，如图 5-21 所示
选择第二个对象:                           //选择线段 EF，结果如图 5-22 所示
```

共线几何约束选择第一个对象和第二个对象，将第二个对象置为与第一个对象共线。可以选择直线对象，也可以选择多段线子对象，其命令启动方式如下。

- 功能区：【参数化】选项卡【几何】面板上的按钮。
- 命令：GeomConstraint。
- 下拉菜单：【参数】/【几何约束】/【共线】。

4）建立同心几何约束。单击【参数化】选项卡【几何】面板上的按钮，AutoCAD 提示如下。

```
命令: _GeomConstraint
输入约束类型[水平(H)/竖直(V)/垂直(P)/平行(PA)/相切(T)/平滑(SM)/重合(C)/同心(CON)/共线(COL)/对称(S)/相等(E)/固定(F)]<共线>:_Concentric
选择第一个对象:                           //选择圆 R，如图 5-22 所示
选择第二个对象:                           //选择圆 S，结果如图 5-23 所示
```

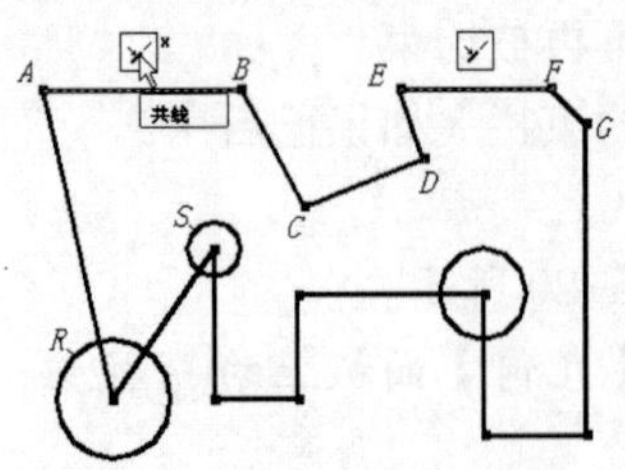

图 5-22　建立共线几何约束

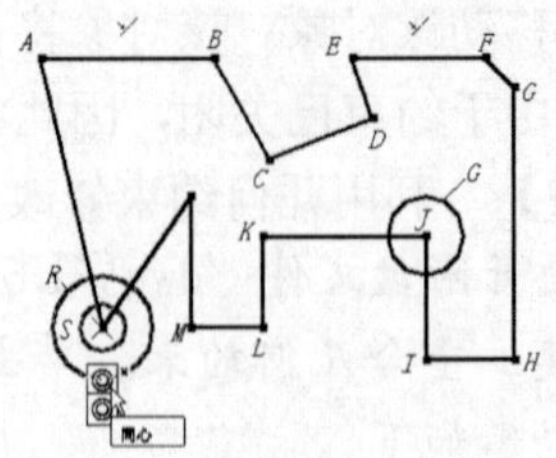

图 5-23　建立同心几何约束

同心几何约束选择第一个和第二个圆弧或圆对象，第二个圆弧或圆会进行移动，以与第一个对象具有同一个中心点，其命令启动方式如下。

- 功能区：【参数化】选项卡【几何】面板上的◎按钮。
- 命令：GeomConstraint。
- 下拉菜单：【参数】/【几何约束】/【同心】。

5）建立固定几何约束。单击【参数化】选项卡【几何】面板上的🔒按钮，AutoCAD 提示如下。

```
命令：_GeomConstraint
输入约束类型 [水平(H)/竖直(V)/垂直(P)/平行(PA)/相切(T)/平滑(SM)/重合(C)/同心(CON)/共线(COL)/对称(S)/相等(E)/固定(F)] <同心>:_Fix
选择点或 [对象(O)] <对象>: o                    //选择“对象(O)”选项
选择对象:                                       //选择线段 GH，如图 5-24 所示
```

结果如图 5-24 所示。

固定几何约束选择对象上的点或对象，对对象上的点或对象应用固定约束会将节点锁定。但仍然可以移动该对象，其命令启动方式如下。

- 功能区：【参数化】选项卡【几何】面板上的🔒按钮。
- 命令：GeomConstraint。
- 下拉菜单：【参数】/【几何约束】/【固定】。

6）建立平行几何约束。单击【参数化】选项卡【几何】面板上的//按钮，AutoCAD 提示如下。

```
命令：_GeomConstraint
输入约束类型[水平(H)/竖直(V)/垂直(P)/平行(PA)/相切(T)/平滑(SM)/重合(C)/同心(CON)/共线(COL)/对称(S)/相等(E)/固定(F)]<固定>:_Parallel
选择第一个对象:                                 //选择线段 FG，如图 5-25 所示
选择第二个对象:                                 //选择线段 ED
```

结果如图 5-25 所示。

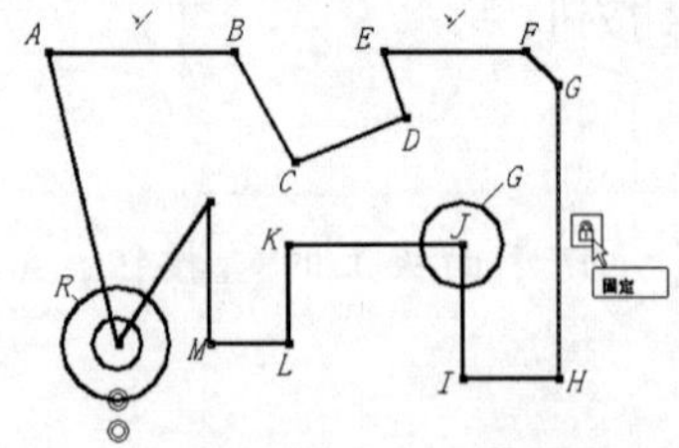

图 5-24　建立固定几何约束

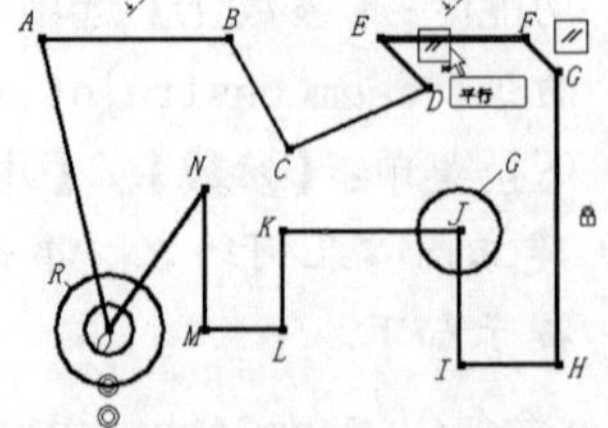

图 5-25　建立平行几何约束

平行几何约束选择要置为平行的两个对象，第二个对象将被设为与第一个对象平行。可以选择直线对象，也可以选择多段线子对象，其命令启动方式如下。

- 功能区：【参数化】选项卡【几何】面板上的按钮。
- 命令：GeomConstraint。
- 下拉菜单：【参数】/【几何约束】/【平行】。

7）建立垂直几何约束。单击【参数化】选项卡【几何】面板上的按钮，AutoCAD提示如下。

```
命令: _GeomConstraint
输入约束类型[水平(H)/竖直(V)/垂直(P)/平行(PA)/相切(T)/平滑(SM)/重合(C)/同心(CON)/共线(COL)/对称(S)/相等(E)/固定(F)]<平行>:_Perpendicular
选择第一个对象:                    //选择线段 NO，如图 5-25 所示
选择第二个对象:                    //选择线段 MN
```

结果如图5-26所示。

垂直几何约束选择要置为垂直的两个对象，第二个对象将置为与第一个对象垂直。可以选择直线对象，也可以选择多段线子对象，其命令启动方式如下。

- 功能区：【参数化】选项卡【几何】面板上的按钮。
- 命令：GeomConstraint。
- 下拉菜单：【参数】/【几何约束】/【垂直】。

8）建立水平几何约束。单击【参数化】选项卡【几何】面板上的按钮，AutoCAD提示如下。

```
命令: _GeomConstraint
输入约束类型
[水平(H)/竖直(V)/垂直(P)/平行(PA)/相切(T)/平滑(SM)/重合(C)/同心(CON)/共线(COL)/对称(S)/相等(E)/固定(F)]
<垂直>:_Horizontal
选择对象或 [两点(2P)] <两点>:                    //选择线段 CD，如图 5-26 所示
```

结果如图5-27所示。

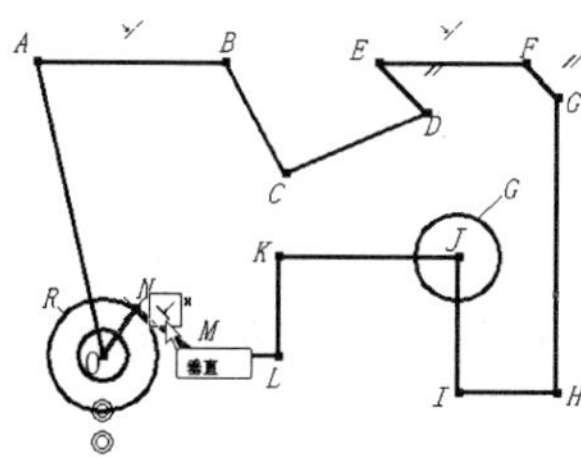

图5-26 建立垂直几何约束

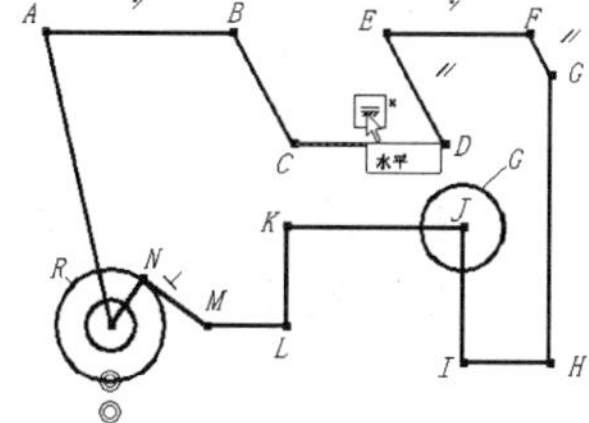

图5-27 建立水平几何约束

水平几何约束选择要置为水平的直线对象或多段线子对象，其命令启动方式如下。

- 功能区：【参数化】选项卡【几何】面板上的按钮。
- 命令：GeomConstraint。
- 下拉菜单：【参数】/【几何约束】/【水平】。

9）建立竖直几何约束。单击【参数化】选项卡【几何】面板上的按钮，AutoCAD提示如下。

```
命令: _GeomConstraint
输入约束类型
[水平(H)/竖直(V)/垂直(P)/平行(PA)/相切(T)/平滑(SM)/重合(C)/同心(CON)/共线(COL)/对称(S)/相等(E)/固定(F)]
<水平>:_Vertical
选择对象或 [两点(2P)] <两点>:                    //选择线段 BC，如图 5-27 所示
```

结果如图 5-28 所示。

竖直几何约束选择要置为竖直的直线对象或多段线子对象，其命令启动方式如下。

- 功能区：【参数化】选项卡【几何】面板上的按钮。
- 命令：GeomConstraint。
- 下拉菜单：【参数】/【几何约束】/【竖直】。

10）建立对称几何约束。单击【参数化】选项卡【几何】面板上的按钮，AutoCAD 提示如下。

```
命令：_GeomConstraint
输入约束类型
[水平(H)/竖直(V)/垂直(P)/平行(PA)/相切(T)/平滑(SM)/重合(C)/同心(CON)/共线(COL)/对称(S)/相等(E)/固定(F)]
<竖直>:_Symmetric
选择第一个对象或 [两点(2P)] <两点>:          //选择线段 MN，如图 5-28 所示
选择第二个对象:                              //选择线段 IJ
选择对称直线:                                //选择线段 KL
```

结果如图 5-29 所示。

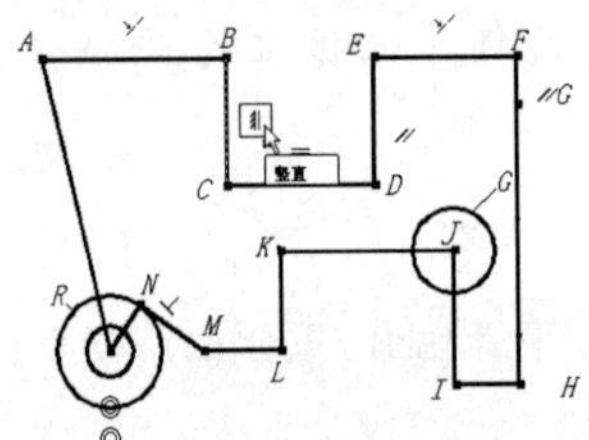

图 5-28　建立竖直几何约束

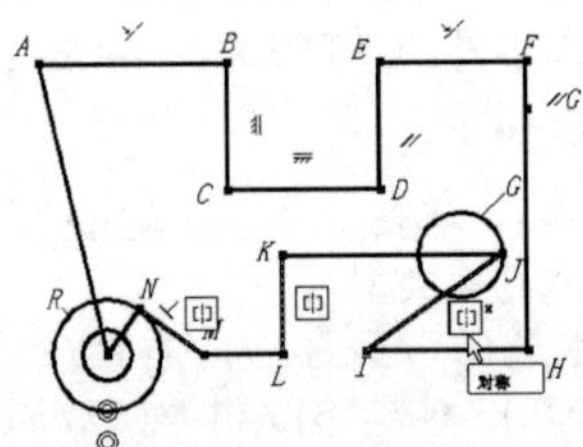

图 5-29　建立对称几何约束

对称几何约束选择第一个对象和第二个对象，选择对称直线，选定对象将关于对称直线建立对称约束，其命令启动方式如下。

- 功能区：【参数化】选项卡【几何】面板上的按钮。
- 命令：GeomConstraint。
- 下拉菜单：【参数】/【几何约束】/【对称】。

11）建立相等几何约束。单击【参数化】选项卡【几何】面板上的按钮，AutoCAD 提示如下。

```
命令：_GeomConstraint
输入约束类型
[水平(H)/竖直(V)/垂直(P)/平行(PA)/相切(T)/平滑(SM)/重合(C)/同心(CON)/共线(COL)/对称(S)/相等(E)/固定(F)]
<对称>:_Equal
选择第一个对象或 [多个(M)]:                  //选择 R 圆，如图 5-29 所示
选择第二个对象:                              //选择 G 圆
```

结果如图 5-30 所示。

相等几何约束选择第一个对象和第二个对象，第二个对象将置为与第一个对象相等，其命令启动方式如下。

- 功能区：【参数化】选项卡【几何】面板上的按钮。
- 命令：GeomConstraint。
- 下拉菜单：【参数】/【几何约束】/【相等】。

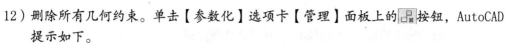

12）删除所有几何约束。单击【参数化】选项卡【管理】面板上的按钮，AutoCAD提示如下。

```
命令: _DelConstraint
将删除选定对象的所有约束...
选择对象: 指定对角点: 找到 35 个                    //框选全部图形
选择对象:                                           //按 Enter 键结束选择
已删除 23 个约束
```

结果如图 5-31 所示。

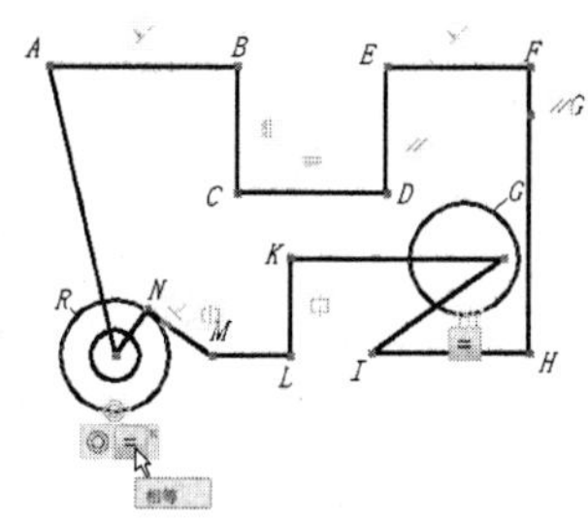

图 5-30 建立相等几何约束

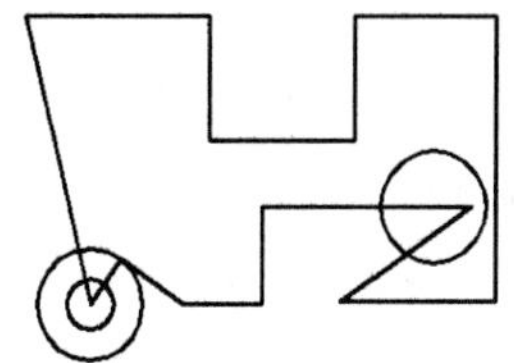

图 5-31 删除所有几何约束

几何约束无法修改，但可以删除并应用其他约束。其命令启动方式如下。

- 功能区：【参数化】选项卡【管理】面板上的按钮。
- 命令：DelConstraint。
- 下拉菜单：【参数】/【删除约束】。

其他几何约束类型如下。

（1）相切几何约束选择要置为相切的两个对象，第二个对象与第一个对象保持相切于一点。其命令启动方式如下。

- 功能区：【参数化】选项卡【几何】面板上的按钮。
- 命令：GeomConstraint。
- 下拉菜单：【参数】/【几何约束】/【相切】。

（2）平滑几何约束选择第一条样条曲线，选择第二条样条曲线、直线、多段线（子对象）或圆弧对象，两个对象将更新为相互连续。其命令启动方式如下。

- 功能区：【参数化】选项卡【几何】面板上的按钮。
- 命令：GeomConstraint。
- 下拉菜单：【参数】/【几何约束】/【平滑】。

网络视频教学：利用参数化绘图方法绘图。

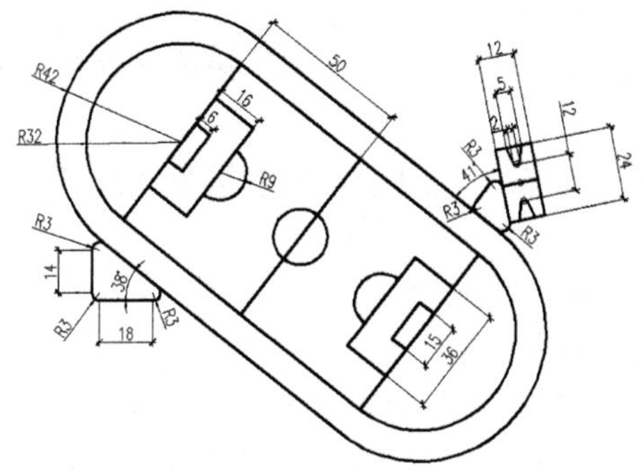

5.3 约束对象之间的距离和角度

本节主要讲述约束对象之间的距离和角度的方法。

5.3.1 标注约束概述

可以通过应用标注约束和指定值来控制二维几何对象或对象上的点之间的距离或角度，也可以通过变量和方程式约束几何图形。标注约束会使几何对象之间或对象上的点之间保持指定的距离和角度。

标注约束控制设计的大小和比例，它们可以约束以下内容：

- 对象之间或对象上的点之间的距离。
- 对象之间或对象上的点之间的角度。
- 圆弧和圆的大小。

如果更改标注约束的值，系统会计算对象上的所有约束，并自动更新受影响的对象。

> **要点提示**
>
> 标注约束中显示的小数位数由 LUPREC 和 AUPREC 系统变量控制。

1．比较标注约束与标注对象

标注约束与标注对象在以下几个方面有所不同：

- 标注约束用于图形的设计阶段，而标注对象通常在文档阶段进行创建。
- 标注约束驱动对象的大小或角度，而标注对象由对象驱动。

默认情况下，标注约束并不是对象，只是以一种标注样式显示，在缩放操作过程中保持大小相同，且不能打印。如果需要打印标注约束或使用标注样式，可以将标注约束的形式从动态更改为注释性。

2．定义变量和方程式

通过【参数管理器】对话框，用户可以自定义用户变量，也可以从标注约束及其他用户变量内部引用这些变量。定义的表达式可以包括各种预定义的函数和常量。

5.3.2 应用标注约束

标注约束会使几何对象之间或对象上的点之间保持指定的距离和角度。

将标注约束应用于对象时，会自动创建一个约束变量以保留约束值。默认情况下，这些名称为指定的名称，当然也可在【参数管理器】对话框中对其进行重命名。

标注约束可以创建动态约束和注释性约束。

两种形式用途不同。此外，可以将所有动态约束或注释性约束转换为参照约束。

1．动态约束

默认情况下，标注约束是动态的，对于常规参数化图形和设计任务来说非常理想。

动态约束具有以下特征：

- 缩小或放大时保持大小不变。
- 可以在图形中全局打开或关闭。
- 使用固定的预定义标注样式进行显示。
- 自动放置文字信息，并提供三角形夹点，可使用这些夹点更改标注约束的值。

- 打印图形时不显示。

2．注释性约束

如果标注约束具有以下特征时，注释性约束会非常有用。

- 缩小或放大时大小发生变化。
- 随图层单独显示。
- 使用当前标注样式显示。
- 提供与标注上的夹点具有类似功能的夹点功能。
- 打印图形时显示。

> **要点提示**
>
> 如要以标注中使用的相同格式显示注释性约束中使用的文字，则将CONSTRAINTNAMEFORMAT 系统变量设置为“1”。

打印后，可以使用【特性】对话框将注释性约束转换为动态约束。

3．参照约束

参照约束是一种动态标注约束（动态或注释性），这表示它并不控制关联的几何图形，但是会将类似的测量报告给标注对象。

可以将参照约束用作显示可能必须计算的测量的简便方式。例如，插图中的宽度受直径约束和线性约束。参照约束会显示总宽度，但不对其进行约束。参照约束中的文字信息始终显示在括号中。

可将【特性】对话框中的【参照】特性设置为将动态约束或注释性约束转换为参照约束。但是无法将参照约束更改回标注约束。

4．将动态约束转换为注释性约束的步骤

（1）选择动态约束。

（2）在命令行中输入 PROPERTIES。

（3）单击【约束形式】特性右侧的▼，并选择【注释性】选项。

【特性】选项板将使用其他特性填充，因为约束此时为注释性约束。

5．将动态约束或注释性约束转换为参照约束的步骤

（1）选择动态约束或注释性约束。

（2）在命令行中输入 PROPERTIES。

（3）单击【参照】特性右侧的▼，并选择【是】选项。

【表达式】特性将被着色，表示它不可编辑。

6．更改标注名称格式的步骤

（1）选择注释性约束，在绘图区域中单击鼠标右键，弹出快捷菜单。

（2）在【标注名称格式】选项下选择【值】、【名称】或【名称和表达式】选项。

【名称和表达式】选项将反映选定的标注名称格式。

5.3.3 控制标注约束的显示

可以显示或隐藏图形内的动态约束和标注约束。

1．显示或隐藏动态约束

如果只使用几何约束，或需要继续在图形中执行其他操作时，可将所有动态约束全局隐藏在图形内，以减少混乱。可从功能区中或使用 DYNCONSTRAINTDISPLAY 系统变量打开动态约束的显示（如果需要）。

默认情况下，如果选择与隐藏的动态约束关联的对象，系统会显示与该对象关联的所有动态约束。

2．显示或隐藏注释性约束

可以控制注释性约束的显示，方法与控制标注对象的显示相同，即将注释性约束指定给图层，并根据需要打开或关闭该图层。还可以为注释性约束指定对象特性，例如标注样式、颜色和线宽。

5.3.4 修改应用了标注约束的对象

更改约束值，使用夹点命令操作标注约束，或更改与标注约束关联的用户变量或表达式，都可以控制对象的长度、距离和角度。

1．编辑标注约束的名称、值和表达式

编辑与标注约束关联的名称、值和表达式的方法有以下 4 种：

- 双击标注约束，选择标注约束，然后使用快捷菜单或 TEXTEDIT 命令。
- 打开【特性】选项板并选择标注约束。
- 打开【参数管理器】对话框，从列表或图形中选择标注约束。
- 将【快捷特性】选项板自定义为显示多种约束特性。

输入更改后，结果将立即跨图形扩展。

> **要点提示**
>
> 可以编辑参照约束的【表达式】特性和【值】特性。

2．使用标注约束的夹点修改标注约束

可以使用关联标注约束上的三角形夹点或正方形夹点修改受约束对象。标注约束上的三角形夹点提供了更改约束值同时保持约束的方法。例如，可以使用对齐标注约束上的三角形夹点更改对角线的长度，对角线保持其角度和其中一个端点的位置不变。

标注约束上的正方形夹点提供了更改文字及其他元素位置的方法。

与注释性标注约束相比，动态标注约束在查找的文字中会受到更多限制。

> **要点提示**
>
> 三角形夹点不适用于参照了表达式中的其他约束变量的标注约束。

3．对标注约束进行夹点编辑的步骤

（1）选择受约束对象。

（2）单击夹点并拖动以编辑几何图形。

4．在位编辑标注约束的步骤

（1）双击标注约束以显示【在位文字编辑器】。

（2）输入新的名称、值或表达式（名称=值）。

（3）按 Enter 键确认更改。

5. 使用【特性】选项板编辑标注约束的步骤

（1）选择标注约束，在绘图区域中单击鼠标右键，然后选择【特性】选项。

（2）在【名称】、【表达式】和【说明】文本框中输入新值。

6. 关闭标注约束的步骤

（1）单击图形中的受约束对象以选择该对象。对象上将显示夹点，表示该对象处于选中状态。

（2）将鼠标指针移动到夹点上方，夹点颜色变为红色。

（3）单击该夹点。

（4）按Ctrl键。

（5）将对象移动到所需位置。

将为该对象释放约束，且应能够移动该对象。

7. 使用【参数管理器】对话框编辑标注的步骤

（1）依次单击【参数化】选项卡【管理】面板中的【参数管理器】，打开【参数管理器】对话框。

（2）双击要编辑的变量。

（3）按Tab键在列中导航。

（4）更改相应列中的值。

（5）按Enter键。

要点提示

可以只修改【名称】、【表达式】和【说明】列中相应值。

5.3.5 通过公式和方程式约束设计

可以使用包含标注约束的名称、用户变量和函数的数学表达式控制几何图形。可以在标注约束内或通过定义用户变量将公式和方程式表示为表达式。

1. 使用参数管理器

参数管理器显示标注约束（动态约束和注释性约束）、参照约束和用户变量。可以在参数管理器中轻松创建、修改和删除参数。

参数管理器支持以下操作：

- 单击标注约束的名称以亮显图形中的约束。
- 双击名称或表达式以进行编辑。
- 单击鼠标右键并选择【删除】选项以删除标注约束或用户变量。
- 单击列标题按名称、表达式或其数值对参数的列表进行排序。

标注约束和用户变量支持在表达式内使用表 5-1 中的运算符。

表 5-1 标注约束和用户变量支持的运算符

运算符	说明	运算符	说明
+	加	/	除
-	减或取负值	^	求幂
%	浮点模数	( )	圆括号或表达式分隔符
*	乘	.	小数分隔符

要点提示

使用英制单位时，参数管理器将减号或破折号（-）当做单位分隔符而不是减法运算符。要指定减法，则在减号的前面或后面包含至少一个空格。

2. 了解表达式中的优先级顺序

表达式是根据以下标准数学优先级规则进行计算的：

- 括号中的表达式优先，最内层括号优先。
- 标准顺序的运算符为取负值优先，指数次之，乘、除、加、减最后。
- 优先级相同的运算符从左至右计算。
- 表达式是使用表 5-1 中所述的标准优先级规则按降序计算的。

3. 表达式中支持的函数

表达式中可以使用表 5-2 中的函数。

表 5-2　表达式中支持的函数

函　数	语　法	函　数	语　法
余弦	cos(表达式)	舍入到最接近的整数	round(表达式)
正弦	sin(表达式)	截取小数	trunc(表达式)
正切	tan(表达式)	下舍入	floor(表达式)
反余弦	acos(表达式)	上舍入	ceil(表达式)
反正弦	asin(表达式)	绝对值	abs(表达式)
反正切	atan(表达式)	阵列中的最大元素	max(表达式 1；表达式 2)
双曲余弦	cosh(表达式)	阵列中的最小元素	min(表达式 1；表达式 2)
双曲正弦	sinh(表达式)	将度转换为弧度	d2r(表达式)
双曲正切	tanh(表达式)	将弧度转换为度	r2d(表达式)
反双曲余弦	acosh(表达式)	对数，基数为 e	ln(表达式)
反双曲正弦	asinh(表达式)	对数，基数为 10	log(表达式)
反双曲正切	atanh(表达式)	指数函数，底数为 e	exp(表达式)
平方根	sqrt(表达式)	指数函数，底数为 10	exp10(表达式)
符号函数（-1,0,1）	sign(表达式)	幂函数	pow(表达式 1；表达式 2)

除上述函数外，表达式中还可以使用常量 Pi 和 e。

【案例 5-3】　利用标注约束修改图形。

1）打开附盘文件“dwg\第 5 章\5-3.dwg”。

2）建立自动几何约束。单击【参数化】选项卡【几何】面板上的按钮，AutoCAD 提示如下。

```
命令: _AutoConstrain
选择对象或 [设置(S)]:指定对角点: 找到 24 个                    //框选全部图形
选择对象或 [设置(S)]:                                           //按 Enter 键结束选择
已将 49 个约束应用于 24 个对象
```

结果如图 5-32 所示。

3）创建线性标注约束。单击【参数化】选项卡【标注】面板上的按钮，在展开的下拉列表中单击按钮，AutoCAD 提示如下。

```
命令: _DimConstraint
当前设置: 约束形式 = 动态
```

```
选择要转换的关联标注或 [线性(LI)/水平(H)/竖直(V)/对齐(A)/角度(AN)/半径(R)/
直径(D)/形式(F)] <对齐>:_Linear
指定第一个约束点或 [对象(O)] <对象>:      //捕捉 A 点，如图 5-32 所示
指定第二个约束点:                         //捕捉 B 点
指定尺寸线位置:                           //在线段 AB 下方单击一点指定尺寸线位置
标注文字 = 10                             //输入线段尺寸为 20
```

单击【参数化】选项卡【标注】面板上的按钮，结果如图 5-33 所示。

4）创建水平标注约束。单击【参数化】选项卡【标注】面板上的按钮，在展开的下拉列表中单击按钮，AutoCAD 提示如下。

```
命令: _DimConstraint
当前设置: 约束形式 = 动态
```

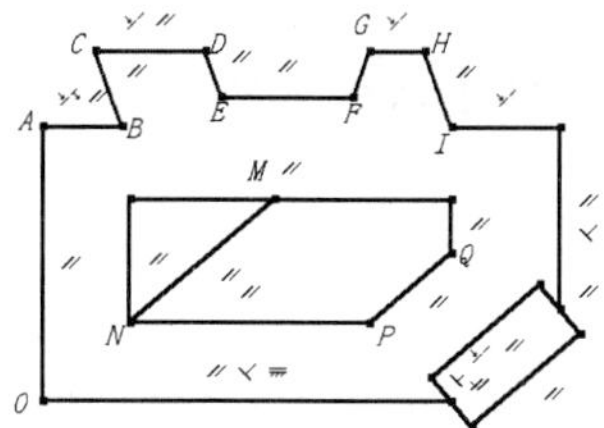

图 5-32 建立自动几何约束

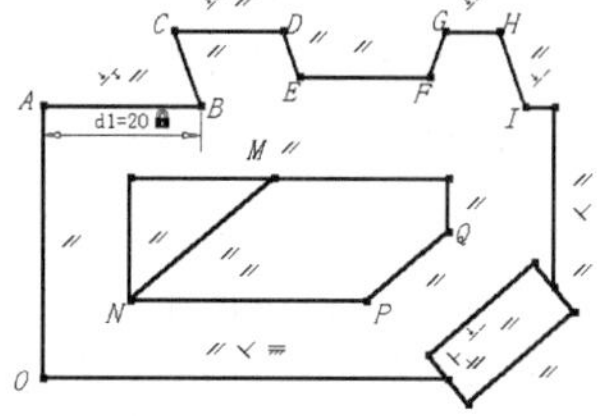

图 5-33 创建线性标注约束

```
选择要转换的关联标注或 [线性(LI)/水平(H)/竖直(V)/对齐(A)/角度(AN)/半径(R)/
直径(D)/形式(F)] <线性>:_Horizontal
指定第一个约束点或 [对象(O)] <对象>:      //捕捉 C 点，如图 5-33 所示
指定第二个约束点:                         //捕捉 D 点
指定尺寸线位置:                           //在线段 CD 上方单击一点指定尺寸线位置
标注文字 = 14                             //输入线段尺寸为 20
```

结果如图 5-34 所示。

5）创建竖直标注约束。单击【参数化】选项卡【标注】面板上的按钮，在展开的下拉列表中单击按钮，AutoCAD 提示如下。

```
命令: _DimConstraint
当前设置: 约束形式 = 动态
选择要转换的关联标注或 [线性(LI)/水平(H)/竖直(V)/对齐(A)/角度(AN)/半径(R)/
直径(D)/形式(F)] <水平>:_Vertical
指定第一个约束点或 [对象(O)] <对象>:      //捕捉 A 点，如图 5-34 所示
指定第二个约束点:                         //捕捉 O 点
指定尺寸线位置:                           //在线段 AO 左边单击一点指定尺寸线位置
标注文字 = 34                             //输入线段尺寸为 40
```

结果如图 5-35 所示。

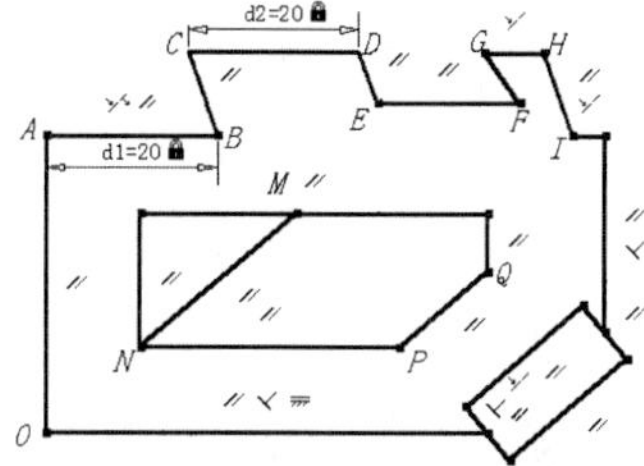

图 5-34 创建水平标注约束

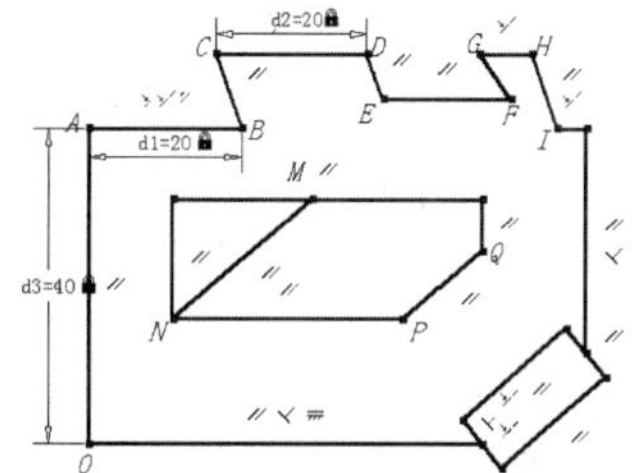

图 5-35 创建竖直标注约束

6）创建对齐标注约束。单击【参数化】选项卡【标注】面板上的按钮，AutoCAD 提示如下。

```
命令: _DimConstraint
当前设置: 约束形式 = 动态
选择要转换的关联标注或 [线性(LI)/水平(H)/竖直(V)/对齐(A)/角度(AN)/半径(R)/
直径(D)/形式(F)] <竖直>:_Aligned
指定第一个约束点或 [对象(O)/点和直线(P)/两条直线(2L)] <对象>:
                                    //捕捉 E 点，如图 5-35 所示
指定第二个约束点:                     //捕捉 F 点
指定尺寸线位置:                       //在线段 EF 下方单击一点指定尺寸线位置
标注文字 = 17                         //输入线段尺寸为 d2/2
```

结果如图 5-36 所示。

7）创建角度标注约束。单击【参数化】选项卡【标注】面板上的按钮，AutoCAD 提示如下。

```
命令: _DimConstraint
当前设置: 约束形式 = 动态
选择要转换的关联标注或 [线性(LI)/水平(H)/竖直(V)/对齐(A)/角度(AN)/半径(R)/
直径(D)/形式(F)] <对齐>:_Angular
选择第一条直线或圆弧或 [三点(3P)] <三点>:      //选择线段 NP，如图 5-36 所示
选择第二条直线:                                //选择线段 MN
指定尺寸线位置:                                //在∠MNP 内单击一点
标注文字 = 40                                  //输入角度为 60
```

结果如图 5-37 所示。

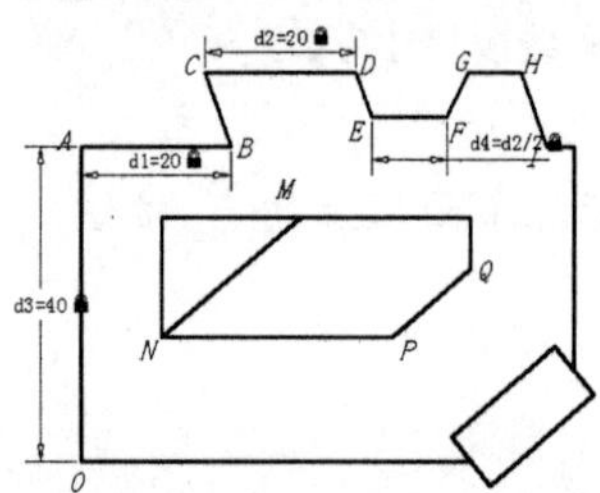

图 5-36　创建对齐标注约束

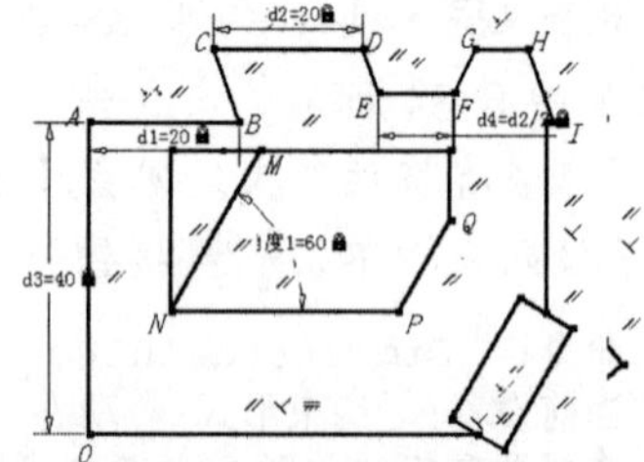

图 5-37　创建角度标注约束

8）利用参数管理器修改图形。

（1）单击【参数化】选项卡【管理】面板上的 *fx* 按钮，打开【参数管理器】对话框，如图 5-38 所示。

（2）修改【参数管理器】对话框中的参数，结果如图 5-39 所示。

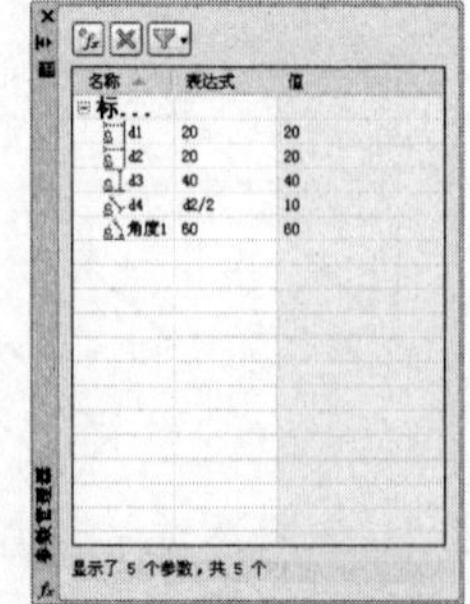

名称	表达式	值
标...		
d1	20	20
d2	20	20
d3	40	40
d4	d2/2	10
角度1	60	60

显示了 5 个参数，共 5 个

图 5-38 【参数管理器】对话框

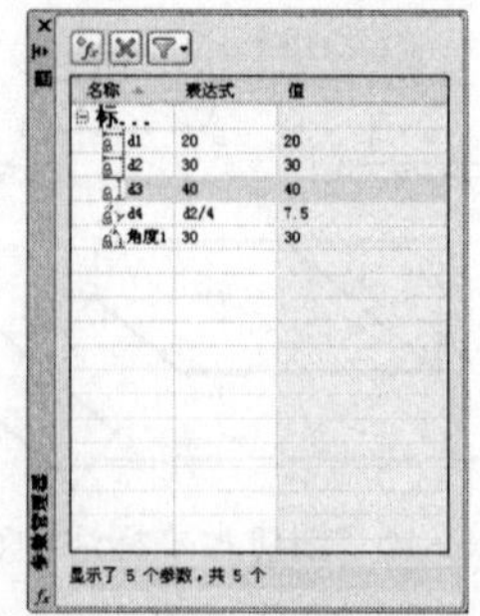

名称	表达式	值
标...		
d1	20	20
d2	30	30
d3	40	40
d4	d2/4	7.5
角度1	30	30

显示了 5 个参数，共 5 个

图 5-39　修改【参数管理器】对话框中的参数

要点提示

可以在【参数管理器】对话框中完成创建用户变量、参照表达式中的变量、在表达式中包括的函数、修改用户参数、删除用户参数和选择与用户参数关联的受约束对象等操作。

（3）单击【参数化】选项卡【几何】面板上的全部隐藏按钮，单击【参数化】选项卡【标注】面板上的按钮，结果如图 5-40 所示。

图 5-40 隐藏约束

更改约束值，使用夹点操作标注约束，更改与标注约束关联的用户变量或表达式，这些方法都可以控制对象的长度、距离和角度。

可以使用包含标注约束的名称、用户变量和函数的数学表达式来控制几何图形。

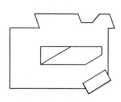

网络视频教学：利用参数化方法绘图。

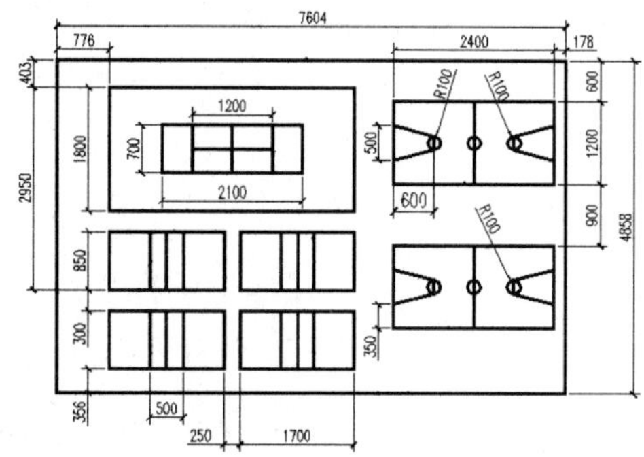

5.4 习题

1. 利用参数化绘图方法绘制如图 5-41 所示的平面图形。
2. 利用参数化绘图方法绘制如图 5-42 所示的小便池。

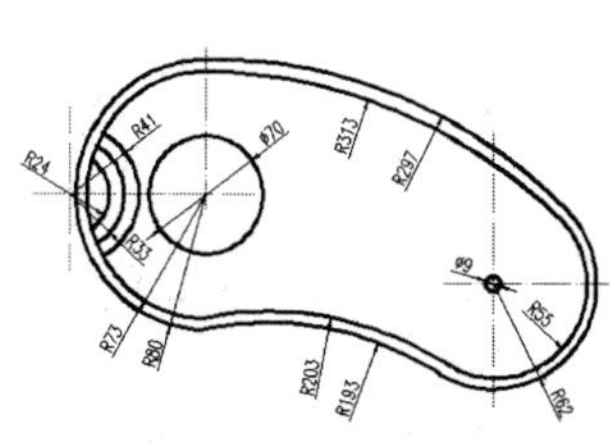

图 5-41 平面图形

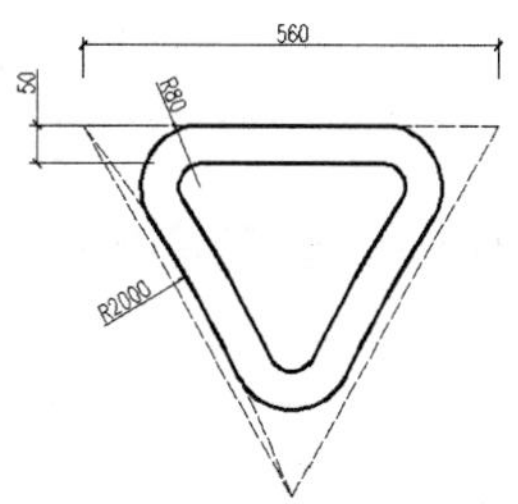

图 5-42 小便池

第6章

图块与动态块

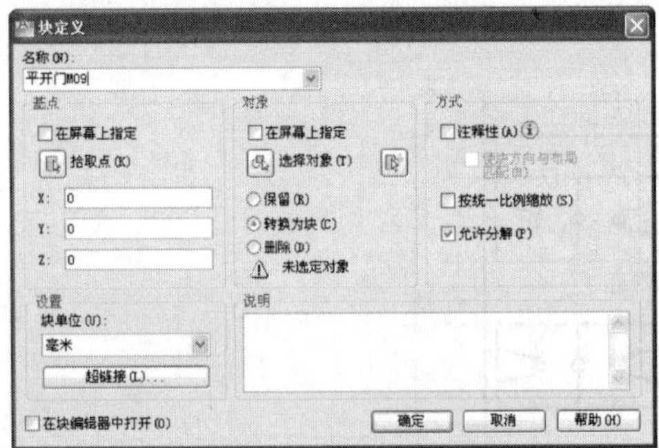

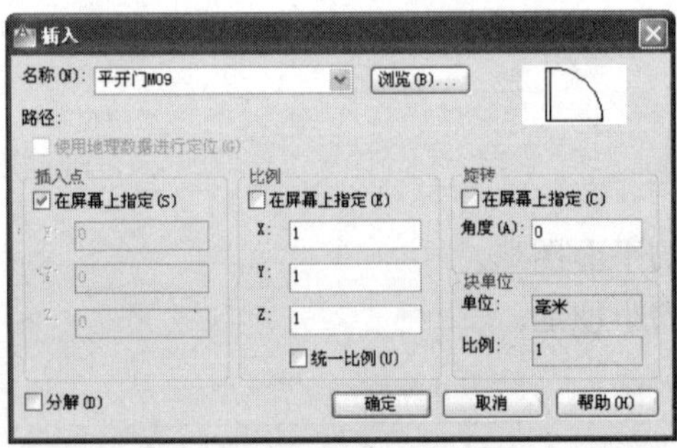

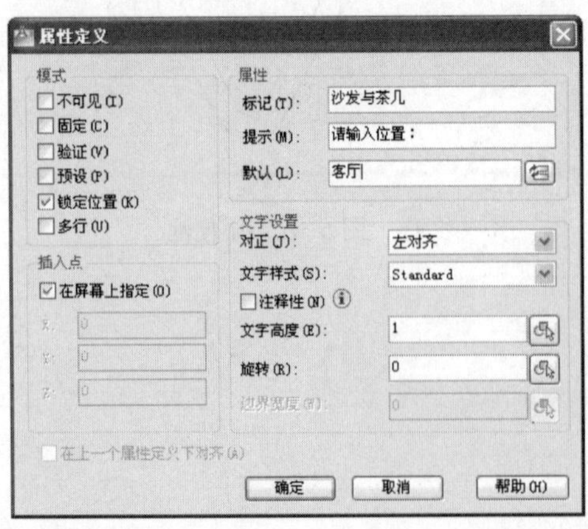

通过本章的学习，读者可以掌握图块及动态块的相关知识，并利用它们加快自己的绘图速度、提高绘图质量。

【学习目标】

☑ 创建及插入块。

☑ 掌握使用几何约束与标注约束创建动态块。

☑ 掌握使用参数与动作创建动态块。

☑ 掌握使用查询表创建动态块。

☑ 通过实例掌握动态块的创建步骤。

6.1 创建及插入块

本节主要介绍图块的创建及插入。

6.1.1 创建块

块是一个或多个连接的对象，可以将块看做对象的集合，类似于其他图形软件中的群组，组成块的对象可位于不同的图层上，并且可具有不同的特性，如线型、颜色等。在建筑图中有许多反复使用的图形，如门、窗、楼梯和家具等，若事先将这些对象创建成块，那么使用时只需插入块即可。

使用块对于绘图有诸多益处，如提高绘图速度、节省存储空间、利于修改编辑等。另外，还可以对块进行文字说明。

使用 BLOCK 命令可以将图形的一部分或整个图形创建成块，可以给块命名，并且可以定义插入基点。

命令启动方法

- 功能区：单击【常用】选项卡【块】面板上的创建按钮。
- 功能区：单击【插入】选项卡【块定义】面板上的按钮。
- 命令：BLOCK 或简写 B。

【案例 6-1】 创建块。

1）打开附盘文件“dwg\第 6 章\6-1.dwg”。

2）单击【常用】选项卡【块】面板上的创建按钮，打开【块定义】对话框，在【名称】文本框中输入新建块的名称“平开门 M09”，如图 6-1 所示。

3）单击按钮（选择对象），AutoCAD 返回绘图窗口，并提示“选择对象”，选择构成块的图形元素。

4）按 Enter 键，回到【块定义】对话框。单击按钮（拾取点），AutoCAD 返回绘图窗口，并提示“指定插入基点”，如图 6-2 所示。拾取点 *O*，AutoCAD 返回【块定义】对话框。

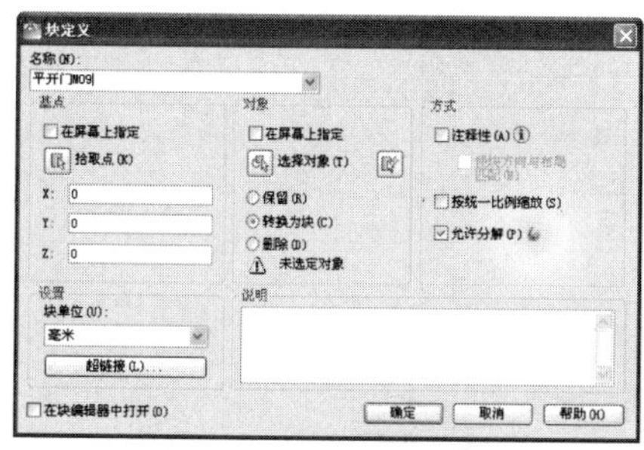

图 6-1 【块定义】对话框

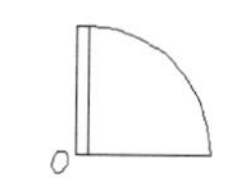

图 6-2 创建块

5）单击确定按钮，AutoCAD 生成块。

要点提示

在定制符号块时，一般将块图形画在 1×1 的正方形中，这样就便于在插入块时确定图块沿 *x*、*y* 方向的缩放比例因子。

【块定义】对话框中的常用选项含义如下。

- 名称：在此文本框中输入新建块的名称，最多可使用 255 个字符。单击文本框右边的按钮，打开的列表中显示了当前图形的所有块。
- 在屏幕上指定：关闭对话框时，将提示指定对象。
- 拾取点：单击此按钮，AutoCAD 切换到绘图窗口，可直接在图形中拾取某点作为块的插入基点。
- 【X】、【Y】、【Z】文本框：在这 3 个框中分别输入插入基点的 x、y、z 坐标值。
- 选择对象：单击此按钮，AutoCAD 切换到绘图窗口，在绘图区中选择构成块的图形对象。
- 保留：选中该选项，则 AutoCAD 生成块后，还保留构成块的源对象。
- 转换为块：选中该选项，则 AutoCAD 生成块后，把构成块的源对象也转化为块。
- 删除：该选项可以设置创建块后，是否删除构成块的源对象。
- 选定的对象：显示选定对象的数目。
- 注释性：指定块为注释性。单击信息图标以了解有关注释性对象的更多信息。
- 使块方向与布局匹配：指定在图纸空间视口中的块参照的方向与布局的方向匹配。如果未选择【注释性】选项，则该选项不可用。
- 按统一比例缩放：指定是否阻止块参照不按统一比例缩放。
- 允许分解：指定块参照是否可以被分解。
- 块单位：在该下拉列表中设置块的插入单位（也可以是无单位）。当将块从 AutoCAD 设计中心拖入当前图形文件中时，AutoCAD 将根据插入单位及当前图形单位来缩放块。
- 超链接：打开【插入超链接】对话框，可以使用该对话框将某个超链接与块定义相关联。
- 说明：指定块的文字说明。
- 在块编辑器中打开：单击 确定 按钮后，在块编辑器中打开当前的块定义。

网络视频教学：绘制图形并将它们创建成图块，然后存储图形文件，将文件命名为“室内设施图例.dwg”。

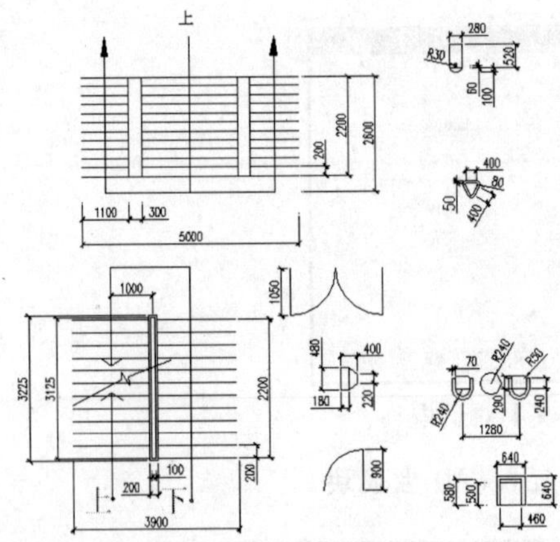

6.1.2 插入块

无论图块或被插入的图形多么复杂，AutoCAD 都将它们作为一个单独的对象，如果需要编辑其中的单个图形元素，就必须分解图块或文件块。

命令启动方法

- 功能区：单击【常用】选项卡【块】面板上的按钮。
- 功能区：单击【插入】选项卡【块】面板上的按钮。
- 命令：INSERT 或简写 I。

【案例 6-2】 练习 INSERT 命令。

1）打开附盘文件“dwg\第 6 章\6-2.dwg”。

2）启动 INSERT 命令后，AutoCAD 打开【插入】对话框，如图 6-3 所示。

3）在【名称】下拉列表中选择所需块，或单击 浏览(B)... 按钮，选择要插入的图形文件。

4）单击 确定 按钮完成。

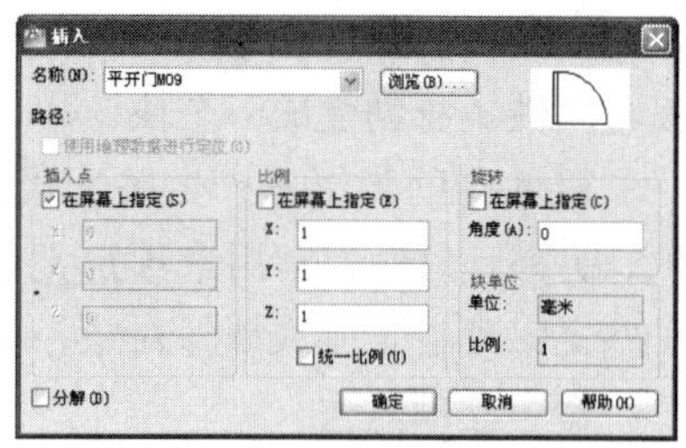

图 6-3 【插入】对话框

【插入】对话框中的常用选项功能如下。

- 名称：该下拉列表中罗列了图样中的所有块，用户可以通过此列表选择要插入的块。如果要将“.dwg”文件插入当前图形中，可直接单击 浏览(B)... 按钮选择要插入的文件。
- 插入点：确定块的插入点。可直接在【X】、【Y】及【Z】文本框中输入插入点的绝对坐标值，或选取【在屏幕上指定】复选项，然后在屏幕上指定插入点。
- 比例：确定块的缩放比例。可直接在【X】、【Y】及【Z】文本框中输入沿这 3 个方向上的缩放比例因子，也可选取【在屏幕上指定】复选项，然后在屏幕上指定缩放比例。块的缩放比例因子可正可负，若为负值，则插入的块将作镜像变换。
- 统一比例：选中该复选项，可使块沿 *x*、*y* 及 *z* 方向的缩放比例都相同。
- 旋转：指定插入块时的旋转角度。可在【角度】文本框中直接输入旋转角度值，也可选取【在屏幕上指定】复选项，在屏幕上指定旋转角度。
- 分解：若选中该复选项，系统在插入块的同时将分解块对象。

要点提示

当把一个图形文件插入当前图形中时，被插入图样的图层、线型、块及字体样式等也将被插入当前图形中。如果两者中有重名的对象，那么当前图形中的定义优先于被插入的图样。

网络视频教学：重新定义图块，修改图形，图中椅子还是原来的椅子，桌子变为圆形，半径为原来方桌的宽度。

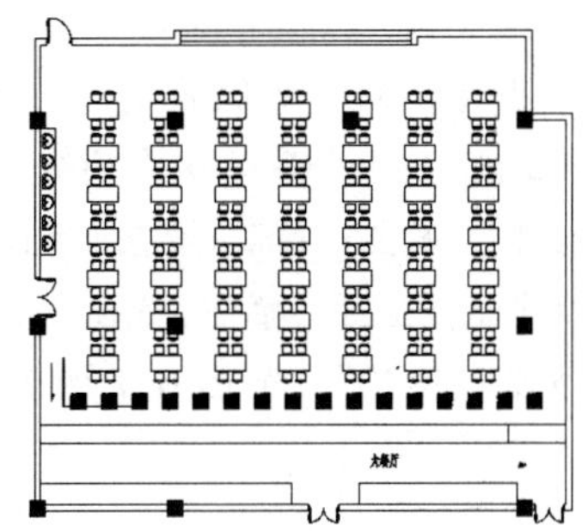

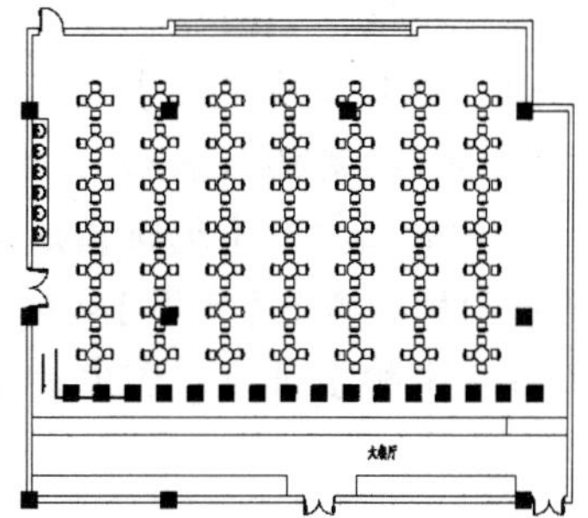

6.1.3 创建及使用块属性

在 AutoCAD 中，可以使块附带属性，属性类似于商品的标签，包含了块所不能表达的一些文字信息，如材料、型号、制造者等，存储在属性中的信息一般称为属性值。当用 BLOCK 命令创建块时，将已定义的属性与图形一起生成块，这样块中就包含属性了。当然，也能仅将属性本身创建成一个块。

属性有助于快速产生关于设计项目的信息报表，或者作为一些符号块的可变文字对象。另外，属性也常用来预定义文本位置、内容或提供文本默认值等，例如把标题栏中的一些文字项目定制成属性对象，就能方便地填写或修改。

命令启动方法

- 功能区：单击【常用】选项卡【块】面板底部的 块▾ 按钮，在打开的下拉列表中单击按钮。
- 功能区：单击【插入】选项卡【块定义】面板上的按钮。
- 命令：ATTDEF 或简写 ATT。

【案例 6-3】 在下面的练习中，将演示定义块属性及使用块属性的具体过程。

1）打开附盘文件“dwg\第 6 章\6-3.dwg”。

2）执行 ATTDEF 命令，AutoCAD 打开【属性定义】对话框，在【属性】分组框中输入下列内容。

标记：　　沙发与茶几
提示：　　请输入位置：
默认：　　客厅

结果如图 6-4 所示。

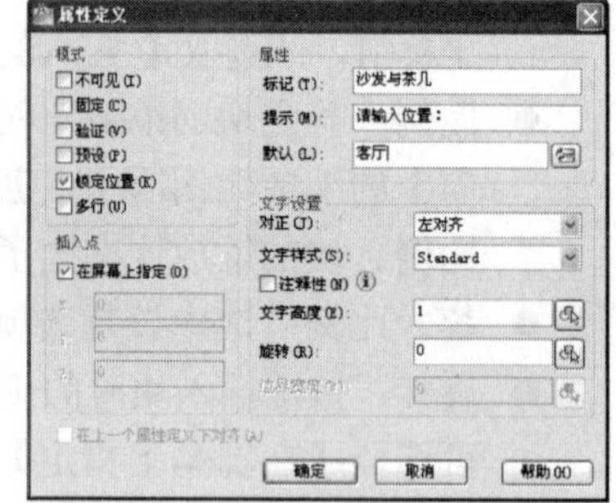

图 6-4 【属性定义】对话框

3）在【文字样式】下拉列表中选择“Standard”；在【文字高度】文本框中输入数值“1”，然后单击 确定 按钮，AutoCAD 提示如下。

指定起点：　　//在沙发与茶几的下边拾取 A 点，如图 6-5 所示

结果如图 6-5 所示。

4）将属性与图形一起创建成块。单击【常用】选项卡【块】面板上的 创建 按钮，打开【块定义】对话框，如图 6-6 所示。

5）在【名称】文本框中输入新建块的名称“沙发与茶几”；在【对象】分组框中选择【保留】单选项，如图 6-6 所示。

6）单击按钮（选择对象），AutoCAD 返回绘图窗口，并提示“选择对象”，选择“沙发与茶几”及属性，如图 6-5 所示。

7）按 Enter 键，回到【块定义】对话框。单击按钮（拾取点），AutoCAD 返回绘图窗口，并提示“指定插入基点”，拾取圆心 *B*，AutoCAD 返回【块定义】对话框。

8）单击 确定 按钮，打开【编辑属性】对话框，单击 确定 按钮，AutoCAD 生成块。

9）插入带属性的块。单击【常用】选项卡【块】面板上的按钮，AutoCAD 打开【插入】对话框，在【名称】下拉列表中选择“沙发与茶几”，如图 6-7 所示。

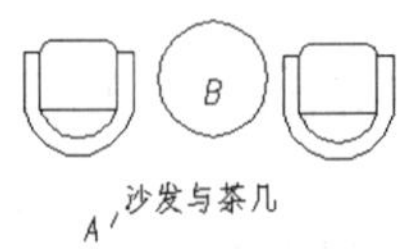

图 6-5　定义属性

图 6-6　【块定义】对话框

10）单击 确定 按钮，AutoCAD 提示如下。

```
命令: _insert
指定插入点或 [基点(B)/比例(S)/旋转(R)]:
                                        //在屏幕上的适当位置指定插入点
输入属性值
请输入位置: <客厅>: 会议厅                //输入属性值
```

结果如图 6-8 所示。

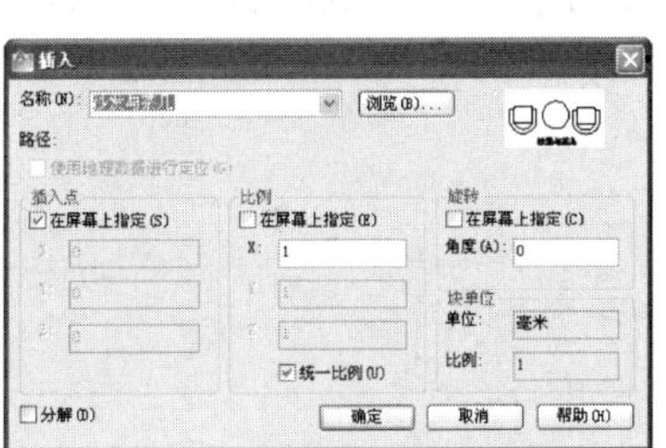

图 6-7　【插入】对话框

图 6-8　插入附带属性的块

【属性定义】对话框（见图 6-4）中的常用选项的功能如下。

- 不可见：控制属性值在图形中的可见性。如果要使图中包含属性信息，但又不使其在图形中显示出来，就选中该选项。有一些文字信息如零部件的成本、产地、存放仓库等，常不必在图样中显示出来，就可设定为不可见属性。
- 固定：选中该选项，属性值将为常量。
- 验证：设置是否对属性值进行校验。若选择此选项，则插入块并输入属性值后，AutoCAD 将再次给出提示，让用户校验输入值是否正确。
- 预设：该选项用于设定是否将实际属性值设置成默认值。若选中此选项，则插入块时，AutoCAD 将不再提示输入新属性值，实际属性值等于“默认”框中的默认值。
- 多行：指定属性值可以包含多行文字。选定此选项后，可以指定属性的边界宽度。

要点提示

在动态块中，由于属性的位置包括在动作的选择集中，因此必须将其锁定。

- 插入点：指定属性位置。输入坐标值或者选择【在屏幕上指定】复选项，并使用定点设备根据与属性关联的对象指定属性的位置。
- 【X】、【Y】、【Z】文本框：在这 3 个文本框中分别输入属性插入点的 x、y、z 坐标值。

- 对正：该下拉列表中包含了 15 种属性文字的对齐方式，如对齐、布满、居中、中间、右对齐等。
- 文字样式：从该下拉列表中选择文字样式。
- 注释性：指定属性为注释性。如果块是注释性的，则属性将与块的方向相匹配。单击信息图标以了解有关注释性对象的详细信息。
- 文字高度：可直接在文本框中输入属性文字高度，或单击按钮切换到绘图窗口，在绘图区中拾取两点以指定高度。
- 旋转：设定属性文字旋转角度，或单击按钮切换到绘图窗口，在绘图区中指定旋转角度。
- 边界宽度：换行前，请指定多行文字属性中文字行的最大长度。值 0.000 表示对文字行的长度没有限制。此选项不适用于单行文字属性。
- 在上一个属性定义下对齐：将属性标记直接置于之前定义的属性的下面。如果之前没有创建属性定义，则此选项不可用。

网络视频教学：利用 ADCENTER 命令插入 AutoCAD 自带图块“床-双人”和“餐桌椅-36×72 英寸”绘图。（图块在【AutoCAD 2012 - Simplified Chinese】\【Sample】\【DesignCenter】\【Home-Space Planner.dwg】中。）

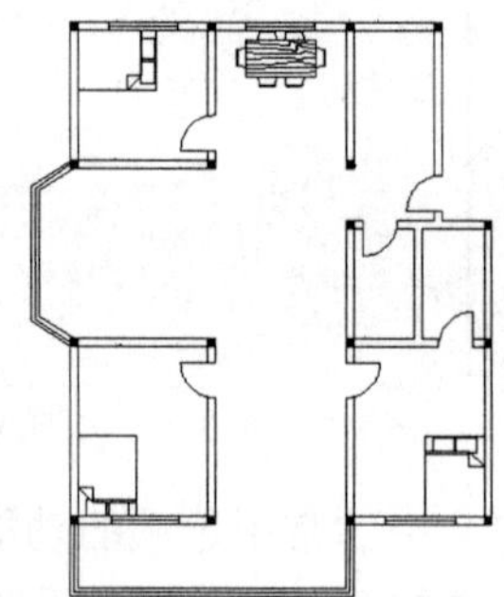

6.1.4 编辑块的属性

若属性已被创建为块，则可用 EATTEDIT 命令来编辑属性值及属性的其他特性。

命令启动方法

- 功能区：单击【常用】选项卡【块】面板上的按钮。
- 功能区：单击【插入】选项卡【块】面板上的按钮。
- 命令：EATTEDIT。

【案例 6-4】 练习 EATTEDIT 命令。

1）打开附盘文件“dwg\第 6 章\6-4.dwg”。

2）启动 EATTEDIT 命令，AutoCAD 提示“选择块”，选择要编辑的块后，AutoCAD 打开【增强属性编辑器】对话框，如图 6-9 所示。在此对话框中可对块属性进行编辑。

【增强属性编辑器】对话框中有 3 个选项卡：【属性】、【文字选项】和【特性】，其功能如下。

（1）【属性】选项卡。

在该选项卡中，AutoCAD 列出当前块对象中各个属性的标记、提示和值，如图 6-9 所示。选中某一属性，就可以在【值】框中修改属性的值。

(2)【文字选项】选项卡。

该选项卡用于修改属性文字的一些特性，如文字样式、高度等，如图 6-10 所示。

(3)【特性】选项卡。

在该选项卡中可以修改属性文字的图层、线型、颜色等，如图 6-11 所示。

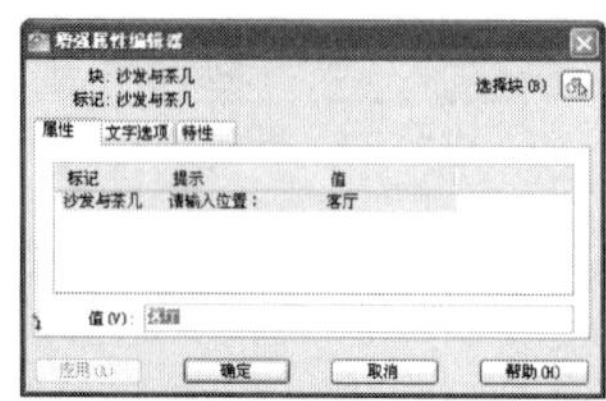

图 6-9 【增强属性编辑器】对话框

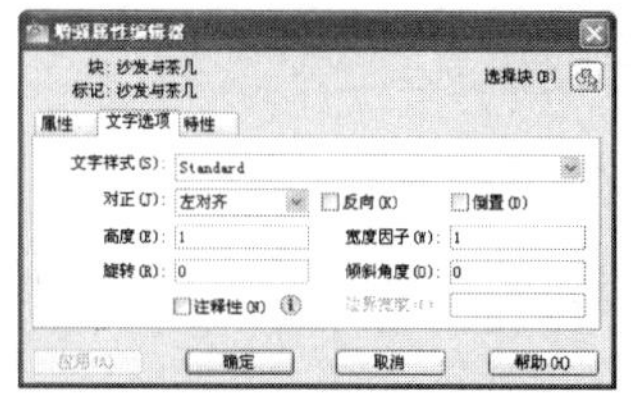

图 6-10 【文字选项】选项卡

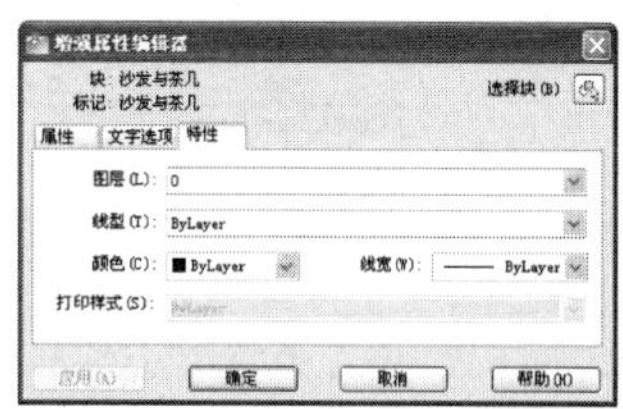

图 6-11 【特性】选项卡

网络视频教学：绘制下列图形并将它们创建成图块，然后存储图形文件，将文件命名为“管道和空调布置图例.dwg”。

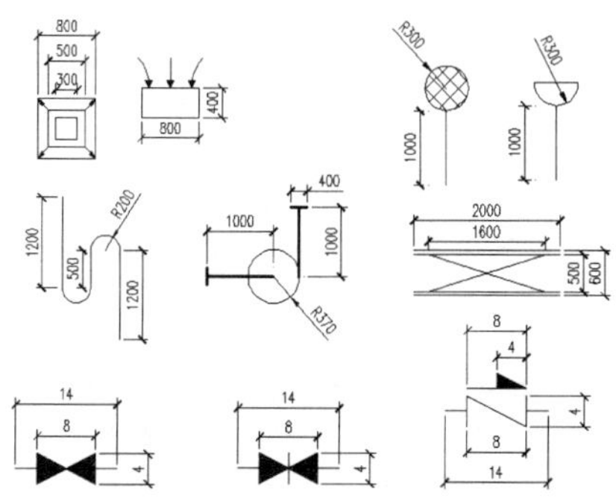

6.2 动态块

本节通过一个实例来学习利用几何约束和标注约束创建动态块的过程。该方式适合于创建族类零件的动态块。

6.2.1 创建动态块

AutoCAD 2012 大大加强了动态块的功能，可以方便地创建和调用动态块，其优势如下：

- 在动态块的编辑过程中可以使用几何约束和标注约束（尺寸约束）。
- 动态块编辑器中增强了动态参数管理和块属性表格。
- 块编辑器中，可直接测试块属性的效果而不需要退出块外部。

这些新功能为控制表示块的大小和形状提供了更为简便的方法。

【案例 6-5】 练习利用几何约束和标注约束创建动态块。

1）绘制如图 6-12 所示的图形。

2）移动坐标原点。在命令行输入命令，AutoCAD 提示如下。

图 6-12 绘制图形

```
命令: UCS                                    //输入 UCS 命令
当前 UCS 名称: *世界*
指定 UCS 的原点或 [面(F)/命名(NA)/对象(OB)/上一个(P)/视图(V)/世界
```

(W)/X/Y/Z/Z 轴(ZA)] <世界>:　　　　//如图 6-13 所示捕捉端点指定 UCS 的原点
指定 X 轴上的点或 <接受>:　　　　//按 Enter 键

结果如图 6-13 所示。

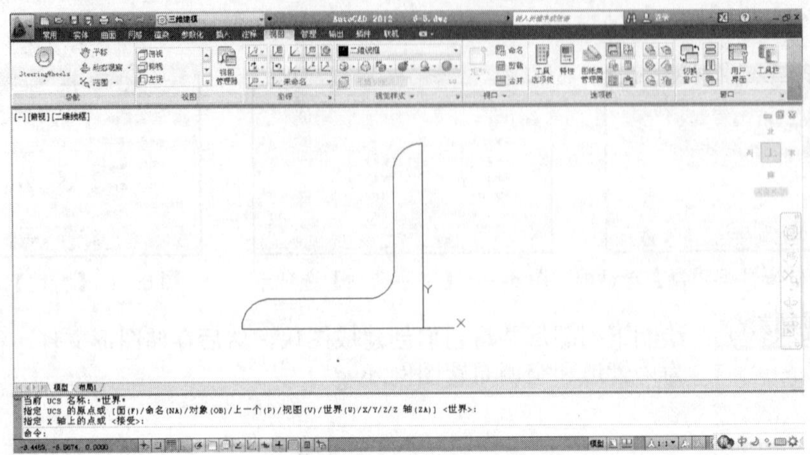

图 6-13　移动基点到坐标原点

3）单击【常用】选项卡【块】面板中的按钮，打开【编辑块定义】对话框，如图 6-14 所示。在列表框中选择“<当前图形>”，单击 确定 按钮进入【块编辑器】选项卡，如图 6-15 所示。

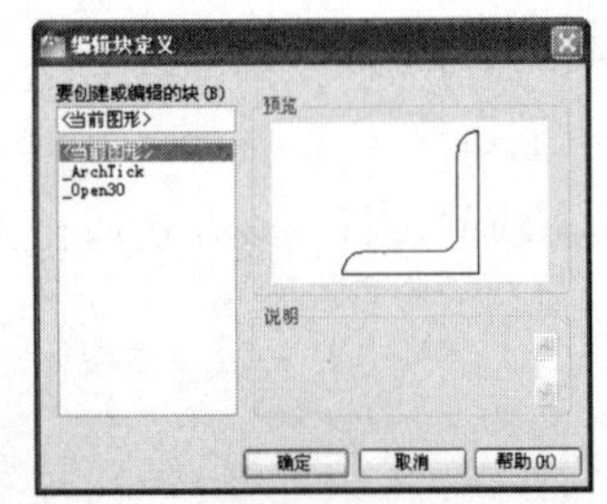

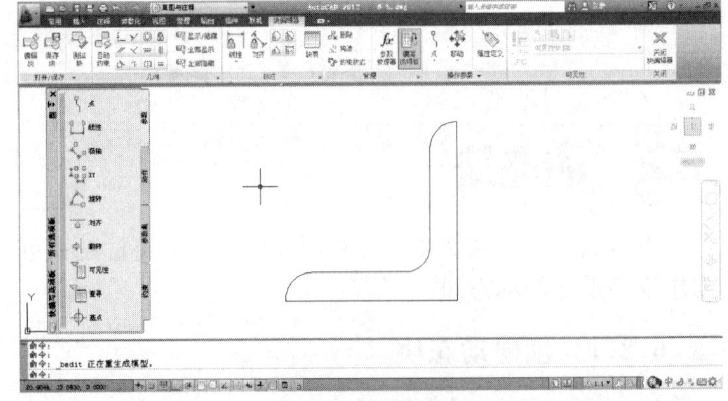

图 6-14 【编辑块定义】对话框　　　　图 6-15　块编辑器

块编辑器是专门用于创建块定义并添加动态行为的编写区域。其中的功能区选项卡和工具栏主要提供了以下功能：

- 添加约束。
- 添加参数。
- 添加动作。
- 定义属性。
- 关闭块编辑器。
- 管理可见性状态。
- 保存块定义。

并且在块编辑器中选中任意参数、夹点、动作或几何对象时，可以在【特性】对话框中查看其特性。

4）添加自动约束，结果如图 6-16 所示。

几何约束用于定义两个对象之间或对象与坐标系之间的关系。在块编辑器中可以像在程序的主绘图区域中一样使用几何约束。

使用 BLOCK 命令创建块时，在块编辑器中会保留图形编辑器中所建立的几何约束。

【块编辑器】选项卡【几何】面板选项及其功能等同于【参数化】选项卡【几何】面板选项，具体内容介绍见第 5 章。

5）添加标注约束，结果如图 6-17 所示。

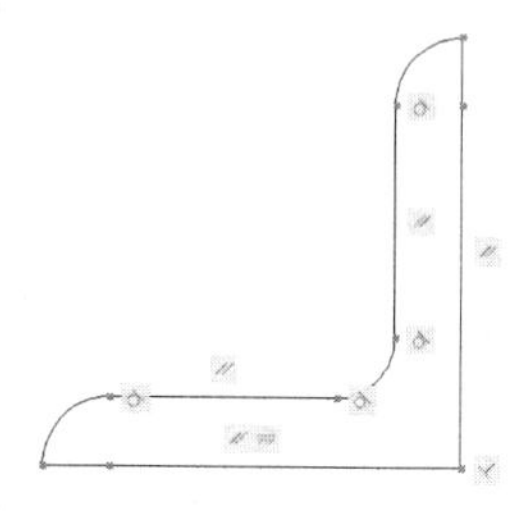

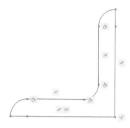

图 6-16　添加自动约束

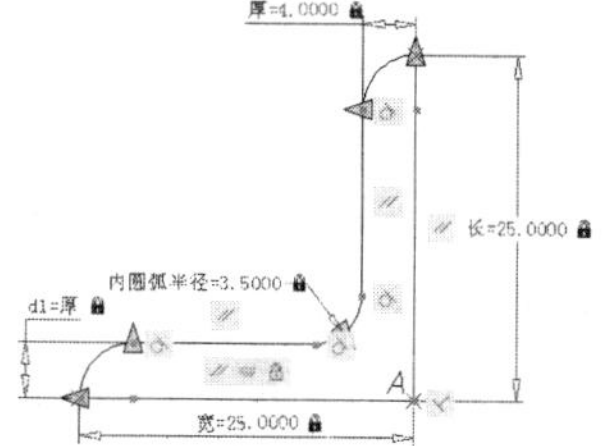

图 6-17　添加标注约束

关于在块编辑器中添加尺寸约束的说明如下：

- 创建夹点数为 1 的标注约束时，应先选择固定约束点，再选择拉伸移动的约束点。
- 在创建标注约束“d1=厚”时，当命令行提示：“输入值，或者同时输入名称和值”时，直接输入名称“厚”就创建了约束“d1=厚”。
- 约束参数名称、表达式、参数值也可在【参数管理器】对话框中进行设置，如图 6-18 所示。单击【块编辑器】选项卡【管理】面板中的 *fx* 按钮可调用【参数管理器】对话框。
- 默认情况下，【参数管理器】对话框包括一个 3 列（名称、表达式、值）栅格控件。可以在列上单击鼠标右键添加一个或多个其他列（类型、顺序、显示或说明）。也就是说，通过参数管理器可以从块编辑器中显示和编辑约束参数、用户参数、操作参数、标注约束与参照约束、用户变量及块属性。

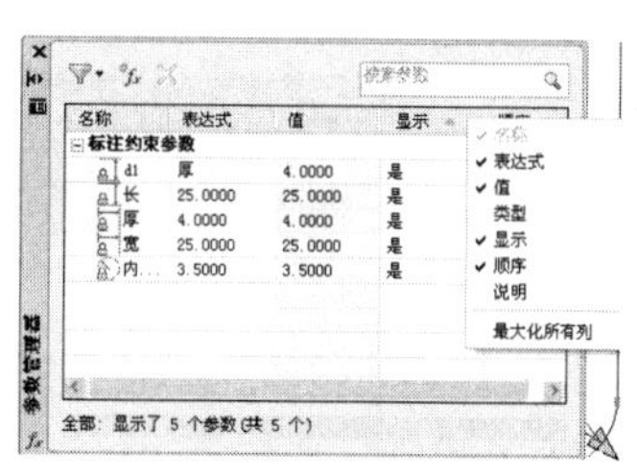

图 6-18　【参数管理器】对话框

块编辑器中显示和编辑的类别可通过参数管理器显示和控制以下各项。

- 表达式：用于显示实数或方程式，例如 $d1+d2$。
- 值：用于显示表达式的值。
- 类型：用于显示标注约束类型或变量值类型。
- 显示次序：用于控制【特性】对话框中特性的显示顺序。
- 显示或隐藏信息：用于显示块参照的特性参数。
- 说明：用于显示与用户变量关联的注释或备注。

使用 BCPARAMETER 命令在块编辑器中应用的标注约束称为约束参数，且只能在块编辑器中创建约束参数。

虽然可以在块定义中使用标注约束和约束参数，但是只有约束参数可以为该块定义显示可编辑的自定义特性。约束参数包含参数信息，可以为块参照显示或编辑参数值。

线性约束和水平约束参数的区别是：水平约束参数包含夹点，而线性约束不包含；水平约束参数是动态的，而线性约束则不是。

【块编辑器】选项卡【标注】面板选项及其功能等同于【参数化】选项卡【标注】面

板选项，具体内容介绍见第 5 章。

6）添加固定约束。单击【块编辑器】选项卡【几何】面板上的🔒按钮，AutoCAD 提示如下。

```
命令：_GcFix
选择点或 [对象(O)] <对象>:                //捕捉图 6-17 所示的 A 点
```

7）创建块特性表。

（1）单击【块编辑器】选项卡【标注】面板中的▦按钮，AutoCAD 提示如下。

```
命令：_btable
指定参数位置或 [选项板(P)]:               //在适当位置单击一点，指定参数表的位置
输入夹点数 [0/1] <1>:                     //按 Enter 键，使用夹点数 1
```

打开【块特性表】对话框，如图 6-19 所示。

（2）单击f_x按钮，弹出【新参数】对话框，如图 6-20 所示，输入名称为“角钢型号”，类型选择“字符串”。单击 确定 按钮完成新参数的创建，结果如图 6-21 所示。

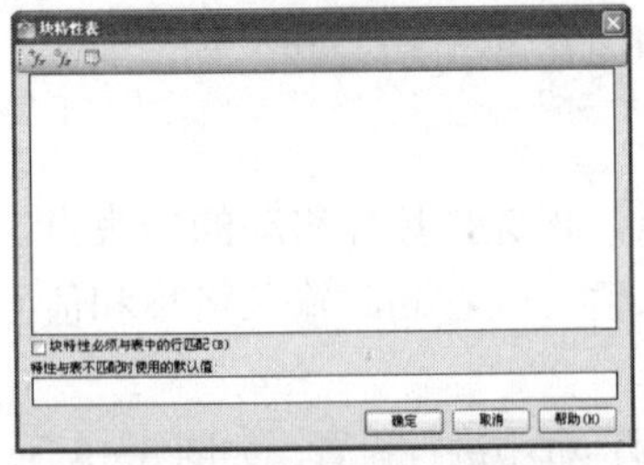
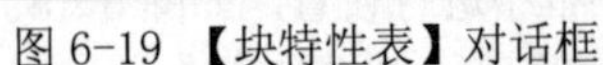

图 6-19 【块特性表】对话框

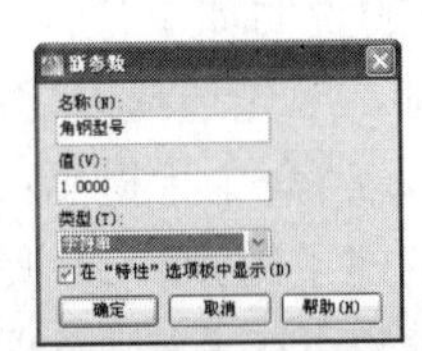

图 6-20 【新参数】对话框

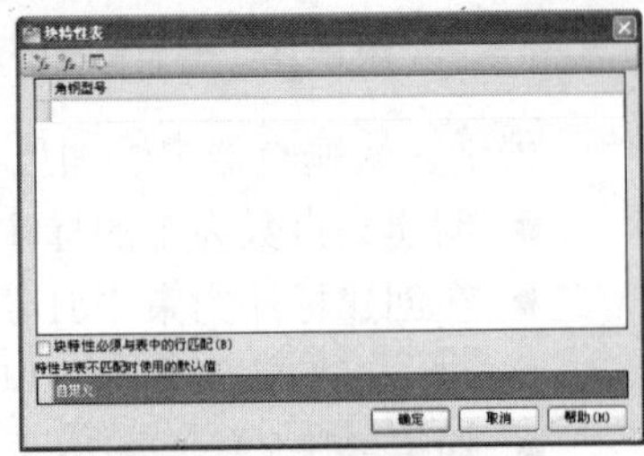

图 6-21 创建新参数

（3）单击f_x按钮，弹出【添加参数特性】对话框，按住 Ctrl 键选择如图 6-22 所示的参数。单击 确定 按钮，添加参数到块特性表中，结果如图 6-23 所示。在特性表中根据国标输入各参数值，结果如图 6-24 所示。

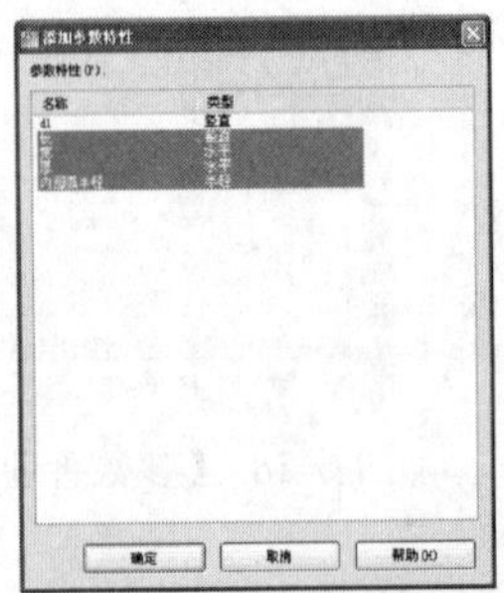

图 6-22 【添加参数特性】对话框

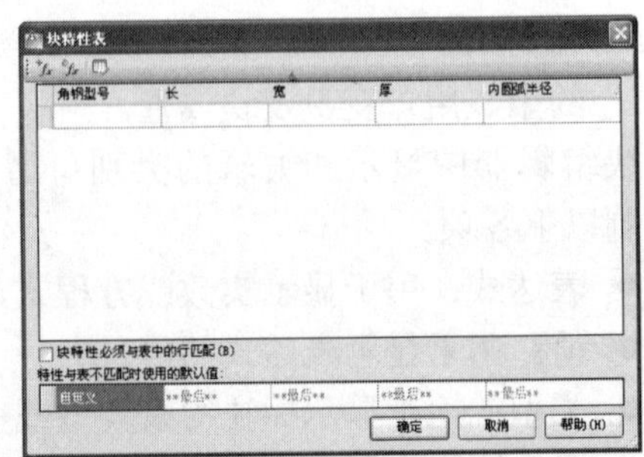

图 6-23 添加参数

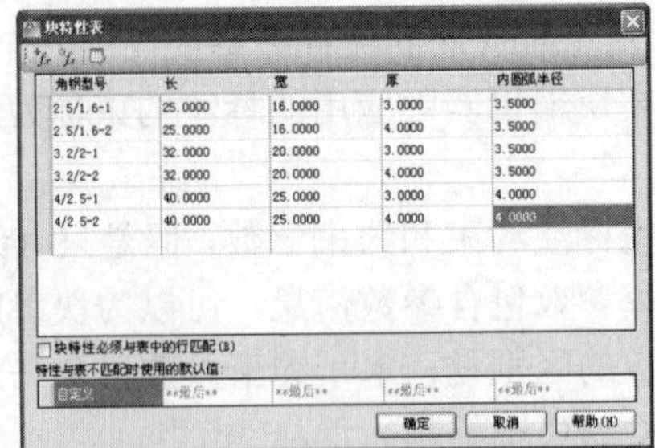

角钢型号	长	宽	厚	内圆弧半径
2.5/1.6-1	25.0000	16.0000	3.0000	3.5000
2.5/1.6-2	25.0000	16.0000	4.0000	3.5000
3.2/2-1	32.0000	20.0000	3.0000	3.5000
3.2/2-2	32.0000	20.0000	4.0000	3.5000
4/2.5-1	40.0000	25.0000	3.0000	4.0000
4/2.5-2	40.0000	25.0000	4.0000	4.0000

图 6-24 输入参数值

（4）单击 确定 按钮完成块特性表的创建。

使用块特性表可以在块定义中定义及控制参数和特性的值。块特性表由栅格组成，其中包含用于定义列标题的参数和定义不同特性集值的行。选择块参照时，可以将其设置为由块特性表中的某一行定义的值。表格可以包含以下任意参数和特性：操作参数、用户参数、约束参数以及属性。

8）测试动态块。

（1）单击【块编辑器】选项卡【打开/保存】面板中的 按钮，进入块测试环境，结果如图6-25所示。分别在块属性表中选择角钢不同的型号，则图形也随之自动改变。

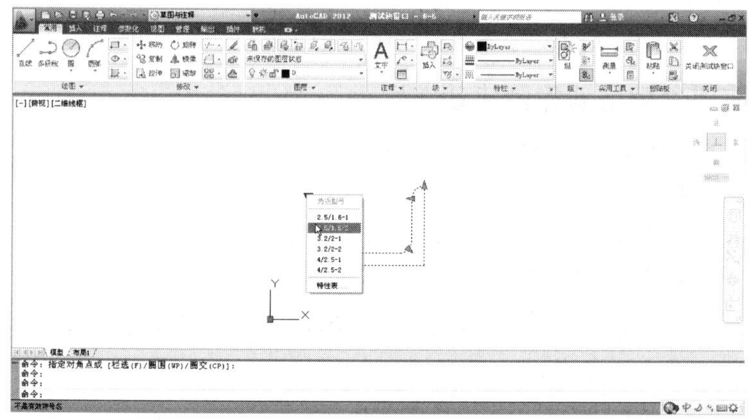

图6-25　测试动态块

（2）单击 按钮，关闭动态块的测试，返回到块编辑器环境中。

在测试窗口中无需保持块定义即可测试在块编辑器中所做的编辑，测试块窗口反映了块编辑器中当前的块定义。测试块窗口中，大多数AutoCAD命令都未改变，以下命令除外。

- BEDIT：在测试块窗口中禁用。
- SAVE、SAVEAS和QSAVE：在【保存】对话框中不显示默认文件名。如果从测试块窗口中进行保存，则将删除上下文相关选项卡，并创建新图形。此操作将关闭测试块窗口。
- CLOSE和QUIT：关闭测试块窗口时不提示保存。

9）动态块的保存。

（1）单击【块编辑器】选项卡【打开/保存】面板底部的 打开/保存 选项板，展开命令按钮 将块另存为 打开/保存，选择【将块另存为】选项，打开【将块另存为】对话框，如图6-26所示。

（2）输入块名“不等边角钢”，单击 确定 按钮，完成动态块的创建。

（3）单击【块编辑器】选项卡【关闭】面板上的 按钮，打开【块-未保存更改】对话框，如图6-27所示，单击 将更改保存到〈当前图形〉(S) 按钮退出块编辑器环境。

10）动态块的调用与使用。在绘图环境中，动态块的调用与普通块的调用方法相同。

在块编辑器中，通过单击块编辑器上下文选项卡上的【保存块】按钮，或在命令提示下输入bsave，可以保存块定义。然后保存图形，以确保将块定义保存在图形中。

在块编辑器中保存块定义后，该块中的几何图形和参数的当前值就被设置为块参照的默认值。创建使用可见性状态的动态块时，块参照的默认可见性状态为【管理可见性状态】对话框中的列表顶部的那个可见性状态。

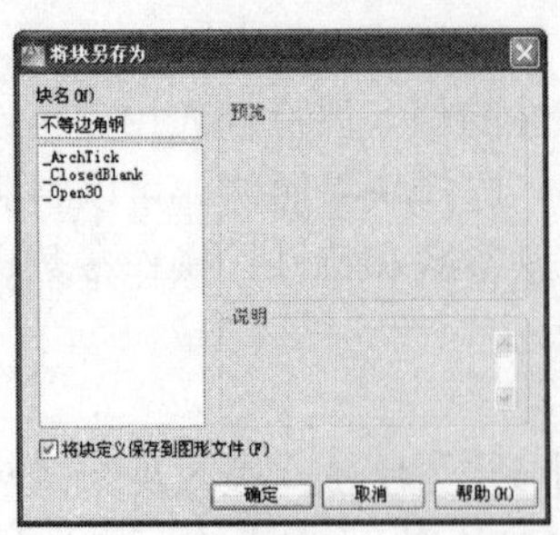

图 6-26 【将块另存为】对话框

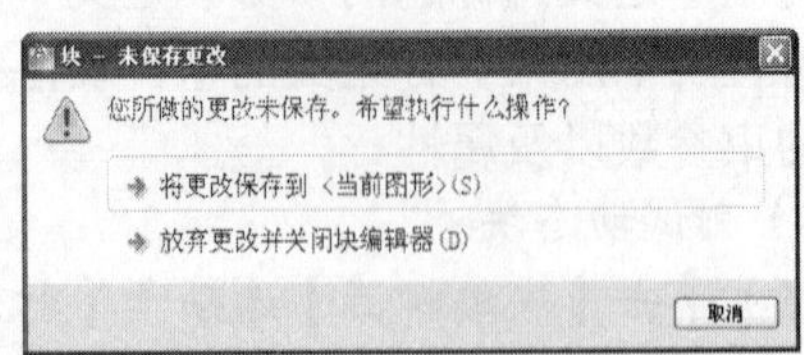

图 6-27 【块-未保存更改】对话框

保存了块定义之后，可以立即关闭块编辑器并在图形中测试块。

6.2.2 使用参数与动作创建动态块

本节通过一个实例来学习使用参数与动作创建动态块的过程。

【案例 6-6】 将附盘文件“dwg\第 6 章\6-6. dwg”中的零件序号定制成动态块。当使用该块时，要求序号值可变动，并且可调整指引方向。

1）打开附盘文件“dwg\第 6 章\6-6. dwg”，并将其移动到坐标原点，结果如图 6-28 所示。

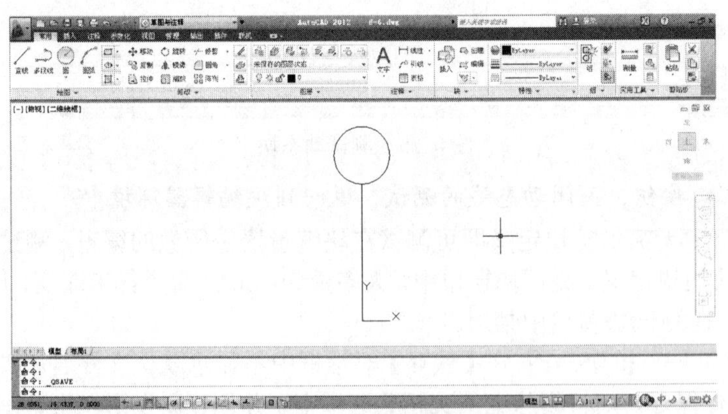

图 6-28 绘制图形

2）进入块编辑器。单击【常用】选项卡【块】面板上的编辑按钮，打开【编辑块定义】对话框，如图 6-29 所示。在列表框中选择“〈当前图形〉”，单击确定按钮打开【块编辑器】选项卡，如图 6-30 所示。

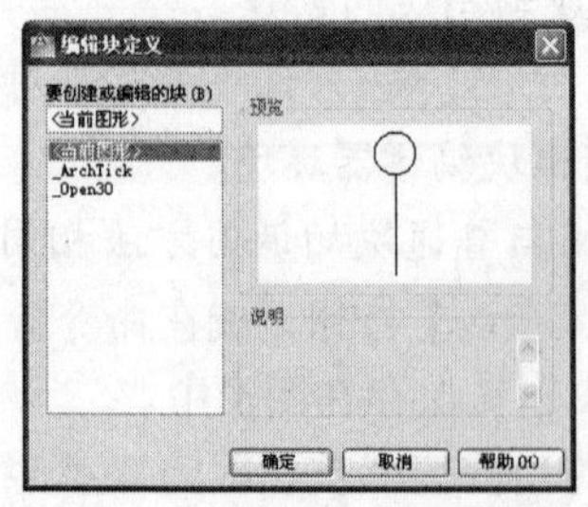

图 6-29 【编辑块定义】对话框

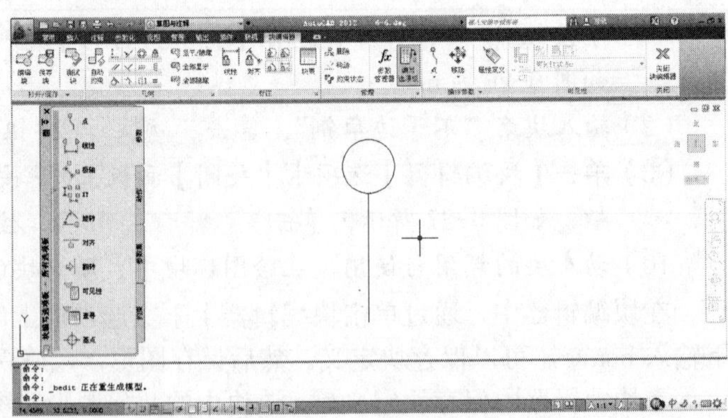

图 6-30 进入块编辑器

3）编辑块属性。

（1）单击【块编辑器】选项卡【操作参数】面板上的按钮，打开【属性定义】对话框，如图 6-31 所示。

（2）在【属性】分组框中的【标记】文本框输入“1”，在【提示】文本框中输入“请输入序号:”，在【默认】文本框中输入“1”，在【对正】下拉列表中选择【居中】选项，文字高度设为“5”，其余使用默认值。单击 确定 按钮，在图形中单击鼠标左键，结果如图 6-32 所示。

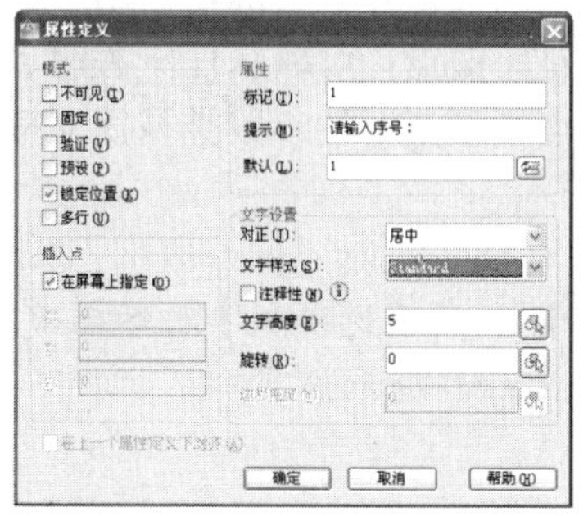

图 6-31 【属性定义】对话框

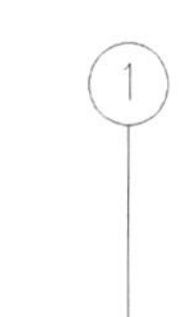

图 6-32 定义块属性

要点提示

属性是将数据附着到块上的标签或标记。属性中可能包含的数据主要有零件编号、价格、注释和物主的名称等。标记相当于数据库表中的列名。

4）添加参数。单击【块编写选项板-所有选项板】对话框中【参数】选项组中的极轴按钮，如图 6-33 所示，AutoCAD 提示如下。

```
命令: _BParameter 极轴
指定基点或 [名称(N)/标签(L)/链(C)/说明(D)/选项板(P)/值集(V)]:    //捕捉 A 点
指定端点:                                                        //捕捉 B 点
指定标签位置:                                          //在合适位置单击鼠标左键
```

结果如图 6-34 所示。

参数主要为块几何图形指定自定义位置、距离和角度。参数的主要种类与功能如表 6-1 所示。

表 6-1 参数的主要种类与功能

图 标	参数种类	主要功能
点	点参数	点参数为图形中的块定义 *x* 和 *y* 位置
线性	线性参数	线性参数显示两个目标点之间的距离
极轴	极轴参数	极轴参数显示两个目标点之间的距离和角度值
XY	*xy* 参数	*xy* 参数显示距参数基点的 *x* 距离和 *y* 距离
旋转	旋转参数	旋转参数用于定义角度
翻转	翻转参数	翻转参数用于翻转对象
对齐	对齐参数	对齐参数定义 *x*、*y* 位置和角度
可见性	可见性参数	可见性参数控制块中对象的可见性

（续）

图　标	参 数 种 类	主 要 功 能
查询	查询参数	查询参数定义自定义特性，用户可以指定该特性，也可以将其设置为从定义的列表或表格中计算值
基点	基点参数	基点参数用于定义动态块参照相对于块中的几何图形的基点

向块定义中添加参数后，系统会自动向块中添加自定义夹点和特性。使用这些自定义夹点和特性可以操作图形中的块参照。

参数添加到动态块定义中后，夹点将添加到该参数的关键点。关键点是用于操作块参照的参数部分。例如，线性参数在其基点和端点处具有关键点；可以从任一关键点操作参数距离，添加到动态块中的参数类型决定了添加的夹点类型，每种参数类型仅支持特定类型的动作。

1）添加动作。

（1）为引线添加极轴拉伸动作。单击【块编写选项板-所有选项板】对话框中【动作】选项组中的极轴拉伸按钮，如图 6-35 所示。AutoCAD 提示如下。

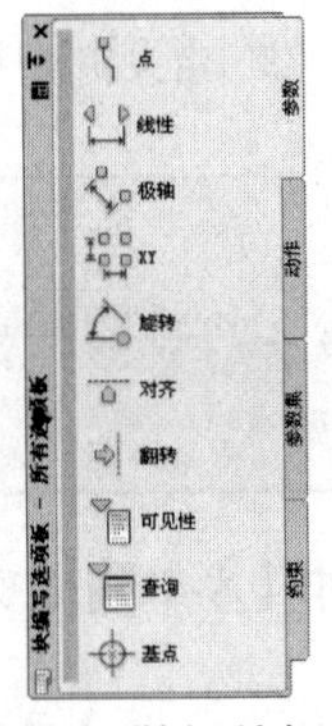

图 6-33 【块编写选项板-所有选项板】对话框

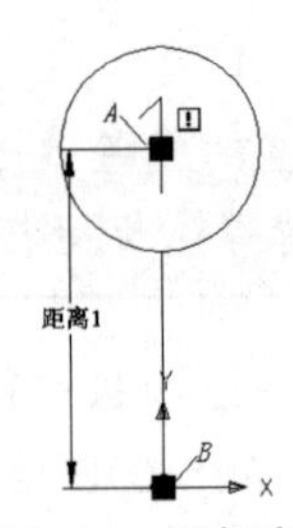

图 6-34 添加参数

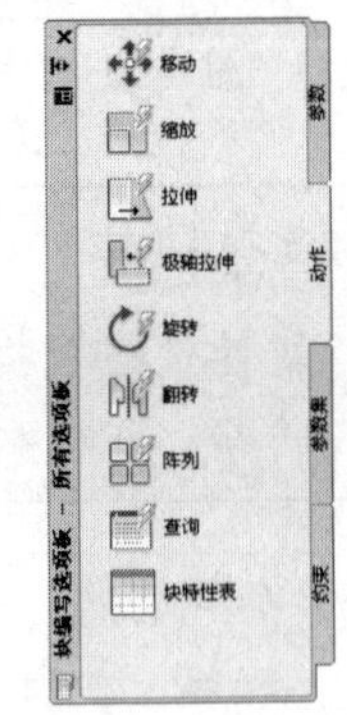

图 6-35 建立对齐标注约束

```
命令: _BactionTool 极轴
选择参数:                                    //选择参数“距离 1”，如图 6-36 所示
指定要与动作关联的参数点或输入 [起点(T)/第二点(S)] <第二点>      //捕捉 B 点
指定拉伸框架的第一个角点或 [圈交(CP)]:          //捕捉 C 点
指定对角点:                                  //捕捉 D 点
指定要拉伸的对象
选择对象: 指定对角点: 找到 3 个                 //选择 B 点、距离 1 和引线作为拉伸的对象
选择对象:                                    //按 Enter 键
指定仅旋转的对象
选择对象: 指定对角点: 找到 3 个                 //选择 B 点、距离 1 和引线作为旋转的对象
选择对象:                                    //按 Enter 键
```

（2）为序号添加拉伸动作。单击拉伸按钮，AutoCAD 提示如下。

```
命令: _BactionTool 拉伸
选择参数:                                    //选择参数“距离 1”，如图 6-37 所示
指定要与动作关联的参数点或输入 [起点(T)/第二点(S)] <起点>:    //捕捉 A 点
指定拉伸框架的第一个角点或 [圈交(CP)]:                       //捕捉 C 点
指定对角点:                                               //捕捉 D 点
指定要拉伸的对象                                           //选择对象“1”
选择对象: 找到 1 个
选择对象:                                                 //按 Enter 键
```

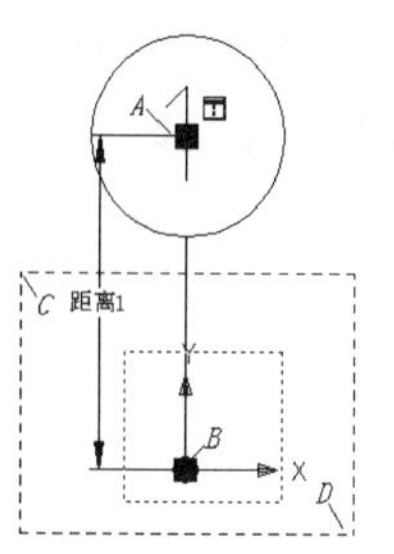

图 6-36 为引线添加极轴拉伸动作

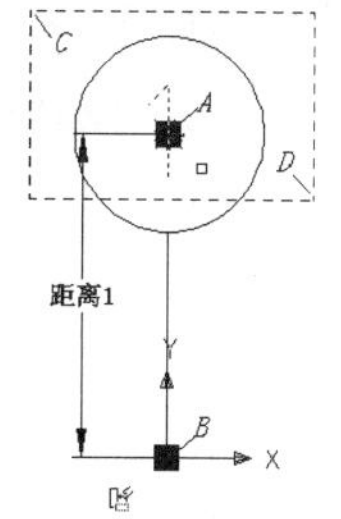

图 6-37 为序号添加拉伸动作

（3）为符号添加极轴拉伸动作。单击极轴拉伸按钮，AutoCAD 提示如下。

```
命令: _BactionTool 极轴
选择参数:                                                    //选择参数"距离 1"
指定要与动作关联的参数点或输入 [起点(T)/第二点(S)] <第二点>://捕捉 A 点
指定拉伸框架的第一个角点或 [圈交(CP)]:                       //捕捉 C 点
指定对角点:                                                  //捕捉 D 点
指定要拉伸的对象
选择对象: 指定对角点: 找到 4 个                              //框选 DC 之间对象
选择对象:                                                    //按 Enter 键
指定仅旋转的对象
选择对象: 指定对角点: 找到 4 个                              //框选 DC 之间对象
选择对象:                                                    //按 Enter 键
```

动作用于定义在图形中操作动态块参照的自定义特性时，该块参照的几何图形将如何移动或修改。动作的主要种类与功能如表 6-2 所示。

表 6-2 动作的主要种类与功能

图 标	动 作 种 类	主 要 功 能
移动	移动动作	移动动作使对象移动指定的距离和角度
拉伸	拉伸动作	拉伸动作将使对象在指定的位置移动和拉伸指定的距离
极轴拉伸	极轴拉伸动作	极轴拉伸动作将对象旋转、移动和拉伸指定角度与距离
缩放	缩放动作	缩放动作可以缩放块的选择集
旋转	旋转动作	旋转动作使其关联对象进行旋转
翻转	翻转动作	翻转动作允许用户围绕一条称为投影线的指定轴来翻转动态块参照
阵列	阵列动作	阵列动作会复制关联对象并以矩形样式对其进行阵列
查询	查询动作	查询动作将自定义特性和值指定给动态块

一般情况下，向动态块定义中添加动作后，必须将该动作与参数、参数上的关键点以及几何图形相关联。关键点是参数上的点，编辑参数时该点将会驱动与参数相关联的动作。与动作相关联的几何图形称为选择集。

如图 6-38 所示，动态块定义中包含表示书桌的几何图形、带有一个夹点（为其端点指定的）的线性参数以及与参数端点和书桌右侧的几何图形相关联的拉伸动作。参数的端点为关键点。书桌右侧的几何图形是选择集。

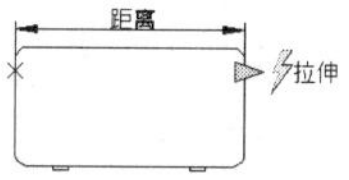

图 6-38 线性参数与拉伸动作

要在图形中修改块参照，可以通过移动夹点来拉伸书桌。

2）测试动态块。

（1）单击【块编辑器】选项卡【打开/保存】面板中的按钮，进入图块测试环境，如图 6-39 所示。选中对象，激活夹点，可以调整引线或者序号的方向、位置。

双击序号弹出【增强属性编辑器】对话框，修改【值】即可修改序号。

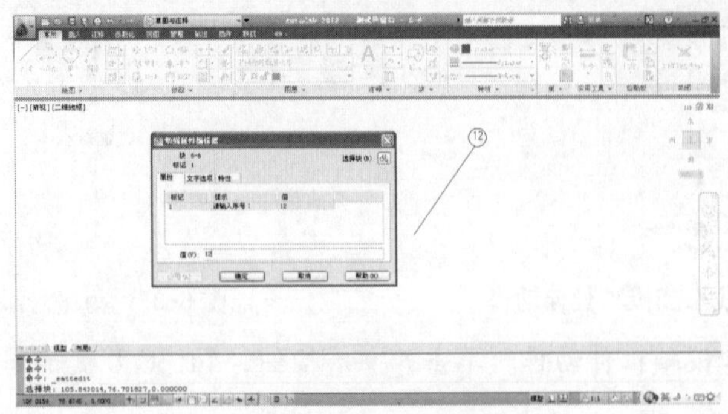

图 6-39 测试动态块

（2）单击按钮，关闭动态块的测试，返回到块编辑器环境中。

3）动态块的保存。

展开【打开/保存】面板，选择【将块另存为】选项，弹出【将块另存为】对话框，如图 6-40 所示。输入块名“序号标注 1”，单击 确定 按钮，完成动态块的创建。单击按钮，弹出【块-未保存更改】对话框，如图 6-41 所示，单击 将更改保存到〈当前图形〉(S) 按钮退出块编辑器环境。

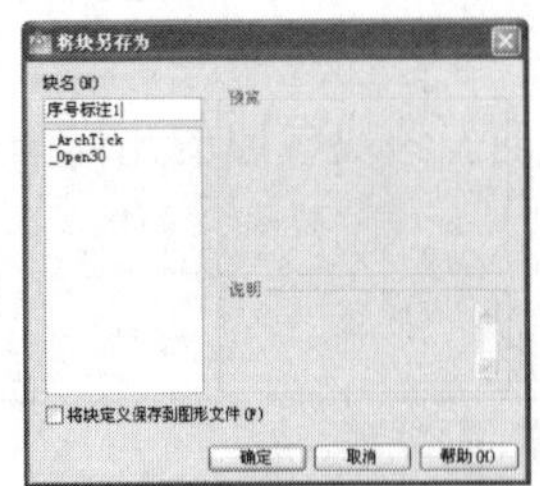

图 6-40 【将块另存为】对话框

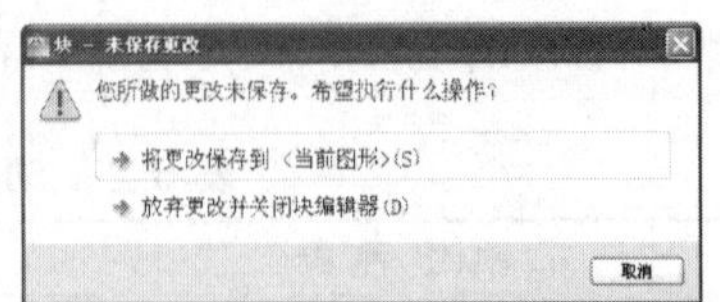

图 6-41 【块-未保存更改】对话框

4）动态块的调用与使用。

（1）新建一个图形文件，单击按钮，弹出【插入】对话框，如图 6-42 所示。

（2）单击 浏览(B)... 按钮，弹出【选择图形文件】对话框，如图 6-43 所示。选择“序号标注 1”，单击 打开(O) 按钮，返回到【插入】对话框，如图 6-44 所示。单击 确定 按钮，AutoCAD 提示如下。

```
命令: _insert
指定插入点或 [基点(B)/比例(S)/X/Y/Z/旋转®]://在屏幕上指定插入点，单击鼠标左键
输入属性值
请输入序号: <1>: 11                              //输入属性值“11”
```

结果如图 6-45 所示。

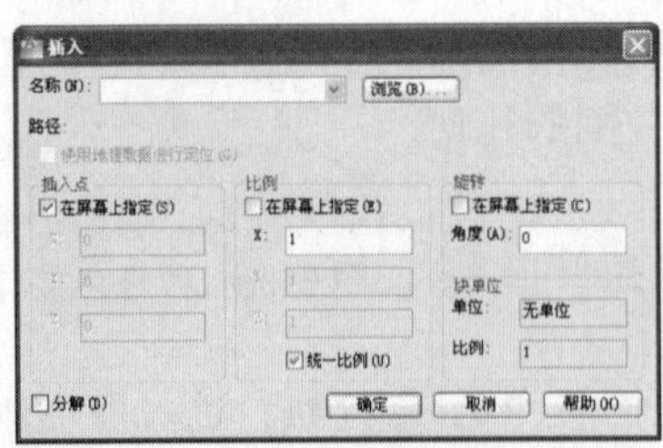

图 6-42 【插入】对话框（1）

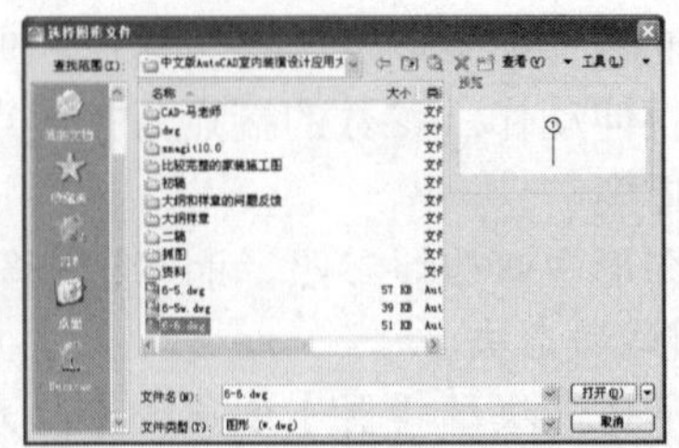

图 6-43 【选择图形文件】对话框

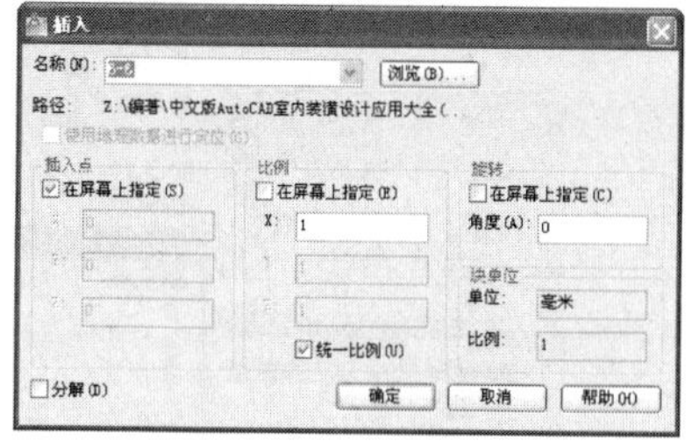

图 6-44 【插入】对话框（2）

图 6-45 动态块的调用与使用

网络视频教学：将标高定制成动态块。当使用该块时，要求序号值可变动。

6.2.3 使用查询表创建动态块

本节通过一个实例来学习使用查询表创建动态块的过程。

【案例 6-7】 利用附盘文件“dwg\第 6 章\6-7.dwg”创建 M8 六角头螺栓动态块，其中螺栓尺寸 *L* 是可变动的，可以通过查询参数的方式确定。尺寸 *L* 的系列值分别为 30、35、40、45 和 55。

1）打开附盘文件“dwg\第 6 章\6-7.dwg”，进入块编辑器中，并且将插入基点 *A* 移动到坐标原点，结果如图 6-46 所示。

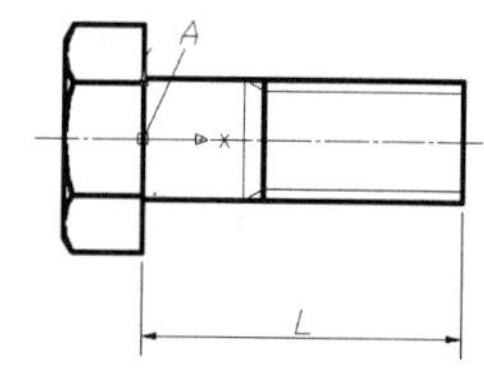

图 6-46 进入块编辑器

2）添加线性参数。单击【块编写选项板-所有选项板】对话框中【参数】选项板中的线性按钮，AutoCAD 提示如下。

```
命令: _BParameter 线性
指定起点或 [名称(N)/标签(L)/链(C)/说明(D)/基点(B)/选项板(P)/值集(V)]:L
                                        //选择“标签(L)”选项
输入距离特性标签 <距离 1>: 公称长度       //输入新的标签“公称长度”
指定起点或 [名称(N)/标签(L)/链(C)/说明(D)/基点(B)/选项板(P)/值集(V)]: V
                                        //选择“值集(V)”选项
输入距离值集合的类型 [无(N)/列表(L)/增量(I)] <无>: L
                                        //选择“列表(L)”选项
输入距离值列表 (逗号分隔): 30,35,40,45,55  //输入螺栓公称长度列表
指定起点或 [名称(N)/标签(L)/链(C)/说明(D)/基点(B)/选项板(P)/值集(V)]:
                                        //捕捉 A 点指定起点，如图 6-47 所示
指定端点:                                //捕捉 B 点指定端点
指定标签位置:                            //在 C 点处单击鼠标左键指定标签位置
```

3）添加查询参数。单击【块编写选项板-所有选项板】对话框中【参数】选项板中的查寻按钮，AutoCAD 提示如下。

```
命令: _BParameter 查询
指定参数位置或 [名称(N)/标签(L)/说明(D)/选项板(P)]:
                                        //捕捉 B 点，如图 6-47 所示
```

结果如图 6-47 所示。

距离名称及值集也可以在特性管理器中修改，修改方法如下。

输入命令 PROPERTIES，打开【特性】对话框，选中添加的线性参数，如图 6-48 所示，可以通过图示步骤进行修改。单击【块编写选项板-所有选项板】中【参数】选项板中的查寻按钮，AutoCAD 提示如下。

```
命令: _BParameter 查询
指定参数位置或 [名称(N)/标签(L)/说明(D)/选项板(P)]:
```

//在图 6-47 所示的位置单击一点

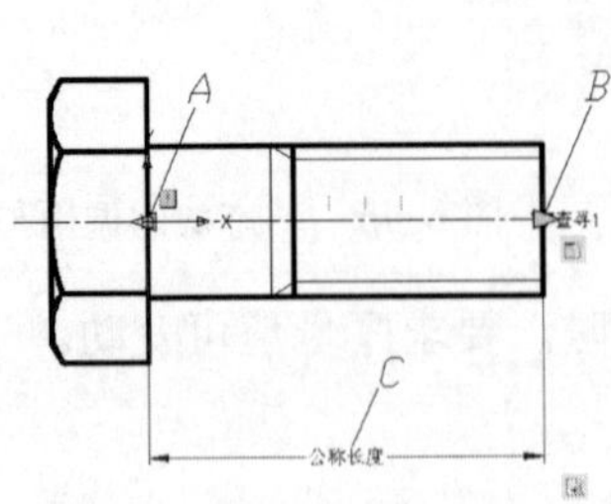

图 6-47　添加参数

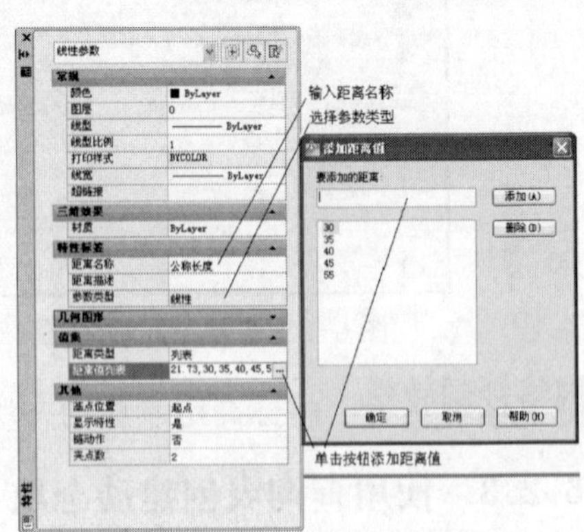

图 6-48　修改线性参数特性

4）添加拉伸动作与查询动作。

（1）单击【块编写选项板-所有选项板】中【动作】选项板上的拉伸按钮，AutoCAD 提示如下。

```
命令: _BActionTool 拉伸
选择参数:                                                  //选择参数“公称长度”
指定要与动作关联的参数点或输入 [起点(T)/第二点(S)] <起点>://捕捉 B 点
指定拉伸框架的第一个角点或 [圈交(CP)]:                     //捕捉 E 点
指定对角点:                                                //捕捉 F 点
指定要拉伸的对象                                  //选择对象需要拉伸的对象
选择对象: 找到 12 个
选择对象:                                                  //按 Enter 键
```

结果如图 6-49 所示。

（2）单击【块编写选项板-所有选项板】中【动作】选项板上的查寻按钮，AutoCAD 提示如下。

```
命令: _BActionTool 查询
选择参数:                                          //选择刚创建的查询参数
```

打开【特性查询表】对话框，如图 6-50 所示。

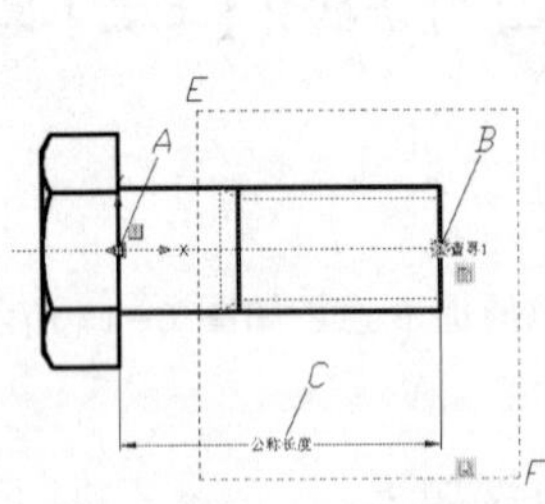

图 6-49　添加动作

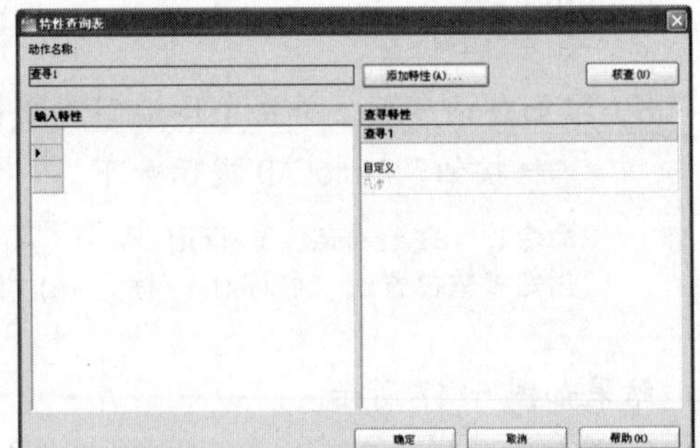

图 6-50　【特性查询表】对话框

（3）单击 添加特性(A)... 按钮，打开【添加参数特性】对话框，如图 6-51 所示。选中“公称长度”，单击 确定 按钮，添加参数特性并返回到特性查询表，如图 6-52 所示。在左侧【输入特性】栏选择螺栓的公称长度，在右侧【查询特性】栏输入查询参数标签，单击 确定 按钮完成查询动作的添加。

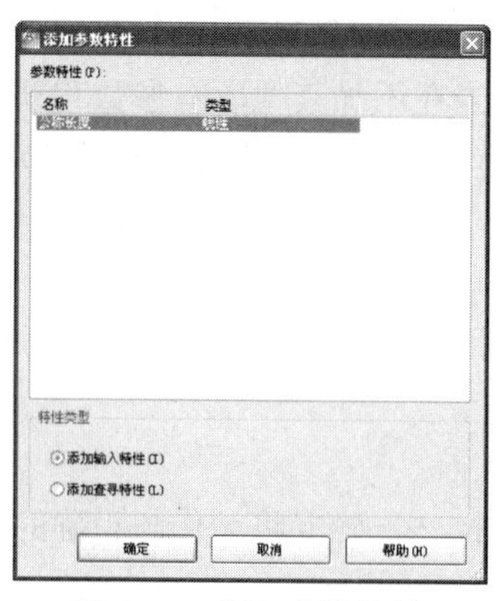
图 6-51 添加参数特性

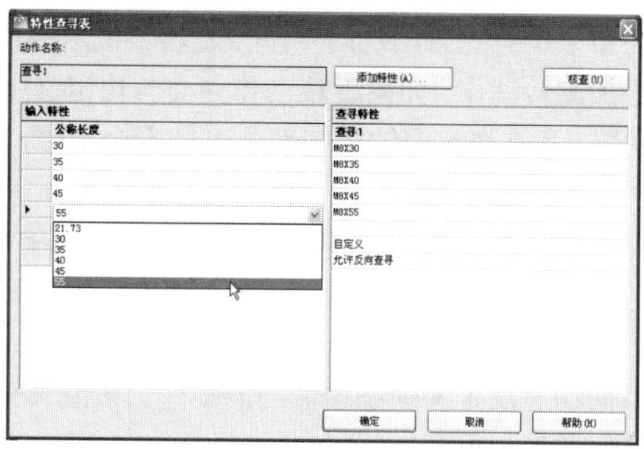
图 6-52 特性查询表

查询表可以为动态块定义特性以及为其指定特性值。使用查询表是将动态块参照的参数值与指定的其他数据（例如模型或零件号）相关联的有效方式。

要点提示

不能将约束参数添加到查询表，约束参数应使用块特性表。

5）测试动态块。在查询夹点上单击鼠标右键，弹出查询列表，如果从显示的列表中选择一个尺寸，则块的几何图形将根据所选择的改变，如图 6-53 所示。

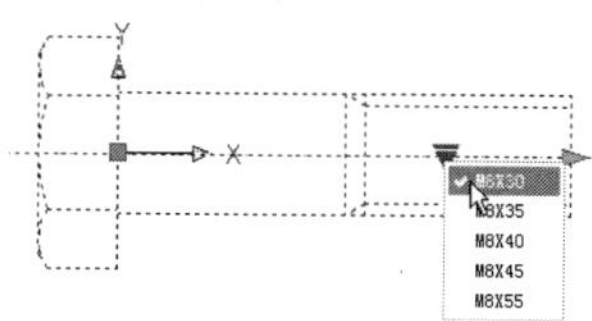

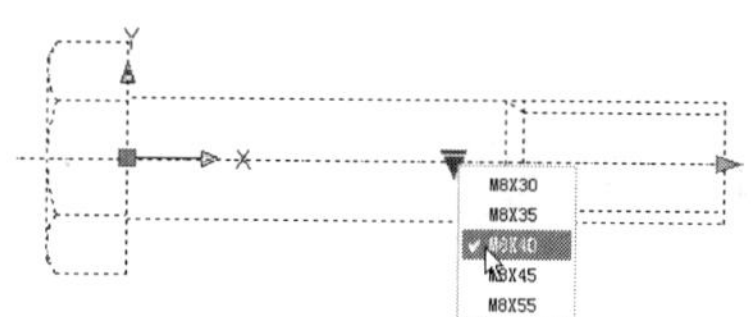

图 6-53 测试动态块

6）保存动态块。

综上所述，动态块的创建可以分为以下 7 个主要步骤。

（1）在创建动态块之前规划动态块的内容。

在创建动态块之前，应当了解其外观以及在图形中的使用方式。在命令行中输入确定当操作动态块参照时，块中的哪些对象会更改或移动，还要确定这些对象将如何更改。例如，用户可以创建一个可调整大小的动态块。另外，调整块参照的大小时可能会显示其他几何图形。这些因素决定了添加到块定义中的参数和动作的类型，以及如何使参数、动作和几何图形共同作用。

（2）绘制几何图形。

可以在绘图区域或【块编辑器】选项卡中为动态块绘制几何图形。也可以使用图形中的现有几何图形或现有的块定义。

（3）了解块元素如何共同作用。

在向块定义中添加参数和动作之前，应了解它们相互之间以及它们与块中的几何图形的相关性。在向块定义添加动作时，需要将动作与参数以及几何图形的选择集相关联。此操作将创建相关性。向动态块参照添加多个参数和动作时，需要设置正确的相关性，以便块参照在图形中正常工作。

例如，要创建一个包含若干对象的动态块，其中一些对象关联了拉伸动作。同时，用户还希望所有对象围绕同一基点旋转。在这种情况下，应当在添加其他所有参数和动作之后添加旋转动作。如果旋转动作并非与块定义中的其他所有对象（几何图形、参数和动作）相关联，那么块参照的某些部分可能不会旋转，或者操作该块参照时可能会造成意外结果。

（4）添加参数。

按照命令提示向动态块定义中添加适当的参数。使用【块编写选项板-所有选项板】中的【参数】选项板可以同时添加参数和关联动作。

（5）添加动作。

向动态块定义中添加适当的动作。按照命令提示进行操作，确保将动作与正确的参数和几何图形相关联。

（6）定义动态块参照的操作方式。

可以指定在图形中操作动态块参照的方式，通过自定义夹点和自定义特性来操作动态块参照。在创建动态块定义时，将定义显示哪些夹点以及如何通过这些夹点来编辑动态块参照。另外还指定了是否在【特性】对话框中显示出块的自定义特性，以及是否可以通过该选项板或自定义夹点来更改这些特性。

（7）测试块。

单击【块编辑器】选项卡【打开/保存】面板中的按钮。

网络视频教学：创建 M12 六角头螺栓动态块，其中螺栓尺寸 L 是可变动的，可以通过查询参数的方式确定。尺寸 L 的系列值分别为 45、60、80、100 和 120。

6.3 习题

1．打开附盘文件“dwg\第 6 章\习题 6-1.dwg”，该文件中已包含了块“桌椅”，请重新定义此块，将图 6-54 中的左图修改为右图，图中椅子还是原来的椅子，桌子变为圆形，半径为原来方桌的宽度。

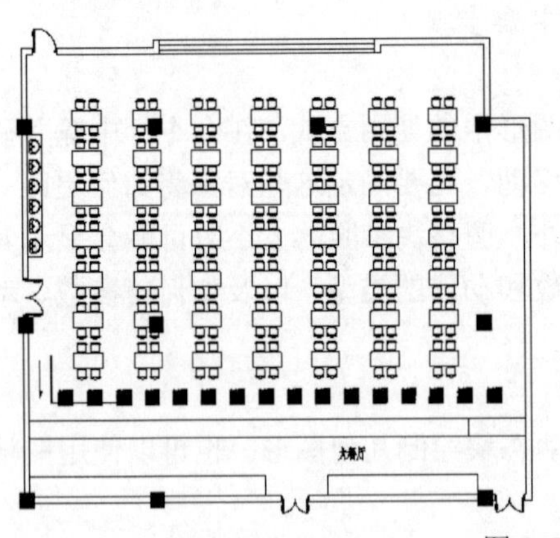

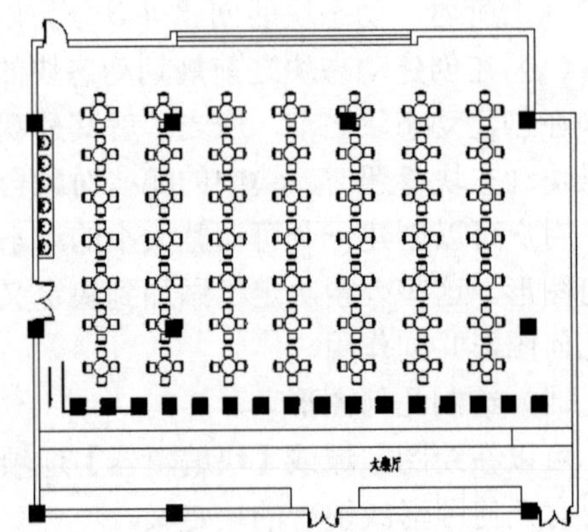

图 6-54　重新定义块

2．应用实体属性。

操作步骤提示

（1）建立新的图形文件，绘制如图 6-55 所示的标高及定位轴线符号。

（2）创建属性 A、B，如图 6-56 所示，该属性包含的内容如表 6-3 所示。

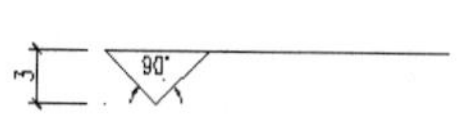

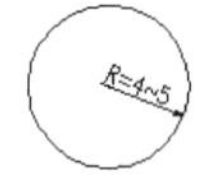

图 6-55　标高及定位轴线符号

图 6-56　创建属性 *A*、*B*

表 6-3　属性包含的内容

项　　目	标　　记	提　　示	值
属性 *A*	HIGN	标高	5.000
属性 *B*	N	定位轴线	5

（3）将高度符号与属性 *A* 一起生成图块“标高”，同样把编号符号与属性 *B* 一起生成图块“定位轴线”，两个图块的插入点分别是（1）、（2）点，然后保存素材文件为“习题 6-2 图块.dwg”。

（4）打开素材文件“习题 6-2.dwg”，利用已创建的符号图块标注该图形，结果如图 6-57 所示。

3. 利用几何约束和标注约束创建图幅动态块，结果如图 6-58 所示。

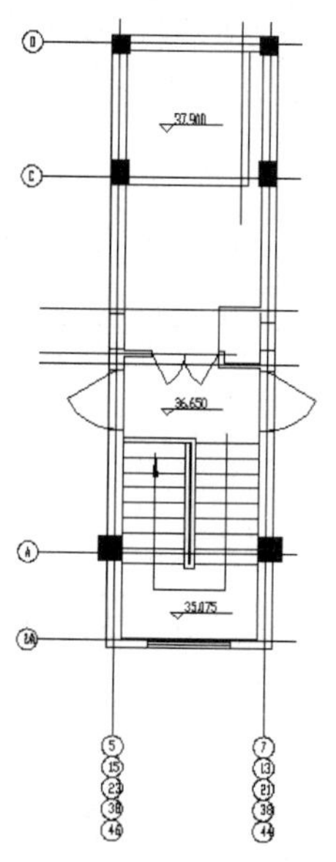

图 6-57　利用已创建的符号图块标注图形

图 6-58　创建图幅动态块

第7章 绘图方法与技巧

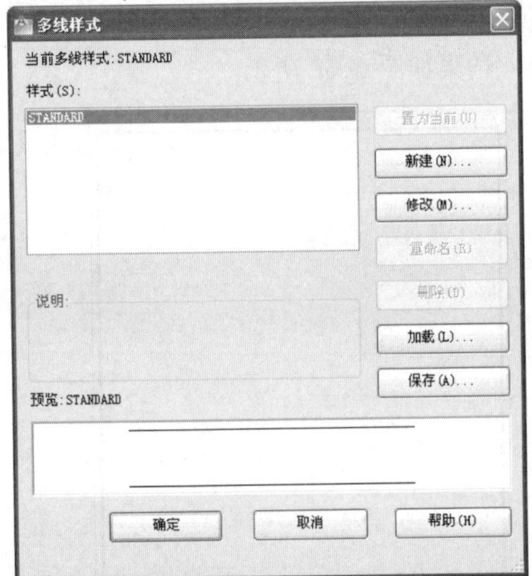

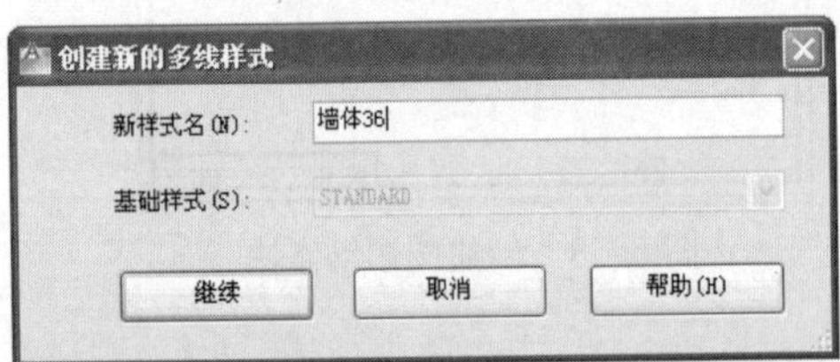

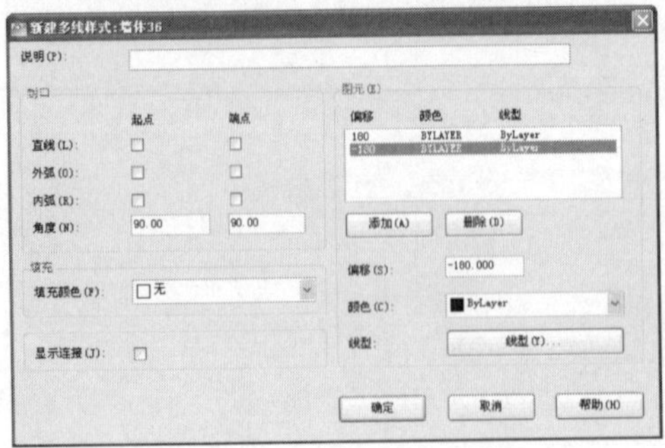

通过本章的学习，读者掌握一些绘图方法和技巧。平时积累一些绘图方法和技巧可以有效地提高自己绘图速度和效率。

【学习目标】

☑ 掌握偏移、延伸、对齐和改变线段长度等命令的绘图方法。

☑ 掌握多线、多段线、射线、构造线及云线等的绘制方法。

☑ 熟悉借助 QSELECT 命令绘图的方法。

7.1 绘图技巧

本节主要讲述了一些可提高绘图效率的命令，具体包括偏移(OFFSET)、延伸(EXTEND)、修剪（TRIM)、对齐（ALIGN）和改变线段长度（LENGTHEN）等命令。

7.1.1 偏移对象

执行 OFFSET 命令可以将对象偏移指定的距离，创建一个与源对象类似的新对象，其操作对象包括线段、圆、圆弧、多段线、椭圆、构造线和样条曲线等。

当偏移一个圆时，可创建同心圆；当偏移一条闭合的多段线（具体内容将在 7.2.4 节中介绍）时，可建立一个与源对象形状相同的闭合图形。

使用 OFFSET 命令，可以通过两种方式创建新线段，一种是输入平行线间的距离，另一种是指定新平行线通过的点。

1. 命令启动方法

- 功能区：单击【常用】选项卡【修改】面板上的按钮。
- 命令：OFFSET 或简写 O。

【案例 7-1】 练习使用 OFFSET 命令。

打开附盘文件“dwg\第 7 章\7-1.dwg”，如图 7-1 左图所示。使用 OFFSET 命令将左图修改为右图。

```
命令: _offset                          //绘制与线段 AB 平行的线段 CD，如图 7-1 所示
当前设置: 删除源=否  图层=源  OFFSETGAPTYPE=0
指定偏移距离或 [通过(T)/删除(E)/图层(L)] <通过>:40    //输入平行线间的距离
选择要偏移的对象，或 [退出(E)/放弃(U)] <退出>:          //选择线段 AB
指定要偏移的那一侧上的点，或 [退出(E)/多个(M)/放弃(U)] <退出>:
                                                      //在线段 AB 的右侧单击一点
选择要偏移的对象，或 [退出(E)/放弃(U)] <退出>:          //按 Enter 键结束命令
命令:                                   //过 K 点绘制线段 EF 的平行线 GH
OFFSET
当前设置: 删除源=否  图层=源  OFFSETGAPTYPE=0
指定偏移距离或 [通过(T)/删除(E)/图层(L)] <40.0000>:t //选取“通过(T)”选项
选择要偏移的对象，或 [退出(E)/放弃(U)] <退出>:            //选择线段 EF
指定通过点或 [退出(E)/多个(M)/放弃(U)] <退出>: end 于 //捕捉平行线通过的点 K
选择要偏移的对象，或 [退出(E)/放弃(U)] <退出>:            //按 Enter 键结束命令
```

结果如图 7-1 右图所示。

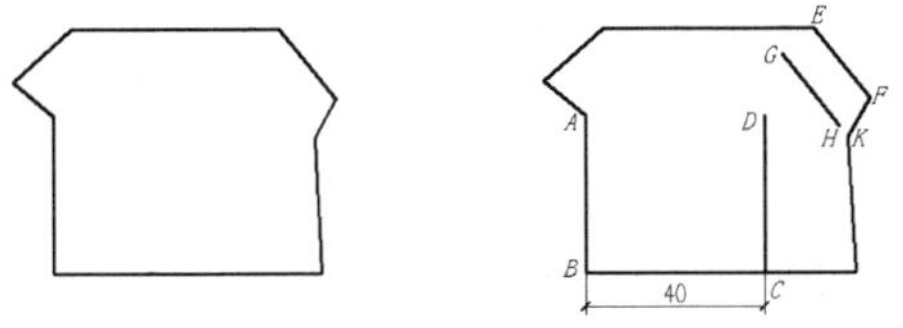

图 7-1 绘制平行线

2. 命令选项

- 指定偏移距离：输入偏移距离值，系统将根据此数值偏移原始对象产生新对象。
- 通过(T)：通过指定点创建新的偏移对象。
- 删除(E)：偏移源对象后将其删除。

● 图层(L)：指定将偏移后的新对象放置在当前图层或源对象所在的图层上。

● 多个(M)：在要偏移的一侧单击多次，即可创建出多个等距对象。

网络视频教学：执行 LINE、OFFSET 等命令绘制图形。

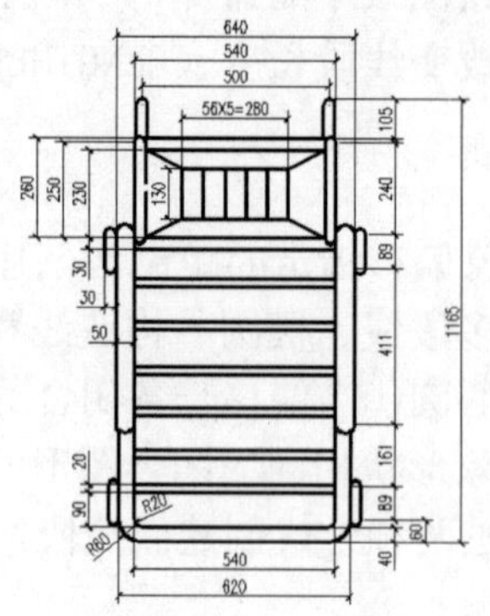

7.1.2 延伸线段

利用 EXTEND 命令可以将线段、曲线等对象延伸到一个边界对象上，使其与边界对象相交。有时边界对象可能是隐含边界，即延伸对象而形成的边界，这时对象延伸后并不与实体直接相交，而是与边界的隐含部分（延长线）相交。

1. 命令启动方法

● 功能区：单击【常用】选项卡【修改】面板上的 延伸 按钮。

● 命令：EXTEND 或简写 EX。

【案例 7-2】 练习使用 EXTEND 命令。

打开附盘文件“dwg\第 7 章\7-2.dwg”，如图 7-2 左图所示。使用 EXTEND 命令将左图修改为右图。

```
命令: _extend
当前设置:投影=UCS, 边=无
选择边界的边...
选择对象或 <全部选择>:  找到 1 个                    //选择边界线段 C，如图 7-2 左图所示
选择对象:                                            //按 Enter 键
选择要延伸的对象，或按住 Shift 键选择要修剪的对象，或
[栏选(F)/窗交(C)/投影(P)/边(E)/放弃(U)]:             //选择要延伸的线段 A
选择要延伸的对象，或按住 Shift 键选择要修剪的对象，或
[栏选(F)/窗交(C)/投影(P)/边(E)/放弃(U)]: E
                                      //利用“边(E)”选项将线段 B 延伸到隐含边界
输入隐含边延伸模式 [延伸(E)/不延伸(N)] <不延伸>: E     //选择“延伸(E)”选项
选择要延伸的对象，或按住 Shift 键选择要修剪的对象，或
[栏选(F)/窗交(C)/投影(P)/边(E)/放弃(U)]:                  //选择线段 B
选择要延伸的对象，或按住 Shift 键选择要修剪的对象，或
[栏选(F)/窗交(C)/投影(P)/边(E)/放弃(U)]:                  //按 Enter 键结束命令
```

结果如图 7-2 右图所示。

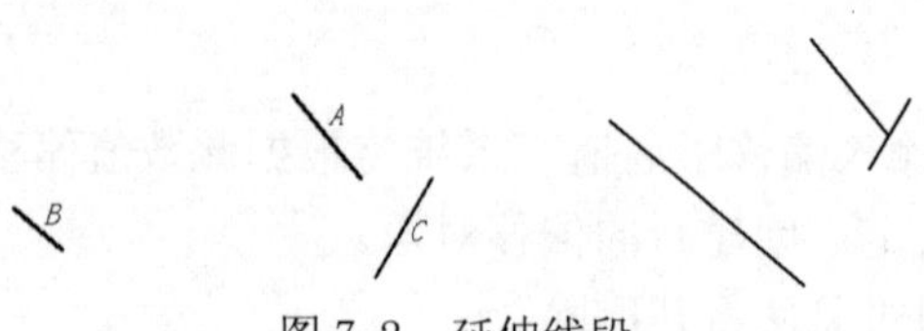

图 7-2 延伸线段

> **要点提示**
> 在延伸操作中，一个对象可同时被用作边界线及延伸对象。

2. 命令选项

- 按住 Shift 键选择要修剪的对象：将选择的对象修剪到边界而不是将其延伸。
- 栏选(F)：绘制连续折线，与折线相交的对象将被延伸。
- 窗交(C)：利用交叉窗口选择对象。
- 投影(P)：通过该选项指定延伸操作的空间。对于二维绘图来说，延伸操作是在当前用户坐标平面（*xy* 平面）内进行的。在三维空间作图时，可通过选择该选项将两个交叉对象投影到 *xy* 平面或当前视图平面内进行延伸操作。
- 边(E)：通过该选项控制是否把对象延伸到隐含边界。当边界边太短，延伸对象后不能与其直接相交（如图 7-2 所示的边界边 *C*）时，打开该选项，此时系统假想将边界边延长，然后使延伸边伸长到与边界边相交的位置。
- 放弃(U)：取消上一次的操作。

网络视频教学：利用 OFFSET 和 EXTEND 命令修改图形。

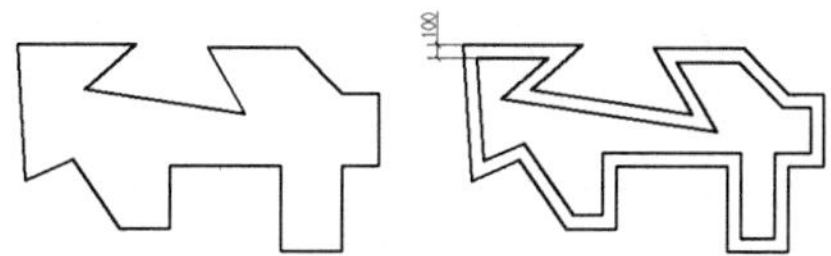

7.1.3 修剪线段

在绘图过程中常有许多线段交织在一起，若想将线段的某一部分修剪掉，可使用 TRIM 命令。执行该命令后，系统提示指定一个或几个对象作为剪切边（可以想象为剪刀），然后选择被剪掉的部分。剪切边可以是线段、圆弧和样条曲线等对象，剪切边本身也可作为被修剪的对象。

1. 命令启动方法

- 功能区：单击【常用】选项卡【修改】面板上的 -/-- 修剪 按钮。
- 命令：TRIM 或简写 TR。

【案例 7-3】 练习使用 TRIM 命令。

打开附盘文件“dwg\第 7 章\7-3.dwg”，如图 7-3 左图所示。使用 TRIM 命令将左图修改为右图。

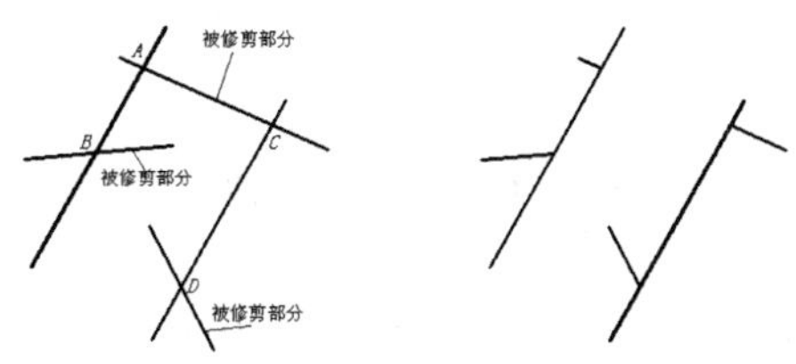

图 7-3 修剪线段

```
命令: _trim
当前设置:投影=UCS，边=延伸
选择剪切边...
```

```
选择对象或 <全部选择>:  找到 1 个      //选择剪切边 AB，如图 7-3 左图所示
选择对象：找到 1 个，总计 2 个         //选择剪切边 CD
选择对象:                              //按 Enter 键确认
选择要修剪的对象，或按住 Shift 键选择要延伸的对象，或[栏选(F)/窗交(C)/投影(P)/
边(E)/删除(R)/放弃(U)]:                      //选择被修剪的对象，如图 7-3 左图所示
选择要修剪的对象，或按住 Shift 键选择要延伸的对象，或[栏选(F)/窗交(C)/投影(P)/
边(E)/删除(R)/放弃(U)]:                      //按 Enter 键结束命令
```

结果如图 7-3 右图所示。

要点提示

当修剪图形中某一区域的线段时，可直接把这部分的所有图元都选中，这样可以使图元之间能够相互修剪，接下来的任务是仔细选择被剪切的对象。

2. 命令选项

- 按住 Shift 键选择要延伸的对象：将选定的对象延伸至剪切边。
- 栏选(F)：绘制连续折线，与折线相交的对象将被修剪掉。
- 窗交(C)：利用交叉窗口选择对象。
- 投影(P)：通过该选项指定执行修剪的空间。例如三维空间中的两条线段呈交叉关系，那么就可以利用该选项假想将其投影到某一平面上进行修剪操作。
- 边(E)：选取此选项，AutoCAD 提示如下。

  输入隐含边延伸模式 [延伸(E)/不延伸(N)] <不延伸>:

  延伸(E)：如果剪切边太短，没有与被修剪对象相交，那么系统会假想将剪切边延长，然后进行修剪操作，如图 7-4 所示。

  不延伸(N)：只有当剪切边与被剪切对象实际相交时才进行修剪。

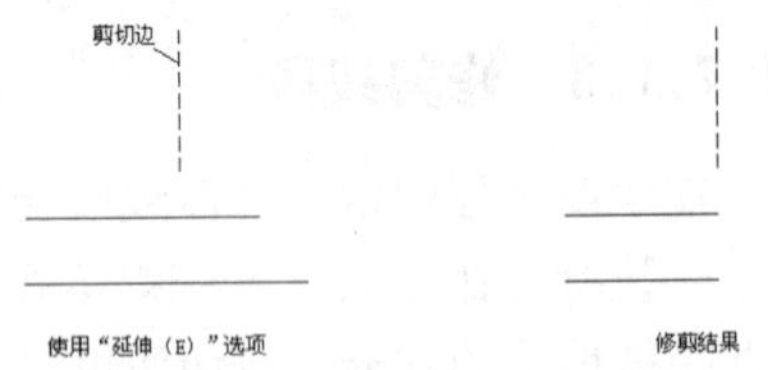

图 7-4　使用"延伸(E)"选项完成修剪操作

- 删除(R)：不退出 TRIM 命令就能删除选定的对象。
- 放弃(U)：若修剪有误，可输入字母"U"撤销操作。

7.1.4 对齐对象

使用 ALIGN 命令可以同时移动、旋转一个对象使其与另一个对象对齐。例如，用户可以使图形对象中的某个点、某条直线或某一个面（三维实体）与另一个实体的点、线、面对齐。在操作过程中，用户只需按照 AutoCAD 的提示指定源对象与目标对象的一点、两点或三点，即可完成对齐操作。

命令启动方法

- 功能区：单击【常用】选项卡【修改】面板底部的 修改 ▾ 按钮，在打开下拉列表中单击按钮。
- 命令：ALIGN 或简写 AL。

【案例 7-4】 练习使用 ALIGN 命令。

打开附盘文件"dwg\第 7 章\7-4.dwg"，如图 7-5 左图所示。使用 ALIGN 命令将左图修改为右图。

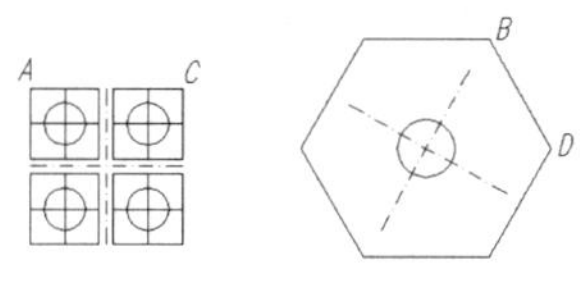

对齐前图形

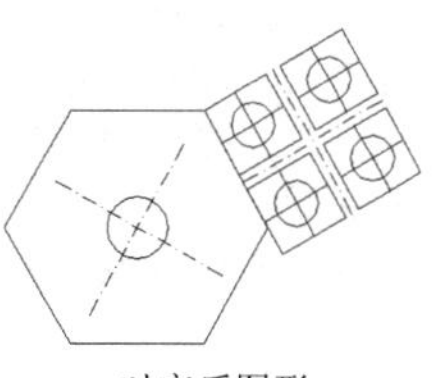

对齐后图形

图 7-5　对齐对象

```
命令: align
选择对象: 指定对角点: 找到 26 个                         //选择源对象,如图 7-5 左图所示
选择对象:                                               //按 Enter 键
指定第一个源点: int 于                                   //捕捉第一个源点 A
指定第一个目标点: int 于                                 //捕捉第一个目标点 B
指定第二个源点: int 于                                   //捕捉第二个源点 C
指定第二个目标点: int 于                                 //捕捉第二个目标点 D
指定第三个源点或 <继续>:                                  //按 Enter 键
是否基于对齐点缩放对象? [是(Y)/否(N)] <否>:                //按 Enter 键不缩放源对象
```

结果如图 7-5 右图所示。

使用 ALIGN 命令时，可指定按照一个端点、两个端点或 3 个端点来对齐实体。在二维平面绘图中，一般需要将源对象与目标对象按一个或两个端点进行对正。操作完成，源对象与目标对象的第一点将重合在一起，如果要使它们的第二个端点也重合，就需要利用“是否基于对齐点缩放对象”选项缩放源对象。此时，第一目标点是缩放的基点，第一与第二源点间的距离是第一个参考长度，第一和第二目标点间的距离是新的参考长度，新的参考长度与第一个参考长度的比值就是缩放比例因子。

网络视频教学：利用 LINE、OFFSET、ALIGN 和 ARRAY 等命令绘制图形。

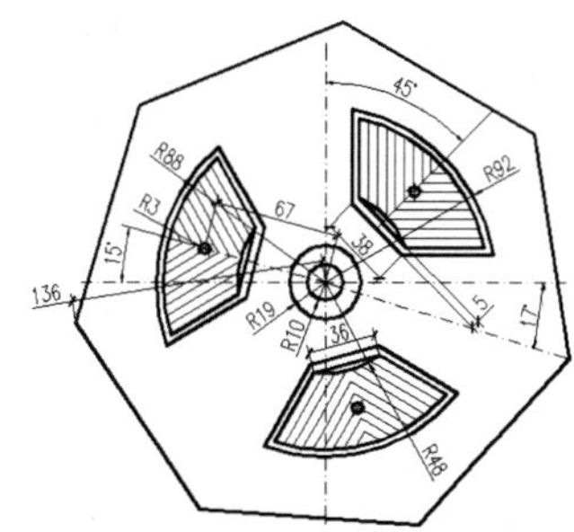

7.1.5　改变线段长度

使用 LENGTHEN 命令可以改变线段、圆弧和椭圆弧等对象的长度。使用此命令时，经常采用的选项是“动态(DY)”，即直观地拖动对象来改变其长度。

1. 命令启动方法

- 功能区：单击【常用】选项卡【修改】面板底部的 修改▾ 按钮，在打开的下拉列表中单击按钮。
- 命令：LENGTHEN 或简写 LEN。

【案例 7-5】　练习使用 LENGTHEN 命令。

打开附盘文件“dwg\第 7 章\7-5.dwg”，如图 7-6 左图所示。使用 LENGTHEN 命令将左图修改为右图。

```
命令: lengthen
选择对象或 [增量(DE)/百分数(P)/全部(T)/动态(DY)]: dy  //选择“动态(DY)”选项
选择要修改的对象或 [放弃(U)]:          //选择线段 AB 的左端点，如图 7-6 左图所示
指定新端点:                            //调整线段端点到适当位置
选择要修改的对象或 [放弃(U)]:          //选择线段 CD 的右端点
指定新端点:                            //调整线段端点到适当位置
选择要修改的对象或 [放弃(U)]:          //按 Enter 键结束命令
```

结果如图 7-6 右图所示。

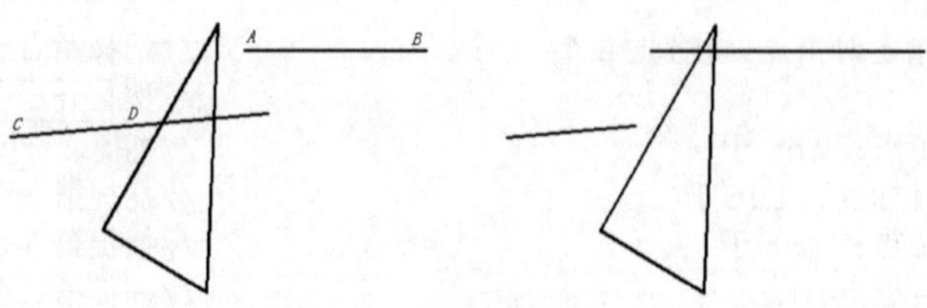

图 7-6　改变对象长度

2．命令选项

- 增量(DE)：以指定的增量值改变线段或圆弧的长度。对于圆弧来说，还可以通过设定角度增量改变其长度。
- 百分数(P)：以对象总长度的百分比形式改变对象长度。
- 全部(T)：通过指定线段或圆弧的新长度来改变对象长度。
- 动态(DY)：通过拖动鼠标动态改变对象长度。

网络视频教学：利用 LENGTHEN 命令修改图形。

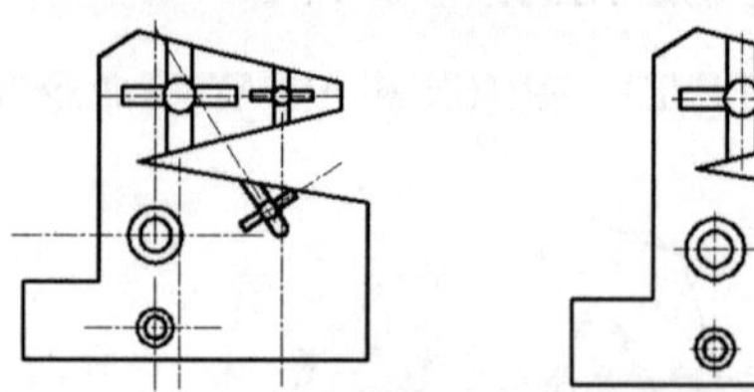

网络视频教学：利用 LINE、OFFSET 及 TRIM 等命令绘图，图形右边与下面的图形尺寸相同。

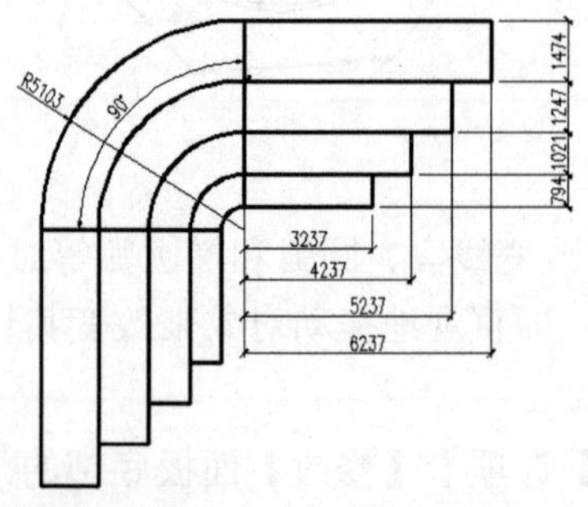

7.2　绘制多线、多段线

本节主要讲述多线、多段线的绘制方法。

7.2.1 多线样式

多线的外观由多线样式决定，在多线样式中可以设定多线中线条的数量、每条线的颜色和线型以及线间的距离等，还能指定多线两个端头的样式，如弧形端头及平直端头等。

命令启动方法

命令：MLSTYLE。

【案例 7-6】 创建新的多线样式。

1）执行 MLSTYLE 命令，打开【多线样式】对话框，如图 7-7 所示。

2）单击 新建(N)... 按钮，弹出【创建新的多线样式】对话框，如图 7-8 所示。在【新样式名】文本框中输入新样式名“墙体 36”，此时因为只有一个多线样式，所以【基础样式】下拉列表为灰色。

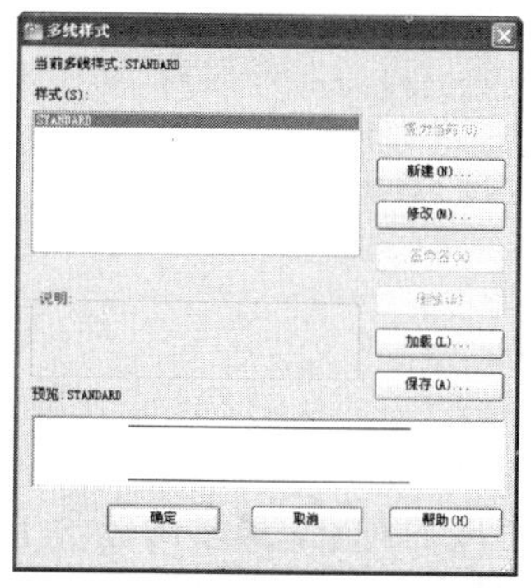

图 7-7 【多线样式】对话框

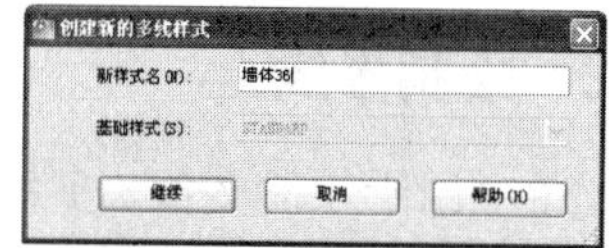

图 7-8 【创建新的多线样式】对话框

3）单击 继续 按钮，打开【新建多线样式】对话框，如图 7-9 所示。

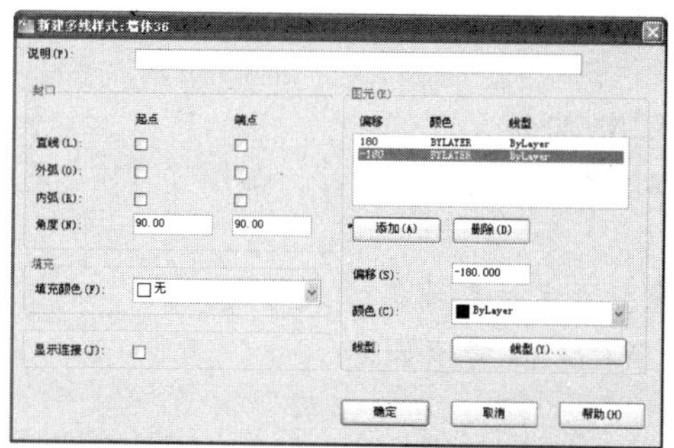

图 7-9 【新建多线样式】对话框

在该对话框中完成以下任务：

（1）在【说明】文本框中输入关于多线样式的说明文字。

（2）在【图元】列表框中选中“0.5”，然后在【偏移】文本框中输入数值“180”。

（3）在【图元】列表框中选中“–0.5”，然后在【偏移】文本框中输入数值“–180”。

4）单击 确定 按钮，返回【多线样式】对话框，单击 置为当前(U) 按钮，使新样式成为当前样式。

【新建多线样式】对话框中常用选项的功能如下。

- 添加(A) 按钮：单击此按钮，系统将在多线中添加一条新线，该线的偏移量可在【偏移】文本框中设定。

● 删除(D) 按钮：删除【图元】列表框中选定的线元素。
● 【颜色】下拉列表：通过此下拉列表修改【图元】列表框中选定线元素的颜色。
● 线型(Y)... 按钮：指定【图元】列表框中选定线元素的线型。
● 【直线】：在多线的两端产生直线封口形式，如图 7-10 所示。
● 【外弧】：在多线的两端产生外圆弧封口形式，如图 7-10 所示。
● 【内弧】：在多线的两端产生内圆弧封口形式，如图 7-10 所示。
● 【角度】：该角度是指多线某一端的端口连线与多线的夹角，如图 7-10 所示。
● 【填充颜色】下拉列表：设置多线的填充色。
● 【显示连接】：选取该复选项后，系统在多线拐角处显示连接线，如图 7-10 所示。

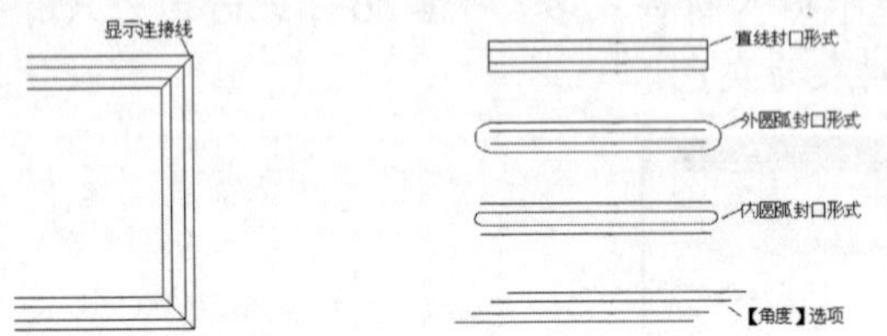

图 7-10　多线的各种特性

5）单击 确定 按钮，关闭【多线样式】对话框。

7.2.2　绘制多线

MLINE 命令用于绘制多线。多线是由多条平行直线组成的对象，最多可包含 16 条平行线，线间的距离、线的数量、线条颜色及线型等都可以调整。该命令常用于绘制墙体、公路或管道等。

1. 命令启动方法

命令：MLINE。

【案例 7-7】　练习使用 MLINE 命令。

1）打开附盘文件“dwg\第 7 章\7-7.dwg”，如图 7-11 左图所示。使用 MLINE 命令将左图修改为右图。

2）激活对象捕捉功能，设定对象捕捉方式为交点。

3）输入 MLINE 命令，AutoCAD 提示如下。

```
命令: mline
当前设置: 对正 = 上，比例 = 1.00，样式 = 墙体24
指定起点或 [对正(J)/比例(S)/样式(ST)]:  s            //选择“比例(S)”选项
输入多线比例 <1.00>:  5
当前设置: 对正 = 上，比例 = 5.00，样式 = 墙体24
指定起点或 [对正(J)/比例(S)/样式(ST)]:  j            //选择“对正(J)”选项
输入对正类型 [上(T)/无(Z)/下(B)] <上>:  z           //设定对正方式为“无(Z)”
当前设置: 对正 = 无，比例 = 5.00，样式 = 墙体24
指定起点或 [对正(J)/比例(S)/样式(ST)]:               //捕捉A点，如图7-11左图所示
指定下一点:                                        //捕捉B点
指定下一点或 [放弃(U)]:                             //捕捉C点
指定下一点或 [闭合(C)/放弃(U)]:                      //捕捉D点
指定下一点或 [闭合(C)/放弃(U)]:                      //捕捉E点
指定下一点或 [闭合(C)/放弃(U)]:                      //捕捉F点
指定下一点或 [闭合(C)/放弃(U)]:                      //捕捉G点
```

```
指定下一点或 [闭合(C)/放弃(U)]:                    //捕捉 H 点
指定下一点或 [闭合(C)/放弃(U)]:                    //捕捉 I 点
指定下一点或 [闭合(C)/放弃(U)]:                    //捕捉 J 点
指定下一点或 [闭合(C)/放弃(U)]:                    //捕捉 K 点
指定下一点或 [闭合(C)/放弃(U)]:                    //捕捉 L 点
指定下一点或 [闭合(C)/放弃(U)]:                    //捕捉 M 点
指定下一点或 [闭合(C)/放弃(U)]:                    //捕捉 N 点
指定下一点或 [闭合(C)/放弃(U)]:c                   //使多线闭合
```

结果如图 7-11 右图所示。

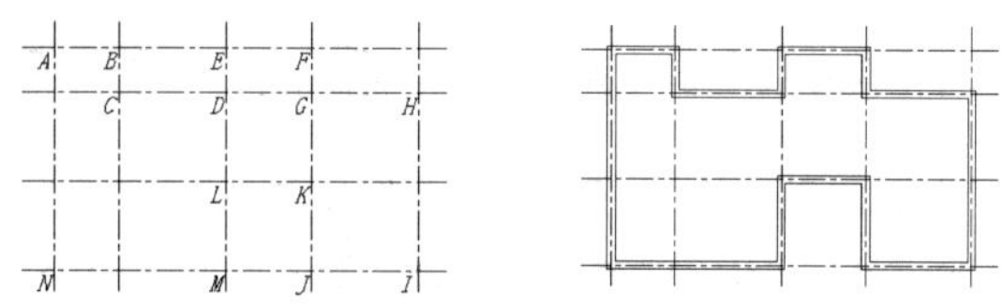

图 7-11　绘制多线

2. 命令选项

- 对正(J)：设定多线对正方式，即多线中哪条线段的端点与鼠标指针重合并随鼠标指针移动。该选项有 3 个子选项。

  上(T)：若从左往右绘制多线，则对正点将在最顶端线段的端点处。

  无(Z)：对正点位于多线中偏移量为 0 的位置处。多线中线条的偏移量可在多线样式中设定。

  下(B)：若从左往右绘制多线，则对正点将在最底端线段的端点处。
- 比例(S)：指定多线宽度相对于定义宽度（在多线样式中定义）的比例因子，该比例不影响线型比例。
- 样式(ST)：通过该选项可以选择多线样式，默认样式是“STANDARD”。

7.2.3　编辑多线

MLEDIT 命令用于编辑多线，其主要功能如下：

- 改变两条多线的相交形式。例如，使它们相交成十字形或 T 字形。
- 在多线中加入控制顶点或删除顶点。
- 将多线中的线条切断或接合。

命令启动方法

命令：MLEDIT。

【案例 7-8】　练习使用 MLEDIT 命令。

1）打开附盘文件“dwg\第 7 章\7-8.dwg”，如图 7-12 左图所示。使用 MLEDIT 命令将左图修改为右图。

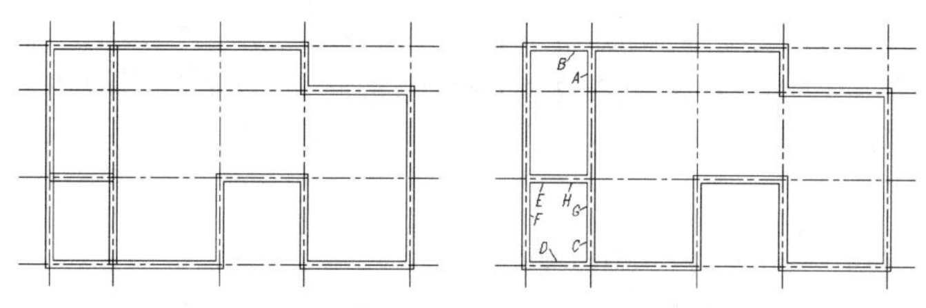

图 7-12　编辑多线

2）执行 MLEDIT 命令，打开【多线编辑工具】对话框，如图 7-13 所示。该对话框中的小型图片形象地表明了各种编辑工具的功能。

3）选取【T 形合并】选项，AutoCAD 提示如下。

```
命令： _mledit
选择第一条多线://在 A 点处选择多线，如图 7-12 右图所示
选择第二条多线:              //在 B 点处选择多线
选择第一条多线 或 [放弃(U)]://在 C 点处选择多线
选择第二条多线:              //在 D 点处选择多线
选择第一条多线 或 [放弃(U)]://在 E 点处选择多线
选择第二条多线:                //在 F 点处选择多线
选择第一条多线 或 [放弃(U)]:   //在 H 点处选择多线
选择第二条多线:                //在 G 点处选择多线
选择第一条多线 或 [放弃(U)]:   //按 Enter 键结束命令
```

图 7-13 【多线编辑工具】对话框

结果如图 7-12 右图所示。

网络视频教学：执行 LINE、MLINE 等命令绘图。

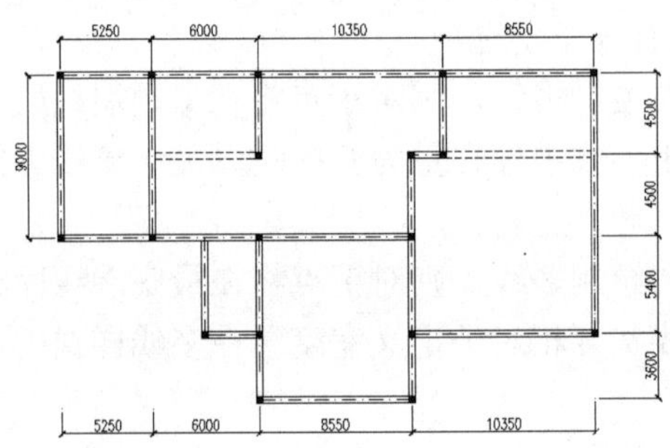

7.2.4 创建及编辑多段线

1. PLINE 命令及启动方法

PLINE 命令用来创建二维多段线。多段线是由几段线段和圆弧构成的连续线条，它是一个单独的图形对象，具有以下特点：

（1）能够设定多段线中线段及圆弧的宽度。

（2）可以利用有宽度的多段线形成实心圆、圆环或带锥度的粗线等。

（3）能在指定的线段交点处或对整个多段线进行倒圆角、倒斜角处理。

- 功能区：单击【常用】选项卡【绘图】面板上的按钮。
- 命令：PLINE。

2. PEDIT 命令及启动方法

编辑多段线的命令是 PEDIT，该命令用于修改整个多段线的宽度值或分别控制各段的宽度值，此外，还能将线段、圆弧构成的连续线编辑成一条多段线。

- 功能区：单击【常用】选项卡【修改】面板底部的 修改 ▾ 按钮，在打开的下拉列表中单击按钮。
- 命令：PEDIT。

【案例 7-9】 练习使用 PLINE 和 PEDIT 命令。

1）打开附盘文件“dwg\第 7 章\7-9.dwg”，如图 7-14 左图所示。使用 PLINE、PEDIT

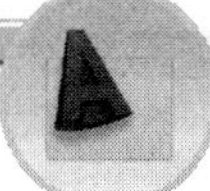

及 OFFSET 等命令将左图修改为右图。

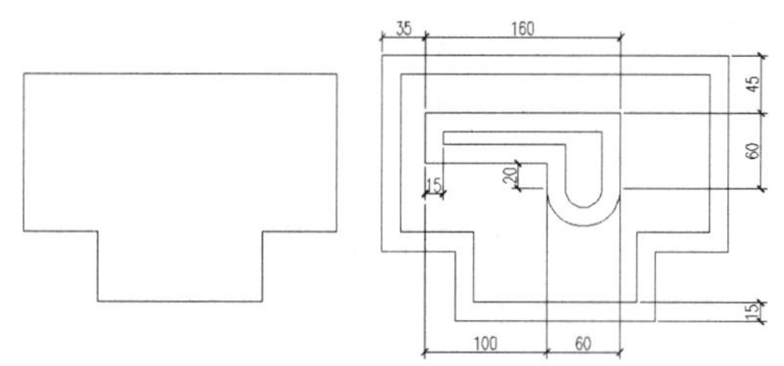

图 7-14 绘制及编辑多段线

2）激活极轴追踪、对象捕捉及自动追踪等功能，设定对象捕捉方式为端点、交点。

```
命令: pline
指定起点: from                          //使用正交偏移捕捉
基点:                                   //捕捉 A 点，如图 7-15 左图所示
<偏移>: @20,-30                         //输入 B 点的相对坐标
指定下一个点或 [圆弧(A)/半宽(H)/长度(L)/放弃(U)/宽度(W)]: 160
                                        //从 B 点向右追踪并输入追踪距离
指定下一点或 [圆弧(A)/闭合(C)/半宽(H)/长度(L)/放弃(U)/宽度(W)]: 60
                                        //从 C 点向下追踪并输入追踪距离
指定下一点或 [圆弧(A)/闭合(C)/半宽(H)/长度(L)/放弃(U)/宽度(W)]: a
                                        //使用"圆弧(A)"选项绘制圆弧
指定圆弧的端点或[角度(A)/圆心(CE)/闭合(CL)/方向(D)/半宽(H)/直线(L)/半径(R)/
第二个点(S)/放弃(U)/宽度(W)]: 60         //从 D 点向左追踪并输入追踪距离
指定圆弧的端点或[角度(A)/圆心(CE)/闭合(CL)/方向(D)/半宽(H)/直线(L)/半径(R)/
第二个点(S)/放弃(U)/宽度(W)]: l          //使用"直线(L)"选项切换到画直线模式
指定下一点或 [圆弧(A)/闭合(C)/半宽(H)/长度(L)/放弃(U)/宽度(W)]: 20
                                        //从 E 点向上追踪并输入追踪距离
指定下一点或 [圆弧(A)/闭合(C)/半宽(H)/长度(L)/放弃(U)/宽度(W)]:
                     //从 F 点向左追踪，再以 B 点为追踪参考点确定 G 点
指定下一点或 [圆弧(A)/闭合(C)/半宽(H)/长度(L)/放弃(U)/宽度(W)]:
                                        //捕捉 B 点
指定下一点或 [圆弧(A)/闭合(C)/半宽(H)/长度(L)/放弃(U)/宽度(W)]:
                                        //按 Enter 键结束命令
命令: pedit
选择多段线或 [多条(M)]:                  //选择线段 M，如图 7-15 左图所示
选定的对象不是多段线
是否将其转换为多段线? <Y>                //按 Enter 键将线段 M 转换为多段线
输入选项 [闭合(C)/合并(J)/宽度(W)/编辑顶点(E)/拟合(F)/样条曲线(S)/非曲线化
(D)/线型生成(L)/反转(R)/放弃(U)]:j        //使用"合并(J)"选项
选择对象: 总计 7 个                      //选择线段 H、I、J、K、L、N 和 O
选择对象:                               //按 Enter 键
输入选项 [闭合(C)/合并(J)/宽度(W)/编辑顶点(E)/拟合(F)/样条曲线(S)/非曲线化
(D)/线型生成(L)/反转(R)/放弃(U)]:          //按 Enter 键结束
```

3）使用 OFFSET 命令偏移两个闭合线框，偏移距离为 15，结果如图 7-15 右图所示。

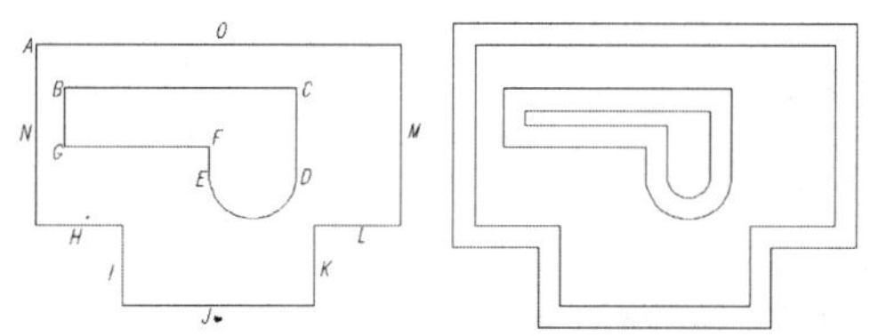

图 7-15 创建及编辑多段线

3. PLINE 命令选项

- 圆弧(A)：使用此选项可以绘制圆弧。
- 闭合(C)：选择此选项将使多段线闭合，它与 LINE 命令中的“闭合(C)”选项的作用相同。
- 半宽(H)：该选项用于指定本段多段线的半宽度，即线宽的一半。
- 长度(L)：指定本段多段线的长度，其方向与上一条线段相同或沿上一段圆弧的切线方向。
- 放弃(U)：删除多段线中最后一次绘制的线段或圆弧段。
- 宽度(W)：设置多段线的宽度，此时系统会提示“指定起点宽度:”和“指定端点宽度:”，用户可输入不同的起始宽度和终点宽度值，以绘制一条宽度逐渐变化的多段线。

4. PEDIT 命令选项

- 合并(J)：将线段、圆弧或多段线与所编辑的多段线连接，以形成一条新的多段线。
- 宽度(W)：修改整条多段线的宽度。

网络视频教学：执行 PLINE 命令绘图。

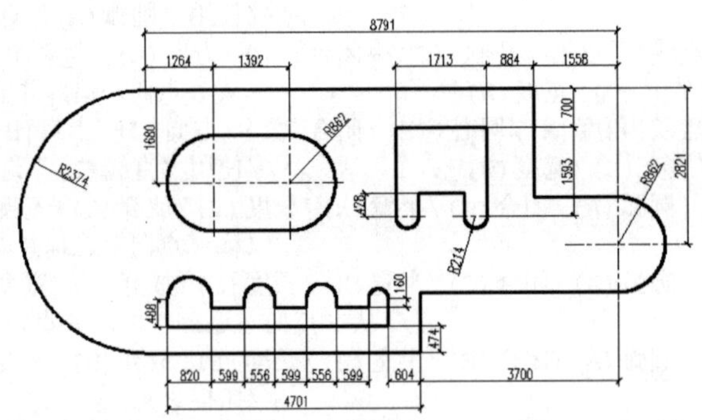

7.3 绘制射线、构造线及云线

本节主要讲述射线、构造线及云线的绘制方法。

7.3.1 绘制射线

RAY 命令用于创建射线。操作时，只需指定射线的起点及另一通过点即可。使用该命令可一次创建多条射线。

命令启动方法

- 功能区：单击【常用】选项卡【绘图】面板底部的 绘图 ▾ 按钮，在打开的下拉列表中单击按钮。
- 命令：RAY。

【案例 7-10】 练习使用 RAY 命令。

打开附盘文件“dwg\第 7 章\7-10.dwg”，如图 7-16 左图所示。使用 RAY 命令将左图修改为右图。

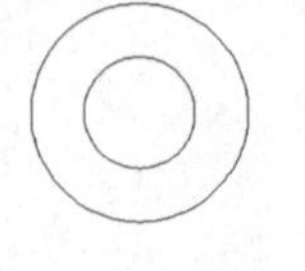

图 7-16 绘制射线

```
命令: _ray 指定起点: cen 于                    //捕捉圆心
指定通过点: <20                               //设定射线角度
角度替代: 20
指定通过点:                                   //单击 A 点
指定通过点: <110                              //设定射线角度
角度替代: 110
指定通过点:                                   //单击 B 点
指定通过点: <130                              //设定射线角度
角度替代: 130
指定通过点:                                   //单击 C 点
指定通过点: <260                              //设定射线角度
角度替代: 260
指定通过点:                                   //单击 D 点
指定通过点:                                   //按 Enter 键结束命令
```

结果如图 7-16 右图所示。

7.3.2 绘制垂线及倾斜线段

如果要沿某一方向绘制任意长度的线段，可在系统提示输入点时输入一个小于号“<”及角度值，该角度表明了所绘线段的方向，系统将把鼠标指针锁定在此方向上，移动鼠标光标，线段的长度就会发生变化，获取适当长度后，可单击鼠标左键结束。这种画线方式被称为角度覆盖。

【案例 7-11】 绘制垂线及倾斜线段。

打开附盘文件“dwg\第 7 章\7-11.dwg”，如图 7-17 左图所示。利用角度覆盖方式绘制垂线 *BC* 和斜线 *DE*，结果如图 7-17 右图所示。

```
命令: _line 指定第一点: ext 于                  //使用延伸捕捉 EXT
20                                           //输入 A 点到 B 点的距离
指定下一点或 [放弃(U)]: <150                   //指定线段 BC 的方向
角度替代: 150
指定下一点或 [放弃(U)]:                        //在 C 点处单击一点
指定下一点或 [放弃(U)]:                        //按 Enter 键结束命令
命令:                                        //重复命令
LINE 指定第一点: ext                          //使用延伸捕捉 EXT
于 50                                        //输入 A 点到 D 点的距离
指定下一点或 [放弃(U)]: <170                   //指定线段 DE 的方向
角度替代: 170
指定下一点或 [放弃(U)]:                        //在 E 点处单击一点
指定下一点或 [放弃(U)]:                        //按 Enter 键结束命令
```

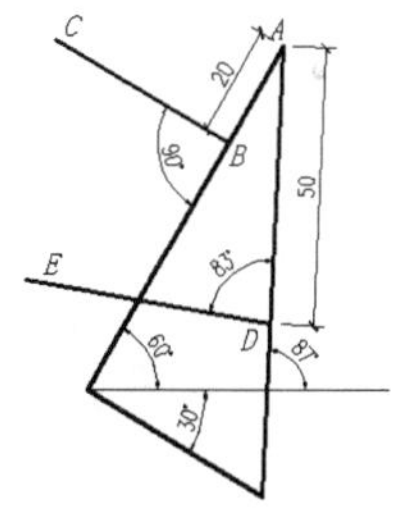

图 7-17 绘制垂线及斜线

网络视频教学：绘制倾斜图形。

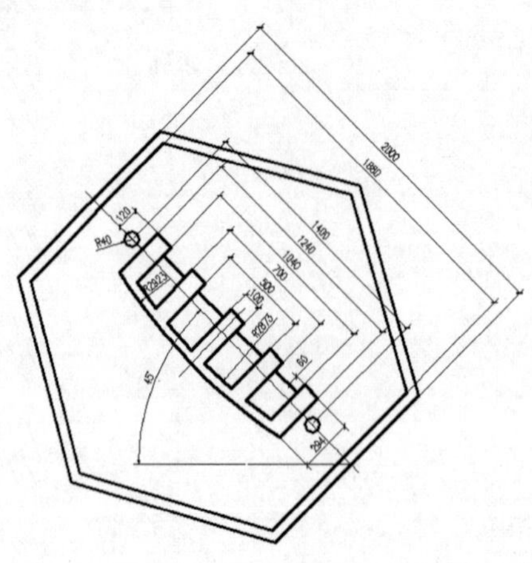

7.3.3 绘制构造线

使用 XLINE 命令可以绘制出无限长的构造线，利用它能直接绘制出水平、竖直、倾斜及平行的线段。在作图过程中使用此命令绘制定位线或绘图辅助线是很方便的。

1. 命令启动方法

- 功能区：单击【常用】选项卡【绘图】面板底部的 绘图▾ 按钮，在打开的下拉列表中单击 按钮。
- 命令：XLINE 或简写 XL。

【案例 7-12】 练习使用 XLINE 命令。

打开附盘文件“dwg\第 7 章\7-12.dwg”，如图 7-18 左图所示。使用 XLINE 命令将左图修改为右图。

```
命令: _xline 指定点或 [水平(H)/垂直(V)/角度(A)/二等分(B)/偏移(O)]: v
                                                    //选择“垂直(V)”选项
指定通过点: ext                                      //使用延伸捕捉
于 30                                      //输入 D 点到 C 点的距离，如图 7-18 右图所示
指定通过点:                                          //按 Enter 键结束命令
命令:                                                //重复命令
XLINE 指定点或 [水平(H)/垂直(V)/角度(A)/二等分(B)/偏移(O)]: a
                                                    //选择“角度(A)”选项
输入构造线的角度 (0) 或 [参照(R)]: r                  //选择“参照(R)”选项
选择直线对象:                                        //选择线段 AC
输入构造线的角度 <0>: -60                            //输入角度值
指定通过点: ext                                      //使用延伸捕捉
于 30                                                //输入 B 点到 A 点的距离
指定通过点:                                          //按 Enter 键结束命令
```

结果如图 7-18 右图所示。

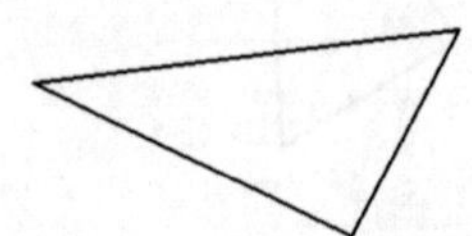

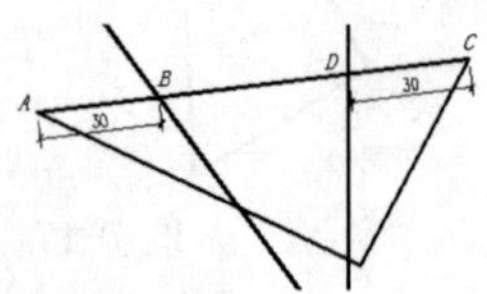

图 7-18 绘制构造线

2. 命令选项

- 指定点：通过两点绘制直线。
- 水平(H)：绘制水平方向上的直线。
- 垂直(V)：绘制竖直方向上的直线。
- 角度(A)：通过某点绘制一条与已知线段成一定角度的直线。
- 二等分(B)：绘制一条平分已知角度的直线。
- 偏移(O)：通过输入偏移距离绘制平行线，或指定直线通过的点来创建平行线。

网络视频教学：利用构造线辅助绘图。

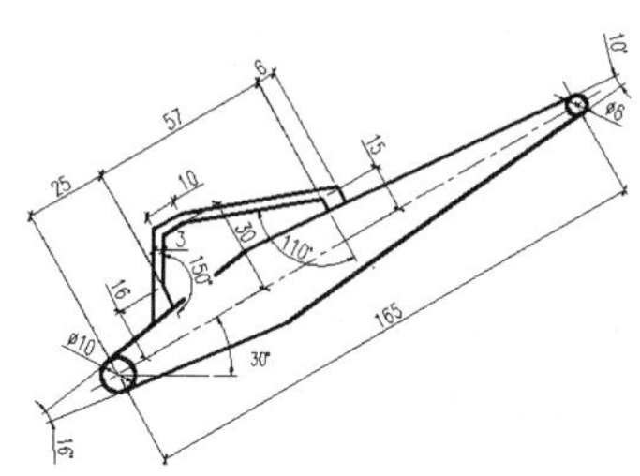

7.3.4 修订云线

云线是由连续圆弧组成的云状多段线，可以设定线中弧长的最大值及最小值。

1. 命令启动方法

- 功能区：单击【常用】选项卡【绘图】面板底部的 绘图 ▾ 按钮，在打开的下拉列表中单击按钮。
- 命令：REVCLOUD。

【案例 7-13】 练习使用 REVCLOUD 命令。

```
命令: _revcloud
最小弧长: 15.0000   最大弧长: 15.0000   样式: 普通
指定起点或 [弧长(A)/对象(O)/ 样式(S)] <对象>: a
                                           //设定云线中弧长的最大值及最小值
指定最小弧长 <15.0000>: 30                 //输入弧长最小值
指定最大弧长 <30.0000>: 50                 //输入弧长最大值
指定起点或 [弧长(A)/对象(O)/样式(S)] <对象>:      //单击一点以指定云线的起始点
沿云线路径引导十字光标...                          //拖动鼠标指针，画出云状线
修订云线完成。          //当鼠标指针移动到起始点时，系统将自动生成闭合的云线
```

结果如图 7-19 所示。

2. 命令选项

- 弧长(A)：设定云线中弧线长度的最大值及最小值，最大弧长不能大于最小弧长的 3 倍。
- 对象(O)：将闭合对象（如矩形、圆及闭合多段线等）转化为云线，还能调整云线中弧线的方向，如图 7-20 所示。

图 7-19 绘制云线

图 7-20 将闭合对象转化为云线

网络视频教学：利用构造线等功能辅助绘图。

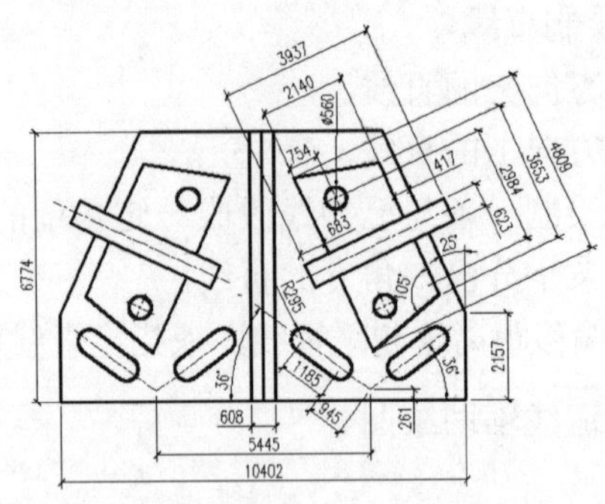

7.4 快速选择

本节通过实例讲述快速选择对象的方法。

绘图过程中可以使用对象特性或对象类型来将对象包含在选择集中或排除对象。可以按特性（例如颜色）和对象类型过滤选择集。例如，只选择图形中所有红色的圆而不选择任何其他对象，或者选择除红色圆以外的所有其他对象。

命令启动方法

- 功能区：单击【常用】选项卡【实用工具】面板上的按钮（快速选择）。
- 命令：QSELECT（快速选择）或 FILTER（对象选择过滤器）。

使用快速选择功能可以根据指定的过滤条件快速定义选择集。如果使用 Autodesk 或第三方应用程序为对象添加特征分类，则可以按照分类特性选择对象。使用对象选择过滤器功能，可以命名和保存过滤器以供将来使用。

使用快速选择或对象选择过滤器功能，如果要根据颜色、线型或线宽过滤选择集，应首先确定是否已将图形中所有对象的这些特性设置为“BYLAYER”。例如，一个对象显示为红色，因为它的颜色被设置为“BYLAYER”，并且图层的颜色是红色。

下面通过实例讲解利用 QSELECT 命令进行绘图的方法。

【案例 7-14】 按下列步骤操作，删除附盘文件“dwg\第 7 章\7-14.dwg”中的由图层“标注”绘制的图形。

1）打开附盘文件“dwg\第 7 章\7-14.dwg”，如图 7-21 所示。

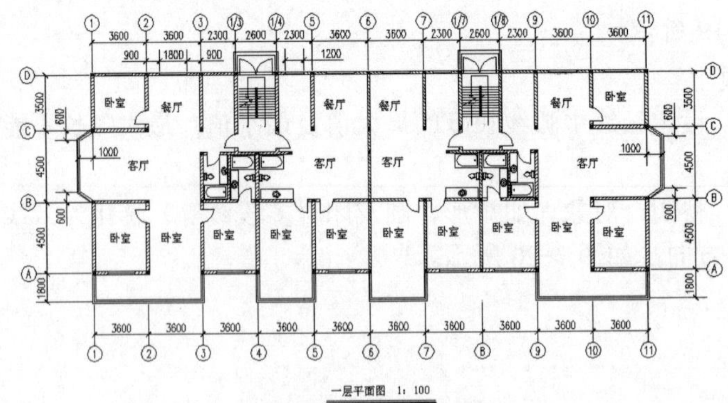

图 7-21　一层平面图

2）执行 QSELECT 命令，打开【快速选择】对话框，具体设置如图 7-22 所示。

3）单击 确定 按钮，完成对“标注”图层的快速选择，结果如图 7-23 所示。

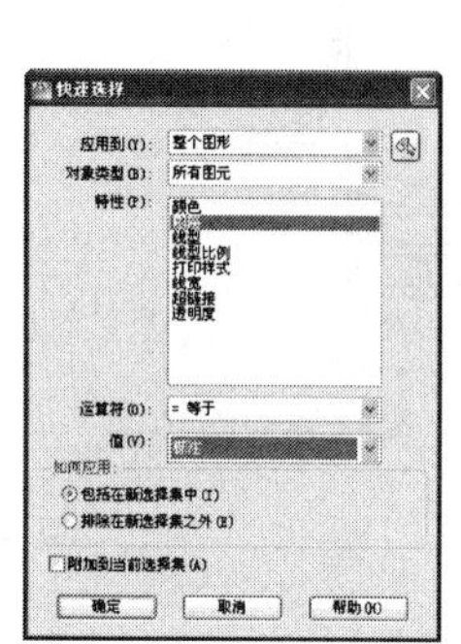

图 7-22 【快速选择】对话框

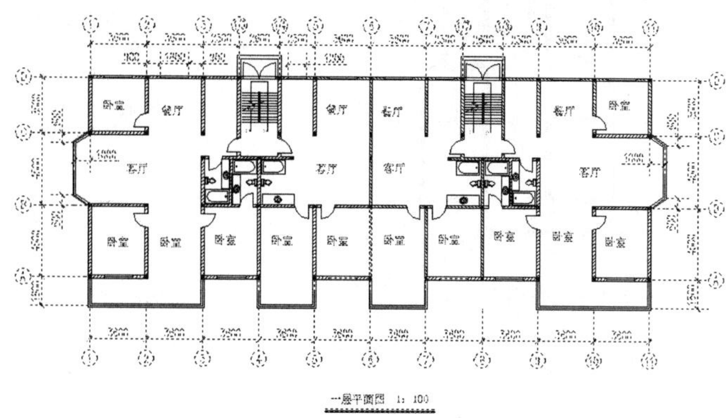

图 7-23 快速选择对象

4）执行 ERASE 命令，完成删除，结果如图 7-24 所示。

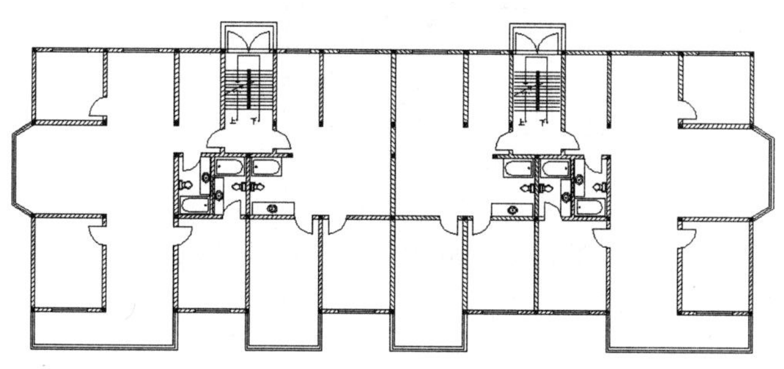

图 7-24 删除选择对象

7.5 习题

1. 利用偏移、延伸、修剪和改变线段长度等命令绘制如图 7-25 所示的图形。

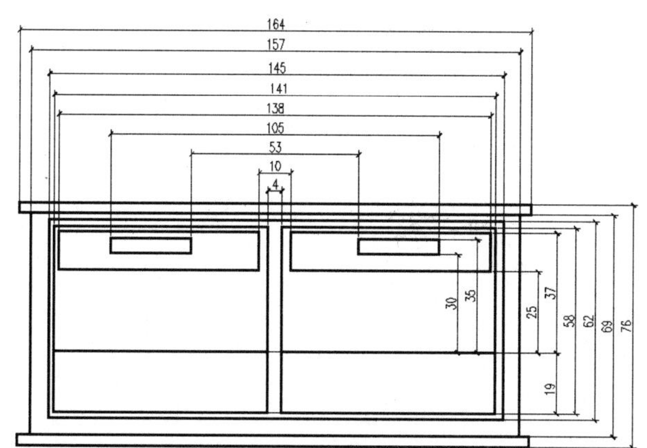

图 7-25 利用偏移、延伸、修剪和改变线段长度等命令绘图

2. 利用多线命令绘制如图 7-26 所示的图形。

3. 利用多段线、偏移等命令绘制如图 7-27 所示的图形。

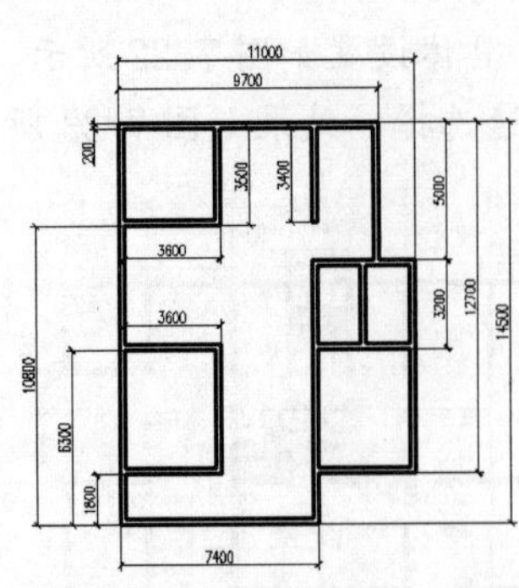

图 7-26　利用多线命令绘图

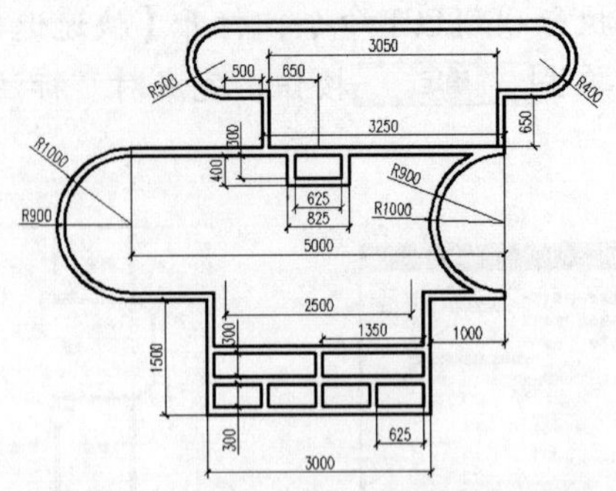

图 7-27　利用多段线、偏移等命令绘图

4. 利用构造线等命令绘制如图 7-28 所示的图形。

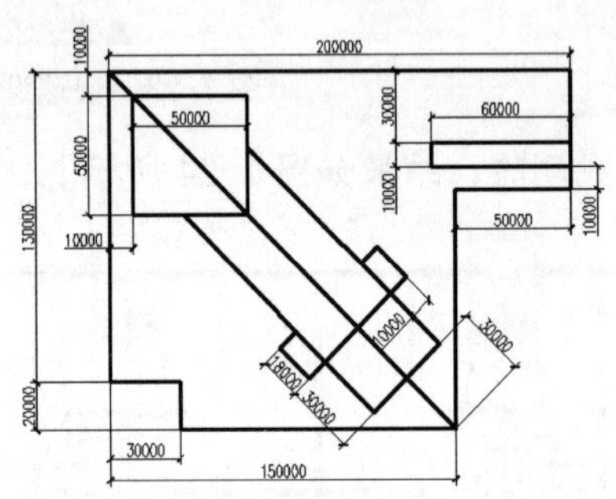

图 7-28　利用构造线等命令绘图

第8章

标注

通过本章的学习，读者可以掌握图形文字和尺寸的标注方法，并能够灵活运用相应的命令。

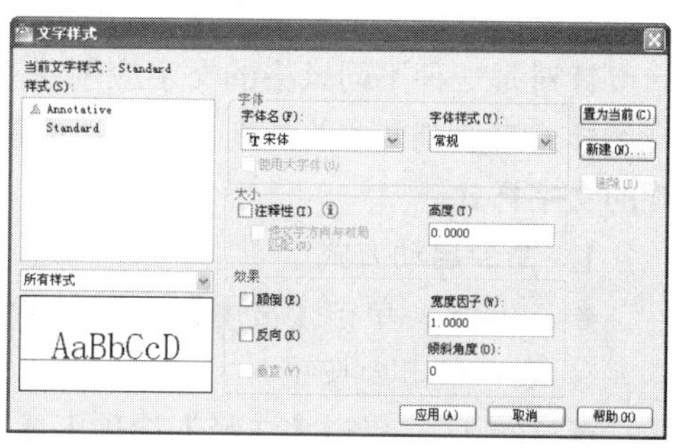

【学习目标】

☑ 创建文字样式，标注单行及多行文字。

☑ 编辑文字内容及属性。

☑ 创建标注样式，并标注直线型、角度型、直径型及半径型尺寸。

☑ 标注尺寸公差及形位公差。

☑ 编辑尺寸文字及调整标注位置。

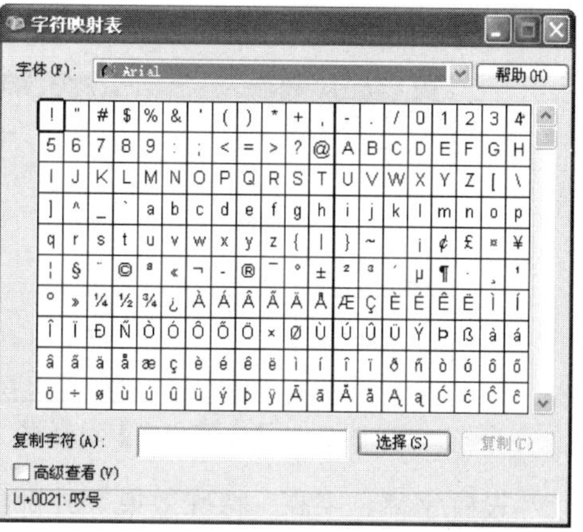

8.1 文字标注

本节主要内容包括文字样式设置、单行文字与多行文字标注、文字编辑。

8.1.1 文字样式

在 AutoCAD 中有两类文字对象，一类称为单行文字，另一类是多行文字，它们分别由 DTEXT 和 MTEXT 命令来创建。一般来讲，一些比较简短的文字项目，如标题栏信息、尺寸标注说明等，常常采用单行文字；而对带有段落格式的信息，如建筑设计说明、技术条件等，则常使用多行文字。

AutoCAD 生成的文字对象的外观由与它关联的文字样式所决定。默认情况下 Standard 文字样式是当前样式，当然也可根据需要创建新的文字样式。

文字样式主要控制与文本连接的字体文件、字符宽度、文字倾斜角度及高度等项目，另外，还可通过它设计出相反的、颠倒的以及竖直方向的文本。

针对每一种不同风格的文字应创建对应的文字样式，这样在输入文本时就可用相应的文字样式来控制文本的外观。例如，可建立专门用于控制尺寸标注文字及技术说明文字外观的文字样式。

1. 命令启动方式

- 功能区：单击【常用】选项卡【注释】面板底部的 注释 按钮，在打开的下拉列表中单击 按钮。
- 功能区：单击【注释】选项卡【文字】面板底部 文字 按钮右边的 按钮。
- 命令：STYLE。

【案例 8-1】 创建文字样式。

1）执行 STYLE 命令，打开【文字样式】对话框，如图 8-1 所示。

2）单击 新建(N)... 按钮，打开【新建文字样式】对话框，在【样式名】文本框中输入文字样式的名称“文字样式”，如图 8-2 所示。

3）单击 确定 按钮，返回【文字样式】对话框，在【字体名】下拉列表中选择“宋体”。

4）单击 应用(A) 按钮，单击 关闭(C) 按钮，关闭【文字样式】对话框，完成文字样式的创建。

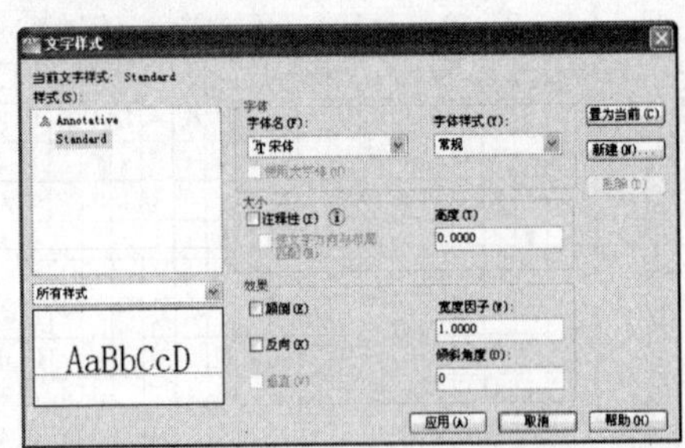

图 8-1 【文字样式】对话框

图 8-2 【新建文字样式】对话框

设置字体、字高、特殊效果等外部特征以及修改、删除文字样式等操作是在【文字样式】对话框中进行的。该对话框的常用选项介绍如下。

- 【样式】：该列表框显示图样中所有文字样式的名称，可从中选择一个，使其成为当前样式。
- 新建(N)... 按钮：单击此按钮，可以创建新的文字样式。
- 删除(D) 按钮：在【样式】列表框中选择一个文字样式，再单击此按钮就删除它。当前样式以及正在使用的文字样式不能被删除。
- 【字体名】：在此下拉列表中罗列了所有字体的清单。带有双“T”标志的字体是 TrueType 字体，其他字体是 AutoCAD 自带的字体。
- 【字体样式】：如果用户选择的字体支持不同的样式，如粗体或斜体等，就可在【字体样式】下拉列表中选择。
- 高度：输入字体的高度。如果在文本框中指定了文本高度，则当使用 DTEXT（单行文字）命令时，AutoCAD 将不提示“指定高度”。
- 颠倒：选中此选项，文字将上下颠倒显示，该选项仅影响单行文字，如图 8-3 所示。

图 8-3　关闭或打开【颠倒】选项

- 反向：选中此选项，文字将首尾反向并颠倒显示，该选项仅影响单行文字，如图 8-4 所示。
- 垂直：选中此选项，文字将沿竖直方向排列，该选项仅影响单行文字，如图 8-5 所示。

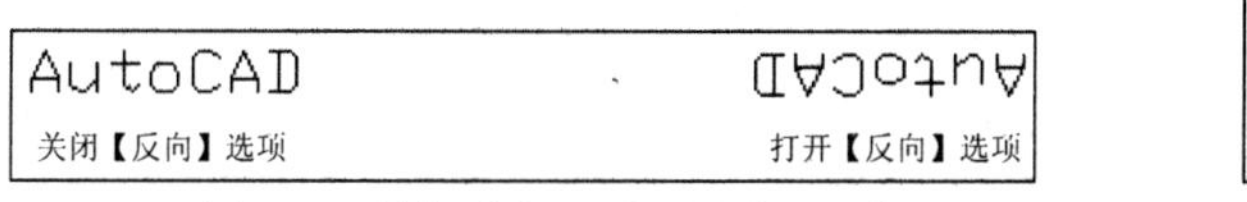

图 8-4　关闭或打开【反向】选项

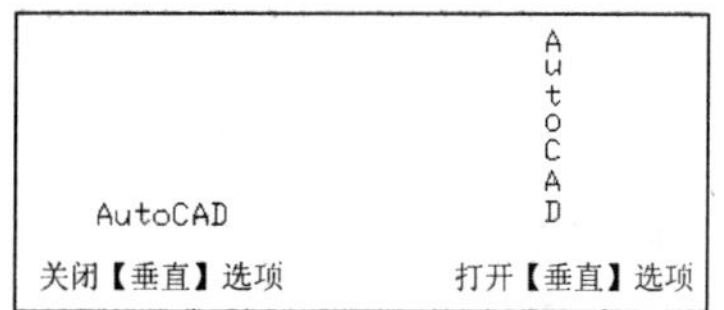

图 8-5　关闭或打开【垂直】选项

- 宽度因子：默认的宽度因子为 1。若输入小于 1 的数值，则文本将变窄，否则，文本变宽，如图 8-6 所示。
- 倾斜角度：该选项指定文本的倾斜角度，角度值为正时向右倾斜，为负时向左倾斜，如图 8-7 所示。

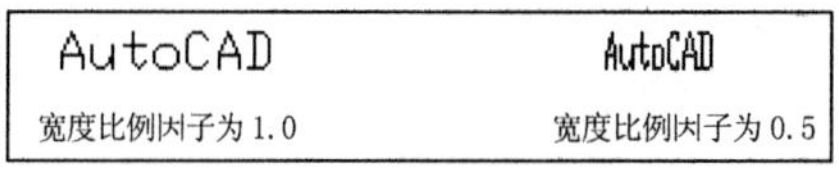

AutoCAD　AutoCAD
宽度比例因子为 1.0　宽度比例因子为 0.5

图 8-6　调整宽度比例因子

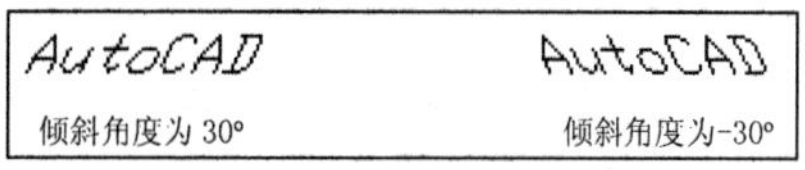

AutoCAD　AutoCAD
倾斜角度为 30°　倾斜角度为-30°

图 8-7　设置文字倾斜角度

2. 修改文字样式

修改文字样式也是在【文字样式】对话框中进行的，其过程与创建文字样式相似，这里不再重复。

修改文字样式时，应注意以下两点：

（1）修改完成后，单击【文字样式】对话框中的 应用(A) 按钮，则修改生效，AutoCAD 立即更新图样中与此文字样式关联的文字。

（2）当修改文字样式连接的字体及文字的“颠倒”、“反向”、“垂直”等特性时，AutoCAD将改变文字外观，而修改文字高度、宽度比例及倾斜角时，则不会引起原有文字外观的改变，但将影响此后创建的文字对象。

要点提示

打开图纸后，如果发现有文字是乱码，这是字体样式不匹配的缘故，可尝试着在【文字样式】对话框中修改一下，有可能就把乱码纠正过来了。

网络视频教学：创建文字样式：文字高度为“3”，宽度比例为“0.7”，字体为“仿宋_GB2312”。

8.1.2 单行文字

用 DTEXT 命令可以非常灵活地创建文字项目。执行此命令，不仅可以设定文本的对齐方式及文字的倾斜角度，而且还能用十字光标在不同的地方选取点以定位文本的位置，该特性只发出一次命令就能在图形的任何区域放置文本。另外，DTEXT 命令还提供了屏幕预演的功能，即在输入文字的同时该文字也将在屏幕上显示出来，这样就能很容易地发现文本输入的错误，以便及时修改。

用 DTEXT 命令可连续输入多行文字，每行按 Enter 键结束，但不能控制各行的间距。DTEXT 命令的优点是文字对象的每一行都是一个单独的实体，因而对每行进行重新定位或编辑都很容易。

默认情况下，单行文字关联的文字样式是 Standard。如果要输入中文，应修改当前文字样式，使其与中文字体相关联。此外，也可创建一个采用中文字体的新文字样式。

1. 命令启动方法

- 功能区：单击【常用】选项卡【注释】面板上的“文字”按钮，在打开的下拉列表中单击“A 单行文字”按钮。
- 功能区：单击【注释】选项卡【文字】面板上的“文字”按钮，在打开的下拉列表中单击“A 单行文字”按钮。
- 命令：DTEXT 或 DT。

【案例 8-2】 练习 DTEXT 命令。

执行 DTEXT 命令，AutoCAD 提示如下。

```
命令: _dtext
当前文字样式: “说明”  文字高度: 3.0000  注释性: 是
指定文字的起点或 [对正(J)/样式(S)]:
                              //拾取 A 点作为单行文字的起始位置，如图 8-8 所示
指定文字的旋转角度 <0.00>:      //输入文字的倾斜角或按 Enter 键接受默认值
输入文字: AutoCAD 单行文字      //输入一行文字
                              //按两次 Enter 键结束
```

结果如图 8-8 所示。

图 8-8 创建单行文字

2. 命令选项

- 样式(S)：指定当前文字样式。
- 对正(J)：设定文字的对齐方式。

3. 单行文字的对齐方式

执行 DTEXT 命令后，AutoCAD 提示指定文本的起点，此点与实际字符的位置关系由对齐方式“对正(J)”所决定。对于单行文字，AutoCAD 提供了 14 种对正选项，默认情况下，文本是左对齐的，即指定的插入点是文字的左基线点，如图 8-9 所示。

如果要改变单行文字的对齐方式，就使用“对正(J)”选项。在“指定文字的起点或[对正(J)/样式(S)]:”提示下，输入“j”，则 AutoCAD 提示如下。

左基线点 × 文字的对齐方式

图 8-9　左对齐方式

```
[对齐(A)/布满(F)/居中(C)/中间(M)/右对齐(R)/左上(TL)/中上(TC)/右上(TR)/左中(ML)/正中(MC)/右中(MR)/左下(BL)/中下(BC)/右下(BR)]:
```

下面对以上选项给出详细的说明。

- 对齐(A)：使用这个选项时，AutoCAD 提示指定文本分布的起始点和结束点。当用户选定两点并输入文本后，AutoCAD 把文字压缩或扩展使其充满指定的宽度范围，而文字的高度则按适当比例进行变化。
- 布满(F)：与选项“对齐(A)”相比，利用此选项时，AutoCAD 增加了“指定高度:”提示（需将 Standard 文字样式置为当前样式）。“布满(F)”也将压缩或扩展文字使其充满指定的宽度范围，但保持文字的高度值等于指定的数值。

分别利用“对齐(A)”和“布满(F)”选项在矩形框中填写文字，结果如图 8-10 所示。

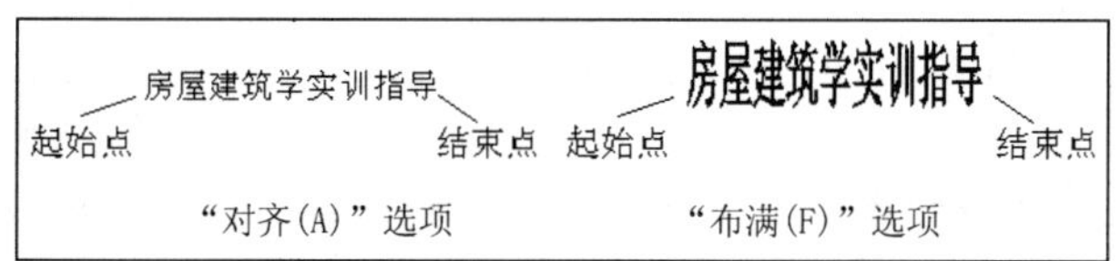

图 8-10　利用“对齐(A)”及“布满(F)”选项填写文字

- 居中(C)/中间(M)/右对齐(R)/左上(TL)/中上(TC)/右上(TR)/左中(ML)/正中(MC)/右中(MR)/左下(BL)/中下(BC)/右下(BR)：通过这些选项设置文字的插入点，各插入点位置如图 8-11 所示。

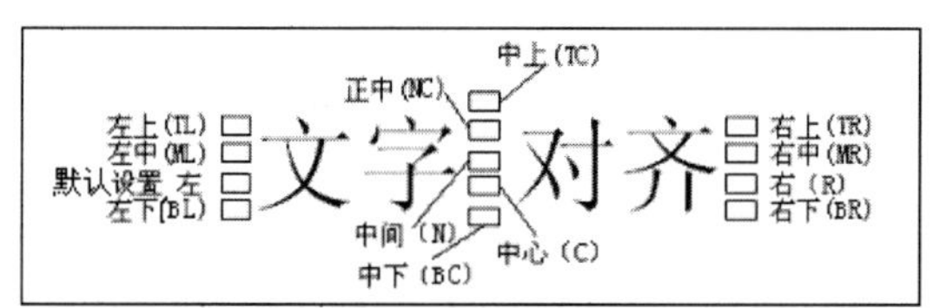

图 8-11　设置插入点

4. 在单行文字中加入特殊符号

工程图中用到的许多符号都不能通过标准键盘直接输入，如文字的下划线、直径代号等。当用户利用 DTEXT 命令创建文字注释时，必须输入特殊的代码来产生特定的字符，这些代码及对应的特殊符号如表 8-1 所示。

表 8-1　特殊字符的代码

代　码	字　符	代　码	字　符
%%o	文字的上划线	%%p	表示“±”
%%u	文字的下划线	%%c	直径代号
%%d	角度的度符号		

使用表中代码生成特殊字符的样例如图 8-12 所示。

代码	添加特殊字符
%%c	⌀120
%%d	90°

图 8-12　创建特殊字符

8.1.3　多行文字

MTEXT 命令可以创建复杂的文字说明。用 MTEXT 命令生成的文字段落称为多行文字，它可由任意数目的文字行组成，所有的文字构成一个单独的实体。使用 MTEXT 命令时，首先要指定一个文本边框，此边框限定了段落文字的左右边界，但文字沿竖直方向可无限延伸。另外，多行文字中单个字符或某一部分文字的属性（包括文本的字体、倾斜角度和高度等）也能进行设定。

要创建多行文字，首先要了解多行文字编辑器，以下先介绍多行文字编辑器的使用方法及常用选项的功能。

命令启动方法

- 功能区：单击【常用】选项卡【注释】面板上的A按钮。
- 功能区：单击【注释】选项卡【文字】面板上的A按钮。
- 命令：MTEXT 或简写 MT。

【案例 8-3】　练习 MTEXT 命令。

1）单击【常用】选项卡【注释】面板上的A按钮，AutoCAD 提示如下。

```
命令: _mtext 当前文字样式: "说明" 文字高度: 3.0000 注释性: 是
指定第一角点:                               //在左边处单击一点，如图 8-13 所示
指定对角点或 [高度(H)/对正(J)/行距(L)/旋转(R)/样式(S)/宽度(W)/栏(C)]:
                                            //指定文本边框的对角点
```

2）当指定了文本边框的第一个角点后，再拖动鼠标指针指定矩形分布区域的另一个角点。一旦建立了文本边框，AutoCAD 就打开【文字编辑器】选项卡，如图 8-13 所示。按默认设置输入文字，当文字到达定义边框的右边界时，AutoCAD 将自动换行。

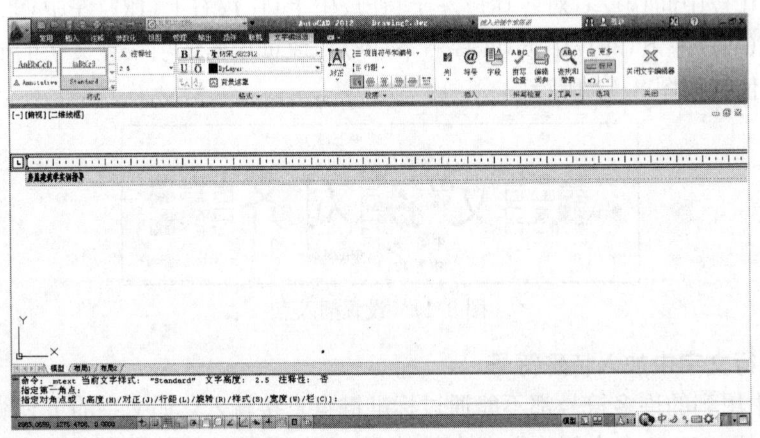

图 8-13　输入多行文字

3）文字输入结束后，单击【文字编辑器】选项卡【关闭】面板上的 ✕ 按钮，鼠标中键缩放图形，结果如图 8-14 所示。

房屋建筑学实训指导

图 8-14　创建多行文字

【文字编辑器】选项卡中主要选项的功能如下。

(1)【样式】面板

- ▴或▾按钮：单击它们可以选择文字样式。
- ▿按钮：单击它可以打开所有文字样式列表框，从中可以选取相应文字样式。

● 4 ：从该下拉列表中选择或输入文字高度。

(2)【格式】面板

● 【字体】下拉列表：从该列表中选择需要的字体。
● B按钮：如果所用字体支持粗体，就可通过此按钮将文本修改为粗体形式，按下按钮为打开状态。
● I按钮：如果所用字体支持斜体，就可通过此按钮将文本修改为斜体形式，按下按钮为打开状态。
● U按钮：可利用此按钮将文字修改为下划线形式。
● O按钮：可利用此按钮将文字修改为上划线形式。
● ByLayer按钮：从这个下拉列表中选择字体的颜色。
● 单击【格式】面板底部的 格式 按钮，打开下拉列表。
● 0/列表：从该列表中选择或输入文字的倾斜角度。
● o列表：从该列表中选择或输入文字的宽度因子。

(3)【插入】面板

@按钮：单击此按钮可以打开字符列表，如图 8-15 所示。选择【其他】选项，则打开【字符映射表】对话框，如图 8-16 所示，从中可以设置字体，通过复制、粘贴方式输入选择的字符。

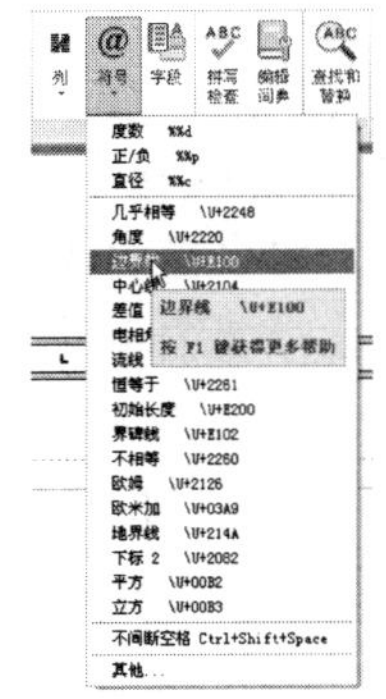

图 8-15 字符列表

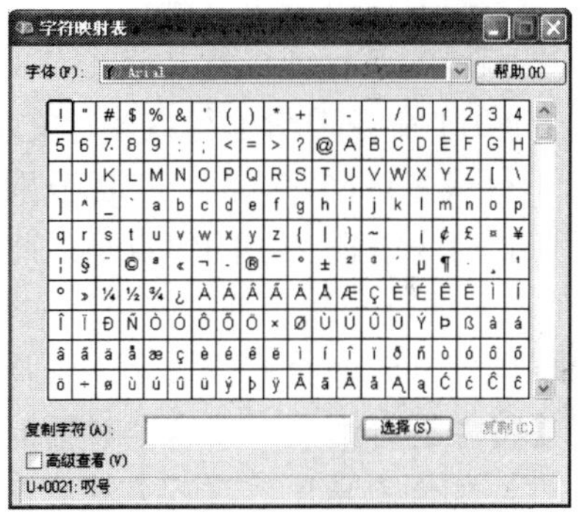

图 8-16 【字符映射表】对话框

(4)【选项】面板

单击按钮，在打开的下拉列表中依次选择【编辑器设置】/【显示工具栏】，如图 8-17 所示，则打开【文字格式】工具栏，如图 8-18 所示。如要关闭该工具栏，类似重复该操作。

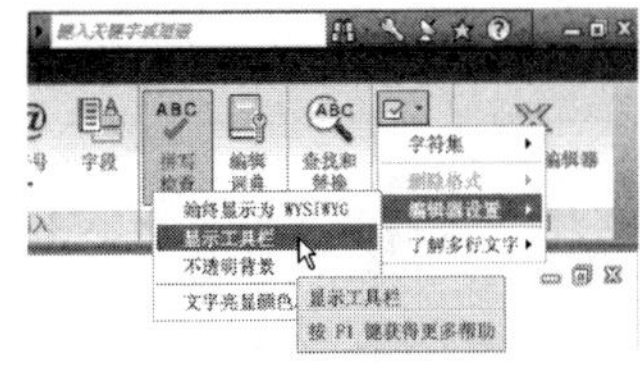

图 8-17 下拉列表

图 8-18 【文字格式】工具栏

【文字格式】工具栏中主要选项的功能如下。

● Standard 下拉列表：从该下拉列表中选择文字样式。
● 【字体】下拉列表：从该下拉列表中选择需要的字体。

- 【字体高度】下拉列表：从该下拉列表中选择或输入文字高度。
- B 按钮：如果所用字体支持粗体，就可通过此按钮将文本修改为粗体形式，按下按钮为打开状态。
- I 按钮：如果所用字体支持斜体，就可通过此按钮将文本修改为斜体形式，按下按钮为打开状态。
- U 按钮：可利用此按钮将文字修改为下划线形式。
- 按钮：按下此按钮就使可层叠的文字堆叠起来，如图 8-19 所示，这对创建分数及公差形式的文字很有用。AutoCAD 通过特殊字符“/”及“^”表明多行文字是可层叠的。输入层叠文字的方式为：左边文字+特殊字符+右边文字，堆叠后，左面文字被放在右边文字的上面。
- ByLayer 下拉列表：从该下拉列表中选择字体的颜色。

输入	堆叠结果
2/5	$\frac{2}{5}$

图 8-19　堆叠文字

> **要点提示**
>
> 通过堆叠文字的方法也可创建文字的上标或下标，输入方式为“上标^”、“^下标”。

8.1.4　编辑文字

编辑文字的常用方法有以下 3 种：

（1）双击要编辑的单行或多行文字。

（2）使用 DDEDIT 命令编辑单行或多行文字。选择的对象不同，AutoCAD 将打开不同的对话框。对于单行或多行文字，AutoCAD 分别打开【编辑文字】对话框和【文字格式】工具栏。用 DDEDIT 命令编辑文字的优点是：此命令连续地提示选择要编辑的对象，因而只要发出 DDEDIT 命令就能一次修改许多文字对象。

（3）用 PROPERTIES 命令修改文字。选择要修改的文字后，执行 PROPERTIES 命令，AutoCAD 打开【特性】对话框，在这个对话框中，不仅能修改文字的内容，还能编辑文字的其他许多属性，如倾斜角度、对齐方式、高度及文字样式等。

【案例 8-4】　修改单行及多行文字。

1）打开附盘文件“dwg\第 8 章\8-4.dwg”，该文件所包含的文字内容如下。

说明
1.该设备安装图是根据某发电机厂提供的图纸绘制的。
2.设备重:5200kg，安装位置见设备平面布置图。

2）双击“说明”文字处，将其更改为“注释说明”，如图 8-20 所示。

3）单击下面多行文字处，打开【文字编辑器】选项卡，选中文字“5200”，将其修改为“4800”。

4）选中文字“4800kg”，然后在【字体】下拉列表中选择“黑体”，再单击 U 按钮，结果如图 8-21 所示。

> **要点提示**
>
> 可以使用 MATCHPROP（属性匹配）命令将某些文字的字体、字高等属性传递给另一些文字。

5）单击【文字编辑器】选项卡【关闭】面板上的 按钮，结果如图 8-20 所示。

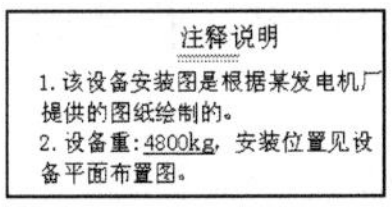

注释说明
1. 该设备安装图是根据某发电机厂提供的图纸绘制的。
2. 设备重：4800kg，安装位置见设备平面布置图。

图 8-20 修改单行及多行文字

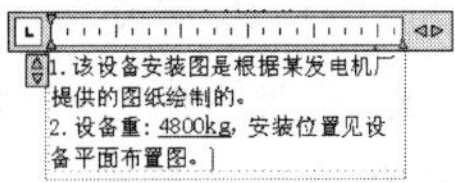

图 8-21 修改字体及加上下划线

要点提示

建立多行文字时，如果在文字中连接了多个字体文件，那么当把段落文字的文字样式修改为其他样式时，只有一部分文字的字体发生变化，而其他文字的字体保持不变，前者在创建时使用了旧样式中指定的字体。

网络视频教学：在表格中填写单行文字。文字字体为“仿宋_GB2312”，字母及数字为 romans.shx，最底一行文字的高度为 4，其余文字、字母及数字高度均为 3.5，宽度比例为 0.7。

4	角钢 <30x4	20m	Q235-A.F	1.786	35.72		
3	无缝钢管 ϕ25x2	200m	20	1.13	226	GB3087-82	
2	铁丝 d=1.2mm	100m					
1	铁皮 δ=3	60m		7.08	424.8		
编号	名称及规范	件数	材料	每件 重量	总计 (kg)	图号	备注

8.2 标注尺寸

本节主要讲述图形的尺寸标注。

8.2.1 创建尺寸样式

AutoCAD 的尺寸标注命令很丰富，可以轻松地创建出各种类型的尺寸。所有尺寸都与尺寸样式关联，通过调整尺寸样式，就能控制与该样式关联的尺寸标注的外观。以下介绍创建尺寸样式的方法及 AutoCAD 的尺寸标注命令。

尺寸标注是一个复合体，它以块的形式存储在图形中，其组成部分包括尺寸线、延伸线、标注文字和箭头等，如图 8-22 所示。所有这些组成部分的格式都由尺寸样式来控制。

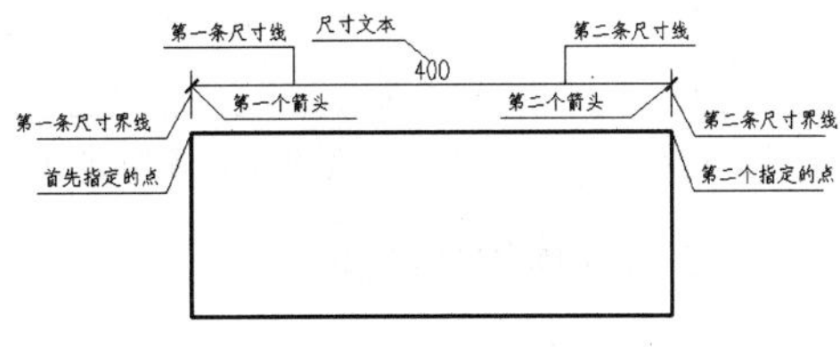

图 8-22 标注组成

命令启动方法

- 功能区：单击【常用】选项卡【注释】面板底部的 注释 按钮，在打开的下拉列表中单击 按钮。
- 功能区：单击【注释】选项卡【文字】面板底部 标注 按钮右边的 按钮。

在标注尺寸前，一般都要创建尺寸样式，否则，AutoCAD 将使用默认样式 ISO-25 生成尺寸标注。AutoCAD 中可以定义多种不同的标注样式并为之命名，标注时，只需指定某个样式为当前样式，就能创建相应的标注形式。

【案例 8-5】 建立新的尺寸样式。

1）创建一个新文件。

2）单击【注释】选项卡【文字】面板底部 标注▼ 按钮右边的↘按钮，打开【标注样式管理器】对话框，如图 8-23 所示。该对话框是管理尺寸样式的地方，通过这个对话框可以命名新的尺寸样式或修改样式中的尺寸变量。

3）单击 新建(N)... 按钮，打开【创建新标注样式】对话框，如图 8-24 所示。在该对话框的【新样式名】文本框中输入新的样式名称。在【基础样式】下拉列表中指定某个尺寸样式作为新样式的副本，则新样式将包含副本样式的所有设置。此外，还可在【用于】下拉列表中设定新样式对某一种类尺寸的特殊控制，如可以创建用于角度、半径、直径等的标注样式。默认情况下，【用于】下拉列表的选项是【所有标注】，意思是指新样式将控制所有类型尺寸。

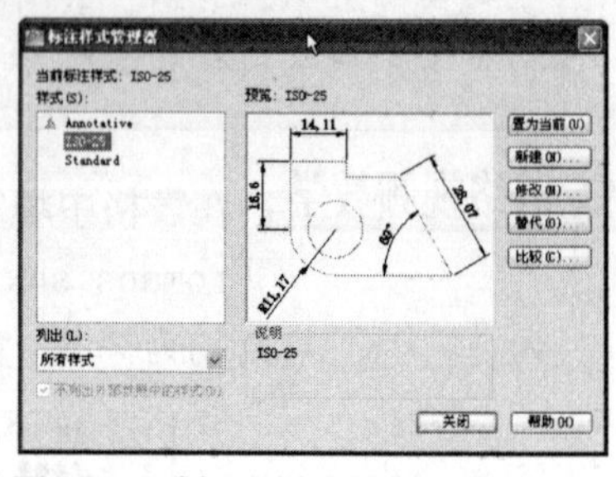
图 8-23 【标注样式管理器】对话框

4）单击 继续 按钮，打开【新建标注样式】对话框，如图 8-25 所示。该对话框有 7 个选项卡，在这些选项卡中可设置各个尺寸变量。设置完成后，单击 确定 按钮就得到一个新的尺寸样式。

5）在【标注样式管理器】对话框的列表框中选择新样式，然后单击 置为当前(U) 按钮使其成为当前样式。

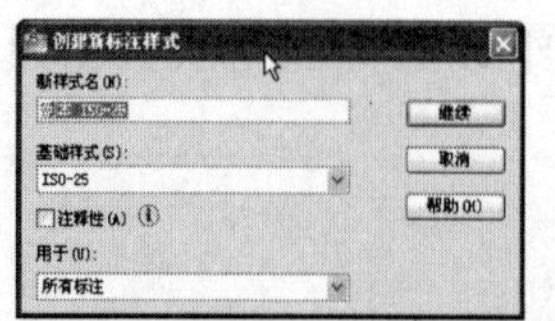

图 8-24 【创建新标注样式】对话框

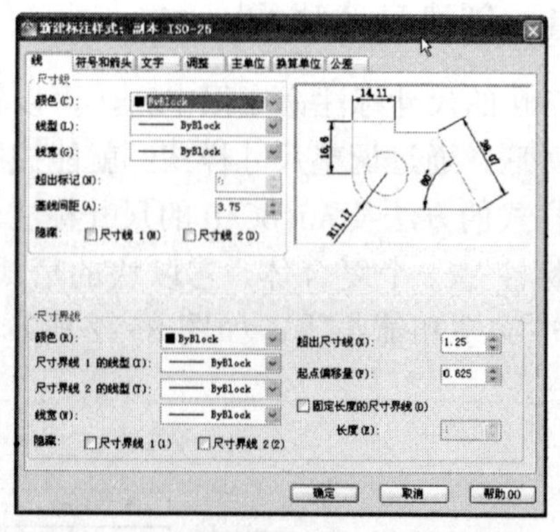
图 8-25 【新建标注样式】对话框

【新建标注样式】对话框中常用选项的功能如下。

(1)【线】选项卡

- 超出标记：该选项决定了尺寸线超过延伸线的长度。若尺寸线两端是箭头，则此选项无效，但若在【符号和箭头】选项卡的【箭头】分组框中设定了箭头的形式是“倾斜”或“建筑标记”时，该选项是有效的。在建筑图的尺寸标注中经常用到这两个选项，如图 8-26 所示。
- 基线间距：此选项决定了平行尺寸线间的距离。例如，当创建基线型尺寸标注时，相邻尺寸线间的距离由该选项控制，如图 8-27 所示。

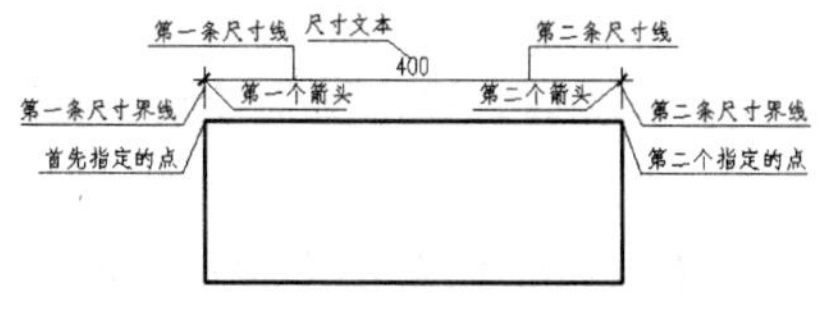

图 8-26　尺寸线超出延伸线

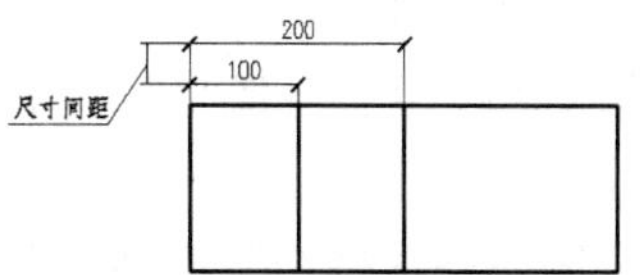

图 8-27　控制尺寸线间的距离

- 超出尺寸线：控制延伸线超出尺寸线的距离。国标中规定，延伸线一般超出尺寸线 2mm～3mm，如果准备使用 1∶1 比例出图则延伸值要输入 2 或 3。
- 起点偏移量：控制延伸线起点与标注对象端点间的距离。通常应使延伸线与标注对象不发生接触，这样才能较容易地区分尺寸标注和被标注的对象。

(2)【符号和箭头】选项卡

- 第一个箭头及第二个箭头：用于选择尺寸线两端箭头的样式。AutoCAD 中提供了 20 种标准的箭头类型，通过调整【箭头】分组框的【第一个】或【第二个】选项就可控制尺寸线两端箭头的类型。如果选择了第一个箭头的形式，第二个箭头也将采用相同的形式，要想使它们不同，就需要在第一个下拉列表和第二个下拉列表中分别进行定制。建筑专业图形标注该选项一般选用【建筑标记】。
- 引线：通过此下拉列表设置引线标注的箭头样式。
- 箭头大小：利用此选项设定箭头大小。

(3)【文字】选项卡

- 文字样式：在该下拉列表中选择文字样式，或单击其右侧的[...]按钮，打开【文字样式】对话框，创建新的文字样式。
- 文字高度：在此文本框中指定文字的高度。若在文本样式中已设定了文字高度，则此文本框中设置的文字高度将是无效的。
- 分数高度比例：该选项用于设定分数形式字符与其他字符的比例。只有选择了支持分数的标注格式时（标注单位为“分数”），此选项才可用。
- 绘制文字边框：通过此选项用户可以给标注文字添加一个矩形边框，如图 8-28 所示。
- 从尺寸线偏移：该选项设定标注文字与尺寸线间的距离，如图 8-29 所示。若标注文本在尺寸线的中间（尺寸线断开），则其值表示断开处尺寸线端点与尺寸文字的间距。另外，该值也用来控制文字边框与其中文字的距离。

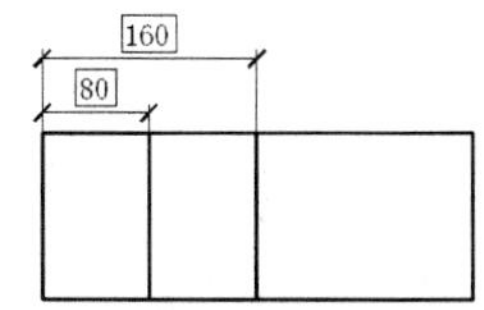

图 8-28　给标注文字添加矩形框

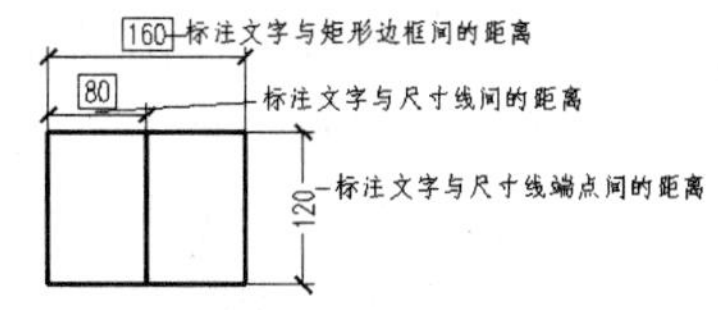

图 8-29　控制文字相对于尺寸线的偏移量

(4)【调整】选项卡

- 文字或箭头（取最佳效果）：对标注文字及箭头进行综合考虑，自动选择将其中之一放在延伸线外侧，以达到最佳标注效果。
- 箭头：选择此选项后，AutoCAD 尽量将箭头放在延伸线内，否则，文字和箭头都放在延伸线外。

- 文字：选择此选项后，AutoCAD 尽量将文字放在延伸线内，否则，文字和箭头都放在延伸线外。
- 箭头和文字：当延伸线间不能同时放下文字和箭头时，就将文字及箭头都放在延伸线外。
- 文字始终保持在延伸线之间：选择此选项后，AutoCAD 总是把文字放置在延伸线内。
- 使用全局比例：全局比例值将影响尺寸标注所有组成元素的大小，如标注文字、尺寸箭头等，如图 8-30 所示。

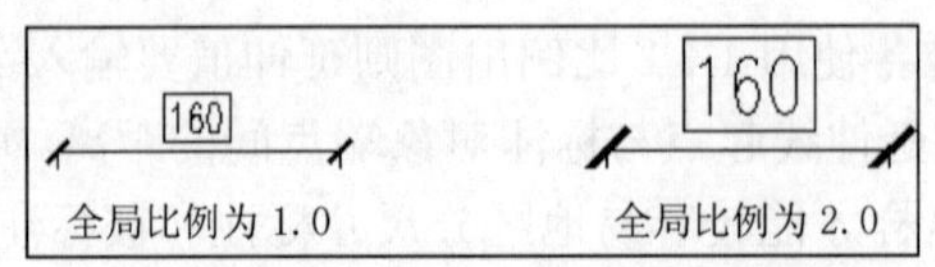

图 8-30　全局比例对尺寸标注的影响

(5)【主单位】选项卡

- 线性标注的【单位格式】：在此下拉列表中选择所需的长度单位类型。
- 线性标注的【精度】：设定长度型尺寸数字的精度（小数点后显示的位数）。
- 比例因子：可输入尺寸数字的缩放比例因子。当标注尺寸时，AutoCAD 用此比例因子乘以真实的测量数值，然后将结果作为标注数值。
- 角度标注的【单位格式】：在此下拉列表中选择角度的单位类型。
- 角度标注的【精度】：设置角度型尺寸数字的精度（小数点后显示的位数）。

(6)【公差】选项卡

- 【方式】下拉列表中包含 5 个选项。
  - ✧ 无：只显示基本尺寸。
  - ✧ 对称：如果选择【对称】选项，则只能在【上偏差】文本框中输入数值，标注时 AutoCAD 自动加入“±”符号。
  - ✧ 极限偏差：利用此选项可以在【上偏差】和【下偏差】文本框中分别输入尺寸的上、下偏差值，默认情况下，AutoCAD 将自动在上偏差前面添加“+”号，在下偏差前面添加“-”号。若在输入偏差值时加上“+”或“-”号，则最终显示的符号将是默认符号与输入符号相乘的结果。
  - ✧ 极限尺寸：同时显示最大极限尺寸和最小极限尺寸。
  - ✧ 基本尺寸：将尺寸标注值放置在一个长方形的框中（理想尺寸标注形式）。
- 精度：设置上、下偏差值的精度（小数点后显示的位数）。
- 上偏差：在此文本框中输入上偏差数值。
- 下偏差：在此文本框中输入下偏差数值。
- 高度比例：该选项能调整偏差文字相对于尺寸文字的高度，默认值是 1，此时偏差文字与尺寸文字高度相同。在标注机械图时，建议将此数值设定为 0.7 左右，但若使用【对称】选项，则“高度”值仍选为 1。
- 垂直位置：在此下拉列表中可指定偏差文字相对于基本尺寸的位置关系。当标注机械图时，建议选择【中】选项。
- 前导：隐藏偏差数字中前面的 0。
- 后续：隐藏偏差数字中后面的 0。

网络视频教学：创建尺寸标注样式。

8.2.2 标注水平、竖直及倾斜方向尺寸

DIMLINEAR 命令可以标注水平、竖直及倾斜方向尺寸。标注时，若要使尺寸线倾斜，则输入“R”选项，然后输入尺寸线倾角即可。

1. 命令启动方法

- 功能区：【常用】选项卡【注释】面板上的[线性]按钮。
- 功能区：【注释】选项卡【标注】面板上的[标注]按钮，在打开的下拉列表中单击[线性]按钮。
- 命令：DIMLINEAR 或简写 DIMLIN。

【案例 8-6】 练习 DIMLINEAR 命令。

打开附盘文件“dwg\第 8 章\8-6.dwg”，用 DIMLINEAR 命令创建尺寸标注，如图 8-31 所示。

```
命令: _dimlinear
指定第一条延伸线原点或 <选择对象>:
                    //指定第一条延伸线的起始点，或按 Enter 键，选择要标注的对象
指定第二条延伸线原点:                         //选取第二条延伸线的起始点
指定尺寸线位置或[多行文字(M)/文字(T)/角度(A)/水平(H)/垂直(V)/旋转(R)]:
                    //拖动鼠标指针将尺寸线放置在适当位置，然后单击一点，完成操作
```

2. 命令选项

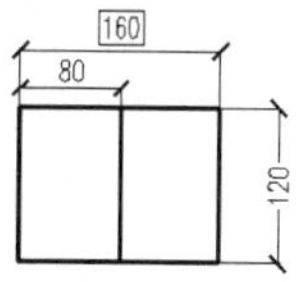

- 多行文字(M)：使用该选项则打开【文字编辑器】选项卡。
- 文字(T)：此选项可以在命令行上输入新的尺寸文字。
- 角度(A)：通过该选项设置文字的放置角度。
- 水平(H)/垂直(V)：创建水平或垂直型尺寸。也可通过移动鼠标指针指定创建何种类型尺寸。若左右移动鼠标指针，将生成垂直尺寸；上下移动鼠标指针，则生成水平尺寸。

图 8-31 标注水平方向尺寸

- 旋转(R)：使用 DIMLINEAR 命令时，AutoCAD 自动将尺寸线调整成水平或竖直方向。“旋转(R)”选项可使尺寸线倾斜一个角度，因此可利用这个选项标注倾斜对象，如图 8-32 所示。

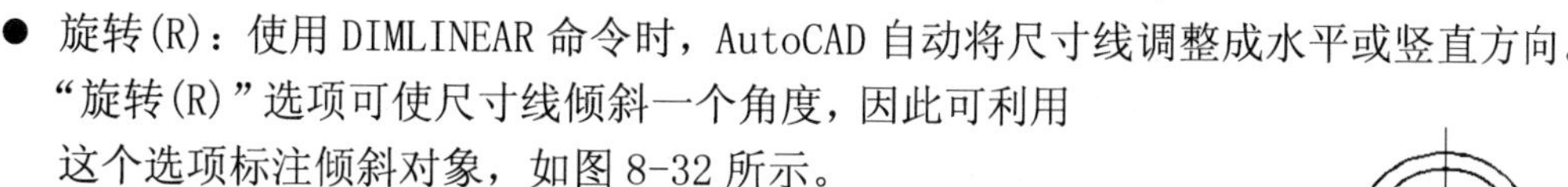

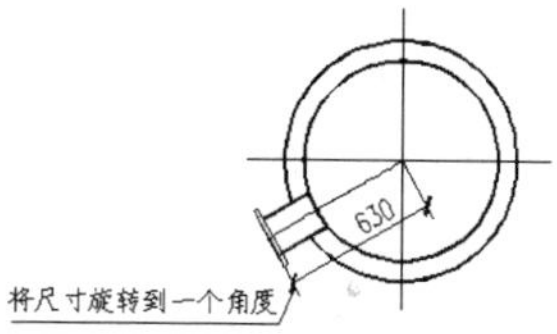

图 8-32 标注倾斜对象

3. 利用对齐尺寸标注倾斜对象

要标注倾斜对象的真实长度可使用对齐尺寸，对齐尺寸的尺寸线平行于倾斜的标注对象。如果选择两个点来创建对齐尺寸，则尺寸线与两点的连线平行。

命令启动方法

- 功能区：【常用】选项卡【注释】面板上的[对齐]按钮。
- 功能区：【注释】选项卡【标注】面板上的[标注]按钮，在打开的下拉列表中单击[对齐]按钮。
- 命令：DIMALIGNED 或简写 DIMALI。

【案例 8-7】 练习 DIMALIGNED 命令。

打开附盘文件“dwg\第 8 章\8-7.dwg”，利用 DIMALIGNED 命令创建尺寸标注，如图 8-33 所示。

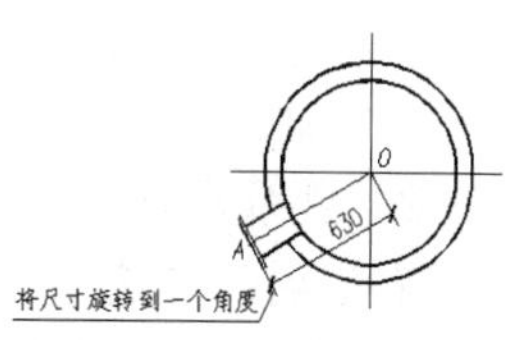

图 8-33 标注对齐尺寸

```
命令: _dimaligned
指定第一条延伸线原点或 <选择对象>:
                    //捕捉交点 A，或按 Enter 键选择要标注的对象，如图 8-33 所示
指定第二条延伸线原点:                                //捕捉交点 O
指定尺寸线位置或[多行文字(M)/文字(T)/角度(A)]:   //移动鼠标指针指定尺寸线的位置
```

网络视频教学：利用 DIMALIGNED 命令标注图样。

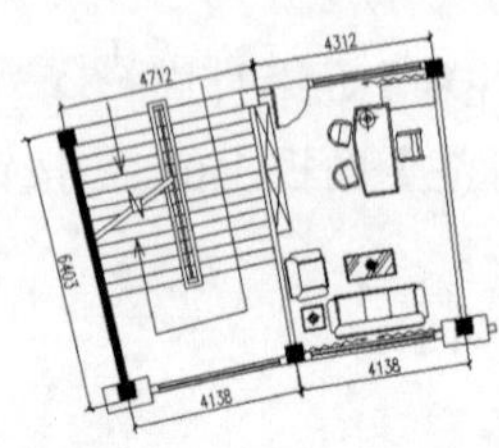

8.2.3 连续型及基线型尺寸标注

连续型尺寸标注是一系列首尾相连的标注形式，而基线型尺寸是指所有的尺寸都从同一点开始标注，即它们共用一条延伸线。连续型和基线型尺寸的标注方法是类似的，在创建这两种形式的尺寸时，应首先建立一个尺寸标注，然后发出标注命令，当 AutoCAD 提示"指定第二条延伸线起点或 [放弃(U)/选择(S)] <选择>:"时，采取下面的操作方式之一。

- 直接拾取对象上的点。由于已事先建立了一个尺寸，因此 AutoCAD 将以该尺寸的第一条延伸线为基准线生成基线型尺寸，或者以该尺寸的第二条延伸线为基准线建立连续型尺寸。
- 若不想在前一个尺寸的基础上生成连续型或基线型尺寸，则按 Enter 键，AutoCAD 提示"选择连续标注:"或"选择基准标注:"。此时，选择某条延伸线作为建立新尺寸的基准线。

1. 基线标注

命令启动方法

- 功能区：【注释】选项卡【标注】面板上的按钮。
- 命令：DIMBASELINE 或简写 DIMBASE。

【案例 8-8】 练习 DIMBASELINE 命令。

打开附盘文件"dwg\第 8 章\8-8.dwg"，用 DIMBASELINE 命令创建尺寸标注，如图 8-34 所示。

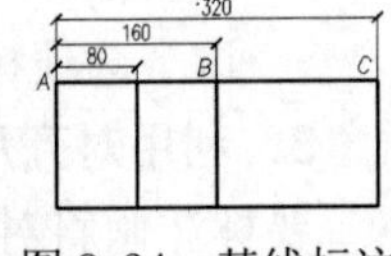

图 8-34 基线标注

```
命令: _dimbaseline
        //AutoCAD 以最后一次创建尺寸标注的起始点 A 作为基点，如图 8-34 所示
指定第二条延伸线原点或 [放弃(U)/选择(S)] <选择>:      //指定基线标注第二点 B
标注文字 = 160
指定第二条延伸线原点或 [放弃(U)/选择(S)] <选择>:      //指定基线标注第三点 C
标注文字 = 320
指定第二条延伸线原点或 [放弃(U)/选择(S)] <选择>:      //按 Enter 键
选择基准标注:                                          //按 Enter 键结束
```

2. 连续标注

命令启动方法

- 功能区：【注释】选项卡【标注】面板上的按钮。
- 命令：DIMCONTINUE 或简写 DIMCONT。

【案例 8-9】 练习 DIMCONTINUE 命令。

打开附盘文件“dwg\第 8 章\8-9. dwg”，用 DIMCONTINUE 命令创建尺寸标注，如图 8-35 所示。

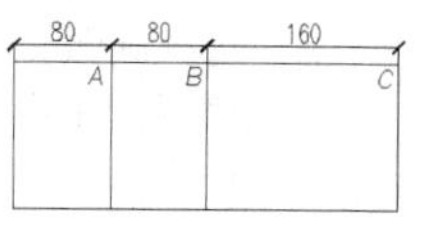

图 8-35 连续标注

```
命令: _dimcontinue
                    //AutoCAD 以最后一次创建尺寸标注的终止点 A 作为基点，如图 8-35 所示
指定第二条延伸线原点或 [放弃(U)/选择(S)] <选择>:        //指定连续标注第二点 B
标注文字 = 80
指定第二条延伸线原点或 [放弃(U)/选择(S)] <选择>:        //指定连续标注第三点 C
标注文字 = 160
指定第二条延伸线原点或 [放弃(U)/选择(S)] <选择>:        //按 Enter 键
选择连续标注:                                          //按 Enter 键结束
```

要点提示

可以对角度型尺寸使用 DIMBASELINE 和 DIMCONTINUE 命令。

网络视频教学：利用 DIMCONTINUE 和 DIMBASELINE 命令标注图样。

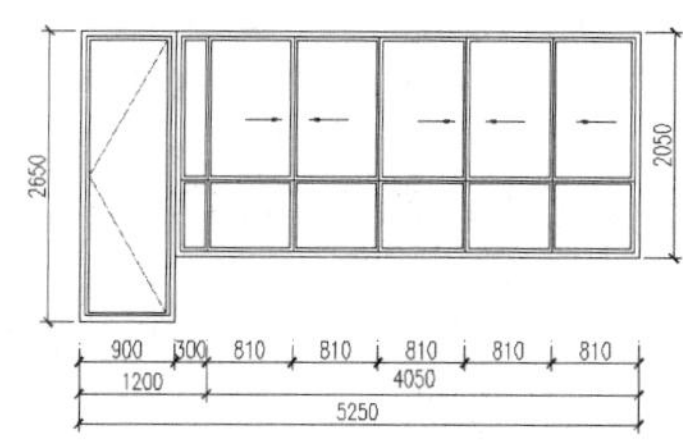

8.2.4 标注角度尺寸

设置方法见【案例 8-5】，标注角度时，通过拾取两条边线、三个点或一段圆弧来创建角度尺寸。

命令启动方法

- 功能区：【常用】选项卡【注释】面板上的[角度]按钮。
- 功能区：【注释】选项卡【标注】面板上的[标注]按钮，在打开的下拉列表中单击[角度]按钮。
- 命令：DIMANGULAR 或简写 DIMANG。

【案例 8-10】 练习 DIMANGULAR 命令。

打开附盘文件“dwg\第 8 章\8-10. dwg”，用 DIMANGULAR 命令创建尺寸标注，如图 8-36 所示。

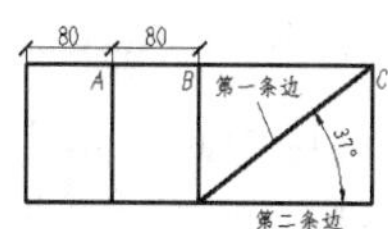

图 8-36 指定角边标注角度

```
命令: _dimangular
选择圆弧、圆、直线或 <指定顶点>:                      //选择角的第一条边，如图 8-36 所示
选择第二条直线:                                      //选择角的第二条边
指定标注弧线位置或 [多行文字(M)/文字(T)/角度(A)]://移动鼠标指针指定尺寸线的位置
标注文字 = 37
```

DIMANGULAR 命令各选项的功能请参见 8.2.2 小节。

以下两个练习演示了圆上两点或某一圆弧对应圆心角的标注方法。

【案例 8-11】 标注圆弧所对应的圆心角。

```
命令: _dimangular
```

```
选择圆弧、圆、直线或 <指定顶点>:                //选择圆弧，如图 8-37 左图所示
指定标注弧线位置或 [多行文字(M)/文字(T)/角度(A)]://移动鼠标指针指定尺寸线位置
标注文字 = 121
```

选择圆弧时，AutoCAD 直接标注圆弧所对应的圆心角，移动鼠标指针到圆心的不同侧时标注数值不同。

【案例 8-12】 标注圆上两点所对应的圆心角。

```
命令: _dimangular
选择圆弧、圆、直线或 <指定顶点>:          //在 A 点处拾取圆，如图 8-37 右图所示
指定角的第二个端点:                      //在 B 点处拾取圆
指定标注弧线位置或 [多行文字(M)/文字(T)/角度(A)]: //移动鼠标指针指定尺寸线位置
标注文字 = 116
```

在圆上选择的第一个点是角度起始点，选择的第二个点是角度终止点，AutoCAD 标出这两点间圆弧所对应的圆心角。当移动鼠标指针到圆心的不同侧时，标注数值不同。

DIMANGULAR 命令具有一个选项，允许用户利用 3 个点标注角度。当 AutoCAD 提示“选择圆弧、圆、直线或 <指定顶点>:”时，直接按 Enter 键，AutoCAD 继续提示。

```
指定角的顶点:                                  //指定角的顶点，如图 8-38 所示
指定角的第一个端点:                            //拾取角的第一个端点
指定角的第二个端点:                            //拾取角的第二个端点
指定标注弧线位置或 [多行文字(M)/文字(T)/角度(A)]://移动鼠标指针指定尺寸线位置
标注文字 = 37
```

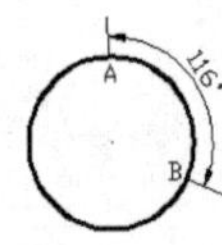

图 8-37　标注圆弧和圆

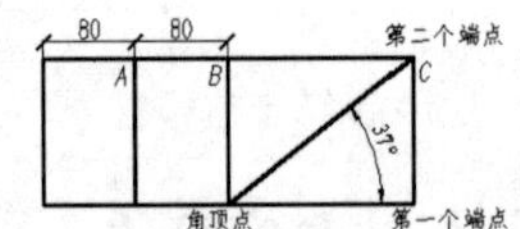

图 8-38　通过 3 点标注角度

注意，当鼠标指针移动到角顶点的不同侧时，标注值将不同。

> **要点提示**
>
> 可以使用角度尺寸或长度尺寸的标注命令来查询角度值和长度值。当发出命令并选择对象后，就能看到标注文本，此时按 Esc 键取消正在执行的命令，就不会将尺寸标注出来。

国标中对于角度标注有规定，角度数值一律水平书写，一般注写在尺寸线的中断处，必要时可注写在尺寸线上方或外面，也可画引线标注，如图 8-39 所示。显然角度文本的注写方式与线性尺寸文本是不同的。

为使角度数值的放置形式符合国标规定，可采用当前样式覆盖方式标注角度。

【案例 8-13】 用当前样式覆盖方式标注角度。

1）单击【注释】选项卡【文字】面板底部 标注 ▾ 按钮右侧的 ↘ 按钮，打开【标注样式管理器】对话框。

2）单击 替代(O)... 按钮（注意不要使用 修改(M)... 按钮），打开【替代当前样式】对话框。进入【文字】选项卡，在【文字对齐】分组框中选择【水平】单选项，如图 8-40 所示。

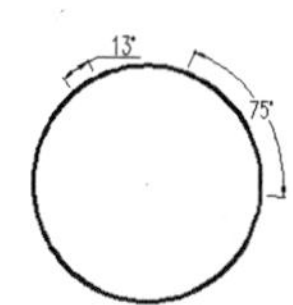

图 8-39　角度文本注写规则

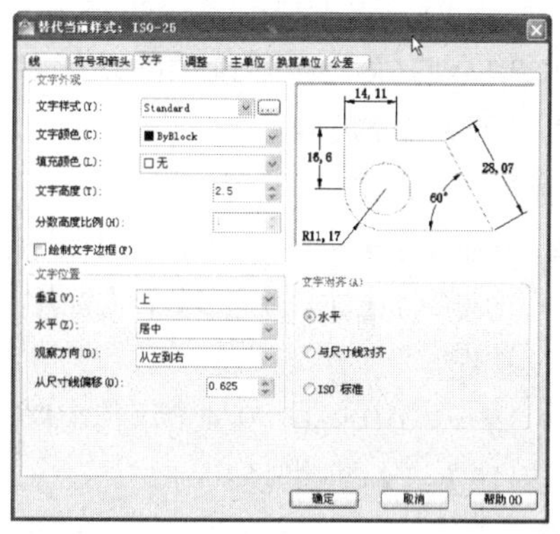

图 8-40　【替代当前样式】对话框

3）返回 AutoCAD 主窗口，标注角度尺寸，角度数值将水平放置。

4）角度标注完成后，若要恢复原来的尺寸样式，就进入【标注样式管理器】对话框。在此对话框的列表栏中选择尺寸样式，然后单击置为当前(U)按钮，此时，AutoCAD 打开一个提示性对话框，继续单击确定按钮完成。

网络视频教学：利用 DIMANGULAR 命令标注图样。

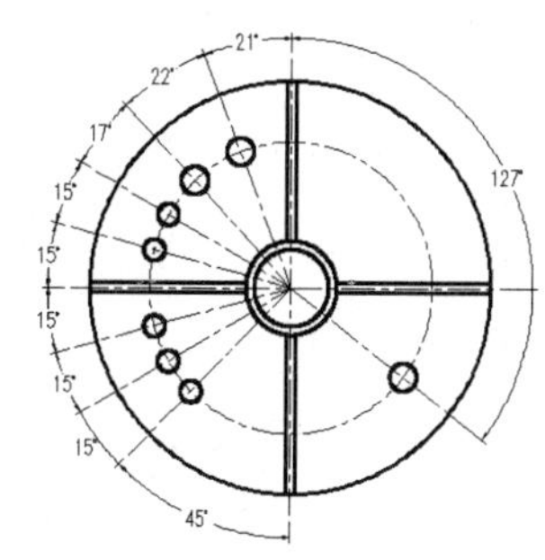

8.2.5　直径和半径型尺寸

在标注直径和半径型尺寸时，AutoCAD 自动在标注文字前面加入“∅”或“R”符号。实际标注中，直径和半径型尺寸的标注形式多种多样，若通过当前样式的覆盖方式进行标注就非常方便。

1. 标注直径尺寸

命令启动方法

- 功能区：【常用】选项卡【注释】面板上的直径按钮。
- 功能区：【注释】选项卡【标注】面板上的标注按钮，在打开的下拉列表中单击直径按钮。
- 命令：DIMDIAMETER 或简写 DIMDIA。

【案例 8-14】　标注直径尺寸。

打开附盘文件“dwg\第 8 章\8-14.dwg”，利用 DIMDIAMETER 命令创建尺寸标注，如图 8-41 所示。

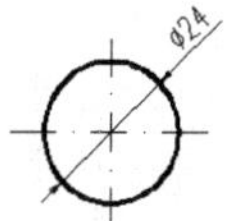

图 8-41　标注直径

```
命令: _dimdiameter
选择圆弧或圆:                          //选择要标注的圆，如图 8-41 所示
标注文字 = 24
```

```
指定尺寸线位置或 [多行文字(M)/文字(T)/角度(A)]:  //移动光标指定标注文字的位置
```

DIMDIAMETER 命令各选项的功能参见 8.2.2 小节。

2. 标注半径尺寸

命令启动方法

- 功能区：【常用】选项卡【注释】面板上的按钮。
- 功能区：【注释】选项卡【标注】面板上的按钮，在打开的下拉列表中单击按钮。
- 命令：DIMRADIUS 或简写 DIMRAD。

【案例 8-15】 标注半径尺寸。

打开附盘文件“dwg\第 8 章\8-15.dwg”，用 DIMRADIUS 命令创建尺寸标注，如图 8-42 所示。

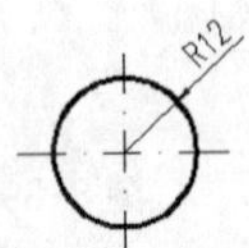

图 8-42 标注半径

```
命令: _dimradius
选择圆弧或圆:                                    //选择要标注的圆弧，如图 8-42 所示
标注文字 = 12
指定尺寸线位置或 [多行文字(M)/文字(T)/角度(A)]:  //移动光标指定标注文字的位置
```

DIMRADIUS 命令各选项的功能参见 8.2.2 节。

网络视频教学：利用 DIMRADIUS 和 DIMDIAMETER 命令标注图样。

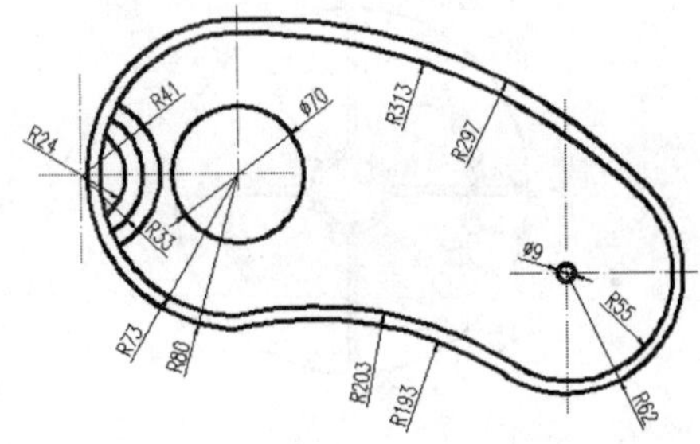

8.2.6 引线标注

QLEADER 命令可以绘制出一条引线来标注对象，在引线末端可输入文字、添加形位公差框格和图形元素等。此外，在操作中还能设置引线的形式（直线或曲线）、控制箭头外观及注释文字的对齐方式。该命令在标注孔、形位公差及生成装配图的零件编号时特别有用。

命令启动方法

命令：QLEADER 或简写 LE。

【案例 8-16】 创建引线标注。

打开附盘文件“dwg\第 8 章\8-16.dwg”，利用 QLEADER 命令创建尺寸标注，如图 8-43 所示。

```
命令: _qleader
指定第一个引线点或 [设置(S)]<设置>:     //指定引线起始点 A，如图 8-43 所示
指定下一点:                             //指定引线下一个点 B
指定下一点:                             //按 Enter 键
指定文字宽度 <0>: 42                    //输入文字宽度
输入注释文字的第一行 <多行文字(M)>:     //按 Enter 键，进入【文字编辑器】选项卡，
//然后输入标注文字，如图 8-43 所示。也可在此提示下直接输入文字
```

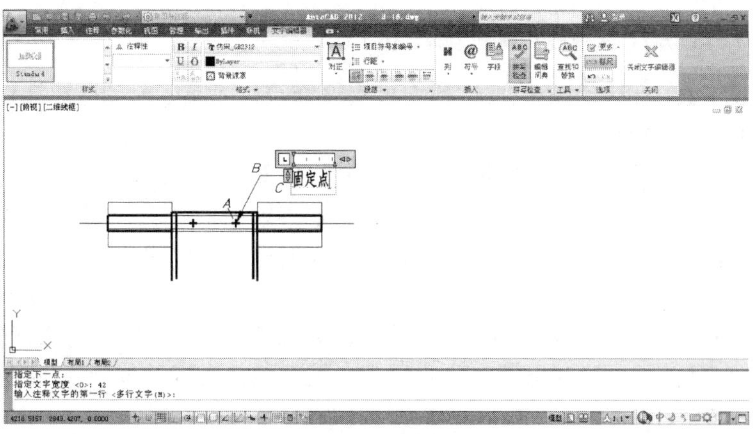

图 8-43　引线标注

要点提示

创建引线标注时，若文本或指引线的位置不合适，可利用关键点编辑方式进行调整。激活标注文字的关键点并移动时，指引线将跟随移动，而通过关键点移动指引线时，文字将保持不动。

该命令有一个“设置(S)”选项，此选项用于设置引线和注释的特性。当提示“指定第一条引线点或 [设置(S)]<设置>:”时，按 Enter 键，打开【引线设置】对话框，如图 8-44 所示。该对话框包含以下 3 个选项卡。

- 【注释】选项卡：主要用于设置引线注释的类型。
- 【引线和箭头】选项卡：用于控制引线及箭头的外观特征。
- 【附着】选项卡：当指定引线注释为多行文字时才显示出来，通过此选项卡可设置多行文本附着于引线末端的位置。

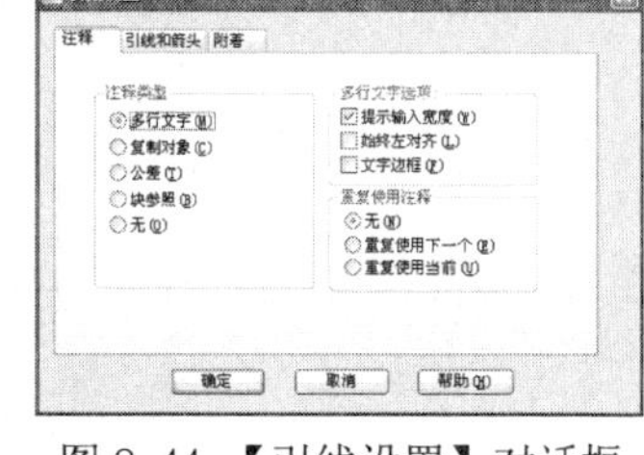

图 8-44 【引线设置】对话框

以下说明【注释】选项卡中常用选项的功能。

- 多行文字：该选项使用户能够在引线的末端加入多行文字。
- 复制对象：将其他图形对象复制到引线的末端。
- 公差：打开【形位公差】对话框，可以方便地标注形位公差。
- 块参照：在引线末端插入图块。
- 无：引线末端不加入任何图形对象。

网络视频教学：利用 QLEADER 命令标注图样。

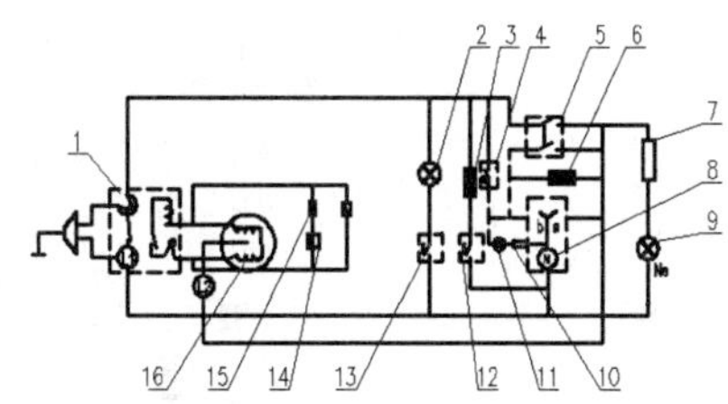

8.2.7 修改标注文字及调整标注位置

使用 DDEDIT 命令和利用修改特性栏均可实现修改标注文字及调整标注位置的目的。

1. 使用 DDEDIT 命令

修改尺寸标注文字的最佳方法是使用 DDEDIT 命令，发出该命令后，可以连续修改想要编辑的尺寸。关键点编辑方式非常适合于移动尺寸线和标注文字，进入这种编辑模式后，一般利用尺寸线两端或标注文字所在处的关键点来调整标注位置。

2. 利用修改特性栏

输入 PROPERTIES 命令，AutoCAD 打开【特性】对话框，用鼠标单击选择想要修改的尺寸，在【特性】对话框中找到想要修改的项后，填入相应内容，按 Enter 键确认即可。

【案例 8-17】 修改标注文字内容及调整标注位置。

1）打开附盘文件“dwg\第 8 章\8-17.dwg”，如图 8-45 左图所示。

2）输入 PROPERTIES 命令，AutoCAD 打开【特性】对话框，选择尺寸“800”后，在【特性】对话框文字栏中的【文字替代】文本框中输入“%%c800”，如图 8-46 所示。

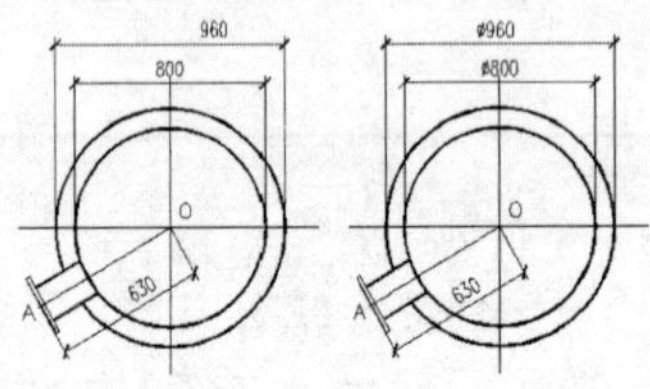

图 8-45 修改尺寸文字

3）按 Enter 键确认后，按 Esc 键，再选择尺寸“960”，在【文字替代】文本框中输入“%%c960”，按 Enter 键确认。编辑结果如图 8-45 右图所示。

4）选择尺寸“Ø960”，并激活文字所在处的关键点，AutoCAD 自动进入拉伸编辑模式。

5）向下移动鼠标指针调整文字的位置，结果如图 8-47 所示。按 Esc 键完成标注文字的修改。

图 8-46 标注圆弧和圆

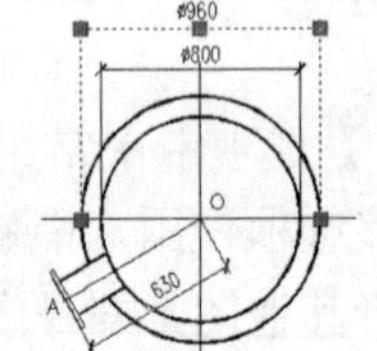

图 8-47 调整文字的位置

网络视频教学：用 DDEDIT 和 DDMODIFY 命令将左图修改为右图。

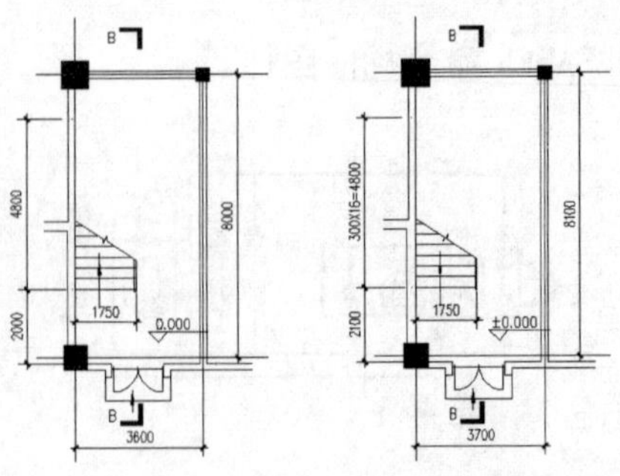

8.2.8 尺寸及形位公差标注

创建尺寸公差的方法有以下两种：

- 在【替代当前样式】对话框的【公差】选项卡中设置尺寸上、下偏差。
- 标注时，利用“多行文字(M)”选项打开多行文字编辑器，然后采用堆叠文字方式标注公差。

标注形位公差可使用 TOLERANCE 命令及 QLEADER 命令，前者只能产生公差框格，而后者既能形成公差框格又能形成标注指引线。

网络视频教学：将标注文本的字体修改为 romans.shx，字高改为 300，宽度比例改为 0.7。

8.3 习题

1．打开附盘文件“dwg\第 8 章\习题 8-1.dwg”，添加单行文字。文字高度为 500，宽度比例为 0.7，字体为“仿宋_GB2312”，结果如图 8-48 所示。

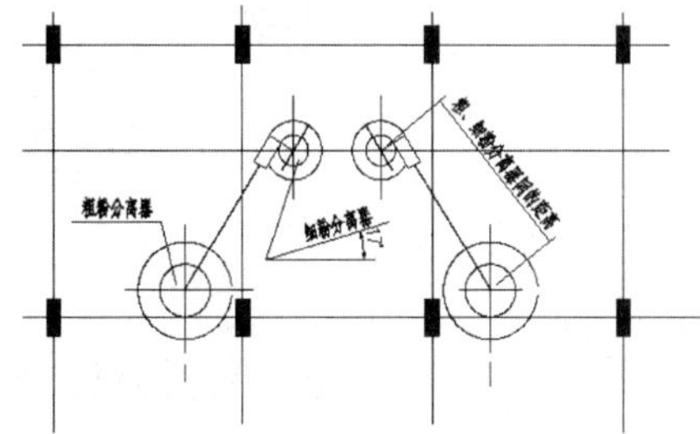

图 8-48 添加单行文字

2．打开附盘文件“dwg\第 8 章\习题 8-2.dwg”，如图 8-49 左图所示。用 PROPERTIES 命令把图形中的文字字体修改为“仿宋_GB2312”，字宽比例修改为 0.7，结果如图 8-49 右图所示。

图例一览表

符号	名称	符号	名称
	冷热风管道		滤网
	原煤管道		大小头
	人孔门		方圆节
	风机入口自动导向装置		手动风门
	电动截止阀		防爆门
	自动调节风门		手动式插板门
	电动风门		

图例一览表

符号	名称	符号	名称
	冷热风管道		滤网
	原煤管道		大小头
	人孔门		方圆节
	风机入口自动导向装置		手动风门
	电动截止阀		防爆门
	自动调节风门		手动式插板门
	电动风门		

图 8-49 修改文字

3．打开附盘文件“dwg\第 8 章\习题 8-3.dwg”，改变图中直径、半径的标注样式，如图 8-50 右图所示。

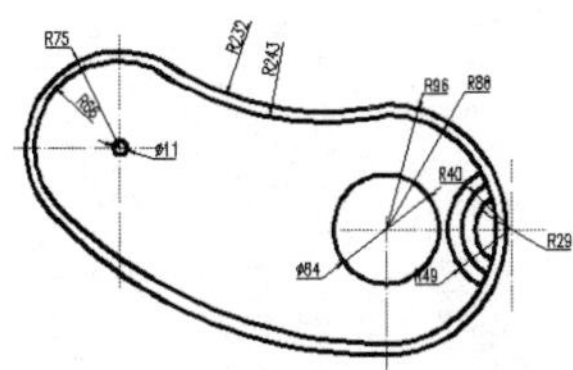

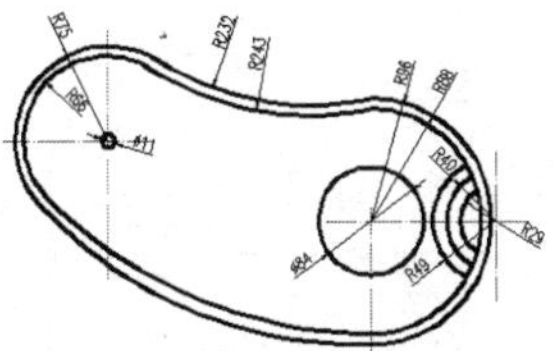

图 8-50 标注图样

第9章

图形显示查询

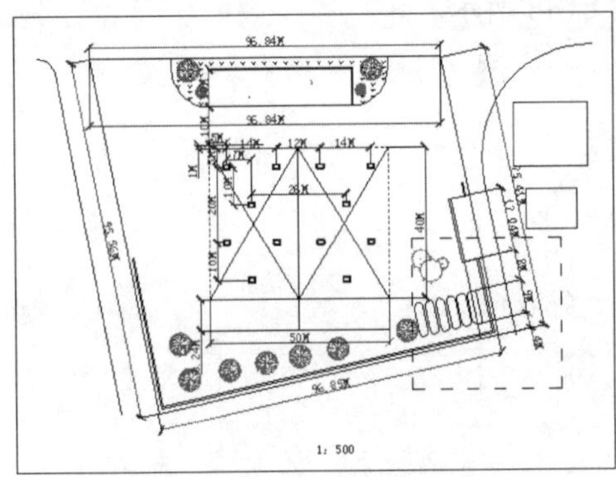

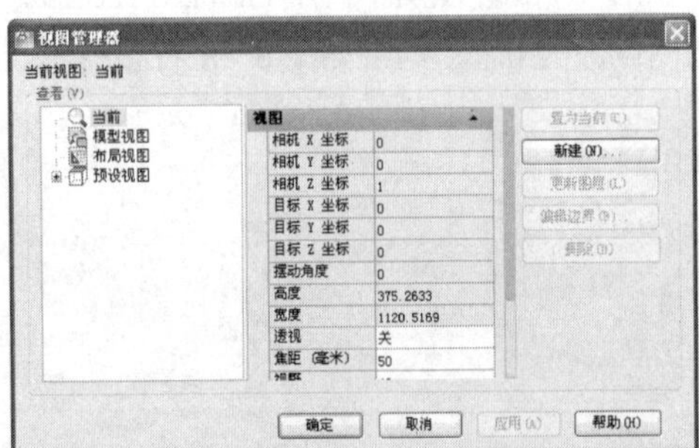

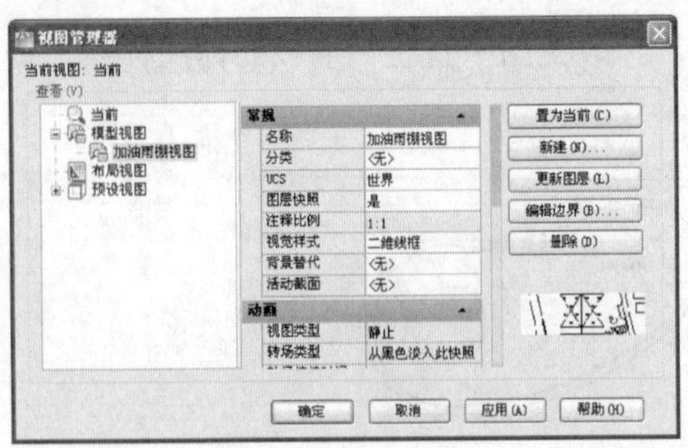

通过本章的学习，读者可以掌握各种图形显示查询的方法，并能够灵活运用相应的命令。

【学习目标】

☑ 掌握平移、缩放、鸟瞰视图等二维视图显示功能。

☑ 掌握三维动态观察器、视点预置等三维视图显示功能。

☑ 设置观察视点的方法。

☑ 三维动态旋转工具的使用。

☑ 透视图原理及其使用。

☑ 三维图形的消隐与着色。

9.1 二维视图显示

本节的内容主要包括二维图形的平移、缩放，以及鹰眼窗口、平铺视口和命名视图等二维视图功能。利用这些功能，可以灵活地观察图形的任何一个部分。

9.1.1 平移

在 2.2.6 节中介绍了【实时平移】命令的操作，除此之外，还有【定点平移】命令，其启动方式是在命令行中输入“-PAN”命令，输入后，命令行提示如下。

```
命令: -PAN
指定基点或位移:              //指定基点，这是要平移的点
指定第二点:                  //指定第二点，是要平移的目标点，这是第一个选定点的新位置
```

由此可见，【定点平移】命令需要用十字光标在绘图窗口中选择两个点或者通过键盘输入两个点的坐标值，以这两个点之间的距离和方向决定整个图形平移的位移和方向。

9.1.2 缩放

除了【实时缩放】命令外，【缩放】命令还包含其他控制图形显示的方式，单击【视图】选项卡【二维导航】面板上图 9-1 所示处，打开【缩放】下拉菜单，通过菜单中的按钮可以很方便地放大图形局部区域或观察图形全貌。单击绘图区域右侧【导航栏】上的按钮，通过其中功能选项的选择也可完成相应的功能操作。

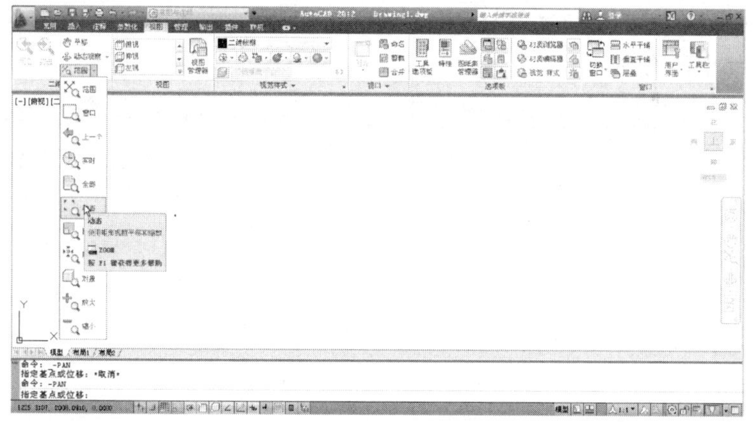

图 9-1 【缩放】工具栏

1. 窗口缩放

通过一个矩形框指定放大的区域，该矩形的中心是新的显示中心，AutoCAD 将尽可能地将矩形内的图形放大以充满整个绘图窗口。如图 9-2 所示，左图中虚线矩形框是指定的缩放区域，右图是缩放结果。

2. 动态缩放

利用一个可平移并能改变其大小的矩形框缩放图形。可首先将此矩形框移动到要缩放的位置，然后调整矩形框的大小。按 Enter 键后，AutoCAD 将当前矩形框中的图形布满整个视口。

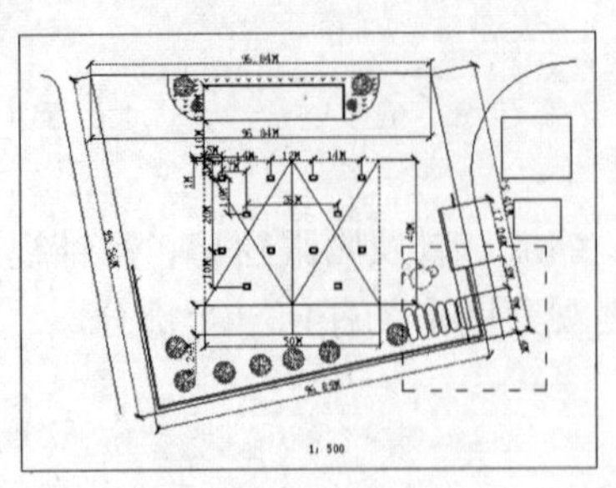 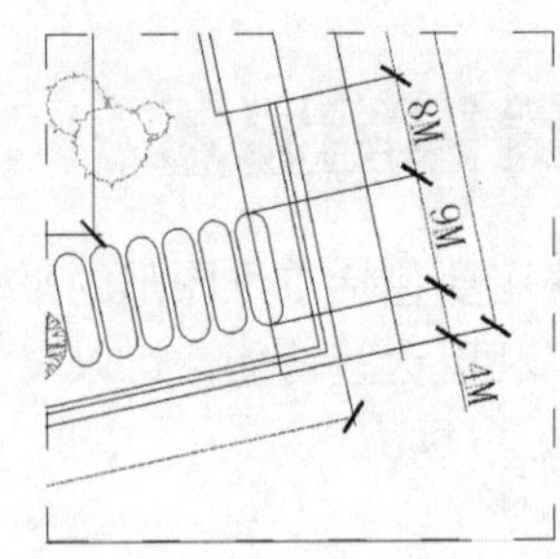

图 9-2 窗口缩放

【案例 9-1】 练习动态缩放功能。

1）打开附盘文件“dwg\第 9 章\9-1.dwg”。

2）启动动态缩放功能，AutoCAD 将图形界限（即栅格的显示范围，用 LIMITS 命令设定）及全部图形都显示在图形窗口中，并提供一个缩放矩形框，该框表示当前视口的大小，框中包含一个“×”，表明处于平移状态，如图 9-3 所示。此时，移动鼠标指针，矩形框将跟随移动。

3）单击鼠标左键，矩形框中的“×”变成一个水平箭头，表明处于缩放状态，再向左或向右移动鼠标指针，就减小或增大矩形框。若向上或向下移动鼠标指针，矩形框就随着鼠标指针沿竖直方向移动。注意，此时矩形框左端线在水平方向的位置是不变的。

4）调整完矩形框的大小后，若再想移动矩形框，可再单击鼠标左键切换回平移状态，此时，矩形框中又出现“×”。

5）将矩形框的大小及位置都确定后，按 Enter 键，则 AutoCAD 在整个绘图窗口显示矩形框中的图形。

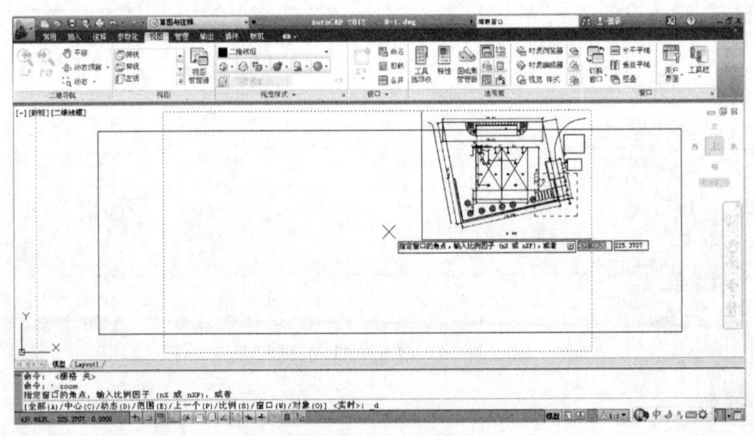

图 9-3 动态缩放

3. 比例缩放

以输入的比例值缩放视图，输入缩放比例的方式有以下 3 种：

- 直接输入缩放比例数值，此时，AutoCAD 并不以当前视图为准来缩放图形，而是放大或缩小图形界限，从而使当前视图的显示比例发生变化。
- 如果要相对于当前视图进行缩放，则需在比例因子的后面加上字母 X，例如，0.5X 表示将当前视图缩小一半。
- 若要相对于图纸空间缩放图形，则需在比例因子后面加上字母 XP。

4. 中心缩放

【案例 9-2】 练习中心缩放功能。

启动中心缩放方式后，AutoCAD 提示如下。

```
命令: '_zoom
指定窗口的角点，输入比例因子 (nX 或 nXP)，或者[全部(A)/中心(C)/动态(D)/范围(E)/上一个(P)/比例(S)/窗口(W)/对象(O)] <实时>: _c
指定中心点:                              //指定中心点
输入比例或高度 <200.1670>:               //输入缩放比例或视图高度值
```

AutoCAD 将以指定点为显示中心，并根据缩放比例因子或图形窗口的高度值显示一个新视图。缩放比例因子的输入方式是 nx，n 表示放大倍数。

此外，还有以下控制图形显示的功能。

- 放大缩放：AutoCAD 将当前视图放大一倍。
- 缩小缩放：AutoCAD 将当前视图缩小 50%。
- 全部缩放：将全部图形及图形界限显示在图形窗口中。如果各图形对象均没有超出由 LIMITS 命令设置的绘图界限，AutoCAD 则按该图纸边界显示，即在绘图窗口中显示绘图界限中的内容；如果有图形对象画在了图纸范围之外，显示的范围则被扩大，以便将超出边界的部分也显示在屏幕上，如图 9-4 所示。

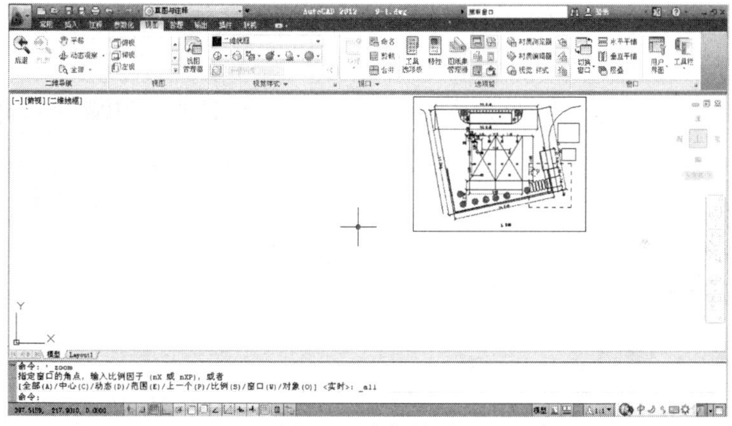

图 9-4 全部缩放

- 范围缩放：AutoCAD 将尽可能大地将整个图形显示在图形窗口中。与“全部缩放”相比，“范围缩放”与图形界限无关，如图 9-5 所示。

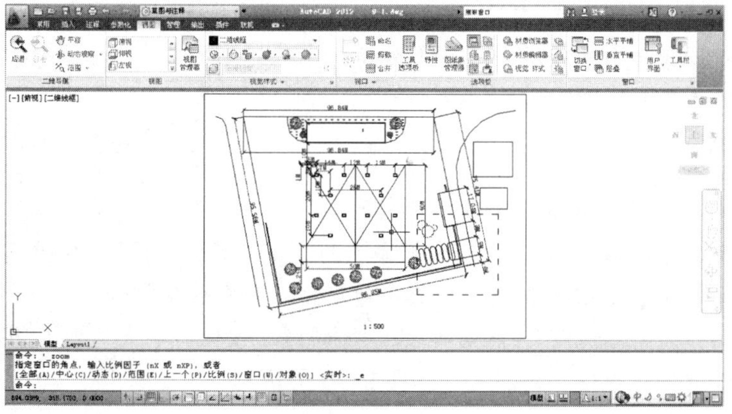

图 9-5 范围缩放

● 上一个缩放：在设计过程中，该操作使用频率是很高的。执行此操作，AutoCAD 将显示上一次的视图。若连续单击此按钮，则系统将恢复前几次显示过的图形（最多10 次）。作图时，常利用此功能返回到原来的某个视图。该操作还可以通过单击【视图】选项卡【视图】面板上的按钮实现。

9.1.3 命名视图

在作图的过程中，常常要返回到前面的显示状态，此时可以利用 ZOOM 命令的“上一个(P)”选项或单击【视图】选项卡【视图】面板上的按钮。但如果要观察很早以前使用的视图，而且需要经常切换到这个视图时，这些操作就无能为力了。此外，若图形很复杂，使用 ZOOM 和 PAN 命令寻找想要显示的图形部分或经常返回图形的相同部分时，就要花费大量时间。要解决这些问题，最好的办法是将以前显示的图形命名成一个视图，这样就可以在需要的时候根据视图的名字恢复视图。

【案例 9-3】 使用命名视图。

1）打开附盘文件“dwg\第 9 章\9-3. dwg”。

2）单击【视图】选项卡【视图】面板上的按钮，打开【视图管理器】对话框，如图 9-6 所示。

3）单击 新建(N)... 按钮，打开【新建视图/快照特性】对话框，在【视图名称】文本框中输入“主视图”，如图 9-7 所示。

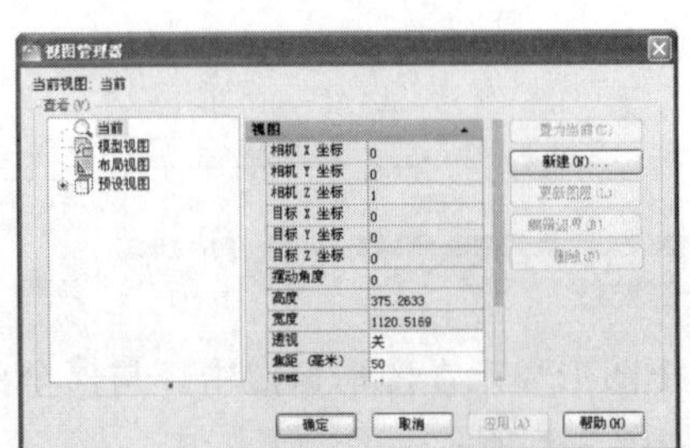

图 9-6 【视图管理器】对话框

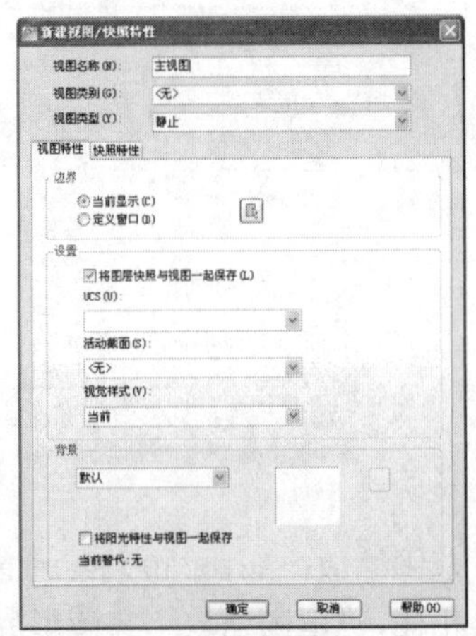

图 9-7 【新建视图/快照特性】对话框

4）在【视图特性】选项卡【边界】分组框中选择【定义窗口】单选项，然后单击其右侧的按钮，则 AutoCAD 提示如下。

```
指定第一个角点:                          //在 A 点处单击一点，如图 9-8 所示
指定对角点:                              //在 B 点处单击一点
指定第一个角点 (或按 ENTER 键以接受):     //按 Enter 键接受
```

5）用同样的方法将矩形 *CD* 内的图形命名为“加油雨棚视图”，如图 9-8 所示。

6）单击按钮，打开【视图管理器】对话框，如图 9-9 所示。

7）选择“加油雨棚视图”，然后单击 置为当前(C) 按钮，单击 确定 按钮，则屏幕显示“加油雨棚视图”的图形，如图 9-10 所示。

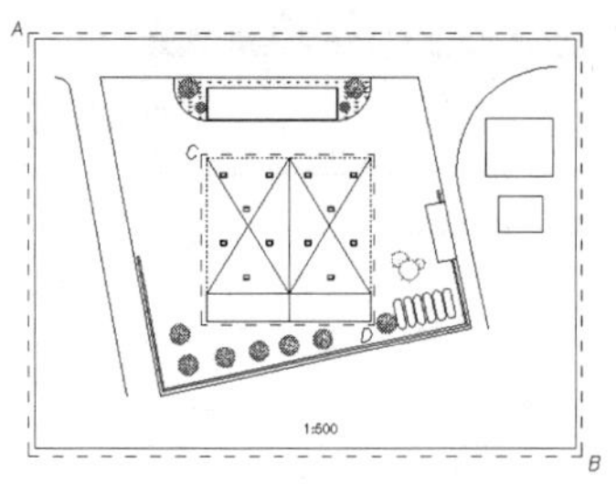

图 9-8　命名视图

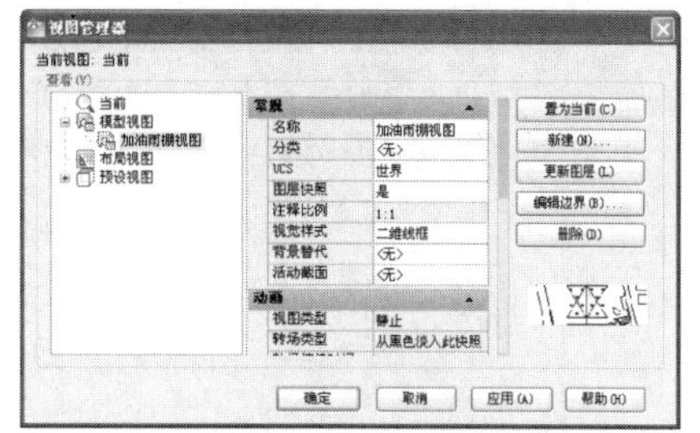

图 9-9　【视图管理器】对话框

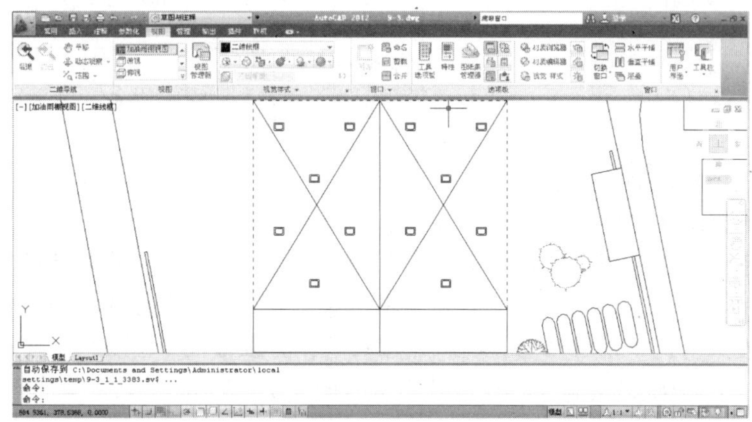

图 9-10　显示加油雨棚视图

要点提示

调用命名视图时，AutoCAD 不再重新生成图形。命名视图是保存屏幕上某部分图形的好方法，对于大型复杂的图样特别有用。

9.1.4　平铺视口

在模型空间作图时，一般是在一个充满整个屏幕的单视口工作。但也可将作图区域划分成几个部分，使屏幕上出现多个视口，这些视口称为平铺视口。对于每一个平铺视口都能进行以下操作：

- 平移、缩放、设置栅格、建立用户坐标等，且每个视口都可以有独立的坐标系统。
- 可通过【命名视口】选项卡配置，以便在模型空间中恢复视口或者将它们应用到布局。
- 在 AutoCAD 执行命令的过程中，能随时单击任一视口，使其成为当前视口，从而进入这个激活的视口中继续绘图。当然，用户只能在当前视口里进行工作。
- 只有在当前视口中，鼠标指针才显示为“+”；将鼠标指针移出当前视口后，就变为“↖”。

在有些情况下，常常把图形的局部放大以方便编辑，但这可能不能同时观察到图样修改后的整体效果，此时可以利用平铺视口，让其中之一显示局部细节，而另一视口显示图样的整体，这样在修改局部的同时就能观察图形的整体了。如图 9-11 所示，在左边的视口中可以看到图形的细节特征，而右边的视口中显示了整个图形，具体设置方法见下例。

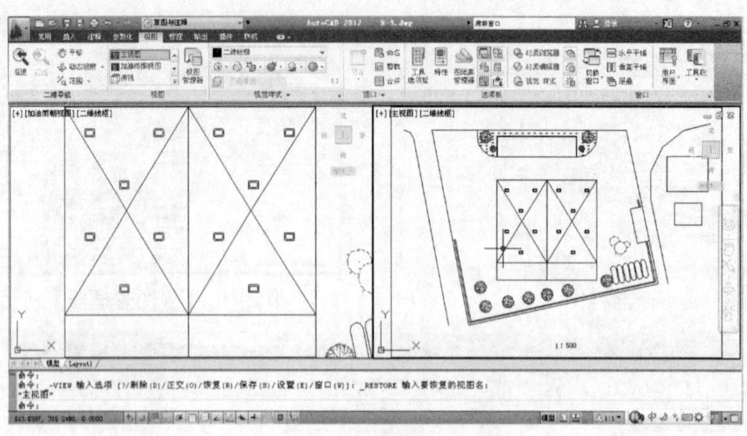

图 9-11　在不同视口中操作

【案例 9-4】　建立平铺视口。

1）打开附盘文件 “dwg\第 9 章\9-4. dwg”。

2）单击【视图】选项卡【视口】面板上的 视口 ▾ 按钮，在打开的下拉菜单中单击 视口配置列表 ▾，在打开的下拉菜单中选择【三个：右】选项，如图 9-12 所示。

3）单击左上角视口以激活它，执行范围缩放；再激活左下角视口，单击绘图区左上角处的【前视】，选择【俯视】选项，如图 9-13 所示。然后放大 *CD* 建筑图，结果如图 9-14 所示。

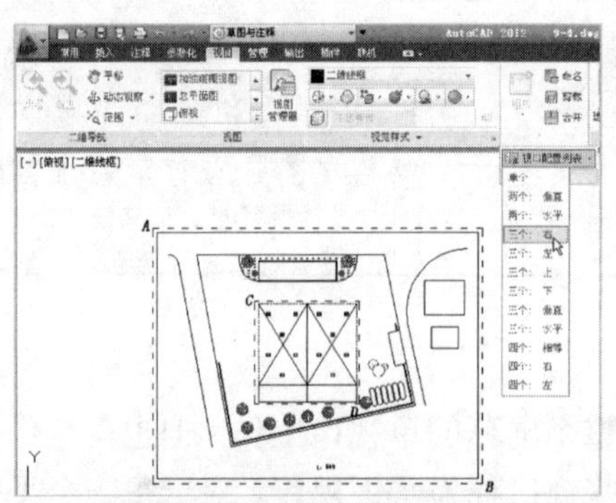

图 9-12 【视口】对话框

图 9-13　选择【俯视】选项

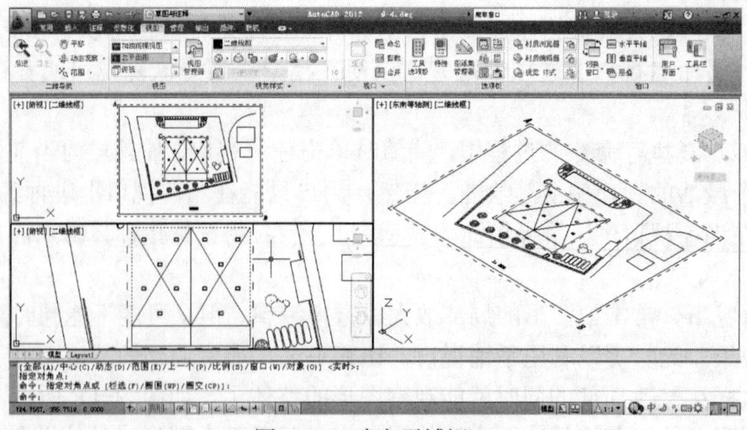

图 9-14　建立平铺视口

9.2 图形特性查询

本节通过实例讲述如何查询图形的周长、面积等特性。

【案例 9-5】 打开附盘文件“dwg\第 9 章\9-5.dwg”，如图 9-15 所示。请计算该图形的周长、面积。

1）打开附盘文件“dwg\第 9 章\9-5.dwg”。

2）单击【视图】选项卡【视口】面板上的 绘图 ▾ 按钮，在打开的下拉菜单中单击 按钮，AutoCAD 提示如下。

```
命令: _region
选择对象: 指定对角点: 找到 20 个//全选图形
选择对象:
已提取 3 个环
已创建 3 个面域
```

图 9-15 计算周长、面积和角度

3）输入 LIST 命令，AutoCAD 提示如下。

```
命令: list
选择对象: 找到 1 个                //选择外围面域
选择对象:
                 REGION  图层: 0
                         空间: 模型空间
                  句柄 = 1f6a
                              面积: 45797.4199
                              周长: 1011.7677
            边界框: 边界下限 X = 656.2502 , Y = 522.8870 , Z = 0.0000
                    边界上限 X = 945.3838 , Y = 787.1436 , Z = 0.0000
```

由此可以看出其周长为 1 011.7677。

4）执行 SUBTRACT 命令，AutoCAD 提示如下。

```
命令: SUBTRACT
选择要从中减去的实体、曲面和面域...
选择对象: 找到 1 个                              //选择外围面域
选择对象:
选择要减去的实体、曲面和面域...
选择对象: 找到 1 个                              //依次选择要减去的两个面域
选择对象: 找到 1 个，总计 2 个
选择对象:
```

5）输入 LIST 命令，AutoCAD 提示如下。

```
命令: LIST
选择对象: 找到 1 个
选择对象:
                 REGION  图层: 0
                         空间: 模型空间
                  句柄 = 1f6a
                              面积: 35146.1345
                              周长: 1711.4888
            边界框: 边界下限 X = 656.2502 , Y = 522.8870 , Z = 0.0000
                    边界上限 X = 945.3838 , Y = 787.1436 , Z = 0.0000
```

由此可以看出其面积为 35146.1345。

9.3 创建线型

本节通过实例讲述如何创建具有特色的新线型。

【案例 9-6】 了解创建线型的模式。请按以下步骤操作。

1）执行-LINETYPE 命令（注意：前面有一短横线），AutoCAD 提示如下。

```
命令：-linetype                              //在命令行窗口中输入创建线型命令
当前线型："ByLayer"
输入选项 [?/创建(C)/加载(L)/设置(S)]：c      //选择创建
输入要创建的线型名：divide                    //输入 AutoCAD 原有的一个线型
```

2）按 Enter 键后，打开【创建或附加线型文件】对话框，如图 9-16 所示。

图 9-16 【创建或附加线型文件】对话框

3）在【创建或附加线型文件】对话框中选择“acad.lin”文件，单击 保存(S) 按钮，AutoCAD 提示如下。

```
请稍候，正在检查线型是否已定义...
此文件中已存在 divide。 当前定义为：
  *DIVIDE,Divide ____ . . ____ . . ____ . . ____ . . ____
          //第一行以名字 DIVIDE 开头，接着是描述性字符，此行称描述行
  A,0.5,-0.25,0,-0.25,0,-0.25
          //第二行以字母 A 开头，表示对准操作，接着是定义性数字，此行称定义行
覆盖？<N>                                    //按 Enter 键
输入要创建的线型名：                          //按 Enter 键
输入选项 [?/创建(C)/加载(L)/设置(S)]：        //按 Enter 键
```

定义行中数值对线型的描述如表 9-1 所示。

表 9-1 定义行中数值对线型的描述

定义值	笔行为	生成结果
正值	下笔	短划线
负值	提笔	空白
0	点	1 点

【案例 9-7】 定义新线型“虚线”、“中心线”、“双点划线”和“围墙”。

1）用记事本打开 AutoCAD 2012 文件夹下 Support 文件夹中“acad.lin”文件，在文件末尾加上虚线、中心线、双点画线和围墙这 4 种线型的定义，然后保存文件。输入如下所示。

```
*虚线,ourdash _ _ _ _ _ _ _ _ _
```

```
A,3,-1
*中心线,ourcenter _ _ . _ _ . _ _ . _ _
A,20,-1
*双点画线,ourdivide _ _ . . _ _ . . _ _ . . _
A,15,-1,1,-1,1,-1
*围墙,wall _|_|_|_|_|_|
A,3,-1
```

2）以后绘图中就可以加载新定义的线型，结果如图 9-17 所示。

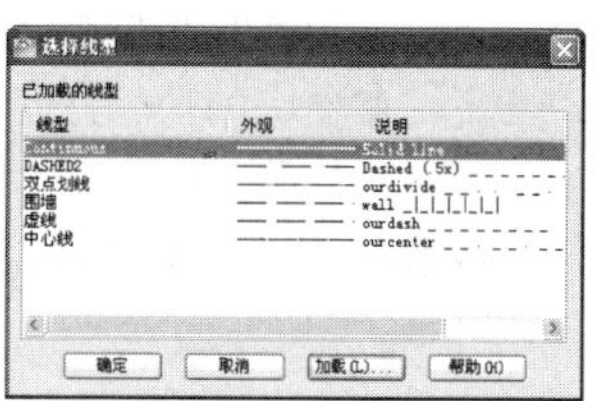

图 9-17　加载新线型

9.4 设置观察视点

本节主要讲述观察视点的设置方法。

9.4.1 上机练习——设置观察视点

【案例 9-8】 使用 DDVPOINT 命令设置观察视点。

1）打开附盘文件“dwg\第 9 章\9-8.dwg”，执行 HIDE 命令，结果如图 9-18 左图所示。

2）执行 DDVPOINT 命令，打开【视点预设】对话框，在【X 轴】文本框中输入“45”，在【XY 平面】文本框中输入“-60”，如图 9-19 所示。

3）单击 确定 按钮，关闭对话框，执行消隐命令，结果如图 9-18 右图所示。

4）重复 DDVPOINT 命令，打开【视点预设】对话框，单击 设置为平面视图(V) 按钮，然后单击 确定 按钮，关闭对话框，执行消隐命令，结果如图 9-20 所示。

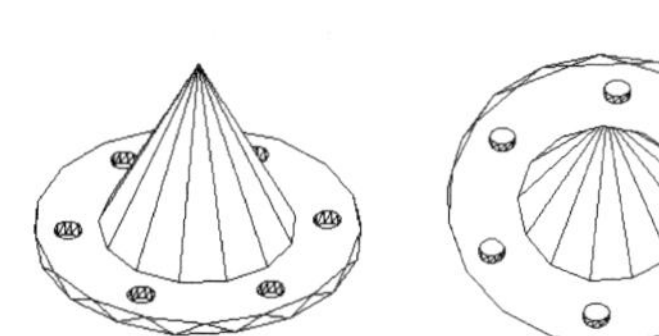
图 9-18　设置视点

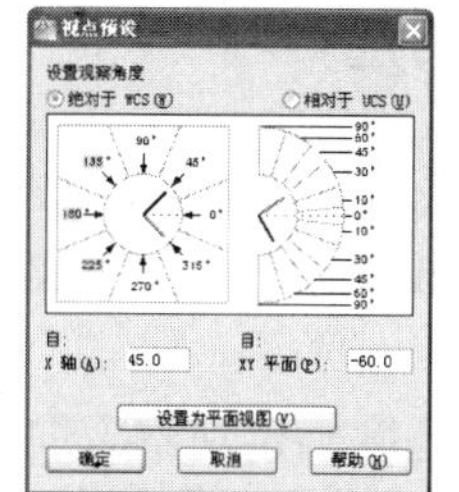

图 9-19 【视点预设】对话框

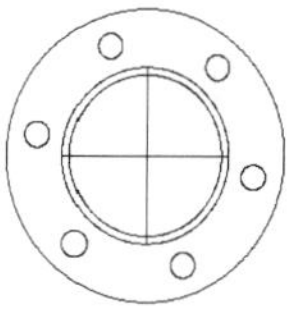

图 9-20　生成平面视图

【案例 9-9】 使用 VPOINT 命令设置观察视点。

1）打开附盘文件“dwg\第 9 章\9-9.dwg”，执行消隐命令，结果如图 9-21 左图所示。

2）执行 VPOINT 命令，AutoCAD 提示如下。

```
命令: vpoint
当前视图方向: VIEWDIR=1.0000,-1.0000,1.0000
指定视点或 [旋转(R)] <显示指南针和三轴架>: 10,10,10 //指定视点位置
正在重生成模型
命令: hide                                              //输入消隐命令以便于观察
正在重生成模型
```

结果如图 9-21 右图所示。

```
命令: vpoint
当前视图方向: VIEWDIR=10.0000,10.0000,10.0000
指定视点或 [旋转(R)] <显示指南针和三轴架>: r           //选择“旋转(R)”选项
输入 XY 平面中与 X 轴的夹角 <45>: 225
```

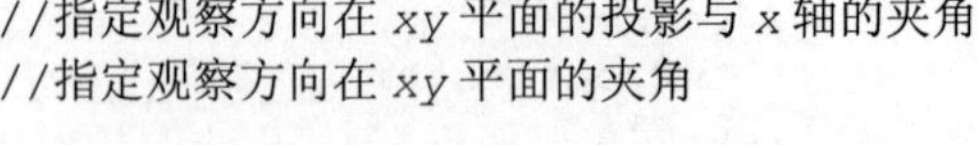
//指定观察方向在 *xy* 平面的投影与 *x* 轴的夹角

输入与 XY 平面的夹角 <35>: 45　　　//指定观察方向在 *xy* 平面的夹角
正在重生成模型
命令: hide　　　//输入消隐命令以便于观察
正在重生成模型

结果如图 9-22 所示。

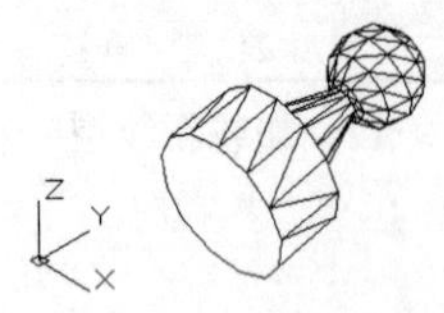

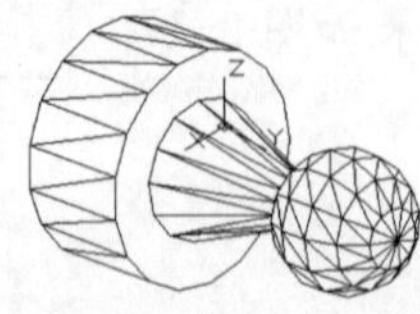

图 9-21　指定视点

图 9-22　使用"旋转(R)"选项

3）执行 VPOINT 命令，然后按两次 Enter 键，屏幕上将显示罗盘及三轴架。在罗盘中移动十字光标到如图 9-23 所示的位置，三轴架也相应变化。在图示位置单击鼠标左键，然后执行消隐命令，结果如图 9-24 所示。

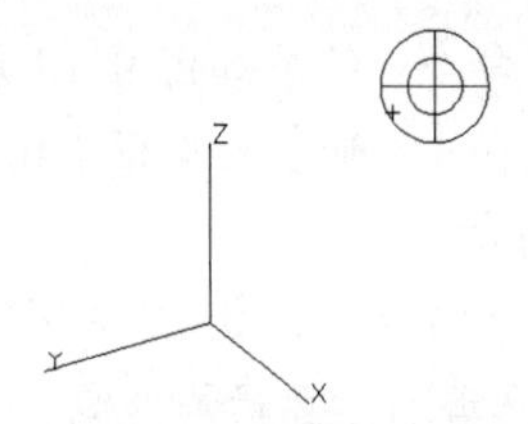

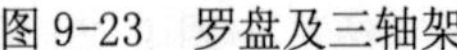

图 9-23　罗盘及三轴架

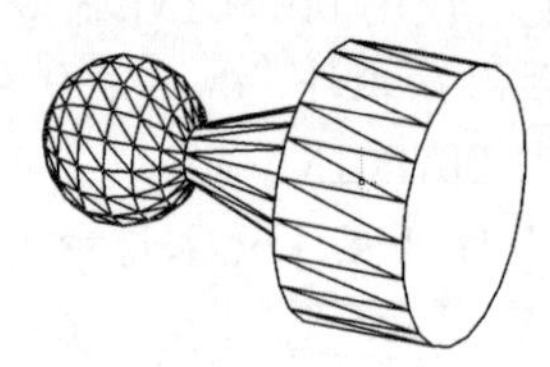

图 9-24　使用罗盘及三轴架调整视点

9.4.2　DDVPOINT 命令

视点是指三维空间中观察图形时的观察位置。AutoCAD 有两种设置观察视点的方法：一是使用 DDVPOINT 命令的【视点预设】对话框设置视点；二是使用 VPOINT 命令设置当前视点。

DDVPOINT 命令采用两个角度确定观察方向，如图 9-25 所示，*OR* 代表观察方向，∠*ROT* 与∠*XOT* 确定 *OR* 矢量，它们可以确定空间任意的观察方向。

命令启动方法

命令：DDVPOINT。

启动 DDVPOINT 命令，AutoCAD 弹出【视点预设】对话框，如图 9-26 所示。

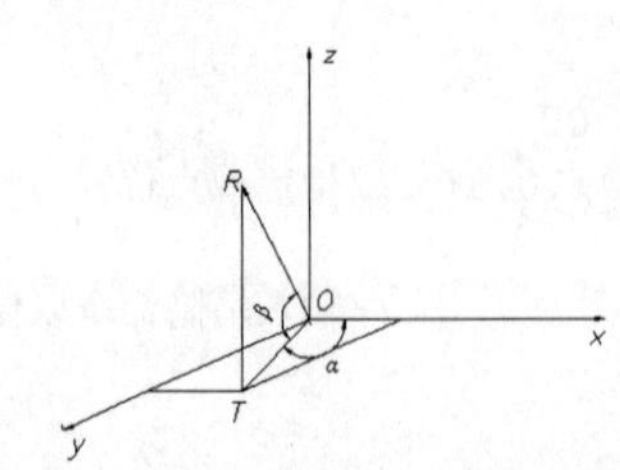

图 9-25　DDVPOINT 命令确定视点原理图

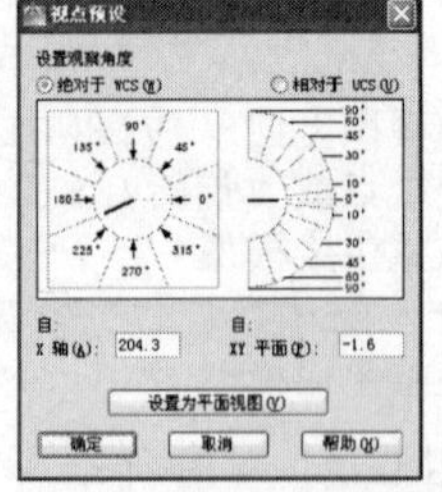

图 9-26　【视点预设】对话框

【视点预设】对话框中各选项功能如下。

- 【绝对于 WCS】/【相对于 UCS】：前者指设置的角度以 WCS 为参照系，后者指设置的

角度以 UCS 为参照系，两者互锁，默认选项为【绝对于 WCS】。

- 【X 轴】：指定观察方向矢量在 *xy* 平面内的投影与 *x* 轴的夹角，即图 9-25 中的∠*XOT*，默认值为 270°，用户可在文本框中修改。对话框左边还给出了俯视示意图，可认为图片的圆心代表原点，虚线代表 *x* 轴，两条粗黑线代表观察方向在 *xy* 平面内的投影，其中随着鼠标左键单击而移动的粗黑线代表当前角度值，保持不动的粗黑线代表调整前的角度值，角度以逆时针为正。用户可以用鼠标左键单击方框区域调整角度大小，在圆圈内单击鼠标左键可以指定 0°～360° 任意角度值，在圆圈外单击只能指定从 0° 开始以 45° 为步长阶梯变化的值，即 0°、45°、90°、135°、180°、225°、270° 和 315°。
- 【XY 平面】：指定观察方向与 *xy* 平面的夹角，即图 9-25 中的∠*ROT*，默认值为 90°。在对话框右边用半圆图形表示观察方向与 *xy* 平面的夹角，角度的范围为-90°～90°，角度为负时观察方向从 *xy* 平面下方指向 *xy* 平面上方。圆内和扇形区调整方法与上述过程类似，扇形区的角度也是阶梯变化的，只能取-90°、-60°、-45°、-30°、-10°、0°、10°、30°、45°、60° 和 90°。
- 【设置为平面视图(V)】按钮：用于建立平面视图，即将观察方向矢量在 *xy* 平面的投影与 *x* 轴的夹角设为 270°，与 *xy* 平面的夹角设为 90°，使两者恢复为默认值。

9.4.3 VPOINT 命令

VPOINT 命令是另一种确定视点的方法，可以直接输入视点的 *x*、*y*、*z* 坐标，观察方向矢量的另一点是原点。还可以使用指定两个角度来确定观察方向，原理与 DDVPOINT 命令相同。此外，用户还可以使用罗盘工具指定视点。

命令启动方法

命令：VPOINT。

启动 VPOINT 命令后，命令行提示如下。

```
当前视图方向: VIEWDIR=0.0000,0.0000,1.0000
指定视点或 [旋转(R)] <显示指南针和三轴架>:
```

可见 VPOINT 命令有 3 个选项。

- 【指定视点】：直接输入视点的坐标，观察方向从输入点指向原点。
- 【旋转(R)】：采用两个角度确定观察方向，原理与 DDVPOINT 相同。选取该项后，命令行提示如下。

```
输入 XY 平面中与 X 轴的夹角 <270>:  //指定观察方向在 xy 平面的投影与 x 轴的夹角
输入与 XY 平面的夹角 <90>:           //指定观察方向与 xy 平面的夹角
```

- 【显示指南针和三轴架】：采用罗盘确定视点。启动该命令后，屏幕显示如图 9-27 所示，右上方的十字架和同心圆成为罗盘，用于调整观察方向，屏幕中间是三轴架，用来显示调整后 *x*、*y*、*z* 轴对应的方向。

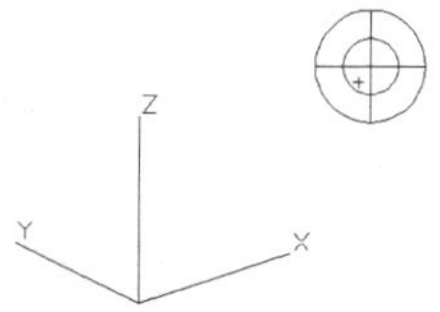

用罗盘定义视点实质上还是指定两个角度来确定观察方向，罗盘的用法如下：

图 9-27　罗盘及三轴架

- 罗盘的十字架代表 *x* 轴和 *y* 轴，其中横线代表 *x* 轴，竖线代表 *y* 轴，与传统的二维坐标类似。在罗盘内移动十字光标拾取点，拾取点与圆心的连线和 *x* 轴的夹角代表观察方向在 *xy* 平面内的投影与 *x* 轴的夹角。

- 罗盘内环代表观察方向与 xy 平面的夹角，角度取值在 0°～90°，圆心代表夹角为 90°，内圆上的点夹角为 0°。
- 罗盘外环代表观察方向与 xy 平面的夹角，角度取值在-90°～0°，外圆线上的点代表夹角为-90°。
- 在罗盘中移动十字光标，三轴架将动态显示当前坐标系的状态。可见采用罗盘虽然不能精确地指定确定观察方向的两个角度，但是可以方便地调整观察方向。

9.5 三维动态观察

本节讲述了三维动态观察的方法。

9.5.1 三维平移与三维缩放

三维动态观察一般是在三维建模工作空间中操作，切换工作空间的方式是：在状态栏上单击[图标]，打开快捷菜单，如图 9-28 所示，选择相应的工作空间即可。

AutoCAD 2012 提供了三维平移、三维缩放、自由动态观察、连续动态观察、回旋、调整视距、三维调整剪切平面、前向剪切开关和后向剪切开关等三维动态观察的方法，可以连续地调整观察方向，方便地获得不同方向的三维视图。

三维平移与三维缩放是很常用的命令。三维平移命令的作用与二维中的平移命令类似，用于平移图纸。三维缩放作用与二维中的缩放命令类似，用于缩放视图。

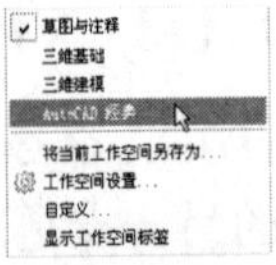

图 9-28 快捷菜单（1）

命令启动方法

命令：3DPAN 和 3DZOOM。

启动以上命令后，在绘图区域单击鼠标右键，弹出快捷菜单，如图 9-29 所示。从快捷菜单中还可以启动很多其他命令。

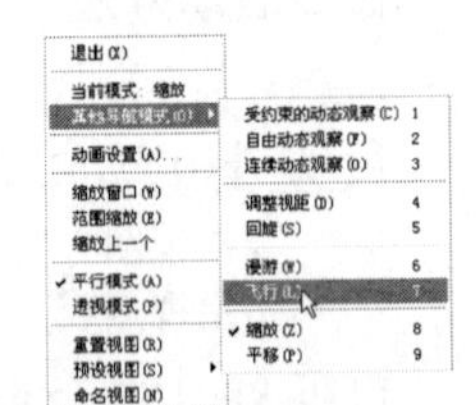

图 9-29 快捷菜单（2）

9.5.2 自由动态观察

自由动态观察命令用于动态地观察三维图形，可以通过鼠标连续地调整观察方向，以得到不同观察方向的三维视图。

命令启动方法

- 功能区：【视图】选项卡【二维导航】面板中的[自由动态观察]按钮，如图 9-30 所示。
- 命令：3DFORBIT。

启动自由动态观察命令后，屏幕中围绕观察对象形成一个辅助圆，在辅助圆上平均分布着 4 个小圆，如图 9-31 所示。按住鼠标左键在屏幕中拖动时，坐标系和观察对象将沿一定的方向转动，鼠标拖动的起点决定了旋转的方式。

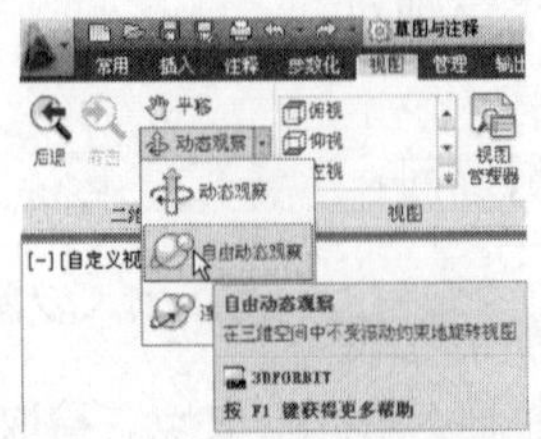

图 9-30 自由动态观察

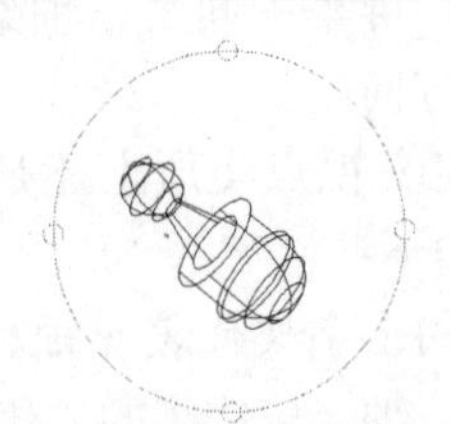

图 9-31 辅助圆及 4 个小圆

根据鼠标起始位置的不同，鼠标指针共有 4 种不同的形状，不同的形状代表了不同的旋转方式。

- 球形：鼠标指针位于辅助圆内时，鼠标指针变为这种形状。按住鼠标左键并在辅助圆内拖动鼠标指针，此时观察对象沿其中心旋转，使用户可以从任何角度观察模型。
- 圆形：鼠标指针位于辅助圆外时，鼠标指针变为这种形状。按住鼠标左键并在辅助圆外拖动鼠标指针，此时观察对象沿垂直于屏幕的轴旋转，旋转轴通过辅助圆圆心。
- 水平椭圆：鼠标指针位于左右两个小圆时，鼠标指针变为这种形状。按住鼠标左键并在屏幕任意位置拖动鼠标指针，鼠标指针将保持这种形状，此时观察对象沿竖直线旋转，旋转轴通过辅助圆圆心。
- 竖直椭圆：鼠标指针位于上下两个小圆时，鼠标指针变为这种形状。按住鼠标左键并在屏幕任意位置拖动鼠标指针，鼠标指针将保持这种形状，此时观察对象沿水平轴旋转，旋转轴通过辅助圆圆心。

9.5.3 连续动态观察

连续动态观察命令可以使观察对象连续旋转，如同动画一样。

命令启动方法

- 功能区：【视图】选项卡【二维导航】面板中的连续动态观察按钮，如图 9-30 所示。
- 命令：3DCORBIT。

启动该命令后，鼠标指针变为如图 9-32 所示的形状，在绘图区内任意地方按下鼠标左键并沿某方向拖动鼠标指针，对象沿该方向旋转，松开鼠标左键后，对象会朝这个方向继续转动，转动的速度取决于拖动鼠标指针的速度。然后，在绘图区任意位置单击鼠标左键，对象就会停止转动，此时，可以沿其他方向拖动鼠标指针来改变对象的旋转方向。

在按住鼠标并拖动的过程中，鼠标指针会由于拖动方向的不同而出现相应的变化，其拖动方向和鼠标指针的对应形状与三维动态旋转相同。

9.5.4 回旋

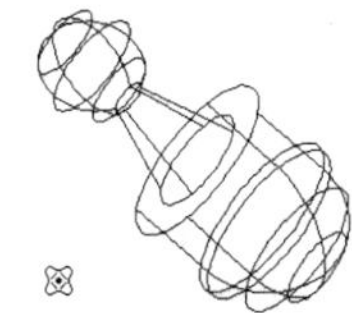

图 9-32 连续动态观察对象

回旋命令用于模拟安装在三脚架云台上的相机的效果。例如，先将相机镜头对准目标，然后转动相机，相机向左转动，取景框中的对象将从中央移向右边。如果将镜头上抬，取景框中的对象将向下移。

命令启动方法

命令：3DSWIVEL。

启动该命令后，鼠标指针变为形状，使用方法与上述自由动态观察类似，按住鼠标左键拖动即可。

9.5.5 调整视距

调整视距命令用来模拟相机与观察对象之间距离的调整，当用照相机照相时，目标离镜头越远，成像越小；反之，成像越大。

命令启动方法

命令：3DDISTANCE。

启动该命令后，鼠标指针变为 形状，非常形象，按住鼠标左键向上或向下拖动鼠标指针，可以模拟照相机与目标之间距离的改变。向上拖动鼠标指针使照相机靠近目标，向下拖动鼠标指针使相机远离目标。相机越靠近物体，视图越大；反之，视图越小。

9.5.6 三维调整剪裁平面

三维调整剪裁平面命令用于设置前、后剪裁平面。

所谓剪裁平面是指用户使用一个平面切开观察对象，隐藏该平面前面或后面部分，以便观察三维对象的内部结构。隐藏平面前面部分的称为前向剪裁平面，隐藏平面后面部分的称为后向剪裁平面。

命令启动方法

命令：3DCLIP。

启动该命令后，系统弹出【调整剪裁平面】对话框，如图 9-33 所示。

【调整剪裁平面】对话框有两条平行的直线，分别表示前、后剪裁平面的位置，对话框左上角有 7 个按钮，用来调整剪裁平面位置、平移和缩放图形以及打开和关闭剪裁平面，以下分别进行说明。

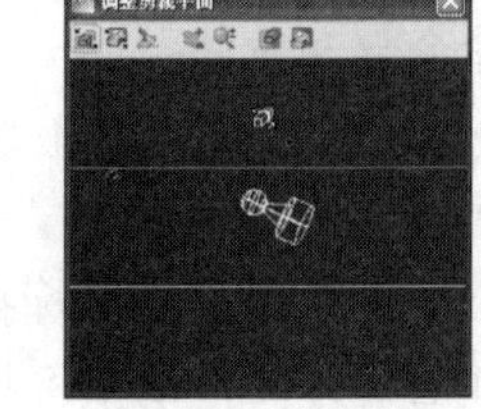

图 9-33 【调整剪裁平面】对话框

- ：单击此按钮，进入调整前向剪裁平面状态，按住鼠标左键，拖动鼠标指针就可以移动前向剪裁平面。鼠标指针拖动可以在【调整剪裁平面】对话框内，也可以在绘图区进行。
- ：单击此按钮，进入调整后向剪裁平面状态，调整方法同上。
- ：锁定前向、后向剪裁平面之间的相对位置，使两者同时移动。此按钮和前两个按钮两两互锁。
- 和：这两个按钮用于平移或缩放【调整剪裁平面】对话框中的图形。
- ：打开或关闭前向剪裁平面。
- ：打开或关闭后向剪裁平面。

调整好前、后剪裁平面的位置后，关闭【调整剪裁平面】对话框的方法有以下 3 种：

- 在键盘上按 Esc 键。
- 鼠标左键单击对话框右上角的按钮。
- 在【调整剪裁平面】对话框内单击鼠标右键，系统弹出快捷菜单，选取【关闭】选项。

关闭【调整剪裁平面】对话框后，绘图区将进入受约束的动态观察状态，如图 9-34 所示。可以拖动鼠标指针旋转坐标系，从各个方向观察模型，同时剪切平面将剪去模型与之相交的相应部分，因此使用剪切平面可以非常方便地观察模型内部构造以及各个截面形状。观察完毕后，退出三维动态观察状态的方法有以下两种：

- 在键盘上按 Esc 键。
- 激活绘图窗口，单击鼠标右键，从快捷菜单中选取【退出】选项。

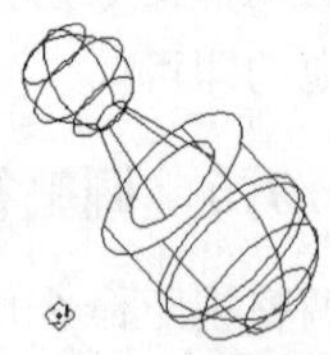

图 9-34 三维动态观察状态

9.6 透视图

本节主要内容包括透视图的建立。

9.6.1 上机练习——观察透视图

【案例 9-10】 观察透视图练习。

1）打开附盘文件“dwg\第 9 章\9-10.dwg”，其平行投影图如图 9-35 左图所示。

2）观察透视图。

```
命令: dview                                              //输入命令
选择对象或 <使用 DVIEWBLOCK>: 找到 1 个                  //选择显示对象
选择对象或 <使用 DVIEWBLOCK>:                            //按 Enter 键结束选择
输入选项[相机(CA)/目标(TA)/距离(D)/点(PO)/平移(PA)/缩放(Z)/扭曲(TW)/剪裁
(CL)/隐藏(H)/关(O)/放弃(U)]: d          //选择“距离(D)”选项，打开透视图模式
指定新的相机目标距离 <1.7321>: 1200      //输入相机与目标点之间的距离
输入选项[相机(CA)/目标(TA)/距离(D)/点(PO)/平移(PA)/缩放(Z)/扭曲(TW)/剪裁
(CL)/隐藏(H)/关(O)/放弃(U)]:             //按 Enter 键结束
正在重生成模型
```

结果如图 9-35 右图所示。

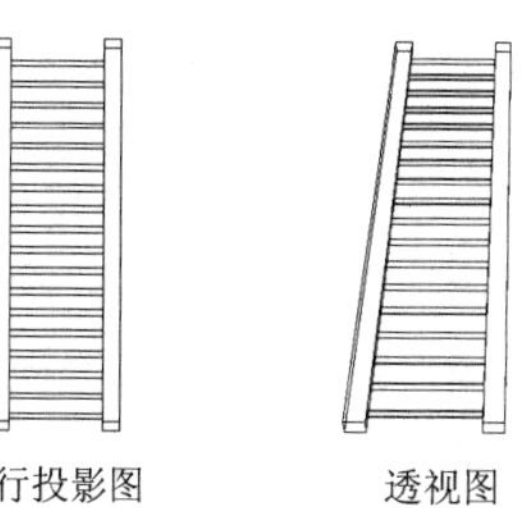

图 9-35 平行投影图与透视图

9.6.2 建立透视图

透视图是显示图形的一种方法，日常生活中见到的照片就是透视图。AutoCAD 采用照相机的原理来建立透视图，用透视图来表达三维模型，会使效果更真实。

命令启动方法

命令：DVIEW。

启动该命令后，AutoCAD 提示如下。

```
命令: dview
选择对象或 <使用 DVIEWBLOCK>: 找到 1 个                  //选择显示对象
选择对象或 <使用 DVIEWBLOCK>:                            //按 Enter 键结束选择
输入选项[相机(CA)/目标(TA)/距离(D)/点(PO)/平移(PA)/缩放(Z)/扭曲(TW)/剪裁
(CL)/隐藏(H)/关(O)/放弃(U)]:
```

该命令中的各选项含义分别如下。

- 相机(CA)：用于定义相机位置，即视点的位置。相机定义视点的方式与 DDVPOINT 命令一样，采用两个角度定义观察方向，即观察方向在 xy 平面内的投影与 x 轴的夹角以及观察方向与 xy 平面的夹角。
- 目标(TA)：用于调整目标点相对于相机的角度来改变目标的位置，该选项跟“相机(CA)”的区别在于前者调整目标点位置，后者调整相机位置，调整方式仍然采用两个角度，如图 9-36 所示。
- 距离(D)：该选项可以沿观察方向将相机移近目标或远离目标。实际上，该选项还提供另外一种功能，即打开透视图模式。选取此选项后，绘图窗口顶部会出现一个滑动条，滑动条上有 0X 到 16X 的标记，如图 9-37 所示。标记的数字表示相机与目标之间的距离的放大倍数，调整放大倍数可以改变相机与目标点之间的距离。距离的绝对值显示在状态栏上。

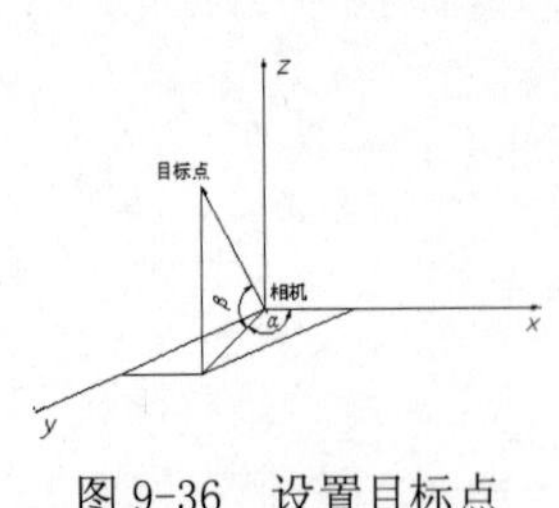

图 9-36　设置目标点

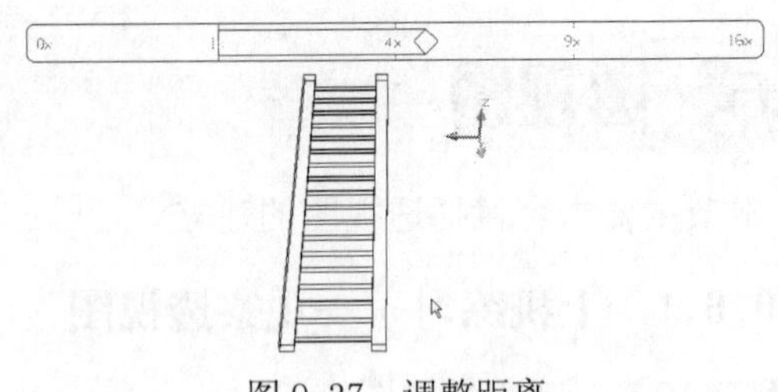

图 9-37　调整距离

- 点(PO)：通过制定目标点和相机的位置来确定观察方向。指定点的方式可以采用 AutoCAD 中任何指定点的方法，可以直接输入坐标，也可采用捕捉方式。
- 平移(PA)：在显示区中移动视图，在透视图模式下不能使用该选项移动视图中的图形，只能使用该选项移动视图。
- 缩放(Z)：缩放视图，跟"平移(PA)"选项一样，在透视图模式下不能使用该选项移动视图中的图形，只能使用该选项缩放视图。在平行投影模式下，通过调整比例因子来调整缩放对象，在透视图模式下，通过调整透镜的聚焦长度来调整对象的大小，调整方法跟"距离(D)"选项类似。
- 扭曲(TW)：用于把视图绕观察方向旋转。
- 剪裁(CL)：用于设置前向、后向剪裁平面，设置方式跟三维动态观察器有所区别，该选项采用调整剪裁平面与目标点之间的距离的放大倍数来设置前、后向剪裁平面位置，调整方法跟"距离(D)"选项类似。
- 隐藏(H)：消除隐藏线。
- 关(O)：关闭透视图，将视图改为平行投影视图。
- 放弃(U)：放弃上一次操作。

9.7 三维图形的视觉样式

本节主要讲述三维视图的几种视觉样式，利用它们理解实物的形状。

除了前面用过的消隐之外，AutoCAD 2012 还提供了二维线框、隐藏、线框、概念和真实等几种视觉样式，并且还提供了视觉样式管理器，利用它们可以更容易地理解实物的真实形状。

命令启动方法

- 功能区：【常用】选项卡【视图】面板处，如图 9-38 所示。
- 功能区：【视图】选项卡【视觉样式】面板处，如图 9-39 所示。
- 命令：SHADEMODE 或 VSCURRENT。

图 9-38　视觉样式启动方法 1

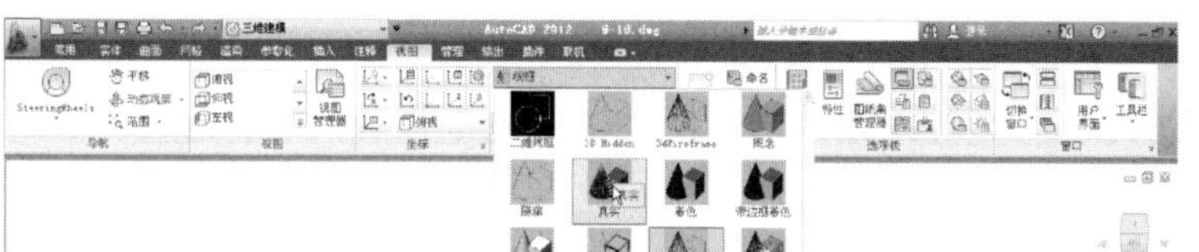

图 9-39 视觉样式启动方法 2

启动该命令后，AutoCAD 提示如下。

```
命令: vscurrent
输入选项 [二维线框(2)/三维线框(3)/三维隐藏(H)/真实(R)/概念(C)/其他(O)] <二维线框>:
```

其中各选项含义如下。

- 二维线框(2)：显示用直线和曲线表示边界的对象，光栅、OLE 对象、线型和线宽都是可见的。即使将 COMPASS 系统变量的值设置为“1”，它也不会出现在二维线框视图中。

> **要点提示**
>
> OLE 是 Object Linking and Embedding 的缩写，直译为对象连接与嵌入，学过 VB 的读者可能知道，VB 中有一种控件就叫 OLE 对象，通过该控件就可以调用其他格式的数据。其实，OLE 技术在办公中的应用就是满足用户在一个文档中加入不同格式数据的需要（如文本、图像、声音等），即解决建立复合文档问题。

- 三维线框(3)：显示用直线和曲线表示边界的对象。显示一个已着色的三维 UCS 图标，如图 9-40 所示。可将 COMPASS 系统变量设置为“1”来查看坐标球。
- 三维隐藏(H)：显示用三维线框表示的对象并隐藏表示后向面的直线。如图 9-41 所示，左图是隐藏前的图形，右图是隐藏后的图形。注意，坐标系图标发生了变化。

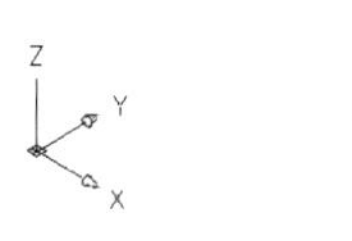

图 9-40 二维线框与三维线框的 UCS 图标

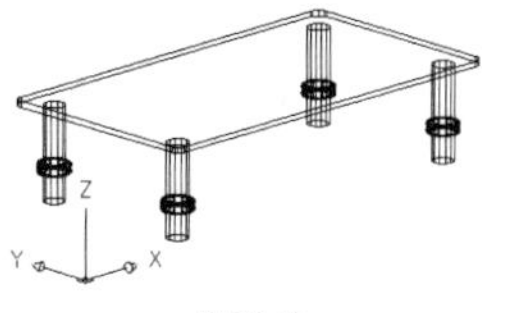

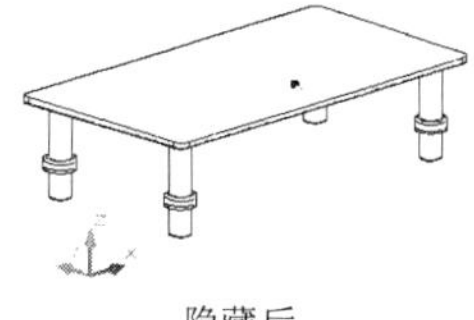

图 9-41 三维隐藏

- 真实(R)：着色多边形平面间的对象，并使对象的边平滑化。它显示已附着到对象的材质，如图 9-42 左图所示。
- 概念(C)：着色多边形平面间的对象，并使对象的边平滑化。着色使用冷色和暖色之间的过渡。效果缺乏真实感，但是可以更方便地查看模型的细节，如图 9-42 右图所示。

图 9-42 真实效果与概念效果

● 其他(O)：选取该选项，将显示以下提示。

输入视觉样式名称[?]：输入当前图形中的视觉样式的名称或输入？以显示名称列表并重复该提示。

要点提示

注意要显示从点光源、平行光、聚光灯或阳光发出的光线，请将视觉样式设置为真实、概念或带有着色对象的自定义视觉样式。

【视觉样式】工具栏上前 5 项对应于以上前 5 项，最后一项单击该按钮后，打开【视觉样式管理器】对话框，如图 9-43 所示。该对话框的其他启动方式如下。

● 功能区：单击【渲染】选项卡【视觉样式】面板底部 视觉样式 按钮右边的按钮。

● 功能区：单击【视图】选项卡【视觉样式】面板上的按钮。

● 命令：VISUALSTYLES。

在该对话框中可以分别选择不同视觉样式，然后再在相应区域中按需要进行设置。

图 9-43 【视觉样式管理器】对话框

9.8 习题

1. 打开附盘文件“dwg\第 9 章\习题 9-1. dwg”，如图 9-44 所示。计算圆弧 *AB* 的长度及其对应圆心角的大小、整个图形的面积以及圆心 *C*、*D* 之间的距离。

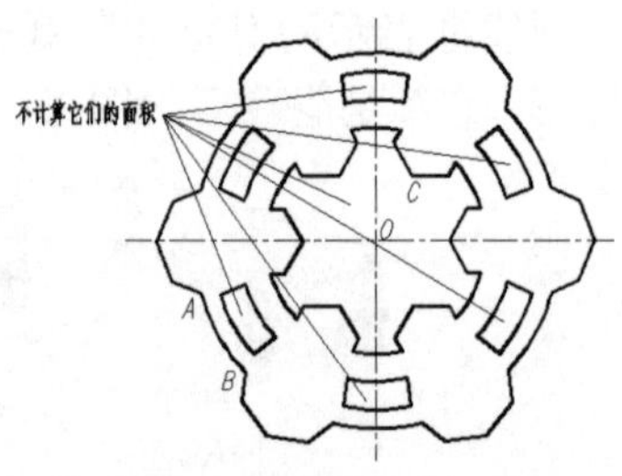

图 9-44 计算弧长、面积等

2. 命名视图。请按以下步骤操作：

(1) 打开附盘文件“dwg\第 9 章\习题 9-2. dwg”。

(2) 单击【视图】选项卡【视图】面板上的按钮，打开【视图管理器】对话框。

(3) 通过【视图管理器】对话框创建 3 个视图：视图-1，其内容包括住宅楼的立面图；视图-2，其内容包括住宅楼的平面图；视图-3，其内容包括住宅楼的剖面图。

(4) 对图样的各部分图形进行命名后，再打开【视图管理器】对话框，分别让“视图-1”、“视图-2”和“视图-3”成为当前视图，并观察显示效果。

第10章

打印输出图形

通过本章的学习，读者可以掌握图形打印输出的设置及方法。

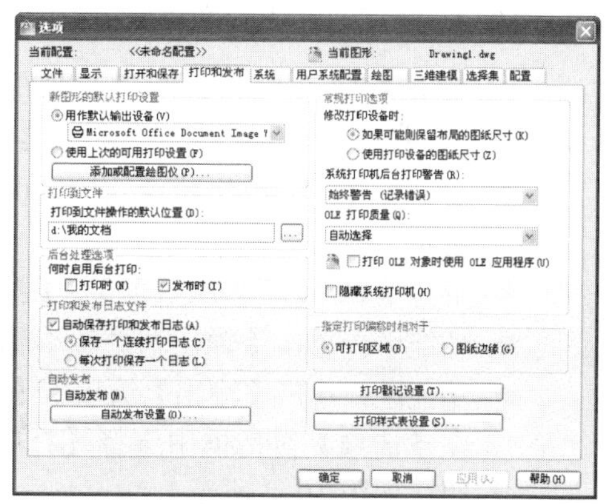

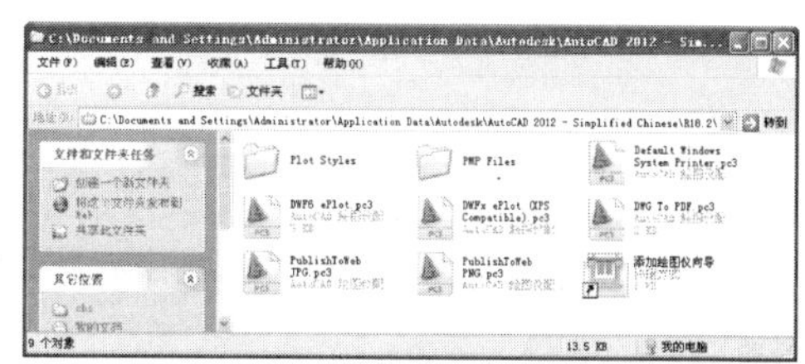

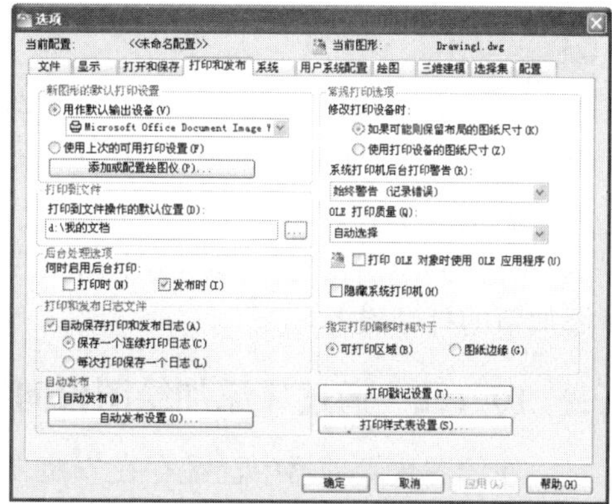

【学习目标】

☑ 配置打印设备，对当前打印设备的设置进行简单修改。

☑ 打印样式及其设置、编辑。

☑ 选择图纸幅面，设定打印区域。

☑ 调整打印方向和位置，输入打印比例。

☑ 保存打印设置。

10.1 打印设备

本节主要讲述通过绘图仪管理器访问、添加和编辑打印绘图设备的方法。

在 AutoCAD 中，有以下两种图纸打印输出方式。

（1）打印输出为图纸。

这种打印输出方式要使用硬件设备，可使用 Windows 系统打印机或非 Windows 系统打印设备输出图形，其中后者有 HP、XESystems 等公司的绘图仪，这些绘图仪通常提供了使用所需要的驱动程序。

（2）打印输出为其他工业标准文件。

输出的文件格式包括 Autodesk 自己提供的 DWF、PostScript 等矢量格式，以及 BMP、JPEG、PNG 等位图格式，生成的文件可以用于网络发布、电子出版等。这种打印输出方式虽然不需要使用硬件设备，但它们的输出过程和使用硬件设备是一样的。

10.1.1 绘图仪管理器

AutoCAD 利用 Autodesk 绘图仪管理器管理图形输出设备，通过绘图仪管理器用户可以访问、添加和编辑所有的打印绘图设备。访问绘图仪管理器的方法如下。

- 双击 Windows 操作系统的控制面板中的【Autodesk 绘图仪管理器】图标，如图 10-1 所示。
- 下拉菜单：【菜单浏览器】/【打印】/【管理绘图仪】。
- 功能区：单击【输出】选项卡【打印】面板上的 绘图仪管理器 按钮。
- 功能区：单击【输出】选项卡【打印】面板右下角的按钮，打开【选项】对话框，在【选项】对话框中选择【打印和发布】选项卡，单击 添加或配置绘图仪(P)... 按钮，如图 10-2 所示。

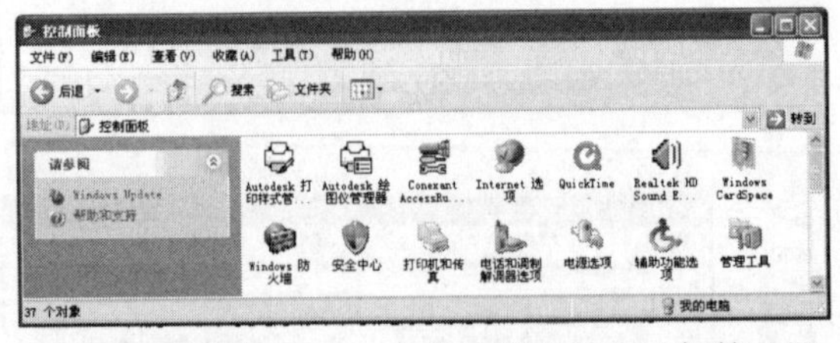

图 10-1 通过 Windows 控制面板访问打印机管理器

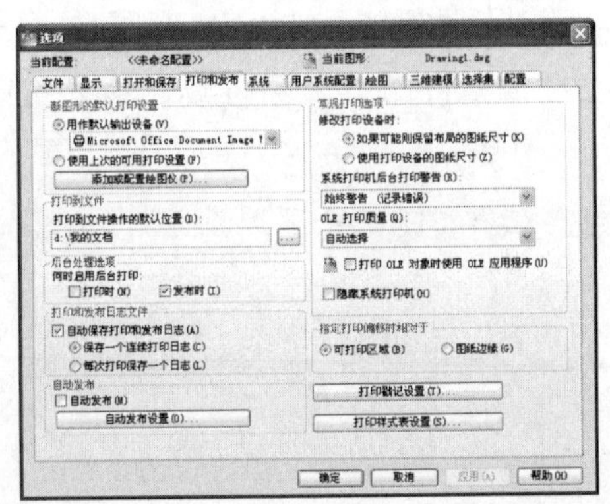

图 10-2 通过【选项】对话框访问打印机管理器

- 命令：PLOTTERMANAGER。

打开的绘图仪管理器，如图 10-3 所示，通过其中的【添加绘图仪向导】可以为 AutoCAD 添加新的打印设备。

10.1.2 通过【添加绘图仪向导】添加打印设备

在绘图仪管理器中已经存在安装 AutoCAD 时建立的打印设备文件，还可以通过打开的绘图仪管理器窗口中的【添加绘图仪向导】为 AutoCAD 添加新的打印机或绘图仪。

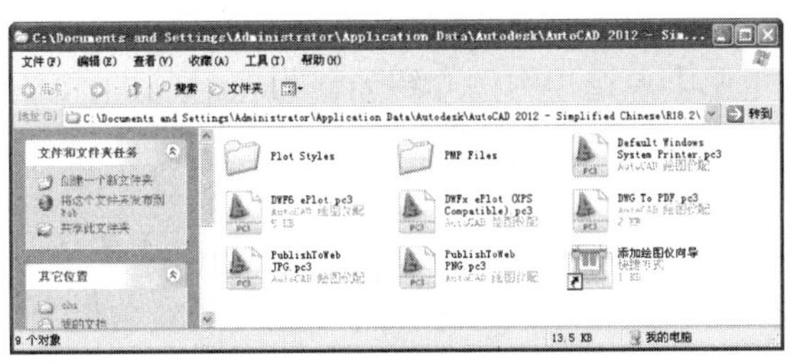

图 10-3 绘图仪管理器窗口

下面举例说明通过添加绘图仪向导窗口来添加新打印设备的方法。

【案例 10-1】 添加打印设备。

1）双击图 10-3 中的【添加绘图仪向导】图标，打开【添加绘图仪-简介】对话框。此对话框可引导一步步配置或添加打印设备，如图 10-4 所示。

2）单击 下一步(N) > 按钮，打开【添加绘图仪-开始】对话框，如图 10-5 所示。

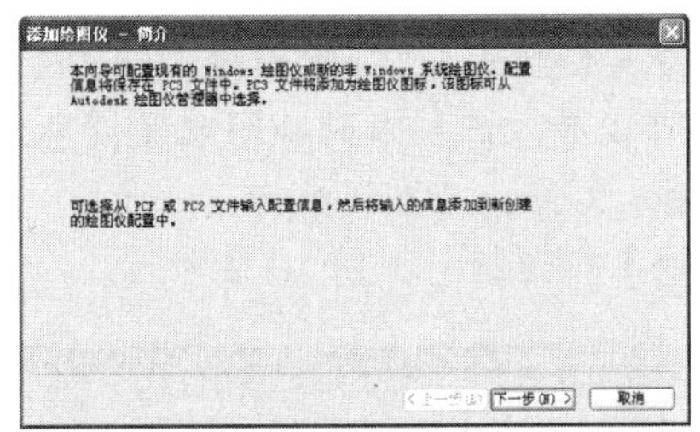

图 10-4 【添加绘图仪-简介】对话框

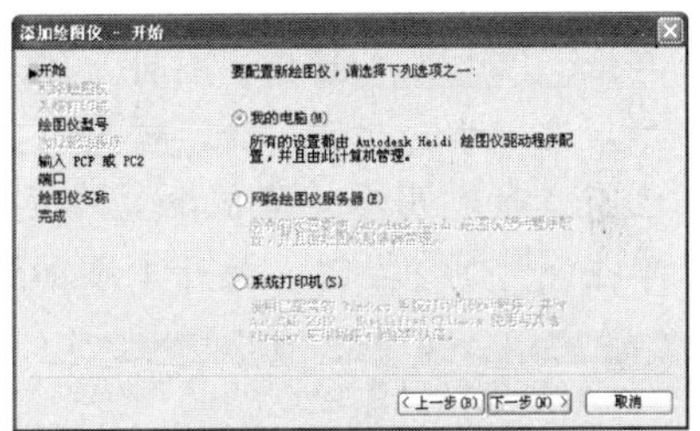

图 10-5 【添加绘图仪-开始】对话框

该对话框的主要选项如下。

- 【我的电脑】：通过"Autodesk Heidi 绘图仪驱动程序"来设置本地打印绘图设备，由本地计算机管理。HDI（Heidi®设备接口）驱动程序用于与硬拷贝设备通信，此类设备并不一定支持 Windows，其驱动程序可以从 AutoCAD 获得，也可以从设备供应商获得。

> **要点提示**
>
> Heidi（Quick Draw 3D）：它是一个纯粹的立即模式窗口，主要适用于应用开发。Heidi 灵活多变，能够处理非常复杂的几何图形，扩展能力强，支持交互式渲染，最主要的是它得到了 Autodesk 的大力支持。

> **要点提示**
>
> 当资料经由打印机输出至纸上称为硬拷贝，若资料显示在荧幕上则称为软拷贝。通俗点讲，硬拷贝就是把资料用打印机印出来，软拷贝就是把资料复制在硬盘里。

- 【网络绘图仪服务器】：使用网络上共享的绘图设备，与本地绘图设备使用同样的 Heidi 设备驱动，但由于联机在网络上面，因此可供网络工作组中所有计算机共同使用。
- 【系统打印机】：使用已配置的 Windows 系统打印机驱动程序，并对 AutoCAD 2012

使用与其他系统 Windows 应用程序不同的默认值。

这里以通过【我的电脑】单选项为例介绍如何为 AutoCAD 添加打印绘图设备。

3）选择【我的电脑】单选项，单击 下一步(N) > 按钮，打开【添加绘图仪-绘图仪型号】对话框，如图 10-6 所示。

4）在【生产商】列表框中选择“HP”，在【型号】列表框中选择“DesignJet 250C C3190A”，单击 下一步(N) > 按钮，打开【驱动程序信息】对话框，如图 10-7 所示。

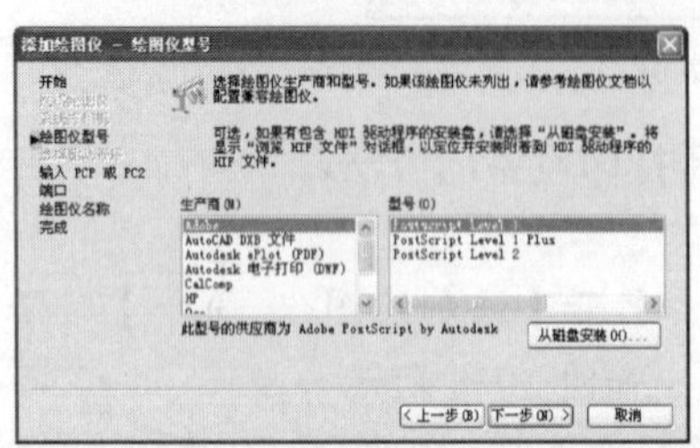

图 10-6 【添加绘图仪-绘图仪型号】对话框

图 10-7 【驱动程序信息】对话框

5）单击 继续(O) 按钮，打开【添加绘图仪-输入 PCP 或 PC2】对话框，如图 10-8 所示。这一步，通过单击 输入文件(I)... 按钮，可以导入旧版本的绘图配置信息，提高已有设备利用率，降低配置难度。若没有输入文件，可直接执行下一步。

6）单击 下一步(N) > 按钮，打开【添加绘图仪-端口】对话框，如图 10-9 所示。

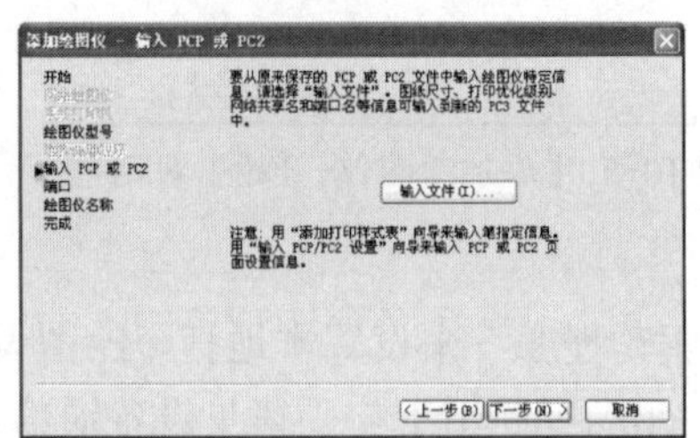

图 10-8 【添加绘图仪-输入 PCP 或 PC2】对话框

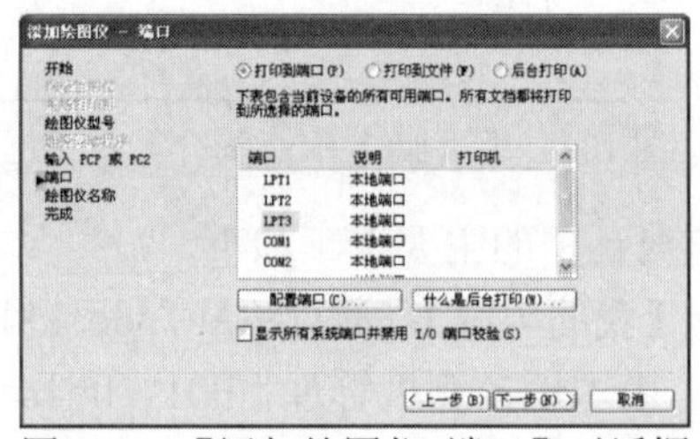

图 10-9 【添加绘图仪-端口】对话框

7）选择相应端口，单击 下一步(N) > 按钮，打开【添加绘图仪-绘图仪名称】对话框。在【绘图仪名称】文本框中输入“HP C3190A”，如图 10-10 所示。

8）单击 下一步(N) > 按钮，打开【添加绘图仪-完成】对话框，如图 10-11 所示。这里，用户若想编辑修改绘图仪配置，则单击 编辑绘图仪配置(P)... 按钮进入【绘图仪配置编辑器】对话框来实现。若要校准绘图仪，则单击 校准绘图仪(C)... 按钮，打开【校准绘图仪】向导来实现。

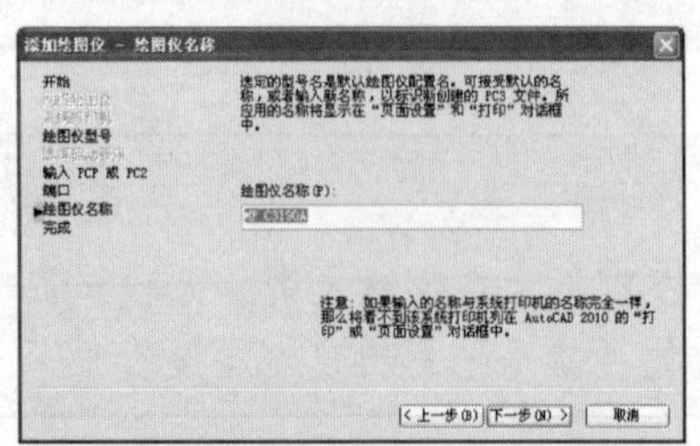

图 10-10 【添加绘图仪-绘图仪名称】对话框

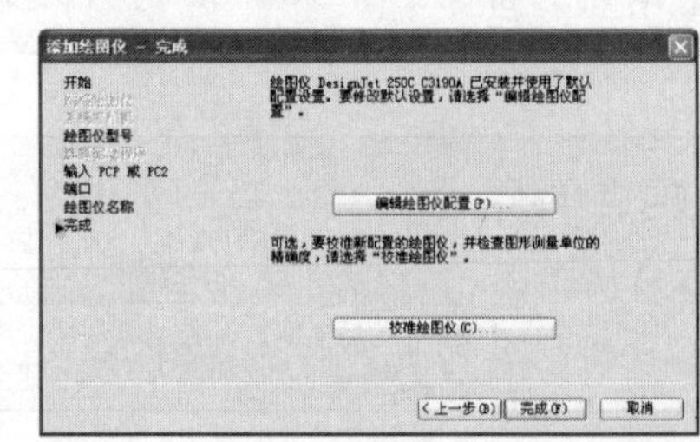

图 10-11 【添加绘图仪-完成】对话框

9）单击 完成(F) 按钮，完成打印设备的添加。

网络视频教学：利用 AutoCAD 的“添加绘图仪向导”配置一台内部打印机——DesignJet 750 C3196A。

10.2 打印样式

本节主要讲述打印样式及其设置、编辑的方法。

10.2.1 打印样式管理器

打印样式设置了图形打印的外观，它与线型和颜色一样，是对象特性，可以将打印样式指定给对象或图层。打印样式控制对象的打印特性，具体包括抖动、颜色、灰度、笔号、虚拟笔、淡显、线型、线宽、线条端点样式、线条连接样式和填充样式等。

打印样式增加了打印输出的灵活性，可以设置打印样式替代其他对象特性，也可按需要关闭或替代设置功能。打印样式组保存在颜色相关打印样式表(CTB)或命名打印样式表(STB)中。其中，颜色打印样式表根据对象的颜色设置样式，命名打印样式可指定给对象，且与对象的颜色无关。所有的对象和图层都有打印样式属性。可以通过对象的【特性】对话框来访问和修改对象的打印样式，也可为各个布局指定打印样式，从而得到不同的打印输出结果。

AutoCAD 利用打印样式管理器管理所有的打印样式，打印样式管理器与绘图仪管理器作用相同。访问打印样式管理器的方法如下。

- 双击 Windows 操作系统的控制面板中的【Autodesk 打印样式管理器】图标。
- 下拉菜单：【菜单浏览器】/【打印】/【管理打印样式】。
- 功能区：单击【输出】选项卡【打印】面板右下角的按钮，打开【选项】对话框，在【选项】对话框中选择【打印和发布】选项卡，单击 打印样式表设置(S)... 按钮，打开【打印样式表设置】对话框，如图 10-12 所示。单击其中的 添加或编辑打印样式表(S)... 按钮，就可打开打印样式表管理器。
- 命令：STYLESMANAGER。

打开的【Plot Styles】窗口如图 10-13 所示。

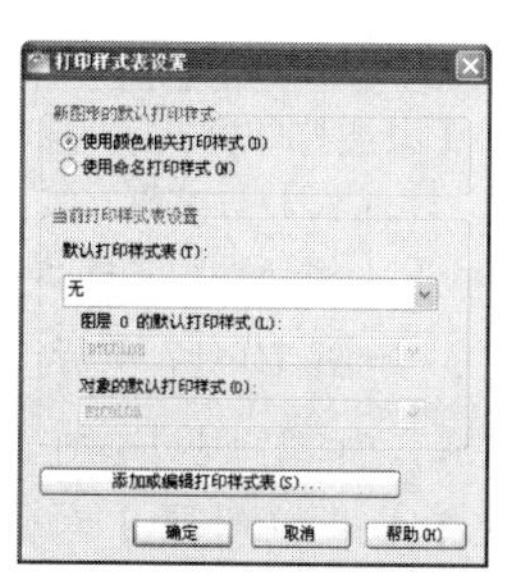

图 10-12 【打印样式表设置】对话框

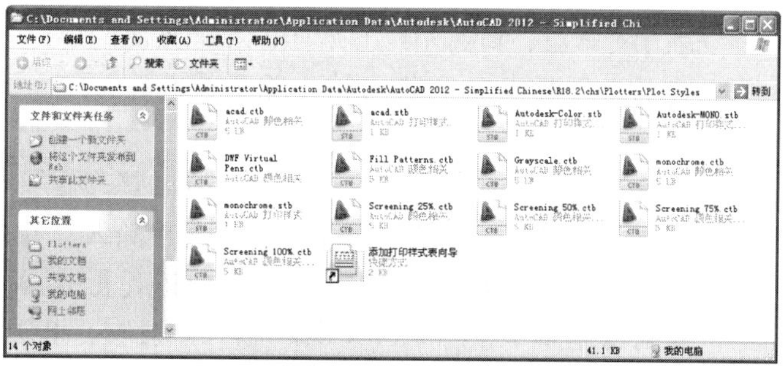

图 10-13 【Plot Styles】窗口

> **要点提示**
>
> 打印机配置 PC3 文件和打印样式表 CTB 文件均以文件的形式存放在系统指定的文件夹中，这就是可以通过 Windows 操作系统的资源管理器访问打印机管理器和打印样式管理器的原因。

10.2.2 通过向导添加打印样式表

在打印样式管理器中已经存在安装 AutoCAD 时自带的一些打印样式表，还可以通过打开的【Plot Styles】窗口中的【添加打印样式表向导】为 AutoCAD 添加新的打印样式表。

下面举例说明通过【添加打印样式表向导】来添加新打印样式表的方法。

【案例 10-2】 添加打印样式表。

1）双击图 10-13 中的【添加打印样式表向导】图标，打开【添加打印样式表】对话框，如图 10-14 所示。

2）单击 下一步(N) > 按钮，打开【添加打印样式表-开始】对话框，如图 10-15 所示。

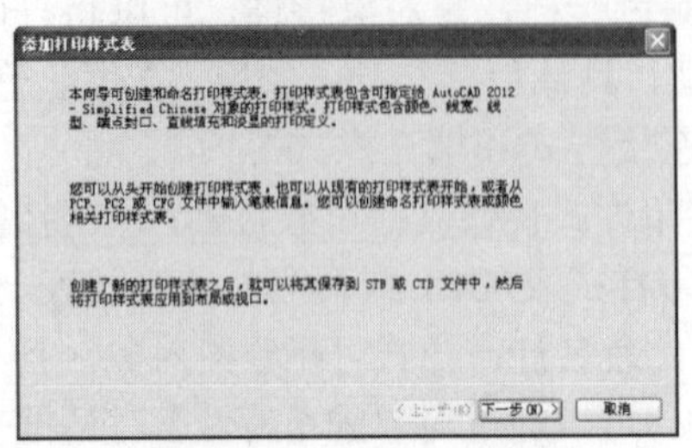

图 10-14 【添加打印样式表】对话框

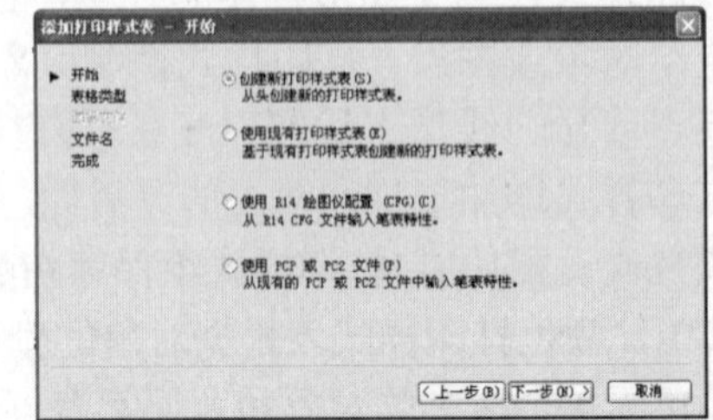

图 10-15 【添加打印样式表-开始】对话框

该对话框的主要选项如下。

- 【创建新打印样式表】：将从零开始创建一个新打印样式表。
- 【使用现有打印样式表】：将基于现有的打印样式表来创建新的打印样式表。
- 【使用 R14 绘图仪配置（CFG）】：将从 AutoCAD R14 版的 CFG 配置文件中导入绘图笔分配表属性。
- 【使用 PCP 或 PC2 文件】：将从旧版本的 PCP 或 PC2 文件中导入绘图笔分配表属性。

这里以创建新打印样式表为例介绍如何为 AutoCAD 添加打印样式表。

3）选取【创建新打印样式表】单选项，单击 下一步(N) > 按钮，打开【添加打印样式表-选择打印样式表】对话框，如图 10-16 所示。在这里决定创建的打印样式表是颜色相关还是普通的打印样式。

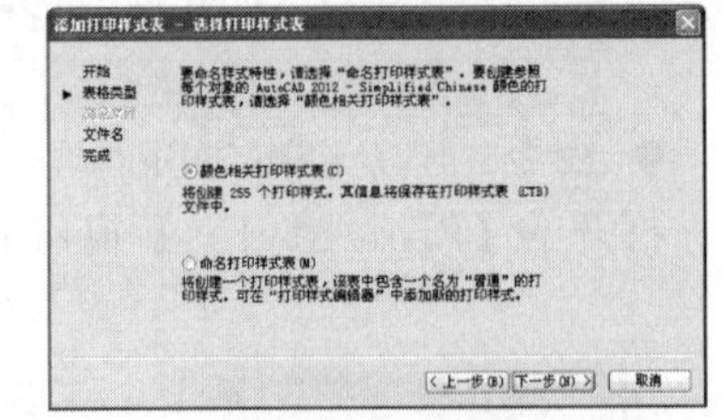

图 10-16 【添加打印样式表-选择打印样式表】对话框

4）选取【命名打印样式表】单选项，单击 下一步(N) > 按钮，打开【添加打印样式表-文件名】对话框，在【文件名】文本框中输入“建筑制图”，如图 10-17 所示。

5）单击 下一步(N) > 按钮，打开【添加打印样式表-完成】对话框，如图 10-18 所示。在该对话框中单击 打印样式表编辑器(S)... 按钮，打开【打印样式表编辑器】对话框，在该对话框中就可以修改打印样式。

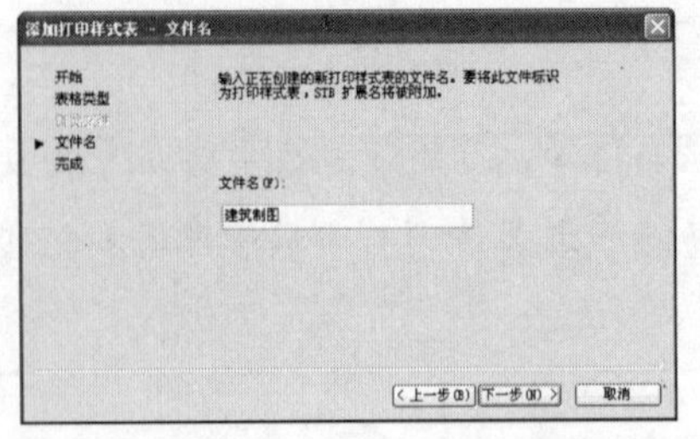

图 10-17 【添加打印样式表-文件名】对话框

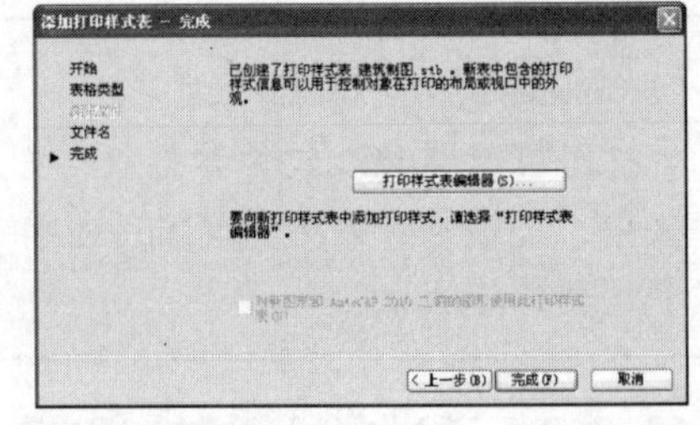

图 10-18 【添加打印样式表-完成】对话框

6）单击 完成(F) 按钮，完成新打印样式表“建筑制图”的创建。

网络视频教学：通过【添加打印样式表向导】来添加新打印样式表“建筑平面制图”。

10.3 页面设置

本节主要讲述通过页面设置管理器创建、修改或输入页面设置的方法。

页面设置可以调整布局的实际打印区域、打印输出的比例，可以访问、设定和修改打印机配置及打印样式表。

通过页面设置管理器可以创建、修改或输入页面设置。访问页面设置管理器的方法如下。

- 下拉菜单：【菜单浏览器】/【打印】/【页面设置】。
- 功能区：单击【输出】选项卡【打印】面板上的 [页面设置管理器] 按钮。
- 命令：PAGESETUP。

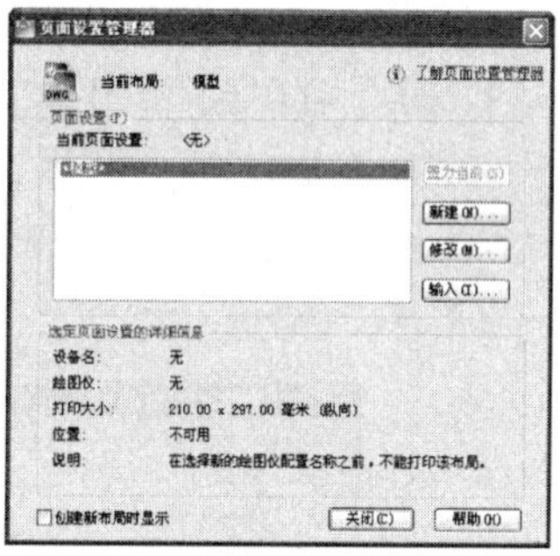

图 10-19 【页面设置管理器】对话框

打开的【页面设置管理器】对话框如图 10-19 所示。

若想建立新的页面设置，就单击 [新建(N)...] 按钮，打开【新建页面设置】对话框，如图 10-20 所示。在【新页面设置名】文本框中输入想要建立的页面设置名称，单击 [确定(O)] 按钮，打开【页面设置-模型】对话框，如图 10-21 所示。

若想修改当前的页面设置，在【页面设置管理器】对话框中单击 [修改(M)...] 按钮，也将打开图 10-21 所示的【页面设置-模型】对话框。

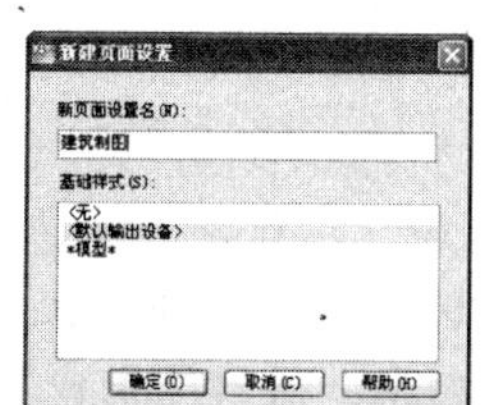

图 10-20 【新建页面设置】对话框

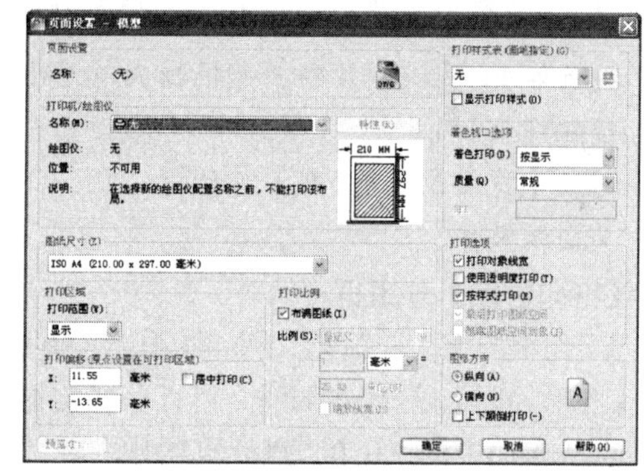

图 10-21 【页面设置-模型】对话框

该对话框中主要包括打印设备和打印布局设置两方面内容。

10.3.1 相关打印设备内容

【页面设置-模型】对话框中相关打印设备方面包括设定打印机的配置和选择打印样式表等。选定打印机或绘图仪后，通过单击【打印机/绘图仪】分组框中的 [特性(R)] 按钮访问和修改当前打印机配置，单击【打印样式表（笔指定）】分组框中的按钮访问和修改当前的打印样式表。

10.3.2 相关打印布局设置内容

【页面设置-模型】对话框中相关打印布局方面包括图纸尺寸、打印区域、打印比例及打印偏移等分组框。

各分组框含义及用法如下。

1.【图纸尺寸】分组框

在该分组框中指定图纸大小，如图 10-21 所示。【图纸尺寸】下拉列表中包含了选定打印设备可用的标准图纸尺寸。

除了从【图纸尺寸】下拉列表中选择标准图纸外，也可以创建自定义的图纸尺寸。此时，需要修改所选打印设备的配置，方法如下。

1）在【打印机/绘图仪】分组框的【名称(N)】下拉列表中选择【DWF6 ePlot.pc3】，再单击其后的 特性(R) 按钮，打开【绘图仪配置编辑器-DWF6 ePlot.pc3】对话框，在【设备和文档设置】选项卡中选取【自定义图纸尺寸】选项，如图 10-22 所示。

2）单击 添加(A)... 按钮，弹出【自定义图纸尺寸-开始】对话框，如图 10-23 所示。

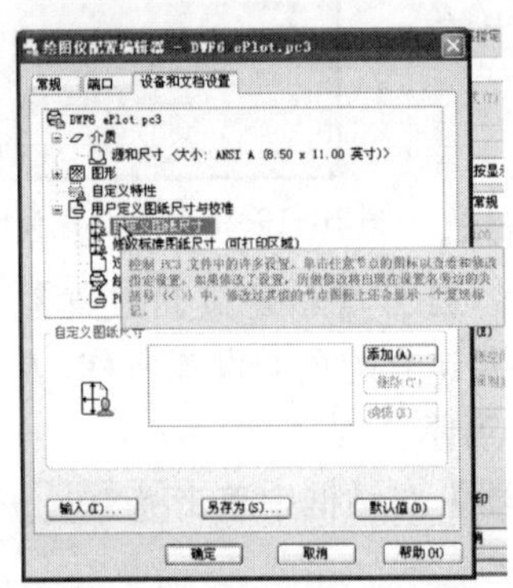

图 10-22 【绘图仪配置编辑器-DWF6 ePlot.pc3】对话框

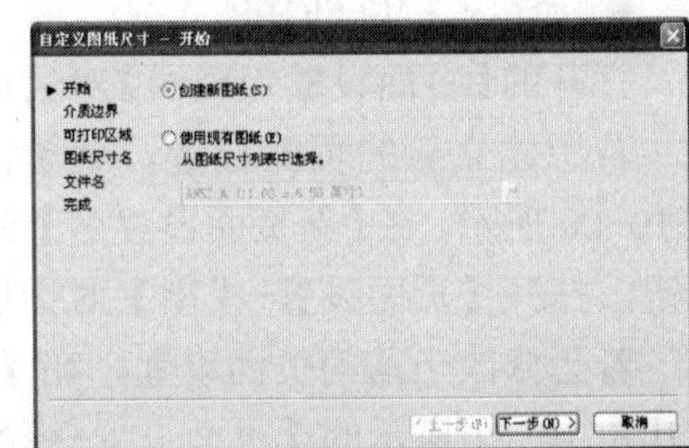

图 10-23 【自定义图纸尺寸-开始】对话框

3）不断单击 下一步(N) > 按钮，并根据 AutoCAD 的提示设置图纸参数，最后单击 完成(F) 按钮结束。

4）返回【页面设置-模型】对话框，AutoCAD 将在【图纸尺寸】下拉列表中显示自定义图纸尺寸。

2.【打印区域】分组框

在该分组框的【打印范围】下拉列表中选择要打印的图形区域，它包括如下选项。

- 【图形界限】：打印布局时，将打印指定图纸尺寸的可打印区域内的所有内容，其原点从布局中的（0,0）点计算得出。从【模型】空间打印时，将打印栅格界限定义的整个图形区域。如果当前视口不显示平面视图，该选项与【范围】选项效果相同。
- 【范围】：打印包含对象的图形的部分当前空间。当前空间内的所有几何图形都将被打印。打印之前，AutoCAD 可能会重新生成图形以重新计算范围。从【模型】空间打印时，没有该选项。
- 【显示】：打印绘图区域中显示的所有对象。
- 【视图】：打印使用 VIEW 命令保存的视图。可以从列表中选择命名视图。如果图形中没有已保存的视图，则没有此选项。
- 【窗口】：打印通过窗口区域指定的图形部分。选取【窗口】选项后，该选项后出现一个 窗口(O)< 按钮，单击该按钮后，要指定打印区域的两个角点或输入坐标值。

3.【打印比例】分组框

该分组框用来控制图形单位对于打印单位的相对尺寸。打印布局空间时，默认缩放比

例设置为 1∶1，打印模型空间时默认为【布满图纸】复选项。如果取消对【布满图纸】复选项的选取，就可在【比例】下拉列表中选择标准缩放比例值。若选取下拉列表中的【自定义】选项，则可以自行指定打印比例。

要点提示

绘制阶段可根据实物按 1∶1 比例绘图，出图阶段再依据图纸尺寸确定打印比例，该比例是图纸尺寸单位与图形单位的比值。当图纸尺寸单位是 mm，打印比例设定为 1∶10 时，表示图纸上的 1mm 代表 10 个图形单位。

4.【打印偏移】分组框

在该分组框中指定打印区域相对于图纸左下角的偏移量。在布局中，指定打印区域的左下角位于图纸的左下页边距。也可输入正值或负值以偏离打印原点。

要点提示

如果不能确定打印机如何确定原点，可试着改变一下打印原点的位置并预览打印结果，然后根据图形的移动距离推测原点位置。

5.【着色视口选项】分组框

在该分组框中指定着色和渲染视口的打印方式，并确定它们的分辨率大小和每英寸的点数（DPI，即点/英寸的英文缩写），包括以下 3 个选项。

（1）【着色打印】：指定视图的打印方式。要将【布局】空间上的视口指定为此设置，先选择视口，然后在【修改】菜单中单击【特性】。

（2）【质量】：指定着色和渲染视口的打印分辨率。

- 【草稿】：将渲染和着色模型空间视图设置为线框打印。
- 【预览】：将渲染和着色模型空间视图打印分辨率设置为当前设备分辨率的 1/4，DPI 最大值为 150。
- 【常规】：将渲染和着色模型空间视图打印分辨率设置为当前设备分辨率的 1/2，DPI 最大值为 300。
- 【演示】：将渲染和着色模型空间视图打印分辨率设置为当前设备分辨率，DPI 最大值为 600。
- 【最高】：将渲染和着色模型空间视图打印分辨率设置为当前设备分辨率，无最高值。
- 【自定义】：将渲染和着色模型空间视图打印分辨率设置为【DPI】文本框中用户指定的分辨率设置，最大值可为当前设备的分辨率。

（3）【DPI】：指定渲染和着色视图每英寸的点数，最大可为当前设备分辨率的最大值。只有在【质量】下拉列表中选取了【自定义】选项后，此文本框才可用。

6.【打印选项】分组框

在该分组框中有以下 4 个选项。

- 【打印对象线宽】：指定是否打印对象和图层的线宽。
- 【按样式打印】：指定是否打印应用于对象和图层的打印样式。当选取该复选项时，将自动选取【打印对象线宽】复选项。

- 【最后打印图纸空间】：先打印模型空间几何图形。通常先打印图纸空间几何图形，然后再打印模型空间几何图形。
- 【隐藏图纸空间对象】：指定是否在图纸空间视口中的对象上应用“隐藏”操作。此选项仅在【布局】选项卡上可用。此设置的效果反映在打印预览中，而不反映在布局中。

7.【图形方向】分组框

该分组框用于调整图形在图纸上的打印方向，它包含一个图标，此图标表明图纸的放置方向，图标中的字母代表图形在图纸上的打印方向。

该分组框包含以下 3 个选项。

- 【纵向】：图形在图纸上的放置方向是水平的。
- 【横向】：图形在图纸上的放置方向是竖直的。
- 【上下颠倒打印】：使图形颠倒打印，此选项可与【纵向】、【横向】结合使用。

网络视频教学：设置打印参数。

选择菜单命令【菜单浏览器】/【打印】，打开【打印】对话框，在该对话框中做以下设置。

- 打印设备：DesignJet 750 C3196A。
- 打印幅面：ISO A1（841.00mm×594.00mm）。
- 图形放置方向：A。
- 打印范围：在【打印】对话框【打印区域】分组框的【打印范围】下拉列表中选择【显示】选项。
- 打印比例：布满图纸。
- 打印原点位置：居中打印。

10.4 习题

1. 设置打印参数。请按以下步骤操作。

（1）打开附盘文件“dwg\第 10 章\习题 10-1.dwg”。

（2）利用 AutoCAD 的“添加绘图仪向导”配置一台内部打印机——DesignJet 750 C3196A。

（3）选择菜单命令【菜单浏览器】/【打印】，打开【打印】对话框，在该对话框中做以下设置。

- 打印设备：DesignJet 750 C3196A。
- 打印幅面：ISO A1（841.00mm×594.00mm）。
- 图形放置方向：A。
- 打印范围：在【打印】对话框【打印区域】分组框的【打印范围】下拉列表中选择【显示】选项。
- 打印比例：布满图纸。
- 打印原点位置：居中打印。

（4）预览打印效果，如图 10-24 所示。

2．自定义图纸。请按以下步骤操作。

（1）打开附盘文件“dwg\第 10 章\习题 10-2.dwg”。

（2）选择菜单命令【菜单浏览器】/【打印】，打开【打印-模型】对话框，在该对话框中做以下设置。

- 打印设备：DesignJet 750 C3196A。
- 图纸大小：自定义尺寸为 300mm×220mm，实际可打印区域为 290mm×210mm。
- 图形放置方向：A。
- 打印范围：在【打印】对话框【打印区域】分组框的【打印范围】下拉列表中选择【显示】选项。
- 打印比例：布满图纸。
- 打印原点位置：居中打印。

（3）预览打印效果，如图 10-25 所示。

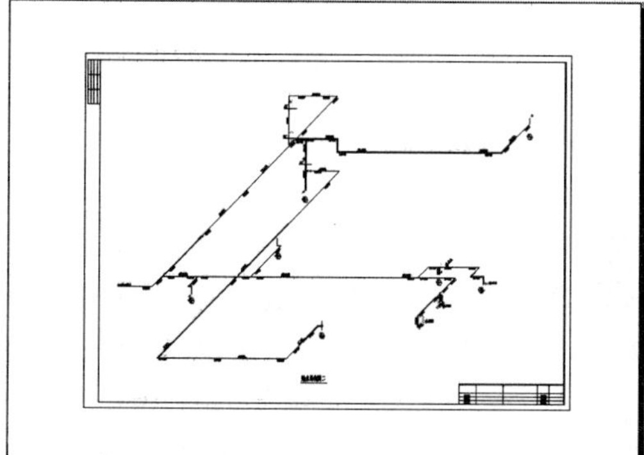

图 10-24　设置打印参数

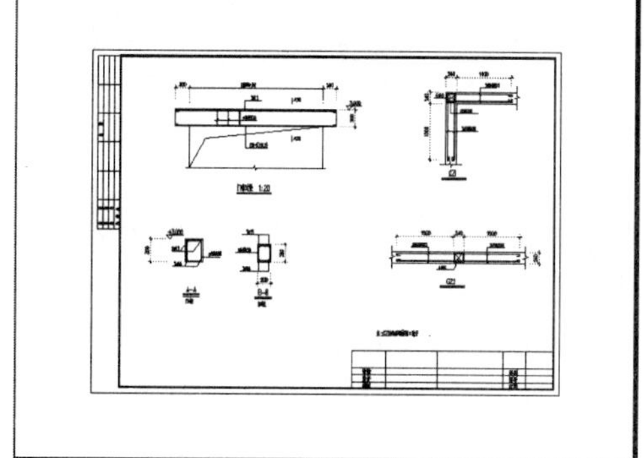

图 10-25　自定义图纸

第11章

绘制住宅类室内设计中主要单元

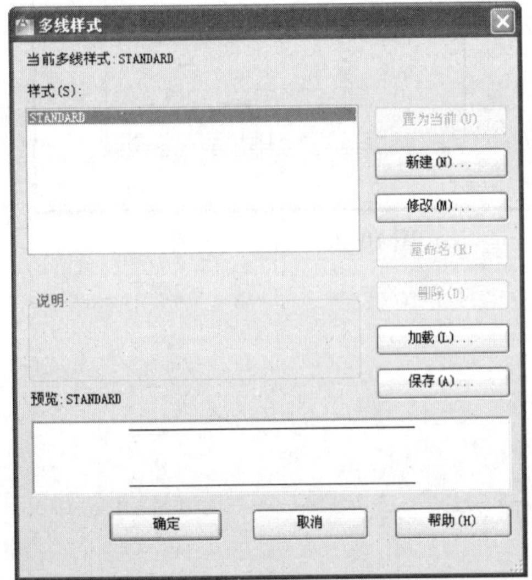

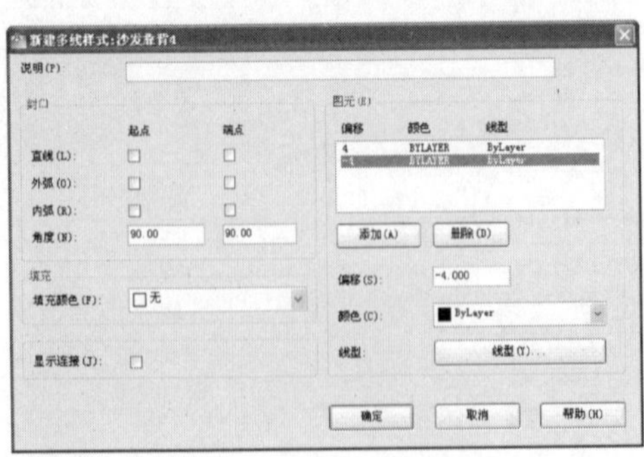

通过本章的学习，读者可以掌握住宅类室内设计中主要单元的绘制方法和步骤，同时，进一步熟悉AutoCAD的基本使用方法。

【学习目标】

- ☑ 家具平面配景图绘制。
- ☑ 电器平面配景图绘制。
- ☑ 洁具和厨具平面配景图绘制。
- ☑ 休闲娱乐平面配景图绘制。
- ☑ 古典风格室内单元绘制。
- ☑ 装饰花草单元绘制。

11.1 家具平面配景图绘制

在建筑室内设计中，最常用的就是家具设施的绘制。本节讲述家具平面配景图的绘制方法。

> **要点提示**
>
> 书中附盘文件“CAD 建筑、室内设计材质总图库.dwg”给出了 AutoCAD 室内装潢设计所用到的常用的单元图块，本书以后章节中相关内容是直接从里面调用的。当然，读者也可以直接调用。

11.1.1 绘制沙发

在住宅和办公楼室内设计中，沙发、茶几等办公和起居用品是必不可少的，这里进行沙发和茶几的绘制练习。

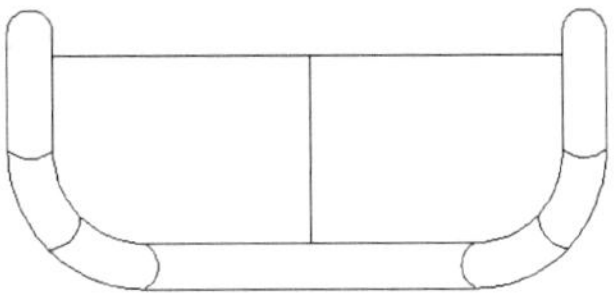

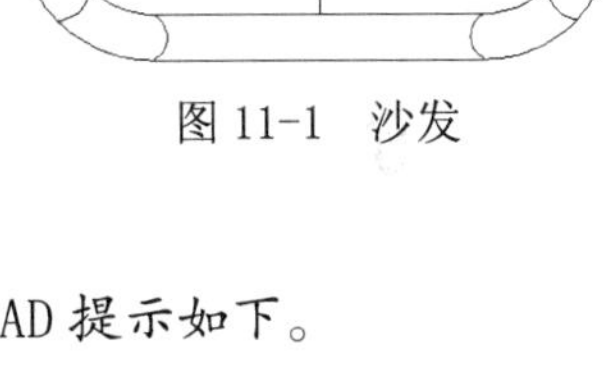

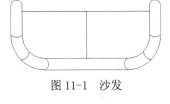

图 11-1 沙发

【案例 11-1】 绘制如图 11-1 所示沙发。

1）单击【快速访问】工具栏上的按钮，新建 AutoCAD 文件，以“无样板打开-公制（M）”样式打开。

2）单击【常用】选项卡【绘图】面板上的按钮，AutoCAD 提示如下。

```
命令: _rectang
指定第一个角点或 [倒角(C)/标高(E)/圆角(F)/厚度(T)/宽度(W)]:
                                    //单击一点，指定第一个角点，如图 11-2 所示
指定另一个角点或 [面积(A)/尺寸(D)/旋转(R)]: @100,40
                                    //输入矩形对角线的另一个端点
```

结果如图 11-2 所示。

3）单击【常用】选项卡【绘图】面板上的按钮，绘制两个半径为 4 的圆，结果如图 11-3 所示。

图 11-2 绘制矩形

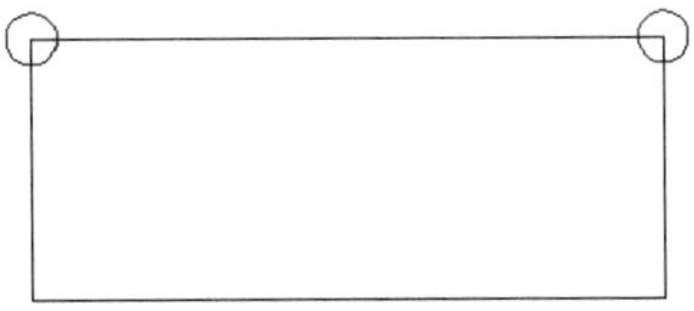

图 11-3 绘制圆

4）利用 MLINE 等命令绘制沙发的靠背。

（1）执行 MLSTYLE 命令，打开【多线样式】对话框，如图 11-4 所示。

（2）单击 新建(N)... 按钮，弹出【创建新的多线样式】对话框，如图 11-5 所示。在【新样式名】文本框中输入新样式名“沙发靠背 4”，此时因为只有一个多线样式，所以【基础样式】下拉列表为灰色。

（3）单击 继续 按钮，打开并设置【新建多线样式：沙发靠背 4】对话框，如图 11-6 所示。

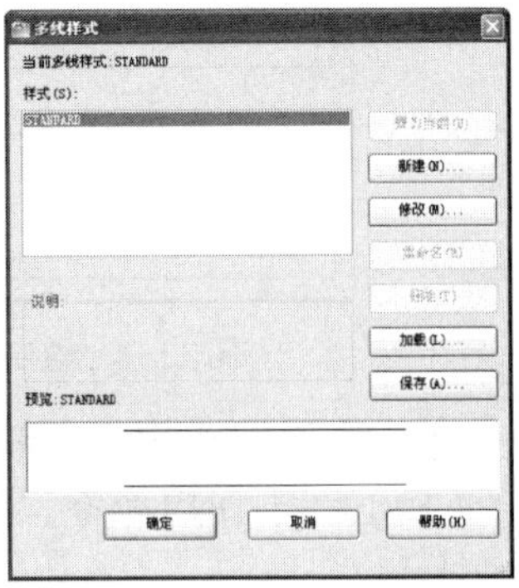

图 11-4 【多线样式】对话框

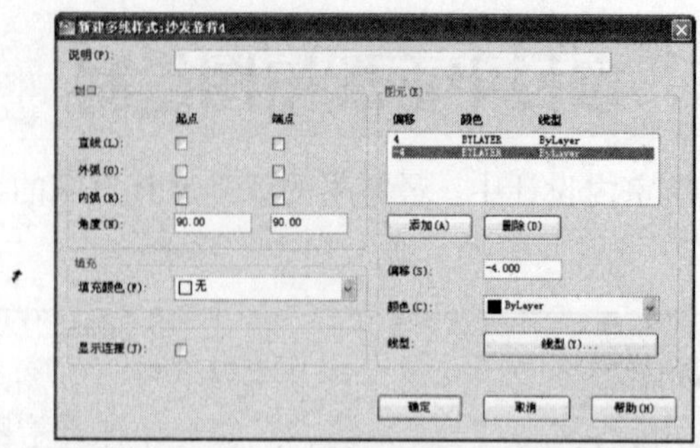

图 11-5 【创建新的多线样式】对话框　　图 11-6 打开并设置【新建多线样式：沙发靠背 4】对话框

（4）单击 确定 按钮，返回【多线样式】对话框，单击 置为当前(U) 按钮，使新样式成为当前样式。

（5）单击 确定 按钮，关闭【多线样式】对话框。

（6）执行 MLINE 命令，AutoCAD 提示如下。

```
命令: MLINE
当前设置: 对正 = 上, 比例 = 20.00, 样式 = 沙发靠背 4
指定起点或 [对正(J)/比例(S)/样式(ST)]:  j   //选择"对正(J)"选项
输入对正类型 [上(T)/无(Z)/下(B)] <上>:  z   //选择"无(Z)"选项
当前设置: 对正 = 无, 比例 = 20.00, 样式 = 沙发靠背 4
指定起点或 [对正(J)/比例(S)/样式(ST)]:  s   //选择"比例(S)"选项
输入多线比例 <20.00>:  1                    //输入多线比例
当前设置: 对正 = 无, 比例 = 1.00, 样式 = 沙发靠背 4
指定起点或 [对正(J)/比例(S)/样式(ST)]:       //捕捉左边圆的圆心指定起点
指定下一点:                                  //捕捉矩形左下角点指定下一点
指定下一点或 [放弃(U)]:                      //捕捉矩形右下角点指定下一点
指定下一点或 [闭合(C)/放弃(U)]:              //捕捉右边圆的圆心指定起点
指定下一点或 [闭合(C)/放弃(U)]:              //按 ENTER 键
```

结果如图 11-7 所示。

（7）单击【常用】选项卡【修改】面板上的按钮，AutoCAD 提示如下。

```
命令: _explode
选择对象: 找到 1 个                          //依次选取矩形和多线
选择对象: 找到 1 个, 总计 2 个
选择对象:
```

（8）单击【常用】选项卡【修改】面板上的按钮，删除多线中间的矩形轮廓线，结果如图 11-8 所示。

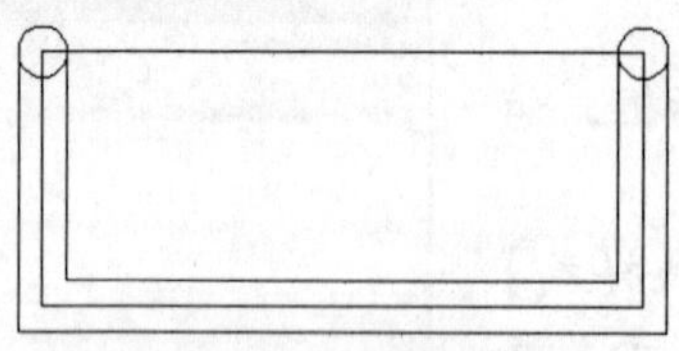

图 11-7　绘制多线

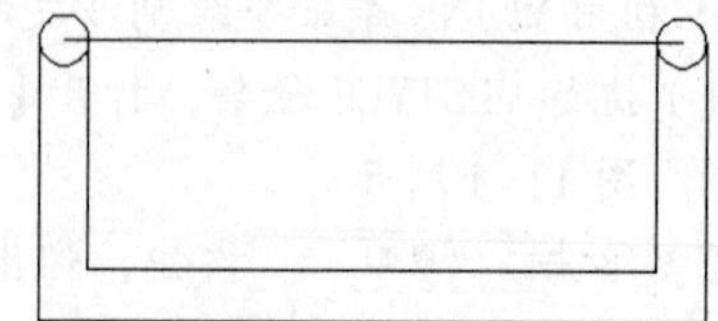

图 11-8　删除多线中间的矩形轮廓线

（9）执行 MOVE 命令，移动上部的水平线，结果如图 11-9 所示。

（10）执行 TRIM 命令，修剪多余线段，结果如图 11-10 所示。

图 11-9　移动水平线

图 11-10　修剪多余线段

5）绘制沙发扶手及靠背的转角。

（1）执行 FILLET 命令，AutoCAD 提示如下。

```
命令: _fillet
当前设置: 模式 = 不修剪, 半径 = 0.0000
选择第一个对象或 [放弃(U)/多段线(P)/半径(R)/修剪(T)/多个(M)]: r
                                        //选择“半径(R)”选项
指定圆角半径 <0.0000>: 16               //指定圆角半径
选择第一个对象或 [放弃(U)/多段线(P)/半径(R)/修剪(T)/多个(M)]: t
                                        //选择“修剪(T)”选项
输入修剪模式选项 [修剪(T)/不修剪(N)] <不修剪>: t
                                        //选择“修剪(T)”选项
选择第一个对象或 [放弃(U)/多段线(P)/半径(R)/修剪(T)/多个(M)]:
                                        //依次选择倒圆角的两个对象
选择第二个对象，或按住 Shift 键选择对象以应用角点或 [半径(R)]:
```

结果如图 11-11 所示。

（2）同样方式，倒其他圆角，其中外侧倒角半径为 24，结果如图 11-12 所示。

图 11-11　倒圆角

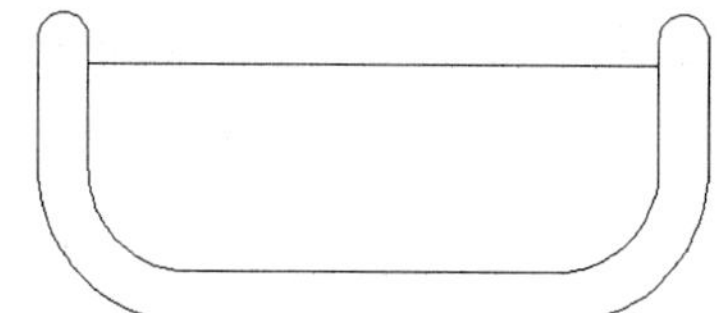
图 11-12　倒其他圆角

（3）执行 LINE 命令，利用“中点捕捉”，绘制线段，结果如图 11-13 所示。

（4）绘制沙发转角处的纹路。执行 ARC 命令，AutoCAD 提示如下

```
命令: _arc 指定圆弧的起点或 [圆心(C)]:      //捕捉沙发弧线的端点，指定圆弧的起点
指定圆弧的第二个点或 [圆心(C)/端点(E)]:
                    //沿弧线缓慢移动鼠标，单击鼠标指定圆弧的第二个点，如图 11-14 所示
```

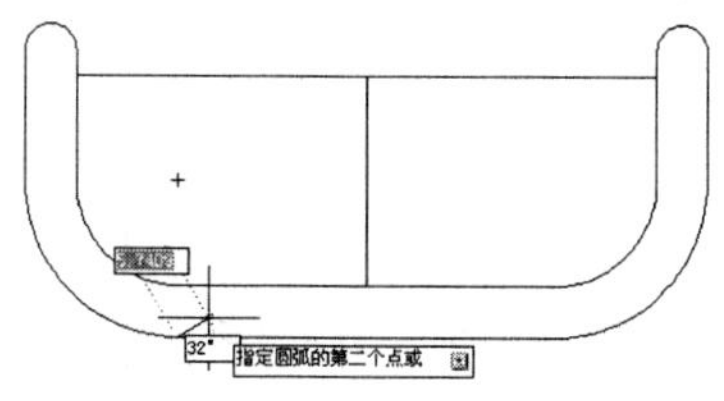

图 11-13　绘制线段

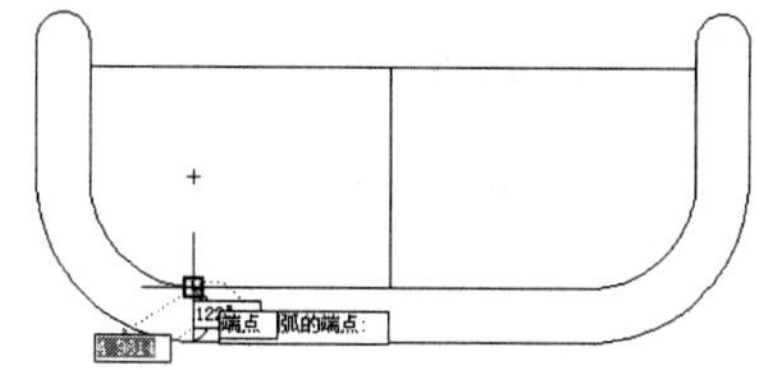
图 11-14　倒其他圆角

```
指定圆弧的端点:                 //捕捉沙发弧线的另一端点，指定圆弧的端点
```

结果如图 11-15 所示。

（5）用同样方式绘制其他圆弧，结果如图 11-16 所示。

（6）执行 MIRROR 命令，镜像绘制的圆弧，完成沙发的绘制。

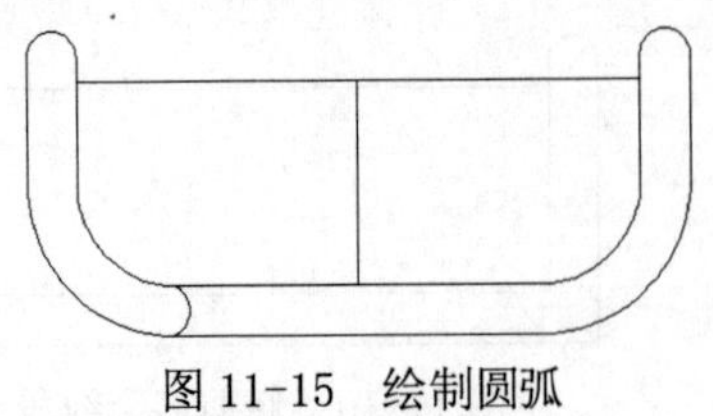
图 11-15　绘制圆弧

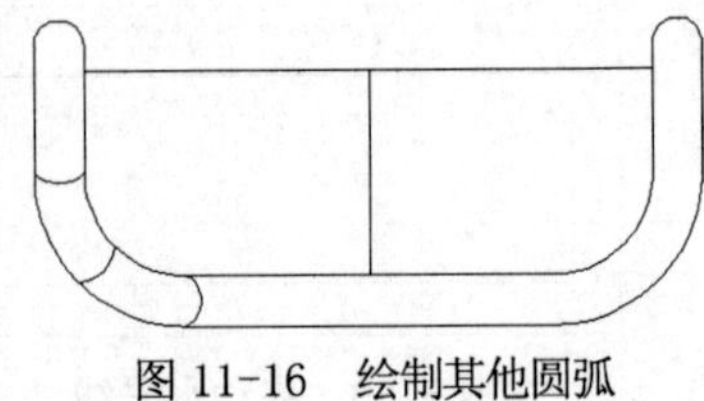
图 11-16　绘制其他圆弧

11.1.2　绘制办公椅

在住宅和办公楼室内设计中，常用的起居用品有办公桌、办公椅等，这里进行办公椅的绘制练习。

【案例 11-2】　绘制如图 11-17 所示办公椅。

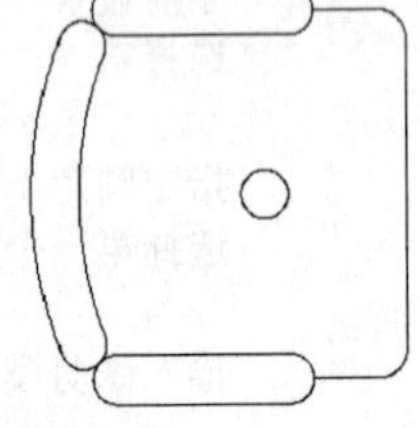
图 11-17　办公椅

1）单击【快速访问】工具栏上的按钮，新建 AutoCAD 文件，以“无样板打开-公制（M）”样式打开。

2）利用矩形命令绘制正方形。单击【常用】选项卡【绘图】面板上的按钮，AutoCAD 提示如下。

```
命令: _rectang
指定第一个角点或 [倒角(C)/标高(E)/圆角(F)/厚度(T)/宽度(W)]:
                                    //单击一点，指定第一个角点，如图 11-18 所示
指定另一个角点或 [面积(A)/尺寸(D)/旋转(R)]: @60,60
                                    //输入矩形对角线的另一个端点
```

结果如图 11-18 所示。

3）执行 FILLET 命令，圆角半径为 5，结果如图 11-19 所示。

图 11-18　绘制正方形

图 11-19　倒圆角

4）单击【常用】选项卡【绘图】面板上的按钮，AutoCAD 提示如下。

```
命令: _circle 指定圆的圆心或 [三点(3P)/两点(2P)/切点、切点、半径(T)]:<极轴 开
> 40        //打开极轴追踪，利用极轴追踪，如图 11-20 所示，输入长度指定圆心
指定圆的半径或 [直径(D)]: 4        //指定圆半径
```

结果如图 11-21 所示。

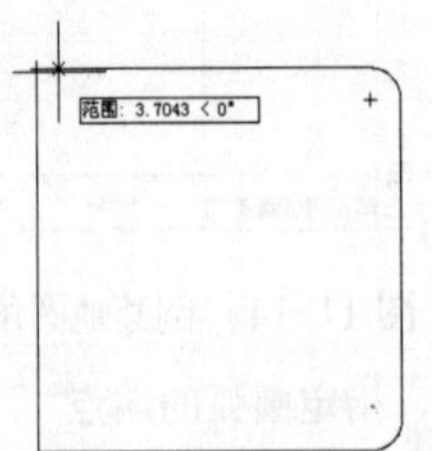

图 11-20　利用极轴追踪指定圆心

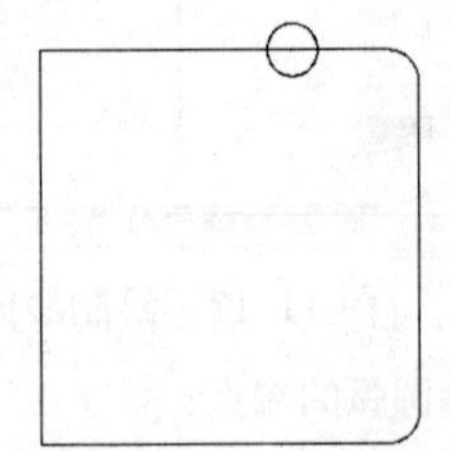
图 11-21　绘制圆

5）同样方式，绘制另一个圆，圆半径为 4，圆心距离左上角点为 10，结果如图 11-22 所示。

6）执行LINE命令，利用捕捉象限点绘制两条线段，结果如图11-23所示。

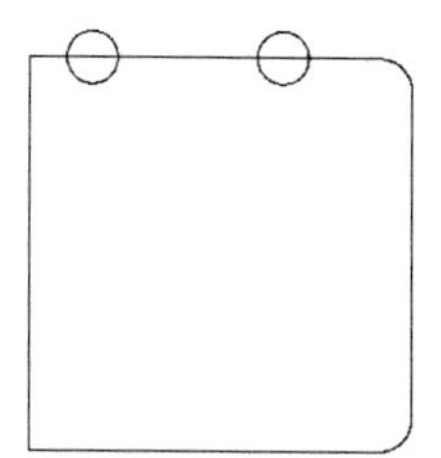
图11-22 绘制另一个圆

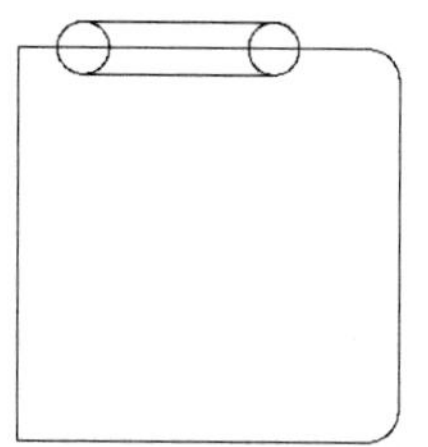
图11-23 绘制线段

7）执行TRIM命令，修剪图形，结果如图11-24所示。

8）单击【常用】选项卡【修改】面板上的 镜像 按钮，AutoCAD提示如下。

```
命令：_mirror
选择对象：指定对角点：找到 4 个 //框选两圆弧及与之相切的两线段
选择对象：
指定镜像线的第一点：              //捕捉中点指定镜像线的第一点
指定镜像线的第二点：              //捕捉中点指定镜像线的第二点，如图 11-25 所示
要删除源对象吗？[是(Y)/否(N)] <N>：//按 ENTER 键
```

结果如图11-26所示。

9）执行TRIM命令，修剪图形，结果如图11-27所示。

图11-24 修剪图形

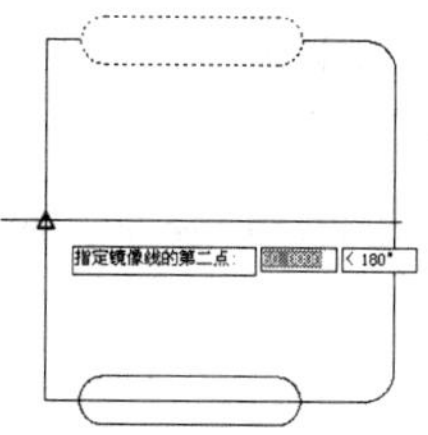

图11-25 捕捉中点指定镜像线的第二点

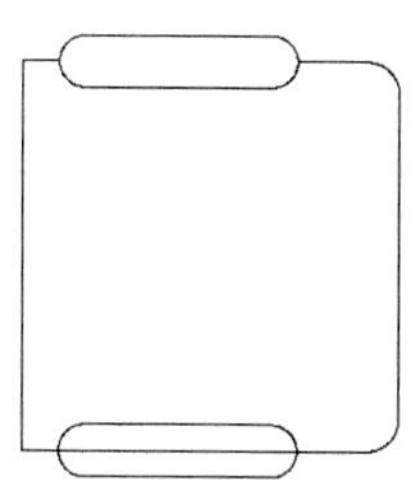
图11-26 镜像图形

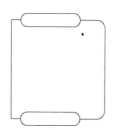

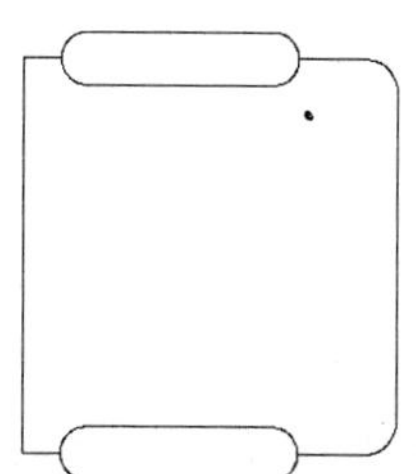
图11-27 修剪图形

10）右键单击底部状态栏按钮，在打开的下拉菜单中选择【设置】选项，打开【草图设置】对话框，在【极轴角设置】选项组中设置【增量角】为15，如图11-28所示。

11）执行LINE命令，利用极轴追踪绘制线段，结果如图11-29所示。

12）执行MIRROR命令，镜像圆弧，结果如图11-30所示。

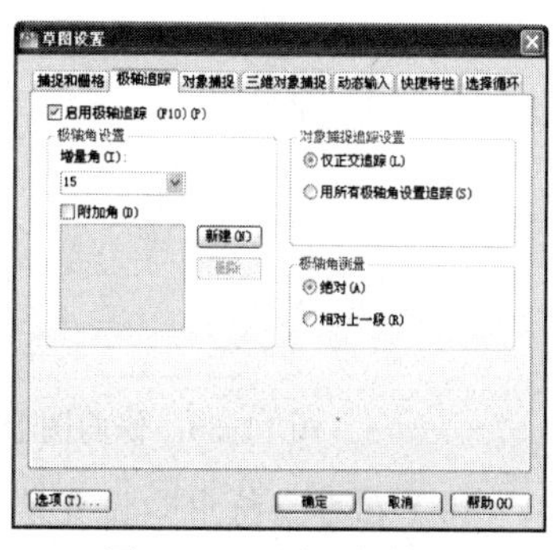

图11-28 设置极轴角

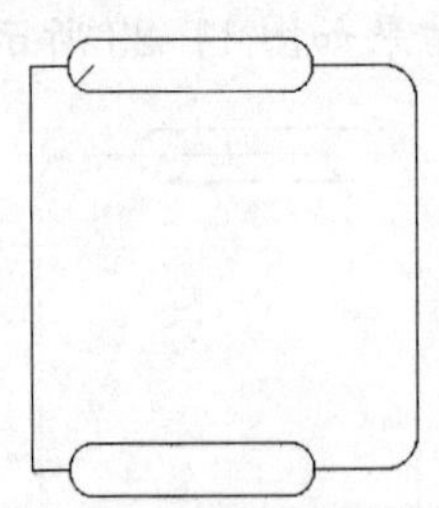

图 11-29　利用极轴追踪绘制线段

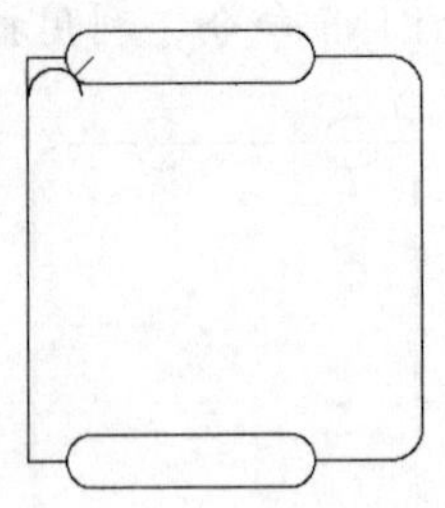

图 11-30　镜像圆弧

13）执行 MIRROR 命令，镜像圆弧，结果如图 11-31 所示。

14）执行［相切，相切，半径］命令，绘制半径为 70 的圆，结果如图 11-32 所示。

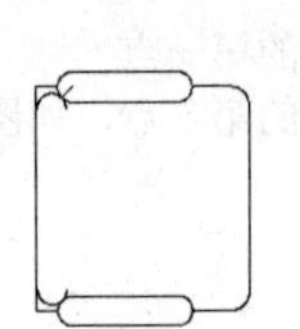

图 11-31　镜像圆弧

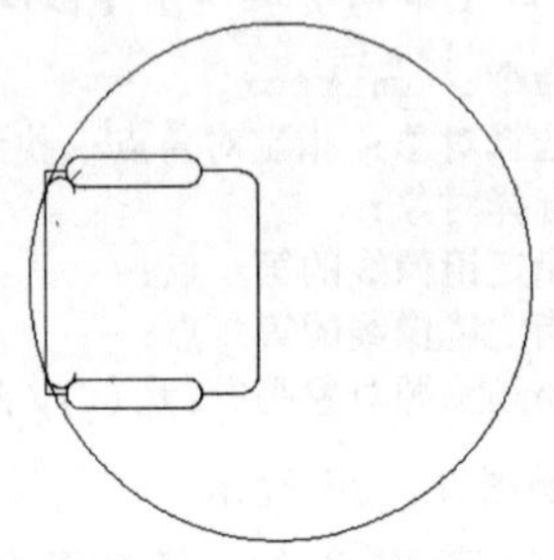

图 11-32　绘制半径为 70 的圆

15）执行 OFFSET 命令，向内偏移半径为 70 的圆，偏移距离为 8，结果如图 11-33 所示。

16）执行 EXTEND 命令，延伸圆弧至偏移生成的圆，如图 11-34 所示。

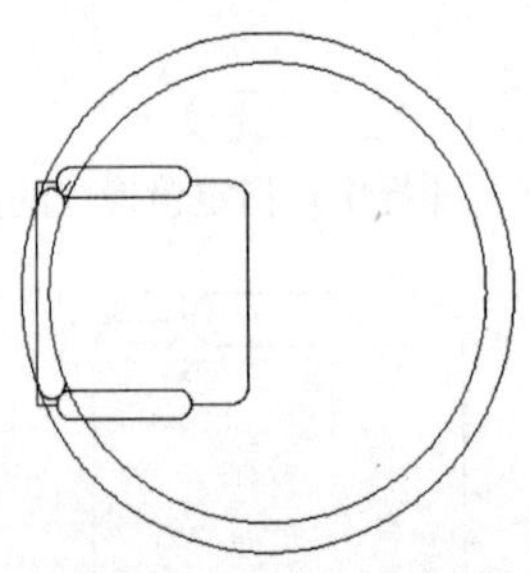

图 11-33　向内偏移半径为 70 的圆

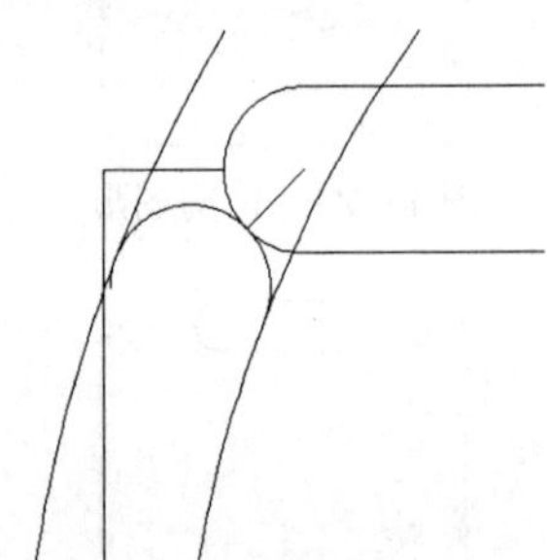

图 11-34　延伸圆弧至偏移生成的圆

17）执行 TRIM 命令，修剪图形，结果如图 11-35 所示。

18）执行 ERASE 命令，删除多余图形，结果如图 11-36 所示。

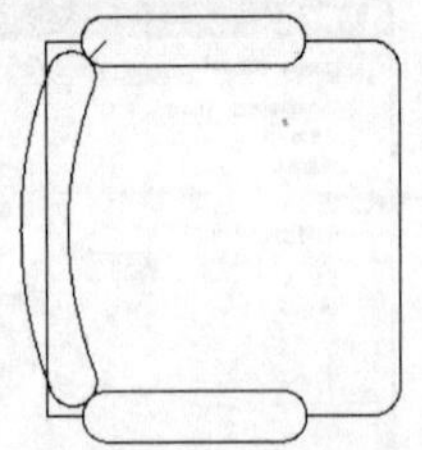

图 11-35　修剪图形

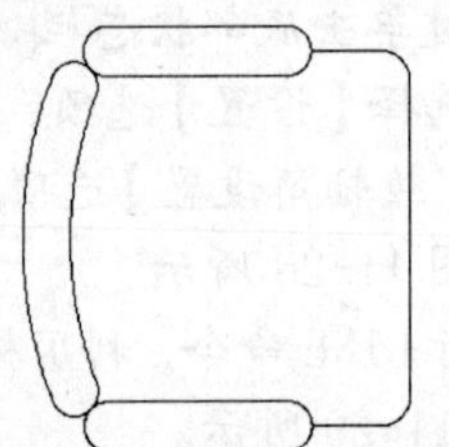

图 11-36　删除多余图形

19）在办公椅中心位置绘制半径为 4 的圆。执行［圆心，半径］命令，AutoCAD 提示如下。

```
命令： _circle 指定圆的圆心或 [三点(3P)/两点(2P)/切点、切点、半径(T)]: 30
```

```
                    //如图 11-37 所示，利用偏移捕捉输入距离指定圆心
指定圆的半径或 [直径(D)] <70.0000>: 4      //指定圆半径
```

结果如图 11-37 所示。

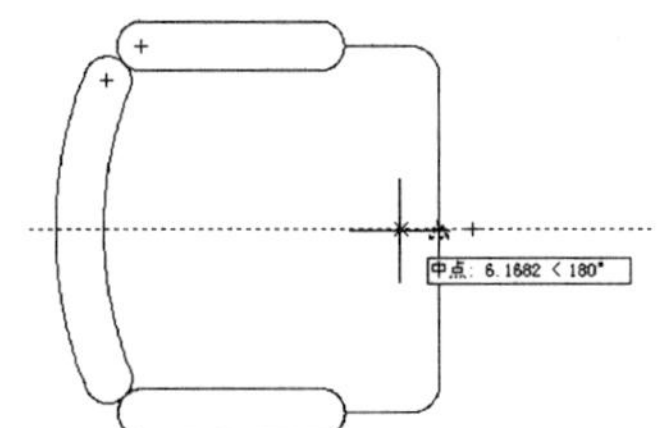

图 11-37 利用偏移捕捉输入距离指定圆心

11.1.3 绘制双人床

在住宅建筑的室内设计中，床是很重要的内容，床分双人床和单人床。一般住宅建筑中，卧室的位置以及床的摆放均需要进行精心的设计，以方便房主的居住生活，同时还要考虑采光、舒适、美观等因素。

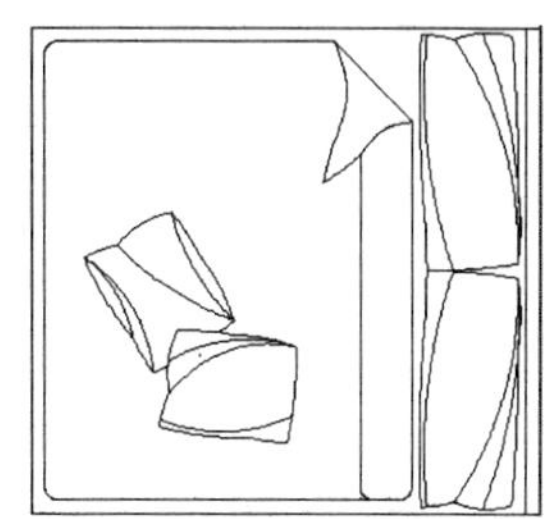

图 11-38 双人床

【案例 11-3】 绘制如图 11-38 所示的双人床。

1）绘制床轮廓。执行 RECTANG 命令，绘制 2000×1800 的矩形，结果如图 11-39 所示。

2）绘制床头。执行绘线命令，利用偏移捕捉绘制线段，床头宽为 100，结果如图 11-40 所示。

图 11-39 绘制床轮廓

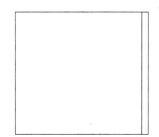

图 11-40 绘制床头

3）绘制被子。

（1）绘制被子轮廓。执行 RECTANG 命令，AutoCAD 提示如下。

```
命令: _rectang
指定第一个角点或 [倒角(C)/标高(E)/圆角(F)/厚度(T)/宽度(W)]: from
                        //输入 from，利用偏移捕捉指定第一个角点
基点:                   //捕捉左下角点指定基点
 <偏移>: @50,50         //输入相对坐标指定偏移量
指定另一个角点或 [面积(A)/尺寸(D)/旋转(R)]: @1400,1700
                        //输入相对坐标指定另一个角点
```

结果如图 11-41 所示。

（2）绘制被子轮廓的右上角。设置极轴追踪的【增量角】设为 45，右键单击底部状态栏按钮，在打开的下拉菜单中选择 45 选项。执行 LINE 命令，AutoCAD 提示如下。

```
命令: _line 指定第一点: 300 //利用极轴追踪输入长度指定第一点，如图 11-42 所示
```

```
指定下一点或 [放弃(U)]:          //利用极轴追踪捕捉交点指定下一点，如图 11-43 所示
指定下一点或 [放弃(U)]:
```

结果如图 11-44 所示。同样方式，绘制线段 *AB*，结果如图 11-45 所示。

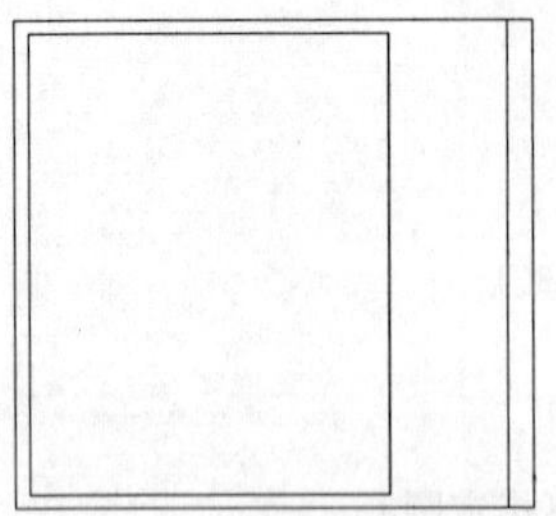

图 11-41 绘制被子轮廓

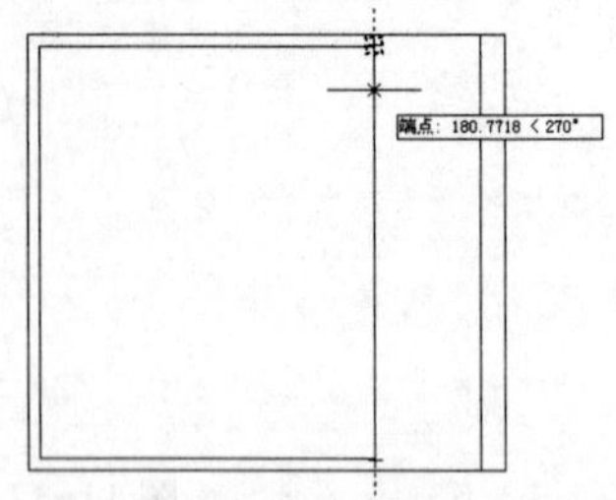

图 11-42 利用极轴追踪指定第一点

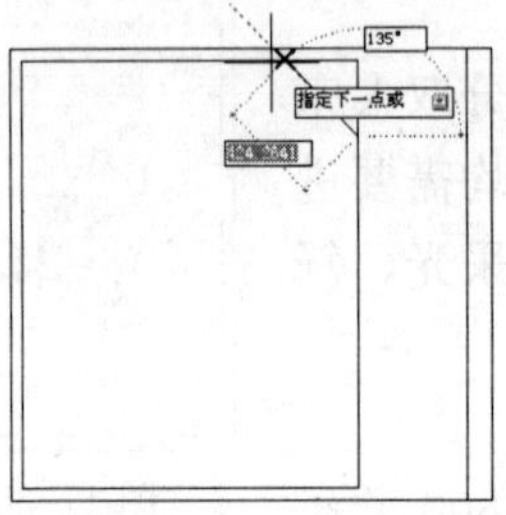

图 11-43 利用极轴追踪捕捉交点指定下一点

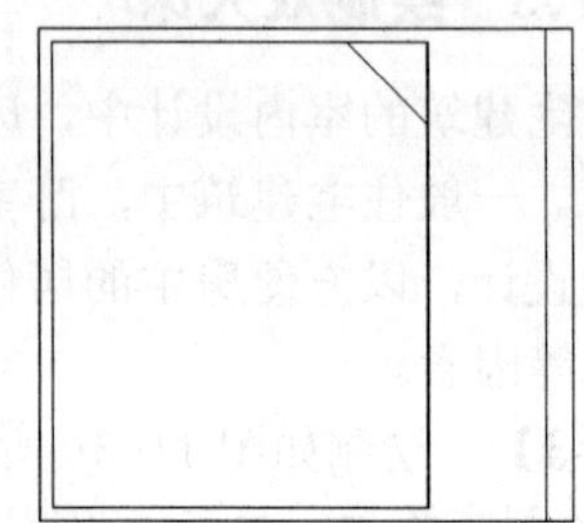

图 11-44 绘制被子轮廓的右上角

(3) 执行 FILLET 命令，对图形相关角部进行倒圆角，圆角半径为 50，其中，对线段 *AB* 的 *B* 端点处采用“不修剪”模式倒圆角，结果如图 11-46 所示。

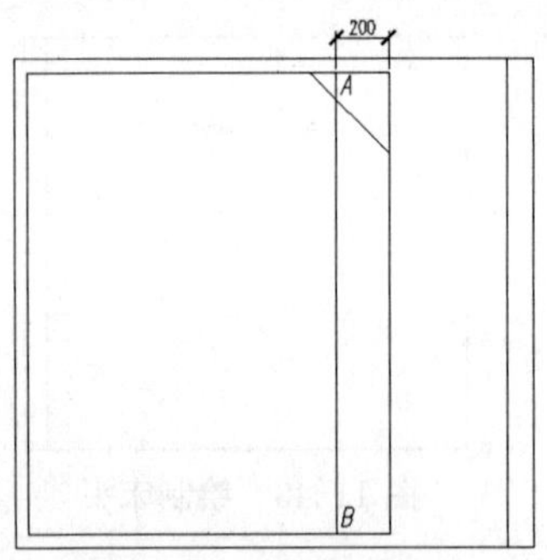

图 11-45 绘制线段 *AB*

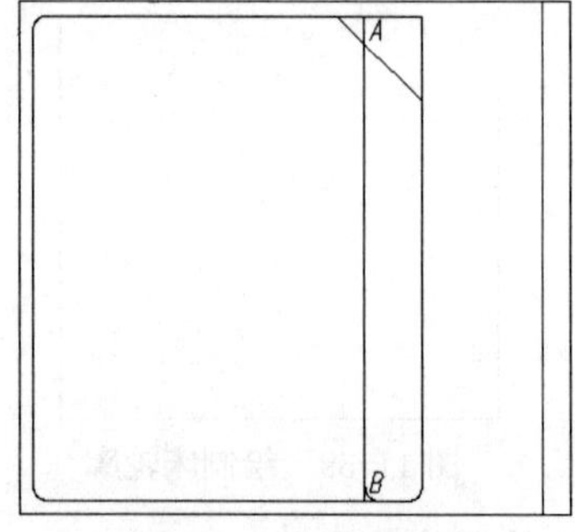

图 11-46 倒圆角

(4) 修剪图形，结果如图 11-47 所示。

(5) 执行 SPLINE 命令，依次单击 *A*、*B*、*C*、*D* 点绘制样条曲线，结果如图 11-48 所示。

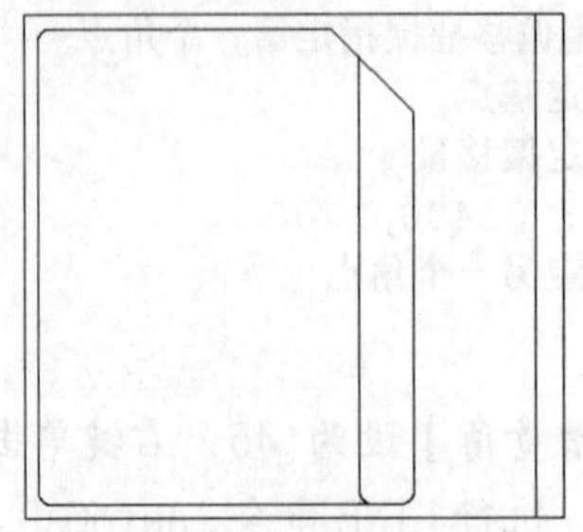

图 11-47 修剪图形

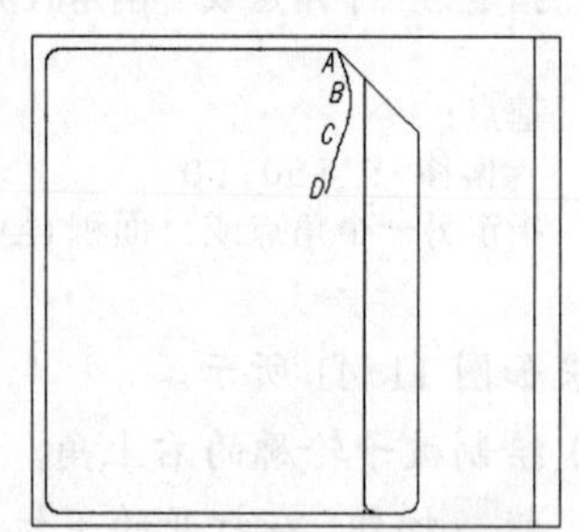

图 11-48 绘制样条曲线

（6）同样方式，执行 SPLINE 命令，依次单击 *E*、*F*、*G*、*D* 点绘制样条曲线，结果如图 11-49 所示。

（7）执行 TRIM 命令，修剪图形，如图 11-50 所示。

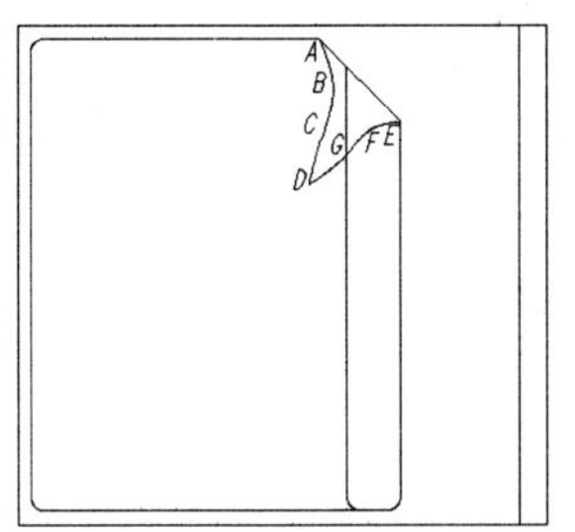

图 11-49　绘制样条曲线

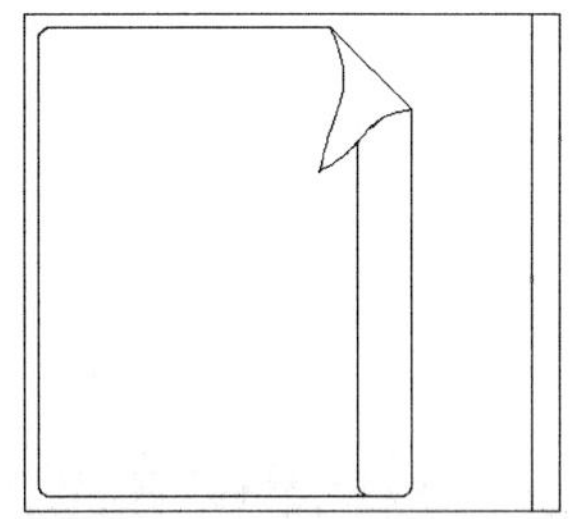

图 11-50　修剪图形

4）绘制垫子。执行 SPLINE 命令，绘制垫子，结果如图 11-51 所示。

5）绘制枕头。

（1）复制并旋转垫子，结果如图 11-52 所示。

（2）拉伸垫子。单击【常用】选项卡【修改】面板上的拉伸按钮，AutoCAD 提示如下。

```
命令: _stretch
以交叉窗口或交叉多边形选择要拉伸的对象...
选择对象: 指定对角点: 找到 7 个
      //交叉窗口选择要拉伸的对象，如图 11-53 所示
选择对象:
指定基点或 [位移(D)] <位移>:                //单击一点指定基点
指定第二个点或 <使用第一个点作为位移>:300
      //利用极轴追踪输入拉伸长度指定第二点，如图 11-54 所示
```

6）执行 MOVE 命令，移动枕头到适当位置；执行 MIRROR 命令，镜像枕头，完成双人床的设计。

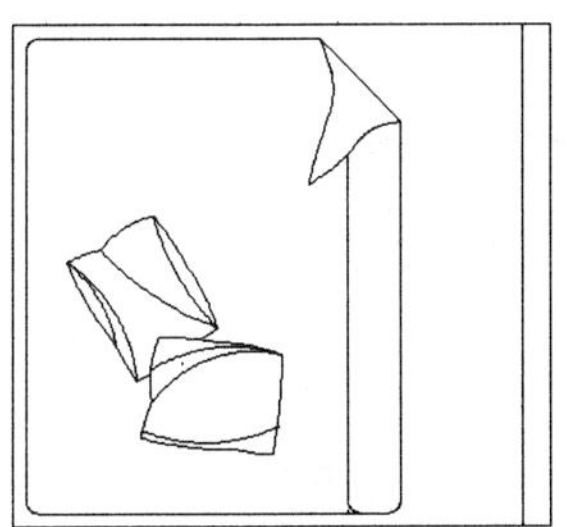

图 11-51　绘制垫子

图 11-52　复制并旋转垫子

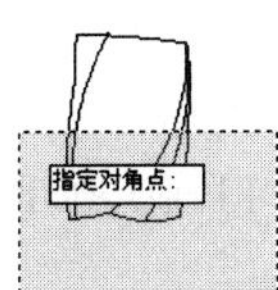

图 11-53　交叉窗口选择要拉伸的对象

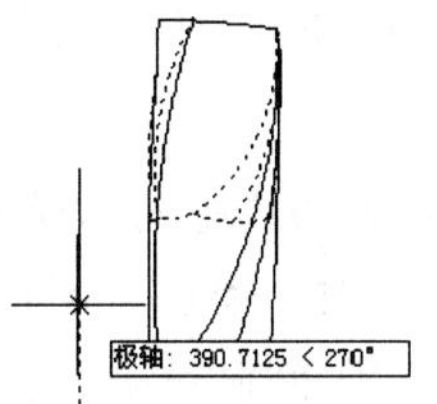

图 11-54　利用极轴追踪输入拉伸长度指定第二点

网络视频教学：绘制转角沙发。

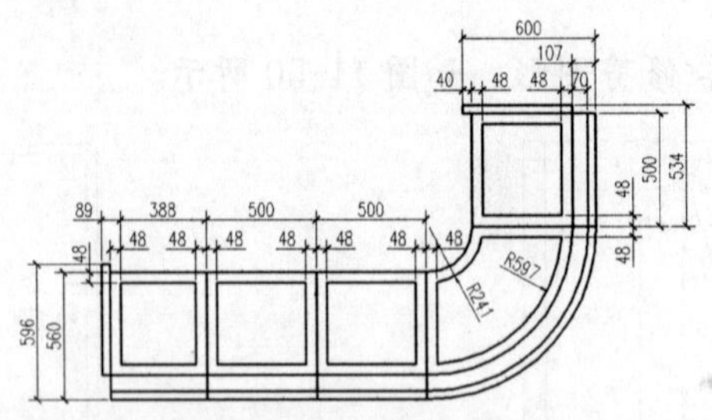

11.2 电器平面配景图绘制

家用电器同样是室内设计的主要单元部件。本节讲述了洗衣机和电视平面模型模块的绘制方法。

11.2.1 绘制电视

电视已成为现代住宅建筑中必不可少的电气设备。

图 11-55 电视

【案例 11-4】 绘制如图 11-55 所示的电视平面配景图。

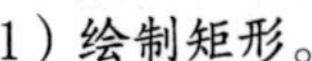

1）绘制矩形。

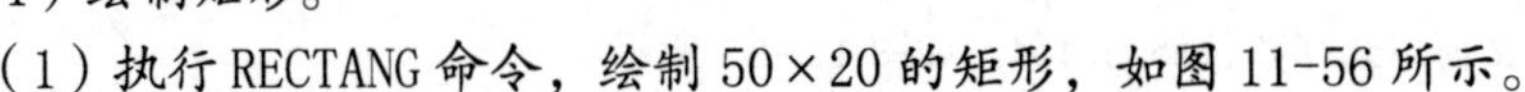

（1）执行 RECTANG 命令，绘制 50×20 的矩形，如图 11-56 所示。

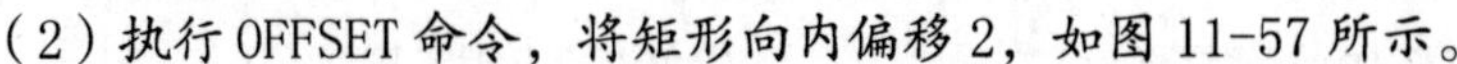

（2）执行 OFFSET 命令，将矩形向内偏移 2，如图 11-57 所示。

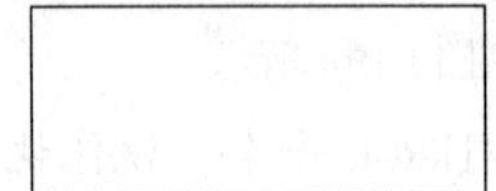

图 11-56 绘制 50×20 的矩形

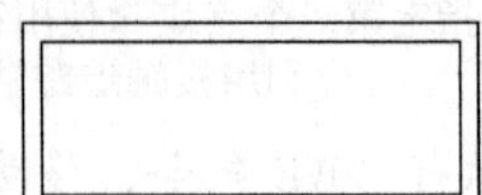

图 11-57 将矩形向内偏移 2

2）绘制辅助线段。

（1）执行 LINE 命令，绘制垂直辅助线段，相关尺寸如图 11-58 所示。

（2）执行 LINE 命令，绘制水平辅助线段，相关尺寸如图 11-59 所示。

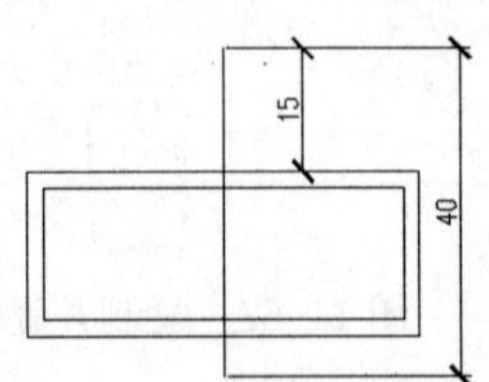

图 11-58 绘制垂直辅助线段

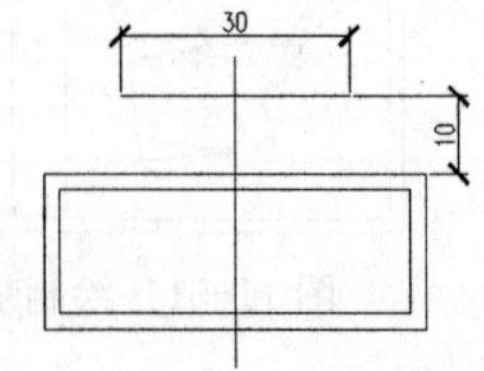

图 11-59 绘制水平辅助线段

3）绘制斜线。

（1）设置极轴追踪的增量角为 10。

（2）执行 LINE 命令，利用极轴追踪绘制斜线，结果如图 11-60 所示。

（3）执行 MIRROR 命令，镜像斜线，结果如图 11-61 所示。

4）利用偏移、延伸、修剪等命令绘制水平线，结果如图 11-62 所示。

5）利用三点创建圆弧，结果如图 11-63 所示。

6）修剪线段，删除多余图形，结果如图 11-64 所示。

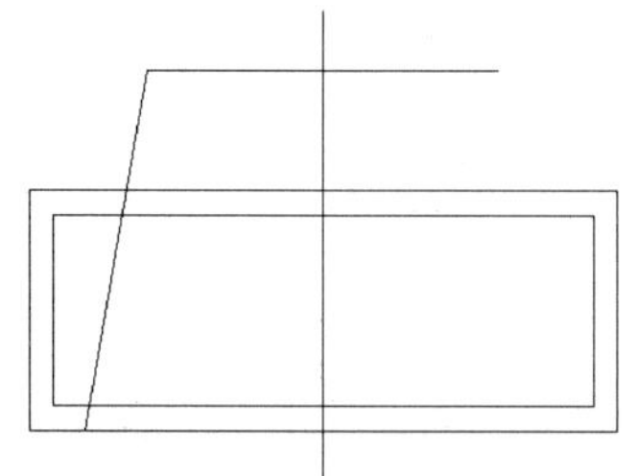
图 11-60　利用极轴追踪绘制斜线

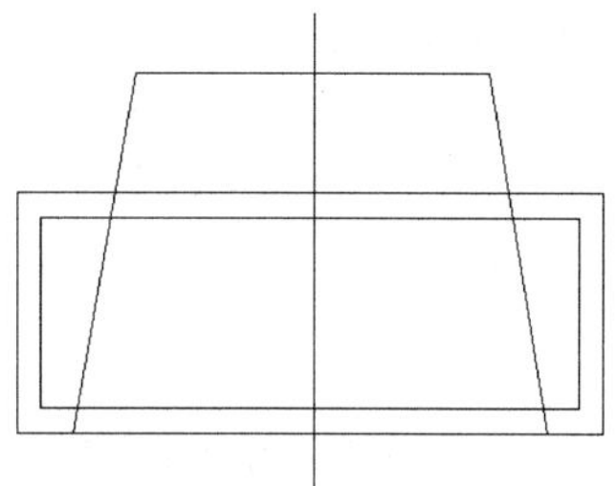
图 11-61　镜像斜线

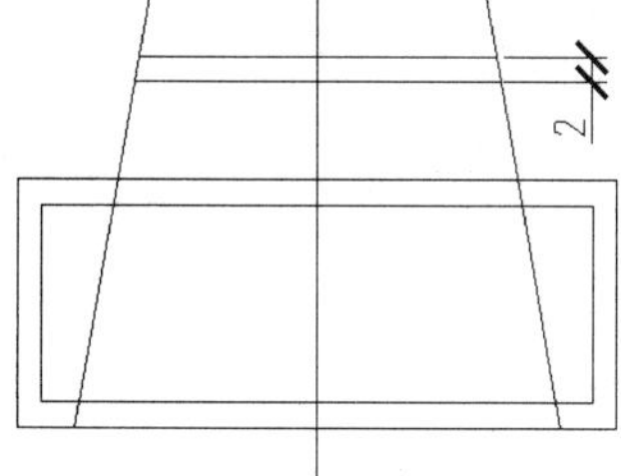

图 11-62　绘制水平线

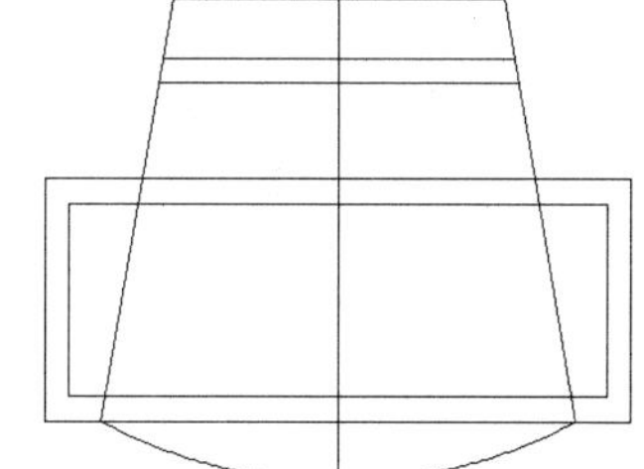
图 11-63　利用三点创建圆弧

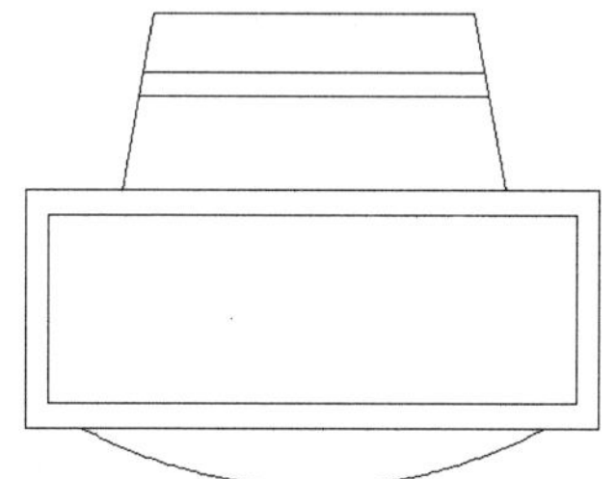
图 11-64　修剪线段，删除多余图形

7）标注文字。字体选择 Time New Roman，宽度因子设为 1，高度设为 10，最后结果如图 11-55 所示。

11.2.2　绘制洗衣机

洗衣机的绘制过程与家具、电视等类似，绘制过程中要灵活应用镜像、辅助线、复制等技巧。

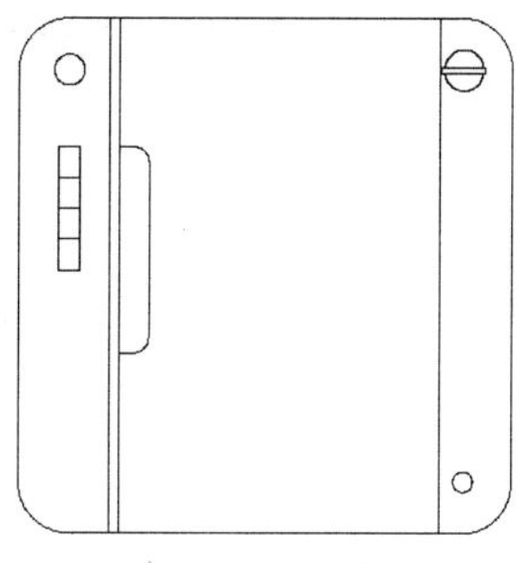
图 11-65　洗衣机

【案例 11-5】　绘制如图 11-65 所示的洗衣机平面配景图。

1）执行 RECTANG 命令，绘制一个边长为 100 的正方形，结果如图 11-66 所示。

2）执行 FILLET 命令绘制倒圆角，圆角半径为 10，结果如图 11-67 所示。

图 11-66　绘制正方形

图 11-67　绘制倒圆角

3）执行 LINE 命令，利用偏移捕捉绘制线段，如图 11-68 所示。

4）执行 OFFSET 命令绘制线段，如图 11-69 所示。

5）执行 CIRCLE 命令，绘制 3 个圆，其位置及半径大小如图 11-70 所示。

6）执行 LINE、OFFSET、FILLET 等命令，绘制洗衣机左侧部分，即在洗衣机的面板位置上绘制指示灯等，如图 11-71 所示。

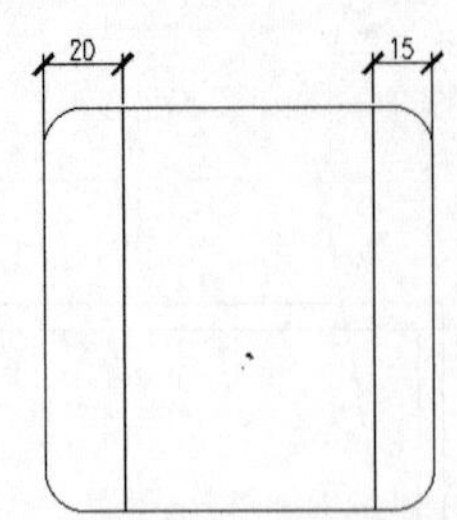

图 11-68　利用偏移捕捉绘制线段

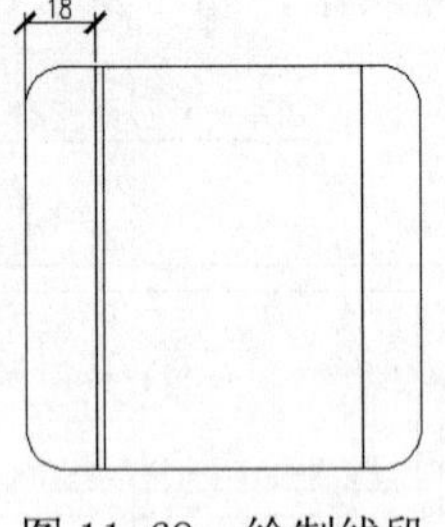

图 11-69　绘制线段

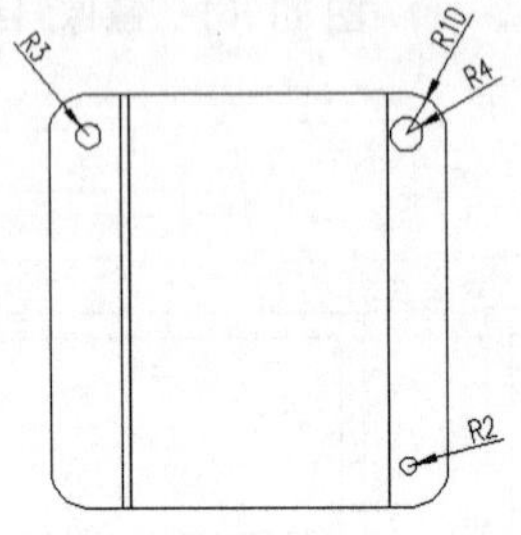

图 11-70　绘制 3 个圆

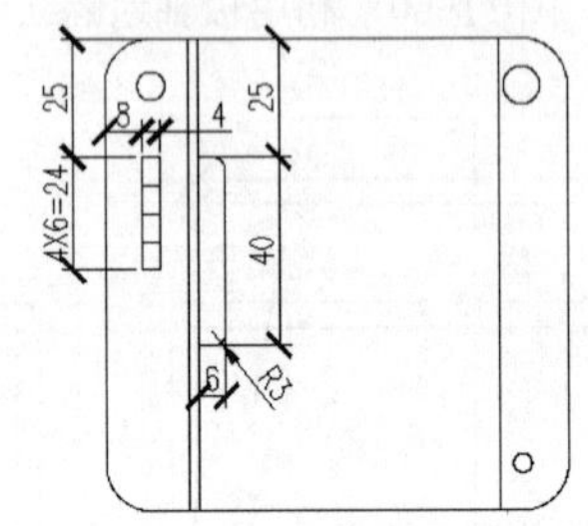

图 11-71　绘制洗衣机左侧部分

7）在右上角的开关处绘制开关的示意图。

（1）执行 OFFSET 命令，向外偏移圆，偏移距离为 0.5。

（2）执行 LINE 命令，通过捕捉象限点绘制直径，结果如图 11-72 所示。

（3）执行 OFFSET 命令，向两边偏移直径，偏移距离为 0.5，如图 11-73 所示。

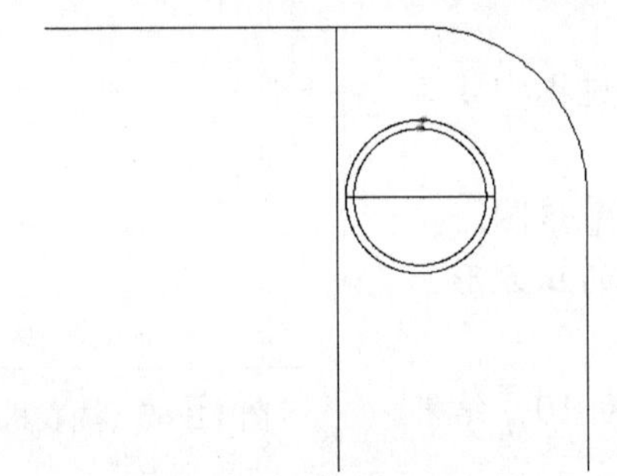

图 11-72　绘制直径

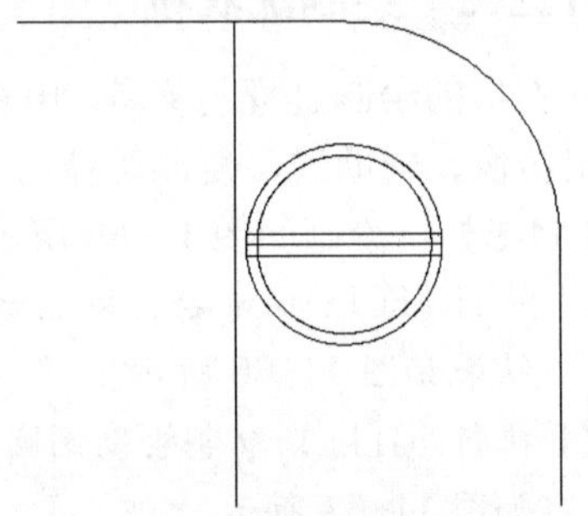

图 11-73　偏移线段

（4）执行 TRIM、ERASE 命令，修剪、删除多余图形，完成图形绘制，最终结果如图 11-65 所示。

网络视频教学：绘制电话。

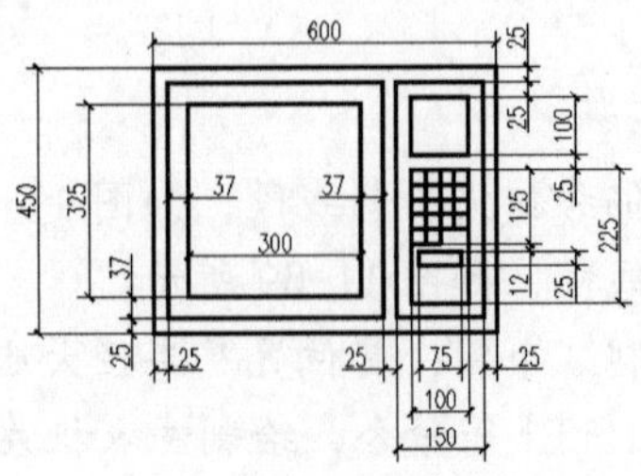

11.3 洁具和厨具平面配景图绘制

现代室内设计，当然离不了洁具和厨具，本节就讲述它们的绘制方法与步骤。

11.3.1 绘制洗手池

洗手池是洁具中必不可少的，下面通过实例讲述其绘制方法。

【案例 11-6】 绘制洗手池，如图 11-74 所示。

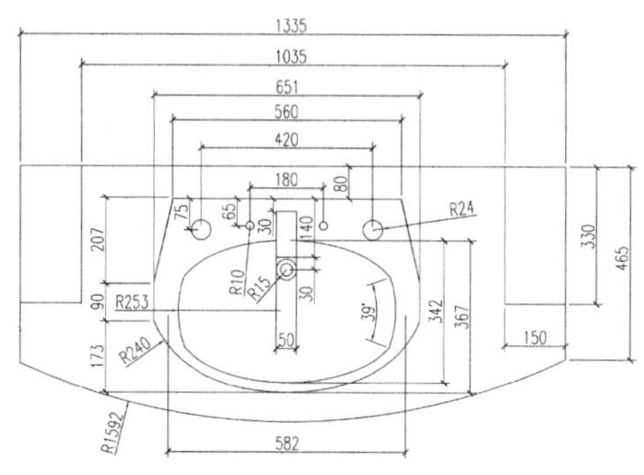

图 11-74 洗手池

1）设置对象捕捉。启用“端点”、“中点”、“圆心”、“象限点”和“交点”等对象捕捉模式。

2）执行 ELLIPSE 命令，绘制椭圆，椭圆长轴为 582，另一条半轴长度为 171，如图 11-75 所示。

3）执行 CIRCLE 命令，捕捉椭圆中心作为圆心，绘制半径为 253 的圆，如图 11-76 所示。

4）执行 LINE 命令，捕捉圆心和象限点绘制线段，如图 11-77 所示。

5）执行 ROTATE 命令，旋转线段，旋转角度为 19.5，如图 11-78 所示。

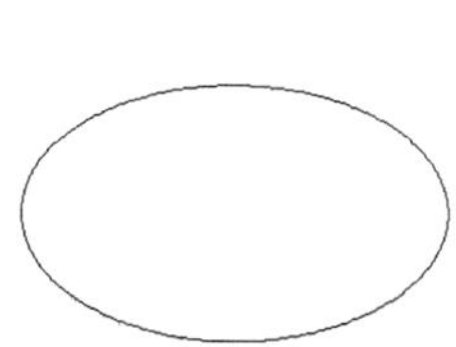

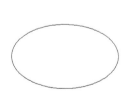

图 11-75 绘制椭圆

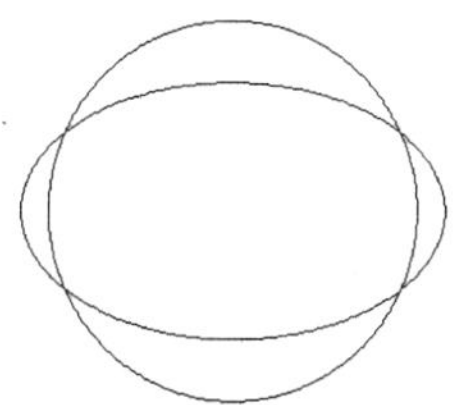

图 11-76 绘制圆

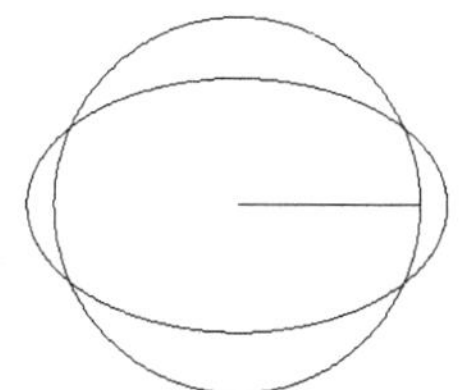

图 11-77 绘制线段

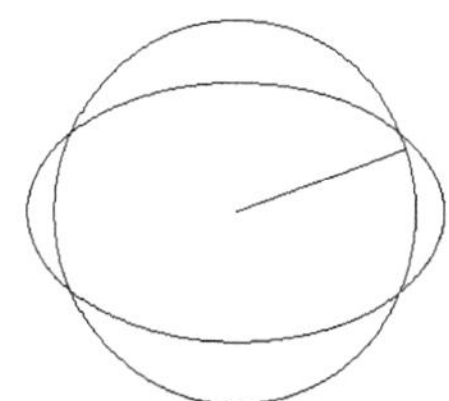

图 11-78 旋转线段

6）执行 MIRROR 命令，镜像线段，如图 11-79 所示。

7）执行 TRIM 命令，修剪图形，如图 11-80 所示。

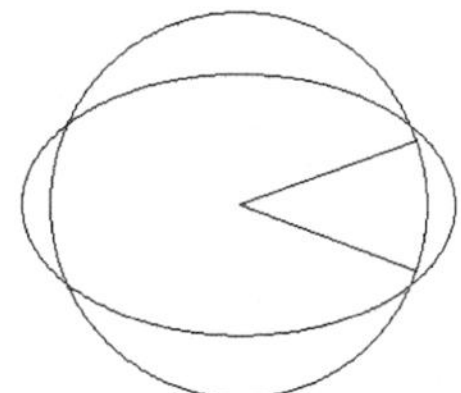

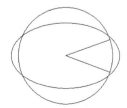

图 11-79 镜像线段

图 11-80 修剪图形

8）执行 MOVE 命令，水平移动圆弧，结果如图 11-81 所示。

9）执行 ERASE 命令，删除辅助线段，结果如图 11-82 所示。

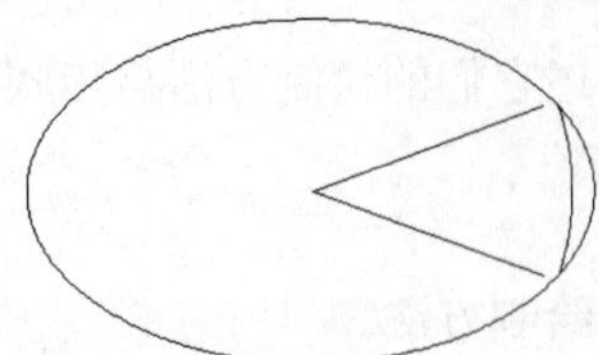

图 11-81　水平移动圆弧

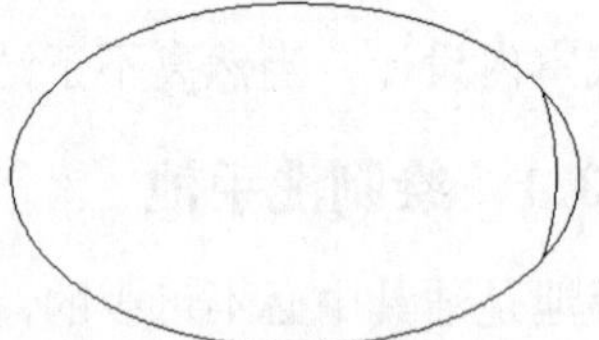

图 11-82　删除辅助线段

10）执行 RECTANGLE 命令，利用偏移捕捉绘制矩形，如图 11-83 所示。

11）执行 CIRCLE 命令，利用极轴追踪捕捉和捕捉圆心依次绘制两个圆，结果如图 11-84 所示。

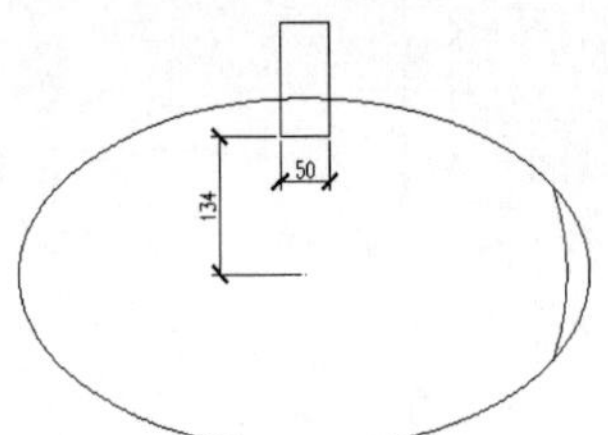

图 11-83　绘制矩形

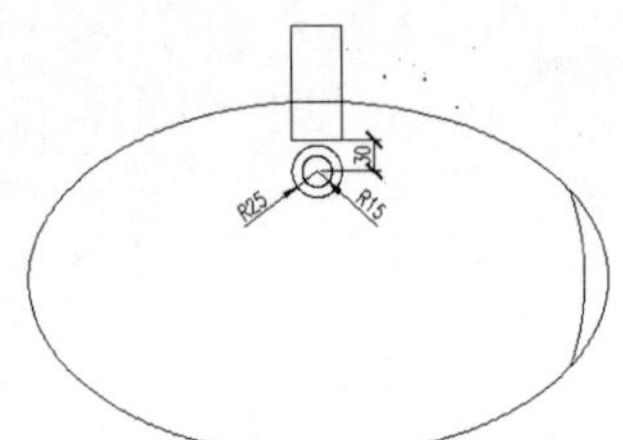

图 11-84　绘制圆

12）执行 LINE 命令，绘制线段，结果如图 11-85 所示。

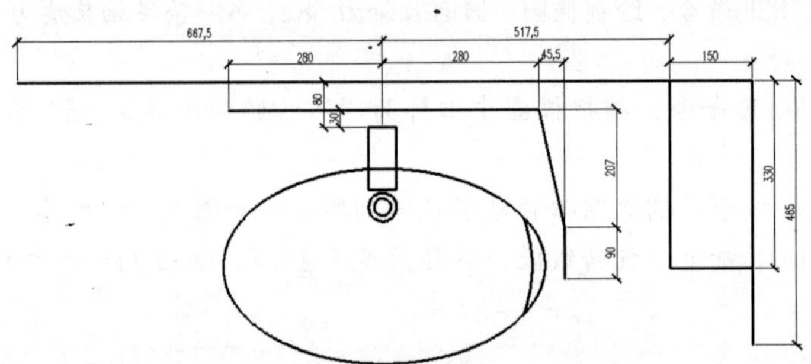

图 11-85　绘制线段

13）执行 CIRCLE 命令，利用偏移捕捉绘制两个圆，结果如图 11-86 所示。

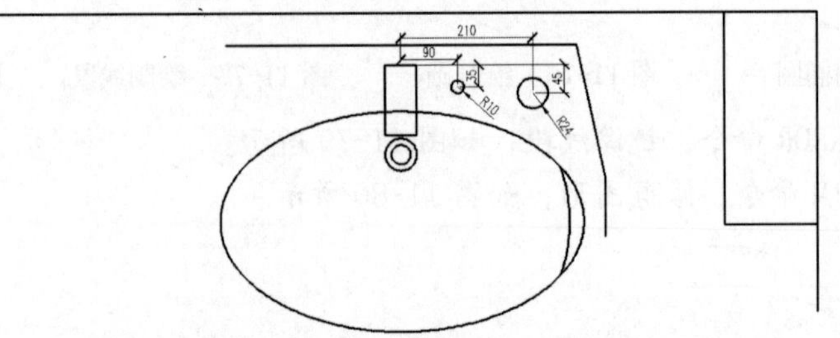

图 11-86　利用偏移捕捉绘制两个圆

14）执行 MIRROR 命令，镜像有关图形，结果如图 11-87 所示。

15）执行 TRIM 命令，修剪多余图形，结果如图 11-88 所示。

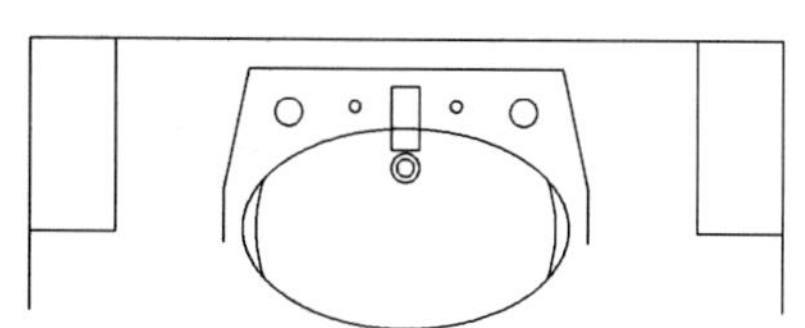
图 11-87　镜像图形

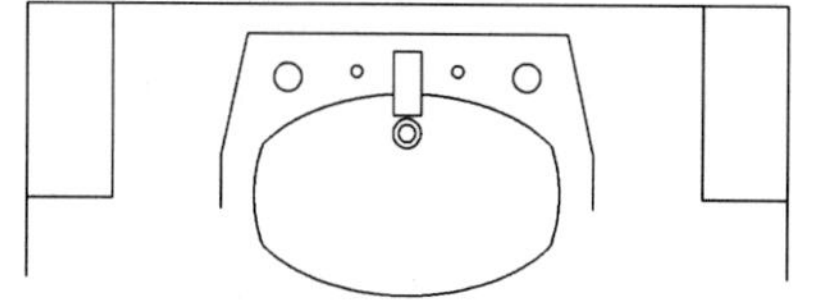
图 11-88　修剪多余图形

16）执行 OFFSET 命令，偏移椭圆弧，偏移距离为 25，结果如图 11-89 所示。

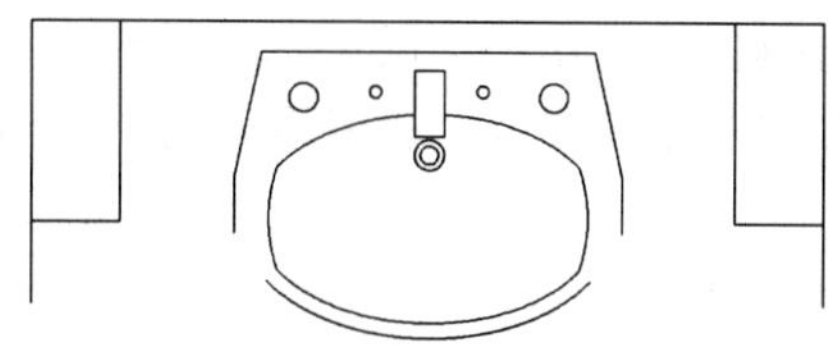
图 11-89　偏移椭圆弧

17）执行 ARC 命令，捕捉两端点，圆弧半径为 240，绘制圆弧，结果如图 11-90 所示。

18）用同样方式绘制另一圆弧，结果如图 11-91 所示。

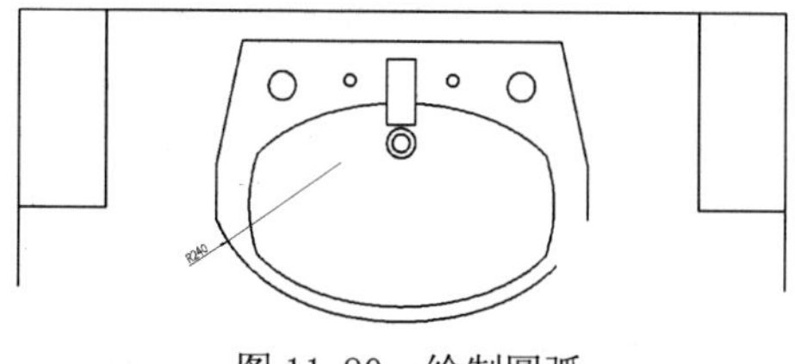
图 11-90　绘制圆弧

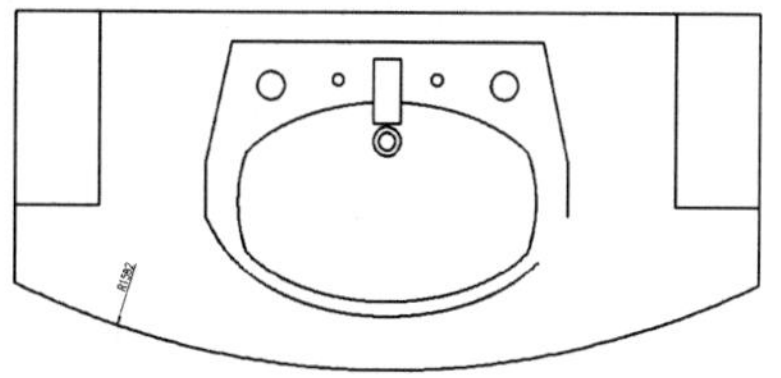
图 11-91　绘制另一圆弧

19）执行 MIRROR 命令，镜像圆弧，完成图形的绘制，最终结果如图 11-74 所示。

11.3.2　绘制坐便器

洁具中坐便器同样是必不可少的，下面通过实例讲述其绘制方法。

【案例 11-7】　绘制坐便器，如图 11-92 所示。

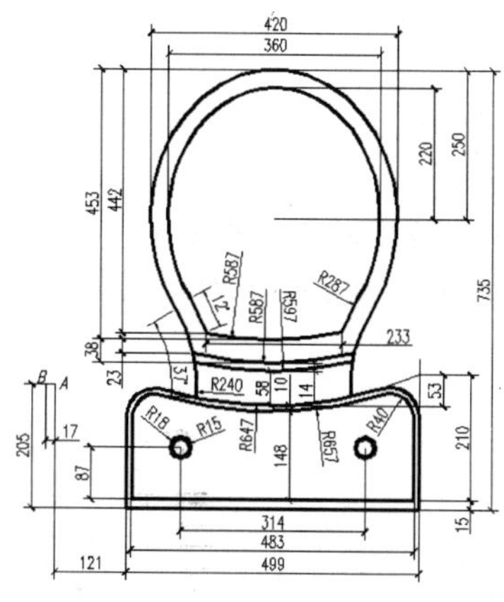

图 11-92　坐便器

1）执行 LINE 命令，绘制线段，如图 11-93 所示。

2）执行 ARC 命令，利用“起点、端点、半径”方式绘制圆弧，如图 11-94 所示。

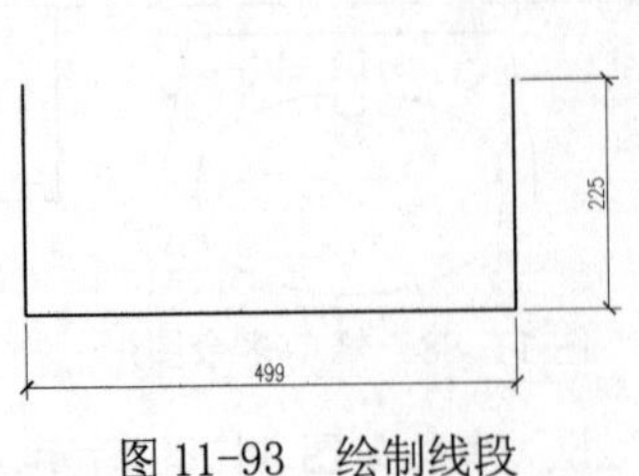

图 11-93　绘制线段

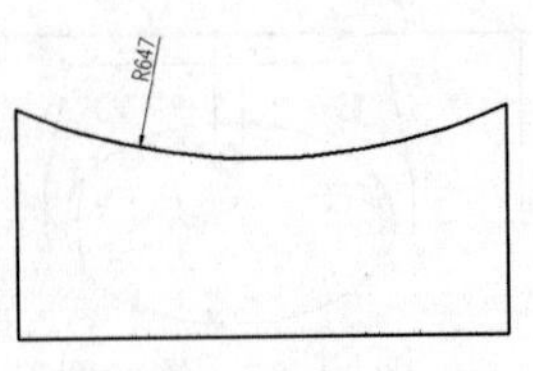

图 11-94　绘制圆弧

3）执行 FILLET 命令进行倒圆角，结果如图 11-95 所示。

4）执行 OFFSET 命令，偏移圆弧及线段，偏移距离为 10，如图 11-96 所示。

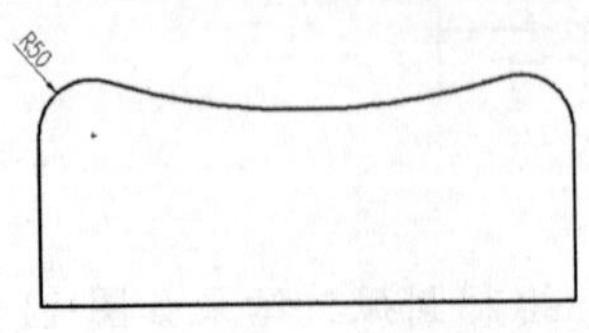

图 11-95　倒圆角

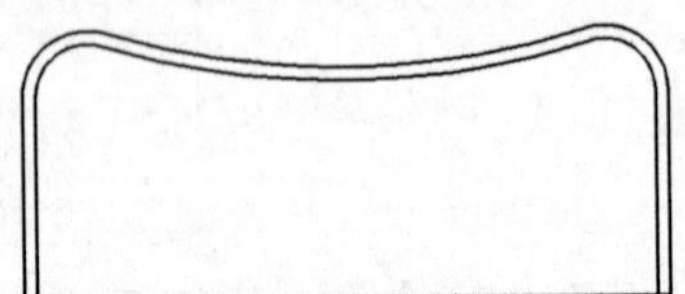
图 11-96　偏移圆弧及线段

5）向上偏移底部水平线，偏移距离为 15，修剪图形，结果如图 11-97 所示。

6）执行 OFFSET 命令偏移线段，如图 11-98 所示。

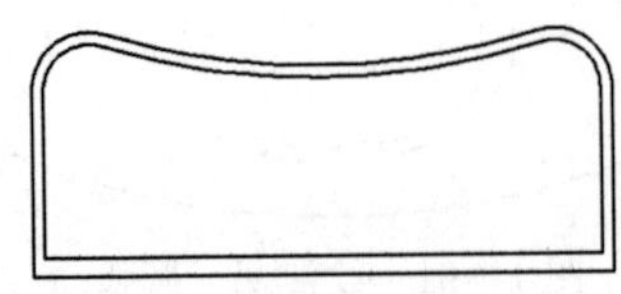
图 11-97　向上偏移底部水平线并修剪图形

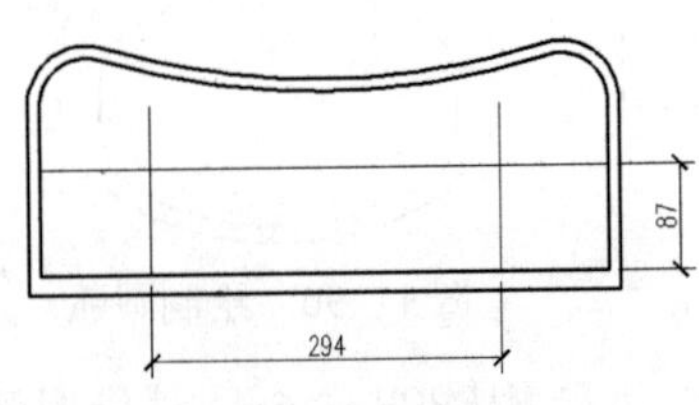

图 11-98　偏移线段

7）执行 CIRCLE 命令，捕捉交点绘制半径为 18 的圆，如图 11-99 所示。

8）利用偏移命令，捕捉圆心绘制半径为 15 的圆，结果如图 11-100 所示。

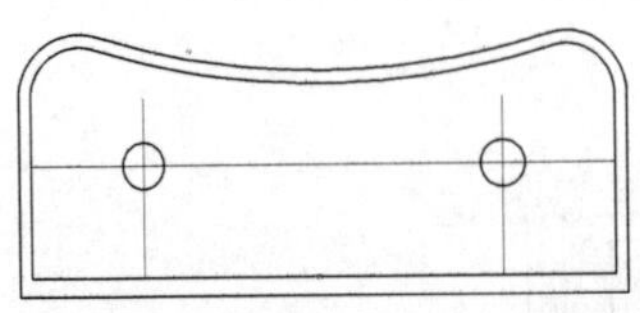
图 11-99　绘制半径为 18 的圆

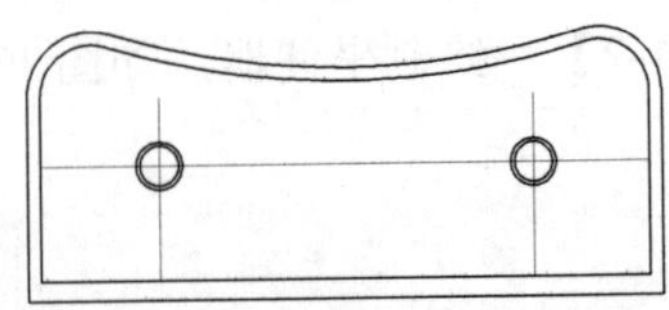
图 11-100　绘制半径为 15 的圆

9）执行 ELLIPSE 命令，利用极轴追踪指定椭圆的中心点绘制椭圆，如图 11-101 所示。

10）执行 CIRCLE 命令，利用偏移捕捉绘制圆，如图 11-102 所示。

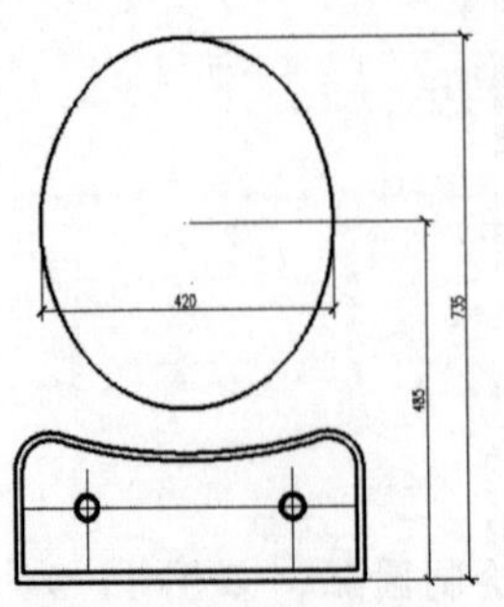

图 11-101　绘制椭圆

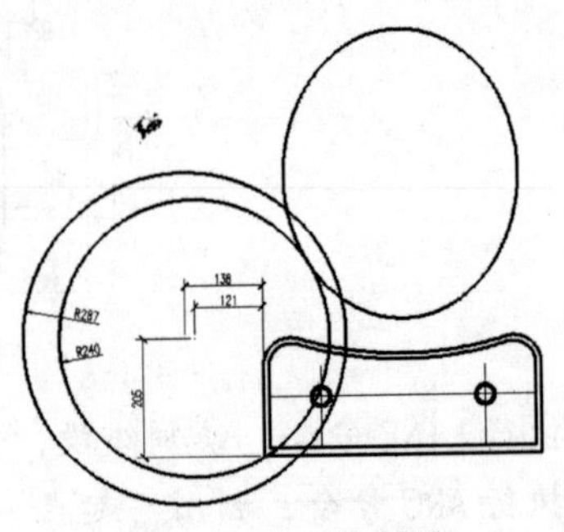

图 11-102　绘制圆

11）执行 OFFSET 命令，向内偏移椭圆，偏移距离为 30，结果如图 11-103 所示。

12）执行 OFFSET 命令，偏移线段，如图 11-104 所示。

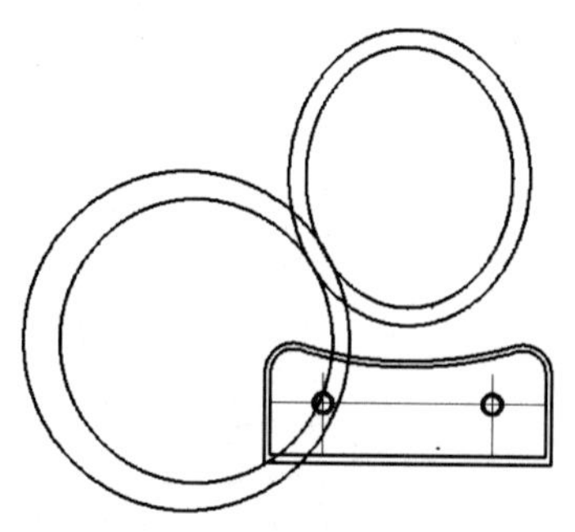
图 11-103　向内偏移椭圆

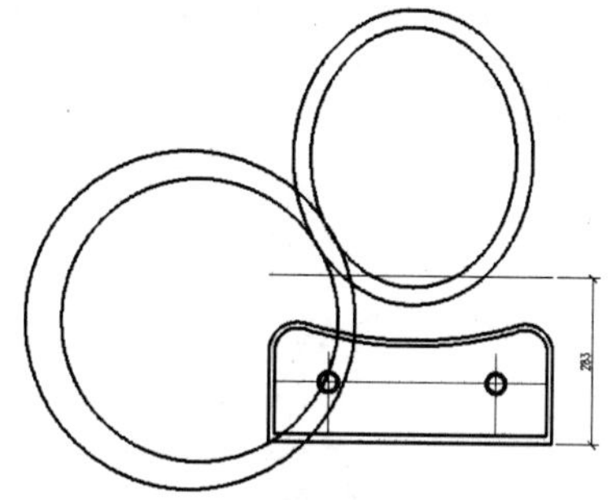

图 11-104　偏移线段

13）执行 LINE 命令，捕捉圆心和交点绘制半径，如图 11-105 所示。

14）执行 ROTATE 命令，AutoCAD 提示如下。

```
命令：_rotate
UCS 当前的正角方向： ANGDIR=逆时针  ANGBASE=0
选择对象：指定对角点：找到 1 个                //选择刚刚绘制的半径
选择对象：
指定基点：                                     //捕捉圆心指定基点
指定旋转角度，或 [复制(C)/参照(R)] <0>:  c//选择“复制(C)”选项
旋转一组选定对象。
指定旋转角度，或 [复制(C)/参照(R)] <0>:  12//指定旋转角度，结果如图 11-106 所示
```

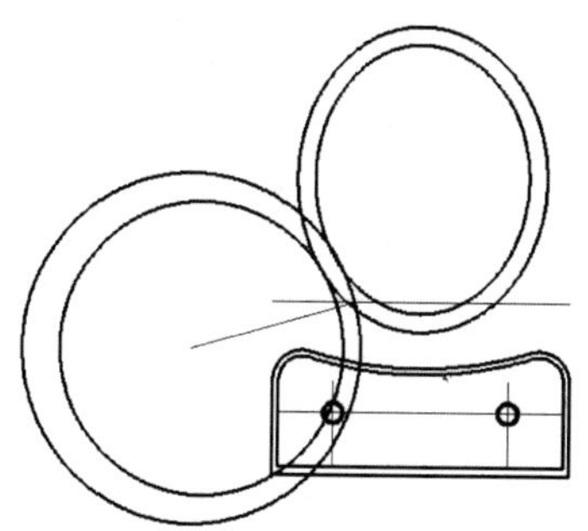
图 11-105　绘制线段

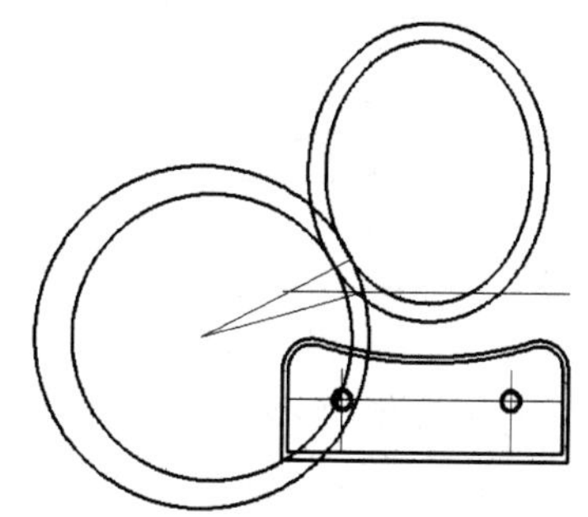
图 11-106　旋转线段

15）执行 TRIM 命令，修剪图形，如图 11-107 所示。

16）执行 MIRROR 命令，镜像由修剪生成的圆弧，并修剪图形，删除辅助线段，结果如图 11-108 所示。

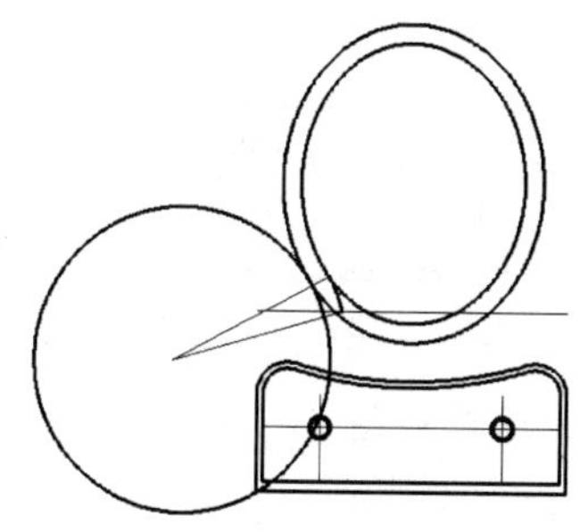
图 11-107　修剪图形

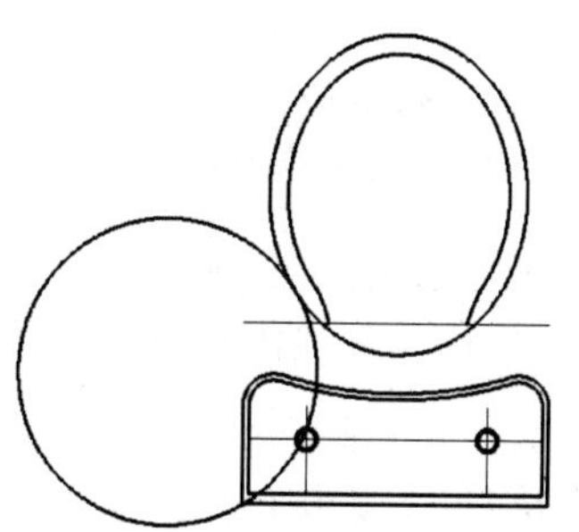
图 11-108　镜像并修剪图形，删除辅助线段

17）利用“起点、端点、半径”方式绘制圆弧，圆弧半径为 587，结果如图 11-109 所示。

18）执行 LINE 命令绘制半径，并利用旋转命令，复制旋转半径，旋转角度为 37°，结果如图 11-110 所示。

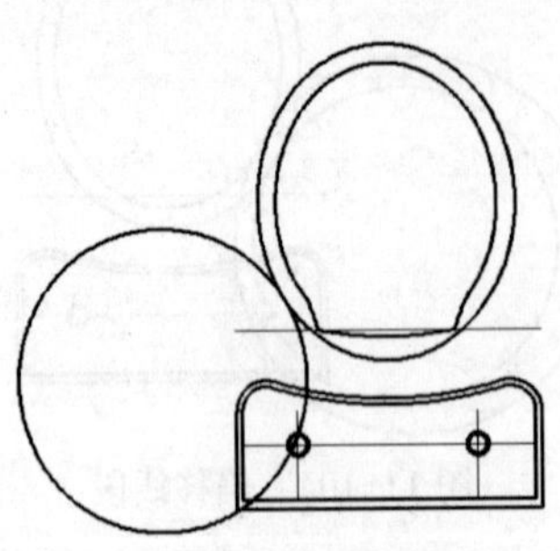
图 11-109　绘制圆弧

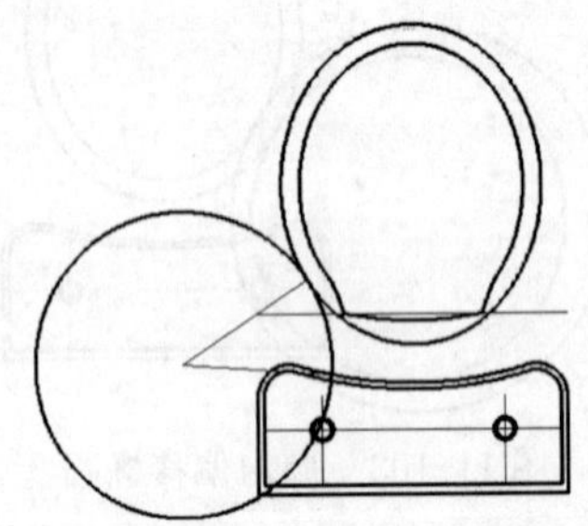
图 11-110　绘制半径并旋转复制半径

19）执行 TRIM 命令，生成圆弧；执行 MIRROR 命令，镜像生成的圆弧；执行 ERASE 命令，删除辅助线段，结果如图 11-111 所示。

20）执行 LINE 命令，绘制辅助线段；执行 TRIM 命令，修剪图形，结果如图 11-112 所示。

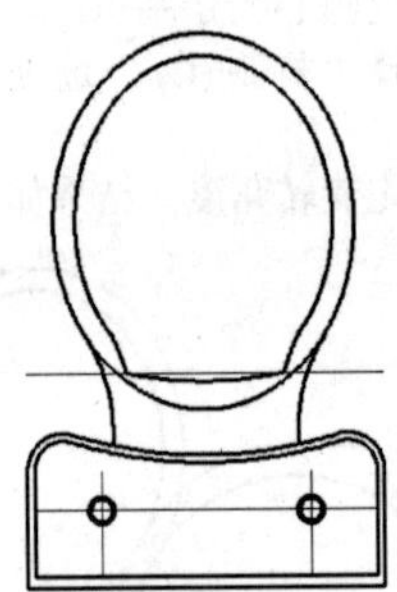
图 11-111　执行 TRIM、MIRROR、ERASE 等命令

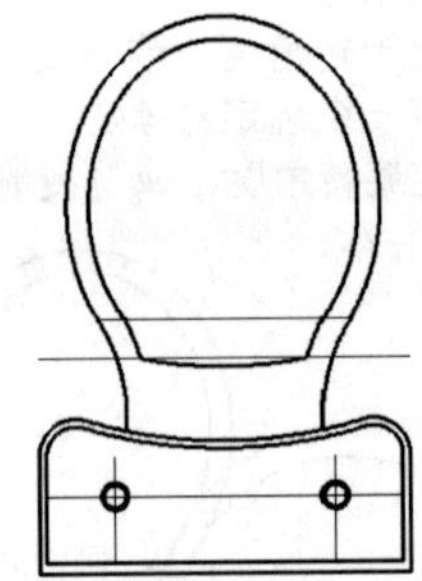
图 11-112　绘制辅助线段，修剪图形

21）执行 OFFSET 命令，偏移线段，如图 11-113 所示。

22）利用“起点、端点、半径”方式绘制圆弧，圆弧半径为 587，结果如图 11-114 所示。

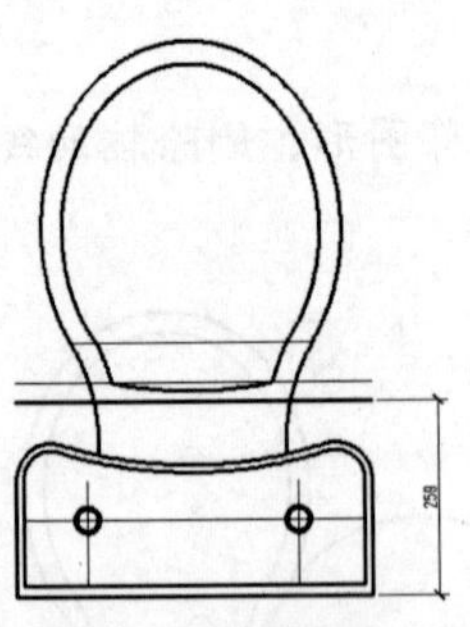
图 11-113　偏移线段

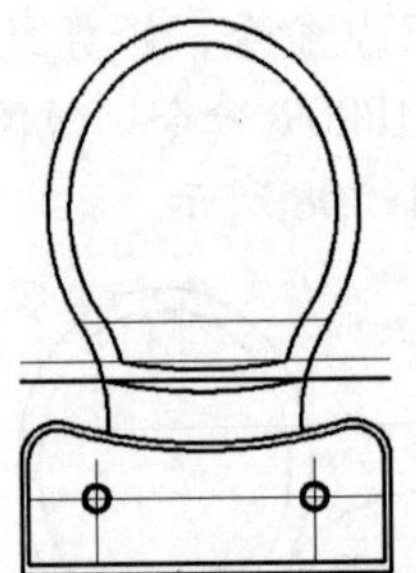
图 11-114　利用“起点、端点、半径”方式绘制圆弧

23）执行 OFFSET 命令，偏移圆弧，偏移距离为 10，结果如图 11-115 所示。

24）执行 TRIM 命令，修剪生成的圆弧，结果如图 11-116 所示。

25）删除辅助线段，完成图形的绘制，最终结果如图 11-92 所示。

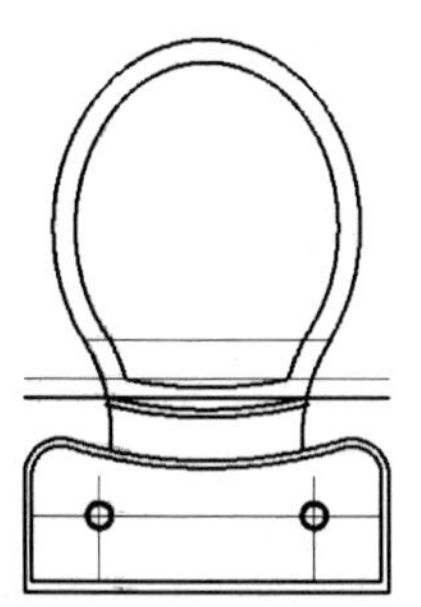
图 11-115　偏移圆弧

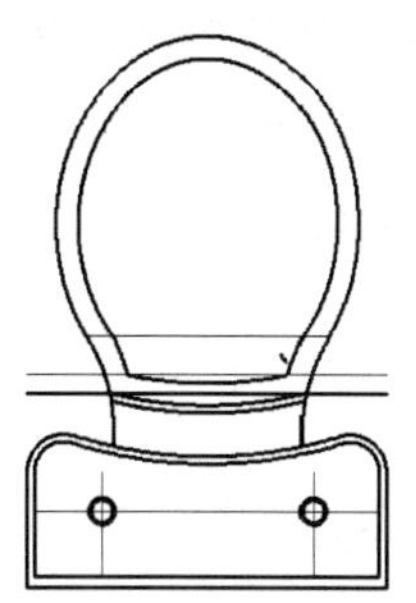
图 11-116　修剪生成的圆弧

11.3.3　绘制燃气灶

燃气灶是厨具中必不可少的，下面通过实例讲述其绘制方法。

【案例 11-8】　绘制燃气灶，如图 11-117 所示。

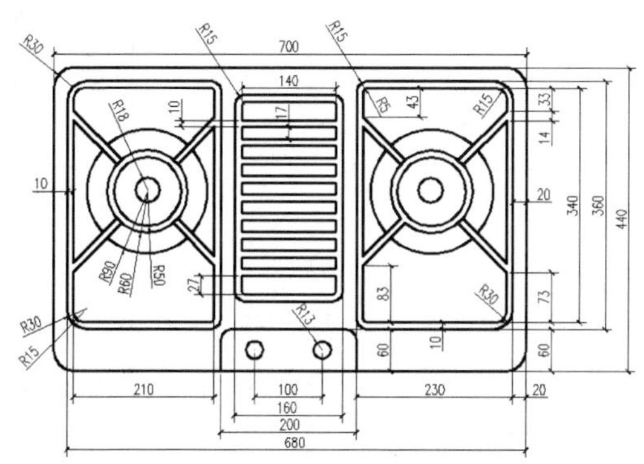

图 11-117　燃气灶

1）绘制圆角矩形。执行 RECTANGLE 命令，AutoCAD 提示如下。

```
命令: _rectangle
指定第一个角点或 [倒角(C)/标高(E)/圆角(F)/厚度(T)/宽度(W)]: f
              //选择“圆角(F)”选项
指定矩形的圆角半径 <0.0000>: 30     //输入矩形的圆角半径
指定第一个角点或 [倒角(C)/标高(E)/圆角(F)/厚度(T)/宽度(W)]:
              //单击一点指定第一个角点
指定另一个角点或 [面积(A)/尺寸(D)/旋转(R)]: @700,440
                                    //输入相对坐标指定另一个角点
```

结果如图 11-118 所示。

2）执行 RECTANGLE 命令，创建矩形，如图 11-119 所示。

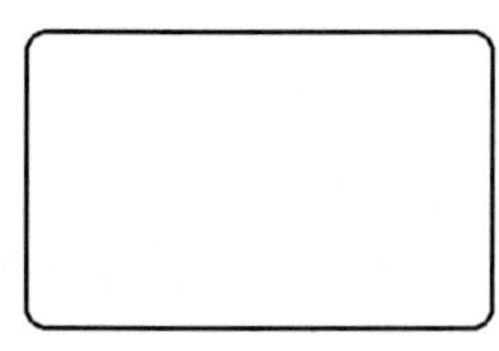
图 11-118　绘制圆角矩形

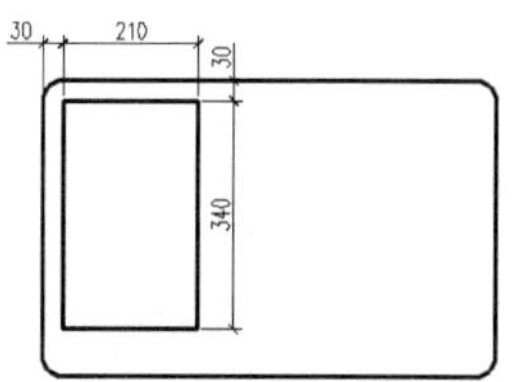

图 11-119　创建矩形

3）执行 OFFSET 命令，向外偏移刚绘制的矩形，偏移距离为 10。执行 EXPLODE 命令，分解刚偏移绘制的矩形，如图 11-120 所示。

4）执行 OFFSET 命令，偏移线段，如图 11-121 所示。

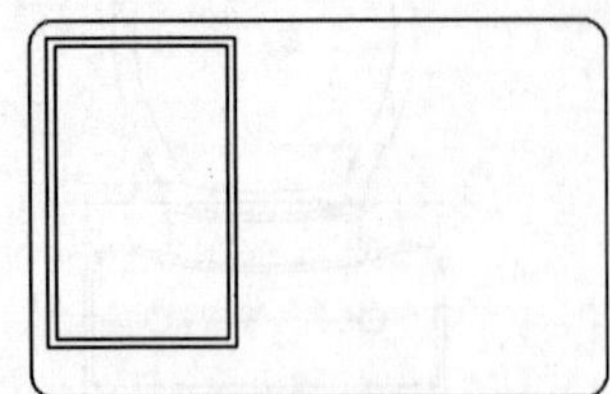
图 11-120　绘制矩形并分解矩形

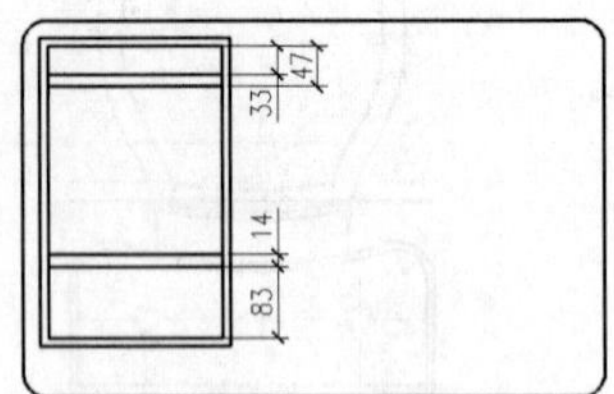

图 11-121　偏移线段

5）执行 LINE 命令，捕捉端点绘制线段，如图 11-122 所示。

6）执行 ERASE 命令，删除辅助线段，结果如图 11-123 所示。

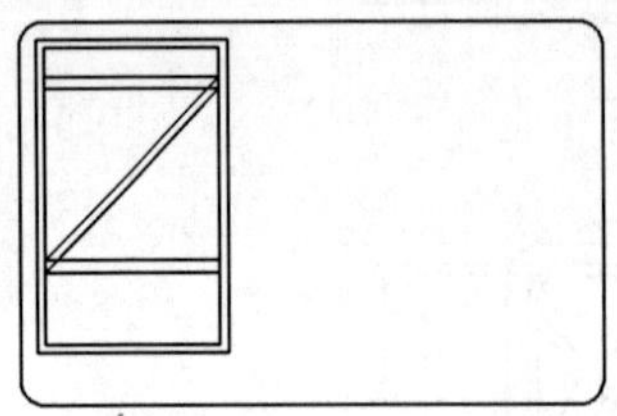
图 11-122　绘制线段

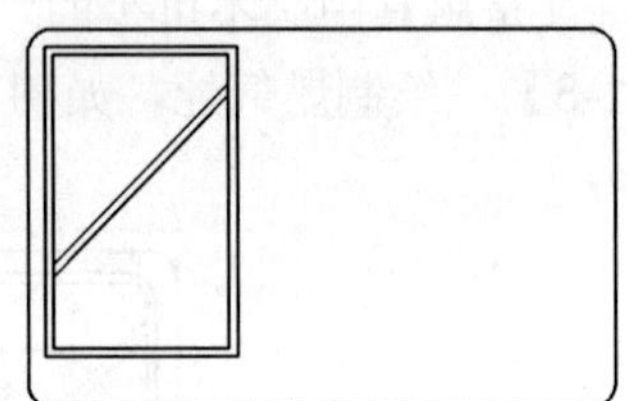
图 11-123　删除辅助线段

7）同样方式，绘制另两条线段，结果如图 11-124 所示。

8）执行 LINE 命令，绘制辅助线段；执行 CIRCLE 命令，绘制圆心为刚绘制线段中点、半径为 18、50、60、90 的 4 个圆，结果如图 11-125 所示。

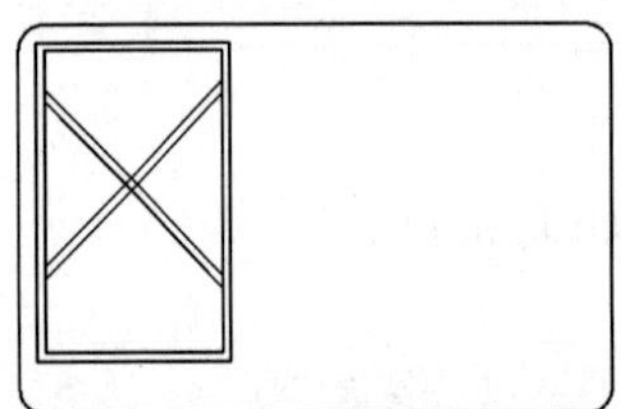
图 11-124　绘制另两条线段

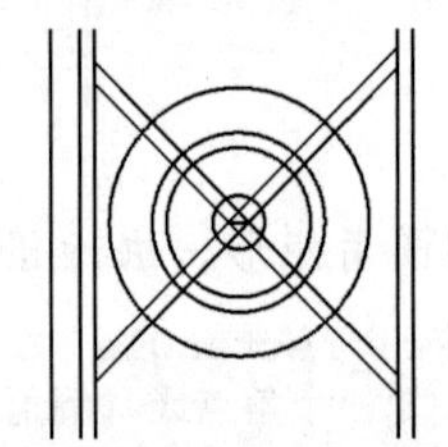
图 11-125　绘制辅助线段、圆

9）执行 TRIM 命令，修剪图形；执行 ERASE 命令，删除辅助图形，结果如图 11-126 所示。

10）执行 RECTANGLE 命令，绘制矩形，如图 11-127 所示。

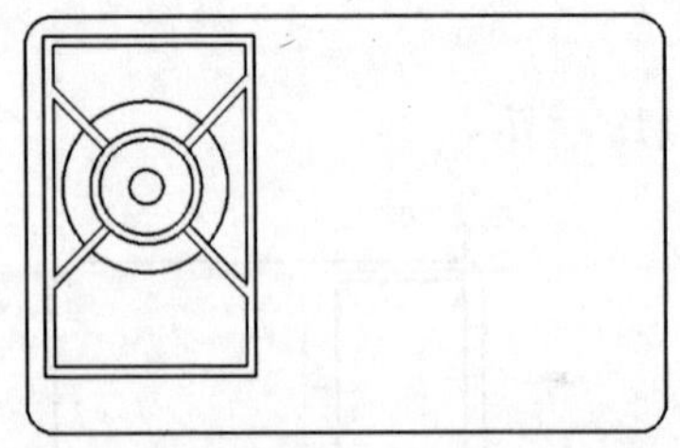
图 11-126　修剪图形，删除辅助图形

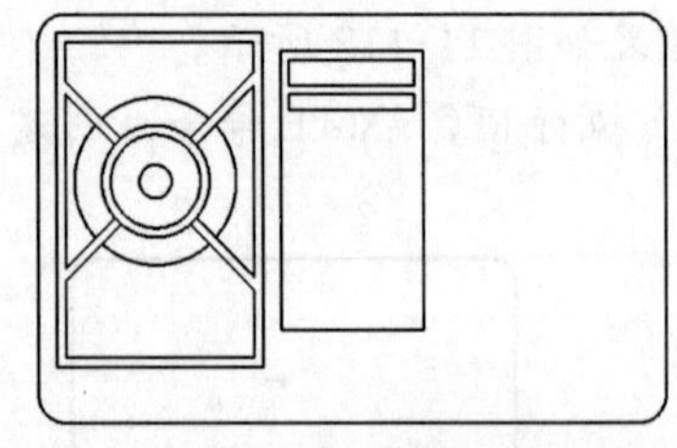
图 11-127　绘制矩形

11）执行 ARRAYSECT 命令，阵列图形，AutoCAD 提示如下。

```
命令：_arrayrect
选择对象：找到 1 个                              //选择对象
```

```
选择对象:
类型 = 矩形  关联 = 是
为项目数指定对角点或 [基点(B)/角度(A)/计数(C)] <计数>: c
                                        //选择“计数(C)”选项
输入行数或 [表达式(E)] <4>: 8                 //输入行数
输入列数或 [表达式(E)] <4>: 1                 //输入列数
指定对角点以间隔项目或 [间距(S)] <间距>: s   //选择“间距(S)”选项
指定行之间的距离或 [表达式(E)] <25.5>: -27  //指定行之间的距离
按 Enter 键接受或 [关联(AS)/基点(B)/行(R)/列(C)/层(L)/退出(X)] <退出>: X
```

结果如图 11-128 所示。

12）执行 MIRROR 命令，镜像图形，结果如图 11-129 所示。

13）执行 RECTANGLE 命令，创建矩形，如图 11-130 所示。

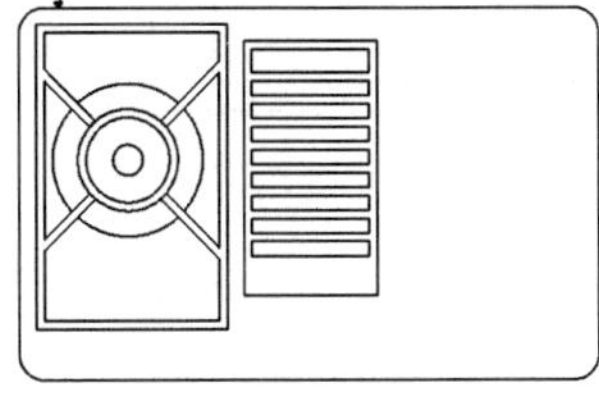

图 11-128 阵列图形

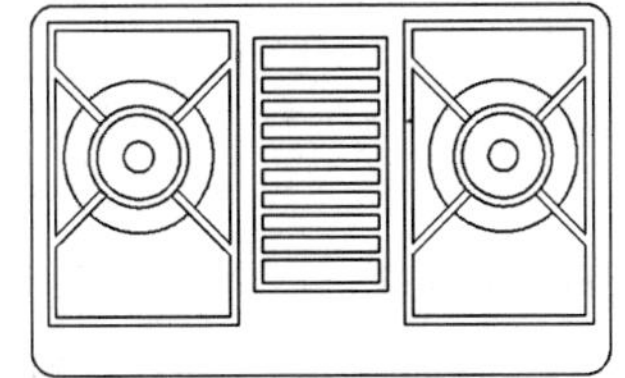

图 11-129 镜像图形

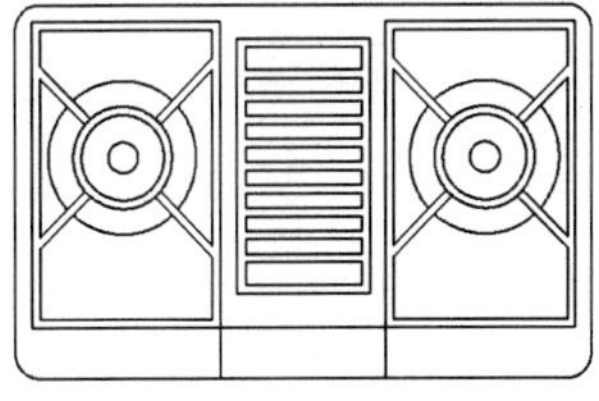

图 11-130 创建矩形

14）执行 CIRCLE 命令，利用偏移捕捉绘制圆，如图 11-131 所示。

15）执行 MIRROR 命令，镜像刚绘制的圆，如图 11-132 所示。

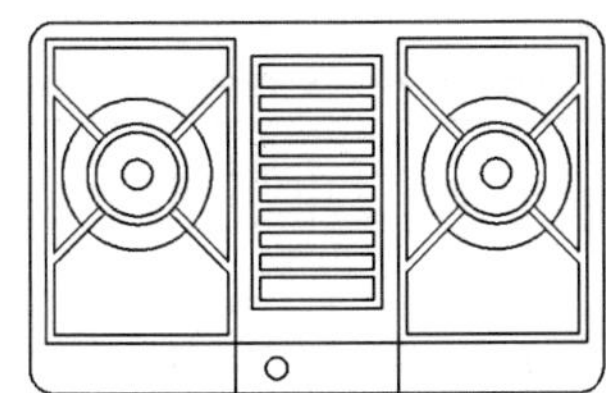

图 11-131 利用偏移捕捉绘制圆

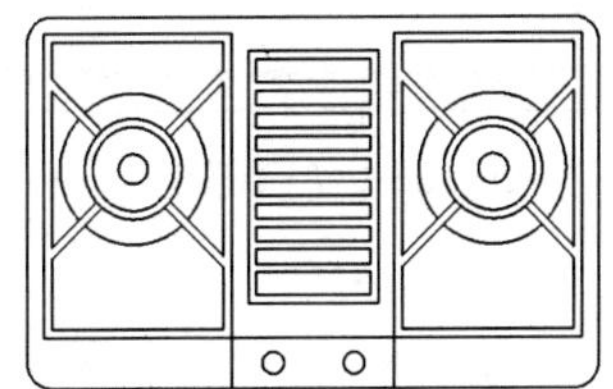

图 11-132 镜像圆

16）执行 FILLET 命令，进行倒圆角，最终结果如图 11-117 所示。

网络视频教学：绘制小便池。

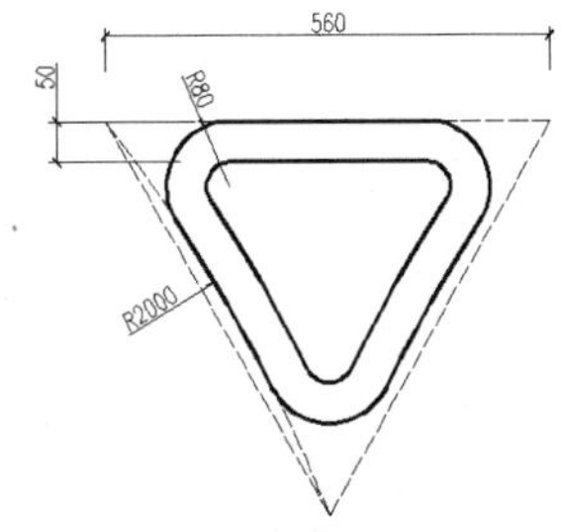

11.4 休闲娱乐平面配景图绘制

随着人们生活水平的提高，人们拥有越来越多的休闲娱乐时间，因此与休闲娱乐有关的设施在室内装潢设计中已必不可少。本节将讲述按摩床、健身器、室内网球以及桑拿房等的绘制方法与技巧。

11.4.1 绘制按摩床

这里分别讲述按摩床平面图及其立面图的绘制。

【案例 11-9】 绘制按摩床平面图，如图 11-133 所示。

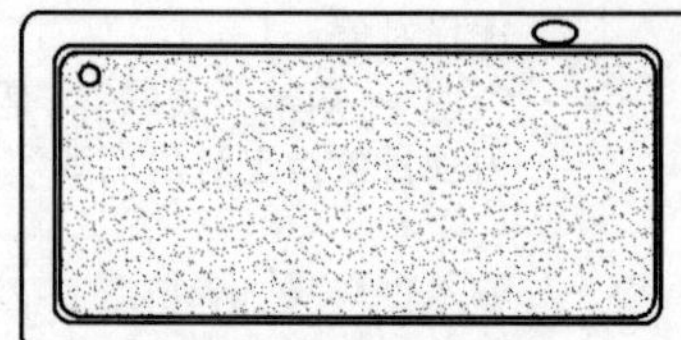

图 11-133 按摩床平面图

1）执行 RECTANGLE 命令，绘制 2010×840 的矩形，如图 11-134 所示。

2）执行 RECTANGLE 命令，利用偏移捕捉绘制矩形，如图 11-135 所示。

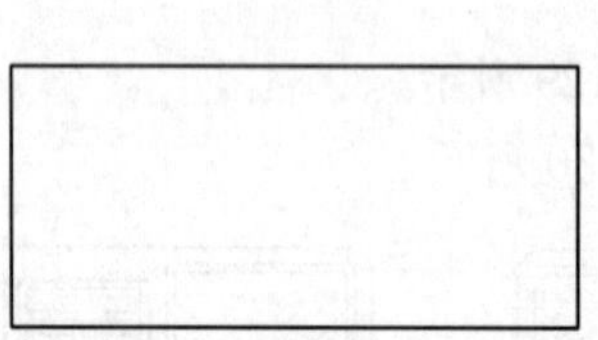

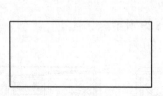

图 11-134 绘制矩形

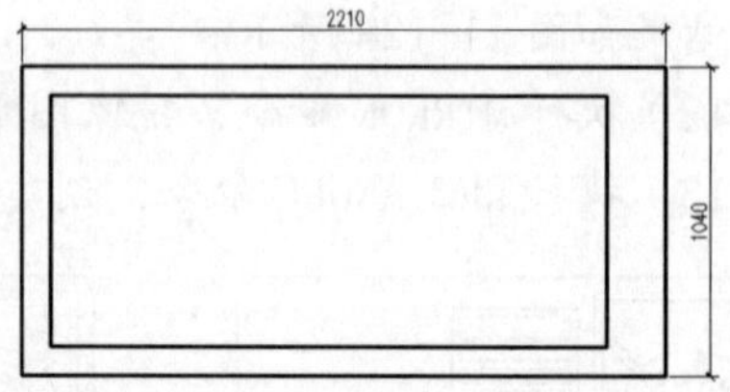

图 11-135 利用偏移捕捉绘制矩形

3）执行 OFFSET 命令，将内部矩形向内偏移，偏移距离为 20，如图 11-136 所示。

4）执行 FILLET 命令，对所有矩形倒圆角，圆角半径为 60，如图 11-137 所示。

图 11-136 将内部矩形向内偏移

图 11-137 倒圆角

5）绘制排气孔。

（1）执行 CIRCLE 命令，在内部矩形左上角绘制圆，半径为 30，如图 11-138 所示。

（2）执行 ELLIPSE 命令，绘制椭圆，位置及大小自己把握，如图 11-139 所示。

图 11-138 绘制圆

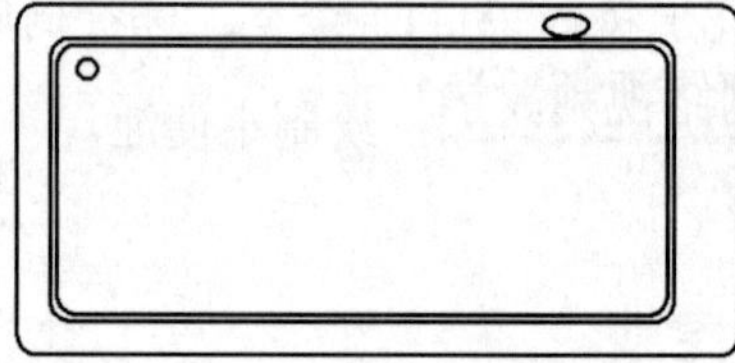

图 11-139 绘制椭圆

（3）执行 HATCH 命令，AutoCAD 提示如下。

```
命令: _hatch
拾取内部点或 [选择对象(S)/设置(T)]: t
  //选择“[设置(T)]”选项，打开并设置【图案填充和渐变色】对话框，如图 11-140 所示
拾取内部点或 [选择对象(S)/设置(T)]: //单击【边界】面板“添加: 拾取点”处按钮
拾取内部点或 [选择对象(S)/设置(T)]: 正在选择所有对象...
  //在内部矩形除小圆处单击一点
正在选择所有可见对象...
正在分析所选数据...
正在分析内部孤岛...
拾取内部点或 [选择对象(S)/设置(T)]:  //按 ENTER 键
```

结果如图 11-133 所示。

图 11-140 设置【图案填充和渐变色】对话框

【案例 11-10】 绘制按摩床侧立面图，如图 11-141 所示。

1）绘制台面和支座。

（1）执行 RECTANGLE 命令，绘制 3 个矩形，尺寸依次为 2210×480、2110×150 和 2110×20，如图 11-142 所示。

（2）执行 MOVE 命令，移动矩形，结果如图 11-143 所示。

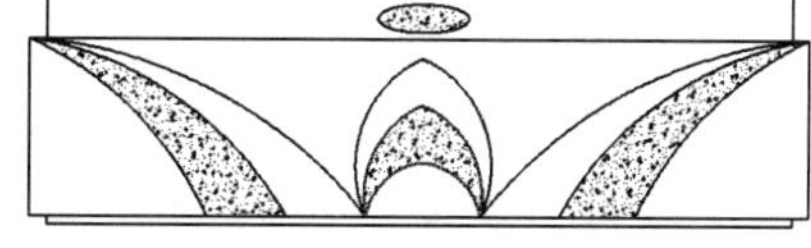

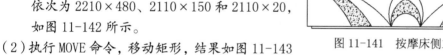

图 11-141 按摩床侧立面图

图 11-142 绘制 3 个矩形

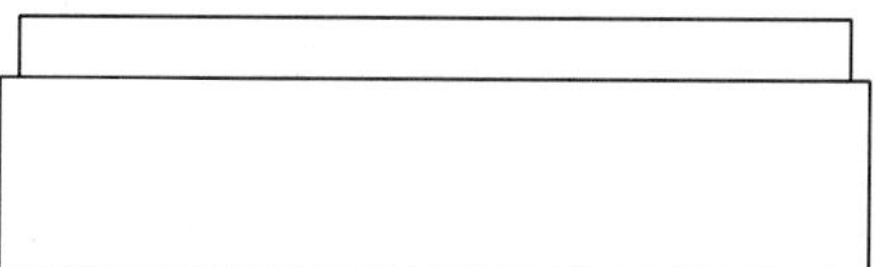

图 11-143 移动矩形

2）绘制装饰图案。

（1）执行 LINE 命令，绘制辅助线，如图 11-144 所示。

（2）执行 ELLIPSE 命令，创建椭圆，如图 11-145 所示。

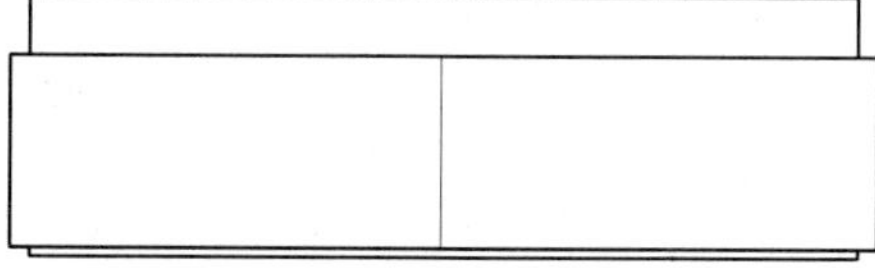

图 11-144 绘制辅助线

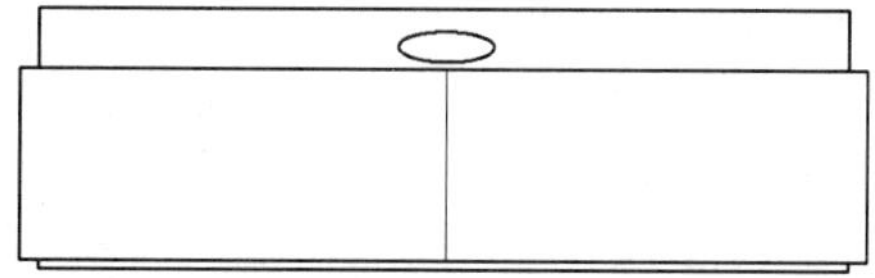

图 11-145 创建椭圆

（3）执行 ARC 命令，绘制弧线，如图 11-146 所示。

（4）执行 MIRROR 命令，镜像弧线，如图 11-147 所示。

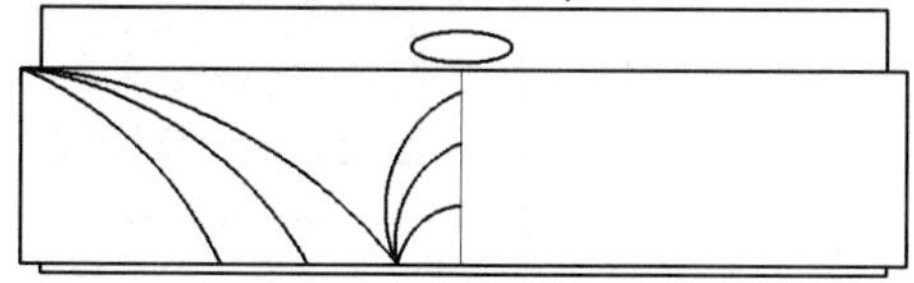

图 11-146 绘制弧线

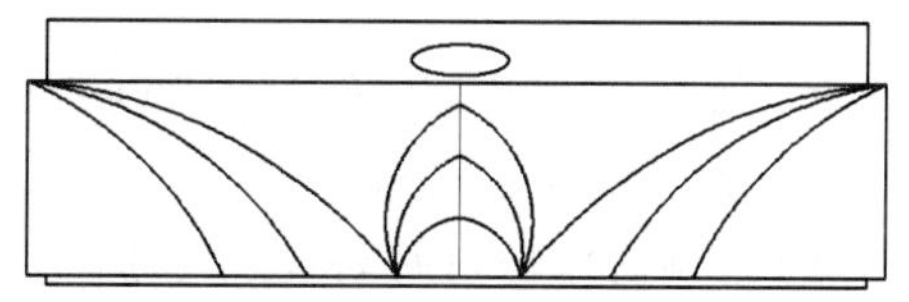

图 11-147 镜像弧线

（5）执行 HATCH 命令，进行图案填充，填充图案为 AR-CONC，填充比例为 0.5，最终结果如图 11-141 所示。

11.4.2 绘制健身器

下面通过实例讲述健身器的绘制方法。

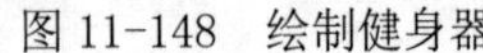

图 11-148 绘制健身器

【案例 11-11】 绘制健身器，如图 11-148 所示。

1）执行 RECTANGLE 命令，绘制 1070×160 的矩形，如图 11-149 所示。

2）执行 RECTANGLE 命令，绘制两个 30×480 的矩形，并将它们移动到适当位置，如图 11-150 所示。

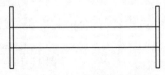

图 11-149 绘制矩形　　图 11-150 绘制两个矩形

3）执行 RECTANGLE 命令，绘制 4 个 40×480 的矩形，并将它们移动到适当位置，如图 11-151 所示。

4）执行 RECTANGLE 命令，依次绘制 250×30、200×30、150×20 的 3 个矩形，并将它们移动到适当位置，如图 11-152 所示。

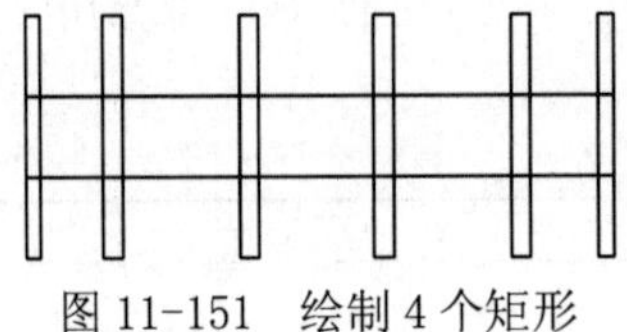

图 11-151 绘制 4 个矩形

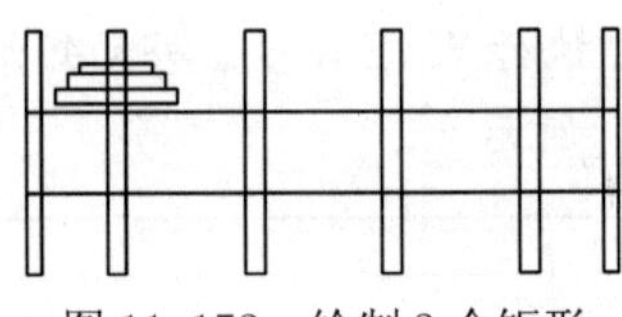

图 11-152 绘制 3 个矩形

5）执行 COPY 命令，复制图形，如图 11-153 所示。

6）执行 MIRROR 命令，镜像图形，最终结果如图 11-148 所示。

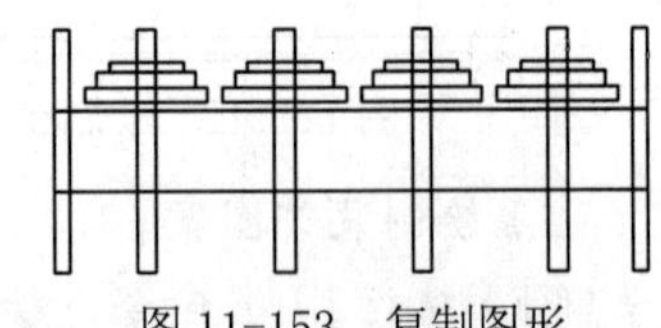

图 11-153 复制图形

11.4.3 绘制室内网球

网球场分为室内网球场和室外网球场两种。一片标准的网球场地，占地面积应不小于 670 平方米（长 36.58 米、宽 18.30 米），其中双打场地标准尺寸为长 23.77 米、宽 10.98 米。如果是两片或两片以上相邻而建的并行网球场地，两片场地之间距离应不小于 5 米。下面通过实例讲述室内网球的绘制方法。

【案例 11-12】 绘制室内网球，如图 11-154 所示。

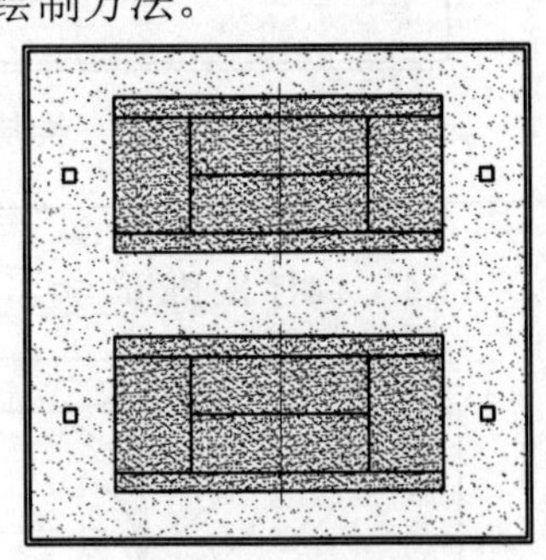

图 11-154 室内网球

1）执行 RECTANGLE 命令，绘制 36 580×35 280 的矩形，如图 11-155 所示。

2）执行 OFFSET 命令，将矩形向内偏移 360，如图 11-156 所示。

3）执行 RECTANGLE 命令，绘制两个 23 770×10 980 的矩形，如图 11-157 所示。

4）绘制网球场内的划线及网球网。执行 LINE 命令，在绘制的矩形中绘制线段，如图 11-158 所示。

图 11-155 绘制矩形

图 11-156 将矩形向内偏移

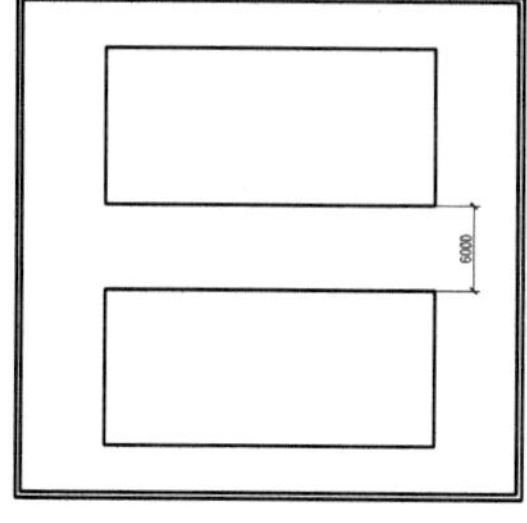

图 11-157 绘制两个矩形

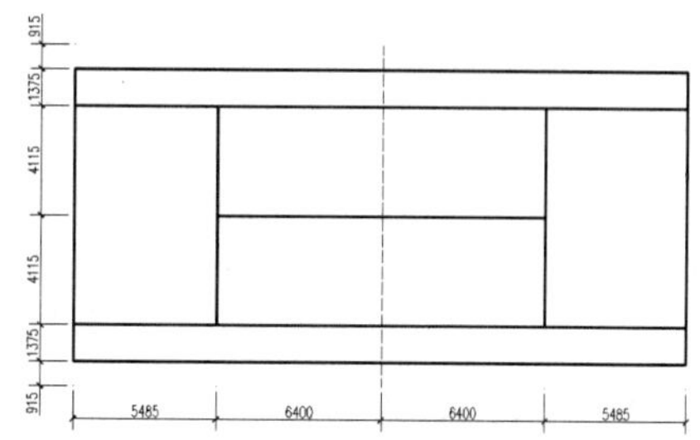

图 11-158 绘制网球场内的划线及网球网

5）执行 RECTANGLE 命令，在网球场左侧中线位置，绘制 900×900 的矩形，如图 11-159 所示。

6）执行 STRETCH 命令，修改刚绘制的矩形；执行 OFFSET、TRIM 等命令，绘制线段并修剪，如图 11-160 所示。

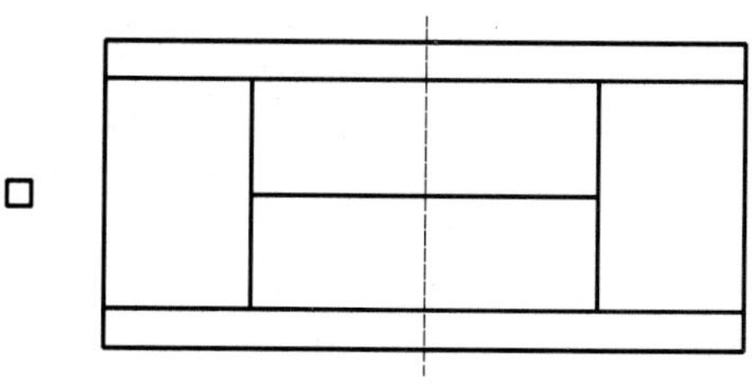
图 11-159 绘制矩形

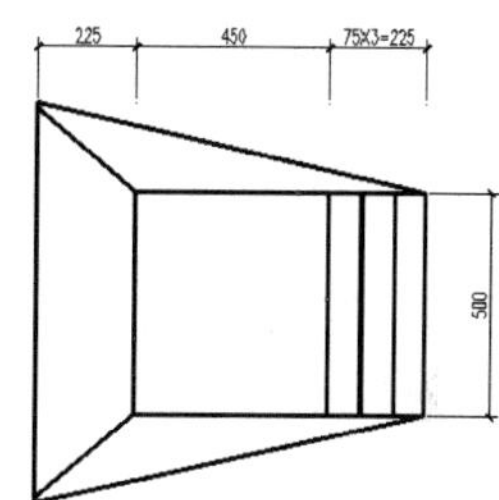

图 11-160 修改矩形

7）执行 COPY 命令，复制裁判椅和球场，结果如图 11-161 所示。

8）执行 HATCH 命令，选择“设置（T）”选项，按如图 11-162 所示设置填充图案。

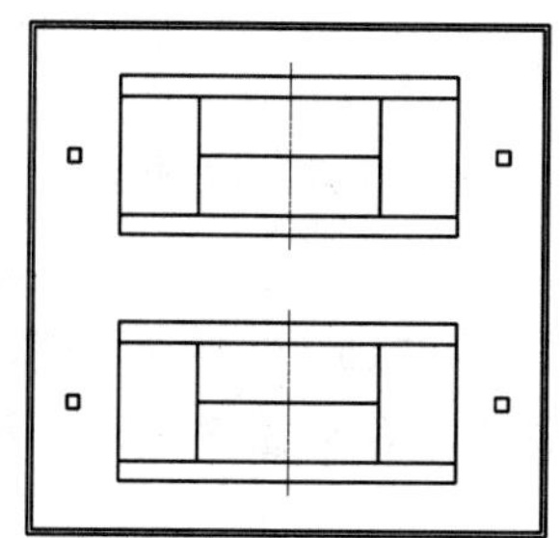
图 11-161 复制裁判椅和球场

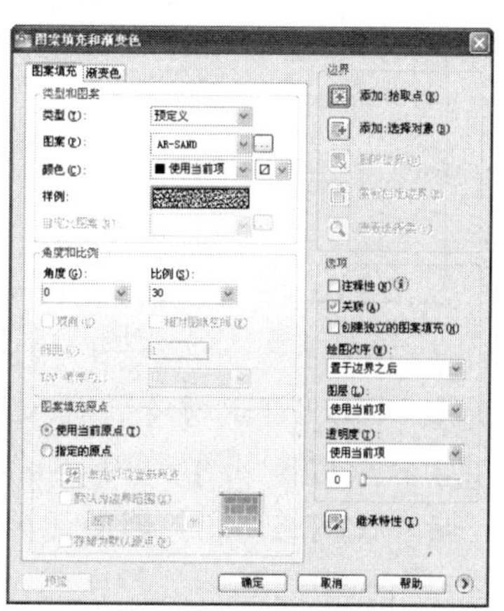

图 11-162 设置填充图案

9）对图形进行图案填充，结果如图 11-163 所示。

10）将填充图案的比例设为 10，填充网球场地，最终结果如图 11-154 所示。

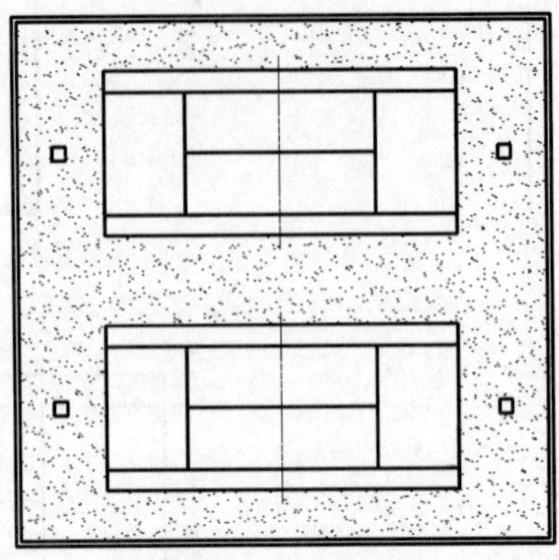

图 11-163　填充图案

11.4.4　绘制桑拿房

桑拿是英文 SAUNA 的译音，因其源自芬兰也称“芬兰浴”，桑拿作为芬兰传统生活的一部分已超过 2000 年的历史。一般地说，桑拿是在一个特别设计的木屋中，在专门设计的炉子中加热火山石产生高温。屋内的温度及湿度可根据使用者的感受及需要自行调节。

桑拿房包括干蒸房和湿蒸房，但是人们平时说的桑拿房是干蒸房，蒸汽房是湿蒸房。下面通过实例讲述桑拿房各部分的绘制方法。

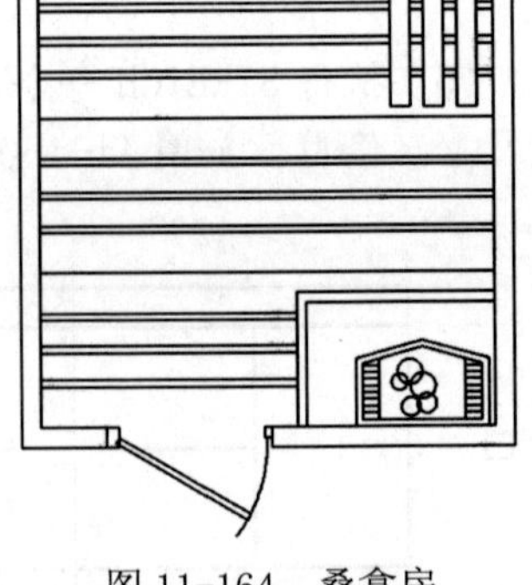

图 11-164　桑拿房

【案例 11-13】　绘制桑拿房，如图 11-164 所示。

1）执行 RECTANGLE 命令，绘制尺寸为 1500×1500 的矩形，如图 11-165 所示。

2）执行 OFFSET 命令，将矩形向内偏移 60，如图 11-166 所示。

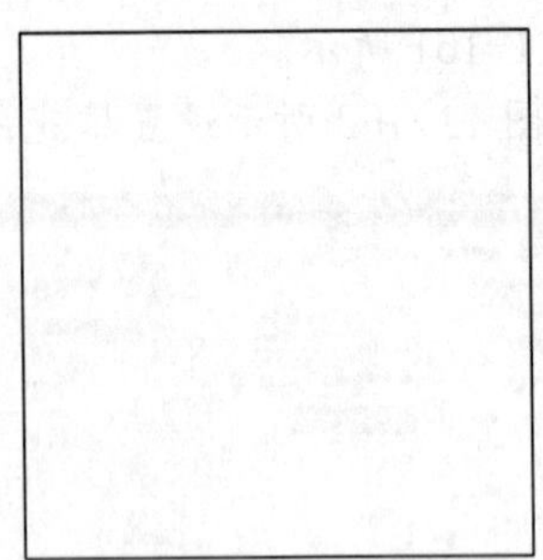

图 11-165　绘制矩形

图 11-166　偏移矩形

3）执行 ADCENTER 命令，插入【AutoCAD 2012 - Simplified Chinese】/【Sample】/【DesignCenter】/【House Designer.dwg】中“门-左门轴 36 英寸”图块，设置插入比例为 0.5，调整插入位置；执行 LINE、TRIM 等命令整理图形，结果如图 11-167 所示。

4）绘制区域分割线。执行 LINE 命令，绘制线段，如图 11-168 所示。

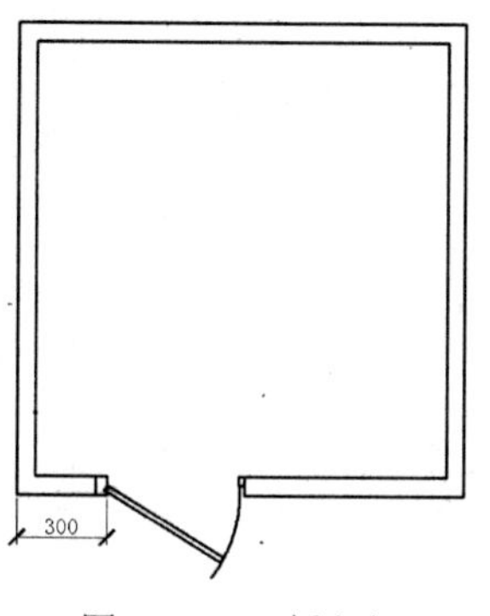

图 11-167　插入门

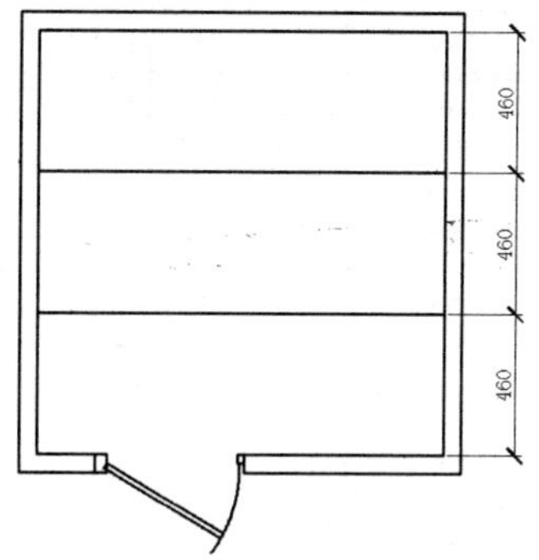

图 11-168　绘制区域分割线

5）绘制小座椅。执行 RECTANGLE 命令，绘制 3 个 60×400 的矩形，如图 11-169 所示。

6）执行 LINE、TRIM 命令，绘制地板分割线，如图 11-170 所示。

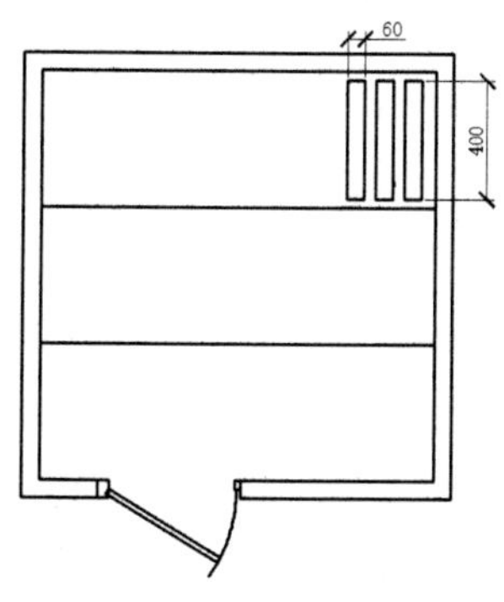

图 11-169　绘制小座椅

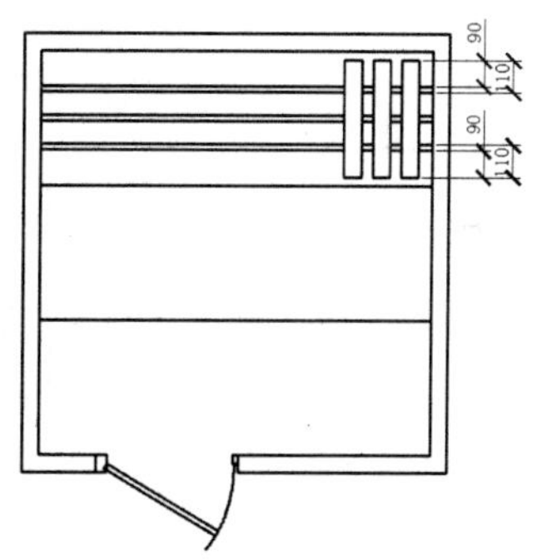

图 11-170　绘制地板分割线

7）同样方式，绘制其他区域的地板线，如图 11-171 所示。

8）绘制炭炉外轮廓线。执行 RECTANGLE 命令，绘制 600×400 的矩形；执行 TRIM 命令，修剪图形内部线段，如图 11-172 所示。

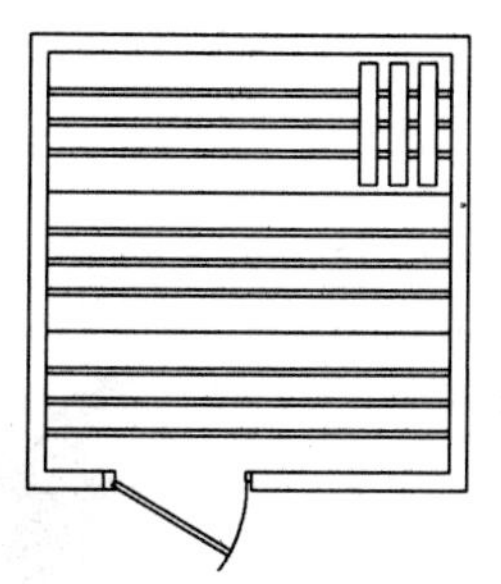
图 11-171　绘制其他区域的地板线

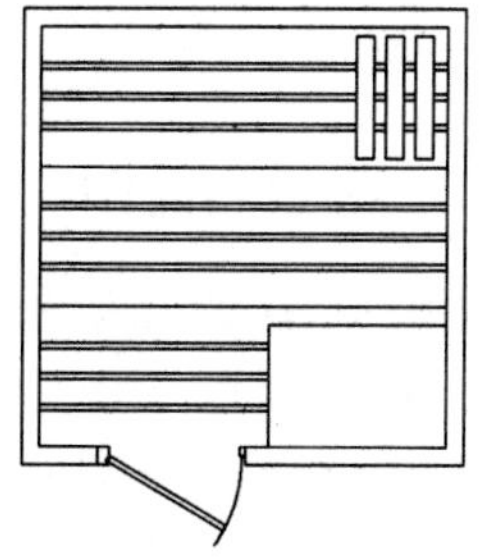
图 11-172　绘制炭炉外轮廓线

9）执行 LINE 命令，绘制线段，如图 11-173 所示。

10）执行 LINE、TRIM、CIRCLE 等命令，绘制炭炉，如图 11-174 所示。其中的圆形的尺寸是随意的。

11）执行 MOVE 命令，移动炭炉到适当位置，完成桑拿房图形的绘制。最终结果如图 11-164 所示。

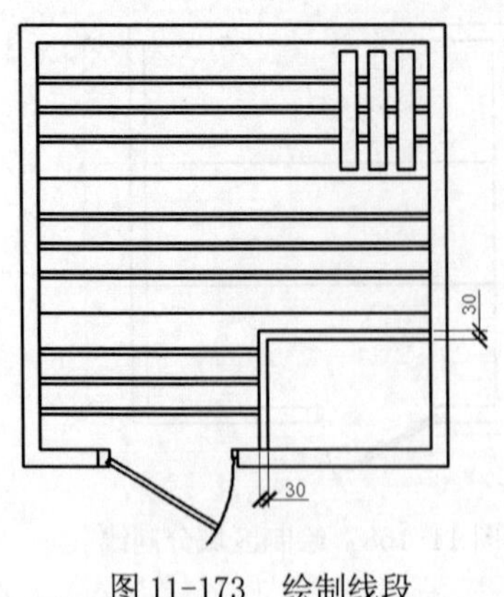

图 11-173　绘制线段

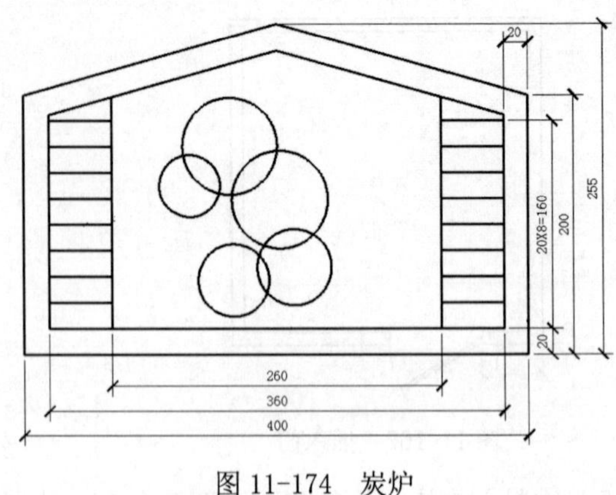

图 11-174　炭炉

网络视频教学：绘制学校体育场地。

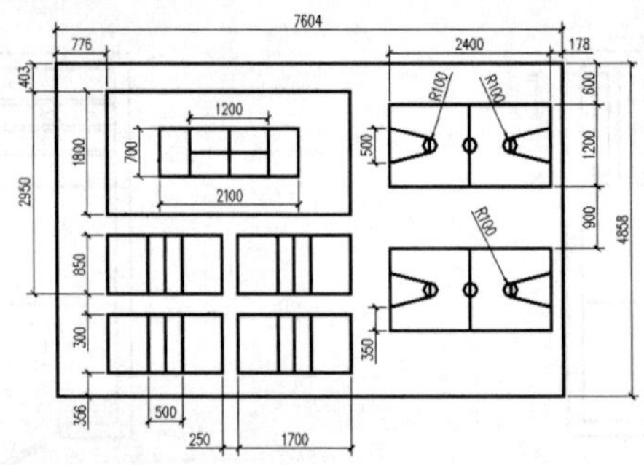

11.5 装饰花草单元绘制

现代建筑讲究以人为本，在建造居住环境的同时，除了考虑空间的利用及使用功能外，更应该兼顾美观及健康。通常在室内设计时，客厅或门厅摆放一些植物能达到意想不到的效果。

在绘制植物时，要注意植物的比例以及线条的间隔。

11.5.1 盆景立面图

树（或石）、盆和几架是盆景艺术的三要素，缺一不可。这里以图 11-175 为例，讲述盆景立面图的绘制方法与技巧。

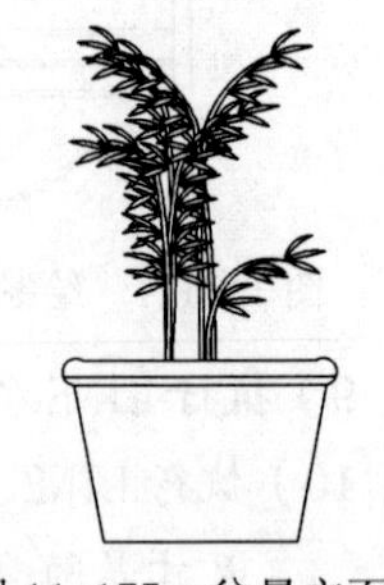

图 11-175　盆景立面图

【案例 11-14】　绘制盆景立面图，如图 11-175 所示。

1）执行 PLINE、OFFSET 命令，绘制花盆底部、上下端部的水平轮廓线，如图 11-176 所示。

2）执行 LINE、ARC（三点）、MIRROR 命令，绘制花盆侧面轮廓线，如图 11-177 所示。

3）执行 ARC、LINE、OFFSET 命令绘制其中一根花草的茎部，如图 11-178 所示。

4）执行 LINE、OFFSET、ARC 命令，绘制枝干线条，如图 11-179 所示。

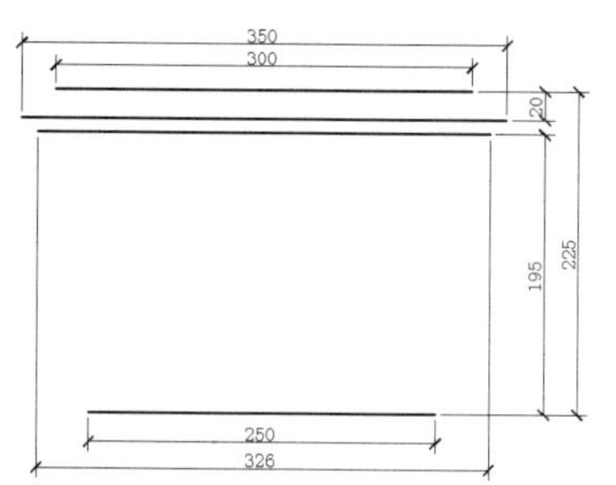

图 11-176　制花盆底部、上下端部的水平轮廓线

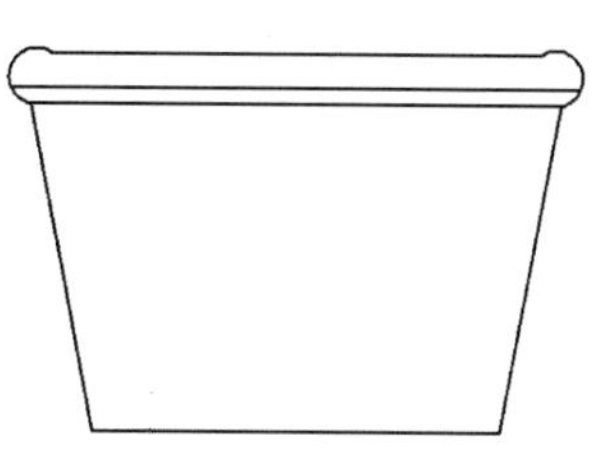

图 11-177　花盆侧面轮廓线

图 11-178　绘制其中一根花草的茎部

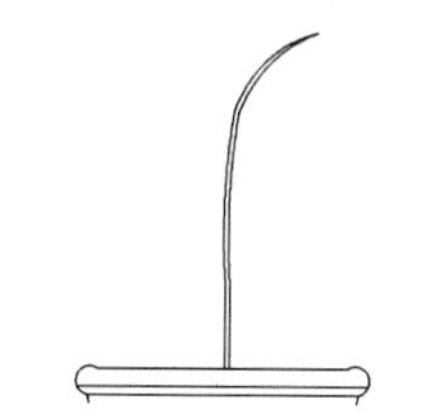

图 11-179　绘制枝干线条

5）用同样方式绘制其他枝干，如图 11-180 所示。

6）执行 TRIM 命令修剪图形，如图 11-181 所示。

7）执行 ARC、MIRROR 命令在枝干上绘制叶片，如图 11-182 所示。

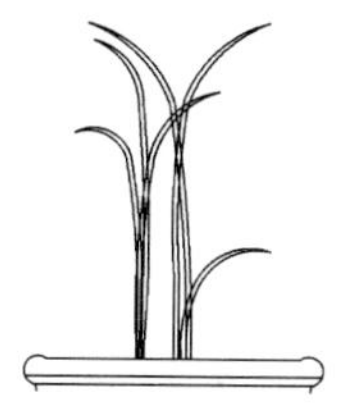

图 11-180　绘制其他枝干

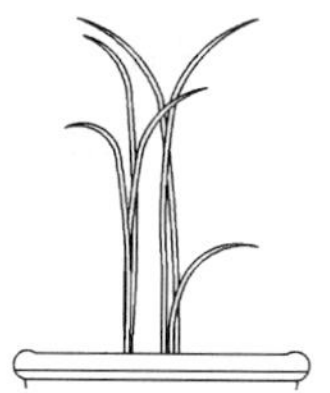

图 11-181　修剪图形

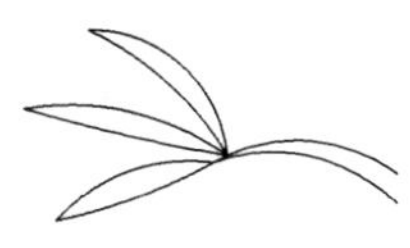

图 11-182　绘制一个枝干上的叶片

8）执行 ARC、COPY 命令，绘制一个枝干上的多组叶片，如图 11-183 所示。

9）执行 TRIM 命令修剪图形，如图 11-184 所示。

10）用同样方式绘制其他枝干上的叶片，如图 11-185 所示。

图 11-183　利用 COPY 命令绘制叶片

图 11-184　修剪图形

图 11-185　绘制其他枝干上的叶片

11）最终结果如图 11-175 所示。

11.5.2　盆景平面图

这里以图 11-186 为例，讲述盆景平面图的绘制方法与技巧。

【案例 11-15】　绘制盆景平面图，如图 11-186 所示。

1）执行 LINE、ARC、CIRCLE 命令，绘制盆景平面图造型，如图 11-187 所示。

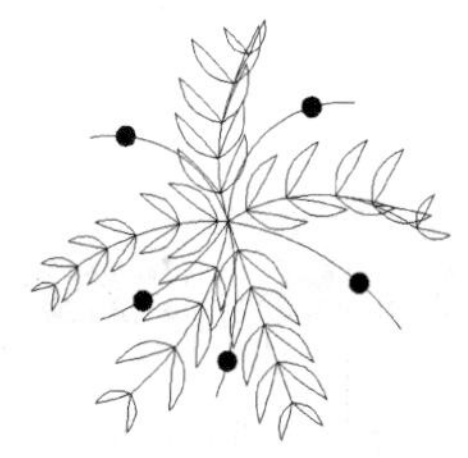

图 11-186　盆景平面图

2）执行 PLINE 命令绘制叶片，如图 11-188 所示。

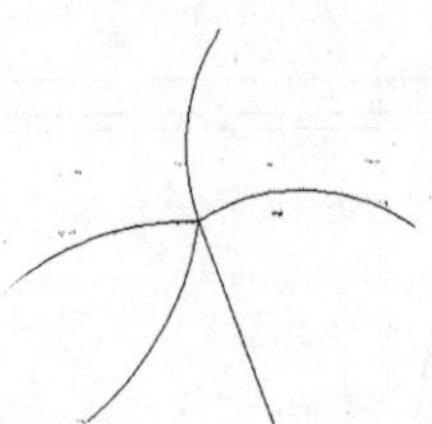

图 11-187　绘制盆景平面图造型

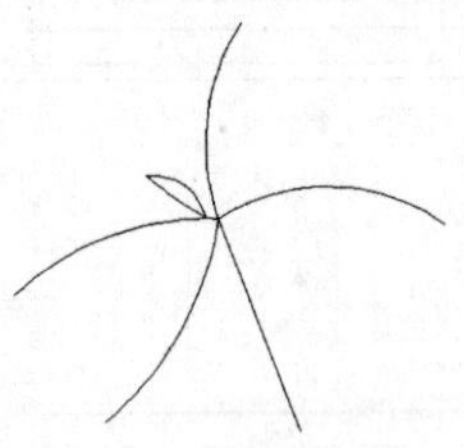

图 11-188　绘制叶片

3）执行 SCALE、ROTATE、ARC、MIRROR 命令绘制一条线段上的叶片，如图 11-189 所示。

4）用同样方式绘制其他叶片，如图 11-190 所示。

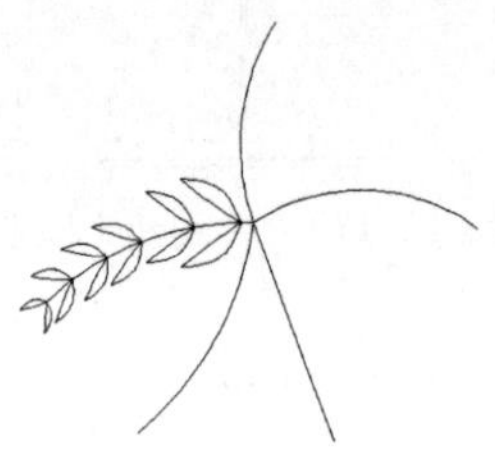

图 11-189　绘制一条线段上的叶片

图 11-190　绘制其他叶片

5）执行 ARC 命令绘制放射状的弧线造型，如图 11-191 所示。

6）执行 DONUT 命令，绘制实体图案，如图 11-192 所示。

图 11-191　绘制放射状的弧线造型

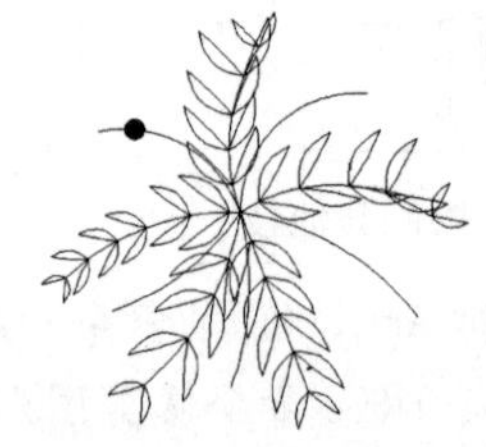

图 11-192　绘制实体图案

7）用同样方式绘制其他实体图案，最终结果如图 11-186 所示。

网络视频教学：绘制装饰花草。

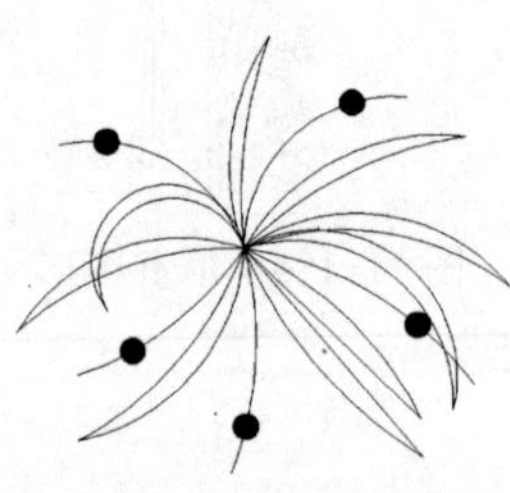

11.6 习题

1. 绘制如图 11-193 所示的讯响器。

2．利用 RECTANG 等命令绘制如图 11-194 所示的办公桌立面图。

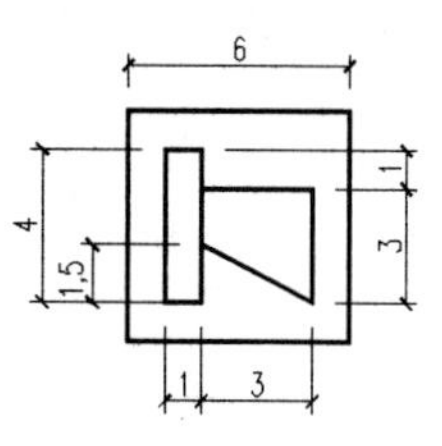

图 11-193　讯响器

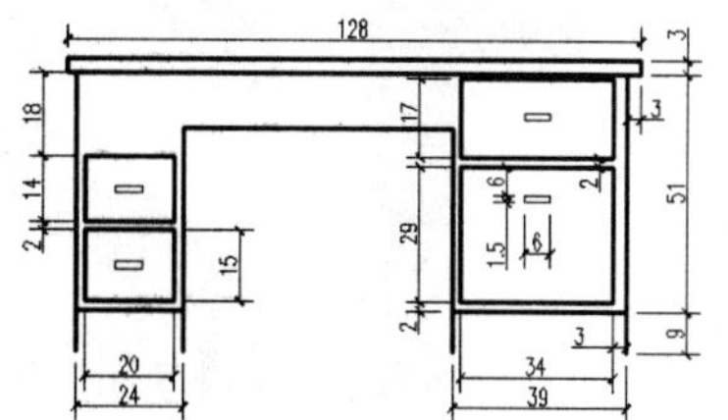

图 11-194　办公桌立面图

3．绘制如图 11-195 所示的旋塞开关。

4．绘制如图 11-196 所示的卫生间平面图。

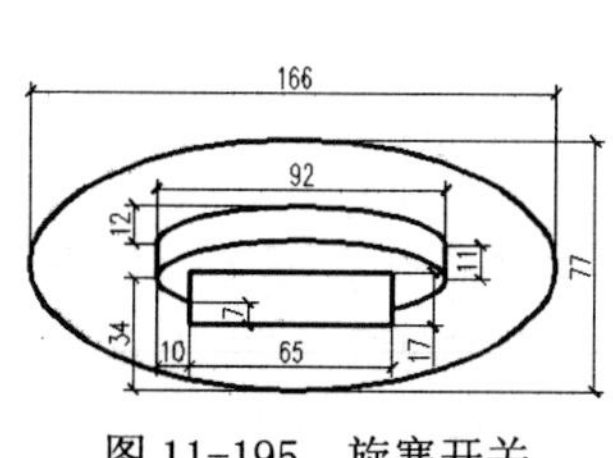
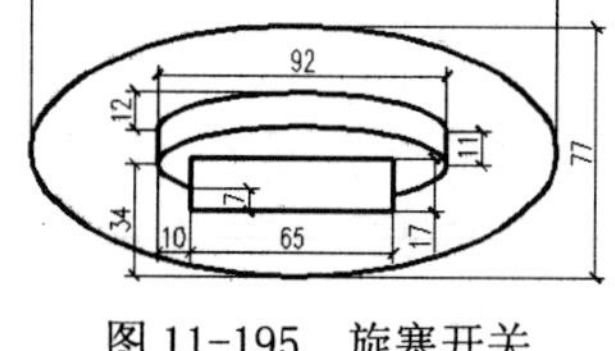

图 11-195　旋塞开关

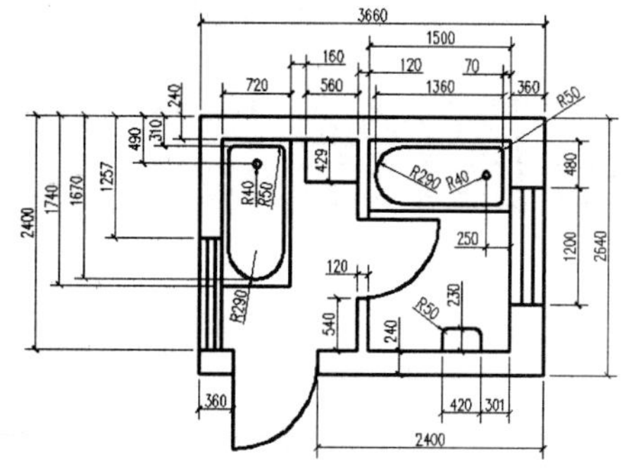

图 11-196　卫生间平面图

第12章

住宅室内设计平面图绘制

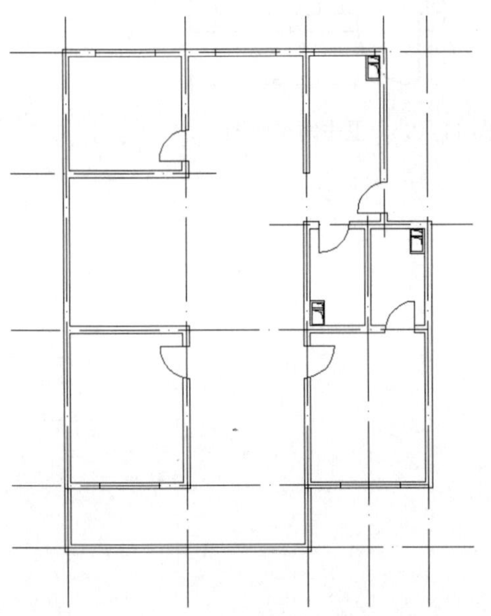

通过本章的学习，读者可以掌握绘制各种住宅室内设计平面图的绘制方法、绘制技巧和步骤。

【学习目标】

☑ 住宅室内设计平面图的设计思路。

☑ 住宅室内建筑平面图的绘制过程。

☑ 住宅室内设计平面图的绘制过程。

☑ 住宅室内建筑平面图和住宅室内设计平面图的绘制技巧。

12.1 设计思路

本节主要讲述住宅室内设计平面图及其绘制。包括套二、套三两户型的建筑平面轴线的绘制、墙体的绘制、文字尺寸标注；客厅的家具布置方法、卧室的家具布置方法、书房的家具布置方法、厨房厨具与卫生间洁具布置方法等。

12.1.1 设计思路

住宅室内设计平面图总的设计思路是先整体、后局部，先绘制住宅室内建筑平面图，在此基础上进行住宅室内设计平面图的绘制。

绘制住宅室内建筑平面图，如图 12-1 所示。一般而言，大部分房间是正方形、矩形形状。一般先建立房间的开间和进深轴线，然后根据轴线绘制房间墙体，再依次绘制门窗、非承重墙（隔墙），最后完成住宅室内建筑平面图。

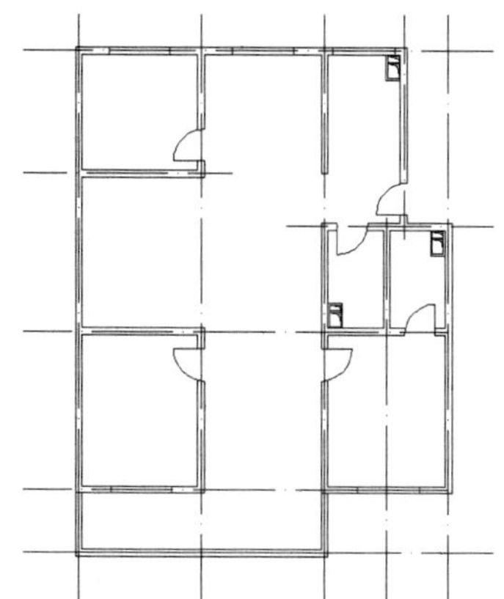

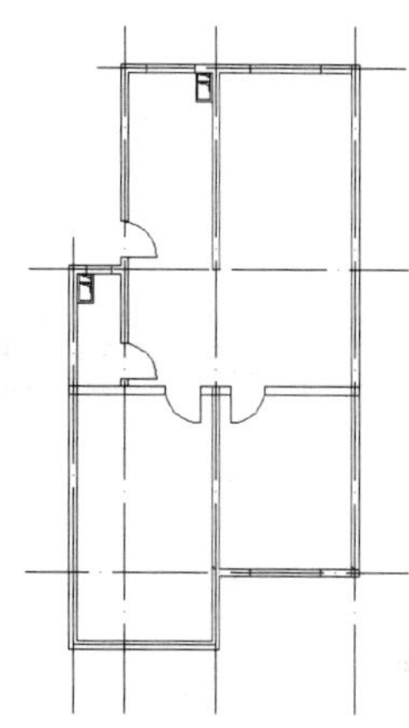

图 12-1 两种套型的住宅楼平面图

绘制住宅室内设计平面图，如图 12-2 所示。可以看出，这里关键是如何布置家具。一般而言，先从门厅开始。门厅是一个过渡性空间，一般布置鞋柜等简单家具，若空间稍大，则可以设置玄关进行美化。客厅与餐厅是一个平面空间，客厅一般布置沙发与电视，餐厅则布置一些与吃饭有关的餐桌、餐椅等。卧室先布置床和衣柜，再根据房间大小布置梳妆台或写字台。卫生间中坐便器和洗脸盆是按住宅已有的排水管道的位置进行布置的。如果有书房，则相应安排书桌、办公椅、书橱或书架。

12.1.2 室内设计平面图绘图过程

一般来说，室内设计平面图绘图过程包括住宅室内建筑平面图的绘制和住宅室内设计平面图的绘制两部分。具体绘制过程如下：

（1）设置绘图环境。

（2）绘制定位轴线和柱网。

（3）绘制各种建筑构配件（如墙体线、门窗洞、非承重墙等）。

（4）布置各种家具。

（5）绘制尺寸界线、标高数字、索引符号及相关说明文字等。

（6）尺寸标注和文字标注。

（7）添加图框和标题，并打印输出。

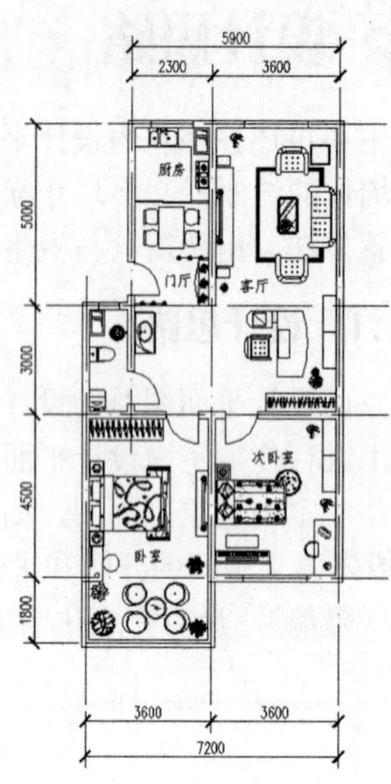

图 12-2　住宅楼平面图的两种套型

12.2　绘制室内设计平面图

本节通过实例具体讲述室内设计平面图的绘图过程。

12.2.1　绘制套二、套三户型建筑平面图

居室在进行装修前，是建筑商交付的没有装饰的房子，也就是通常说的毛坯房，需要进行二次装修。住宅居室应按套型设计，每套住宅应设卧室、客厅（起居室）、厨房、卫生间、餐厅、门厅、阳台等基本空间。当然，有的空间，如餐厅与客厅、卧室与客厅、书房与卧室等都可以合二为一。

【案例 12-1】　绘制如图 12-1 所示的套二、套三户型建筑平面图。

1）设置住宅楼平面图的绘制环境。

（1）单击快速访问工具栏上的按钮，打开【选择文件】对话框。

（2）在【文件类型】下拉列表中选择“图形样板(*.dwt)”，在【名称】列表框中找到附盘文件“dwg\第 12 章\建筑平面图 A1.dwt”，如图 12-3 所示。

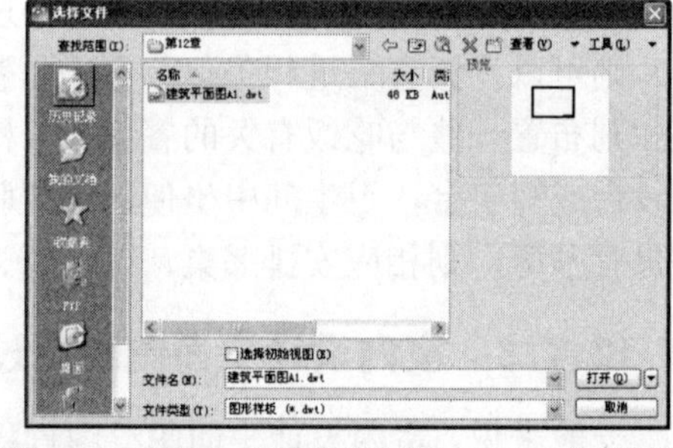

图 12-3　调入“建筑平面图 A1.dwt”样板图

（3）单击 打开(O) 按钮，完成“建筑平面图 A1.dwt”样板图的调入。

要点提示

读者可以尝试应用前面第 2.3 节以及第 8 章学过的图层设置、标注文字样式、标注尺寸样式的设置方法完成室内设计平面图的绘制环境的设置。

（4）设置图层并调整图层线型，如图 12-4 所示。

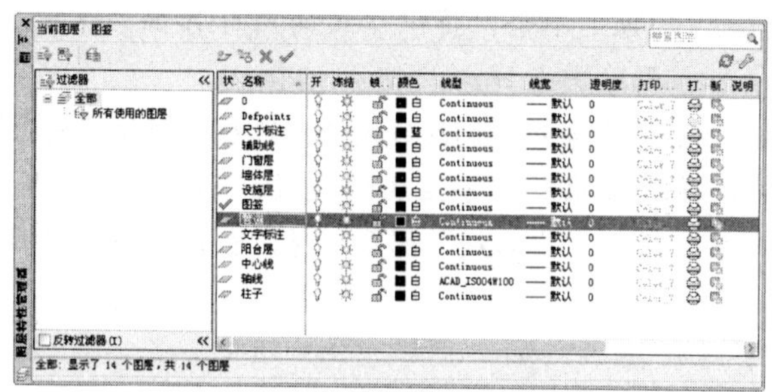

图 12-4　设置图层

2）绘制住宅楼平面图中各住宅套型的轴线。

（1）设置图层。将“轴线”图层置为当前图层。

（2）绘制第一条水平和竖直轴线。执行 LINE 命令，绘制水平和竖直轴线，其长度分别为 140 和 170。

（3）调整视图。缩放图形，使轴线全部显示在绘图窗口中，结果如图 12-5 所示。

（4）绘制其余水平和竖直轴线。执行 OFFSET 命令绘制水平和竖直轴线，水平偏移量自左向右依次为 36、36、18、5 和 13，垂直偏移量自下而上依次为 18、45、30、15 和 35，结果如图 12-6 所示。

（5）绘制住宅套三的轴线图，其水平和竖直轴线长度依次为 100 和 170，水平偏移量自左向右依次为 13、23 和 36，竖直偏移量同上，结果如图 12-7 所示。

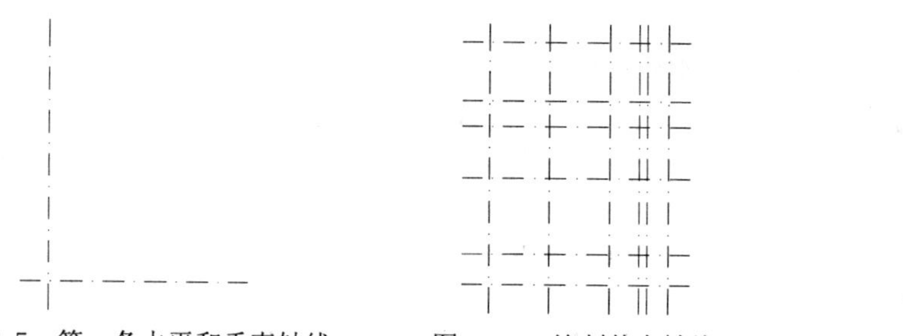

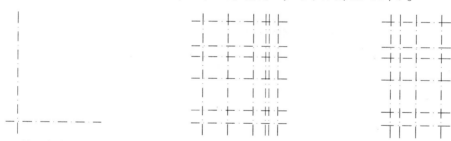

图 12-5　第一条水平和垂直轴线　　图 12-6　绘制其余轴线　　图 12-7　住宅套三的轴线图

3）绘制中心线。

（1）设置图层。将“中心线”图层置为当前图层。

（2）绘制墙体的中心线。执行 PLINE 命令，利用对象捕捉功能绘制墙体的中心线。

（3）关闭轴线图层，结果如图 12-8 所示。

（4）打开“轴线”图层，绘制住宅隔间的中心线。执行 LINE 命令，绘制住宅隔间的中心线，再关闭“轴线”图层，结果如图 12-9 所示。

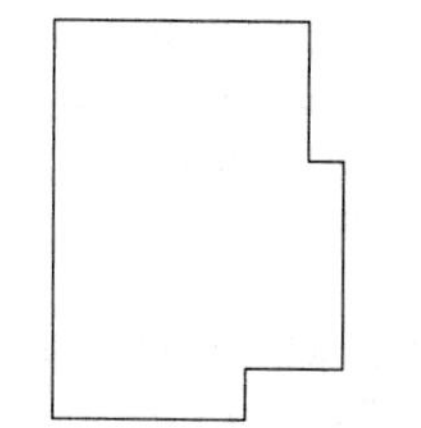

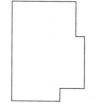

图 12-8　绘制墙体的中心线

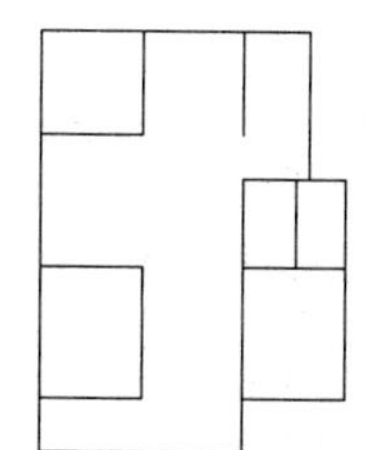

图 12-9　绘制住宅隔间的中心线

4）绘制墙体。

（1）绘制墙体。执行 OFFSET 命令，将中心线向内外各偏移 1。

（2）执行 ERASE 命令，删除中心线。

（3）执行 ERASE、EXTEND 等命令对绘制的线段进行修剪，形成封闭的线段，删除多余线段。

（4）更换图层。依次选择由偏移命令生成的线段，如图 12-10 所示。将“墙体层”图层置为当前图层。关闭“中心线”图层，结果如图 12-11 所示。

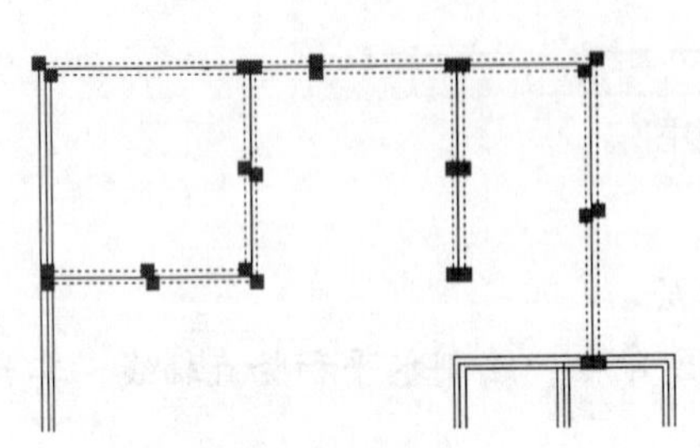

图 12-10　选择偏移生成线

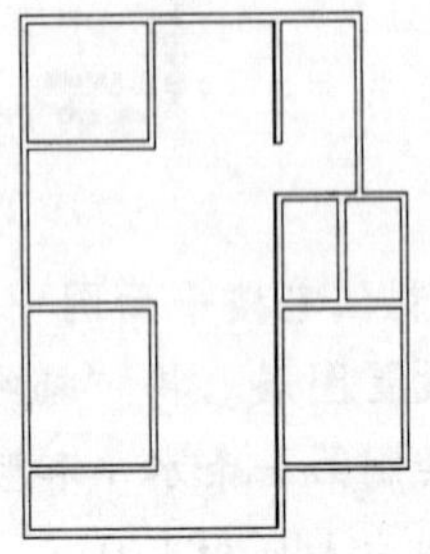

图 12-11　绘制墙体

5）插入“门（单）”图块。

（1）设置图层。将“门窗层”图层置为当前图层。

（2）执行 ADCENTER 命令打开附盘文件“dwg\第 12 章\室内设施图例.dwg”。

（3）执行 ACDCINSERTBLOCK 命令插入“门（单）”图块，如图 12-12 所示。

（4）插入完成后，执行 TRIM 命令，修剪多余线段，结果如图 12-13 所示。

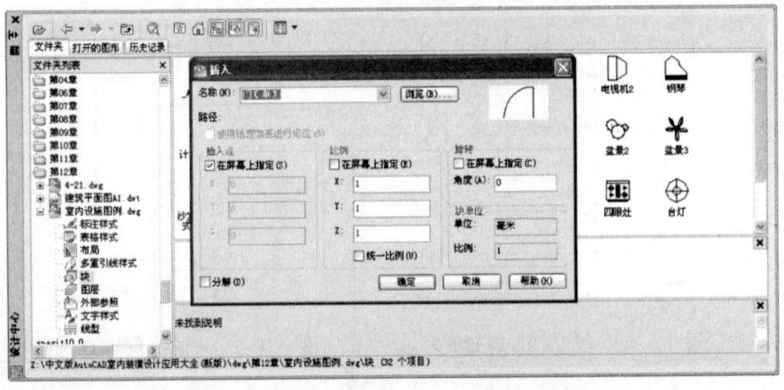

图 12-12　插入“门（单）”图块

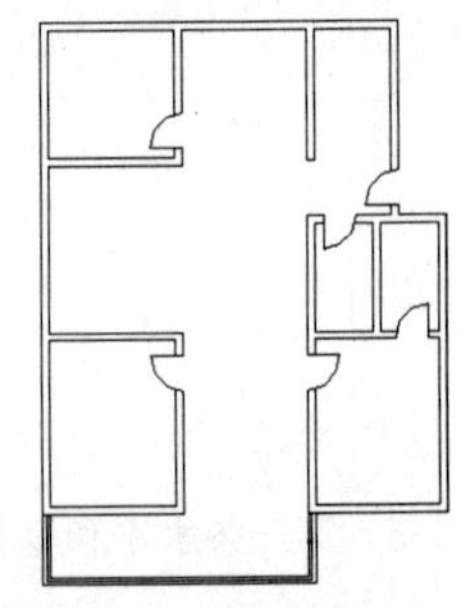

图 12-13　修剪多余线段

6）绘制窗户。

（1）执行 LINE 命令，AutoCAD 提示如下。

```
命令: _line 指定第一点:                    //单击一点
指定下一点或 [放弃(U)]: <正交 开>2        //打开正交功能，将鼠标指针下移，输入距离
指定下一点或 [放弃(U)]:                    //按 Enter 键，结束命令
命令: LINE                                 //按 Enter 键重复绘线命令
指定第一点:                                //捕捉刚才绘制线段的中点
指定下一点或 [放弃(U)]: 18                 //将鼠标指针左移，输入距离
指定下一点或 [放弃(U)]:                    //按 Enter 键，结束命令
命令: co                                   //输入复制命令简称
COPY
选择对象: 找到 1 个                        //选择刚开始绘制的竖直短线段
选择对象:                                  //按 Enter 键，结束选择
当前设置:  复制模式 = 多个
```

指定基点或 [位移(D)/模式(O)] <位移>:　　//捕捉选择线段的中点
指定第二个点或 <使用第一个点作为位移>:　　//捕捉绘制水平线段端点
指定第二个点或 [退出(E)/放弃(U)] <退出>://按Enter键，结束命令

（2）用同样方法绘制另一种窗户，其水平线段的长度为 12，结果如图 12-14 所示。

（3）打开“轴线”图层，利用轴线绘制阳台上的窗户，结果如图 12-15 所示。

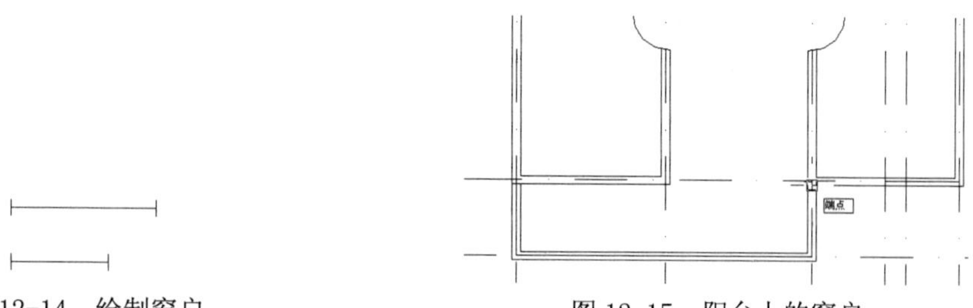

图 12-14　绘制窗户　　　　图 12-15　阳台上的窗户

（4）利用关键点编辑方式，复制窗户到图形中。选择窗户图形，以水平线段的中点为热关键点，如图 12-16 所示。最终结果如图 12-17 所示。

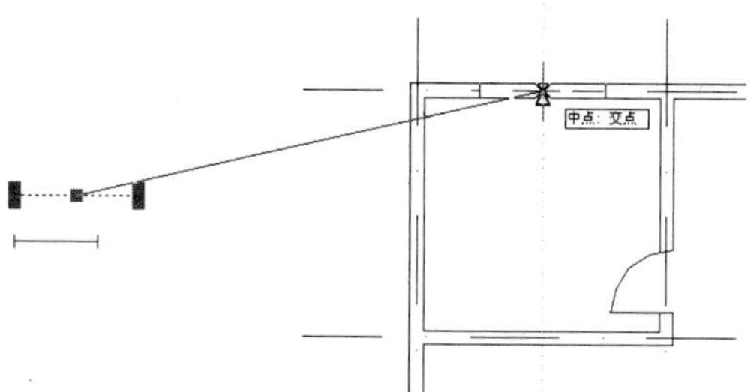

图 12-16　复制窗户

7）用同样方法绘制另一住宅套二户型，如图 12-18 所示。

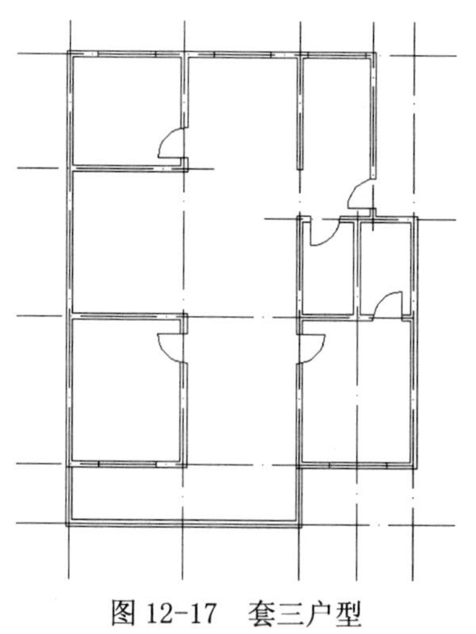

图 12-17　套三户型

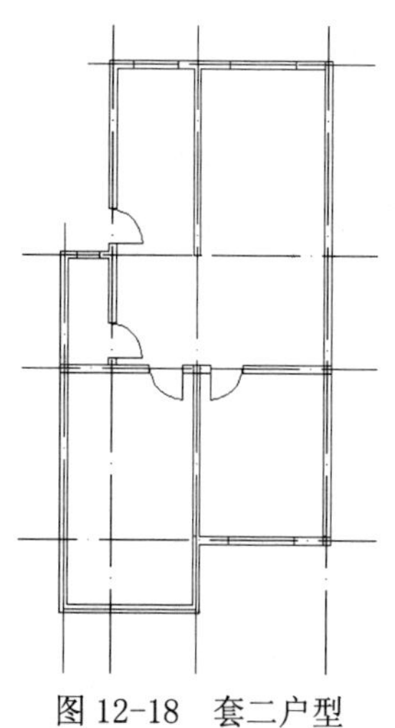

图 12-18　套二户型

要点提示

一般而言，现代居室的厨房需要绘制排烟管道，卫生间需要绘制通风管道。当然，早期建设的有些住宅楼或许没有。

8）绘制排烟管道和通风管道。

（1）设置图层。将“管道”图层置为当前图层。

（2）执行 RECTANGLE 命令，绘制厨房的排烟管道造型，如图 12-19 所示。

（3）执行 OFFSET 命令绘制厨房排烟管道外轮廓造型，如图 12-20 所示。

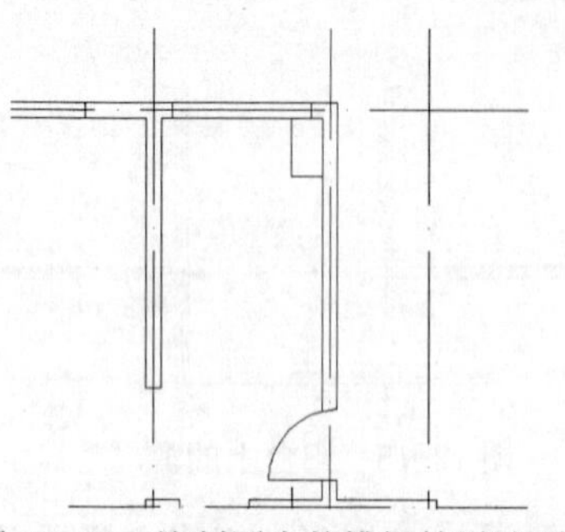

图 12-19　绘制厨房的排烟管道造型

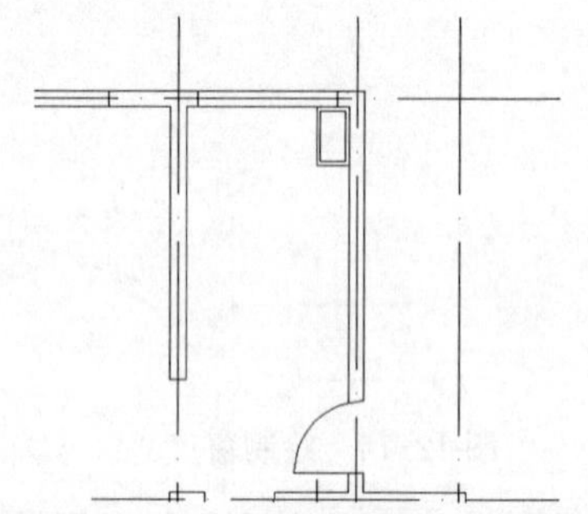

图 12-20　绘制厨房排烟管道外轮廓造型

（4）排烟管道一般分为两个空间。执行 LINE、OFFSET 命令绘制图形，如图 12-21 所示。

（5）执行 LINE 命令勾画管道折线形成管道空洞效果，如图 12-22 所示。

（6）同样方式绘制该户型两个卫生间的通风管道，最终结果如图 12-1 左图所示。

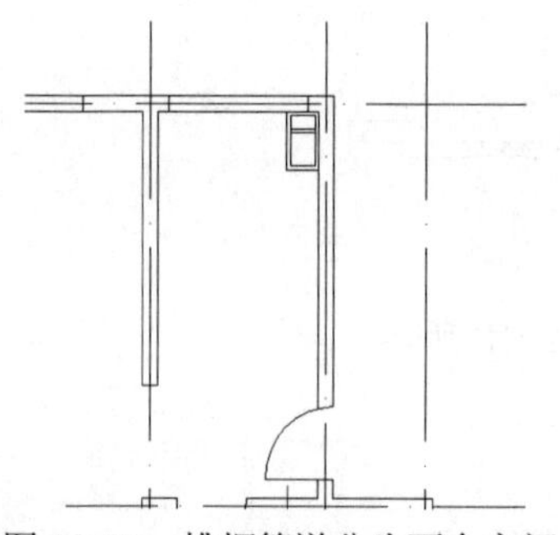

图 12-21　排烟管道分为两个空间

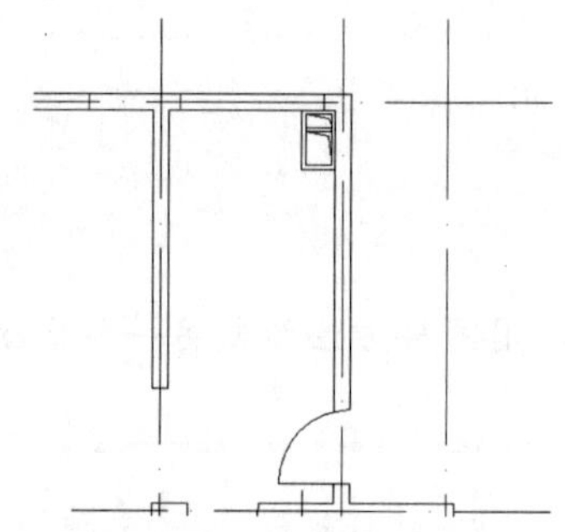

图 12-22　管道空洞效果

网络视频教学：绘制如下户型（二室二厅一厨一卫）建筑平面图。

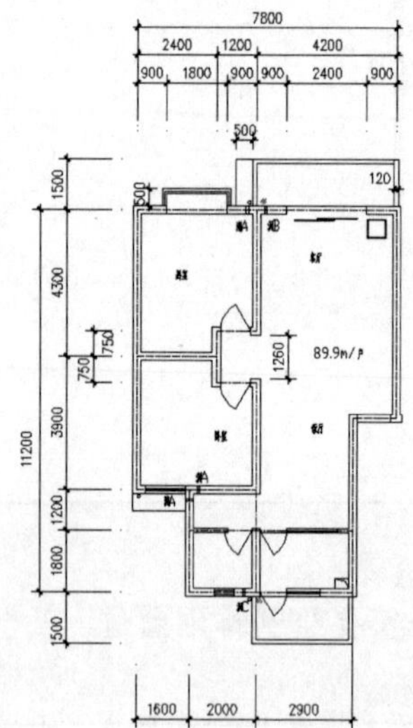

12.2.2 绘制套三户型室内设计平面图

小居室装修施工图设计，要求形式、色彩、功能统一协调，既实用又美观好看。设计时，对室内空间的利用和开发是居室设计的主要方向。为了使现有的空间能被更好地利用，可采用如下一些方法：

（1）为使杂乱的房间趋向平稳和有增大感觉，可用众多高大的植物装饰居室。

（2）室内采用靠墙的低柜和吊柜，既可以避免局促感，同时又充分利用了空间。

（3）对于小空间和低空间的居室，可以在墙面、顶部、柜门、墙角等处安装镜面装饰玻璃，利用玻璃的反射和人们的错觉，起到室内空间的长度、宽度和高度被扩展的效果，达到扩大空间感的目的。

【案例 12-2】 接上例，绘制如图 12-2 左图所示的套三户型室内设计平面图。

1）布置门厅。

> **要点提示**
>
> 从套三户型看，没有一个可以称为门厅的地方，这里有两种可以存放进门脱下的鞋与衣物的方法：一是在门后做一个小的鞋柜；二是在进门另一边靠墙处做一个大一些的鞋柜。考虑到是套三户型，居住人一般来说比较多，故而这里采取第二种方案进行设计。

（1）设置图层。将“设施层”图层置为当前图层。

（2）执行 RECTANGLE 命令，绘制矩形鞋柜轮廓，如图 12-23 所示。

（3）执行 LINE、MIRROR 命令，绘制鞋柜门扇轮廓，如图 12-24 所示。

（4）在鞋柜上装饰花草，如图 12-25 所示。

> **要点提示**
>
> 为了使房间温馨自然，需要在一些室内空间多装饰一些花花草草，特别是在现代日益紧张的工作环境中，多在家里放一些让人心旷神怡的绿色自然景物，有益于身心健康。

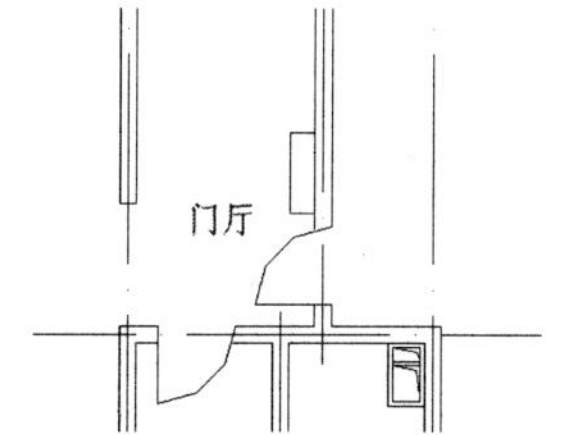

图 12-23 绘制矩形鞋柜轮廓

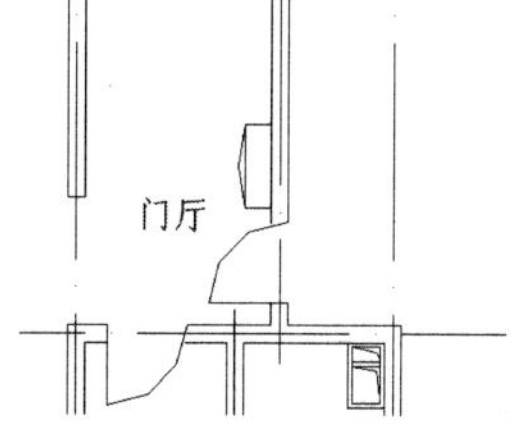

图 12-24 鞋柜门扇轮廓

图 12-25 鞋柜上装饰花草

2）布置餐厅和外客厅。

（1）外客厅的空间平面如图 12-26 所示。

> **要点提示**
>
> 本居室是一个比较大的户型，从图中看，客厅分成了三大部分，一部分用来做餐厅使用，另两部分出现了外客厅、内客厅之分，可分别用来招待不同类型的来宾。

（2）在外客厅的平面上插入沙发、茶几，如图 12-27 所示。

（3）在外客厅配置电视柜，如图 12-28 所示。

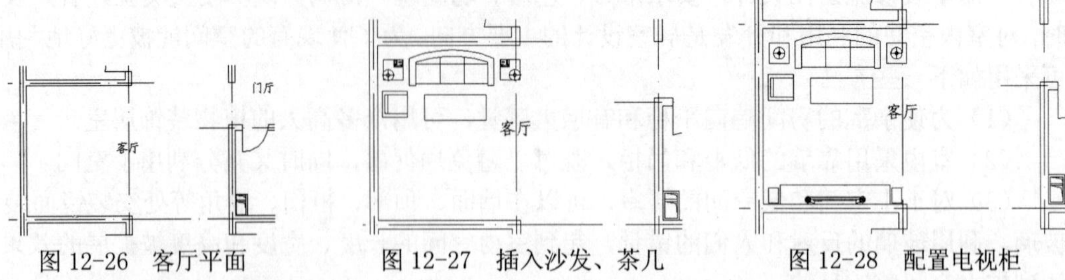

图 12-26　客厅平面　　图 12-27　插入沙发、茶几　　图 12-28　配置电视柜

（4）鉴于外客厅比较大，就在外客厅布置一个书橱，如图 12-29 所示。

（5）对外客厅进行花草美化，如图 12-30 所示。

（6）餐厅的空间平面如图 12-31 所示。

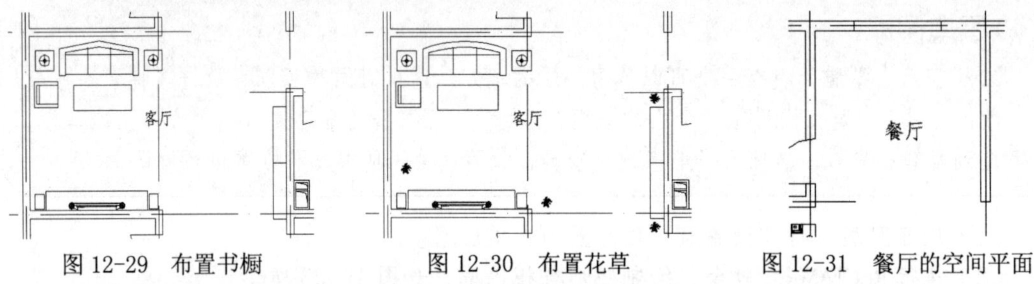

图 12-29　布置书橱　　图 12-30　布置花草　　图 12-31　餐厅的空间平面

（7）在餐厅中插入餐桌，如图 12-32 所示。

（8）完成外客厅与餐厅的家具布置，如图 12-33 所示。

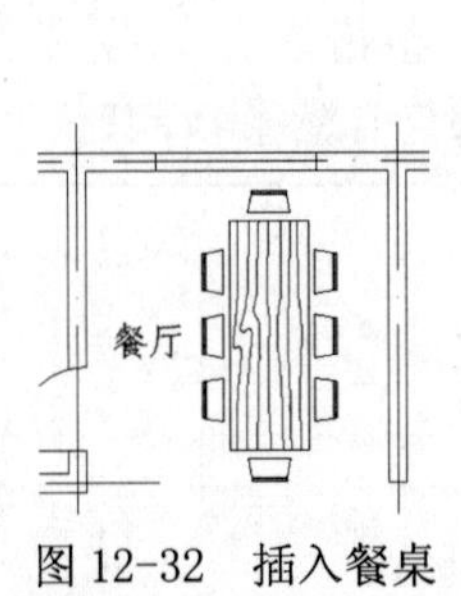

图 12-32　插入餐桌

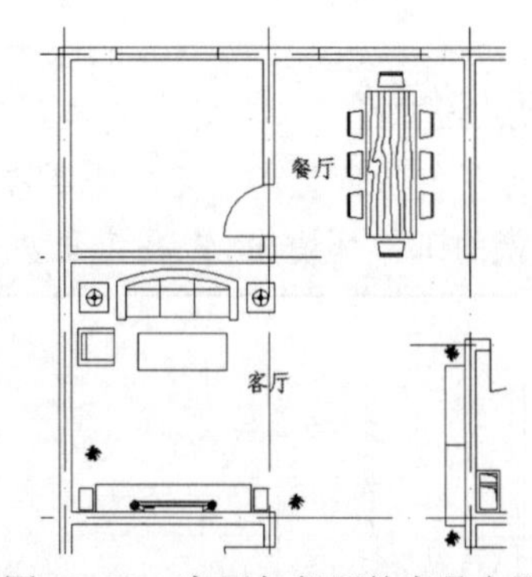

图 12-33　客厅与餐厅的家具布置

3）布置主卧室。

要点提示

卧室在功能上比较简单，一般以满足睡眠、更衣等生活需要为主。然而在室内设计中，简单意味着更丰富的层次、更深邃的内涵，要做到精致、别具一格就需要细细推敲。

（1）主卧室及其卫生间平面如图 12-34 所示。

（2）在主卧室中插入双人床及床头柜，如图 12-35 所示。

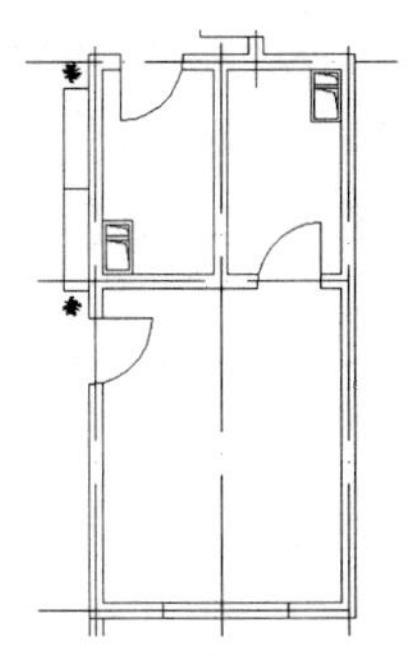

图 12-34　主卧室及其卫生间平面

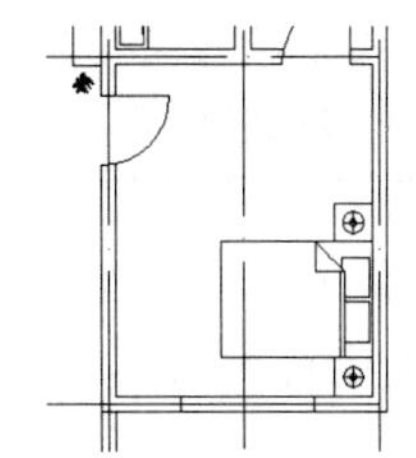

图 12-35　插入双人床及床头柜

（3）布置卧室的衣柜，如图 12-36 所示。

（4）插入梳妆台及小凳子造型，小凳子不用时可以放到梳妆台底下，如图 12-37 所示。

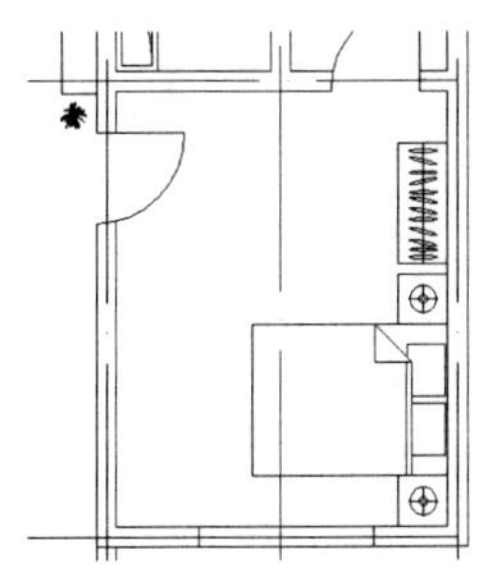

图 12-36　布置卧室的衣柜

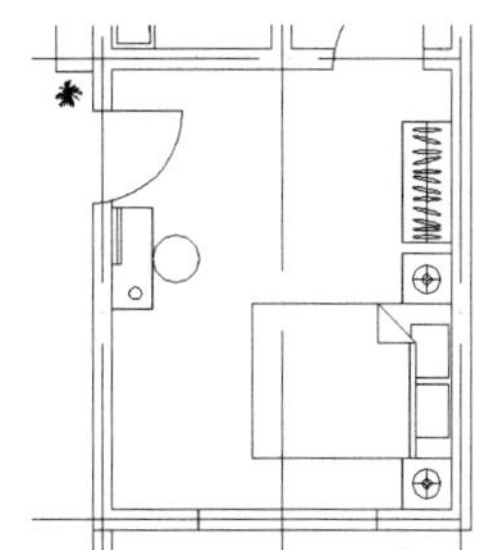

图 12-37　插入梳妆台及小凳子造型

（5）在双人床的对面布置卧室电视柜和电视造型，如图 12-38 所示。

（6）为主卧室卫生间插入一个整体淋浴设施，如图 12-39 所示。

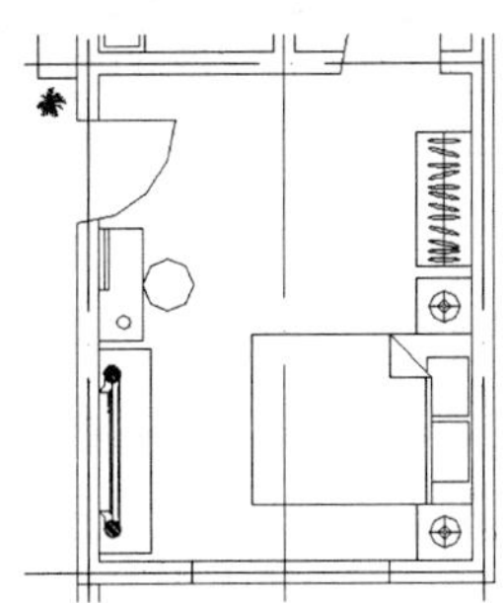

图 12-38　布置卧室电视柜和电视造型

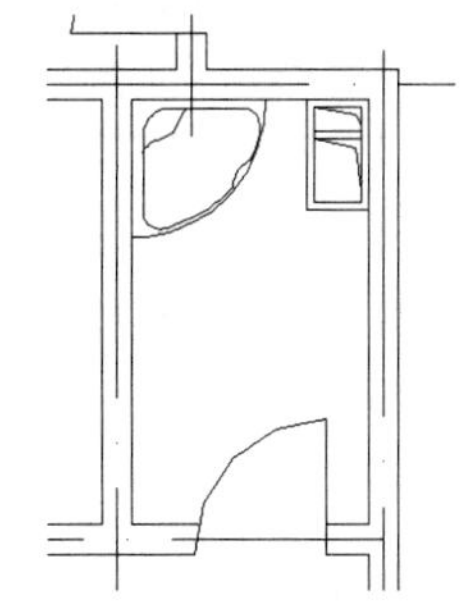

图 12-39　插入整体淋浴设施

（7）在主卧室卫生间里布置坐便器，如图 12-40 所示。

（8）布置主卧室卫生间洗脸盆台面，如图 12-41 所示。

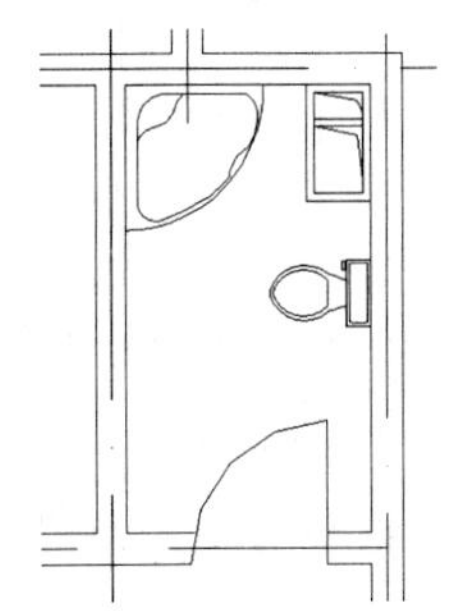

图 12-40　布置坐便器

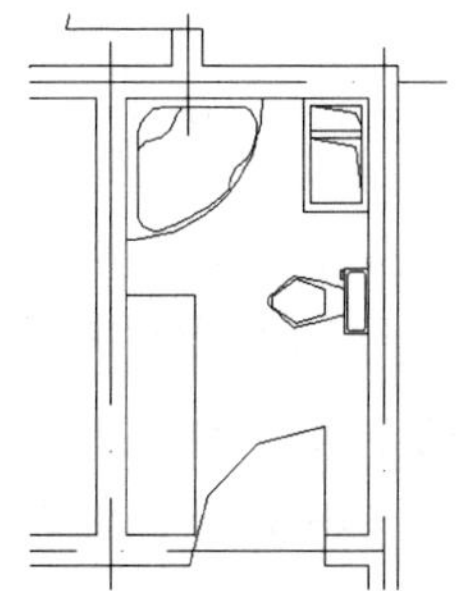

图 12-41　布置主卧室卫生间洗脸盆台面

要点提示

卫生间洗脸盆台面不一定非要不可，可根据具体情况选用。这里空间比较富裕，布置后显得更加紧凑协调。

（9）在台面上布置一个洗脸盆造型，如图 12-42 所示。

（10）完成主卧室及其卫生间的家具和洁具布置，如图 12-43 所示。

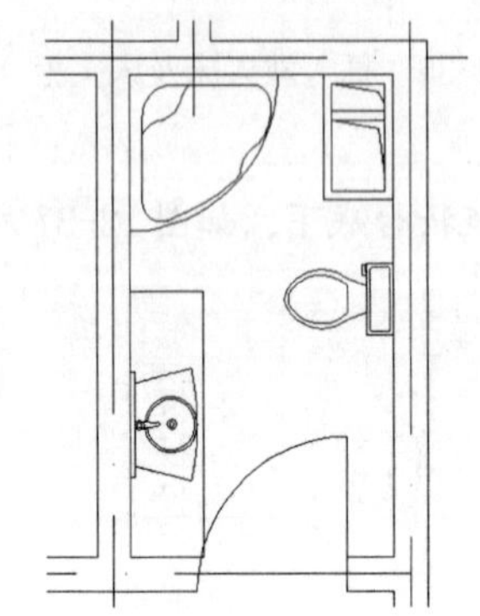

图 12-42　布置一个洗脸盆造型

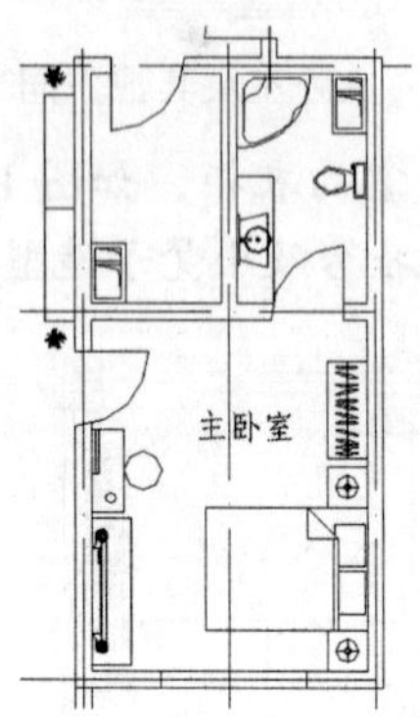

图 12-43　完成主卧室及其卫生间的家具和洁具布置

4）布置次卧室。

要点提示

这两个次卧室可以根据实际情况按不同要求布置，如可以将其中之一布置成儿童房，另一个布置成次卧。

（1）两个次卧室平面图，如图 12-44 所示。

（2）在两个次卧室中各布置一个双人床，如图 12-45 所示。

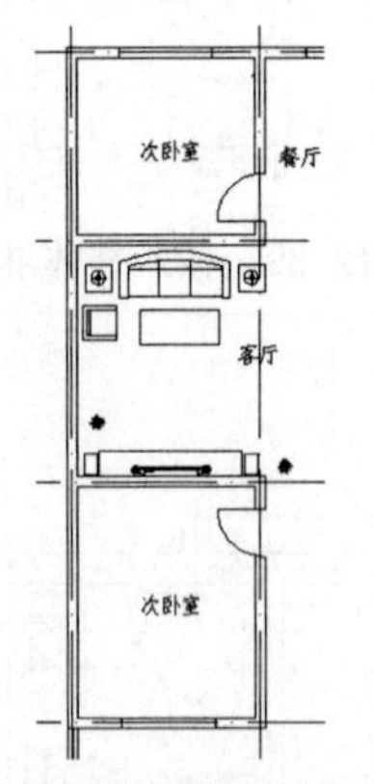

图 12-44　两个次卧室的平面图

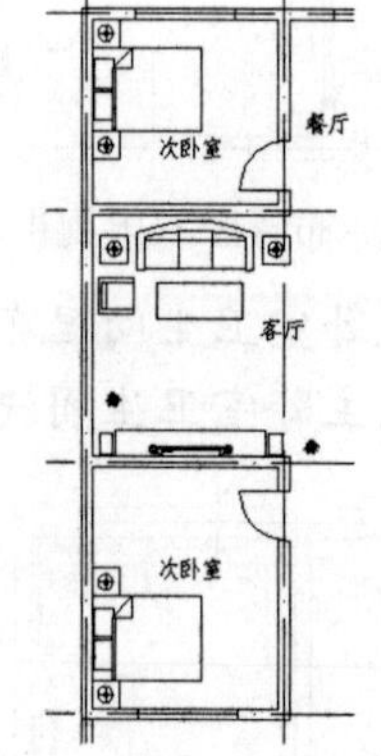

图 12-45　各布置一个双人床

（3）为两个次卧室分别布置一个大小不同的桌子，如图 12-46 所示。

（4）根据两个次卧室房间的不同情况，分别布置一个衣柜和书柜，如图 12-47 所示。

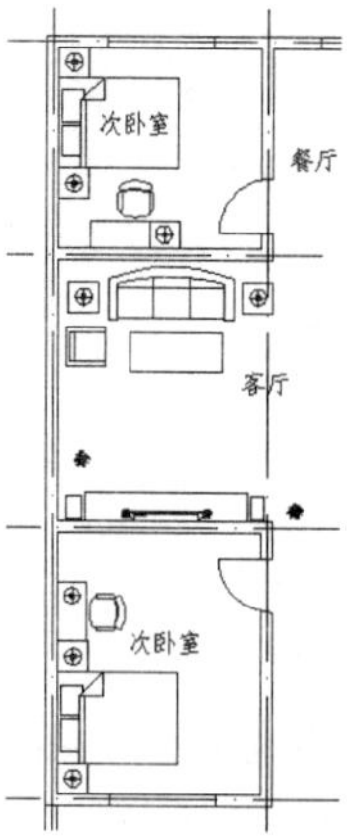

图 12-46　布置大小不同的桌子

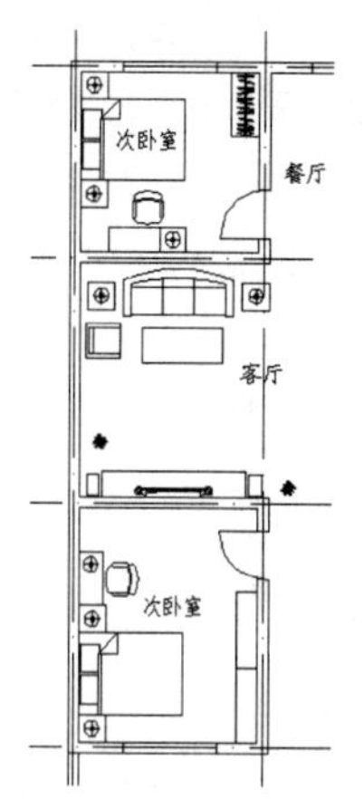

图 12-47　布置衣柜和书柜

（5）完成主次卧室装饰图绘制。缩放视图观察并保存图形，如图 12-48 所示。

5）布置厨房。

（1）厨房空间平面，如图 12-49 所示。

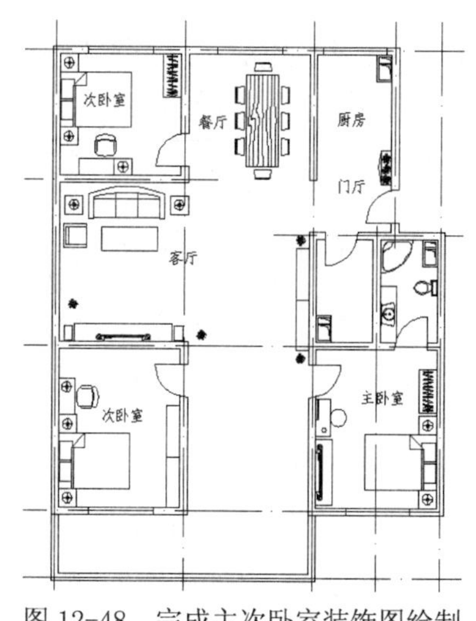

图 12-48　完成主次卧室装饰图绘制

厨房

门厅

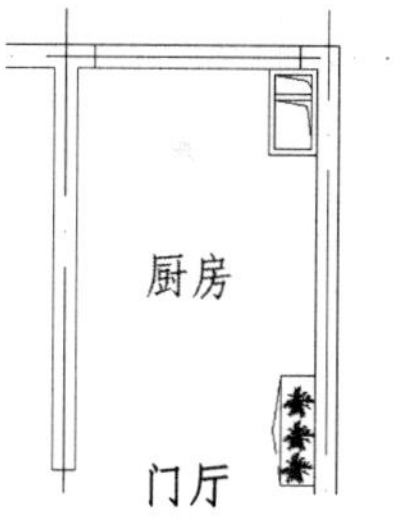

图 12-49　厨房空间平面

要点提示

厨房设计应合理布置灶具、抽油烟机、热水器等设备，必须充分考虑这些设备的安装、维修及使用安全。厨房装饰材料应色彩素雅，表面光洁，易于清洗。其装饰设计不应影响厨房的采光、通风、照明等效果。其地面应用防滑、易清洗的地面砖材料。

（2）本厨房平面空间较大，按其形状布置 L 型橱柜，如图 12-50 所示。

要点提示

这里厨房设计成开放式厨房，人少时，直接在厨房靠门厅处吃饭。这样可营造出温馨的就餐环境，让居家生活的贴心快乐从清早开始就伴随全家人。

（3）布置燃气灶，如图 12-51 所示。

（4）布置洗菜盆，如图 12-52 所示。

（5）布置小餐桌，如图 12-53 所示。

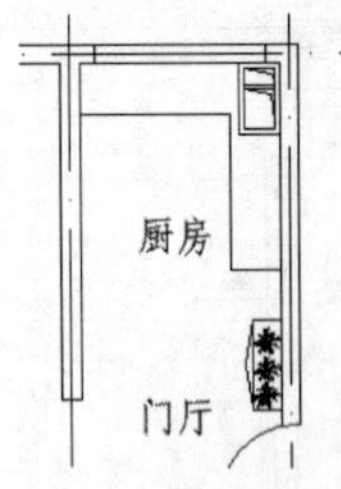

图 12-50　布置 L 型橱柜

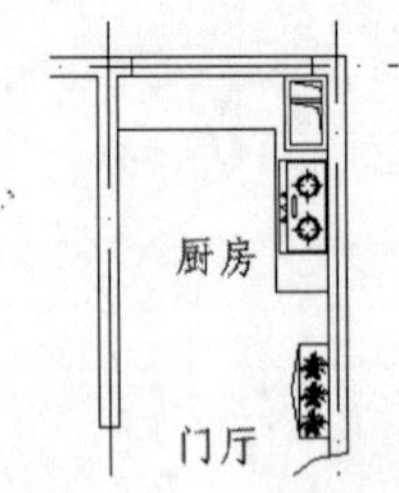

图 12-51　布置燃气灶

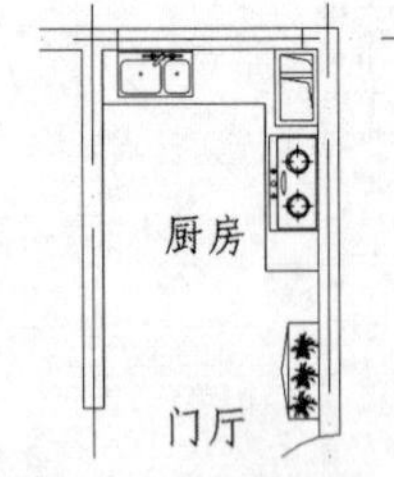

图 12-52　布置洗菜盆

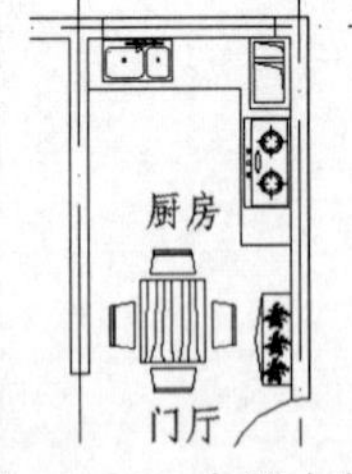

图 12-53　布置小餐桌

（6）完成厨房的基本设施布置，如图 12-54 所示。

6）布置卫生间。

（1）卫生间的空间平面图，如图 12-55 所示。

要点提示

一个完整的卫生间，应具备如厕、洗漱、沐浴、更衣、干衣、化妆以及洗理用品的储藏等功能，具体情况需根据实际的使用面积与个人的生活习惯而定。

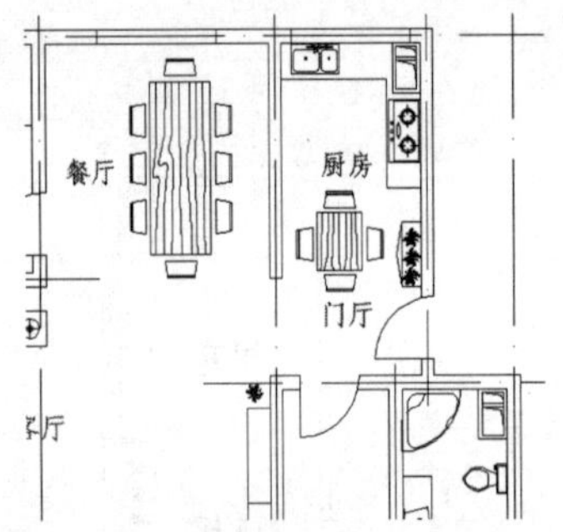

图 12-54　完成厨房的基本设施布置

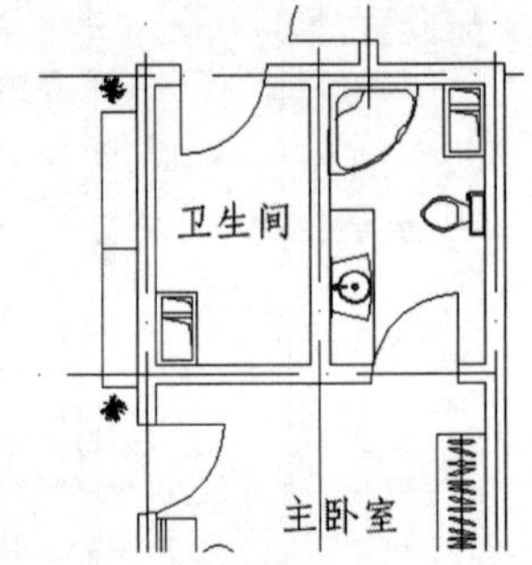

图 12-55　卫生间的空间平面图

（2）绘制整体淋浴设备外轮廓，如图 12-56 所示。

（3）布置坐便器，如图 12-57 所示。

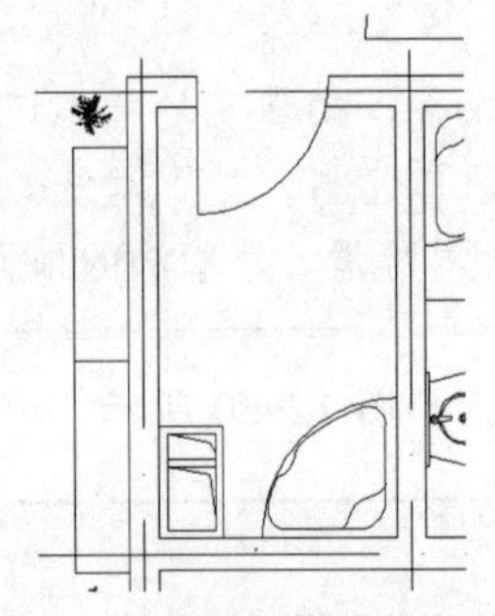

图 12-56　绘制整体淋浴设备外轮廓

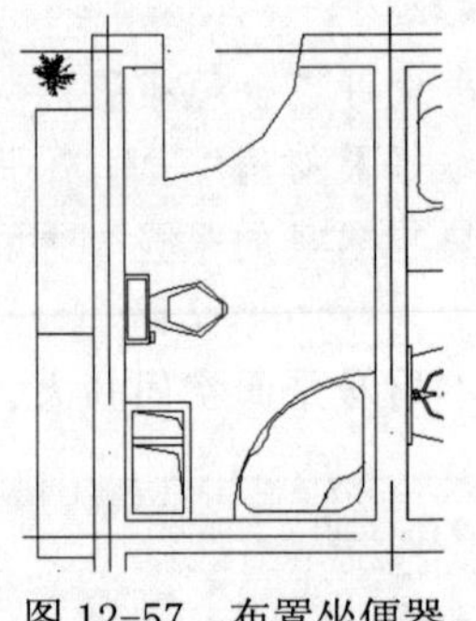

图 12-57　布置坐便器

（4）布置洗脸盆，如图 12-58 所示。

（5）布置洗衣机，如图 12-59 所示。

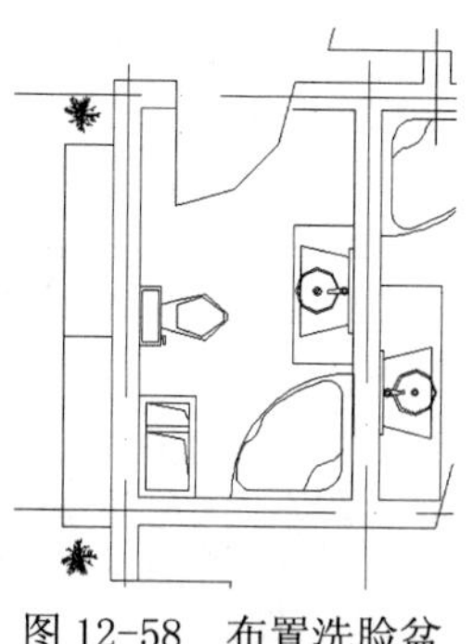

图 12-58　布置洗脸盆

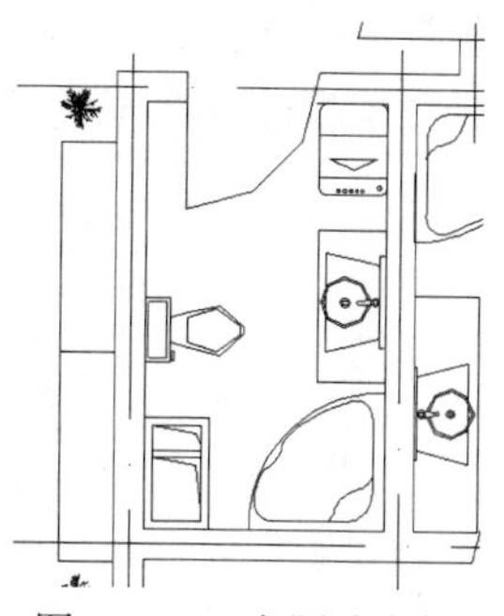

图 12-59　布置洗衣机

要点提示

这里把洗衣机安放在了卫生间，也有的把洗衣机放在厨房，各有利弊。布置在厨房，洗衣空间大一些，但放水要单独布置排水池；布置在卫生间，洗澡时可能会淋湿洗衣机。

（6）完成后的室内整体布置，如图 12-60 所示。

7）布置内客厅。

（1）内客厅的空间平面如图 12-61 所示。

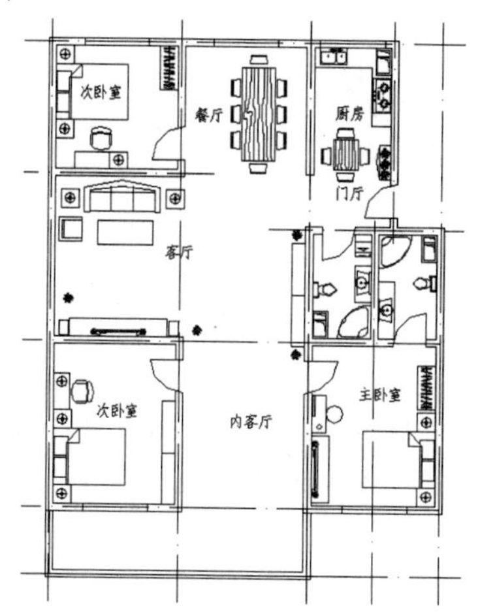

图 12-60　布置卫生间后的室内整体布置

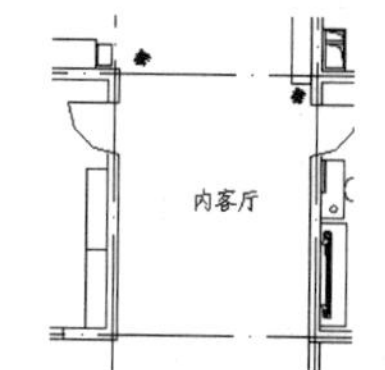

图 12-61　内客厅的空间平面

（2）在内客厅的平面上插入沙发、茶几，如图 12-62 所示。

（3）在内客厅配置电视柜，如图 12-63 所示。

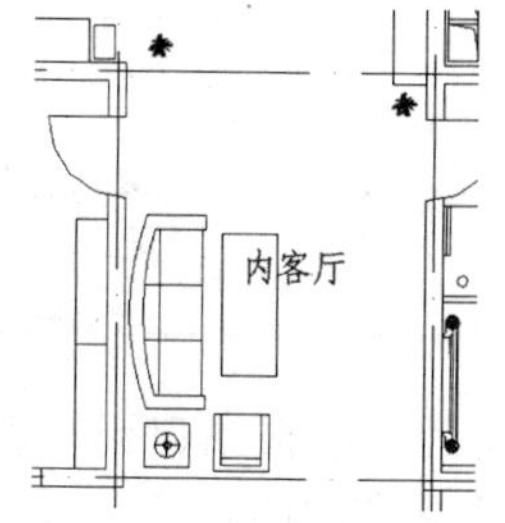

图 12-62　插入沙发、茶几

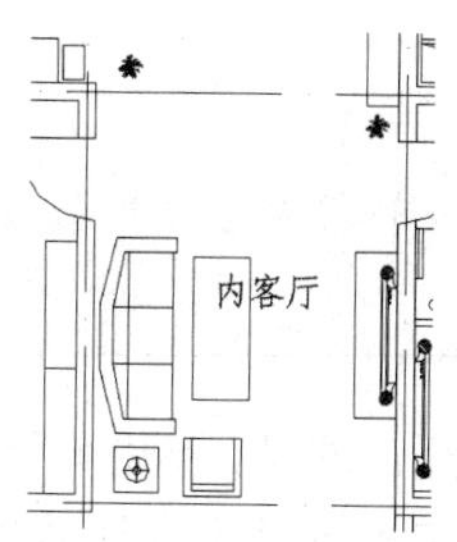

图 12-63　配置电视柜

（4）布置一个书橱，如图 12-64 所示。

（5）对内客厅进行花草美化，如图 12-65 所示。

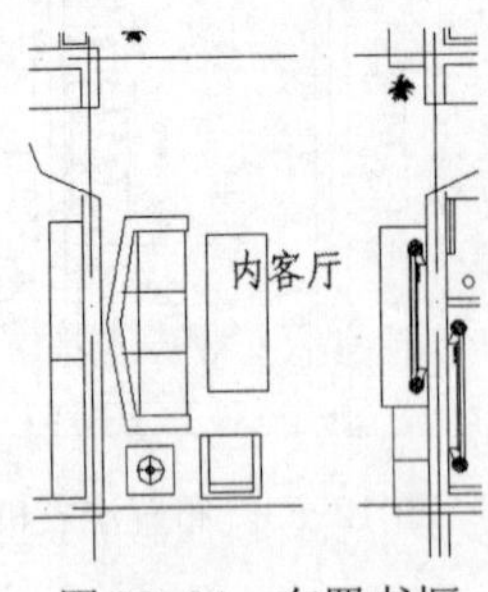

图 12-64　布置书橱

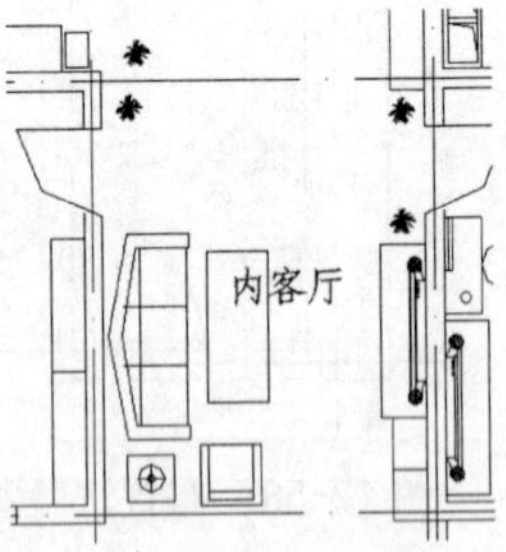

图 12-65　花草美化

8）布置阳台等其他空间。

（1）阳台空间平面图如图 12-66 所示。

（2）布置小桌子、椅子，如图 12-67 所示。

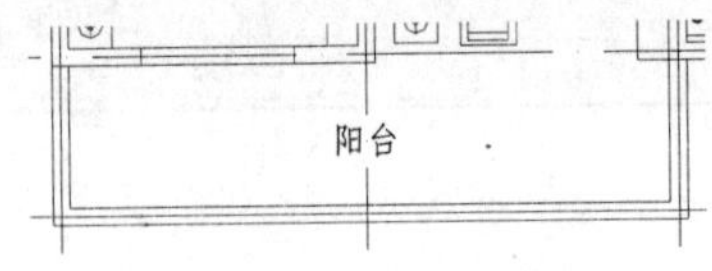

图 12-66　阳台空间平面图

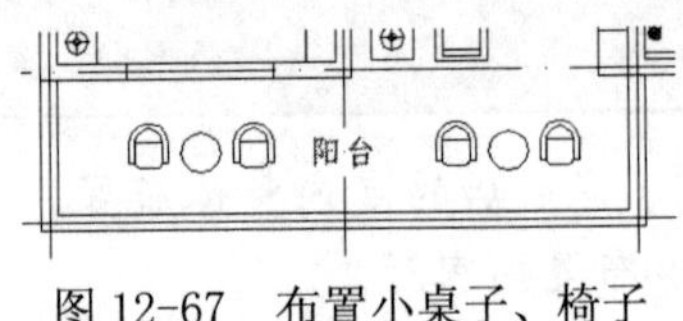

图 12-67　布置小桌子、椅子

（3）布置花草或盆景，如图 12-68 所示。

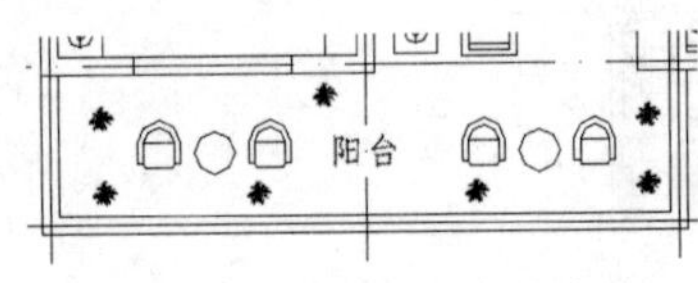

图 12-68　布置花草或盆景

要点提示

阳台的布置有多种形式，有休闲型、文化型、储物型等。休闲型用来休息休闲，文化型用来读书学习，储物型用来储存物品，如衣物、五金等杂物。这里布置成休闲型。

9）标注文字。

（1）设置图层。将“文字标注”图层置为当前图层。

（2）文字标注。执行 DTEXT 命令，进行文字标注，文字高度设为 3，标注后的结果如图 12-69 所示。

要点提示

本文前面为了介绍方便，提前标注了文字。文字标注应该在图形绘制后，在单独的图层中标注。

需要注意的是，室内设计平面图当然不是唯一的，读者可以根据自己掌握的装修知识、审美观等完成自己的设计效果。实际上，十全十美的设计是没有的，这需要设计者在实际设计过程中自己摸索探寻，找到自己的设计特色，最终形成自己的设计风格。

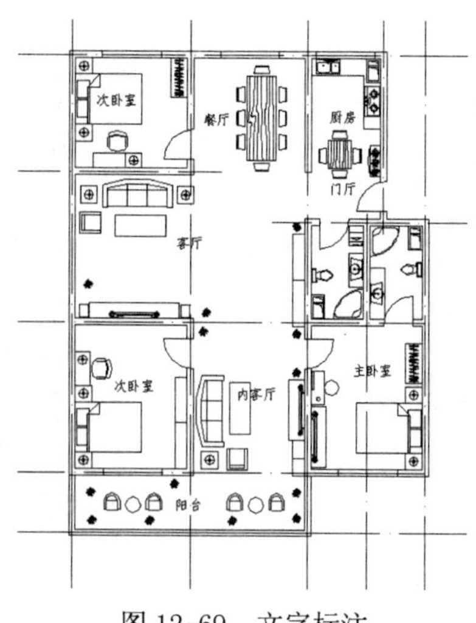

图 12-69　文字标注

要点提示

本案例的外客厅（即图中客厅部分）的右边有一些空间没有利用，读者可以发挥想象，自己尝试着补充一下。

10）标注尺寸。

（1）设置图层。将“尺寸标注”图层置为当前图层。

（2）设置标注样式。执行 DIMSTYLE 命令设置标注样式，箭头大小设置为 3，文字样式选择“标注尺寸”，文字高度设置为 3，在【文字】选项卡【文字位置】分组框的【从尺寸线偏移】文本框中输入 1.5，在【主单位】选项卡中的【比例因子】文本框中输入 100。

（3）进行线性标注。执行 DIMLINEAR 命令，进行线性标注，结果如图 12-70 所示。

（4）进行连续标注。执行 DIMCONTINUE 命令，AutoCAD 提示如下。

```
命令: _dimcontinue
指定第二条尺寸界线原点或 [放弃(U)/选择(S)] <选择>:      //捕捉端点,如图 12-71 所示
标注文字 = 3600
指定第二条尺寸界线原点或 [放弃(U)/选择(S)] <选择>:      //捕捉端点
标注文字 = 2300
指定第二条尺寸界线原点或 [放弃(U)/选择(S)] <选择>:      //按 Enter 键，结束选择
选择连续标注:                                            //按 Enter 键，结束命令
```

结果如图 12-71 所示。

（5）用同样方法标注其他尺寸，最终结果如图 12-2 左图所示。

要点提示

关于本案例（套三户型以及下面讲述的套二户型）的地面以及天花板的装饰设计将在下一章中详细讲述。

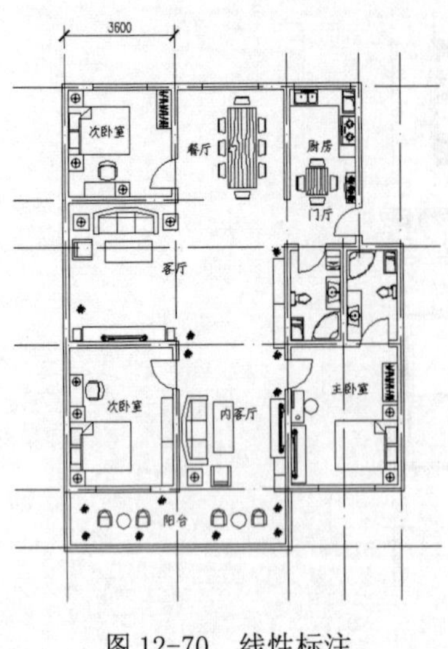
图 12-70　线性标注

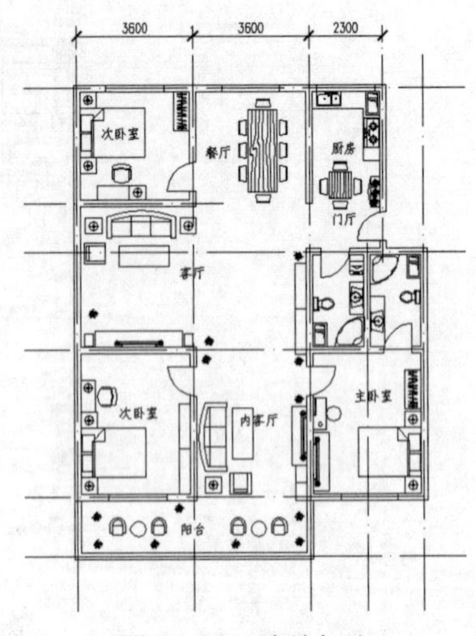
图 12-71　连续标注

12.2.3　绘制套二户型室内设计平面图

相对于套三户型，套二户型主要功能房间要少，但基本的客厅、厨房、卫生间等都有，卧室房间 2 个。本节详细讲述其室内装饰设计思路及相关装饰图的绘制方法与技巧，大家可以对比前面套三户型室内设计平面图的绘制过程，以加深理解。希望学完之后，能自己动手按自己理想中的方式给该户型重新进行室内设计。如果可以，同时给出你自己室内设计方式的理由。

【案例 12-3】　接案例 12-1，绘制如图 12-2 右图所示的套二户型室内设计平面图。

1）布置门厅。

从该套二户型看，卫生间比较小，因此洗衣机最好放到厨房里面。同时，因为厨房比较大，所以，将餐厅与厨房设计在一起，但中间加了一个推拉门。

因该套二户型卫生间比较小，所以将洗手盆等放到了卫生间外面靠墙处，同时还在此处设置了洗漱台面、镜子等。

（1）设置图层。将“设施层”置为当前图层。

（2）本案例中，门厅呈正方形，如图 12-72 所示。

（3）设置玄关。依次排列 3 个圆形小柱子，如图 12-73 所示。

玄关原指佛教的入道之门，现在泛指厅堂的外门，也就是居室入口的一个区域，源于日本，专指住宅室内与室外之间的一个过渡空间，也就是进入室内换鞋、更衣或从室内去室外的缓冲空间，也有人把它叫做斗室、过厅、门厅。在住宅中玄关虽然面积不大，但使用频率较高，是进出住宅的必经之处。

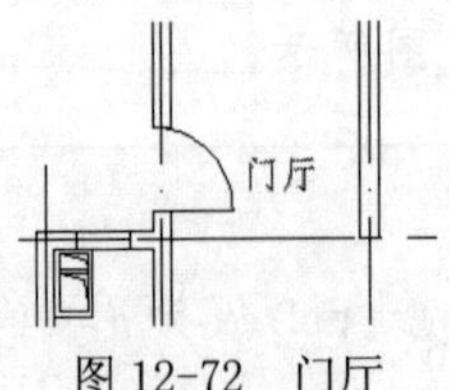

图 12-72　门厅

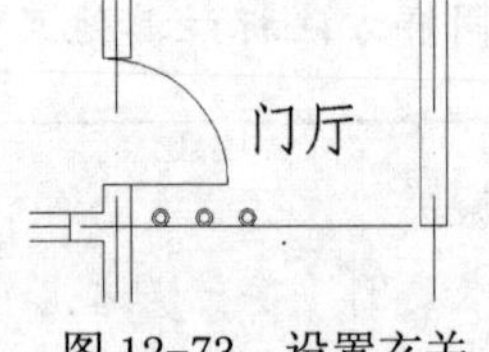

图 12-73　设置玄关

（4）执行 LINE 命令，绘制中间联线，如图 12-74 所示。

（5）执行 MIRROR、MOVE 命令，绘制玄关，如图 12-75 所示。

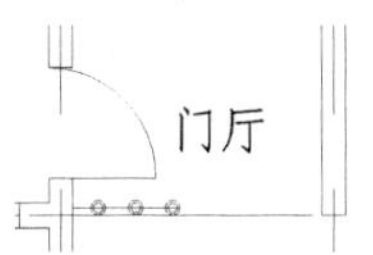

图 12-74　绘制中间联线

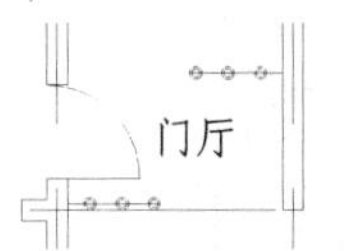

图 12-75　绘制玄关

（6）在门口对面设计鞋柜。执行 RECTANGLE 命令，根据位置形状绘制矩形鞋柜轮廓，如图 12-76 所示。

（7）执行 LINE、MIRROR 命令，绘制鞋柜门扇轮廓，如图 12-77 所示。

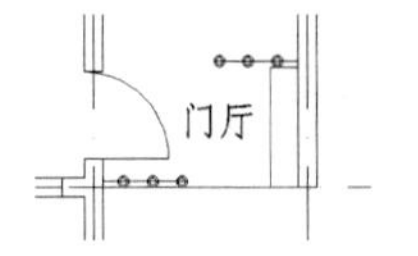

图 12-76　绘制矩形鞋柜轮廓

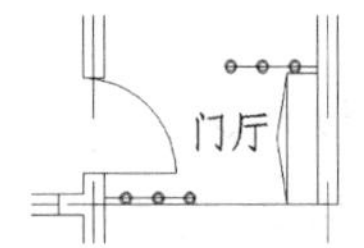

图 12-77　绘制鞋柜门扇轮廓

要点提示

实际上，鉴于这里空间比较合适，可以设计成鞋帽柜，除了用来盛放鞋子外，还可以将大一些的外衣、外套挂在这里。

（8）在鞋柜上装饰花草，如图 12-78 所示。

2）布置餐厅和客厅。

（1）客厅的空间平面如图 12-79 所示。

（2）在客厅的平面上插入沙发、茶几，如图 12-80 所示。

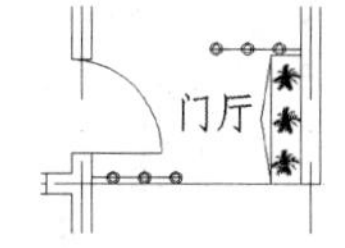

图 12-78　鞋柜上装饰花草

要点提示

鉴于轴线会影响视觉，故以后的绘图过程中将“轴线”图层关闭。在以后的绘图中可以利用该技巧轻松完成复杂图形的绘制。

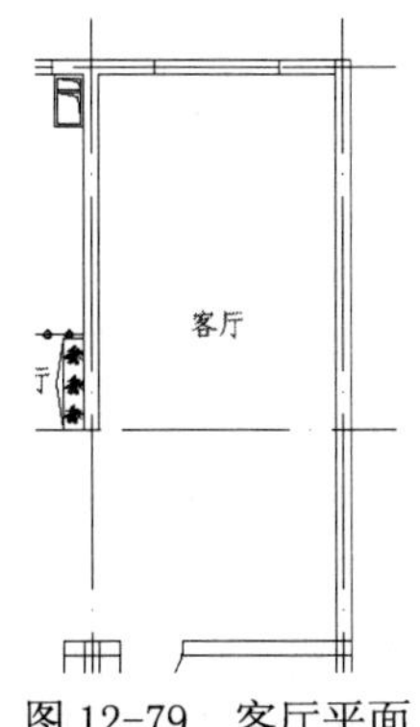

图 12-79　客厅平面

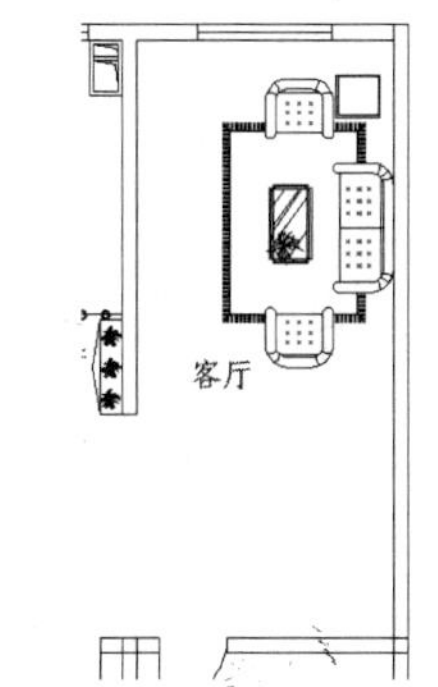

图 12-80　插入沙发、茶几

（3）在客厅配置电视柜，如图 12-81 所示。

（4）鉴于客厅下面比较空旷，就在客厅下面布置一个大衣橱和一个书橱，具体效果如图 12-82 所示。

（5）在客厅配置一个书桌、椅子，如图 12-83 所示。

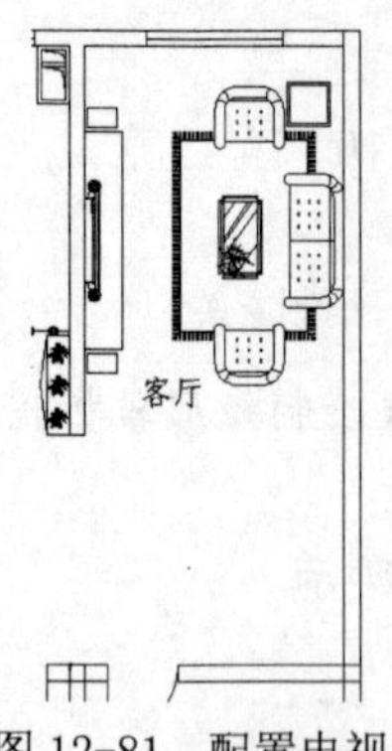

图 12-81　配置电视柜

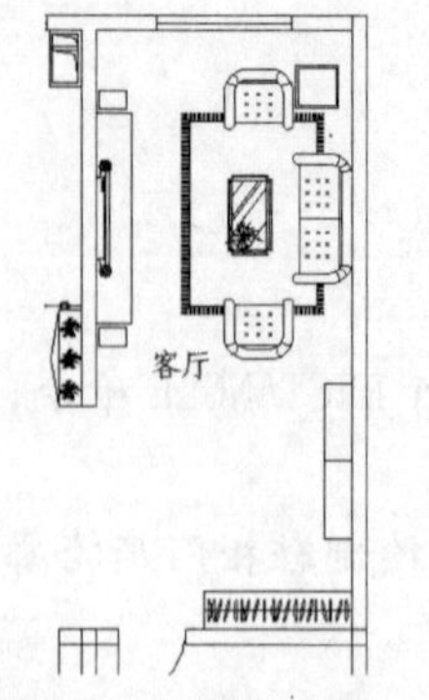

图 12-82　布置大衣橱、书橱

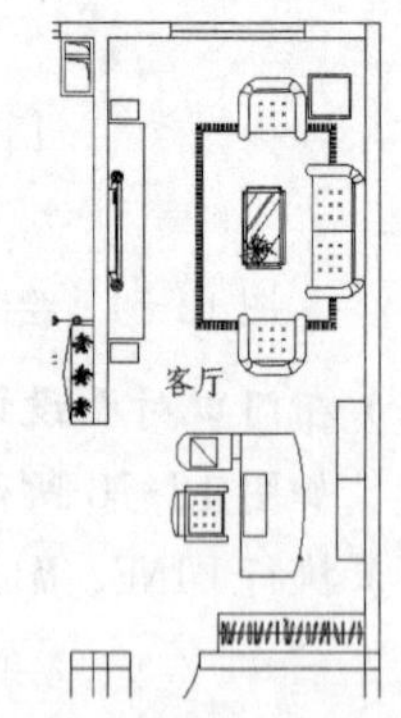

图 12-83　配置一个书桌、椅子

（6）对客厅进行花草美化，如图 12-84 所示。

（7）餐厅的空间平面如图 12-85 所示。

（8）在餐厅平面中插入餐桌，如图 12-86 所示。

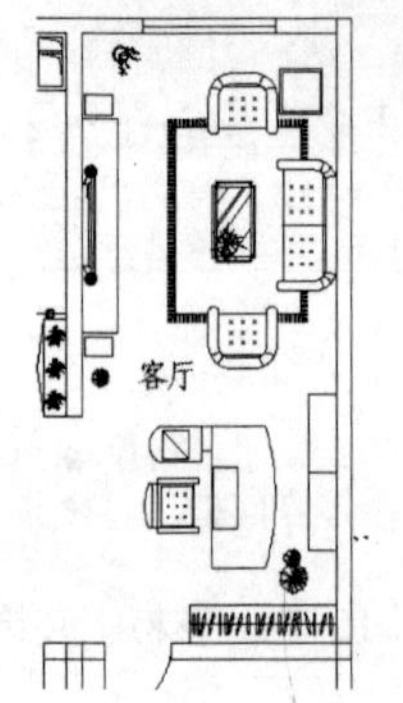

图 12-84　对客厅进行花草美化

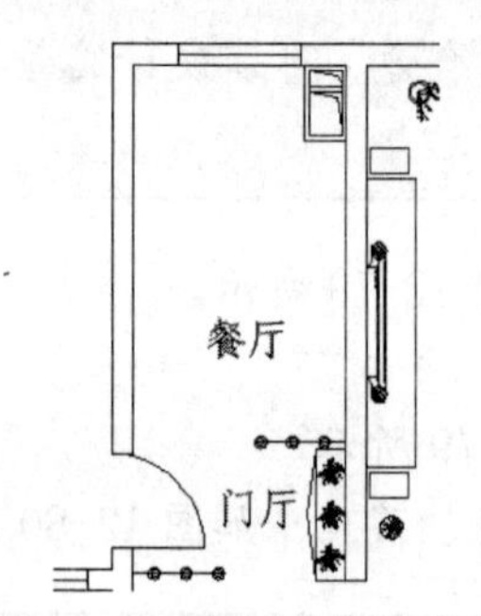

图 12-85　餐厅的空间平面

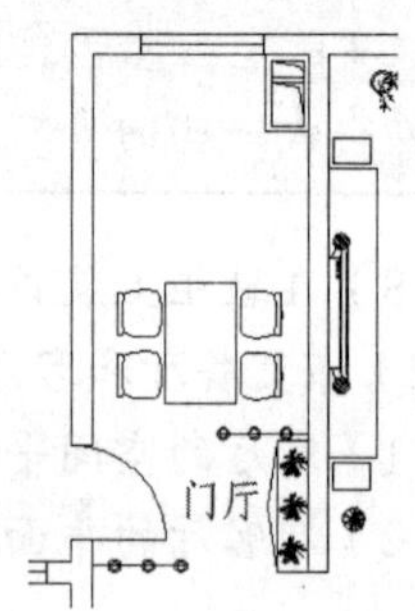

图 12-86　插入餐桌

（9）完成客厅与餐厅的家具布置，如图 12-87 所示。

3）布置卧室。

（1）主卧室平面图如图 12-88 所示。

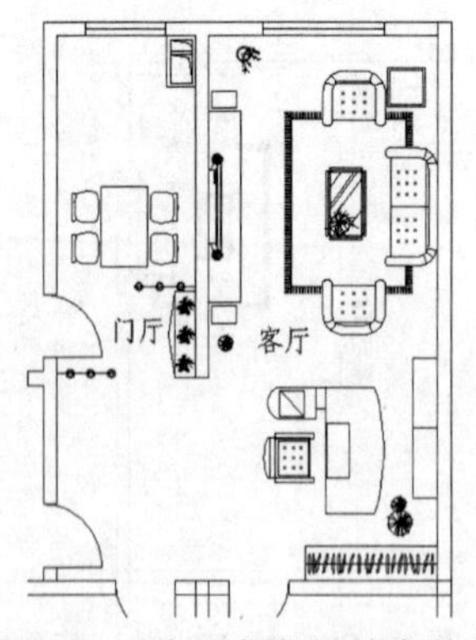

图 12-87　客厅与餐厅的家具布置

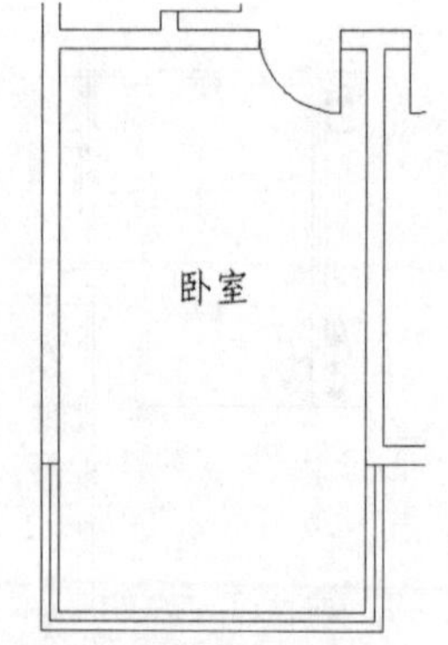

图 12-88　主卧室平面图

（2）在主卧室中插入双人床及床头柜，如图 12-89 所示。

（3）布置卧室的衣柜，如图 12-90 所示。

（4）在双人床的对面布置卧室电视柜和电视造型，如图 12-91 所示。

（5）插入梳妆台及小凳子造型，小凳子不用时可以放到梳妆台底下，如图 12-92 所示。

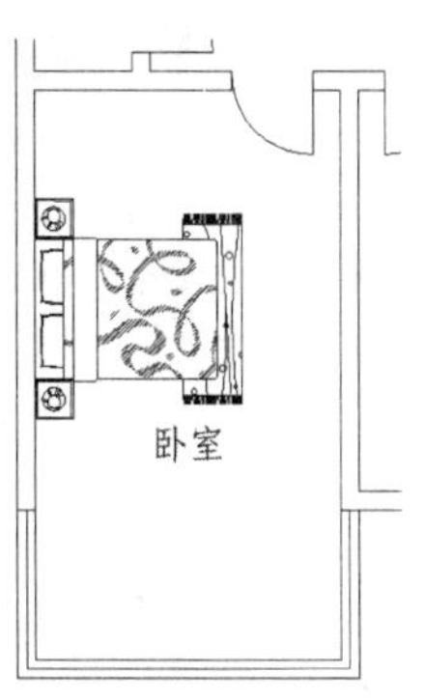

图 12-89 插入双人床及床头柜

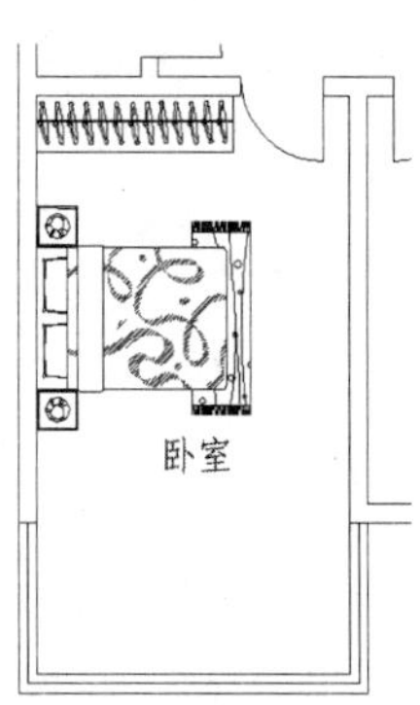

图 12-90 布置卧室的衣柜

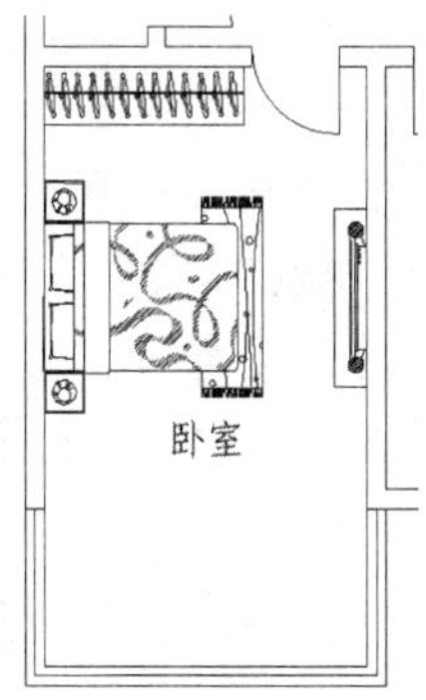

图 12-91 布置卧室电视柜和电视造型

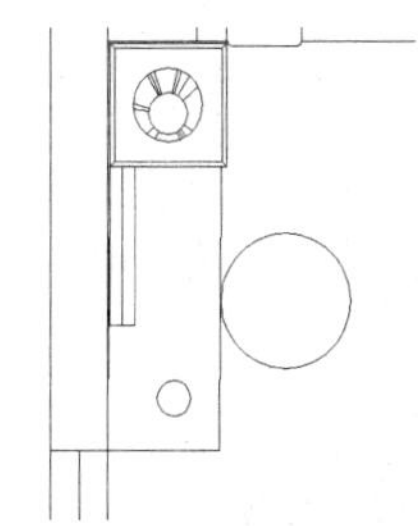

图 12-92 插入梳妆台及小凳子造型

（6）完成主卧室的家具布置，结果如图 12-93 所示。

4）布置次卧室。

要点提示

这里次卧室按儿童房进行布置。当然，这里需要根据户主的实际情况安排，也可以将这里布置成书房，同时放一张单人床。

（1）次卧室平面图如图 12-94 所示。

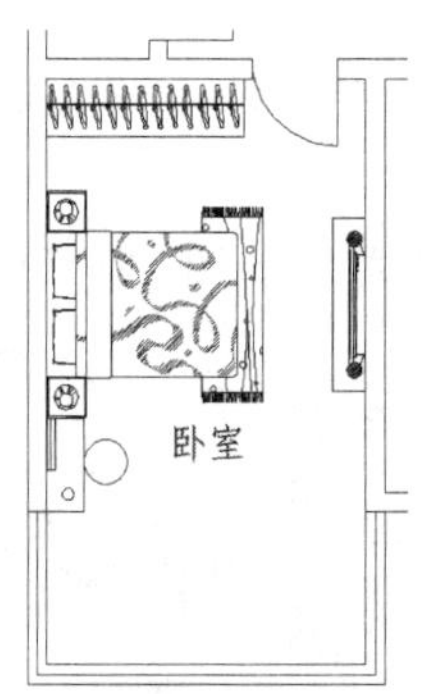

图 12-93 主卧室的家具布置

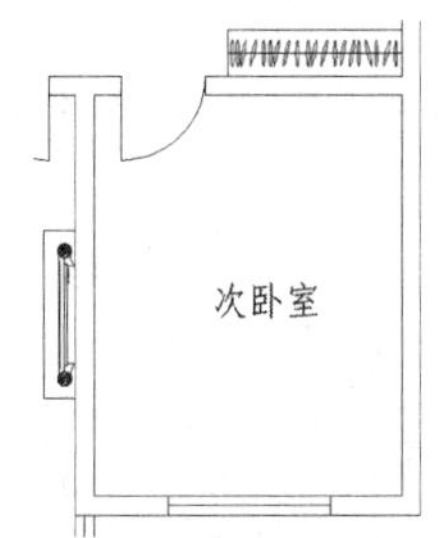

图 12-94 次卧室平面图

（2）在次卧室中布置一张双人床，如图 12-95 所示。

（3）为次卧室分别布置一张桌子、椅子及台灯，如图 12-96 所示。

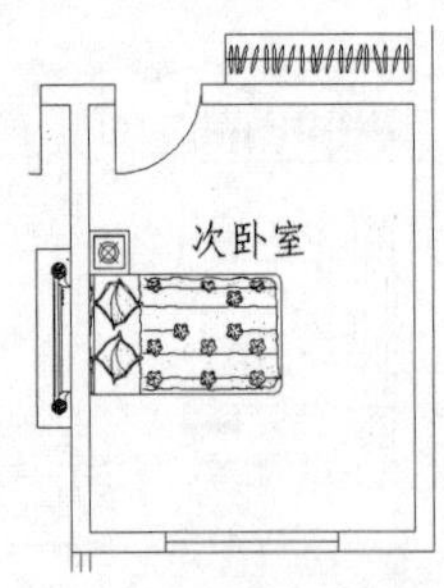

图 12-95　布置一张双人床

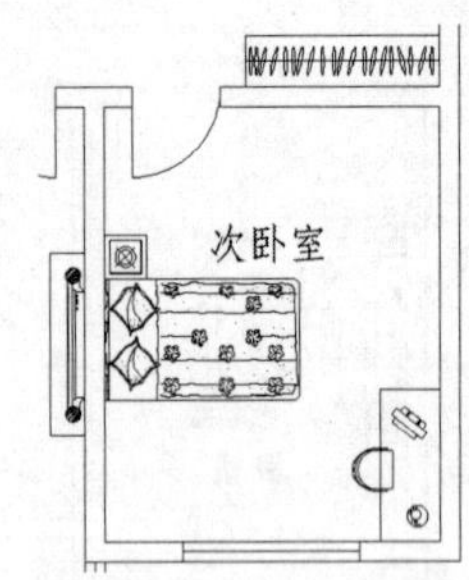

图 12-96　布置桌子、椅子及台灯

（4）布置一个书柜，如图 12-97 所示。

（5）布置花草及其他饰物，如图 12-98 所示。

要点提示

儿童房是孩子的卧室、起居室和游戏空间，应增添有利于孩子观察、思考、游戏的成分。在孩子居室装饰品方面，要注意选择一些富有创意和教育意义的多功能产品。

在儿童房的设计与色调上要特别注意安全性与搭配原理。儿童居室的色彩应丰富多彩、活泼新鲜、简洁明快，具有童话式的意境，让儿童在自己的小天地里自由地学习、生活。

儿童居室家具摆放要平稳坚固，玻璃等易碎物品应放在儿童够不着的地方，近地面电源插座要隐蔽好，防止触电。

科学合理地装潢儿童居室，对培养儿童健康成长，培养儿童的好的生活习惯，培养他们的独立生活能力，启迪他们的智慧具有十分重要的意义。

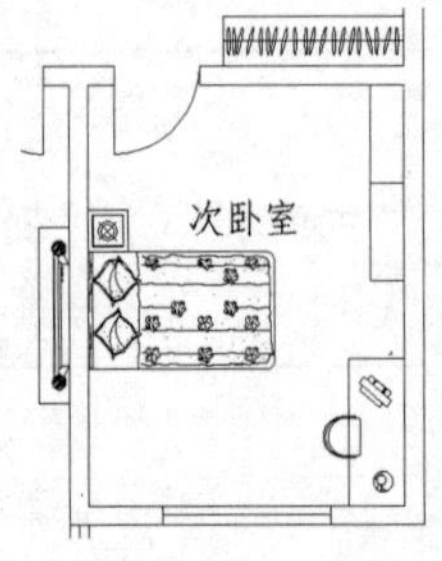

图 12-97　布置书柜

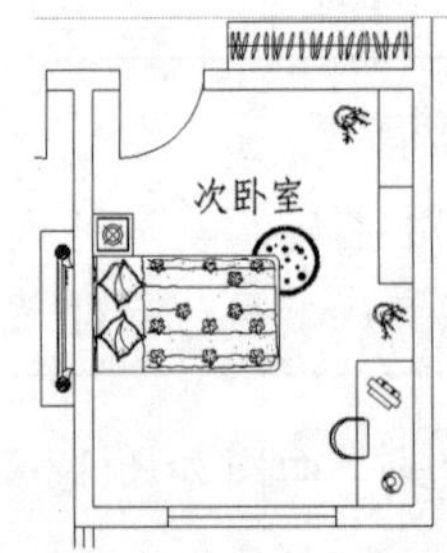

图 12-98　布置花草及其他饰物

（6）布置一架钢琴，如图 12-99 所示。

（7）完成主次卧室装饰图绘制。缩放视图观察并保存图形，如图 12-100 所示。

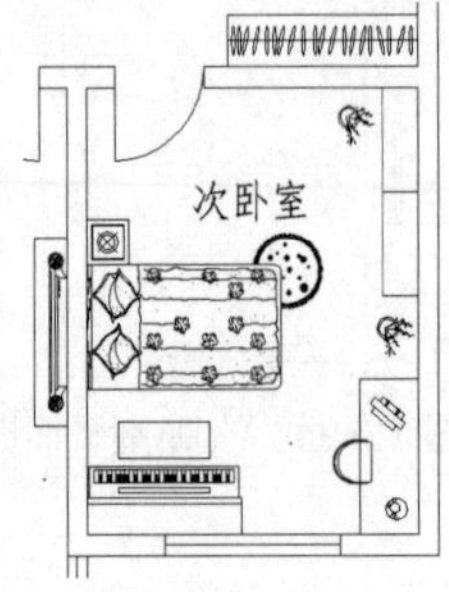

图 12-99　布置钢琴

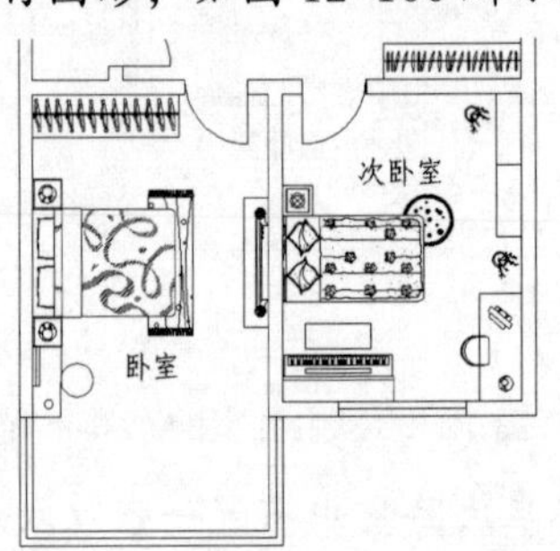

图 12-100　完成主次卧室装饰图绘制

5）布置厨房。

（1）厨房空间平面如图 12-101 所示。

（2）加一个推拉门，如图 12-102 所示。

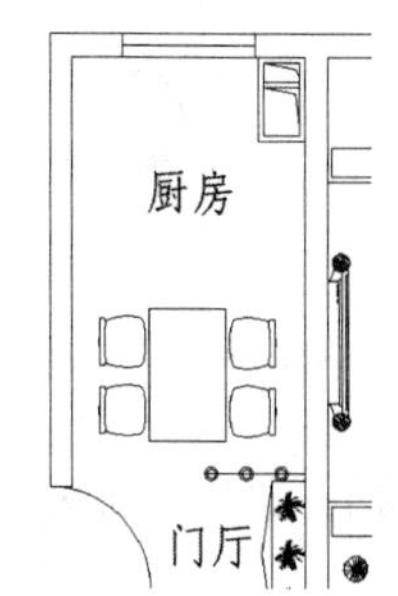

图 12-101　厨房空间平面

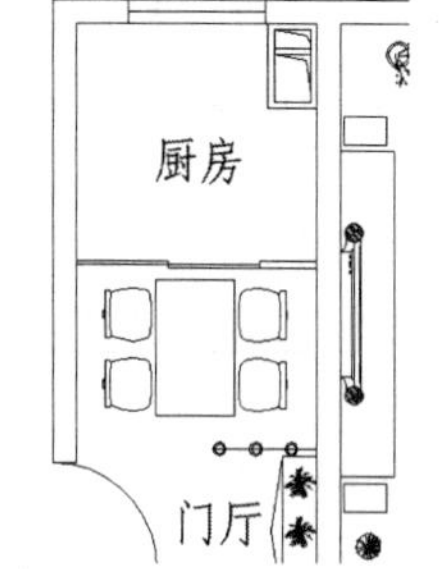

图 12-102　加一个推拉门

（3）本厨房按其形状布置 L 型橱柜，如图 12-103 所示。

（4）布置燃气灶。如图 12-104 所示。

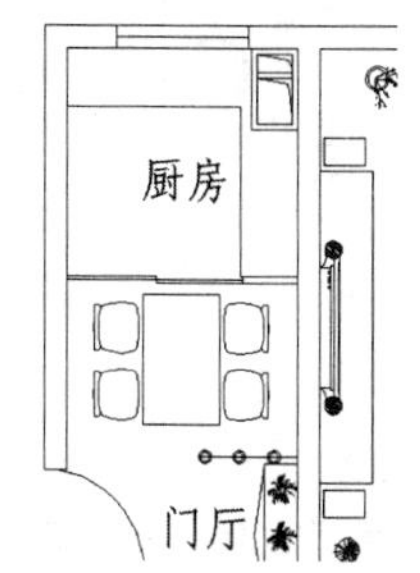

图 12-103　布置 L 型橱柜

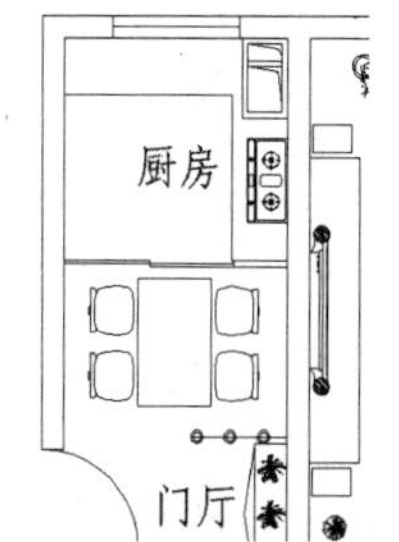

图 12-104　布置燃气灶

（5）布置洗菜盆，如图 12-105 所示。

（6）完成厨房的基本设施布置，最终如图 12-106 所示。

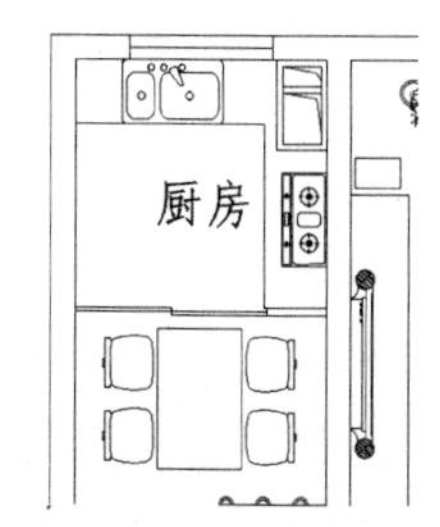

图 12-105　布置洗菜盆

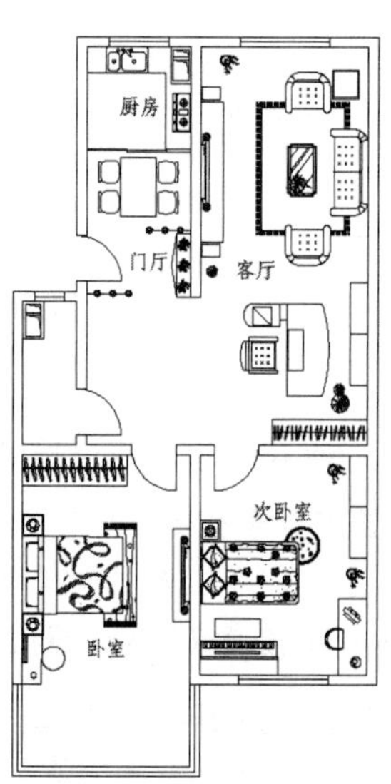

图 12-106　完成厨房的基本设施布置

6）布置卫生间。

（1）卫生间的空间平面如图 12-107 所示。

（2）绘制淋浴喷头，如图 12-108 所示。

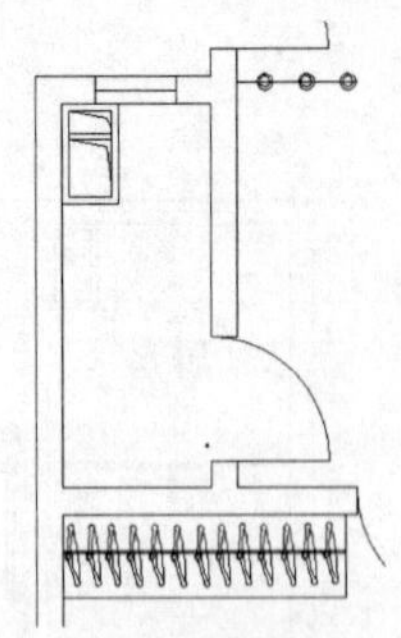

图 12-107　卫生间的空间平面图

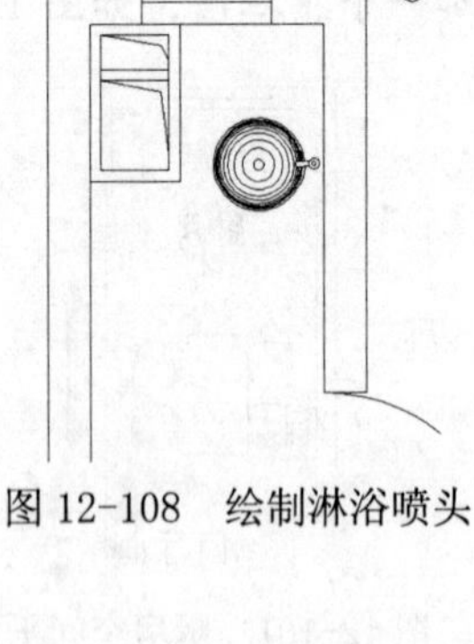

图 12-108　绘制淋浴喷头

（3）布置坐便器，如图 12-109 所示。

（4）布置洗衣机，如图 12-110 所示。

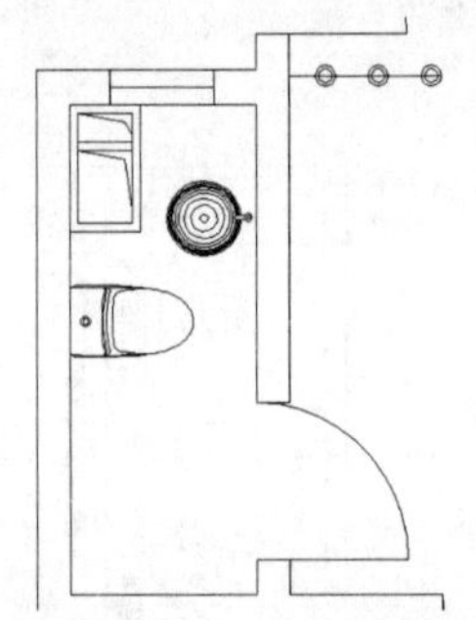

图 12-109　布置坐便器

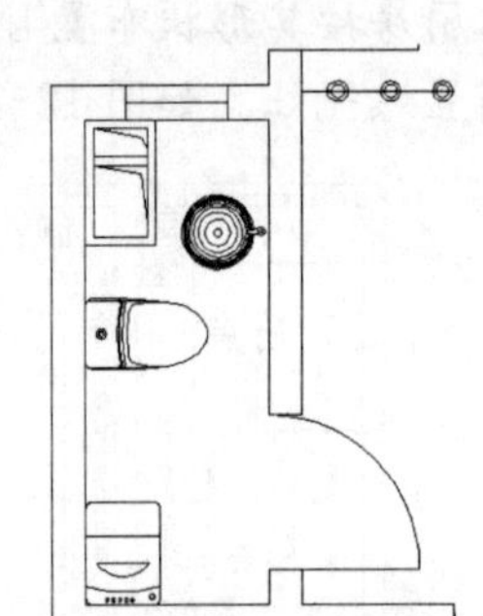

图 12-110　布置洗衣机

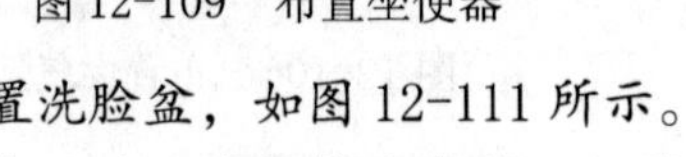

（5）布置洗脸盆，如图 12-111 所示。

（6）完成后的卫生间整体布置，如图 12-112 所示。

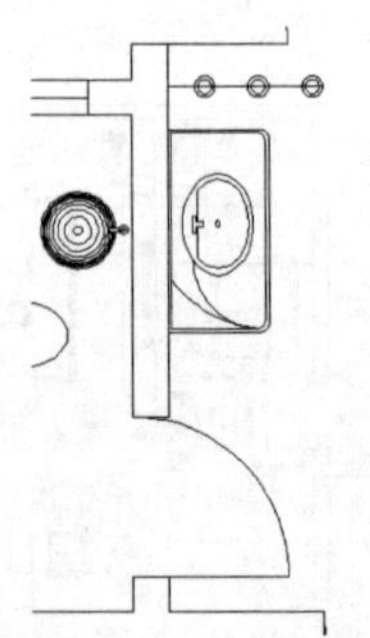

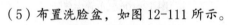

图 12-111　布置洗脸盆

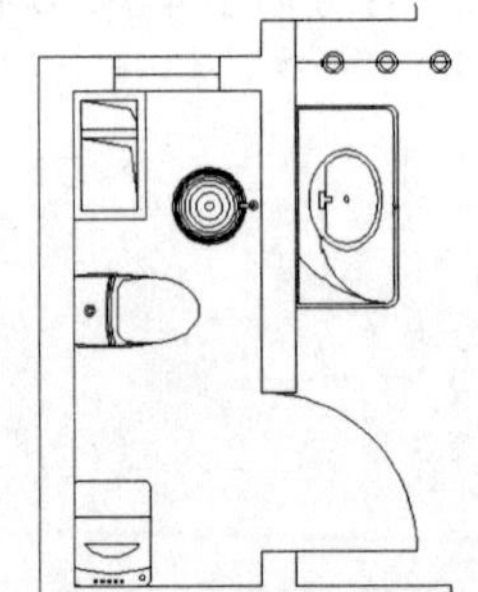

图 12-112　完成后的卫生间整体布置

7）布置阳台等其他空间。

（1）阳台空间平面如图 12-113 所示。

（2）布置小圆桌子、休闲椅，如图 12-114 所示。

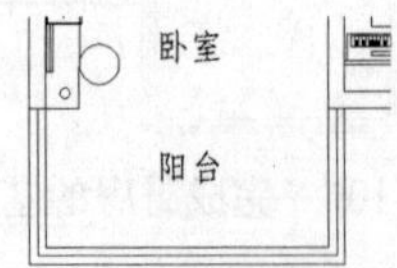

图 12-113　阳台空间平面图

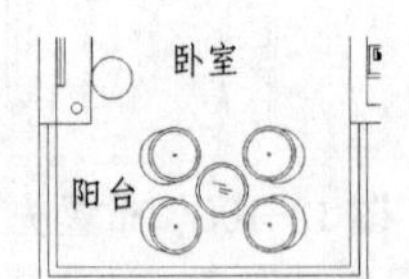

图 12-114　布置小圆桌子、休闲椅

（3）布置花草或盆景，如图 12-115 所示。

8）标注文字。

（1）设置图层。将“文字标注”图层置为当前图层。

（2）文字标注。执行 DTEXT 命令，进行文字标注，文字高度设为 3，标注后的结果如图 12-116 所示。

图 12-115　布置花草或盆景

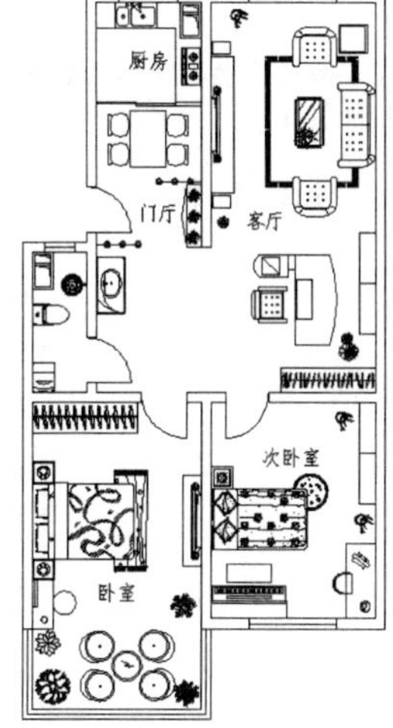

图 12-116　文字标注

9）标注尺寸。

（1）设置图层。将“尺寸标注”图层置为当前图层。

（2）打开“轴线”图层，如图 12-117 所示。

（3）设置标注样式。执行 DIMSTYLE 命令设置标注样式，箭头大小设置为 3，文字样式选择“标注尺寸”，文字高度设置为 3，在【文字】选项卡【文字位置】分组框的【从尺寸线偏移】文本框中输入 1.5，在【主单位】选项卡中的【比例因子】文本框中输入 100。

（4）进行线性标注。执行 DIMLINEAR 命令，进行线性标注，结果如图 12-118 所示。

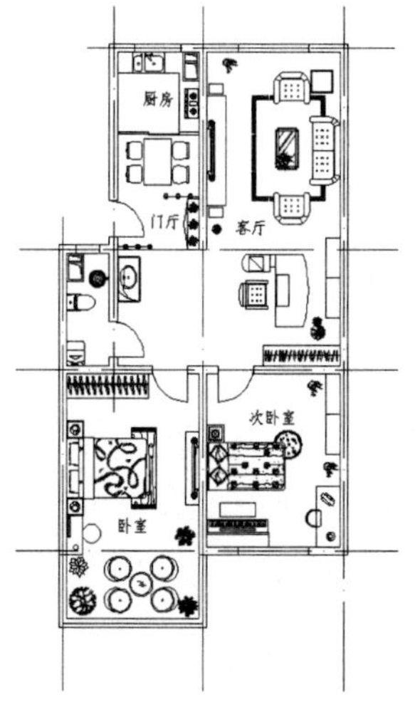

图 12-117　打开“轴线”图层

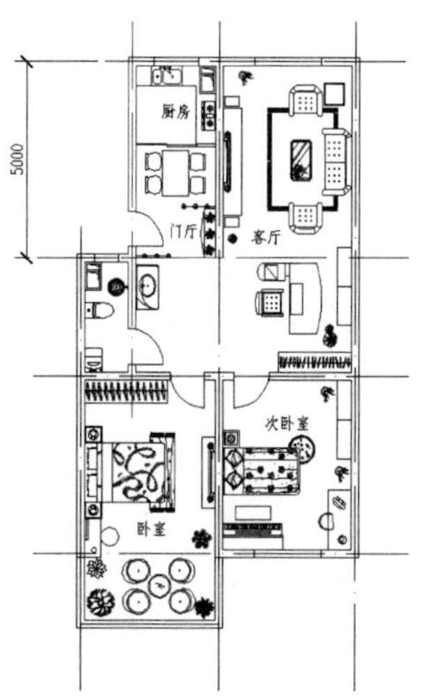

图 12-118　线性标注

（5）进行连续标注。执行 DIMCONTINUE 命令，AutoCAD 提示如下。

```
命令: _dimcontinue
指定第二条尺寸界线原点或 [放弃(U)/选择(S)] <选择>: //捕捉端点，如图 12-119 所示
标注文字 = 3000
指定第二条尺寸界线原点或 [放弃(U)/选择(S)] <选择>:      //捕捉端点
标注文字 = 4500
指定第二条尺寸界线原点或 [放弃(U)/选择(S)] <选择>:      //捕捉端点
标注文字 = 1800
指定第二条尺寸界线原点或 [放弃(U)/选择(S)] <选择>:      //按 Enter 键，结束选择
选择连续标注:                                         //按 Enter 键，结束命令
```

结果如图 12-119 所示。

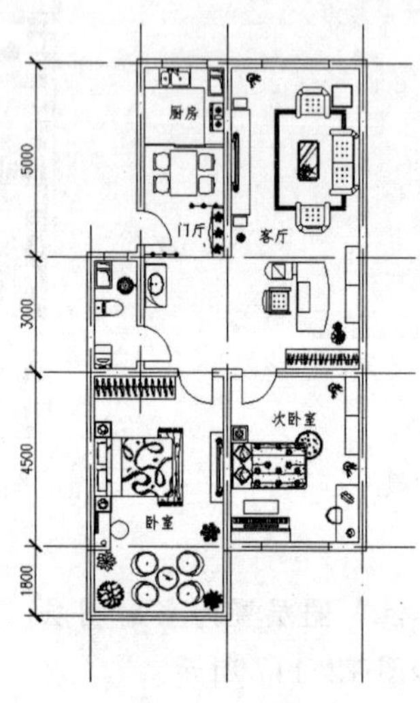

图 12-119　连续标注

（6）用同样方法标注其他尺寸，最终结果如图 12-2 右图所示。

网络视频教学：将前面绘制的二室二厅一厨一卫户型进行室内设计，参考结果如下图所示。

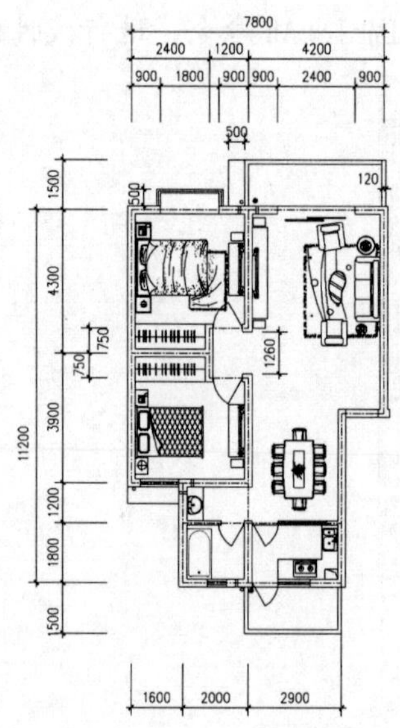

12.3 习题

1. 绘制二室二厅一厨一卫户型的建筑平面图，如图 12-120 所示。

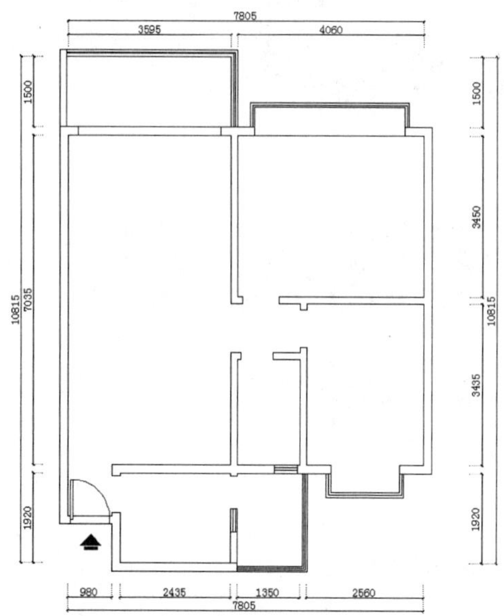

图 12-120　二室二厅一厨一卫户型的建筑平面图

2. 对前面绘制的二室二厅一厨一卫户型进行室内设计，参考结果如图 12-121 所示。

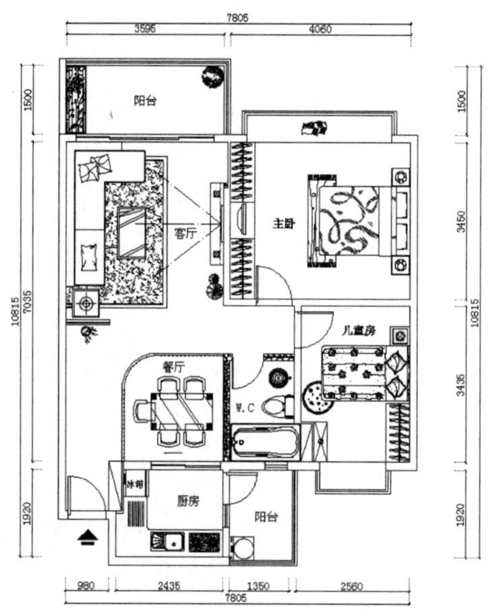

图 12-121　二室二厅一厨一卫户型的室内设计图

第13章

住宅地面铺装图、顶棚平面图绘制

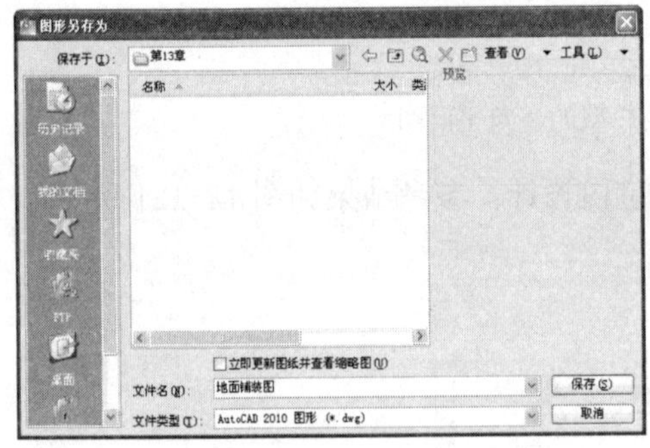

通过本章的学习，读者可以掌握一般住宅户型室内地面铺装图、顶棚平面图的绘制方法、绘制技巧和步骤。

【学习目标】

☑ 住宅室内地面铺装图、顶棚平面图的设计思路。

☑ 住宅室内地面铺装图的绘制过程。

☑ 住宅室内顶棚平面图的绘制过程。

☑ 住宅室内地面铺装图、顶棚平面图的绘制技巧。

13.1 设计思路

本章主要讲述住宅地面铺装图、顶棚平面图及其绘制。通过绘制如图 13-1 所示的住宅地面铺装图和绘制如图 13-2 所示的住宅顶棚平面图，具体讲述住宅地面铺装、顶棚平面的设计思路及其相关装饰图的绘制方法与技巧。

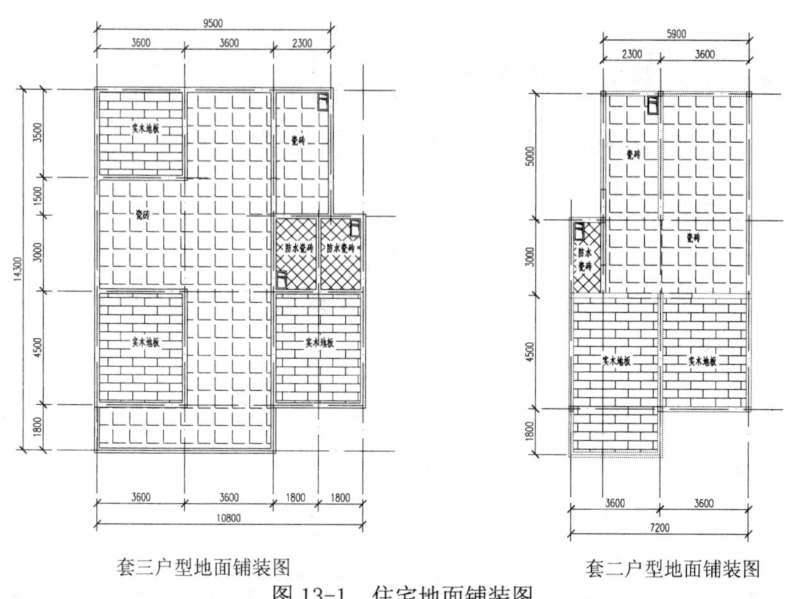

图 13-1 住宅地面铺装图

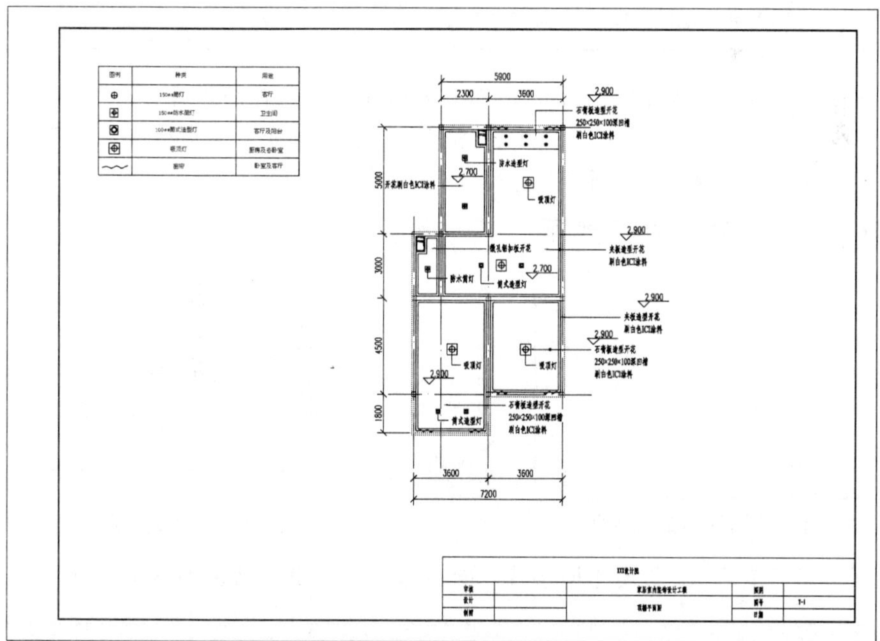

图 13-2 住宅顶棚平面图

地面铺装图应标注地面装饰材料的种类、拼接图案、不同材料的分界线；标注地面装饰的定位尺寸、规格和异形材料的尺寸、施工做法；标注地面装饰嵌条、台阶和梯段防滑条的定位尺寸、材料种类及做法。如果建筑单层面积较大，可单独绘制一些房间和部位的局部放大图，放大的地面铺装图应标明其在原来平面中的位置。

顶棚平面图是采用镜像投影法得到的，即它是将地面作为镜面，对天花板做投影而生成的。顶棚平面图一般包括顶棚装饰的平面形式、尺寸、材料、灯具和其他各种室内设施的位置和大小。由此可知，顶棚造型、灯具布置是根据地面功能分区、家具陈设和整体设计风格来定的。顶棚高度根据原建筑屋顶横梁的实际情况来定。

13.2 住宅地面铺装图

本节通过实例具体讲述住宅地面铺装图的绘图过程。

13.2.1 绘图前准备

这里先完成地面不同材料的分界线的任务。

【案例 13-1】 绘制如图 13-1 所示的套二、套三户型住宅地面铺装图中地面不同材料的分界线。

1）打开案例 12-1 绘制的套二、套三户型建筑平面图。

2）单击快速访问工具栏上的按钮，打开【图形另存为】对话框，在【图形另存为】文本框中输入“地面铺装图”，如图 13-3 所示。

要点提示

绘制地面铺装图时，将前面绘制的室内建筑平面图作为绘制地面铺装图的基础图，可以大大减少绘图的工作量。

3）单击 保存(S) 按钮，完成“地面铺装图.dwg”文件的保存。

4）设置图层并调整图层线型。执行 LAYER 命令，打开【图层特性管理器】对话框，调整图层，如图 13-4 所示。

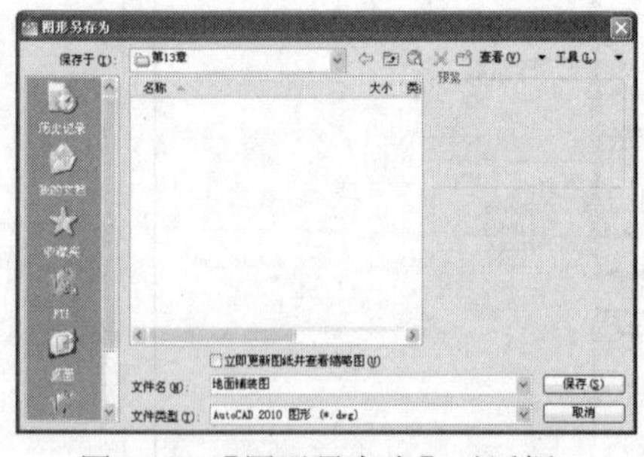

图 13-3 【图形另存为】对话框

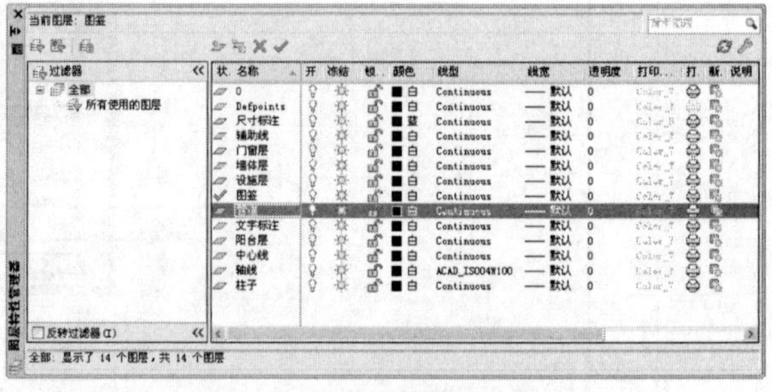

图 13-4 设置图层

5）关闭“门窗层”。关闭【图层特性管理器】对话框，结果如图 13-5 所示。

要点提示

当然，这里也可以通过执行 ERASE 命令，将其中的门窗图形删除来实现，但利用关闭图层的方式相对来说更好一些。

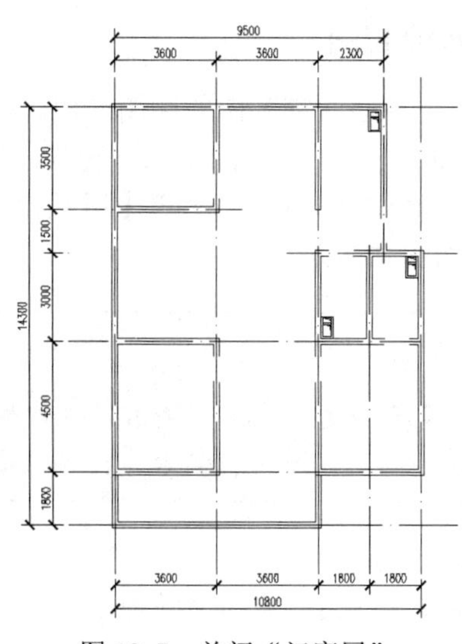

图 13-5　关闭“门窗层”

6）封闭缺口。

（1）设置图层。执行 LAYER 命令，打开【图层特性管理器】对话框，新建“封缺”图层，并将其置为当前图层。

要点提示

当然，这里也可以通过执行 EXTEND 命令或利用关键点拉伸方式实现封闭缺口，但利用新建图层的方式相对来说更好一些。

（2）执行 LINE，封闭缺口，形成地面铺装图中地面不同材料的分界线，结果如图 13-6 所示。

7）同样方式，完成套二户型住宅地面铺装图中地面不同材料的分界线的绘制，结果如图 13-7 所示。

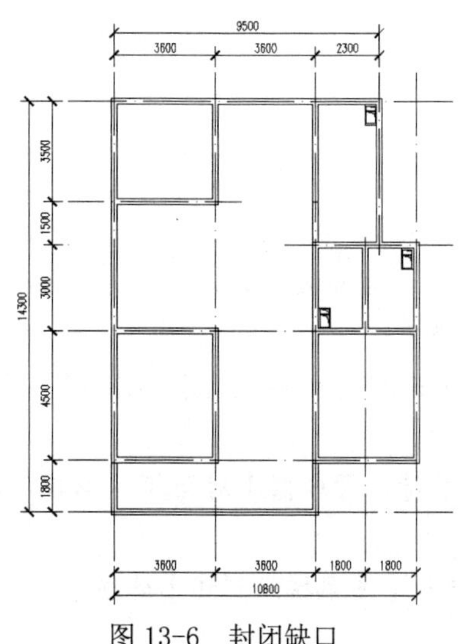

图 13-6　封闭缺口

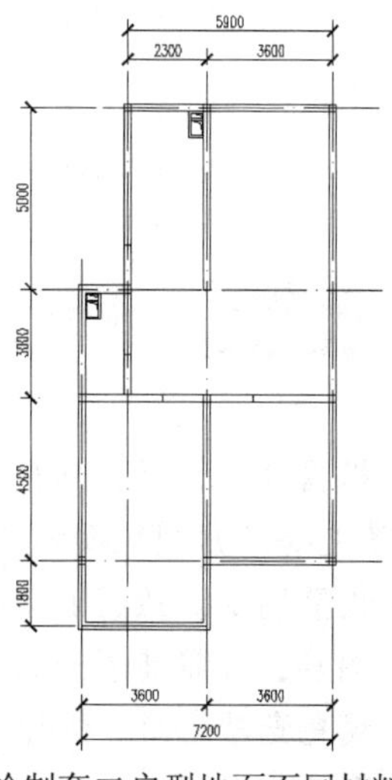

图 13-7　绘制套二户型地面不同材料的分界线

13.2.2 绘制住宅地面铺装图

下面将通过实例详细讲述住宅地面铺装图的绘图过程。

【案例 13-2】 接上例，绘制如图 13-1 所示的套二、套三户型地面铺装图。

1）设置套三户型图层。执行 LAYER 命令，打开【图层特性管理器】对话框，新建“地面”图层，并将其置为当前图层。

> **要点提示**
>
> 现代住宅地面铺装采用瓷砖、复合地板、实木复合地板、实木地板等材质，随着人们生活水平的提高，使用实木复合地板、实木地板等材质的越来越多。

2）标注套三户型各处地面材质。

（1）设置图层。将“文字标注”图层置为当前图层。

（2）执行 MTEXT 命令，AutoCAD 提示如下。

```
命令: _mtext 当前文字样式: "样式 1"  文字高度: 10  注释性: 否
指定第一角点:                //单击一点，指定第一角点，打开【文字编辑器】对话框
指定对角点或 [高度(H)/对正(J)/行距(L)/旋转(R)/样式(S)/宽度(W)/栏(C)]: h
                             //选择“高度(H)”选项
指定高度 <10>: 3             //指定高度
指定对角点或 [高度(H)/对正(J)/行距(L)/旋转(R)/样式(S)/宽度(W)/栏(C)]:
                             //输入文字，如图 13-8 所示
```

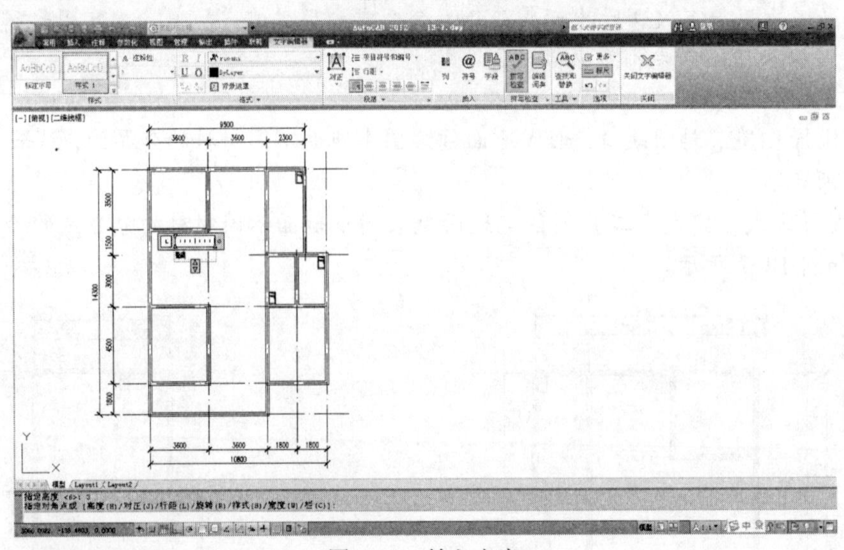

图 13-8 输入文字

（3）根据设计需求，同样方式标注其他各处地面材质文字，结果如图 13-9 所示。

3）填充套三户型地面材质。

（1）设置图层。执行 LAYER 命令，打开【图层特性管理器】对话框，新建“填充线”图层，并将其置为当前图层。

（2）填充瓷砖地面。执行 HATCH 命令，打开进入【图案填充创建】选项卡，如图 13-10 所示。

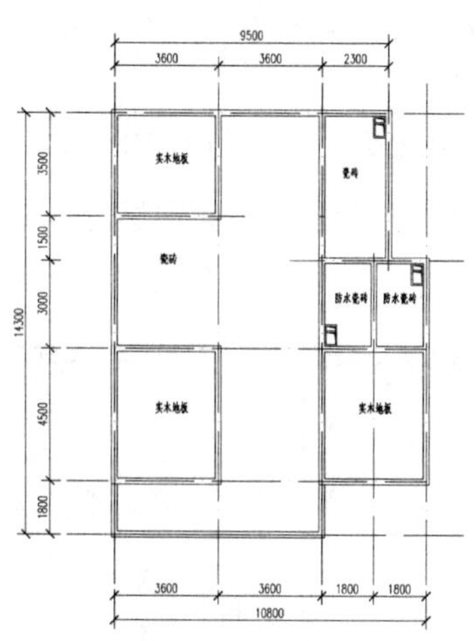

图 13-9　标注其他各处地面材质文字

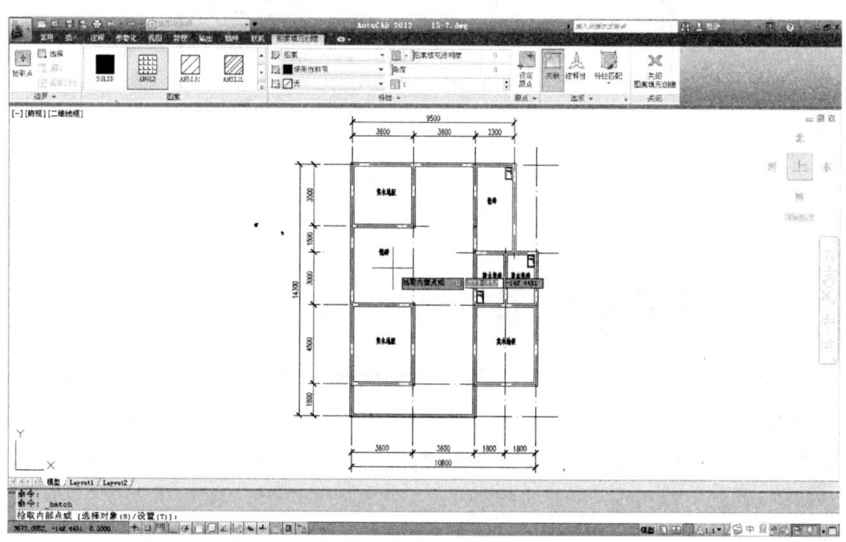

图 13-10 【图案填充创建】选项卡

（3）依次单击铺设瓷砖的地面，结果如图 13-11 所示。

（4）填充防水瓷砖地面。执行 HATCH 命令，用“ANSI37”填充，结果如图 13-12 所示。

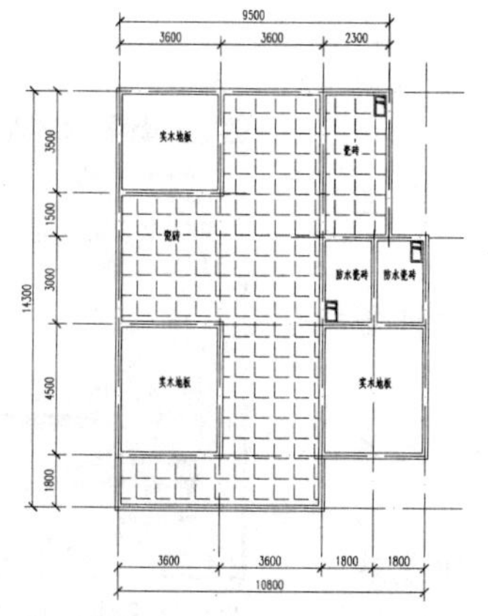

图 13-11　填充瓷砖地面

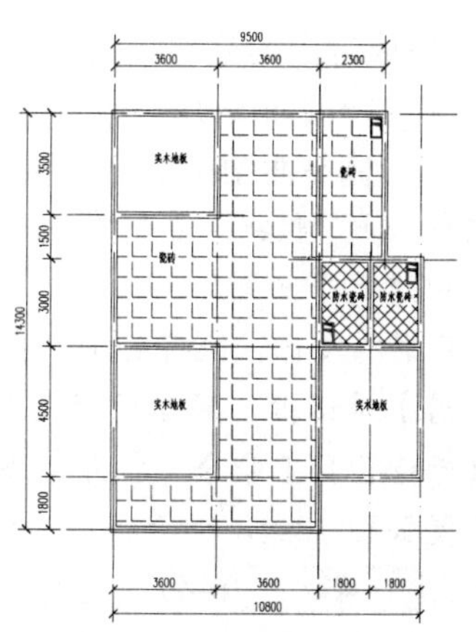

图 13-12　填充防水瓷砖地面

(5) 填充实木地板地面。执行 HATCH 命令，用“AR-BRATD”填充，填充比例为“0.05”，结果如图 13-1 左图所示。

4) 同样方式，填充套二户型地面，结果如图 13-1 右图所示。

网络视频教学：将下面的总经理办公室平面图进行地面设计，参考结果如图所示。

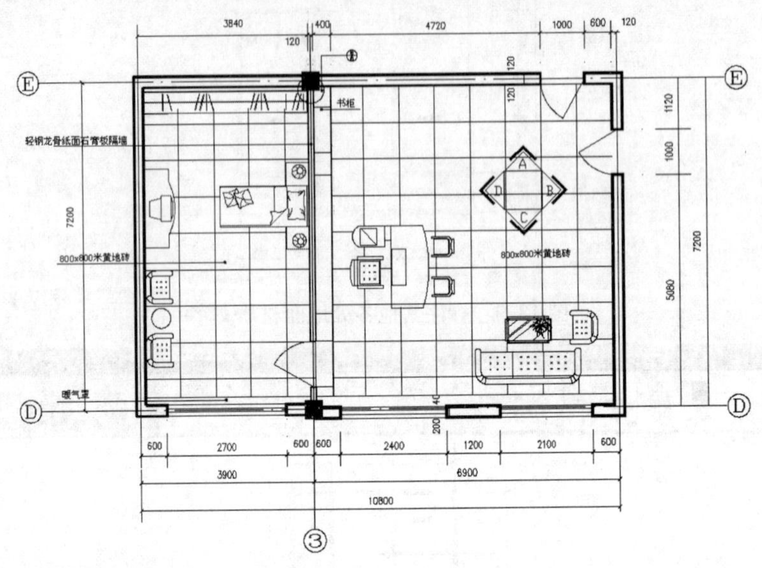

13.3 住宅顶棚平面图

顶棚平面图应包括装饰装修楼层的顶棚总平面图、顶棚布置图等。顶棚总平面图应全面反映各楼层顶棚平面的总体情况，包括顶棚造型、顶棚装饰、灯具布置、消防设施及其他设备布置等内容，应标明需做特殊要求的部位。顶棚布置图可包括顶棚造型布置图、顶棚灯具及设施布置图、顶棚布置放大图等。

本节通过绘制图 13-2 所示的实例具体讲述住宅顶棚平面图的绘图过程。其间，将学习顶棚平面图、各种灯具剖面图和标高图的绘制。

13.3.1 绘图前准备

这里先完成地面的分界线的绘制。

【案例 13-3】 绘制如图 13-1 所示的套二、套三户型住宅顶棚平面图中的分界线。

1) 执行 COPY 命令，复制案例 12-1 绘制的套二、套三户型建筑平面图。

2) 打开副本文件，执行 LAYER 命令，打开【图层特性管理器】对话框，显示所有图层。

3) 执行 QSELECT 命令，打开【快速选择】对话框，具体设置如图 13-13 所示。

4) 单击 确定 按钮，完成对“标注”图层的快速选择，结果如图 13-14 所示。

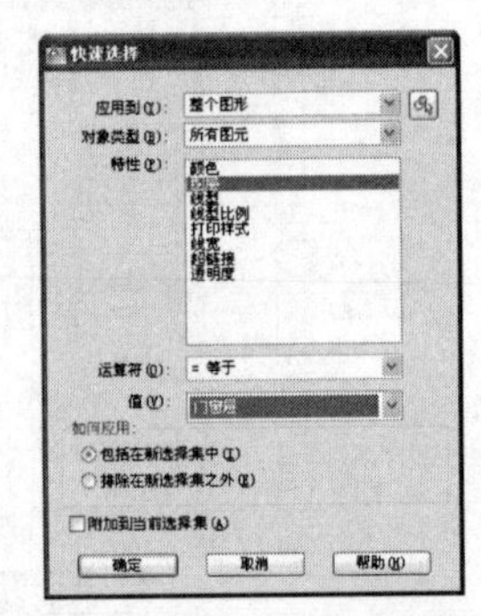

图 13-13 【快速选择】对话框

5）执行 ERASE 命令，完成删除，结果如图 13-15 所示。

要点提示

绘制顶棚平面图时，这是另一种将前面绘制的室内建筑平面图作为绘制顶棚平面图的基础图的方法，同样可以大大减少绘图的工作量。

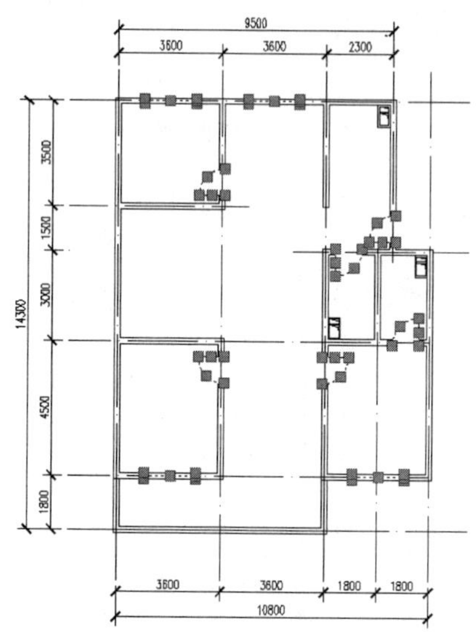

图 13-14 快速选择对象

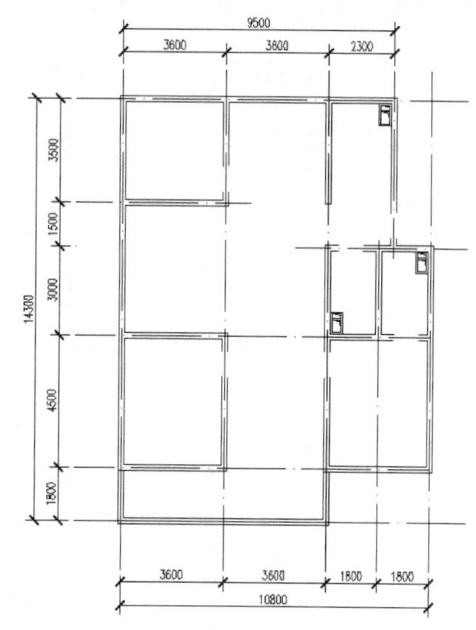

图 13-15 删除“标注”图层

6）单击快速访问工具栏上的按钮，打开【图形另存为】对话框，在【图形另存为】文本框中输入“套三户型顶棚平面图”。

7）单击 保存(S) 按钮，完成“套三户型顶棚平面图.dwg”文件的保存。

8）封闭缺口。

（1）单击要延伸的线段，如图 13-16 所示。

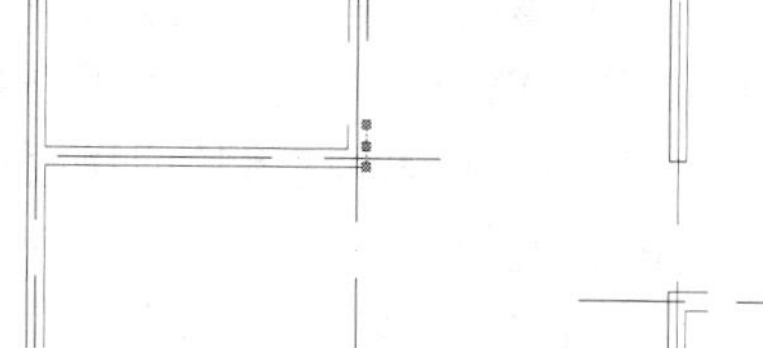
图 13-16 单击要延伸的线段

（2）单击最边上的控制点，控制点变成红色。

（3）拖动该控制点到另一条线段的端点，如图 13-17 所示。按 ESC 键，即可实现将墙体线封闭的目的。结果如图 13-18 所示。

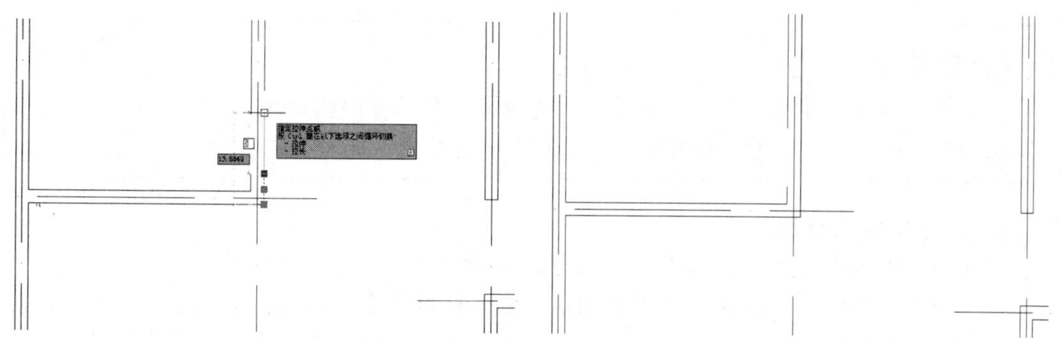
图 13-17 拖动该控制点到另一条线段的端点

图 13-18 封闭墙体线

要点提示

这里利用关键点拉伸方式实现封闭缺口。同样道理，也可以通过执行 EXTEND 命令来实现。

（4）同样方式封闭其他缺口，封闭后的效果如图 13-19 所示。

9）同样方式，完成套二户型住宅顶棚平面图中分界线的绘制，结果如图 13-20 所示。

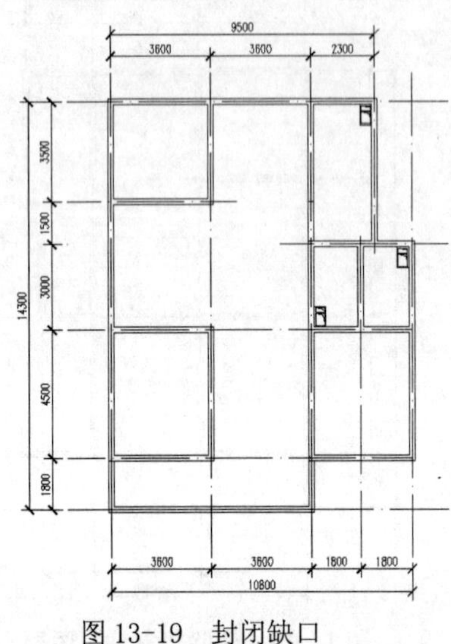

图 13-19 封闭缺口

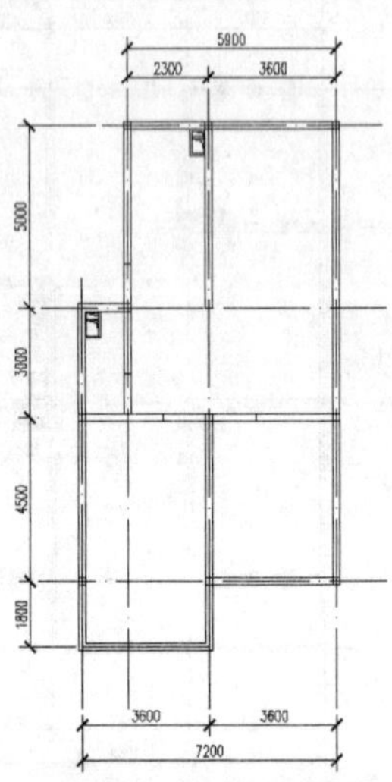

图 13-20 绘制套二户型顶棚平面图分界线

13.3.2 绘制住宅顶棚平面图

常用顶棚有以下两类：

（1）露明顶棚，屋顶或楼板层的结构直接表露于室内空间。现代建筑常采用钢筋混凝土井字梁或钢管网架，以表现结构美。

（2）吊顶棚，在屋顶或楼板层结构下另挂一顶棚。可节约能源，并可在结构层与吊顶棚之间布置管线。

下面将通过实例详细讲述住宅顶棚平面图的绘图过程。

【案例 13-4】 接上例，绘制如图 13-1 所示的套三户型顶棚平面图。

1）设置套三户型图层。执行 LAYER 命令，打开【图层特性管理器】对话框，新建“顶棚”图层，并将其置为当前图层。

要点提示

室内空间上部的结构层或装修层，为室内美观及保温隔热的需要，多数设顶棚（吊顶），把屋面的结构层隐蔽起来，以满足室内使用要求。又称天花、天棚、平顶。

2）区分墙体线和天花板。

（1）执行 MLSTYLE 命令，打开【多线样式】对话框，如图 13-21 所示。

（2）单击 新建(N)... 按钮，弹出【创建新的多线样式】对话框，如图 13-22 所示。在【新样式名】文本框中输入新样式名“辅助”，此时因为只有一个多线样式，所以

【基础样式】下拉列表为灰色。

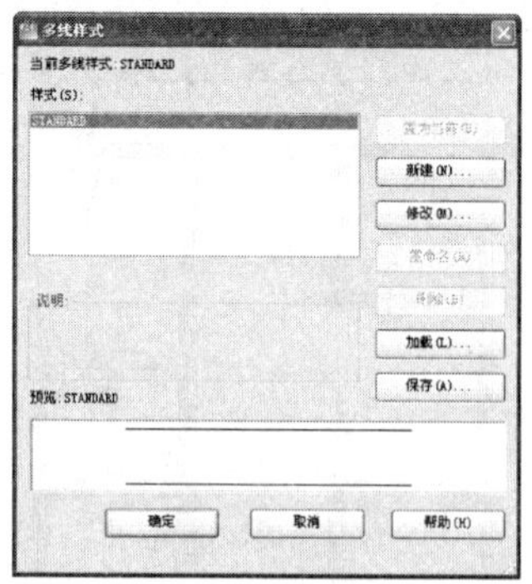

图 13-21 【多线样式】对话框

图 13-22 【创建新的多线样式】对话框

（3）单击 继续 按钮，打开【新建多线样式】对话框，如图 13-23 所示。

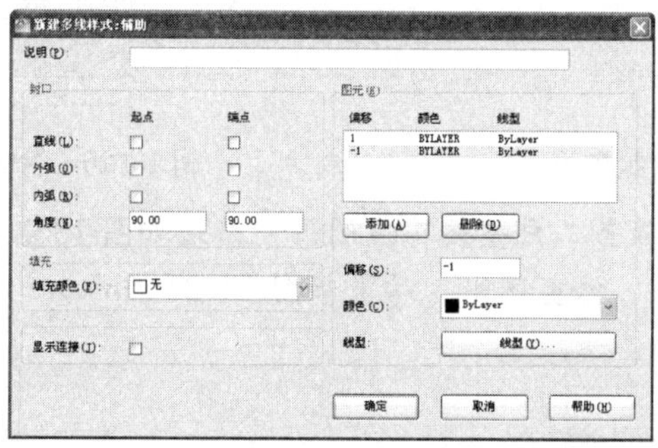

图 13-23 【新建多线样式】对话框

（4）单击 确定 按钮，返回【多线样式】对话框，单击 置为当前(U) 按钮，使新样式成为当前样式。

（5）单击 确定 按钮，关闭【多线样式】对话框。

（6）执行 MLINE 命令，AutoCAD 提示如下。

```
命令: ML                                        //输入 ML，执行 MLINE 命令
MLINE
当前设置: 对正 = 无，比例 = 1.00，样式 = 辅助
指定起点或 [对正(J)/比例(S)/样式(ST)]: j          //选择“对正(J)”选项
输入对正类型 [上(T)/无(Z)/下(B)] <无>: b          //选择“下(B)”选项
当前设置: 对正 = 下，比例 = 1.00，样式 = 辅助
指定起点或 [对正(J)/比例(S)/样式(ST)]: s          //选择“比例(S)”选项
输入多线比例 <1.00>: 0.5                         //输入多线比例
当前设置: 对正 = 下，比例 = 0.50，样式 = 辅助
指定起点或 [对正(J)/比例(S)/样式(ST)]:            //指定多线起点
指定下一点:                                       //按逆时针方向选择第二点
指定下一点或 [放弃(U)]:
指定下一点或 [闭合(C)/放弃(U)]:
指定下一点或 [闭合(C)/放弃(U)]:
指定下一点或 [闭合(C)/放弃(U)]:
指定下一点或 [闭合(C)/放弃(U)]: c                //选择“闭合(C)”选项
```

结果如图 13-24 所示。

（7）执行 EXPLODE 命令，分解刚绘制的多线。

（8）执行 ERASE 命令，删除与墙体线重合的线段。

（9）同样方式，绘制其他天花板图形，结果如图 13-25 所示。

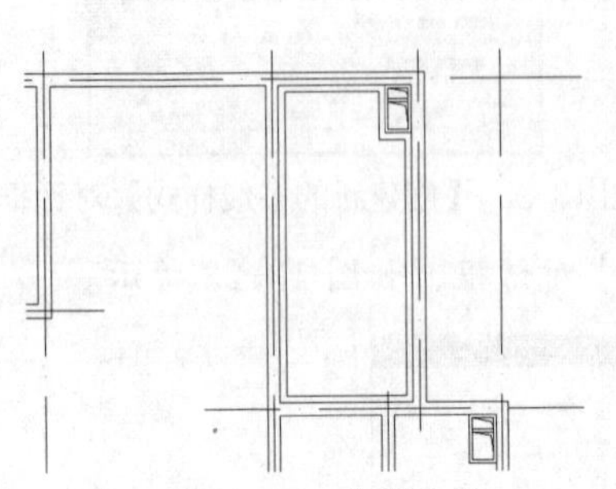

图 13-24　绘制多线

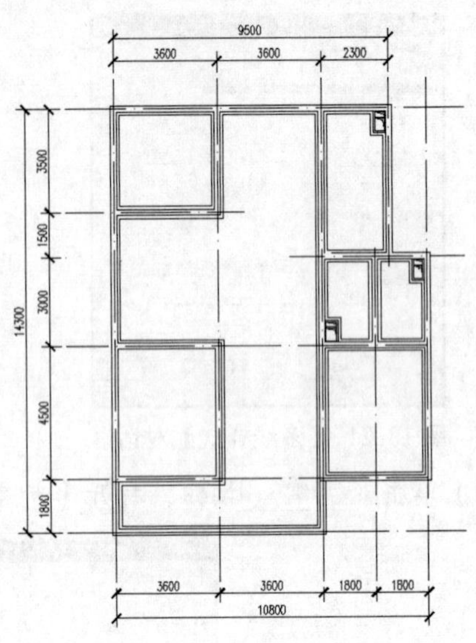

图 13-25　绘制其他天花板图形

（10）同样方式，绘制套二户型天花板图形，结果如图 13-26 所示。

（11）执行 TRIM 命令，修剪图形，结果如图 13-27 所示。

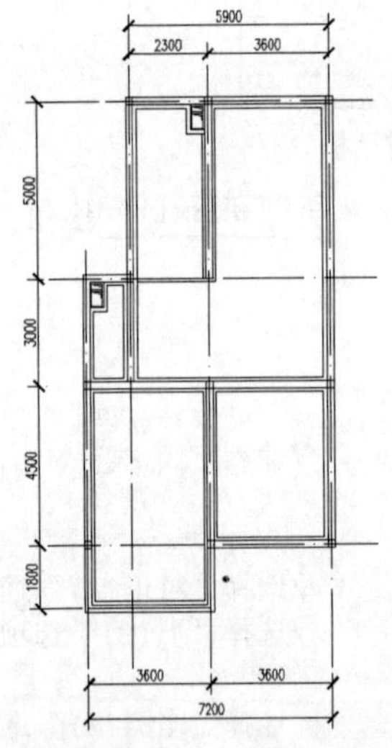

图 13-26　绘制套二户型天花板图形

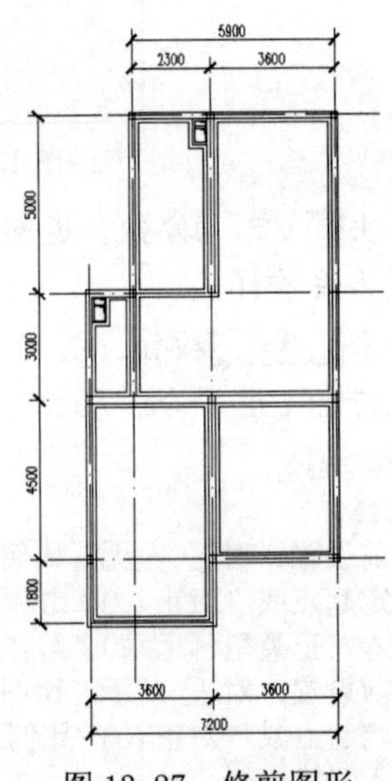

图 13-27　修剪图形

3）绘制窗帘。

（1）设置图层。执行 LAYER 命令，打开【图层特性管理器】对话框，新建“窗帘”图层，并将其置为当前图层。

（2）执行 SPLINE 命令，AutoCAD 提示如下。

```
命令: SPL                              //输入 SPL，执行 SPLINE 命令
SPLINE
当前设置: 方式=拟合     节点=弦
指定第一个点或 [方式(M)/节点(K)/对象(O)]: _M
输入样条曲线创建方式 [拟合(F)/控制点(CV)] <拟合>: _FIT
当前设置: 方式=拟合     节点=弦
```

指定第一个点或 [方式(M)/节点(K)/对象(O)]:
输入下一个点或 [起点切向(T)/公差(L)]:
输入下一个点或 [端点相切(T)/公差(L)/放弃(U)]: //指定下一个点，如图 13-28 所示
输入下一个点或 [端点相切(T)/公差(L)/放弃(U)/闭合(C)]:
输入下一个点或 [端点相切(T)/公差(L)/放弃(U)/闭合(C)]: U
//如果不合适，可以选择“放弃(U)”选项，也可单击右键，选择“放弃(U)”选项，如图 13-29 所示
输入下一个点或 [端点相切(T)/公差(L)/放弃(U)]:
输入下一个点或 [端点相切(T)/公差(L)/放弃(U)/闭合(C)]:
输入下一个点或 [端点相切(T)/公差(L)/放弃(U)/闭合(C)]:

结果如图 13-30 所示。

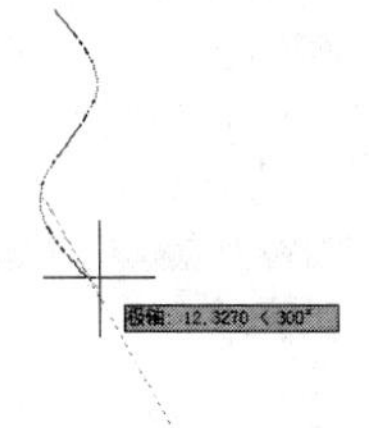

图 13-28 指定下一个点

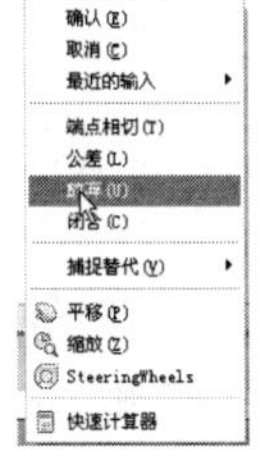

图 13-29 选择“放弃(U)”选项

图 13-30 绘制窗帘

(3) 执行 MOVE 命令，移动多段线到合适位置，如图 13-31 所示。

(4) 执行 MIRROR 命令，镜像绘制的窗帘，如图 13-32 所示。

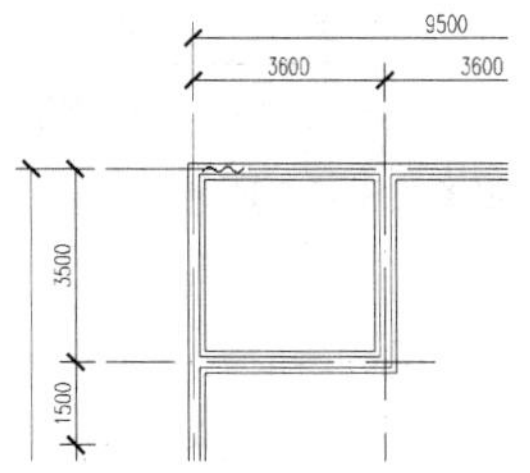

图 13-31 移动多段线到合适位置

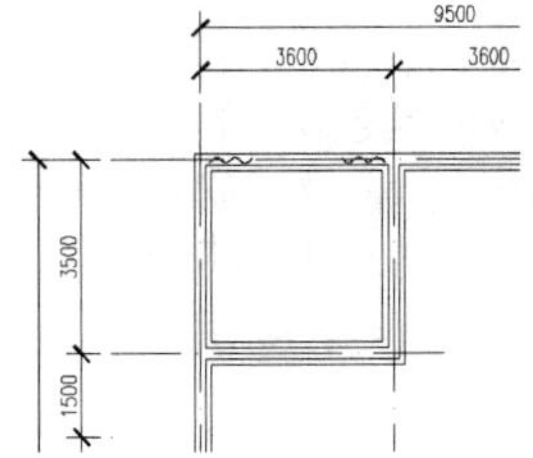

图 13-32 镜像绘制的窗帘

(5) 执行 COPY 命令，完成套三户型其他窗帘的绘制，如图 13-33 所示。

(6) 同样方式，完成套二户型窗帘的绘制，如图 13-34 所示。

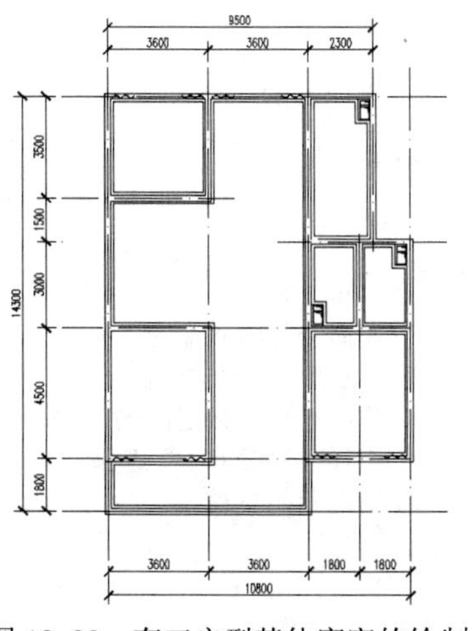

图 13-33 套三户型其他窗帘的绘制

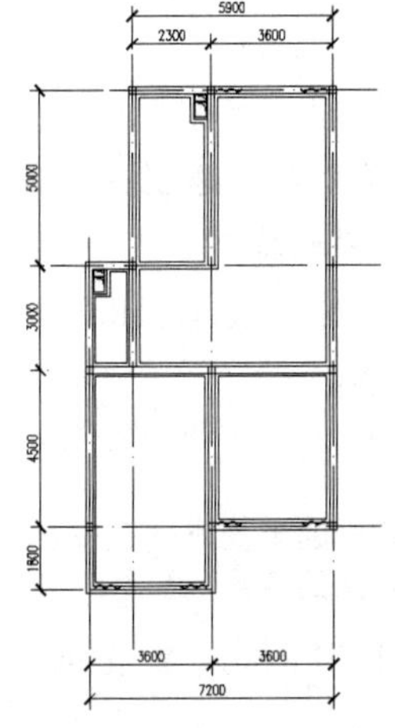

图 13-34 完成套二户型窗帘的绘制

4) 设置图层。执行 LAYER 命令，打开【图层特性管理器】对话框，新建“灯具”图

层，并将其置为当前图层。

5）绘制筒灯剖面图。

要点提示

在天花板绘制好之后，应在其上布置灯光。有的房间布置一盏灯，有的则布置多盏不同的灯。

（1）绘圆。执行 CIRCLE 命令，AutoCAD 提示如下。

```
命令: C                                                   //在命令行输入命令
CIRCLE 指定圆的圆心或 [三点(3P)/两点(2P)/切点、切点、半径(T)]:
                                                          //单击一点，指定圆的圆心
指定圆的半径或 [直径(D)] <75.0000>: d                     //选择"直径(D)"选项
指定圆的直径 <150.0000>: 1.5 //指定圆的直径
```

（2）设置捕捉模式。执行 DSETTINGS 命令，打开【草图设置】对话框，选择【对象捕捉】选项卡，选中“象限点”捕捉模式，如图 13-35 所示。单击 确定 按钮，关闭【草图设置】对话框。

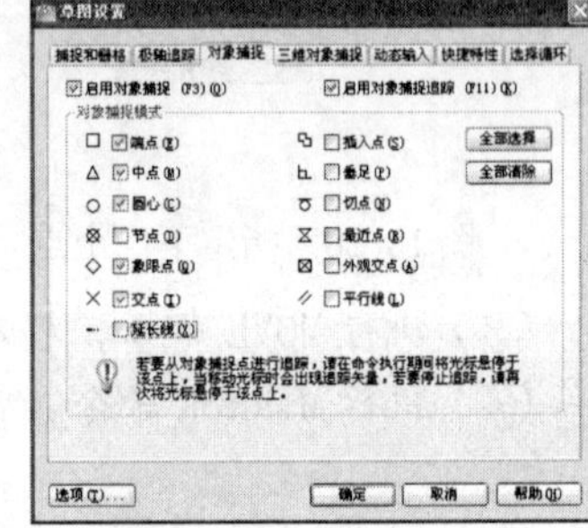

图 13-35 【对象捕捉】选项卡

（3）在圆中绘制“十”字形。执行 LINE 命令，AutoCAD 提示如下。

```
命令: l                      //在命令行输入命令
LINE 指定第一点:             //捕捉圆左边象限点
指定下一点或 [放弃(U)]:      //捕捉圆右边象限点，如图 13-36 所示
指定下一点或 [放弃(U)]:
```

结果如图 13-37 所示。

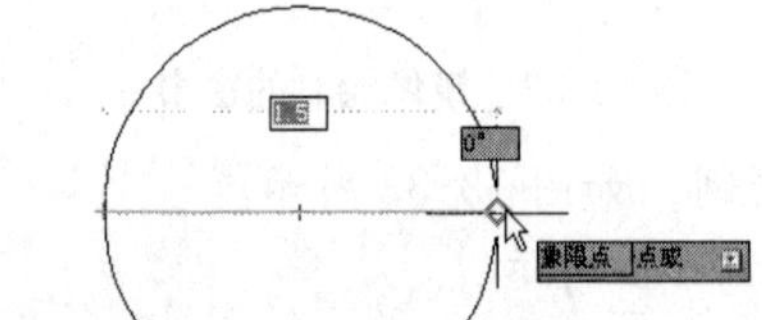

图 13-36 捕捉圆右边象限点

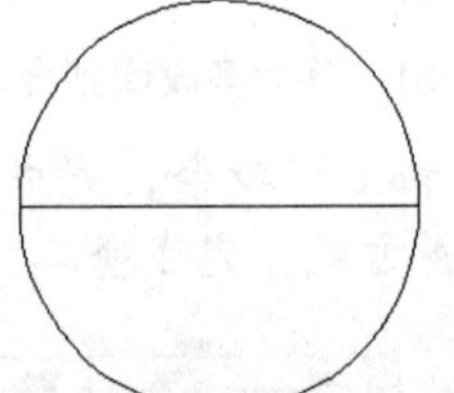

图 13-37 绘制水平线

（4）同样方式，绘制另一条线段，结果如图 13-38 所示。

6）绘制防水筒灯。

（1）绘制圆。执行 CIRCLE 命令，AutoCAD 提示如下。

```
命令: C                                          //在命令行输入命令
CIRCLE 指定圆的圆心或 [三点(3P)/两点(2P)/切点、切点、半径(T)]:
                                                 //单击一点，指定圆的圆心
指定圆的半径或 [直径(D)] <75.0000>: d            //选择"直径(D)"选项
指定圆的直径 <150.0000>: 1.5                     //指定圆的直径
```

（2）按 ENTER 键，重复执行命令，AutoCAD 提示如下。

```
命令:
CIRCLE                                           //按 ENTER 键，重复执行命令
指定圆的圆心或 [三点(3P)/两点(2P)/切点、切点、半径(T)]:
```

```
                                              //捕捉圆心，指定圆的圆心
指定圆的半径或 [直径(D)] <0.7500>: 1         //指定圆的半径
```

结果如图 13-39 所示。

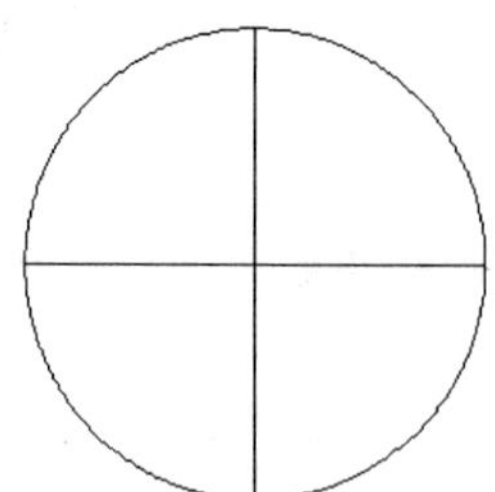

图 13-38　在圆中绘制“十”字形

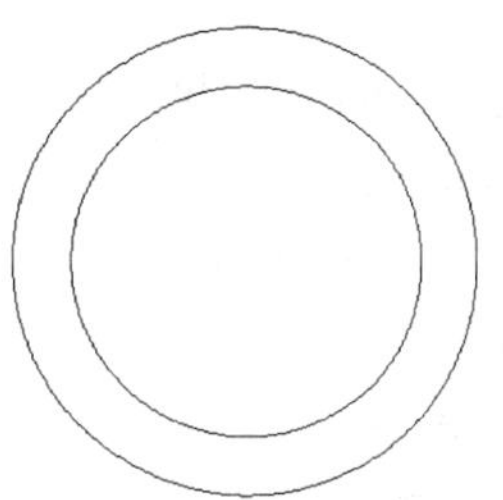

图 13-39　重复执行命令

（3）按上述筒灯的绘制方法，捕捉外圆的象限点，绘制十字形，结果如图 13-40 所示。

（4）执行 ERASE 命令，删除外圆，结果如图 13-41 所示。

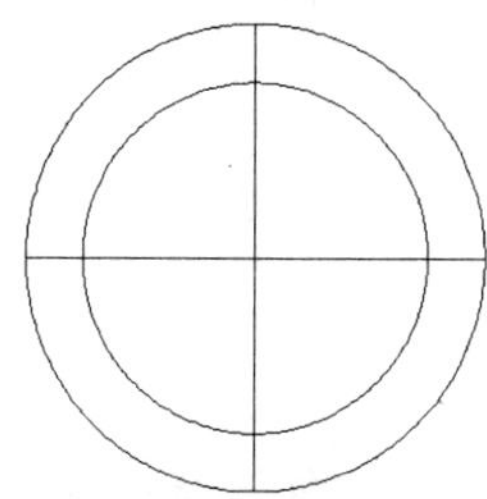

图 13-40　绘制十字形

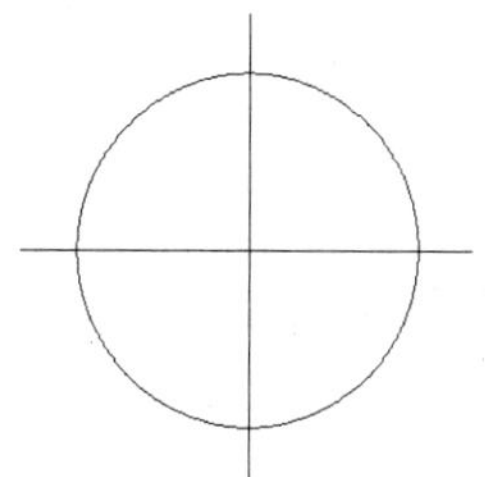

图 13-41　删除外圆

（5）执行 RECTANGLE 命令，AutoCAD 提示如下。

```
命令: _rectangle
指定第一个角点或 [倒角(C)/标高(E)/圆角(F)/厚度(T)/宽度(W)]:
                //利用极轴追踪、极轴追踪捕捉指定第一个角点，如图 13-42 所示
指定另一个角点或 [面积(A)/尺寸(D)/旋转(R)]:
                //利用极轴追踪、极轴追踪捕捉指定另一个角点，如图 13-43 所示
```

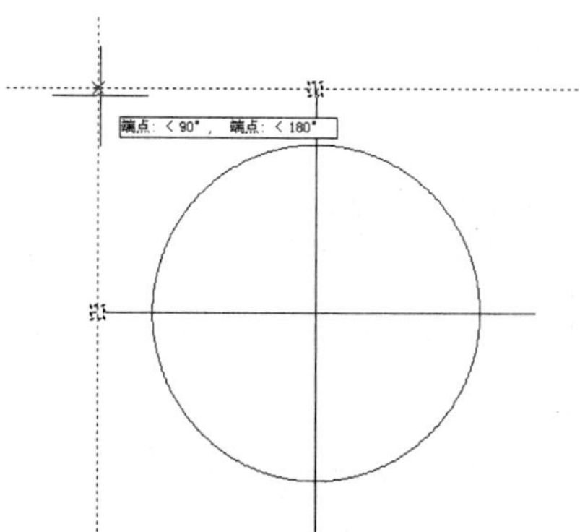

图 13-42　利用极轴追踪、极轴追踪捕捉指定第一个角点

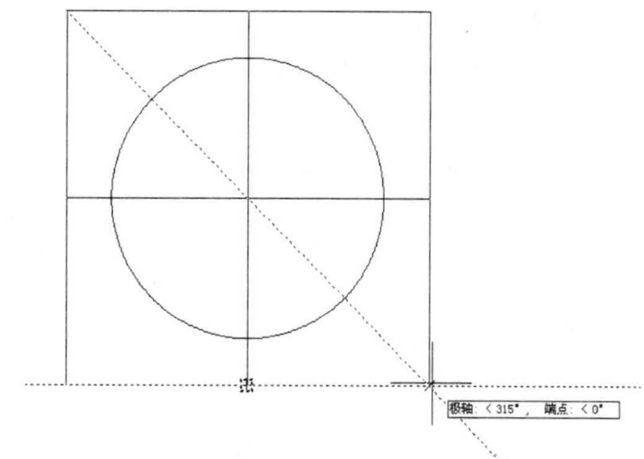

图 13-43　利用极轴追踪、极轴追踪捕捉指定另一个角点

结果如图 13-44 所示。

（6）执行 OFFSET 命令，AutoCAD 提示如下。

```
命令: _offset
当前设置: 删除源=否  图层=源  OFFSETGAPTYPE=0
```

```
指定偏移距离或 [通过(T)/删除(E)/图层(L)] <0.2500>:0.2500
                                                        //指定偏移距离
选择要偏移的对象，或 [退出(E)/放弃(U)] <退出>:           //选择矩形
指定要偏移的那一侧上的点，或 [退出(E)/多个(M)/放弃(U)] <退出>:
                                                        //单击矩形外一点
选择要偏移的对象，或 [退出(E)/放弃(U)] <退出>:
```

结果如图 13-45 所示。

（7）执行 ERASE 命令，删除里面的矩形，完成防水筒灯的绘制，最终结果如图 13-46 所示。

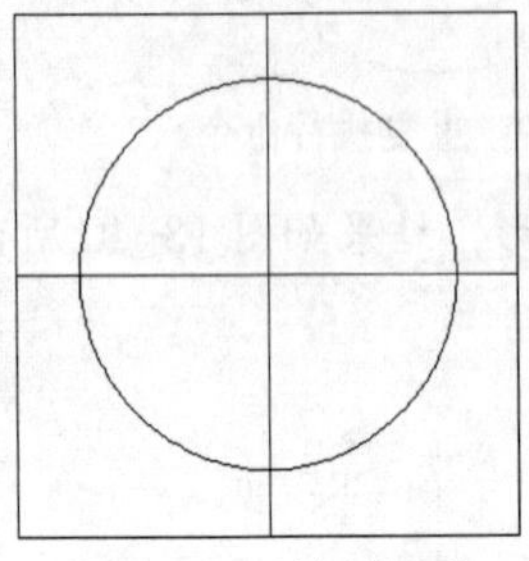
图 13-44　绘制矩形

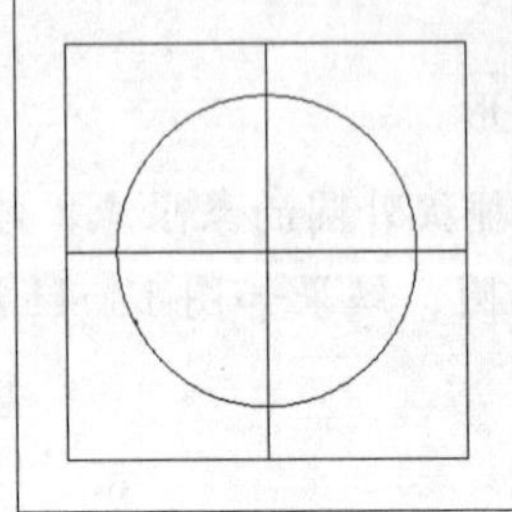
图 13-45　偏移图形

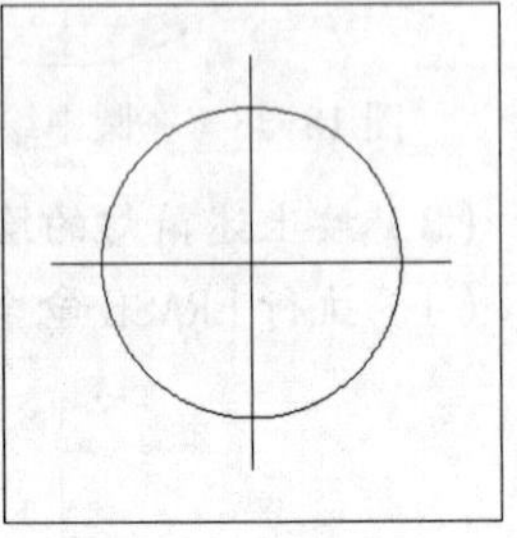
图 13-46　防水筒灯

7）绘制筒式造型灯。

（1）执行 CIRCLE 命令，AutoCAD 提示如下。

```
命令: C                                             //在命令行输入命令
CIRCLE
指定圆的圆心或 [三点(3P)/两点(2P)/切点、切点、半径(T)]:
                                                    //单击一点，指定圆的圆心
指定圆的半径或 [直径(D)] <1.0000>: 0.5              //指定圆的半径
命令:                                               //按ENTER键，重复执行命令
CIRCLE 指定圆的圆心或 [三点(3P)/两点(2P)/切点、切点、半径(T)]:
                                                    //捕捉圆心，指定圆的圆心
指定圆的半径或 [直径(D)] <0.5000>: 0.75             //指定圆的半径
```

结果如图 13-47 所示。

（2）执行 RECTANGLE 命令，AutoCAD 提示如下。

```
命令: _rectangle
指定第一个角点或 [倒角(C)/标高(E)/圆角(F)/厚度(T)/宽度(W)]:
                //利用极轴追踪、极轴追踪捕捉指定第一个角点，如图 13-48 所示
指定另一个角点或 [面积(A)/尺寸(D)/旋转(R)]:
                //利用极轴追踪、极轴追踪捕捉指定另一个角点，如图 13-49 所示
```

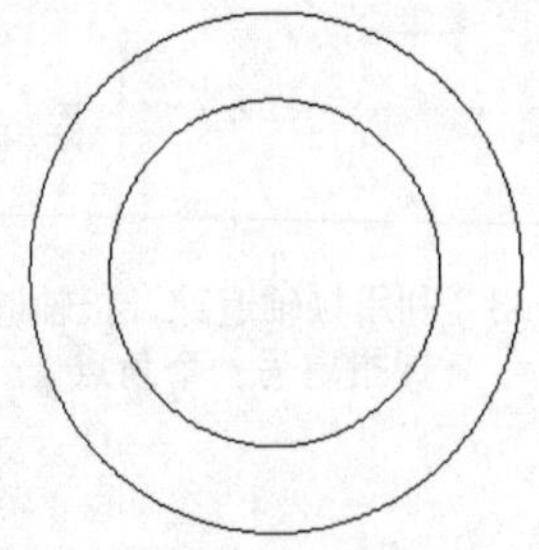
图 13-47　绘圆

图 13-48　绘制矩形第一个角点

结果如图 13-50 所示。

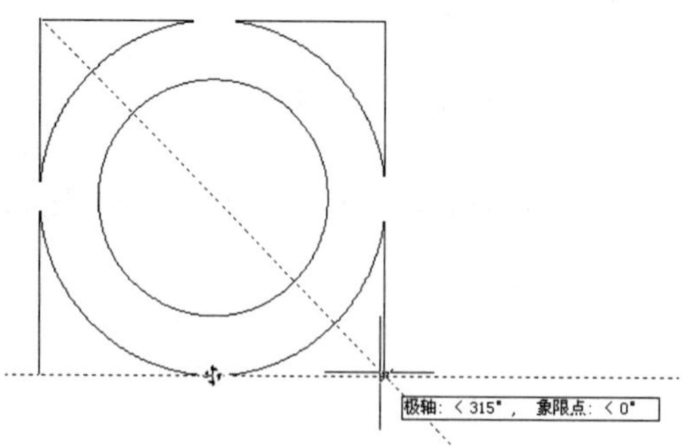

图 13-49 绘制矩形另一个角点

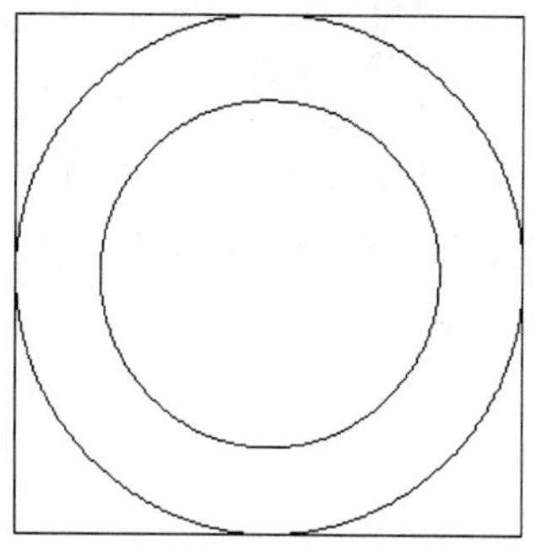

图 13-50 完成矩形的绘制

（3）执行 OFFSET 命令，AutoCAD 提示如下。

```
命令: _offset
当前设置: 删除源=否  图层=源  OFFSETGAPTYPE=0
指定偏移距离或 [通过(T)/删除(E)/图层(L)] <0.2500>:
                                        //指定偏移距离
选择要偏移的对象，或 [退出(E)/放弃(U)] <退出>:    //选择矩形
指定要偏移的那一侧上的点，或 [退出(E)/多个(M)/放弃(U)] <退出>:
                                        //单击矩形外一点
选择要偏移的对象，或 [退出(E)/放弃(U)] <退出>:
```

结果如图 13-51 所示。

（4）执行 ERASE 命令，删除里面的矩形，完成筒式造型灯的绘制，最终结果如图 13-52 所示。

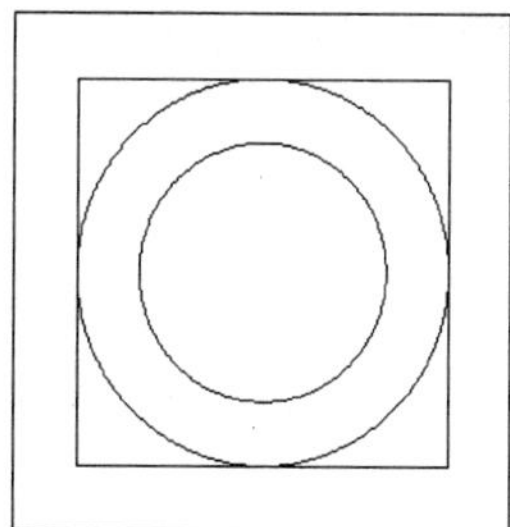

图 13-51 偏移矩形

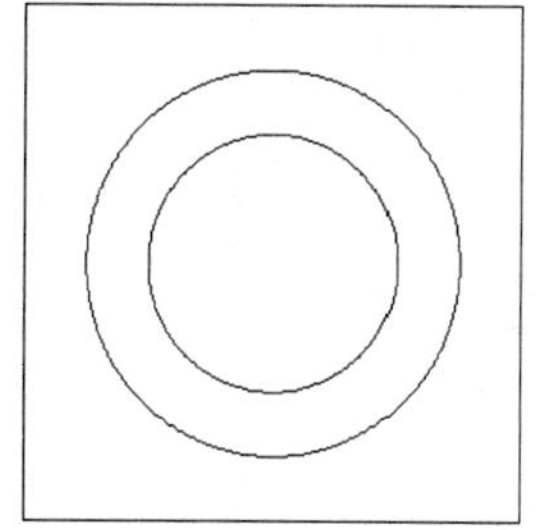

图 13-52 筒式造型灯

8）绘制吸顶灯。

（1）执行 COPY 命令，复制防水筒灯，如图 13-53 所示。

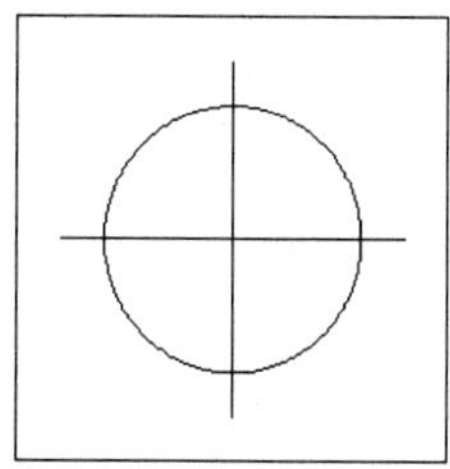

图 13-53 复制防水筒灯

（2）执行 SCALE 命令，AutoCAD 提示如下。

```
命令: SC
SCALE
```

```
选择对象: 指定对角点: 找到 5 个            //选择对象
选择对象:
指定基点:                                 //捕捉圆心, 指定基点
指定比例因子或 [复制(C)/参照(R)]: 2   //指定比例因子
```

结果如图 13-54 所示。也就是说，吸顶灯的图形与防水筒灯形式相同，但其图形要比防水筒灯大一倍。

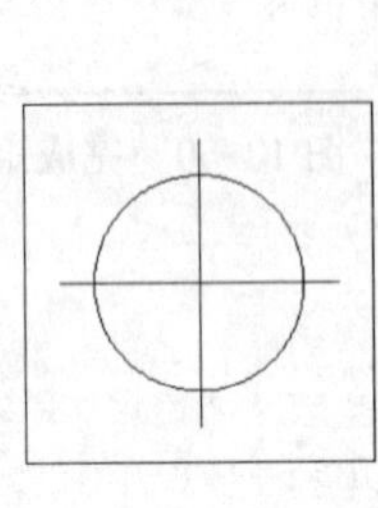
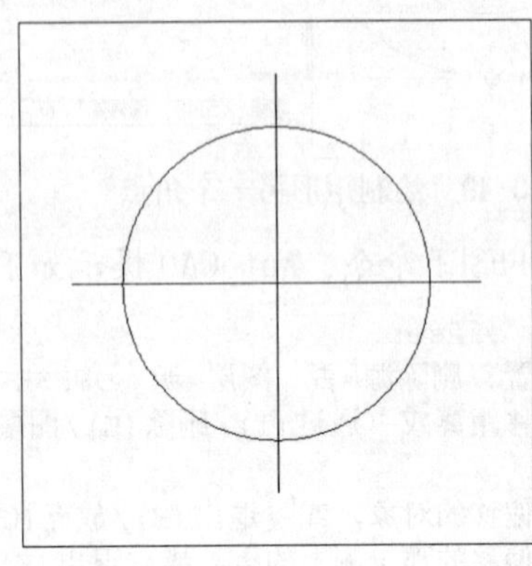

图 13-54　缩放防水筒灯完成吸顶灯绘制

9）布置灯具。

要点提示

灯具绘制好后，就可以利用复制命令将它们布置在不同的房间中，当然也可以先把它们做成图块，然后利用插入图块的方式实现灯具的布置。

（1）执行 COPY 命令，AutoCAD 提示如下。

```
命令: CO
COPY
选择对象: 指定对角点: 找到 4 个                              //选择筒灯对象
选择对象:
当前设置:   复制模式 = 多个
指定基点或 [位移(D)/模式(O)] <位移>:                        //捕捉筒灯圆心, 指定基点
指定第二个点或 [阵列(A)] <使用第一个点作为位移>: a        //选择"阵列(A)"选项
输入要进行阵列的项目数: 2                                    //输入要进行阵列的项目数
指定第二个点或 [布满(F)]:
                    //利用极轴追踪、极轴捕捉追踪, 指定第二个点, 如图 13-55 所示
指定第二个点或 [阵列(A)/退出(E)/放弃(U)] <退出>: a        //选择"阵列(A)"选项
输入要进行阵列的项目数: 3                                    //输入要进行阵列的项目数
指定第二个点或 [布满(F)]:
                    //利用极轴追踪、极轴捕捉追踪, 指定第二个点, 如图 13-56 所示
指定第二个点或 [阵列(A)/退出(E)/放弃(U)] <退出>:
                    //利用极轴追踪、极轴捕捉追踪, 指定第二个点, 如图 13-57 所示
指定第二个点或 [阵列(A)/退出(E)/放弃(U)] <退出>:
                    //利用极轴追踪、极轴捕捉追踪, 指定第二个点, 如图 13-58 所示
指定第二个点或 [阵列(A)/退出(E)/放弃(U)] <退出>:
```

结果如图 13-59 所示。

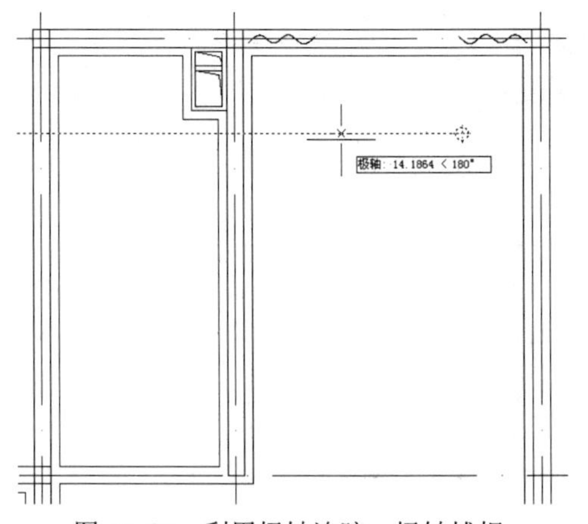

图 13-55　利用极轴追踪、极轴捕捉追踪，指定第二个点 1

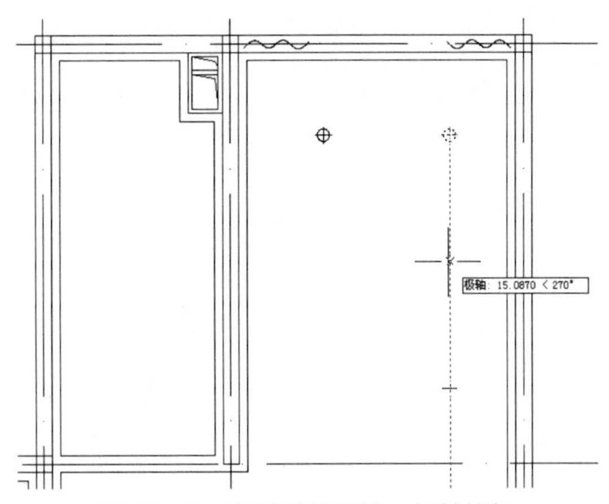

图 13-56　利用极轴追踪、极轴捕捉追踪，指定第二个点 2

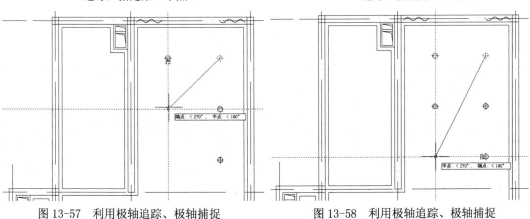

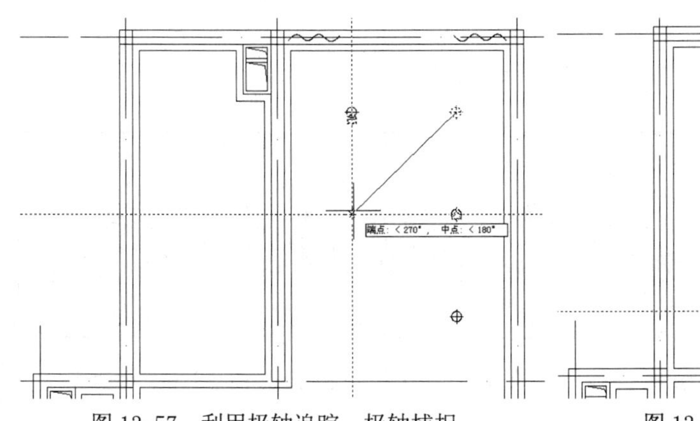

图 13-57　利用极轴追踪、极轴捕捉追踪，指定第二个点 3

图 13-58　利用极轴追踪、极轴捕捉追踪，指定第二个点 4

（2）用同样方式完成其他筒灯的布置，结果如图 13-60 所示。

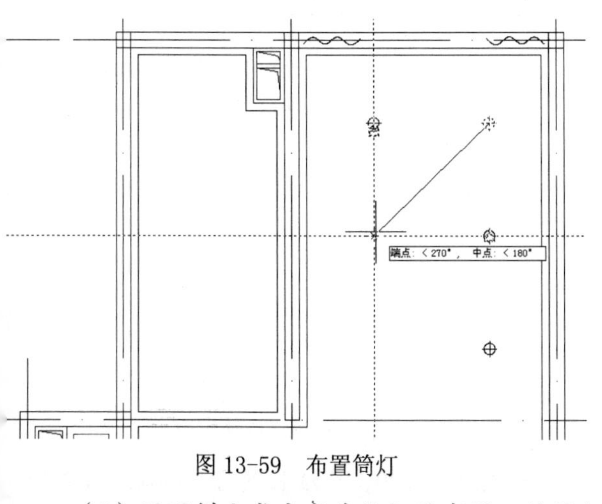

图 13-59　布置筒灯

图 13-60　完成其他筒灯的布置

（3）用同样方式完成其他灯的布置，结果如图 13-61 所示。

10）绘制标高符号。

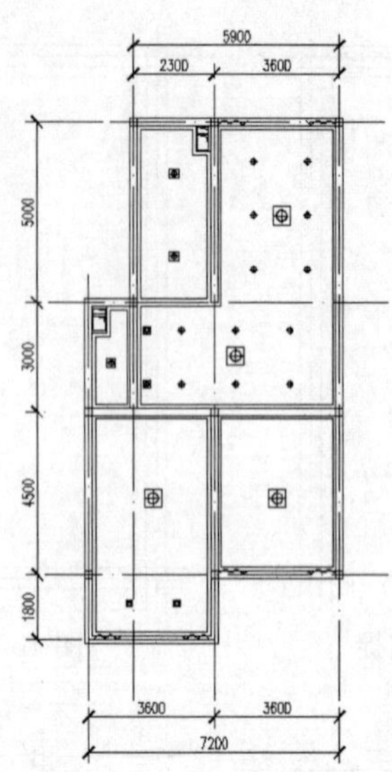

图 13-61　完成其他灯的布置

要点提示

根据建筑施工图绘制的相关规范，标高符号要用实细线绘制，为一等腰直角三角形，三角形高为 3mm，其直角尖角指向要标注的部位，标高数字写在长的横线之上或之下，单位为 m。

（1）执行 RECTANGLE 命令，绘制矩形，其长宽为 150～500mm，如图 13-62 所示。

（2）执行 ROTATE 命令，AutoCAD 提示如下。

```
命令: _rotate                                          //执行 ROTATE 命令
UCS 当前的正角方向:  ANGDIR=逆时针  ANGBASE=0
选择对象: 指定对角点: 找到 1 个                          //选择绘制的矩形
选择对象:
指定基点:                                              //捕捉矩形的左下角点为基点
指定旋转角度，或 [复制(C)/参照(R)] <0>:  45              //指定旋转角度
```

结果如图 13-63 所示。

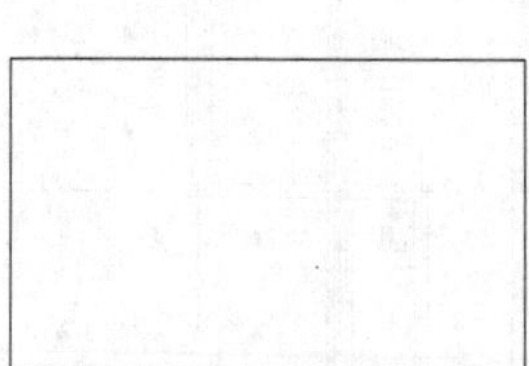

图 13-62　绘制矩形

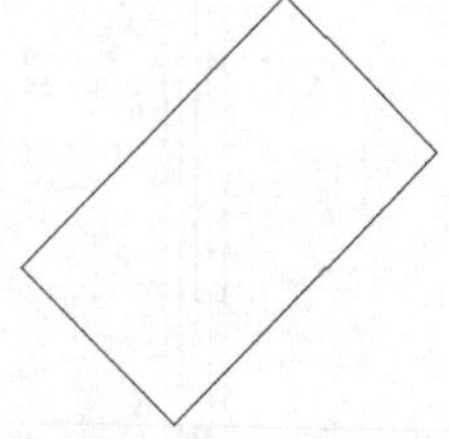

图 13-63　旋转矩形

（3）执行 LINE 命令，绘制垂直线段，图中比例为 1:100，线段长度为 300mm，结果如图 13-64 所示。

（4）执行 LINE 命令，绘制水平方向的线段，结果如图 13-65 所示。

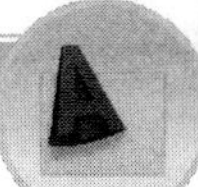

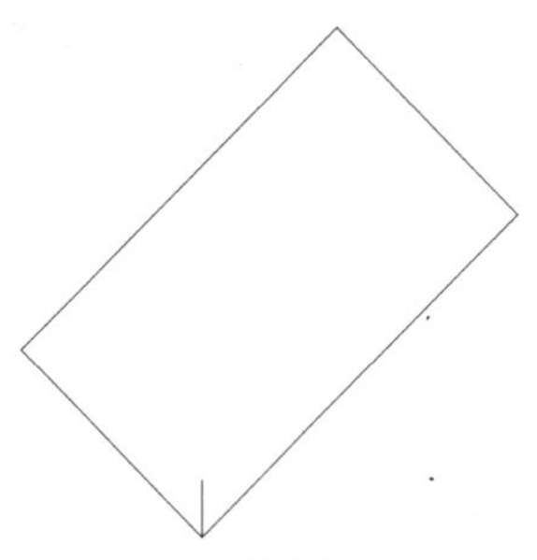

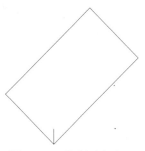

图 13-64 绘制垂直线段

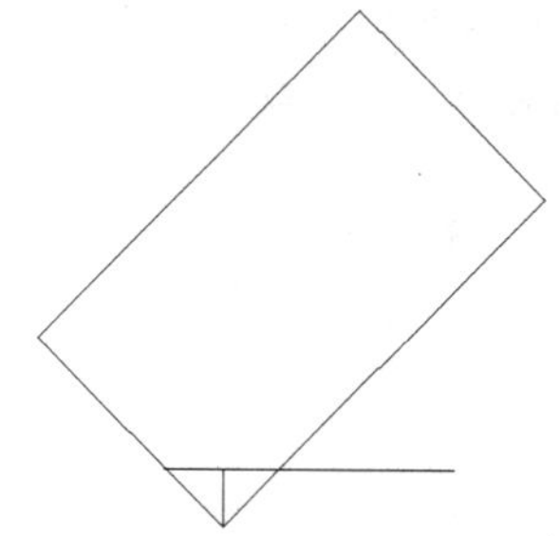

图 13-65 绘制水平方向的线段

（5）执行 TRIM 命令，修剪矩形，结果如图 13-66 所示。

（6）执行 ERASE 命令，删除辅助线段，完成标高符号的绘制，最终结果如图 13-67 所示。

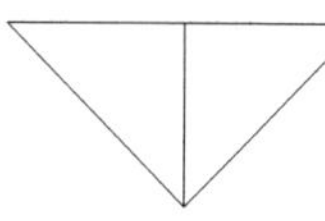

图 13-66 修剪矩形

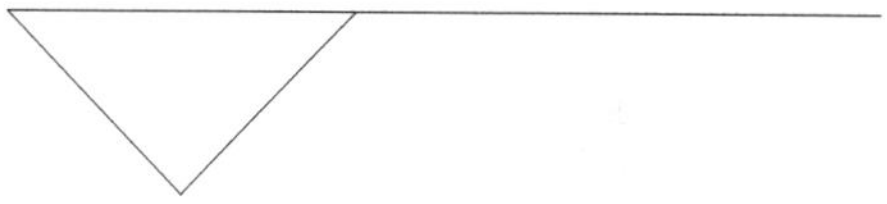

图 13-67 删除辅助线段

11）添加文字说明。

（1）执行 MLEADER 命令，AutoCAD 提示如下。

命令：_mleader
指定引线箭头的位置或 [引线基线优先(L)/内容优先(C)/选项(O)] <选项>:
　　　　　　　　　　　　//指定引线箭头的位置
指定引线基线的位置：　　//指定引线基线的位置，并修改其中选项，如图 13-68 所示

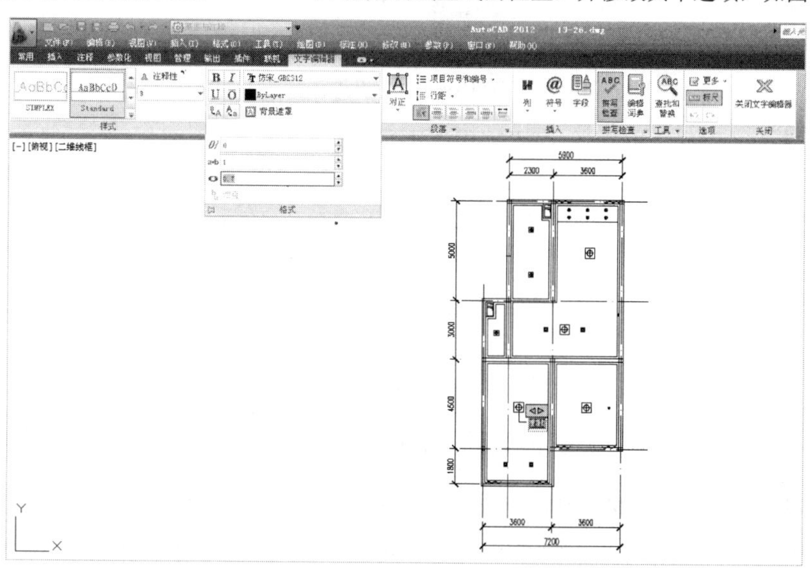

图 13-68 指定引线基线的位置，并修改其中选项

要点提示

修改选项时要先选中书写的文字，修改的选项包括文字高度，这里修改为 3；文字宽度，这里修改为 0.7。当然，这些选项也可以在文字样式设置时设置好。

（2）修改基线距离。选中刚刚书写的文字，单击右键选择“特性”选项，打开【特性】对话框，修改其中基线距离为“5”，如图 13-69 所示。修改结果如图 13-70 所示。

图 13-69　修改其中基线距离为“5”

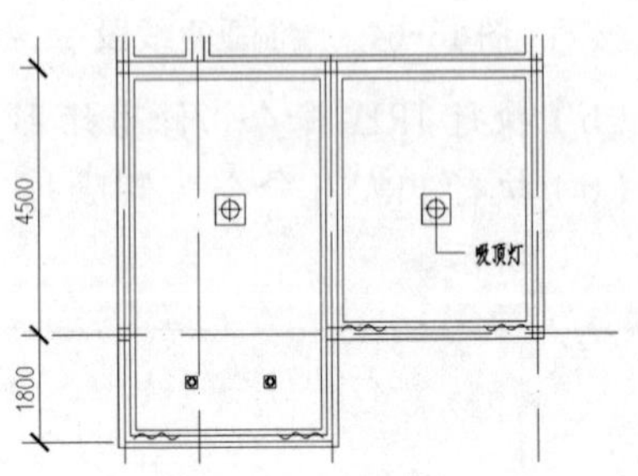

图 13-70　修改基线距离

（3）用同样方式完成其他类型灯的标注，结果如图 13-71 所示。

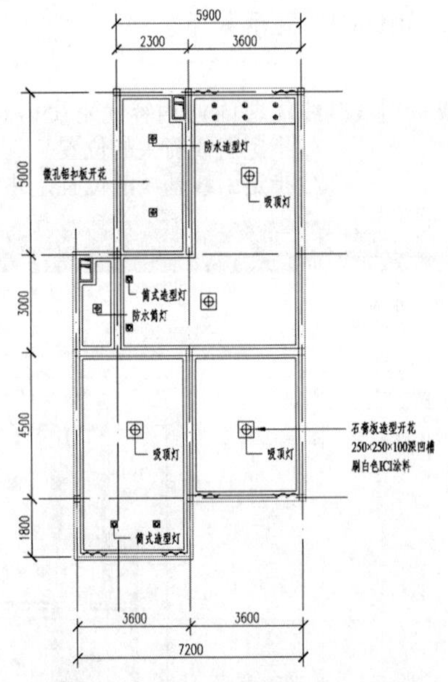

图 13-71　完成其他类型灯的标注

（4）同样方式，执行 MLEADER 命令，标注顶棚所用材料，结果如图 13-72 所示。

要点提示

图中标注线上的小黑点表示该区域与所标注的内容一样，小黑点是用 CIRCLE 命令绘制的小圆，再利用 HATCH 命令填充而成。

（5）进行高度标注。执行 MTEXT 命令，在标高符号上方输入高度值，高度值以 m 为单位，精确到小数点后 3 位，如图 13-73 所示。

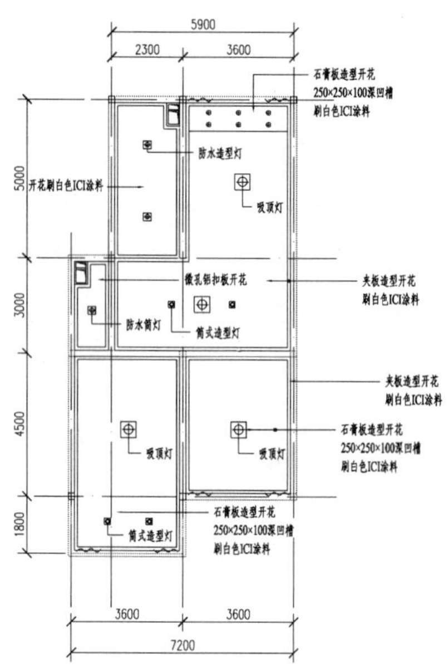

图 13-72　标注顶棚所用材料

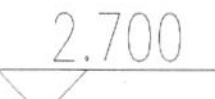

图 13-73　输入高度值

（6）执行 COPY 命令，将它复制到需要标高的地方，然后双击文字，对文字进行修改即可，结果如图 13-74 所示。

12）绘制图例说明。

（1）绘制表格。执行 LINE、OFFSET 等命令，绘制表格，如图 13-75 所示。

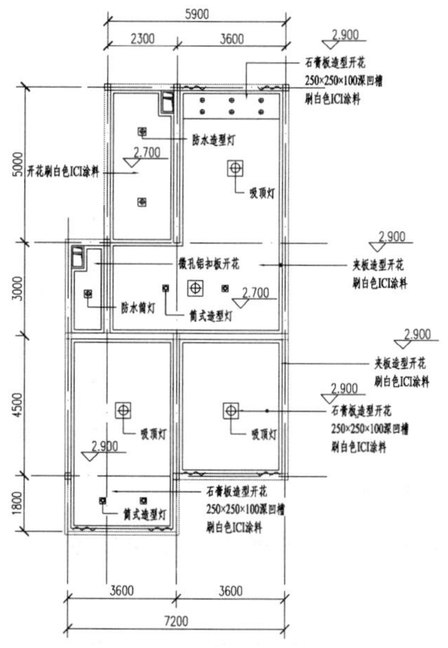

图 13-74　进行高度标注

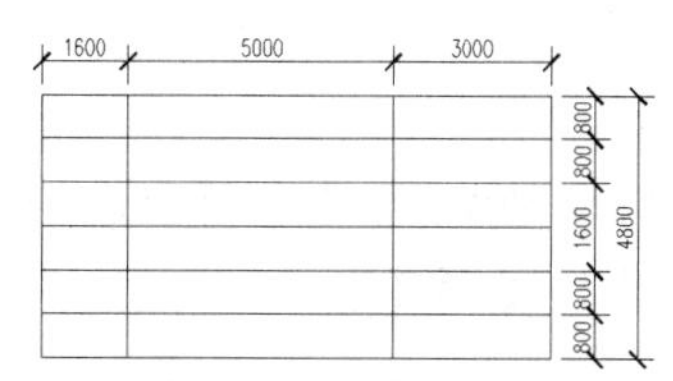

图 13-75　绘制表格

（2）添加文字。执行 MTEXT 命令，添加文字，文字高度为 2，字体为宋体，结果如图 13-76 所示。

（3）执行 COPY 命令，将图例复制到表格中，完成图例说明的绘制，结果如图 13-77 所示。

图例	种类	用途
	150㎜筒灯	客厅
	150㎜防水筒灯	卫生间
	100㎜筒式造型灯	客厅及阳台
	吸顶灯	厨房及各卧室
	窗帘	卧室及客厅

图 13-76 添加文字

图例	种类	用途
	150㎜筒灯	客厅
	150㎜防水筒灯	卫生间
	100㎜筒式造型灯	客厅及阳台
	吸顶灯	厨房及各卧室
	窗帘	卧室及客厅

图 13-77 将图例复制到表格中

13）绘制标题栏。用同样方式完成标题栏的绘制，结果如图 13-78 所示。

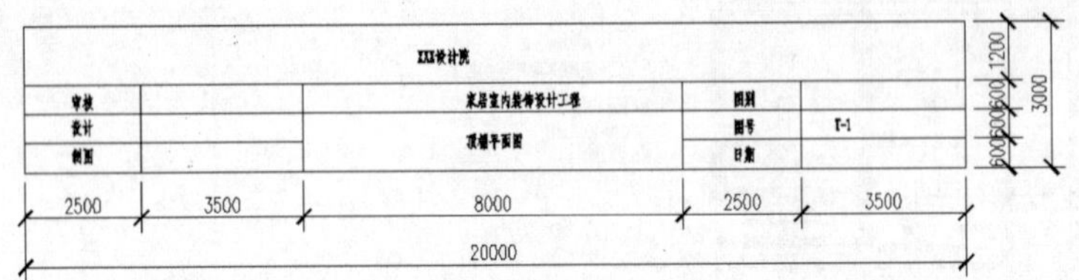

图 13-78 绘制标题栏

14）执行 LINE、PLINE 命令，绘制 A3 图幅，其中多段线宽度为 0.8，结果如图 13-79 所示。

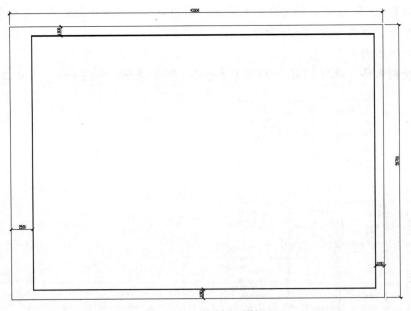

图 13-79 绘制 A3 图幅

15）执行 MOVE 命令，将前面绘制的图、图例说明、标题栏等移动到图幅中，结果如图 13-2 所示。

要点提示

按上述步骤，大家可以尝试自己独立完成套二户型的顶棚平面图的绘制。

网络视频教学：将下面的总经理办公室进行顶棚平面图设计，参考结果如图所示。

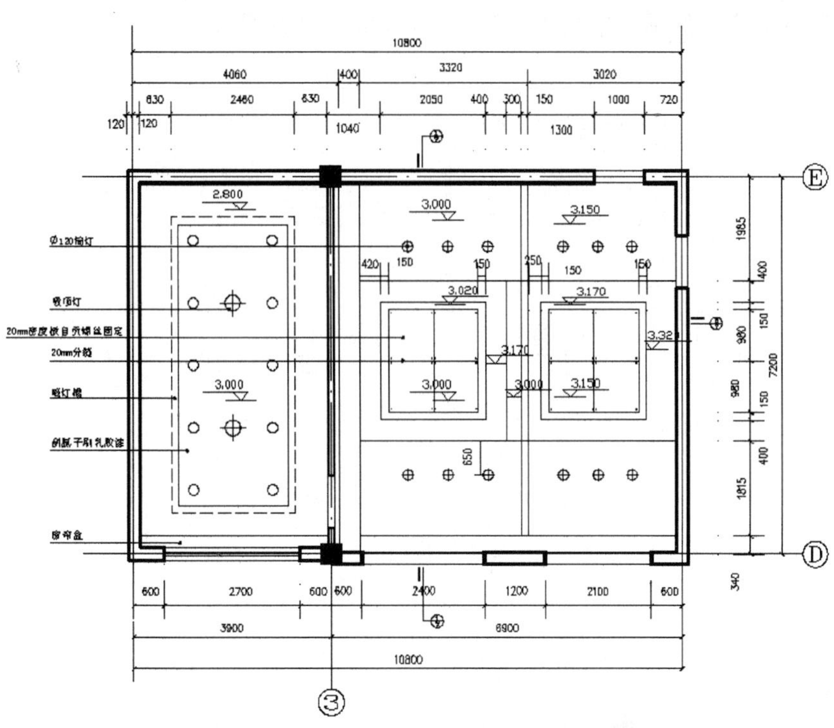

13.4 习题

1．绘制以下户型的地面铺装图，如图 13-80 所示。

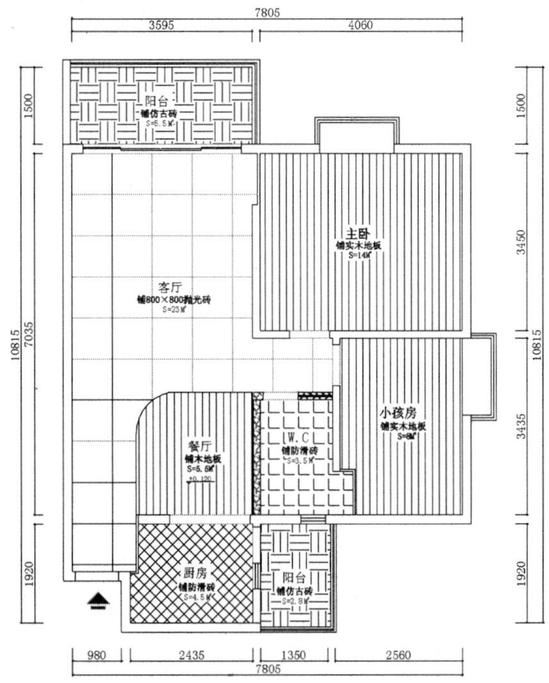

图 13-80　绘制地面铺装图

2．绘制以下户型的顶棚平面图，参考结果如图 13-81 所示。

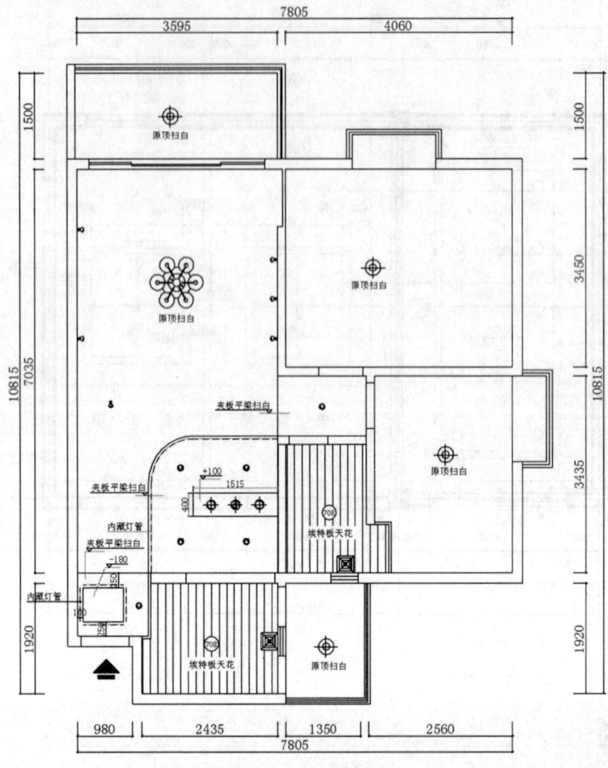

图 13-81 顶棚平面图

第14章 住宅装饰立面图及平面图绘制

通过本章的学习，读者可以掌握一般住宅户型室内装饰设计立面图的绘制方法、绘制技巧和步骤。

【学习目标】

☑ 住宅室内装饰设计立面图的设计思路。

☑ 住宅室内装饰设计立面图的绘制过程。

☑ 住宅室内装饰设计立面图的绘制技巧。

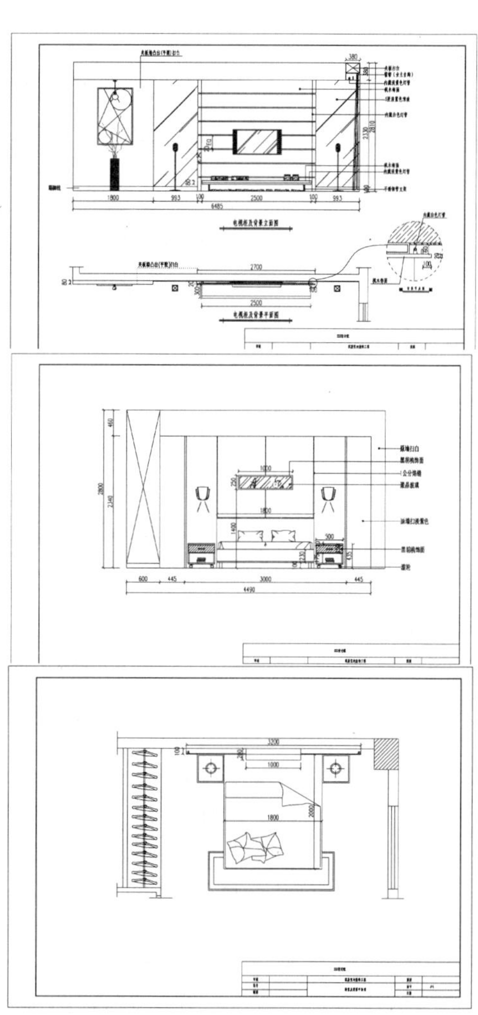

14.1 设计思路

立面图是平面图的有机补充与细化。本节主要讲述住宅装饰设计立面图、平面图及其绘制。通过绘制如图 14-1 所示的电视柜及背景立面图、平面图和绘制如图 14-2 所示的卧室及背景立面图、平面图，具体讲述装饰设计立面图的作用、设计思路及其相关装饰图的绘制方法与技巧。

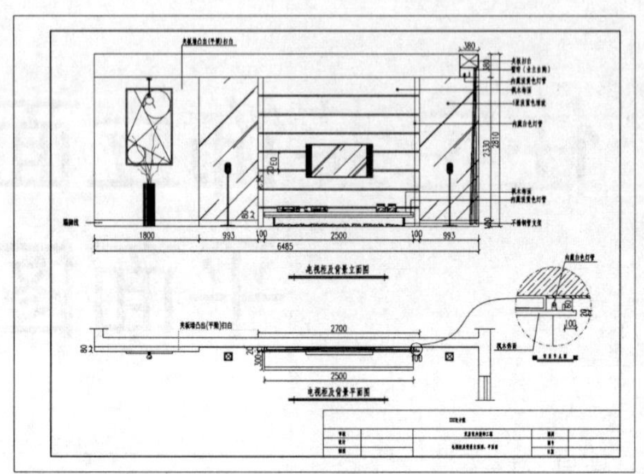

图 14-1　电视柜及背景立面图、平面图

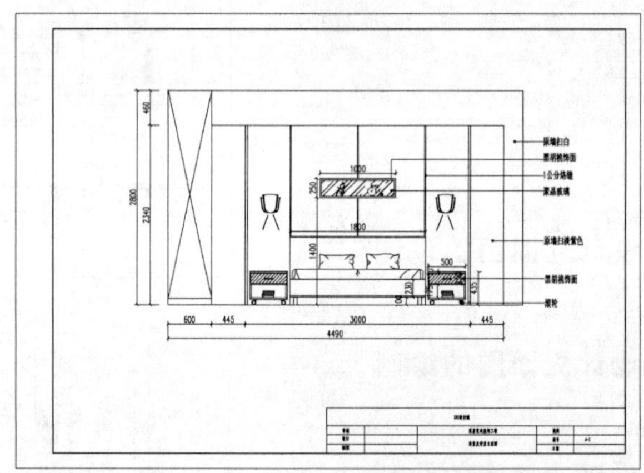

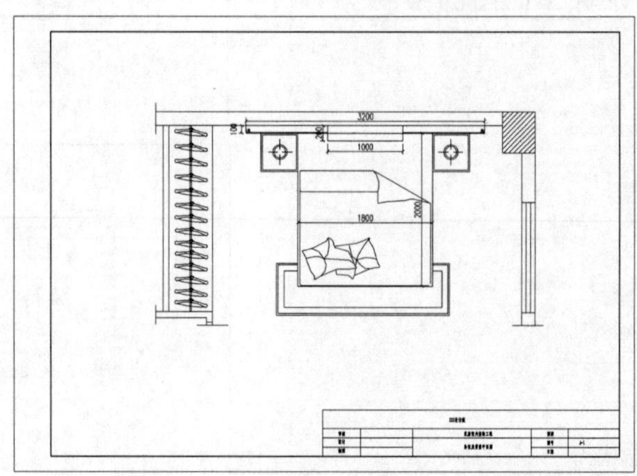

图 14-2　卧室及背景立面图、平面图

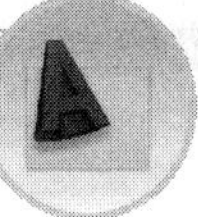

14.1.1 室内装饰设计立面图内容

室内装饰设计立面图是表现室内墙面装修及布置的图样，它除了固定的墙面装修外，还可以画出墙面上可灵活移动的装饰品，以及陈设的家具等设施，供观赏、检查室内设计艺术效果及绘制透视效果图所用。

具体讲，其主要包括以下内容：

（1）图名、比例。

（2）立面图两端的定位轴线及其编号。

（3）门窗的形状、位置及其开启方向。

（4）各种墙面、台阶、雨篷、阳台、雨水管、窗台等建筑构件和构配件的位置、形状及做法等。

（5）各主要部位的标高及必要的局部尺寸。

（6）详图索引符号及其他文字说明等。

14.1.2 立面图图示内容及有关规定及要求

（1）比例。

立面图的比例通常与平面详图常用 1：50、1：100 和 1：200 的较小比例绘制。

（2）定位轴线。

在立面图中一般只画出建筑物的轴线及编号，以便与平面图相对照阅读，确定立面图的观看方向。

（3）图线。

为加强立面图的表达效果，使建筑物的轮廓突出、层次分明，通常选用的线型如下：层脊线和外墙最外轮廓线用粗实线（b），室外地平线用加粗实线（1.4b），所有凹凸部位，如阳台、雨篷、线脚、门窗洞等用中实线（0.5b），其他部分如门窗线、雨水管、尺寸线、标高等用细实线（0.35b）。

（4）图例。

一般画出主要轮廓线及分格线，门窗框用双线。常用构造及配件图例可参阅有关建筑制图书籍或相关国家标准。

（5）尺寸和标高。

立面图中高度方向的尺寸主要是用标高的形式标出，主要包括建筑物室内外地坪、各楼层地面、窗台、门窗洞顶部、檐口、阳台底部、女儿墙压顶积水箱顶部等处的标高尺寸。标注方式如图 14-3 所示。若建筑立面图左右对称，标高应标注在左侧，否则两侧均应标注。

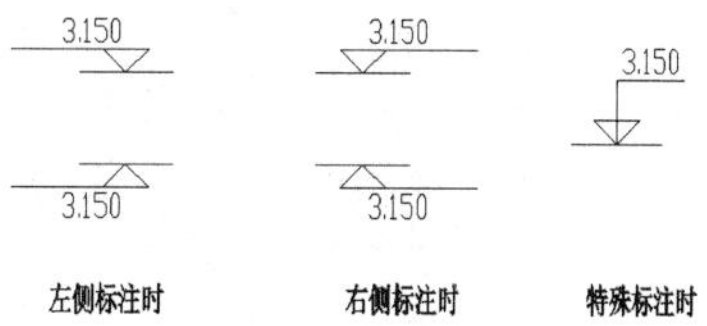

除了标注标高尺寸外，在竖直方向还应标注三道尺寸。最外一道标注建筑的总高度尺寸，中间一道标注层高尺寸，最里面一道标注室内外高差、门窗洞高度、处置方向窗间墙、窗下墙、檐口高度等尺寸。

3.150 3.150 3.150
3.150 3.150
左侧标注时 右侧标注时 特殊标注时

图 14-3 标高符号

立面图上水平方向一般不标注尺寸，但有时需标注出无详图的局部尺寸。

（6）其他标注。

房屋外墙面的各部分装饰材料、具体做法、色彩等用指引线引出并加以文字说明，如

图 14-1、图 14-2 所示。这部分内容也可在建筑室内外工程做法说明表中给予说明。

（7）详图索引符号。

为反映建筑物的局部构造及具体做法，常配以较大比例的详图，并用文字和符号加以说明。凡需绘制的详图部位，均应画上详图索引符号，如图 14-1 所示。

14.1.3 室内设计立面图绘图过程

一般来说，室内建筑立面图的绘制步骤如下：

（1）绘制地平线、定位轴线、各层的楼面线、露面或女儿墙的轮廓线、建筑物外墙轮廓线等。

（2）绘制立面门窗洞口、阳台、楼梯间以及墙体及暴露在外墙外面的柱子等可见的轮廓线。

（3）绘制门窗、雨水管、外墙分割线等立面细部。

（4）标注尺寸及标高，添加索引符号与必要的文字说明等内容。

（5）添加图框和标题，并打印输出。

14.2 绘制电视柜及背景立面图、平面图

室内立面图应包括投影方向可见到室内轮廓线和装修构造、门窗、构配件、墙面做法、固定家居、必要的尺寸和标高及需要表达的非固定家居、灯具及装饰物件等。

本节通过实例具体讲述电视柜及背景立面图、平面图的绘图过程。

14.2.1 绘制电视柜及背景立面图定位轴线

按绘图一般顺序，在绘图之前要先设置绘图环境，即设置标注样式、设置文字样式和设置单位等。

【案例 14-1】 绘制如图 14-1 所示的电视柜及背景立面图、平面图的定位轴线。

1）设置绘制环境。

（1）单击快速访问工具栏上的按钮，打开【选择文件】对话框。

（2）在【文件类型】下拉列表中选择“图形样板(*.dwt)”，在【名称】列表框中找到附盘文件“dwg\第 14 章\建筑图 A3.dwt”，如图 14-4 所示。

（3）单击[打开(O)]按钮，完成“建筑图 A3.dwt”样板图的调入。

> **要点提示**
>
> 读者也可以利用之前绘制的平面图的设置，只需将绘制好的平面图另存一下，然后删除平面图内容，只保留绘图区域框和标题栏。

（4）设置图层并调整图层线型，效果如图 14-5 所示。

2）绘制定位轴线。

（1）设置图层。将“轴线”图层置为当前图层。

（2）执行 LINE 命令，根据图形外轮廓线绘制水平和竖直轴线，结果如图 14-6 所示。

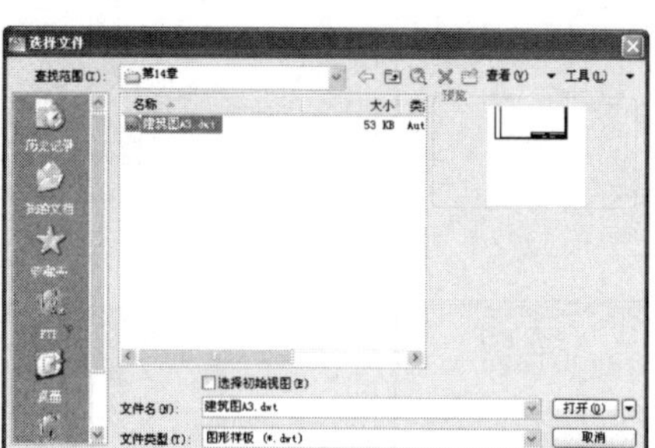
图 14-4　调入样板图

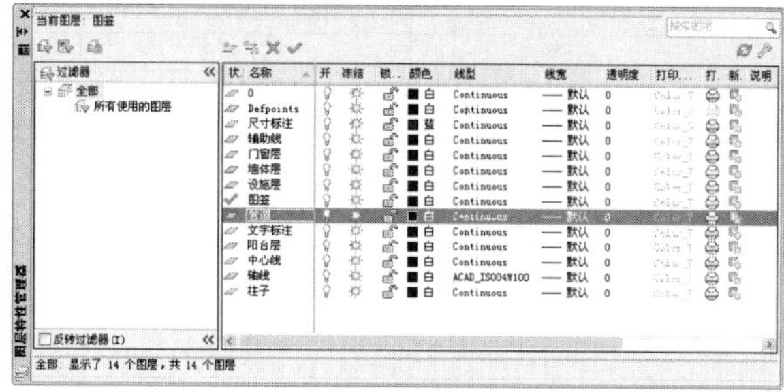
图 14-5　设置图层

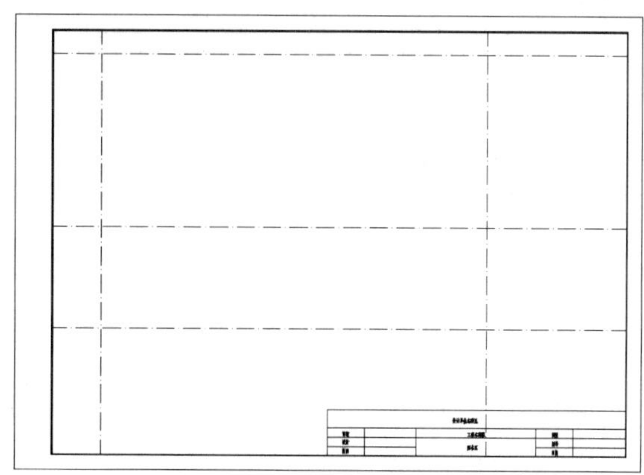
图 14-6　绘制水平和竖直轴线

14.2.2　绘制电视柜及背景立面图

在绘制电视柜及背景立面图、平面图之前，先绘制出它的主要区域及轮廓线，然后逐渐细化，最后标注图形。

【案例 14-2】　接上例，绘制如图 14-1 所示的电视柜及背景立面图。

1）绘制电视柜及背景立面图主轮廓线。

（1）设置图层。添加“立面图”图层，并将其置为当前图层。

（2）执行 RECTANGLE 命令，绘制矩形绘图区域，如图 14-7 所示。

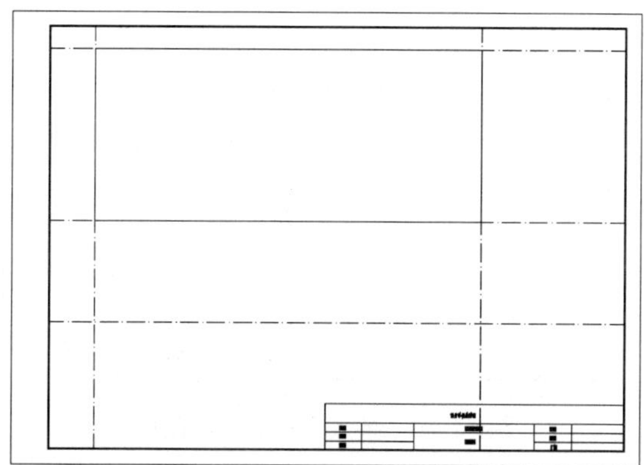
图 14-7　绘制矩形绘图区域

（3）执行 EXPLODE 命令，分解矩形。

（4）执行 OFFSET 命令，偏移线段，绘制主轮廓线，结果如图 14-8 所示。

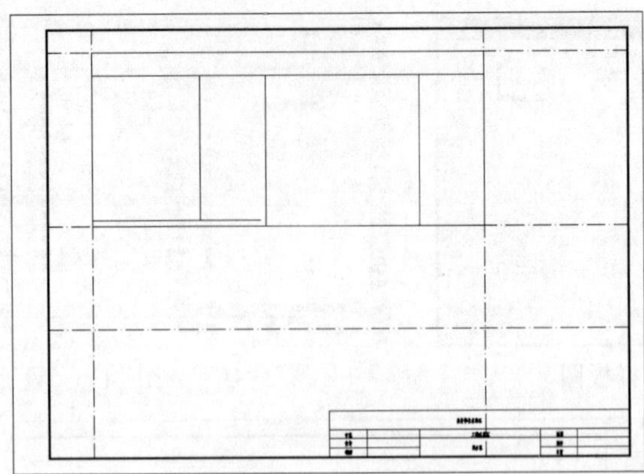

图 14-8　绘制主轮廓线

2）细化电视柜及背景墙，插入电视。

（1）执行 LINE、OFFSET、TRIM 等命令，绘制图形，如图 14-9 所示。

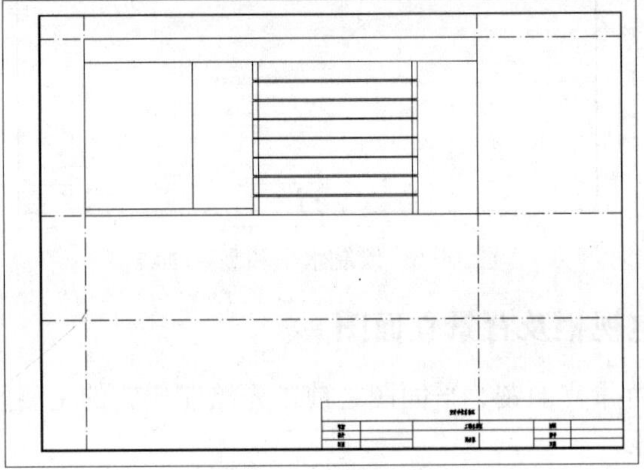

图 14-9　绘制图形

（2）执行 INSERT 命令，插入电视立面图图块，如图 14-10 所示。

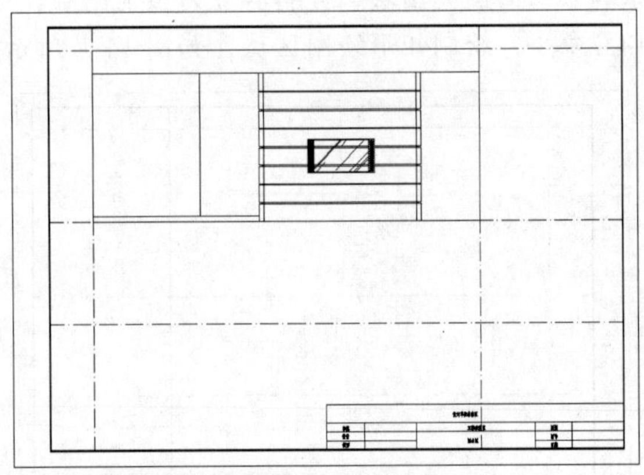

图 14-10　插入电视立面图图块

（3）执行 LINE 命令，绘制辅助线辅助修剪图形；执行 TRIM 命令，修剪图形，如图 14-11 所示。

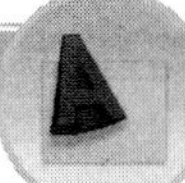

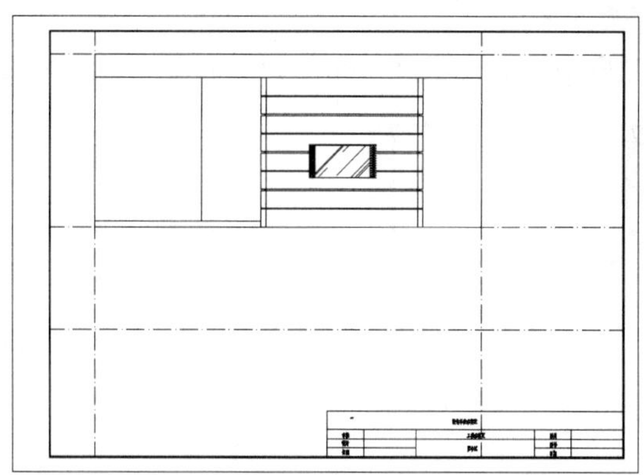

图 14-11　修剪图形

3）绘制电视柜立面图。

（1）执行 LINE、OFFSET 等命令，绘制电视柜柜面，如图 14-12 所示。

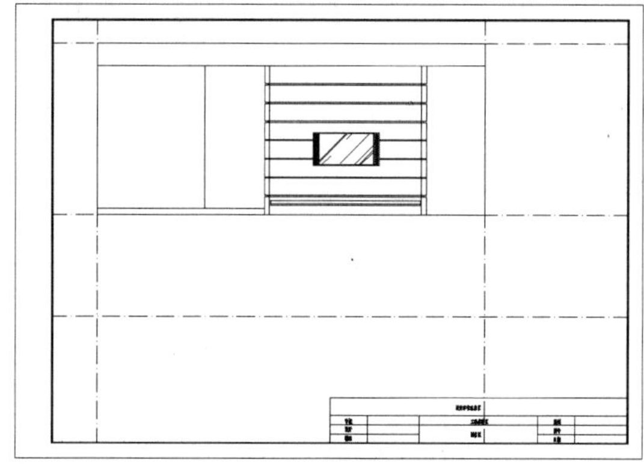

图 14-12　绘制电视柜柜面

（2）执行 LINE、OFFSET 等命令，绘制电视柜柜腿，如图 14-13 所示。

要点提示

建筑室内装饰装修立面图应按正投影法绘制，圆形或弧线形的立面图以细实线表示出该立面的弧度方向。

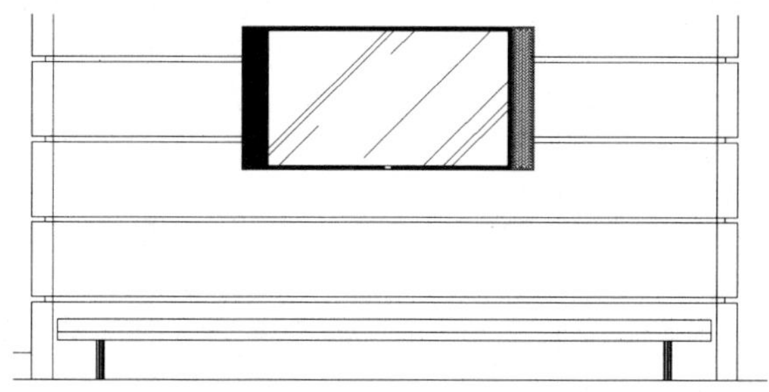

图 14-13　绘制电视柜柜腿

（3）执行 INSERT 命令，插入播放器、碟片盒图块；执行 TRIM 命令，修剪图形，如图 14-14 所示。

4）细化电视柜及背景立面图。

（1）执行 RECTANGLE 命令，绘制花瓶，执行 PLINE 命令，绘制花枝，如图 14-15 所示。

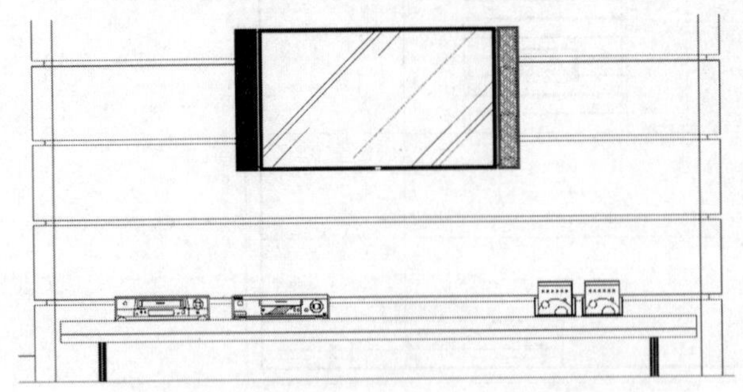

图 14-14　插入播放器、碟片盒图块

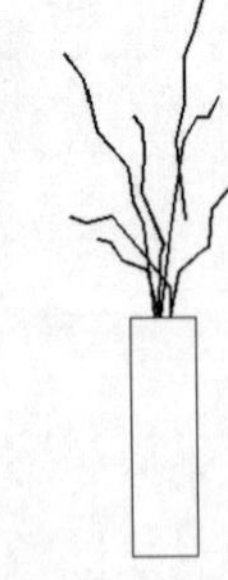

图 14-15　绘制花瓶与花枝

（2）执行 MOVE 命令，移动花瓶到指定位置，执行 INSERT 命令，插入装饰画框，如图 14-16 所示。

（3）执行 RECTANGLE、LINE、OFFSET、TRIM 等命令，绘制夹板层、悬挂窗帘处，如图 14-17 所示。

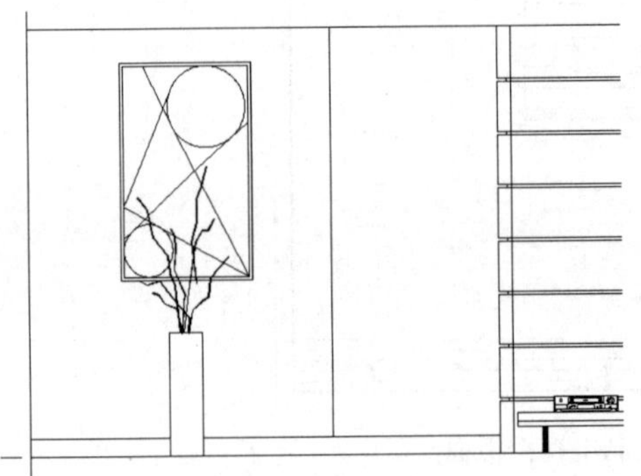

图 14-16　移动花瓶并插入装饰画框

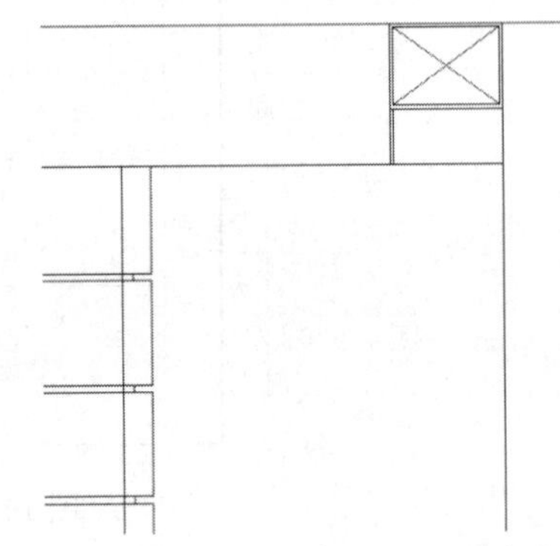

图 14-17　绘制夹板层、悬挂窗帘处

（4）执行 LINE、OFFSET 等命令，绘制灯架，执行 INSERT 命令，插入灯立面图块，如图 14-18 所示。

（5）执行 SPLINE、LINE 等命令，绘制音箱及架子，如图 14-19 所示。

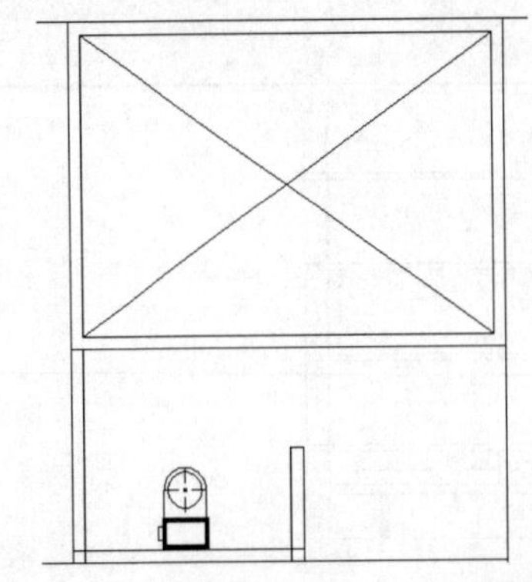

图 14-18　绘制灯架并插入灯立面图块

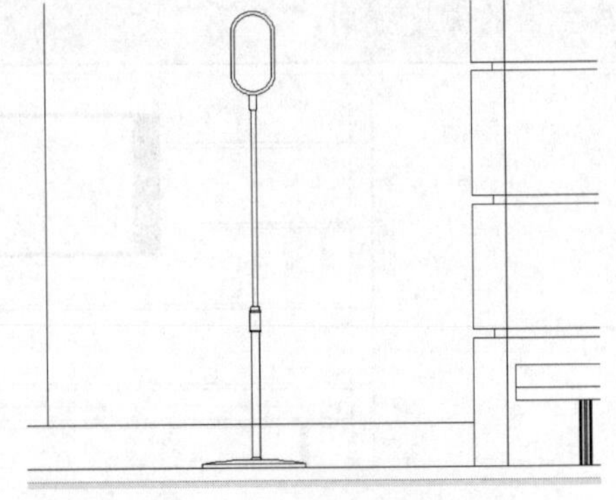

图 14-19　绘制音箱及架子

（6）执行 MIRROR 命令，镜像音箱及架子，如图 14-20 所示。

（7）执行 INSERT 命令，插入窗帘立面图，如图 14-21 所示。

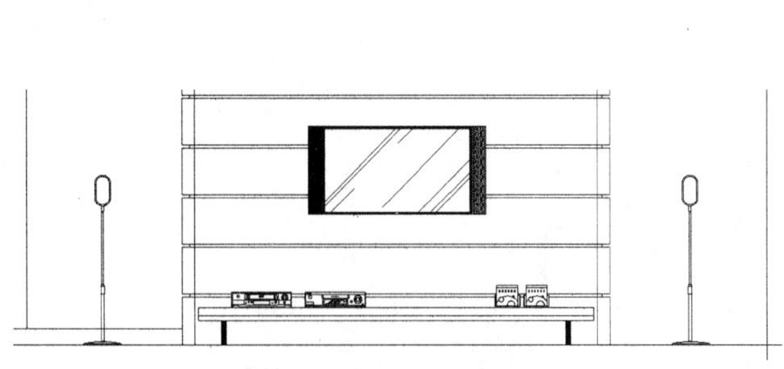

图 14-20　镜像音箱及架子

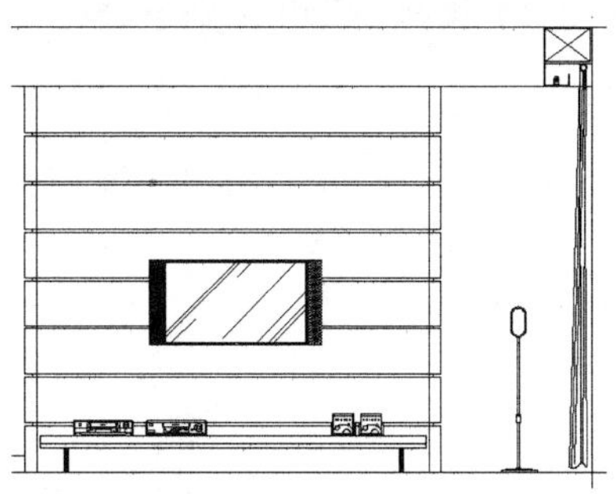

图 14-21　插入窗帘立面图

（8）关闭轴线图层，执行 HATCH 命令，填充图形，结果如图 14-22 所示。

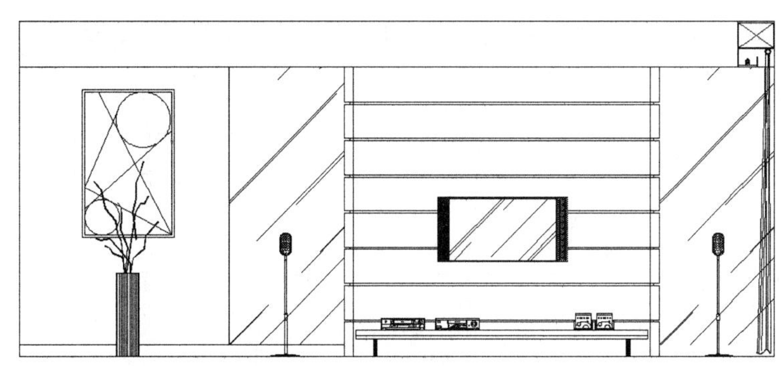

图 14-22　关闭轴线图层，填充图形

（9）执行 CIRCLE、ELLIPSE 命令，绘制鹅卵石装饰，如图 14-23 所示。

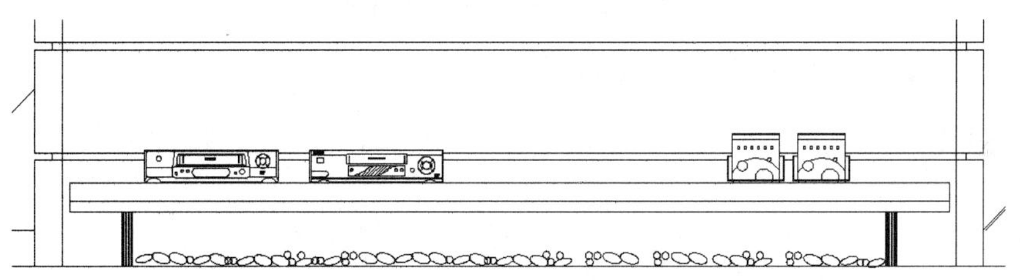

图 14-23　绘制鹅卵石装饰

（10）执行 INSERT 命令，插入灯具，如图 14-24 所示。

5）标注电视柜及背景立面图。

（1）标注尺寸。执行 LIMLINEAR 命令标注图形，如图 14-25 所示。

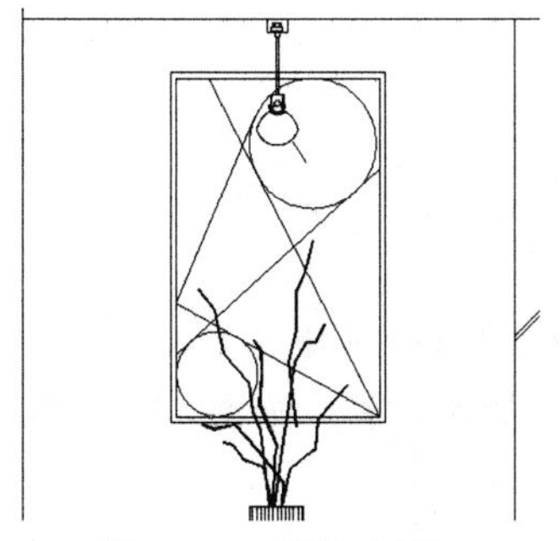

图 14-24　插入灯具

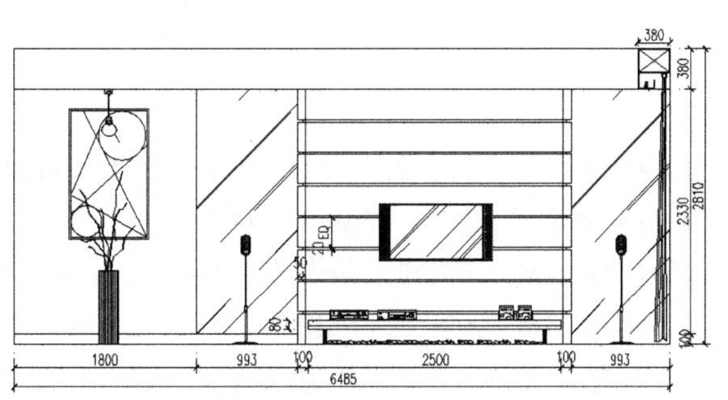

图 14-25　标注尺寸

（2）执行 QLEADER 命令进行文字标注，结果如图 14-26 所示。

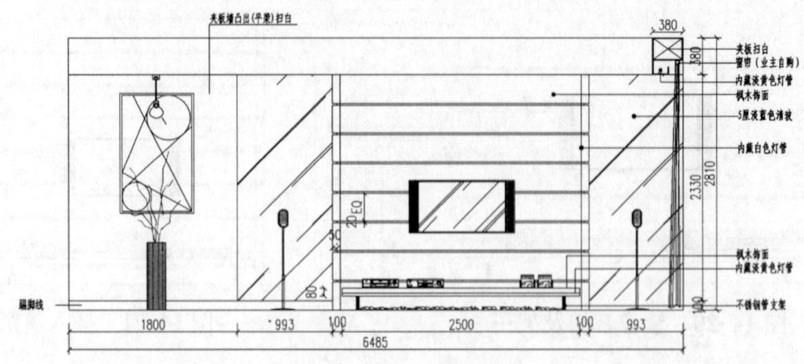

图 14-26　文字标注

（3）执行 LINE 命令，绘制标题线，执行 TEXT 命令，标注文字，如图 14-27 所示。

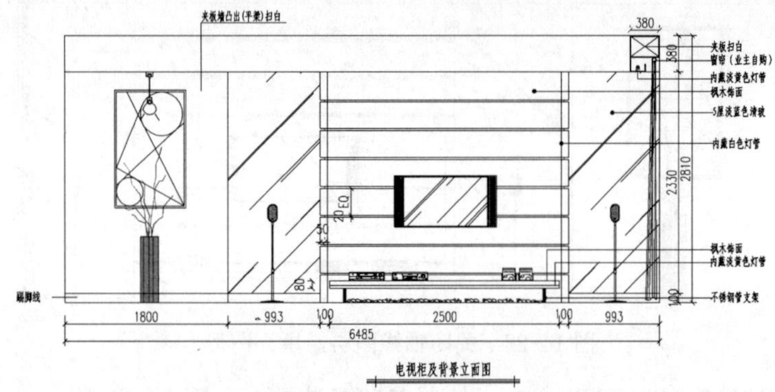

图 14-27　绘制标题线并标注文字

14.2.3　绘制电视柜及背景平面图

在绘制电视柜及背景平面图之前，同样先绘制出它的主要区域及轮廓线，然后逐渐细化，最后标注图形。

【案例 14-3】　接上例，绘制如图 14-1 所示的电视柜及背景平面图。

1）绘制电视柜及背景平面图主轮廓线。

（1）设置图层。添加“平面图”图层，并将其置为当前图层。

（2）执行 LINE 命令，绘制平面图主轮廓线，如图 14-28 所示。

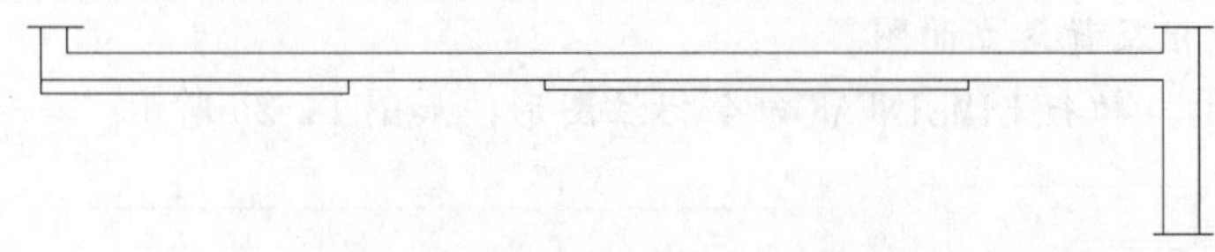

图 14-28　绘制平面图主轮廓线

（3）执行 LINE、OFFSET、TRIM 等命令，绘制窗户部位，如图 14-29 所示。

2）绘制电视柜及相关饰物平面图。

（1）执行 LINE、OFFSET 等命令，绘制电视柜柜面及相关饰面，如图 14-30 所示。

（2）执行 LINE 命令，细化图形，执行 INSERT 等命令，插入灯具，如图 14-31 所示。

（3）执行 MIRROR 命令，镜像图形，如图 14-32 所示。

图 14-29　绘制窗户部位　　图 14-30　绘制电视柜柜面及相关饰面

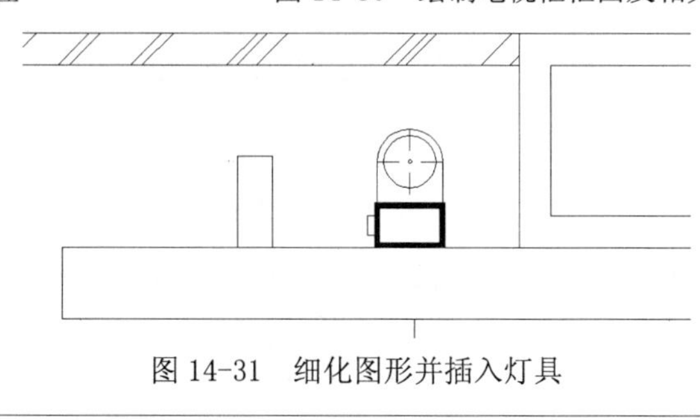

图 14-31　细化图形并插入灯具

图 14-32　镜像图形

3）绘制电视、音箱等平面图。

（1）执行 RECTANGLE 命令，绘制电视平面图，如图 14-33 所示。

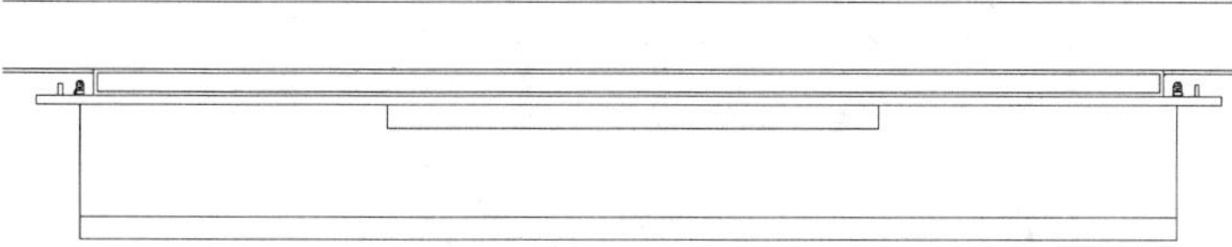

图 14-33　绘制电视平面图

（2）执行 RECTANGLE、LINE 命令，细化图形并绘制音箱，执行 MIRROR 命令，镜像音箱，结果如图 14-34 所示。

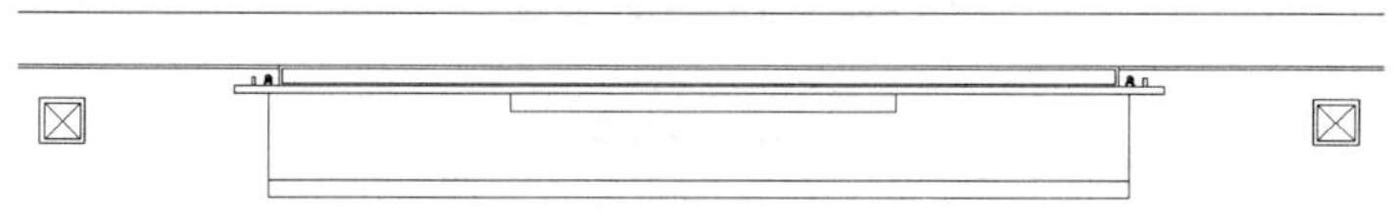

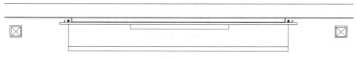

图 14-34　细化图形并绘制音箱

（3）执行 RECTANGLE 命令，绘制花瓶、画饰平面图，执行 INSERT 命令，插入灯平面图块，如图 14-35 所示。

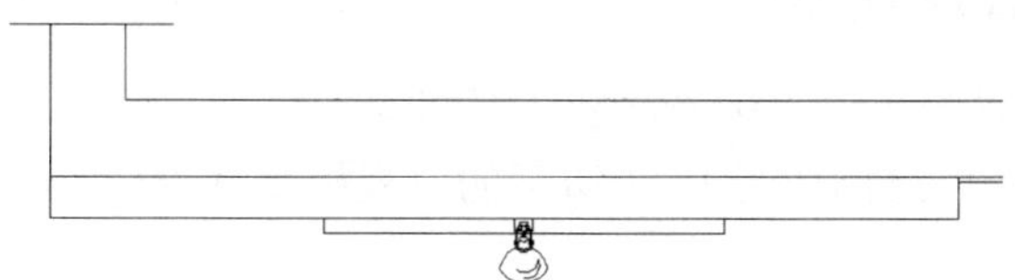

图 14-35　绘制花瓶、画饰平面图并插入灯平面图块

（4）执行 LINE 命令，细化图形，执行 HATCH 命令，填充图形，如图 14-36 所示。

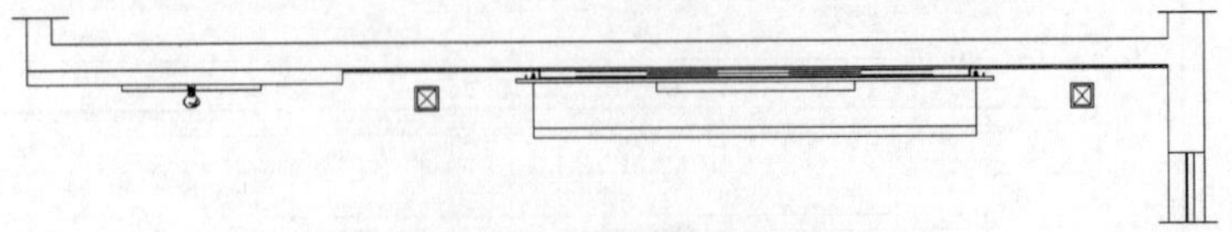

图 14-36　细化、填充图形

4）标注电视柜及背景平面图。

（1）标注尺寸。执行 LIMLINEAR 命令标注图形，如图 14-37 所示。

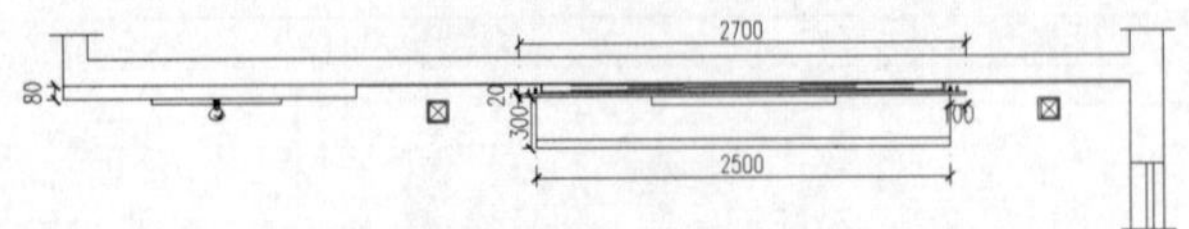

图 14-37　标注尺寸

（2）执行 QLEADER 命令进行文字标注，结果如图 14-38 所示。

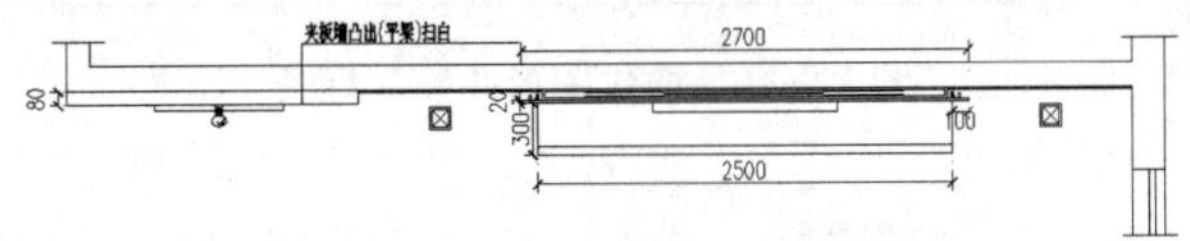

图 14-38　文字标注

（3）执行 LINE 命令，绘制标题线，执行 TEXT 命令，标注文字，如图 14-39 所示。

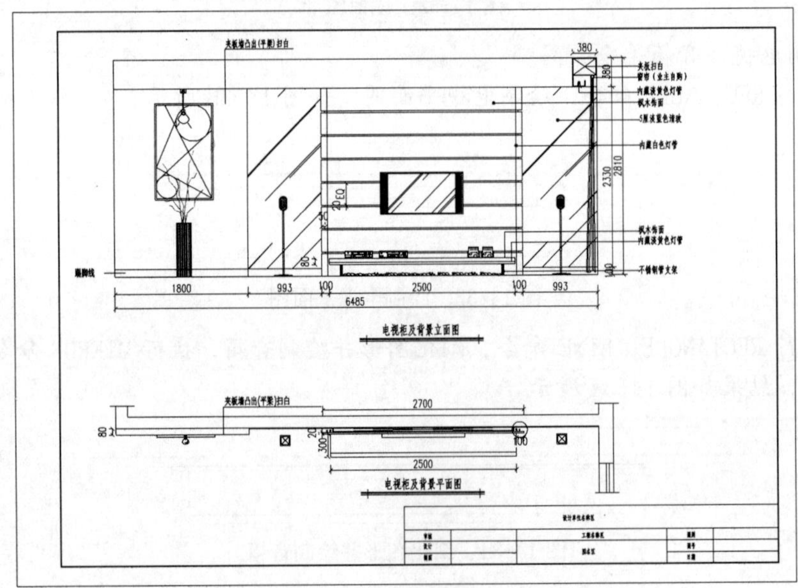

图 14-39　绘制标题线并标注文字

14.2.4　绘制背景节点图

背景节点图可以进一步说明相关背景详细结构。

【案例 14-4】　接上例，绘制如图 14-1 所示的电视柜及背景平面图中的背景节点图。

1）绘制节点图。

（1）执行 CIRCLE 命令，在电视柜及背景平面图绘制圆，如图 14-40 所示。

（2）执行 COPY 命令，复制欲绘制背景节点处，如图 14-41 所示。

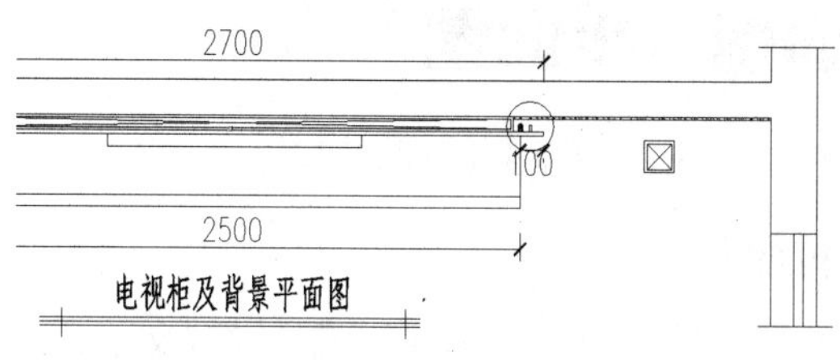

图 14-40 绘制圆

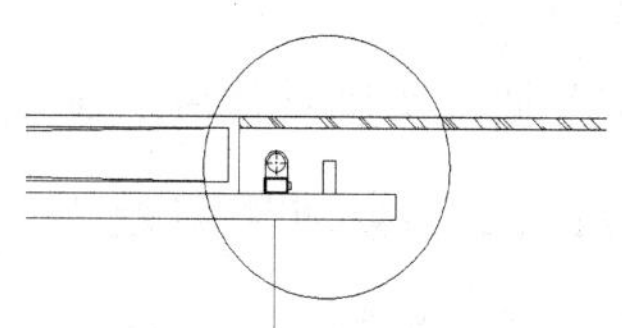

图 14-41 复制欲绘制背景节点处

（3）执行 SCALE 命令，放大图形，执行 TRIM 命令，修剪图形，结果如图 14-42 所示。

2）标注图形。

（1）标注尺寸。执行 LIMLINEAR 命令标注图形，如图 14-43 所示。

（2）执行 QLEADER 命令进行文字标注，结果如图 14-44 所示。

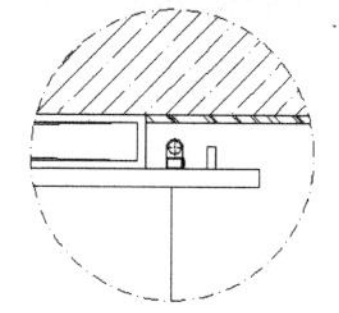

图 14-42 放大图形并修剪图形

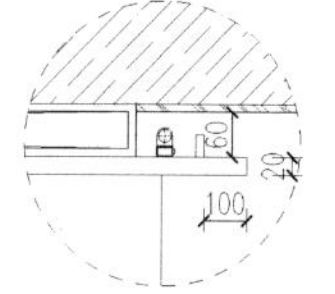

图 14-43 标注尺寸

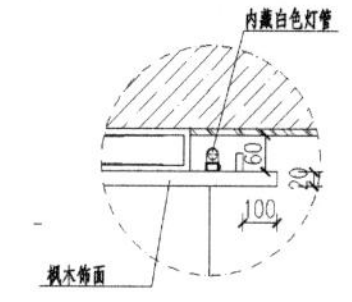

图 14-44 进行文字标注

（3）执行 SPLINE、LINE 命令，绘制指示线，执行 TEXT 命令，标注文字，如图 14-45 所示。

3）修改标题栏相关内容，完成电视柜及背景立面图、平面图的绘制，最终结果如图 14-1 所示。

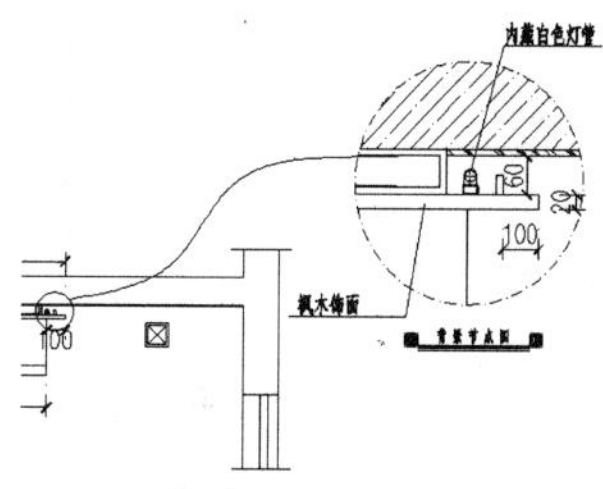

图 14-45 绘制指示线并标注文字

网络视频教学：绘制沙发背景立面图、剖面图及平面图，参考结果如图所示。

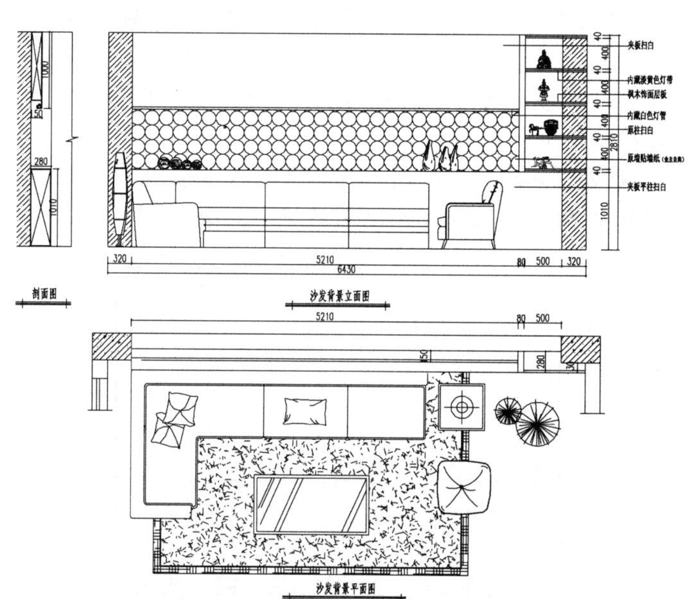

14.3 绘制卧室及背景立面图、平面图

本节通过实例具体讲述卧室及背景立面图、平面图的绘图过程。

14.3.1 绘制卧室及背景立面图定位轴线

按绘图一般顺序，在绘图之前要先设置绘图环境，即设置标注样式、设置文字样式及设置单位等。

【案例 14-5】 绘制如图 14-2 所示的卧室及背景立面图、平面图的定位轴线。

1）如前所述，设置绘制环境。

2）绘制定位轴线。

（1）设置图层。将“轴线”图层置为当前图层。

（2）执行 LINE 命令，根据图形外轮廓线绘制水平和竖直轴线，结果如图 14-46 所示。

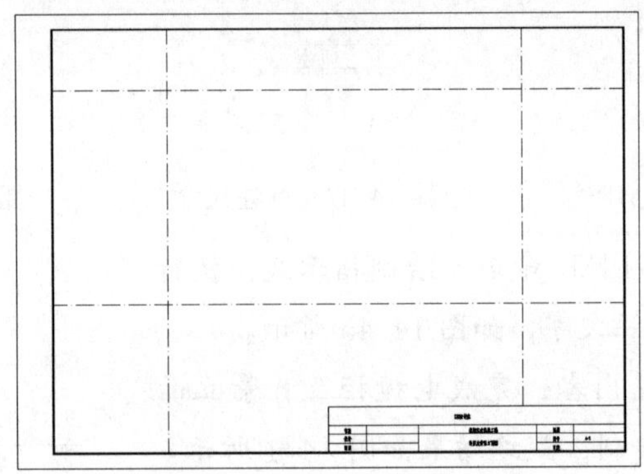

图 14-46 绘制水平和竖直轴线

14.3.2 绘制卧室及背景立面图

在绘制卧室及背景立面图之前，先绘制出它的主要区域及轮廓线，然后逐渐细化，最后标注图形。

【案例 14-6】 接上例，绘制如图 14-2 所示的卧室及背景立面图。

1）绘制卧室及背景立面图主轮廓线。

（1）设置图层。添加“立面图”图层，并将其置为当前图层。

（2）执行 RECTANGLE 命令，绘制矩形绘图区域，如图 14-47 所示。

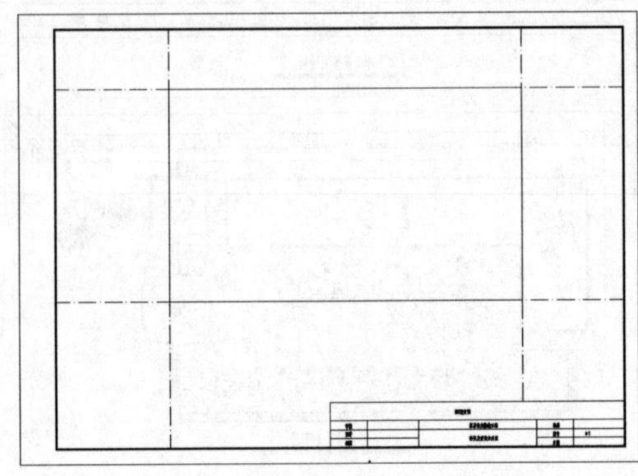

图 14-47 绘制矩形绘图区域

（3）执行 EXPLODE 命令，分解矩形。

（4）执行 OFFSET 命令，偏移线段，绘制主轮廓线，结果如图 14-48 所示。

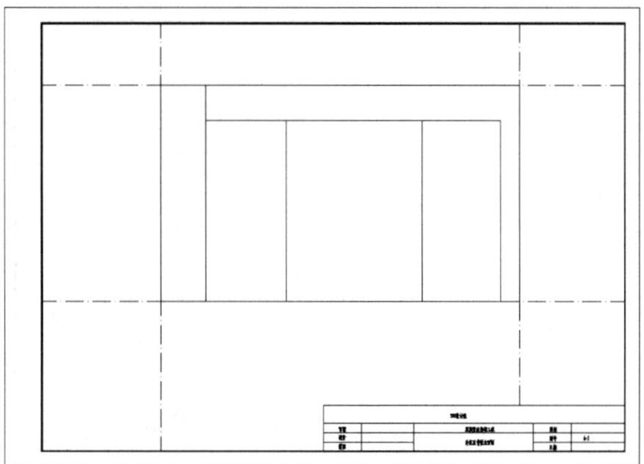

图 14-48　绘制主轮廓线

2）细化卧室及背景立面图。

（1）执行 LINE、OFFSET、TRIM 等命令，绘制图形，如图 14-49 所示。

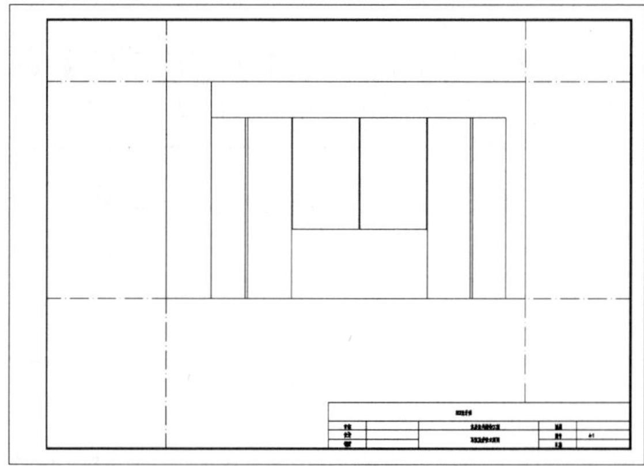

图 14-49　绘制图形

（2）执行 LINE 命令，绘制衣橱立面图，如图 14-50 所示。

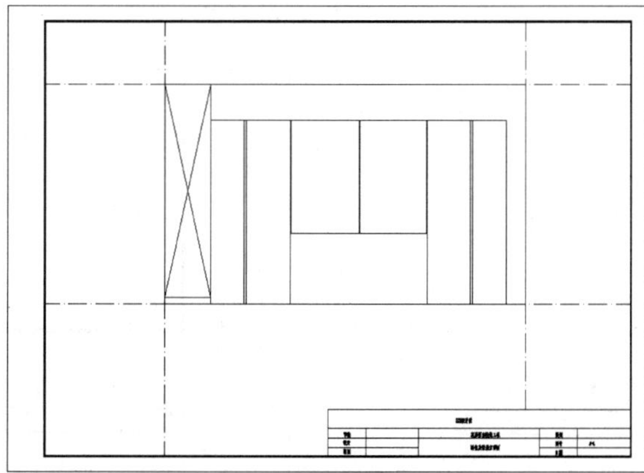

图 14-50　绘制衣橱立面图

3）绘制床及床上用品立面图。

（1）执行 LINE、OFFSET 等命令，绘制床立面图，如图 14-51 所示。

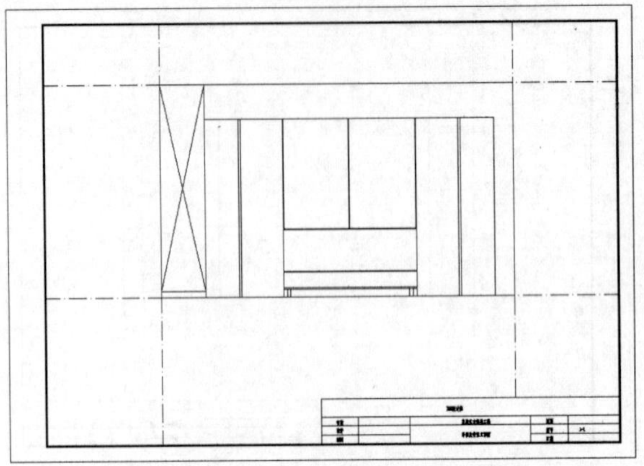

图 14-51　绘制床立面图

（2）执行 PLINE、ARC 等命令，绘制床上被子立面图，如图 14-52 所示。

要点提示

当然，这里大家可以把自己绘制的被子立面图以及下面绘制的枕头立面图做成图块，供以后绘图时直接调用。

（3）执行 ARC 命令，绘制枕头立面图，结果如图 14-53 所示。

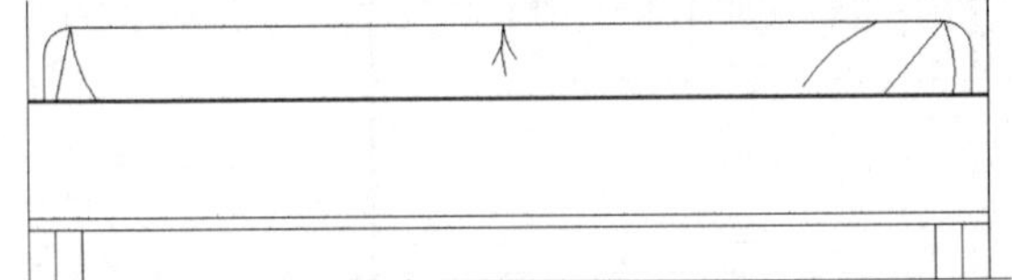

图 14-52　绘制床上被子立面图

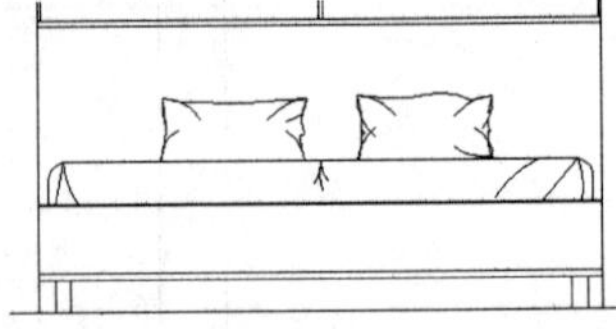

图 14-53　绘制枕头立面图

4）绘制墙面装饰画。

（1）执行 RECTANGLE、OFFSET 命令，绘制墙面装饰画框，如图 14-54 所示。

（2）执行 TRIM 命令，修剪图形，如图 14-55 所示。

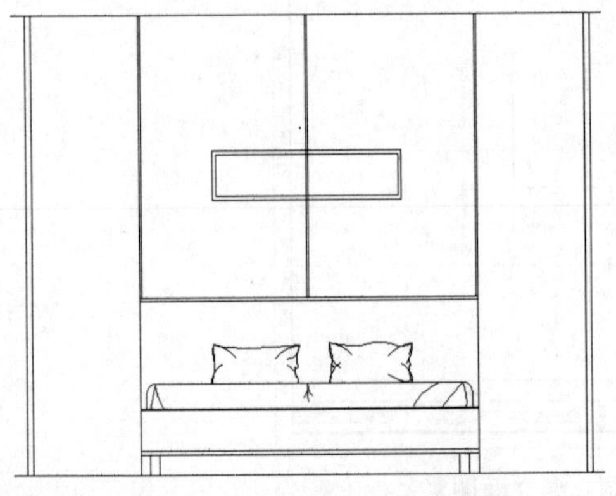

图 14-54　绘制墙面装饰画框

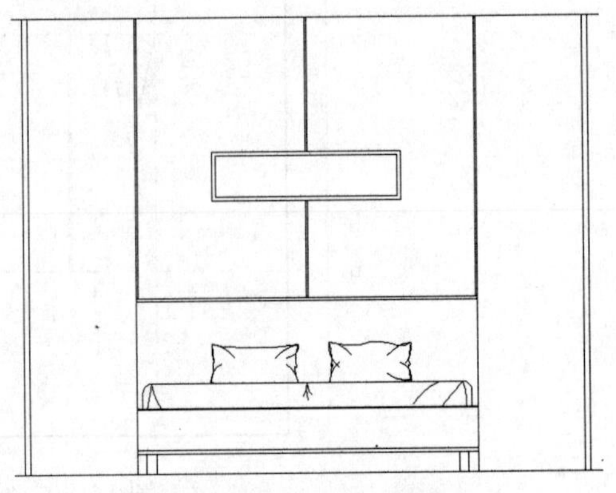

图 14-55　修剪图形

（3）执行 INSERT 命令，插入装饰图块，如图 14-56 所示。

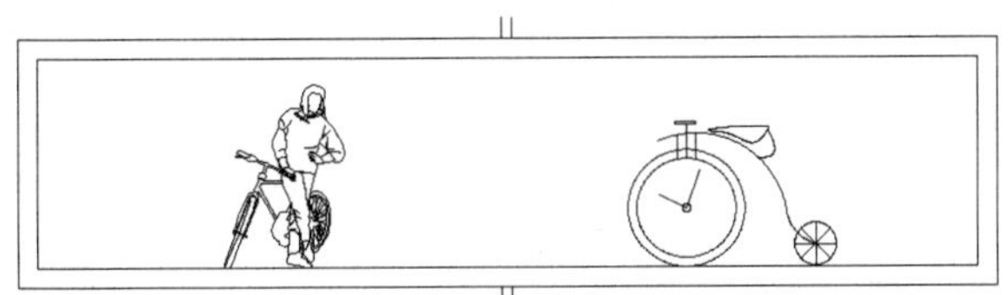

图 14-56　插入装饰图块

（4）执行 HATCH 命令，填充图形，填充图案为“AR-RROOF”，填充比例为“0.25”，如图 14-57 所示。

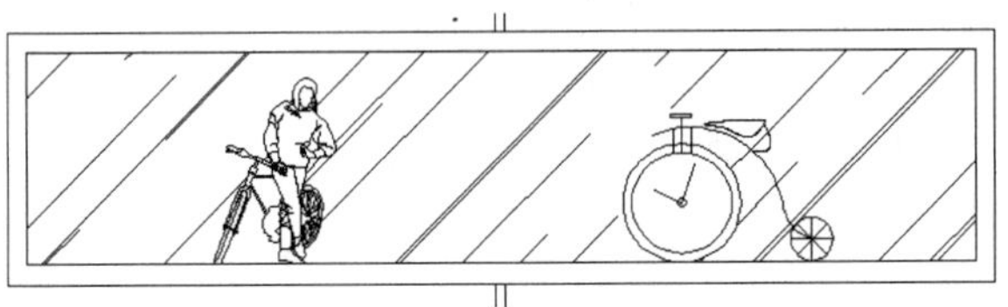

图 14-57　填充图形

5）绘制床头柜。

（1）执行 RECTANGLE、LINE、OFFSET 等命令，绘制床头柜轮廓，如图 14-58 所示。

（2）执行 RECTANGLE 命令，绘制床头柜把手，执行 HATCH 命令，填充图形，如图 14-59 所示。

图 14-58　绘制床头柜轮廓

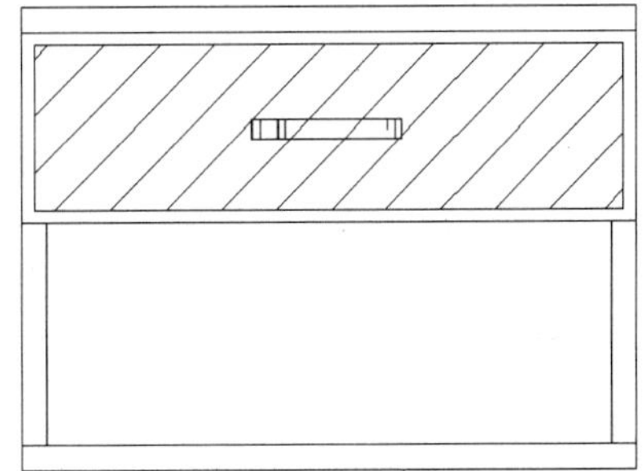

图 14-59　床头柜把手

（3）执行 CIRCLE、OFFSET、TRIM、LINE、MIRROR 等命令，绘制床头柜底部滑轮，如图 14-60 所示。

（4）执行 LINE、ARC、OFFSET 等命令，绘制床头柜中的书籍，结果如图 14-61 所示。

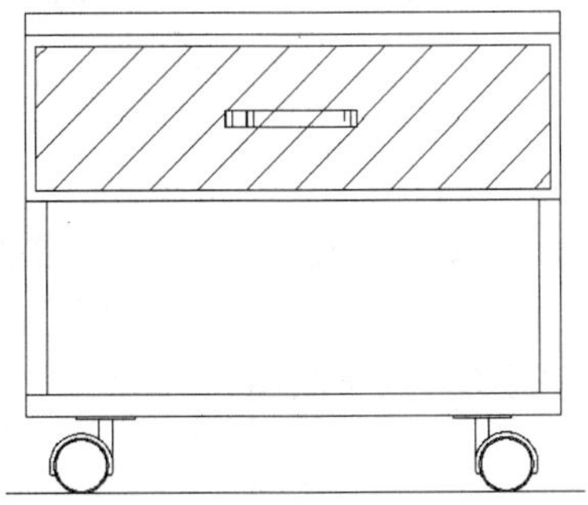

图 14-60　绘制床头柜底部滑轮

图 14-61　绘制床头柜中的书籍

（5）执行 MOVE、MIRROR 命令，移动并镜像床头柜，如图 14-62 所示。

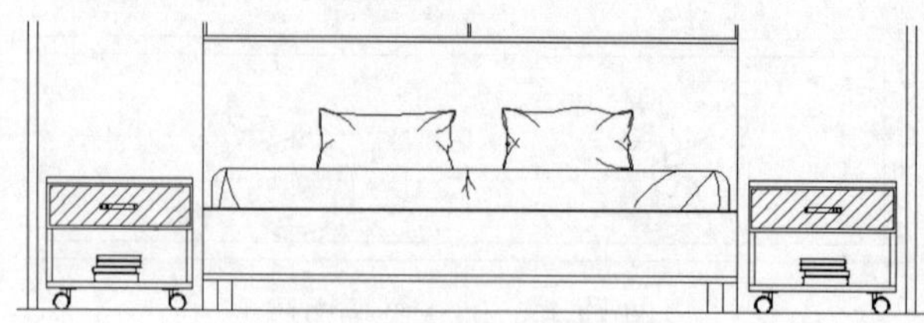

图 14-62 移动并镜像床头柜

（6）执行 INSERT 命令，插入灯具，执行 MIRROR 命令，镜像图形，如图 14-63 所示。

图 14-63 插入灯具

6）标注卧室及背景立面图。

（1）图层设置。关闭“轴线”图层，将“标注”图层置为当前图层。

（2）标注尺寸。执行 LIMLINEAR 命令标注图形，如图 14-64 所示。

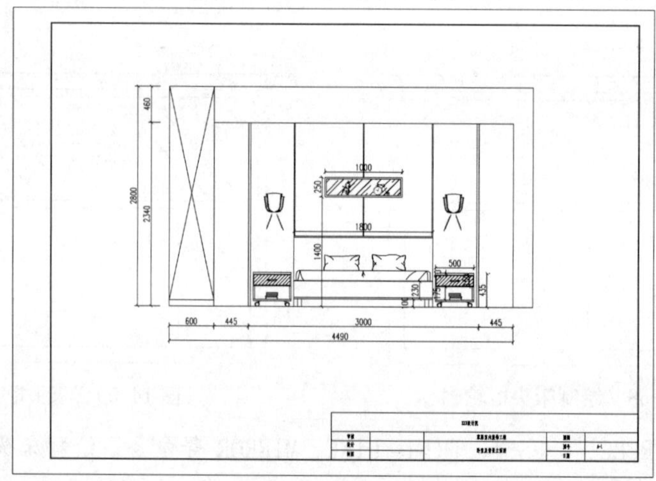

图 14-64 标注尺寸

（3）执行 QLEADER 命令进行文字标注，修改标题栏，完成图形的绘制，最终结果如图 14-2 上图所示。

14.3.3 绘制卧室及背景平面图

在绘制卧室及背景平面图之前，同样先绘制出它的主要区域及轮廓线，然后逐渐细化，最后标注图形。

【案例 14-7】 接上例，绘制如图 14-2 下图所示的卧室及背景平面图。

1）如前所述，设置绘图环境。

2）绘制卧室及背景平面图主轮廓线。

（1）设置图层。添加“平面图”图层，并将其置为当前图层。

（2）执行 LINE 命令，绘制平面图主轮廓线，如图 14-65 所示。

（3）执行 LINE、OFFSET、TRIM 等命令，绘制窗户部位，如图 14-66 所示。

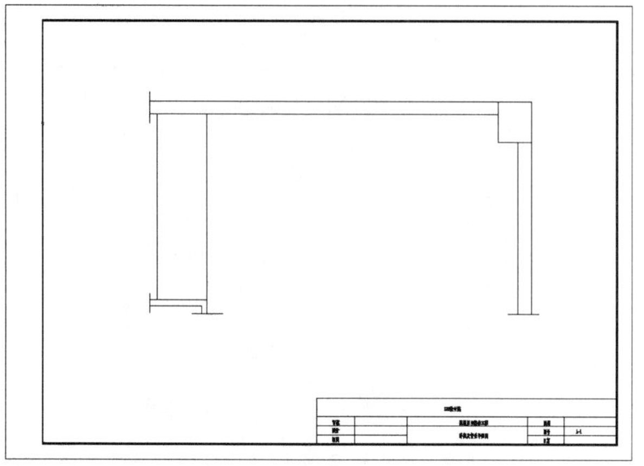
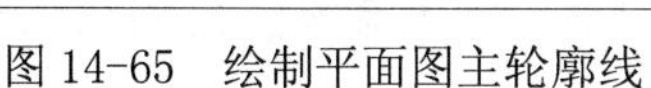

图 14-65　绘制平面图主轮廓线

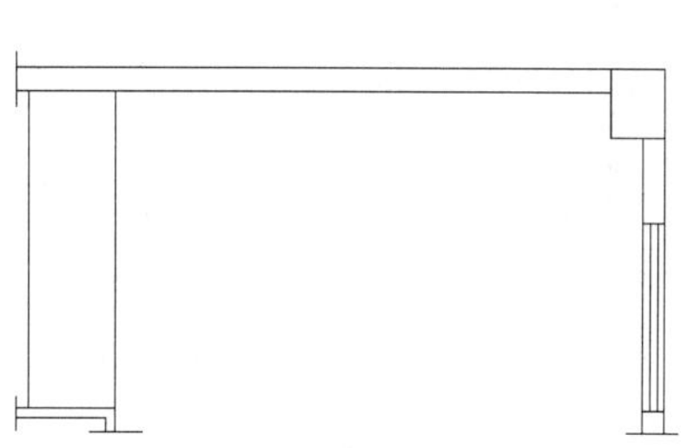

图 14-66　绘制窗户部位

3）绘制大衣橱平面图。

（1）执行 LINE、OFFSET 等命令，细化大衣橱，如图 14-67 所示。

（2）执行 INSERT 命令，插入衣架，执行 COPY 命令，复制衣架，如图 14-68 所示。

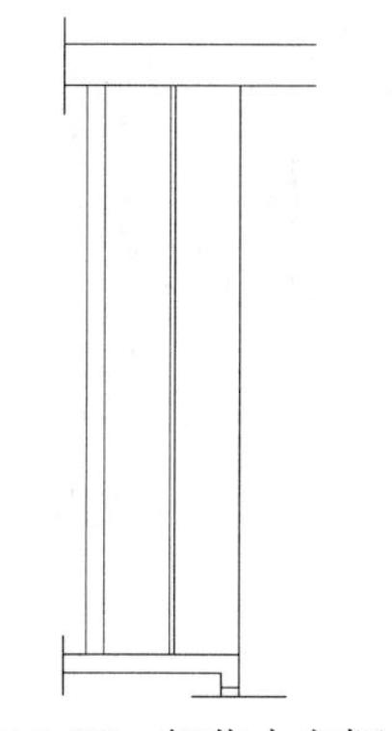

图 14-67　细化大衣橱

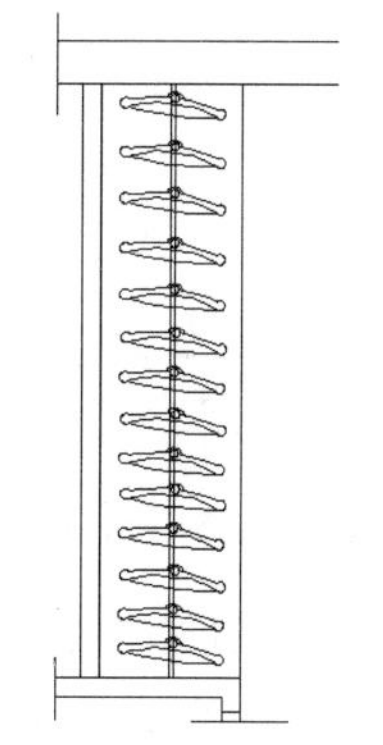

图 14-68　复制衣架

4）绘制床、床头柜等平面图。

（1）执行 RECTANGLE、LINE、OFFSET 等命令，绘制床头，如图 14-69 所示。

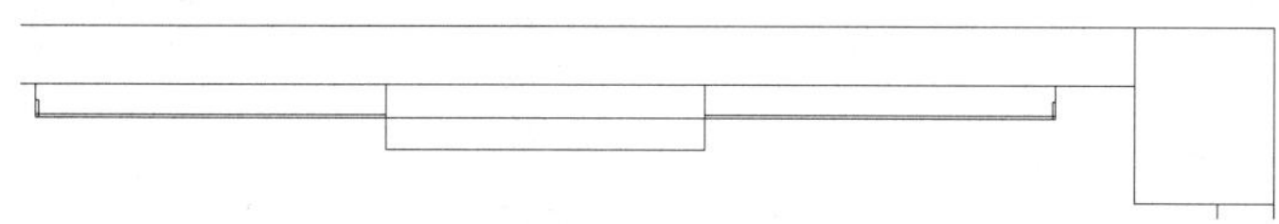

图 14-69　绘制床头

（2）执行 INSERT 命令，插入灯具图块，执行 MIRROR 命令，镜像灯具图块，结果如图 14-70 所示。

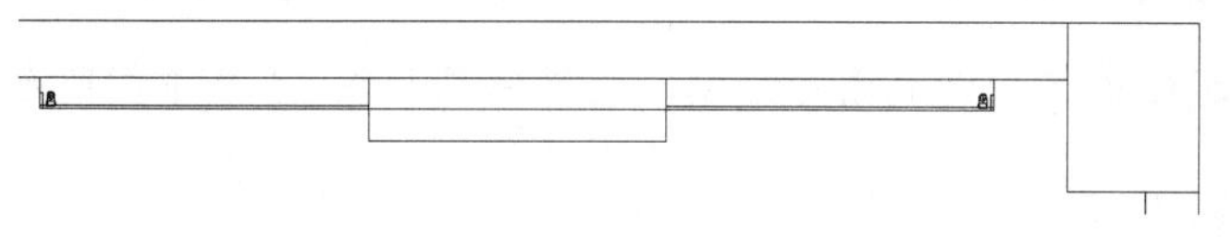

图 14-70　插入灯具

（3）执行 RECTANGLE、TRIM 命令，绘制床及床边毛毯，如图 14-71 所示。

（4）执行 RECTANGLE、OFFSET、CIRCLE、LINE 等命令，绘制床头柜，并镜像绘制的床头柜，如图 14-72 所示。

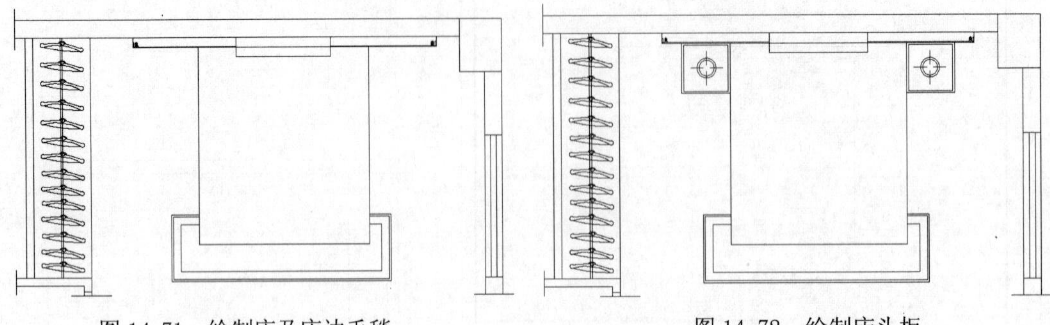

图 14-71　绘制床及床边毛毯　　　图 14-72　绘制床头柜

（5）执行 LINE、PLINE、RECTANGLE、OFFSET、FILLET 等命令，绘制床上被子平面图，如图 14-73 所示。

（6）执行 LINE、SPLINE 等命令，绘制枕头，如图 14-74 所示。

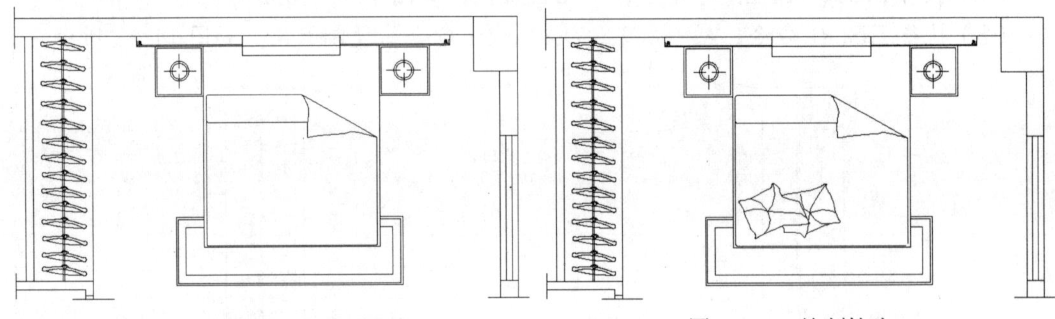

图 14-73　绘制床上被子平面图　　　图 14-74　绘制枕头

（7）执行 HATCH 命令，填充图形，如图 14-75 所示。

5）标注卧室及背景平面图。

（1）标注尺寸。执行 LIMLINEAR 命令标注图形，如图 14-76 所示。

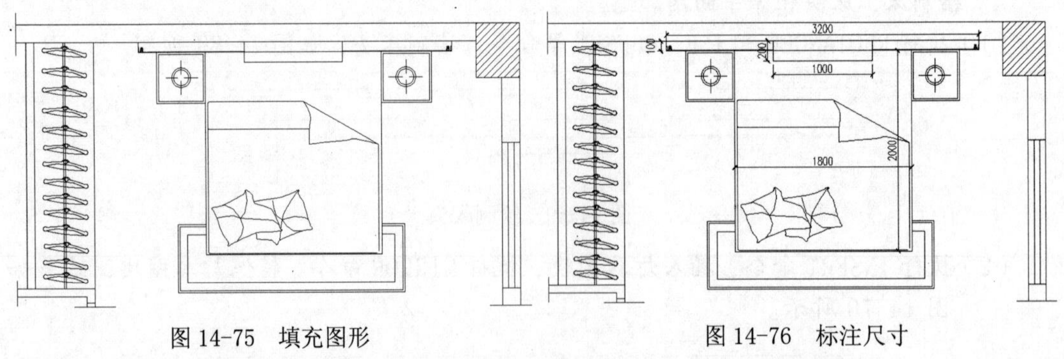

图 14-75　填充图形　　　图 14-76　标注尺寸

（2）修改标题栏文字，完成图形绘制，最终结果如图 14-2 下图所示。

网络视频教学：将前面绘制的二室二厅一厨一卫户型进行室内设计，参考结果如图所示。

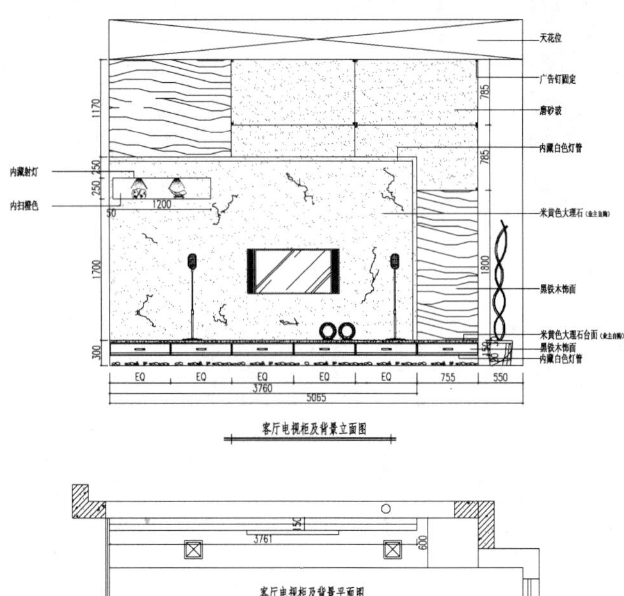

14.4 习题

1．绘制沙发背景立面图、剖面图，参考结果如图 14-77 所示。

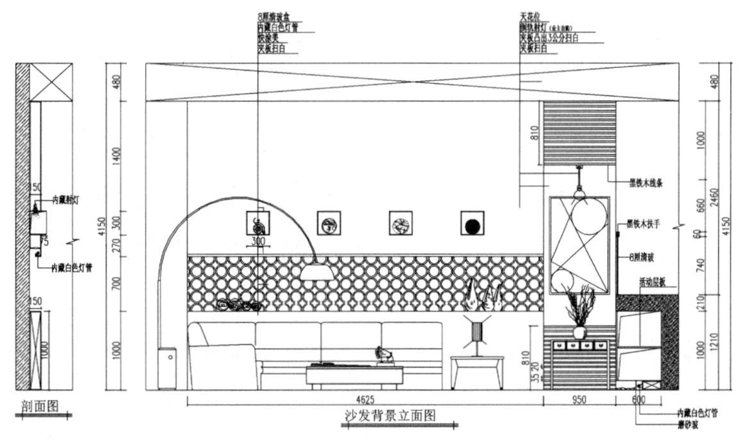

图 14-77　沙发背景立面图、剖面图

2．结合上题绘制沙发背景平面图，参考结果如图 14-78 所示。

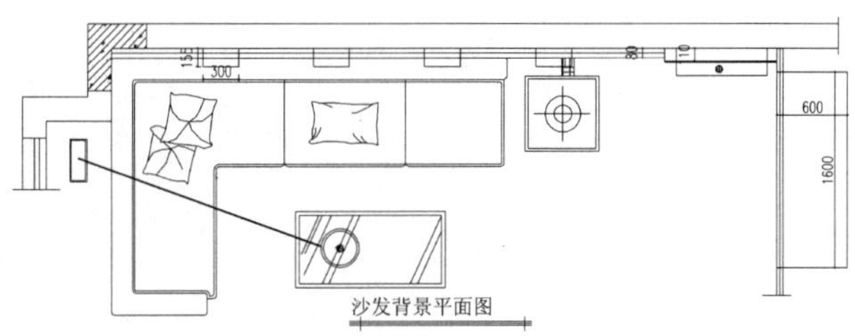

图 14-78　沙发背景平面图

第15章

别墅室内平面及顶棚图绘制

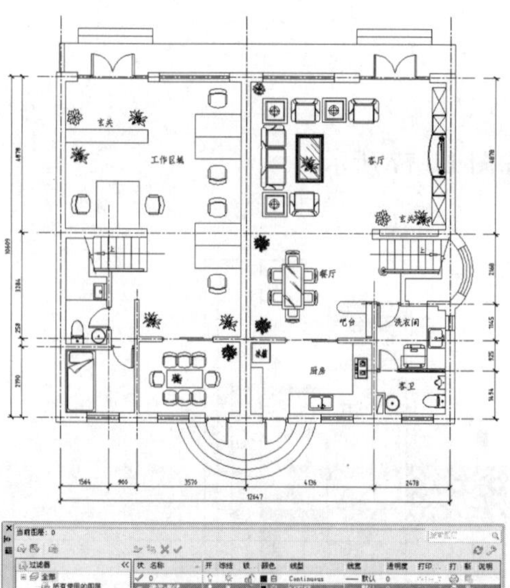

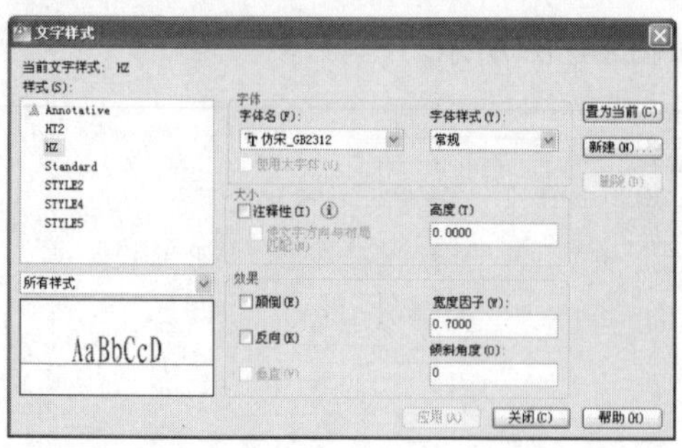

通过本章的学习，读者可以掌握一般独立别墅室内平面及顶棚图的绘制方法、绘制技巧和步骤。

【学习目标】

☑ 别墅室内设计思路。

☑ 绘制别墅建筑平面图。

☑ 绘制别墅建筑装修平面图。

☑ 各功能单元装修布局方法。

☑ 绘制别墅顶棚图。

15.1 设计思路

本章主要讲述别墅室内设计平面图及其绘制。通过如图 15-1、图 15-2 和图 15-3 所示三层别墅室内设计平面图的绘制，具体讲述别墅的室内设计思路及其相关装饰图的绘制方法与技巧。

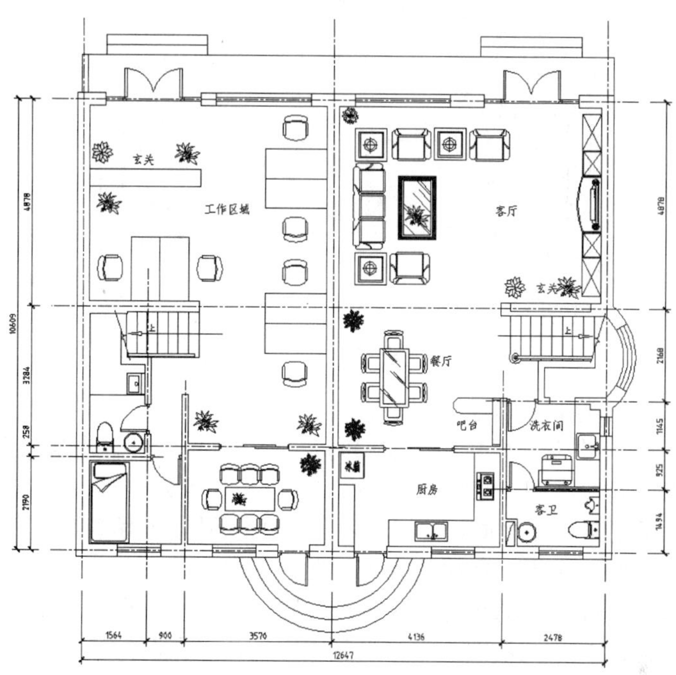

图 15-1　别墅一层室内设计平面图

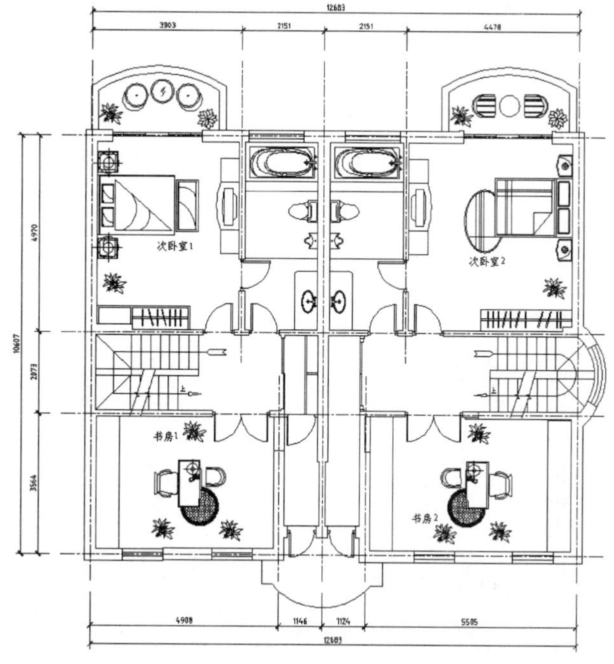

图 15-2　别墅二层室内设计平面图

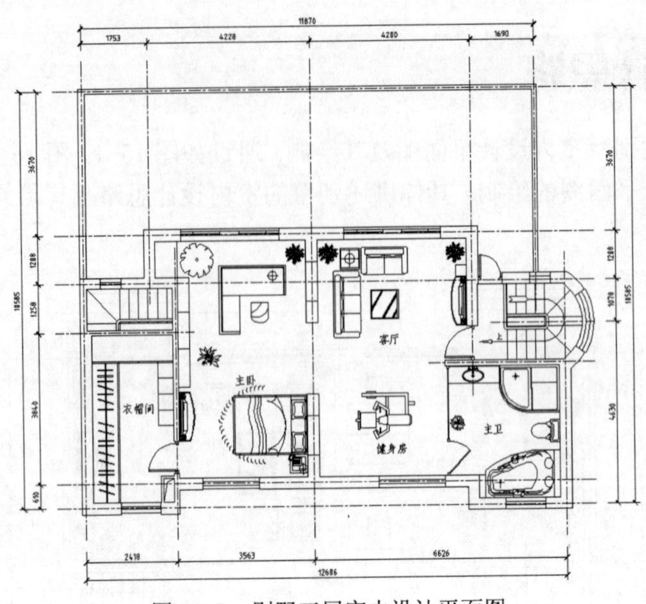

图 15-3　别墅三层室内设计平面图

别墅设置多种空间类别以满足日常生活的不同需求，一般包括厅（门厅、餐厅、客厅等）、卧室、辅助房间（书房、娱乐室、衣帽间等）、生活配套房（厨房、卫生间、淋浴间、运动健身房等）以及其他房间（储藏间、车库、洗衣房、工人房等）。如图 15-1、图 15-2、图 15-3 所示，对于别墅三层平面而言，一般厅、生活配套房等多设置在一层，书房、次卧等设置在二层，主卧、主卫、衣帽间等多设置在三层。

与住宅室内设计平面图总的设计思路一样，别墅室内设计也是先整体、后局部，先绘制别墅室内建筑平面图，在此基础上进行别墅室内设计平面图的绘制。

绘制别墅室内建筑平面图，如图 15-4、图 15-5、图 15-6 所示。一般而言，先建立房间的开间和进深轴线，然后根据轴线绘制各功能房间墙体及相应门窗洞口的平面造型，最后绘制楼梯、管道、阳台等辅助空间的平面图形，同时标注图形。

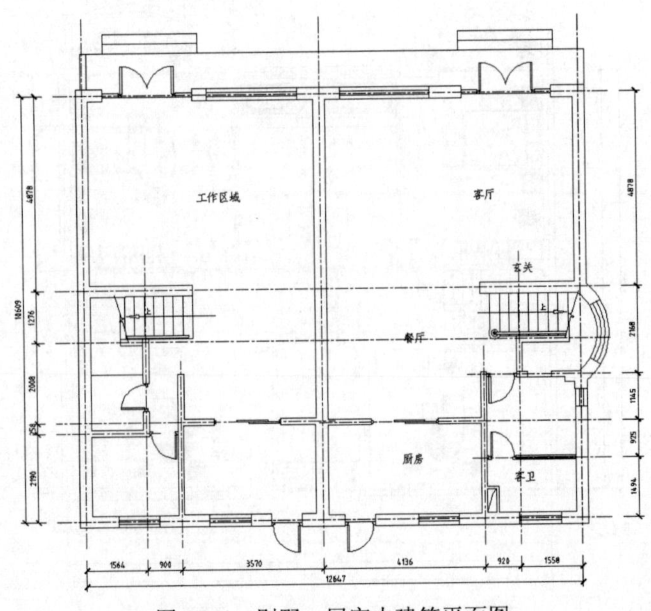

图 15-4　别墅一层室内建筑平面图

绘制别墅室内设计平面图，如图 15-1、图 15-2、图 15-3 所示。可以看出，别墅的特点是厅大、房间多，这里关键是家具布置与空间设计。内部空间设计的得体与否，将体现设计工作人员的功力。

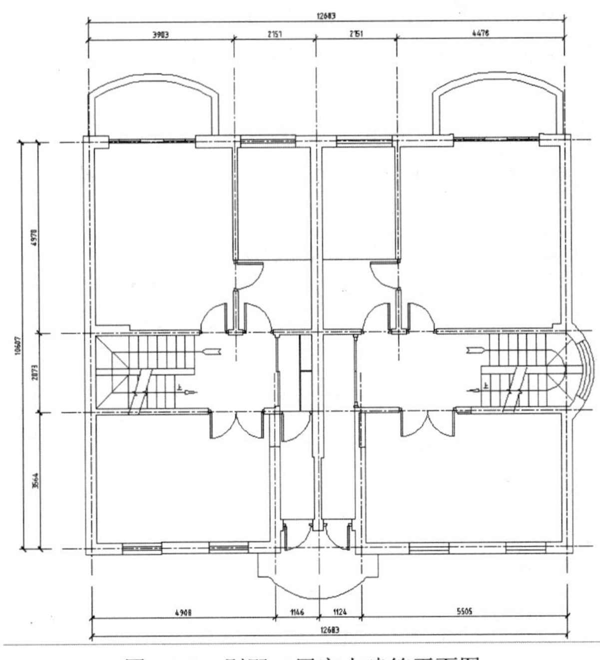

图 15-5 别墅二层室内建筑平面图

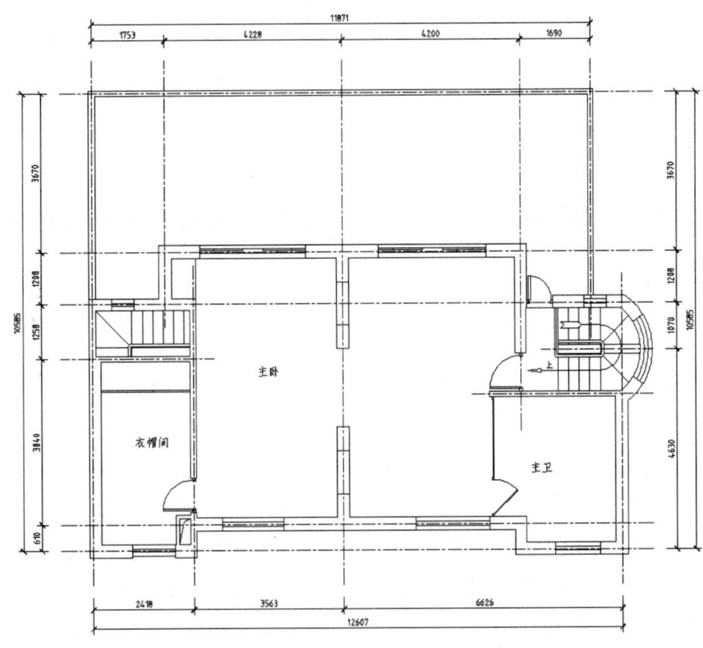

图 15-6 别墅三层室内建筑平面图

15.2 绘制别墅装修前建筑平面图

本节通过实例具体讲述别墅装修前建筑平面图的绘图过程。具体内容包括：设置绘图环境，绘制墙体、门窗及辅助空间等。

15.2.1 设置绘图环境

本节先介绍别墅建筑平面图的绘图环境的设置。

【案例 15-1】 设置如图 15-4、图 15-5、图 15-6 所示的三层别墅室内建筑平面图的绘图环境。

1）新建图形，并将新建图形另存为“三层别墅室内建筑平面图”。

2）创建并设置图层，结果如图 15-7 所示。

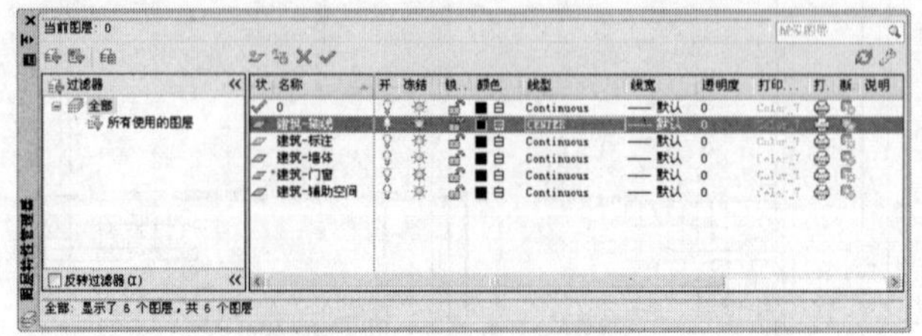

图 15-7 创建并设置图层

3）设置绘图区域大小为 20 000×20 000。在命令行输入命令，AutoCAD 提示如下。

```
命令: LIMITS                                          //在命令行输入命令
重新设置模型空间界限:
指定左下角点或 [开(ON)/关(OFF)] <0.0000,0.0000>:       //按 ENTER 键
指定右上角点 <420.0000,297.0000>: 20000,20000         //指定右上角坐标
命令: z                                               //输入命令
ZOOM
指定窗口的角点，输入比例因子 (nX 或 nXP)，或者[全部(A)/中心(C)/动态(D)/范围
(E)/上一个(P)/比例(S)/窗口(W)/对象(O)] <实时>: a     //选择“全部(A)”选项
正在重生成模型。
```

4）设置文字标注字体，如图 15-8 所示。

5）设置尺寸标注字体，如图 15-9 所示。

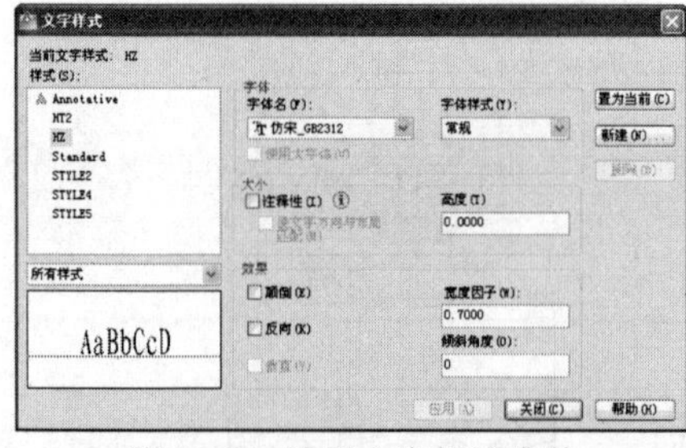

图 15-8 设置文字标注字体

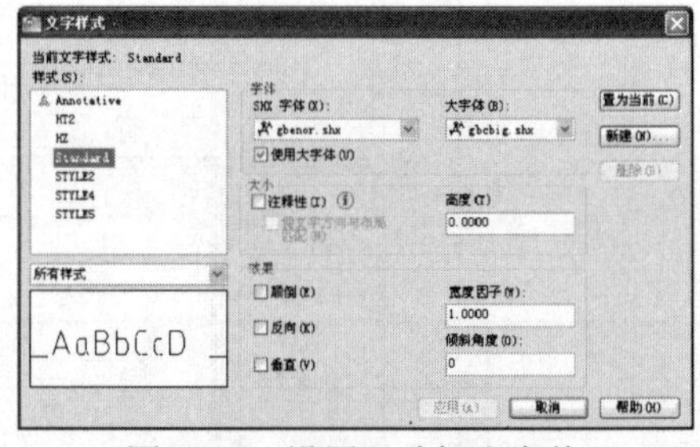

图 15-9 设置尺寸标注字体

6）设置标注样式。创建一个尺寸样式，名称为“工程标注”，对该样式进行以下设置。

（1）在【线】选项卡中的【尺寸界线】选项中，超出尺寸线设为“120”，起点偏移量设为“300”。

（2）在【符号和箭头】选项卡中的【箭头】选项中，箭头设为“建筑标记”，其大小为“120”。

（3）在【文字】选项卡中的【文字外观】选项中，文字样式设为 Standard，文字高度设为“180”。【文字位置】选项中，从尺寸线偏移设为“60”。

（4）使“工程标注”成为当前样式。

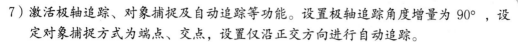

7）激活极轴追踪、对象捕捉及自动追踪等功能。设置极轴追踪角度增量为 90°，设定对象捕捉方式为端点、交点，设置仅沿正交方向进行自动追踪。

15.2.2 绘制墙体

本节将介绍别墅建筑平面图墙体的绘制。

【案例 15-2】 绘制如图 15-4、图 15-5、图 15-6 所示的别墅室内建筑平面图的墙体。

1）绘制别墅平面图中各功能房间的轴线。

（1）设置图层。将“建筑-轴线”图层置为当前图层。

（2）执行 LINE 命令，创建别墅一层建筑平面的墙体轴线。右键单击该轴线，在弹出的菜单中选择【特性】选项，打开【特性】对话框，在【常规】选项中，线型比例设为“10”，如图 15-10 所示。

（3）根据别墅各个房间的开间或进深大小，创建相应位置的轴线，如图 15-11 所示。

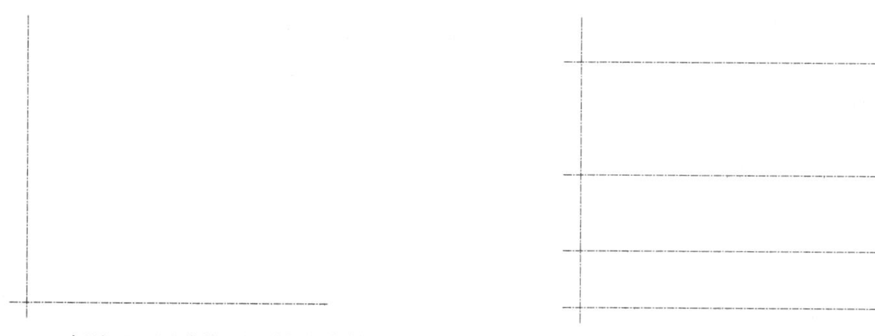

图 15-10 建别墅一层建筑平面的墙体轴线

图 15-11 创建相应位置的轴线

（4）用同样方式绘制别墅一层建筑平面的其他墙体轴线，如图 15-12 所示。

2）标注轴线尺寸。

（1）设置图层。将“建筑-标注”图层置为当前图层。

（2）执行 DIMLINER、DIMCONTINUE 命令，标注轴线尺寸，结果如图 15-13 所示。

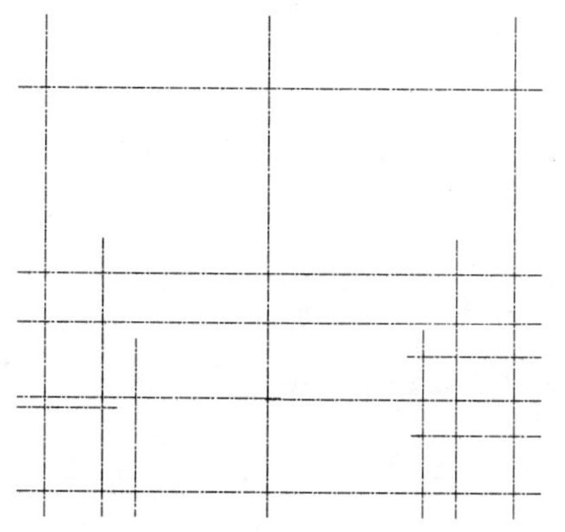

图 15-12 绘制别墅一层建筑平面的其他墙体轴线

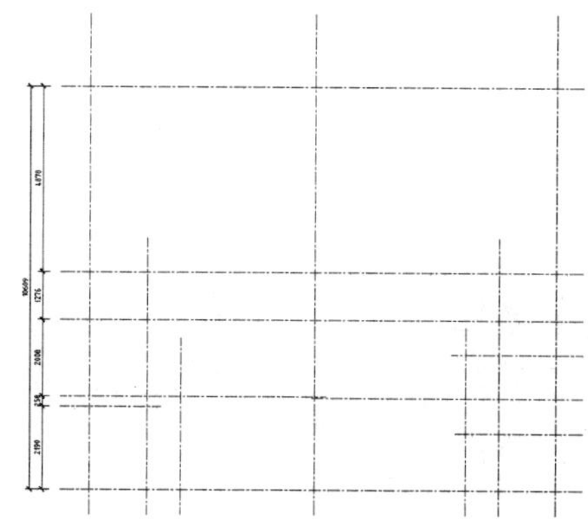

图 15-13 标注轴线尺寸

（3）用同样方式标注其他尺寸，结果如图 15-14 所示。

3）绘制墙体。

（1）设置图层。将“建筑-墙体”图层置为当前图层。

（2）执行 MLINE、MLEDIT 命令创建别墅一层平面墙体，结果如图 15-15 所示。

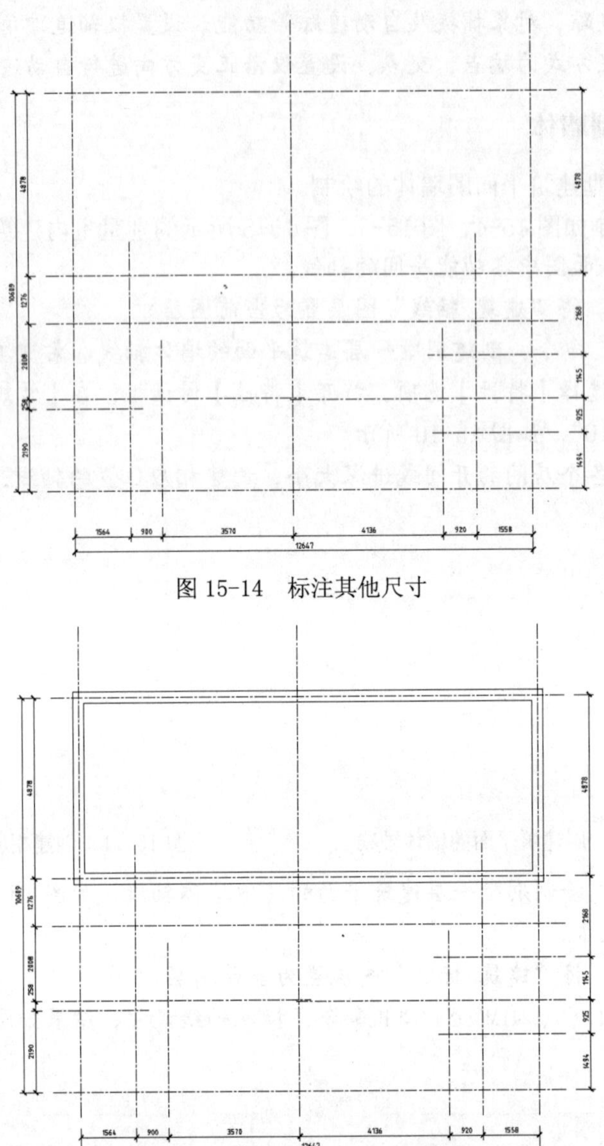

图 15-14　标注其他尺寸

图 15-15　创建别墅一层平面墙体

> **要点提示**
>
> 别墅墙体厚度，一般而言，外墙为 360mm，内墙为 240mm，隔墙为 120mm，这要根据实际具体情况而定。

（3）调整多线比例，得到卫生间等比较薄的隔墙，如图 15-16 所示。

（4）绘制弧形墙体，如图 15-17 所示。

（5）执行 EXPLODE 命令，炸开弧线附近的多线，绘制弧形墙体，如图 15-18 所示。

（6）用同样方式绘制别墅一层建筑平面的其他墙体，结果如图 15-19 所示。

（7）用同样方法绘制别墅二层建筑平面的轴向图，结果如图 15-20 所示。

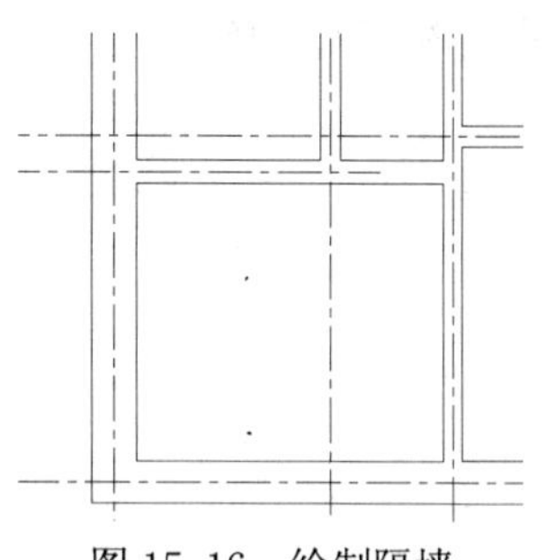

图 15-16　绘制隔墙

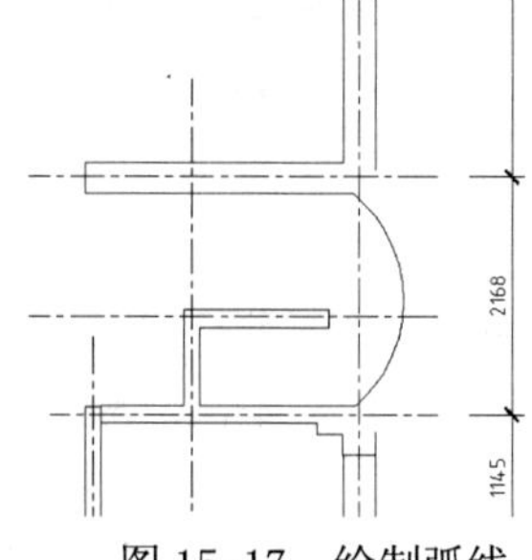

图 15-17　绘制弧线

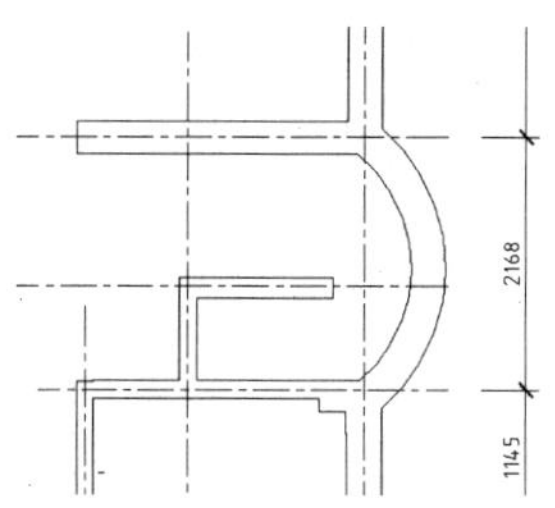

图 15-18　绘制弧形墙体

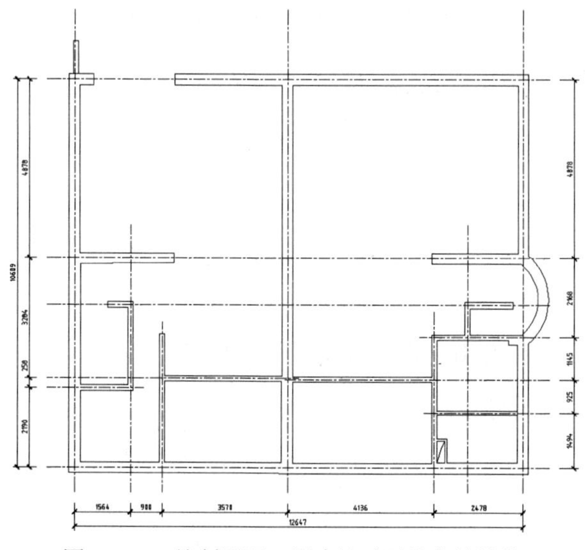

图 15-19　绘制别墅一层建筑平面的其他墙体

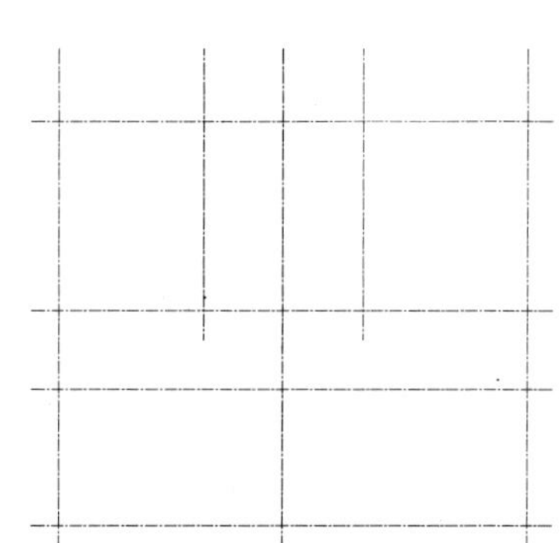

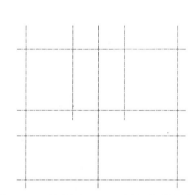

图 15-20　绘制别墅二层建筑平面轴向图

（8）执行 DIMLINER、DIMCONTINUE 命令，标注别墅二层建筑平面轴向图的轴线尺寸，结果如图 15-21 所示。

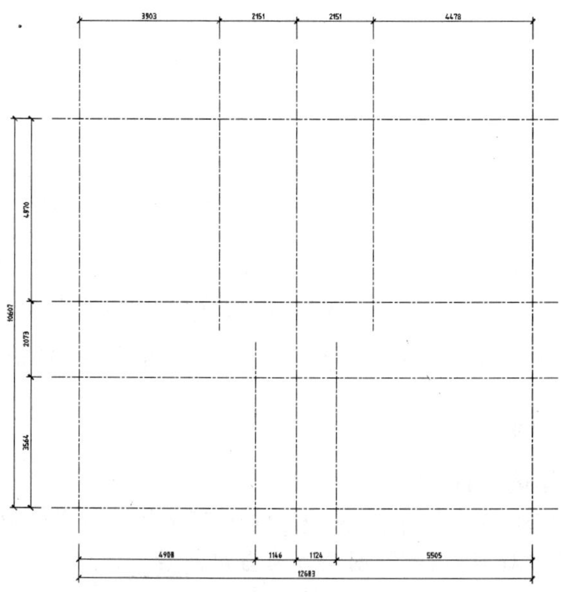

图 15-21　标注别墅二层建筑平面轴向图的轴线尺寸

（9）执行 MLINE、MLEDIT 命令创建别墅二层平面墙体，结果如图 15-22 所示。

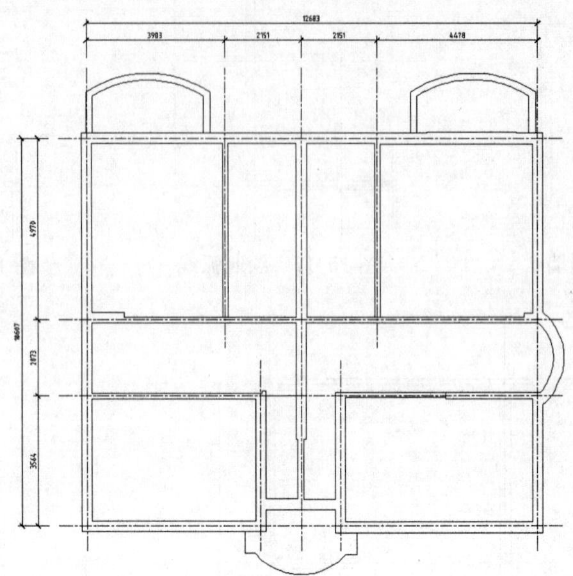

图 15-22　创建别墅二层平面墙体

（10）绘制并标注别墅三层建筑平面的轴向图，结果如图 15-23 所示。

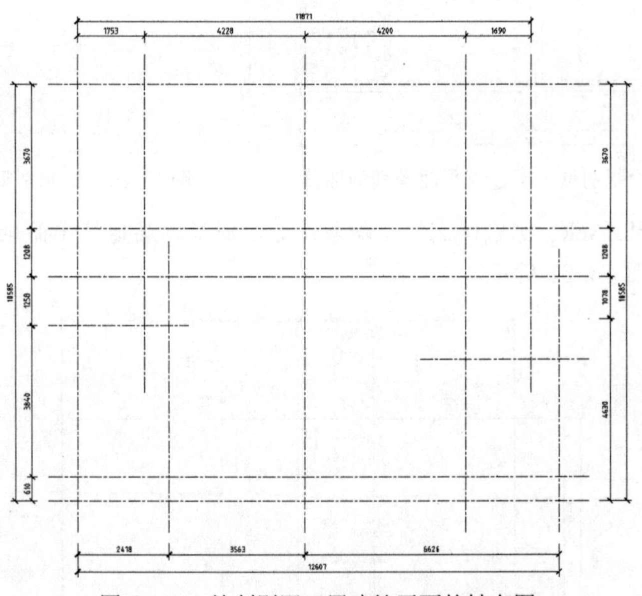

图 15-23　绘制别墅三层建筑平面的轴向图

（11）按同样方式创建别墅三层平面墙体，结果如图 15-24 所示。

15.2.3　绘制门窗

本节将介绍别墅建筑平面图门窗的绘制。

【案例 15-3】　绘制如图 15-4、图 15-5、图 15-6 所示的别墅室内建筑平面图的门窗。

1）设置图层。将“建筑-门窗”图层置为当前图层。

2）执行 LINE 命令，绘制线段，确定门的宽度，如图 15-25 所示。

3）执行 TRIM 命令，修剪图形，形成门洞，如图 15-26 所示。

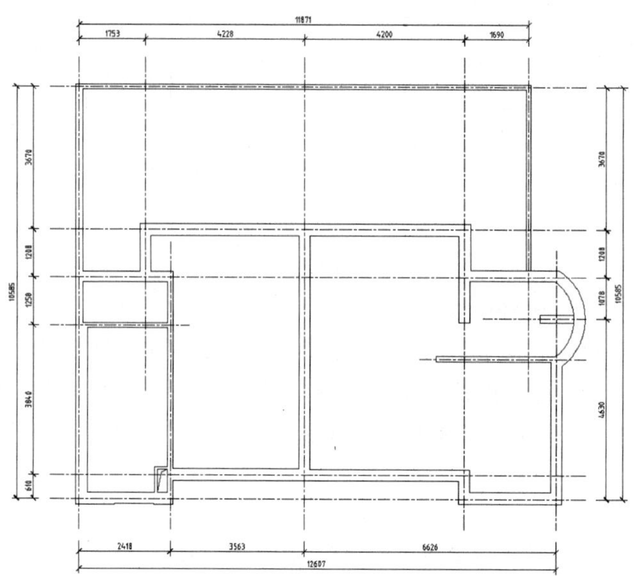

图 15-24 创建别墅三层平面墙体

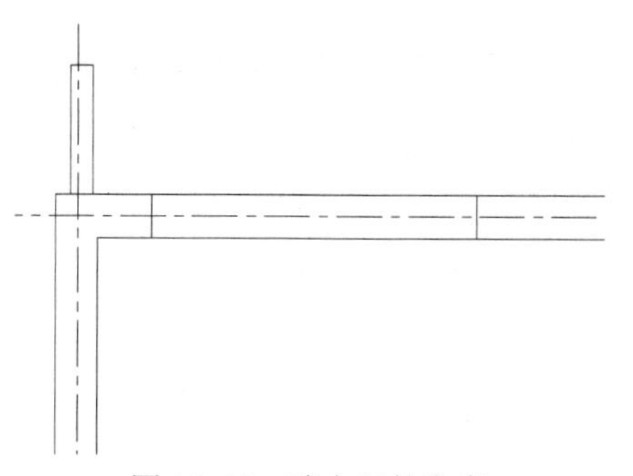

图 15-25 确定门的宽度

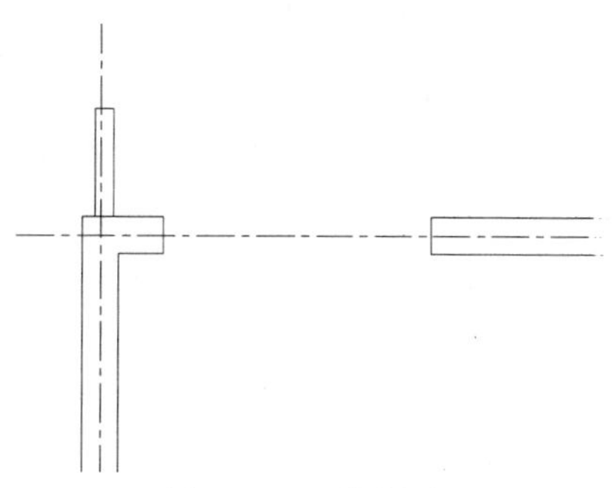

图 15-26 形成门洞

4）执行 LINE、ARC、TRIM 等命令，绘制门扇造型，如图 15-27 所示。

5）执行 MIRROR 命令，得到双扇门造型，如图 15-28 所示。

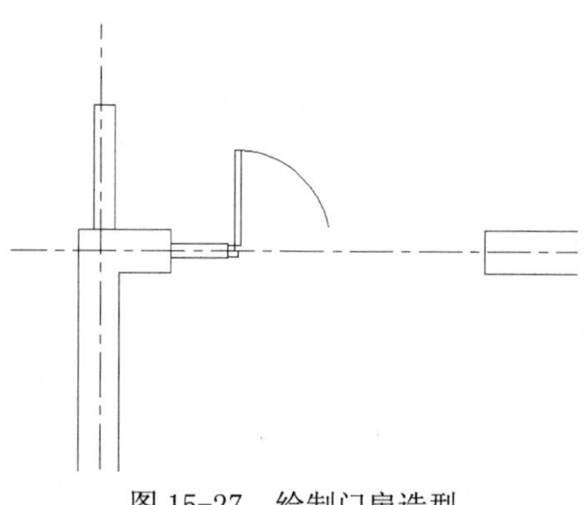

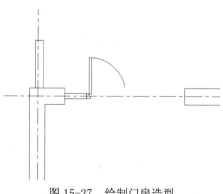

图 15-27 绘制门扇造型

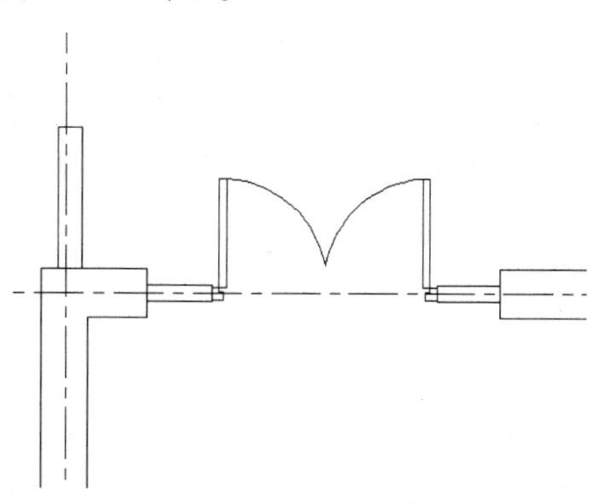

图 15-28 双扇门造型

6）创建窗户的造型。执行 LINE 命令，绘制两段互相平行的短线，如图 15-29 所示。

7）执行 LINE 命令，绘制平行线，得到窗户造型，如图 15-30 所示。

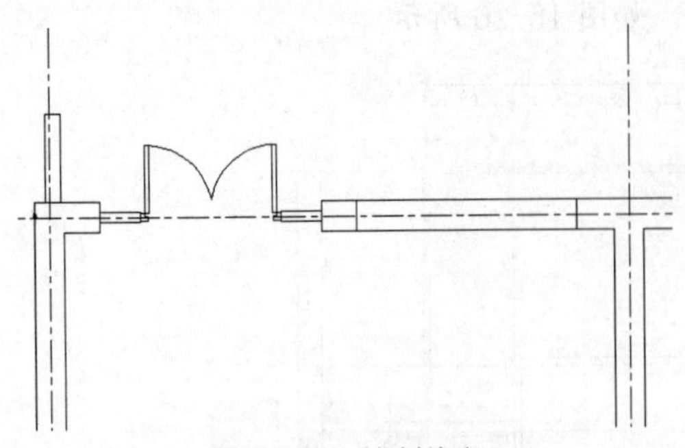

图 15-29　绘制线段　　　图 15-30　创建窗户造型

8）执行 LINE 等命令，创建弧形窗户的直径线，如图 15-31 所示。

9）使用关键点方式进行旋转复制直径线。单击直径线圆心端点，小方框变成红色，再单击右键，在弹出的菜单中选择【旋转】选项，如图 15-32 所示。AutoCAD 提示如下。

```
** 拉伸 **
指定拉伸点或 [基点(B)/复制(C)/放弃(U)/退出(X)]:_rotate
** 旋转 **
指定旋转角度或 [基点(B)/复制(C)/放弃(U)/参照(R)/退出(X)]: c//选择“复制(C)”选项
** 旋转 (多重) **
指定旋转角度或 [基点(B)/复制(C)/放弃(U)/参照(R)/退出(X)]://指定选装角度
** 旋转 (多重) **
指定旋转角度或 [基点(B)/复制(C)/放弃(U)/参照(R)/退出(X)]:
```

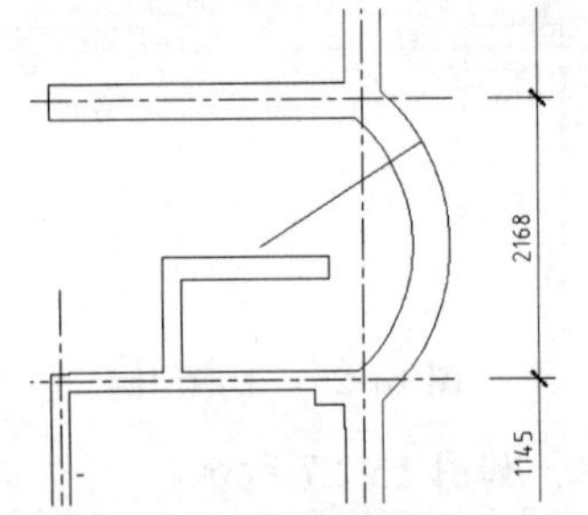

图 15-31　创建弧形窗户的直径线

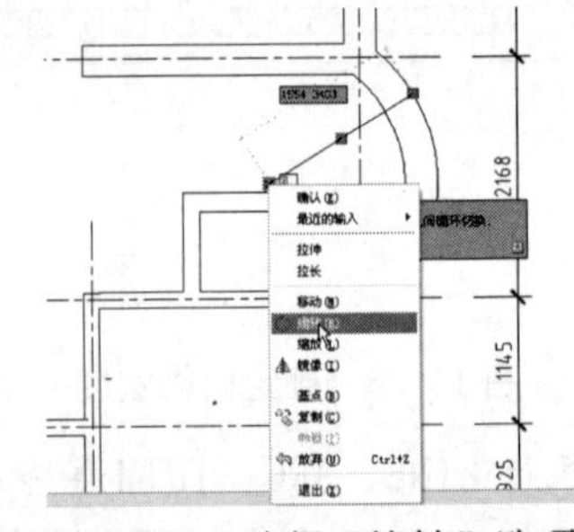

图 15-32　选择“旋转”选项

10）执行 OFFSET 命令，偏移弧形造型，如图 15-33 所示。

11）执行 TRIM 命令，修剪图形得到弧形窗户造型，如图 15-34 所示。

12）执行 LINE、OFFSET、TRIM 等命令，绘制推拉门，结果如图 15-35 所示。

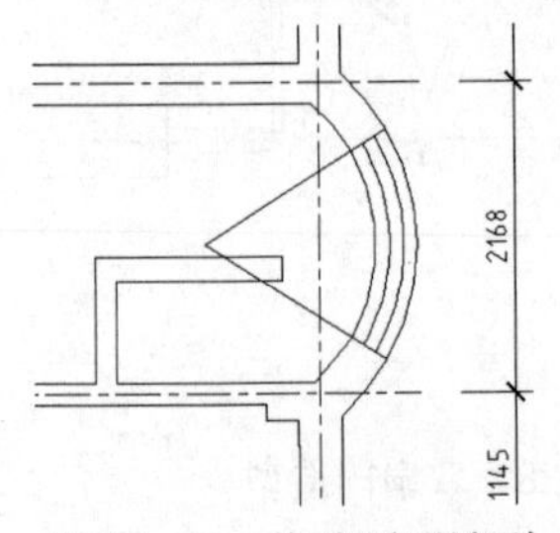

图 15-33　偏移弧形造型

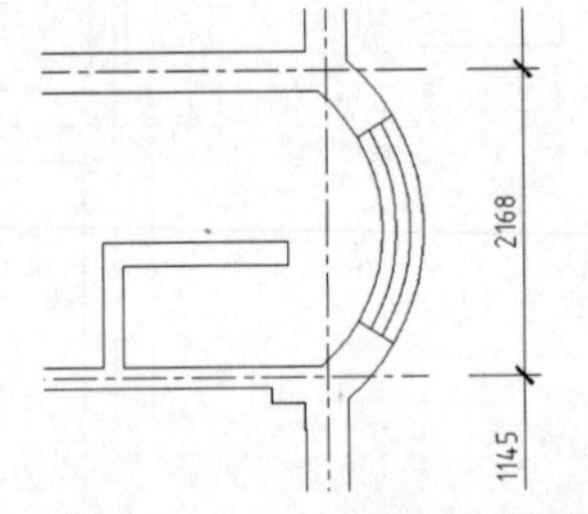

图 15-34　弧形窗户造型

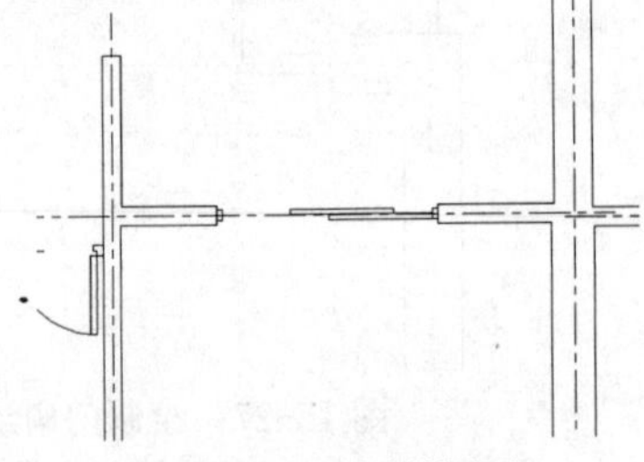

图 15-35　绘制推拉门

13）完成别墅一层平面的门窗绘制，缩放视图观察并保存图形，如图 15-36 所示。

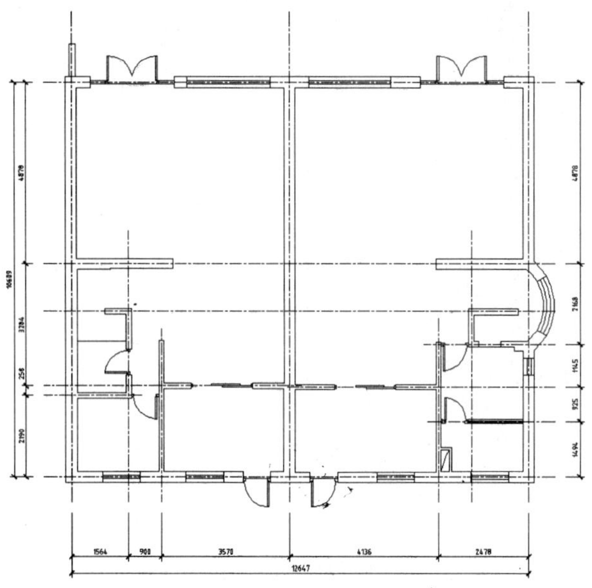

图 15-36　别墅一层平面的门窗

14）用同样方式绘制别墅二层平面的门窗，如图 15-37 所示。

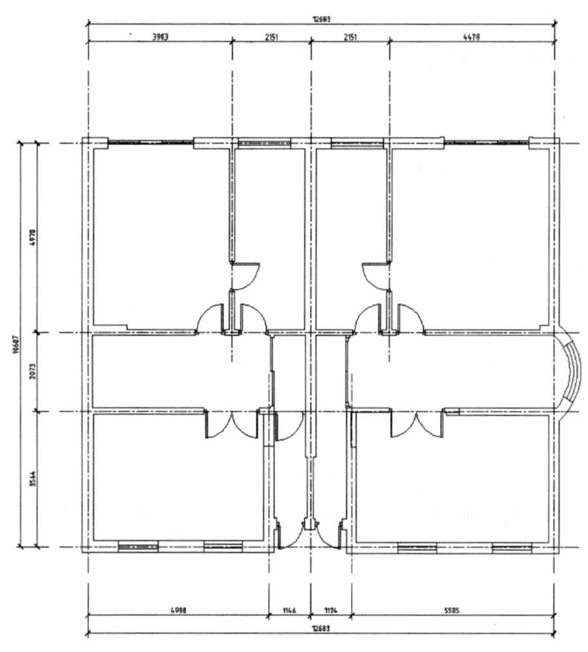

图 15-37　别墅二层平面的门窗

15）用同样方式绘制别墅三层平面的门窗，如图 15-38 所示。

15.2.4　绘制辅助空间

别墅中的辅助空间包括阳台、储藏间、楼梯、台阶和汽车坡道等。本节将介绍别墅建筑平面图辅助空间的绘制。

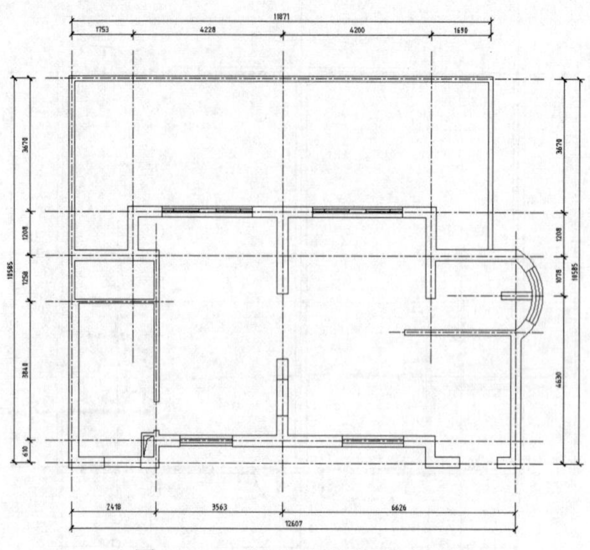

图 15-38 别墅三层平面的门窗

【案例 15-4】 绘制如图 15-4、图 15-5、图 15-6 所示的别墅室内建筑平面图的辅助空间。

1）设置图层。将“建筑-辅助空间”图层置为当前图层。

2）绘制一层平面的楼梯轮廓造型，如图 15-39 所示。

3）绘制一层平面中的楼梯轮廓及扶手、标识等，如图 15-40 所示。

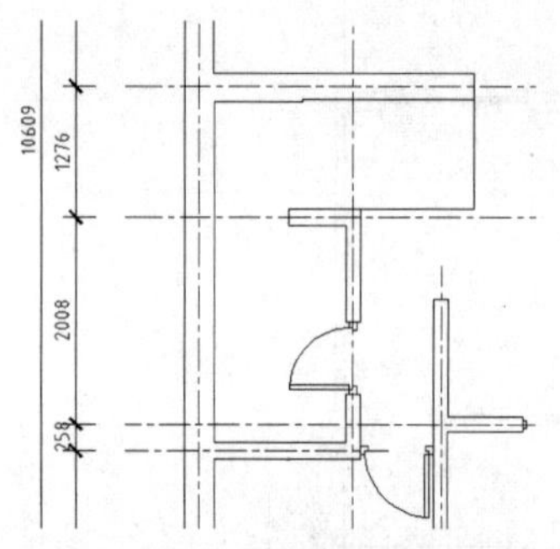

图 15-39 楼梯轮廓造型

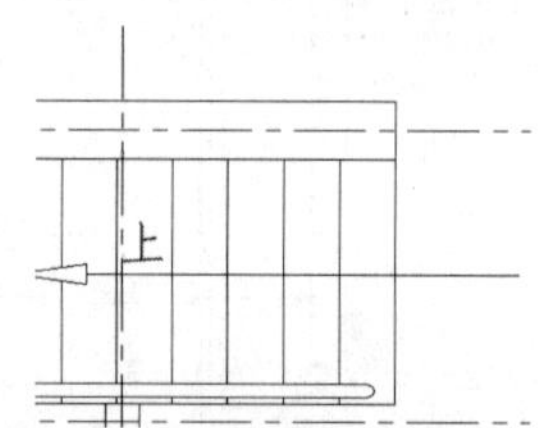

图 15-40 绘制一层平面中的楼梯轮廓及扶手、标识等

4）在楼梯踏步上部绘制折线造型，如图 15-41 所示。

5）楼梯下面为储藏间，并设置一个小门，后面将会详细布置，如图 15-42 所示。

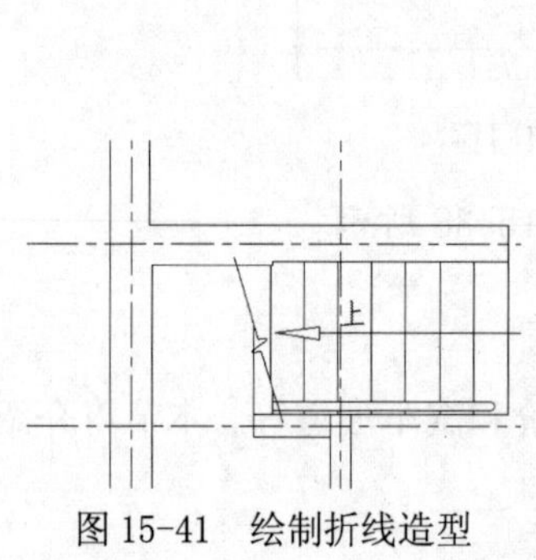

图 15-41 绘制折线造型

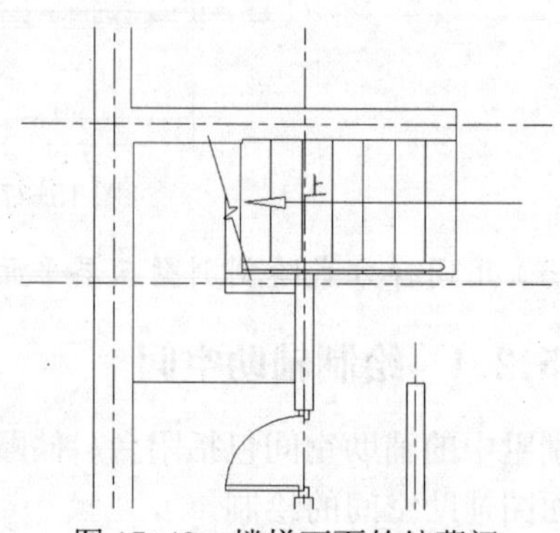

图 15-42 楼梯下面的储藏间

6）用同样方式绘制另一边的楼梯，如图 15-43 所示。

7）绘制一层平面中的入口台阶的平台轮廓，如图 15-44 所示。

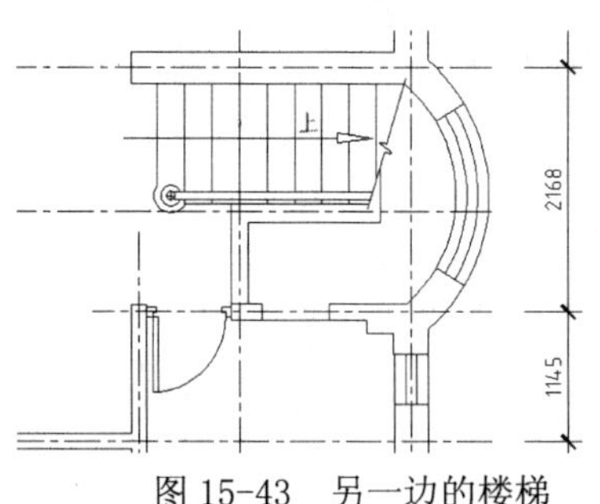

图 15-43　另一边的楼梯

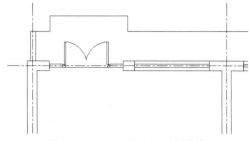

图 15-44　入口台阶的平台轮廓

8）绘制一层平面中的台阶造型，如图 15-45 所示。

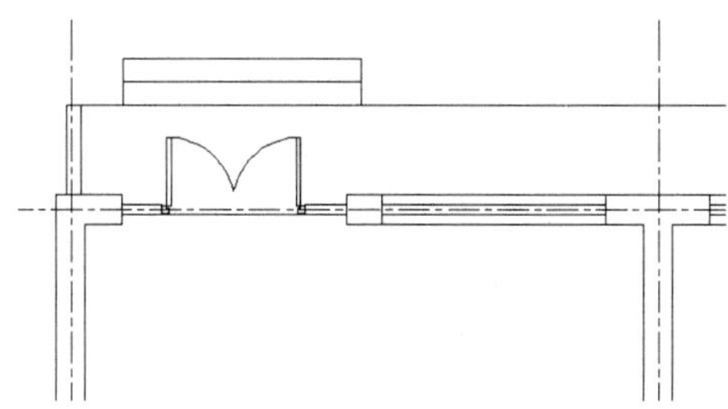

图 15-45　一层平面中的台阶造型

9）完成别墅一层建筑平面图的绘制，结果如图 15-4 所示。

10）用同样方式绘制别墅二层建筑平面图，结果如图 15-5 所示。

11）用同样方式绘制别墅三层建筑平面图，结果如图 15-6 所示。

网络视频教学：绘制二层别墅建筑平面图。

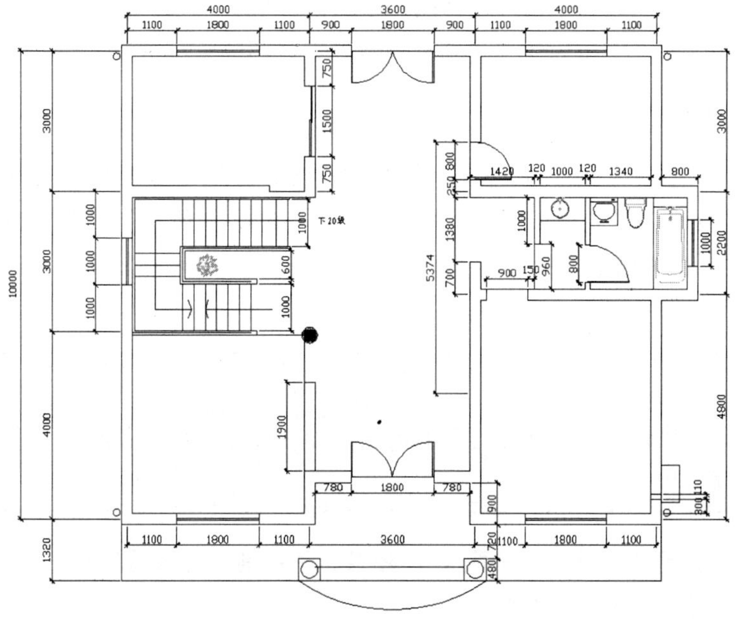

别墅一层建筑平面图

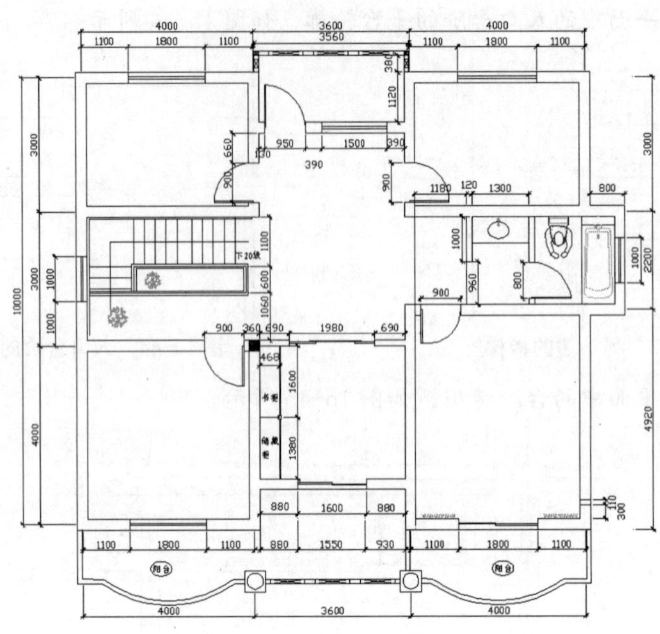

别墅二层建筑平面图

15.3 绘制别墅的装修图

别墅装修是一种以别墅为主题参与设计装饰的当代新生活设计理念。别墅相较于一般的居家住宅，不仅在于“大”，还在于是否与之相适应的“环境、配套”的特殊性。因而，别墅装修设计不仅仅是对别墅室内空间的合理规划，还要对室内外环境的结合做一个整体的思考和设计，从而达成一个内外兼修的和谐人居环境。

本节接上例，将详细讲述该三层别墅的装修设计图的绘制过程。

15.3.1 布置厅

厅包括门厅、客厅及餐厅等，这里详细介绍它们装饰平面图的绘制方法及技巧。

【案例 15-5】 接上例，完成如图 15-1、图 15-2、图 15-3 所示三层别墅的装修设计图中厅的布置。

1）布置门厅。

> **要点提示**
>
> 因为别墅面积较大，所以其门厅用途就不如一般居室那么明显，一般不会用来摆放鞋、衣、帽等物品。

（1）重新设置图层。增加“装饰-厅”图层，并将其置为当前图层。

（2）布置玄关，如图 15-46 所示。

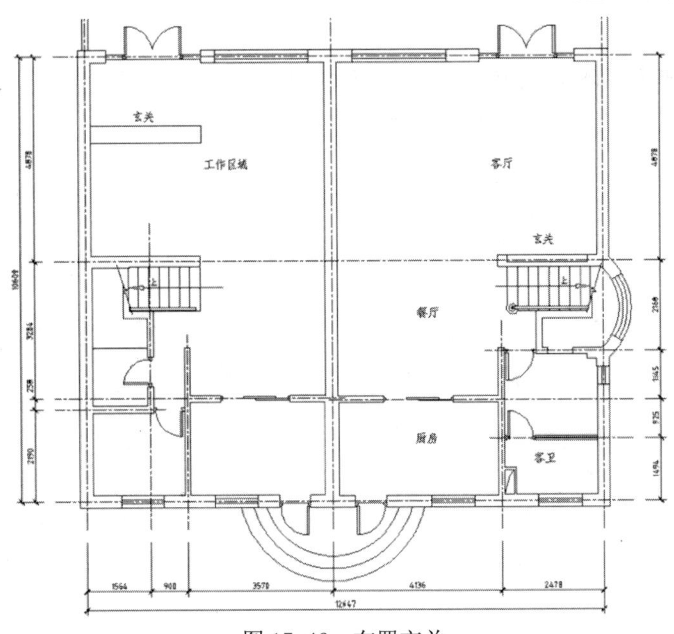

图 15-46　布置玄关

（3）布置门厅花草等，如图 15-47 所示。

要点提示

为了使别墅温馨自然，与内、外界环境自然过渡、协调统一，可以在门厅处多装饰一些花花草草。

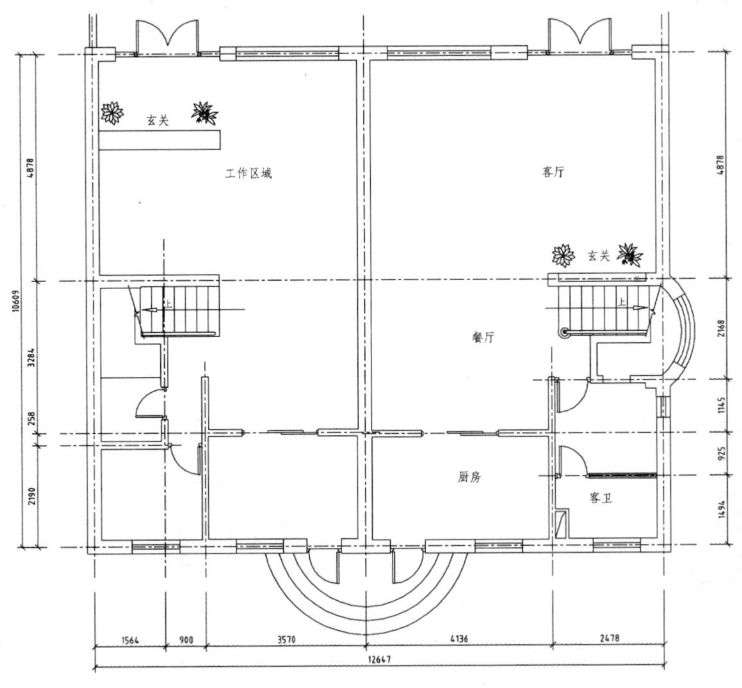

图 15-47　布置花草

2）布置餐厅。

（1）在餐厅平面插入餐桌造型，如图 15-48 所示。

（2）布置餐厅吧台、花草，如图 15-49 所示。

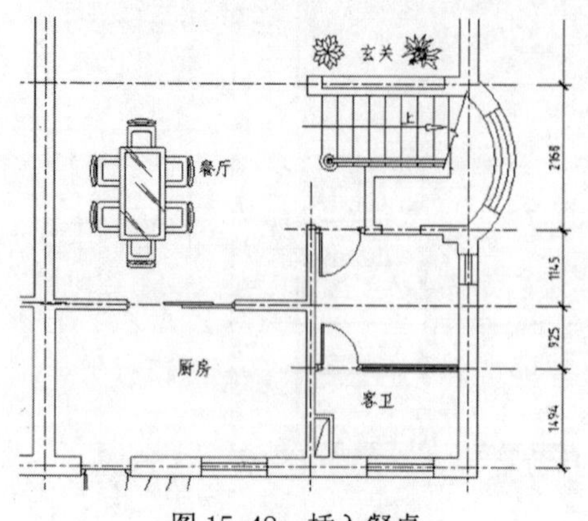

图 15-48　插入餐桌

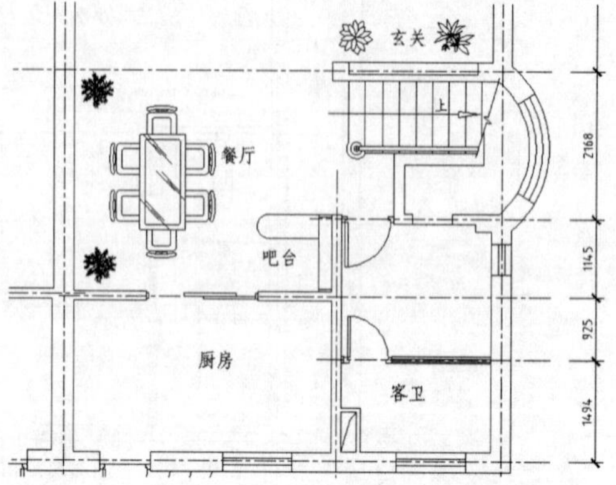

图 15-49　布置餐厅吧台、花草

3）布置客厅。

（1）在客厅布置沙发、茶几，如图 15-50 所示。

（2）在侧面布置单人沙发及其座间茶几造型，如图 15-51 所示。

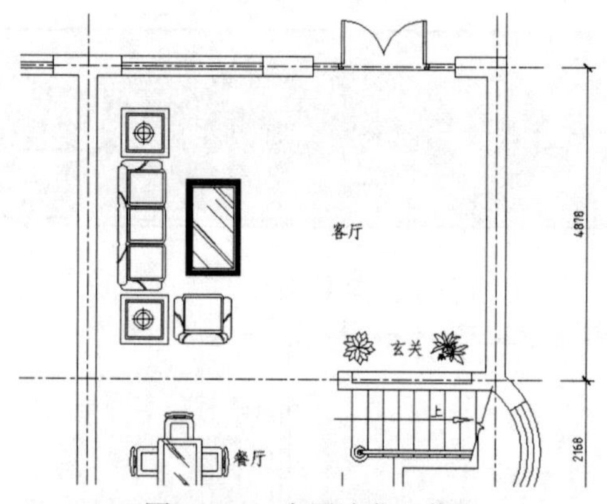

图 15-50　布置沙发、茶几

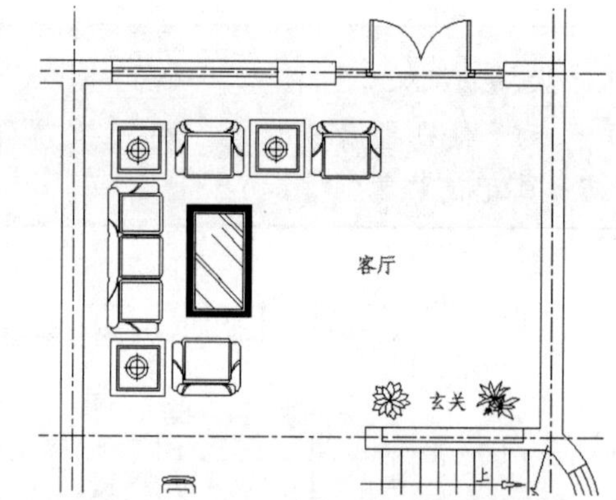

图 15-51　布置单人沙发及其座间茶几造型

（3）绘制电视柜造型，并布置电视，如图 15-52 所示。

（4）布置客厅花草，如图 15-53 所示。

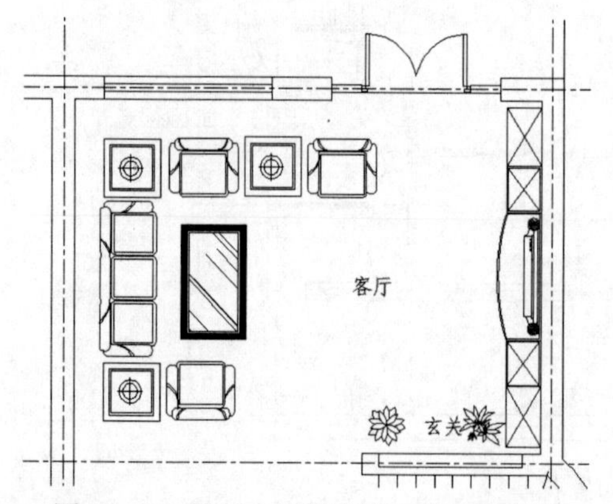

图 15-52　绘制电视柜造型，并布置电视

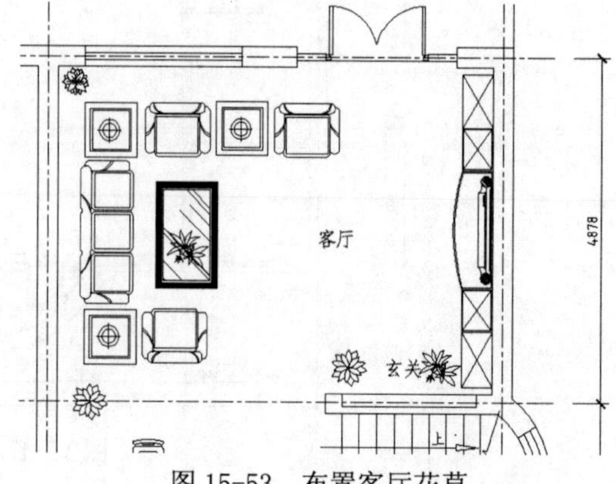

图 15-53　布置客厅花草

15.3.2 布置卧室

本节详细介绍该三层别墅卧室的装饰平面图的绘制方法及技巧。

【案例 15-6】 接上例，完成如图 15-1、图 15-2、图 15-3 所示三层别墅的装修设计图中卧室的布置。

> **要点提示**
>
> 因别墅面积大，所以其卧室一般来说也较多，这里把主卧布置在别墅三层，在别墅二层布置了两个次卧室，同时卧室内还需根据实际情况布置衣帽间、杂物柜及沙发、小茶几等。

1）布置主卧和主卫。

（1）主卧室及其卫生间平面，如图 15-54 所示。

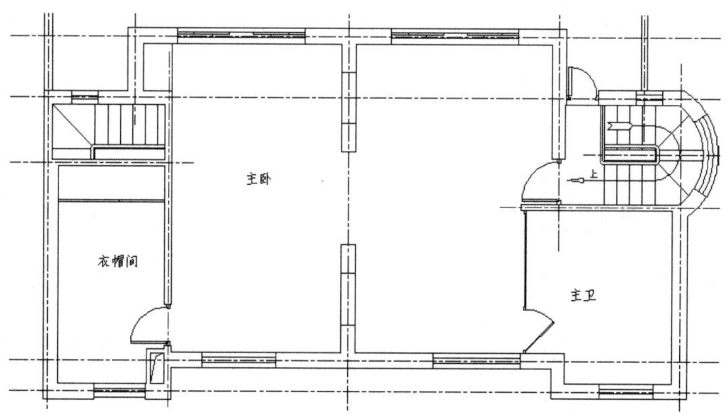

图 15-54 主卧室及其卫生间平面

（2）在主卧室中插入双人床及床头柜，如图 15-55 所示。

（3）插入电视柜和电视，如图 15-56 所示。

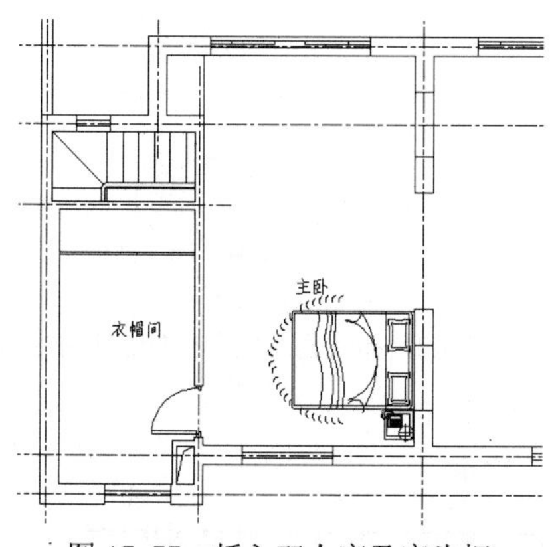

图 15-55 插入双人床及床头柜

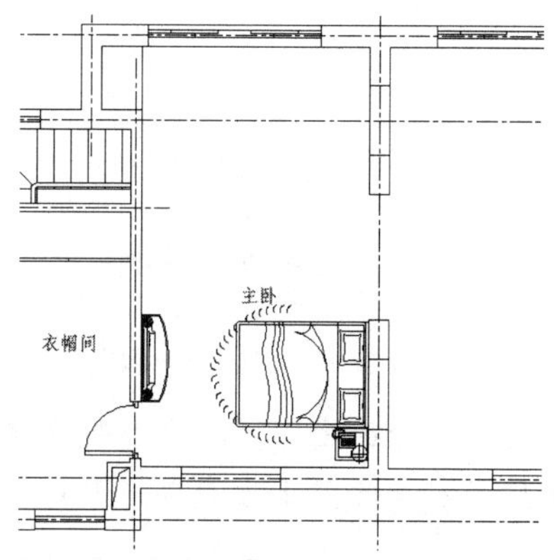

图 15-56 插入电视柜和电视

（4）在床的侧面空间处插入书桌、书架和台灯，如图 15-57 所示。

（5）布置衣帽间，如图 15-58 所示。

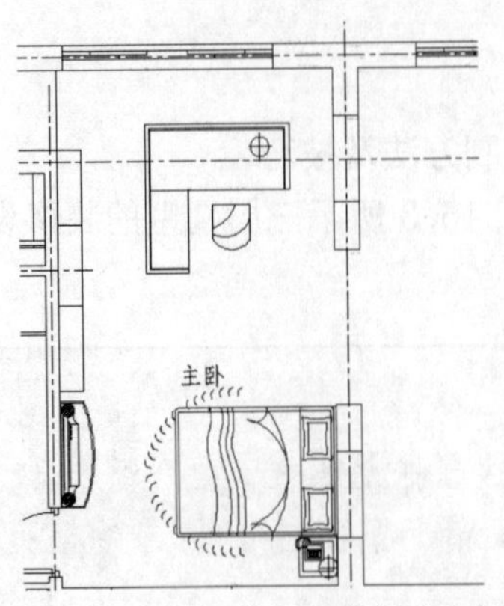

图 15-57　插入书桌、书架和台灯

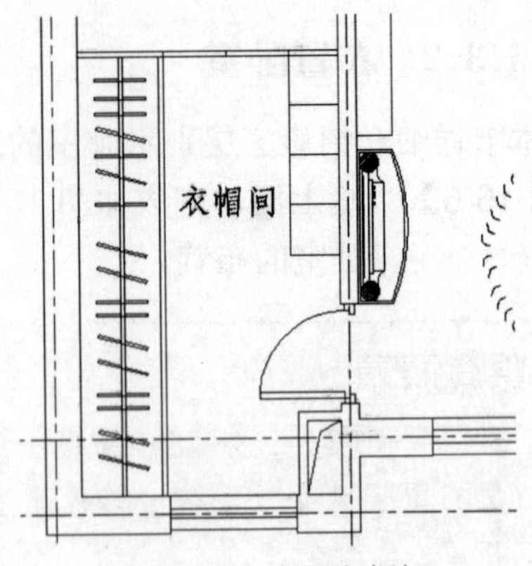

图 15-58　布置衣帽间

(6) 为主卧室卫生间插入一个浴池，如图 15-59 所示。

(7) 插入整体淋浴设施一个，如图 15-60 所示。

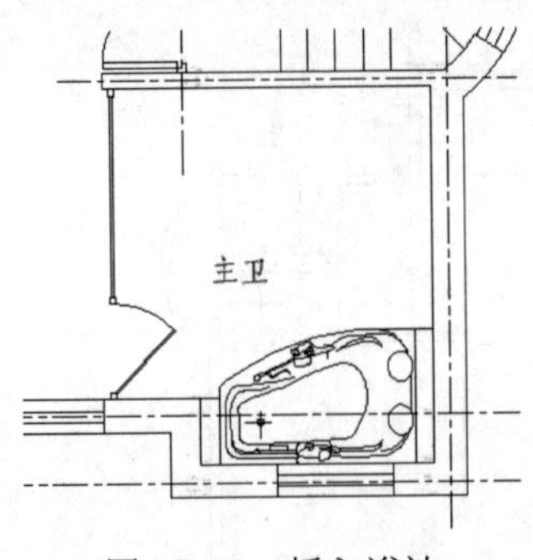

图 15-59　插入浴池

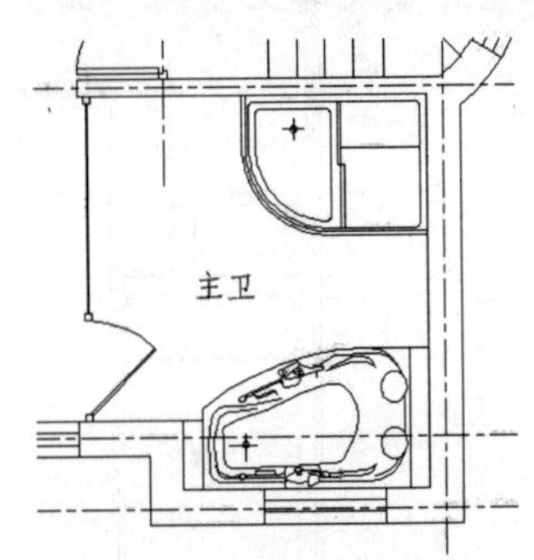

图 15-60　插入整体淋浴设施

(8) 在主卧室卫生间布置坐便器，如图 15-61 所示。

(9) 布置主卧室卫生间洗脸盆台面，如图 15-62 所示。

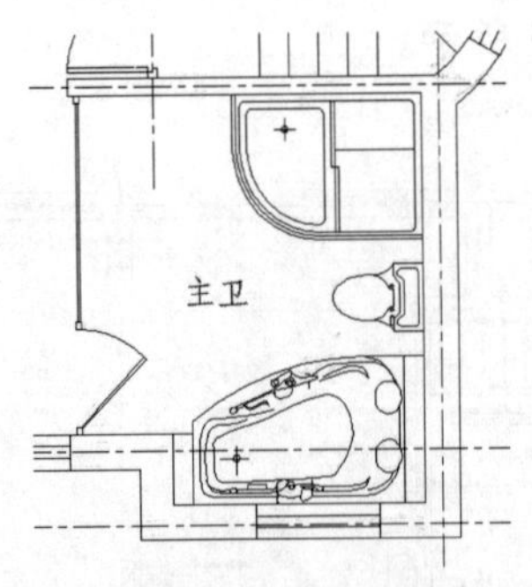

图 15-61　布置坐便器

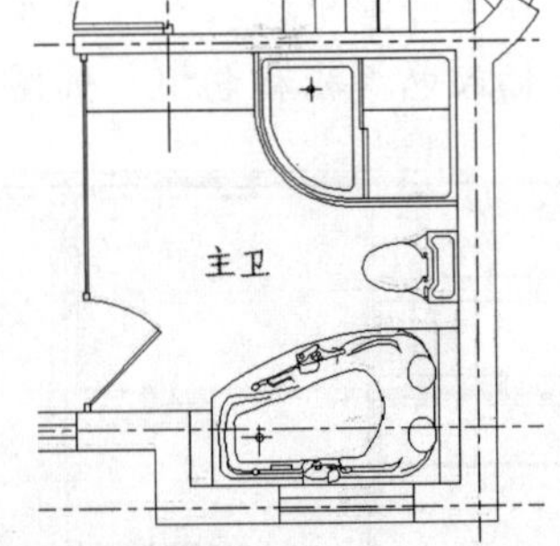

图 15-62　布置主卧室卫生间洗脸盆台面

(10) 在台面上布置一个洗脸盆造型，如图 15-63 所示。

(11) 在洗脸盆上方布置一面镜子，如图 15-64 所示。

要点提示

卫生间内适当位置点缀一些花草，有助于美化空间，对环境净化也有一定好处。也有助于室内外环境的协调一致。

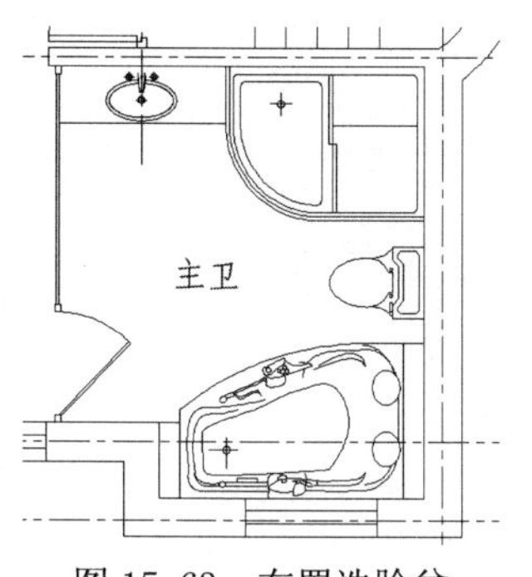

图 15-63　布置洗脸盆

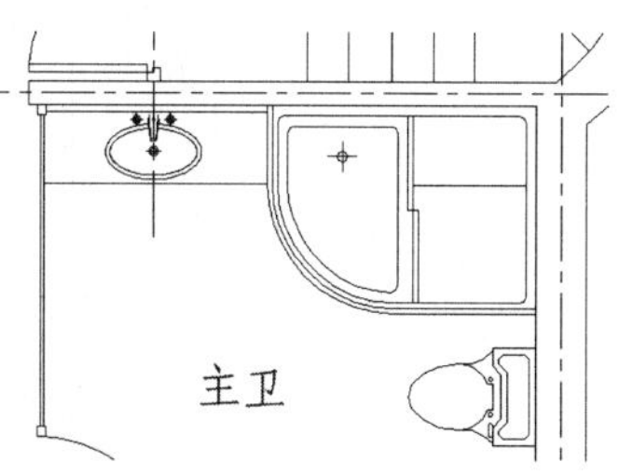

图 15-64　布置一面镜子

（12）布置花草，完成主卧室及其卫生间的家具和洁具布置，如图 15-65 所示。

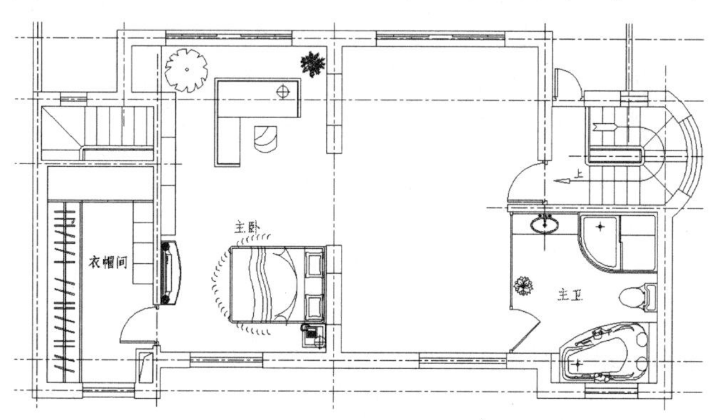

图 15-65　完成主卧室及其卫生间布置

2）布置次卧室。

要点提示

这两个次卧室可以根据实际情况按不同功能需求进行布置，比如布置成儿童房、书房或者就是次卧室。

（1）两个次卧室平面图，如图 15-66 所示。

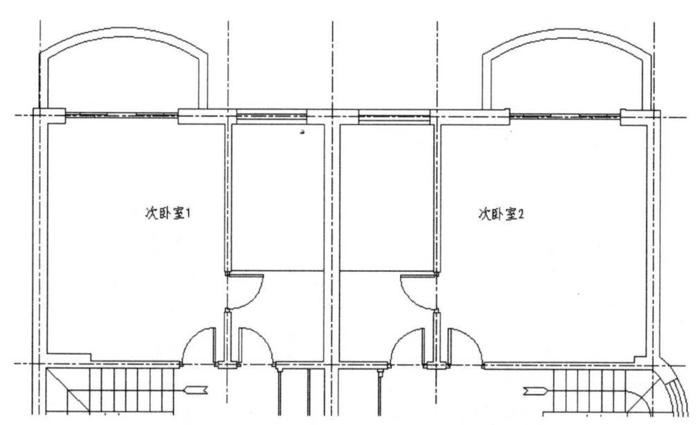

图 15-66　两个次卧室平面图

（2）在两个次卧室中各布置一个双人床，如图 15-67 所示。

（3）为两个次卧室布置衣柜。如图 15-68 所示。

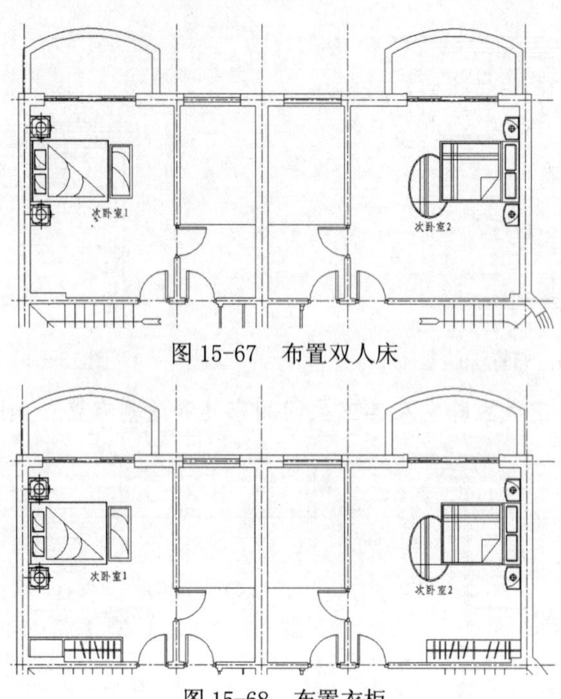

图 15-67　布置双人床

图 15-68　布置衣柜

（4）插入电视柜和电视，如图 15-69 所示。

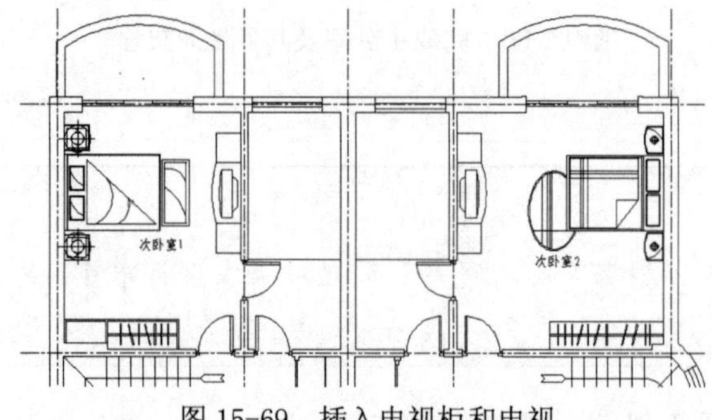

图 15-69　插入电视柜和电视

（5）插入花草，完成次卧室装饰图绘制。缩放视图观察并保存图形，如图 15-70 所示。

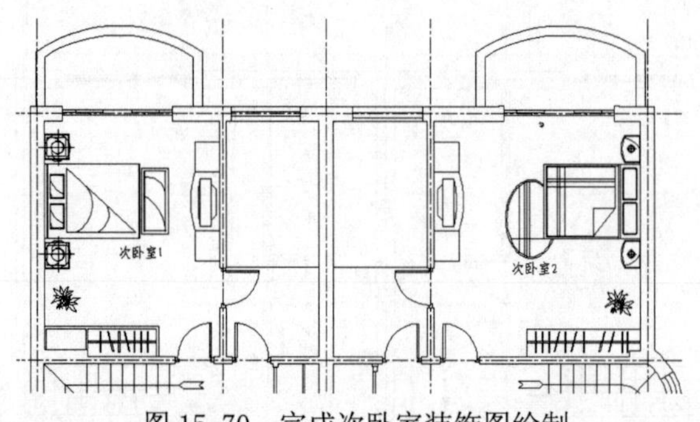

图 15-70　完成次卧室装饰图绘制

15.3.3　布置厨房、卫生间

本节详细介绍该三层别墅的装饰平面图中厨房和卫生间的绘制方法及技巧。

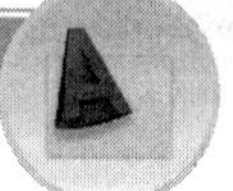

【案例 15-7】 接上例，完成如图 15-1、图 15-2、图 15-3 所示三层别墅的装修设计图中厨房和卫生间的布置。

1）布置厨房。

（1）这里厨房、卫生间布置在别墅的一层。厨房空间平面如图 15-71 所示。

（2）这个厨房平面空间较大，按其形状布置 L 型橱柜，如图 15-72 所示。

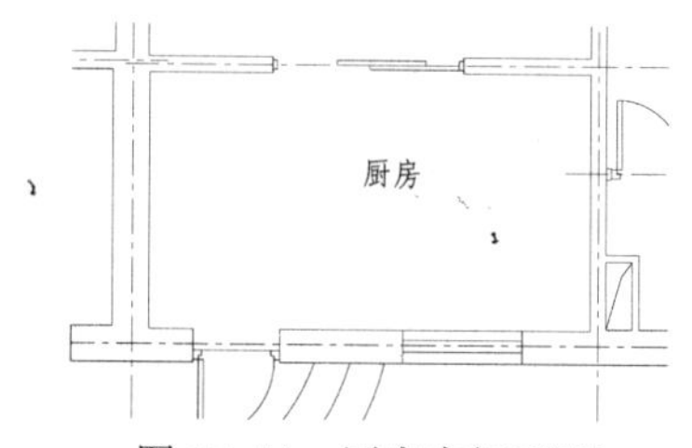

图 15-71 厨房空间平面

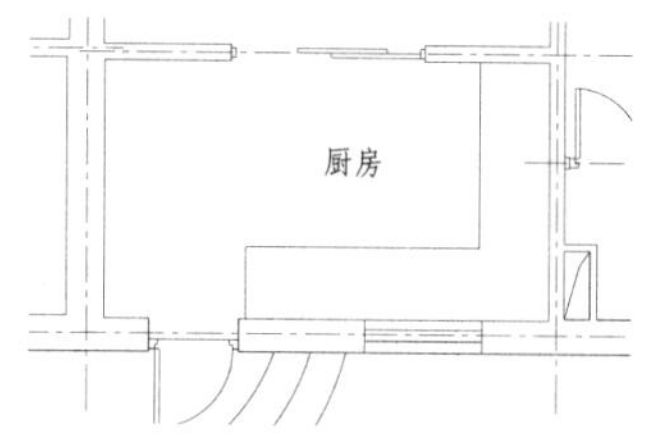

图 15-72 布置 L 型橱柜

要点提示

厨房的门可设计成推拉门，这样可以最大限度地利用空间，相对于开放式厨房，油烟也不会弥漫到其他房间。

（3）布置燃气灶。如图 15-73 所示。

（4）布置水池，如图 15-74 所示。

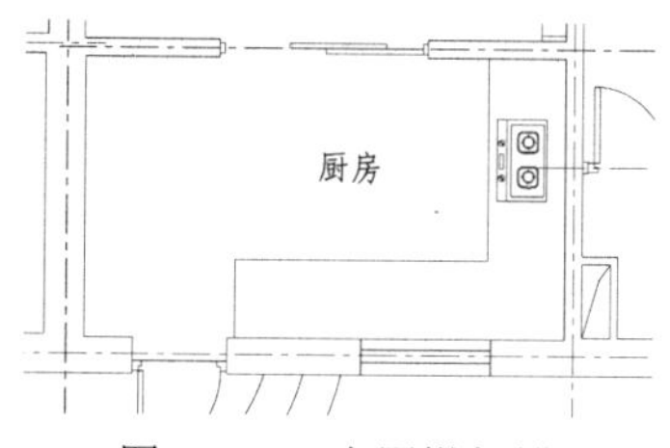

图 15-73 布置燃气灶

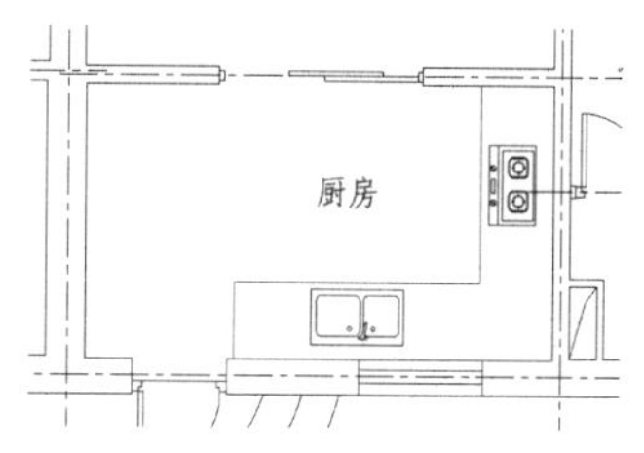

图 15-74 布置水池

（5）布置电冰箱，如图 15-75 所示。

（6）布置橱柜，完成厨房的基本设施布置，如图 15-76 所示。

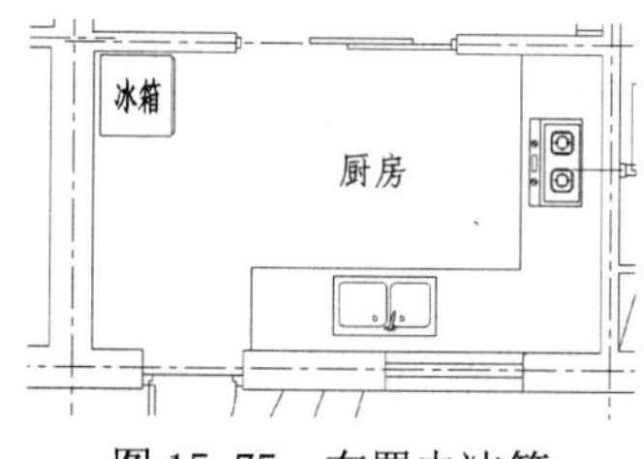

图 15-75 布置电冰箱

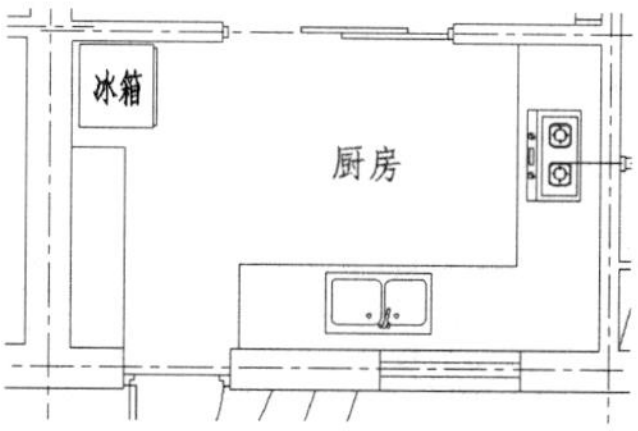

图 15-76 布置橱柜

2）布置别墅一层卫生间。

要点提示

卫生间并不像一般人理解的那样，就是厕所。概括地讲，卫生间就是厕所、洗手间、浴室的合称。

（1）别墅一层卫生间的空间平面图，如图 15-77 所示，包括洗衣间和客卫生间。

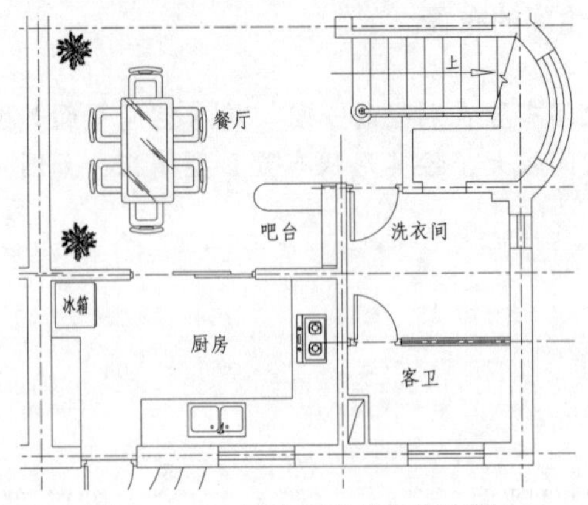

图 15-77　卫生间的空间平面图

（2）绘制淋浴设备外轮廓，如图 15-78 所示。

（3）布置坐便器，如图 15-79 所示。

（4）布置小便池，如图 15-80 所示。

（5）在洗衣间布置洗脸盆台面，如图 15-81 所示。

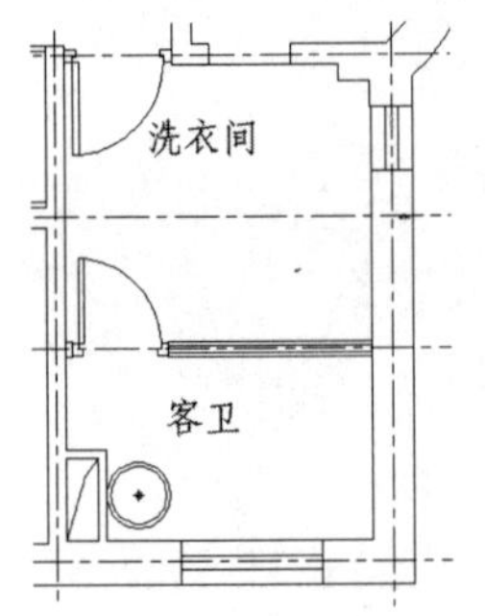

图 15-78　绘制淋浴设备外轮廓

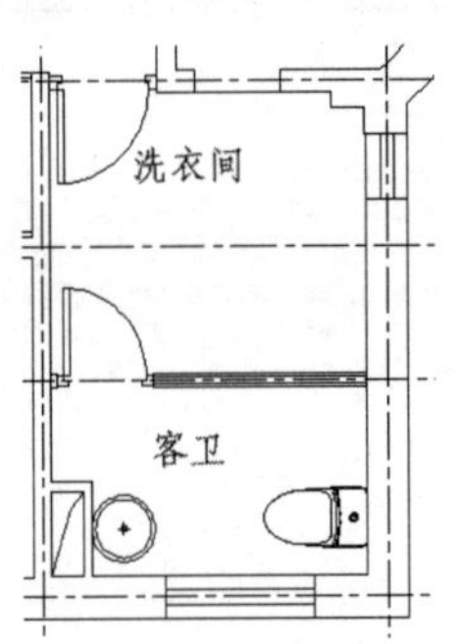

图 15-79　布置坐便器

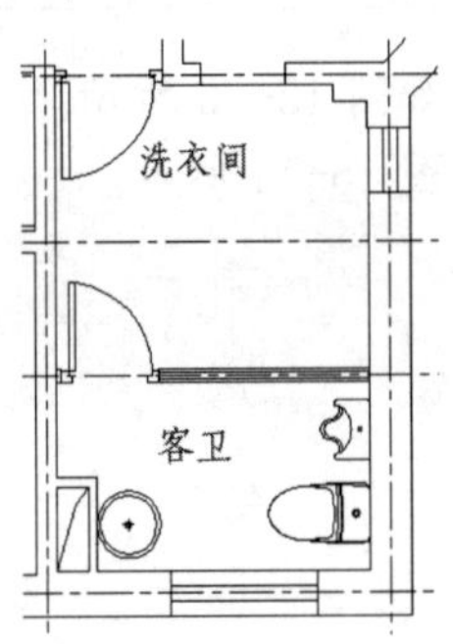

图 15-80　布置小便池

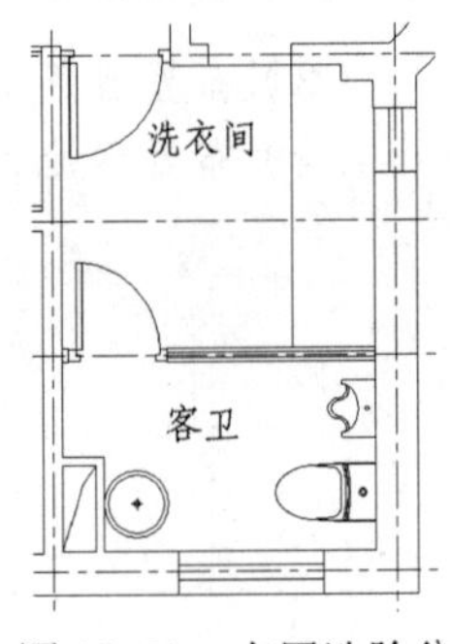

图 15-81　布置洗脸盆台面

（6）在洗衣间布置洗脸盆，如图 15-82 所示。

（7）布置洗衣机，如图 15-83 所示。

要点提示

这里把洗衣机安放在了洗衣间，也可以把洗衣机放在厨房、卫生间。这充分显示了别墅的特点、特色，因为它空间大。

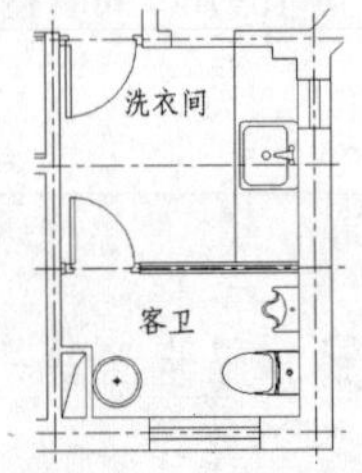

图 15-82　布置洗脸盆

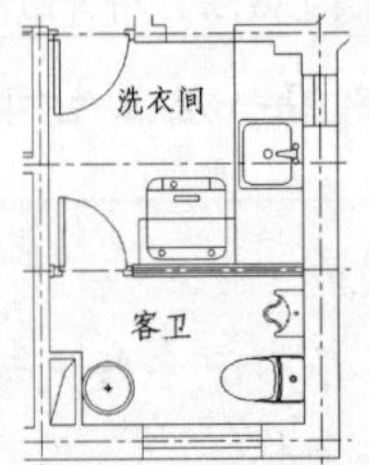

图 15-83　布置洗衣机

（8）完成后的室内整体布置，如图 15-84 所示。

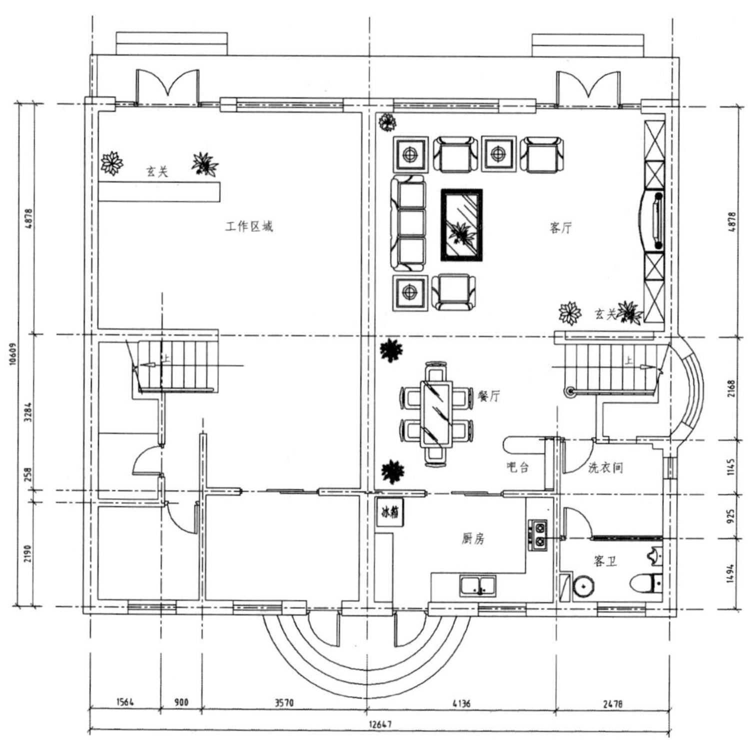

图 15-84　完成后的室内整体布置

3）布置别墅二层两个次卧室卫生间。

（1）别墅二层两个次卧室卫生间平面图，如图 15-85 所示。

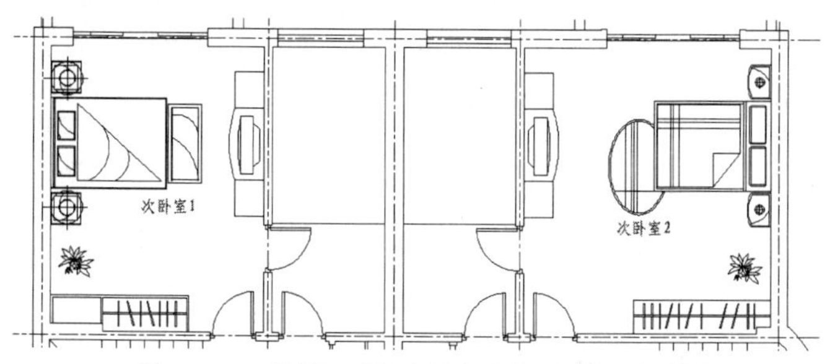

图 15-85　别墅二层两个次卧室卫生间平面图

（2）分别插入浴池，如图 15-86 所示。

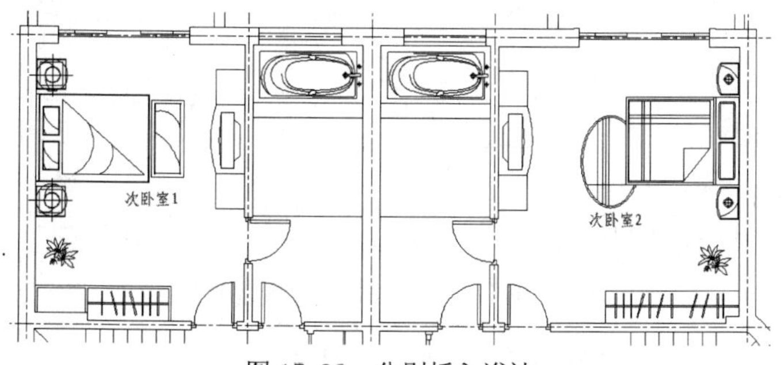

图 15-86　分别插入浴池

（3）分别布置坐便器，如图 15-87 所示。

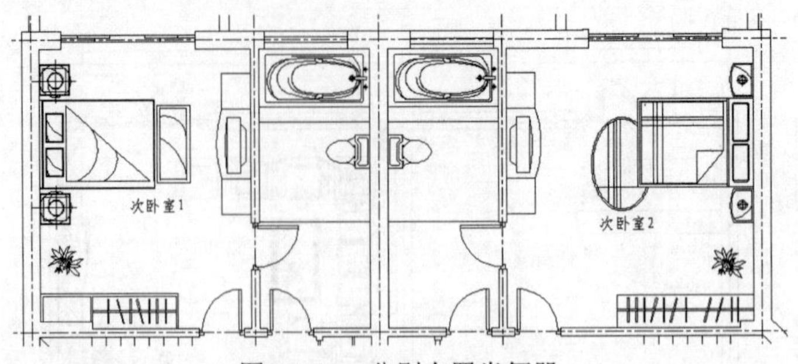

图 15-87　分别布置坐便器

（4）分别布置小便池，如图 15-88 所示。

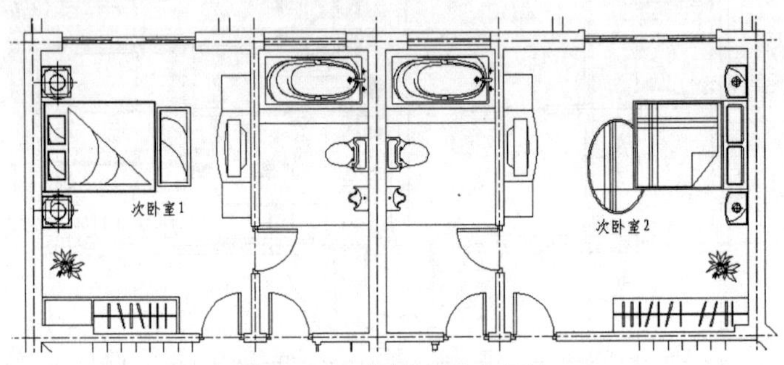

图 15-88　分别布置小便池

（5）分别在洗手间布置洗脸盆台面，如图 15-89 所示。

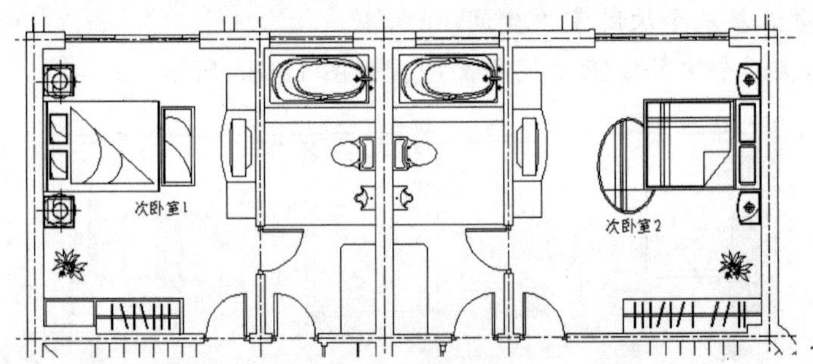

图 15-89　分别在洗手间布置洗脸盆台面

（6）分别在洗手间布置洗脸盆，如图 15-90 所示。

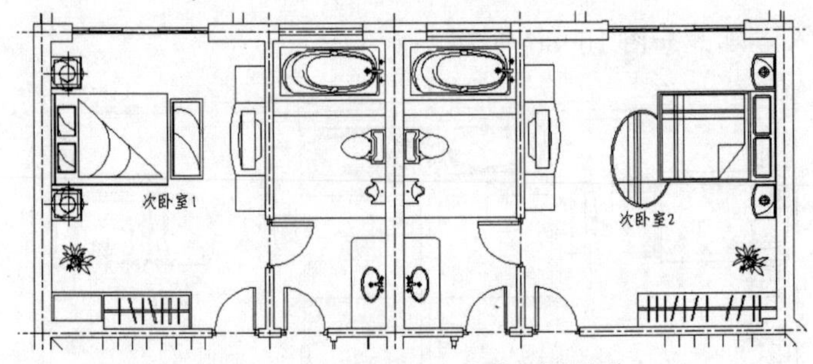

图 15-90　分别在洗衣间布置洗脸盆

（7）完成别墅二层室内整体布置，如图 15-91 所示。

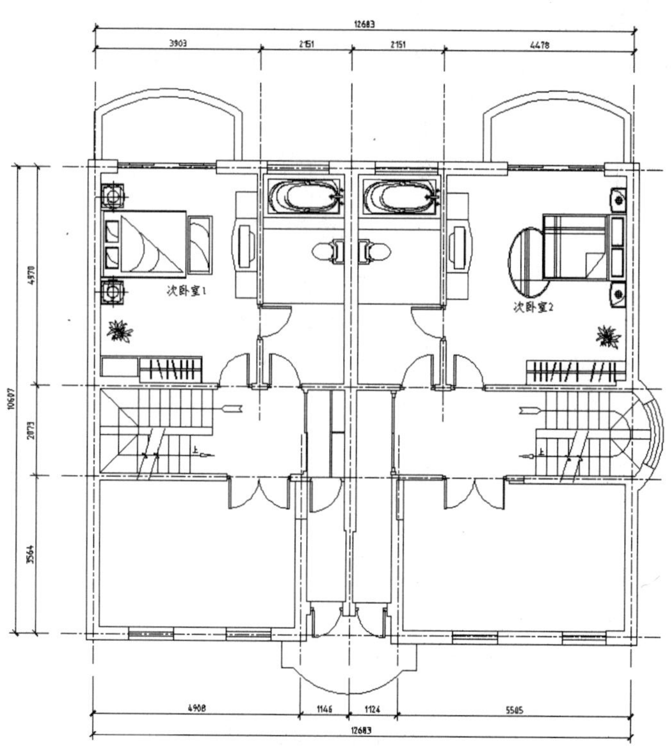

图 15-91 完成别墅二层室内整体布置

15.3.4 布置阳台等其他空间

本节详细介绍该三层别墅装饰平面图中工作空间、单人客房、阳台、书房等其他空间的绘制方法及技巧。

【案例 15-8】 接上例，完成如图 15-1、图 15-2、图 15-3 所示三层别墅的装修设计图中工作空间、单人客房、阳台、书房等其他空间的布置。

1）布置工作空间。

（1）工作空间安排在别墅一层，其空间平面图如图 15-92 所示。

（2）布置办公桌、办公椅，如图 15-93 所示。

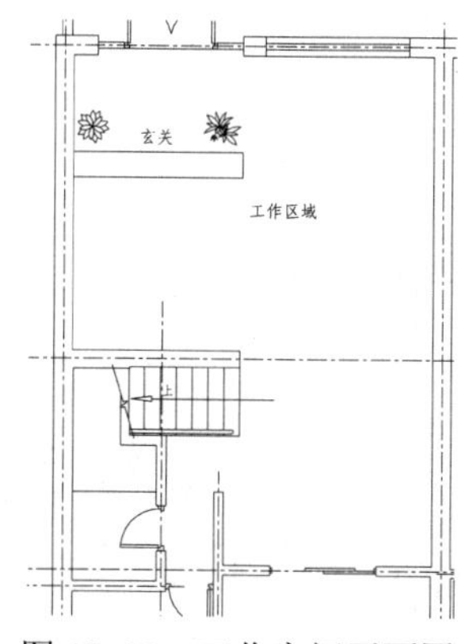

图 15-92 工作空间平面图

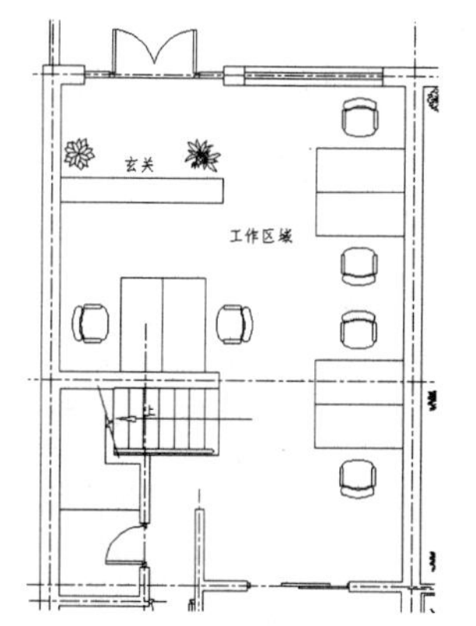

图 15-93 布置办公桌、办公椅

（3）布置花草，如图 15-94 所示。

2）布置单人客房。

（1）单人客房安排在别墅一层，其空间平面图如图 15-95 所示。

（2）布置单人床，如图 15-96 所示。

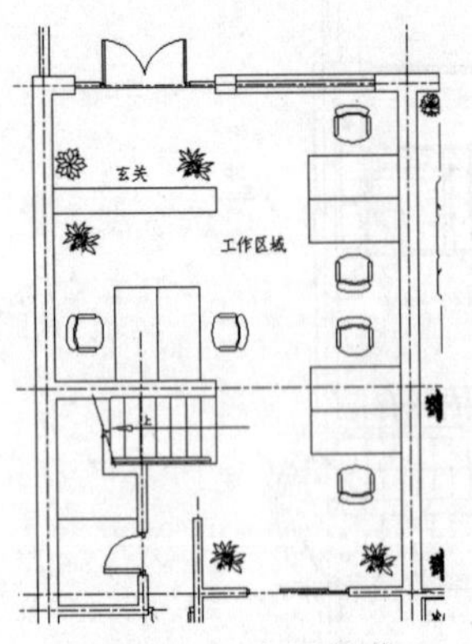

图 15-94　布置花草

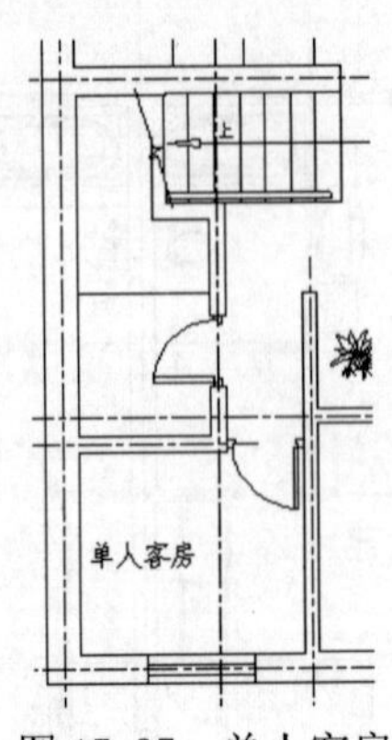

图 15-95　单人客房

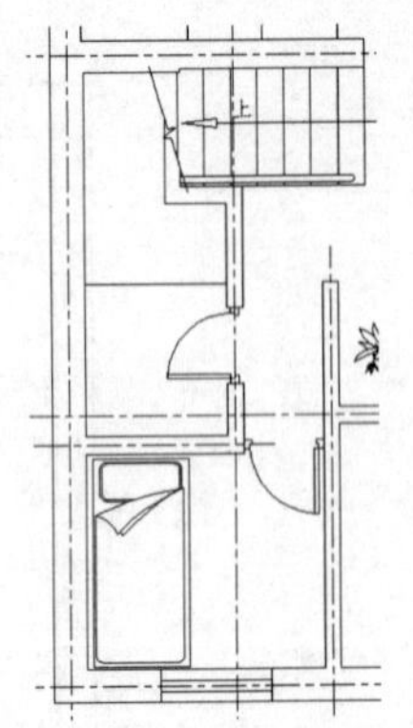

图 15-96　布置单人床

（3）插入坐便器，如图 15-97 所示。

（4）插入淋浴设备，如图 15-98 所示。

（5）插入方形洗手盆，如图 15-99 所示。

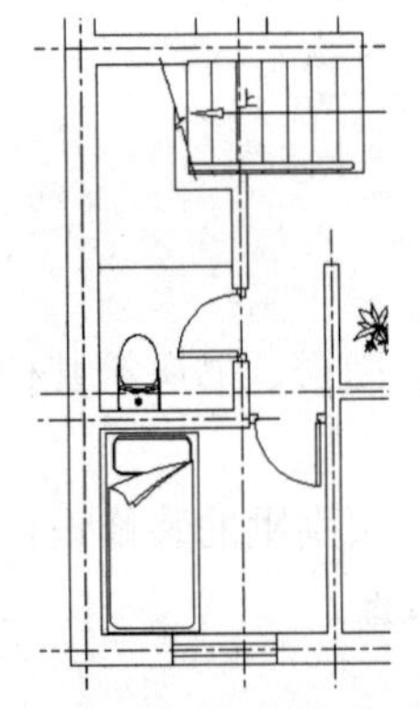

图 15-97　插入坐便器

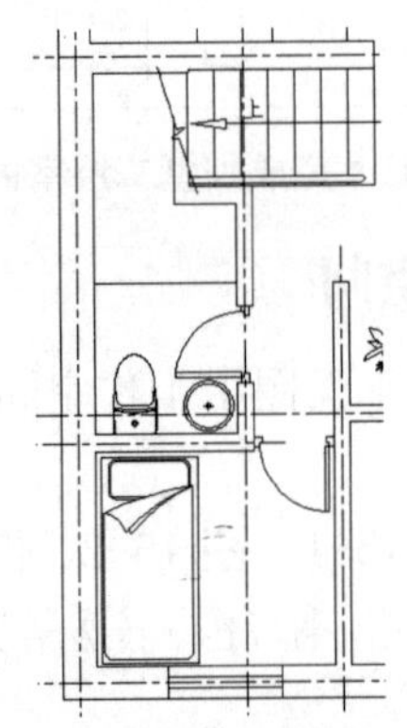

图 15-98　插入淋浴设备

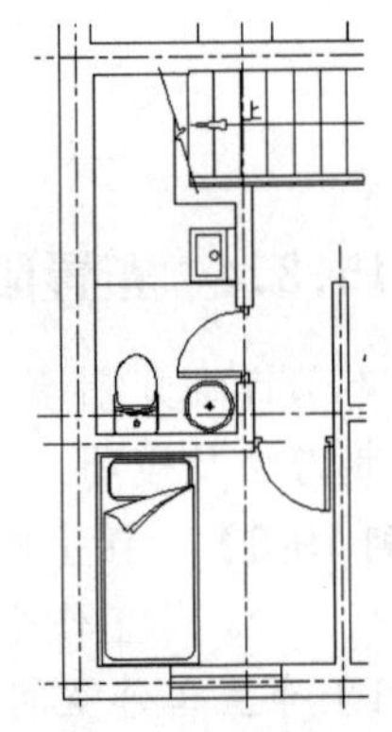

图 15-99　插入方形洗手盆

3）布置会议室。

（1）会议室在别墅一层，紧靠单人客房，其平面图如图 15-100 所示。

（2）布置会议桌、椅，如图 15-101 所示。

（3）布置花草，如图 15-102 所示。

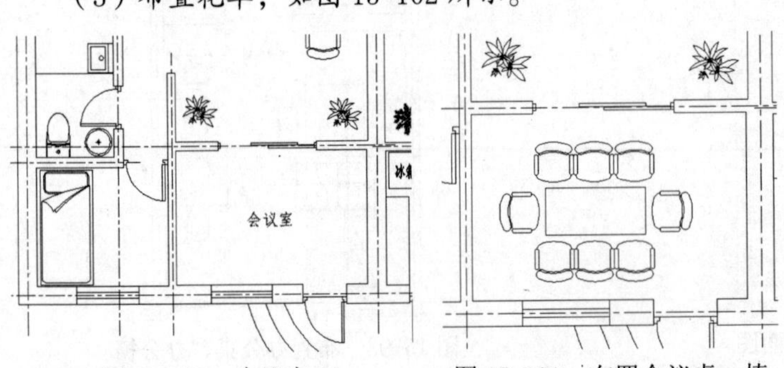

图 15-100　会议室

图 15-101　布置会议桌、椅

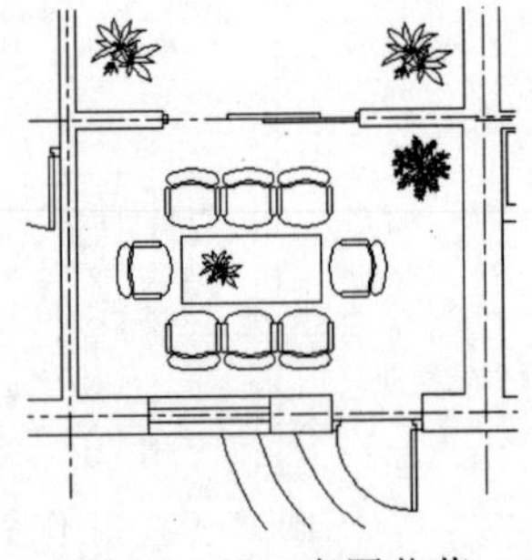

图 15-102　布置花草

这样，别墅一层室内设计就完成了，最终结果如图 15-1 所示。

4）布置阳台。

要点提示

该三层别墅的阳台有三处，其中二层两处，三层有一个非常大的，这里把它设计成室外阳光房，可以用来种植花草、蔬菜等。这里重点讲述别墅二层阳台的布置。

（1）别墅二层阳台空间平面图如图 15-103 所示。

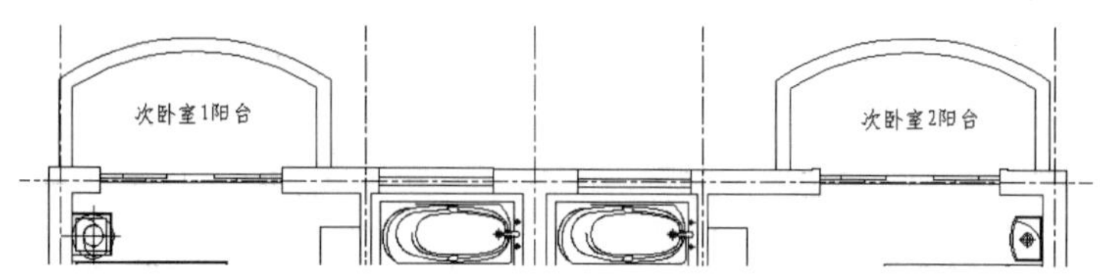

图 15-103　别墅二层阳台空间平面图

（2）布置休闲桌椅，如图 15-104 所示。

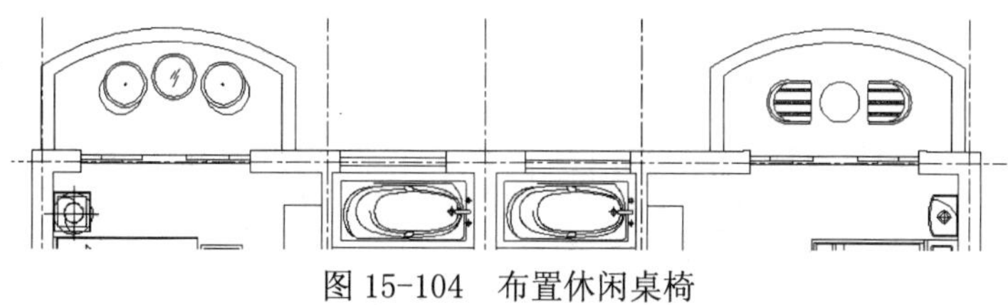

图 15-104　布置休闲桌椅

（3）布置花草或盆景，如图 15-105 所示。

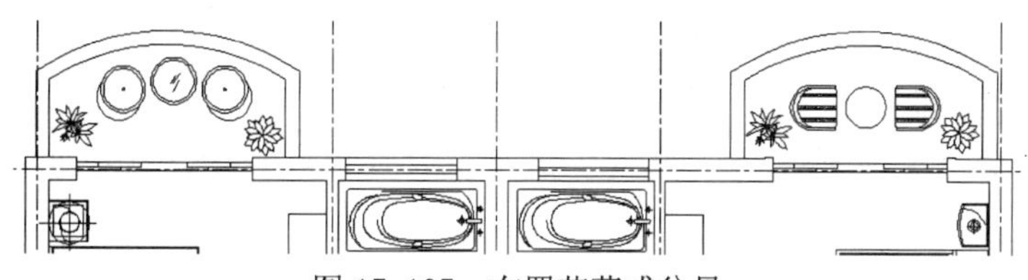

图 15-105　布置花草或盆景

5）布置别墅二层的书房。

（1）别墅二层的两间书房空间平面图如图 15-106 所示。

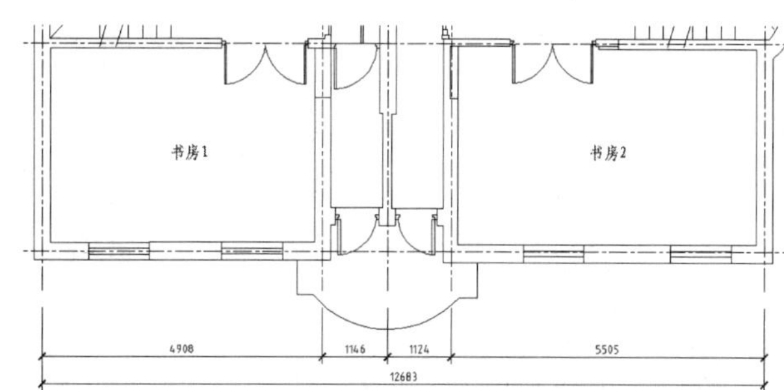

图 15-106　别墅二层书房的平面图

（2）分别布置书架，如图 15-107 所示。

（3）分别布置书桌、椅子，如图 15-108 所示。

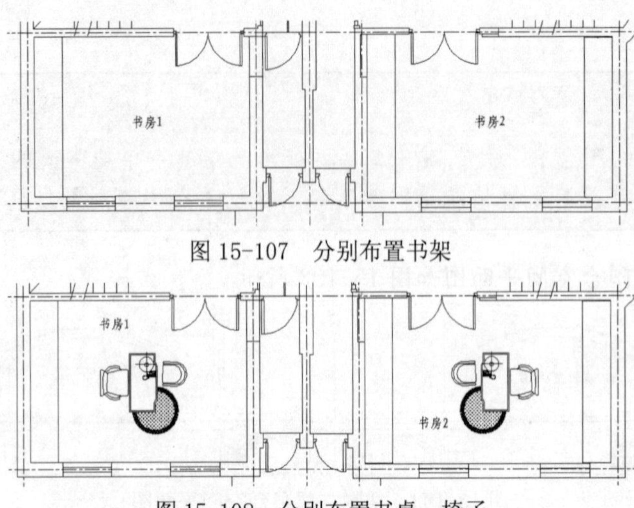

图 15-107　分别布置书架

图 15-108　分别布置书桌、椅子

（4）分别布置花草或盆景，如图 15-109 所示。

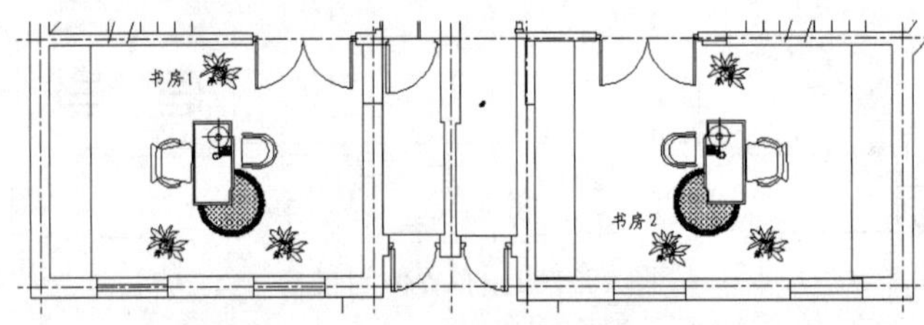

图 15-109　分别布置花草或盆景

最终别墅二层室内设计结果如图 15-2 所示。

6）布置其他空间。

（1）别墅三层主卧室外面有一空间，这里把它设计成健身房兼小客厅，其平面图如图 15-110 所示。

（2）插入健身器，如图 15-111 所示。

（3）插入沙发、茶几，如图 15-112 所示。

（4）插入电视柜、电视，如图 15-113 所示。

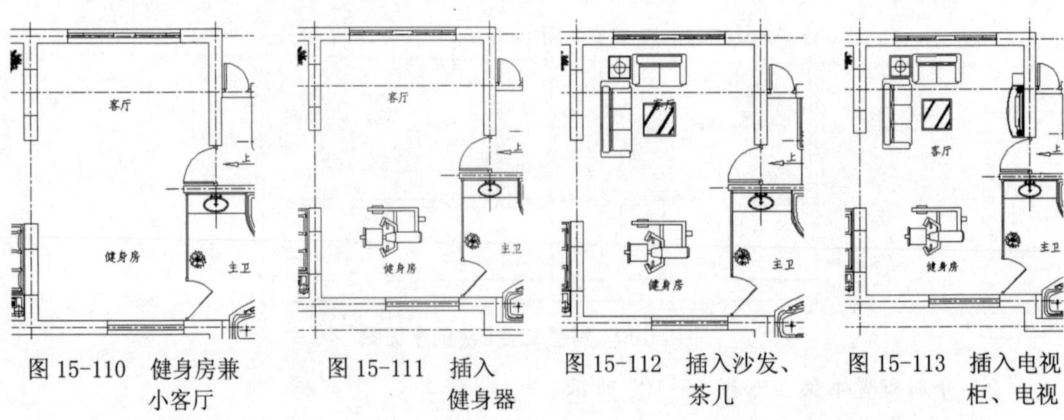

图 15-110　健身房兼小客厅

图 15-111　插入健身器

图 15-112　插入沙发、茶几

图 15-113　插入电视柜、电视

（5）插入花草，完成别墅三层室内设计，最终结果如图 15-3 所示。

网络视频教学：绘制二层别墅室内设计平面图。

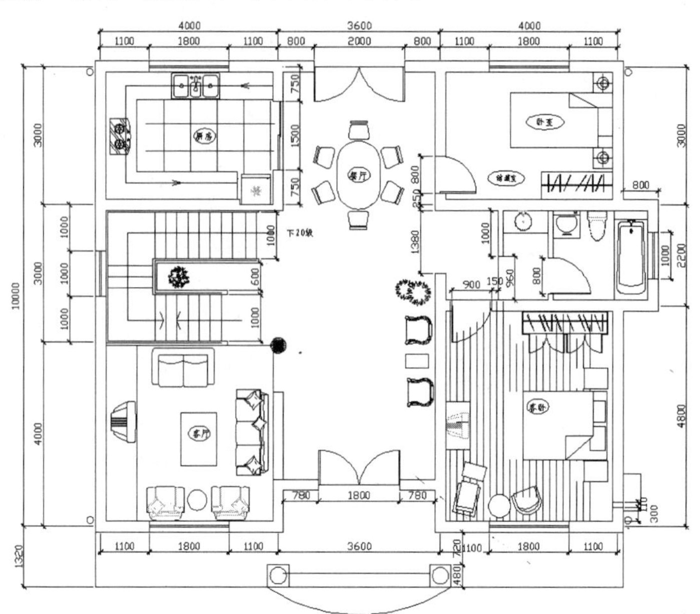

别墅一层室内设计平面图

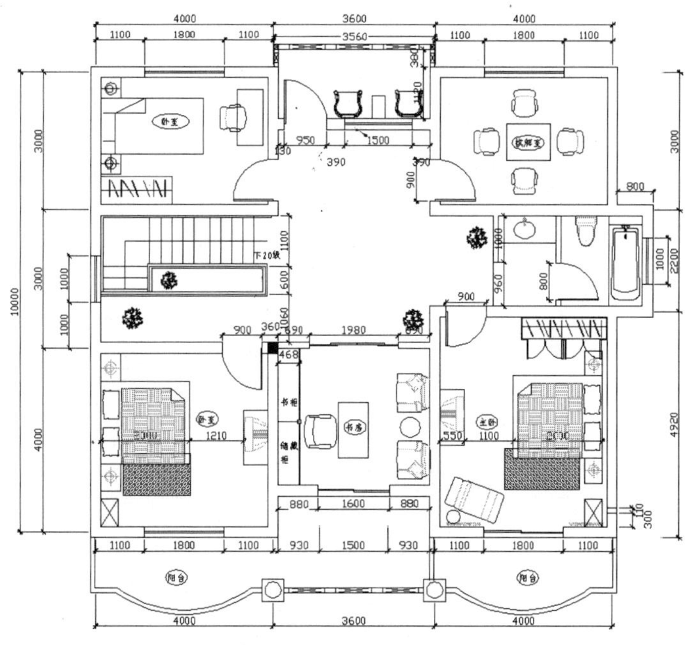

别墅二层室内设计平面图

15.4 绘制别墅地面与天花

材质是别墅地面和天花装饰设计的首要因素，只有将人物的性格特点、居室的使用功能与材料的基本特征紧密联系起来，才能达到满意的效果。

本节将详细介绍如图 15-114 和图 15-115 所示的地面和天花装修图的绘制方法及其技巧。

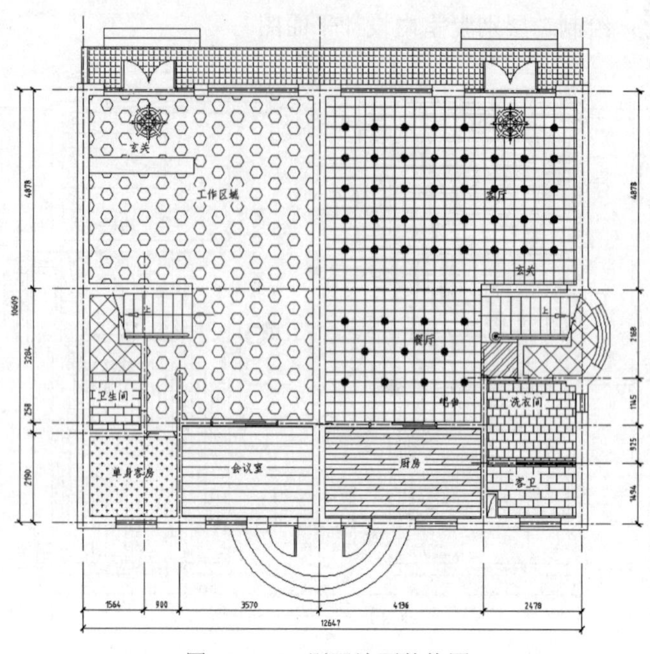

图 15-114　别墅地面装修图

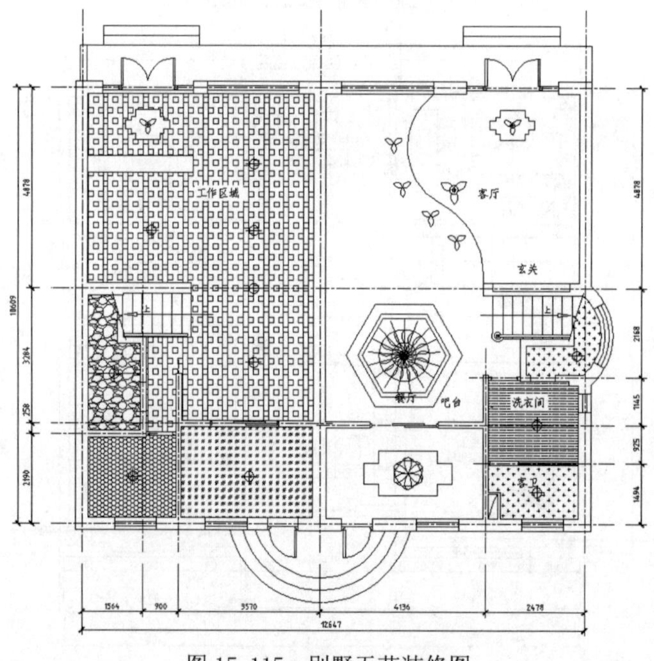

图 15-115　别墅天花装修图

要点提示

大理石、花岗岩等材质坚硬，可呈现肃穆、豪华的气氛；塑料铺地材料色彩丰富亮丽，会给居室带来丰富多彩的感觉；毛毯、丝毯等织品手感温和、细腻，会让人感到温暖的气氛。

15.4.1 绘制别墅地面

地面装修材料为地砖、复合地板和实木地板等，其中门厅、餐厅和客厅、厨房、卫生间等采用地砖地面，而主次卧室则采用木地板地面，通过填充不同图案来表示不同材质。

本节详细介绍图 15-114 所示三层别墅一层地面的布置。

【案例 15-9】 接上例，完成如图 15-114 所示三层别墅一层地面的布置。

1）重新设置图层。增加“装饰-地面”图层，并将其置为当前图层。

2）绘制门厅拼花图案。

> **要点提示**
>
> 在门厅地面设计地面拼花图案可以增强门厅的效果。拼花图案可以直接插入形成，这里利用面域方法完成绘制。

（1）绘制同心圆 *A*、*B*、*C*、*D*，如图 15-116 所示。

（2）将圆 *A*、*B*、*C*、*D* 创建成面域。执行 REGION 命令，AutoCAD 提示如下。

```
命令: _region
选择对象:找到 4 个                       //选择圆 A、B、C、D，如图 15-116 所示
选择对象:
```

（3）用面域 *B* 减去面域 *A*；再用面域 *D* 减去面域 *C*。执行 SUBTRACT 命令，AutoCAD 提示如下。

```
命令: _subtract 选择要从中减去的实体或面域
选择对象: 找到 1 个                        //选择面域 B，如图 15-116 所示
选择对象:                                  //按 Enter 键
选择要减去的实体或面域...
选择对象: 找到 1 个                        //选择面域 A
选择对象:                                  //按 Enter 键结束
命令:                                      //重复命令
SUBTRACT 选择要从中减去的实体或面域...
选择对象: 找到 1 个                        //选择面域 D
选择对象:                                  //按 Enter 键
选择要减去的实体或面域...
选择对象: 找到 1 个                        //选择面域 C
选择对象                                   //按 Enter 键结束
```

（4）画圆 *E* 及矩形 *F*，如图 15-117 所示。

（5）把圆 *E* 及矩形 *F* 创建成面域。执行 REGION 命令，AutoCAD 提示如下。

```
命令: _region
选择对象:找到 2 个                         //选择圆 E 及矩形 F，如图 15-117 所示
选择对象:
```

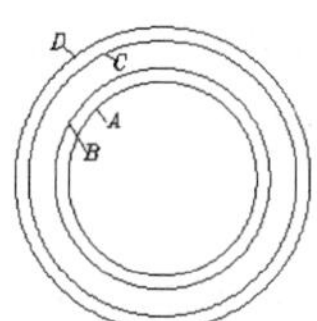

图 15-116 绘制同心圆

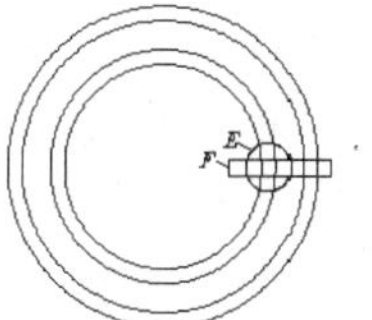

图 15-117 画圆及矩形

（6）创建圆 *E* 及矩形 *F* 的环形阵列，如图 15-118 所示。

（7）对所有面域对象进行并运算。执行 UNION 命令，AutoCAD 提示如下。

```
命令：_union
选择对象：指定对角点：找到 26 个                    //选择所有面域对象
选择对象：
```

结果如图 15-119 所示。

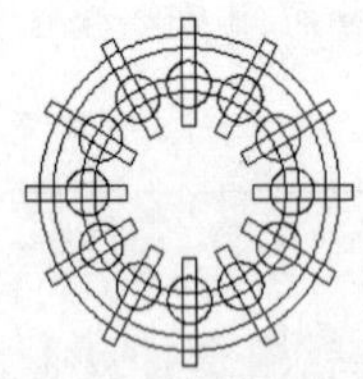

图 15-118　创建环形阵列

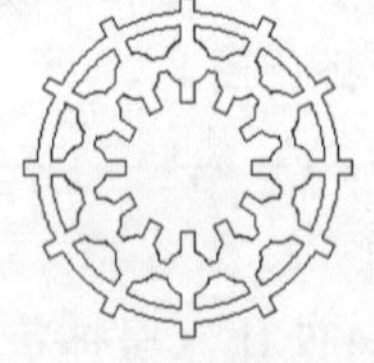

图 15-119　创建环形阵列

（8）执行 COPY 命令，将图案复制到另一门厅，结果如图 15-120 所示。

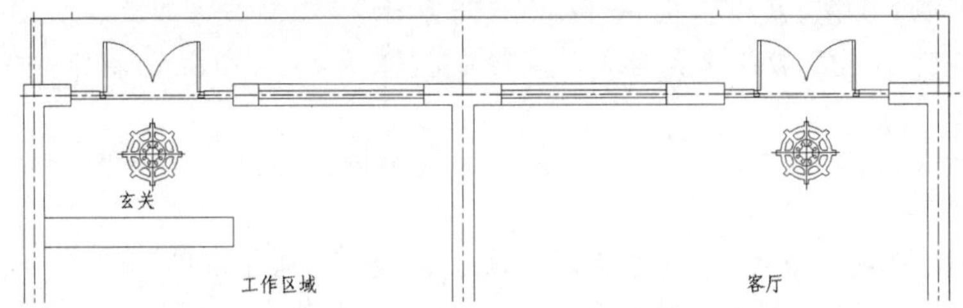

图 15-120　绘制门厅拼花图案

3）绘制客厅、餐厅地面图案。

（1）执行 LINE 命令，绘制客厅范围内水平线段，如图 15-121 所示。

（2）按相同宽度，执行 LINE 命令绘制客厅范围内竖直线段，如图 15-122 所示。

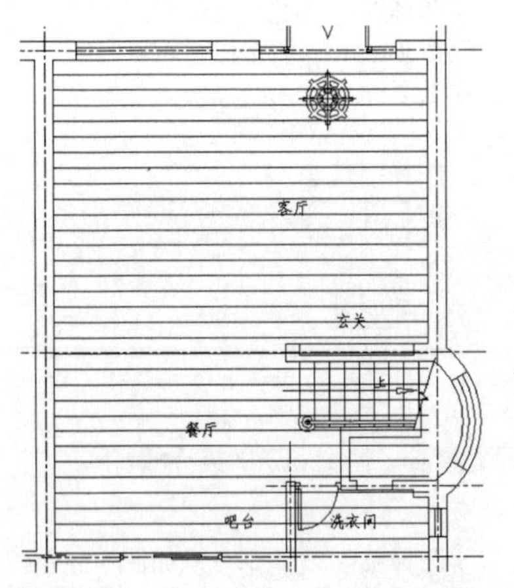

图 15-121　绘制客厅范围内水平线段

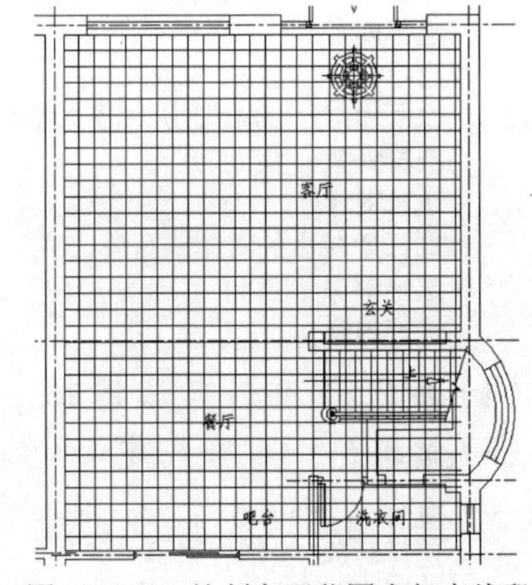

图 15-122　绘制客厅范围内竖直线段

（3）执行 TRIM 命令，修剪图形，得到其铺装效果，结果如图 15-123 所示。

（4）执行 CIRCLE 命令，在水平与竖直线交点处绘制一个圆，如图 15-124 所示。

（5）执行 HATCH 命令，对圆进行实体图案填充，如图 15-125 所示。

（6）执行 COPY 命令，复制小圆及其填充图案，创建别墅一层客厅地面装修效果，如图 15-126 所示。

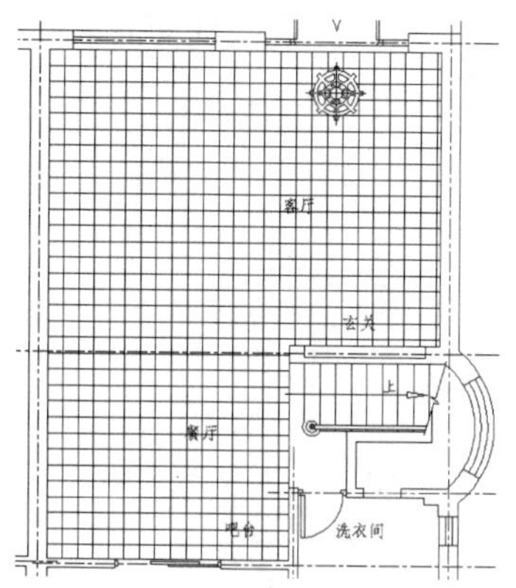

图 15-123　修剪图形

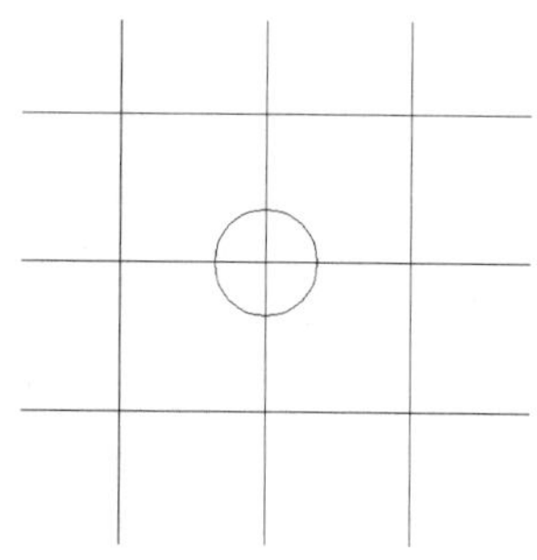
图 15-124　绘制圆

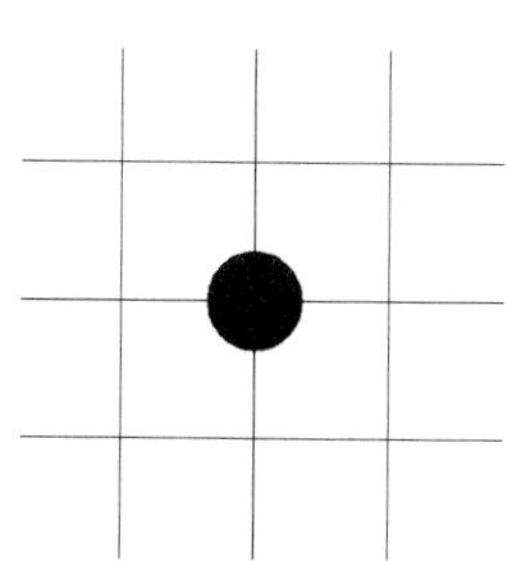
图 15-125　填充图形

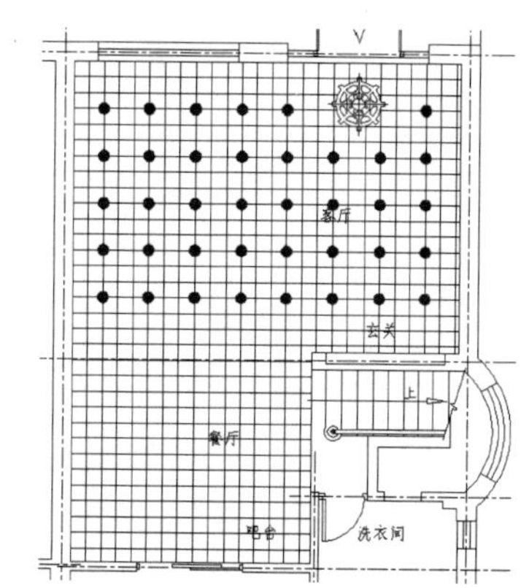

图 15-126　创建别墅一层客厅地面装修效果

（7）在餐厅地面区域，按不同效果布置圆形造型，如图 15-127 所示。

4）绘制其他地面图案。

（1）对别墅一层地面的其他房间，先将其门口等开口处封闭，形成填充边界，如图 15-128 所示。

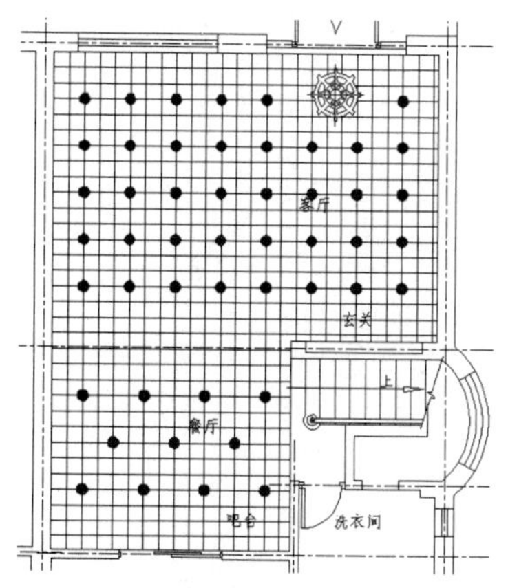

图 15-127　创建别墅一层餐厅地面装修效果

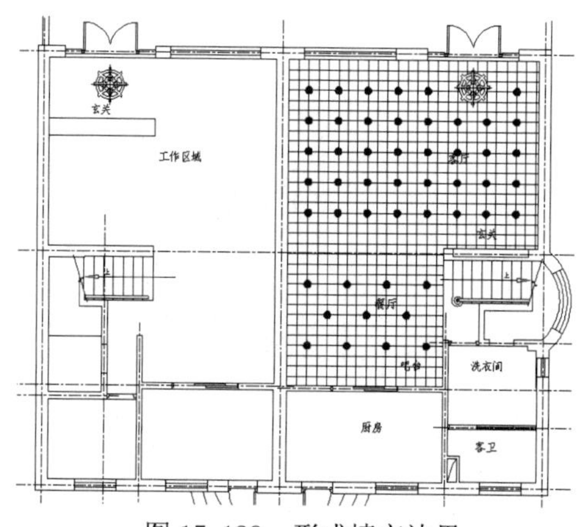

图 15-128　形成填充边界

（2）选择合适的填充图案，创建其他房间地面，最终完成三层别墅一层地面的布置，结果如图 15-114 所示。

网络视频教学：参考别墅一层地面布置，完成别墅二层、三层的地面布置。

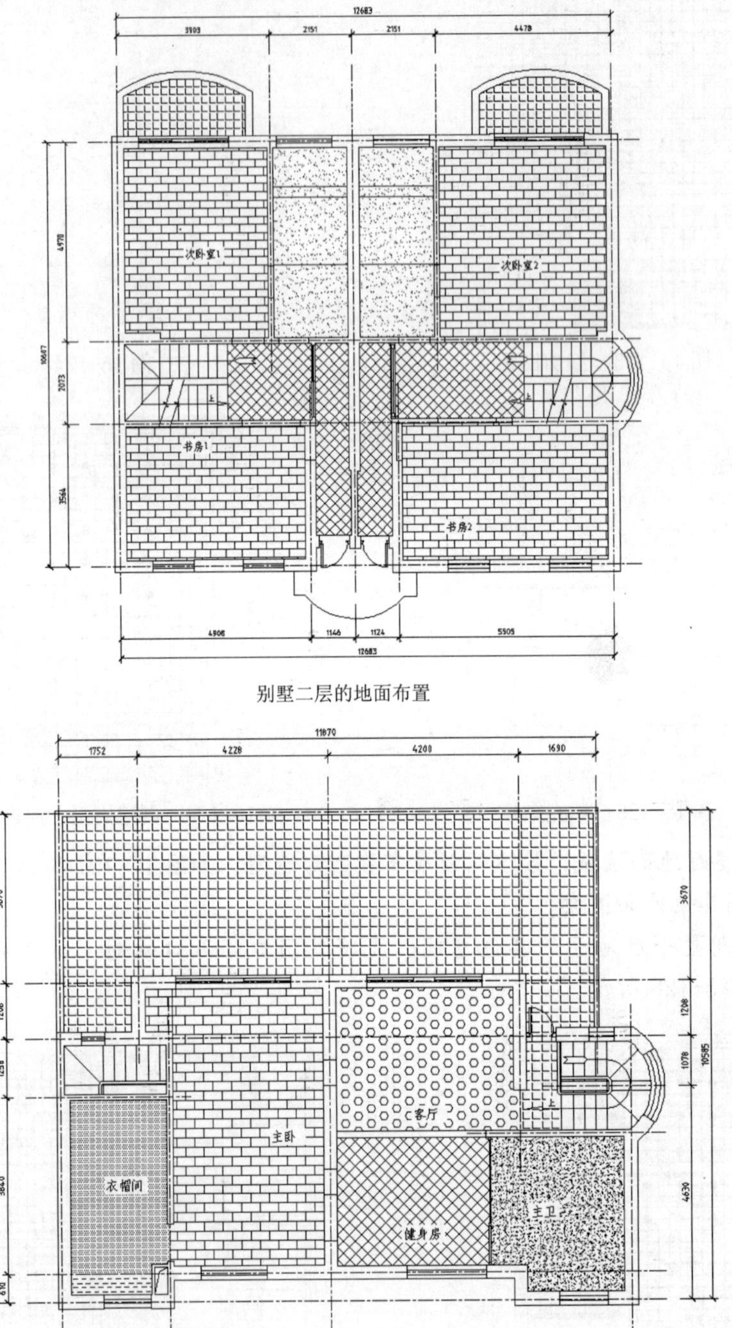

别墅二层的地面布置

别墅三层的地面布置

15.4.2　绘制别墅天花平面

在进行天花绘制时，在客厅、餐厅和主卧室处设计局部造型进行空间美化，卫生间和厨房采用铝扣板吊顶，其他卧室等房间吊顶采用乳胶漆，不需要绘制特别图形，仅布置照

明灯或造型灯即可。

本节详细介绍如图 15-115 所示三层别墅一层天花平面的布置。

要点提示

别墅除了房间大而且多外，层高一般在 3000～3600mm，故而舒适性要好于一般住宅。同时，因为层高大，所以天花的装饰灵活、造型多变。

【案例 15-10】 接上例，完成如图 15-115 所示三层别墅一层天花平面的布置。

1）重新设置图层。增加“装饰-天花”图层，并将其置为当前图层。

2）绘制门厅天花。因为有两个门厅，故而绘制一个，另一个复制过去就可以了。

（1）执行 LINE 命令，绘制吊顶造型，如图 15-129 所示。

（2）执行 MIRROR 命令，完善门厅吊顶造型，如图 15-130 所示。

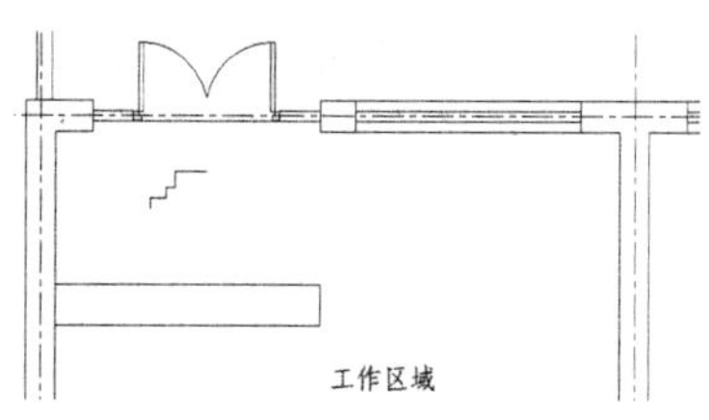

图 15-129 绘制吊顶造型

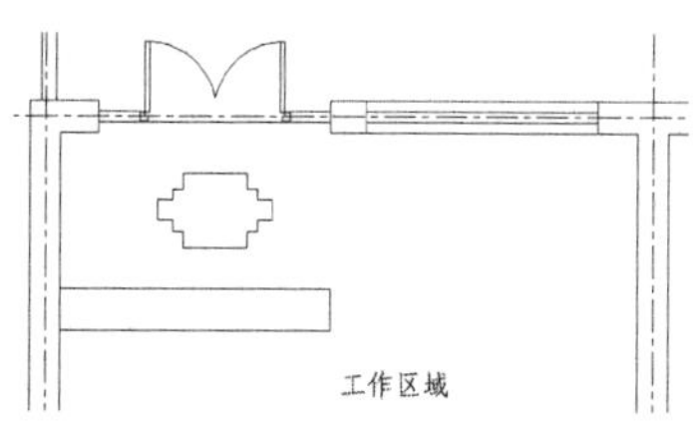

图 15-130 完善门厅吊顶造型

（3）执行 ARC、ARRAY 命令，在吊顶中创建花朵图案，如图 15-131 所示。

（4）执行 EXPLODE、TRIM、CIRCLE、LINE 等命令，在造型中布置相应的照明灯，如图 15-132 所示。

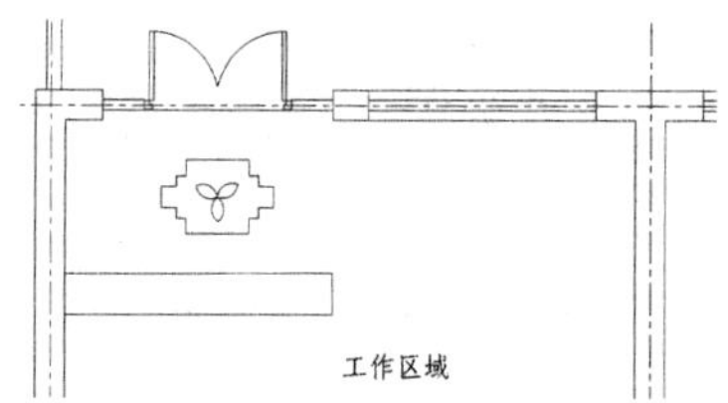

图 15-131 创建花朵图案

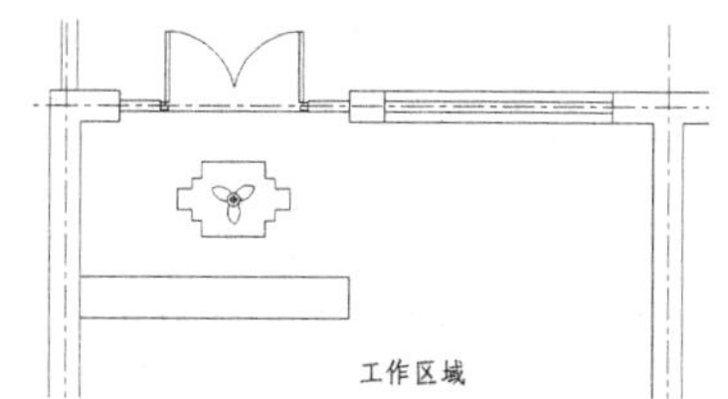

图 15-132 布置照明灯

（5）执行 COPY 命令，复制绘制的门厅天花，完成门厅天花的绘制，如图 15-133 所示。

3）绘制客厅天花

（1）在客厅上空绘制弧线作为客厅吊顶造型，如图 15-134 所示。

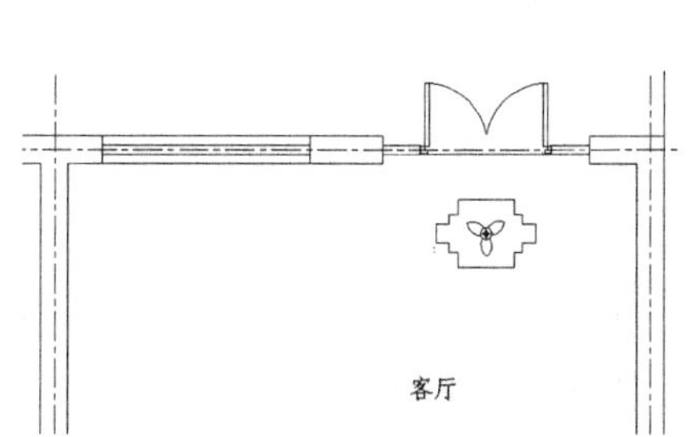

图 15-133 绘制门厅天花

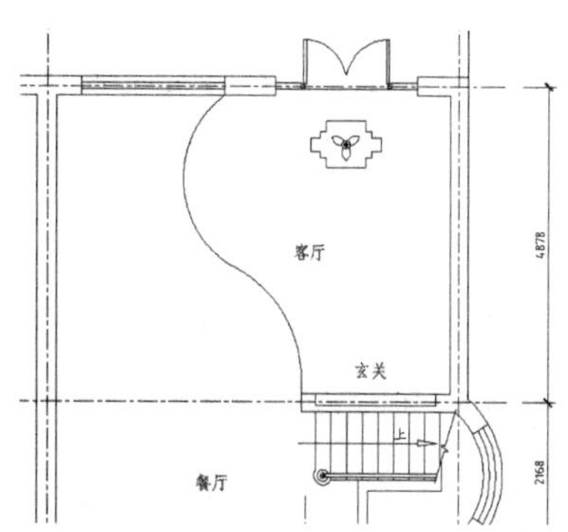

图 15-134 绘制客厅吊顶造型

（2）执行 COPY 命令，复制前面绘制的花朵图案，如图 15-135 所示。

（3）执行 SCALE 命令，缩放刚刚复制的花朵图案，以形成不同层次的效果，如图 15-136 所示。

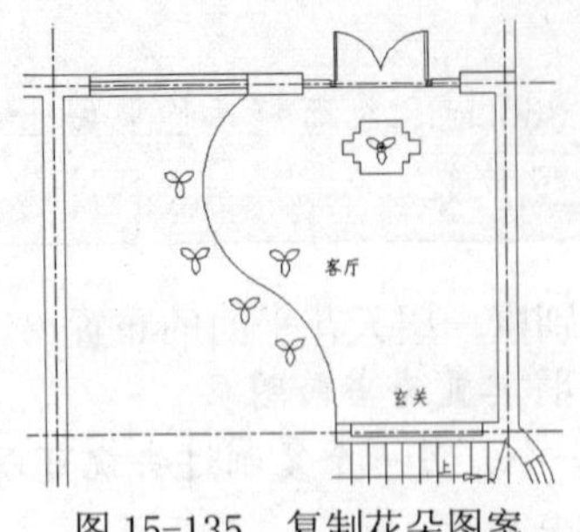

图 15-135　复制花朵图案

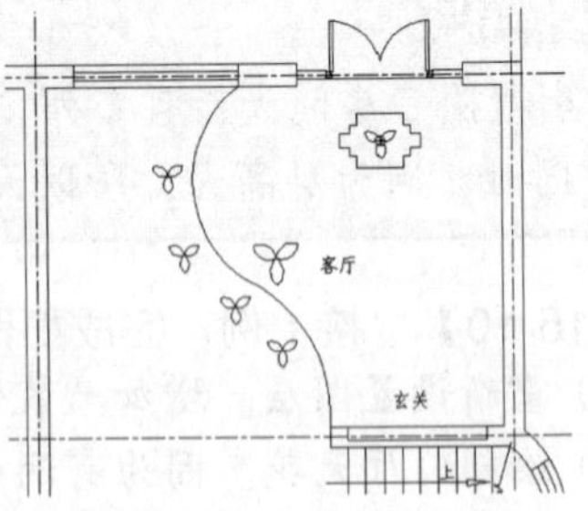

图 15-136　缩放花朵图案

（4）执行 CIRCLE 命令，绘制圆，如图 15-137 所示。

（5）在大花朵图案中布置相应的照明灯造型，如图 15-138 所示。

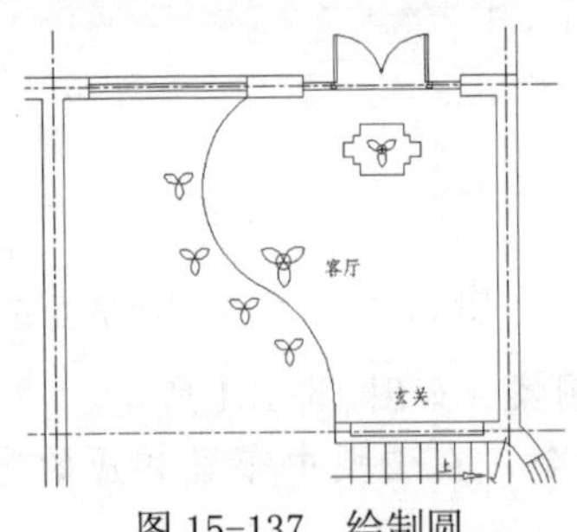

图 15-137　绘制圆

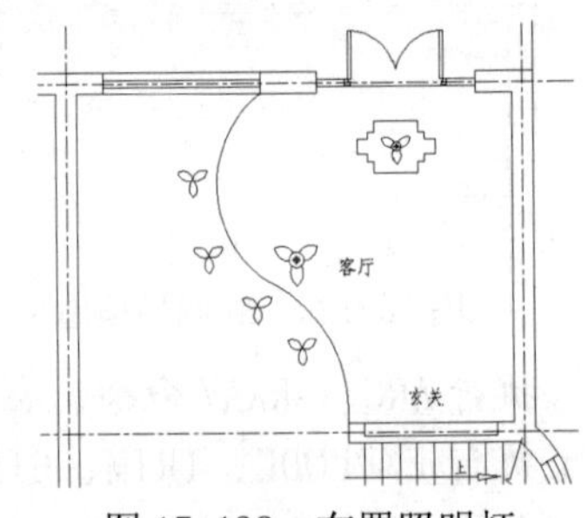

图 15-138　布置照明灯

4）绘制餐厅、厨房天花。

要点提示

餐厅、厨房的天花布置最好要协调一致，从而给人一种在视觉上温馨自然的感觉，有利于形成良好的就餐气氛。

（1）绘制餐厅天花。执行 CIRCLE 命令，在餐厅绘制两同心圆，如图 15-139 所示。

（2）执行 LINE 命令，以圆心为起点绘制线段，如图 15-140 所示。

（3）执行 ARC 命令，在圆形之间绘制弧线，如图 15-141 所示。

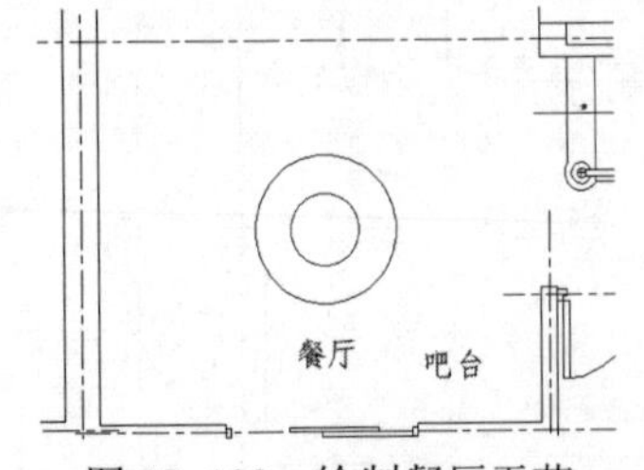

图 15-139　绘制餐厅天花

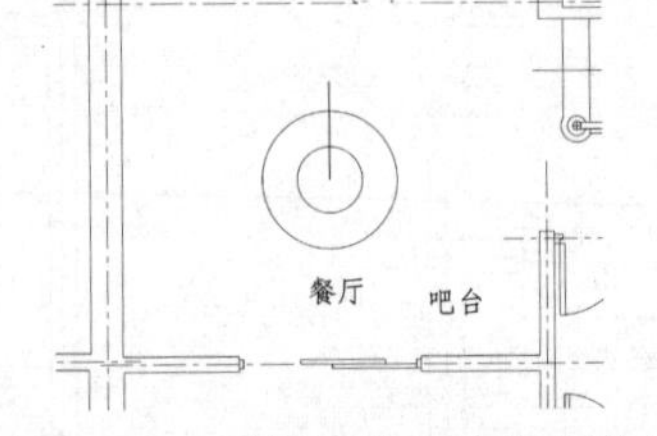

图 15-140　以圆心为起点绘制线段

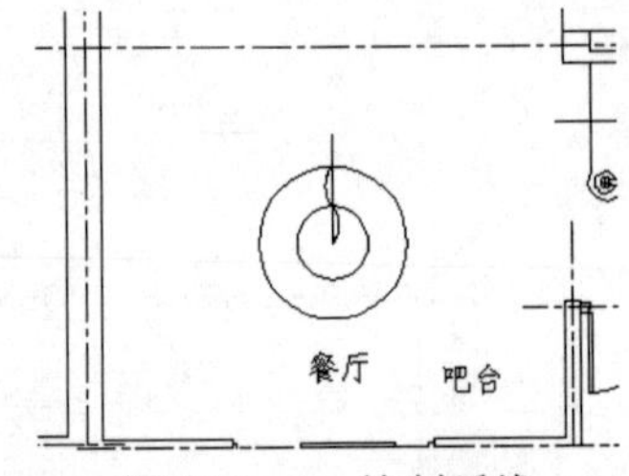

图 15-141　绘制弧线

（4）执行 ARRAY 命令，进行弧线及线段阵列，得到吊顶造型，如图 15-142 所示。

（5）执行 POLYGON 命令，在外面绘制正六边形，如图 15-143 所示。

（6）执行 OFFSET 命令，偏移正六边形，如图 15-144 所示。

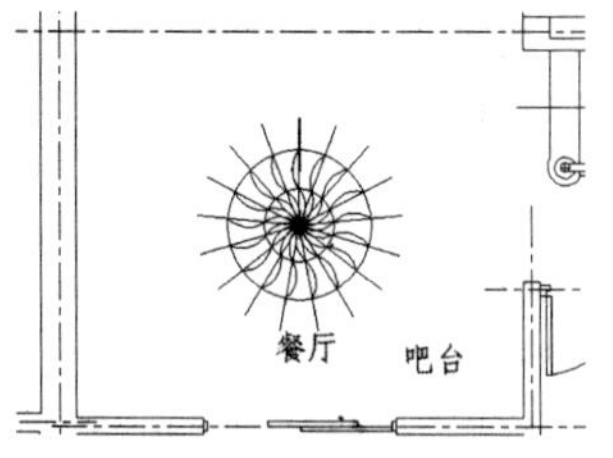

图 15-142　陈列弧线造型

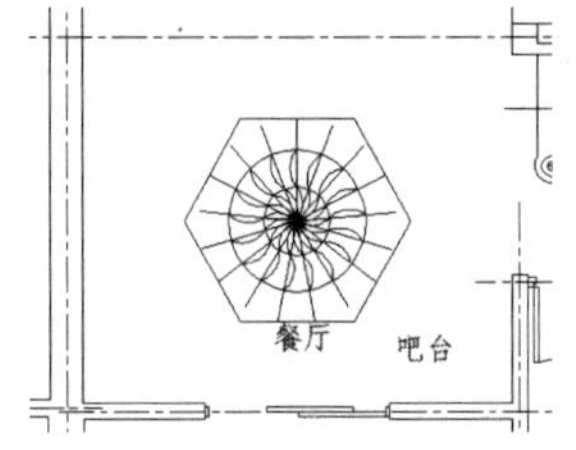

图 15-143　绘制正六边形

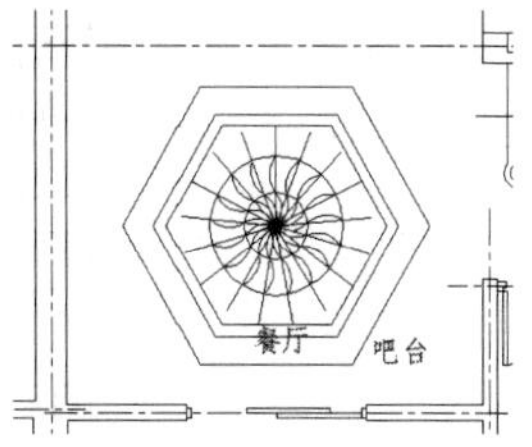

图 15-144　偏移正六边形

（7）执行 ELLIPSE 命令，在厨房绘制其吊顶造型轮廓，如图 15-145 所示。

（8）执行 ARRAY、MOVE 命令，得到厨房吊顶造型，如图 15-146 所示。

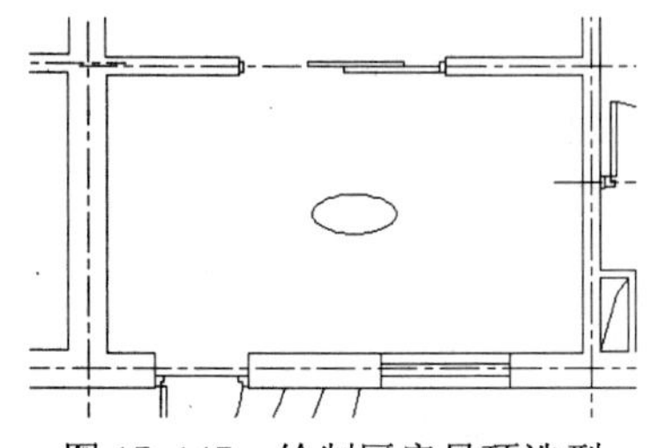
图 15-145　绘制厨房吊顶造型

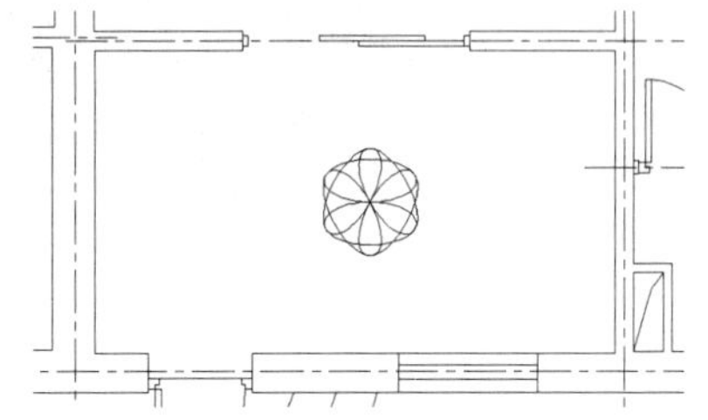
图 15-146　完善厨房吊顶造型

（9）在椭圆外侧绘制角线造型，如图 15-147 所示。

（10）执行 MIRROR 命令，绘制厨房吊顶，如图 15-148 所示。

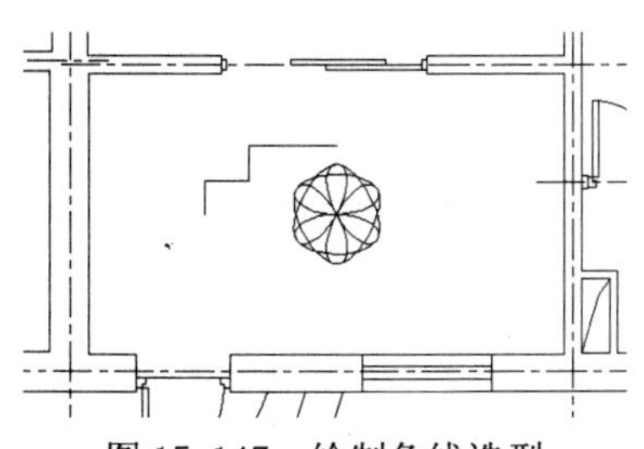
图 15-147　绘制角线造型

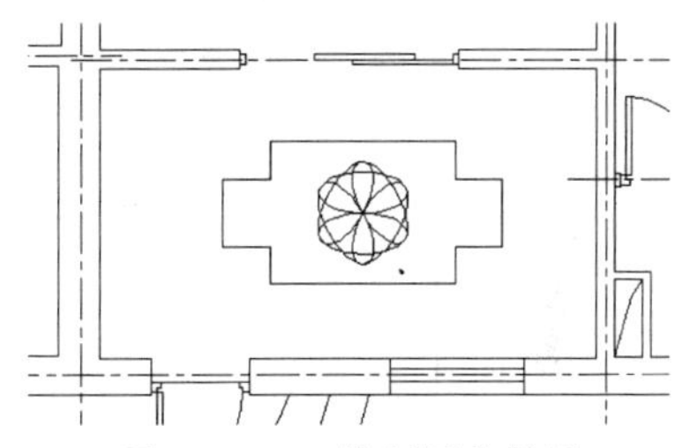
图 15-148　绘制厨房吊顶

5）绘制别墅一层其他位置天花。

（1）选择合适图案效果填充其他房间，如图 15-149 所示。

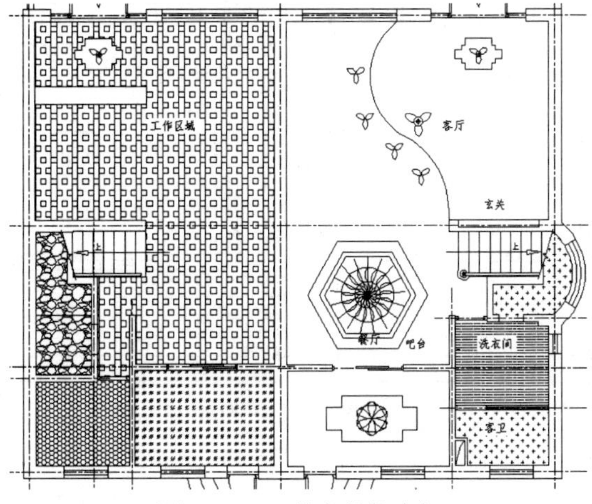

图 15-149　填充其他房间

（2）为餐厅和厨房等吊顶配置灯具等设施，如图 15-150 所示。

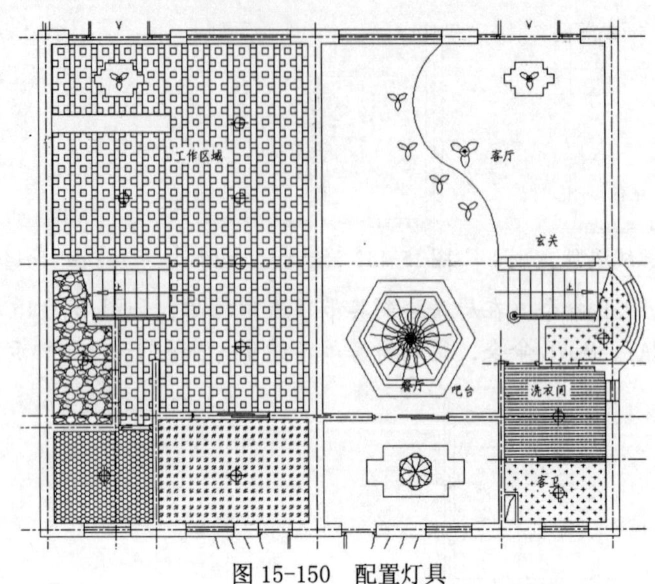

图 15-150 配置灯具

（3）完成别墅一层吊顶的绘制，最终结果如图 15-115 所示。

网络视频教学：参考别墅一层天花布置，完成别墅二层、三层的天花布置。

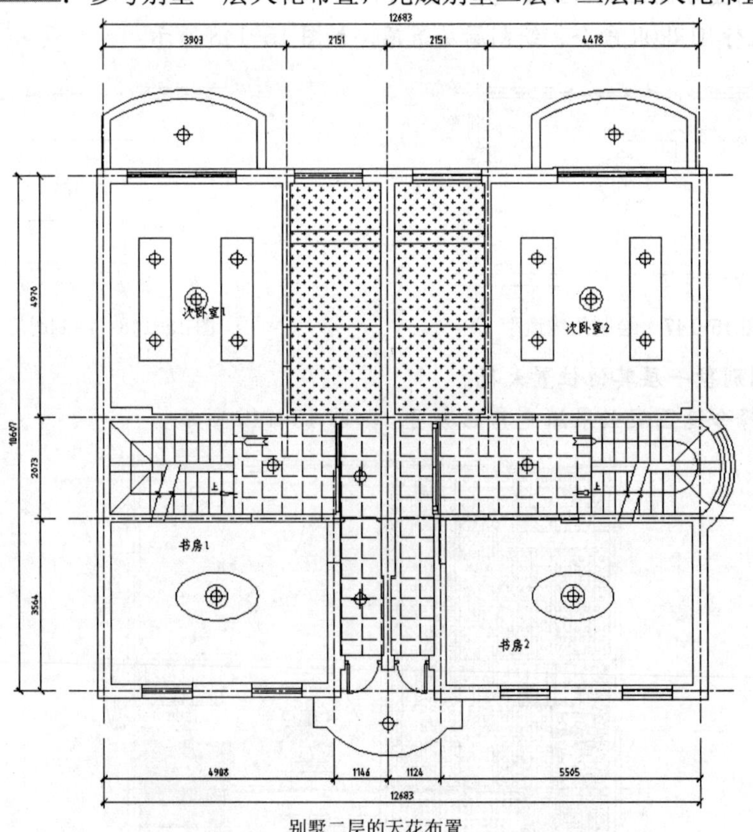

别墅二层的天花布置

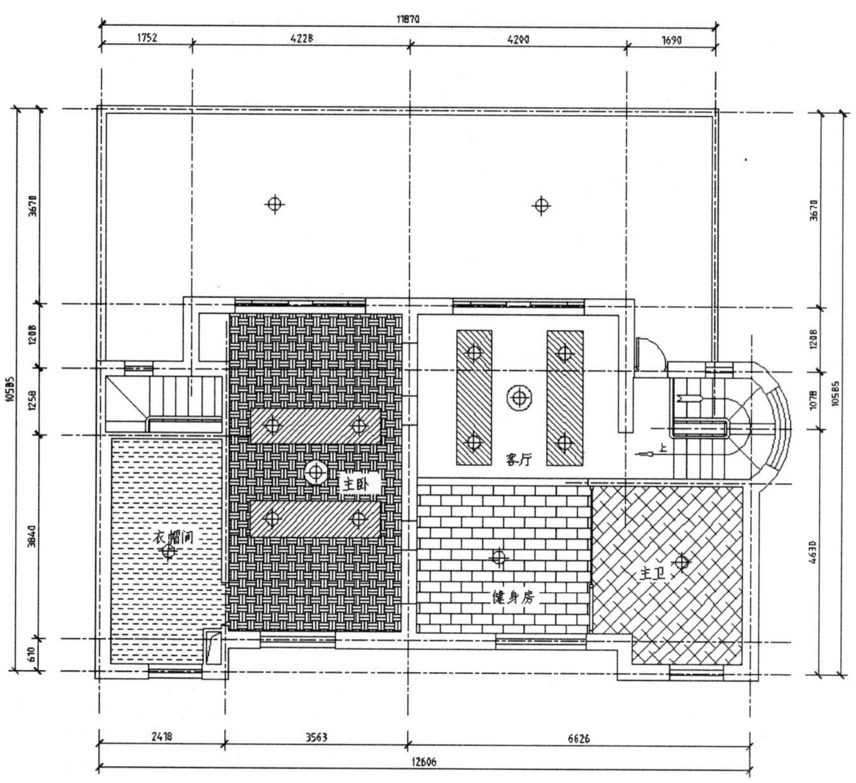

别墅三层的天花布置

15.5 习题

1．绘制别墅的建筑平面图，如图 15-151 所示。

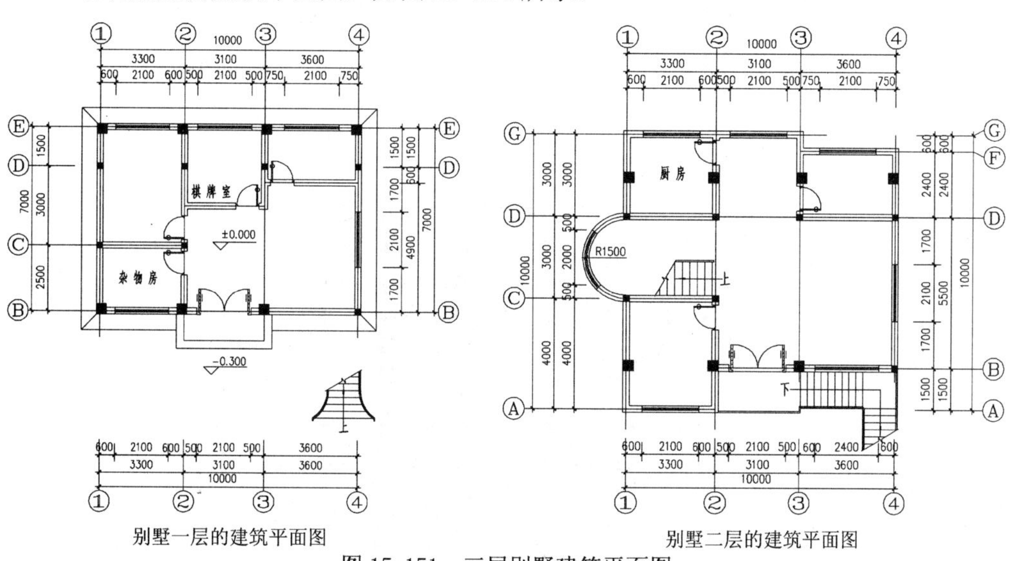

别墅一层的建筑平面图

别墅二层的建筑平面图

图 15-151 三层别墅建筑平面图

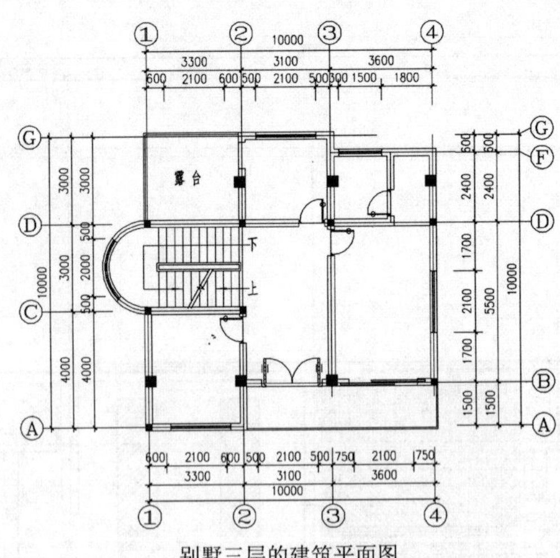

别墅三层的建筑平面图

图 15-151 三层别墅建筑平面图（续）

2．对前面绘制的别墅进行室内设计，参考结果如图 15-152 所示。

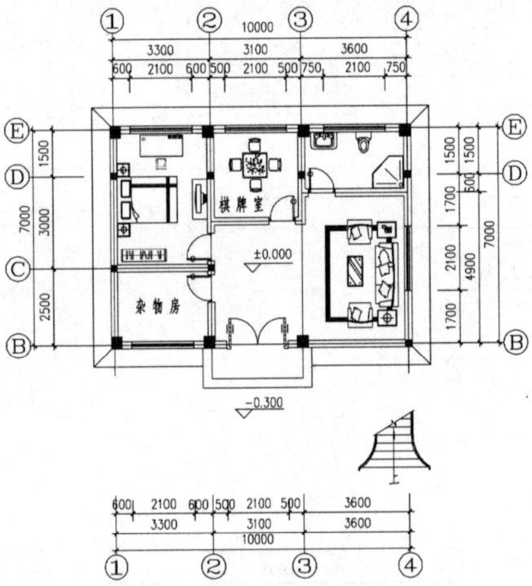

别墅一层的室内设计图

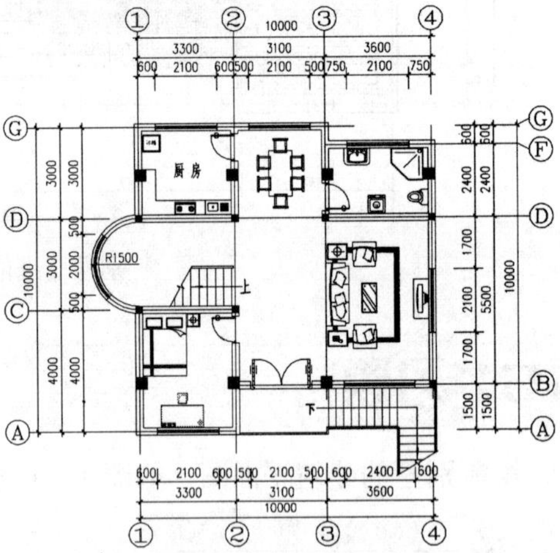

别墅二层的室内设计图

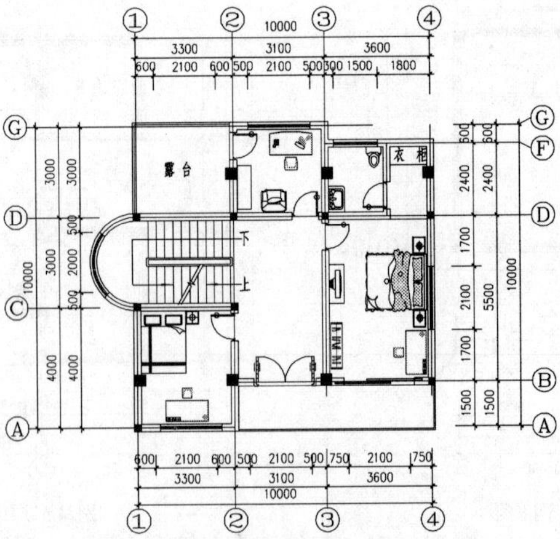

别墅三层的室内设计图

图 15-152 三层别墅的室内设计图

第16章

餐厅室内装饰设计

通过本章的学习，读者可以掌握一般餐厅室内建筑平面图、室内装饰设计平面图的设计思路及其绘制方法、绘制技巧与步骤。

【学习目标】

☑ 餐厅各建筑空间平面图中的墙体、门窗等图形绘制和标注。

☑ 餐厅建筑装修平面图中前厅、餐厅、包间等的装修设计和餐桌布局方法。

☑ 厨房、操作间、储藏间等装修布局方法。

☑ 餐厅大、小包间天花和地面造型设计方法。

☑ 餐厅其他功能房间吊顶与地面设计方法。

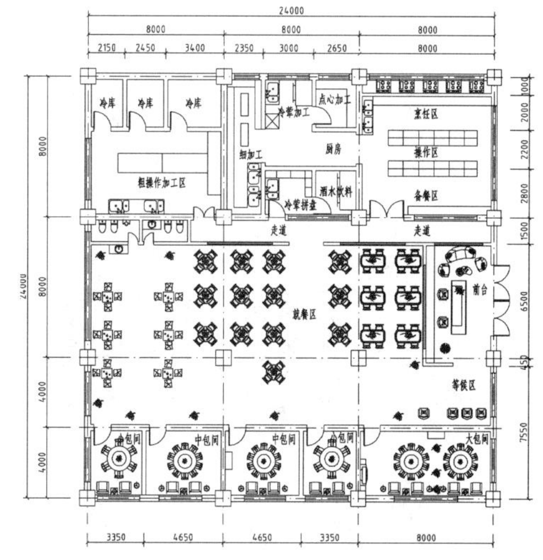

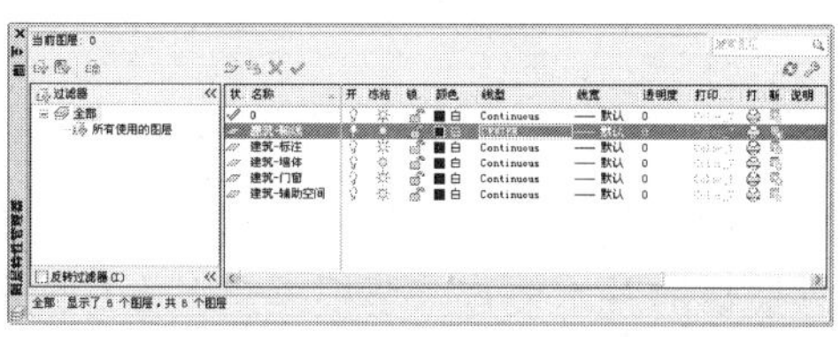

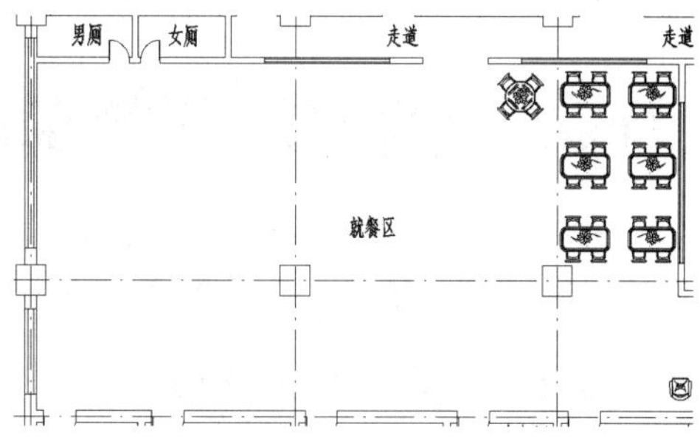

16.1 设计思路

本章主要讲述餐厅室内设计平面图及其绘制。通过如图 16-1 所示餐厅室内设计平面图的绘制，具体讲述餐厅的室内设计思路及其相关装饰图的绘制方法与技巧。

布局是餐厅室内设计成功与否的关键。餐厅的厅内场地不能太挤，更不能太宽，其面积大小应由来餐厅的顾客数量来决定。设计餐厅空间时，必须考虑各功能空间的适度性和各功能空间的合理性，注意各空间面积的特殊性，尽量做到顾客与工作人员流动路线的简捷性，注意消防等安全性，以求得合理组合各功能空间，高效利用空间。

与住宅室内设计平面图总的设计思路一样，餐厅室内设计也是先整体、后局部，先绘制餐厅室内建筑平面图，在此基础上进行餐厅室内设计平面图的绘制。

绘制餐厅室内建筑平面图。如图 16-2 所示。与住宅建筑平面图绘制方法类似，先建立各功能房间的开间和进深轴线，然后根据轴线位置绘制建筑柱子以及各功能房间墙体及相应门窗洞口的平面造型，最后绘制冷库等平面图形，同时标注图形。

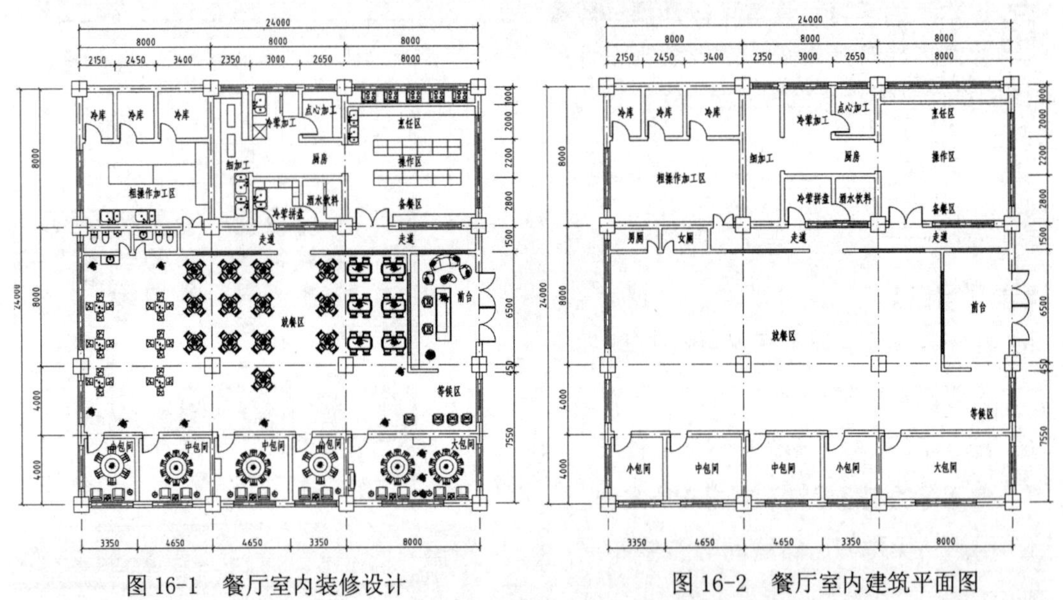

图 16-1　餐厅室内装修设计　　　　图 16-2　餐厅室内建筑平面图

绘制餐厅室内设计平面图，如图 16-1 所示。色彩搭配、装修风格以及家具选择是餐厅装修的基本要点，要根据自己餐厅的具体情况，因时因地灵活完成装修的内容和档次。一般而言，装修上应朴实、不张扬，给就餐者提供一个舒适温馨的就餐环境。

16.2 绘制餐厅装修前建筑平面图

本节通过实例具体讲述餐厅装修前建筑平面图的绘图过程。具体内容包括：设置绘图环境、绘制餐厅墙体、绘制餐厅门窗、绘制厕所等辅助空间。

16.2.1 设置绘图环境

本节先介绍餐厅建筑平面图的绘图环境的设置。

【案例 16-1】　设置如图 16-2 所示的餐厅装修前建筑平面图的绘图环境。

1）新建图形，并将新建图形另存为餐厅建筑平面图。

2）创建并设置图层，结果如图 16-3 所示。

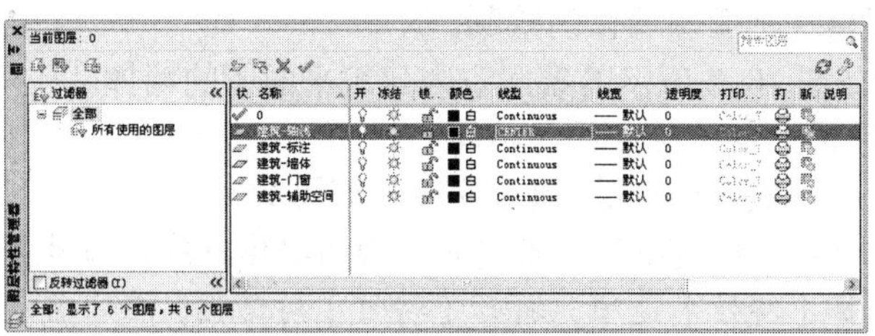

图 16-3　创建并设置图层

要点提示

当创建不同种类的对象时，应切换到相应的图层。如果初始创建图层有不妥的地方，可在以后的绘图过程中进行调整。

3）根据图形大小，设置绘图区域大小为 30 000×30 000。在命令行输入命令，AutoCAD 提示如下。

```
命令: LIMITS                                                //在命令行输入命令
重新设置模型空间界限:
指定左下角点或 [开(ON)/关(OFF)] <0.0000,0.0000>:            //按 ENTER 键
指定右上角点 <420.0000,297.0000>: 30000,30000               //指定右上角坐标
命令: z                                                     //输入命令
ZOOM
指定窗口的角点，输入比例因子 (nX 或 nXP)，或者[全部(A)/中心(C)/动态(D)/范围
(E)/上一个(P)/比例(S)/窗口(W)/对象(O)] <实时>: a            //选择“全部(A)”选项
正在重生成模型。
```

4）设置文字标注字体。字体为仿宋体，宽度因子为“0.7”。

5）设置尺寸标注字体。宽度因子为“1.0”，如图 16-4 所示。

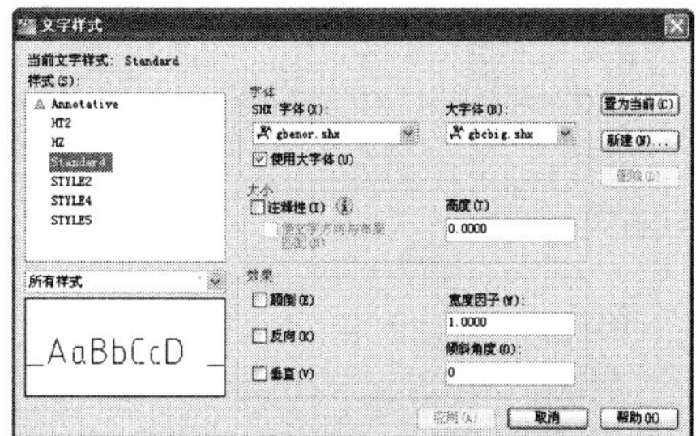

图 16-4　设置尺寸标注字体

6）设置标注样式。创建一个尺寸样式，名称为“工程标注”，对该样式进行以下设置：

（1）在【线】选项卡中的【尺寸界线】选项中，将超出尺寸线设为“160”，起点偏移量设为“500”。

（2）在【符号和箭头】选项卡中的【箭头】选项中，将箭头设为“建筑标记”，其大小为“200”。

（3）在【文字】选项卡中的【文字外观】选项中，将文字样式设为 Standard，文字高度设为“300”。在【文字位置】选项中，将尺寸线偏移设为“50”。

（4）使“工程标注”成为当前样式。

7）激活极轴追踪、对象捕捉及自动追踪等功能。设置极轴追踪角度增量为 90°，设定对象捕捉方式为端点、交点，设置仅沿正交方向进行自动追踪。

■ 16.2.2 绘制墙体

本节将介绍餐厅建筑平面图墙体的绘制。

【案例 16-2】 绘制如图 16-2 所示的餐厅室内建筑平面图的墙体。

1）绘制餐厅平面图中各功能房间的轴线。

（1）设置图层。将“建筑-轴线”图层置为当前图层。

（2）执行 LINE 命令，创建餐厅一层建筑平面的墙体轴线，右键单击该轴线，在弹出的菜单中选择【特性】选项，打开【特性】对话框，在【常规】选项中，线型比例设为“100”，如图 16-5 所示。

（3）根据餐厅各个房间的开间或进深大小，创建相应位置的轴线，如图 16-6 所示。

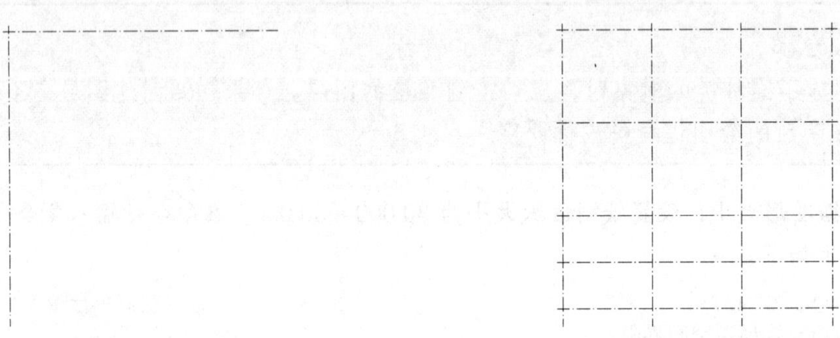

图 16-5 创建餐厅建筑轴线

图 16-6 创建相应位置的轴线

2）标注轴线尺寸。

（1）设置图层。将“建筑-标注”图层置为当前图层。

（2）执行 DIMLINER、DIMCONTINUE 命令，标注轴线尺寸，结果如图 16-7 所示。

（3）用同样方式标注其他尺寸，结果如图 16-8 所示。

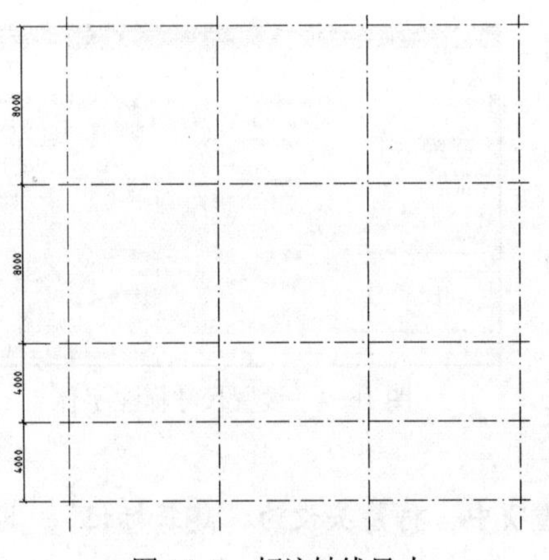

图 16-7 标注轴线尺寸

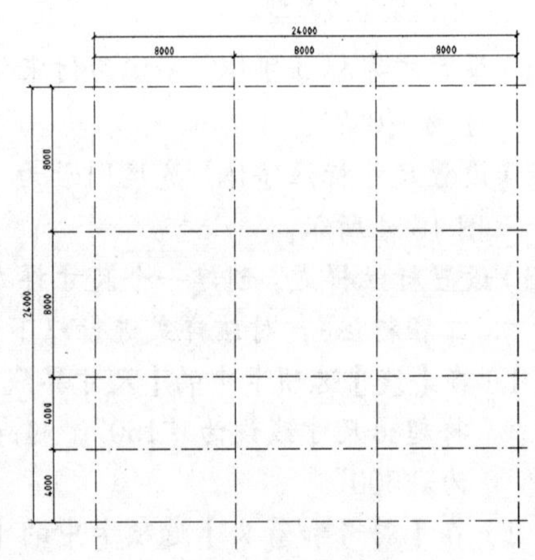

图 16-8 标注其他尺寸

3）绘制柱子。

（1）重新设置图层。增加“建筑-柱子”图层，将其置为当前图层。

（2）执行 POLYGIN 命令，创建边长为 900 的正方形柱子，如图 16-9 所示。

（3）重新设置图层。增加“建筑-填充线”图层，将其置为当前图层。

（4）执行 HATCH 命令，实体填充柱子，如图 16-10 所示。

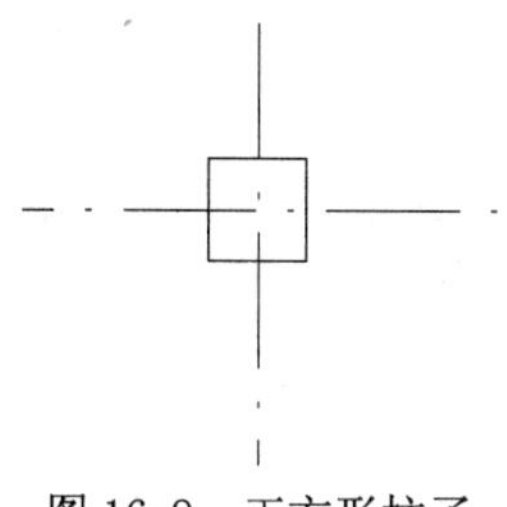
图 16-9　正方形柱子

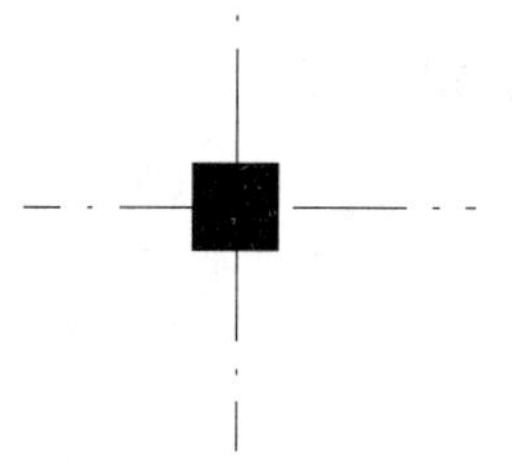
图 16-10　实体填充柱子

（5）执行 COPY 命令，复制柱子，进行柱网布局，如图 16-11 所示。

（6）完成柱网和柱子布局，如图 16-12 所示。

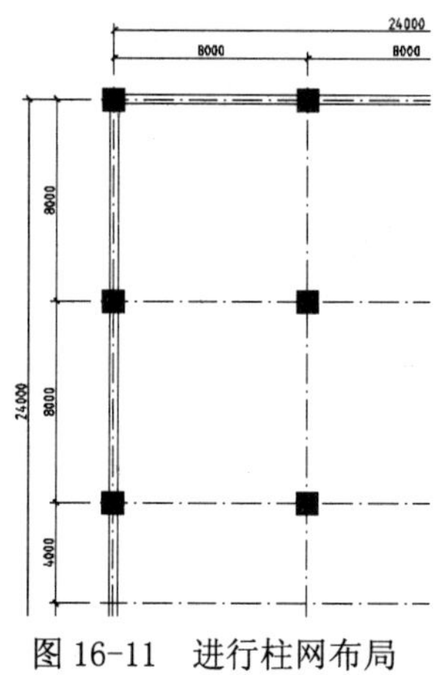

图 16-11　进行柱网布局

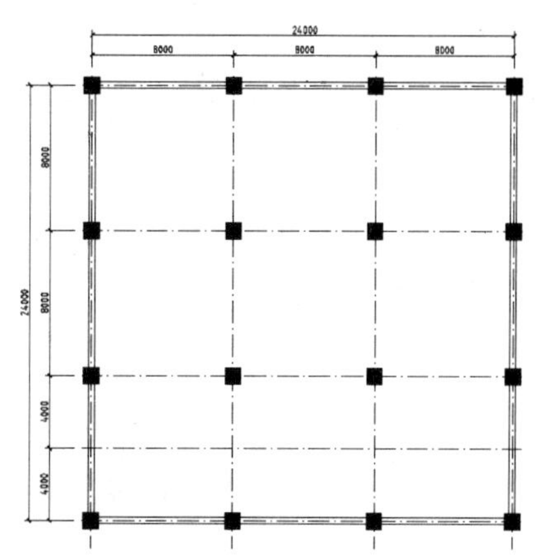

图 16-12　完成柱网和柱子布局

4）绘制墙体。

（1）设置图层。关闭“建筑-填充线”图层，并将“建筑-墙体”图层置为当前图层。

（2）执行 MLINE、MLEDIT、TRIM 命令创建餐厅平面墙体，如图 16-13 所示。

要点提示

餐厅墙体厚度，这里取外墙为 360mm，内墙为 240mm，隔墙为 120mm，这要根据实际具体情况而定。

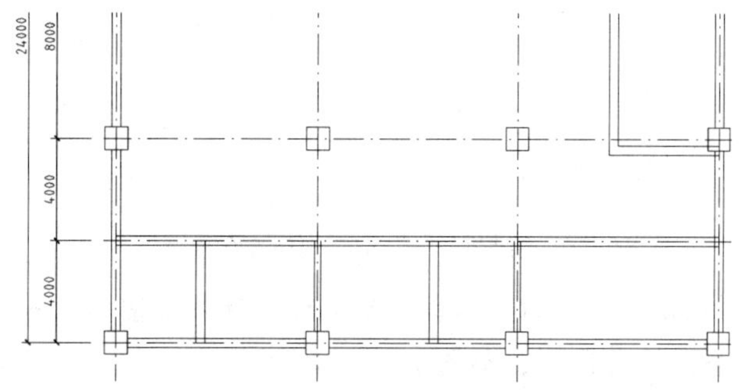

图 16-13　创建餐厅平面墙体

（3）调整多线比例，绘制其他墙体轮廓线，如图 16-14 所示。

要点提示

编辑多线时，要先调整多线比例，将绘制的多线条正道合适的宽度后，在利用 MLEDIT 命令，对多线进行编辑操作。

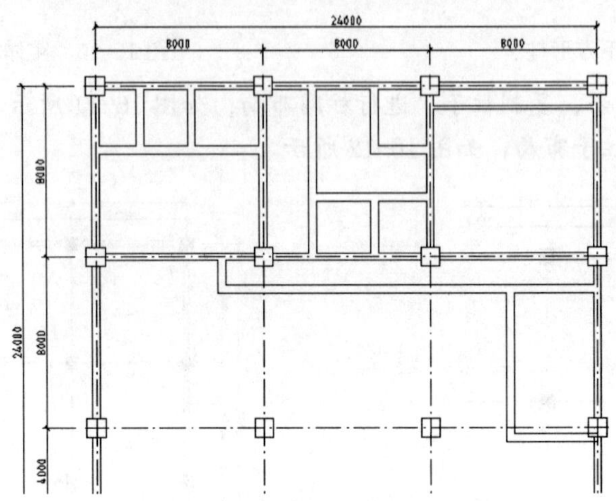

图 16-14　绘制其他墙体轮廓线

（4）绘制餐厅内部房间的隔墙薄墙体，如图 16-15 所示。

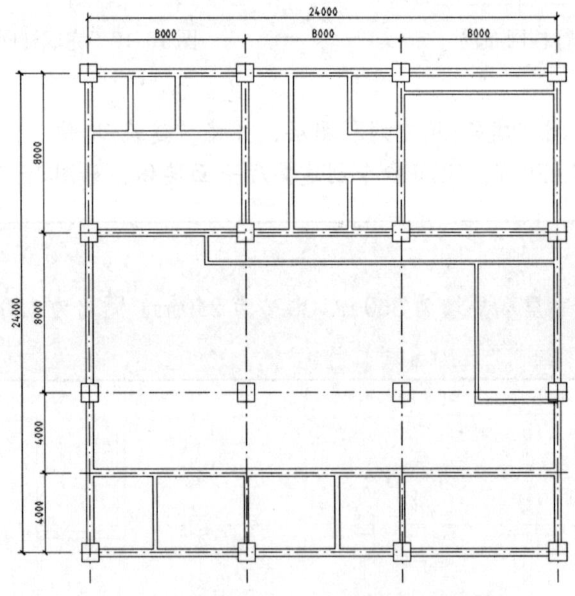

图 16-15　绘制餐厅内部房间的隔墙薄墙体

（5）利用 STRETCH 命令，拉伸右边不合适的地方，结果如图 16-16 所示。

（6）执行 TRIM 命令，修剪图形，如图 16-17 所示。

（7）将“建筑-标注”图层置为当前图层。

（8）标注隔墙位置尺寸，如图 16-18 所示。

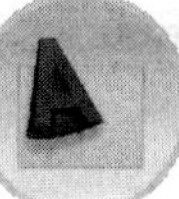

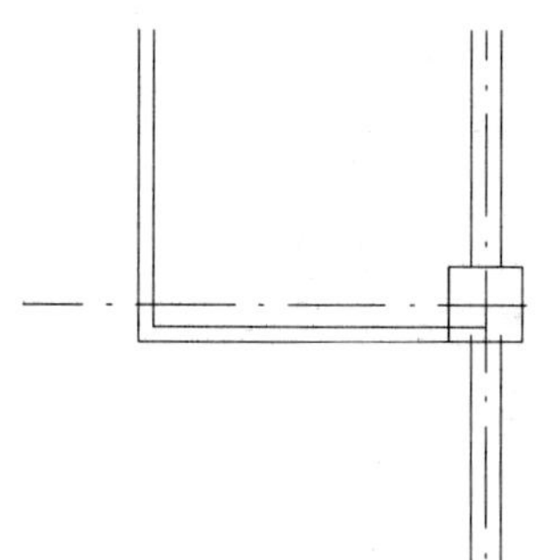

图 16-16　拉伸图形

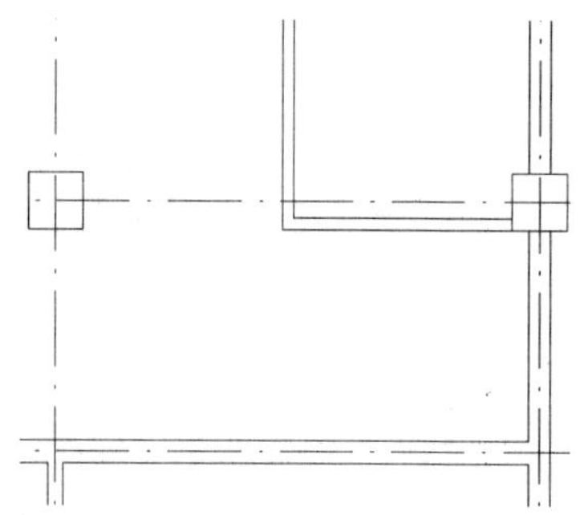

图 16-17　修剪图形

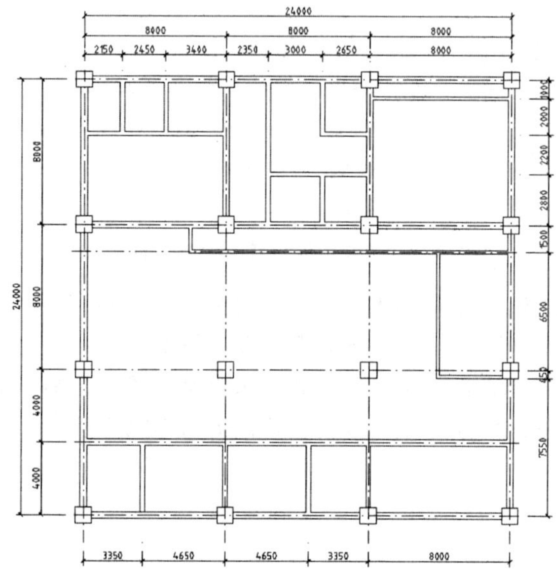

图 16-18　标注隔墙位置尺寸

（9）对餐厅功能房间进行安排，并标注说明文字，如图 16-19 所示。

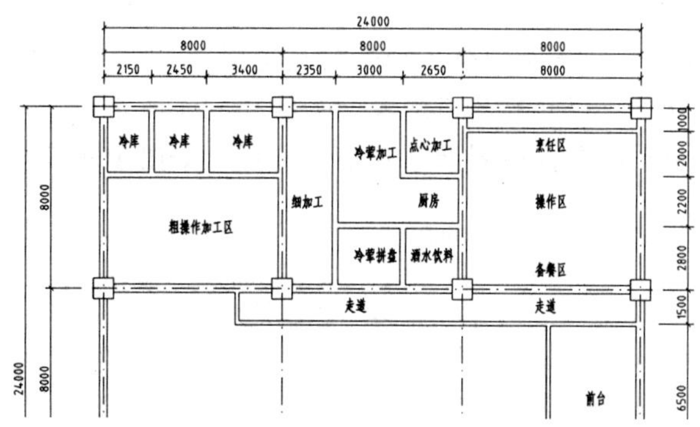

图 16-19　进行房间功能安排，并标注说明文字

（10）完成餐厅建筑墙体平面绘制，保存图形，结果如图 16-20 所示。

16.2.3　绘制餐厅门窗

本节将介绍餐厅建筑平面图门窗的绘制。

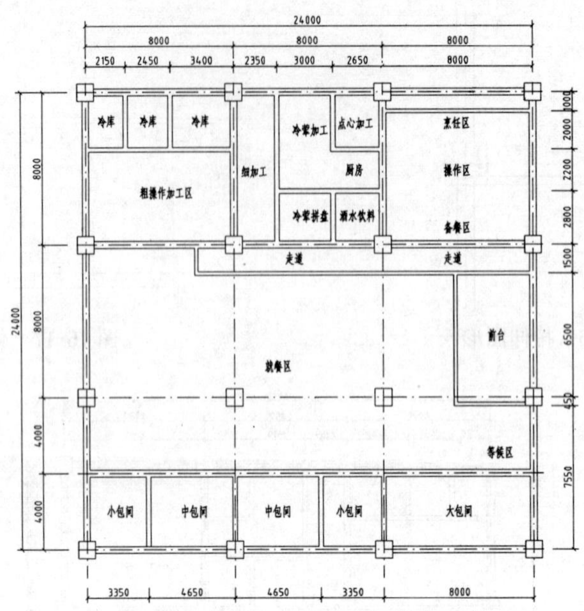

图 16-20　完成餐厅建筑墙体平面绘制

【案例 16-3】　绘制如图 16-2 所示的餐厅室内建筑平面图的门窗。

1）设置图层。将“建筑-门窗”图层置为当前图层。

2）执行 LINE 命令，绘制线段，确定前台入口大门宽度，如图 16-21 所示。

3）执行 TRIM 命令，修剪图形，形成门洞，如图 16-22 所示。

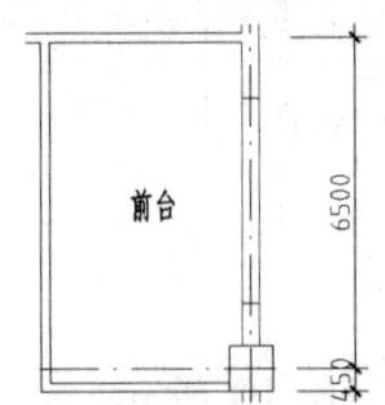

图 16-21　确定前台入口大门宽度

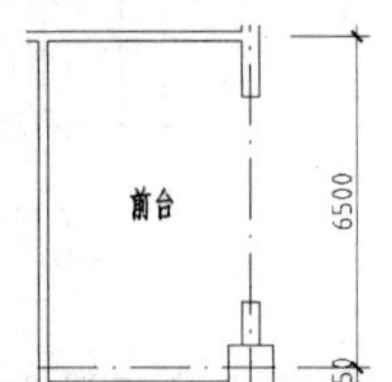

图 16-22　形成门洞

4）执行 LINE、ARC、TRIM 等命令，绘制门扇造型，如图 16-23 所示。

5）执行 MIRROR 命令，得到双扇门造型，如图 16-24 所示。

6）再次执行 MIRROR 命令，得到两个双扇门造型，如图 16-25 所示。

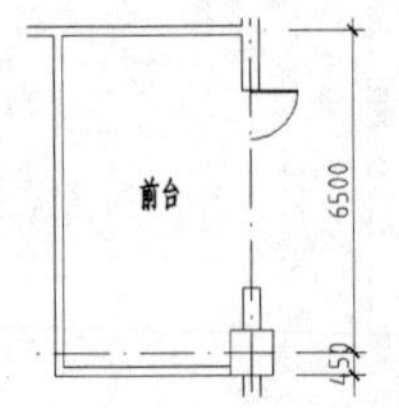

图 16-23　绘制门扇造型

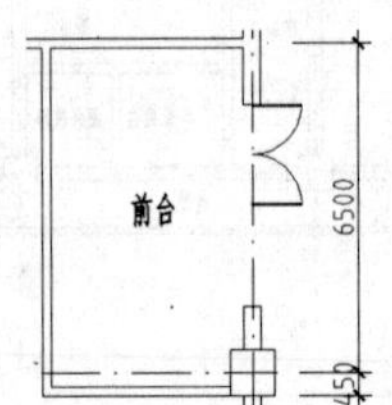

图 16-24　双扇门造型

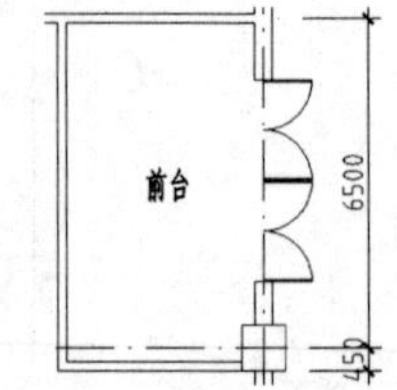

图 16-25　穿件双扇门造型

7）执行 LINE、TRIM、COPY、MIRROR 等命令，绘制其他门洞、门，如图 16-26 所示。

8）创建窗户的造型。执行 LINE 命令，绘制两段互相平行的短线，如图 16-27 所示。

9）执行 LINE 命令，绘制平行线，得到窗户造型，如图 16-28 所示。

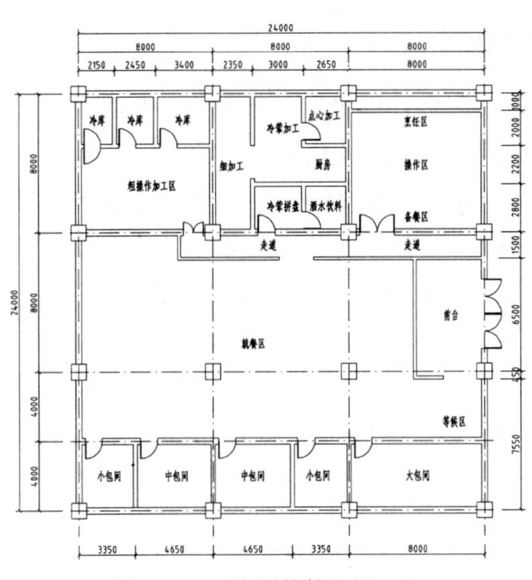

图 16-26　绘制其他门洞、门

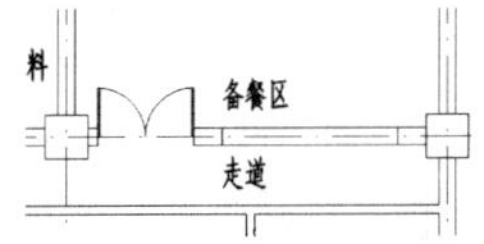

图 16-27　绘制线段

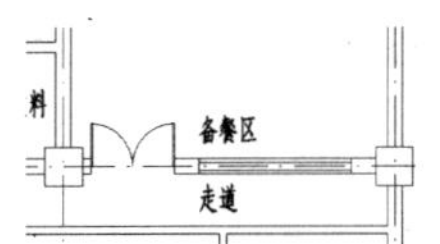

图 16-28　创建窗户造型

10）执行 COPY、STRETCH 命令，绘制餐厅其他窗户，如图 16-29 所示。

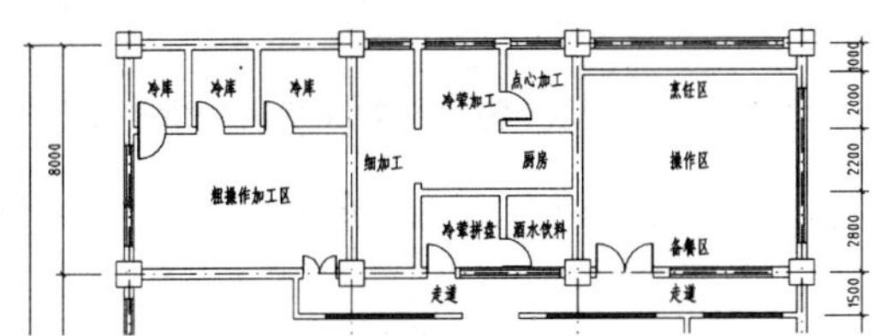

图 16-29　绘制餐厅其他窗户

11）完成餐厅平面图的门窗绘制，缩放视图观察并保存图形，如图 16-30 所示。

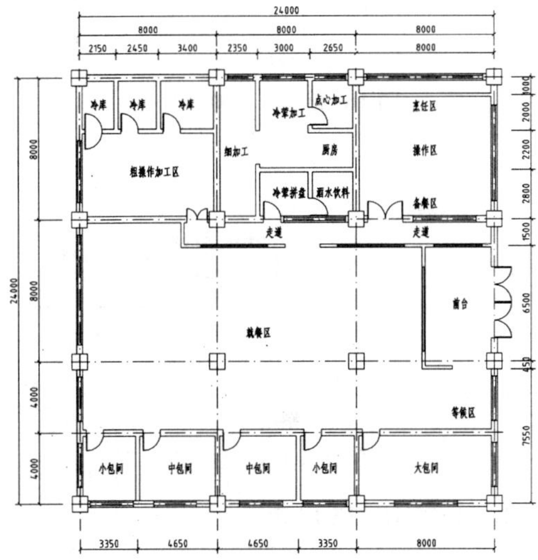

图 16-30　完成餐厅平面图的门窗绘制

16.2.4 绘制辅助空间

餐厅中的辅助空间包括阳台、储藏间、楼梯（多层餐厅）、厕所等辅助空间。本节将介绍餐厅建筑平面图中厕所辅助空间的绘制。

【案例 16-4】 绘制如图 16-2 所示的餐厅室内建筑平面图的辅助空间。

1）设置图层。将“建筑-辅助空间”图层置为当前图层。

2）执行 MLINE 命令，绘制餐厅就餐区厕所轮廓造型，如图 16-31 所示。

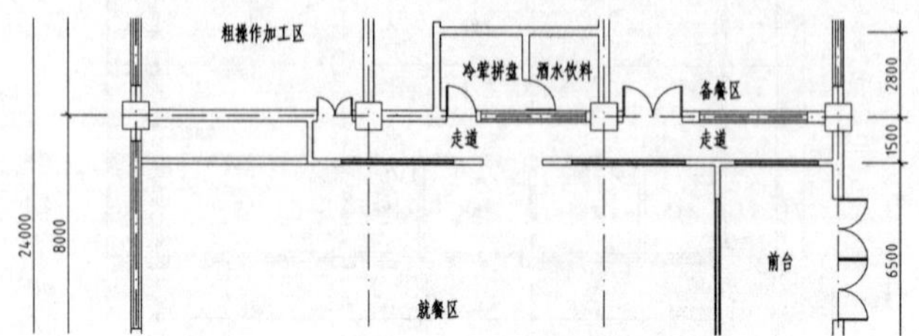

图 16-31 绘制餐厅就餐区厕所轮廓造型

3）执行 MLEDIT 命令，修改餐厅就餐区厕所轮廓造型，如图 16-32 所示。

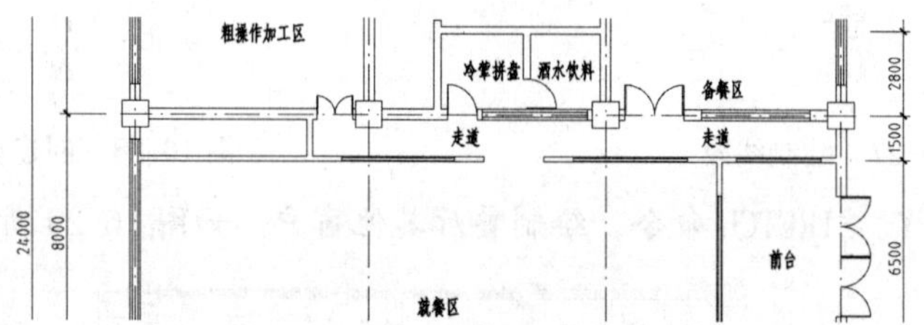

图 16-32 修改餐厅就餐区厕所轮廓造型

4）用同样方式分隔厕所空间，如图 16-33 所示。

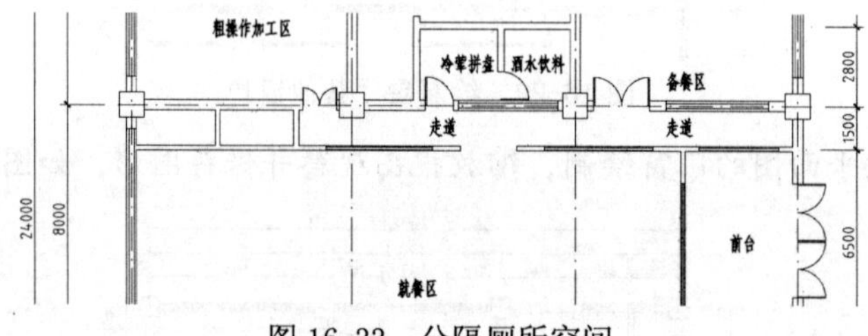

图 16-33 分隔厕所空间

5）标注文字，如图 16-34 所示。

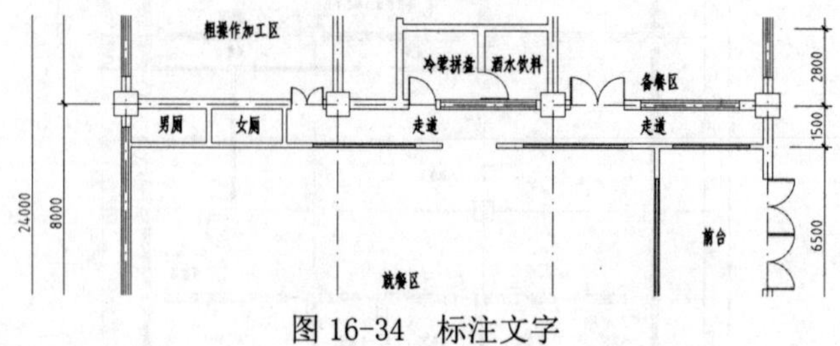

图 16-34 标注文字

6）绘制并插入厕所门，如图 16-35 所示。

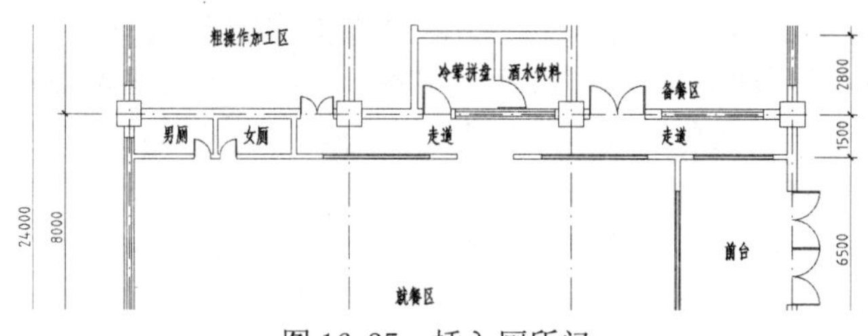

图 16-35　插入厕所门

7）完成餐厅建筑平面图的绘制，最终结果如图 16-2 所示。

网络视频教学：绘制小餐厅建筑平面图。

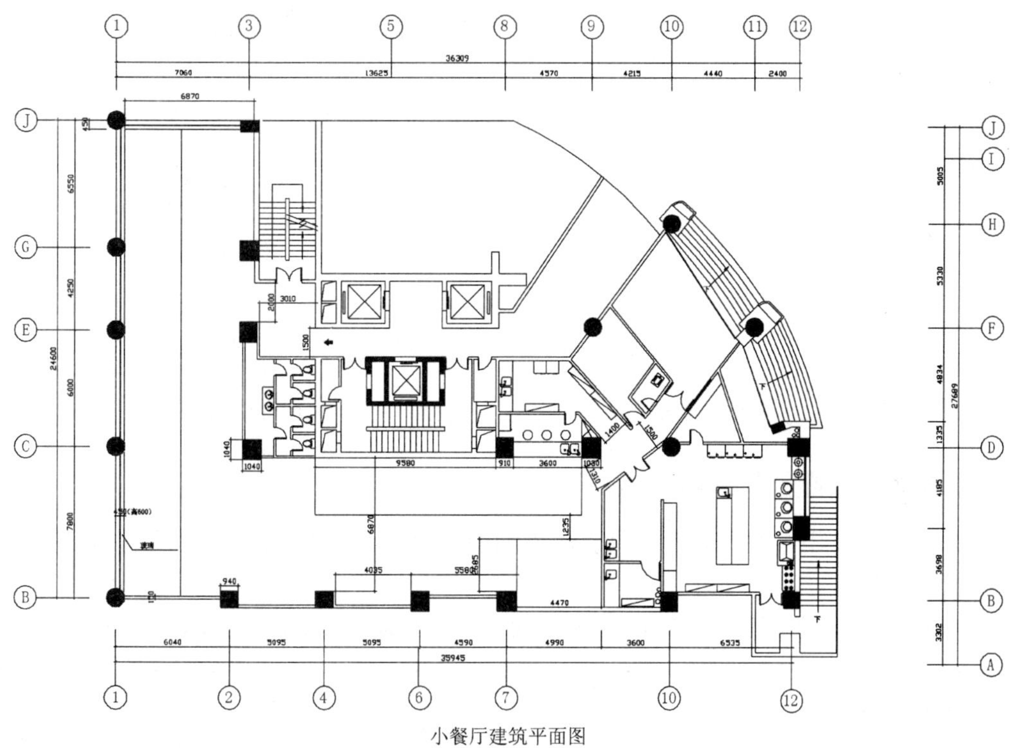

小餐厅建筑平面图

16.3 绘制餐厅的装修图

餐厅的装修从里及外，既要有文化品位，又要突出自身经营的主题，要从自身服务的对象出发。本餐厅是一个小型化餐馆，要突出大众化需求，装修也要大众化，朴实无华，做到雅俗共赏。

本节接上例，通过实例讲解，详细讲述餐厅的装饰平面的设计绘图方法与技巧及其相关知识。

16.3.1 布置餐厅入口门厅

接待门厅是餐厅的主要入口（有的甚至是唯一入口），也是客人进入餐厅的重要通道，其布置能否吸引顾客无疑是至关重要的。

这里详细介绍餐厅入口门厅装饰设计图的绘制方法及技巧。

【案例 16-5】 接上例，完成如图 16-1 所示三层餐厅的装修设计图中门厅的布置。

1）重新设置图层。增加“装饰-门厅”图层，并将其置为当前图层。

2）执行 LINE 命令，在餐厅入口门厅空间平面后绘制展示柜，如图 16-36 所示。

3）插入服务台和椅子造型，如图 16-37 所示。

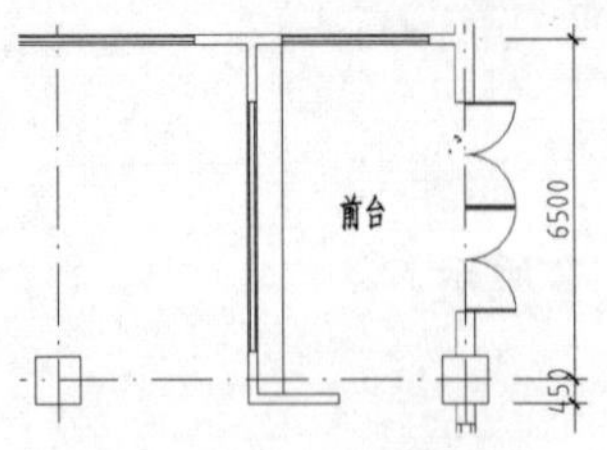

图 16-36 绘制展示柜

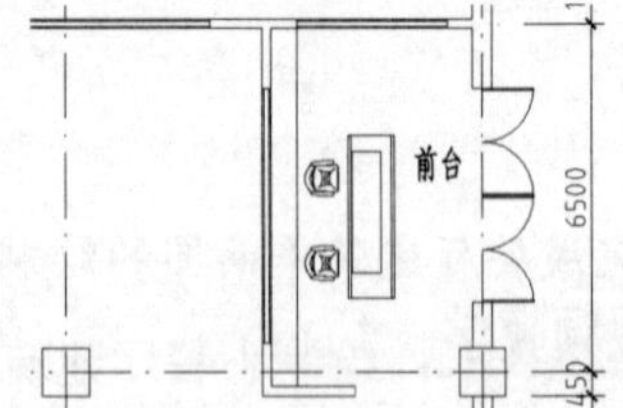

图 16-37 插入服务台和椅子造型

4）布置门厅沙发，如图 16-38 所示。

5）布置门厅花草，完成餐厅入口门厅设计布置，如图 16-39 所示。

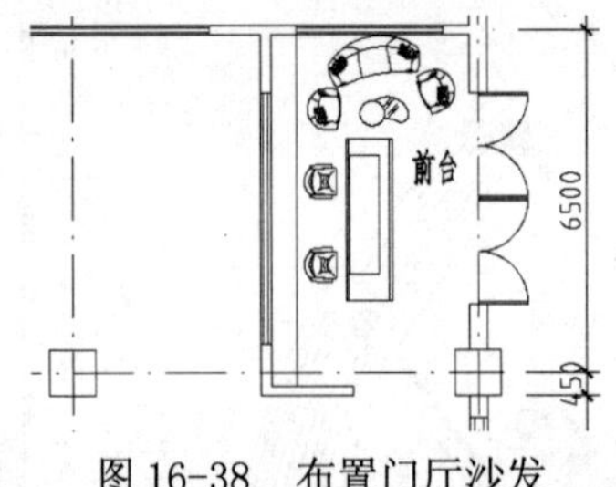

图 16-38 布置门厅沙发

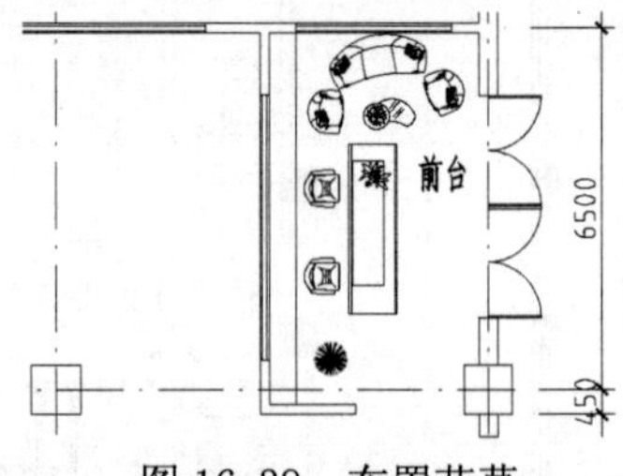

图 16-39 布置花草

16.3.2 布置包间和就餐区

如同本例一样，餐厅一般有多间大小不同的包间，还有开放的公共就餐区等各种功能的房间和空间。

【案例 16-6】 接上例，完成如图 16-1 所示餐厅的装修设计平面图中包间和就餐区的布置。

> **要点提示**
>
> 大包间内一般会设置沙发，供客人休息用。空间分隔可以采用花草等形式实现，其特点属于软分隔，可以按需求轻松实现再次分隔。

1）重新设置图层。增加“装饰-餐区”图层，并将其置为当前图层。

2）布置等候区。等候区实际上是从门厅进入的通道休息区，可在此布置沙发，如图 16-40 所示。

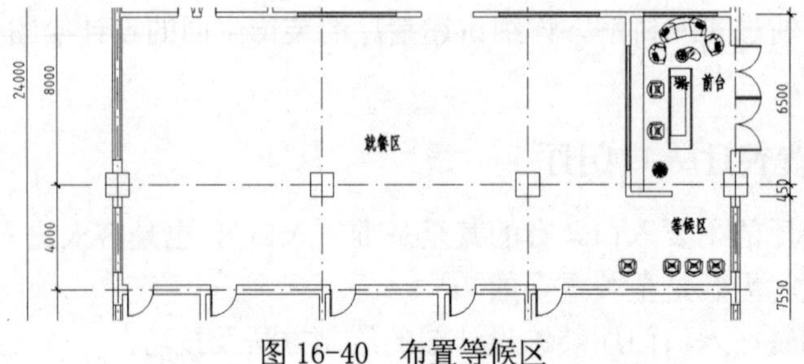

图 16-40 布置等候区

3）布置包间。

（1）布置大包间。布置大餐桌造型，如图 16-41 所示。

（2）执行 COPY 命令，布置另一张大餐桌，如图 16-42 所示。

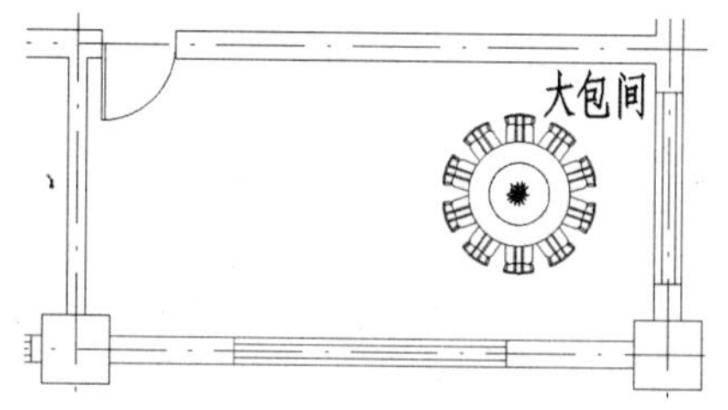

图 16-41　布置大餐桌造型

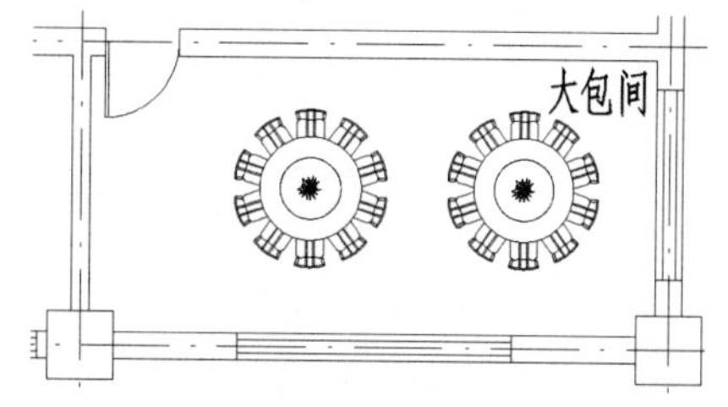

图 16-42　布置另一张大餐桌

（3）布置沙发，如图 16-43 所示。

（4）执行 LINE 命令，绘制小餐具柜，如图 16-44 所示。

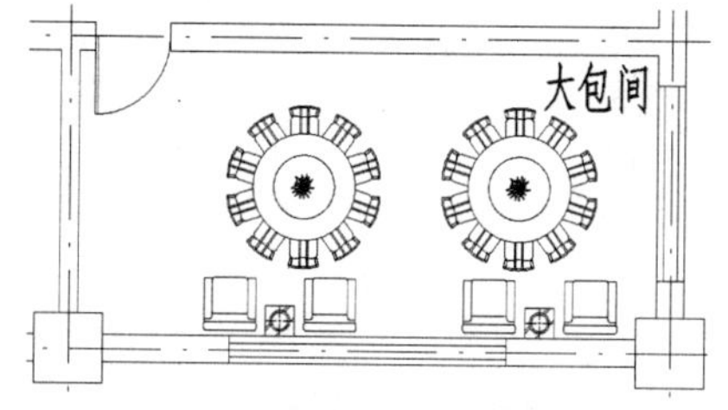

图 16-43　布置沙发

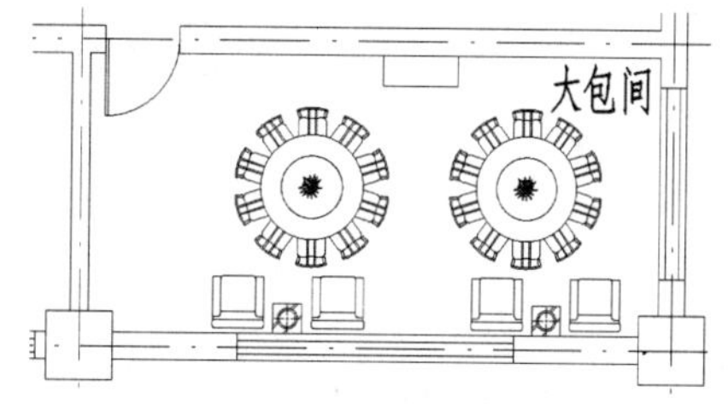

图 16-44　绘制小餐具柜

（5）插入电视柜和电视，如图 16-45 所示。

（6）执行 CIRCLE 命令，绘制包间衣帽架造型，如图 16-46 所示。

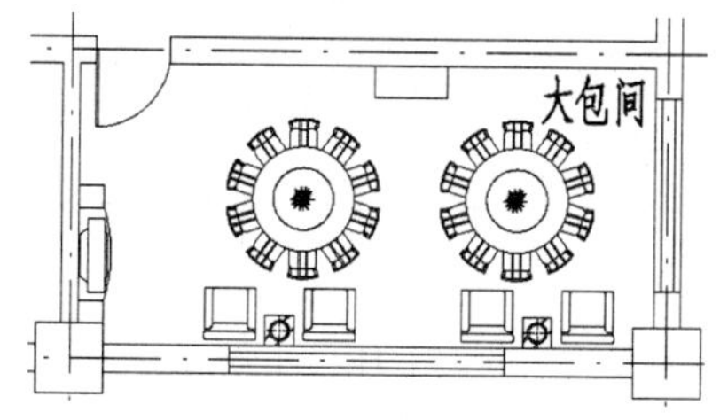

图 16-45　插入电视柜和电视

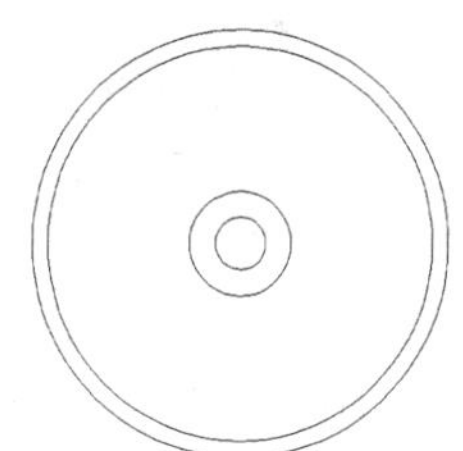

图 16-46　绘制包间衣帽架造型

（7）执行 LINE 命令，绘制衣帽支架造型，如图 16-47 所示。

（8）执行 COPY 命令，复制衣帽架造型，如图 16-48 所示。

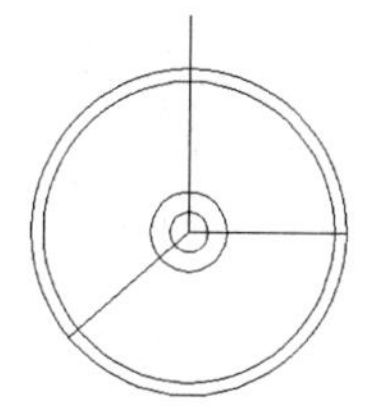

图 16-47　绘制衣帽支架造型

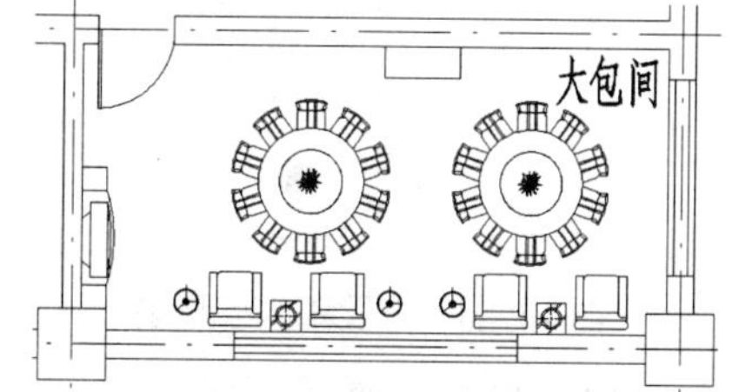

图 16-48　复制衣帽架造型

（9）布置花草，实现大包间的空间软分隔，完成大包间装饰平面设计，最终效果如图 16-49 所示。

（10）用同样方式布置中型包间，如图 16-50 所示。

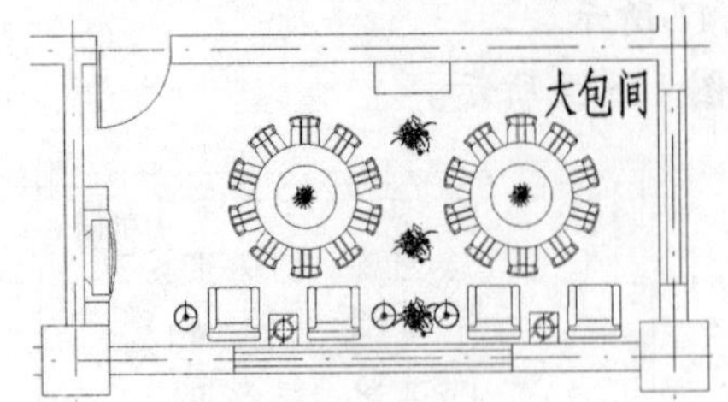

图 16-49　布置花草

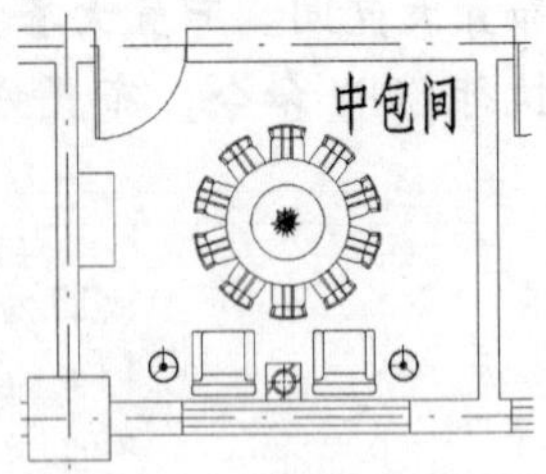

图 16-50　布置中型包间

（11）用同样方式布置小型包间，如图 16-51 所示。

（12）大、中、小包间布置完成，结果如图 16-52 所示。

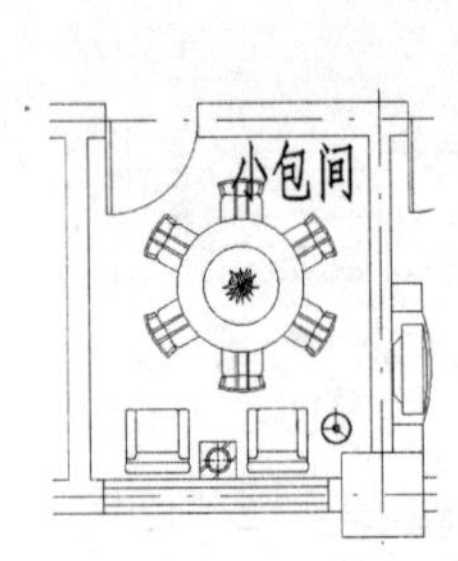

图 16-51　布置小型包间

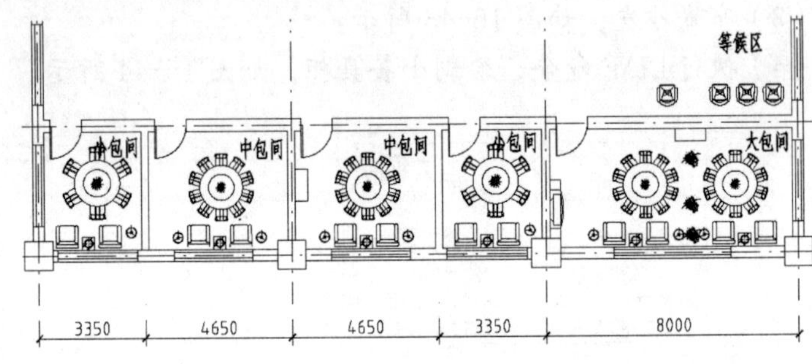

图 16-52　包间布置完成的效果

4）布置就餐区。

要点提示

开放的公共就餐区如今已成为餐厅的重要组成部分，因其场地大，除了可以满足一般就餐外，还可以作为举办婚宴、酒席等大型活动之用。

（1）布置 4 人条形餐桌，如图 16-53 所示。

（2）执行 COPY 命令，根据平面空间布置多个条形餐桌，如图 16-54 所示。

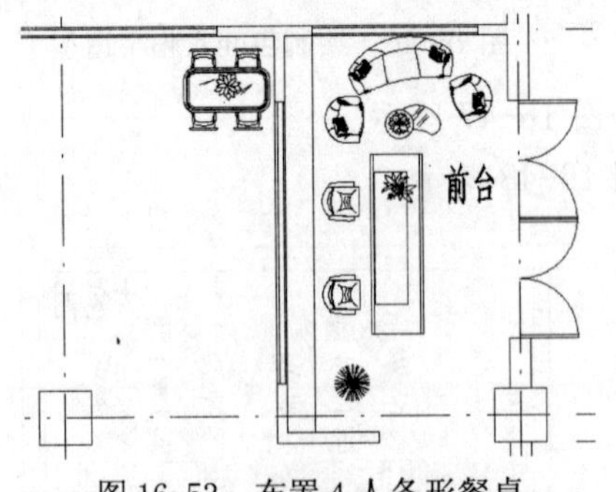

图 16-53　布置 4 人条形餐桌

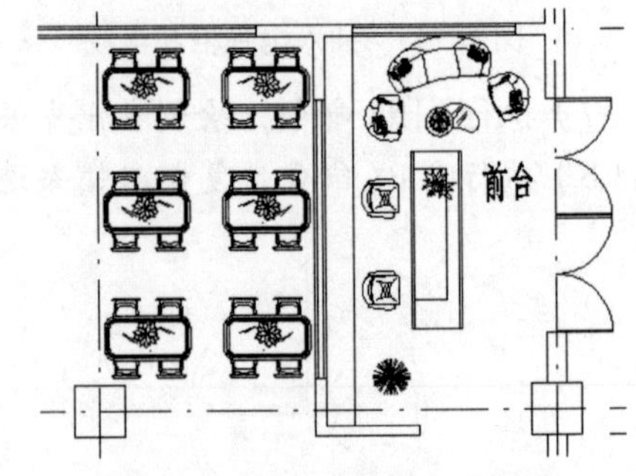

图 16-54　布置多个条形餐桌

（3）布置圆形餐桌，如图 16-55 所示。

（4）执行 COPY 命令，根据平面空间布置多个圆形餐桌，如图 16-56 所示。

（5）布置方形餐桌，如图 16-57 所示。

（6）执行 COPY 命令，根据平面空间布置多个方形餐桌，如图 16-58 所示。

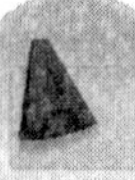

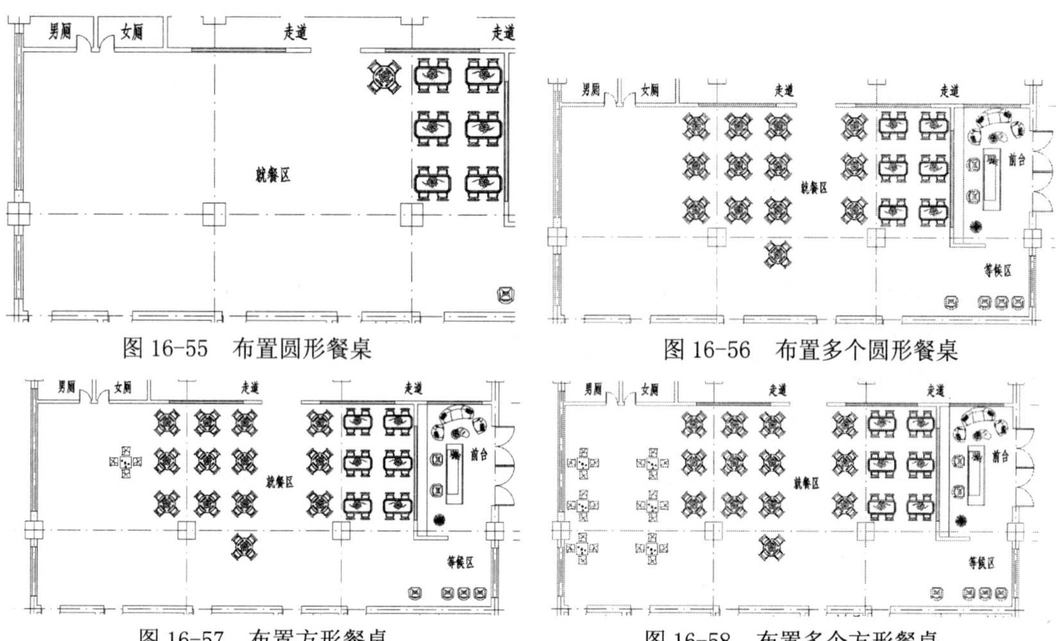

图 16-55 布置圆形餐桌　　图 16-56 布置多个圆形餐桌

图 16-57 布置方形餐桌　　图 16-58 布置多个方形餐桌

（7）插入花草等，完成公共就餐区装饰图绘制。缩放视图，观察并保存图形，如图 16-59 所示。

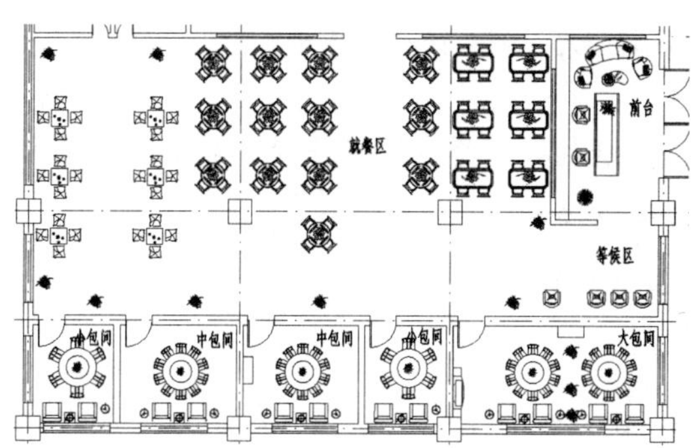

图 16-59 公共就餐区装饰图

16.3.3 布置餐厅厨房操作间

本节介绍布置餐厅厨房操作间平面图设计和布局安排。

【案例 16-7】 接上例，完成如图 16-1 所示餐厅厨房操作间平面图设计和布局安排。

> **要点提示**
>
> 餐厅厨房操作间包括冷库、粗加工区、细加工区、冷荤拼盘区、酒水饮料间、点心加工间、冷荤区和厨房操作间等。其中冷库主要是储存食品，这里不详细布置。

1）冷库的空间平面，如图 16-60 所示。

2）布置粗加工区。

（1）执行 LINE 命令，绘制粗加工台，如图 16-61 所示。

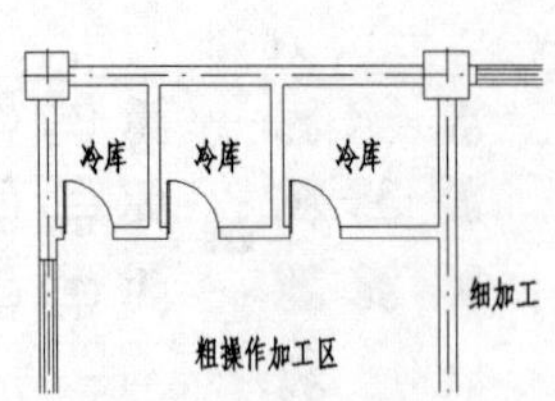

图 16-60　冷库的空间平面

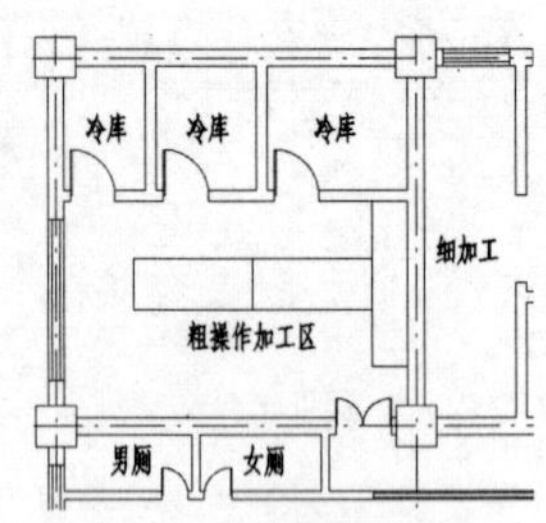

图 16-61　绘制粗加工台

(2) 布置粗加工区洗涤池，如图 16-62 所示。

3) 布置细加工区。

(1) 执行 LINE 命令，绘制细加工台，如图 16-63 所示。

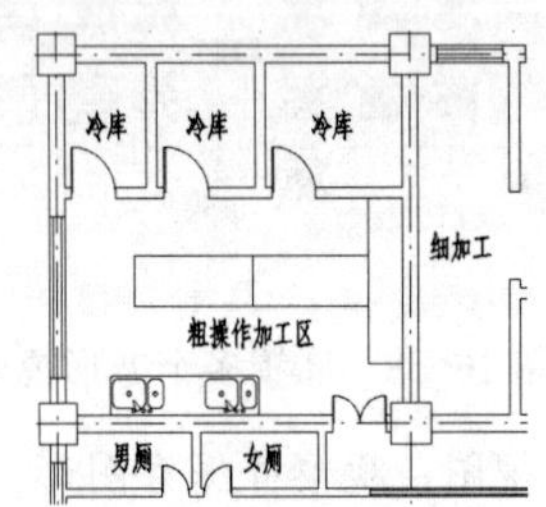

图 16-62　布置粗加工区洗涤池

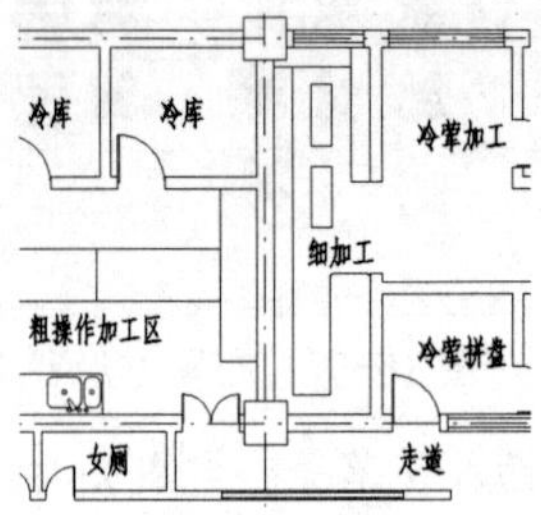

图 16-63　绘制细加工台

(2) 布置细加工区洗涤池，如图 16-64 所示。

4) 布置冷荤拼盘区。

(1) 执行 LINE 命令，绘制冷荤拼盘区操作台，如图 16-65 所示。

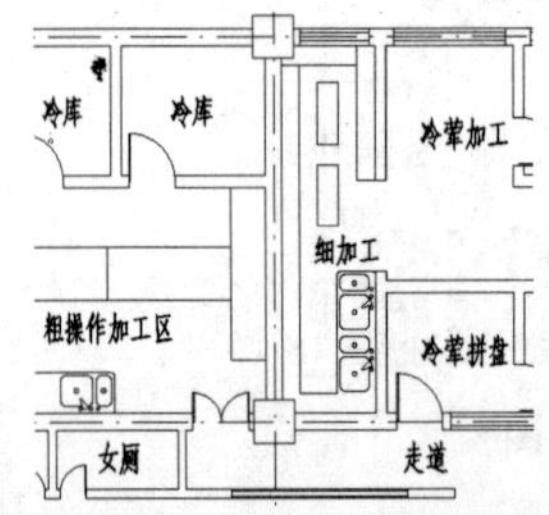

图 16-64　布置细加工区洗涤池

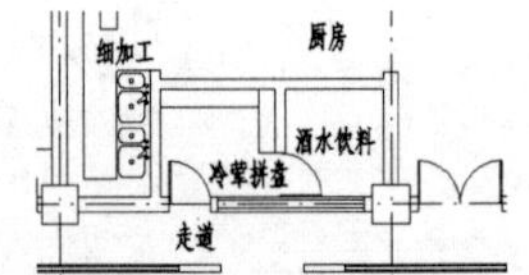

图 16-65　绘制冷荤拼盘区操作台

(2) 执行 LINE 命令，绘制冷荤拼盘区储存柜，如图 16-66 所示。

(3) 布置冷荤拼盘区洗涤池，如图 16-67 所示。

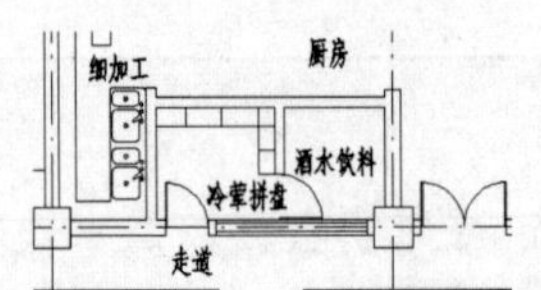

图 16-66　绘制冷荤拼盘区储存柜

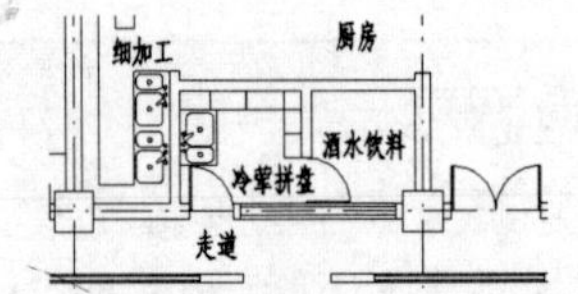

图 16-67　布置冷荤拼盘区洗涤池

5) 执行 LINE、TRIM 等命令，绘制酒水饮料间的酒水饮料储存柜造型，如图 16-68 所示。

6) 绘制点心加工间的加工台轮廓造型，如图 16-69 所示。

7) 布置冷荤区。

(1) 在冷荤区绘制操作台、储存柜，如图 16-70 所示。

（2）插入洗涤池，如图 16-71 所示。

8）布置厨房操作间。

（1）餐厅厨房操作间空间平面，如图 16-72 所示。

（2）执行 LINE 命令，绘制烹饪灶台，如图 16-73 所示。

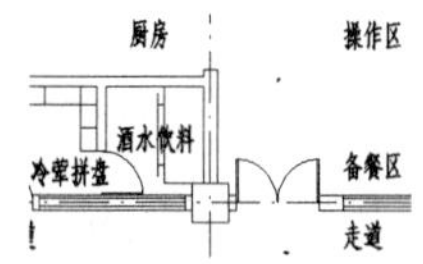

图 16-68　绘制酒水饮料间的酒水饮料储存柜造型

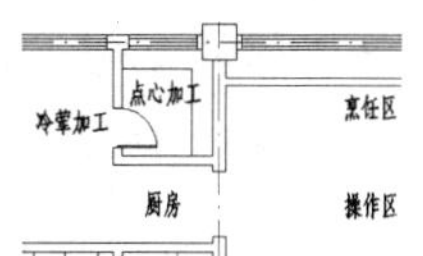

图 16-69　绘制点心加工间的加工台轮廓造型

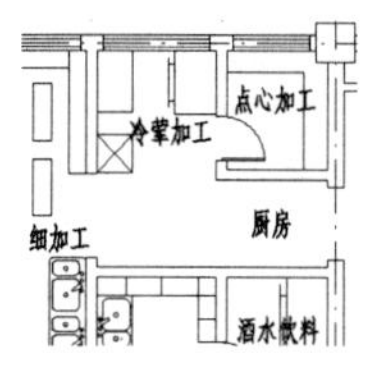

图 16-70　绘制操作台、储存柜

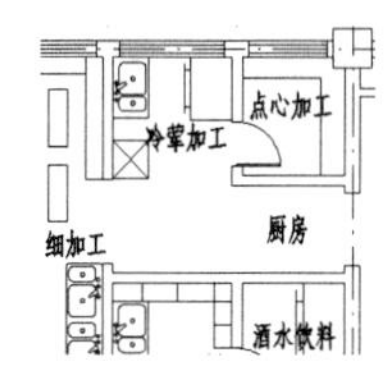

图 16-71　插入洗涤池

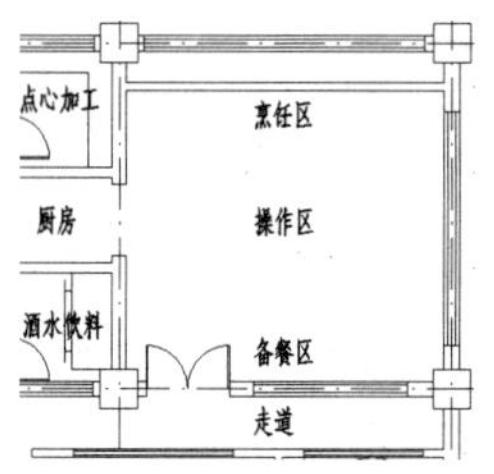

图 16-72　厨房操作间空间平面

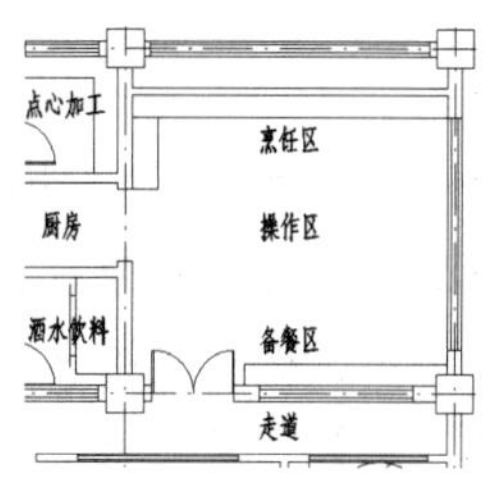

图 16-73　绘制烹饪灶台

（3）布置厨房操作台，如图 16-74 所示。

（4）布置厨房洗涤池，如图 16-75 所示。

（5）布置燃气灶，如图 16-76 所示。

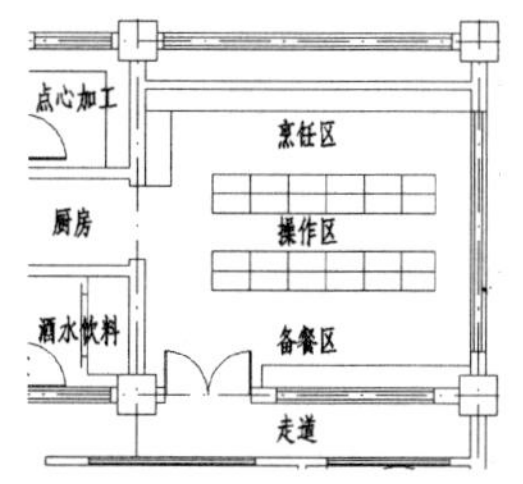

图 16-74　布置厨房操作台

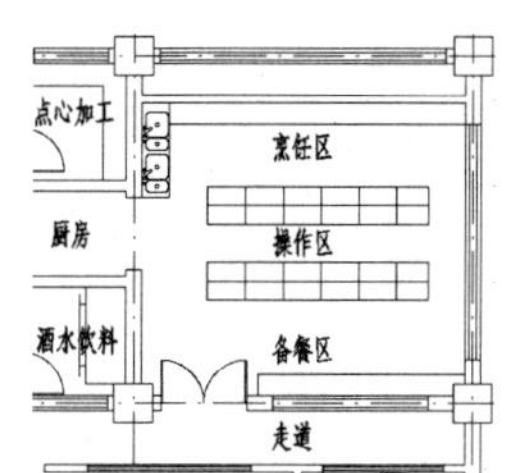

图 16-75　布置厨房洗涤池

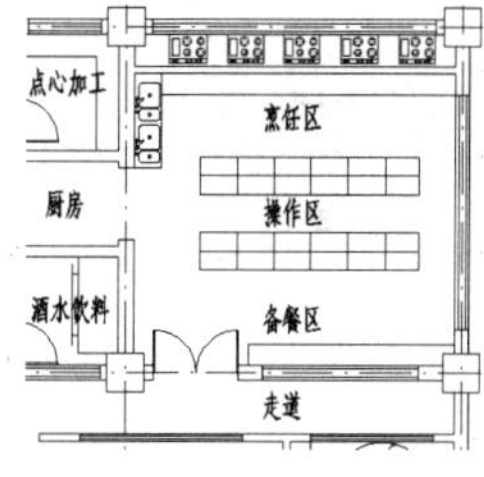

图 16-76　布置燃气灶

要点提示

厨房的门可设计成推拉门，这样可以最大限度地利用空间，相对于开放式厨房，油烟等也不会弥漫到其他区域。

（6）完成厨房的基本设施布置，如图 16-77 所示。

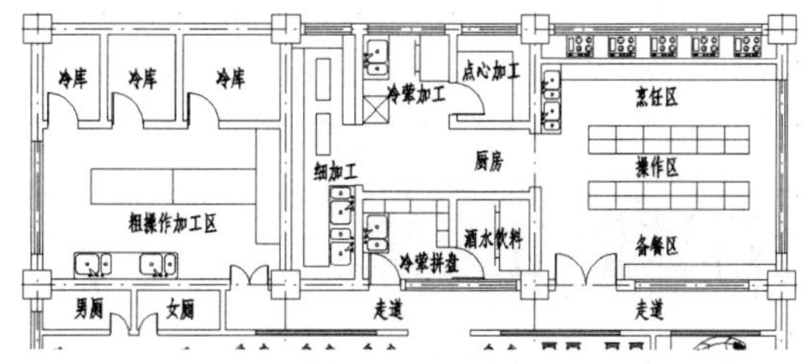

图 16-77　完成厨房的基本设施布置

16.3.4 布置餐厅卫生间

本节介绍布置餐厅卫生间平面图设计和布局安排。

【案例 16-8】 接上例，完成如图 16-1 所示餐厅卫生间平面图设计和布局安排。

1）重新设置图层。增加“装饰-卫生间”图层，并将其置为当前图层。

2）餐厅卫生间的空间平面图，如图 16-78 所示。

3）布置坐便器，如图 16-79 所示。

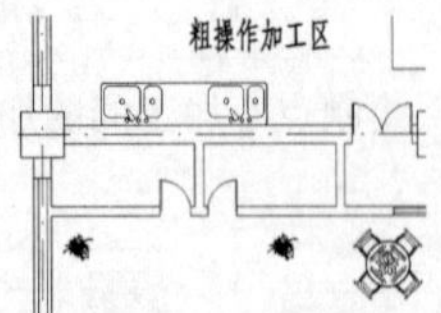

图 16-78 卫生间的空间平面图

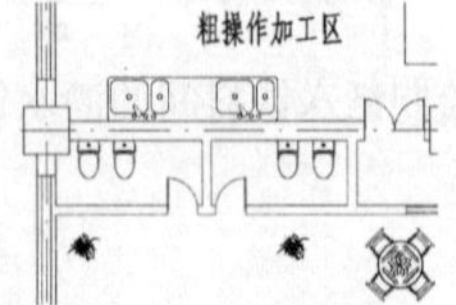

图 16-79 布置坐便器

4）布置小便池，如图 16-80 所示。

5）布置洗脸盆台面，如图 16-81 所示。

6）布置洗脸盆，如图 16-82 所示。

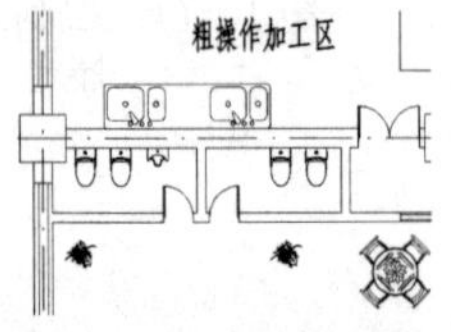

图 16-80 布置小便池

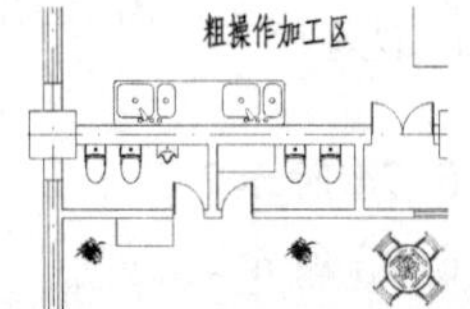

图 16-81 布置洗脸盆台面

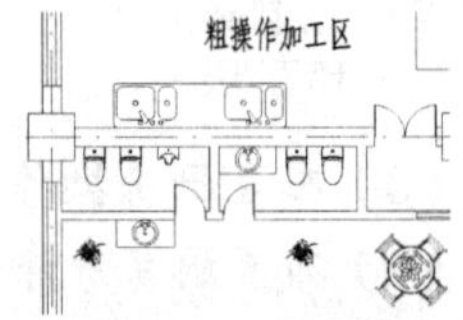

图 16-82 布置洗脸盆

7）完成后的室内装饰设计整体布置，如图 16-1 所示。

网络视频教学：绘制小餐厅室内设计平面图。

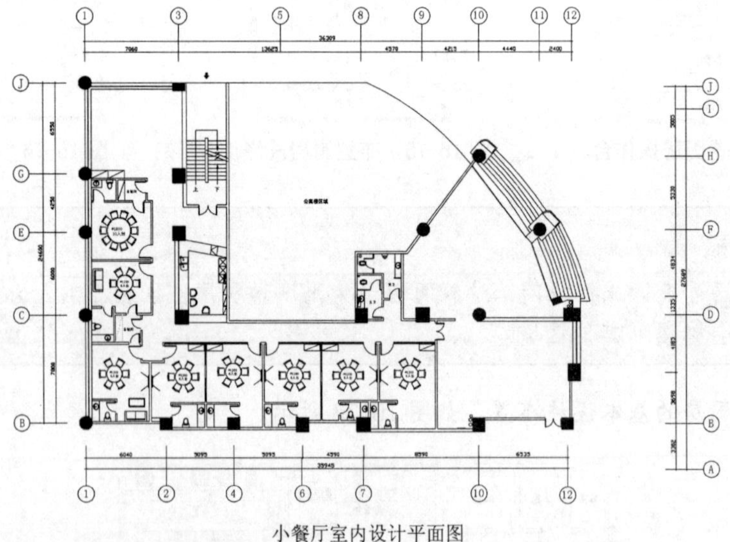

小餐厅室内设计平面图

16.4 绘制餐厅地面与天花

装修餐厅地面一定要注意使用容易清洁的材料，如瓷砖、大理石等。在餐厅天花设计中，一定要注意照明灯具的设计。餐厅中设计和安装的照明设备，一定要根据餐厅的内部装修具体情况来选择。

本节将详细介绍如图16-83和图16-84所示的餐厅地面和餐厅天花装修图的绘制方法及其技巧。

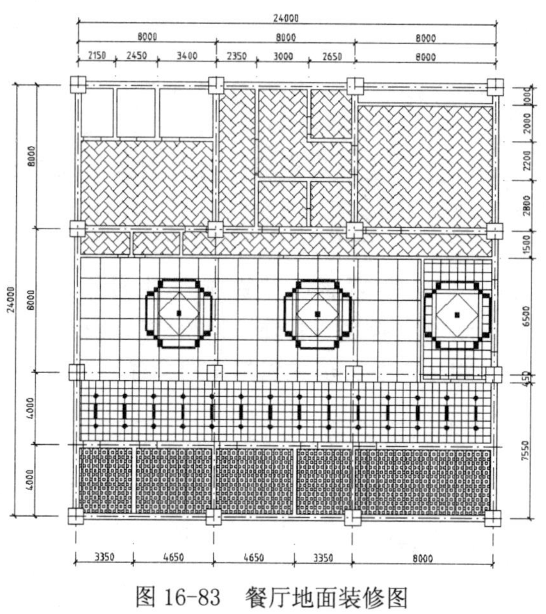

图16-83 餐厅地面装修图

要点提示

餐厅照明种类很多，有筒灯、射灯、彩光灯等，其中照明的色彩、亮度以及动感效果，都会对就餐环境、就餐气氛等产生重要作用。

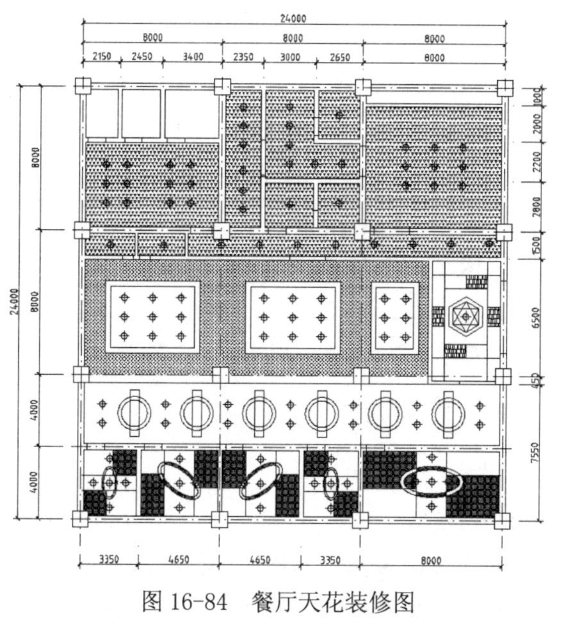

图16-84 餐厅天花装修图

16.4.1 绘制餐厅地面

本节详细介绍图 16-83 所示餐厅地面的布置。

【案例 16-9】 接上例，完成如图 16-83 所示餐厅地面的布置。

1）重新设置图层。增加“装饰-地面”图层，并将其置为当前图层。

2）绘制门厅拼花图案。

> **要点提示**
>
> 在门厅地面设计地面拼花图案可以增强门厅的效果。绘制材质地面分隔轮廓线时，应预留中间位置绘制地面图案。

（1）关闭“装饰-门厅”、“装饰-餐区”、“装饰-卫生间”、“建筑-门窗”等图层。

（2）为了绘制地面拼花方便，新建“装饰-门口补充”图层，并将其置为当前图层。

（3）执行 LINE、RECTANGLE 命令，填充图形中门口等，结果如图 16-85 所示。

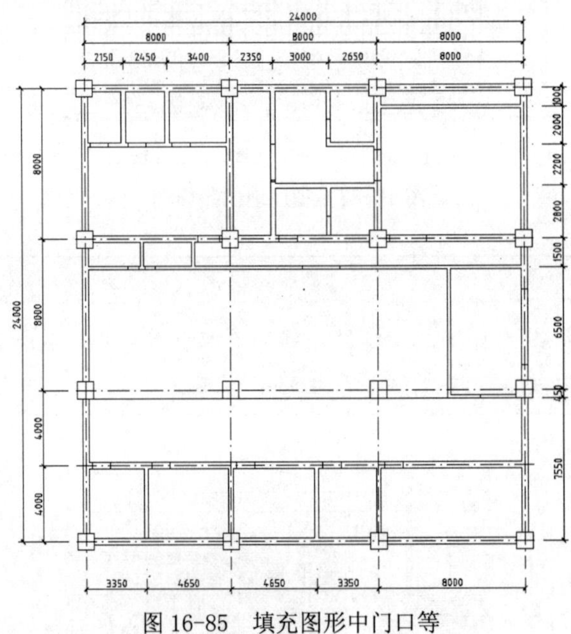

图 16-85 填充图形中门口等

（4）绘制地面网格线，如图 16-86 所示。

（5）绘制地面拼花，如图 16-87 所示。

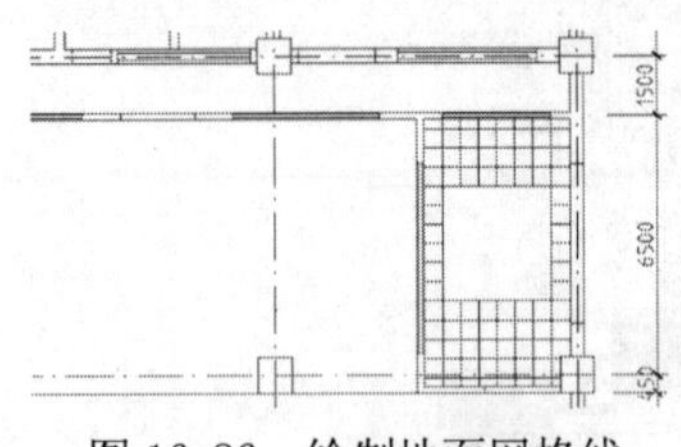

图 16-86 绘制地面网格线

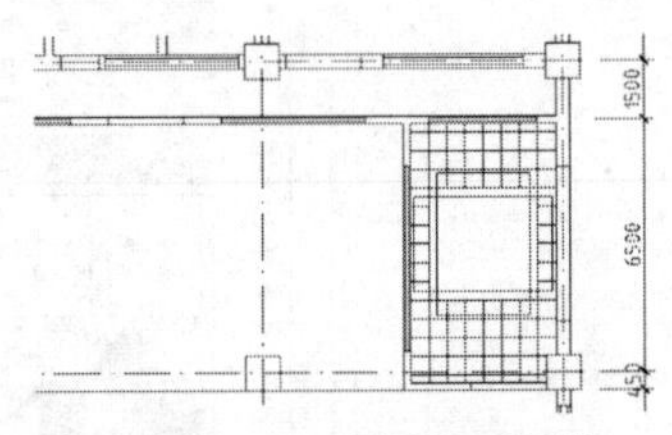

图 16-87 绘制地面拼花

（6）执行 POLYGON 命令，绘制菱形，如图 16-88 所示。

（7）执行 POLYGON 命令，绘制正方形，如图 16-89 所示。

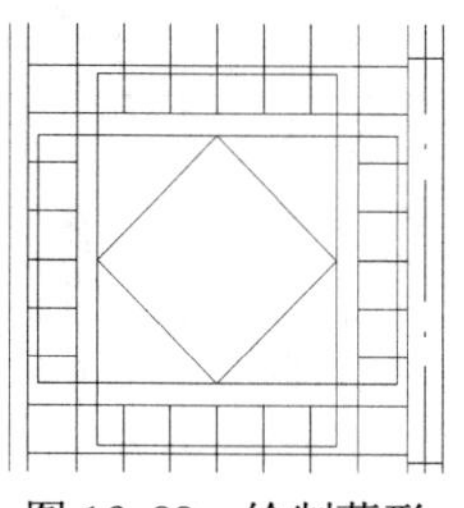
图 16-88 绘制菱形

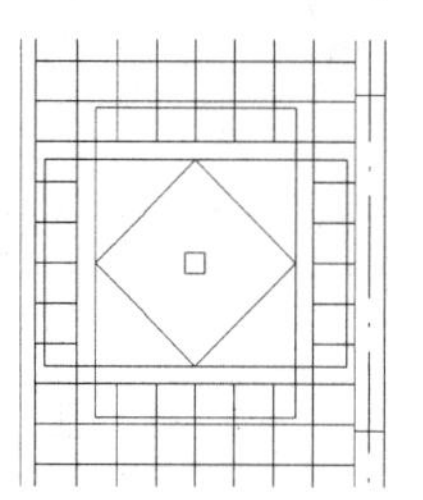
图 16-89 绘制正方形

（8）填充图案，如图 16-90 所示。

（9）完成地面拼花图，如图 16-91 所示。

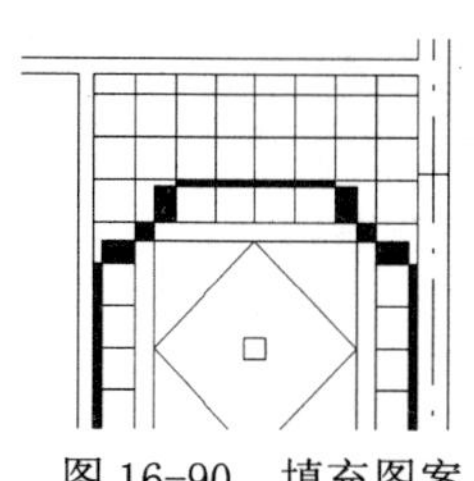
图 16-90 填充图案

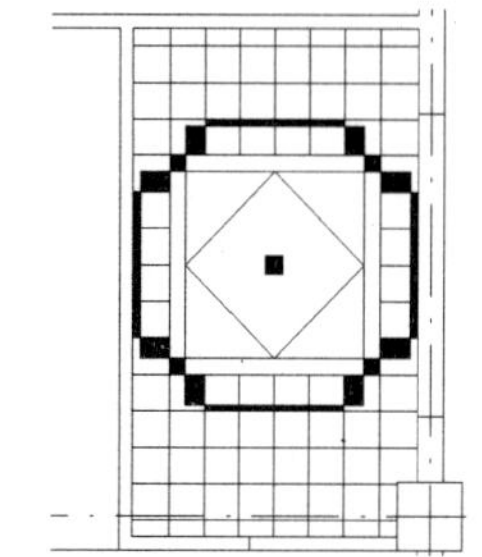
图 16-91 完成地面拼花图

3）绘制公共就餐区走道地面图案。

（1）执行 LINE 命令，绘制走道网格线，如图 16-92 所示。

（2）执行 POLYGON 命令，绘制菱形，如图 16-93 所示。

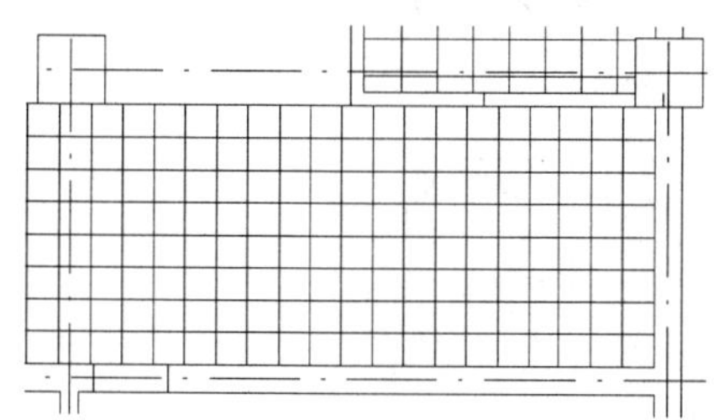
图 16-92 绘制走道网格线

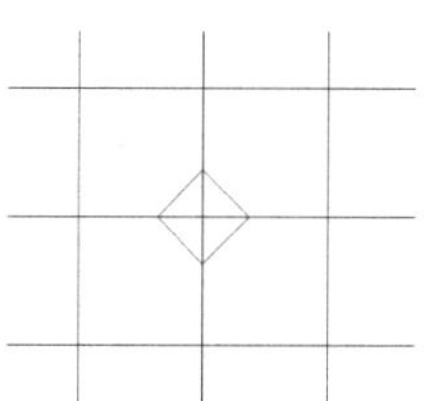
图 16-93 绘制菱形

（3）执行 RECTANGLE 命令，绘制矩形，结果如图 16-94 所示。

（4）执行 MIRROR 命令，镜像菱形，如图 16-95 所示。

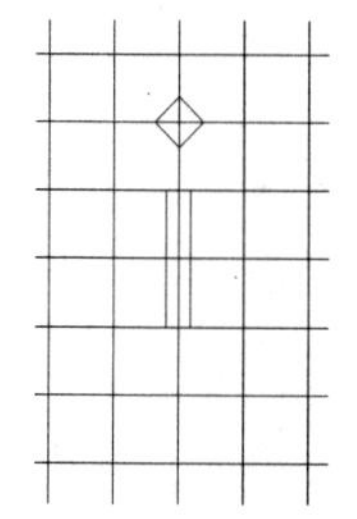
图 16-94 绘制矩形

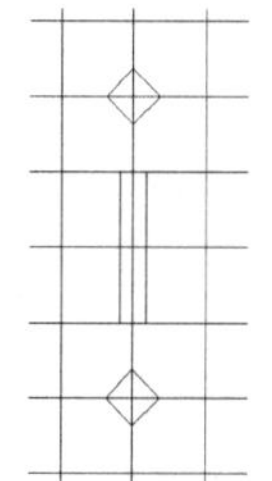
图 16-95 镜像菱形

（5）执行 COPY、TRIM 命令，编辑图形，如图 16-96 所示。

（6）执行 HATCH 命令，填充图形，如图 16-97 所示。

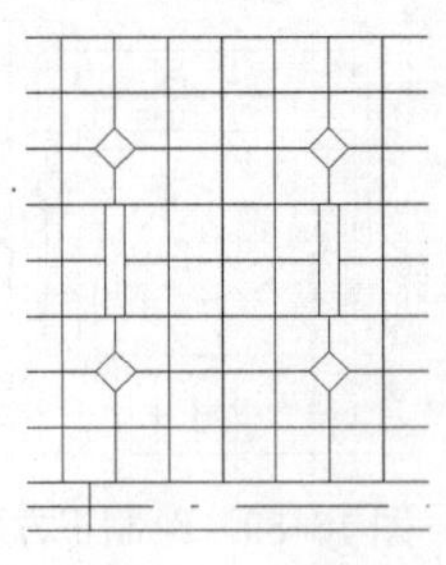

图 16-96　编辑图形

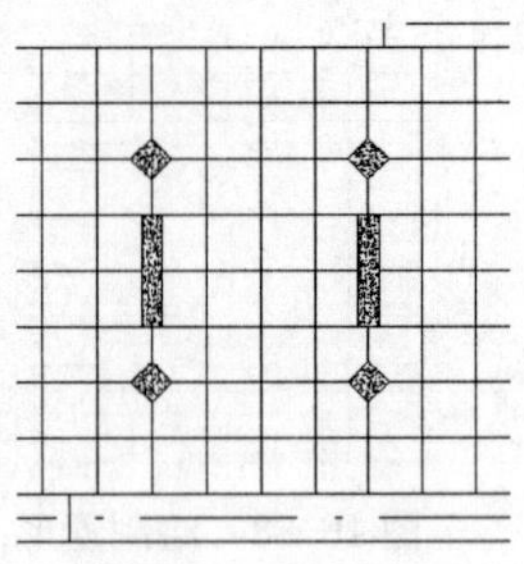

图 16-97　填充图形

（7）执行 COPY 命令，完成公共就餐区走道地面图案的绘制，如图 16-98 所示。

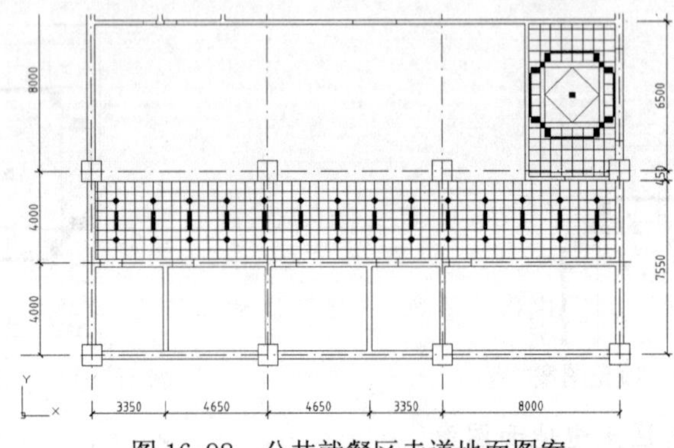

图 16-98　公共就餐区走道地面图案

4）绘制公共就餐区地面图案。

（1）执行 LINE 命令，绘制公共就餐区网格线，如图 16-99 所示。

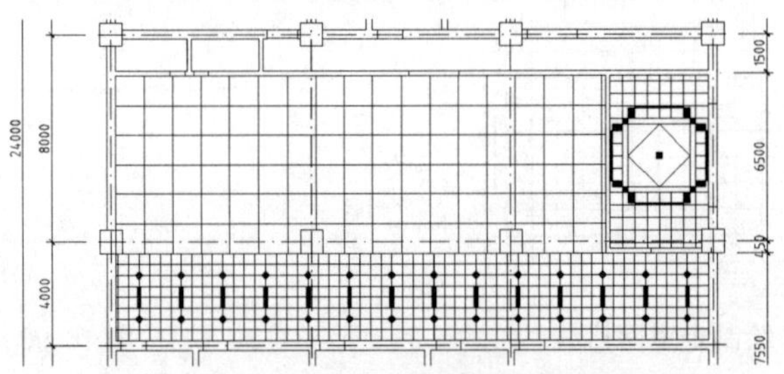

图 16-99　绘制公共就餐区网格线

（2）执行 COPY 等命令，复制拼花图案，如图 16-100 所示。

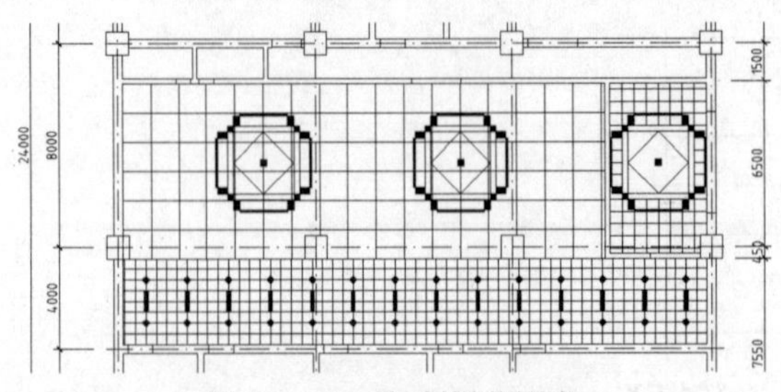

图 16-100　复制拼花图案

5）绘制走道、各厨房操作间地面地砖图案，如图 16-101 所示。

6）在包间内绘制地毯，如图 16-102 所示。

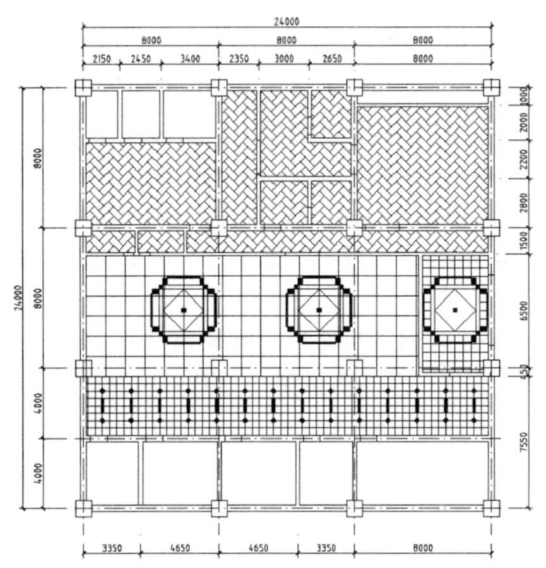

图 16-101　绘制走道、各厨房操作间地面地砖图案

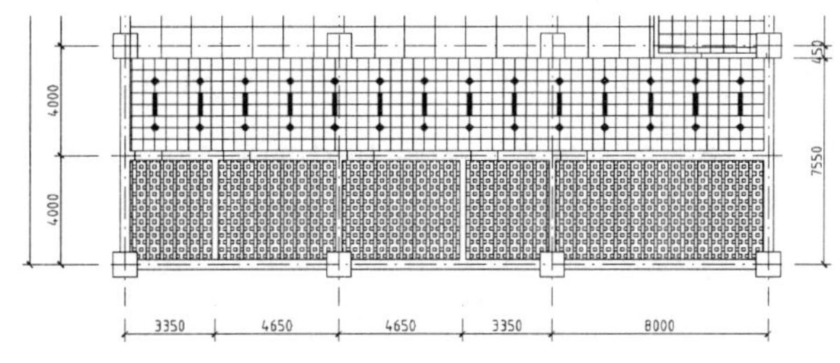

图 16-102　绘制地毯

7）最终完成餐厅地面装修材料的布置，结果如图 16-83 所示。

要点提示

对餐厅地面装修所采用的各种材料，应引出标注各种文字进行说明，这里为简单起见，从略。

网络视频教学：接上例，参考小餐厅平面布置，完成小餐厅的地面布置。

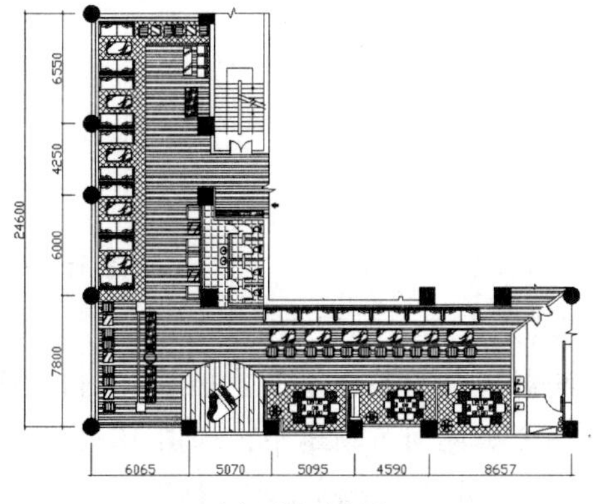

小餐厅地面布置

16.4.2 绘制餐厅天花平面

在进行餐厅天花绘制时，可在餐厅室外设置适当照明，这不但可以显示出餐厅的重要标识，而且能使餐厅提高档次，同时能让顾客更加注意餐厅，吸引更多顾客光顾。

本节详细介绍如图 16-84 所示餐厅天花平面的布置。

【案例 16-10】 接上例，完成如图 16-84 所示餐厅天花平面的布置。

1）重新设置图层。增加“装饰-天花”图层，并将其置为当前图层。

2）绘制餐厅入口门厅天花。

（1）执行 POLYGON 命令，绘制吊顶造型，如图 16-103 所示。

（2）执行 LINE 命令，完善门厅吊顶造型，如图 16-104 所示。

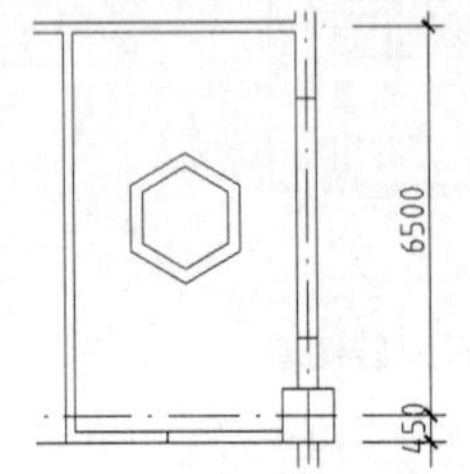

图 16-103 绘制吊顶造型

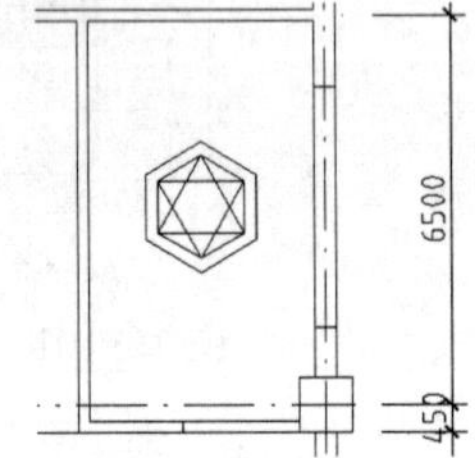

图 16-104 完善门厅吊顶造型

（3）执行 LINE 命令，绘制网格造型，如图 16-105 所示。

（4）执行 HATCH 命令，填充图形，如图 16-106 所示。

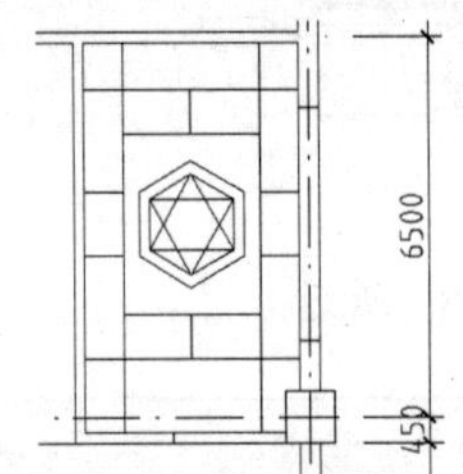

图 16-105 绘制网格造型

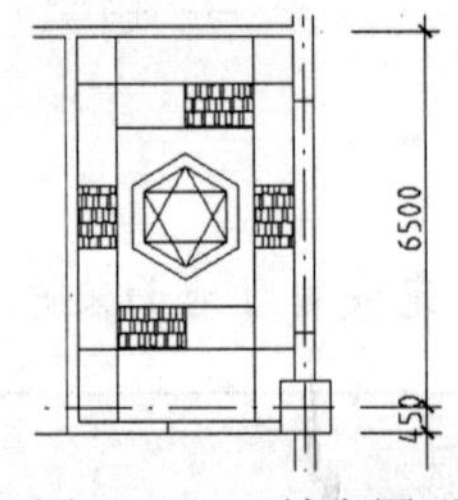

图 16-106 填充图形

3）绘制包间天花。

（1）绘制大包间吊顶造型，如图 16-107 所示。

（2）执行 LINE 命令，分隔大包间吊顶，如图 16-108 所示。

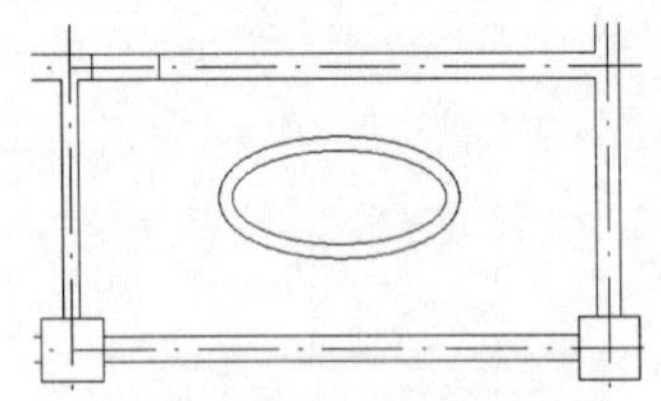

图 16-107 绘制大包间吊顶造型

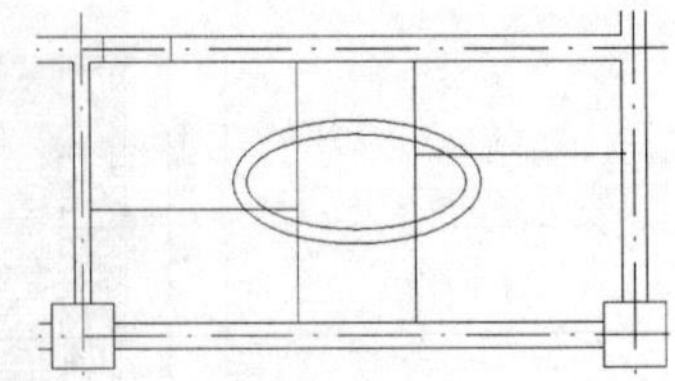

图 16-108 分隔大包间吊顶

（3）执行 HATCH 命令，填充图形，如图 16-109 所示。

（4）执行 LINE 命令，绘制小包间吊顶造型，如图 16-110 所示。

（5）执行 LINE 命令，细分小包间吊顶造型，如图 16-111 所示。

（6）执行 HATCH 命令，填充图形，如图 16-112 所示。

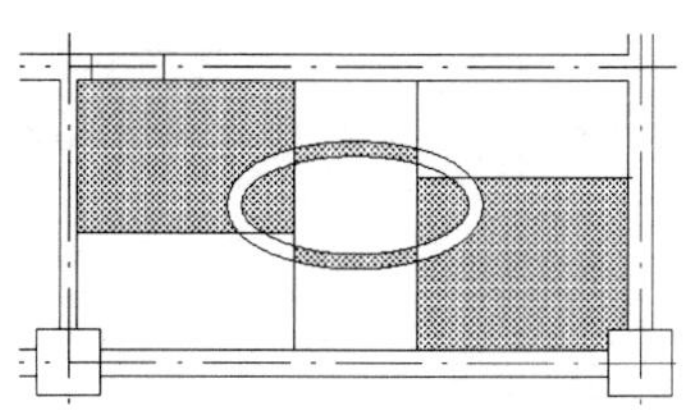
图 16-109　填充图形

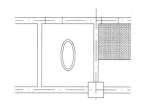

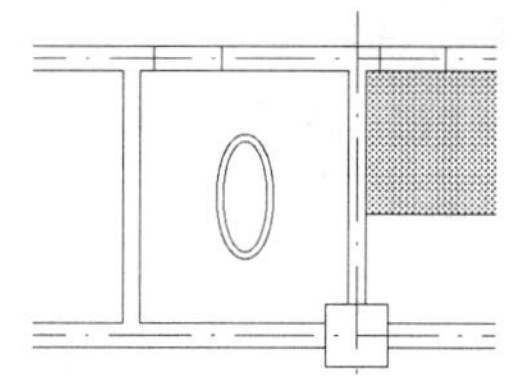
图 16-110　绘制小包间吊顶造型

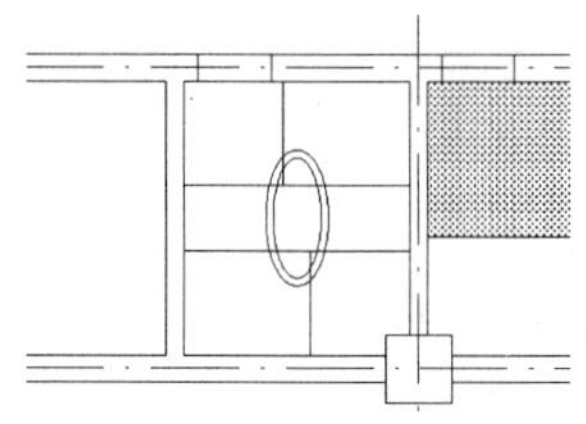
图 16-111　细分小包间吊顶造型

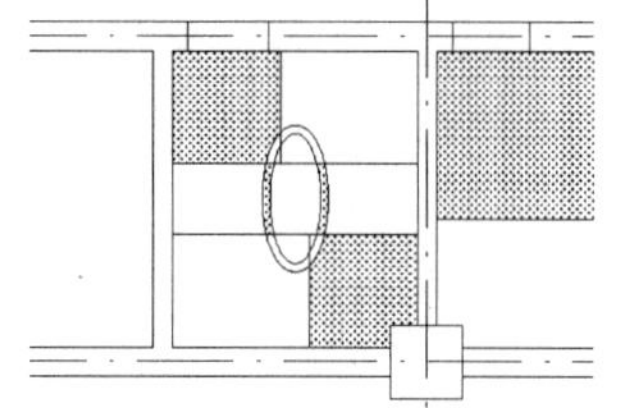
图 16-112　填充图形

（7）绘制中包间吊顶造型，如图 16-113 所示。

（8）执行 LINE 命令，细分中包间吊顶造型，如图 16-114 所示。

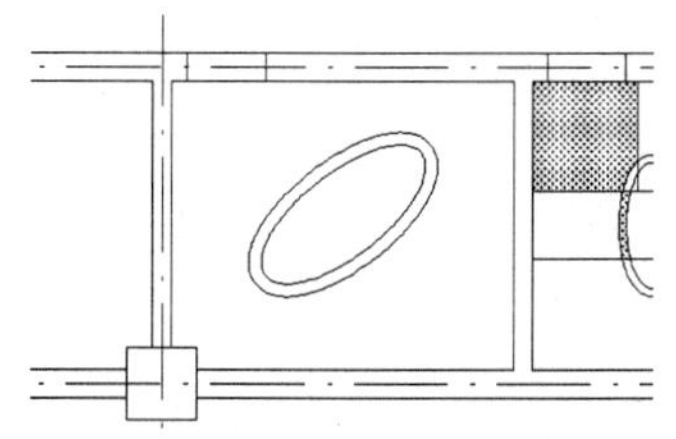
图 16-113　绘制中包间吊顶造型

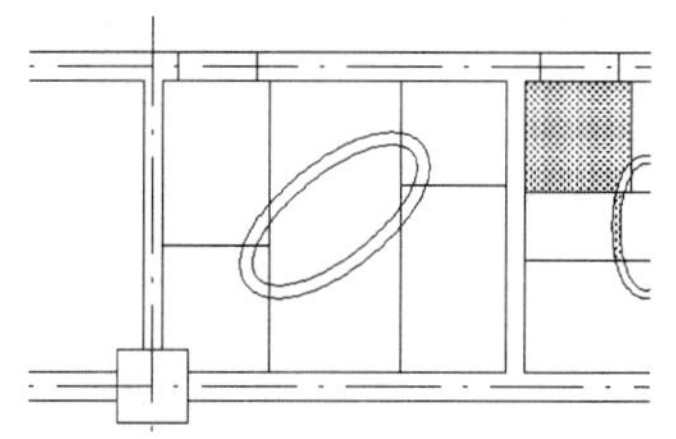
图 16-114　细分中包间吊顶造型

（9）执行 HATCH 命令，填充图形，如图 16-115 所示。

（10）执行 MIRROR 命令，绘制其他两个中、小包间吊顶造型，如图 16-116 所示。

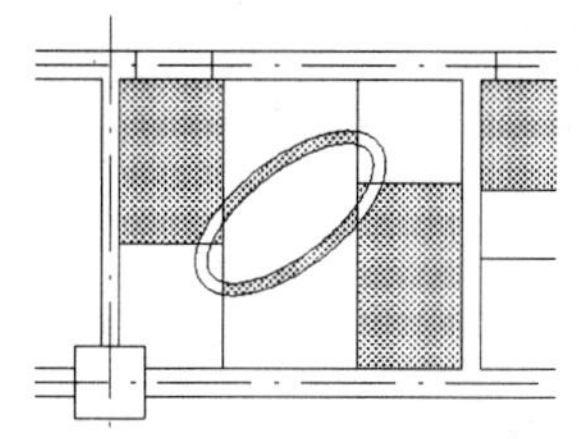
图 16-115　填充图形

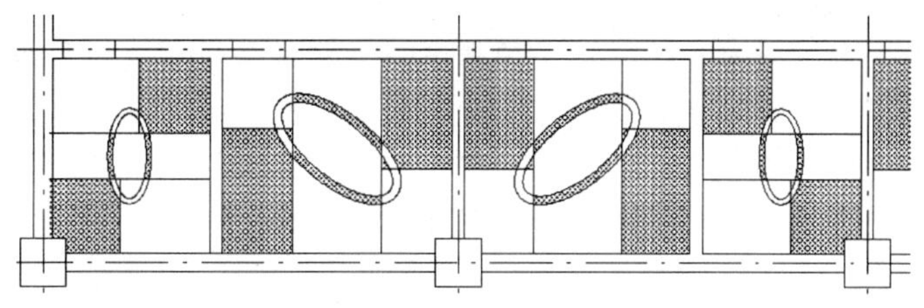
图 16-116　镜像图形

（11）点击最左边小包间的填充图案，如图 16-117 所示。

（12）拉伸其中左边的关键点，调整填充图案，结果如图 16-118 所示。

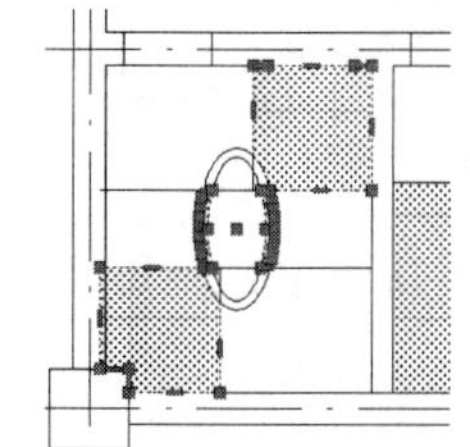
图 16-117　点击填充图案

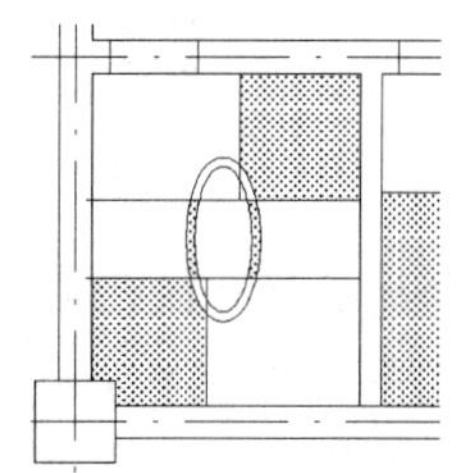
图 16-118　调整填充图案

4）绘制公共就餐区天花。

（1）执行RECTANGLE、OFFSET命令，绘制公共就餐区的走道吊顶造型设计，如图16-119所示。

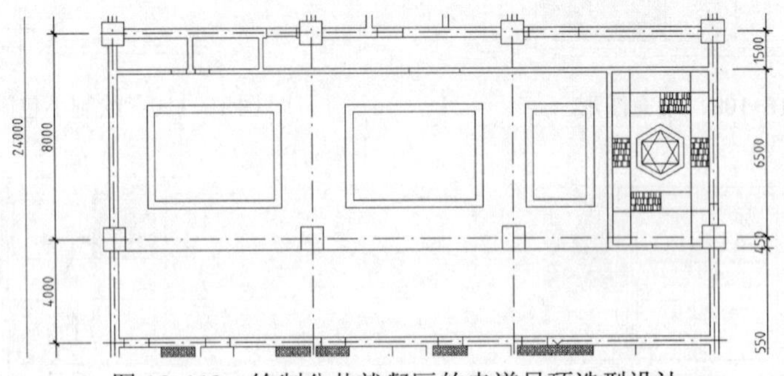

图16-119　绘制公共就餐区的走道吊顶造型设计

（2）执行HATCH命令，填充公共就餐区的大型吊顶造型，如图16-120所示。

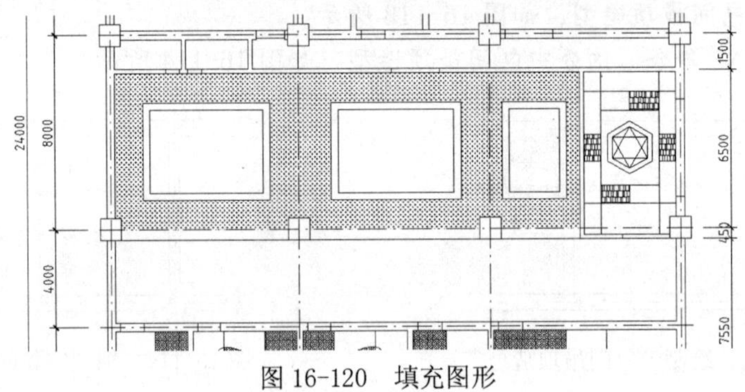

图16-120　填充图形

要点提示

公共就餐区的走道吊顶造型设计特点是空间大。厨房操作区及走道吊顶造型一般均采用矿棉板造型。

（3）绘制公共就餐区走道吊顶造型设计，如图16-121所示。

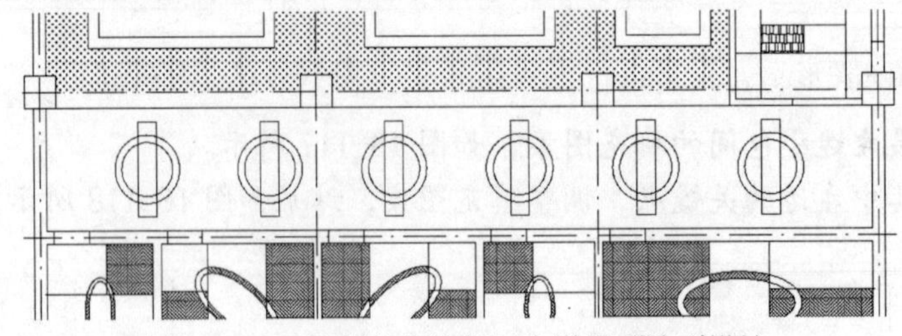

图16-121　绘制公共就餐区走道吊顶造型设计

5）绘制厨房操作区天花，绘制厨房操作区域及走道吊顶造型，如图16-122所示。

6）布置吊顶造型灯，如图16-123所示。

7）布置其他矿棉板吊顶照明灯，如图16-124所示。

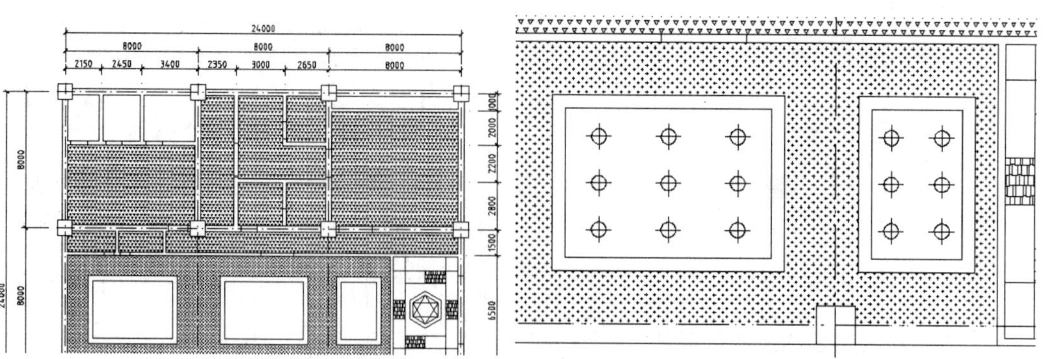

图 16-122 绘制厨房操作区天花　　图 16-123 布置吊顶造型灯

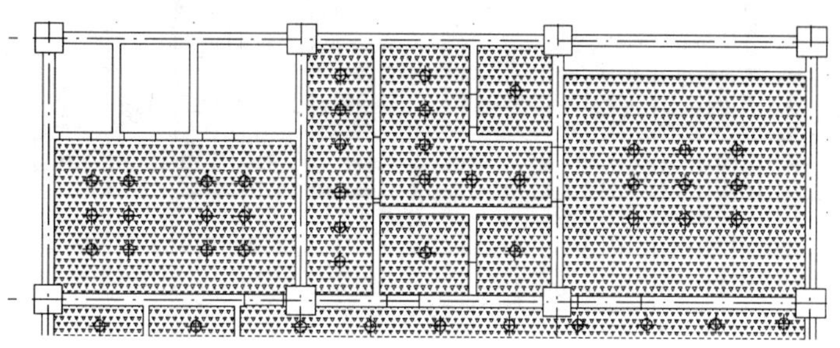

图 16-124 布置其他灯具

8）完成餐厅吊顶的绘制。

一般来说，根据做法使用折线引出，并标出相应的说明文字，这里从略。最终结果如图 16-84 所示。

网络视频教学：接上例，参考小餐厅平面布置，完成小餐厅天花布置。

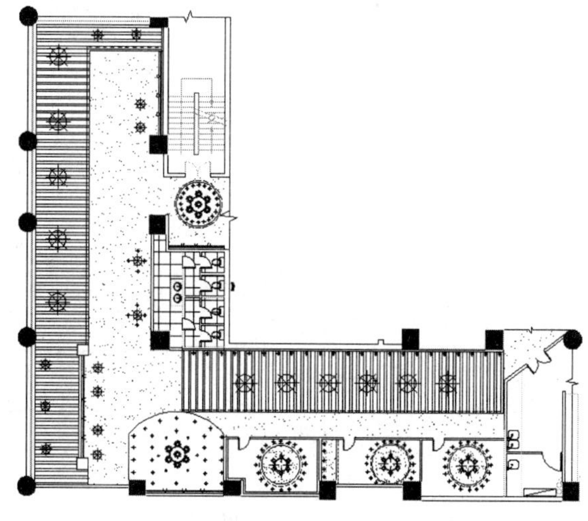

小餐厅天花布置

16.5 习题

1．绘制餐厅的建筑平面图，并进行室内设计，参考结果如图 16-125 所示。

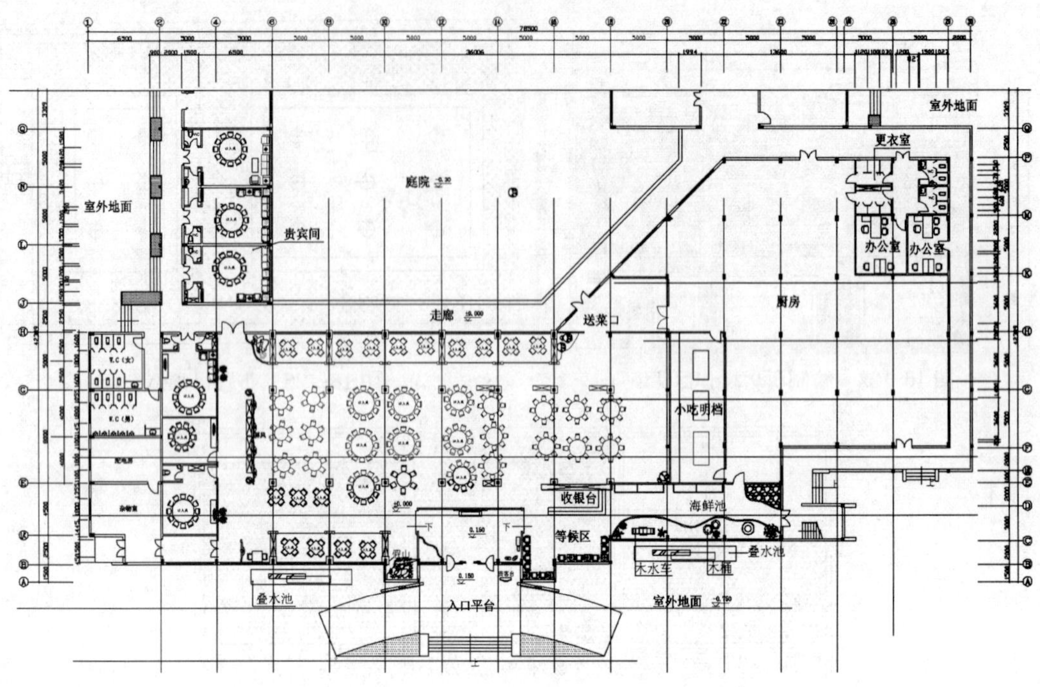

图 16-125　餐厅室内设计图

2. 绘制餐厅天花平面图，参考结果如图 16-126 所示。

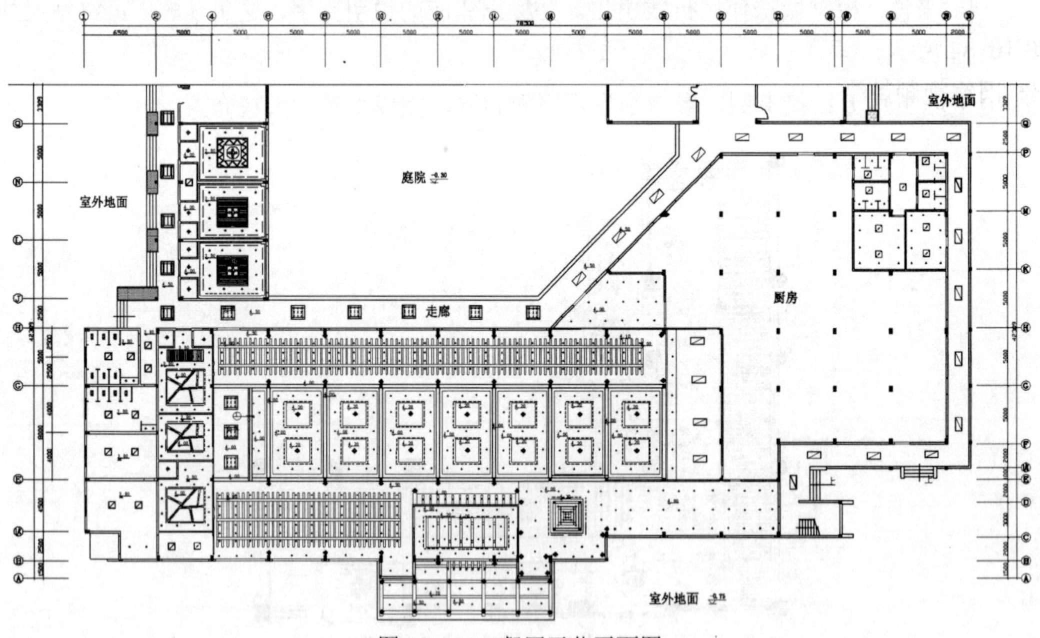

图 16-126　餐厅天花平面图

第17章

办公空间室内装饰设计

通过本章的学习，读者可以掌握一般办公室各建筑空间建筑平面图、室内装饰设计平面图、立面装修图的设计思路、绘制方法、绘制技巧与绘制步骤。

【学习目标】

☑ 办公室各建筑空间平面图中的墙体、门窗等图形绘制和标注。

☑ 办公室空间中前厅、办公室、会议室等装修设计和家具布局方法。

☑ 卫生间隔断等装修布局方法。

☑ 办公室空间部分立面装修图设计要点。

☑ 办公空间室内吊顶与地面设计方法。

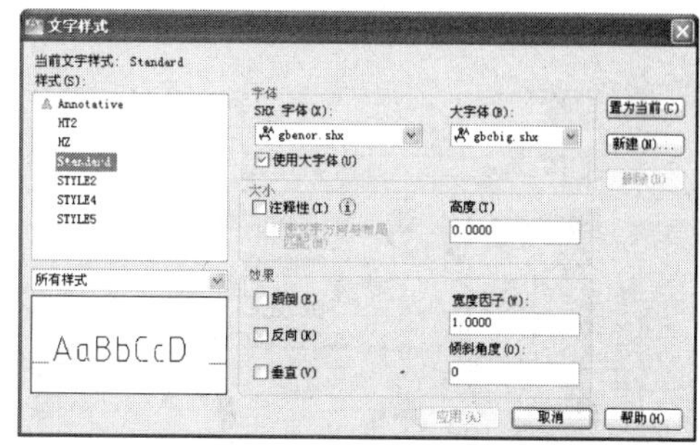

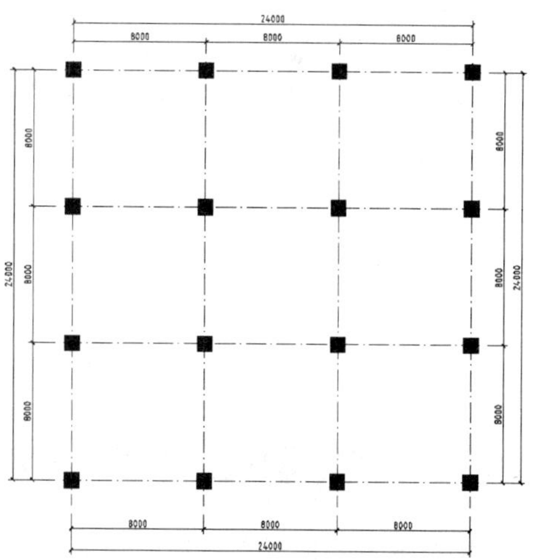

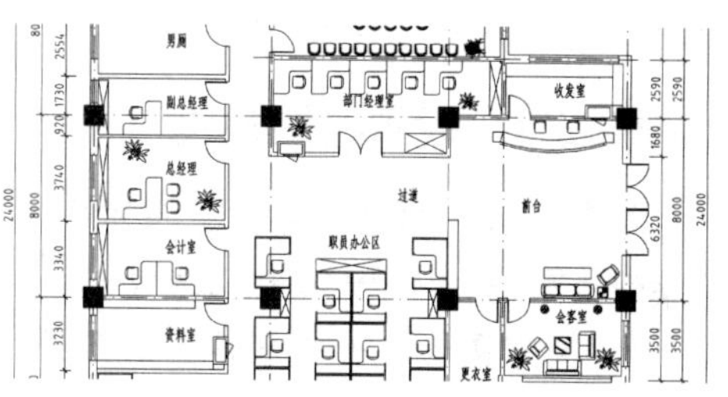

17.1 设计思路

本章主要讲述办公室的室内设计平面图及其绘制。通过如图 17-1 所示办公室的室内装饰设计平面图的绘制，具体讲述办公室的室内设计思路及相关装饰图的绘制方法与技巧。

办公室种类繁多，我国机关、学校、企业的办公室现多采用隔断设计，其应考虑的因素大致有以下几个：

- 个人空间与集体空间系统的便利化。
- 办公环境给人的心理满足。
- 提高工作效率。
- 办公自动化。
- 从功能出发考虑空间划分的合理性。
- 导入口的整体形象的完美程度。

在绘制办公室的室内装修设计图之前，要先绘制办公室室内建筑平面图，如图 17-2 所示。

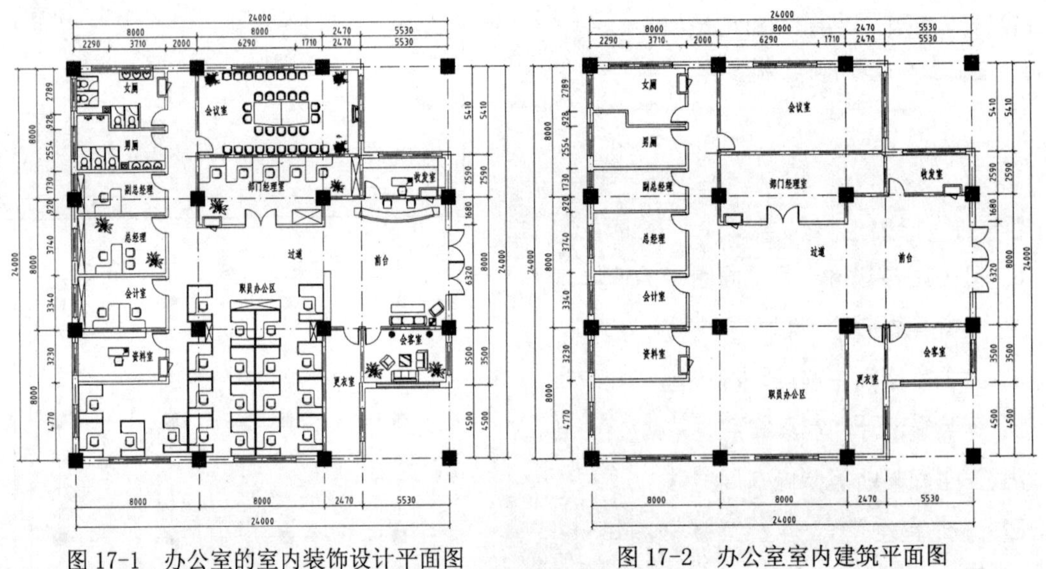

图 17-1　办公室的室内装饰设计平面图　　图 17-2　办公室室内建筑平面图

17.2 绘制办公室室内建筑平面图

本节通过实例具体讲述办公室室内建筑平面图的绘图过程。具体内容包括：设置绘图环境、绘制办公室墙体、绘制办公室门窗、绘制消火栓箱等辅助空间。

17.2.1 设置绘图环境

本节先介绍办公室室内建筑平面图的绘图环境的设置。

【案例 17-1】 设置如图 17-2 所示的办公室室内建筑平面图的绘图环境。

1）新建图形，并将新建图形另存为“办公室建筑平面图”。

2）创建并设置图层，结果如图 17-3 所示。

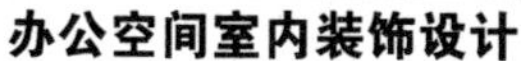

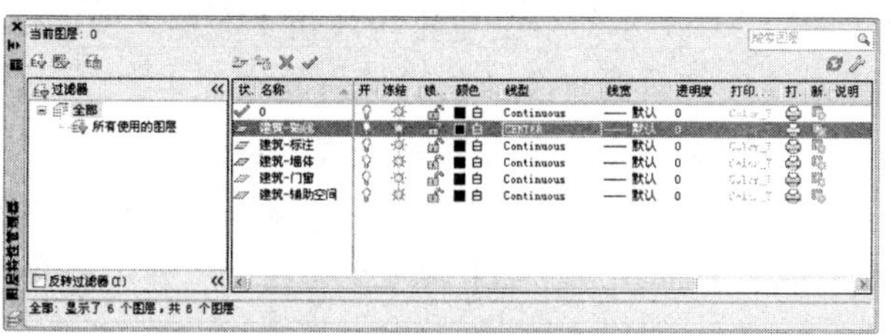

图 17-3　创建并设置图层

要点提示

当创建不同种类的对象时，应切换到相应的图层。如果初始创建图层时有不妥的地方，可在以后的绘图过程中进行调整。

3）根据图形大小，设置绘图区域大小为 30 000×30 000。在命令行输入命令，AutoCAD 提示如下。

```
命令: LIMITS                                            //在命令行输入命令
重新设置模型空间界限:
指定左下角点或 [开(ON)/关(OFF)] <0.0000,0.0000>:       //按ENTER键
指定右上角点 <420.0000,297.0000>: 30000,30000          //指定右上角坐标
命令: z                                                 //输入命令
ZOOM
指定窗口的角点，输入比例因子 (nX 或 nXP)，或者[全部(A)/中心(C)/动态(D)/范围
(E)/上一个(P)/比例(S)/窗口(W)/对象(O)] <实时>: a        //选择“全部(A)”选项
正在重生成模型。
```

4）设置文字标注字体。字体为“仿宋体”，宽度因子为“0.7”。

5）设置尺寸标注字体。字体为“gbenor.shx”的大字体“gbcbig.shx”，宽度因子为“1.0”，如图 17-4 所示。

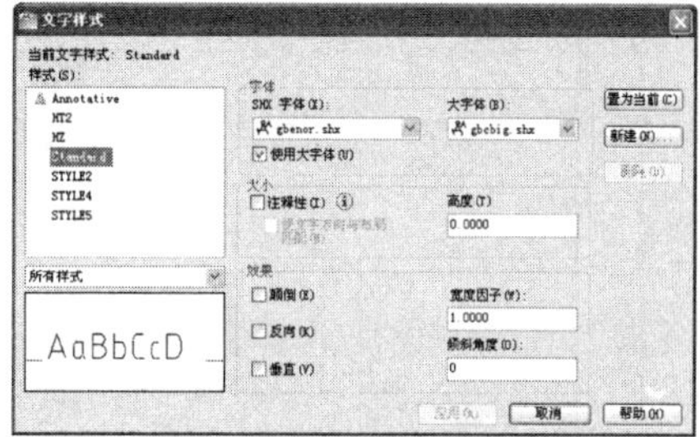

图 17-4　设置尺寸标注字体

6）设置标注样式。创建一个尺寸样式，名称为“工程标注”，对该样式进行以下设置：

① 在【线】选项卡中的【尺寸界线】选项中，将超出尺寸线设为“160”，起点偏移量设为“500”。

② 在【符号和箭头】选项卡中的【箭头】选项中，将箭头设为“建筑标记”，其大小为“200”。

③ 在【文字】选项卡中的【文字外观】选项中，将文字样式设为“Standard”，文字高度设为“300”。在【文字位置】选项中，将尺寸线偏移设为“50”。

④ 使“工程标注”成为当前样式。

7）激活极轴追踪、对象捕捉及自动追踪等功能。设置极轴追踪角度增量为 90°，设置对象捕捉方式为端点、交点，设置仅沿正交方向进行自动追踪。

17.2.2　绘制办公室墙体

本节将介绍办公室室内建筑平面图墙体的绘制。

【案例 17-2】 绘制如图 17-2 所示的办公室室内建筑平面图中的墙体。

1）绘制办公室室内建筑平面图中各功能房间的轴线。

（1）设置图层。将“建筑-轴线”图层置为当前图层。

（2）执行 LINE 命令，创建办公室建筑平面的墙体轴线，右键单击该轴线，在弹出的菜单中选择【特性】选项，打开【特性】对话框，在【常规】选项中，线型比例设为“100”，如图 17-5 所示。

（3）根据办公室各个房间的开间或进深大小，创建相应位置的轴线，如图 17-6 所示。

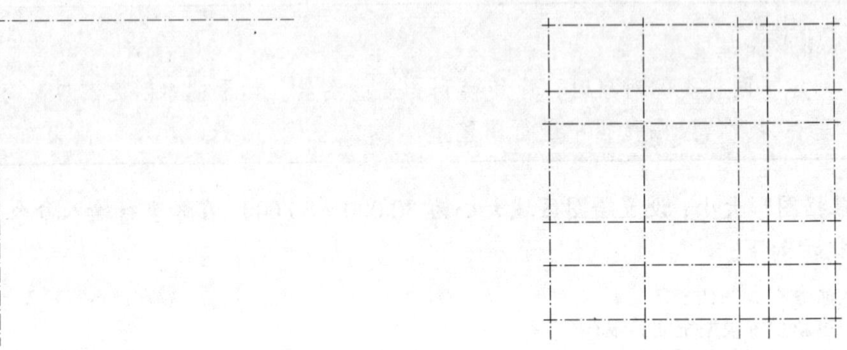

图 17-5 创建办公室建筑轴线

图 17-6 创建相应位置的轴线

2）标注轴线尺寸。

（1）设置图层。将“建筑-标注”图层置为当前图层。

（2）执行 DIMLINER、DIMCONTINUE 命令，标注轴线尺寸，结果如图 17-7 所示。

（3）用同样的方式标注其他尺寸，结果如图 17-8 所示。

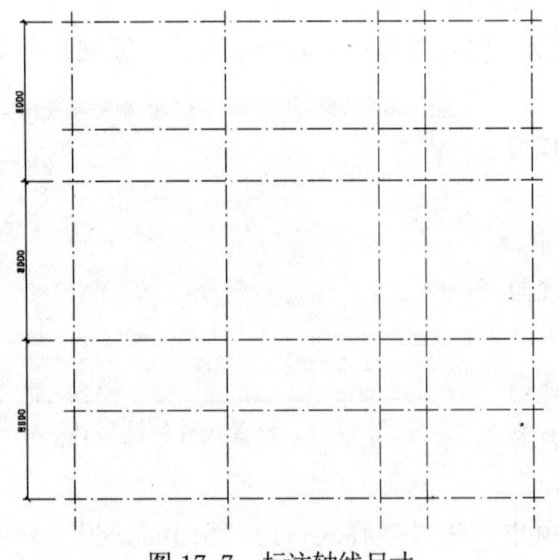

图 17-7 标注轴线尺寸

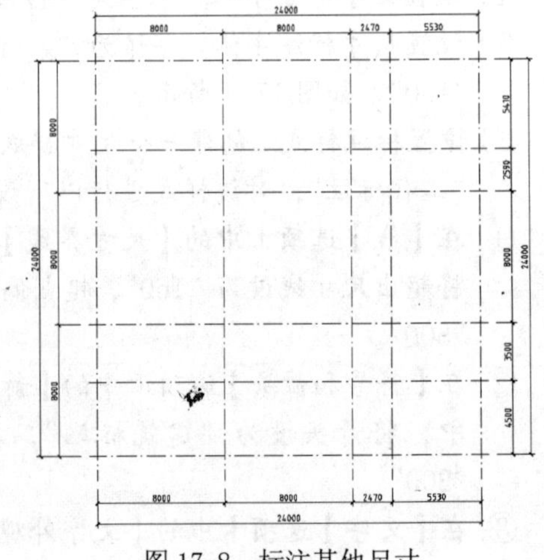

图 17-8 标注其他尺寸

3）绘制柱子。

（1）重新设置图层。增加“建筑-柱子”图层，并将其置为当前图层。

（2）执行 POLYGIN 命令，创建边长为 900mm 的正方形柱子，如图 17-9 所示。

（3）重新设置图层。增加“建筑-填充线”图层，并将其置为当前图层。

（4）执行 HATCH 命令，实体填充柱子，如图 17-10 所示。

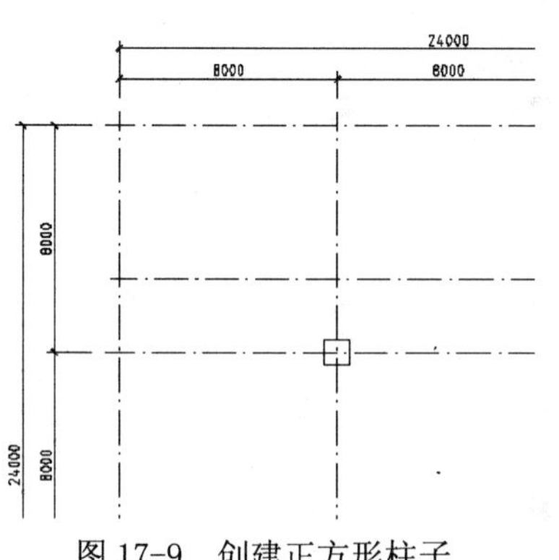

图 17-9　创建正方形柱子

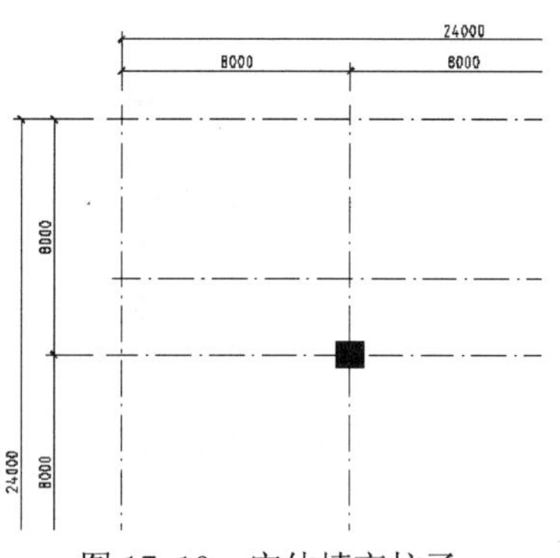

图 17-10　实体填充柱子

（5）执行 COPY 命令，复制柱子，进行柱网布局，如图 17-11 所示。

（6）完成柱网布局，如图 17-12 所示。

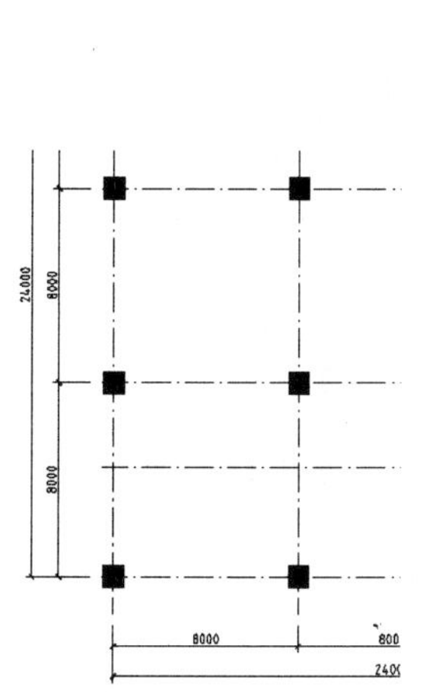

图 17-11　进行柱网布局

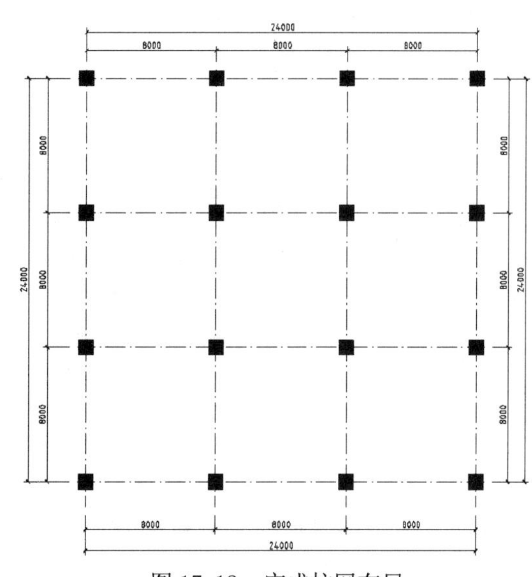

图 17-12　完成柱网布局

4）绘制墙体。

（1）设置图层。将“建筑-墙体”图层置为当前图层。

（2）执行 MLINE 命令创建办公室平面墙体，如图 17-13 所示。

要点提示

办公室墙体厚度设定：外墙为 360mm，内墙为 240mm，隔墙为 120mm。可根据实际的具体情况而定。

（3）用同样的方式绘制其他墙体轮廓线，如图 17-14 所示。

要点提示

编辑多线时，要先调整多线比例，将绘制的多线调整到合适的宽度后，再利用 MLEDIT 命令，对多线进行编辑操作。

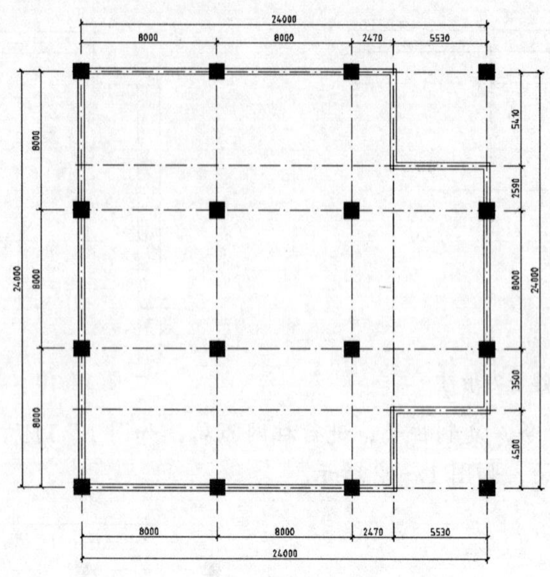

图 17-13　创建办公室平面墙体

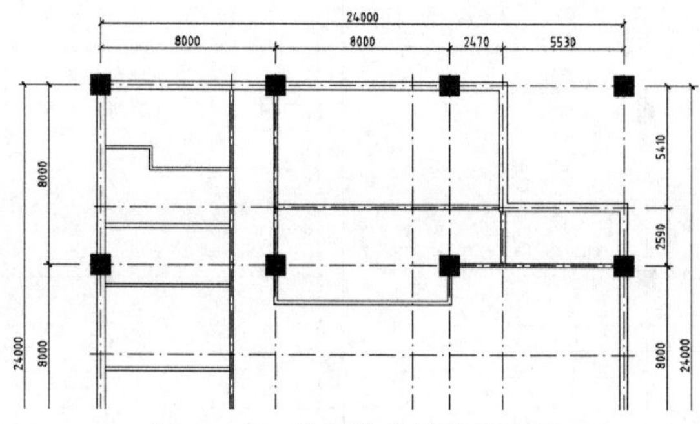

图 17-14　绘制其他墙体轮廓线

（4）绘制办公室内部房间的隔墙薄墙体，如图 17-15 所示。

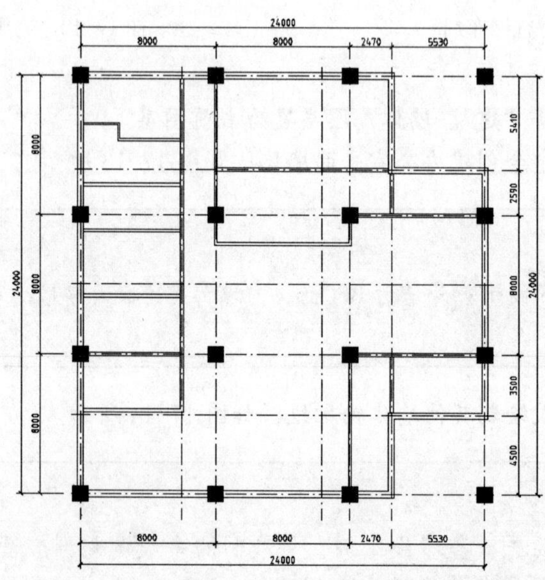

图 17-15　绘制办公室内部房间的隔墙薄墙体

（5）执行 MLEDIT 命令，打开【多线编辑工具】对话框，如图 17-16 所示。选择“T 形打开”对多线进行编辑。

（6）编辑多线，结果如图 17-17 所示。

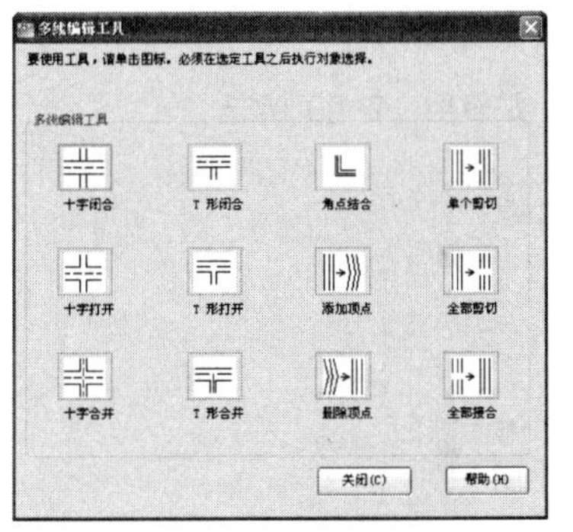

图 17-16 【多线编辑工具】对话框

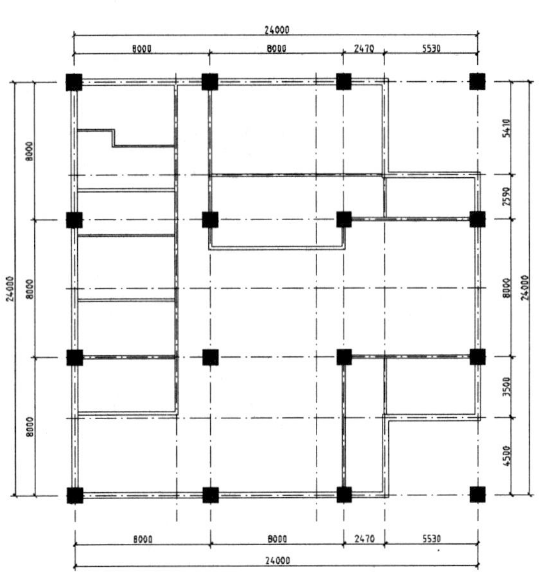

图 17-17　编辑多线

（7）将“建筑-标注”图层置为当前图层。

（8）标注隔墙位置尺寸，如图 17-18 所示。

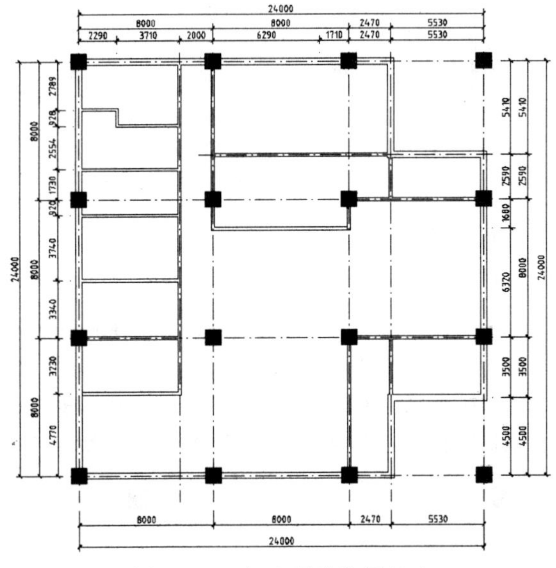

图 17-18　标注隔墙位置尺寸

要点提示

标注隔墙尺寸时，可以先利用 OFFSET 命令偏移墙体轴线绘制辅助线，等标注完成后再删除。

（9）对办公室进行功能房间安排，并标注说明文字，如图 17-19 所示。

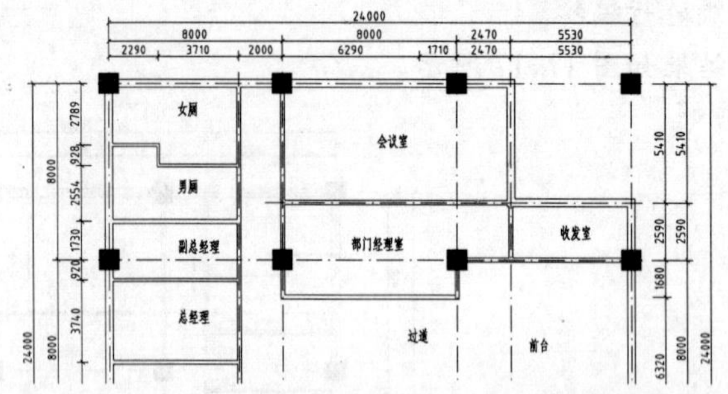

图 17-19　进行房间功能安排，并标注说明文字

（10）完成办公室建筑墙体平面绘制，保存图形，结果如图 17-20 所示。

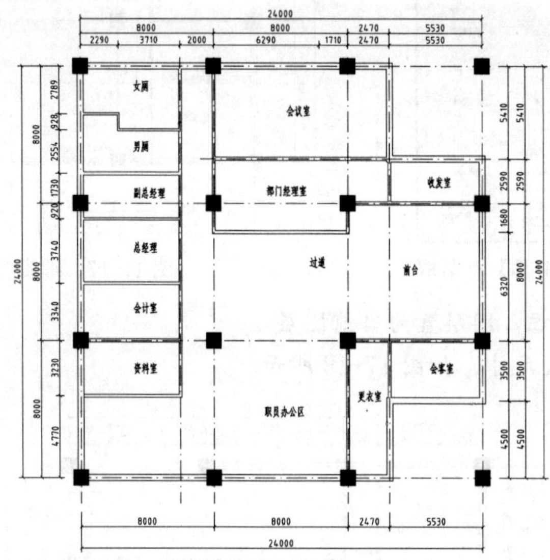

图 17-20　完成办公室建筑墙体平面绘制

17.2.3　绘制办公室门窗

本节将介绍办公室室内建筑平面图中门窗的绘制。

【案例 17-3】　绘制如图 17-2 所示的办公室室内建筑平面图中的门窗。

1）设置图层。将“建筑-门窗”图层置为当前图层。

2）执行 LINE 命令，绘制线段，确定前台入口大门宽度，如图 17-21 所示。

3）执行 TRIM 命令，修剪图形，形成门洞，如图 17-22 所示。

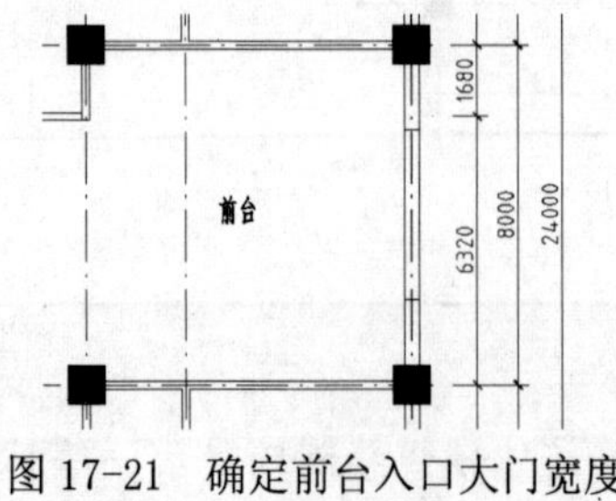

图 17-21　确定前台入口大门宽度

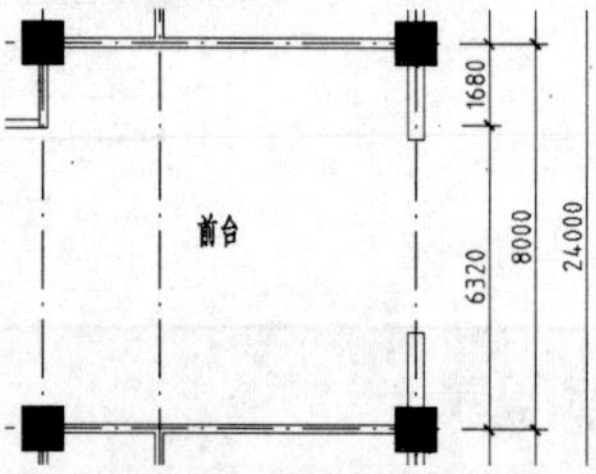

图 17-22　形成门洞

4）执行 LINE、TRIM 等命令，绘制门扇造型，如图 17-23 所示。

5）执行 MIRROR 命令，得到双扇门造型，如图 17-24 所示。

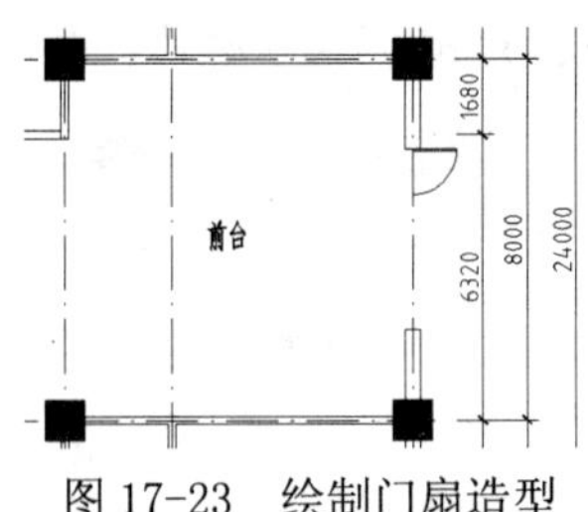

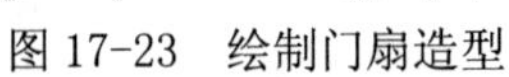

图 17-23　绘制门扇造型

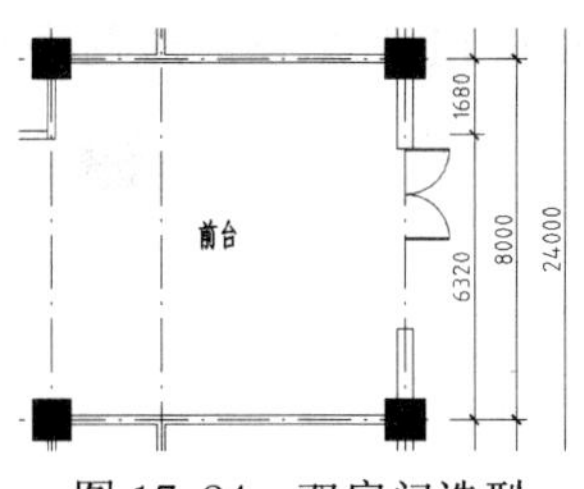

图 17-24　双扇门造型

6）再次执行 MIRROR 命令，得到两个双扇门造型，如图 17-25 所示。

7）执行 COPY、MIRROR 等命令，绘制其他门，如图 17-26 所示。

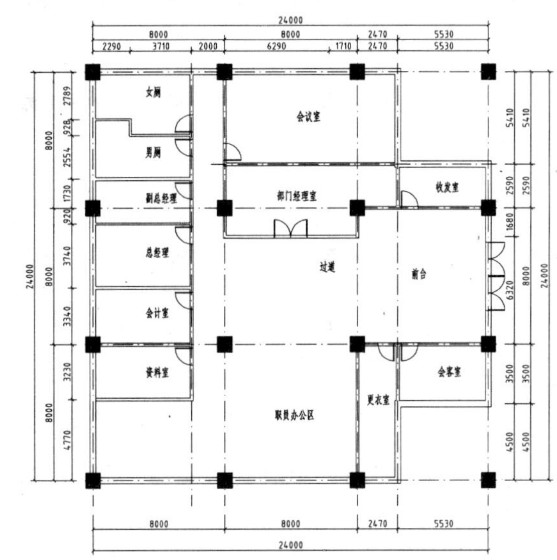

图 17-25　两个双扇门造型

图 17-26　绘制其他门

8）执行 TRIM 命令，形成门洞，如图 17-27 所示。

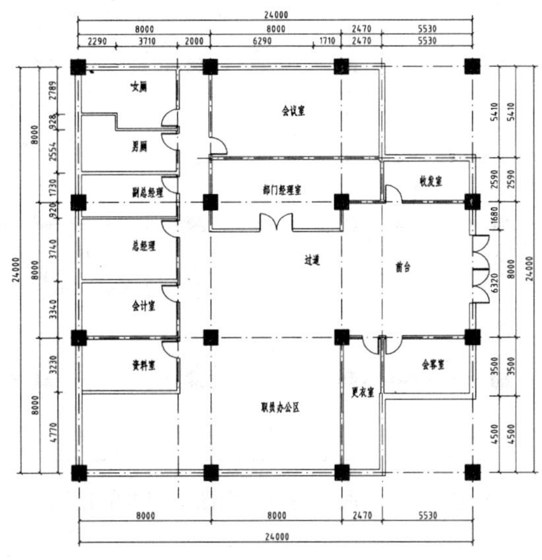

图 17-27　形成门洞

9）创建窗户的造型。执行 LINE 命令，绘制两段互相平行的短线，如图 17-28 所示。

10）执行 LINE 命令，绘制平行线段，得到窗户造型，如图 17-29 所示。

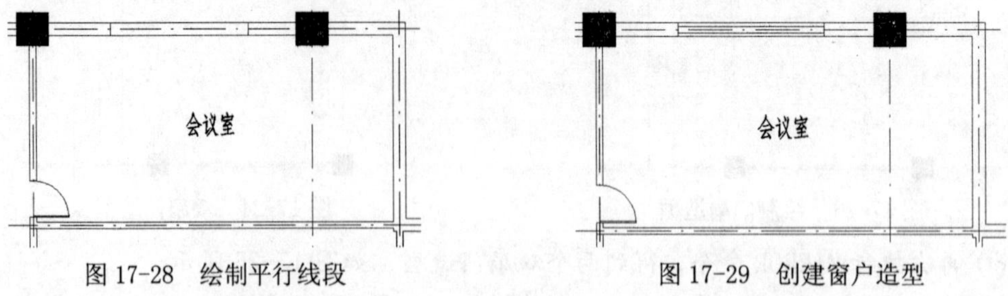

图 17-28　绘制平行线段　　　　图 17-29　创建窗户造型

11）执行 COPY、STRETCH 命令，绘制办公室其他窗户，如图 17-30 所示。

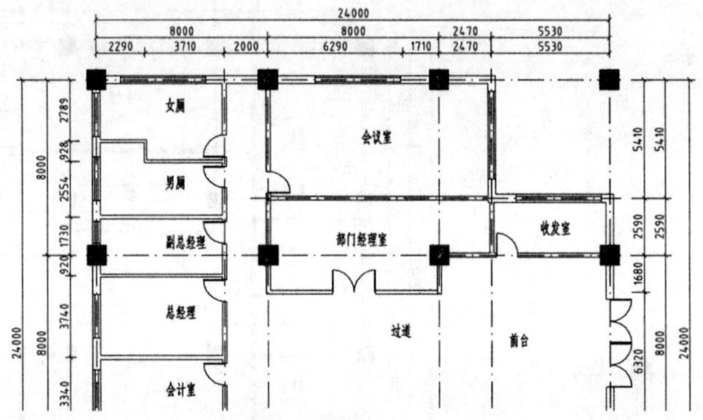

图 17-30　绘制办公室其他窗户

12）完成办公室平面图中门窗的绘制，缩放视图，观察并保存图形，如图 17-31 所示。

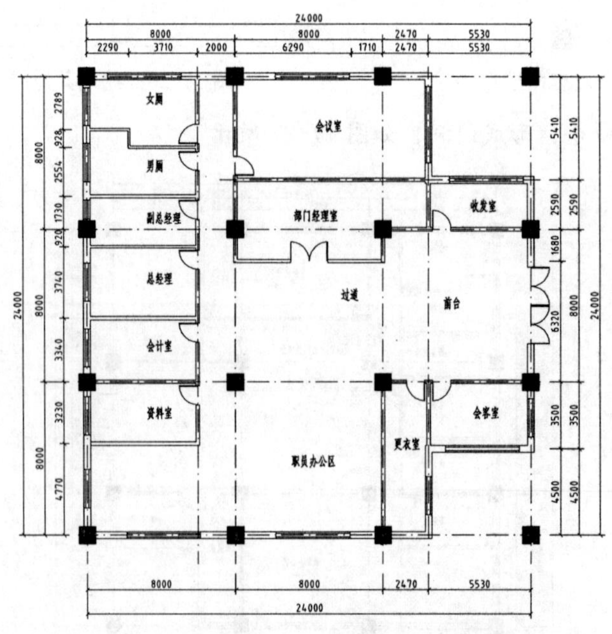

图 17-31　完成办公室平面图中门窗的绘制

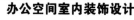

17.2.4 绘制辅助空间

办公室中的辅助空间包括阳台、储藏间、楼梯（多层办公室）、消防辅助设施（基于安全考虑）等。本节将介绍办公室室内建筑平面图中消火栓箱的绘制。

【案例 17-4】 绘制如图 17-2 所示的办公室室内建筑平面图中的消火栓箱。

1）设置图层。将“建筑-辅助空间”图层置为当前图层。

2）执行 RECTANGLE 命令，在墙体附近绘制办公室消火栓箱轮廓造型，如图 17-32 所示。

3）执行 TRIM 命令，修剪轮廓线造型内线段，如图 17-33 所示。

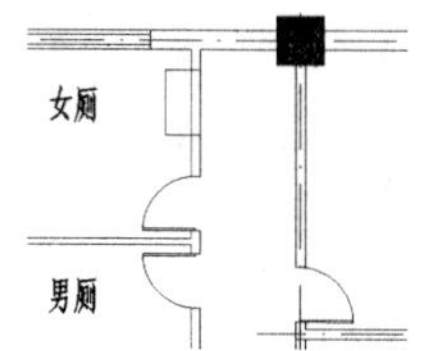

图 17-32 绘制消火栓箱轮廓造型

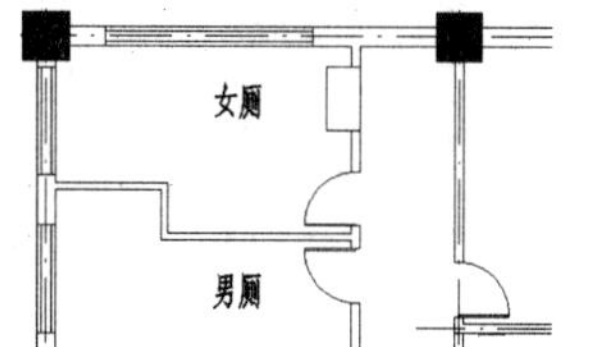

图 17-33 修剪轮廓线造型内线段

4）执行 OFFSET 命令，形成消火栓箱外轮廓造型，如图 17-34 所示。

5）执行 LINE 命令，绘制消火栓箱箱门造型，如图 17-35 所示。

6）执行 CIRCLE、TRIM、LINE 命令，绘制开启状态的消火栓箱箱门造型，如图 17-36 所示。

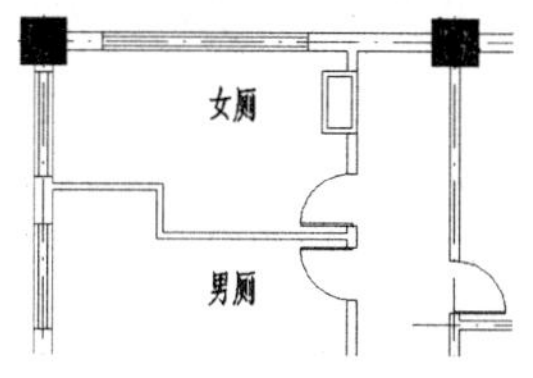

图 17-34 形成消火栓箱外轮廓造型

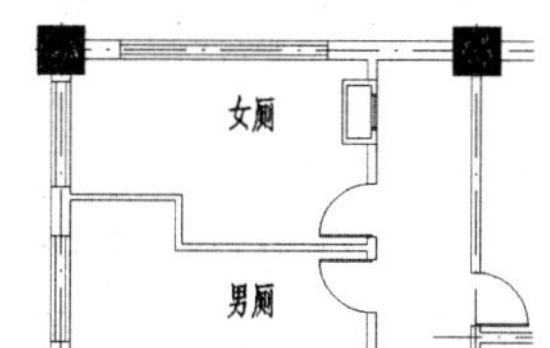

图 17-35 绘制消火栓箱箱门造型

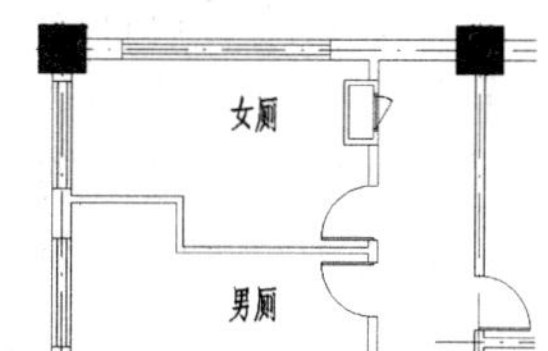

图 17-36 绘制开启状态的消火栓箱箱门造型

7）执行 COPY、TRIM、ROTATE 等命令，在办公室其他位置绘制消火栓箱轮廓造型，如图 17-37 所示。

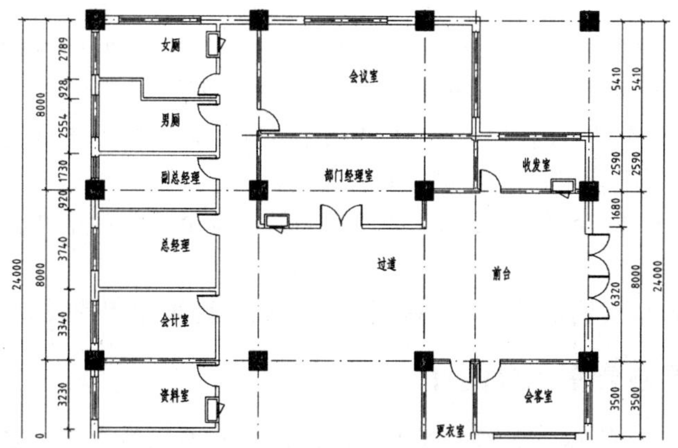

图 17-37 绘制其他消火栓箱轮廓造型

8）完成办公室室内建筑平面图的绘制，最终结果如图 17-2 所示。

网络视频教学：绘制办公室建筑平面图。

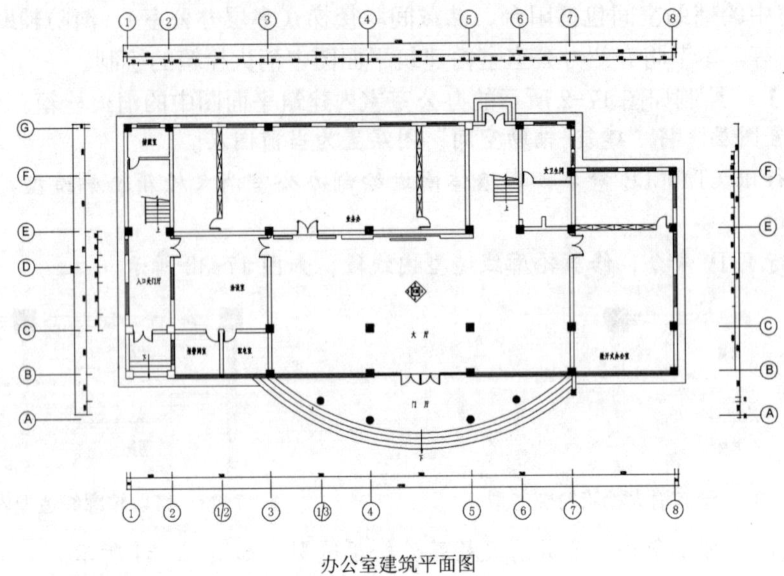

办公室建筑平面图

17.3 绘制办公室的装饰设计图

办公室的装修设计与家庭装修设计不同，它是办公室人员工作的特定环境，自然要根据工作性质与房屋使用功能来进行设计。

装修办公室最重要的是风格的选择。一般有以下几种流行的风格。

- 稳重凝练型。老牌的大型外贸集团公司喜欢选择这种装修风格，让客户和生意伙伴对企业建立信心。从装修特点上来看，较少选择大的色差，造型上比较保守，方方正正，选材考究，强调气质的高贵和尊威。
- 现代型。普遍适用于中小企业，造型流畅，大量运用线条，喜欢用植物装点各个角落。通过光和影的应用效果，在较小的空间内制造变化，在线条和光影变幻之间找到对心灵的冲击。
- 新新人类型。不拘一格，大量使用几何图案作为设计元素，明亮度对比强烈，大量使用新式装修材料，适用于新兴的计算机及信息产业、媒体行业。在强烈的装饰效果中，新产品的特征和公司创新科技的氛围一览无余。
- 创意型。造型简洁，用料简单，强调原创的特征，尽量不重复他人，在造型上具有唯一性，适用于艺术、工艺品、品牌公司。
- 简洁型。简单进行装修和装饰，强调实用性，较少装饰和个性。一般适用于小型公司和办事处。

本节接上例，通过实例讲解，详细讲述办公室的装饰平面图的设计、绘图方法与技巧。

17.3.1 布置办公室入口门厅

入口门厅，是进入各办公室的主要入口，也是客人进入办公室的重要通道，其布置直接影响到公司的形象。

本节详细介绍办公室入口门厅装饰设计图的绘制方法及技巧。

【案例 17-5】 接上例，完成如图 17-1 所办公室的装修设计图中门厅的布置。

1）重新设置图层。增加“装饰-门厅”图层，并将其置为当前图层。

2）执行 ARC、LINE 等命令，在办公室入口门厅空间平面后绘制弧形前台，如图 17-38 所示。

3）插入服务台和椅子造型，如图 17-39 所示。

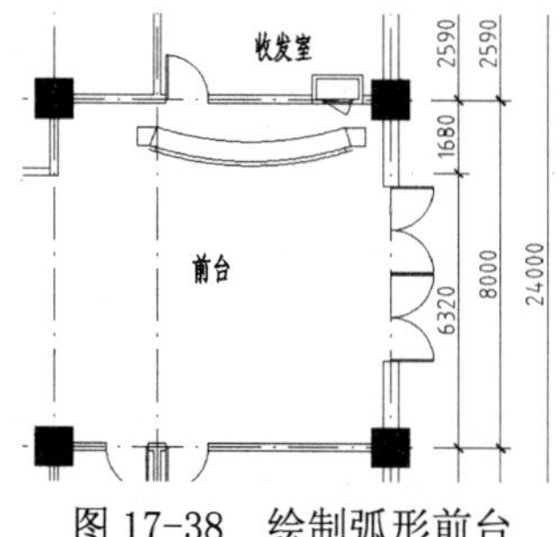

图 17-38 绘制弧形前台

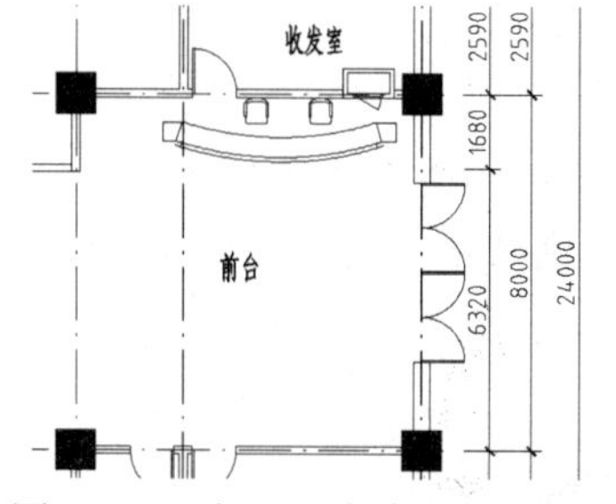

图 17-39 插入服务台和椅子造型

4）布置门厅沙发、茶几，如图 17-40 所示。

5）门厅两边各布置一个公司展示柜，如图 17-41 所示。

6）布置花草，完成办公室入口门厅设计布置，如图 17-42 所示。

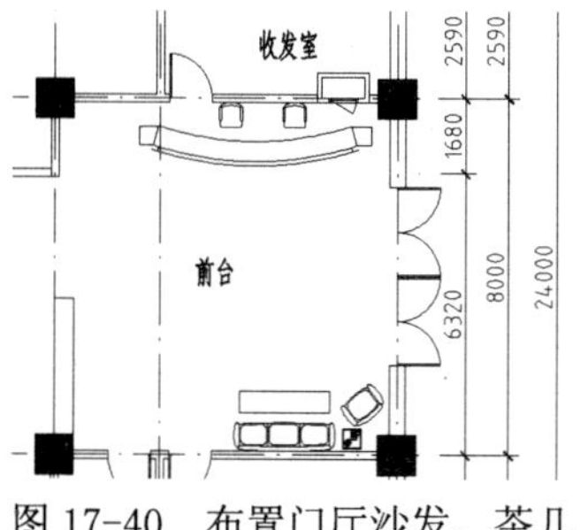

图 17-40 布置门厅沙发、茶几

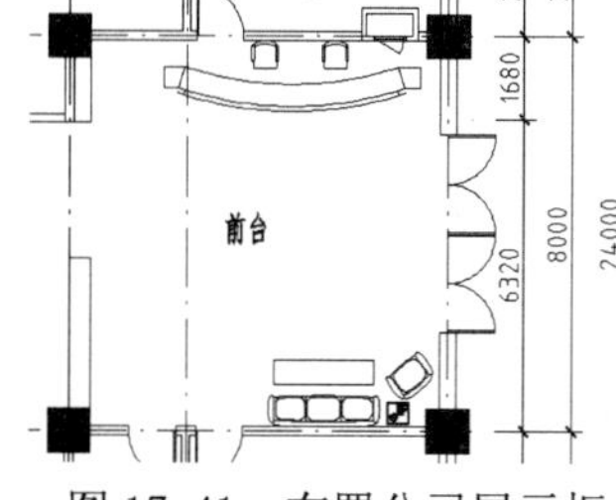

图 17-41 布置公司展示柜

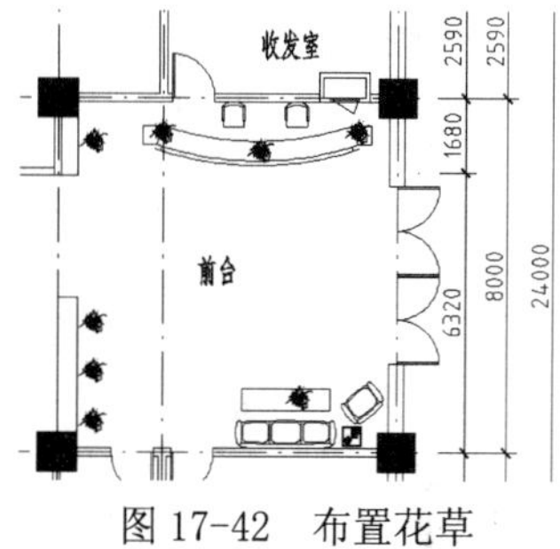

图 17-42 布置花草

17.3.2 布置办公室和会议室等房间

办公室一般有多间大小不同的办公室、会议室、会计室、会客室、资料室、收发室等。本节介绍办公室和会议室等房间的绘制方法及技巧。

【案例 17-6】 接上例，完成如图 17-1 所示办公室和会议室等房间的装饰设计平面图的布置。

> **要点提示**
>
> 会议室一般设一到两间，各功能房间平面位置一般在建筑设计阶段就确定好了。当然，有的建筑阶段没有进行细致划分，就需要后期装饰设计时根据需要重新布置。

1）重新设置图层。增加“装饰-办公”图层，并将其置为当前图层。

2）布置会客室。

（1）在其中插入沙发、茶几，如图 17-43 所示。

（2）插入花草装饰会客室，如图 17-44 所示。

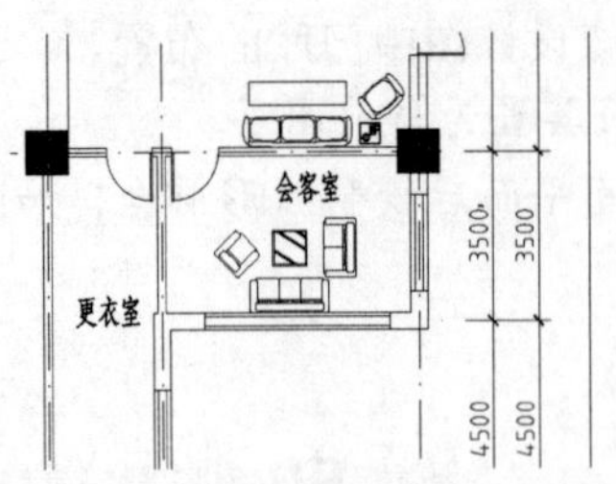

图 17-43　布置会客室沙发、茶几

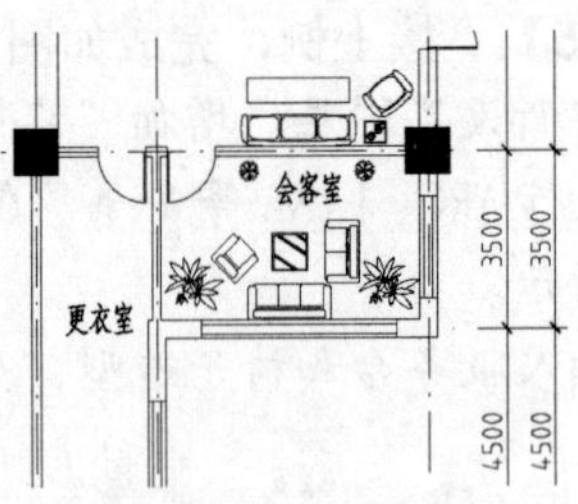

图 17-44　装饰会客室

3）绘制办公桌椅并创建“办公桌椅”图块。

（1）执行 RECTANGLE 命令，绘制办公桌造型，如图 17-45 所示。

（2）执行 TRIM、FILLET 命令，修改办公桌造型，如图 17-46 所示。

要点提示

办公桌椅的造型修改也可以利用关键点编辑方法实现，先执行 EXPLODE 命令分解绘制的矩形，然后利用其中的关键点拉伸就可以轻松实现。

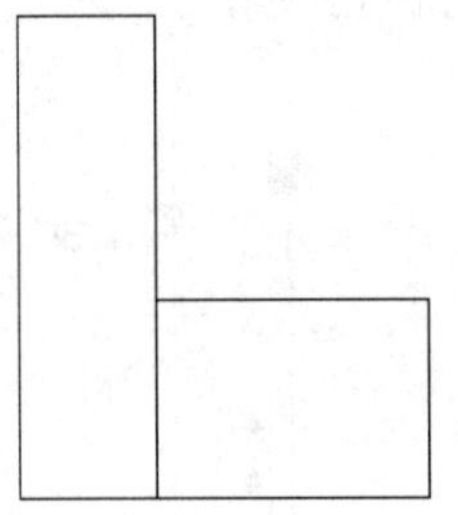
图 17-45　绘制办公桌造型

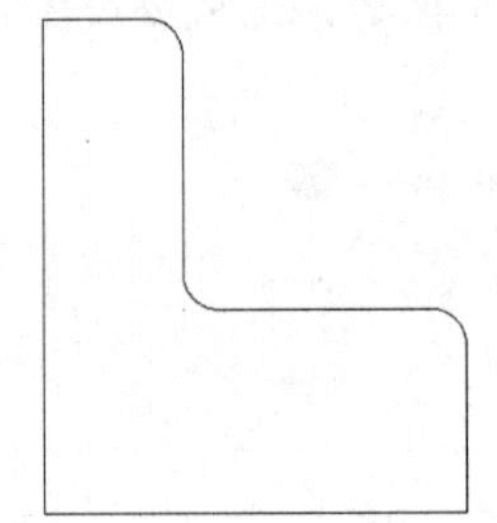
图 17-46　修改办公桌造型

（3）执行 LINE 命令，绘制办公椅轮廓造型，如图 17-47 所示。

（4）执行 FILLET 命令，对办公椅轮廓线倒圆角，如图 17-48 所示。

图 17-47　绘制办公椅轮廓造型

图 17-48　倒圆角

（5）执行 LINE、ARC、CIRCLE、TRIM 等命令，绘制办公椅侧面扶手造型，如图 17-49 所示。

（6）执行 MIRROR 命令，绘制另一侧扶手造型，如图 17-50 所示。

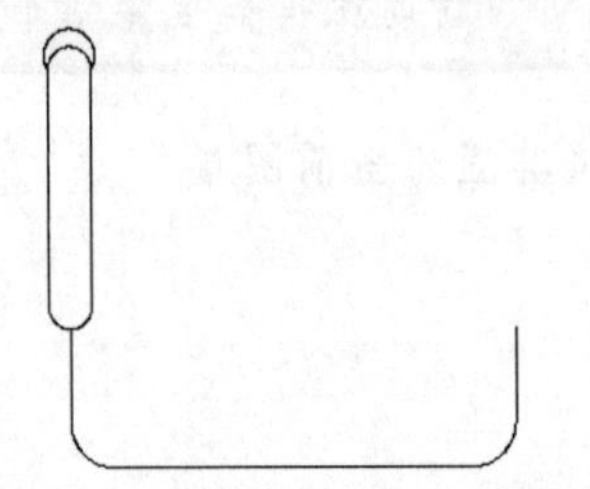
图 17-49　绘制办公椅侧面扶手造型

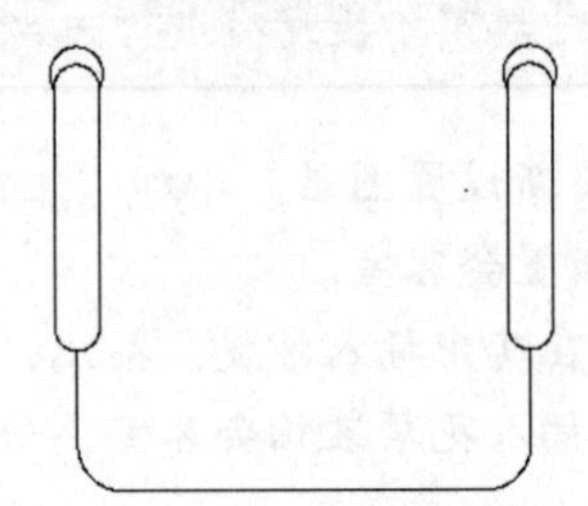
图 17-50　绘制另一侧扶手造型

(7)执行 ARC 命令，绘制办公椅弧形靠背造型，如图 17-51 所示。也可以尝试利用 SPLINE 命令绘制办公椅弧形靠背造型。

(8)执行 MOVE 命令，移动绘制的办公椅到办公桌附近，如图 17-52 所示。

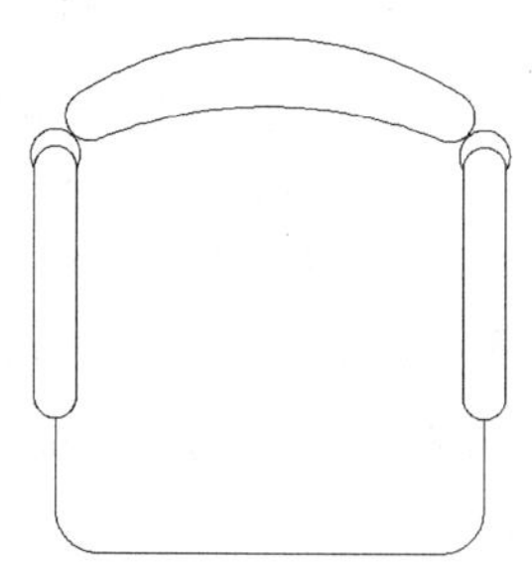

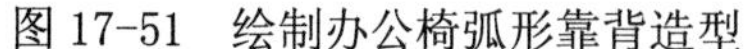

图 17-51 绘制办公椅弧形靠背造型

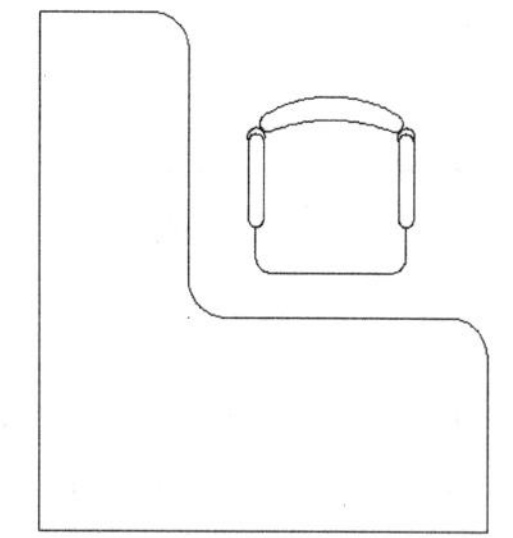

图 17-52 移动绘制的办公椅到办公桌附近

(9)执行 BLOCK 命令，打开【块定义】对话框，在【名称】文本框中输入新建块的名称“办公桌椅”，如图 17-53 所示。

(10)单击按钮(选择对象)，AutoCAD 返回绘图窗口，并提示“选择对象”，选择构成块的图形元素。

(11)按 Enter 键，回到【块定义】对话框。单击按钮(拾取点)，AutoCAD 返回绘图窗口，并提示“指定插入基点”，捕捉端点，如图 17-54 所示， AutoCAD 返回【块定义】对话框。

图 17-53 【块定义】对话框

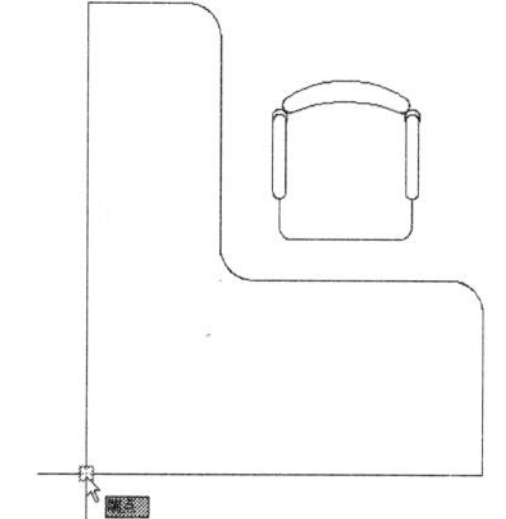

图 17-54 捕捉端点

(12)单击 确定 按钮，AutoCAD 生成“办公桌椅”图块。

4)布置总经理办公室。

要点提示

总经理办公室位置尽量在办公区靠里面一点的位置，门口不要对着大门，房间要大一点。条件合适的话，可以配置休息室和独立的卫生间，而且采光好、远离噪音、窗外景色好、无遮挡。

(1)执行 INSERT 命令，AutoCAD 打开【插入】对话框，如图 17-55 所示。

(2)单击 确定 按钮，在总经理办公室单击一点，指定插入点，完成办公桌椅的插入，如图 17-56 所示。

(3)执行 MOVE、ROTATE 命令，移动、旋转办公桌椅，如图 17-57 所示。

(4)执行 EXPLODE 命令，分解刚插入的办公桌椅图块。

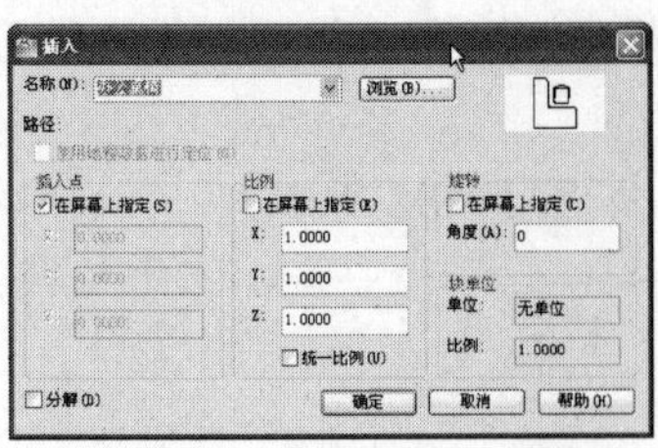

图 17-55 【插入】对话框

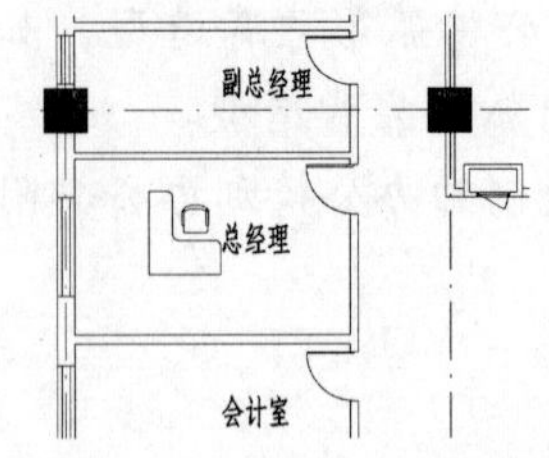

图 17-56 插入办公桌椅

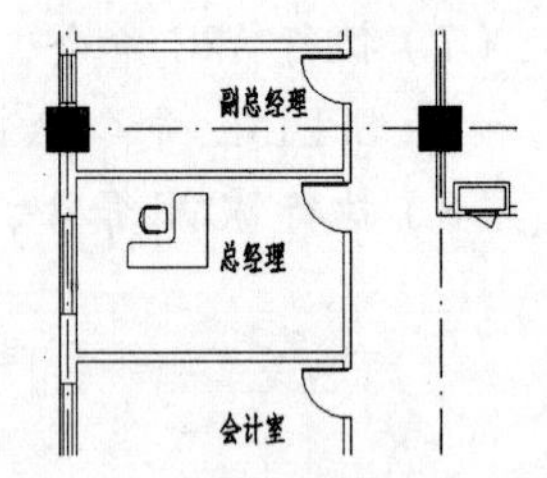

图 17-57 移动、旋转办公桌椅

（5）执行 STRETCH、MOVE 命令，拉伸并移动办公桌椅，结果如图 17-58 所示。

（6）执行 COPY、MIRROR 命令，在办公桌前布置两把办公椅，如图 17-59 所示。

（7）布置办公文件柜、资料橱等，如图 17-60 所示。

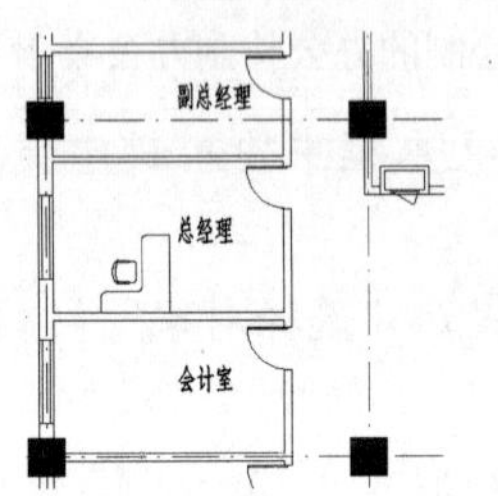

图 17-58 拉伸并移动办公桌椅

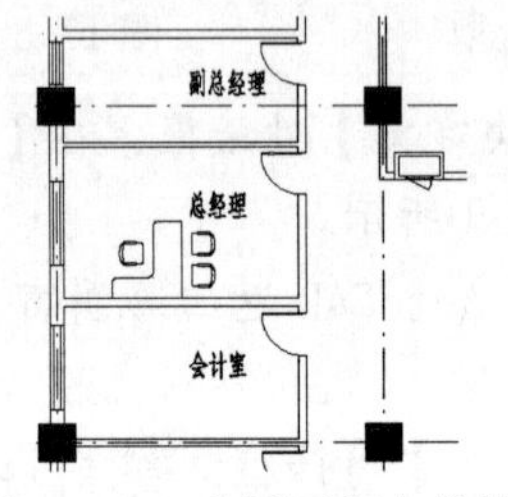

图 17-59 布置两把办公椅

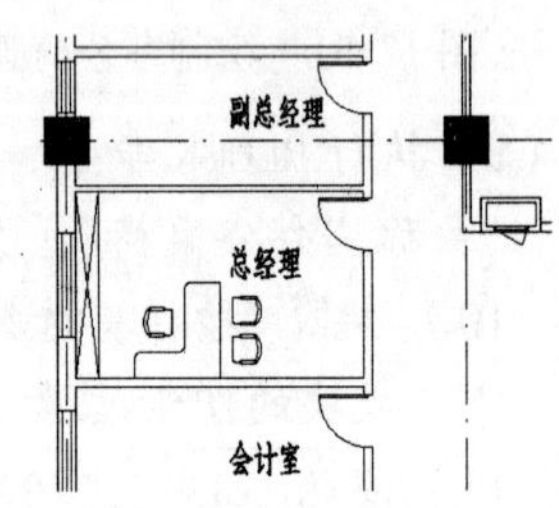

图 17-60 布置办公文件柜、资料橱

（8）插入花草，完成总经理室装饰图绘制。缩放视图，观察并保存图形，如图 17-61 所示。

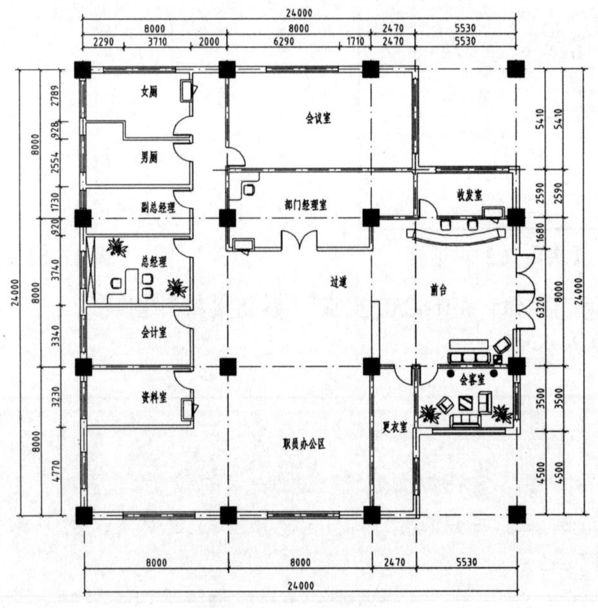

图 17-61 插入花草

5）布置部门经理室。

（1）执行 INSERT 命令，插入办公桌椅图块，如图 17-62 所示。

（2）执行 COPY 命令，复制办公桌椅，如图 17-63 所示。这里也可以利用 ARRAY 命令来完成办公桌椅的布置。

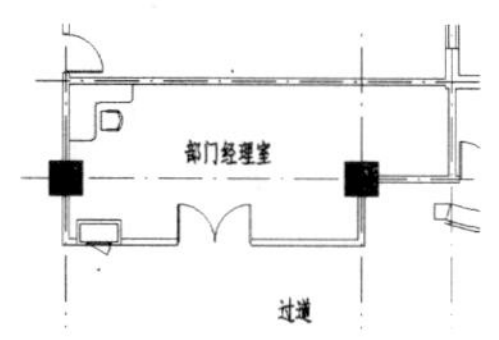

图 17-62 插入办公桌椅图块

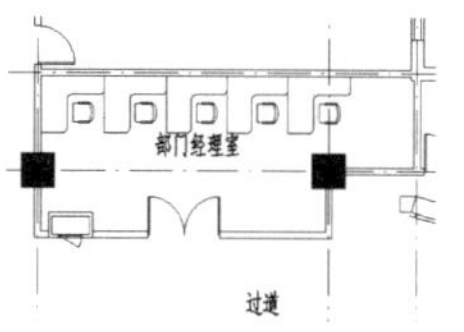

图 17-63 复制办公桌椅

（3）布置办公文件柜、资料橱等，如图 17-64 所示。

（4）插入花草，完成部门经理室装饰图绘制，结果如图 17-65 所示。

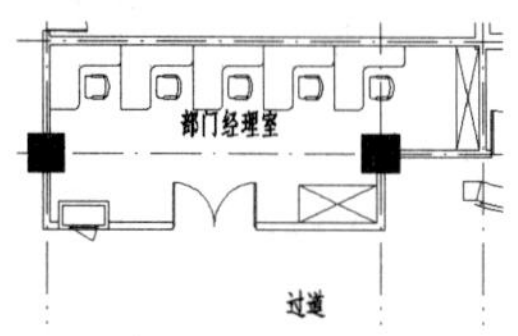

图 17-64 布置办公文件柜、资料橱等

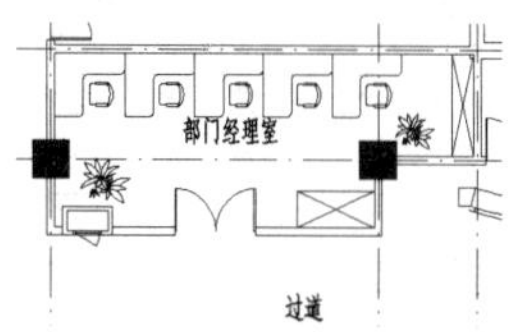

图 17-65 插入花草

6）同样方式，布置副总经理室、会计室，结果如图 17-66 所示。

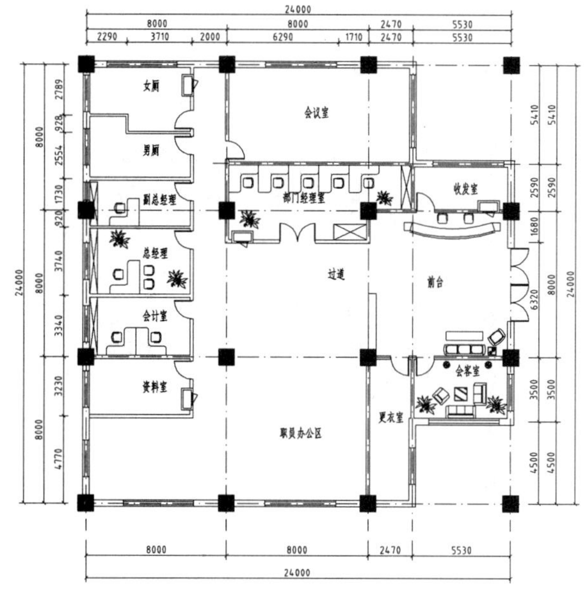

图 17-66 布置副总经理室、会计室

7）布置职员办公区。

（1）执行 COPY 命令，复制办公桌椅造型，如图 17-67 所示。

要点提示

这里不能复制修改已经定义为图块的办公桌椅图形，如果使用已经做成图块的图像，要先使用 EXPLODE 命令分解图块。读者可以尝试一下，看看修改之后的后果是什么。

（2）执行 RECTANGLE、LINE 等命令，绘制隔间造型和辅助矮柜造型，如图 17-68 所示。

（3）执行 COPY 命令，根据空间平面布置办公隔间，如图 17-69 所示。

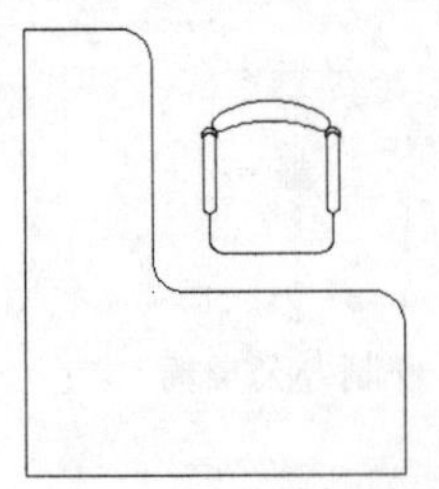

图 17-67　复制办公桌椅造型

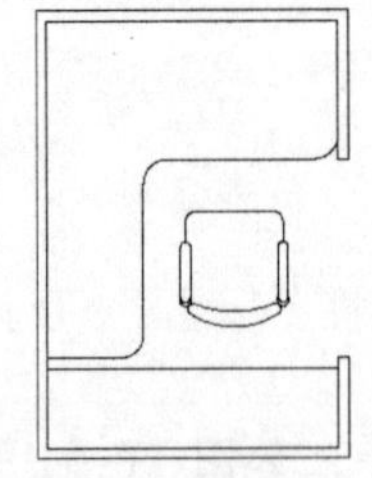

图 17-68　绘制隔间造型和辅助矮柜造型

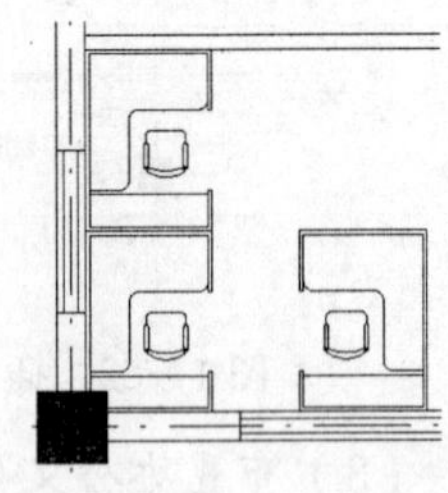

图 17-69　布置办公隔间

（4）执行 LINE、RECTANGLE 等命令，在空隙处布置文件柜造型，如图 17-70 所示。每个办公隔间大小约 2200mm×1700mm。

要点提示

这里因为隔间之间采取模块化模式组装摆放，因此可以根据公司人员具体情况和实际需要随时进行调整。

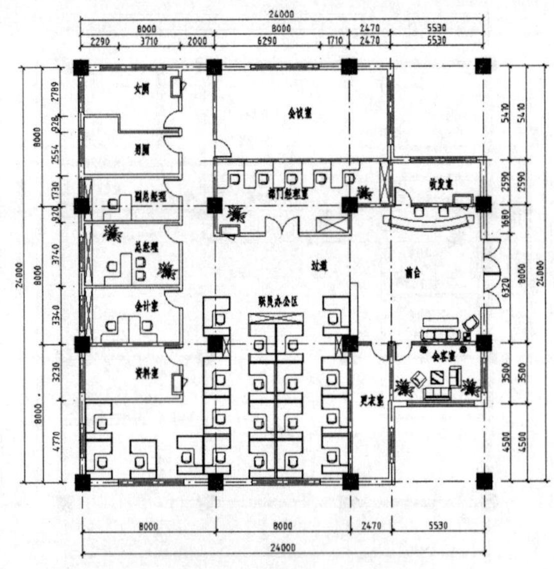

图 17-70　布置文件柜造型

8）布置会议室。

（1）执行 LINE 命令，绘制会议桌造型，如图 17-71 所示。

（2）执行 ARC 命令，绘制会议桌弧形边，如图 17-72 所示。

（3）执行 INSERT 命令，插入办公椅，如图 17-73 所示。

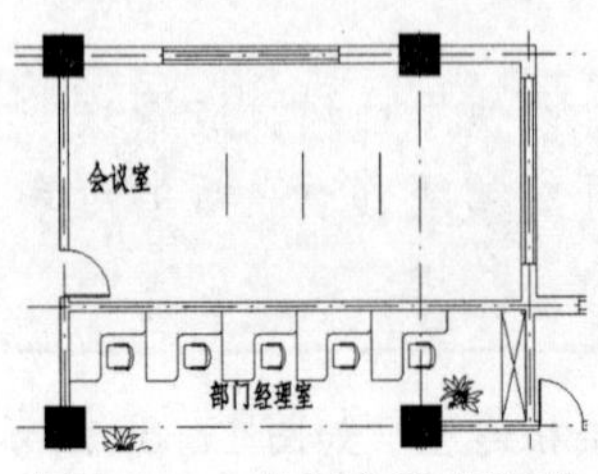

图 17-71　绘制会议桌造型

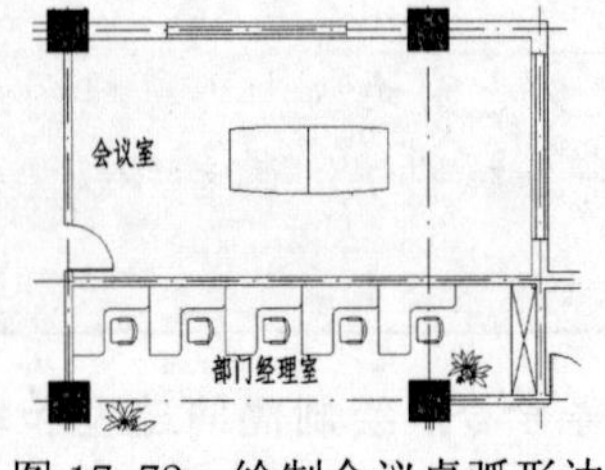

图 17-72　绘制会议桌弧形边

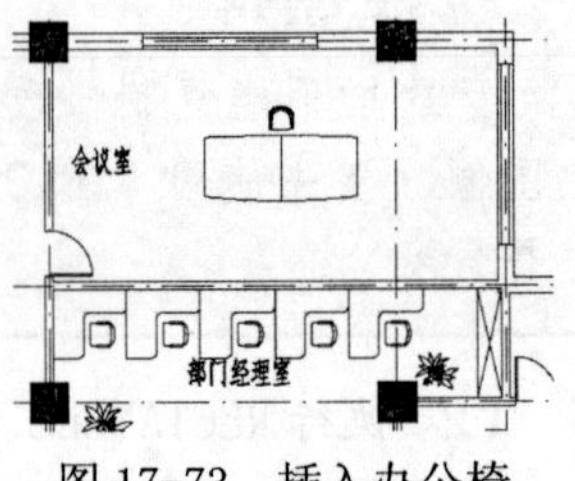

图 17-73　插入办公椅

（4）执行 ROTATE、COPY 等命令，绘制会议室中的其他办公椅，如图 17-74 所示。

（5）执行 LINE 等命令，绘制电视柜造型，如图 17-75 所示。

（6）执行 INSERT 命令，插入电视、花草等，完成会议室的布置，最终结果如图 17-76 所示。

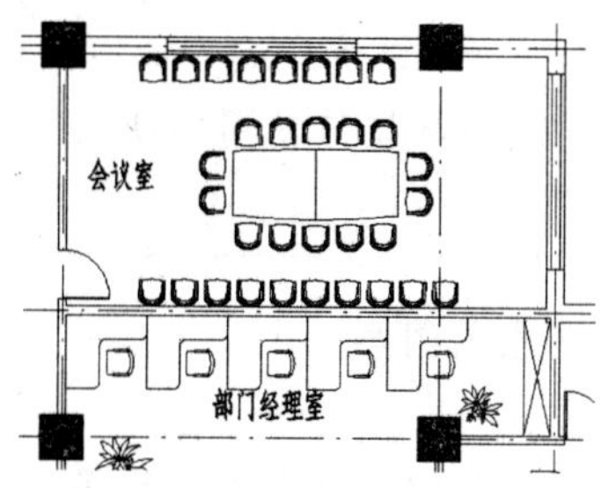

图 17-74　绘制会议室中的其他办公椅

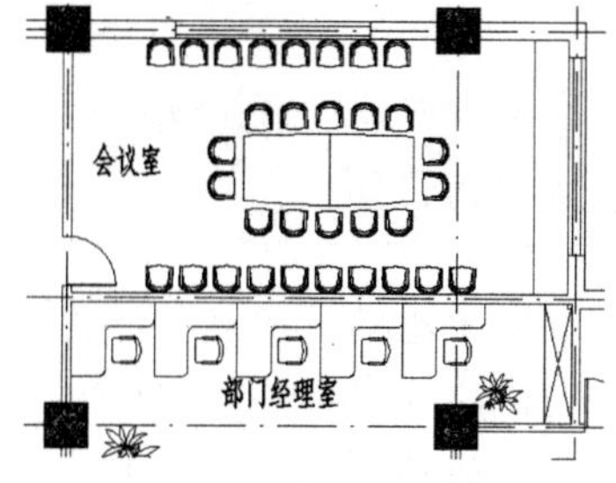

图 17-75　绘制电视柜造型

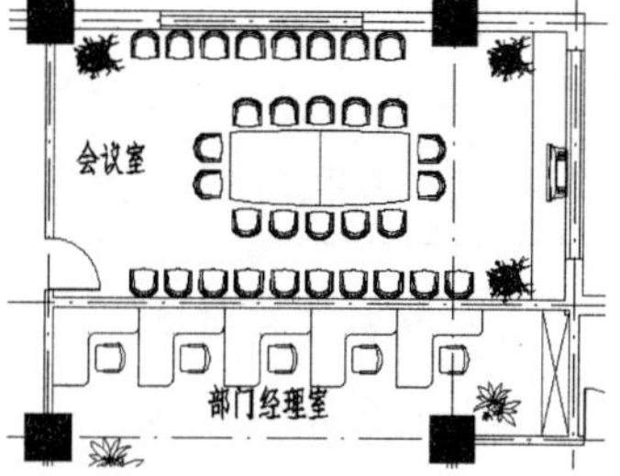

图 17-76　完成会议室的布置

9）布置收发室、资料室。

（1）执行 LINE 命令，在资料室、收发室绘制文件柜造型，如图 17-77 所示。

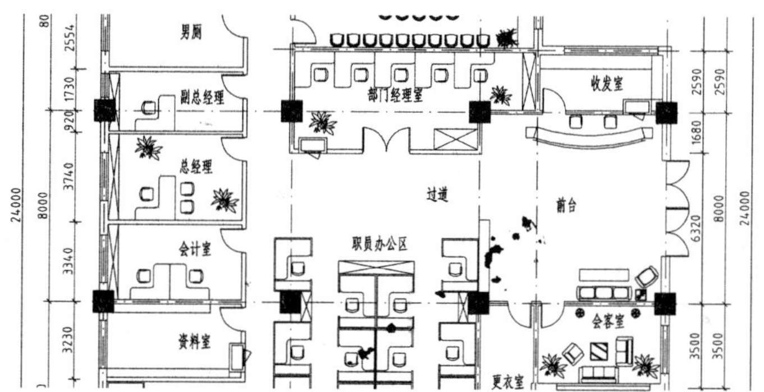

图 17-77　绘制文件柜造型

（2）在资料室、收发室插入办公桌椅，如图 17-78 所示。

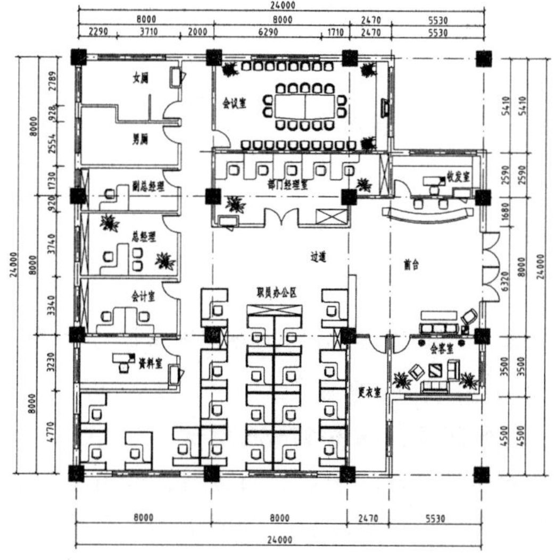

图 17-78　在资料室、收发室插入办公桌椅

17.3.3 布置办公室卫生间

本节介绍办公室男女卫生间平面装饰设计和布局安排。

【案例 17-7】 接上例，完成如图 17-1 所示办公室男女卫生间平面装饰设计和布局安排。

> **要点提示**
>
> 卫生间装修主要不是为了好看，而是以功能性为主。装修设计要坚持使用方便的原则，使用频率最高的放在最方便的位置。

1）重新设置图层。增加“装饰-卫生间”图层，并将其置为当前图层。

2）安排男女卫生间空间平面位置，如图 17-79 所示。

3）执行 LINE 命令，绘制卫生间间隔轮廓，如图 17-80 所示。其中，卫生间内开门大小约为 1400mm×900mm。

4）执行 LINE 命令，绘制间隔的隔断墙体，如图 17-81 所示。

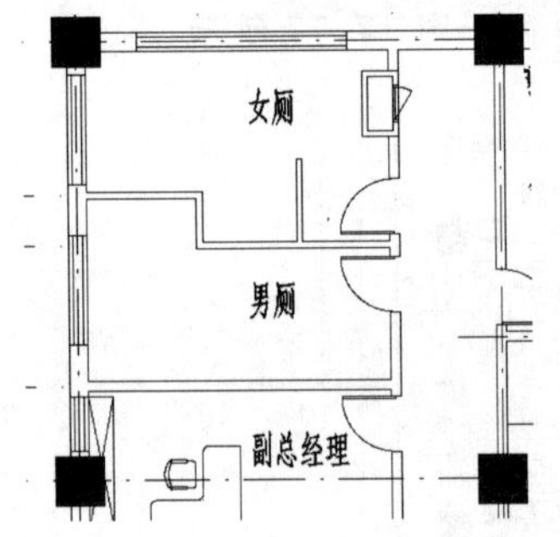

图 17-79 男女卫生间空间平面位置

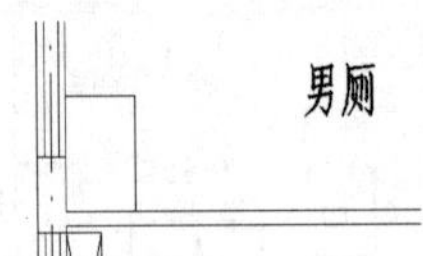

图 17-80 绘制卫生间间隔轮廓

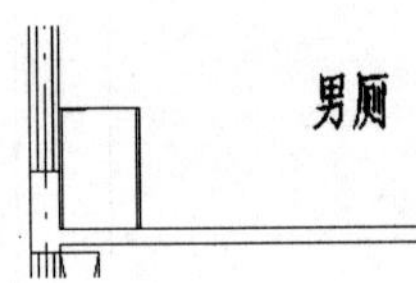

图 17-81 绘制间隔的隔断墙体

5）执行 LINE 命令，绘制间隔的门扇轮廓，如图 17-82 所示。

6）执行 ARC 命令，绘制间隔门扇弧形，如图 17-83 所示。

7）执行 RECTANGLE 命令，绘制手纸支架造型，如图 17-84 所示。

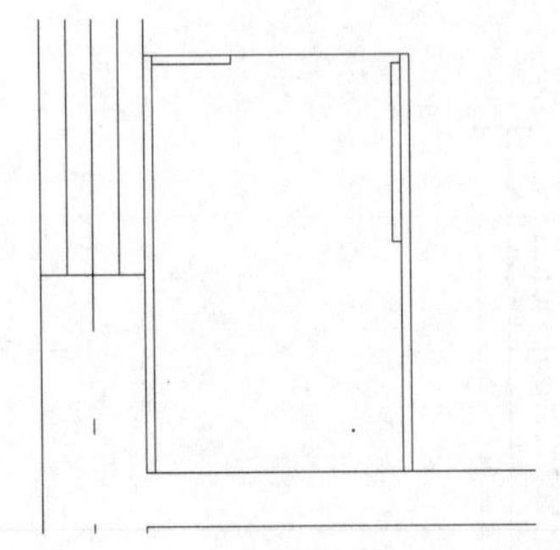

图 17-82 绘制间隔的门扇轮廓

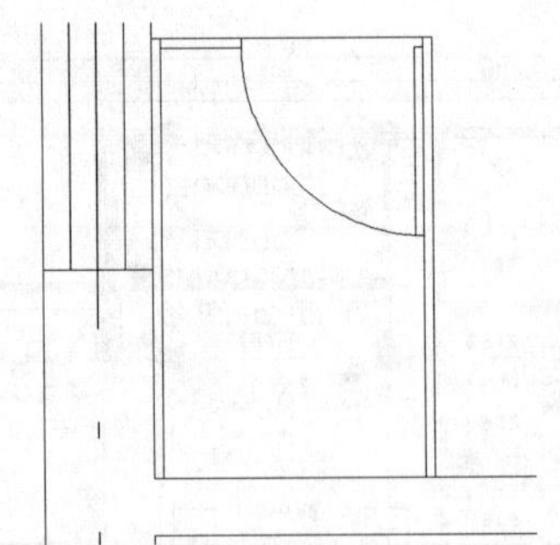

图 17-83 绘制间隔门扇弧形

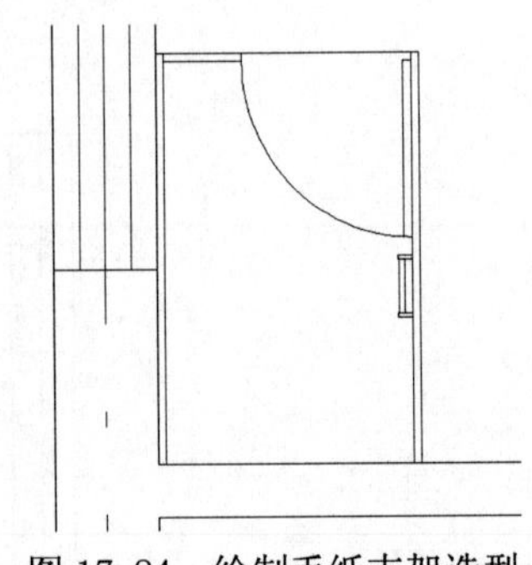

图 17-84 绘制手纸支架造型

8）插入坐便器造型，如图 17-85 所示。

9）执行 COPY 命令，复制间隔，如图 17-86 所示。

10）执行 RECTANGLE 命令，绘制洗手盆台面造型，如图 17-87 所示。

11）插入小便器造型并复制小便器造型，如图 17-88 所示。小便器间距大约 700mm。

图 17-85 插入坐便器造型

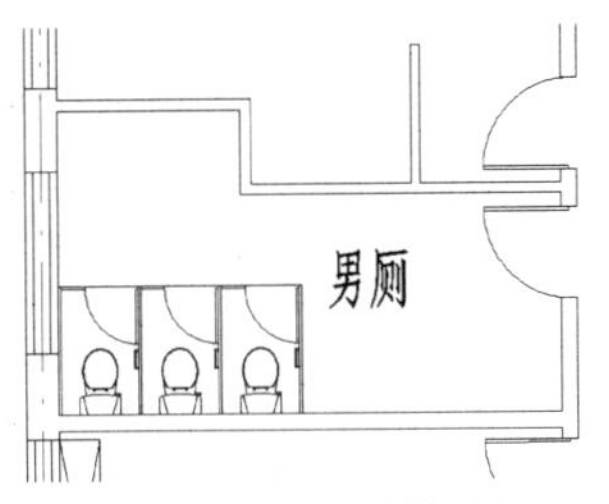

图 17-86 复制间隔

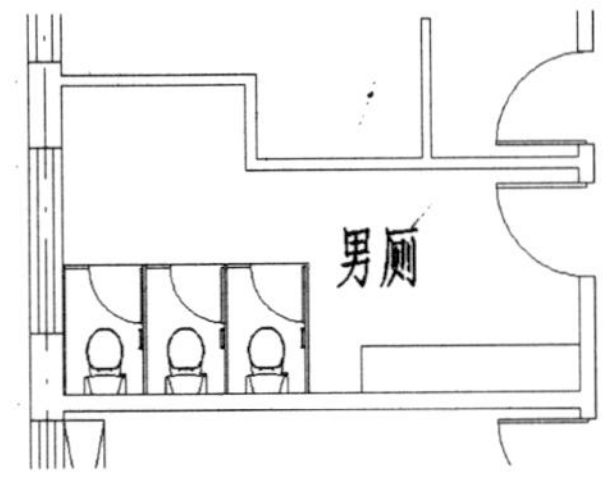

图 17-87 绘制洗手盆台面造型

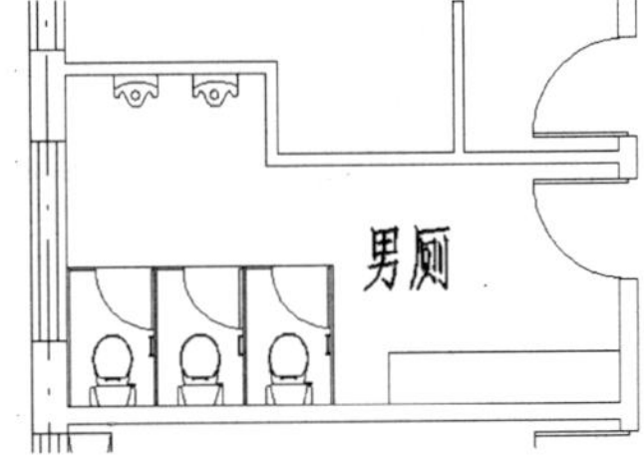

图 17-88 插入小便器造型

12）插入洗手盆造型，并复制洗手盆，如图 17-89 所示。

13）用同样的方式布置女卫生间间隔和洗手盆，如图 17-90 所示。当然，也可以利用 COPY 命令完成女卫生间的布置。

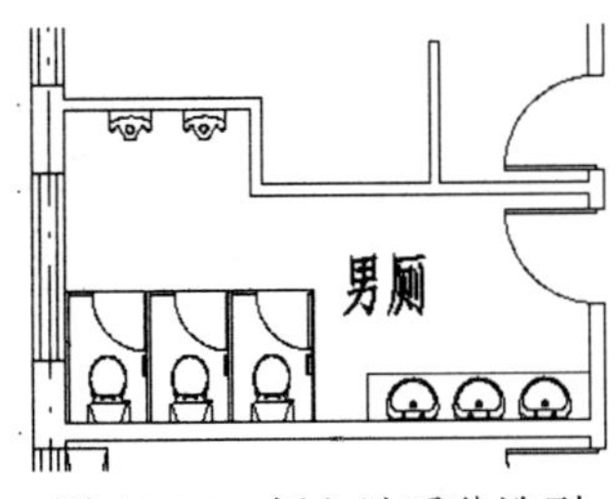

图 17-89 插入洗手盆造型

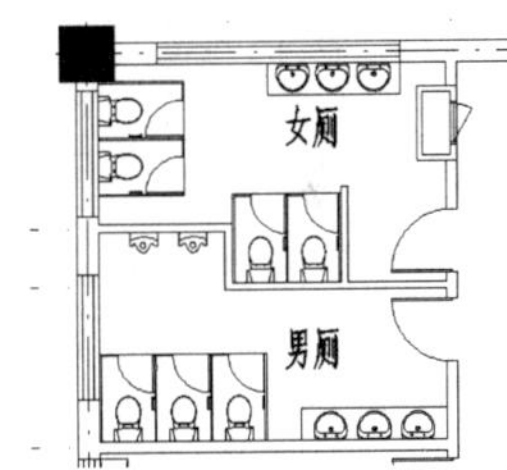

图 17-90 布置女卫生间间隔和洗手盆

14）执行 RECTANGLE 命令，绘制女卫生间拖布池造型，如图 17-91 所示。

15）执行 LINE、CIRCLE 命令，细化拖布池内部造型，如图 17-92 所示。

16）用同样的方式绘制男卫生间拖布池造型，如图 17-93 所示。

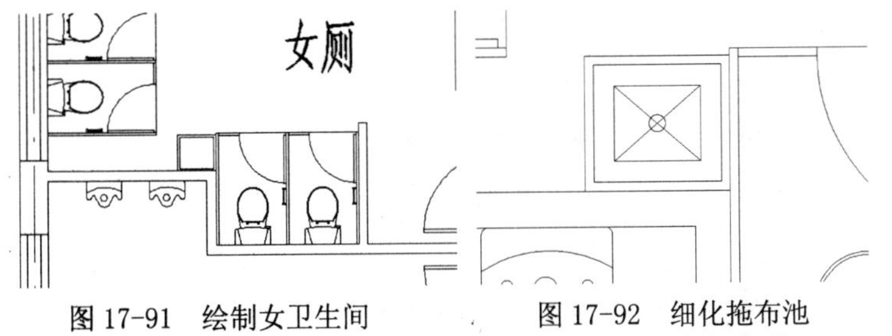

图 17-91 绘制女卫生间拖布池造型

图 17-92 细化拖布池内部造型

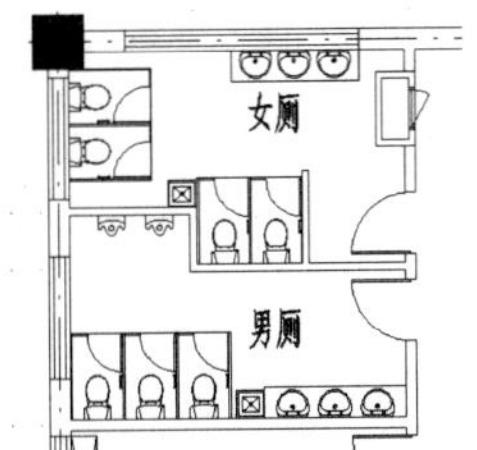

图 17-93 绘制男卫生间拖布池造型

17）完成办公室男女卫生间平面装饰设计和布局安排，最终效果如图 17-1 所示。

网络视频教学：绘制办公室室内设计平面图。

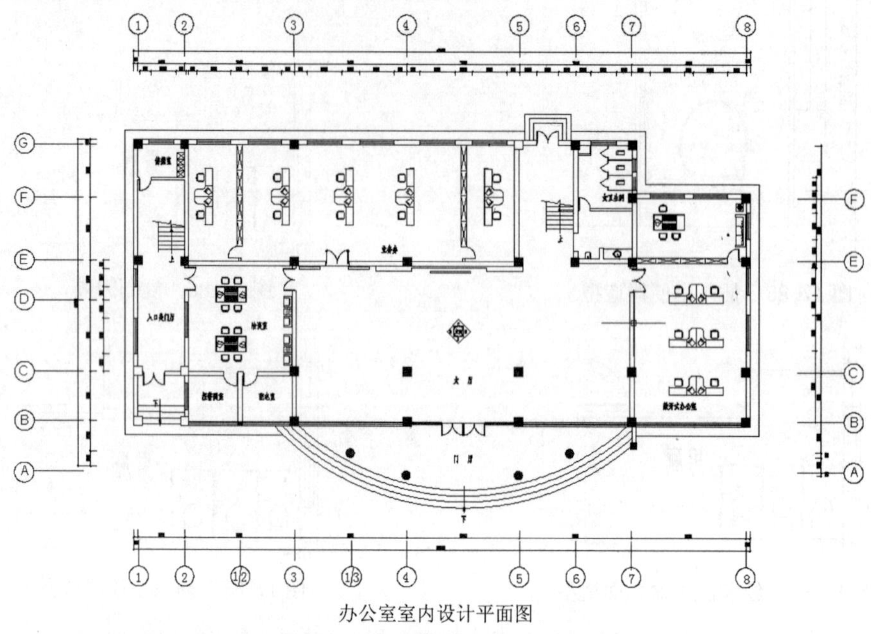

办公室室内设计平面图

17.4 绘制办公室地面与天花

除特殊情况外，一般办公空间中采用得最多的是方块毯，也有在接待厅采用大理石材料的。大多现代办公空间的天花用材都比较简单，常用石膏板和矿棉板天花或铝扣板天花。一般只会在装修重点部位（如接待区、会议室）做一些石膏板造型天花，其他区域大多采用矿棉板天花，不做造型处理。本节将详细介绍如图 17-94 所示的办公室地面装修图和如图 17-95 所示的办公室天花装修图的绘制方法及技巧。

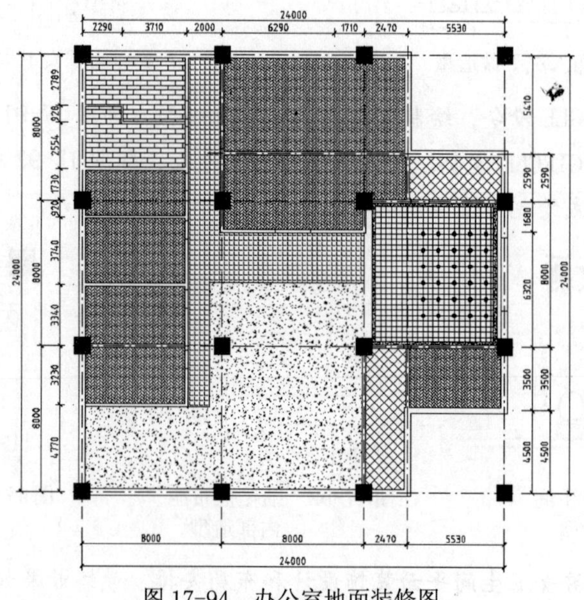

图 17-94　办公室地面装修图

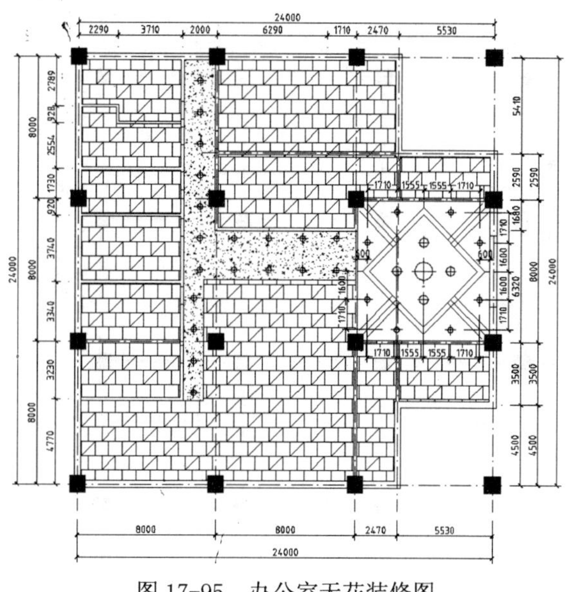

图 17-95　办公室天花装修图

> **要点提示**
>
> 采用石材装修接待区地面时要考虑两个问题：一个是石材地面与地毯地面的接口问题，另一个是办公楼本身建筑的承重问题。

17.4.1　绘制办公室地面

选择地面材料时应注意以下几个方面：

- 人流大的地面要选用耐磨材料，如花岗岩、水磨石等。
- 选用良好消音和触感的地毯、地板等材料以形成安静的空间。
- 卫生间等处应选用防滑、耐水、易清洗的马赛克、瓷砖等材料。

本节详细介绍如图 17-94 所示办公室地面装修图的绘制。

【案例 17-8】　接上例，完成如图 17-94 所示办公室地面装修图的绘制。

1）重新设置图层。增加“装饰-地面”图层，并将其置为当前图层。

2）绘制门厅地面。

> **要点提示**
>
> 进行地面设计时，要先绘制不同材质的地面分界轮廓线，其与各室内墙边要有一定距离，可通过 OFFSET 命令获得。

（1）关闭“装饰-门厅”、“装饰-餐区”、“装饰-卫生间”、“建筑-门窗”等图层。

（2）为了方便绘制地面拼花，新建“装饰-门口补充”图层，并将其置为当前图层。

（3）执行 LINE、RECTANGLE 命令，填充图形中门口等处，结果如图 17-96 所示。

（4）绘制地面分隔线，如图 17-97 所示。

（5）执行 HATCH 命令，填充轮廓线外侧，如图 17-98 所示。

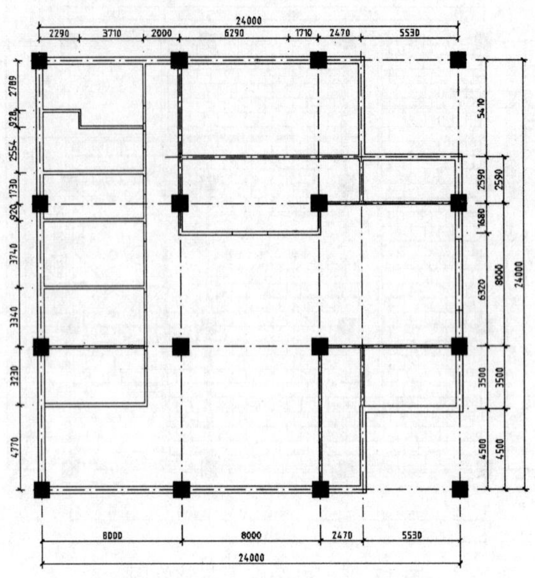

图 17-96　填充图形中门口等处

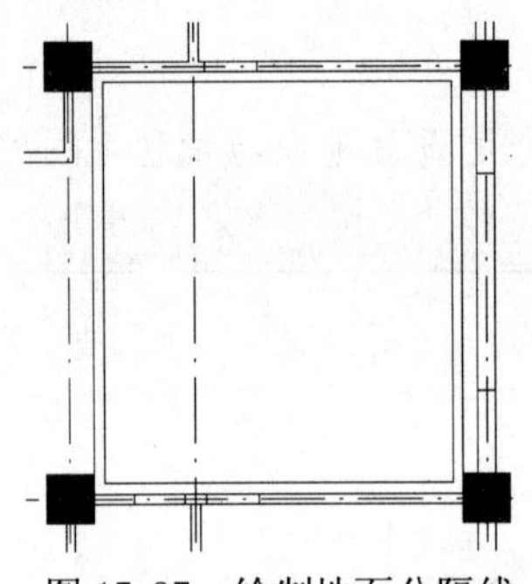

图 17-97　绘制地面分隔线

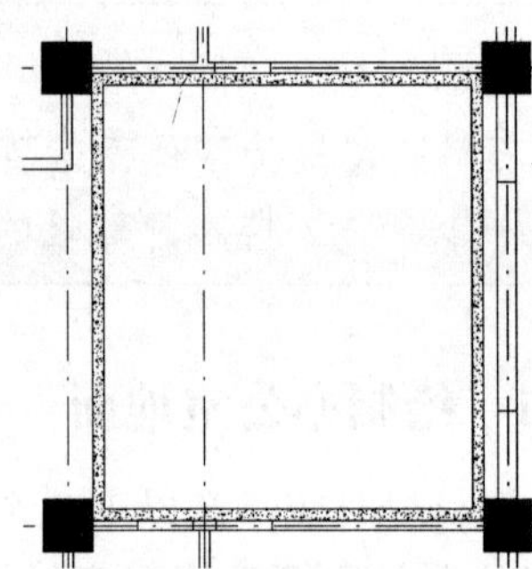

图 17-98　填充轮廓线外侧

（6）执行 LINE 命令，绘制地面拼花，如图 17-99 所示。

（7）执行 POLYGON 命令，在网格交点处绘制菱形，如图 17-100 所示。

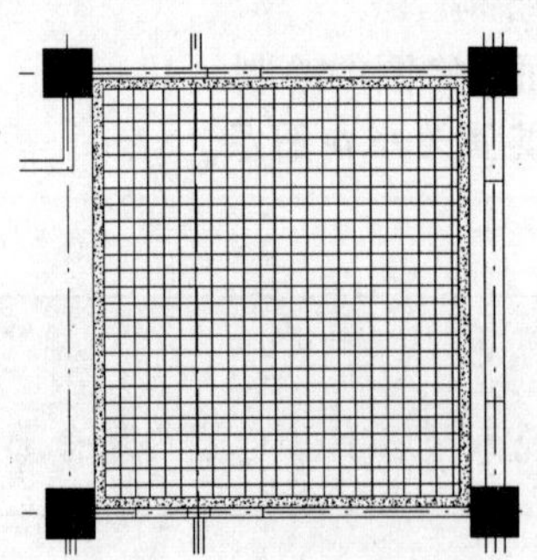

图 17-99　绘制地面拼花

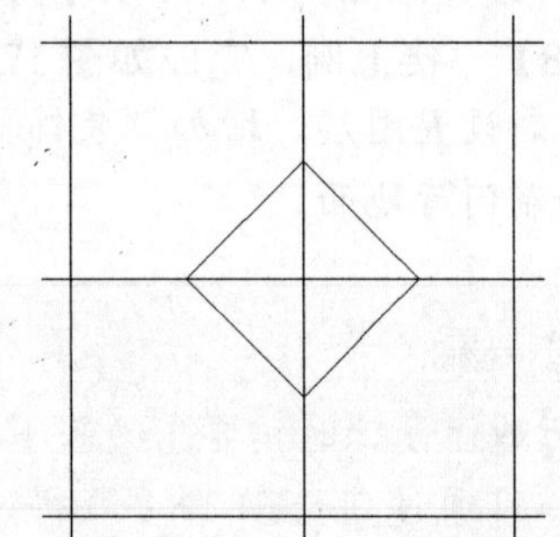

图 17-100　在网格交点处绘制菱形

（8）执行 HATCH 命令，填充菱形，如图 17-101 所示。

（9）执行 COPY 命令，复制菱形，如图 17-102 所示。

3）绘制其他空间地面。

（1）执行 HATCH 命令，完成过道地面瓷砖拼花图，如图 17-103 所示。

（2）执行 HATCH 命令，完成职员办公区地面瓷砖拼花图，如图 17-104 所示。

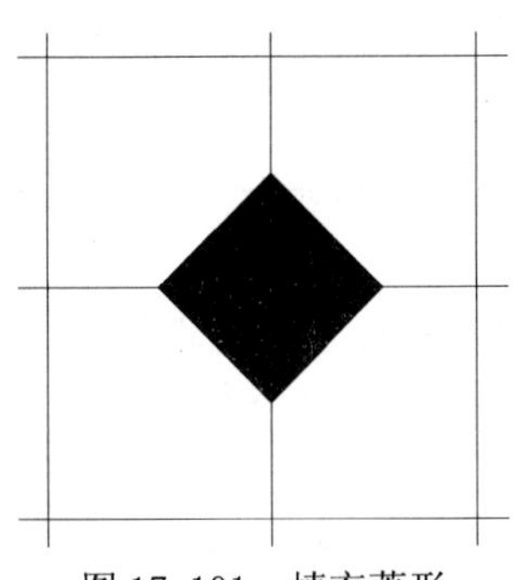

图 17-101　填充菱形

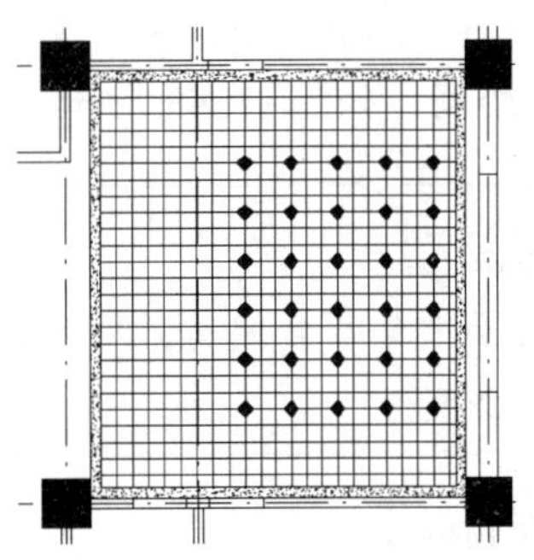

图 17-102　复制菱形

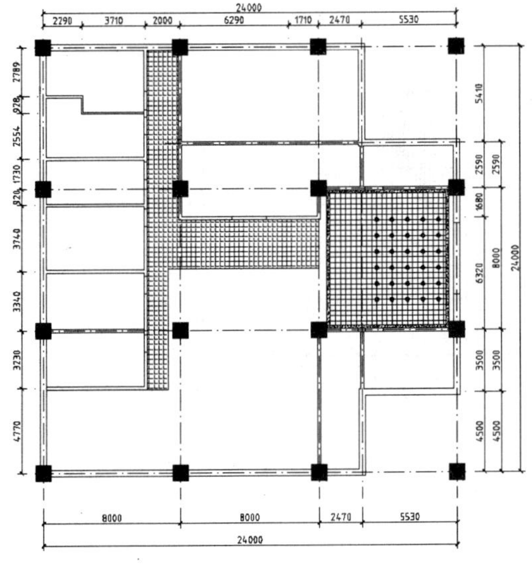

图 17-103　完成过道地面瓷砖拼花图

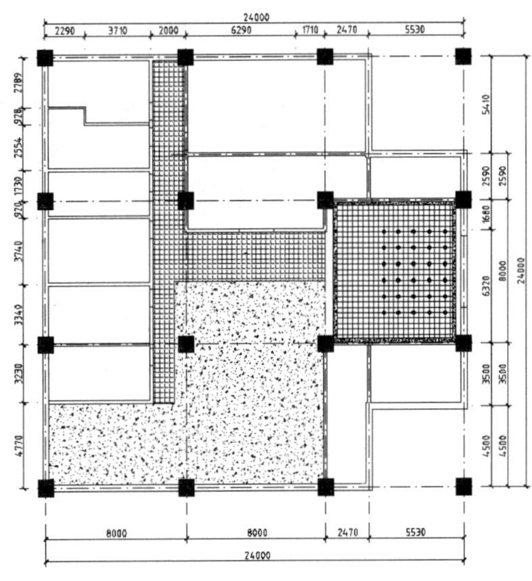

图 17-104　完成职员办公区地面瓷砖拼花图

（3）执行 HATCH 命令，完成卫生间地面瓷砖拼花图，如图 17-105 所示。

（4）执行 HATCH 命令，完成更衣室、收发室地面瓷砖拼花图，如图 17-106 所示。

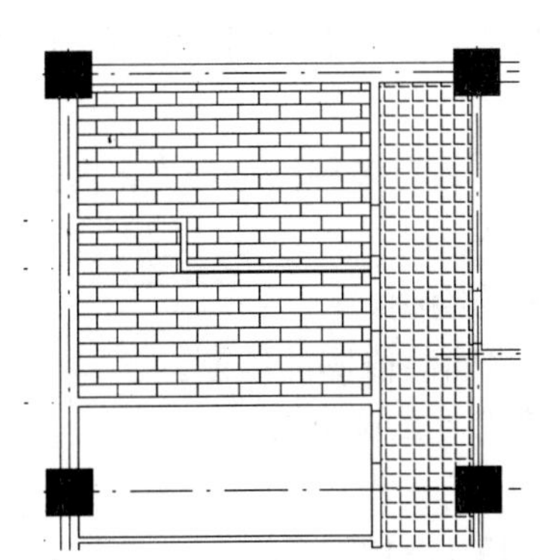

图 17-105　完成卫生间地面瓷砖拼花图

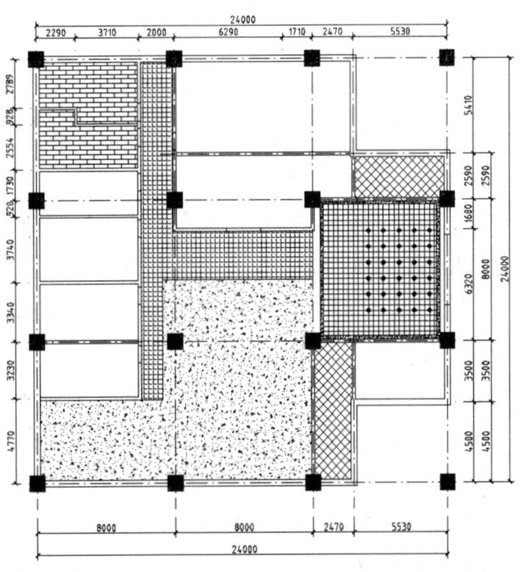

图 17-106　完成更衣室、收发室地面瓷砖拼花图

（5）执行 HATCH 命令，完成其他办公空间地毯拼花图，最终完成办公空间地面装修图的绘制，如图 17-94 所示。

> **要点提示**
>
> 对办公室地面装修所采用的各种材料，应引出文字标注分别进行说明，这里为简单起见，从略。

网络视频教学：接上例，参考办公室平面图，完成办公室的地面装修图。

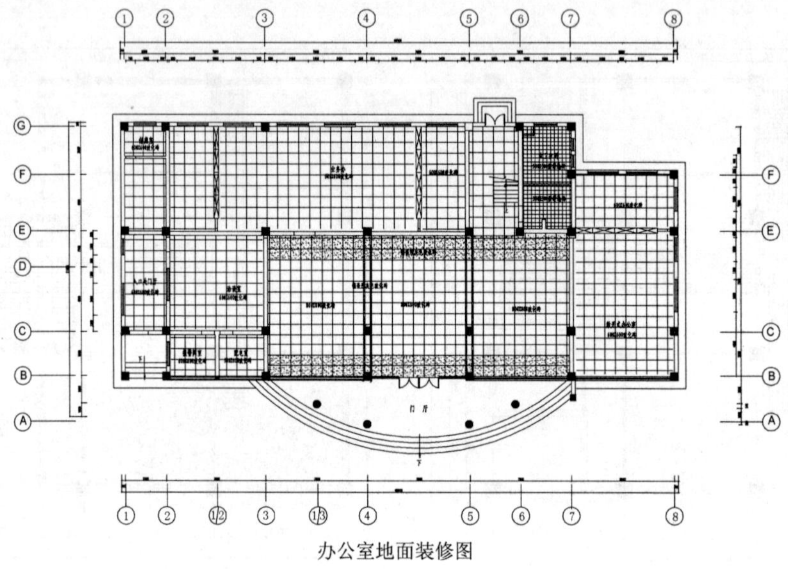

办公室地面装修图

17.4.2 绘制办公室天花平面

天花的装修材料较多，一般来说有以下几种：

- 石膏板、矿棉板。石膏板以石膏为主要材料，加入纤维、粘接剂、改性剂，经混炼压制、干燥而成。
- PVC。全名为 Polyvinylchloride，主要成分为聚氯乙烯，色泽鲜艳、耐腐蚀、牢固耐用，但是在制造过程中加入了增塑剂、抗老化剂等一些有毒辅助材料来增强其耐热性、韧性和延展性等。
- 金属天花。金属天花中常用的是铝天花，采用铝材或者铝合金材料为基材，再在其表面经过不同的处理工艺处理后加工制作而成。
- 其他类型。如彩绘玻璃天花，一般只用于局部装饰，具有多种图形图案，内部可安装照明装置。

本节详细介绍如图 17-95 所示办公室天花平面装修图的绘制。

【案例 17-9】 接上例，完成如图 17-95 所示办公室天花平面装修图的绘制。

1）重新设置图层。增加“装饰-天花”图层，并将其置为当前图层。

2）绘制办公室入口门厅天花。

（1）执行 POLYGON 命令，绘制入口门厅吊顶造型，如图 17-107 所示。

（2）执行 LINE、OFFSET 命令，利用对象捕捉、对象捕捉追踪等，完善门厅吊顶造型，如图 17-108 所示。

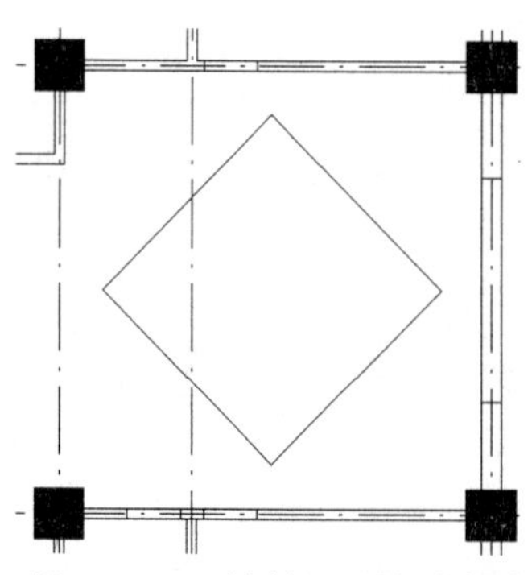

图 17-107　绘制门厅吊顶造型

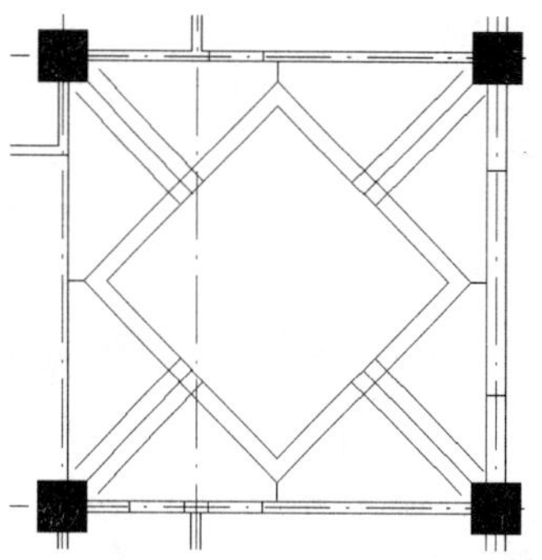

图 17-108　完善门厅吊顶造型

（3）执行 CIRCLE、LINE、MIRROR 命令，绘制外圈吊顶筒灯造型，如图 17-109 所示。

（4）执行 CIRCLE、LINE、COPY 命令，绘制内圈吊顶筒灯造型，如图 17-110 所示。

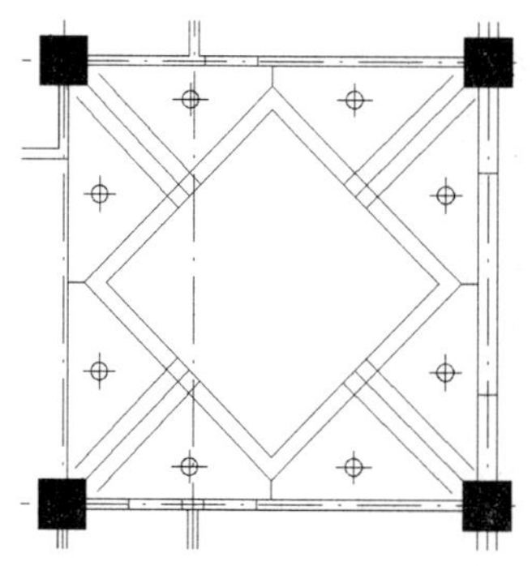

图 17-109　绘制外圈吊顶筒灯造型

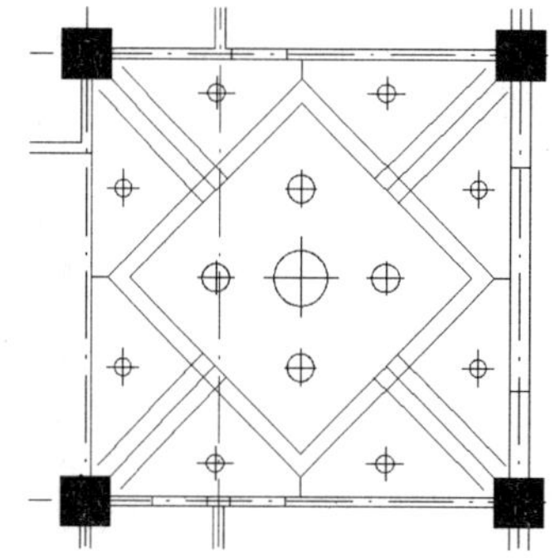

图 17-110　绘制内圈吊顶筒灯造型

（5）执行 DIMLINEAR 命令，标注定位尺寸，如图 17-111 所示。

3）绘制其他房间天花。

（1）绘制办公室公共过道吊顶造型，采用石膏板，如图 17-112 所示。

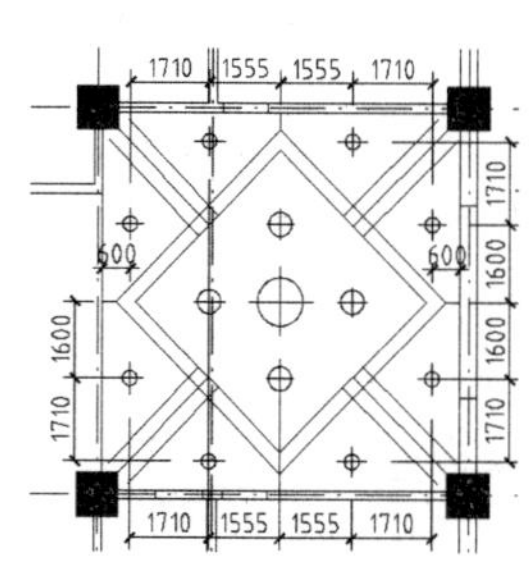

图 17-111　标注定位尺寸

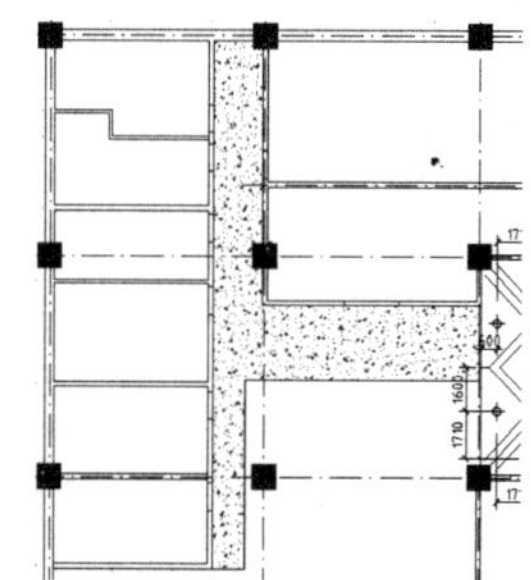

图 17-112　绘制办公室公共过道吊顶造型

（2）绘制各办公室房间、卫生间和职员办公区吊顶造型，采用矿棉板吊顶，如图 17-113 所示。

（3）绘制相关房间的照明灯具造型，如图 17-114 所示。灯具采用格栅造型。

（4）绘制过道筒灯造型，如图 17-115 所示。

4）完成办公室吊顶的绘制。最终结果如图 17-95 所示。

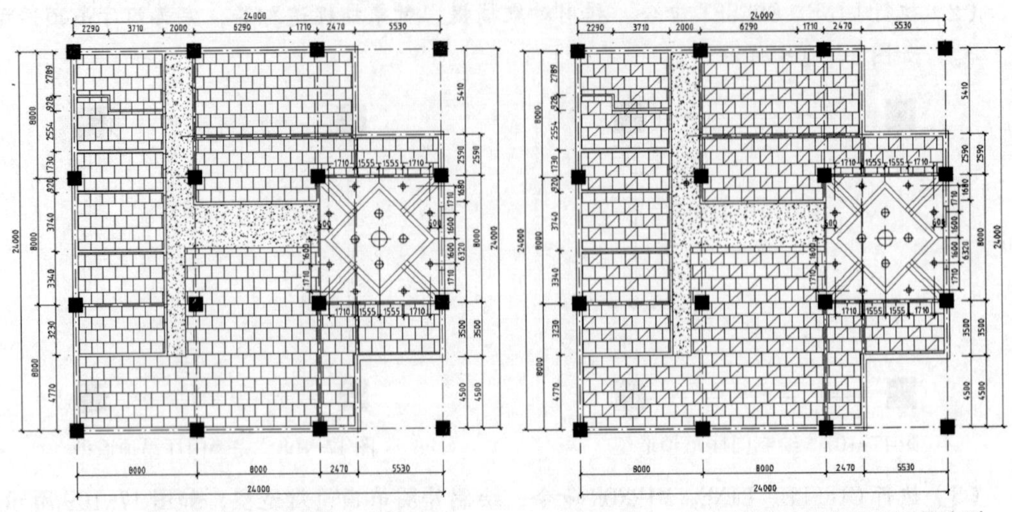

图 17-113　绘制各办公室房间、卫生间和职员办公区吊顶造型　　图 17-114　绘制相关房间的照明灯具造型

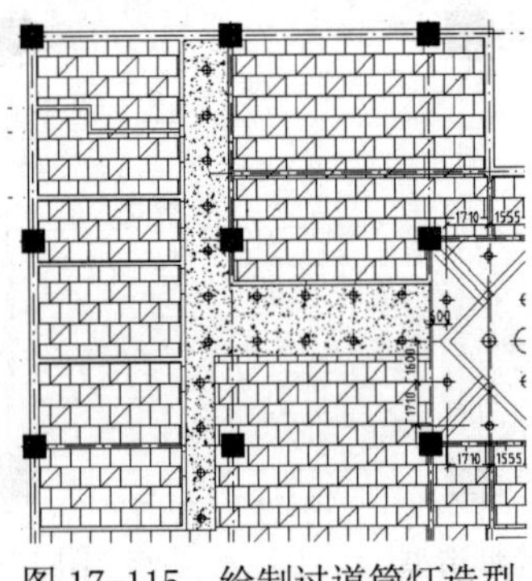

图 17-115　绘制过道筒灯造型

> **要点提示**
>
> 一般来说，还应引出文字标注，标出相应的说明文字，这里从略。

网络视频教学：接上例，参考办公室平面图，完成办公室天花装修图。

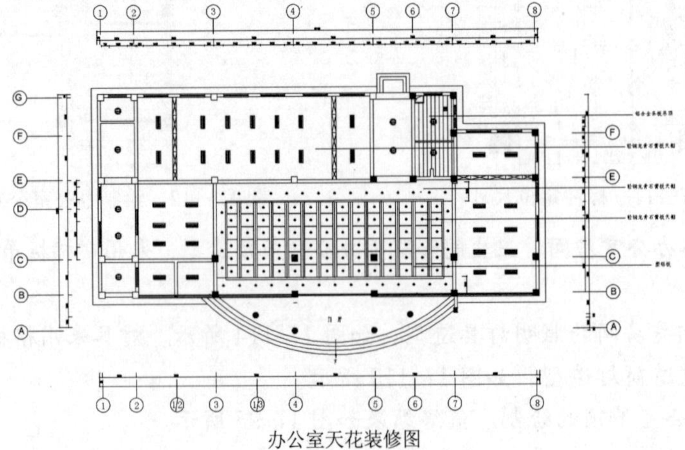

办公室天花装修图

17.4.3　绘制办公室立面图

下面通过实例讲述办公空间立面图的绘制方法与相关技巧。

【案例 17-10】　绘制如图 17-116 所示的办公室某立面图。

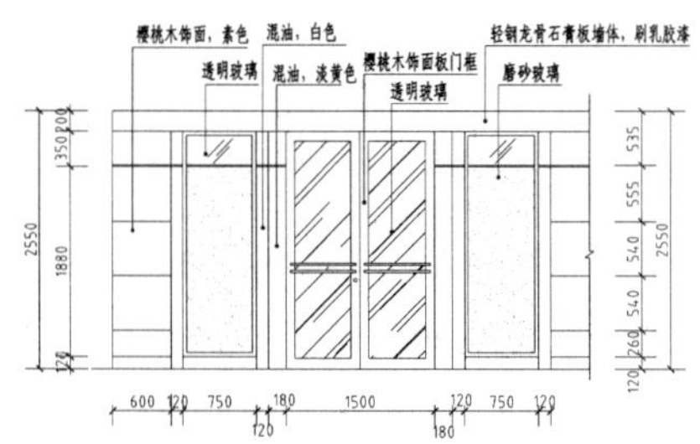

图 17-116　办公室某立面图

1）重新设置图层。增加“装饰-立面图”图层，并将其置为当前图层。

2）执行 LINE 命令，绘制地平线，如图 17-117 所示。

3）执行 LINE 命令，绘制立面天花线，如图 17-118 所示。天花线位置由立面的高度确定。

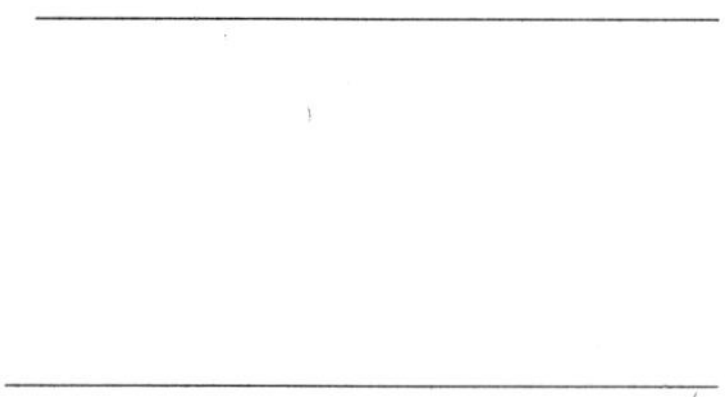

图 17-117　绘制地平线

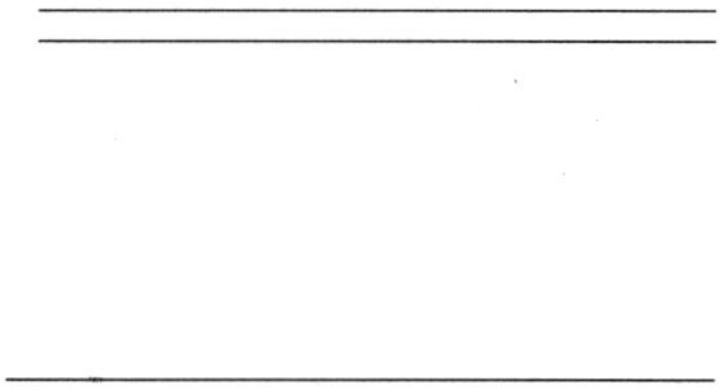

图 17-118　绘制立面天花线

4）执行 LINE 命令，绘制立面侧面垂直方向端线轮廓，如图 17-119 所示。

5）执行 OFFSET、LINE、TRIM 等命令，按比例分隔立面，如图 17-120 所示。

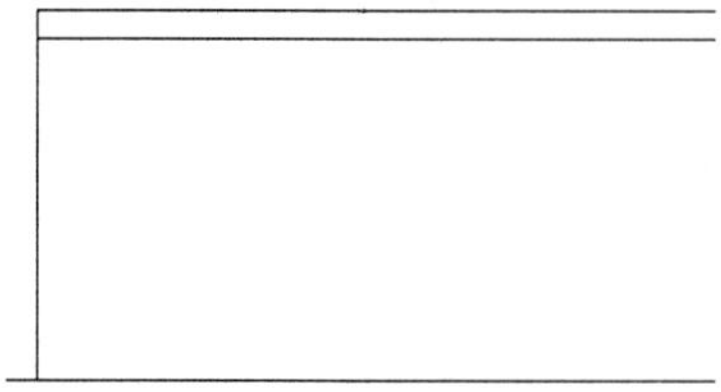

图 17-119　绘制立面侧面垂直方向端线轮廓

图 17-120　按比例分隔立面

6）执行 LINE、TRIM 命令，绘线并修剪交接处，如图 17-121 所示。

7）执行 LINE 命令，绘制房间门立面轮廓及门侧轮廓，如图 17-122 所示。

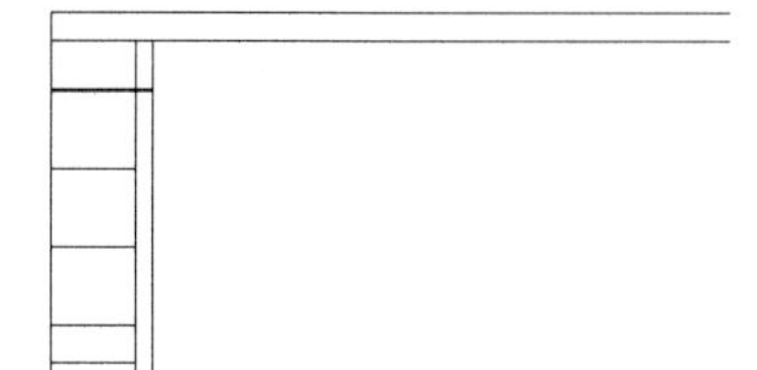

图 17-121　绘线并修剪交接处

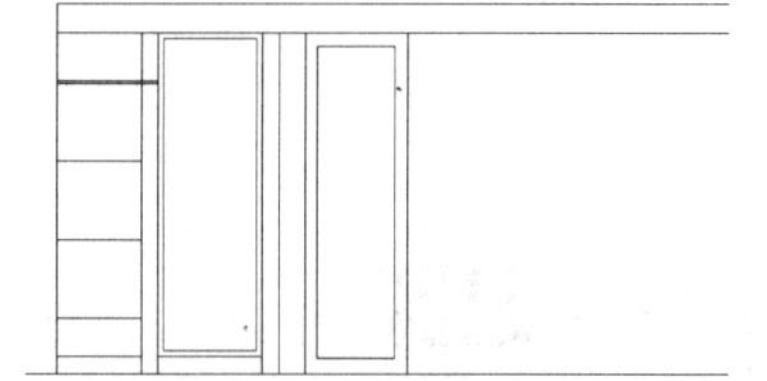

图 17-122　绘制房间门立面轮廓及门侧轮廓

8）执行 LINE 命令，绘制门扇开启把手，如图 17-123 所示。

9）执行 HATCH 命令，填充图案，以表示不同的立面材质，如图 17-124 所示。

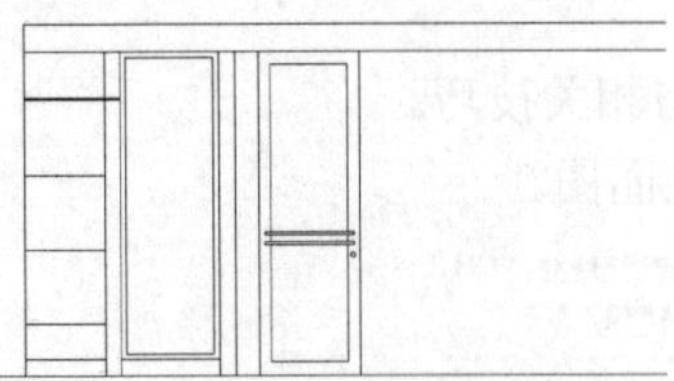

图 17-123　绘制门扇开启把手

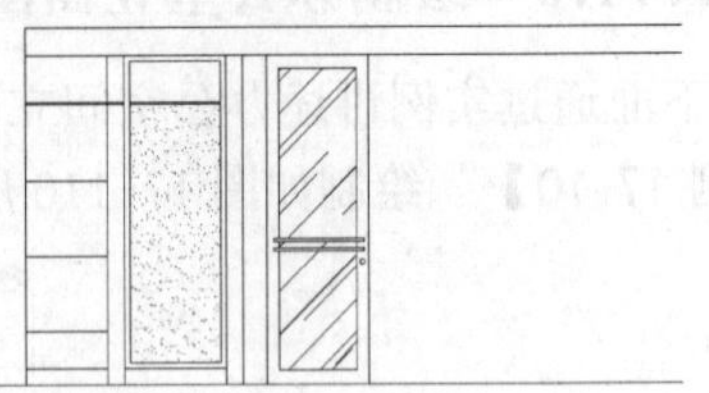

图 17-124　填充图形

10）执行 LINE 命令，绘制斜线，以表示透明玻璃，如图 17-125 所示。

11）用同样的方式绘制相邻房间的立面造型，如图 17-126 所示。

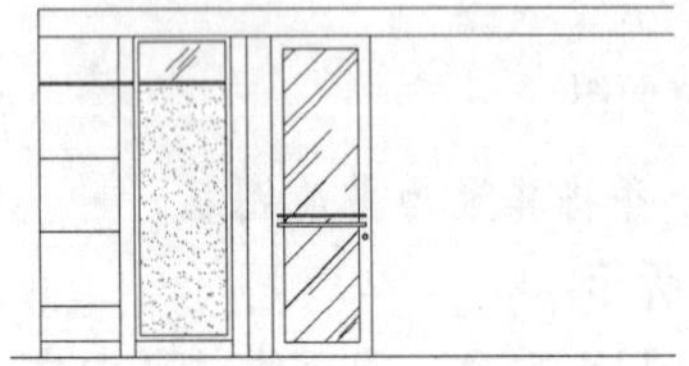

图 17-125　绘制斜线

图 17-126　绘制相邻房间的立面造型

12）执行 LINE 命令，绘制折断线，如图 17-127 所示。

13）重新设置图层。增加“装饰-标注”图层，并将其置为当前图层。

14）标注尺寸，如图 17-128 所示。

图 17-127　绘制折断线

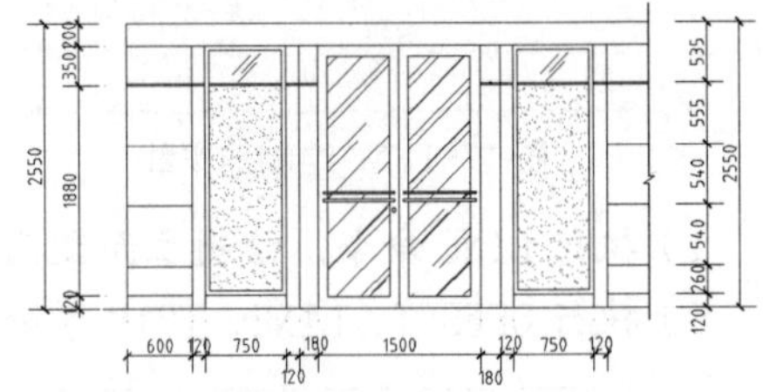

图 17-128　标注尺寸

15）标注相关材质做法的文字说明，完成立面造型的绘制，如图 17-116 所示。

网络视频教学：接上例，完成办公室节点详图绘制。

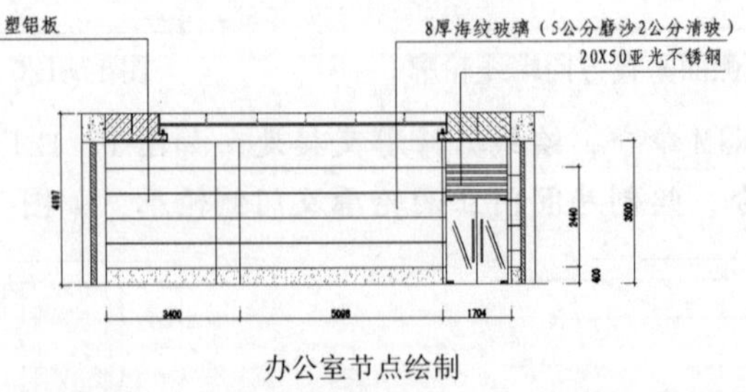

办公室节点绘制

17.5 习题

1. 绘制办公室的建筑平面图，并进行室内设计，参考结果如图 17-129 所示。

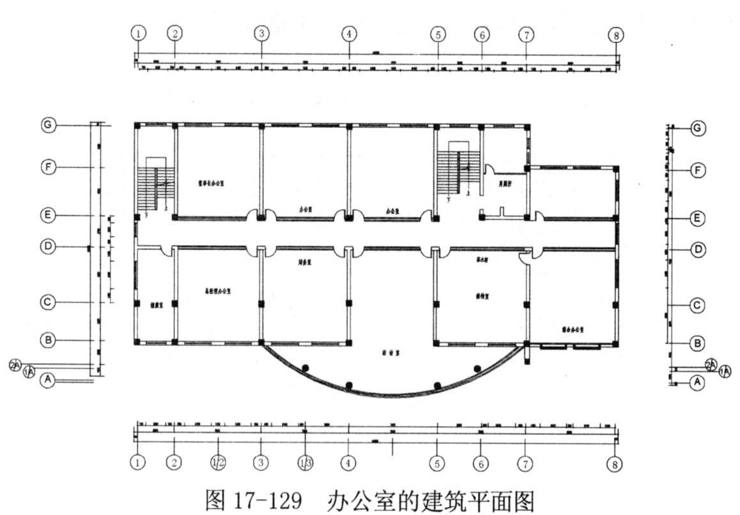

图 17-129　办公室的建筑平面图

2．绘制办公室的室内设计图，参考结果如图 17-130 所示。

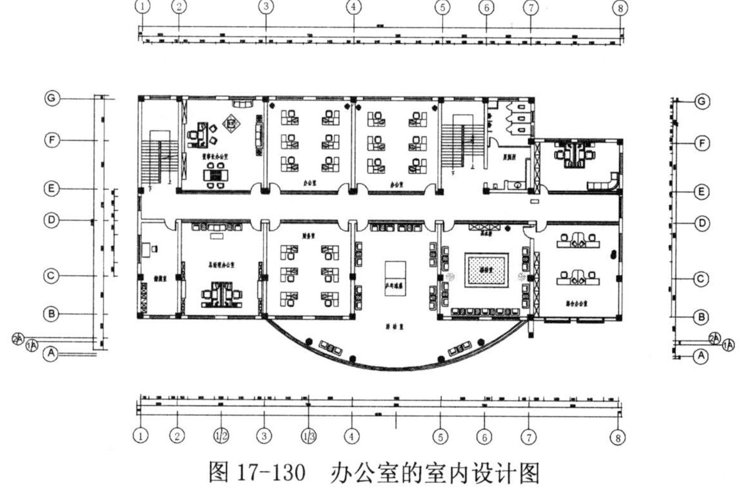

图 17-130　办公室的室内设计图

3．绘制办公室地面装饰设计平面图，参考结果如图 17-131 所示。

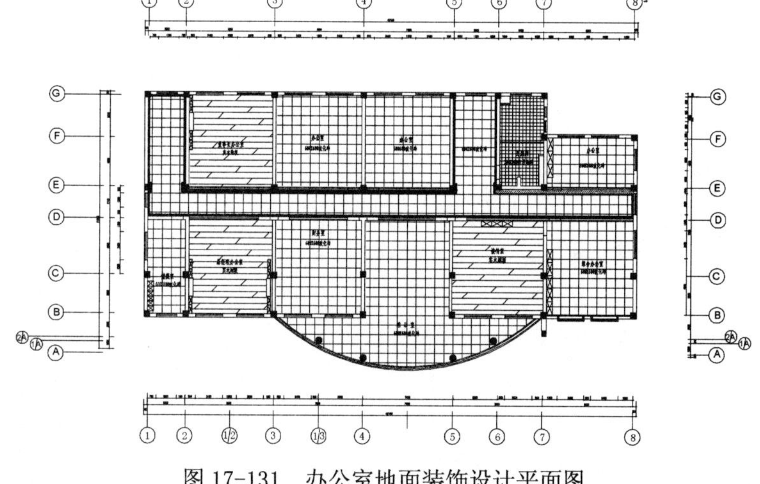

图 17-131　办公室地面装饰设计平面图

4. 绘制办公室天花平面图，参考结果如图 17-132 所示。

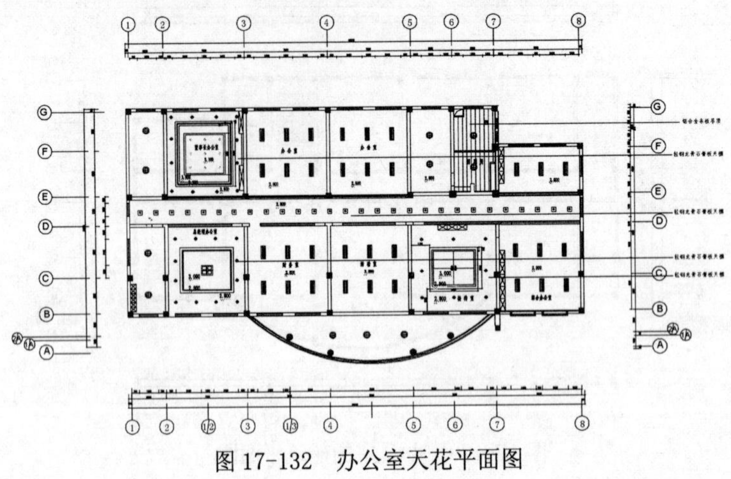

图 17-132　办公室天花平面图

第18章

桑拿室室内装饰设计

通过本章的学习，读者可以掌握桑拿室各建筑空间建筑平面图、室内装饰设计平面图、立面装修图的设计思路、绘制方法、绘制技巧与绘制步骤。

【学习目标】

☑ 桑拿室各建筑空间平面图中的墙体、门窗等图形绘制和标注。

☑ 桑拿室空间中前厅、湿态区域、干态区域等装修设计和家具布局方法。

☑ 卫生间隔断等装修布局方法。

☑ 桑拿空间室内吊顶与地面设计方法。

☑ 桑拿室空间部分立面装修图设计要点。

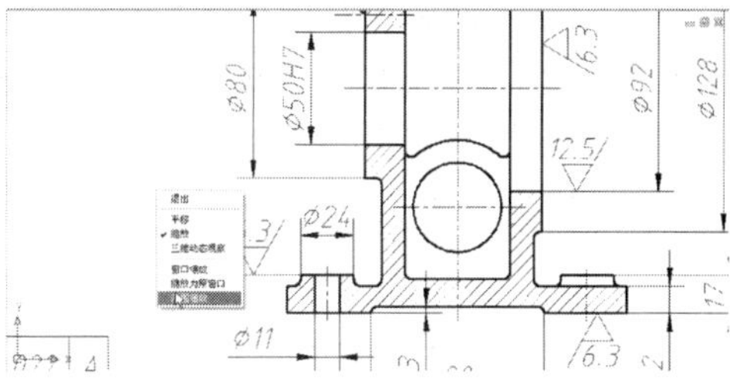

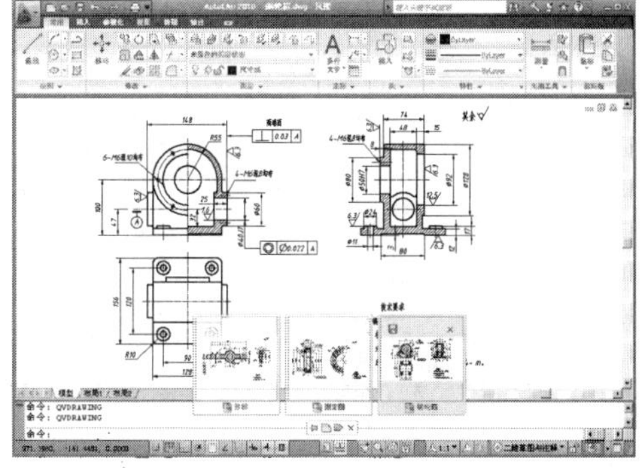

18.1 设计思路

本章主要讲述桑拿室的室内设计平面图及其绘制。通过如图 18-1 所示桑拿室的室内装饰设计平面图的绘制，具体讲述桑拿室的室内设计思路及相关装饰图的绘制方法与技巧。

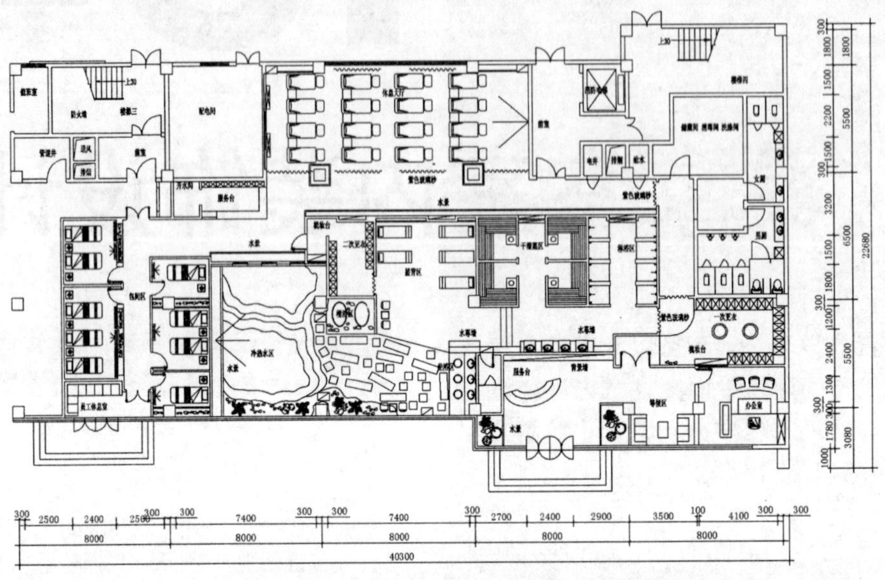

图 18-1 桑拿室的室内装饰设计平面图

沐浴是一种文化，世界各地拥有多种不同的沐浴文化和习惯，因此，产生了各种具有当地特色的沐浴设施和有代表性的设计。中国的沐浴文化也有一套源远流长的传统，现代的东方沐浴文化与西方沐浴文化相结合，取长补短，使池区设计符合分布流畅、设施完善的原则，从而使空间得到合理的安排。

在绘制桑拿室的室内装饰设计图之前要先绘制桑拿室内建筑平面图，如图 18-2 所示。

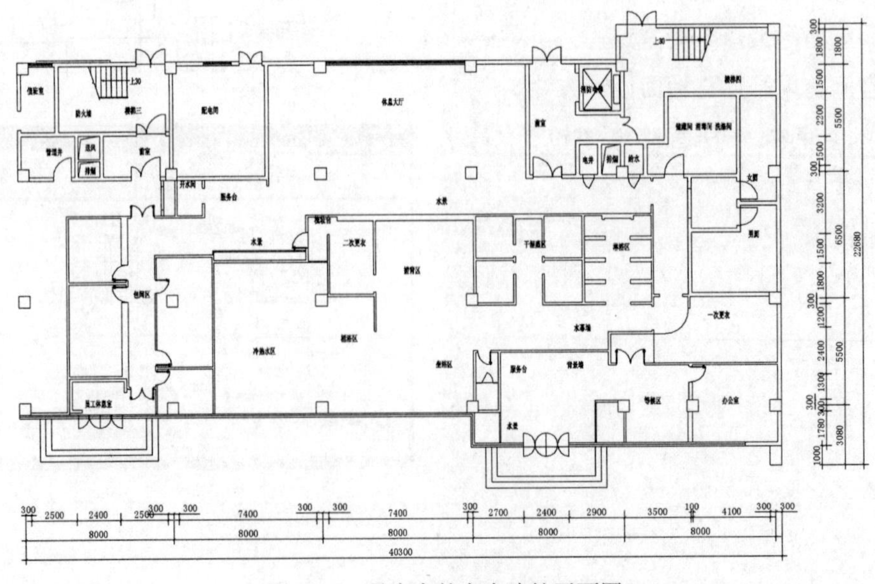

图 18-2 桑拿室的室内建筑平面图

18.2 绘制桑拿室建筑平面图

桑拿室在设计上融入中国古典园林风格的设计手法。桑拿室面积约 500 平方米，是一个配备齐全的桑拿场所，可以满足中高收入水平人士的需求。在满足其功能的基础上，整个空间布局分为湿态区域和干态区域：湿态区域分为淋浴、干湿蒸、洗手台、坐浴区、搓背区和浴池区；干态区域分为一次更衣室、二次更衣室、包厢及休息大厅，根据其功能需要，使整个空间布置更加合理科学。

本节通过实例具体讲述桑拿室建筑平面图的绘图过程。具体内容包括：设置绘图环境、绘制桑拿室墙体、绘制桑拿室门窗和绘制消火栓等辅助空间。

18.2.1 设置绘图环境

本节先介绍桑拿室建筑平面图的绘图环境的设置。

【案例 18-1】 设置如图 18-2 所示的桑拿室室内建筑平面图的绘图环境。

1）新建图形，并将新建图形另存为“桑拿室建筑平面图”。

2）创建并设置图层，结果如图 18-3 所示。

3）根据图形大小，设置绘图区域大小为 45 000×27 000。在命令行输入 LIMITS，AutoCAD 提示如下。

```
命令: LIMITS                                          //在命令行输入命令
重新设置模型空间界限:
指定左下角点或 [开(ON)/关(OFF)] <0.0000,0.0000>:     //按ENTER键
指定右上角点 <420.0000,297.0000>: 45000,27000         //指定右上角坐标
命令: z                                               //输入命令
ZOOM
指定窗口的角点，输入比例因子 (nX 或 nXP)，或者[全部(A)/中心(C)/动态(D)/范围
(E)/上一个(P)/比例(S)/窗口(W)/对象(O)] <实时>: a      //选择“全部(A)”选项
正在重生成模型。
```

4）设置文字标注字体。字体为“仿宋体”，宽度因子为“0.7”。

5）设置尺寸标注字体。字体为“gbenor.shx”的大字体“gbcbig.shx”，宽度因子为“1.0”，如图 18-4 所示。

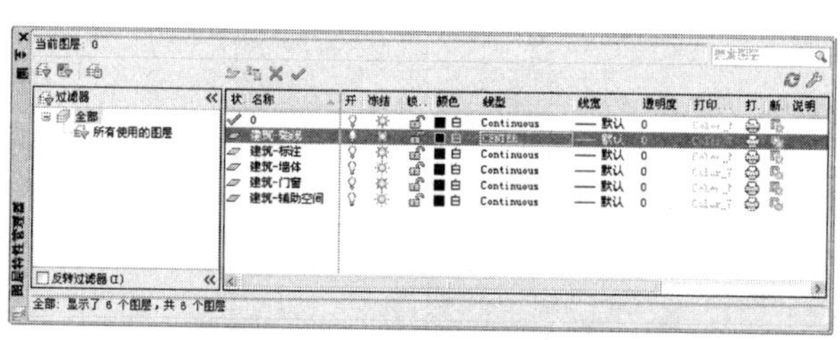

图 18-3 创建并设置图层

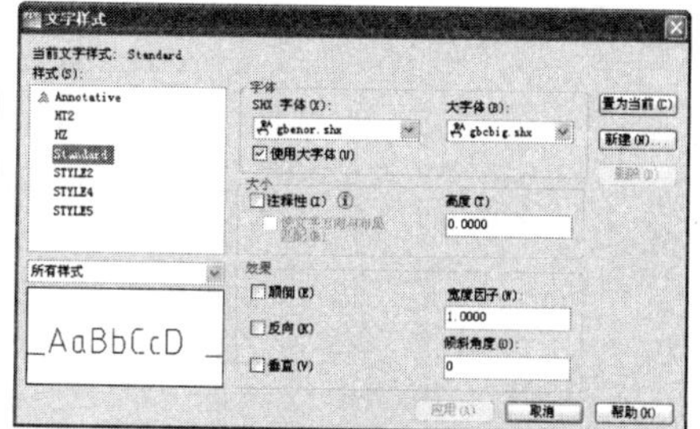

图 18-4 设置尺寸标注字体

6）设置标注样式。创建一个尺寸样式，名称为“工程标注”，对该样式进行以下设置：

（1）在【线】选项卡中的【尺寸界线】选项中，将超出尺寸线设为“160”，起点偏移量设为“500”。

（2）在【符号和箭头】选项卡中的【箭头】选项中，将箭头设为“建筑标记”，其大

小为“200”。

（3）在【文字】选项卡中的【文字外观】选项中，将文字样式设为“Standard”，文字高度设为“300”。在【文字位置】选项中，将尺寸线偏移设为“50”。

（4）使“工程标注”成为当前样式。

7）激活极轴追踪、对象捕捉及自动追踪等功能。设置极轴追踪角度增量为“90”，设置对象捕捉方式为端点、交点，设置仅沿正交方向进行自动追踪。

18.2.2 绘制桑拿室墙体

本节将介绍桑拿室建筑平面图墙体的绘制。

【案例 18-2】 绘制如图 18-2 所示的桑拿室室内建筑平面图的墙体。

1）绘制桑拿室平面图中各功能房间的轴线。

（1）设置图层。将“建筑-轴线”图层置为当前图层。

（2）执行 LINE 命令，创建桑拿室建筑平面的墙体轴线，右键单击该轴线，在弹出的菜单中选择【特性】选项，打开【特性】对话框，在【常规】选项中，将线型比例设为“60”，如图 18-5 所示。

（3）根据桑拿室各个房间的开间或进深大小，创建相应位置的轴线，如图 18-6 所示。

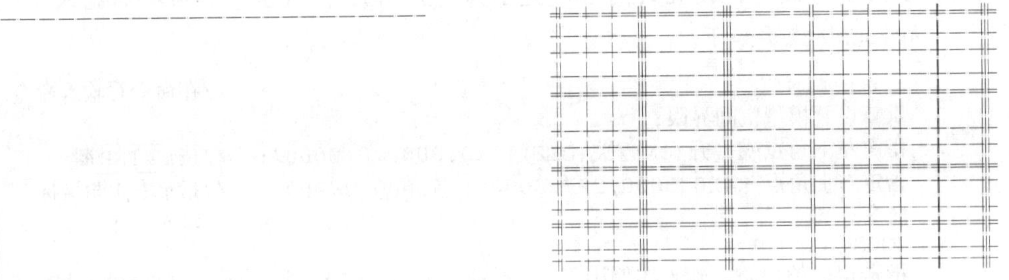

图 18-5 创建桑拿室墙体轴线　　图 18-6 创建相应位置的轴线

2）标注轴线尺寸。

（1）设置图层。将“建筑-标注”图层置为当前图层。

（2）执行 DIMLINER、DIMCONTINUE 命令，标注轴线尺寸，结果如图 18-7 所示。

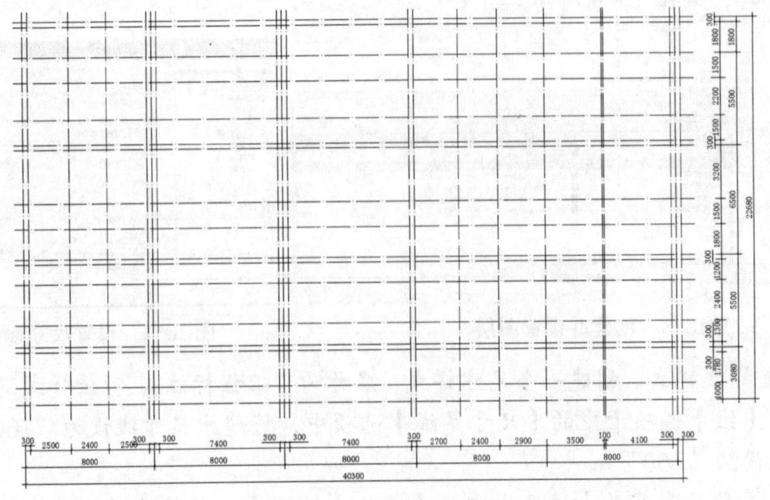

图 18-7 标注轴线尺寸

3）绘制柱子。

（1）重新设置图层。增加“建筑-柱子”图层，并将其置为当前图层。

（2）执行POLYGIN命令，创建边长为600mm的正方形柱子，如图18-8所示。

（3）执行COPY命令，复制柱子，进行柱网布局，如图18-9所示。

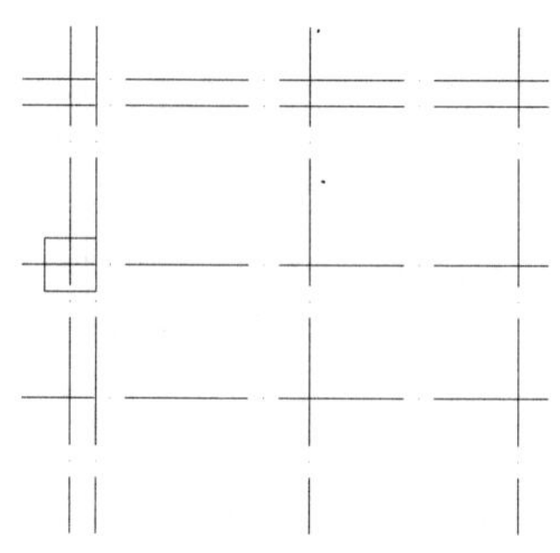

图18-8　创建正方形柱子

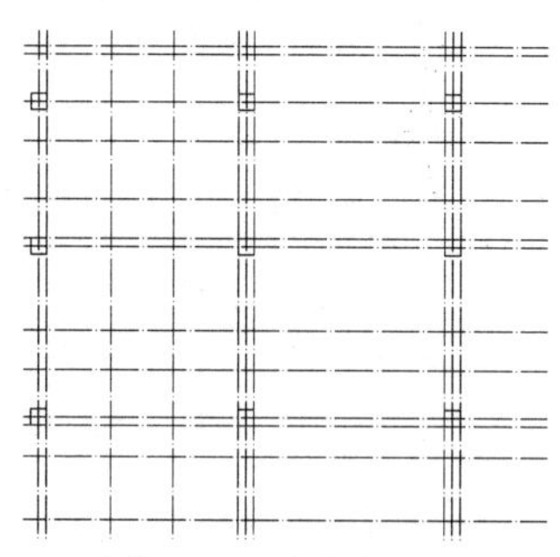

图18-9　复制柱子

（4）完成柱网布局，如图18-10所示。

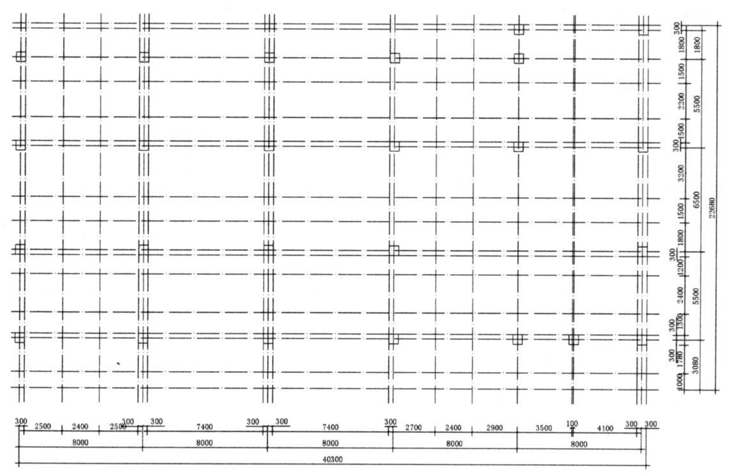

图18-10　完成柱网布局

4）绘制墙体。

（1）设置图层。将“建筑-墙体”图层置为当前图层。

（2）执行LINE、OFFSET等命令创建桑拿室平面墙体，如图18-11所示。

要点提示

桑拿室墙体厚度设定为，外墙200mm，内墙120mm，隔墙100mm，还可根据实际具体情况而定。

要点提示

从图18-11可以看出，起定位作用的轴线此时起到了相反的作用，轴线在很多地方与柱子、墙体重合了，所以在之后绘图过程中，可以根据实际情况适当关闭或打开“轴线”图层。

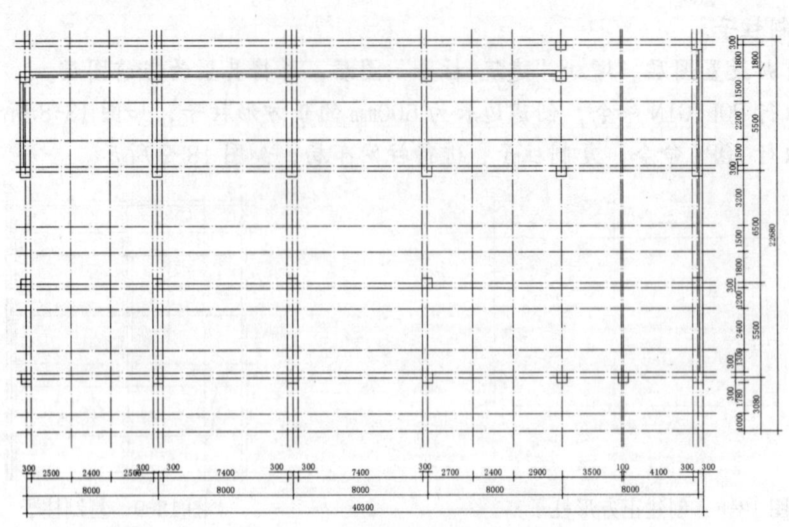

图 18-11　创建桑拿室平面墙体

（3）用同样的方式绘制其他墙体轮廓线，如图 18-12 所示。

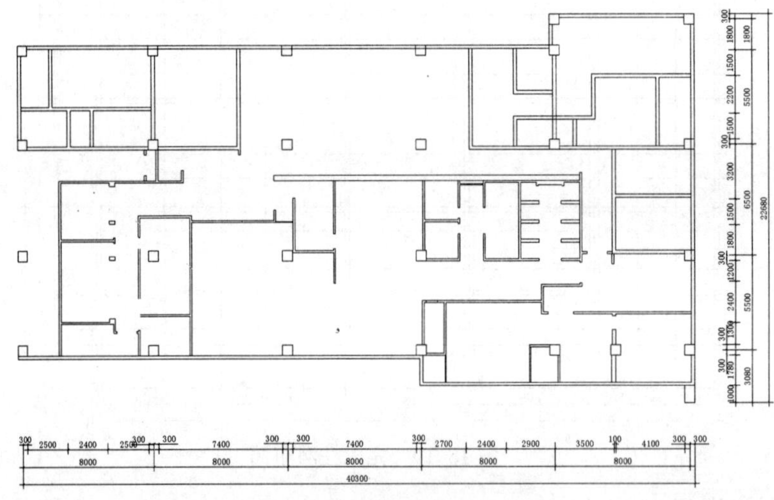

图 18-12　绘制其他墙体轮廓线

（4）对桑拿室进行功能房间安排，并标注说明文字，如图 18-13 所示。

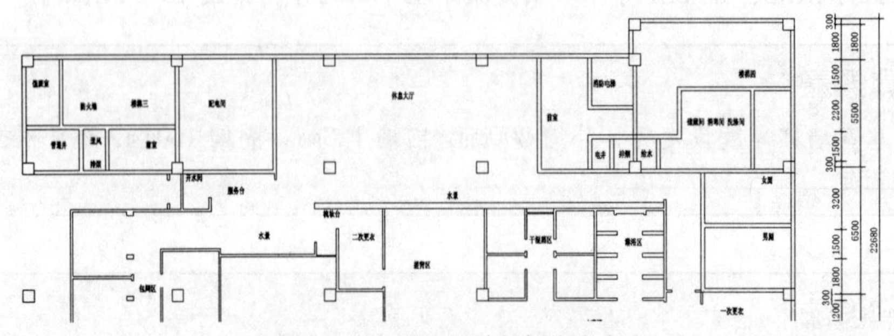

图 18-13　对房间功能标注文字

（5）完成桑拿室建筑墙体平面绘制，保存图形，结果如图 18-14 所示。

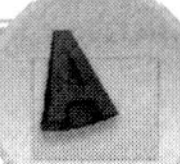

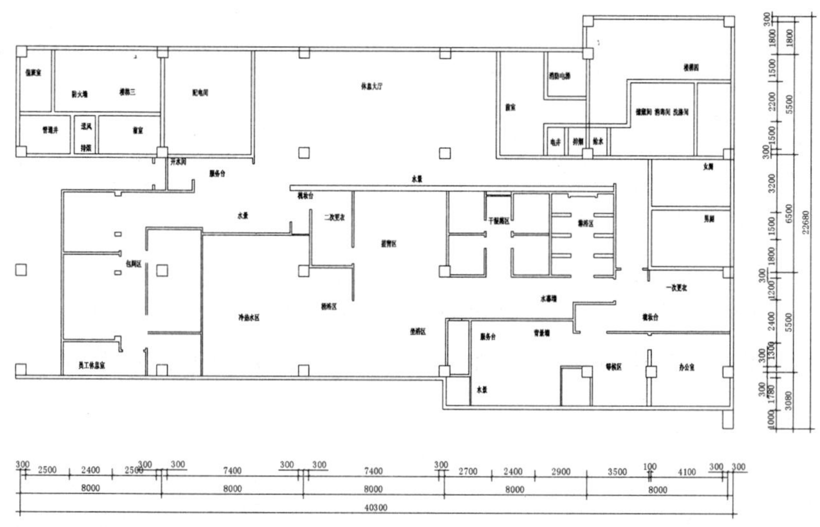

图 18-14　完成桑拿室建筑墙体平面绘制

18.2.3　绘制桑拿室门窗

本节将介绍桑拿室建筑平面图中门窗的绘制。

【案例 18-3】　绘制如图 18-2 所示的桑拿室室内建筑平面图的门窗。

1）设置图层。将“建筑-门窗”图层置为当前图层。

2）执行 LINE 命令，绘制线段，确定前台入口大门宽度，如图 18-15 所示。

3）执行 TRIM 命令，修剪图形，形成门洞，如图 18-16 所示。

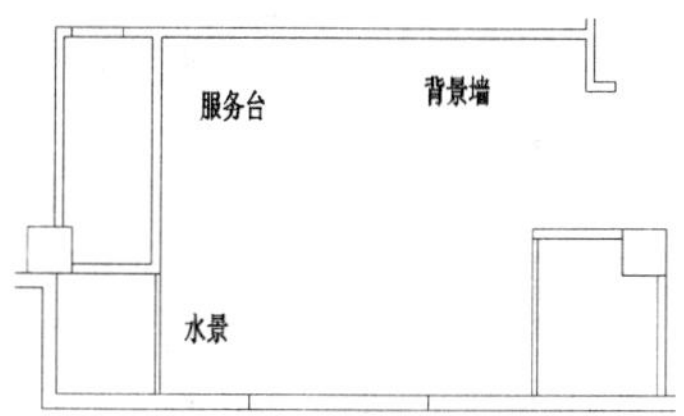

图 18-15　确定前台入口大门宽度

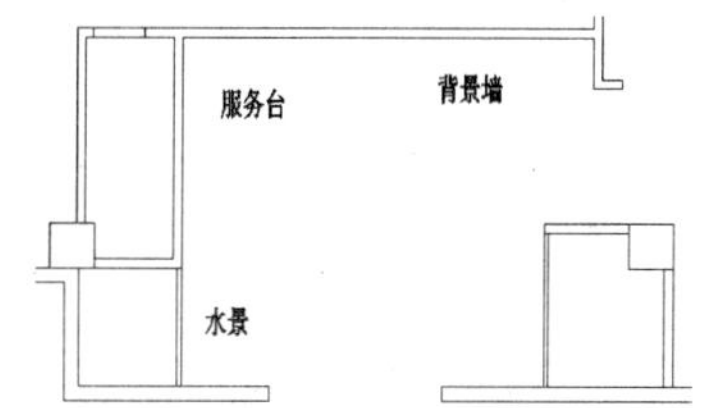

图 18-16　形成门洞

4）执行 CIRCLE、LINE、TRIM 等命令，绘制门扇造型，如图 18-17 所示。

5）执行 MIRROR 命令，得到双扇门造型，如图 18-18 所示。

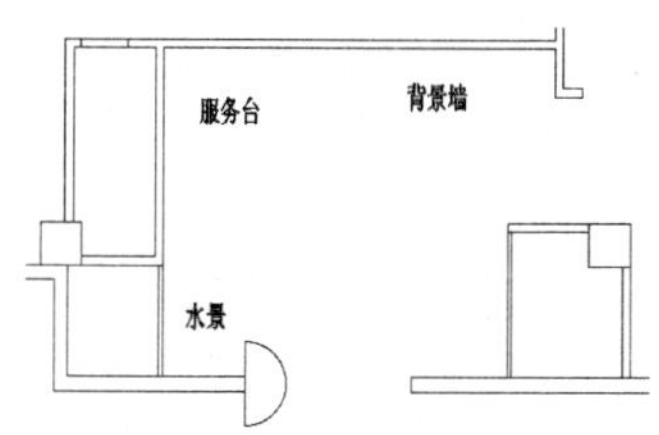

图 18-17　绘制门扇造型

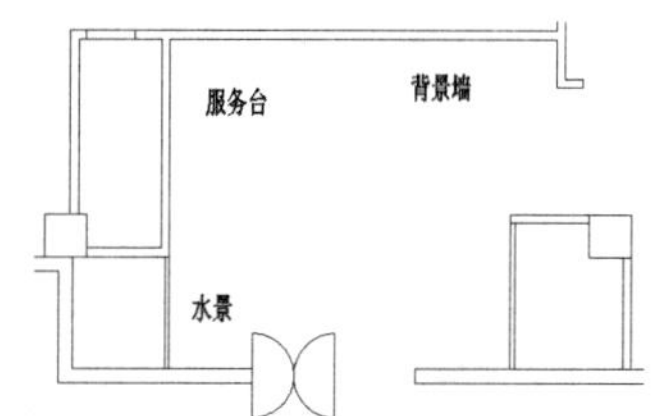

图 18-18　双扇门造型

6）再次执行 MIRROR 命令，得到两个双扇门造型，如图 18-19 所示。

7）执行 LINE 命令，绘制门前台阶，如图 18-20 所示。

8）执行 LINE 命令，绘制窗户，如图 18-21 所示。

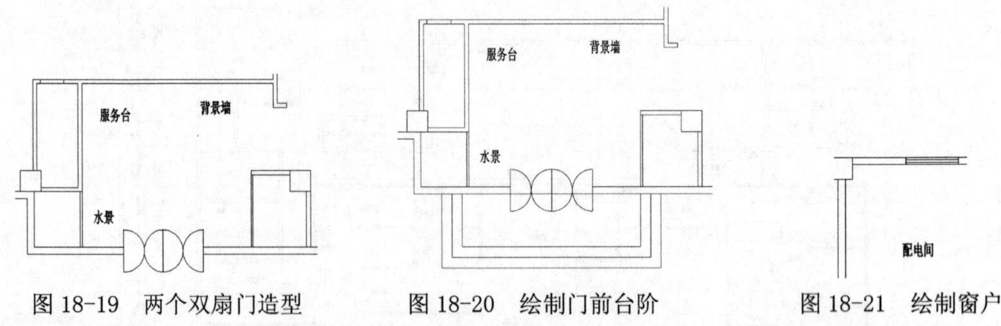

图 18-19　两个双扇门造型　　　图 18-20　绘制门前台阶　　　图 18-21　绘制窗户

9）执行 COPY、TRIM、MIRROR 等命令，绘制其他门窗，如图 18-22 所示。

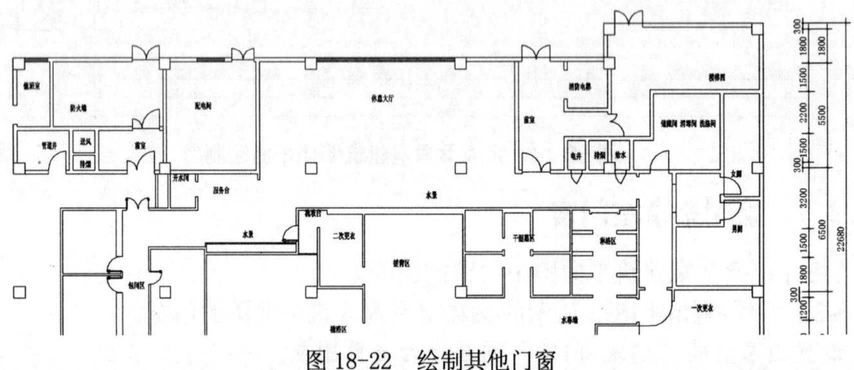

图 18-22　绘制其他门窗

10）完成桑拿室平面图中门窗的绘制，缩放视图，观察并保存图形，如图 18-23 所示。

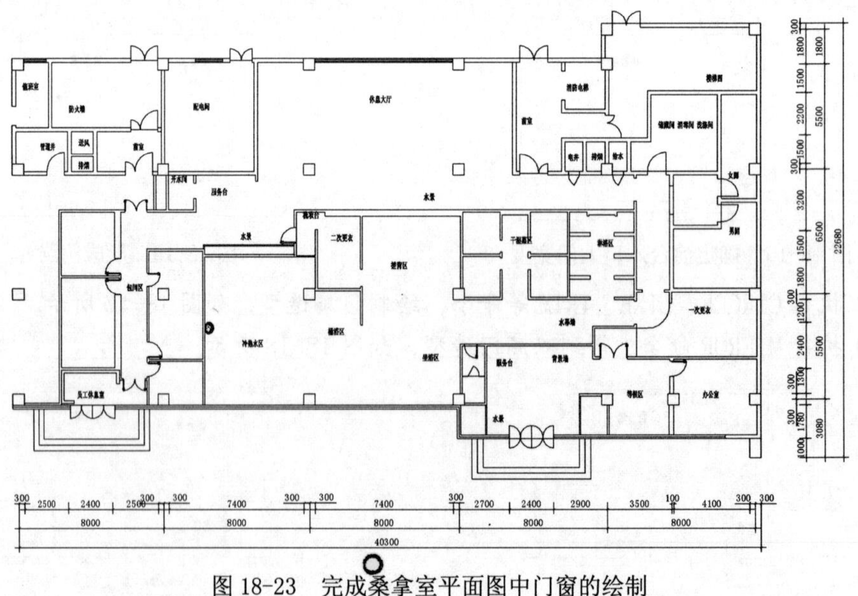

图 18-23　完成桑拿室平面图中门窗的绘制

18.2.4　绘制辅助空间

桑拿室中的辅助空间包括楼梯、阳台、储藏间、消防辅助设施（基于安全考虑）等。本节将介绍桑拿室建筑平面图中楼梯的绘制。

【案例 18-4】　绘制如图 18-2 所示的桑拿室内建筑平面图的楼梯等辅助空间。

1）设置图层。将“建筑-辅助空间”图层置为当前图层。

2）执行 LINE、OFFSET 等命令，在墙体附近门口入口处绘制楼梯台阶轮廓造型，如图 18-24 所示。

3）执行 LINE 命令，绘制折断线，如图 18-25 所示。

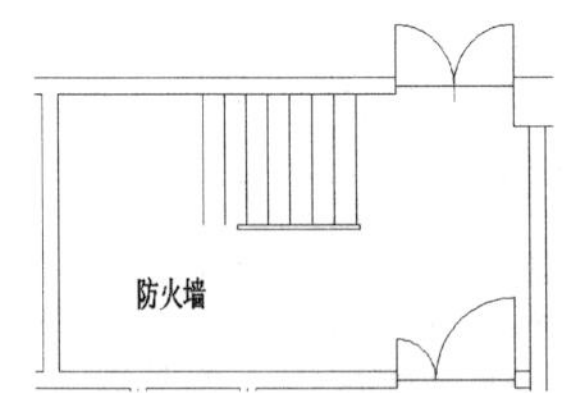

图 18-24　绘制楼梯台阶轮廓造型

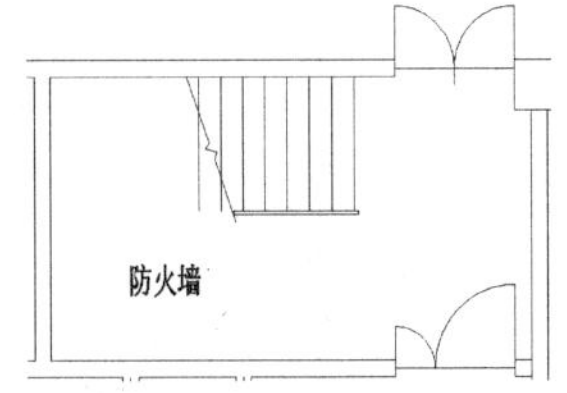

图 18-25　绘制折断线

4）执行 TRIM 命令，修剪楼梯轮廓线造型内线段，如图 18-26 所示。

5）绘制箭头，标注文字，如图 18-27 所示。

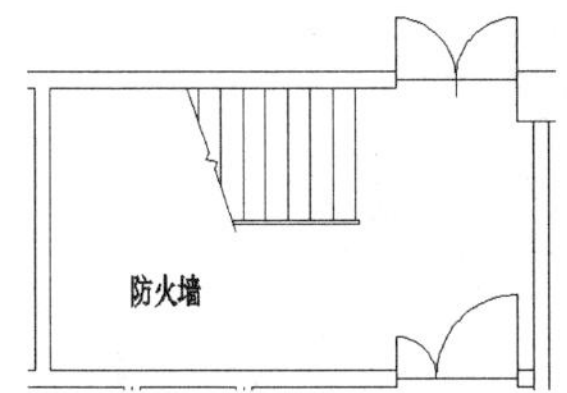

图 18-26　修剪楼梯轮廓线造型内线段

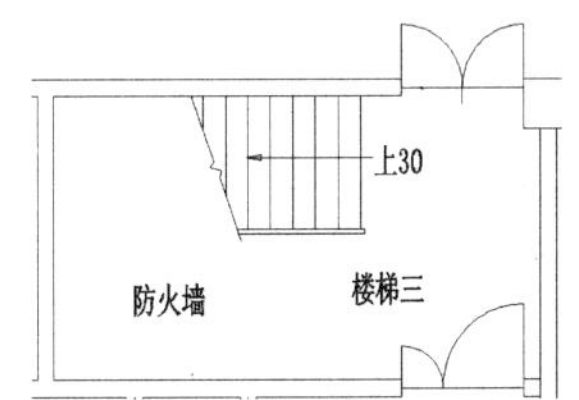

图 18-27　绘制箭头，标注文字

6）用同样的方式绘制另一个楼梯，如图 18-28 所示。当然，也可以采用 MIRROR、COPY 命令完成其绘制。

7）执行 RECTANGLE、LINE 等命令，绘制消防电梯轮廓造型，如图 18-29 所示。

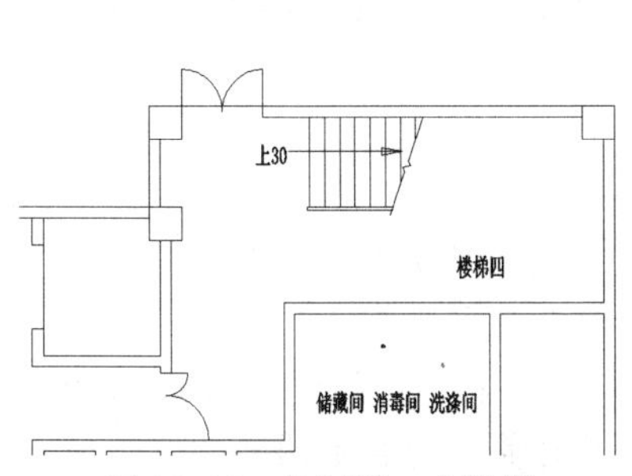

图 18-28　绘制另一个楼梯

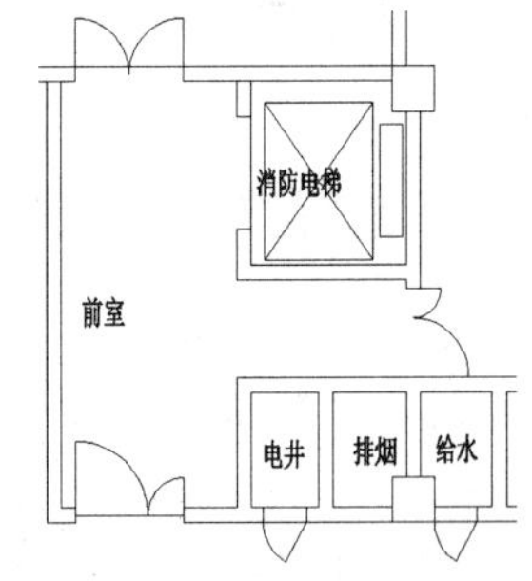

图 18-29　绘制消防电梯轮廓造型

8）执行 LINE 命令，绘制排烟、送风等坑槽，如图 18-30 所示。

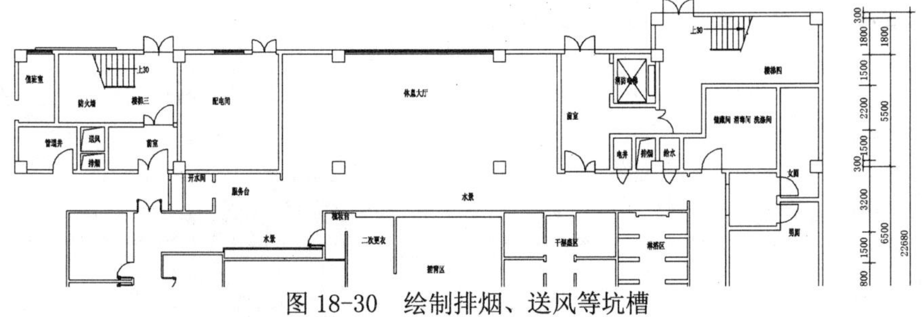

图 18-30　绘制排烟、送风等坑槽

9）完成桑拿室建筑平面图的绘制，最终结果如图 18-2 所示。

网络视频教学：绘制美容美发厅建筑平面图。

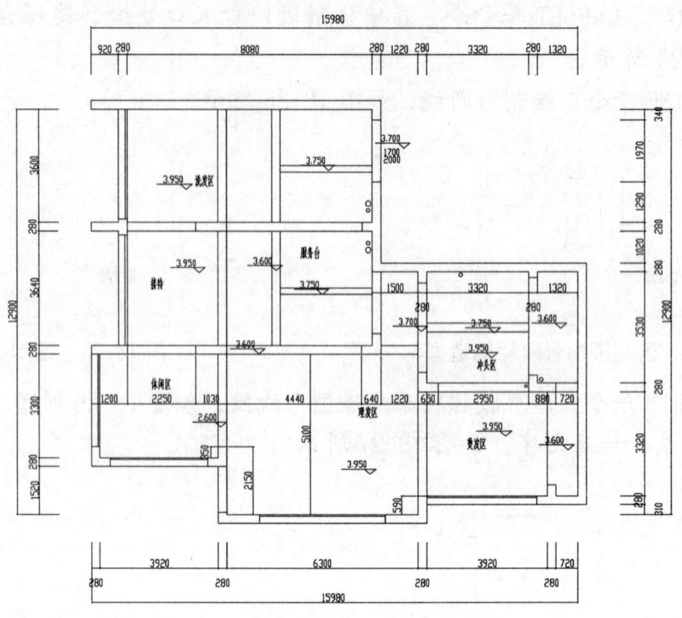

美容美发厅建筑平面图

18.3 绘制桑拿室的装修图

本桑拿室的设计始终贯彻“水”、“自然”、“人文”、“放松”及“休闲”5个主题，其设计风格在现代设计理念的基础上融入中国古典园林风格，融入闽南文化元素（红色砖墙、石雕、浮雕等）。本节接上例，通过实例讲解，详细讲述桑拿室的装饰平面图的设计、绘图方法与技巧。

18.3.1 布置桑拿室入口门厅

入口门厅是进入各桑拿室的主要入口，也是客人进入桑拿室的重要通道。

这里详细介绍桑拿室入口门厅装饰设计图的绘制方法及技巧。

【案例 18-5】 接上例，完成如图 18-1 所示桑拿室的室内装饰设计图中门厅的布置。

1）重新设置图层。增加“装饰-门厅”图层，并将其置为当前图层。

2）执行 ARC、LINE 等命令，在桑拿室入口门厅空间平面后绘制弧形前台，如图 18-31 所示。

3）插入古代水盘造型，如图 18-32 所示。

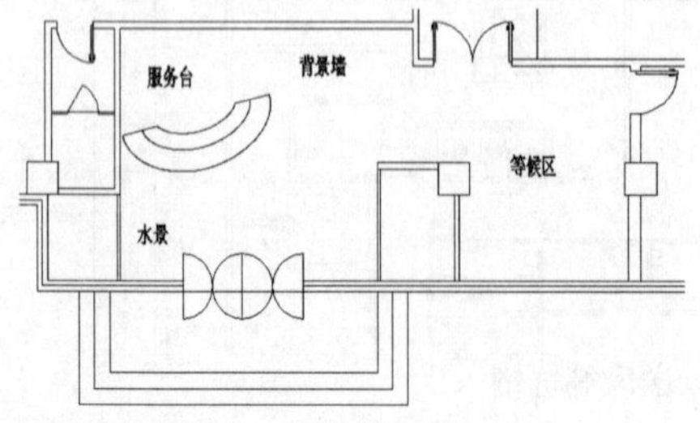

图 18-31 绘制弧形前台

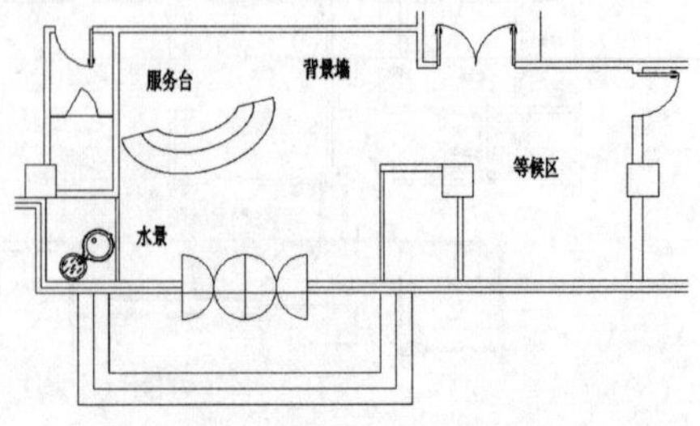

图 18-32 插入古代水盘造型

4）插入假山造型，如图 18-33 所示。

5）执行 COPY 命令，复制插入的古代水盘造型和假山造型，如图 18-34 所示。

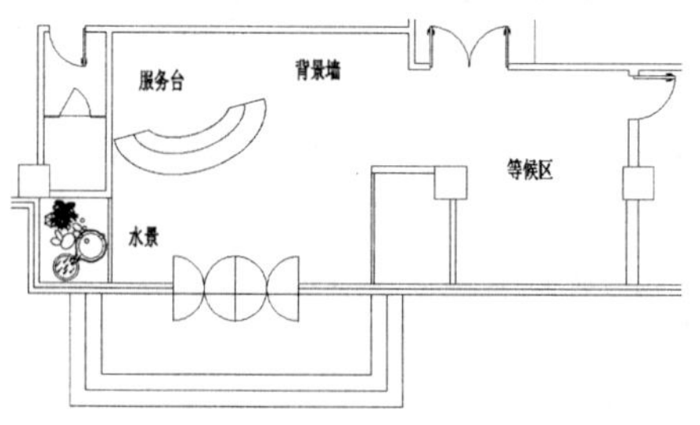

图 18-33 插入假山造型

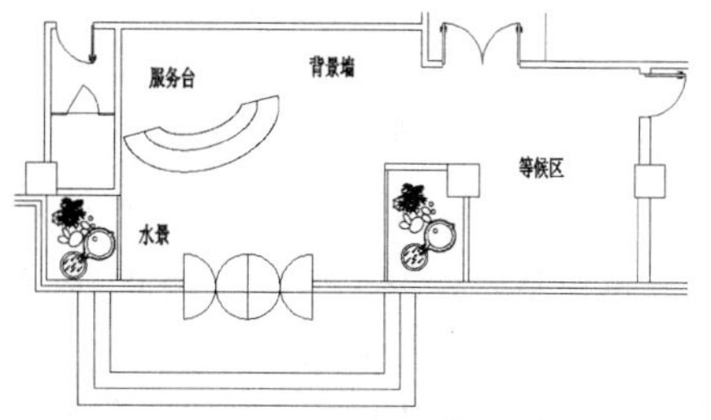

图 18-34 复制插入的古代水盘造型和假山造型

6）执行 LINE 命令，绘制与门口正对的水幕墙，如图 18-35 所示。

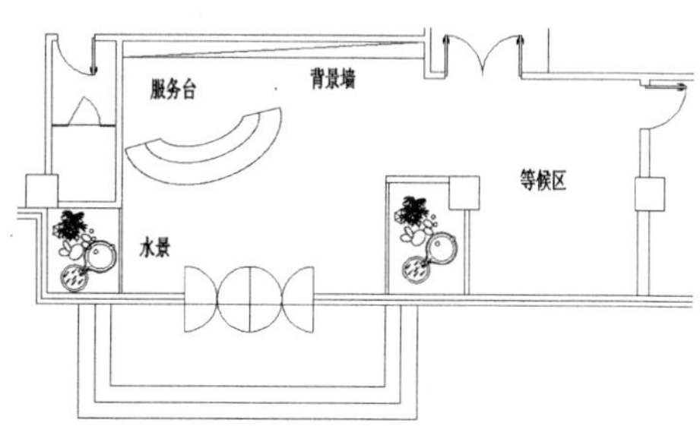

图 18-35 绘制与门口正对的水幕墙

18.3.2 布置等候区和办公室

这里详细介绍桑拿室入口等候区和办公室装饰设计图的绘制方法及技巧。

【案例 18-6】 接上例，完成如图 18-1 所示桑拿室等候区和办公室的装饰设计平面图的绘制方法与技巧。

1）重新设置图层。增加“装饰-办公”图层，并将其置为当前图层。

2）布置等候区。

（1）执行 LINE 命令，就地形绘制沙发，如图 18-36 所示。

（2）执行 RECTANGLE 命令，绘制茶几，如图 18-37 所示。

（3）执行 MIRROR 命令，镜像绘制的沙发，完成等候区的布置，结果如图 18-38 所示。

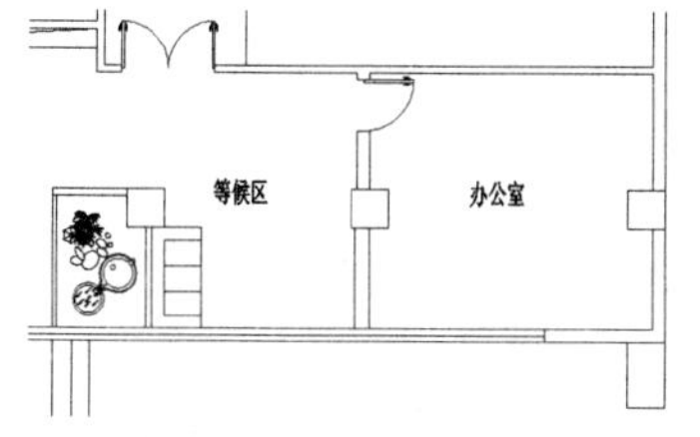

图 18-36 绘制沙发

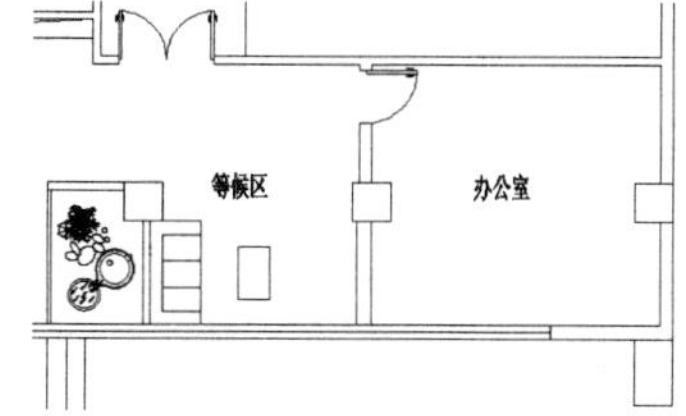

图 18-37 绘制茶几

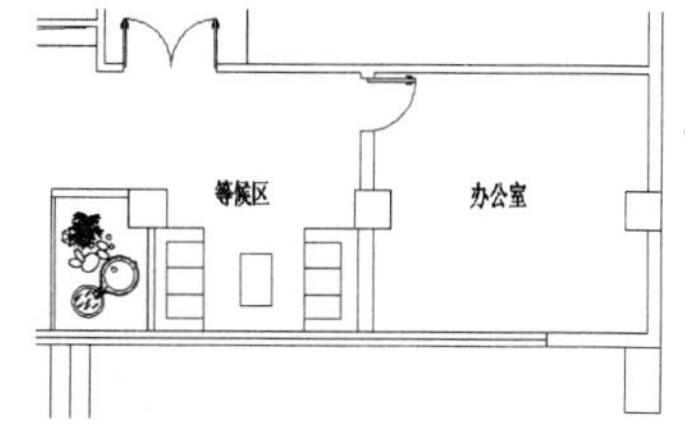

图 18-38 镜像绘制的沙发

3）布置办公室。

（1）执行 INSERT 命令，插入办公桌、办公椅造型，如图 18-39 所示。

（2）执行 LINE 命令，绘制办公文件柜、资料橱，如图 18-40 所示。

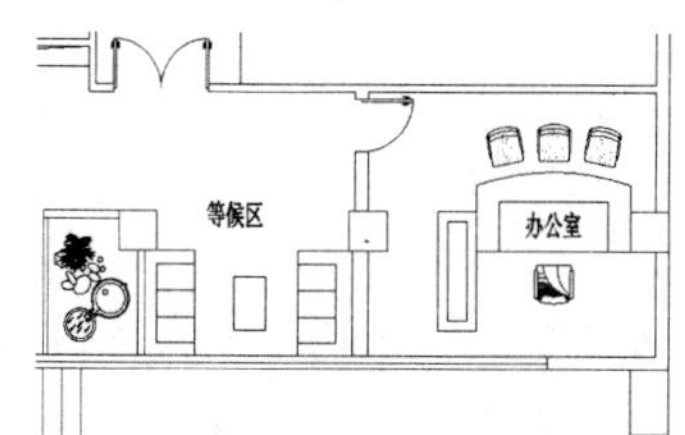

图 18-39 插入办公桌、办公椅造型

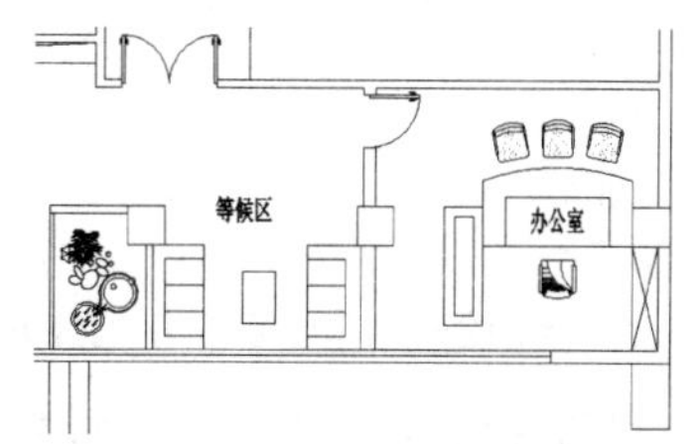

图 18-40 绘制办公文件柜、资料橱

18.3.3 布置湿态区域

这里将通过实例详细讲述桑拿淋浴区、干湿蒸区、洗手台、坐浴区、搓背区及浴池区等湿态区域的布置。

【案例 18-7】 接上例，完成如图 18-1 所示桑拿淋浴区、干湿蒸区、洗手台、坐浴区、搓背区、浴池区等湿态区域的装饰设计平面图的绘制方法与技巧。

1）重新设置图层。增加“装饰-湿态区域”图层，并将其置为当前图层。

2）布置桑拿淋浴区。

（1）执行 ARC、LINE 等命令，绘制淋浴头，如图 18-41 所示。

（2）执行 RECTANGLE、OFFSET 命令，绘制毛巾架等，如图 18-42 所示。

（3）执行 LINE 命令，绘制桑拿淋浴室遮帘，如图 18-43 所示。

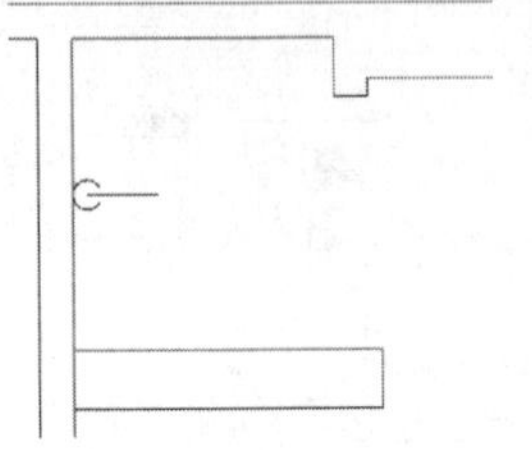

图 18-41 绘制淋浴头

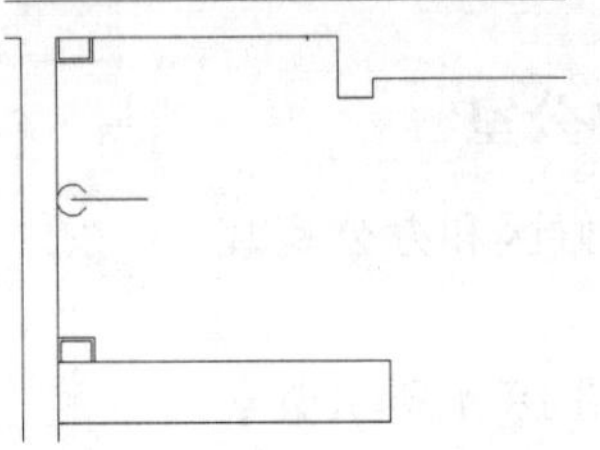

图 18-42 绘制毛巾架等

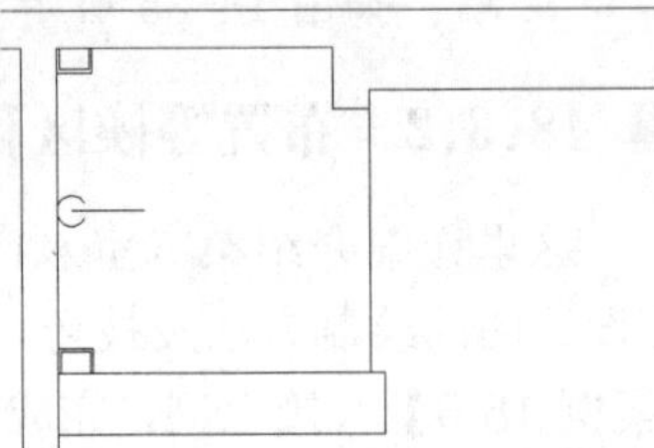

图 18-43 绘制桑拿淋浴室遮帘

（4）用同样的方式布置桑拿淋浴区其他淋浴室，如图 18-44 所示。

（5）执行 RECTANGLE、LINE 命令，绘制桑拿淋浴区背景墙，完成桑拿淋浴区的布置，结果如图 18-45 所示。

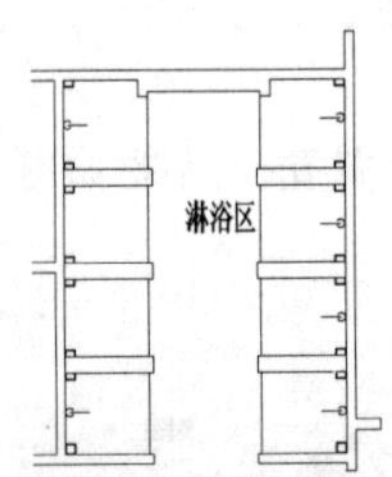

图 18-44 布置桑拿淋浴区其他淋浴室

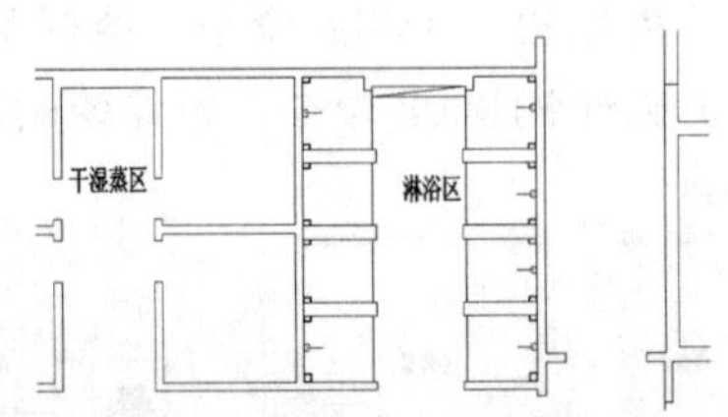

图 18-45 绘制桑拿淋浴区背景墙

3）布置桑拿干湿蒸区。

（1）执行 RECTANGLE、LINE 命令，绘制桑拿干湿蒸区背景墙，如图 18-46 所示。

（2）执行 LINE、OFFSET 命令，绘制左侧桑拿干湿蒸区相关设施，如图 18-47 所示。

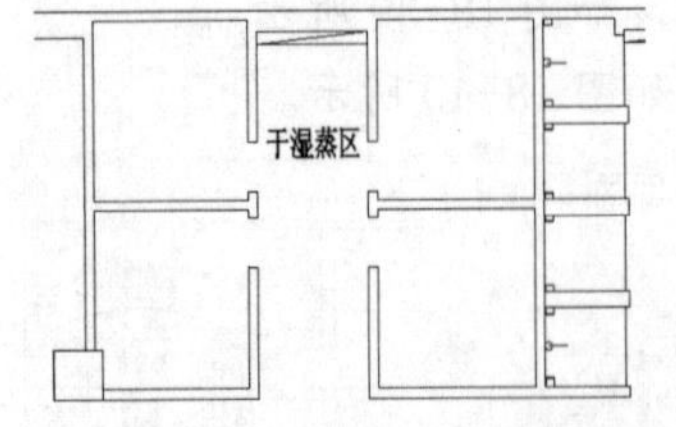

图 18-46 绘制桑拿干湿蒸区背景墙

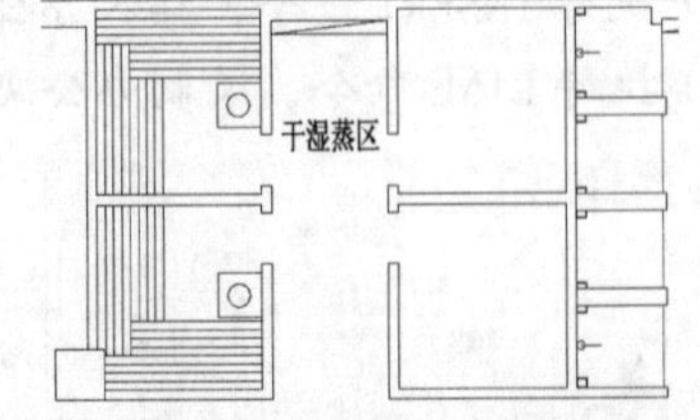

图 18-47 绘制左侧桑拿干湿蒸区相关设施

（3）用同样的方式绘制另一侧桑拿干湿蒸区相关设施，完成桑拿干湿蒸区的布置，结果如图 18-48 所示。

4）布置桑拿洗手台。

（1）执行 LINE 命令，绘制洗手盆台面，如图 18-49 所示。

（2）执行 INSERT 命令，插入洗手盆，如图 18-50 所示。

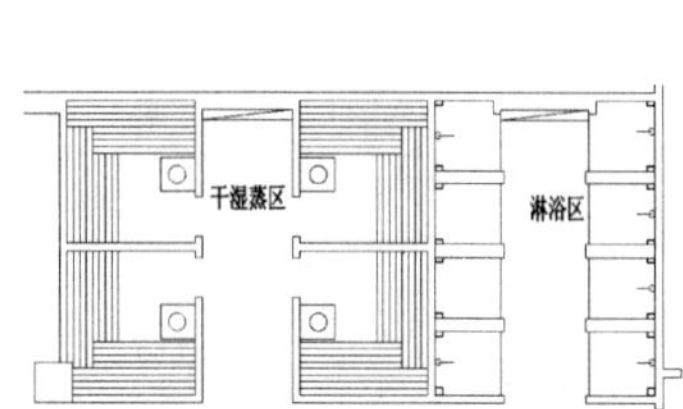

图 18-48 绘制另一侧桑拿干湿蒸区相关设施

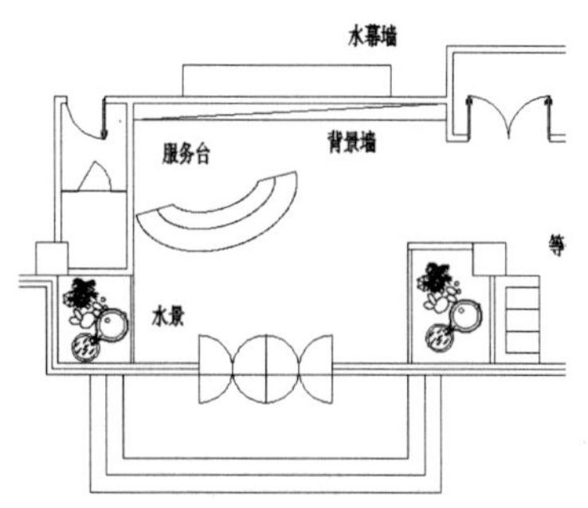

图 18-49 绘制洗手盆台面

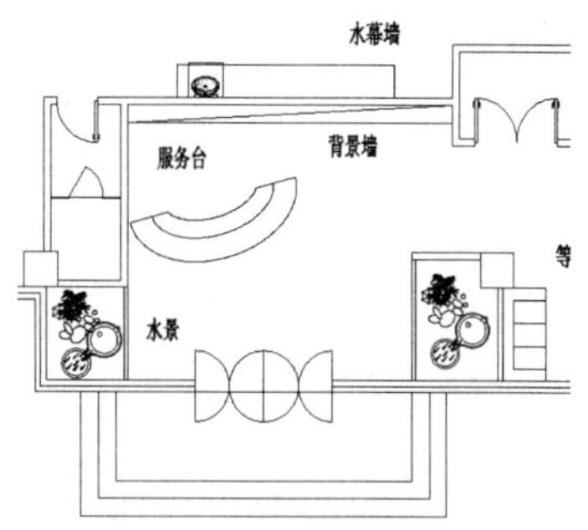

图 18-50 插入洗手盆

（3）执行 COPY 命令，复制洗手盆造型，如图 18-51 所示。

（4）执行 LINE 命令，绘制水幕墙，执行 TRIM 命令，修剪图形，完成桑拿洗手台的布置，如图 18-52 所示。

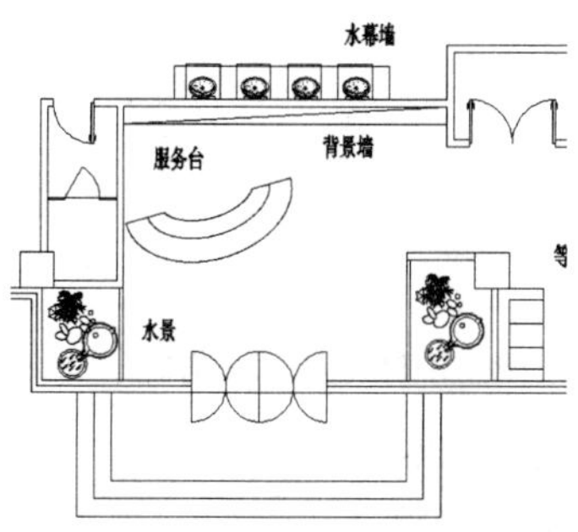

图 18-51 复制洗手盆造型

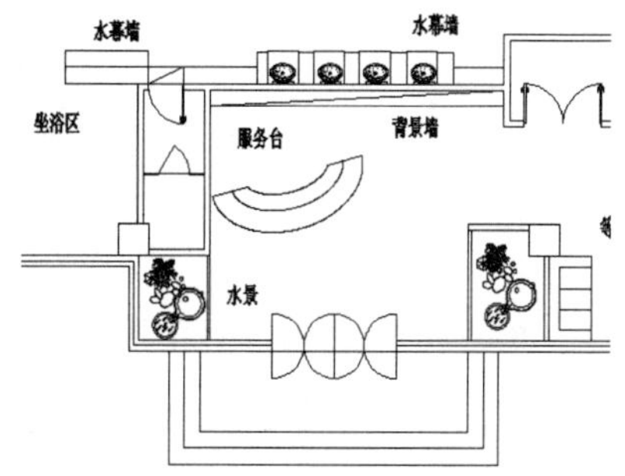

图 18-52 完成桑拿洗手台的布置

5）布置桑拿坐浴区。

（1）执行 LINE 命令，绘线区分坐浴区与搓背区空间，如图 18-53 所示。

（2）执行 LINE、RECTANGLE 命令，绘制大小不等的砖石，如图 18-54 所示。

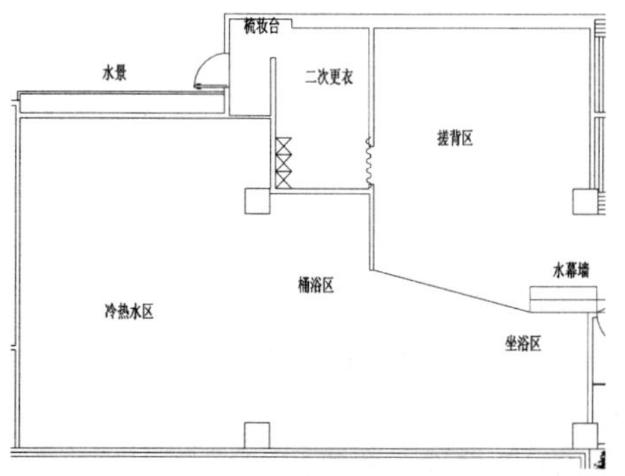

图 18-53 绘线区分坐浴区与搓背区空间

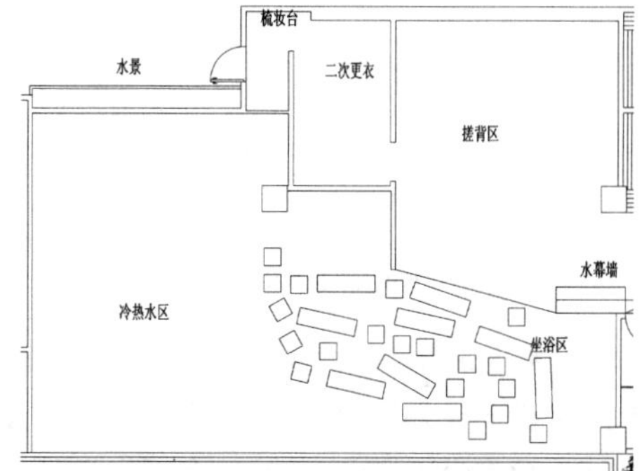

图 18-54 绘制大小不等的砖石

（3）执行 LINE 命令，绘制洗手盆台面，如图 18-55 所示。

（4）执行 INSERT 命令，插入洗手盆、镜子，如图 18-56 所示。

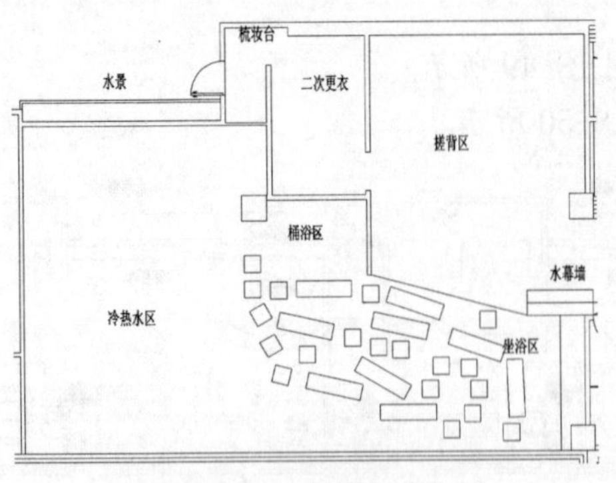

图 18-55　绘制洗手盆台面

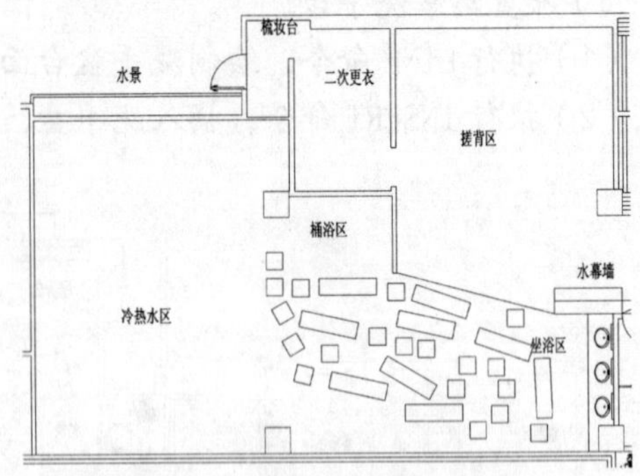

图 18-56　插入洗手盆、镜子

（5）执行 LINE、CIRCLE 命令，绘制洗手区踏脚区，如图 18-57 所示。

（6）执行 ELLIPSE、OFFSET 命令，绘制桶浴区浴桶，如图 18-58 所示。

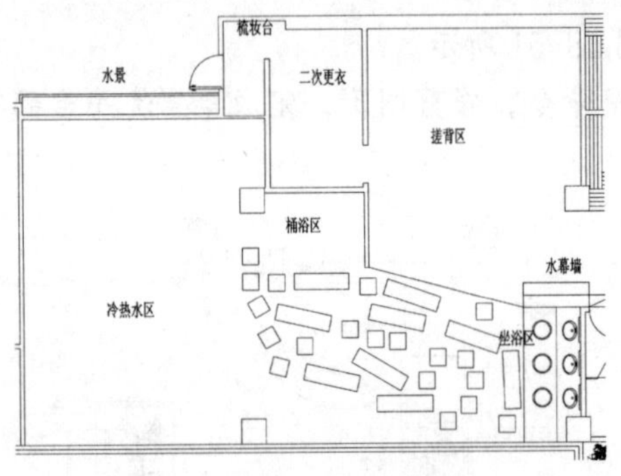

图 18-57　绘制洗手区踏脚区

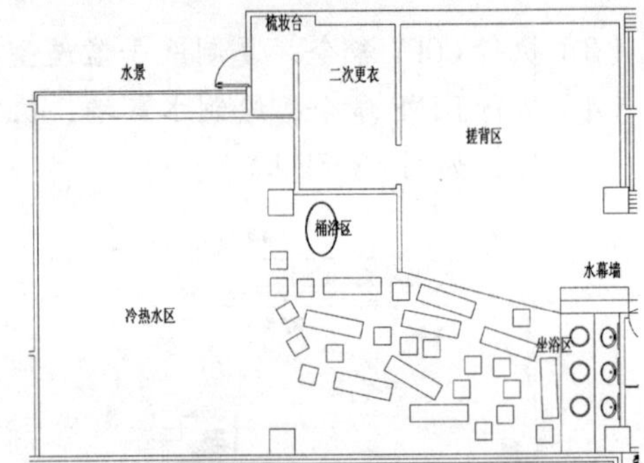

图 18-58　绘制桶浴区浴桶

（7）执行 COPY 命令，复制绘制的桶浴区浴桶，如图 18-59 所示。

（8）执行 SPLINE 命令，绘制桶浴区鹅卵石，如图 18-60 所示。

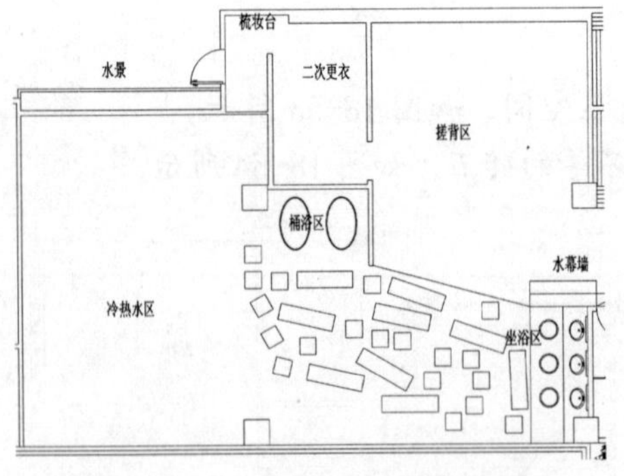

图 18-59　复制绘制的桶浴区浴桶

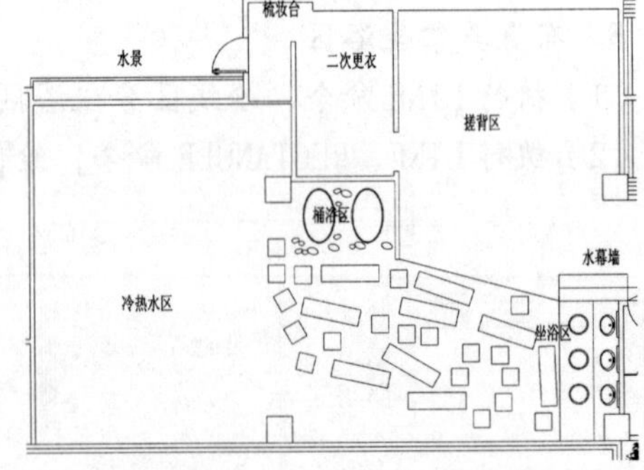

图 18-60　绘制桶浴区鹅卵石

（9）执行 SPLINE 命令，绘制桶浴区柱子装饰图案，如图 18-61 所示。

（10）执行 LINE 命令，形成桶浴区，如图 18-62 所示。

（11）执行 INSERT 命令，插入坐浴区休闲桌椅，如图 18-63 所示。

（12）执行 SPLINE 命令，绘制坐浴区花草边路沿，如图 18-64 所示。

（13）执行 INSERT 命令，插入坐浴区花草，以装饰坐浴区，如图 18-65 所示。

（14）执行 SPLINE 命令，绘制坐浴区花草间鹅卵石，如图 18-66 所示。

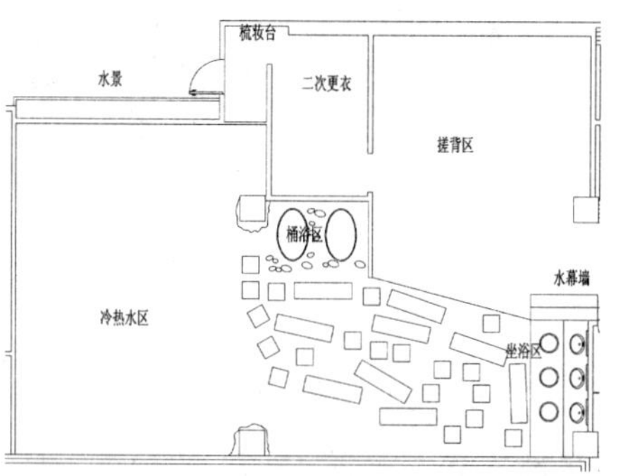

图 18-61　绘制桶浴区柱子装饰图案

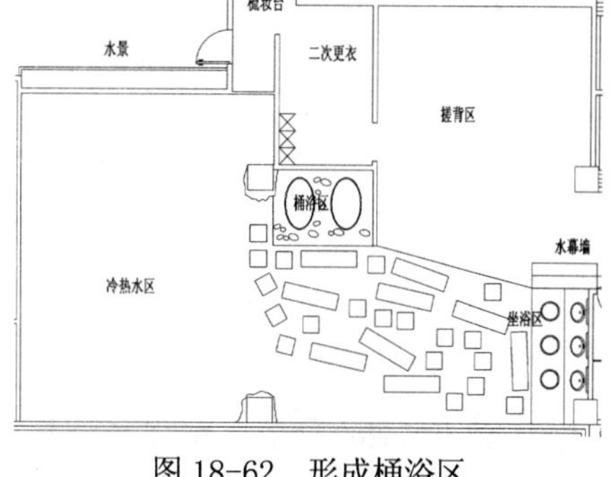

图 18-62　形成桶浴区

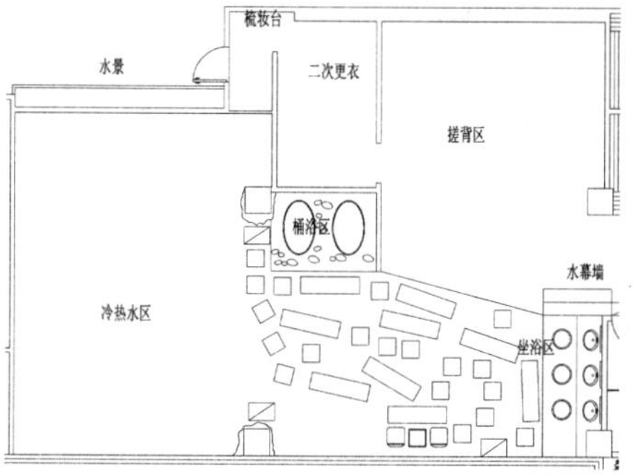

图 18-63　插入坐浴区休闲桌椅

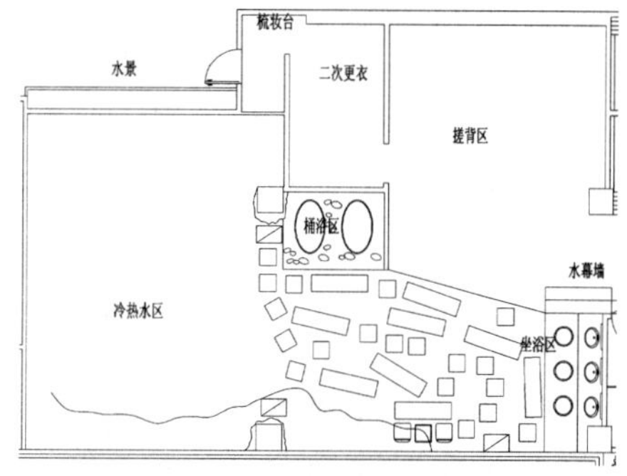

图 18-64　绘制坐浴区花草边路沿

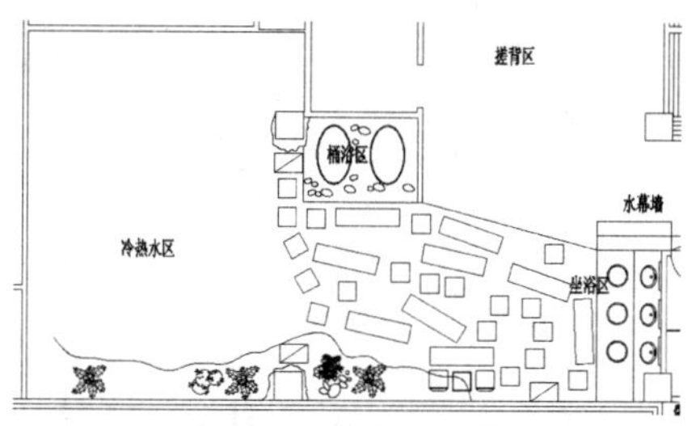

图 18-65　插入坐浴区花草

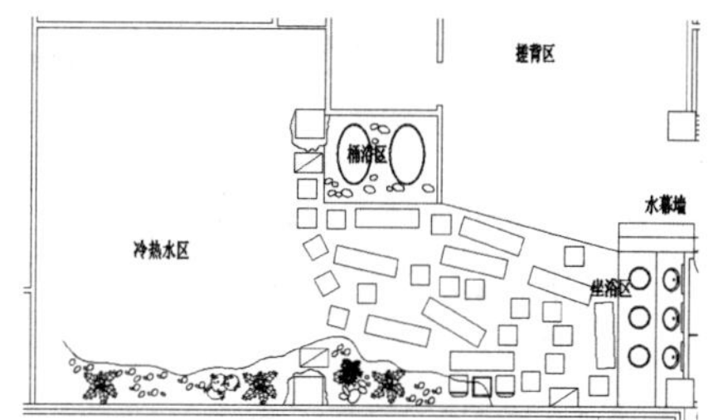

图 18-66　绘制坐浴区花草间鹅卵石

6）布置桑拿搓背区。

（1）执行 LINE 命令，区分干湿蒸区与搓背区空间，如图 18-67 所示。

（2）执行 INSERT 命令，插入搓背床，如图 18-68 所示。

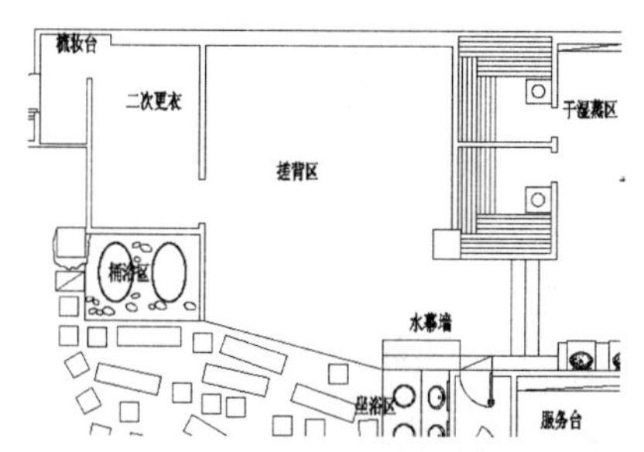

图 18-67　区分干湿蒸区与搓背区空间

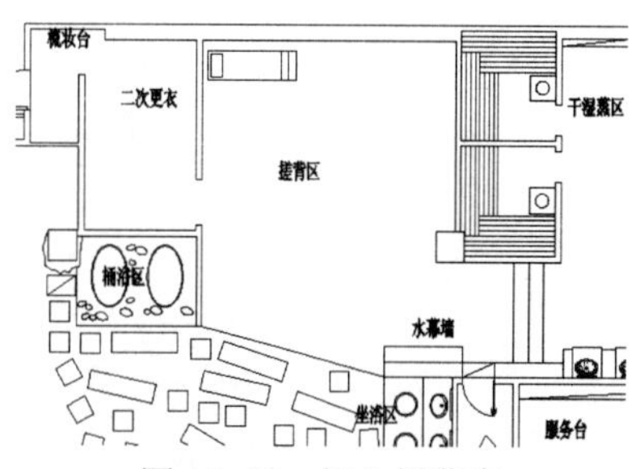

图 18-68　插入搓背床

（3）执行 COPY 命令，复制搓背床，如图 18-69 所示。

（4）执行 INSERT 命令，插入休闲沙发、茶几，如图 18-70 所示。

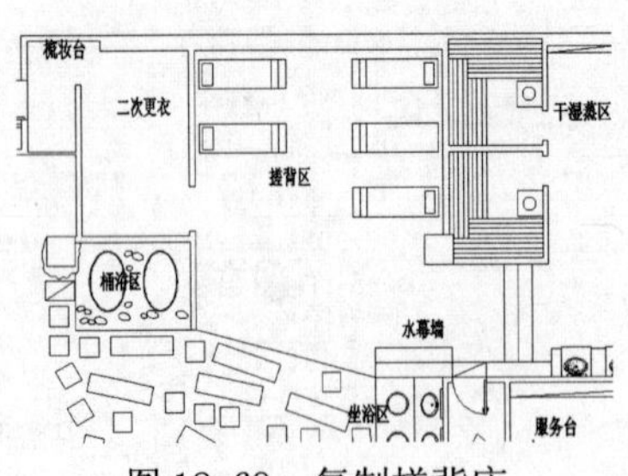

图 18-69　复制搓背床

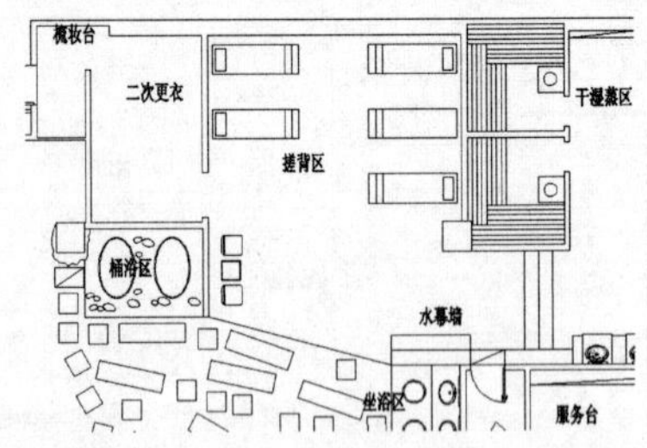

图 18-70　插入休闲沙发、茶几

（5）执行 LINE 命令，细化搓背区，完成搓背区的布置，如图 18-71 所示。

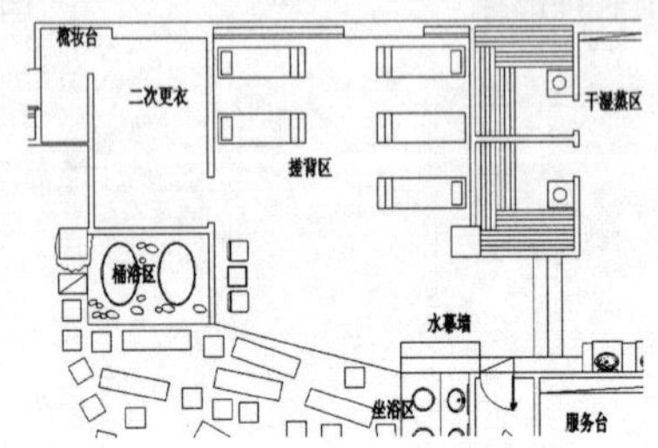

图 18-71　完成搓背区的布置

7）布置桑拿浴池区。

（1）执行 LINE 命令，绘制水景，如图 18-72 所示。

（2）执行 SPLINE 命令，绘制公共浴池，如图 18-73 所示。

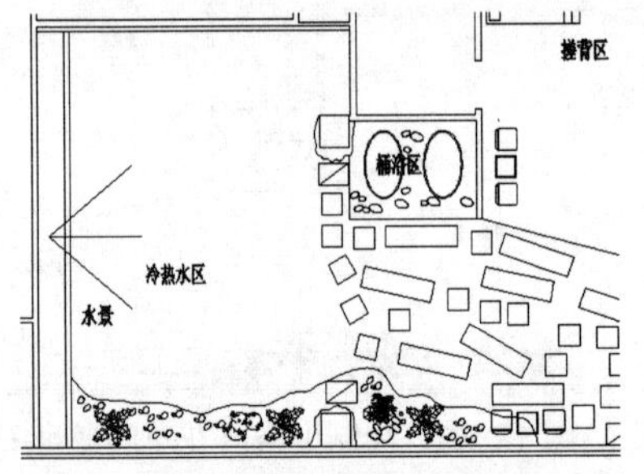

图 18-72　绘制水景

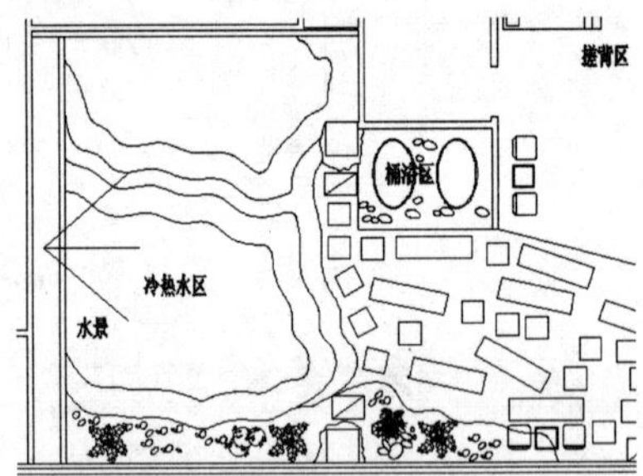

图 18-73　绘制公共浴池

（3）执行 LINE 命令，细化桑拿浴池区，完成桑拿浴池区的布置，完成效果如图 18-74 所示。

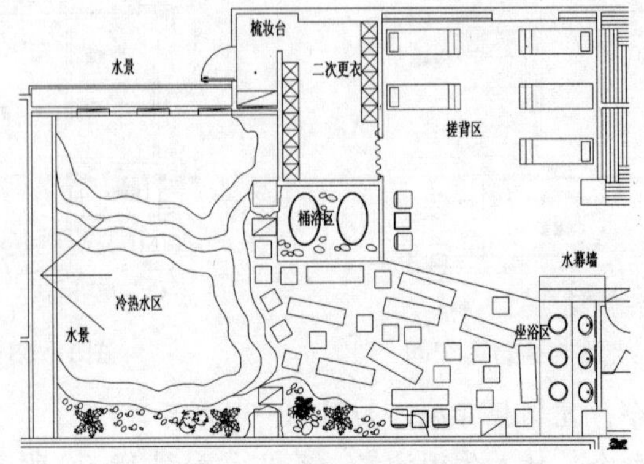

图 18-74　完成桑拿浴池区的布置

18.3.4 布置干态区域

这里将通过实例详细讲述桑拿一次更衣室、二次更衣室、包厢、休息大厅等干态区域的布置。

【案例 18-8】 接上例，完成如图 18-1 所示桑拿一次更衣室、二次更衣室 、包厢、休息大厅等干态区域的装饰设计平面图的绘制方法与技巧。

1）重新设置图层。增加“装饰-干态区域”图层，并将其置为当前图层。

2）布置桑拿一次更衣室。

（1）执行 CIRCLE、OFFSET、COPY 命令，绘制更衣室中间的换衣圆凳，如图 18-75 所示。

（2）执行 LINE 命令，绘制衣橱，如图 18-76 所示。

（3）执行 COPY 命令，复制绘制的衣橱，如图 18-77 所示。

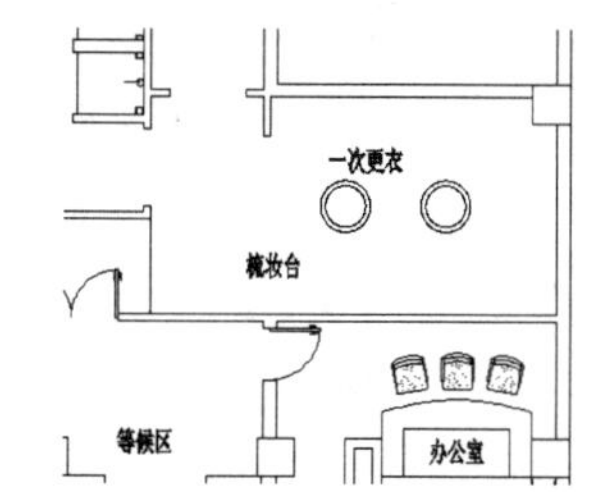

图 18-75 绘制更衣室中间的换衣圆凳

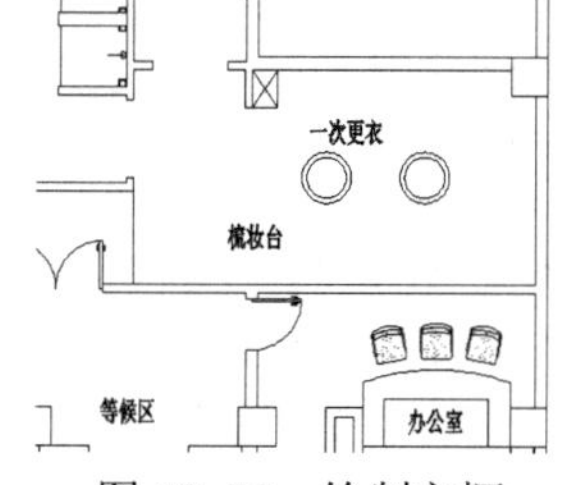

图 18-76 绘制衣橱

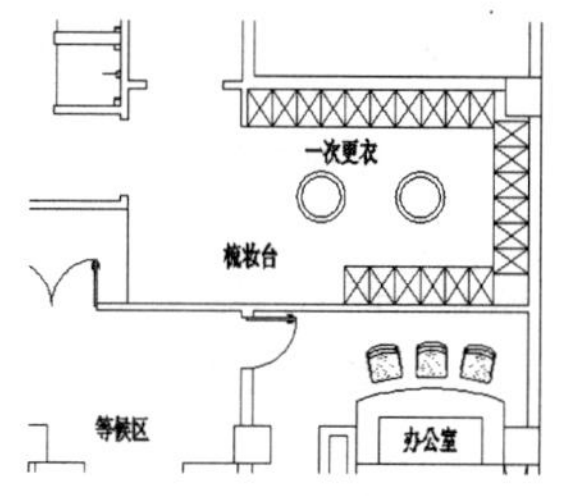

图 18-77 复制绘制的衣橱

（4）执行 LINE 命令，绘制梳妆台，如图 18-78 所示。

（5）执行 INSERT 命令，插入纱幔，如图 18-79 所示。

（6）执行 LINE、ARC、TEXT 等命令，细化更衣室，如图 18-80 所示。

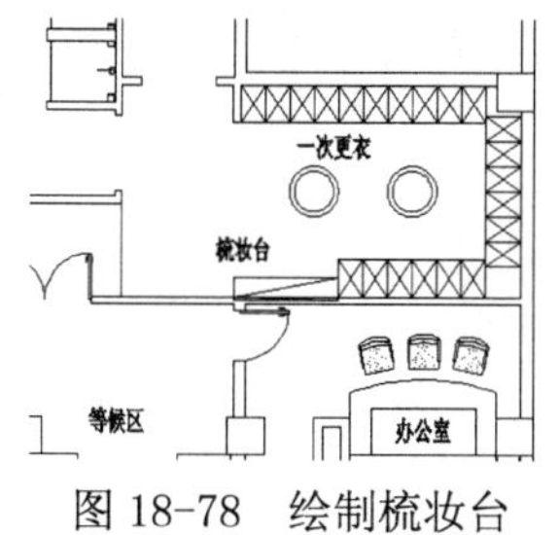

图 18-78 绘制梳妆台

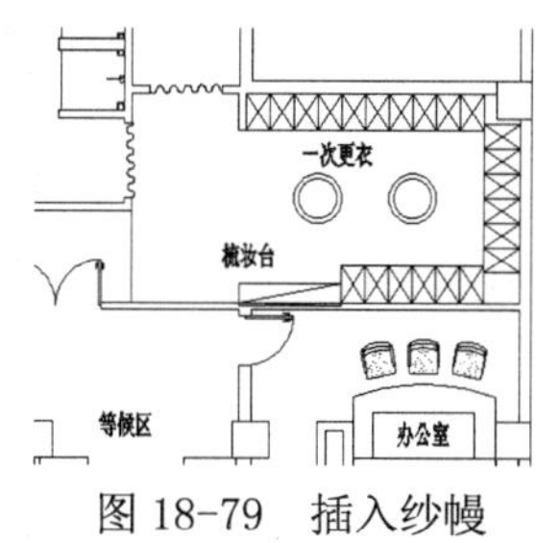

图 18-79 插入纱幔

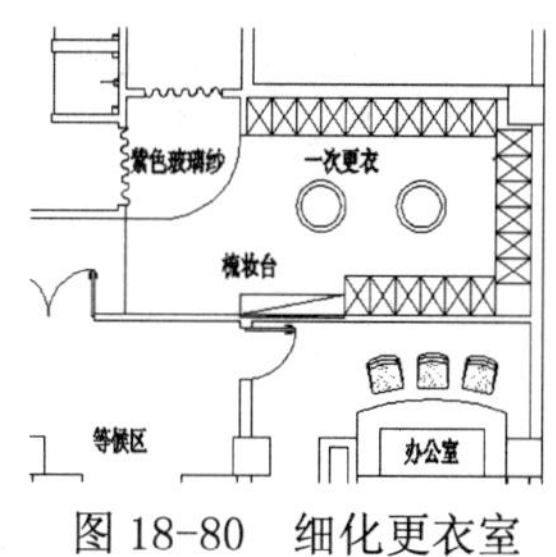

图 18-80 细化更衣室

（7）执行 SPLINE 命令，绘制更衣室室内鹅卵石，如图 18-81 所示。

3）布置桑拿二次更衣室。

（1）执行 LINE 命令，绘制衣橱，如图 18-82 所示。

（2）执行 COPY 命令，复制绘制的衣橱，如图 18-83 所示。

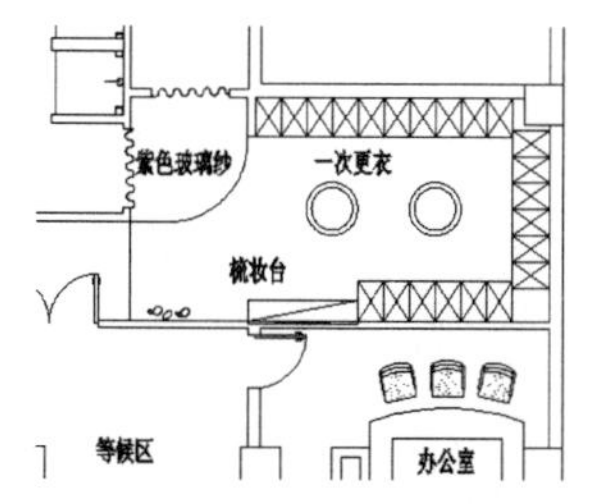

图 18-81 绘制更衣室室内鹅卵石

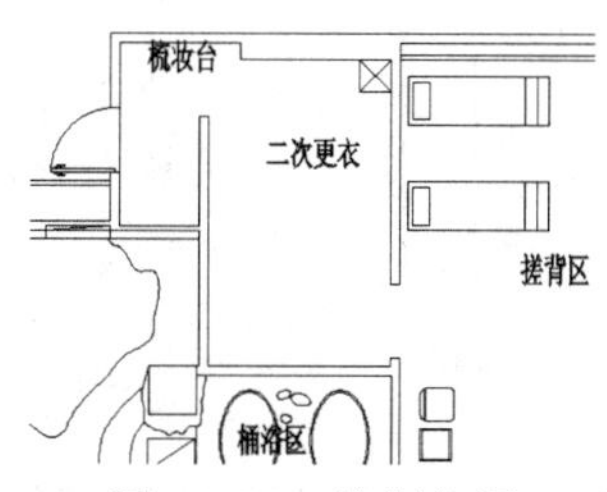

图 18-82 绘制衣橱

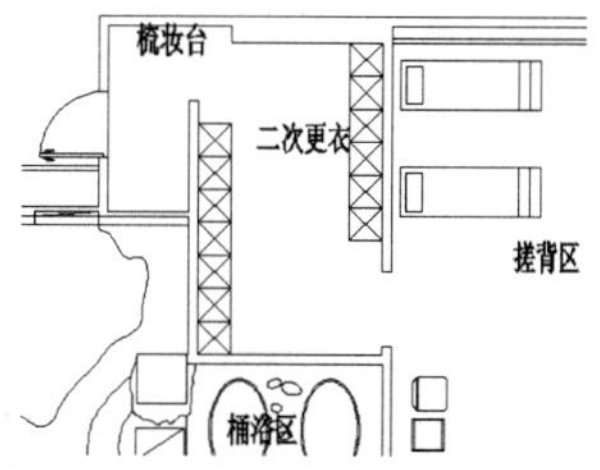

图 18-83 复制绘制的衣橱

（3）执行 LINE 命令，绘制梳妆台，如图 18-84 所示。

(4) 执行 INSERT 命令，插入纱幔，如图 18-85 所示。

4) 布置桑拿包厢。

(1) 执行 INSERT 命令，插入桑拿包厢床，如图 18-86 所示。

(2) 执行 INSERT 命令，插入桑拿包厢床头柜，如图 18-87 所示。

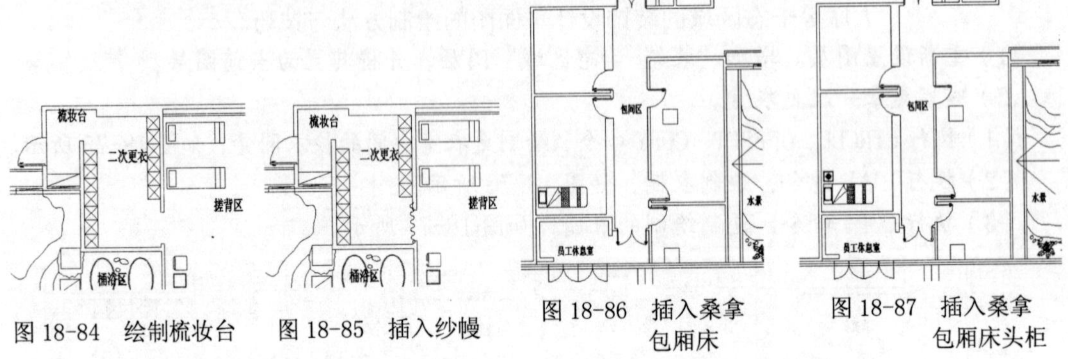

图 18-84　绘制梳妆台　　图 18-85　插入纱幔　　图 18-86　插入桑拿包厢床　　图 18-87　插入桑拿包厢床头柜

(3) 执行 COPY 命令，复制桑拿包厢床、床头柜造型，如图 18-88 所示。

(4) 用同样的方式绘制桑拿包厢内的电视柜、电视，如图 18-89 所示。

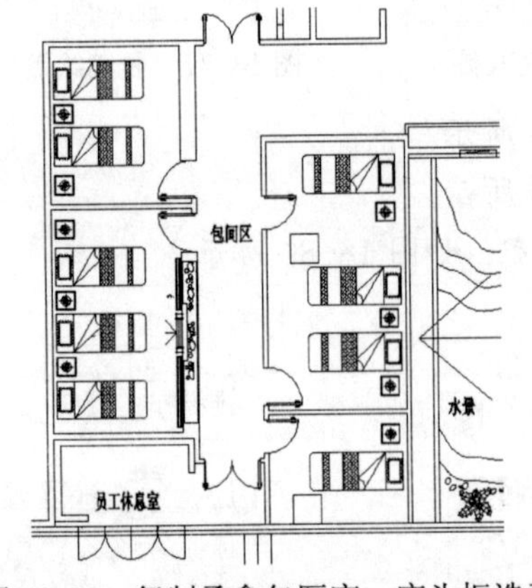

图 18-88　复制桑拿包厢床、床头柜造型

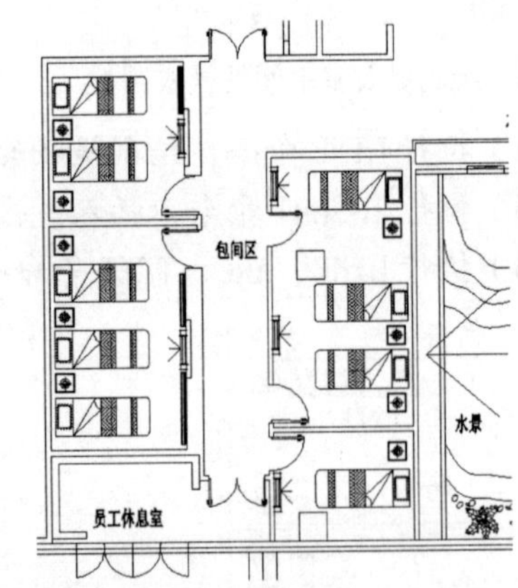

图 18-89　绘制桑拿包厢内的电视柜、电视

(5) 执行 SPLINE、LINE 等命令，细化桑拿包厢，如图 18-90 所示。

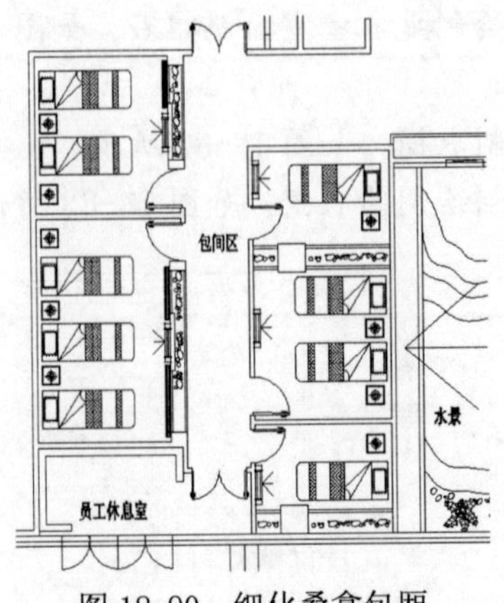

图 18-90　细化桑拿包厢

5）布置桑拿休息大厅。

（1）执行 INSERT 命令，插入桑拿休息大厅躺椅，如图 18-91 所示。

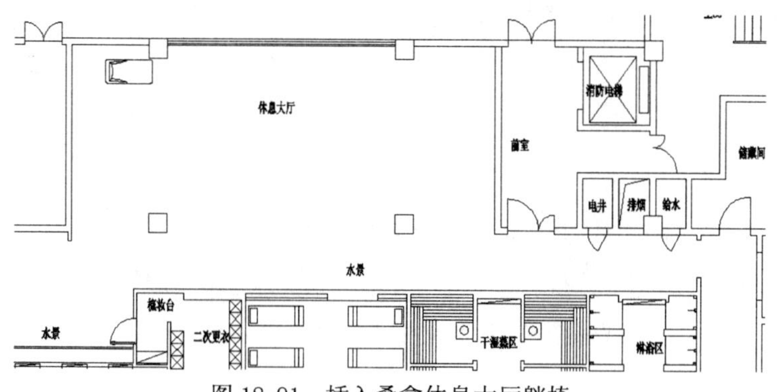

图 18-91　插入桑拿休息大厅躺椅

（2）执行 RECTANGLE 命令，绘制桑拿休息大厅躺椅旁的小茶几，如图 18-92 所示。

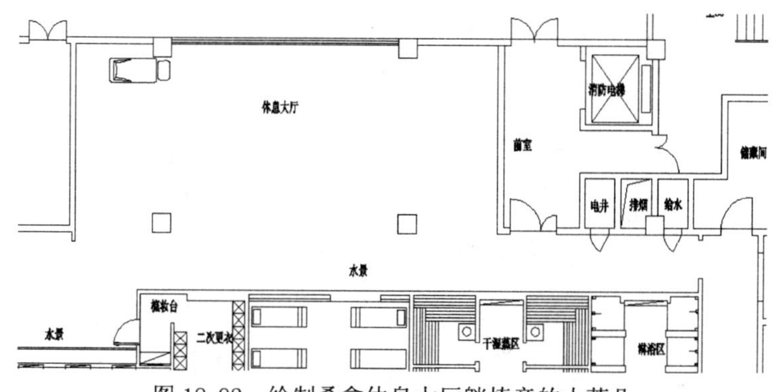

图 18-92　绘制桑拿休息大厅躺椅旁的小茶几

（3）执行 COPY 命令，复制桑拿休息大厅的躺椅及其旁边的小茶几，如图 18-93 所示。当然这一步也可以利用 ARRAY 命令完成，读者可以尝试一下。

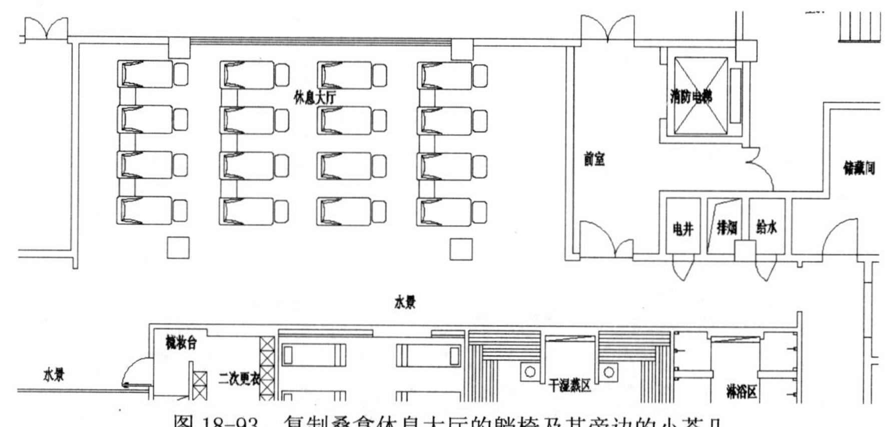

图 18-93　复制桑拿休息大厅的躺椅及其旁边的小茶几

（4）执行 LINE 等命令，绘制桑拿休息大厅中的水景，如图 18-94 所示。

（5）执行 OFFSET 命令，绘制柱子装饰，如图 18-95 所示。

（6）执行 INSERT 命令，插入紫色玻璃纱造型，如图 18-96 所示。

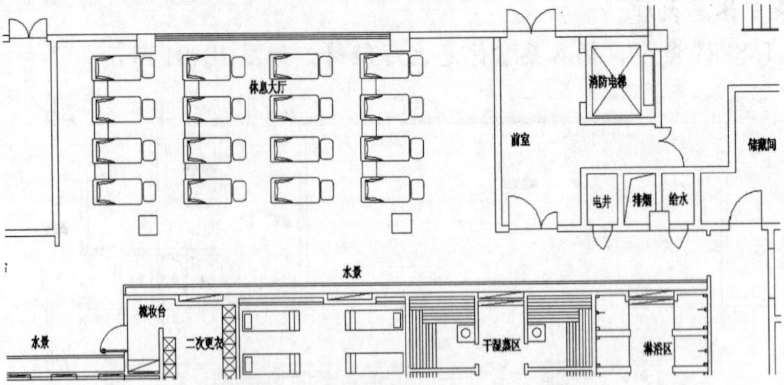

图 18-94　绘制桑拿休息大厅中的水景

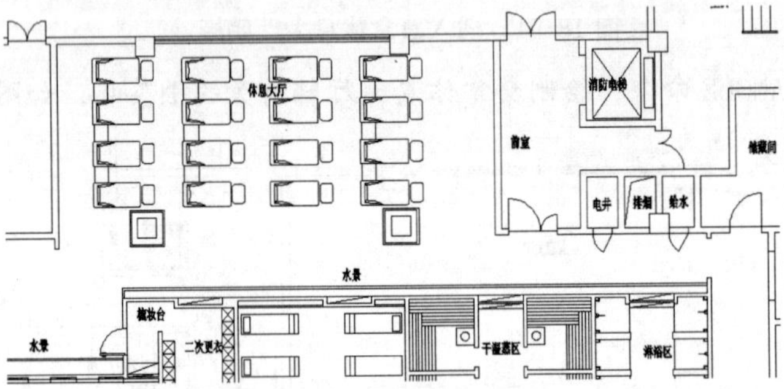

图 18-95　绘制柱子装饰

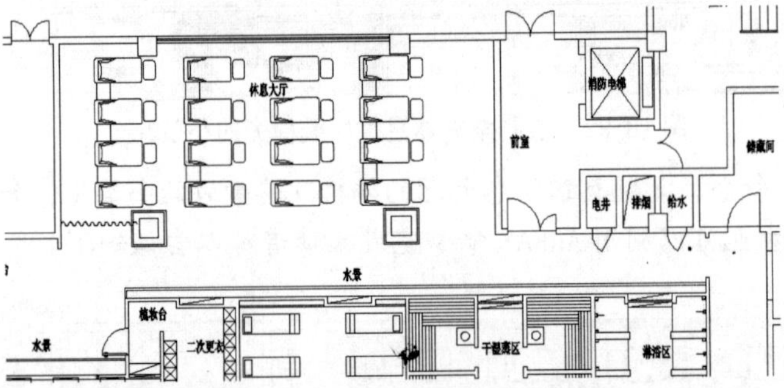

图 18-96　插入紫色玻璃纱造型

（7）执行 COPY 命令，复制紫色玻璃纱造型，执行 TEXT 命令，进行文字说明，如图 18-97 所示。

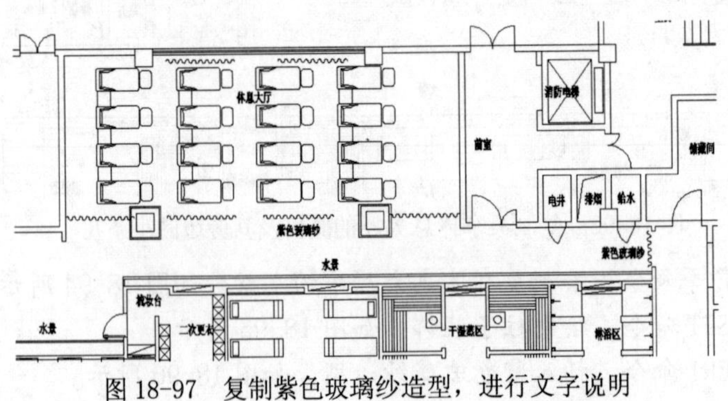

图 18-97　复制紫色玻璃纱造型，进行文字说明

（8）执行 LINE 命令，绘制墙边橱柜等设施，完成桑拿休息大厅的布置，如图 18-98 所示。

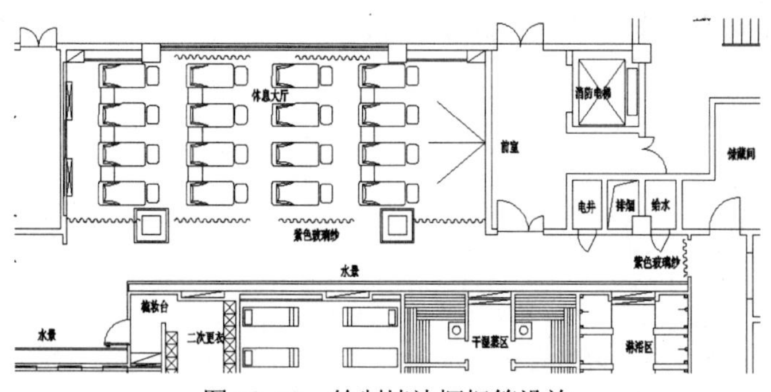

图 18-98 绘制墙边橱柜等设施

18.3.5 布置桑拿室卫生间

本节介绍桑拿室男女卫生间的布局安排。

【案例 18-9】 接上例，完成如图 18-1 所示桑拿室男女卫生间装饰设计平面图的绘制方法和技巧。

1）重新设置图层。增加“装饰-卫生间”图层，并将其置为当前图层。

2）安排男女卫生间空间平面位置。其中，卫生间内开门大小约 1380mm×900mm，如图 18-99 所示。

3）执行 LINE 命令，绘制卫生间间隔轮廓，如图 18-100 所示。

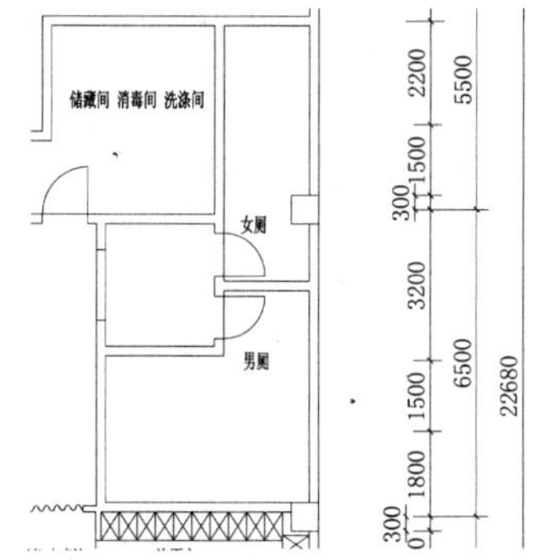

图 18-99 安排男女卫生间空间平面位置

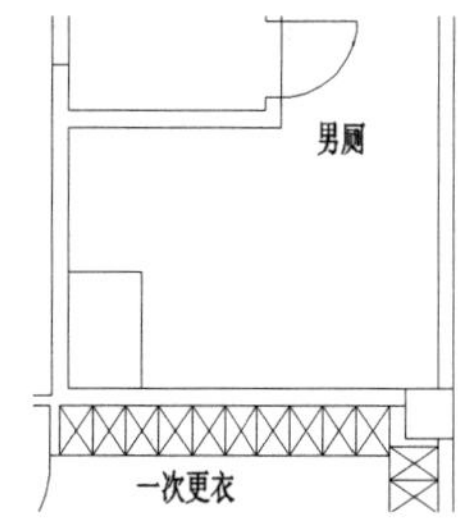

图 18-100 绘制卫生间间隔轮廓

4）执行 OFFSET 命令，并利用关键点拉伸方式，绘制间隔的隔断墙体，隔断墙体为 10mm，如图 18-101 所示。

5）执行 LINE、ARC、TRIM 命令，绘制间隔的门轮廓，如图 18-102 所示。

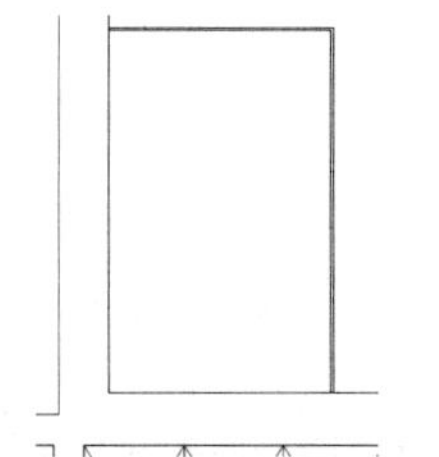

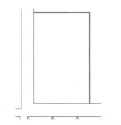

图 18-101 绘制间隔的隔断墙体

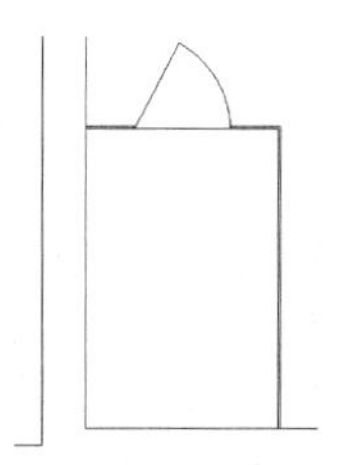

图 18-102 绘制间隔的门轮廓

6）执行 LINE、CIRCLE、TRIM、OFFSET 等命令，绘制卫生间内部造型，如图 18-103 所示。

7）执行 COPY 命令，复制间隔，执行 TRIM 命令，修剪图形，结果如图 18-104 所示。

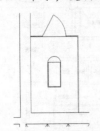

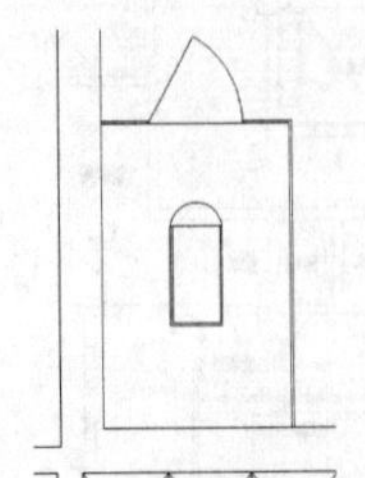
图 18-103　绘制卫生间内部造型

图 18-104　复制间隔，修剪图形

8）用同样的方式绘制男卫生间右侧间隔，如图 18-105 所示。

9）执行 INSERT 命令，在其中插入坐便器造型，如图 18-106 所示。

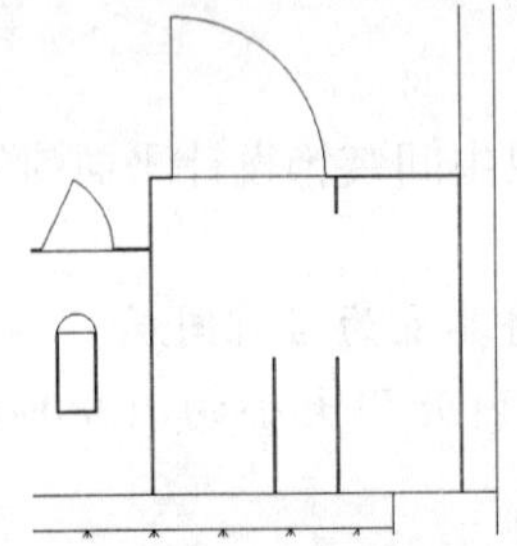
图 18-105　绘制男卫生间右侧间隔

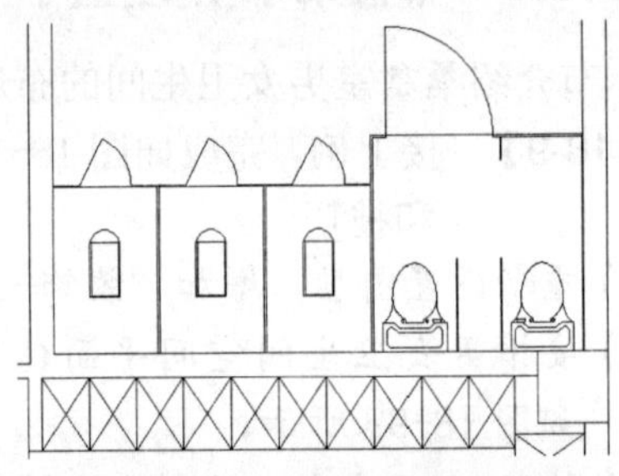
图 18-106　插入坐便器造型

10）执行 LINE、CIRCLE、RECTANGLE 命令，绘制男卫生间拖布池造型，如图 18-107 所示。

11）插入并复制小便器造型，如图 18-108 所示。小便器间距大约 650mm。

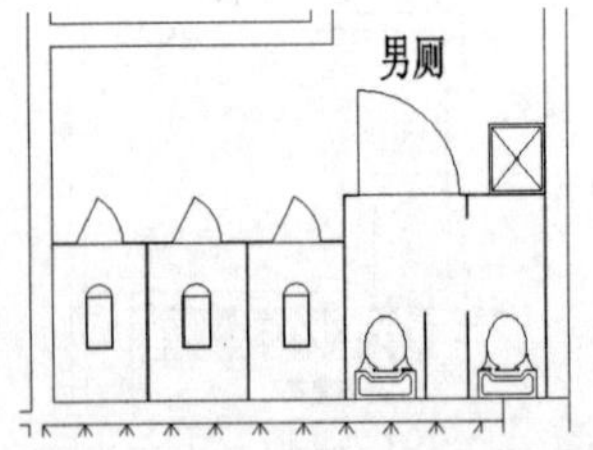

图 18-107　绘制男卫生间拖布池造型

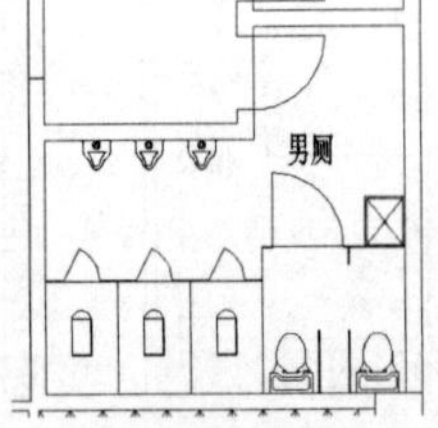

图 18-108　插入并复制小便器造型

12）执行 LINE 命令，绘制洗手盆台面造型，如图 18-109 所示。

13）插入并复制洗手盆造型，如图 18-110 所示。

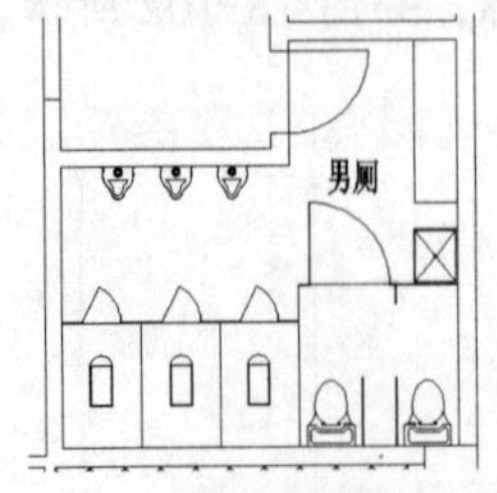

图 18-109　绘制洗手盆台面造型

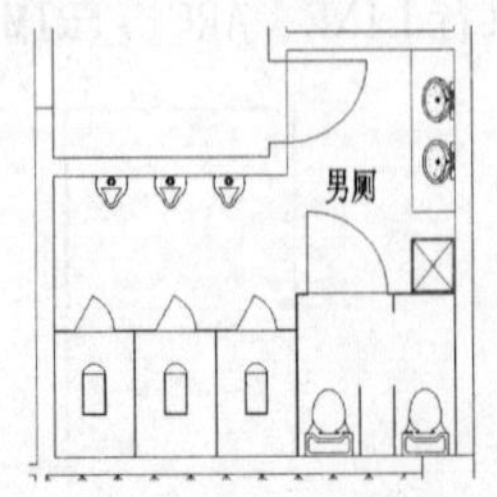

图 18-110　插入并复制洗手盆造型

14）用同样的方式布置女卫生间间隔、洗手盆和拖布池造型，如图 18-111 所示。当然，也可以用 COPY 命令完成女卫生间的布置。

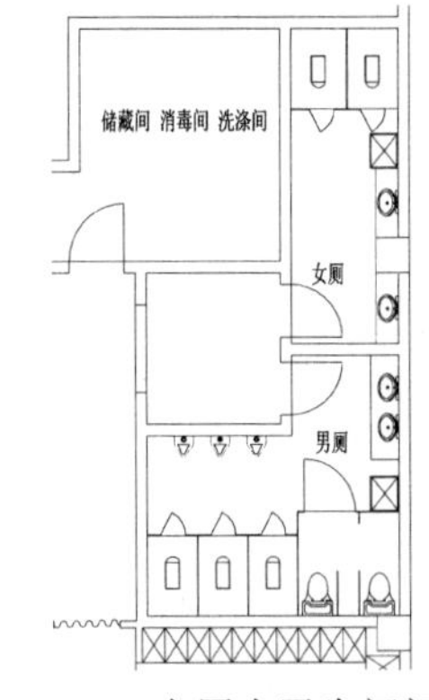

图 18-111　布置女卫生间间隔、洗手盆和拖布池造型

18.3.6　布置桑拿室其他房间

该桑拿室还包括服务台和员工休息室，本节将介绍服务台和员工休息室的布局安排。

【案例 18-10】　接上例，完成如图 18-1 所示桑拿室服务台和员工休息室的平面装饰设计图的绘制方法与技巧。

1）重新设置图层。增加“装饰-其他房间”图层，并将其置为当前图层。

2）布置员工休息室。

（1）执行 LINE 命令，绘制员工休息室座椅位置轮廓线，如图 18-112 所示。

（2）执行 LINE 命令，细化员工休息室座椅，如图 18-113 所示。

图 18-112　绘制员工休息室座椅位置轮廓线

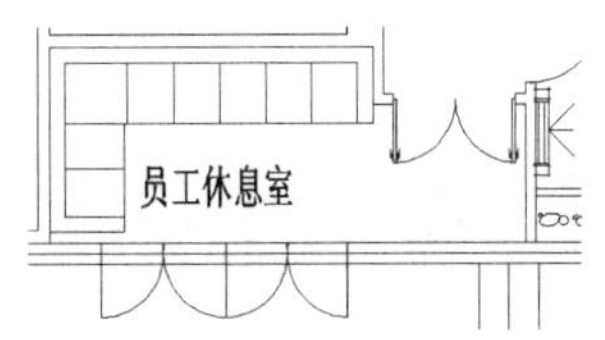

图 18-113　细化员工休息室座椅

3）布置桑拿室服务台。

（1）执行 LINE 命令，绘制服务台临时寄存架，如图 18-114 所示。

（2）执行 COPY 命令，复制服务台临时寄存架，如图 18-115 所示。

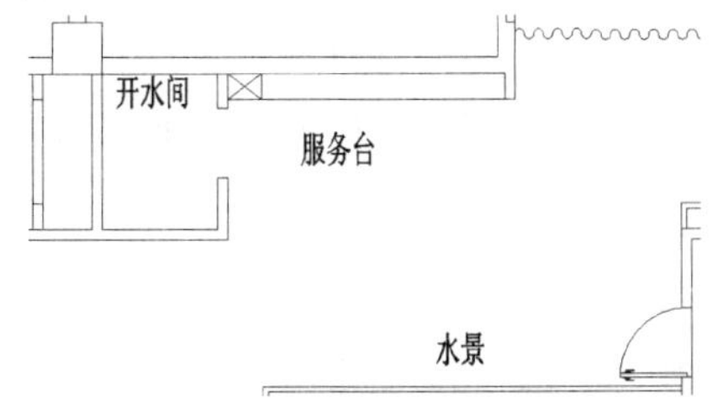

图 18-114　绘制服务台临时寄存架

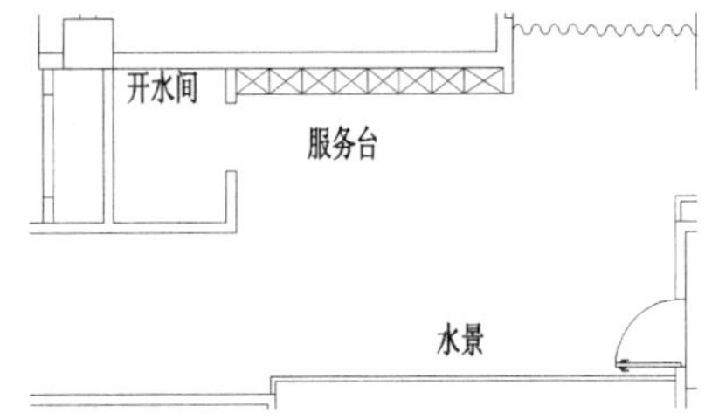

图 18-115　复制服务台临时寄存架

（3）执行 LINE 命令，绘制服务台，如图 18-116 所示。

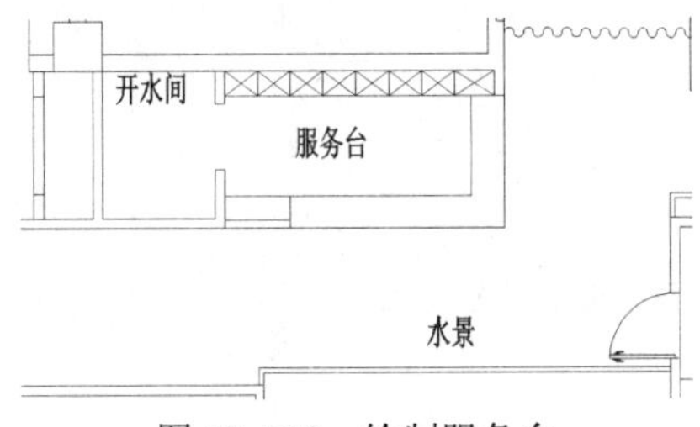

图 18-116　绘制服务台

4）完成桑拿室的平面装饰设计和布局安排，最终效果如图 18-1 所示。

网络视频教学：绘制美容美发厅室内装饰设计平面图。

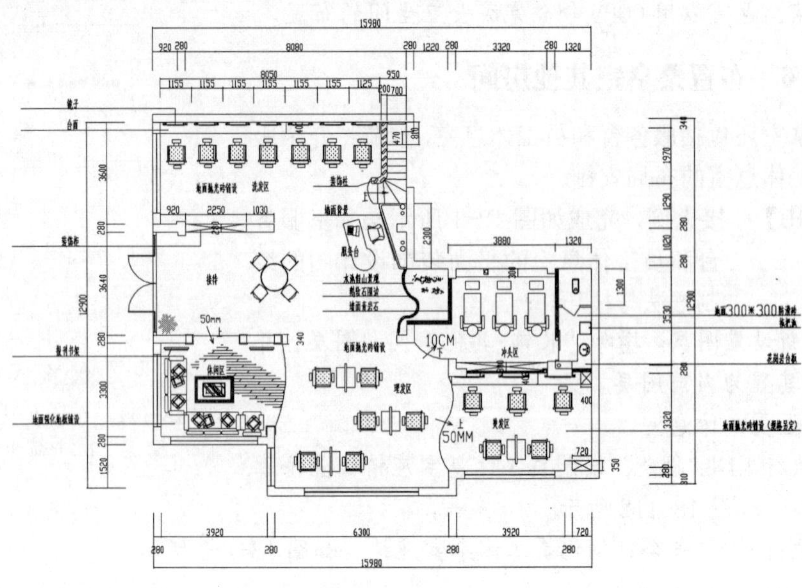

美容美发厅室内装饰设计平面图

18.4 绘制桑拿室地面与天花

桑拿洗浴区地面适合满铺经过防滑处理的大理石、花岗岩或地砖，因为湿气大，墙面也应以防潮的石材和墙砖为主要装修材料。

桑拿洗浴区因潮湿，吊顶宜采用防腐、防潮的装饰材料，如铝合金扣板、轻钢龙骨硅钙板、经过特殊处理的板材等。纸面石膏板和普通木饰面材料，因为怕潮，不适合用在洗浴区，但可用于接待区和休息大厅、按摩房等。按摩房、休息大厅的地面及墙面可以分别选用地毯或木地板等软性地面装饰材料和墙纸等艺术性墙面装饰材料。

本节将详细介绍如图 18-117 所示的桑拿室地面装修图和如图 18-118 所示的桑拿室天花装修图的绘制方法及技巧。

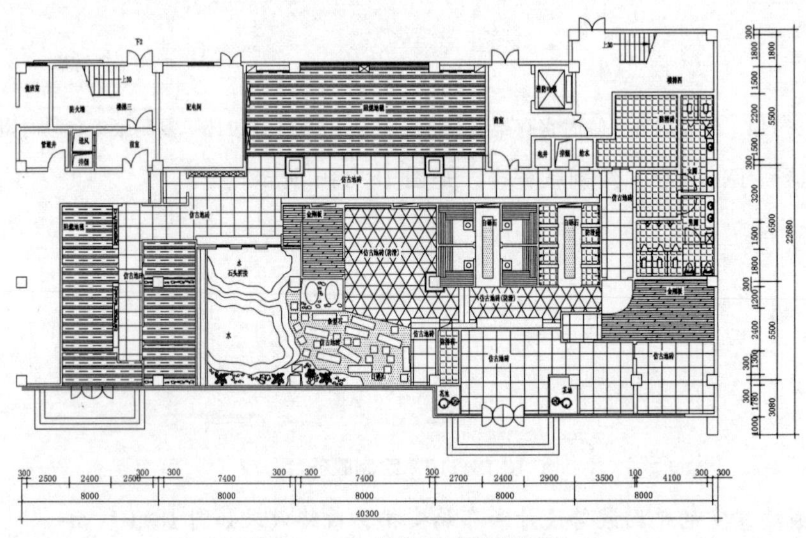

图 18-117　桑拿室地面装修图

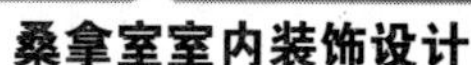

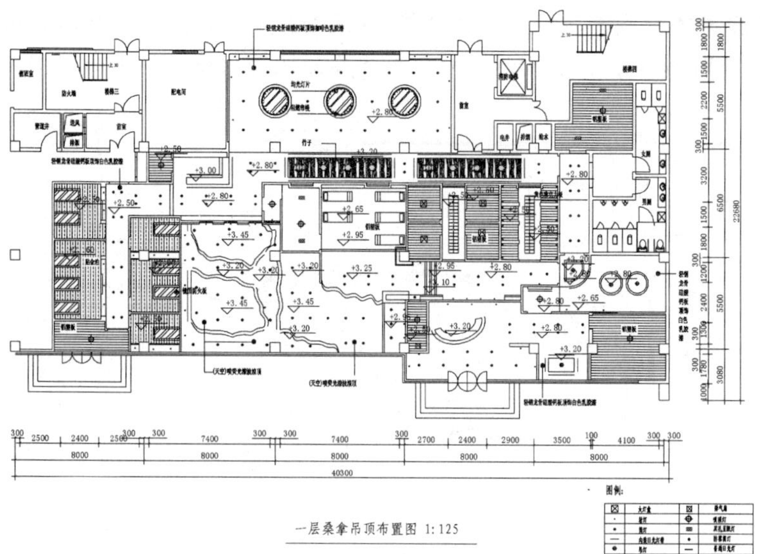

图 18-118　桑拿室天花装修图

> **要点提示**
>
> 保持浴室通风良好直接涉及安全因素，所以显得尤为重要。

18.4.1　绘制桑拿室地面

本节详细介绍如图 18-117 所示桑拿室地面的布置。

【案例 18-11】　接上例，完成如图 18-117 所示桑拿室地面的布置。

1）重新设置图层。增加“装饰-地面”图层，并将其置为当前图层。

2）整体规划。

（1）关闭“装饰-门厅”、“装饰-餐区”、“装饰-卫生间”、“建筑-门窗”等图层。

（2）为了便于绘制地面拼花，新建“装饰-补充”图层，并将其置为当前图层。

（3）执行 LINE、RECTANGLE 命令，填充图形中门口等处，结果如图 18-119 所示。

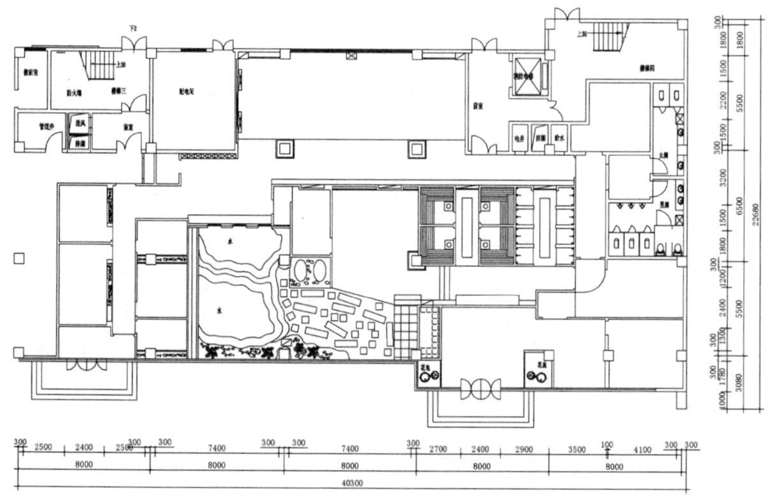

图 18-119　填充图形中门口等处

（4）为了便于绘制地面拼花，新建“装饰-地面材质”图层，并将其置为当前图层。
（5）执行 TEXT 命令，根据设计需求，标注各处地面材质，结果如图 18-120 所示。

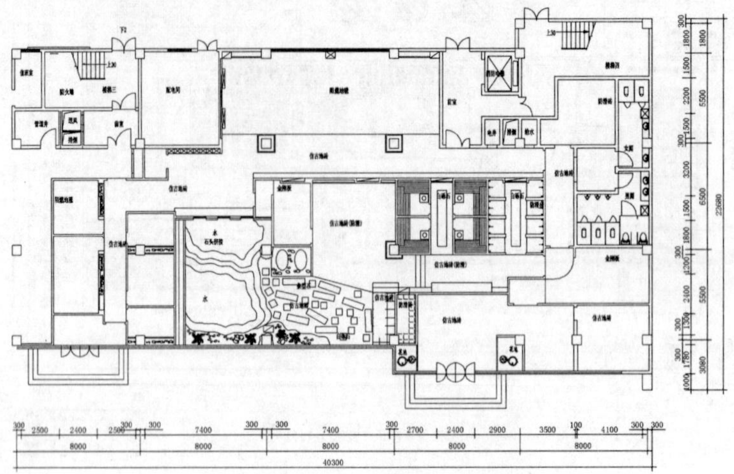

图 18-120　标注各处地面材质

3）新建“装饰-填充”图层，并将其置为当前图层。
4）填充材质。
（1）填充仿古地砖。执行 HATCH 命令，用“NET”填充，填充比例为“250”，结果如图 18-121 所示。

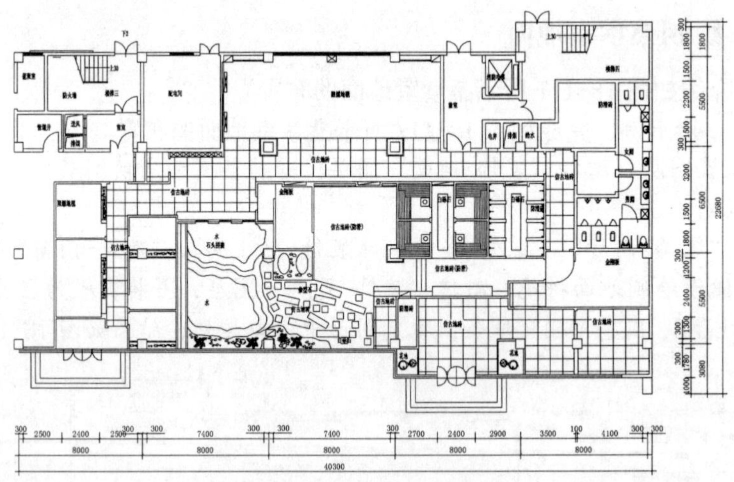

图 18-121　填充仿古地砖

（2）填充金刚板。执行 HATCH 命令，用“DOLMIT”填充，填充比例为“20”，结果如图 18-122 所示。
（3）用同样的方式填充其他材质。其中，阻燃地毯采用“CLAY”以填充比例“100”填充；白砾石采用“DOTS”以填充比例“80”填充；防滑砖采用“ANGLE”以填充比例“50”填充；仿古地砖（防滑）采用“NET3”以填充比例“200”填充。结果如图 18-123 所示。
5）标注图形。
（1）将“装饰-标注”图层置为当前图层。
（2）标注图形，最终结果如图 18-117 所示。

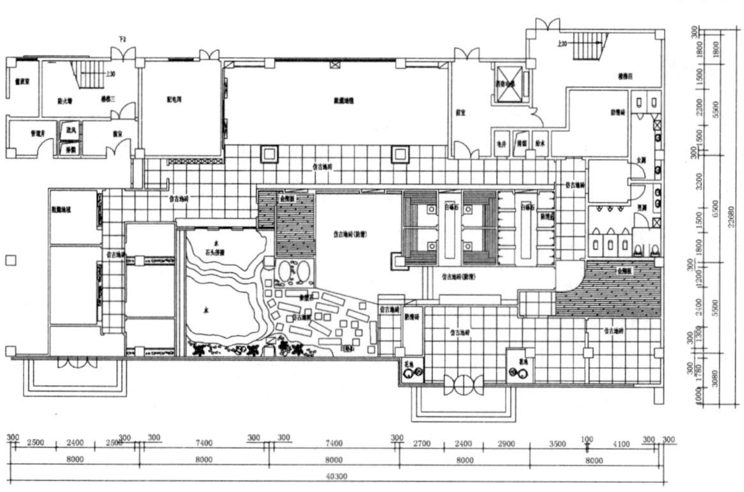

图 18-122 填充金刚板

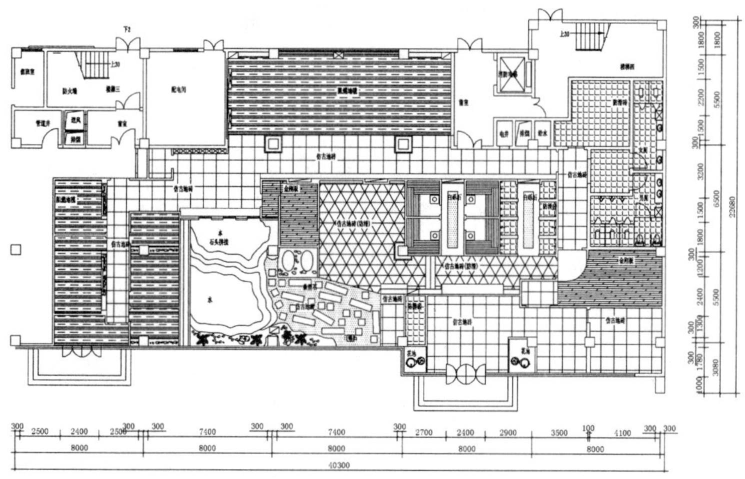

图 18-123 填充其他材质

网络视频教学：接上例，参考美容美发厅平面布置，完成美容美发厅地面布置。

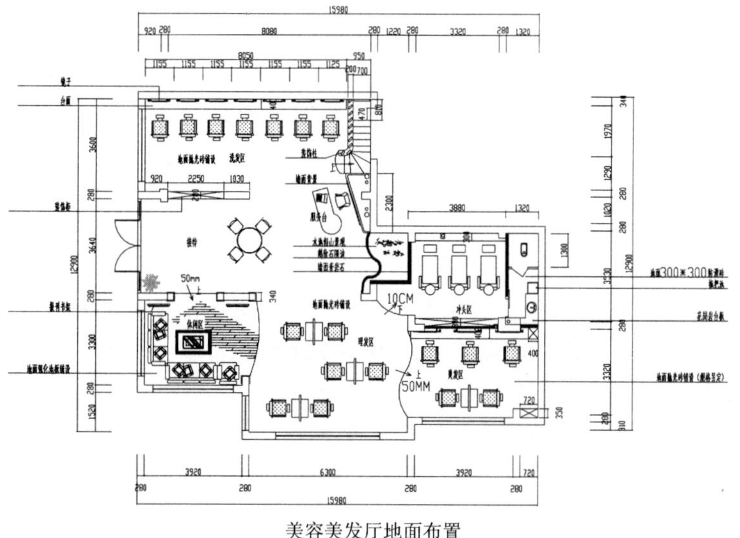

美容美发厅地面布置

18.4.2 绘制桑拿室天花平面

在浴池区域采用类似山洞的空间效果，曲折的吊顶喷荧光漆，在灯光的照射下，形成漫天星光的景象。用灰色水泥做成的“山洞”，在其表面喷荧光漆。休息区天花采用白色乳胶漆饰面，中部吊顶圆形造型部分采用均光灯片，使整个空间看上去既简单又有彩光漫影效果。采用紫色玻璃纱作为帷幔，在灯光的照射下，形成梦幻的空间效果。特别是在柱子的包装手法上，采用贴镜面效果，使整个空间不显拥挤。在休息大厅的走道上，以竹子的直接拼接形式的不同组合做吊顶，局部暴露出风口的形式。在设计上不仅采用诸多直接照明，还大量应用间接照明。也是说，天、地、墙会出现不同的光源，以达到营造光氛围的目的。不仅将光进行强弱对比，而且进行色彩冷暖对比，使设计力求完美。包厢设计以平铺的金箔为顶面主饰材，配镜面防火板为吊高部分，配以浅色的墙纸、红色的木框装饰。通透玻璃墙体，在其中间种竹子和放置鹅卵石，就可以和外面的过道互为统一景色。当包厢有客人时，可以把竹帘放下，形成若隐若现的空间效果。

本节详细介绍如图 18-118 所示桑拿室天花平面的布置。

【案例 18-12】 接上例，完成如图 18-118 所示桑拿室天花的布置。

1）重新设置图层。增加“装饰-天花”图层，并将其置为当前图层。

2）整体规划。

（1）关闭“装饰-门厅”、“装饰-餐区”、“装饰-卫生间”、“建筑-门窗”等图层。

（2）将文件“18-2.dwg”另存为“桑拿室天花平面的布置.dwg”。

（3）执行 LINE、RECTANGLE、SPLINE、TRIM 等命令，修补图形，结果如图 18-124 所示。

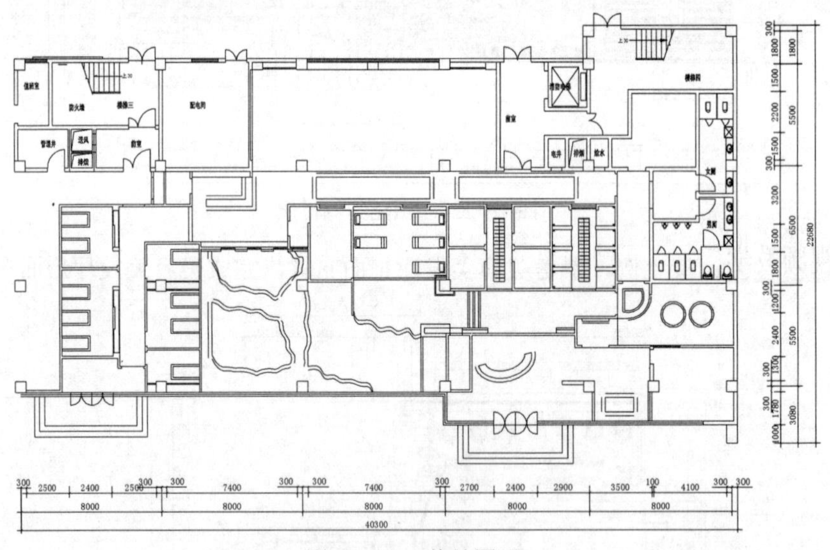

图 18-124 修补图形

（4）为了便于绘制天花，新建“装饰-文字标注”图层，并将其置为当前图层。

（5）执行 TEXT 命令，根据设计需求，标注各处天花材质，结果如图 18-125 所示。

3）填充图形。

（1）新建“装饰-填充”图层，并将其置为当前图层。

（2）执行 HATCH 命令，填充材质，结果如图 18-126 所示。

4）标注图形。

(1) 新建“装饰-文字标注”图层，并将其置为当前图层。
(2) 执行 TEXT 命令，标注图形，结果如图 18-127 所示。

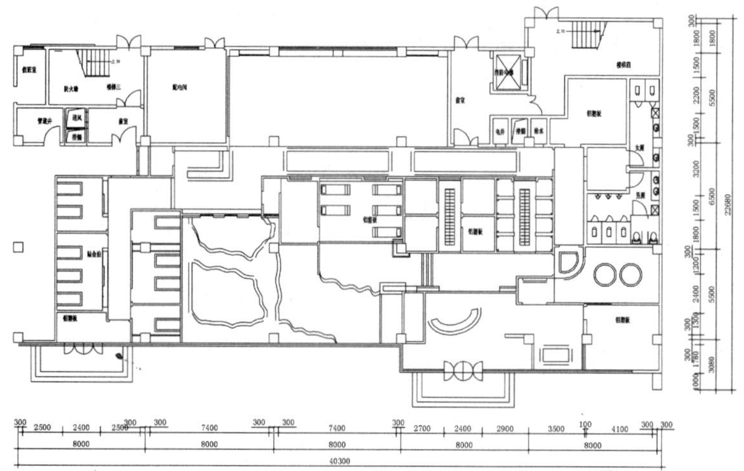

图 18-125 标注各处天花材质

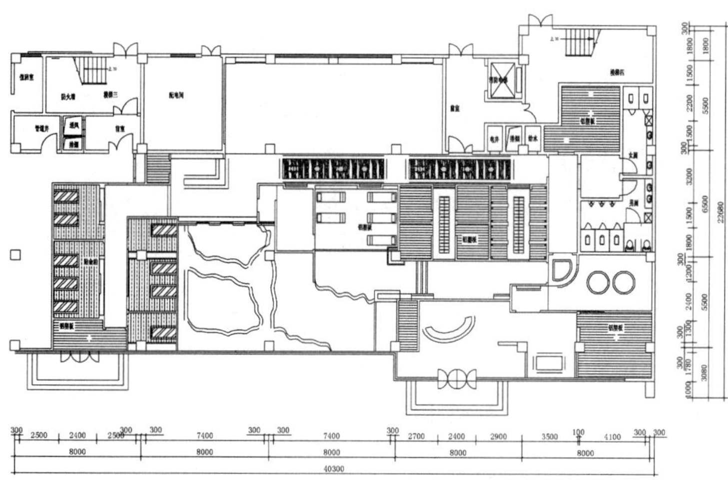

图 18-126 填充材质

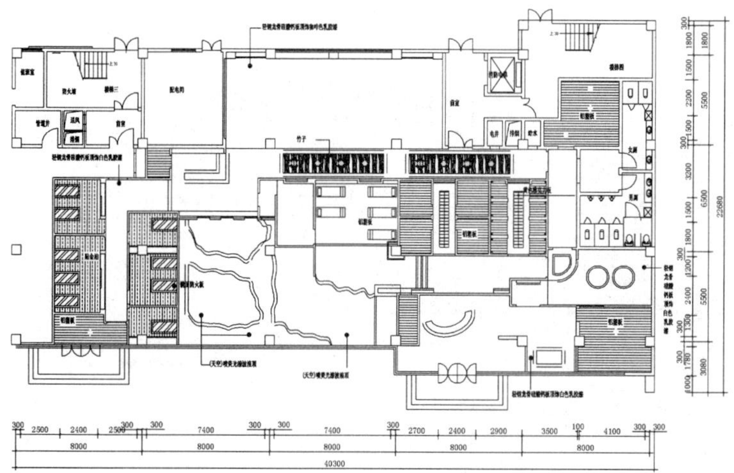

图 18-127 标注图形

5）布置灯光。

（1）新建“装饰-灯具”图层，并将其置为当前图层。

（2）执行 INSERT 命令，插入均光灯片与阻燃帘幔图块，结果如图 18-128 所示。

（3）复制并标注均光灯片与阻燃帘幔，结果如图 18-129 所示。

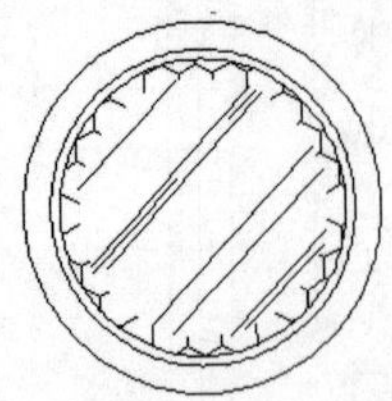

图 18-128　插入均光灯片与阻燃帘幔图块

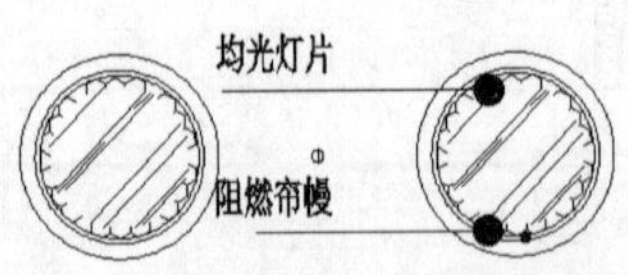

图 18-129　复制并标注均光灯片与阻燃帘幔

（4）绘制相关房间的照明灯具造型，如图 18-130 所示。

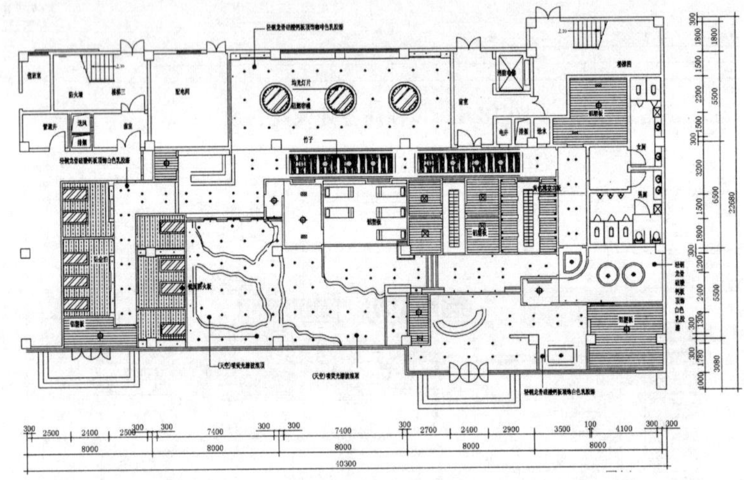

图 18-130　绘制相关房间的照明灯具造型

6）标注地面高度，最终结果如图 18-131 所示。

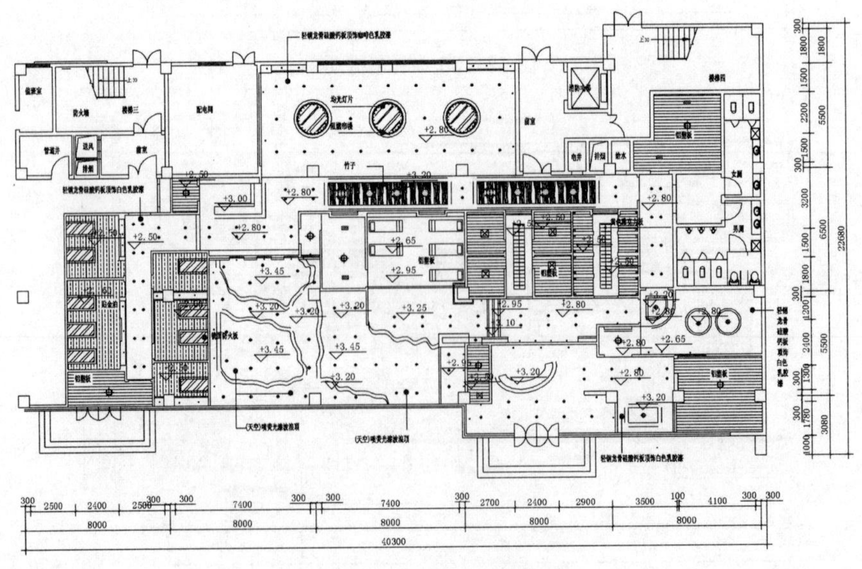

图 18-131　标注地面高度

7）绘制图例说明，如图 18-132 所示。

图例：

⊠	大灯盒	⧄	排气扇
·	射灯	⊕	吸顶灯
•	筒灯	■	双孔豆胆灯
—	内装日光灯带	⌖	防雾筒灯
⊕	吊灯	—	普通日光灯

图 18-132　绘制图例说明

8）最终结果如图 18-118 所示。

网络视频教学：接上例，参考美容美发厅地面布置，完成美容美发厅天花布置。

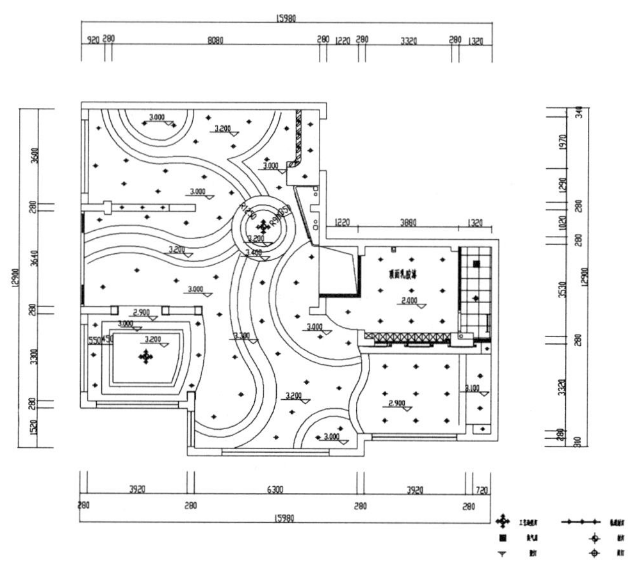

美容美发厅天花布置

18.4.3　绘制桑拿室立面图

下面通过实例讲述桑拿室立面图的绘制方法与相关技巧。

【案例 18-13】　绘制如图 18-133 所示的桑拿室立面图。

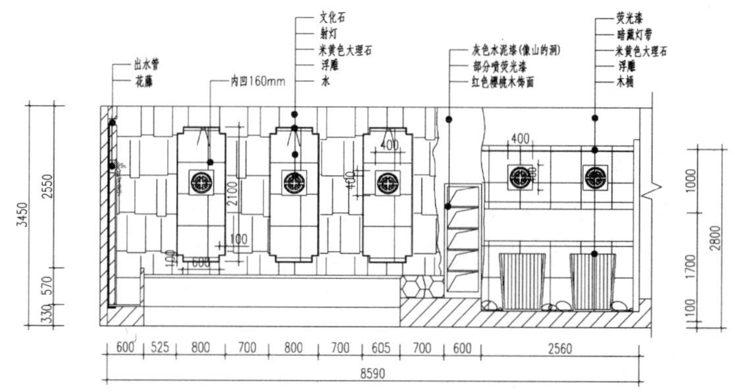

图 18-133　桑拿室立面图

1）重新设置图层。增加“装饰-立面图”图层，并将其置为当前图层。

2）执行 LINE 命令，绘制轮廓线，如图 18-134 所示。

3）执行 LINE、SPLINE 等命令，细化内部，如图 18-135 所示。

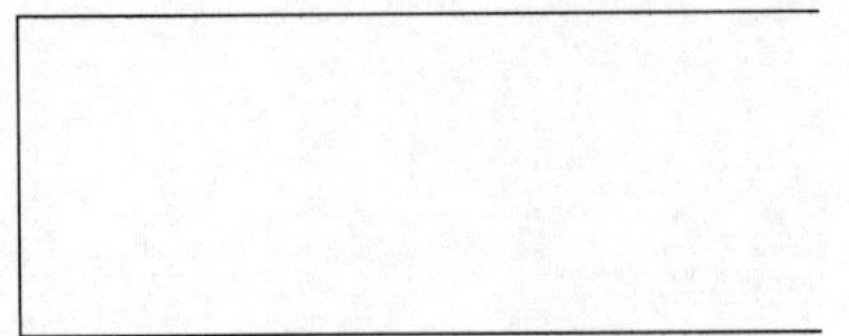

图 18-134　绘制轮廓线

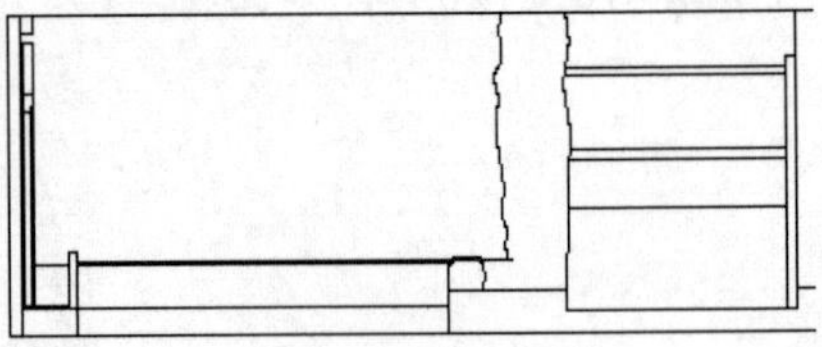

图 18-135　细化内部

4）执行 LINE 命令，绘制折断线，如图 18-136 所示。

5）执行 SPLINE 命令，绘制鹅卵石，如图 18-137 所示。

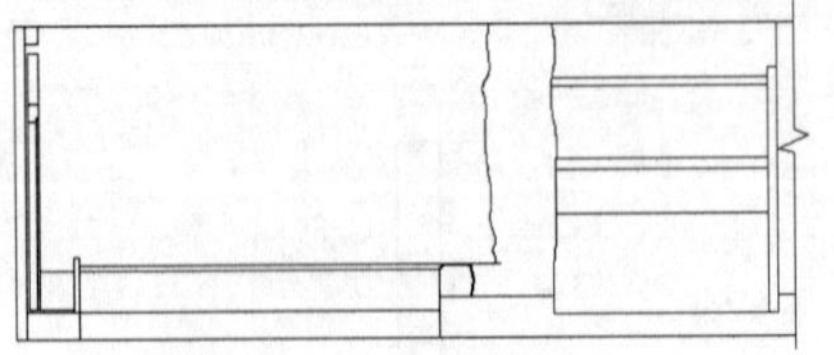

图 18-136　绘制折断线

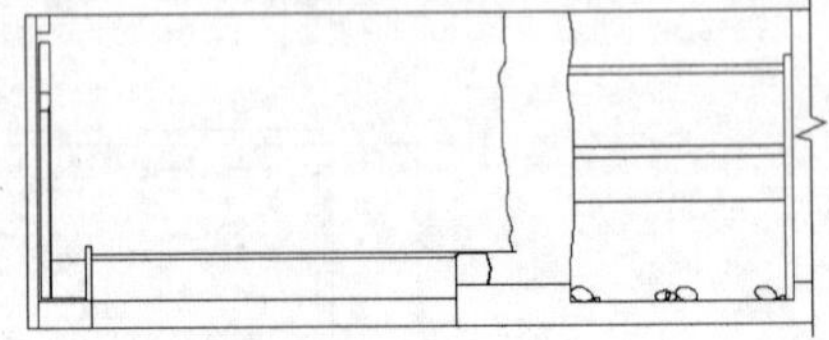

图 18-137　绘制鹅卵石

6）执行 LINE、TRIM 命令，绘制木桶，如图 18-138 所示。

7）执行 LINE、OFFSET 命令，绘制木框，如图 18-139 所示。

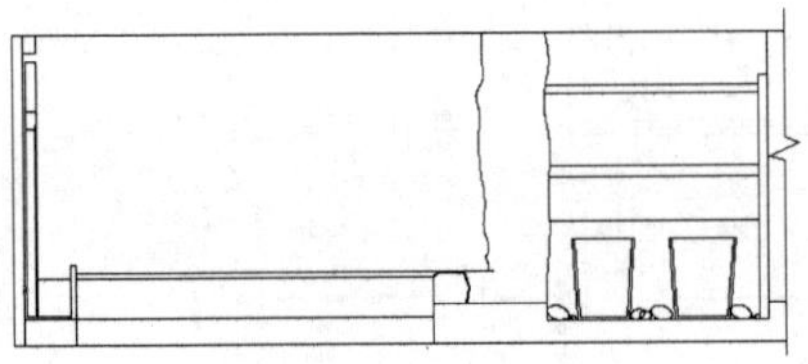

图 18-138　绘制木桶

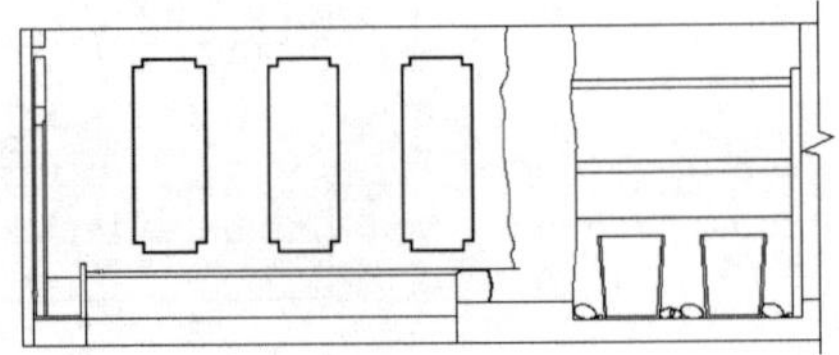

图 18-139　绘制木框

8）执行 RECTANGLE、COPY 命令，绘制木雕外轮廓线，如图 18-140 所示。

9）执行 LINE、OFFSET 命令，绘制框子，如图 18-141 所示。

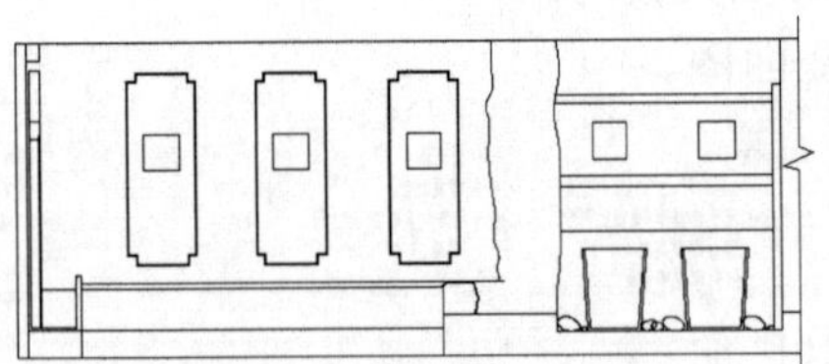

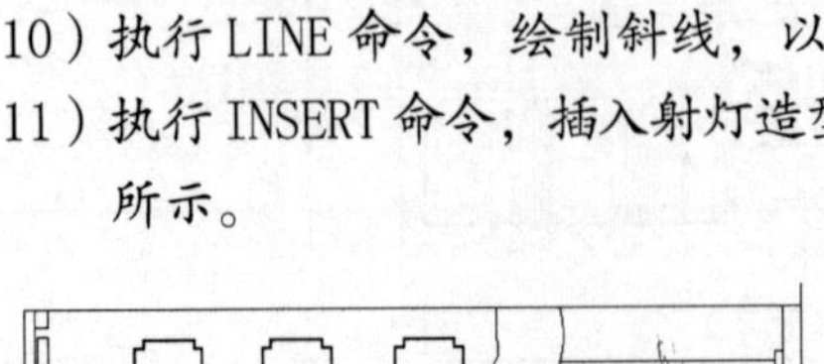

图 18-140　绘制木雕外轮廓线

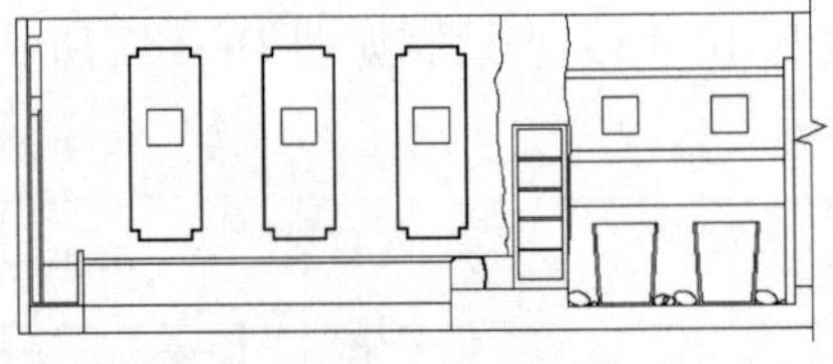

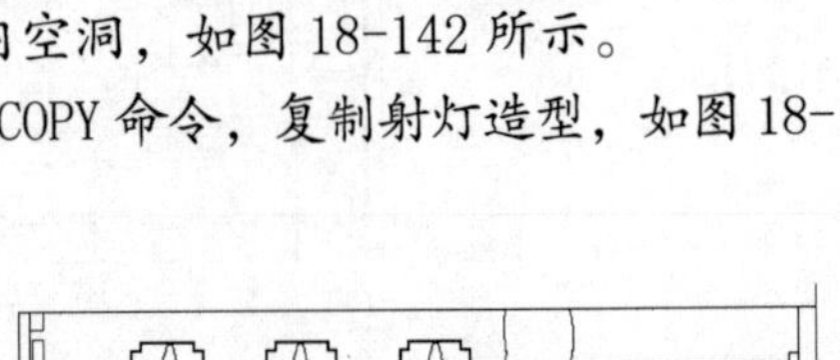

图 18-141　绘制框子

10）执行 LINE 命令，绘制斜线，以表示框子内空洞，如图 18-142 所示。

11）执行 INSERT 命令，插入射灯造型，并执行 COPY 命令，复制射灯造型，如图 18-143 所示。

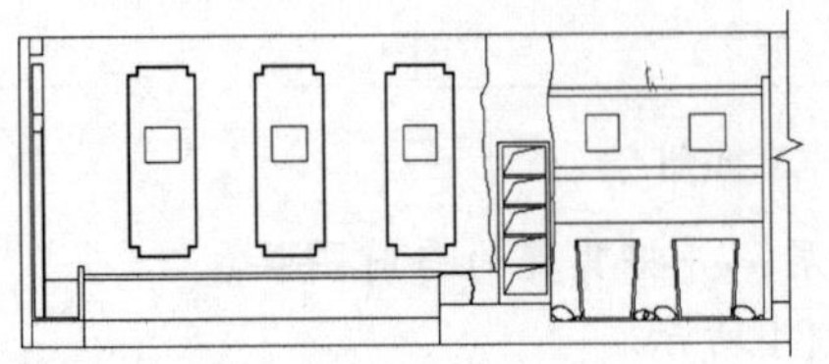

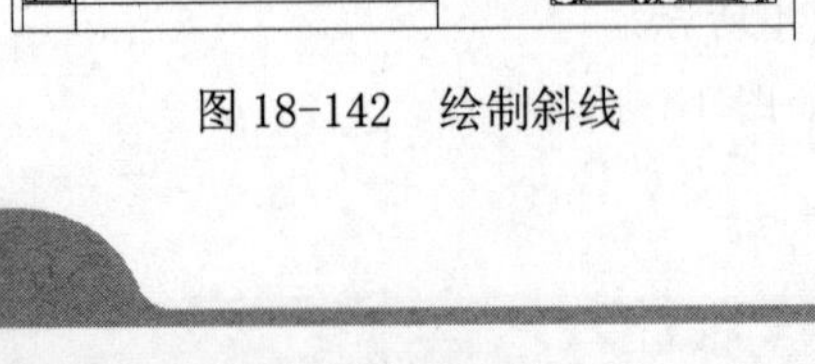

图 18-142　绘制斜线

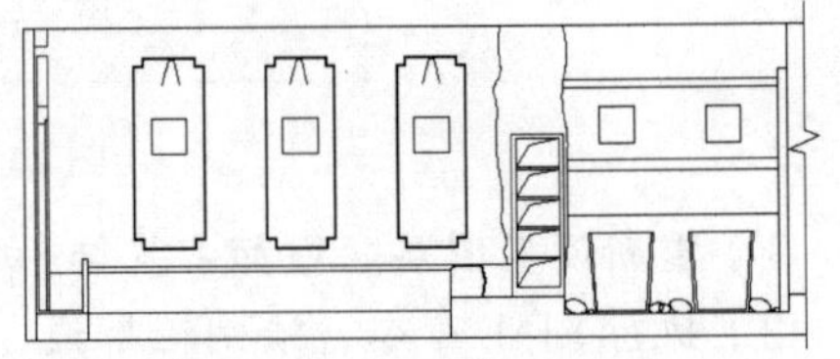

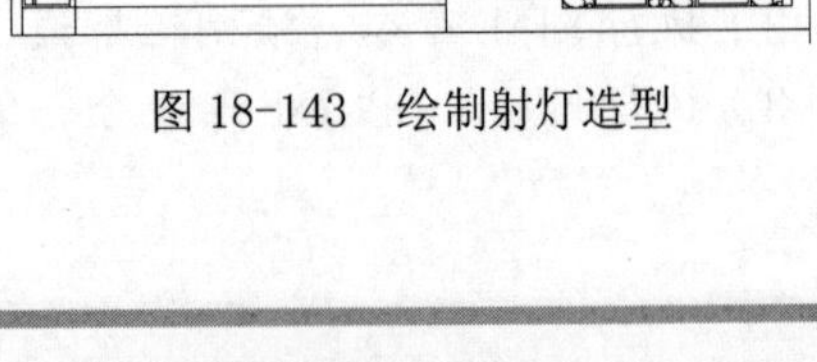

图 18-143　绘制射灯造型

12）执行 INSERT 命令，插入花藤，如图 18-144 所示。

13）执行 INSERT 命令，插入木雕造型，并执行 COPY 命令，复制木雕造型，如图 18-145 所示。

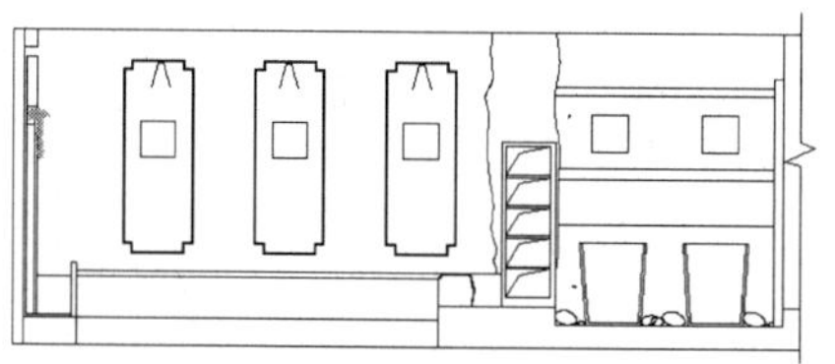
图 18-144　绘制花藤

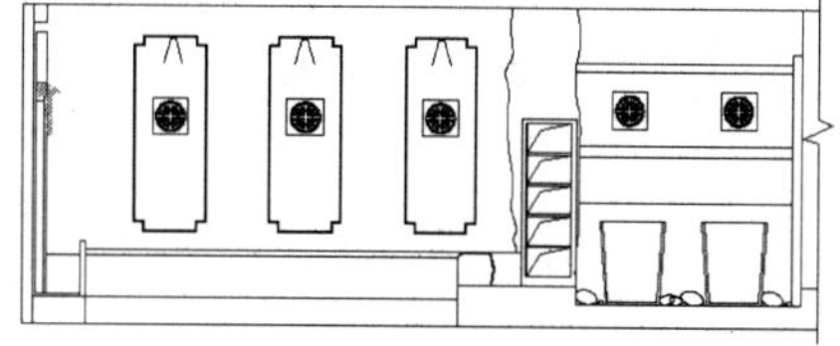
图 18-145　绘制木雕造型

14）重新设置图层。增加“装饰-填充线”图层，并将其置为当前图层。

15）执行 HATCH 命令，填充图形，如图 18-146 所示。

16）重新设置图层。增加“装饰-标注”图层，并将其置为当前图层。

17）标注文字，如图 18-147 所示。

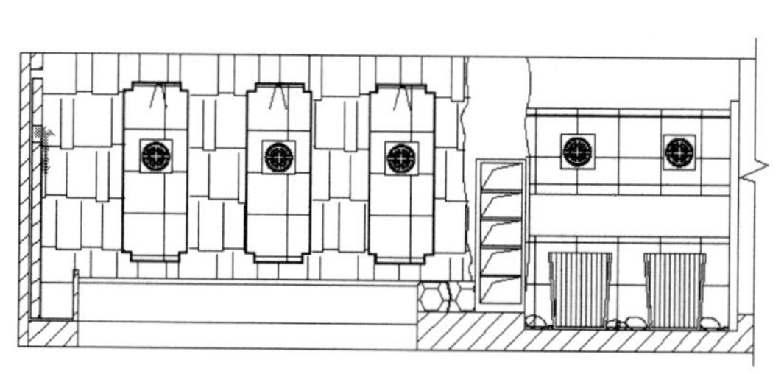
图 18-146　填充图形

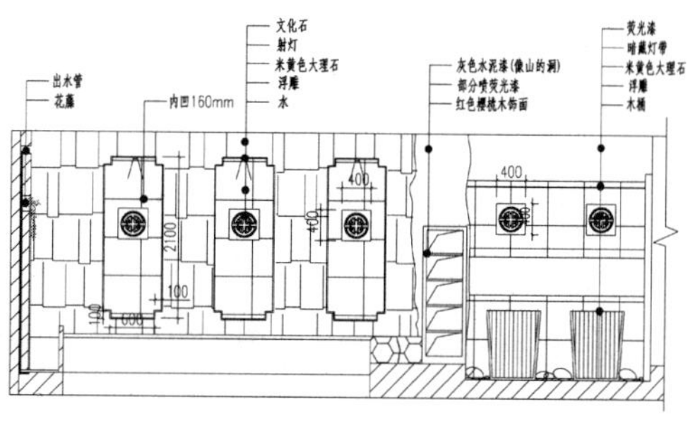

图 18-147　标注文字

18）标注尺寸，完成某桑拿室立面图，最终结果如图 18-133 所示。

网络视频教学：完成某桑拿室立面图的绘制。

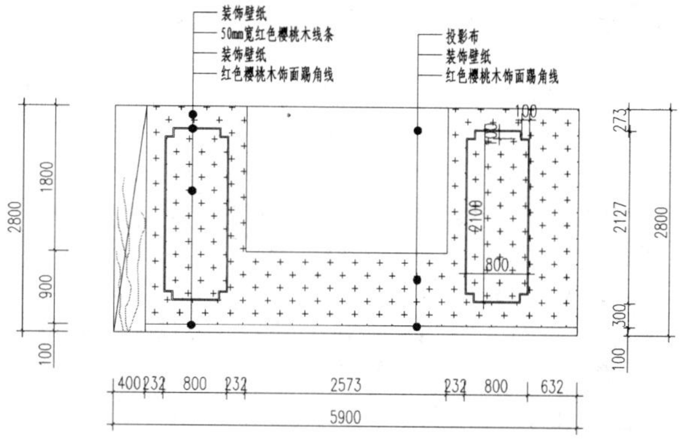

某桑拿室立面图

18.5 习题

1. 绘制网吧的建筑平面图，并进行室内设计，参考结果如图 18-148 所示。

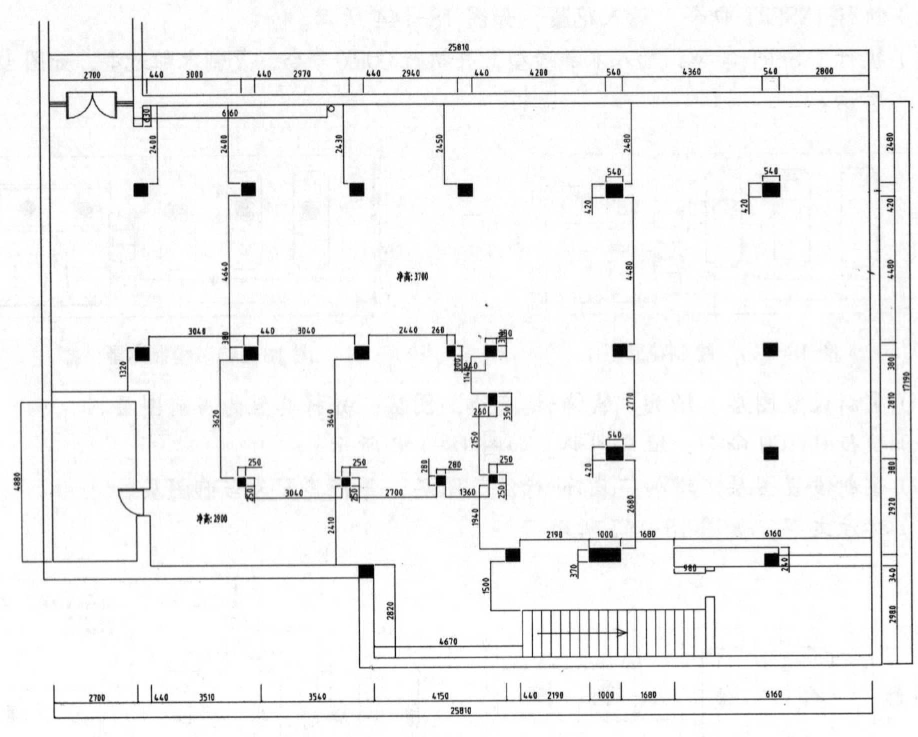

图 18-148　网吧的建筑平面图

2. 绘制网吧的室内装饰设计图，参考结果如图 18-149 所示。

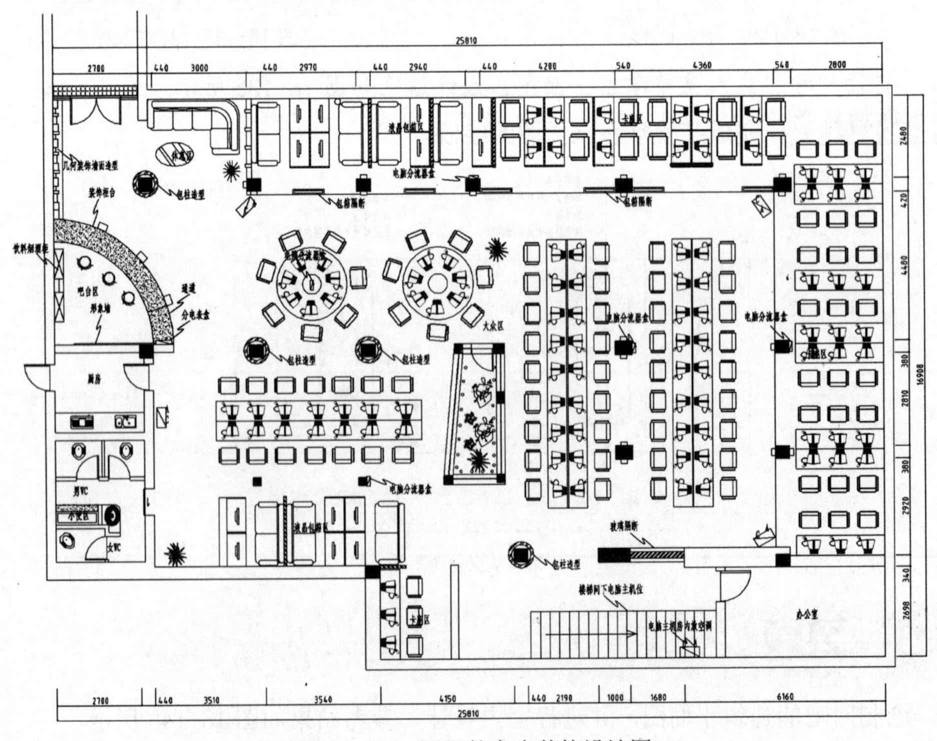

图 18-149　网吧的室内装饰设计图

3. 结合所学，尝试绘制网吧地面装修图，参考结果如图 18-150 所示。

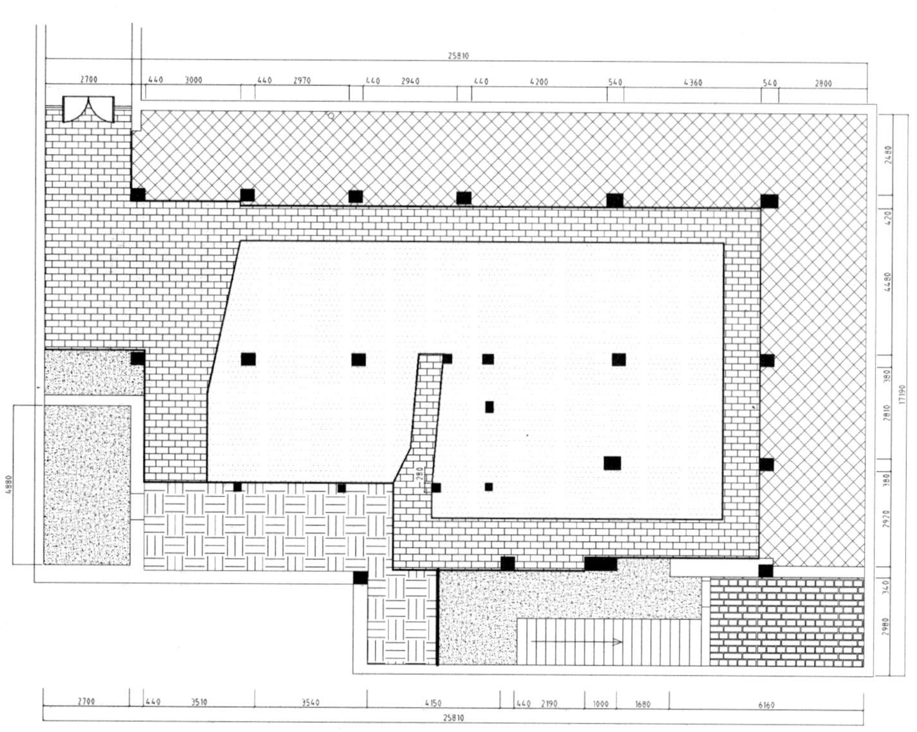

图 18-150　网吧地面装修图

4．绘制网吧天花装修图，参考结果如图 18-151 所示。

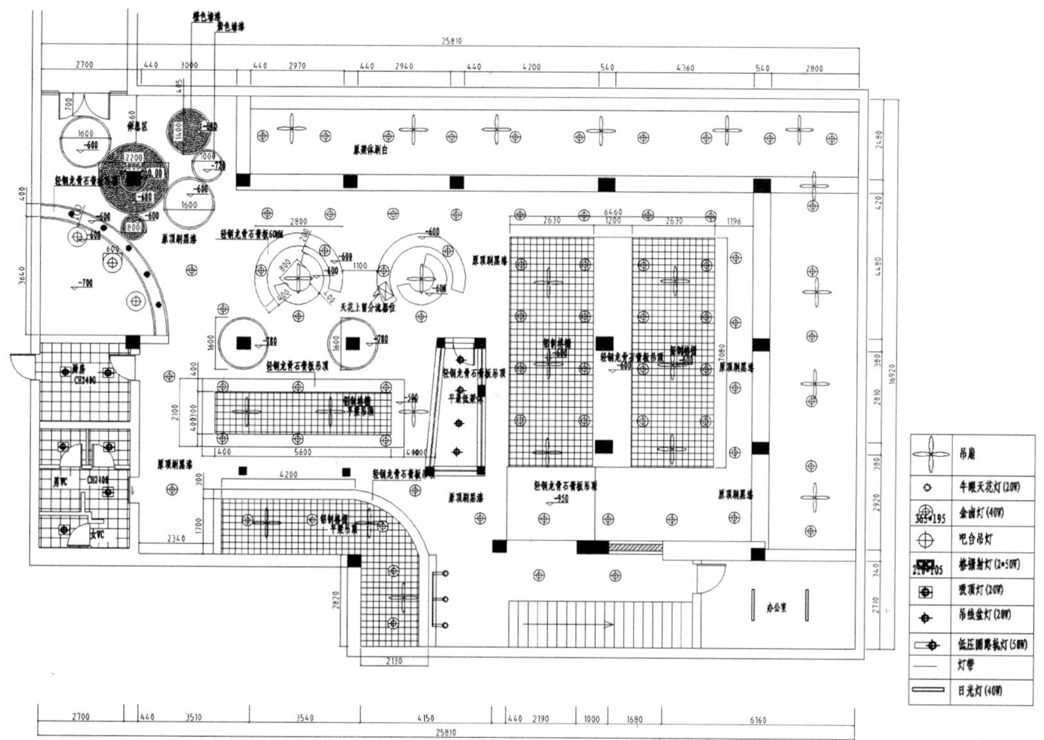

图 18-151　网吧天花装修图

5．绘制网吧普通包柱的立面图，参考结果如图 18-152 所示。

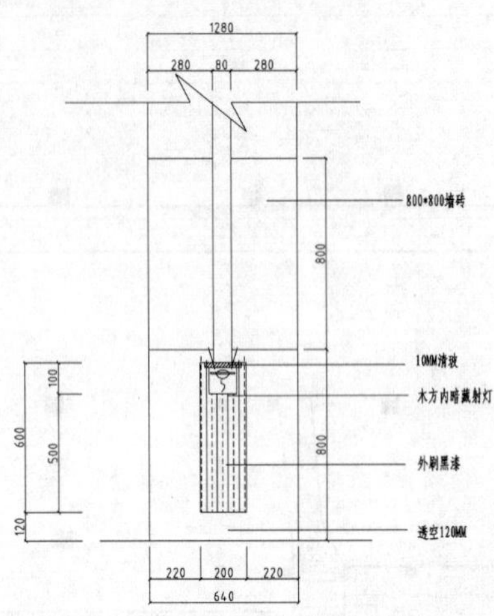

图 18-152　网吧普通包柱的立面图

附录A　室内装修设计制图的基本规定

建筑装饰装修材料的图例画法应符合《房屋建筑制图统一标准》GB/T 50001的规定。

附录A.1　图纸幅面规格

建筑室内装饰装修设计图纸的图纸幅面规格应符合现行国家标准《房屋建筑制图统一标准》GB/T 50001的规定。

建筑室内装饰装修设计图纸的编排顺序应按室内装饰装修设计专业图纸在前、各配合专业的设计图纸在后的原则编排。

建筑室内装饰装修设计图纸的总目录应放在全套图纸之首，配合专业的图纸目录应放在相应专业图纸之首。

建筑室内装饰装修设计的图纸编排宜按设计（施工）说明、总平面图（室内装饰装修设计分段示意）、天花总平面图、墙体定位图、地面铺装图、各局部（区）平面图、各局部（区）天花平面图、立面图、剖面图、详图、配套标准图的顺序排列。

各楼层室内装饰装修设计图纸应按自下而上的顺序排列，同楼层各段（区）室内装饰装修设计图纸应按主次区域和内容的逻辑关系排列。

附录A.2　图线

建筑室内装饰装修设计图纸中图线的绘制方法应符合现行国家标准《房屋建筑制图统一标准》GB/T 50001的规定。

建筑室内装饰装修设计图可采用的线型包括实线、虚线、单点长划线、折断线、波浪线、点线、样条曲线、云线等，各线型应符合表A-1的规定。

表A-1　常用线型

名称		线型	线宽	一般用途
实线	粗	━━━━	b	1. 平、剖面图中被剖切的主要建筑构造和装饰装修构造的轮廓线 2. 建筑室内装饰装修立面图的外轮廓线 3. 建筑室内装饰装修构造详图中被剖切的轮廓线 4. 建筑室内装饰装修详图中的外轮廓线 5. 平、立、剖面图的剖切符号 （注：地平线线宽可用1.5b，图名线线宽可用2b）
	中	────	0.5b	平面图、剖立面图中除被剖切轮廓线外的可见物体轮廓线

（续）

名称		线型	线宽	一般用途
实线	细		0.25b	图形和图例的填充线、尺寸线、尺寸界线、索引符号、标高符号、引出线等
虚线	中		0.5b	1. 表示被遮挡部分的轮廓线 2. 表示平面中上部的投影轮廓线 3. 预想放置的建筑或装修的构件 4. 运动轨迹
	细		0.25b	表示内容与中虚线相同，适合小于 0.5b 的不可见轮廓线
单点长划线			0.25b	中心线、对称线、定位轴线
折断线			0.25b	不需要画全的断开界线
波浪线			0.25b	1. 不需要画全的断开界线 2. 构造层次的断开界线
点线			0.25b	制图需要的辅助线
样条曲线			0.25b	1. 不需要画全的断开界线 2. 制图需要的引出线
云线		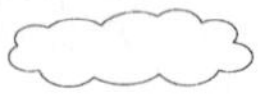	0.25b	1. 圈出需要绘制详图的图样范围 2. 材料标注

图线的宽度 b，宜从下列线宽系列中选取：1.0mm、0.7mm、0.5mm、0.35mm。各图样可根据复杂程度与比例大小，先选定基本线宽 b，再选用表 A-2 中相应的线宽组。

表 A-2 线宽组

线宽比	线宽组（mm）			
b	1.0	0.7	0.5	0.35
0.75b	0.75	0.53	0.38	0.26
0.5b	0.5	0.35	0.25	0.18
0.3b	0.3	0.21	0.15	0.11
0.25b	0.25	0.18	0.13	0.09
0.2b	0.2	0.14	0.1	0.07

注：同一张图纸内，各个不同线宽组中的细线，可统一采用较细的线宽组的细线。

根据表示内容的不同，图线线宽的选择宜符合表 A-2 的规定。

附录 A.3 字体

建筑室内装饰装修设计制图中的字体选择及注写方法应符合现行国家标准《房屋建筑制图统一标准》GB/T 50001 的规定。

附录 A.4 比例

建筑室内装饰装修设计制图图样的比例表示应符合现行国家标准《房屋建筑制图统一标准》GB/T 50001 的规定。

比例宜注写在图名的右侧或右侧下方，字的基准线应取平。比例的字高宜比图名的字高小 1～2 号，如图 A-1 所示。

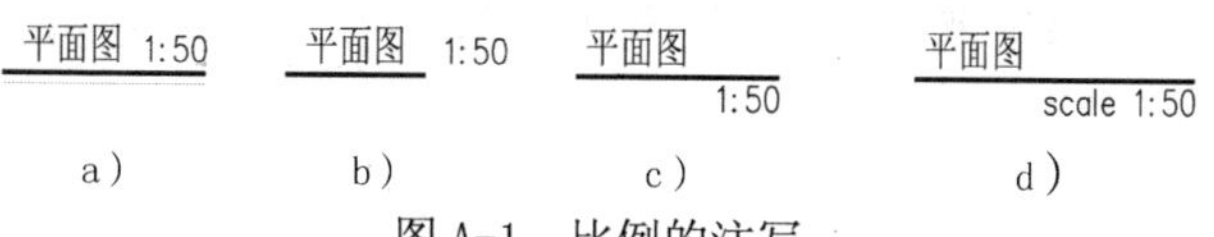

图 A-1　比例的注写

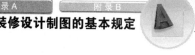

绘图采用的比例应根据图样内容及复杂程度选取。常用比例及可用比例应符合表 A-3 的规定。

表 A-3　常用及可用的图纸比例

常用比例	1:1、1:2、1:5、1:10、1:20、1:25、1:50、1:75、1:100、1:150、1:200、1:250
可用比例	1:3、1:4、1:6、1:8、1:15、1:30、1:35、1:40、1:60、1:70、1:80、1:120、1:300、1:400、1:500

根据建筑室内装饰装修设计的不同部位、不同阶段的图纸内容和要求，绘制的比例宜在表 A-4 中选用。

表 A-4　各部位常用图纸比例

比　例	部　位	图纸内容
1:200～1:100	总平面、总天花平面	总平面布置图、总天花平面布置图
1:100～1:50	局部平面、局部天花平面	局部平面布置图、局部天花平面布置图
1:100～1:50	不复杂的立面	立面图、剖面图
1:50～1:30	较复杂的立面	立面图、剖面图
1:30～1:10	复杂的立面	立面放样图、剖面图
1:10～1:1	平面及立面中需要详细表示的部位	详图

特殊情况下可以自选比例，也可以用相应的比例尺表示。

根据表达目的不同，同一图纸中的图样可选用不同比例。

附录 A.5　尺寸标注及标高

A.5.1　尺寸标注

图样尺寸标注的一般标注方法应符合现行国家标准《房屋建筑制图统一标准》GB/T 50001 的规定。

尺寸标注应清晰，不应与图线、文字及符号等相交或重叠。

尺寸宜标注在图样轮廓以外，如必须注在图样内，则不应与图线、文字及符号等相交或重叠。当标注位置相对密集时，各标注数字应根据需要微调注写位置，在该尺寸较近处注写，与相邻数字错开。

总尺寸应标注在图样轮廓以外。定位尺寸及细部尺寸可根据用途和内容注写在图样外或图样内相应的位置。注写要求应符合上述要求。

建筑室内装饰装修设计图中的尺寸及标高，宜按下列规定注写：

（1）立面图、剖面图及其详图的高度宜注写垂直方向尺寸，不易标注垂直距离尺寸时，宜在相应位置以标高表示。

（2）各部分定位尺寸及细部尺寸可根据需要注写净距离尺寸或轴线间尺寸。

（3）注写剖面或详图各部位的尺寸时，应注写其所在层次内的尺寸。

（4）图中连续等距重复的图样，若不易标明具体尺寸，可按《建筑制图标准》GB/T 50104 中第 4.5.3-5 条规定表示。

A.5.2 标高

标高符号画法及一般标注方法应符合现行国家标准《房屋建筑制图统一标准》GB/T 50001 的规定。

建筑室内装饰装修设计的标高应标注该设计空间的相对标高，以楼地面装饰完成面为 ±0.00。标高符号可采用直角等腰三角形表示，也可采用涂黑的三角形或 90° 对顶角的圆，如图 A-2a、A-2b、A-2c 所示形式绘制，标高符号的具体画法如图 A-2d、A-2e、A-2f 所示。

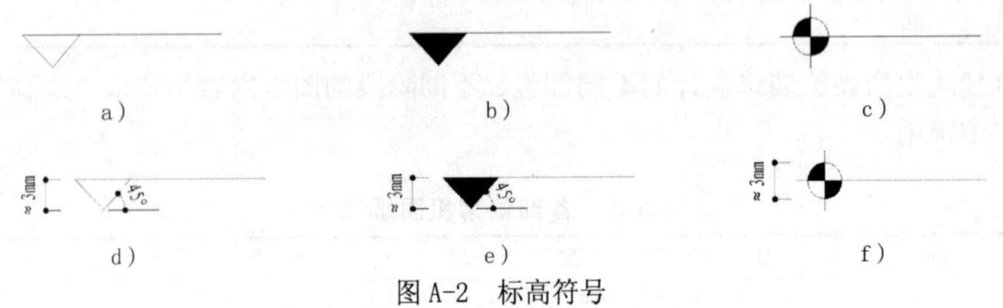

图 A-2 标高符号

平面图、天花图及其详图的标高应标注装饰装修完成面的标高。

附录 A.6 符号

A.6.1 剖切符号

剖视的剖切符号的表示应符合现行国家标准《房屋建筑制图统一标准》GB/T 50001 的规定。

断面的剖切符号的表示应符合现行国家标准《房屋建筑制图统一标准》GB/T 50001 的规定。

建筑室内装饰装修设计图的剖切符号应标注在需要表示装饰装修剖面内容的位置上。

A.6.2 索引符号

索引符号根据用途的不同可分为立面索引符号、剖切索引符号、详图索引符号、设备索引符号。

表示室内立面在平面上的位置及立面图所在页码，应在平面图上使用立面索引符号，如图 A-3 所示。

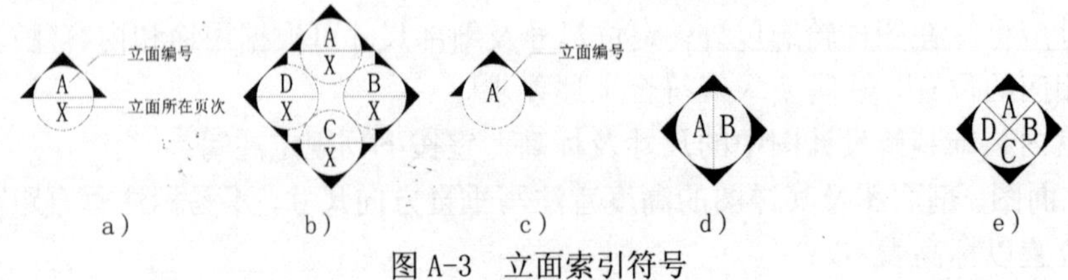

图 A-3 立面索引符号

表示剖切面在各界面上的位置及图样所在页码，应在被索引的界面图样上使用剖切索引符号，如图 A-4 所示。

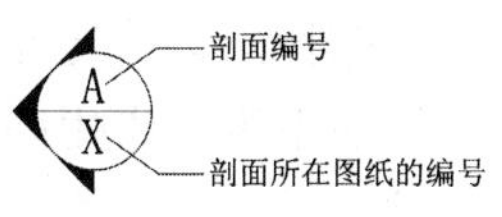

图 A-4　剖切索引符号

表示局部放大图样在原图上的位置及本图样所在页码，应在被索引图样上使用详图索引符号，如图 A-5 所示。

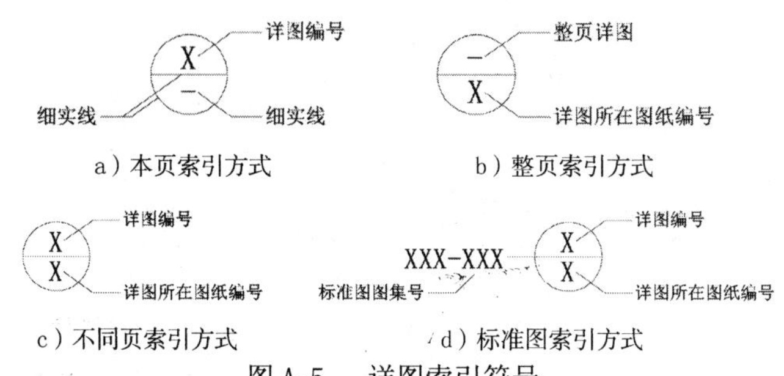

a）本页索引方式　　b）整页索引方式

c）不同页索引方式　　d）标准图索引方式

图 A-5　详图索引符号

表示各类设备（含设备、设施、家具、灯具等）的品种及对应的编号，应在图样上使用设备索引符号，如图 A-6 所示。

索引符号的绘制应符合下列规定：

（1）立面索引符号、剖切索引符号和详图索引符号均由圆、水平直径组成，圆及水平直径应以细实线绘制。根据图面比例，圆圈直径可在 8～12mm 之间选择。圆圈内注明编号及索引图所在页码。立面索引符号及剖切索引符号应附以三角形箭头代表投视方向，三角形方向随投视方向而变，但圆中水平直线、数字及字母的方向不变，如图 A-7 所示。

图 A-6　设备索引符号　　图 A-7　设备索引符号

（2）索引图样时应以引出圈将需被放大的图样范围完整圈出，由引出线连接详图索引符号。图样范围较小的引出圈以圆形细虚线绘制，范围较大的引出圈以有弧角的矩形细虚线绘制，如图 A-8 所示。

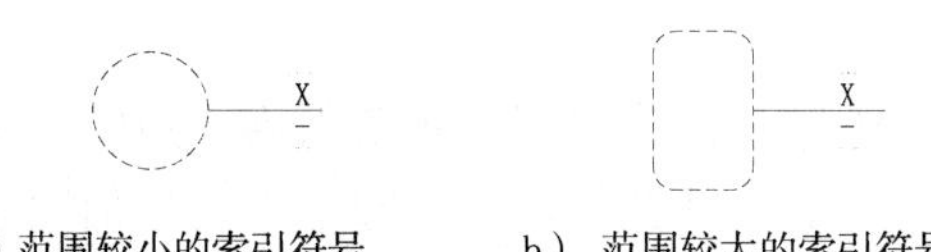

a）范围较小的索引符号　　b） 范围较大的索引符号

图 A-8　索引符号

（3）设备索引符号由正六边形、水平内径线组成，正六边形、水平内径线应以细实线绘制。根据图面比例，正六边形长轴可在 8～12mm 之间选择。正六边形内应注明设备编号及设备品种代号，如图 A-6 所示。

索引符号中的编号除应符合现行国家标准《房屋建筑制图统一标准》GB/T 50001 的规定外，还应符合下列规定：

（1）如引出图与被索引图在同一张图纸内，应在索引符号的上半圆中用阿拉伯数字或字母注明该索引图的编号，在下半圆中间画一段水平细实线。

（2）如引出图与被索引图不在同一张图纸内，应在索引符号的上半圆中用阿拉伯数字或字母注明该详图的编号，在索引符号的下半圆中用阿拉伯数字或字母注明该详图所在图纸的编号。数字较多时，可加文字标注。

（3）在平面图中采用立面索引符号时，应采用阿拉伯数字或字母为立面编号代表各投视方向，自图纸上部方向起按平面图中的顺时针方向排序，如图 A-9 所示。

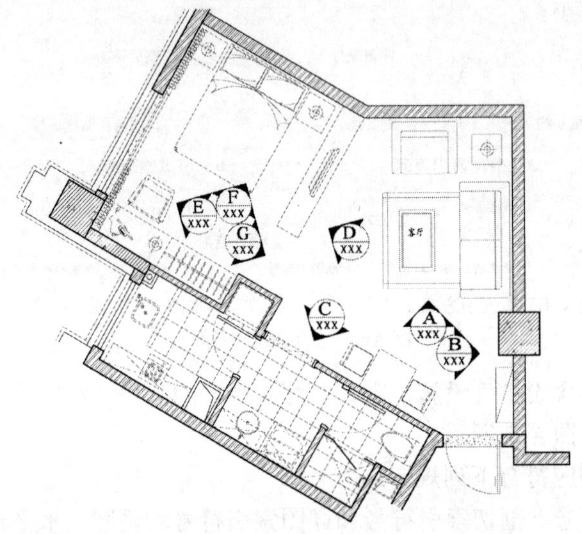

图 A-9　索引符号的编号

A.6.3　图名编号

建筑室内装饰装修设计制图中的图名类别有：平面图、家具布置图、索引图、天花平面图、立面图、剖面图、详图等。当图纸内容复杂时，应进行图名编号。

图名编号应由圆、水平直径、图名和比例组成。圆及水平直径均应由细实线绘制，圆直径根据图面比例可在 8～12mm 之间选择。

图名编号的绘制应符合下列规定：

（1）用来表示被索引的图样时，应在图号圆圈内画一水平直径，上半圆中应用阿拉伯数字或字母注明该图样编号，下半圆中应用阿拉伯数字或字母注明该图索引符号所在图纸编号，如图 A-10 所示。

（2）如被索引的详图图样与索引图同在一张图纸内，圆内可用阿拉伯数字或字母注明详图编号，也可在圆圈内画一条水平直径，上半圆中用阿拉伯数字或字母注明编号，在下半圆中间画一段水平细实线，如图 A-11 所示。

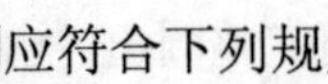

2 / 3WI8/F1　剖面图 1:1

图 A-10　图名编写

2 / –　剖面图 1:1

图 A-11　图名编写

图名编号引出的水平直线上端宜用中文注明该图的图名，其文字与水平直线前端对齐或居中。比例的注写请参考图 A-1。

A.6.4 引出线

引出线的绘制应符合现行国家标准《房屋建筑制图统一标准》GB/T 50001 的规定。

引出线起止符号可采用圆点绘制，也可采用箭头绘制，如图 A-12 所示。起止符号的大小应与本图样尺寸的比例一致。

a） b）

图 A-12 引出线起止符号

多层构造或多个部位共用引出线，应通过被引出的各层或各部分，并以引出线起止符号指出相应位置。引出线上的文字说明应符合现行国家标准《房屋建筑制图统一标准》GB/T 50001 的规定，如图 A-13 所示。

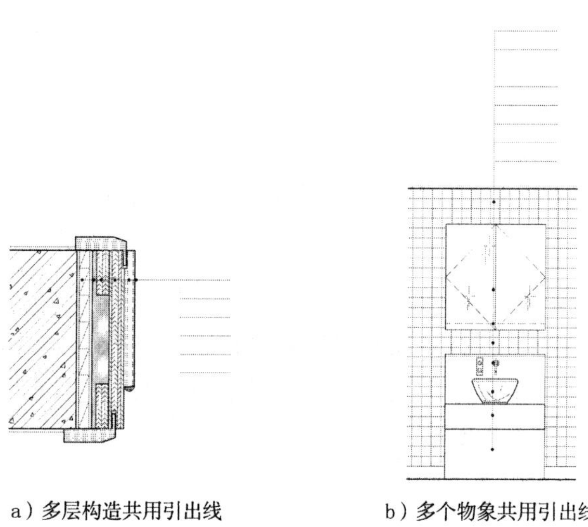

a）多层构造共用引出线 b）多个物象共用引出线

图 A-13 共用引出线示意

A.6.5 其他符号

对称符号由对称线和分中符号组成。对称线用细单点长划线绘制；分中符号用细实线绘制。分中符号的表示可采用两对平行线、上端为三角形的十字交叉线或英文缩写。采用平行线为分中符号时，应符合现行国家标准《房屋建筑制图统一标准》GB/T 50001 的规定；采用十字交叉线为分中符号时，交叉线长度宜为 25～35mm，对称线一端穿过交叉点，其端点与交叉线三角形上端平齐，如图 A-14b 所示；分中符号采用英文缩写时，大写英文字母置于对称线一端，如图 A-14c 中的 CL 所示。

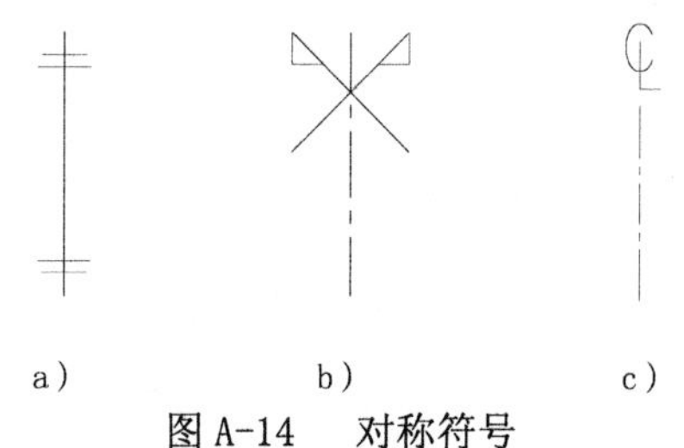

a） b） c）

图 A-14 对称符号

连接符号应以折断线或波浪线表示需连接的部位。两部位相距过远时，连接符号两端靠图样一侧宜标注大写拉丁字母表示连接编号。两个被连接的图样必须用相同的字母编号，如图 A-15 所示。

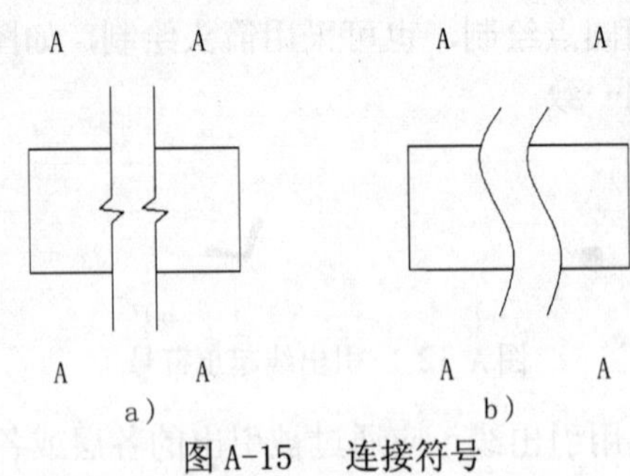

图 A-15　连接符号

转角符号以垂直线连接两端交叉线并加注角度符号表示。转角符号用于表示立面的转折，如图 A-16 所示。

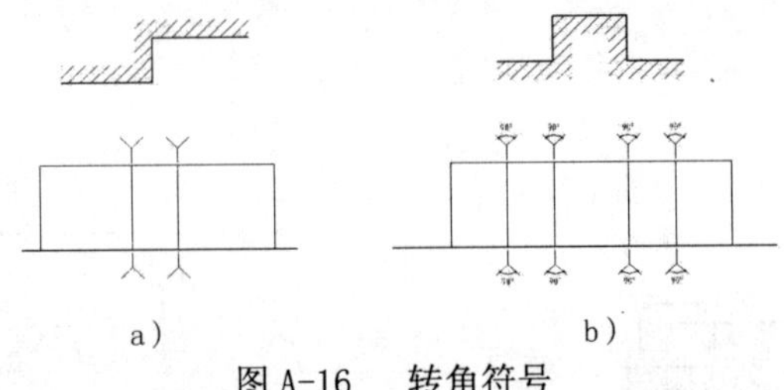

图 A-16　转角符号

指北针的绘制应符合现行国家标准《房屋建筑制图统一标准》GB/T 50001 的规定。

指北针应绘制在建筑室内装饰装修设计首层平面图上，并放在明显位置。无首层平面图时，应绘制在建筑室内装饰装修的最底层平面图上。

附录B　常用建筑装饰装修材料和设备图例

建筑装饰装修材料的图例画法应符合《房屋建筑制图统一标准》GB/T 50001的规定。常用建筑材料、装饰装修材料应按表B-1的规定绘制。

表B-1　常用建筑装饰装修材料图例

序号	名　　称	图　　例	备　　注
1	夯实土壤		———
2	砂砾石、碎砖三合土		———
3	大理石		———
4	毛石	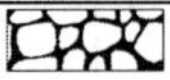	必要时注明石料块面大小及品种
5	普通砖		包括实心砖、多孔砖、砌块等砌体。断面较窄不易绘出图例线时，可涂黑
6	轻质砌块砖		指非承重砖砌体
7	轻钢龙骨纸面石膏板隔墙	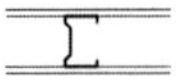	注明隔墙厚度
8	饰面砖	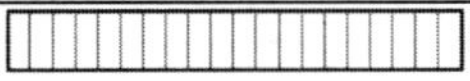	包括铺地砖、马赛克、陶瓷锦砖等
9	混凝土	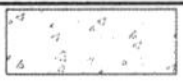	1. 指能承重的混凝土及钢筋混凝土 2. 各种强度等级、骨料、添加剂的混凝土 3. 在剖面图上画出钢筋时，不画图例线 4. 断面图形小，不易画出图例线时，可涂黑
10	钢筋混凝土		
11	多孔材料		包括水泥珍珠岩、沥青珍珠岩、泡沫混凝土、非承重加气混凝土、软木、蛭石制品等
12	纤维材料		包括矿棉、岩棉、玻璃棉、麻丝、木丝板、纤维板等
13	泡沫塑料材料	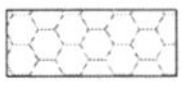	包括聚苯乙烯、聚乙烯、聚氨酯等多孔聚合物类材料
14	密度板	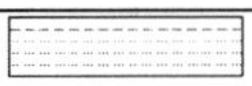	注明厚度
15	实木		1. 上图为垫木、木砖或木龙骨，表面为粗加工 2. 中图木制品表面为细加工 3. 所有木制品在立面图中能见到细纹的，均可采用下图例
		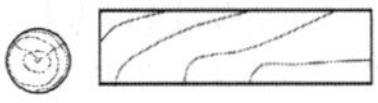	
		（立面）	

（续）

序号	名　　称	图　　例	备　　注
16	胶合板	（小尺度比例） （大尺度比例）	注明厚度、材种
17	木工板		注明厚度
18	饰面板		注明厚度、材种
19	木地板		注明材种
20	石膏板		1．注明厚度 2．注明纸面石膏板、布面石膏板、防火石膏板、防水石膏板、圆孔石膏板、方孔石膏板等品种名称
21	金属		1．包括各种金属，注明材料名称 2．图形小时，可涂黑
22	液体	断面 平面	——
23	玻璃砖		1．为玻璃砖断面 2．注明厚度
24	橡胶		注明天然或人造橡胶
25	普通玻璃	断面 立面	——
26	磨砂玻璃		为玻璃立面，应注明材质、厚度
27	夹层（夹绢、夹纸）玻璃		为玻璃立面，应注明材质、厚度
28	镜面		为镜子立面，应注明材质、厚度
29	塑料		包括各种软、硬塑料及有机玻璃等，应注明厚度
30	胶		应注明胶的种类、颜色等
31	地毯		为地毯剖面，应注明种类
32	防水材料		构造层次多或比例大时，应采用上图
33	粉刷		采用较稀的点
34	窗帘		箭头所示为开启方向

常用建筑构造、装饰构造、配件图例应按表 B-2 的规定绘制。

表 B-2　建筑构造、装饰构造、配件图例

序号	名　　称	图　　例	备　　注
1	检查孔		左图为明装检查孔 右图为暗藏式检查孔

（续）

序号	名　　称	图　　例	备　　注
2	孔洞		——
3	门洞	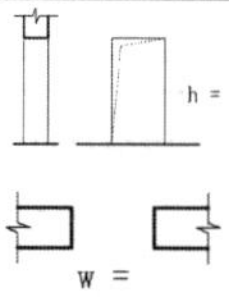 h = w =	h 为门洞高度 w 为门洞宽度

常用给排水图例应按表 B-3 的规定绘制。

表 B-3　给排水图例

序号	名　　称	图　　例	序号	名　　称	图　　例
1	生活给水管	—— J ——	9	方形地漏	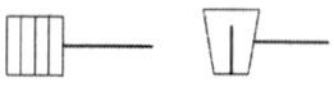
2	热水给水管	—— RJ ——	10	带洗衣机插口地漏	
3	热水回水管	—— RH ——	11	毛发聚集器	 平面　系统
4	中水给水管	—— ZJ ——	12	存水湾	
5	排水明沟	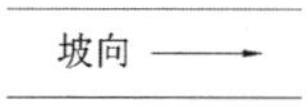 坡向 →	13	闸阀	
6	排水暗沟	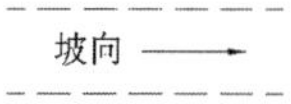 坡向 →	14	角阀	
7	通气帽	 成品　铅丝球	15	截止闸	
8	圆形地漏	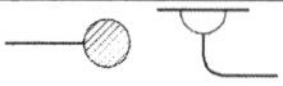	—	—	—

常用灯光照明图例应按表 B-4 的规定绘制。

表 B-4　灯光照明图例

序号	名　　称	图　　例	序号	名　　称	图　　例
1	艺术吊灯	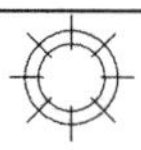	6	射灯	
2	吸顶灯	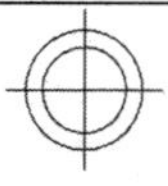	7	轨道射灯	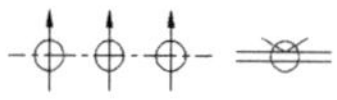
3	射墙灯	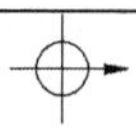	8	格栅射灯	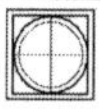
4	冷光筒灯		9	300×1200 日光灯盘 日光灯管以虚线表示	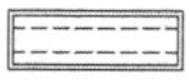
5	暖光筒灯		10	600×600 日光灯盘 日光灯管以虚线表示	

（续）

序号	名　　称	图　　例	序号	名　　称	图　　例
11	暗灯槽		13	水下灯	
12	壁灯		14	踏步灯	

常用消防、空调、弱电图例应按表 B-5 的规定绘制。

表 B-5　消防、空调、弱电图例

序号	名　　称	图　　例	序号	名　　称	图　　例
1	条形风口		15	电视器件箱	
2	回风口		16	电视接口	TV
3	出风口		17	卫星电视出线座	SV
4	排气扇		18	音响出线盒	M
5	消防出口	EXIT	19	音响系统分线盒	M
6	消火栓	HR	20	电脑分线箱	HUB
7	喷淋		21	红外双鉴探头	
8	侧喷淋		22	扬声器	
9	烟感	S	23	吸顶式扬声器	
10	温感	W	24	音量控制器	
11	监控头		25	可视对讲室内主机	T
12	防火卷帘	F	26	可视对讲室外主机	
13	计算机接口	C	27	弱电过路接线盒	R
14	电话接口	T	—	—	—

常用开关、插座图例应按表 B-6 的规定绘制。

表 B-6　开关、插座图例

序号	名　　称	图　　例	序号	名　　称	图　　例
1	插座面板（正立面）		3	电视接口（正立面）	
2	电话接口（正立面）		4	单联开关（正立面）	

（续）

序号	名　　称	图　　例	序号	名　　称	图　　例
5	双联开关（正立面）		17	单联单控翘板开关	
6	三联开关（正立面）		18	双联单控翘板开关	
7	四联开关（正立面）		19	三联单控翘板开关	
8	地插座（平面）	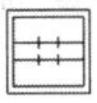	20	四联单控翘板开关	
9	二极扁圆插座		21	声控开关	
10	二三极扁圆插座		22	单联双控翘板开关	
11	二三极扁圆地插座		23	双联双控翘板开关	
12	带开关二三极插座	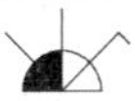	24	三联双控翘板开关	
13	普通型三极插座		25	四联双控翘板开关	
14	防溅二三极插座		26	配电箱	
15	带开关防溅二三极插座		27	弱电综合分线箱	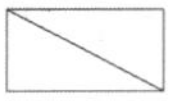
16	三相四极插座		28	电话分线箱	

附录 C　AutoCAD 命令快捷键表

F1：获取帮助
F2：实现作图窗口和文本窗口的切换
F3：控制是否实现对象自动捕捉
F4：数字化仪控制
F5：等轴测平面切换
F6：控制状态行上坐标的显示方式
F7：栅格显示模式控制
F8：正交模式控制
F9：栅格捕捉模式控制
F10：极轴模式控制
F11：对象追踪式控制
Ctrl+B：栅格捕捉模式控制（F9）
dra：半径标注
ddi：直径标注
dal：对齐标注
dan：角度标注
Ctrl+C：将选择的对象复制到剪切板上
Ctrl+F：控制是否实现对象自动捕捉（F3）
Ctrl+G：栅格显示模式控制（F7）
Ctrl+J：重复执行上一步命令
Ctrl+K：超级链接
Ctrl+N：新建图形文件
Ctrl+M：打开选项对话框
AA：测量区域和周长（AREA）
AL：对齐（ALIGN）
AR：阵列（ARRAY）
AP：加载*LSP 程系
AV：打开视图对话框（DSVIEWER）
SE：打开对象自动捕捉对话框
ST：打开字体设置对话框（STYLE）
SO：绘制二维面（2D SOLID）
SP：拼写的校核（SPELL）
SC：缩放比例（SCALE）
SN：栅格捕捉模式设置（SNAP）
DT：文本的设置（DTEXT）
DI：测量两点间的距离
Ctrl+O：打开图像文件
Ctrl+P：打开打印对话框
Ctrl+S：保存文件
Ctrl+U：极轴模式控制（F10）
Ctrl+v：粘贴剪贴板上的内容
Ctrl+W：对象追踪式控制（F11）
Ctrl+X：剪切所选择的内容
Ctrl+Y：重做
Ctrl+Z：取消前一步的操作
A：绘圆弧（ARC）
B：定义块（BLOCK）
C：画圆（CIRCLE）
E：删除（ERASE）
F：倒圆角（FILLET）
G：对象编组（GROUP）
H：填充（HATCH）
I：插入（INSERT）
S：拉伸（STRETCH）
T：文本输入（MTEXT）
W：写块（WBLOCK）

L：直线（LINE）
M：移动（MOVE）
X：炸开（EXPLODE）
V：视图管理器（VIEW）
U：恢复上一次操作
O：偏移（OFFSET）
Z：缩放（ZOOM）
MI：镜像（MIRROR）
REC：矩形（RECTANG）
EL：椭圆（ELLIPSE）
LA：设置图层（LAYER）
TR：修剪（TRIM）
CO：复制（COPY）
POL：正多边形（POLYGON）
PL：多段线（PLINE）

新手易学——AutoCAD 2011绘图基础
作者：周静
ISBN：978-7-111-34924-2
定价：33.00元

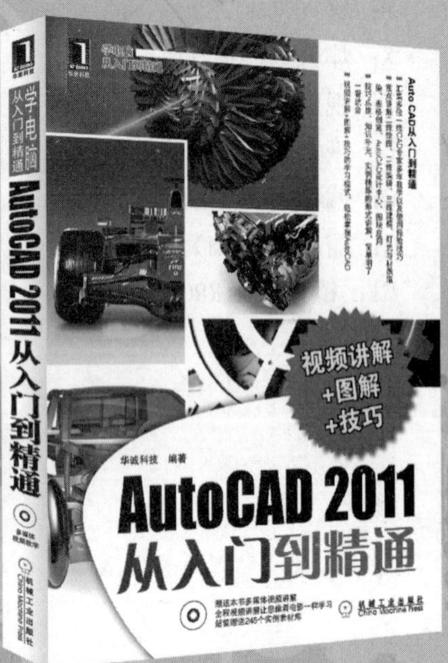

AutoCAD 2011从入门到精通
（视频讲解+图解+技巧）
作者：华诚科技
ISBN：978-7-111-32533-8
定价：69.00元

新手一学就会——AutoCAD辅助绘图
作者：林福泉 等
ISBN：978-7-111-25887-2
定价：39.80元

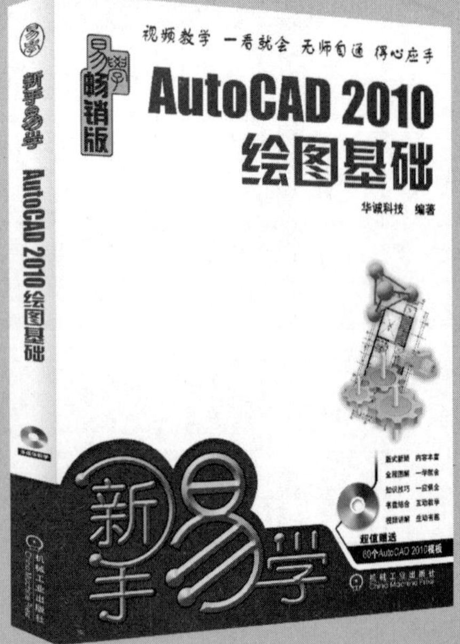

新手易学——AutoCAD 2010绘图基础
作者：杰诚文化
ISBN：978-7-111-29155-8
定价：29.80元

www.hzbook.com

填写读者调查表 加入华章书友会
获赠精彩技术书 参与活动和抽奖

尊敬的读者：

感谢您选择华章图书。为了聆听您的意见，以便我们能够为您提供更优秀的图书产品，敬请您抽出宝贵的时间填写本表，并按底部的地址邮寄给我们（您也可通过www.hzbook.com填写本表）。您将加入我们的“华章书友会”，及时获得新书资讯，免费参加书友会活动。我们将定期选出若干名热心读者，免费赠送我们出版的图书。请一定填写书名书号并留全您的联系信息，以便我们联络您，谢谢！

书名： 书号：7-111-( )

姓名：	性别：☐男 ☐女	年龄：	职业：
通信地址：		E-mail：	
电话：	手机：	邮编：	

1. 您是如何获知本书的：

☐朋友推荐 ☐书店 ☐图书目录 ☐杂志、报纸、网络等 ☐其他

2. 您从哪里购买本书：

☐新华书店 ☐计算机专业书店 ☐网上书店 ☐其他

3. 您对本书的评价是：

技术内容	☐很好	☐一般	☐较差	☐理由______
文字质量	☐很好	☐一般	☐较差	☐理由______
版式封面	☐很好	☐一般	☐较差	☐理由______
印装质量	☐很好	☐一般	☐较差	☐理由______
图书定价	☐太高	☐合适	☐较低	☐理由______

4. 您希望我们的图书在哪些方面进行改进？

______

______

5. 您最希望我们出版哪方面的图书？如果有英文版请写出书名。

______

______

6. 您有没有写作或翻译技术图书的想法？

☐是，我的计划是______ ☐否

7. 您希望获取图书信息的形式：

☐邮件 ☐信函 ☐短信 ☐其他______

请寄：北京市西城区百万庄南街1号 机械工业出版社 华章公司 计算机图书策划部收

邮编：100037 电话：(010) 88379512 传真：(010) 68311602 E-mail: hzjsj@hzbook.com